Piezoelectric Sensors and Actuators
Fundamentals and Applications

压电传感器与执行器原理及应用

[德]斯蒂芬·约翰·鲁皮奇(Stefan Johann Rupitsch) 著
张宏壮 冯素丽 富丽 李阳 李颖 李忠民 译

国防工業出版社
·北京·

内 容 简 介

本书介绍了压电传感器和执行器的基本原理,分析了压电材料的压电性能,并在此基础上介绍了压电传感器在各个领域中的典型应用。本书内容将原理与实际紧密结合,行文深入浅出,具有较好的工程应用效果和理论指导意义。本书面向工程科学、材料科学和物理领域的学生、研究人员以及行业专业人士,可以帮助他们对压电传感器和执行器有更加深入的理解。

图书在版编目(CIP)数据

压电传感器与执行器原理及应用/(德) 斯蒂芬·约翰·鲁皮奇 (Stefan Johann Rupitsch) 著 ; 张宏壮等译. --北京 : 国防工业出版社, 2025.1. --ISBN 978-7-118-13496-4

Ⅰ. TM22

中国国家版本馆 CIP 数据核字第 2024CT6400 号

著作权合同登记　图字:01-2024-1444 号

First published in English under the title
Piezoelectric Sensors and Actuators: Fundamentals and Applications
by Stefan Johann Rupitsch, edition: 1

※

国防工业出版社 出版发行
(北京市海淀区紫竹院南路 23 号 邮政编码 100048)
天津嘉恒印务有限公司印刷
新华书店经售

*

开本 710×1000　1/16　插页 6　**印张** 32¼　**字数** 563 千字
2025 年 1 月第 1 版第 1 次印刷　**印数** 1—2000 册　**定价** 198.00 元

(本书如有印装错误,我社负责调换)

国防书店:(010)88540777　　书店传真:(010)88540776
发行业务:(010)88540717　　发行传真:(010)88540762

译者序

压电材料被广泛应用在传感器和执行器领域，除了在常规工业产品中应用外，还被应用在医疗产品、电子产品等中。我国相关的科研机构围绕压电材料及其应用虽然开展了一些研究，但多是面向压电材料某一应用领域，还未对压电材料全面应用展开研究，因此需要有一本全面论述压电材料应用的著作，帮助研发人员和学生系统了解压电材料基本特性及其各类应用，以便系统掌握压电材料应用知识、拓展视野和创新研发。

本书原著于2018年6月首次出版，以压电传感器和执行器为研究对象，在介绍压电传感器和执行器的基本原理、压电材料的压电性能基础上，详细讲解了压电传感器在多个领域中的应用，包括其工作过程和规定特点。

本书系统全面地介绍了压电材料性质，论述了传感器和执行器两大应用方向，对涉及的理论分析、数值模拟和物理量测量做了比较全面深入的论述。主要内容如下：第1章概述；第2章介绍对了解压电传感器和执行器重要的物理基础，包括基本原理、特征量以及电磁学、连续介质力学和声学的基本方程；第3章研究压电的基本原理，从热力学角度出发，推导出线性压电材料的力学规律；第4章介绍有限元模拟的基本原理，将有限元法应用于静电场、机械场和声场；第5章介绍传感器和执行器材料的特性，对主动材料和被动材料进行区分；第6章介绍可对大信号特性进行可靠描述的一种建模方式；第7章介绍利用压电材料特性的超声波换能器，分析单元换能器、换能器阵列和复合换能器的基本结构和基本工作模式；第8章介绍光折射层析成像，能将水和空气中声压场进行表征；第9章介绍传感器的典型装置及其在过程测量技术中的应用，还介绍了利用超声波传感器进行流体流量测量的典型测量原理及建模方法；第10章介绍压电定位系统和压电电机，讲解用于定位任务的三叠片压电执行器的滞后补偿以及线性和旋转压电电机。

本书特点：一是体系完整、逻辑清晰，内容系统而实用，可以帮助读者快速掌握压电研究的必要知识和方法；二是信息丰富，涉及领域宽广，实用性强，可以帮助读者在研发压电领域产品创新应用方面开阔眼界、拓展思路。

本书第 1、2、3 章由张宏壮翻译，第 4、5、6、8 章由冯素丽翻译，第 7、9、10 章由富丽翻译，全书由张宏壮统稿和审核。在翻译过程中，李阳和李忠民对图表进行了绘制和整理，李颖在专业英语翻译方面提出了重要的帮助，武斌在物理专业方面提出了宝贵的意见。在本书的成稿过程中，龚琳、艾春雨、刘晓宇、施江天、徐杰、张维正、乔廷婷、张雪鑫、张磊、陈松涛、孙宇等同志付出了辛勤的劳动，在此一并表示感谢！

感谢国防工业出版社和装备科技译著出版基金对本书翻译出版提供的大力支持。由于译者水平有限，书中难免有翻译不当之处，敬请广大读者批评指正。

译者

前言

压电器件在日常生活中起着重要作用,其原因在于压电材料能够有效地将机械能转换为电能,反之亦然。压电传感器和执行器是压电器件的重要组成部分。目前,压电传感器和执行器不仅广泛应用到过程检测技术和无损检测领域,还应用到医疗器械和电子产品中。

本书主要面向工程科学、材料科学和物理领域的学生、研究人员以及行业专业人士,帮助他们对压电传感器和执行器有更加深入的理解。此外,本书还包含一些应用程序和最新发展状况(如基于模拟的材料表征),这对于科学研究和工业应用是非常有意义的。

首先,我们将学习压电传感器和执行器的基本原理,主要包括物理基础、压电效应原理和压电材料。本书内容的重点之一是通过将数值模拟与适当的测量相结合来对传感器和执行器材料进行可靠的表征。此外,还提供了一种有效的用于铁电材料大信号行为的唯象建模方法,以方便对压电执行器的操作。压电超声波换能器是超声波成像和停车传感器等应用中最常用的换能器。在此背景下,又详细介绍一种非反应性测量方法,该方法用来在各种介质中对声场进行表征。

本书还涉及压电传感器和换能器在大的应用领域的过程测量技术。例如,介绍了用于测量机械量(如力)的常规压电传感器,以及用于流体流量测量的传感器装置。本书最后重点介绍压电定位系统和电机。

目录

第1章 概述

压电器件在人们的日常生活中扮演着重要的角色。目前，全球对压电器件的需求每年约为200亿欧元。压电传感器和执行器在这方面作出了重大贡献。在本章的1.1节将讨论传感器和执行器的基本原理；1.2节介绍压电和压电材料的历史；1.3节列举了压电材料的应用领域和应用实例；1.4节是对这本书的总体概述。

1.1 传感器和执行器的基本原理

传感器和执行器在各种实际应用中起着重要的作用，首先从传感器的基本原理开始介绍。通常，传感器的作用是将被测物理量转换成有确定关系的测量值信号。从系统的角度来看，被测物理量作为传感器的输入，测量值作为传感器的输出。在本书中，传感器将仅限用于将机械量转换为电量的器件。因此，机械量表示被测量，而电量表示测量值。图1.1描述了能进行转换的被测物理量（如机械力）测量值（如电压）。

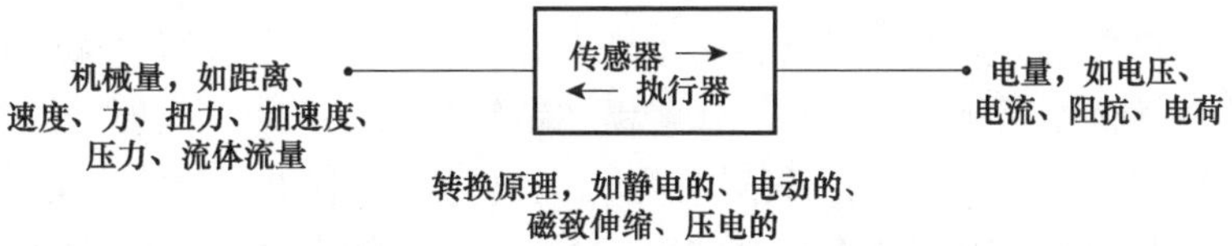

图1.1 典型的转换原理以及传感器和执行器的输入输出量

与传感器相反，（机电）执行器将电量（如电压）转换为机械量（如机械力）。因此，执行器与传感器的工作方向相反（图1.1）。从系统的角度来看，电量是输入，而机械量是执行器的输出。

把机械量转换成电量或把电量转换成机械量是按照一定原理进行转换的，一些转换原理在两个方向上都有作用。也就是说，可以把机械量转换成电量；反之亦然。因此，这些转换原理可以用于传感器和执行器。最常见的双向转换原理如图 1.1 所示。如果转换原理允许两个工作方向，传感器和执行器通常被称为换能器。正如书名所说，将重点介绍压电转换原理。因此，本书将压电传感器和压电执行器统称为压电换能器。

除了转换原理外，传感器和执行器还可以按其他方法进行分类。特别是对于传感器，还可以分为主动传感器和被动传感器等分类方法。由于压电传感器不一定需要辅助能量，因此它们属于有源传感器的范畴。

1.2 压电与压电材料的历史

“压电”一词来源于希腊语，意思是压力产生的电。压电现象最早是 1880 年由居里兄弟发现的。他们发现当机械力作用于电气石、石英、黄玉和罗谢尔盐等材料时，就会产生电荷。这种效应称为正压电效应。1881 年，李普曼从数学角度推导出逆压电效应。随后，居里兄弟也证实了逆压电效应的存在。

压电的第一个实际应用是声呐，它是在第一次世界大战期间由郎之万发明的。声呐的主要组成部分是被黏在两块钢板之间一个薄的石英晶体。1921 年，卡迪发明了一种用石英晶体稳定的电子振荡器。几年后，这种振荡器被用于所有高频无线电发射机。石英晶体控制振荡器现在仍然用来控制一些中等标准的时间和频率。声呐和石英晶体控制振荡器的成功应用使第一次世界大战后的几十年里探索新的压电材料和新的应用成为可能。例如，压电超声波传感器的发展使流体黏度测量和固体内部缺陷的检测成为可能。

在第二次世界大战期间，几个独立的研究小组发现了一种新的合成材料，它提供的压电常数比石英等天然材料高出许多倍。合成的多晶硅塔林陶瓷材料分别命名为铁电材料和压电陶瓷材料。钛酸钡和锆钛酸铅（PZT）是属于这类材料的两种著名的固溶体。1946 年，研究表明，经过适多的极化处理，钛酸钡具有明显的压电性能。钛酸钡的首次商业应用是在留声机拾音器上。PZT 中的强压电耦合是在 1954 年被发现的。近几十年的研究表明，PZT 的压电性能可以通过掺杂的方法来控制，这样就被能生产出软铁电体和硬铁电体材料。软铁电体材料非常适合压电驱动器和超声波传感器，硬铁电体材料提供了高功率和过滤器应用的突出稳定性。正因为如此，现在 PZT 在传统压电器件中应用最为广泛。

尽管 PZT 等压电陶瓷材料具有较高的机电耦合系数，可以制成任意形状，但石英晶体在实际应用中仍然发挥着重要作用，如用于压电式力传感器。原因举例如下：石英晶体的特殊切割导致材料性能在较宽的温度范围内保持稳定，而且几乎没有滞后现象。此外，还可以通过所谓的水热法合成石英晶体，这种方法在 20 世纪 40 年代首次被用于人工培育石英。除石英外，铌酸锂和钽酸锂是众所周知的压电单晶的代表。这两种材料在现代通信系统中都起着关键作用，因为它们常常作为表面声波（SAW）设备的压电材料。

在过去的几十年里，压电材料领域的深入研究涉及多个方面。许多研究小组致力于研究无铅压电陶瓷材料（如铌酸钾钠），该材料具有与 PZT 类似的性能。进一步的研究方向是基于弛豫的单晶，因为这类压电材料的压电常数可以取的值大大超过了 PZT 的值。由于微电子机械系统（MEMS）的重要日益凸显，对厚、薄压电薄膜的制备也进行了大量的研究和开发。作为研究方向的最后一个例子，不得不提到压电聚合物，如聚偏氟乙烯（PVDF）和多孔聚丙烯。如果将压电聚合物制成薄膜，它们就可以用于机械柔性传感器和执行器。

1.3　压电的实际应用

压电材料的应用领域从工艺测量技术、无损检测和医学到消费类电子产品和体育等。根据具体的应用，可以利用正压电效应、逆压电效应或两者的结合。下面列出了在不同应用领域中选择的应用程序（如停车传感器）。

（1）工艺测量技术和状态监测。

① 传感器，如力、扭矩、加速度、黏度。

② 测量温度和几何距离。

（2）汽车工业。

① 车传感器。

② 燃油发动机的喷射系统。

（3）生产技术。

① 超声波焊接。

② 超声波清洗。

（4）无损检测。

① 探伤。

② 材料和器件特性。

(5) 医学。

① 诊断学，如妊娠检查。

② 治疗，如肾结石碎裂（碎石术）。

(6) 消费类电子产品。

① 喇叭。

② 喷墨打印机。

③ 相机镜头设置。

(7) 智能材料和结构。

① 主动噪声控制。

② 结构健康监测。

(8) 运动，如减少网球拍的机械振动。

(9) 音乐，如吉他拾音器。

(10) 为本地能源供应收集能源。

(11) 变压器。

尽管以上所列看起来很长，但它几乎可以无限扩展。

1.4 本书内容介绍

正如标题所列，本书主要介绍压电传感器和执行器的基本原理和应用。根据1.3节所列，压电有广泛的应用。本书列举了一些典型的例子。一些例子涉及传感器技术委员会（弗里德里希-亚历山大-埃尔兰根-纽伦堡大学）在过去10年进行的研究活动。除第1章概述外，全书内容共分9章。

第2章讨论了对压电传感器和执行器很重要的物理基础，包括基本原理、特征量以及电磁学、连续介质力学和声学的基本方程。第3章研究压电的基本原理，从正、逆压电效应的原理入手。从热力学角度出发，推导出线性压电材料的力学规律。对压电材料内部的机电耦合进行了分类和定量评价。本章最后对实际应用中的压电材料（如多晶陶瓷材料）进行了全面概述。

第4章讨论有限元模拟的基本原理，因为有限元模拟已经成为压电传感器和执行器设计和优化的标准工具。本书从有限元法的基本步骤开始，然后将有限元法应用于静电场、机械场和声场。由于压电效应是指机械和电量的耦合，我们研究了基于模拟的底层场的耦合，也包括机械场和声场的耦合，这对压电式超声波换能器很重要。

第 5 章讨论了传感器和执行器材料的特性。由于可靠的数值模拟需要精确的材料参数，因此材料表征是设计和优化的关键步骤。本章从材料表征的标准方法开始，对主动材料和被动材料进行了明确的区分。压电材料属于主动材料，而压电传感器和驱动器中的其他材料（如塑料）属于被动材料。本章的重点在于所谓的反演方法，它是在传感器技术的基础上发展起来的。反演方法将有限元模拟与实测数据相结合。通过减小模拟结果与测量结果之间的偏差，方便对材料参数进行迭代调整。利用反演方法确定所选的主动材料和被动材料的材料参数和性能。

如果在运行过程中使用大的电激励信号，压电陶瓷材料将表现出明显的滞后特性。第 6 章详细介绍了一种唯象建模方法，它允许对这种大信号特性进行可靠的描述。介绍了所谓的 Preisach 滞后算子，并对不同长度尺度下的各种建模方法进行了简要的介绍。由加权初等交换算子组成的 Preisach 滞后算子，给出了两种不同的加权过程。本章还讨论了在传感器技术的基础上发展起来的广义 Preisach 滞后算子，如泛化可以考虑应用于压电材料的机械应力。我们讨论了 Preisach 滞后算子的反演问题。当利用 Preisach 滞后算子进行滞后补偿时，反演是极其重要的。

第 7 章讨论利用压电材料的超声波换能器。首先介绍了计算声场和换能器输出的半解析方法。该方法基于所考虑的超声波换能器（如活塞式换能器）的所谓空间脉冲响应（SIR）。此外，SIR 还用于确定球形聚焦传感器的空间分辨率。然后研究单元换能器、换能器阵列和复合换能器的基本结构和基本工作模式。后面的部分涉及一个简单的一维建模方法，该方法能在考虑内部换能器结构的情况下对基本的物理关系进行分析。最后给出几个压电式超声波换能器的实例。

超声波换能器的实际应用往往需要对产生的声场进行表征，这就是第 8 章讨论适当度量原则的原因。本章首先介绍传统的测量原理，如水听器和纹影光学方法。随后的部分重点论述所谓的光折射层析成像（abbr. LRT），这在传感器技术领域已经实现。这种光学测量原理能够对压电式超声波换能器（如圆柱形聚焦换能器）产生的声场进行非反应性、空间和时间分辨性的研究。能将水和空气中声压场进行表征。此外，LRT 还被用来研究机械波在光学透明固体中的传播。

压电传感器常用于物理量的测量。在第 9 章中将研究这类传感器的典型装置及其在过程测量技术中的应用。首先，对压电传感器的力、力矩、压力、加速度等物理量进行了详细介绍，包括常用的读出电子器件，如电荷放大器。然后，将提出一种能够同时测定固体板厚度和声速的方法。基本测量原理是基于超声波和现有传感器技术。本章还介绍了利用超声波传感器进行的流体流量测量，讨论了典型的测量原理以及重点建议的建模方法，该方法能对夹持式超声波流量计的换能器输出进行有效估计。最后，介绍了在传感器技术的基础上开发的机械柔性空化传感器。

第 10 章讨论了压电定位系统和压电电机，从压电叠层执行器开始，它提供的冲程比压电单个元件大得多。由于大冲程需要大的电激励信号，因此采用第 6 章的 Preisach 滞后模型对机械预应力叠层执行器进行了建模。接下来详细介绍了建立在传感器技术领域的放大压电执行器。还研究了用于定位任务的基于模型的三叠片压电执行器的滞后补偿。最后介绍的是线性和旋转压电电机。

第2章

物 理 基 础

压电传感器和执行器连接不同的物理场（如静电场和机械场）。为了研究压电器件的性能，掌握这些物理场的基础知识是必不可少的。因此，本章讨论的是压电传感器和驱动器应用的重要物理原理。2.1 节涉及电磁学，特别是电场。2.2 节和 2.3 节分别介绍了连续介质力学和声学的基础知识。

2.1 电 磁 学

本节介绍了 Maxwell 方程以及相关的本构方程，以便对电磁场进行完整的描述；还讨论了静电场，得知静电场是电磁场的一种特殊情况。2.1.3 小节详细介绍了两种介质之间具有不同材料特性的电场的界面条件。在此基础上提出了一种集总电路元方法，可以有效解决电磁场问题。关于电磁场的其他知识见文献[1，8-9，17]。

2.1.1 Maxwell 方程

James Clerk Maxwell 首次发表了完整的偏微分方程组，该方程组描述了电磁场中的物理关系[13-14]。该结果是建立在 Ampère、Gauss 和 Faraday 之前的研究基础上形成的。微分形式的 4 个 Maxwell 方程可以表示为①（时间为 t，哈密顿算子 $\nabla = [\partial/\partial x, \partial/\partial y, \partial/\partial z]^{\mathrm{T}}$）

① 为了获得后续方程的紧凑形式，位置 $\boldsymbol{r}$ 和时间 t 的自变量（即 $(\boldsymbol{r}, t)$）大多被省略。需注意，这对于连续体力学和声学也是如此。

表2.1中列出了式（2.1）~式（2.4）的含义及单位。Maxwell方程组的一般形式包含式（2.1）中的位移电流（$\partial \boldsymbol{D}/\partial t$），因此也适用于电磁场的高频域。然而对于低频域（静态），由此产生的电磁波的波长 λ 与传统电磁装置的尺寸相比是很大的。那么式（2.1）可以简化为 $\nabla \times \boldsymbol{H}=\boldsymbol{J}$。

表2.1 Maxwell方程式（2.1）~式（2.4）中的表达式各量的含义及单位

符号	含义	单位
$\boldsymbol{H}$	磁场强度；向量	$A \cdot m^{-1}$
$\boldsymbol{E}$	电场强度；向量	$V \cdot m^{-1}$
$\boldsymbol{B}$	磁通密度（磁感应）；向量	$V \cdot s \cdot m^{-2}$；T
$\boldsymbol{D}$	电通量密度（电磁感应）；向量	$A \cdot s \cdot m^{-2}$；$C \cdot m^{-2}$
q_e	体积电荷密度；标量	$A \cdot s \cdot m^{-3}$；$C \cdot m^{-3}$
$\boldsymbol{J}$	电流密度；向量	$A \cdot m^{-2}$
$\boldsymbol{M}$	磁化；向量	$V \cdot s \cdot m^{-2}$；T
$\boldsymbol{P}$	电极化；向量	$A \cdot s \cdot m^{-2}$；$C \cdot m^{-2}$

安培定律即

$$\nabla \times \boldsymbol{H}=\boldsymbol{J}+\frac{\partial \boldsymbol{D}}{\partial t} \tag{2.1}$$

法拉第定律即

$$\nabla \times \boldsymbol{E}=-\frac{\partial \boldsymbol{B}}{\partial t} \tag{2.2}$$

高斯定律即

$$\nabla \cdot \boldsymbol{D}=q_e \tag{2.3}$$

$$\nabla \cdot \boldsymbol{B}=0 \tag{2.4}$$

从Maxwell方程组可以推导出电磁场的几个性质，具体如下。

①安培定律：电流密度 $\boldsymbol{J}$ 产生磁场。根据右手螺旋定则，磁力线的方向与 $\boldsymbol{J}$ 的方向有关（图2.1（a））。

②法拉第定律：磁通量密度 $\boldsymbol{B}$ 随时间而变化，在导电回路中产生电压（图2.1（b））。

③高斯定律：电荷是电场的来源（图2.1（c））。

④第四Maxwell方程：磁场（$\boldsymbol{B}$，$\boldsymbol{H}$）是螺线形的，因此，磁力线是闭合的

（图 2.1（d））。此外，磁荷并不存在。

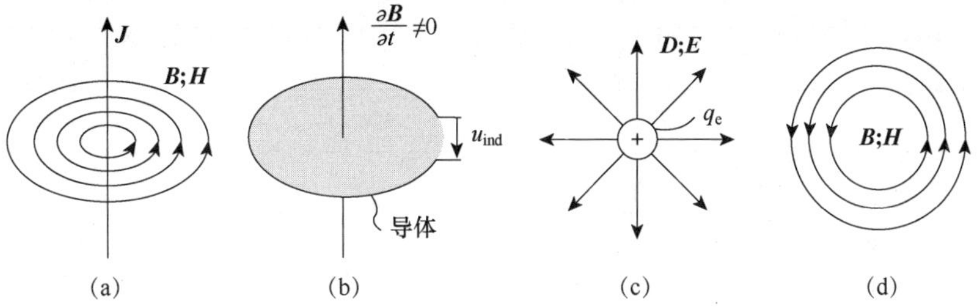

图 2.1　电磁场性质的示意图

（a）安培定律；（b）法拉第定律（感应电压 u_{ind}）；（c）高斯定律（$q_e>0$）；（d）第四 Maxwell 方程。

除了需要 Maxwell 方程外，电磁场中介质的建模还需要本构方程，本构方程需要应用材料特性。对于均质各向同性材料，本构方程为

$$\boldsymbol{J}=\gamma(\boldsymbol{E}+\boldsymbol{v}\cdot\boldsymbol{B}) \tag{2.5}$$

$$\boldsymbol{B}=\mu\boldsymbol{H}=\mu_0\boldsymbol{H}+\boldsymbol{M}=\mu_0\mu_r\boldsymbol{H} \tag{2.6}$$

$$\boldsymbol{D}=\varepsilon\boldsymbol{E}=\varepsilon_0\boldsymbol{E}+\boldsymbol{P}=\varepsilon_0\varepsilon_r\boldsymbol{E} \tag{2.7}$$

表达式（2.5）~式（2.7）中各量含义及单位见表 2.2。值得注意的是，对于各向异性材料，如压电陶瓷、电和磁性材料属性（如 ε）不能采用单个标量，而需要采用不小于 2 阶张量。表 2.3 包含了选定介质中电导率 γ、相对磁导率 μ_r 以及相对介电常数 ε_r。

表 2.2　本构方程式（2.5）~式（2.7）所用表达式各量含义及单位

符号	含义	单位
γ	电导率；标量	$\Omega^{-1}m^{-1}$
$\boldsymbol{v}$	体积电荷速度 $\boldsymbol{q}_e$；向量	$m\cdot s^{-1}$
μ	磁导率；标量	$V\cdot s\cdot A^{-1}m^{-1}$
μ_0	真空磁导率（$4\pi\times10^{-7}$）；标量	$V\cdot s\cdot A^{-1}m^{-1}$
μ_r	相对磁导率；标量	—
ε	介电常数；标量	$A\cdot s\cdot V^{-1}m^{-1}$
ε_0	真空的介电常数（8.854×10^{-12}）；标量	$A\cdot s\cdot V^{-1}\cdot m^{-1}$
ε_r	相对介电常数；标量	—

表 2.3　选定介质的电导率 γ，相对磁导率 μ_r 和相对介电常数 ε_r

介质	$\gamma/(\Omega^{-1}m^{-1})$	μ_r	ε_r
铜	$59\cdot10^6$	1	—
铁	10×10^6	>300	—
钨	18×10^6	1	—
聚偏二氟乙烯	10^{-11}	1	6
聚乙烯	10^{-13}	1	2.4
水	5×10^{-3}	1	80

2.1.2　静电场

在静态情况下，电量和磁量都与时间无关。电荷不移动，能量既不传输也不转换。因此，Maxwell 方程组和本构方程可分为电子系统和磁子系统。对于静电场（电子系统），电量之间的关系可以表示为

$$\nabla\times\boldsymbol{E}=0 \tag{2.8}$$

$$\nabla\cdot\boldsymbol{D}=q_e \tag{2.9}$$

$$\boldsymbol{D}=\varepsilon\boldsymbol{E} \tag{2.10}$$

电场强度 $\boldsymbol{E}$ 是无旋度的（参见式（2.8）），它可以用电势 V_e 表示，即

$$\boldsymbol{E}=-\nabla V_e \tag{2.11}$$

值得注意的是，如果所得的磁量仍然可以忽略，那么式（2.8）~式（2.11）同样适用于准静态电场。这时材料表现出较小的相对磁导率 μ_r 的情况。

2.1.3　电场的界面条件

在不同介质的界面上，电场和/或磁场的数量是可以变化的。首先来研究电场。假设两个各向同性均匀材料之间的界面显示不同的介电系数 ε_1 和 ε_2（图 2.2），从 Maxwell 方程组入手推导界面条件。第三个 Maxwell 方程(高斯定律，式(2.3)) 用积分的形式表示为(体 Ω、面 Γ、面向量 $\boldsymbol{\Gamma}$)

$$\int_\Omega(\nabla\cdot\boldsymbol{D})\mathrm{d}\Omega=\oint_\Gamma\boldsymbol{D}.\mathrm{d}\boldsymbol{\Gamma}=\int_\Omega q_e\mathrm{d}\Omega \tag{2.12}$$

这里应用散度定理，因为 $\mathrm{d}\Omega=b\mathrm{d}\Gamma$，假设 $b\rightarrow0$，则

$$\lim_{b\to0}\int_\Omega q_e\mathrm{d}\Omega=\int_\Gamma\sigma_e\mathrm{d}\Gamma \tag{2.13}$$

式中：σ_e 为表面电荷。此外，式(2.12) 可以改写为

$$\lim_{b\to 0}\oint_{\Gamma}\boldsymbol{D}\cdot \mathrm{d}\boldsymbol{\Gamma}\rightarrow \boldsymbol{D}_1\cdot \boldsymbol{n}_1+\boldsymbol{D}_2\cdot \boldsymbol{n}_2=\boldsymbol{n}_1(\boldsymbol{D}_1-\boldsymbol{D}_2)=\boldsymbol{D}_{1\mathrm{n}}-\boldsymbol{D}_{2\mathrm{n}} \tag{2.14}$$

对于材料界面处的法向量 $\boldsymbol{n}_1$ 和 $\boldsymbol{n}_2$。表达式中的 $\boldsymbol{D}_{1\mathrm{n}}$ 和 $\boldsymbol{D}_{2\mathrm{n}}$ 分别表示 $\boldsymbol{D}_1$ 和 $\boldsymbol{D}_2$ 的法向分量。由式(2.13) 与式(2.14) 可得到电通量密度 $\boldsymbol{D}=[\boldsymbol{D}_\mathrm{n}, \boldsymbol{D}_\mathrm{t}]^\mathrm{T}$ 的连续性关系式

$$\boldsymbol{D}_{1\mathrm{n}}=\boldsymbol{D}_{2\mathrm{n}}+\sigma_\mathrm{e} \tag{2.15}$$

假设磁场可以忽略，第二个 Maxwell 方程(法拉第定律；式(2.2)) 积分形式为(闭合轮廓线 C)

$$\int_{\Gamma}(\nabla\times \boldsymbol{E})\cdot \mathrm{d}\boldsymbol{\Gamma}=\oint_{C}\boldsymbol{E}\cdot \mathrm{d}\boldsymbol{s}=0 \tag{2.16}$$

应用斯托克定理，图2.2(b) 所示的材料界面当 $b\to 0$，可将式(2.16) 简化为

$$\lim_{b\to 0}\oint_{C}\boldsymbol{E}\cdot \mathrm{d}\boldsymbol{s}\rightarrow \boldsymbol{E}_1\cdot \boldsymbol{s}-\boldsymbol{E}_2\cdot \boldsymbol{s}=s\boldsymbol{t}\cdot(\boldsymbol{E}_1-\boldsymbol{E}_2)=\boldsymbol{E}_{1\mathrm{t}}-\boldsymbol{E}_{2\mathrm{t}}=0 \tag{2.17}$$

因此，电场强度 $\boldsymbol{E}=[\boldsymbol{E}_\mathrm{n}, \boldsymbol{E}_\mathrm{t}]^\mathrm{T}$ 的切向分量 $\boldsymbol{E}_\mathrm{t}$ 在两种材料的界面处是连续的。

同理，可以推导出磁量($\boldsymbol{B}$, $\boldsymbol{H}$) 和电流密度 $\boldsymbol{J}$ 在材料界面上的连续性关系。

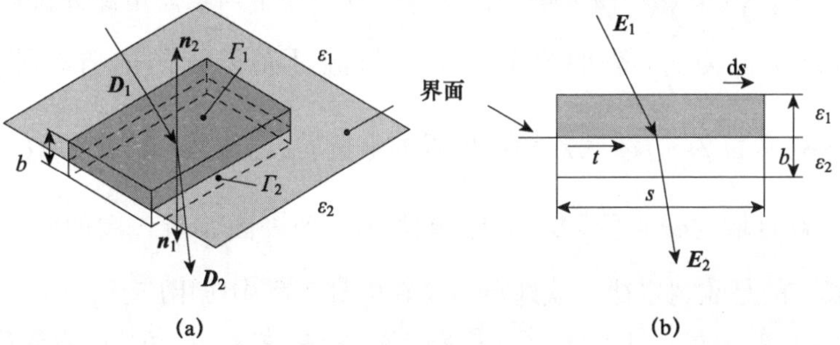

图 2.2　不同介质界面

(a) 电通量密度的连续性 $\boldsymbol{D}$；(b) 电场强度的连续性 $\boldsymbol{E}$。

2.1.4　集总电路元件

正如前面所讨论的那样，当设备尺寸比电磁波的波长小得多时，能够简化 Maxwell 方程。如果电场或磁场占主导地位，则可进一步简化。然而，由于情况的种类繁多，所得方程的应用仍然过于复杂。因此，通常采用的另一种方法是产生可靠的模拟电磁场，该方法是基于 3 个集总电路元件①：① 电阻 R；② 电感

① 通常，这些集总电路元件是定常的。例外情况是构型会随着时间而改变几何形状。

L；③电容 C(表2.4)。电感属于磁场，电容属于电场。电感器和电容分别具有测量存储磁能和电荷的能力。利用电阻器可以描述电磁能转换成其他物理场的能量，如机械场的动能。

电磁场的物理量($\boldsymbol{E}$；$\boldsymbol{D}$；$\boldsymbol{B}$；$\boldsymbol{J}$)与集总电路元件(R；L；C)之间的关系定义为

$$R = \frac{\int_{r_1}^{r_2} \boldsymbol{E} \cdot \mathrm{d}\boldsymbol{s}}{\int_A \boldsymbol{J} \cdot \mathrm{d}\boldsymbol{A}} = \frac{U}{I}(\Omega) \tag{2.18}$$

$$L = \frac{\int_A \boldsymbol{B} \cdot \mathrm{d}\boldsymbol{A}}{\int_A \boldsymbol{J} \cdot \mathrm{d}\boldsymbol{A}} = \frac{\Phi}{I}(\mathrm{H}) \tag{2.19}$$

$$C = \frac{\oint_S \boldsymbol{D} \cdot \mathrm{d}\boldsymbol{A}}{\int_{r_1}^{r_2} \boldsymbol{E} \cdot \mathrm{d}\boldsymbol{s}} = \frac{Q}{V}(\mathrm{F}) \tag{2.20}$$

式中：U、I、Φ 及 Q 均为标量，在电气工程中经常与集总电路元件联合使用。$I = \int_A \boldsymbol{J} \cdot \mathrm{d}\boldsymbol{A}$(单位为A)表明当前的电流与流过面积 A 的电荷有关。表达式 $U = \int_{r_1}^{r_2} \boldsymbol{E} \cdot \mathrm{d}\boldsymbol{s}$(单位为V)表明 $\boldsymbol{r}_1$ 和 $\boldsymbol{r}_2$ 位置的电位差(电压)$\Phi = \int_A \boldsymbol{B} \cdot \mathrm{d}\boldsymbol{A}$(单位为Vs)为通过 A、Q 区域的磁通量 $\oint_S \boldsymbol{D} \cdot \mathrm{d}\boldsymbol{A}$(单位As)即表面 S 所包围的电荷。方程式(2.18)表达的是欧姆定律，欧姆定律是在电气工程中应用广泛。

对于简单的配置，如导体、环形芯线圈(绕组数 N_{wind})和板电容器(图2.3)，可以将集总电路元件近似如下。

对导电体，有

$$R_{\mathrm{cond}} = \frac{1}{\gamma_{\mathrm{cond}} A} \tag{2.21}$$

对环形铁芯线圈，有

$$L_{\mathrm{tor}} = N_{\mathrm{wind}}^2 \frac{\mu_0 \mu_{\mathrm{tor}} h}{2\pi} \ln\left(\frac{r_{\mathrm{o}}}{r_{\mathrm{I}}}\right) \tag{2.22}$$

对板电容器，有

$$C_{\mathrm{plate}} = \frac{\varepsilon_{\mathrm{plate}} \varepsilon_0 A}{d} \tag{2.23}$$

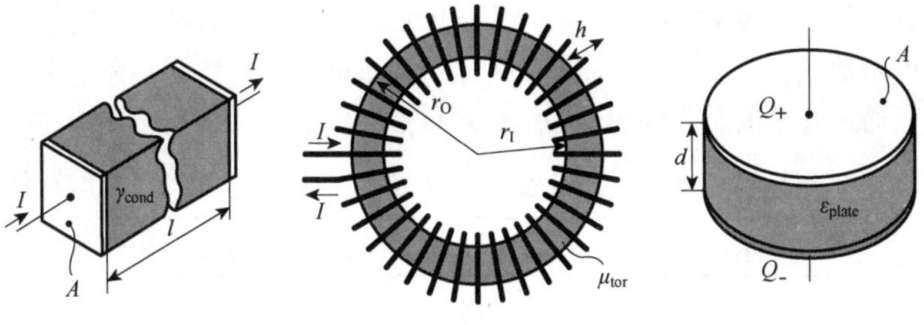

图 2.3　简单配置

(a) 电导率 γ_{cond} 均匀的导电体(长度 l、面积 A)；(b) 环形铁芯线圈(绕组数 N_{wind}、内圈半径 r_I、外半径 r_O、高度 h) 相对磁导率 μ_{tor}；(c) 包含相对介电常数 ε_{plate} 电介质的板电容器(板厚 d、面积 A)。

式中：l、A、h、r_O、r_I 和 d 为组件的几何尺寸；γ_{cond}、μ_{tor} 和 ε_{plate} 为材料特性。对于几种复杂几何构型，都能发现类似的近似。

与描述纯电场或纯磁场的简化 Maxwell 方程不同，集总单元法也适用于这些场的空间分离的分量，如线圈与电容器的组合。为了有效地研究这种组合与时间的关系，分析了包含集总元素和电能(电压源和/或电流源)的电路。对于这样的电路，在任何时候都必须满足基尔霍夫电流定律和基尔霍夫电压定律，基尔霍夫电流定律指出，在电路的任何节点上，流入该节点的电流之和等于流出该节点的电流之和。基尔霍夫电压定律指出，任何闭合网络周围的电压U_K代数和为零。

基尔霍夫电流定律：
$$\sum_{k=1}^{n} I_K = 0 \tag{2.24}$$

基尔霍夫电压定律：
$$\sum_{k=1}^{n} u_K = 0 \tag{2.25}$$

基尔霍夫电流定律指出该节点的电流之和。基尔霍夫电压定律指出，任何闭合网络周围的电压 u_K 代数和为零。

电压 $u(t)$ 和电流 $i(t)$ 随时间变化的关系在电路分析中也起着至关重要的作用。表 2.4 包含了不同集总元素的关系。除了时域中的微分方程和积分方程外，还列出了频域中集总电路元件的复阻抗$\underline{X}_x(\omega)$ 以及拉普拉斯域中的复阻抗 $X_x(s)$。频域中的复阻抗有助于分析频率为$f=\omega/2\pi$ 的正弦激励的电路，而基于拉普拉斯域的方法也可以用于某些瞬态激励信号。在这种情况下，激励信号必须分别转换到频域或拉普拉斯域。当组件的(复数) 阻抗已知时，将能够以与电阻网络类似的方法研究包含各种集总元件的电路。然而，为了获得电压和电流与时间的关系，适当的逆变换是必不可少的，即从拉普拉斯域到时域的变换。

在这一点上应该提到的是，一个真正的设备不能完全通过单一的集总元素来描述。严格地说，可靠的建模需要几个集总元素的叠加，然而，在一定频率范围内，可以通过几个集总元件的不同组合来近似器件的性能。

表 2.4　集总元件电阻 R、电感 L 和电容 C 的基本关系和通用图形符号

电阻 R	电感 L	电容 C
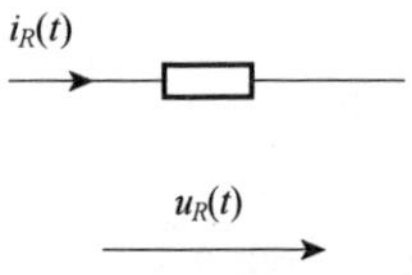	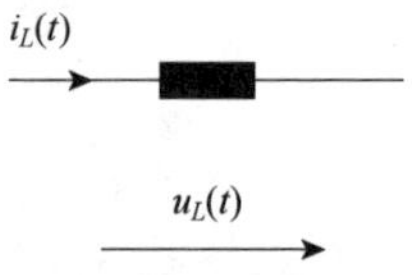	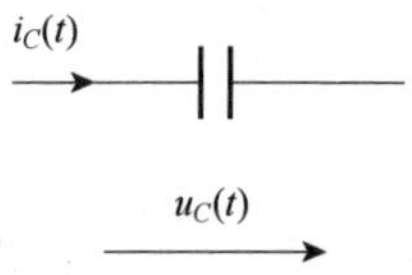
$u_x(t)=f(i_x(t),\ x)$ 当 $x\in\{R;\ L;\ C\}$： $i_R(t)\cdot R$	$L\dfrac{\mathrm{d}i_L(t)}{\mathrm{d}t}$	$\dfrac{1}{C}\int_{t_0}^{t} i_C(t)\mathrm{d}t+u_C(t_0)$
$i_x(t)=f(u_x(t),\ x)$ 当 $x\in\{R;\ L;\ C\}$： $\dfrac{U_R(t)}{R}$	$\dfrac{1}{L}\int_{t_0}^{t} u_L(t)\mathrm{d}t+i_L(t_0)$	$C\dfrac{\mathrm{d}u_C(t)}{\mathrm{d}t}$
复阻抗 $\underline{X}_x(\omega)$ 的 $x\in\{R;\ L;\ C\}$： （虚数单位 $\mathrm{j}=\sqrt{-1}$；角频率 $\omega=2\pi f$） $\underline{X}_R=R$	$\underline{X}_L(\omega)=\mathrm{j}\omega L$	$\underline{X}_C(\omega)=\dfrac{1}{\mathrm{j}\omega C}$
在拉普拉斯域的阻抗 $\underline{X}_x(s)$ 的 $x\in\{R;\ L;\ C\}$： （复数频率变量 $s=\sigma+\mathrm{j}\omega$） $X_R(s)=R$	$X_L(s)=sL$	$X_C(s)=\dfrac{1}{sC}$

2.2　连续介质力学

压电材料能够将机械能转化为电能；反之亦然。由于这类固体的机械变形在操作过程中通常比较小，可以用线性关系来描述机械场。本节将详细介绍线性连续介质力学的基本方程以及力学场的基本量（如机械应变）。因此，考虑一个可变形的固体（弹性体）。从 Navier 方程开始，它把机械应力和内体积力以及与时间有关的物体位移联系起来。变形固体的力学应变和本构方程将分别在 2.2.2 小节和 2.2.3 小节中介绍。最后讨论可能发生在固体中的不同弹性波类型。关于连续介质力学见文献[2，3，18，20]。

2.2.1 Navier 方程

Navier 方程是连续介质力学中的一个基本方程。为了推导该方程式，假设在静止时存在一个任意形状的可变形固体，具有规定的体积力 $\boldsymbol{f}_v$(给定单位体积内的体力如重力，单位为 Nm^{-3}) 和处于平衡状态的支撑件。因此，所有机械力和所有机械力矩之和等于零。如果从可变形的固体中剪出一小部分，就必须对切割面施加力以保持平衡(欧拉 - 柯西应力原理)。这些力对应于可变形固体的内力。由于作用力分布在切割面上，所以引入机械应力是合理的，它被定义为单位面积上的力。首先用平行于笛卡尔坐标系的切割平面切割出一个立方形状的小结构(图2.4(a))。式中$\boldsymbol{T}_x$、$\boldsymbol{T}_y$、$\boldsymbol{T}_z$ 表示切平面上的机械应力(矢量，单位为 Nm^{-2})，方向分别为其法向量的方向。

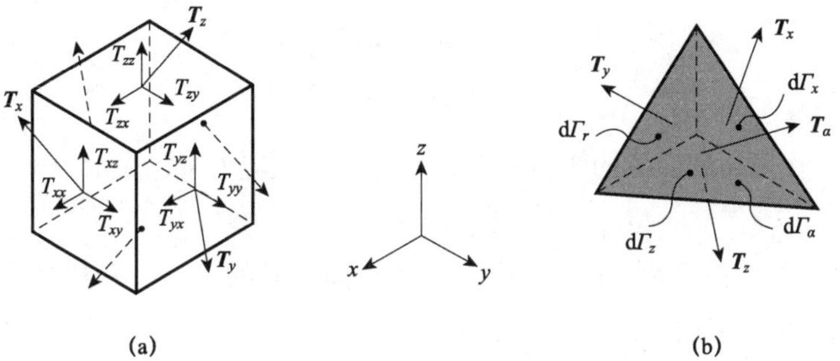

图 2.4 立方小结构的机械应力

(a) 施加在可变形固体的立方体部分的切割平面上的机械应力；

(b) 施加到显示倾斜表面的四面体元件的机械应力。

应力矢量可以分解成与笛卡尔坐标系有关的标量分量。这样，应力矢量为

$$\boldsymbol{T}_x = \boldsymbol{T}_{xx}\boldsymbol{e}_x + 6\boldsymbol{T}_{xy}\boldsymbol{e}_y + \boldsymbol{T}_{xz}\boldsymbol{e}_z \tag{2.26}$$

$$\boldsymbol{T}_y = \boldsymbol{T}_{yx}\boldsymbol{e}_x + \boldsymbol{T}_{yy}\boldsymbol{e}_y + \boldsymbol{T}_{yz}\boldsymbol{e}_z \tag{2.27}$$

$$\boldsymbol{T}_z = \boldsymbol{T}_{zx}\boldsymbol{e}_x + \boldsymbol{T}_{zy}\boldsymbol{e}_y + \boldsymbol{T}_{zz}\boldsymbol{e}_z \tag{2.28}$$

单位向量 $\boldsymbol{e}_i$ 指向方向为 i。标量分量 $\boldsymbol{T}_{ij}$， i 是指切割平面的法向量方向，j 是指应力作用的方向。$\boldsymbol{T}_{xx}$、$\boldsymbol{T}_{yy}$、$\boldsymbol{T}_{zz}$ 为正常应力，$\boldsymbol{T}_{xy}$、$\boldsymbol{T}_{xz}$、$\boldsymbol{T}_{yx}$、$\boldsymbol{T}_{yz}$、$\boldsymbol{T}_{zx}$、$\boldsymbol{T}_{zy}$ 为剪切应力。

其次，考虑一个无限小变形四面体的形状，有 3 个表面($d\Gamma_x$、$d\Gamma_y$、$d\Gamma_z$) 平行于笛卡尔坐标平面(图 2.4(b))。如果一个机械力应用于斜表面 $d\Gamma_\alpha$，维持平衡状态就需要载荷作用于其余的表面，有

$$\mathrm{d}\Gamma_x \boldsymbol{T}_x + \mathrm{d}\Gamma_y \boldsymbol{T}_y + \mathrm{d}\Gamma_z \boldsymbol{T}_z - \mathrm{d}\Gamma_\alpha \boldsymbol{T}_\alpha = 0 \tag{2.29}$$

由于倾斜表面的统一法线向量$\boldsymbol{e}_\alpha$ 可以被定义为(笛卡尔分量n_i)

$$\boldsymbol{e}_\alpha = n_x \boldsymbol{e}_x + n_y \boldsymbol{e}_y + n_z \boldsymbol{e}_z \tag{2.30}$$

表面单元$\mathrm{d}\Gamma_x$、$\mathrm{d}\Gamma_y$、$\mathrm{d}\Gamma_z$ 可以写成

$$\mathrm{d}\Gamma_x = \mathrm{d}\Gamma_\alpha n_x \quad \mathrm{d}\Gamma_y = \mathrm{d}\Gamma_\alpha n_y \quad \mathrm{d}\Gamma_z = \mathrm{d}\Gamma_\alpha n_z \tag{2.31}$$

将其与式(2.29) 和式(2.26) ~ 式(2.28) 联合，可得

$$\begin{aligned} \boldsymbol{T}_\alpha &= \boldsymbol{T}_x n_x + \boldsymbol{T}_y n_y + \boldsymbol{T}_z n_z \\ &= (\boldsymbol{T}_{xx} n_x + \boldsymbol{T}_{xy} n_y + \boldsymbol{T}_{xz} n_z)\boldsymbol{e}_x + (\boldsymbol{T}_{yx} n_x + \boldsymbol{T}_{yy} n_y + \boldsymbol{T}_{yz} n_z)\boldsymbol{e}_y \\ &\quad + (\boldsymbol{T}_{zx} n_x + \boldsymbol{T}_{zy} n_y + \boldsymbol{T}_{zz} n_z)\boldsymbol{e}_z \end{aligned} \tag{2.32}$$

利用二阶柯西应力张量$[\boldsymbol{T}]$ 可以得到一个压缩形式，即

$$[\boldsymbol{T}] = \begin{bmatrix} \boldsymbol{T}_{xx} & \boldsymbol{T}_{xy} & \boldsymbol{T}_{xz} \\ \boldsymbol{T}_{yx} & \boldsymbol{T}_{yy} & \boldsymbol{T}_{yz} \\ \boldsymbol{T}_{zx} & \boldsymbol{T}_{zy} & \boldsymbol{T}_{zz} \end{bmatrix} \tag{2.33}$$

然后，作用在四面体的倾斜表面 $\mathrm{d}\Gamma_\alpha$ 上的机械应力可以表示为

$$\boldsymbol{T}_\alpha = [\boldsymbol{T}]^{\mathrm{T}} \boldsymbol{e}_\alpha \tag{2.34}$$

如前所述，在平衡态下，可变形固体在静止时的机械力和机械力矩之和为零。因此，该方程转换为(表面 Γ、表面向量 $\boldsymbol{\Gamma}$、物体的体积 Ω)

$$\oint_\Gamma [T]^{\mathrm{T}} \mathrm{d}\boldsymbol{\Gamma} + \int_\Omega \boldsymbol{f}_v \mathrm{d}\Omega = 0 \tag{2.35}$$

旋转方程(物体中某一点的位置向量为 $\boldsymbol{r}$) 为

$$\oint_\Gamma (\boldsymbol{r} \times [\boldsymbol{T}]) \mathrm{d}\boldsymbol{\Gamma} + \int_\Omega (\boldsymbol{r} \times \boldsymbol{f}_v) \mathrm{d}\Omega = 0 \tag{2.36}$$

替换完成后，由两个方程式可知，描述静止状态中无限小部分可变形固体的平衡状态的方程式为

$$\nabla [\boldsymbol{T}] + \boldsymbol{f}_v = 0 \tag{2.37}$$

柯西应力张量$[\boldsymbol{T}]$ 具有以下特性，即

$$\boldsymbol{T}_{xy} = \boldsymbol{T}_{yx} \quad \boldsymbol{T}_{xz} = \boldsymbol{T}_{zx} \quad \boldsymbol{T}_{yz} = \boldsymbol{T}_{zy} \tag{2.38}$$

因此，$[\boldsymbol{T}]$ 是对称的，9 个张量元素可以被简化成 6 个元素。根据 Voigt 表示法，应力矢量 $\boldsymbol{T}$ 可以很方便地表示为

$$\boldsymbol{T}=\begin{bmatrix}\boldsymbol{T}_{xx}\\\boldsymbol{T}_{yy}\\\boldsymbol{T}_{zz}\\\boldsymbol{T}_{yz}\\\boldsymbol{T}_{xz}\\\boldsymbol{T}_{xy}\end{bmatrix}=\begin{bmatrix}\boldsymbol{T}_{11}\\\boldsymbol{T}_{22}\\\boldsymbol{T}_{33}\\\boldsymbol{T}_{23}\\\boldsymbol{T}_{13}\\\boldsymbol{T}_{12}\end{bmatrix}=\begin{bmatrix}\boldsymbol{T}_{1}\\\boldsymbol{T}_{2}\\\boldsymbol{T}_{3}\\\boldsymbol{T}_{4}\\\boldsymbol{T}_{5}\\\boldsymbol{T}_{6}\end{bmatrix}\tag{2.39}$$

用 6 个分量代替张量符号[$\boldsymbol{T}$]。注意，$\boldsymbol{T}$ 不代表物理应力矢量，而是包含柯西应力张量的独立分量。如果加上微分算子$\mathcal{B}$，即

$$\mathcal{B}=\begin{bmatrix}\dfrac{\partial}{\partial x} & 0 & 0 & 0 & \dfrac{\partial}{\partial z} & \dfrac{\partial}{\partial y}\\ 0 & \dfrac{\partial}{\partial y} & 0 & \dfrac{\partial}{\partial z} & 0 & \dfrac{\partial}{\partial x}\\ 0 & 0 & \dfrac{\partial}{\partial z} & \dfrac{\partial}{\partial y} & \dfrac{\partial}{\partial x} & 0\end{bmatrix}^{\mathrm{T}}\tag{2.40}$$

可以将 Voigt 表示法式(2.37) 写为

$$\mathcal{B}^{\mathrm{T}}\boldsymbol{T}+\boldsymbol{f}_v=0\tag{2.41}$$

对于无限小的物体部分的平衡态，和在动态情况下一样，式(2.41) 的右边不再是零，而是作用在物体上的惯性力。最后得到

$$\mathcal{B}^{\mathrm{T}}\boldsymbol{T}+\boldsymbol{f}_v=\varrho_0\frac{\partial^2\boldsymbol{u}}{\partial t^2}\tag{2.42}$$

式中：ϱ_0 为平衡状态下的无限小物体部分的物质密度；$\partial^2\boldsymbol{u}/\partial t^2$ 为位移相对于时间的二阶导数 $\boldsymbol{u}=[\boldsymbol{u}_x,\ \boldsymbol{u}_y,\ \boldsymbol{u}_z]^{\mathrm{T}}$(单位为 m)，因此表示的是物体的加速度。式(2.42) 是所谓的 Navier 方程，它表达了固体发生形变的动态特性，严格地说，表达的是一个无限小的部分。

2.2.2　机械应变

固体可以变形是它可以发生移动和旋转。那么，物体的变形就会导致其形状的某种变化。为了研究这种变形的线性情况(即小变形)，考虑二维空间中一个固体的无限小的矩形区域(边长 dx 和 dy)。由于机械载荷的作用，物体发生位移和/或旋转和/或变形。图 2.5 描述了初始状态的矩形区域和由机械载荷产生的平行四边形状态，该状态在下文中被称为变形状态。

$\boldsymbol{u}_x(x,\ y)$ 和 $\boldsymbol{u}_y(x,\ y)$ 分别表示边缘点$P_0(x,\ y)$ 在 x 和 y 方向上的位移。α 和

β 表示变形状态下的平行四边形的角度。假设 α 角为小角度，初始状态的边长 dx 变为

$$\frac{\mathrm{d}x+\boldsymbol{u}_x(x+\mathrm{d}x,\ y)-\boldsymbol{u}_x(x,\ y)}{\cos\alpha}\approx \mathrm{d}x+\boldsymbol{u}_x(x+\mathrm{d}x,\ y)-\boldsymbol{u}_x(x,\ y) \tag{2.43}$$

为了进一步简化这个表达式，将 $\boldsymbol{u}_x(x+\mathrm{d}x,\ y)$ 展开成泰勒级数(余项 $\mathcal{O}(n)$)，即

$$\boldsymbol{u}_x(x+\mathrm{d}x,y)=\boldsymbol{u}_x(x,y)+\frac{\partial \boldsymbol{u}_x(x,y)}{\partial x}\mathrm{d}x+\mathcal{O}(n) \tag{2.44}$$

在式(2.44)中代入式(2.43)，忽略高阶项，最终结果为

$$\frac{\mathrm{d}x+\boldsymbol{u}_x(x+\mathrm{d}x,y)-\boldsymbol{u}_x(x,y)}{\cos\alpha}\approx \mathrm{d}x+\frac{\partial \boldsymbol{u}_x(x,y)}{\partial x}\mathrm{d}x \tag{2.45}$$

平行四边形在 x 方向上的近似边长和变形状态的 y 向边长一样，是可以计算出来的。当变形与初始状态边长之差与初始状态有关时，可得

$$\boldsymbol{S}_{xx}=\frac{\partial \boldsymbol{u}_x(x,y)}{\partial x},\boldsymbol{S}_{yy}=\frac{\partial \boldsymbol{u}_y(x,y)}{\partial y} \tag{2.46}$$

分别代表 dx 和 dy 在 x 和 y 方向上的相对变化。$\boldsymbol{S}_{xx}$ 和 $\boldsymbol{S}_{yy}$ 通常被称为正应变。

除了正常的应变屈服伸长外，固体可能在变形状态下被剪切。对于所研究的无限小矩形，这种剪切是通过平行四边形的角度 α 和 β 来测量的(图 2.5)。通过位移和边长 dx，可以推导出它们之间的关系为

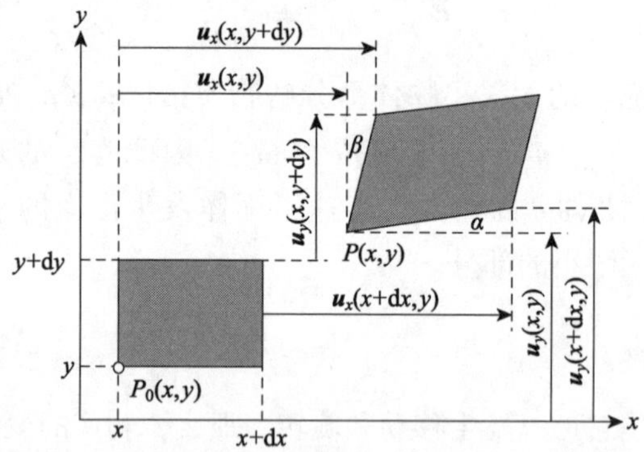

图 2.5　无限小矩形(边长 dx 和 dy)的初始状态(左)和变形状态(右)

$$\tan\alpha=\frac{\boldsymbol{u}_y(x+\mathrm{d}x,\ y)-\boldsymbol{u}_y(x,\ y)}{\mathrm{d}x+\boldsymbol{u}_x(x+\mathrm{d}x,\ y)-\boldsymbol{u}_x(x,\ y)} \tag{2.47}$$

通过将泰勒级数中的位移表达式 $\boldsymbol{u}_y(x+\mathrm{d}x,\ y)$ 和 $\boldsymbol{u}_x(x+\mathrm{d}x,\ y)$ 扩展到线性

项，式(2.47) 变为

$$\tan\alpha = \frac{\dfrac{\partial \boldsymbol{u}_y(x,y)}{\partial x}}{1 + \dfrac{\partial \boldsymbol{u}_x(x,y)}{\partial y}} \tag{2.48}$$

由于假定矩形发生小变形，$\partial \boldsymbol{u}_y(x,y)/\partial x$ 和 $\partial \boldsymbol{u}_x(x,y)/\partial y$ 以及 α 都比 1 小。因此，式(2.48) 可简化为

$$\alpha = \frac{\partial \boldsymbol{u}_y(x,y)}{\partial x} \tag{2.49}$$

可以利用相同的程序来近似角度 β。为了测量矩形的总剪切力，计算 α 和 β 的总和为

$$\alpha + \beta = \frac{\partial \boldsymbol{u}_y(x,y)}{\partial x} + \frac{\partial \boldsymbol{u}_x(x,y)}{\partial y} = 2\boldsymbol{S}_{xy} = 2\boldsymbol{S}_{yx} \tag{2.50}$$

根据上述总剪切的定义，$\boldsymbol{S}_{xy}$ 和 $\boldsymbol{S}_{yx}$ 是相等的剪切应变。在三维空间中，线性情况下共存在 9 种应变。$\boldsymbol{S}_{xx}$、$\boldsymbol{S}_{yy}$、$\boldsymbol{S}_{zz}$ 为正常应变，$\boldsymbol{S}_{xy}$、$\boldsymbol{S}_{yx}$、$\boldsymbol{S}_{xz}$、$\boldsymbol{S}_{zx}$、$\boldsymbol{S}_{yz}$、$\boldsymbol{S}_{zy}$ 为剪切应变。类似于式(2.33) 中的机械应力，定义二阶的应变张量$[\boldsymbol{S}]$是合适的

$$[\boldsymbol{S}] = \begin{bmatrix} \boldsymbol{S}_{xx} & \boldsymbol{S}_{xy} & \boldsymbol{S}_{xz} \\ \boldsymbol{S}_{yx} & \boldsymbol{S}_{yy} & \boldsymbol{S}_{yz} \\ \boldsymbol{S}_{zx} & \boldsymbol{S}_{zy} & \boldsymbol{S}_{zz} \end{bmatrix} \tag{2.51}$$

应变张量由 6 个独立分量组成，因为

$$\boldsymbol{S}_{xy} = \boldsymbol{S}_{yx} \quad \boldsymbol{S}_{xz} = \boldsymbol{S}_{zx} \quad \boldsymbol{S}_{yz} = \boldsymbol{S}_{zy} \tag{2.52}$$

成立。因此，可以把应变张量简化为一个包含 6 个分量的向量 $\boldsymbol{S}$（Voigt 表示法），即

$$\boldsymbol{S} = \begin{bmatrix} \boldsymbol{S}_{xx} \\ \boldsymbol{S}_{yy} \\ \boldsymbol{S}_{zz} \\ 2\boldsymbol{S}_{yz} \\ 2\boldsymbol{S}_{xz} \\ 2\boldsymbol{S}_{xy} \end{bmatrix} = \begin{bmatrix} \boldsymbol{S}_{11} \\ \boldsymbol{S}_{22} \\ \boldsymbol{S}_{33} \\ 2\boldsymbol{S}_{23} \\ 2\boldsymbol{S}_{13} \\ 2\boldsymbol{S}_{12} \end{bmatrix} = \begin{bmatrix} \boldsymbol{S}_{1} \\ \boldsymbol{S}_{2} \\ \boldsymbol{S}_{3} \\ \boldsymbol{S}_{4} \\ \boldsymbol{S}_{5} \\ \boldsymbol{S}_{6} \end{bmatrix} \tag{2.53}$$

同样，$\boldsymbol{S}$ 不代表物理应变矢量。通过应用式(2.40) 中的微分算子$\boldsymbol{\mathcal{B}}$，可以得到变形固体内任意一点的机械应变矢量与位移矢量 $\boldsymbol{u} = [\boldsymbol{u}_x,\ \boldsymbol{u}_y,\ \boldsymbol{u}_z]^{\mathrm{T}}$ 之间的关系为

$$S = \mathcal{B}u \tag{2.54}$$

因此，通过物体的位移可以唯一地表示机械应变。

2.2.3 本构方程与材料特性

对于线性情况，可变形固体的机械应力和应变之间的关系称为胡克定律，也称为线性弹性定律。胡克定律为

$$[\boldsymbol{T}] = [\boldsymbol{c}][\boldsymbol{S}] \tag{2.55}$$

或者为

$$[\boldsymbol{S}] = [\boldsymbol{s}][\boldsymbol{T}] \tag{2.56}$$

以弹性刚度张量(弹性张量)$[\boldsymbol{c}]$和弹性柔度张量$[\boldsymbol{s}] = [\boldsymbol{c}]^{-1}$来表示物体的力学特性。因为$[\boldsymbol{S}]$和$[\boldsymbol{T}]$都是二阶的张量，$[\boldsymbol{c}]$和$[\boldsymbol{s}]$都是包含 81 个元素的四阶张量。利用爱因斯坦求和惯例①，式(2.55)和式(2.56)变成

$$\boldsymbol{T}_{ij} = \boldsymbol{c}_{ijkl}\boldsymbol{S}_{kl} \quad \{i, j, k, l\} = \{x, y, z\} \tag{2.57}$$

$$\boldsymbol{S}_{ij} = \boldsymbol{s}_{ijkl}\boldsymbol{T}_{kl} \tag{2.58}$$

张量具有 $\boldsymbol{T}_{ij}$、$\boldsymbol{S}_{ij}$、$\boldsymbol{c}_{ijkl}$ 和 $\boldsymbol{s}_{ijkl}$ 分量。如前所述，$[\boldsymbol{S}]$和$[\boldsymbol{T}]$分别只包含 6 个独立条目。由于这一事实和附加的对称性，$[\boldsymbol{c}]$和$[\boldsymbol{s}]$的分量具有以下性质，即

$$\boldsymbol{c}_{ijkl} = \boldsymbol{c}_{jikl} \quad \boldsymbol{c}_{ijkl} = \boldsymbol{c}_{ijlk} \quad \boldsymbol{c}_{ijkl} = \boldsymbol{c}_{klij} \tag{2.59}$$

$$\boldsymbol{s}_{ijkl} = \boldsymbol{s}_{jikl} \quad \boldsymbol{s}_{ijkl} = \boldsymbol{s}_{ijlk} \quad \boldsymbol{s}_{ijkl} = \boldsymbol{s}_{klij} \tag{2.60}$$

生成一个包含 36 个元素(6 × 6)的矩阵，其中包含 21 个独立分量。

现在，假设一个各向同性和均质材料的可变形固体。对于这样的物体，机械应力和应变之间的关系(张量 tr 的迹线)如下。

正常应力为

$$\boldsymbol{T}_{ij} = 2G\left(\boldsymbol{S}_{ii} + \frac{v_{\mathrm{P}}}{1 - 2v_{\mathrm{P}}}\mathrm{tr}[\boldsymbol{S}]\right) \tag{2.61}$$

剪切应力为

$$\boldsymbol{T}_{ij} = 2G\boldsymbol{S}_{ij} \quad i \neq j \tag{2.62}$$

式中：v_{P} 为泊松比，它是垂直于所施加机械载荷的应变与载荷方向上的应力之比；G 为剪切模量(单位为 Nm^{-2})，并将剪切应力与剪切应变相关联。除了标量数量的泊松比和剪切模量外，对于各向同性固体，重要的量是测量材料刚度的杨氏模量(拉伸模量，单位为 Nm^{-2}) E_{M}。E_{M} 可以通过v_{P} 和 G 来计算，即

---

① 爱因斯坦求和惯例 $\boldsymbol{c}_{ijkl}\boldsymbol{S}_{kl} = \sum_{k,l}\boldsymbol{c}_{ijkl}\boldsymbol{S}_{kl}$。

$$E_M = 2G(1 + v_P) \tag{2.63}$$

值得注意的是，除了密度ϱ_0外，v_P、G和E_M中的两个足以完全描述物体的机械材料特性。这些量也被用来推导其他连续介质力学的其他必要的量，如 Lamé 参数λ_L和μ_L，即

$$\lambda_L = \frac{2v_P G}{1 - 2v_P} = \frac{v_P E_M}{(1 + v_P)(1 - 2v_P)} \tag{2.64}$$

$$\mu_L = G = \frac{E_M}{2(1 + v_P)} \tag{2.65}$$

如果考虑刚度张量$[\boldsymbol{c}]$的对称性和各向同性以及均质固体的材料特性，可以将式(2.55)改写为

$$\begin{bmatrix} \boldsymbol{T}_{xx} \\ \boldsymbol{T}_{yy} \\ \boldsymbol{T}_{zz} \\ \boldsymbol{T}_{yz} \\ \boldsymbol{T}_{xz} \\ \boldsymbol{T}_{xy} \end{bmatrix} = \begin{bmatrix} \lambda_L + 2\mu_L & \lambda_L & \lambda_L & 0 & 0 & 0 \\ \lambda_L & \lambda_L + 2\mu_L & \lambda_L & 0 & 0 & 0 \\ \lambda_L & \lambda_L & \lambda_L + 2\mu_L & 0 & 0 & 0 \\ 0 & 0 & 0 & \mu_L & 0 & 0 \\ 0 & 0 & 0 & 0 & \mu_L & 0 \\ 0 & 0 & 0 & 0 & 0 & \mu_L \end{bmatrix} \begin{bmatrix} \boldsymbol{S}_{xx} \\ \boldsymbol{S}_{yy} \\ \boldsymbol{S}_{zz} \\ 2\boldsymbol{S}_{yz} \\ 2\boldsymbol{S}_{xz} \\ 2\boldsymbol{S}_{xy} \end{bmatrix} \tag{2.66}$$

此外，在各向同性均质固体中，结合线性材料特性和之前研究的机械应变与位移关系的 Navier 方程式(2.42)变为

$$\mu_L \nabla \cdot \nabla \boldsymbol{u} + (\lambda_L + \mu_L) \nabla (\nabla \cdot \boldsymbol{u}) + \boldsymbol{f}_v = \varrho_0 \frac{\partial^2 \boldsymbol{u}}{\partial t^2} \tag{2.67}$$

然而，对于非均匀和各向异性的一般固体，不能定义像 Lamé 参数这样的量。结合式(2.42)、式(2.54)和胡克定律，Navier 方程也可以表示为

$$\boldsymbol{\mathcal{B}}^{\mathrm{T}}[\boldsymbol{c}]\,\mathcal{B}\boldsymbol{u} + \boldsymbol{f}_v = \varrho_0 \frac{\partial^2 \boldsymbol{u}}{\partial t^2} \tag{2.68}$$

这在线性情况下是有效的，即小的机械变形。其中，表达式$[\boldsymbol{c}]$表示的是一个 6 × 6 维的矩阵，而不是一个包含 81 个元素的张量。在下面的方程和解释中，这个矩阵总是被称为刚度张量。

2.2.4　固体中的弹性波

这里以可变形的无限延伸体来讨论固体中不同的波形。波的传播会使无限小的物体分量的位移随时间和空间的变化而变化。对于几乎所有的向量场，都可以将位移向量$\boldsymbol{u}$分解为一个无旋转的部分$\boldsymbol{u}_{\mathrm{irr}}$和一个螺线管部分$\boldsymbol{u}_{\mathrm{sol}}$，其关系如下。

无旋转的部分，有

$$\nabla \times \boldsymbol{u}_{\text{irr}} = 0 \tag{2.69}$$

对于螺线管部分，有

$$\nabla \times \boldsymbol{u}_{\text{sol}} = 0 \tag{2.70}$$

根据亥姆霍兹分解法，又引入了标量势 φ 和矢量势$\boldsymbol{\mathcal{A}}$。由此，位移矢量变为

$$\boldsymbol{u} = \underbrace{\nabla\varphi}_{\boldsymbol{u}_{\text{irr}}} + \underbrace{\nabla \times \boldsymbol{\mathcal{A}}}_{\boldsymbol{u}_{\text{sol}}} \tag{2.71}$$

将该表达式替换 Navier 方程式(2.67) 中的$\boldsymbol{u}$，并忽略规定的体积力$\boldsymbol{f}_v$，可得

$$\mu_{\text{L}} \nabla \cdot \nabla (\nabla\varphi + \nabla \times \boldsymbol{\mathcal{A}}) + (\lambda_{\text{L}} + \mu_{\text{L}}) \nabla [\nabla \cdot (\nabla\varphi) + \nabla \cdot (\nabla \times \boldsymbol{\mathcal{A}})] = \varrho_0 \frac{\partial^2(\nabla\varphi + \nabla \times \boldsymbol{\mathcal{A}})}{\partial t^2} \tag{2.72}$$

简化并重新排列可得

$$\nabla \left[(\lambda_{\text{L}} + 2\mu_{\text{L}}) \nabla \cdot \nabla\varphi - \varrho_0 \frac{\partial^2\varphi}{\partial t^2}\right] + \nabla \times \left[\mu_{\text{L}} \nabla \cdot \nabla \boldsymbol{\mathcal{A}} - \varrho_0 \frac{\partial^2 \boldsymbol{\mathcal{A}}}{\partial t^2}\right] = 0 \tag{2.73}$$

式(2.73) 导出了 φ 和$\boldsymbol{\mathcal{A}}$之间的关系式，要想等式成立，必须满足

$$\frac{\partial^2\varphi}{\partial t^2} = \frac{\lambda_{\text{L}} + 2\mu_{\text{L}}}{\varrho_0} \nabla \cdot \nabla\varphi \tag{2.74}$$

$$\frac{\partial^2 \boldsymbol{\mathcal{A}}}{\partial t^2} = \frac{\mu_{\text{L}}}{\varrho_0} \nabla \cdot \nabla \tag{2.75}$$

为了分析式(2.74) 和式(2.75)，需要对标量势和向量势使用适当的 Ansatz 函数。在这里选择

$$\varphi = f(\zeta) = f(\boldsymbol{k} \cdot \boldsymbol{x} - \omega t) \tag{2.76}$$

$$\boldsymbol{\mathcal{A}} = \boldsymbol{F}(\zeta) = \boldsymbol{F}(\boldsymbol{k} \cdot \boldsymbol{x} - \omega t) \tag{2.77}$$

表示弹性波随速度 c 在固体内沿波矢量 $\boldsymbol{k} = [\boldsymbol{k}_x, \boldsymbol{k}_x, \boldsymbol{k}_x]^{\text{T}}$ 的(正) 方向传播。表达式 $\boldsymbol{x}$ 和 ω 分别表示体内无限小的体积分数的位置和角频率。

首先研究标量势 φ 的方程，由 Ansatz 函数式(2.76) 可得以下关系式($\boldsymbol{k}$ 的分量$\boldsymbol{k}_i$；$\boldsymbol{x} = [x, y, z]^{\text{T}}$ 的分量$\boldsymbol{x}_i$)，即

$$\frac{\partial^2\varphi}{\partial t^2} = \frac{\partial}{\partial t}\left(\frac{\partial\varphi}{\partial\zeta}\frac{\partial\zeta}{\partial t}\right) = \omega^2 \frac{\partial^2\varphi}{\partial\zeta^2} \text{和} \frac{\partial^2\varphi}{\partial \boldsymbol{x}_i^2} = \frac{\partial}{\partial \boldsymbol{x}_i}\left(\frac{\partial\varphi}{\partial\zeta}\frac{\partial\zeta}{\partial \boldsymbol{x}_i}\right) = \boldsymbol{k}_i^2 \frac{\partial^2\varphi}{\partial\zeta^2}$$

由以上关系，式(2.74) 可得

$$\omega^2 \frac{\partial^2\varphi}{\partial\zeta^2} = \frac{\lambda_{\text{L}} + \mu_{\text{L}}}{\varrho_0} \underbrace{(\boldsymbol{k}_x^2 + \boldsymbol{k}_y^2 + \boldsymbol{k}_z^2)}_{\|\boldsymbol{k}\|_2^2} \tag{2.78}$$

式中：$\|\boldsymbol{k}\|_2 = k$ 为波向量的大小，也称为波数 k。因为传播波必须满足 $\omega = c\|\boldsymbol{k}\|_2$，所以可推导出

$$c_1 = \sqrt{\frac{\lambda_L + 2\mu_L}{\varrho_0}} = \sqrt{\frac{E_M(1 - v_P)}{\varrho_0(1 - 2v_P)(1 + v_P)}} = \sqrt{\frac{2G(1 - v_P)}{\varrho_0(1 - 2v_P)}} \tag{2.79}$$

它表示的是无旋转位移 $\boldsymbol{u}_{irr}$ 波的传播速度。此外，由式(2.71)可得

$$\begin{aligned}\boldsymbol{u}_{irr} &= \nabla\varphi = \frac{\partial\varphi}{\partial x}\boldsymbol{e}_x + \frac{\partial\varphi}{\partial y}\boldsymbol{e}_y + \frac{\partial\varphi}{\partial z}\boldsymbol{e}_z \\ &= \frac{\partial\varphi}{\partial\zeta}\underbrace{\frac{\partial\zeta}{\partial x}}_{k_x}\boldsymbol{e}_x + \frac{\partial\varphi}{\partial\zeta}\underbrace{\frac{\partial\zeta}{\partial y}}_{k_y}\boldsymbol{e}_y + \frac{\partial\varphi}{\partial\zeta}\underbrace{\frac{\partial\zeta}{\partial z}}_{k_z}\boldsymbol{e}_z = \boldsymbol{k}\frac{\partial\varphi}{\partial\zeta}\end{aligned} \tag{2.80}$$

这表明位移的无旋部分是指向波传播的方向，即体积分数的扩展完全沿这个方向改变(图2.6(a))。与此相反，体积分数与 $\boldsymbol{k}$ 完全保持垂直。所得的以速度 c_1(式(2.79))传播的弹性波通常称为纵向波或压缩波。

如果用 Ansatz 函数式(2.77)对式(2.75)中的向量电势 $\boldsymbol{\mathcal{A}}$ 进行类似的处理，将得到波的传播速度为

$$c_t = \sqrt{\frac{\mu_L}{\varrho_0}} = \sqrt{\frac{E_M}{2(1 + v_P)\varrho_0}} \tag{2.81}$$

此外，在式(2.77)中代入 Ansatz 函数式(2.71)，得到位移的螺线管部分 $\boldsymbol{u}_{sol}$ 为

$$\boldsymbol{u}_{sol} = \nabla \times \boldsymbol{\mathcal{A}} = \boldsymbol{k} \times \frac{\partial \boldsymbol{\mathcal{A}}}{\partial\zeta} \tag{2.82}$$

因此，$\boldsymbol{u}_{sol}$ 完全垂直于波的传播方向 $\boldsymbol{k}$(图2.6(b))。这种以速度 c_t 传播的弹性波(式(2.81))称为横向波或剪切波。不同波类型即纵向波和横向波的传播速度之比为

$$\frac{c_1}{c_t} = \sqrt{\frac{\lambda_L + 2\mu_L}{\mu_L}} = \sqrt{\frac{2(1 - v_P)}{1 - 2v_P}} \tag{2.83}$$

从而得到不等式 $c_1 > \sqrt{2}c_t$。由此可知，纵波在均匀各向同性固体中的传播速度总是大于横波的传播速度。

纯纵向波和纯横向波只能存在于无限延伸的固体中。在现实中，总会发生这些波类型的叠加。例如，在固体表面传播的波，如 Rayleigh 波。然而，在一些实际情况中，能够通过主导波型，即纵向波或横向波来近似固体波传播。

表2.5包含了各种固体连续介质力学中最重要的参数。注意，所列的值是指典型的参数，可以在文献中找到。事实上，材料样本的参数与给定值有很大的偏

差。这主要源于制造过程中的差异和不确定性。

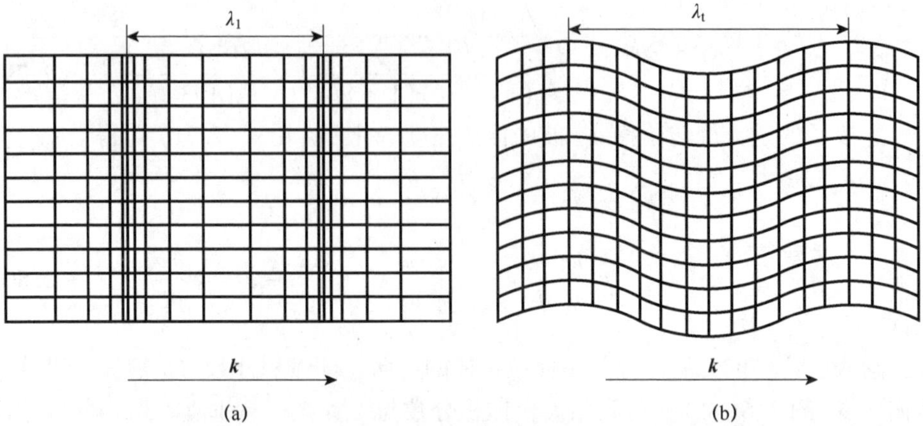

图 2.6　弹性波在无限小部分固体的变化(波传播方向为 $\boldsymbol{k}$；弹性波的波长 λ_l 和 λ_t)
(a) 纵向波；(b) 横向波。

表 2.5　连续介质力学中固体的典型材料参数
(平衡密度 ϱ_0；杨氏模量 E_M；泊松比 ν_P；Lamé 参数 λ_L 和 μ_L；纵向波和横向波的传播速度分别为 c_l 和 c_t)

材料	ϱ_0/(kgm^{-3})	E_M/(10^{10}Nm^{-2})	ν_P	λ_L/ 10^{10}Nm^{-2}	μ_L 10^{10}Nm^{-2}	c_l/(ms^{-1})	c_t/(ms^{-1})
有机玻璃	1190	0.44	0.39	0.56	0.16	2720	1150
铝	2700	6.76	0.36	6.40	2.49	6490	3030
红铜	8930	12.62	0.37	13.11	4.61	5000	2270
铁	7690	20.34	0.29	10.89	7.88	5890	3200
聚乙烯	900	0.08	0.46	0.32	0.03	2030	550
银	10600	7.47	0.38	8.57	2.71	3630	1600
钨丝	19400	41.58	0.27	19.26	16.41	5180	2910

2.3 声 学

虽然固体材料可以抵抗体积和形状的变化，但气体和(非黏性)液体只能对体积的变化作出反应。这是由于气体和这种液体不能传递剪切力。因此，横波不传播。在接下来的内容中将介绍声学的基础知识，即波在气体和液体中的传播，这对于理解压电超声波换能器的特性和对其建模非常重要。首先，讨论了基本量(如声压)和声波的波动理论。然后，将推导线性声波方程，该方程由质量守恒、动量守恒和覆盖介质属性的状态方程组成。2.3.4 小节研究了不同介质界面的衍射和反射效应。最后，简要介绍声音在气体和液体中传播过程中发生的能量吸收机制。关于声学的更多文献可以在文献[5，10，12，16]中找到。

2.3.1 基本量

声波在气体和液体中的传播伴随着 3 个状态变量的局部和时间变化：

(1) 传播介质的密度ϱ；

(2) 作用于介质内部的压强 p(单位面积上的力)；

(3) 粒子的速度 $\boldsymbol{v}$，即介质的体积分数。

一般情况下，状态变量包含以下各量($\boldsymbol{r}$ 为介质中的位置)，即

密度，即

$$\varrho(\boldsymbol{r},\ t)=\varrho_0+\varrho_{\sim}(\boldsymbol{r},\ t) \tag{2.84}$$

压强，即

$$p(\boldsymbol{r},\ t)=p_0+p_{\sim}(\boldsymbol{r},\ t) \tag{2.85}$$

速度，即

$$\boldsymbol{v}(\boldsymbol{r},\ t)=\boldsymbol{v}_0+\boldsymbol{v}_{\sim}(\boldsymbol{r},\ t) \tag{2.86}$$

式中：ϱ_0(标量，单位为 $\mathrm{kg\cdot m^{-3}}$)、p_0(标量，单位为 $\mathrm{N\cdot m^{-2}}$ 和 Pa) 和 $\boldsymbol{v}_0$(载体，单位为 $\mathrm{m\cdot s^{-1}}$) 分别为介质的平衡状态的密度、压强和粒子速度。$\varrho_{\sim}$、$p_{\sim}$ 和 $\boldsymbol{v}_{\sim}$ 表示波动，这些波动是由声波传播引起的。这就是为什么这些量通常被称为声密度、声压和声粒子速度的原因。其中一个参数足以完全指定声场，因此，$\varrho_{\sim}$、$p_{\sim}$ 和 $\boldsymbol{v}_{\sim}$ 被称为声场量。根据波动的频率 f(单位为 $\mathrm{s^{-1}}$ 或 Hz)，将声音分为以下几种。

① 次声：$f\leqslant 16\mathrm{Hz}$。

② 可听声：$16\mathrm{Hz}<f\leqslant 20\mathrm{kHz}$。

③ 超声：$20\text{kHz} < f \leqslant 1\text{GHz}$。

④ 特超声：$f > 1\text{GHz}$。

除了声密度、声压和声粒子速度外，声强和声功率是声学中重要的量。矢量声强$\boldsymbol{I}_{ac}$ 的定义为

$$\boldsymbol{I}_{ac}(\boldsymbol{r}, t) = p_{\sim}(\boldsymbol{r}, t) \cdot v_{\sim}(\boldsymbol{r}, t) \quad (\text{Wm}^{-2}) \tag{2.87}$$

在 $\boldsymbol{r}$ 位置测量与时间相关的声能。从声源的声强可以计算出声源的声功率 $P_{ac}(t)$ 为

$$P_{ac}(t) = \oint_{A} \boldsymbol{I}_{ac}(\boldsymbol{r}, t) \cdot \mathrm{d}\boldsymbol{A} \quad (\text{W}) \tag{2.88}$$

这里采用了包围声源的包络面 $\boldsymbol{A}$。

由于上述声学量的范围很大(表 2.6)，引入分贝(dB)的归一化对数标度是很方便的。为了获得有意义的值，$p_{\sim}$、$\boldsymbol{I}_{ac}$ 和 P_{ac} 必须在产生$p_{\sim}$、$\boldsymbol{I}_{ac}$ 和 P_{ac} 的一段时间内取平均值，对数尺度通常用($\|\boldsymbol{I}_{ac}\|2 = \boldsymbol{I}_{ac}$) 计算。

声压级为

$$L_P = 20\lg\left(\frac{\bar{p}_{\sim}}{p_{ref}}\right), \quad p_{ref} = 2 \cdot 10^{-5}\text{Pa} \tag{2.89}$$

声音强度等级为

$$L_1 = 10\lg\left(\frac{\bar{\boldsymbol{I}}_{ac}}{I_{ref}}\right), \boldsymbol{I}_{ref} = 10^{-12}\text{W} \cdot \text{m}^{-2} \tag{2.90}$$

声功率级为

$$L_P = 10\lg\left(\frac{\bar{P}_{ac}}{P_{ref}}\right), P_{ref} = 10^{-12}\text{W} \tag{2.91}$$

式中 p_{ref}、I_{ref} 和 P_{ref} 为频率 1kHz 的正弦波在人类听觉阈值处的值。例如，空气中的声压级$L_P = 0\text{dB}$ 意味着平均声压$\bar{p}_{\sim}$ 等于 $20\mu\text{Pa}$。需注意，在液体中则选择其他值进行归一化，如在水中 $p_{ref} = 1\mu\text{Pa}$。

表 2.6 不同声音事件的平均声压$\bar{p}_{\sim}$ 和声压级L_P 的典型值（静态空气压强$p_0 = 10^5\text{Pa}$）

声音事件	平均声压/Pa	声压级/dB
听力阈值	20×10^{-6}	0
会话演讲	$< 2 \times 10^{-2}$	60
城市里的街道噪声	5×10^{-2}	68

续表

声音事件	平均声压 /Pa	声压级 /dB
管弦乐	5	108
凿岩机的噪声	50	128

2.3.2　声波理论

声波的波动理论与质量守恒、动量守恒和状态方程直接相关。

1. 质量守恒

如前文所述,声音传播伴随着传播介质的局部密度变化。根据质量守恒,密度变化改变空间固定体积分数的质量。质量的变化必须由一定质量的流体通过包围体积分数的表面来补偿。为了给出详细的描述,考虑介质的任意体积分数 Ω(图 2.7(a))。体积分数的质量 m 的结果为

$$m(t) = \int_{\Omega} \varrho(\boldsymbol{r},t)\,\mathrm{d}\Omega \tag{2.92}$$

式中:$\varrho(\boldsymbol{r},t)$ 为密度与空间和时间的关系。在时间间隔内,正质量流通过体积表面将使体积分数内的质量减小。因此,可以规定

$$\underbrace{\oint_{\Gamma} \varrho(\boldsymbol{r},t)\boldsymbol{v}(\boldsymbol{r},t)\,\mathrm{d}t \cdot \mathrm{d}\boldsymbol{\Gamma}}_{\text{质量流量}} = \underbrace{-\int_{\Omega}[\varrho(\boldsymbol{r},t+\mathrm{d}t) - \varrho(\boldsymbol{r},t)]\,\mathrm{d}\Omega}_{\text{质量变化}} \tag{2.93}$$

$\varrho(\boldsymbol{r},t+\mathrm{d}t)$ 表达式可以用一阶泰勒级数近似为

$$\varrho(\boldsymbol{r},t+\mathrm{d}t) \approx \varrho(\boldsymbol{r},t) + \frac{\partial \varrho(\boldsymbol{r},t)}{\partial t}\mathrm{d}t \tag{2.94}$$

通过进一步应用散度定理,式(2.93)变成

$$\int_{\Omega} \nabla \cdot [\varrho(\boldsymbol{r},t)\boldsymbol{v}(\boldsymbol{r},t)]\,\mathrm{d}\Omega = -\int_{\Omega} \frac{\partial \varrho(\boldsymbol{r},t)}{\partial t}\mathrm{d}\Omega \tag{2.95}$$

由于在传播介质中的每个体积分数必须满足这种关系,能够以微分形式重写式(2.95),即

$$\nabla \cdot [\varrho(\boldsymbol{r},t)\boldsymbol{v}(\boldsymbol{r},t)] = -\frac{\partial \varrho(\boldsymbol{r},t)}{\partial t} \tag{2.96}$$

这个公式通常被称为连续性方程。

2. 动量守恒

研究声传播的动量守恒,在位置 $\boldsymbol{r} = [x,\ y,\ z]^{\mathrm{T}}$ 处考虑了立体形状的无限小体积 $\mathrm{d}\Omega = \mathrm{d}x\mathrm{d}y\mathrm{d}z$(图 2.7(b))随着介质移动。对于气体或非黏性流体,传播介质

内的压力变化引起排斥力 $\boldsymbol{F}=[F_x(r,\ t),\ F_y(r,\ t),\ F_z(r,\ t)]^{\mathrm{T}}$ 作用该体积上。对于考虑的构型，力在 x 方向上的平衡变为

$$\mathrm{d}F_x(x,\ y,\ z,\ t)+\left[p\left(x+\frac{\mathrm{d}x}{2},\ y,\ z,\ t\right)-p\left(x-\frac{\mathrm{d}x}{2},\ y,\ z,\ t\right)\right]\mathrm{d}y\mathrm{d}z=0 \tag{2.97}$$

通过对线性项进行泰勒级数展开式 $p(x\ \pm\mathrm{d}x/2,\ y,\ z,\ t)$，有

$$p\left(x\ \pm\frac{\mathrm{d}x}{2},y,z,t\right)\approx p(x,y,z,t)\ \pm\frac{\partial p(x,y,z,t)}{\partial x}\frac{\mathrm{d}x}{2} \tag{2.98}$$

式(2.97) 简化为

$$\mathrm{d}F_x(x,y,z,t)=-\frac{\partial p(x,y,z,t)}{\partial x}\mathrm{d}\Omega \tag{2.99}$$

如果 y 方向和 z 方向执行同一过程，将得到

$$\mathrm{d}\boldsymbol{F}(\boldsymbol{r},\ t)=-\nabla p(\boldsymbol{r},\ t)\mathrm{d}\Omega \tag{2.100}$$

以紧凑形式表示无限小体积的力的平衡。此外，对于显示质量的考虑体积，必须满足牛顿定律 $\mathrm{d}m=\varrho(\boldsymbol{r},\ t)\mathrm{d}\Omega$，即

$$\mathrm{d}\boldsymbol{F}(\boldsymbol{r},\ t)=\varrho(\boldsymbol{r},\ t)\boldsymbol{a}(\boldsymbol{r},\ t)\mathrm{d}\Omega \tag{2.101}$$

式中：$\boldsymbol{a}$ 和 $\mathrm{d}\boldsymbol{F}$ 分别为物体的加速度和斥力作用于无穷小的体积上。因为体积无限小 $\mathrm{d}\Omega$ 按照时间 t 改变它的位置 $\boldsymbol{r}$，它的加速度 $\boldsymbol{a}$ 可以计算的粒子速度 $\boldsymbol{v}$（用全导数 $\mathrm{d}/\mathrm{d}t$ 的 4 次方）①

$$\boldsymbol{a}=\frac{\mathrm{d}\boldsymbol{v}}{\mathrm{d}t}=\frac{\partial\boldsymbol{v}}{\partial t}+\frac{\partial\boldsymbol{v}}{\partial x}\frac{\partial x}{\partial t}+\frac{\partial\boldsymbol{v}}{\partial y}\frac{\partial y}{\partial t}+\frac{\partial\boldsymbol{v}}{\partial z}\frac{\partial z}{\partial t}=\frac{\partial\boldsymbol{v}}{\partial t}+(\boldsymbol{v}\cdot\nabla)\boldsymbol{v} \tag{2.102}$$

利用这个关系以及式(2.100) 和式(2.101)，最终得到

$$\varrho\left[\frac{\partial\boldsymbol{v}}{\partial t}+(\boldsymbol{v}\cdot\nabla)\boldsymbol{v}\right]=-\nabla p \tag{2.103}$$

这就是所谓的欧拉方程的微分形式。这个表达式$(\boldsymbol{v}\cdot\nabla)\boldsymbol{v}$(对流加速度) 说明了流体相对于空间的不依赖于时间的加速度的影响。

3. 状态方程

状态变量(ϱ、p 和 $\boldsymbol{v}$) 来描述声波的传播并不是相互独立的。实际上，它们之间的关系取决于传播介质的性质。在液体和气体中，压力是一个函数的介质的密度和温度 ϑ，即

$$p=p(\varrho,\ \vartheta) \tag{2.104}$$

① 为了紧凑起见，省略了参数位置 $\boldsymbol{r}$ 和时间 t。

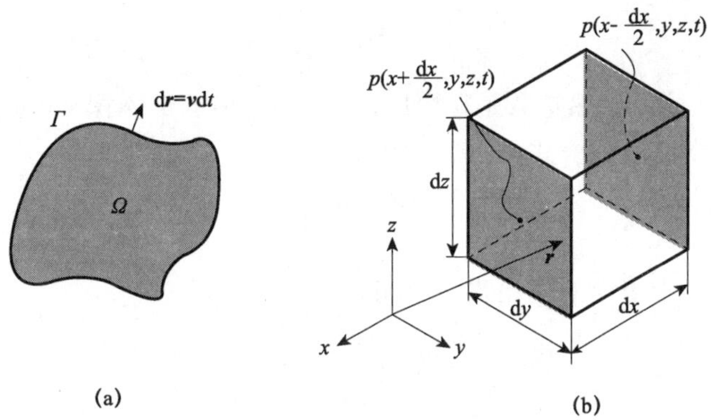

图 2.7　声波的动量守恒与质量守恒

(a) 连续性方程推导考虑任意体积分数 Ω；(b) 体积无限小 $d\Omega = dxdydz$ 的 3 次形状(推导出了欧拉方程)。

由于声在传播介质中伴随着快速的局部变化，相邻体积分数之间的传热在第一步可以忽略不计。因此，可以假定在传声和绝热过程中介质温度是恒定的。因此，压力只是介质密度的函数，如 $p = p(\varrho)$。此外，能够将$p_{\sim}$ 和$\varrho_{\sim}$ 的波动联系起来，它们是由传播的声波引起的。如果声压在平衡态ϱ_0 周围以泰勒级数展开，会得到

$$p_{\sim} = \frac{A}{1!}\left(\frac{\varrho_{\sim}}{\varrho_0}\right) + \frac{B}{2!}\left(\frac{\varrho_{\sim}}{\varrho_0}\right)^2 + \mathcal{O}(n) \tag{2.105}$$

其中，

$$A = \varrho_0\left(\frac{\partial p_{\sim}}{\partial \varrho_{\sim}}\right)\Bigg|_{\varrho=\varrho_0} \equiv \varrho_0 c_0^2$$

$$B = \varrho_0^2\left(\frac{\partial^2 p_{\sim}}{\partial \varrho_{\sim}^2}\right)\Bigg|_{\varrho=\varrho_0} \tag{2.106}$$

式中：c_0 为声速(声速指波在介质中的传播速度)。对于表现出比平衡态小的波动的声波，A 足以描述声量之间的关系。这将导致

$$p_{\sim} = c_0^2\,\varrho_{\sim} \tag{2.107}$$

这是声学中的一个基本方程。然而，在大波动的情况下，在声音传播过程中会出现非线性效应(如前进畸变)。这种影响可以通过对 B 的额外考虑来建模。温度相关比 B/A 已经成为非线性声学中一个常见的表达式，并在文献[6] 中列出了各种液体和气体的温度相关比 B/A。

在下面的例子中，假设$p_{\sim}$ 和$\varrho_{\sim}$ 的值很小，允许线性化，只考虑式(2.105)中的泰勒级数的线性项 A。线性化同时适用于气体和液体。对于理想气体，绝热状态方程为

$$\frac{p_0 + p_{\sim}}{p_0} + \left(\frac{\varrho_0 + \varrho_{\sim}}{\varrho_0}\right)^{\kappa} \tag{2.108}$$

$\kappa = C_p / C_v$ 表示绝热指数是在恒压比热容 C_p 和恒定体积下的比热容 C_v 的比例。利用线性泰勒近似，式(2.108) 可改写为

$$p_{\sim} = \kappa \frac{p_0}{\varrho_0} \varrho_{\sim} \tag{2.109}$$

再加上气体中声速的变化式(2.106)，有

$$c_0 = \sqrt{\left(\frac{\partial p_{\sim}}{\partial \varrho_{\sim}}\right)\bigg|_{\varrho=\varrho_0}} = \sqrt{\kappa \frac{p_0}{\varrho_0}} \tag{2.110}$$

因为理想气体满足关系$p_{\sim} = \varrho_{\sim} R_{\text{gas}} \vartheta$(特定气体常数 R_{gas})，式(2.110) 可以写为

$$c_0 = \sqrt{\kappa R_{\text{gas}} \vartheta} \tag{2.111}$$

这表明气体中的声速与温度密切相关。在液体中，式(2.109) 需要被替换为

$$p_{\sim} = K_{\text{liquid}} \frac{\varrho_{\sim}}{p_0} \tag{2.112}$$

K_{liquid} 是绝热体模量，有

$$K_{\text{liquid}} = \varrho_0 \left(\frac{\partial p_{\sim}}{\partial \varrho_{\sim}}\right)\bigg|_{\varrho=\varrho_0} \tag{2.113}$$

因此，声速 c_0 在液体中的计算结果为

$$c_0 = \sqrt{\frac{K_{\text{liquid}}}{\varrho_0}} \tag{2.114}$$

表 2.7 列出了各种液体和气体的声速。

表 2.7　在选定的温度下各种液体和气体的典型声速 c_0(单位为 $\text{m} \cdot \text{s}^{-1}$)

丙酮	空气	氩	苯	柴油
在 25℃ 时为 1174	在 20℃ 为 344 在 100℃ 时为 386 在 500℃ 时为 553	在 0℃ 为 319	在 25℃ 为 1330	在 25℃ 为 1250
镓	甘油	氦气	氢气	水
在 30℃ 时为 2870	在 25℃ 时为 1904	在 0℃ 时为 965	在 0℃ 时为 1284	在 20℃ 时为 1480 在 30℃ 时为 1509 在 60℃ 时为 1550

2.3.3　线性声波方程

为了推导线性声波方程，假设声在传播介质的传播过程中压力和密度的小波动，即

$$\varrho_{\sim}(\boldsymbol{r},\ t) \ll \varrho_0, \qquad p_{\sim}(\boldsymbol{r},\ t) \ll p_0 \tag{2.115}$$

通过利用这个假设，平衡量ϱ_0、p_0 和 $\boldsymbol{v}_0$ 既不依赖于位置 $\boldsymbol{r}$，也不依赖于时间 t，连续性方程式(2.96) 简化为

$$\varrho_0 \nabla \cdot \boldsymbol{v}_{\sim}(\boldsymbol{r},t) = -\frac{\partial \varrho_{\sim}(\boldsymbol{r},t)}{\partial t} \tag{2.116}$$

此外，小振幅的声波在气体和非黏性液体中不产生涡流，导致无旋波传播，即无旋波，如纯纵波。对流加速度$(\boldsymbol{v}\cdot\nabla)\boldsymbol{v}$ 因此可以被忽略。加上小波动的假设式(2.115)，欧拉方程式(2.103) 变为

$$\varrho_0 \frac{\partial \boldsymbol{v}_{\sim}(\boldsymbol{r},t)}{\partial t} = -\nabla p_{\sim}(\boldsymbol{r},t) \tag{2.117}$$

如果将旋度算子应用于式(2.117) 中，将得到

$$\nabla \times \boldsymbol{v}_{\sim}(\boldsymbol{r},\ t) = 0 \tag{2.118}$$

再次指出粒子的速度 $\boldsymbol{v}_{\sim}$，因此，波的传播是无旋的。现在，将额外的时间导数 $\partial/\partial t$ 转移到式(2.116)，有

$$\varrho_0 \nabla \cdot \frac{\partial \boldsymbol{v}_{\sim}(\boldsymbol{r},t)}{\partial t} = -\frac{\partial \varrho_{\sim}(\boldsymbol{r},t)}{\partial t^2} \tag{2.119}$$

将表达式 $\partial \boldsymbol{v}_{\sim}/\partial t$ 从式(2.117) 代入式(2.119) 中，则有

$$\nabla \cdot \nabla\, p_{\sim}(\boldsymbol{r},t) = \frac{\partial^2 \varrho_{\sim}(\boldsymbol{r},t)}{\partial t^2} \tag{2.120}$$

通过对声压指数$p_{\sim}$ 与声密度$\varrho_{\sim}$ 的基本关系的研究（式 2.107），最后（拉普拉斯算子 $\boldsymbol{\Delta} = \nabla \cdot \nabla$），有

$$\boldsymbol{\Delta} p_{\sim}(\boldsymbol{r},t) = \frac{1}{c_0^2}\frac{\partial^2 p_{\sim}(\boldsymbol{r},t)}{\partial t^2} \tag{2.121}$$

表示声压$p_{\sim}$ 线性波动方程。

根据亥姆霍兹分解，可以用标量势和矢量势的组合来表示粒子的速度 $\boldsymbol{v}_{\sim}$。由于粒子速度是无旋的(式 2.118)，分解只需要一个标量势，即声速势 Ψ，有

$$\boldsymbol{v}_{\sim}(\boldsymbol{r},\ t) = -\nabla \Psi(\boldsymbol{r},\ t) \tag{2.122}$$

式(2.122) 可以代入到修正的欧拉方程(2.117) 中，得到

$$p_{\sim}(\boldsymbol{r},t)=\varrho_0\frac{\partial\Psi(\boldsymbol{r},t)}{\partial t}\tag{2.123}$$

因此，声速势Ψ可以很容易地与粒子速度和声压这两个量联系起来。此外，如果将式(2.121)代入式(2.123)，则有

$$\Delta\Psi_{\sim}(\boldsymbol{r},t)=\frac{1}{c_0^2}\frac{\partial^2\Psi_{\sim}(\boldsymbol{r},t)}{\partial t^2}\tag{2.124}$$

即声速电势是与式(2.121)形式相同的线性声波方程。

线性波动方程仅局限于声传播过程中$p_{\sim}$和$\varrho_{\sim}$的小波动。为了考虑这些量的大波动，需要考虑非线性效应的替代方程，如KZK(Khokhlov - Zabolotskaya - Kuznetsov)方程[6]。

2.3.4 声音的反射和折射

到目前为止已经描述了声波在均匀介质中的传播。当声波撞击具有不同材料特性(如密度)的两种介质的界面时，可能会发生声波的反射和折射。让我们用平面波来研究这些效应。这些波在每个垂直于传播方向的平面上具有相等的状态量(如声压)(图2.8(a))。

对于频率为f的正弦平面波，相同状态之间的几何距离对应于波长λ，该波长的波传播的基本关系式为(角频率ω、波数k)

$$\lambda=\frac{c_0}{f}=\frac{2\pi c_0}{\omega}=\frac{2\pi}{k}\tag{2.125}$$

除了2.3.1小节中讨论的声学量外，声阻抗Z_{aco}是表征介质相对于声波传播特性的必要量。在平面声波的情况下，传播介质的声阻抗(单位为Nsm^{-3})为

$$Z_{\text{aco}}=\frac{\hat{p}_{\sim}}{\hat{v}_{\sim}}=\varrho_0c_0\tag{2.126}$$

式中：$\hat{p}_{\sim}$和$\hat{v}_{\sim}$分别为声压和质点速度的振幅，尽管声波代表纵向波，并且专门指液体和气体，但是声阻抗$Z_{\text{aco}}=\varrho_0c_0$的定义通常用于固体，该固体还可以传输横向波。因此，根据声学方面的文献，把固体中的弹性波(2.2.4小节)也称为声波。由于固体的密度和声速相当高，它们的声阻抗(如铁的$Z_{\text{aco}}\approx 50\times10^6\ \text{Nsm}^{-3}$)通常比气体和液体的声阻抗大许多倍。

假设介质1和介质2这两种不同的均匀材料(图2.8(b))之间存在一个界面，分别表现出平衡密度1和平衡密度2以及声速c_1和声速c_2。声波将在这个界面上撞击介质1。由于界面位于yz平面内，平面声波在xy平面内传播，在二维空间中

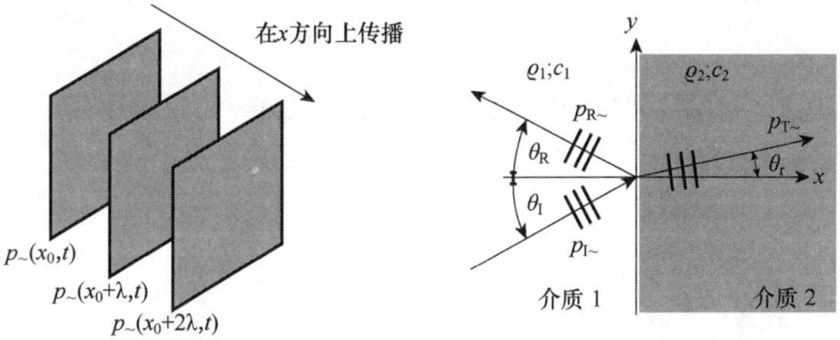

(a)　　　　(b)

图 2.8　声音的反射和折射

(a) 沿 x 方向传播的平面压力波(灰平面表示等状态的区域)；(b) 平面压力波撞击不同介质界面的反射与透射。

讨论构型就足够了，即在 xy 平面上，根据位置和时间可以写出正弦入射波指数 $p_{I\sim}$(实部 $\Re\{\cdot\}$ 虚部 $j=\sqrt{-1}$)，即

$$p_{I\sim}(x,y,t)=\Re\{\underline{\hat{p}}_{I\sim}\ e^{jk_1[x\cos\Theta_I+y\sin\Theta_I]}e^{j\omega t}\} \tag{2.127}$$

式中：Θ_I 为相对于界面法线方向的入射角；k_1 为介质 1 中入射压力波的波数。复值振幅 $\underline{\hat{p}}_{I\sim}=\hat{p}_{I\sim}\ e^{j\phi_I}$ 包括 $t=0$ 时波的振幅 $\hat{p}_{I\sim}$ 及其相位角 ϕ_I。为了实现平面波的紧致公式，进一步给出了它们的复值表示法。这样，式(2.127) 变成

$$\underline{p}_{I\sim}(x,y)=\underline{\hat{p}}_{I\sim}\ e^{jk_1[x\cos\Theta_I+y\sin\Theta_I]} \tag{2.128}$$

对于在介质 1 中传播的反射波 $p_{R\sim}$ 和在介质 2 中传播的透射波 $p_{T\sim}$，复数值表示为(复数值振幅 $\underline{\hat{p}}_{R\sim}$ 和 $\underline{\hat{p}}_{T\sim}$)

$$\underline{p}_{R\sim}(x,y)=\underline{\hat{p}}_{R\sim}(x,y)e^{jk_1[-x\cos\Theta_R+y\sin\Theta_R]} \tag{2.129}$$

$$\underline{p}_{T\sim}(x,y)=\underline{\hat{p}}_{T\sim}(x,y)e^{jk_2[-x\cos\Theta_T+y\sin\Theta_T]} \tag{2.130}$$

式中：k_2 为介质 2 中的波数；Θ_R 和 Θ_T 分别为反射波和透射波的角度(图 2.8(b))。在材料界面处，入射波和反射波的当前总压力值与透射波相一致，即

$$\underline{p}_{I\sim}(x=0,y)+\underline{p}_{R\sim}(x=0,y)=\underline{p}_{T\sim}(x=0,y) \tag{2.131}$$

必须得到满足。由于式(2.131) 对于界面上的每个 y 位置都成立，可以用式(2.128) ~ 式(2.130) 推导出它们之间的关系，即

$$k_1\sin\Theta_I=-k_1\sin\Theta_R \tag{2.132}$$

$$k_1\sin\Theta_I=k_2\sin\Theta_T \tag{2.133}$$

入射波 Θ_I 和反射波 Θ_R 的角度相等，因此，这通常被称为声学的反射定律。由于频率 f 和因此传播的压力波的角频率 ω 在两种介质中都重合的事实，可以利用式(2.125) 来重写式(2.133)，有

$$\frac{\sin \Theta_{\mathrm{I}}}{c_1} = \frac{\sin \Theta_{\mathrm{T}}}{c_2} \tag{2.134}$$

这个基本方程在声学中被称为折射定律，在光学中被称为斯涅尔定律[7]。如果材料组合的特性为$c_2 > c_1$，则入射角为

$$\Theta_{\mathrm{I}} > \arcsin\left(\frac{c_1}{c_2}\right) \tag{2.135}$$

在界面上引起全反射。对于这种材料组合，压力分布在介质 2 中呈指数下降，而不是传播压力波p_{T}。

反射定律和折射定律都不能提供关于反射波和透射波相对于入射波的压力幅值的信息。为了计算振幅的比例，仔细观察了材料界面上的粒子速度。从物理角度来看，声波的速度必须在界面处相等，例如，粒子速度的 x 分量 $\boldsymbol{v}_{\sim} = [\boldsymbol{v}_{x\sim}, \boldsymbol{v}_{y\sim}, \boldsymbol{v}_{z\sim}]$。因此，通过额外使用介质 1 和介质 2 的声阻抗 Z_{aco1} 和 Z_{aco2} 来获得(式(2.126))，即

$$\underbrace{\frac{\underline{p}_{\mathrm{I}\sim}}{Z_{\mathrm{aco1}}}\cos \Theta_{\mathrm{I}}}_{\underline{v}_{\mathrm{I}},x\sim} - \underbrace{\frac{\underline{p}_{\mathrm{R}\sim}}{Z_{\mathrm{aco1}}}\cos \Theta_{\mathrm{R}}}_{\underline{v}_{\mathrm{R}},x\sim} = \underbrace{\frac{\underline{p}_{T\sim}}{Z_{\mathrm{aco2}}}\cos \Theta_{\mathrm{T}}}_{\underline{v}_{\mathrm{T}},x\sim} \tag{2.136}$$

将式(2.136) 代入式(2.131)，得

$$r_p = \frac{\underline{p}_{\mathrm{R}\sim}}{\underline{p}_{\mathrm{I}\sim}} = \frac{Z_{\mathrm{aco2}}\cos \Theta_{\mathrm{I}} - Z_{\mathrm{aco1}}\cos \Theta_{\mathrm{T}}}{Z_{\mathrm{aco1}}\cos \Theta_{\mathrm{T}} + Z_{\mathrm{aco2}}\cos \Theta_{\mathrm{I}}} \tag{2.137}$$

$$t_p = \frac{\underline{p}_{\mathrm{T}\sim}}{\underline{p}_{\mathrm{I}\sim}} = \frac{2\, Z_{\mathrm{aco2}}\cos \Theta_{\mathrm{I}}}{Z_{\mathrm{aco1}}\cos \Theta_{\mathrm{T}} + Z_{\mathrm{aco2}}\cos \Theta_{\mathrm{I}}} \tag{2.138}$$

式中：r_p 和 t_p 分别为入射压力波的反射系数和透射系数。如果平面压力波垂直于材料界面入射，即$\Theta_{\mathrm{I}} = \Theta_{\mathrm{R}} = \Theta_{\mathrm{T}} = 0°$，则式(2.137) 和式(2.138) 可简化为

$$r_p = \frac{Z_{\mathrm{aco2}} - Z_{\mathrm{aco1}}}{Z_{\mathrm{aco1}} + Z_{\mathrm{aco2}}}, t_p = \frac{2Z_{\mathrm{aco2}}}{Z_{\mathrm{aco1}} + Z_{\mathrm{aco2}}} \tag{2.139}$$

由式(2.139) 可知，声阻抗差越大，会导致高反射系数$r_p \approx 1$，从而导致较小的透射系数 $t_p \approx 0$。这种巨大的差异出现在固体/气体的混合物中。如果介质1是固体，介质 2 是气体($Z_{\mathrm{aco1}} \gg Z_{\mathrm{aco2}}$)，则几乎完整的冲击压力波将在界面处反射。交换配置，即介质 1 是气体，介质 2 是固体($Z_{\mathrm{aco1}} \ll Z_{\mathrm{aco2}}$)，冲击波也几乎被完全反射。第一种材料结构构成了所谓的声学软界面，而第二种结构指的是声学硬界面。

在本小节的最后，还应指出在材料界面处反射和折射的特殊情况，如 2.2.4 小节所述，纵波和横波都可以在固体中传播。因此，在不同的固体以及液体和固体的界面处，波类型可能会改变。例如，撞击在液体/固体界面上的纵向平面波可产生在固体中传播的透射波的两种波类型(即纵向和横向)。纵波和横波的反射和透射角由式(2.134) 波型的声速决定。

2.3.5　声吸收

声音传播总是伴随着吸收机制，从而声能主要转化为热能。由于这种转换增加了传播路径，从而导致声学量的衰减(阻尼)。特别是在气体和液体中，严格地说，它们是黏性的，衰减会极大地改变传播声波的幅度甚至波形。例如，在 x 方向传播的频率为 $f=\omega/2\pi$ 的正弦平面波为

$$p_{\sim}(x,t)=\Re\{\hat{p}_{\sim}\cdot e^{-\alpha_{at}x}\cdot e^{j[kx-\omega t]}\}=\hat{p}_{\sim}\cdot e^{-\alpha_{at}x}\cos(kx-\omega t) \quad (2.140)$$

式中：$p_{\sim}(x,t)$ 为位置 x 处的当前声压；$\hat{p}_{\sim}$ 为位置 $x=0$ 处的压力幅度。通过表达式 $e^{-\alpha_{at}x}$ 可以模拟压力波的衰减。由于衰减系数 α_{at} 为正，所以声压振幅会随着距离的增加而呈指数下降。

液体及气体中的声音吸收机制通常细分为所谓的经典吸收和分子吸收。此外，经典吸收可细分为内部摩擦和热导产生的效应。下面简要讨论这 3 种吸声机制。

(1) 内摩擦引起的吸收。与 2.3.2 小节中的假设相反，液体和气体能够在很小的程度上抵抗变形。这可以归因于内部摩擦。测量液体和气体内部摩擦的量是动黏度 η_L(单位为 Nsm^{-2})。归因于内摩擦的衰减系数 α_η 计算为

$$\alpha_\eta=\frac{2\eta_L}{3\varrho_0}\frac{\omega^2}{c_0^3} \quad (2.141)$$

因此，α_η 高度依赖压力波的频率和速度。

(2) 热导引起的吸收。到目前为止，忽略了液体和气体中的热导来推导声学的基本关系。实际上，声音传播过程中相邻体积分数的不同压缩会导致温度局部变化。由于液体和气体的热导率不为零，因此会发生一定的热流。这种热流减少了声波的能量。源自热传导的衰减系数 α_{th} 可通过以下公式计算，即

$$\alpha_{th}=\frac{\mathcal{K}-1}{\mathcal{K}}\frac{v_{th}}{\varrho_0 C_V}\frac{\omega^2}{c_0^3} \quad (2.142)$$

式中：v_{th} 为介质的热导率($WK^{-1}m^{-1}$)。同样，衰减系数在很大程度上取决于压力波的频率和声速。

(3) **分子吸收**。由于α_{th}内摩擦和热导而引起的声音吸收(如经典的吸收机制)足以解释单原子液体和气体的衰减。然而，大多数液体和气体是由具有复杂结构的多原子分子组成的。传播的声波产生分子原子的振荡(如旋转)，导致传播介质受热、声能衰减。这种效应称为热弛豫。除了热弛豫外，在多原子液体和气体中的声音传播过程中还会发生其他分子吸收机制，如结构和化学弛豫过程。

用于测量传播过程中的声音吸收的衰减系数α_{at}的总和为

$$\alpha_{at} = \underbrace{\alpha_{\eta} + \alpha_{th}}_{\alpha_{cl}} + \alpha_{mol} \qquad (2.143)$$

式中：α_{cl}和α_{mol}分别为经典吸收和分子吸收引起的衰减系数。从式(2.141)和式(2.142)可以推论出，α_{η}和α_{th}随声波频率呈二次方增加。在弛豫频率以下，这对于各种介质的分子衰减系数α_{mol}也近似有效。

吸声会引起宽带超声波脉冲的明显畸变，这种畸变在长距离传播。表2.8包含定义为的衰减系数D_{at}(单位为dB m^{-1})，即

表2.8 在不同频率f情况下在水和空气中传播的声波的dB m^{-1}中衰减系数D_{at}(式(2.144))水和空气温度为20℃、相对空气湿度为40%)

介质	1kHz	10kHz	100kHz	1MHz	10MHz
水	2×10^{-7}	2×10^{-5}	0.002	0.22	22
空气	0.004	0.18	3.3	160	—

$$D_{at} = 20 \cdot \lg\left(\frac{\widehat{p}_{\sim}\big|_{x=0m}}{\widehat{p}_{\sim}\big|_{x=1m}}\right) = 20 \cdot \alpha_{at} \cdot \lg e \approx 8.69\alpha_{at} \qquad (2.144)$$

声波在水中和空气中传播。可以清楚地看到，两种介质的衰减均随频率显著增大。此外，在空气中衰减的声音比在水中要大得多。

如果声音传播伴有速度色散，可能会发生类似于吸声引起的脉冲畸变。在这种情况下，速度色散意味着声速c_0取决于声波的频率f，即$c_0 = c_0(f)$。注意，这里假设速度色散是线性的，不属于非线性声学中的效应，在非线性声学中，高压振幅导致不同的声速。但是，根据Kramers - Kronig关系①，如果α_{at}随着频率平方增加[15, 19]，则不会发生速度色散。由于水在较宽的频率范围内大多具有这种特性α_d(即$\alpha_{at} \propto f^2$)，因此不存在色散，产生恒定的声速c_0。在声音传播介质的空气中，衰减系数α_{at}和声频f之间的关系在很大程度上取决于温度、环境压力及湿度。这就是

① Kramers - Kronig关系是希尔伯特变换的特例(参见5.4.1小节)。

为什么在技术应用中，空气中的速度色散比水中的速度色散重要得多的原因。

参考文献

[1] Albach, M. : Elektrotechnik. Pearson Studium, München (2011)

[2] Auld, B. A. : Acoustic Fields andWaves in Solids, 2nd edn. Krieger Publishing Company, USA (1973)

[3] Brekhovskikh, L. ,Gonacharov, V. : Mechanics of Continua and Wave Dynamics. Springer, Berlin (1985)

[4] Bronstein, I. N. , Semendjajew, K. A. , Musiol, G. , Mühlig, H. : Handbook of Mathematics, 6thedn. Springer, Berlin (2015)

[5] Crocker, M. J. : Handbook of Acoustics. Wiley, New York (1998)

[6] Hamilton, M. , Blackstock, D. T. : Nonlinear Acoustics: Theory and Applications. Academic Press Inc, Cambridge (2009)

[7] Hecht, E. : Optics, 5th edn. Pearson, London (2016)

[8] Ida, N. , Bastos, J. P. A. : Electromagnetics and Calculation of Fields, 2nd edn. Springer, Berlin (1997)

[9] Jackson, J. D. : Classical Electrodynamics, 3rd edn. Wiley, New York (1998)

[10] Kuttruff, H. : Acoustics: An Introduction. Routledge Chapman and Hall, London (2006)

[11] Lerch, R. : ElektrischeMesstechnik, 7th edn. Springer,Berlin (2016)

[12] Lerch, R. , Sessler, G. M. , Wolf, D. : TechnischeAkustik: Grundlagen und Anwendungen. Springer, Berlin (2009)

[13] Maxwell, J. C. : A Treatise on Electricity and Magnetism, vol. 1. Cambridge University Press, Cambridge (2010)

[14] Maxwell, J. C. : A Treatise on Electricity and Magnetism, vol. 2. Cambridge University Press,Cambridge (2010)

[15] O'Donnell, M. , Jaynes, E. T. , Miller, J. G. : Kramers - Kronig relationship between ultrasonic attenuation and wave velocity. J. Acoust. Soc. Am.69(3), 696 - 701 (1981)

[16] Rossing, T. D. : Springer Handbook of Acoustics. Springer, Berlin (2007)

[17] Smythe, W. B. : Static and Dynamic Electricity, 3rd edn. CRC Press, Boca Raton (1989)

[18] Timoshenko, S. P. , Goodier, J. N. : Theory of Elasticity, 3rd edn. Mcgraw - Hill Higher Education, USA (1970)

[19] Waters,K. R. , Hughes, M. S. , Mobley, J. , Brandenburger, G. H. ,Miller, J. G. :On the applicability of Kramer - Krnig relations for ultrasonic attenuation obeying a frequency power law. J. Acoust. Soc. Am. 108(2), 556 - 563 (2000)

[20] Ziegler, F. : Mechanics of Solids and Fluids, 2nd edn. Springer, Berlin (1995)

第3章

压　　电

本章将讨论压电的物理效应，描述材料内部的机械量和电量之间的相互作用。3.1节详细介绍了压电效应的原理，可以体现出正压电效应和逆压电效应之间的显著区别。由于压电材料内部发生不同的耦合机制，因此将在3.2节中考虑热力学，以允许对耦合机制进行明显分离。在此基础上，推导出线性压电材料的本构方程。通过这些方程可以把机械量和电量联系起来。3.4节对压电材料内部的机电耦合进行分类，这包括内在和外在的影响以及不同的压电模式。随后，介绍了机电耦合系数，该系数对压电材料中能量转换效率进行了评估，即从机械能转换为电能；反之亦然。3.6节重点介绍各种压电材料(如压电陶瓷材料)的内部结构、基本的制造过程以及典型的材料参数。有关压电效应的更多内容可以参阅文献[14－15、17、28、40、42]。

3.1　压电效应原理

压电效应基本上可以理解为机电量之间的线性相互作用。具有明显相互作用的材料通常称为压电材料。这种材料由于外加机械载荷而产生的机械变形导致了电极化的宏观变化。在合适的电极覆盖材料的情况下，可以测量与机械变形直接相关的电压或电荷。另外，施加在电极上的电压会使压电材料产生机械变形。因此，分别从机械输入到电输出和从电输入到机械输出两个转换方向都是可能的。从严格意义上讲，力学量与电学量的转换是由正压电效应给出的，而逆压电效应描述的是电学量与电学量的转换①。由于压电材料的正、逆压电效应需要改变电极化，所以压电材料不包含任何自由电荷，因此这些材料是电绝缘体。

为了更详细地研究(直接) 压电效应的原理，考虑由化学成分为硅 Si 和氧 O 的天然存在的石英晶体 SiO_2 作为压电材料。图 3.1 描述了不同状态下石英晶体的简化结构。石英晶体的顶部和底部表面都覆盖有电极。在原始状态下没有力作用在材料上(图 3.1(a))，而在变形状态下石英晶体受到力 $\boldsymbol{F}$ 的机械载荷，见图 3.1(b) 和图 3.1(c)。这些力导致材料的机械变形。

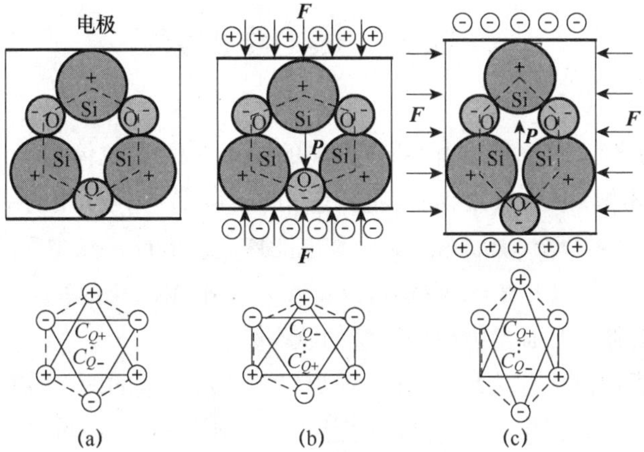

图 3.1　顶部和底部表面均覆盖电极的石英晶体 SiO_2 内部结构简化图

(a) 没有任何机械载荷的原始晶体状态(由于机械力 $\boldsymbol{F}$ 而产生的正压电效应的模态)

(b) 纵向模态；(c) 横向模态。

在原始状态下，正电荷(硅离子) 的中心 $\mathcal{C}_{Q+}$ 与负电荷(氧离子) 的中心 $\mathcal{C}_{Q-}$ 在几何上重合。结果该材料对外部是电中性的；相反，图 3.1(b) 和图 3.1(c) 中的机械变形表明，电荷中心不再重合。因此，从 $\mathcal{C}_{Q-}$ 指向 $\mathcal{C}_{Q+}$ 的电偶极矩就产生了。偶极矩的特征在于电极化 $\boldsymbol{P}$。$\mathcal{C}_{Q-}$ 和 $\mathcal{C}_{Q+}$ 之间的几何距离越大，电极化的幅度 $\|\boldsymbol{P}\|_2$ 越大。为了补偿材料内部的电极化，即电的不平衡，在电极上静电感应出电荷。根据起源，这种效应也被称为位移极化。如果电极被电短路，就会产生电荷流，即电流。另一种方法是可以测量两个不带电的电极之间的电压。

对于逆压电效应，同样的过程发生在压电材料内部，但方向相反。如果在电极上施加电压，电荷就会在电极上产生静电感应。这些电荷构成了一种电不平衡，这种不平衡被材料内部的偶极矩所补偿。因此，正电荷和负电荷的中心($\mathcal{C}_{Q+}$

① 有时将逆压电效应称为逆压电效应或反压电效应。

和$\mathcal{C}_{Q-}$）必须在几何上不同，这意味着压电材料发生机械变形。

根据施加的机械力的方向和产生的电极化，可以区分不同的压电模式（3.4.3小节）。例如，图3.1(b)所示为纵向模态，图3.1(c)所示为横向模态。当施加的电压与产生的机械变形方向有关时，逆压电效应也同样适用。

从负电荷的中心$\mathcal{C}_{Q-}$指向正电荷的中心$\mathcal{C}_{Q+}$的极化$\boldsymbol{P}=\|\boldsymbol{P}\|_2$；底部示意图分别显示了3种状态下$\mathcal{C}_{Q+}$和$\mathcal{C}_{Q-}$在结构内的位置。

3.2 热力学因素

根据热力学第一定律，封闭系统内能的变化 $\mathrm{d}\,\mathcal{U}$（单位体积①）是由系统所做的功 $\mathrm{d}\,\mathcal{W}$（单位体积）和系统吸收的热能$\mathrm{d}\mathcal{Q}$（单位体积）共同作用的结果。在压电系统的情况下，功$\mathcal{W}$可以分为机械能$\mathcal{W}_{\mathrm{mech}}$和电能$\mathcal{W}_{\mathrm{elec}}$。因此，热力学的第一定律为

$$\mathrm{d}\,\mathcal{U}=\mathrm{d}\,\mathcal{W}+\mathrm{d}\,\mathcal{Q}=\mathrm{d}\,\mathcal{W}_{\mathrm{mech}}+\mathrm{d}\,\mathcal{W}_{\mathrm{elec}}+\mathrm{d}\,\mathcal{Q} \tag{3.1}$$

现在，分别引入描述物理场能量的状态变量。

① 机械能：机械应力$\boldsymbol{S}_{ij}$和机械应变$\boldsymbol{T}_{ij}$，这是张量的两个分量（等级2）。

② 电能：电场强度$\boldsymbol{E}_m$和电通量密度$\boldsymbol{D}_m$，这是两个向量的分量。

③ 热能：热力学第二定律指出，热能的变化 $\mathrm{d}\,\mathcal{Q}$由温度ϑ和单位体积熵的变化$\mathrm{d}\mathfrak{S}$给出，是两个标量。

在小变化的假设下，式(3.1)中状态变量的叠加可得②

$$\mathrm{d}\,\mathcal{U}=\boldsymbol{E}_m\mathrm{d}\boldsymbol{D}_m+\boldsymbol{T}_{ij}\mathrm{d}\boldsymbol{S}_{ij}+\vartheta\mathrm{d}\mathfrak{S} \tag{3.2}$$

因此，$\mathrm{d}\,\mathcal{U}$是$\boldsymbol{D}_m$、$\boldsymbol{S}_{ij}$和$\mathfrak{S}$变化的结果，它们代表了大量的状态变量。但是，在压电材料的实际应用中，规定了强度状态变量$\boldsymbol{E}_m$、$\boldsymbol{T}_{ij}$和ϑ。这就是为什么使用特殊的热力学势，即所谓的吉布斯自由能$\mathcal{G}$来替代的原因，有

$$\mathcal{G}=\mathcal{U}-\boldsymbol{E}_m\boldsymbol{D}_m-\boldsymbol{T}_{ij}\boldsymbol{S}_{ij}-\vartheta\mathfrak{S} \tag{3.3}$$

当独立量$\boldsymbol{E}_m$、$\boldsymbol{T}_{ij}$和ϑ确定时，封闭系统将以使$\mathcal{G}$最小化的方式达到热力学平衡。因此，$\mathcal{G}$的总导数必须为零，即

$$\mathrm{d}\,\mathcal{G}\equiv 0=-\boldsymbol{D}_m\mathrm{d}\boldsymbol{E}_m-\boldsymbol{S}_{ij}\mathrm{d}\boldsymbol{T}_{ij}-\mathfrak{S}\mathrm{d}\vartheta \tag{3.4}$$

---

① 单位体积的能量等于能量密度。

② 根据相关文献，用{1、2、3}代替{x,y,z}来表示空间方向；$\{i,j,k,l,m,n\}=\{1,2,3\}$；爱因斯坦求和惯例，即$\boldsymbol{T}_{ij}\boldsymbol{S}_{ij}=i,\sum\limits_{i,j}\boldsymbol{T}_{ij}\boldsymbol{S}_{ij}$。

根据这种关系，可以通过固定选定的密集状态变量来计算所得的广义状态变量，得

$$\boldsymbol{D}_m=-\frac{\partial\mathcal{G}}{\partial\boldsymbol{E}_m}\bigg|_{\boldsymbol{T},\vartheta},\boldsymbol{S}_{ij}=-\frac{\partial\mathcal{G}}{\partial\boldsymbol{T}_{ij}}\bigg|_{\boldsymbol{E},\vartheta},\mathfrak{S}=-\frac{\partial\mathcal{G}}{\partial\vartheta}\bigg|_{\boldsymbol{T},\boldsymbol{E}} \tag{3.5}$$

例如，$\boldsymbol{T}_{ij}$ 和 ϑ 被固定来计算 $\boldsymbol{D}_m$。但是严格来说，每个广义的状态变量都取决于所有密集的变量。尽管如此，还是假设了一些小的变化。因此，可以在线性部分之后终止泰勒级数展开。这样，就得到线性化的状态方程，它包含大量的状态变量 $\boldsymbol{D}_m$、$\boldsymbol{S}_{ij}$ 和 $\mathfrak{S}$。

介电材料定律正压电效应热电效应，有

$$\mathrm{d}\boldsymbol{D}_m=\overbrace{\underbrace{\frac{\partial\boldsymbol{D}_m}{\partial\boldsymbol{E}_n}\bigg|_{\boldsymbol{T},\vartheta}}_{\boldsymbol{\varepsilon}_{mn}^{\boldsymbol{T},\vartheta}}\mathrm{d}\boldsymbol{E}_n}+\overbrace{\underbrace{\frac{\partial\boldsymbol{D}_m}{\partial\boldsymbol{T}_{kl}}\bigg|_{\boldsymbol{E},\vartheta}}_{d_{mn}^{\boldsymbol{E},\vartheta}}\mathrm{d}\boldsymbol{T}_{kl}}+\overbrace{\underbrace{\frac{\partial\boldsymbol{D}_m}{\partial\vartheta}\bigg|_{\boldsymbol{E},\boldsymbol{T}}}_{\boldsymbol{\rho}_{mn}^{\boldsymbol{E},\boldsymbol{T}}}\mathrm{d}\vartheta} \tag{3.6}$$

逆压电效应胡克定律热膨胀，有

$$\mathrm{d}\boldsymbol{S}_{ij}=\overbrace{\underbrace{\frac{\partial\boldsymbol{S}_{ij}}{\partial\boldsymbol{E}_n}\bigg|_{\boldsymbol{T},\vartheta}}_{\boldsymbol{d}_{ijn}^{\boldsymbol{T},\vartheta}}\mathrm{d}\boldsymbol{E}_n}+\overbrace{\underbrace{\frac{\partial\boldsymbol{S}_{ij}}{\partial\boldsymbol{T}_{kl}}\bigg|_{\boldsymbol{E},\vartheta}}_{s_{ijkl}^{\boldsymbol{E},\vartheta}}\mathrm{d}\boldsymbol{T}_{kl}}+\overbrace{\underbrace{\frac{\partial\boldsymbol{S}_{ij}}{\partial\vartheta}\bigg|_{\boldsymbol{E},\boldsymbol{T}}}_{\boldsymbol{\alpha}_{ij}^{\boldsymbol{E},\boldsymbol{T}}}\mathrm{d}\vartheta} \tag{3.7}$$

电热效应压热效应比热容，有

$$\mathrm{d}\mathfrak{S}=\overbrace{\underbrace{\frac{\partial\mathfrak{S}}{\partial\boldsymbol{E}_n}\bigg|_{\boldsymbol{T},\vartheta}}_{\boldsymbol{\rho}_{n}^{\boldsymbol{T},\vartheta}}\mathrm{d}\boldsymbol{E}_n}+\overbrace{\underbrace{\frac{\partial\mathfrak{S}}{\partial\boldsymbol{T}_{kl}}\bigg|_{\boldsymbol{E},\vartheta}}_{\boldsymbol{\alpha}_{kl}^{\boldsymbol{E},\vartheta}}\mathrm{d}\boldsymbol{T}_{kl}}+\overbrace{\underbrace{\frac{\partial\mathfrak{S}}{\partial\vartheta}\bigg|_{\boldsymbol{E},\boldsymbol{T}}}_{\boldsymbol{C}^{\boldsymbol{E},\boldsymbol{T}}}\mathrm{d}\vartheta} \tag{3.8}$$

这 3 个方程包含压电材料内部电效应、机械效应和热效应之间的联系。每个偏导数都代表一个描述特定线性化耦合机制的材料参数。耦合机制见式(3.6) ~ 式(3.8)，所用符号见表 3.1。

表 3.1　在式(3.6) ~ 式(3.8) 中使用的表达式和图 3.2 中 Heckmann 图使用的表达式

符号	含义	单位
密集的状态变量		
$\boldsymbol{E}_n$	电场强度；向量	$\mathrm{V\cdot m^{-1}}$
$\boldsymbol{T}_{kl}$	机械应力；二阶张量	$\mathrm{N\cdot m^{-2}}$
ϑ	温度；标量	K；℃
广义状态变量		

续表

符号	含义	单位
$\boldsymbol{D}_m$	电通量密度；向量	$\mathrm{C \cdot m^{-2}}$
$\boldsymbol{S}_{kl}$	机械应变；二阶张量	—
$\mathfrak{s}$	单位体积熵；标量	$\mathrm{J \cdot m^{-3} \cdot K^{-1}}$
材料参数		
$\boldsymbol{\varepsilon}_{mn}^{T\vartheta}$	电介电系数；二阶张量	$\mathrm{A \cdot s \cdot V^{-1} \cdot m^{-1}}$； $\mathrm{F \cdot m^{-1}}$
$\boldsymbol{s}_{ijkl}^{E,\vartheta}$	弹性柔度常数；四阶张量	$\mathrm{m^2 \cdot N^{-1}}$
$\boldsymbol{C}^{E,T}$	单位体积热；标量	$\mathrm{J \cdot m^{-3} \cdot N^{-1}}$
$\boldsymbol{d}_{ijn}^{T,\vartheta}$； $\boldsymbol{d}_{mkl}^{E,\vartheta}$	压电应变常数；三阶张量	$\mathrm{m \cdot V^{-1}}$； $\mathrm{C \cdot N^{-1}}$
$\boldsymbol{e}_{nkl}^{E,\vartheta}$； $\boldsymbol{e}_{mij}^{E,\vartheta}$	压电应力常数；张量等级 3	$\mathrm{C \cdot m^{-2}}$； $\mathrm{N \cdot V^{-1} \cdot m^{-1}}$
$\rho_n^{T,\vartheta}$； $\rho_m^{T,\vartheta}$	热电系数；向量	$\mathrm{C \cdot m^{-2} \cdot K^{-1}}$
$\boldsymbol{\pi}_n^T$； $\boldsymbol{\pi}_m^T$	热电系数；向量	$\mathrm{V \cdot m^{-1} \cdot K^{-1}}$
$\boldsymbol{\alpha}_{kl}^{E,\vartheta}$； $\boldsymbol{\alpha}_{ij}^{E,T}$	热膨胀系数；二阶张量	$\mathrm{K^{-1}}$
$\boldsymbol{\tau}_{ij}^E$； $\boldsymbol{\tau}_{kl}^E$	热应力系数；二阶张量	$\mathrm{N \cdot m^{-2} \cdot K^{-1}}$

材料参数的上标指出在参数辨识的框架下哪些物理量是假定不变的。这一点特别重要，因为只有这样，才能分离不同的耦合机制。对于每一个材料参数，有两个状态变量，如 $\boldsymbol{\varepsilon}_{mn}^{T\vartheta}$ 中的 $\boldsymbol{T}$ 和 ϑ。然而，在某种程度上，常数的数量可以从两个减少到一个。对正压电效应（材料参数 $\boldsymbol{d}_{mkl}^{E,\vartheta}$）和逆压电效应（材料参数 $\boldsymbol{d}_{ijn}^{T,\vartheta}$）进行还原，将电通量密度 $\boldsymbol{D}_m$（式(3.6)）和机械应变 $\boldsymbol{S}_{ij}$（式(3.7)）按式(3.5)用吉布斯自由能 $\mathcal{G}$ 代替，可得

$$\underbrace{\left.\frac{\partial \boldsymbol{D}_n}{\partial \boldsymbol{T}_{kl}}\right|_{E,\vartheta}}_{\boldsymbol{d}_{nkl}^{E,\vartheta}} = -\left.\frac{\partial^2 \mathcal{G}}{\partial \boldsymbol{E}_n \partial \boldsymbol{T}_{kl}}\right|_{E,\vartheta} = -\left.\frac{\partial^2 \mathcal{G}}{\partial \boldsymbol{T}_{kl} \partial \boldsymbol{E}_n}\right|_{T,\vartheta} = \underbrace{\left.\frac{\partial \boldsymbol{S}_{kl}}{\partial \boldsymbol{E}_n}\right|_{T,\vartheta}}_{\boldsymbol{d}_{kln}^{T,\vartheta}} \widehat{=} \boldsymbol{d}_{nkl}^{\vartheta} \tag{3.9}$$

因此，压电应变常数 $\boldsymbol{d}_{nkl}^{\vartheta}$ 既不依赖于电场强度 $\boldsymbol{E}_n$ 也不依赖于机械应力 $\boldsymbol{T}_{kl}$。可以对热电效应和电热效应以及热膨胀和压电热效应应用相同的方法。此外，式(3.9) 证明存在几种对称性，可以利用这些对称性通过 Voigt 表示法将张量还原为矩阵。

Heckmann 图（图 3.2）是对压电材料中发生的耦合机制的描述（表 3.1）。该图是由一个外三角形和一个内三角形组成的。当外部三角形的角包含密集状态变量时，广义状态变量则置于内部三角形的角上，如式(3.6) ~ 式(3.8) 所示，Heckmann 图展示了不同的耦合机制，可分为机电耦合、热弹性耦合和热电耦合。

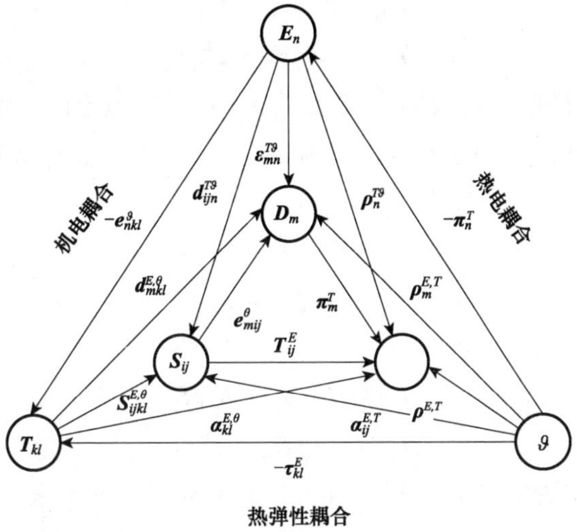

图 3.2　压电材料内部耦合机理的 Heckmann 图(外三角形和内三角形的连接点上的密集状态变量和广义状态变量，所使用的符号见表 3.1)

3.3　线性压电的材料定律

为了推导由压电本构方程给出的线性压电的材料定律，从磁通密度 $\boldsymbol{D}_m$ 和机械应变 $\boldsymbol{S}_{ij}$ 的线性化状态方程式(3.6) 和式(3.7) 开始，即

$$\mathrm{d}\boldsymbol{D}_m = \boldsymbol{\varepsilon}_{mn}^{T,\vartheta}\mathrm{d}\boldsymbol{E}_n + \boldsymbol{d}_{mkl}^{\vartheta}\mathrm{d}\boldsymbol{T}_{kl} + \boldsymbol{p}_m^{T}\mathrm{d}\vartheta \tag{3.10}$$

$$\mathrm{d}\boldsymbol{S}_{ij} = \boldsymbol{d}_{ijn}^{\vartheta}\mathrm{d}\boldsymbol{E}_n + \boldsymbol{s}_{ijkl}^{E,\vartheta}\mathrm{d}\boldsymbol{T}_{kl} + \boldsymbol{\alpha}_{ij}^{E}\mathrm{d}\vartheta \tag{3.11}$$

如果忽略温度变化 dϑ(即等温状态变化)，则线性化状态方程将变为

$$\mathrm{d}\boldsymbol{D}_m = \boldsymbol{\varepsilon}_{mn}^{T}\mathrm{d}\boldsymbol{E}_n + \boldsymbol{d}_{mkl}\mathrm{d}\boldsymbol{T}_{kl} \tag{3.12}$$

$$\mathrm{d}\boldsymbol{S}_{ij} = \boldsymbol{d}_{ijn}\mathrm{d}\boldsymbol{E}_n + \boldsymbol{s}_{ijkl}^{E}\mathrm{d}\boldsymbol{T}_{kl} \tag{3.13}$$

对于恒定的机械应力，其电容率为 $\boldsymbol{\varepsilon}_{mn}^{T}$；对于恒定的电场强度，其弹性柔度常数为 $\boldsymbol{s}_{ijkl}^{E}$；而对于压电应变常数，则为 $\boldsymbol{d}_{mkl}$。假设在初始状态下 $\boldsymbol{D}_m$、$\boldsymbol{E}_n$、$\boldsymbol{S}_{ij}$ 和 $\boldsymbol{T}_{kl}$ 为零，则式(3.12) 和式(3.13) 可以写成

$$\boldsymbol{D}_m = \boldsymbol{\varepsilon}_{mn}^{T}\boldsymbol{E}_n + \boldsymbol{d}_{mkl}\boldsymbol{T}_{kl} \tag{3.14}$$

$$\boldsymbol{S}_{ij} = \boldsymbol{d}_{ijn}\boldsymbol{E}_n + \boldsymbol{s}_{ijkl}^{E}\boldsymbol{T}_{kl} \tag{3.15}$$

表示线性压电材料定律的 d 型(应变 - 电荷型)。相比之下，e 型(应力 - 电荷型) 为

$$\boldsymbol{D}_m = \boldsymbol{\varepsilon}^S_{mn}\boldsymbol{E}_n + \boldsymbol{e}_{mkl}\boldsymbol{S}_{kl} \tag{3.16}$$

$$\boldsymbol{T}_{ij} = -\boldsymbol{e}_{ijn}\boldsymbol{E}_n + \boldsymbol{c}^E_{ijkl}\boldsymbol{S}_{kl} \tag{3.17}$$

对于恒定的机械应变，其介电常数为 $\boldsymbol{\varepsilon}^S_{mn}$；对于恒定的电场强度，其弹性刚度常数为 $\boldsymbol{c}^E_{ijkl}$；而对于压电应力常数，则为 $\boldsymbol{e}_{mkl}$。则替代 d 形式和 e 形式的本构方程，g 型为

$$\boldsymbol{E}_m = \boldsymbol{\beta}^T_{mn}\boldsymbol{D}_n + \boldsymbol{g}_{mkl}\boldsymbol{T}_{kl} \tag{3.18}$$

$$\boldsymbol{S}_{ij} = \boldsymbol{g}_{ijn}\boldsymbol{D}_n + \boldsymbol{s}^D_{ijkl}\boldsymbol{T}_{kl} \tag{3.19}$$

h 型为

$$\boldsymbol{E}_m = \boldsymbol{\beta}^S_{mn}\boldsymbol{D}_n + \boldsymbol{h}_{mkl}\boldsymbol{S}_{kl} \tag{3.20}$$

$$\boldsymbol{T}_{ij} = -\boldsymbol{h}_{ijn}\boldsymbol{D}_n + \boldsymbol{c}^D_{ijkl}\boldsymbol{S}_{kl} \tag{3.21}$$

有时可以在相关文献中找到。在此，$\boldsymbol{g}_{mkl}$ 为压电电压常数(单位为 $\mathrm{V\cdot m\cdot N^{-1}}$、$\mathrm{m^2\cdot C^{-1}}$)，$\boldsymbol{h}_{mkl}$ 为压电h常数(单位为 $\mathrm{V\cdot m^{-1}}$、$\mathrm{N\cdot C^{-1}}$)。$\boldsymbol{\beta}^{T,S}_{ij}$ 分别为恒定应力和恒定应变的电导率(单位为 $\mathrm{V\cdot m\cdot A^{-1}\cdot s^{-1}}$、$\mathrm{m\cdot F^{-1}}$)。方程式(3.14)、式(3.16)、式(3.18) 和式(3.20) 与直接压电效应有关，而逆压电效应可用方程式(3.15)、式(3.17)、式(3.19) 和式(3.21) 来解释。

由于机械场($\boldsymbol{s}_{ijkl}$，$\boldsymbol{c}_{ijkl}$) 的四阶张量和压电耦合($\boldsymbol{d}_{mkl}$，$\boldsymbol{e}_{mkl}$、$\boldsymbol{g}_{mkl}$、$\boldsymbol{h}_{mkl}$) 的三阶张量之间的对称性，式(3.14) ~ 式 (3.21) 中的独立分量数量显著减少。因此，可以把张量方程转换成矩阵方程。在 Voigt 表示法中，压电的本构方程变成(转置 t)

d 型

$$\boldsymbol{D} = [\varepsilon^T]\boldsymbol{E} + [\boldsymbol{d}]\boldsymbol{T} \tag{3.22}$$

$$\boldsymbol{S} = [\boldsymbol{d}]^{\mathrm{T}}\boldsymbol{E} + [\boldsymbol{s}^E]\boldsymbol{T} \tag{3.23}$$

e 型

$$\boldsymbol{D} = [\varepsilon^S]\boldsymbol{E} + [\boldsymbol{e}]\boldsymbol{S} \tag{3.24}$$

$$\boldsymbol{T} = -[\boldsymbol{e}]^{\mathrm{T}}\boldsymbol{E} + [\boldsymbol{c}^E]\boldsymbol{T} \tag{3.25}$$

g 型

$$\boldsymbol{E} = [\beta^T]\boldsymbol{D} - [\boldsymbol{g}]\boldsymbol{T} \tag{3.26}$$

$$\boldsymbol{S} = [\boldsymbol{g}]^{\mathrm{T}}\boldsymbol{D} + [\boldsymbol{s}^D]\boldsymbol{T} \tag{3.27}$$

h 型

$$\boldsymbol{E} = [\beta^S]\boldsymbol{D} - [\boldsymbol{h}]\boldsymbol{S} \tag{3.28}$$

$$\boldsymbol{T} = -[\boldsymbol{h}]^{\mathrm{T}}\boldsymbol{D} + [\boldsymbol{c}^D]\boldsymbol{S} \tag{3.29}$$

电场($\boldsymbol{D}$，$\boldsymbol{E}$) 的矢量包含 3 个分量，而机械场($\boldsymbol{T}$，$\boldsymbol{S}$) 的矢量包含 6 个独立分量(参看 2.1 节和 2.2 节)。描述力学性能([$\boldsymbol{s}$] 和[$\boldsymbol{c}$])、压电耦合([$\boldsymbol{d}$]、[$\boldsymbol{e}$]、[$\boldsymbol{g}$] 和[$\boldsymbol{h}$]) 的约化张量维度分别为 6 × 6 和 3 × 6。相反，张量的电气性能([ε] 和[β]) 的维度 3 × 3。在 d 型中，压电本构方程的简化集合为

$$\begin{bmatrix} D_1 \\ D_2 \\ D_3 \end{bmatrix} = \begin{bmatrix} \varepsilon_{11}^T & \varepsilon_{12}^T & \varepsilon_{13}^T \\ \varepsilon_{21}^T & \varepsilon_{22}^T & \varepsilon_{23}^T \\ \varepsilon_{31}^T & \varepsilon_{32}^T & \varepsilon_{33}^T \end{bmatrix} \begin{bmatrix} E_1 \\ E_2 \\ E_3 \end{bmatrix} + \begin{bmatrix} d_{11} & d_{12} & d_{13} & d_{14} & d_{15} & d_{16} \\ d_{21} & d_{22} & d_{23} & d_{24} & d_{25} & d_{26} \\ d_{31} & d_{32} & d_{33} & d_{34} & d_{35} & d_{36} \end{bmatrix} \begin{bmatrix} T_1 \\ T_2 \\ T_3 \\ T_4 \\ T_5 \\ T_6 \end{bmatrix} \tag{3.30}$$

$$\begin{bmatrix} S_1 \\ S_2 \\ S_3 \\ S_4 \\ S_5 \\ S_6 \end{bmatrix} = \begin{bmatrix} d_{11} & d_{21} & d_{31} \\ d_{12} & d_{22} & d_{32} \\ d_{13} & d_{23} & d_{33} \\ d_{14} & d_{24} & d_{34} \\ d_{15} & d_{25} & d_{35} \\ d_{16} & d_{26} & d_{36} \end{bmatrix} \begin{bmatrix} E_1 \\ E_2 \\ E_3 \end{bmatrix} + \begin{bmatrix} s_{11}^E & s_{12}^E & s_{13}^E & s_{14}^E & s_{15}^E & s_{16}^E \\ s_{21}^E & s_{22}^E & s_{23}^E & s_{24}^E & s_{25}^E & s_{26}^E \\ s_{31}^E & s_{32}^E & s_{33}^E & s_{34}^E & s_{35}^E & s_{36}^E \\ s_{41}^E & s_{42}^E & s_{43}^E & s_{44}^E & s_{45}^E & s_{46}^E \\ s_{51}^E & s_{52}^E & s_{53}^E & s_{54}^E & s_{55}^E & s_{56}^E \\ s_{61}^E & s_{62}^E & s_{63}^E & s_{64}^E & s_{65}^E & s_{66}^E \end{bmatrix} \begin{bmatrix} T_1 \\ T_2 \\ T_3 \\ T_4 \\ T_5 \\ T_6 \end{bmatrix} \tag{3.31}$$

图 3.3 描述了电场强度 E_i、电通量密度 D_i 和机械应力 T_p 的使用符号。机械应变 S_p 的符号在 2.2.2 小节中已给出。需注意，在这本书的其余部分，所有压电的替代方程都是张量关系的简化符号。

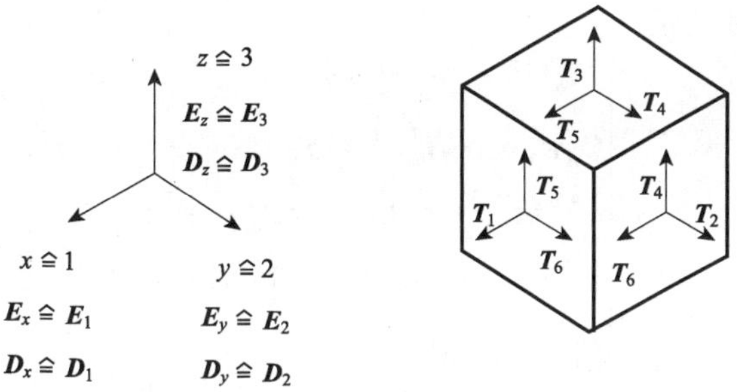

图 3.3　三维空间中压电相对于笛卡尔坐标系 xyz 的本构方程(约化集合) 中的常用符号(参见图 2.4)

压电材料中还存在其他对称性，并伴随着独立分量显著减少。此外，简化张量的若干项为零。例如，对于晶体 6mm 级的压电材料，采用 d 型分量表示法得到

$$\begin{bmatrix} D_1 \\ D_2 \\ D_3 \end{bmatrix} = \begin{bmatrix} \varepsilon_{11}^T & 0 & 0 \\ 0 & \varepsilon_{11}^T & 0 \\ 0 & 0 & \varepsilon_{33}^T \end{bmatrix} \begin{bmatrix} E_1 \\ E_2 \\ E_3 \end{bmatrix} + \begin{bmatrix} 0 & 0 & 0 & 0 & d_{15} & 0 \\ 0 & 0 & 0 & d_{15} & 0 & 0 \\ d_{31} & d_{32} & d_{33} & 0 & 0 & 0 \end{bmatrix} \begin{bmatrix} T_1 \\ T_2 \\ T_3 \\ T_4 \\ T_5 \\ T_6 \end{bmatrix} \tag{3.32}$$

$$\begin{bmatrix} S_1 \\ S_2 \\ S_3 \\ S_4 \\ S_5 \\ S_6 \end{bmatrix} = \begin{bmatrix} 0 & 0 & d_{31} \\ 0 & 0 & d_{31} \\ 0 & 0 & d_{33} \\ 0 & d_{15} & 0 \\ d_{15} & 0 & 0 \\ 0 & 0 & 0 \end{bmatrix} \begin{bmatrix} E_1 \\ E_2 \\ E_3 \end{bmatrix} + \begin{bmatrix} s_{11}^E & s_{12}^E & s_{13}^E & 0 & 0 & 0 \\ s_{12}^E & s_{11}^E & s_{13}^E & 0 & 0 & 0 \\ s_{13}^E & s_{13}^E & s_{33}^E & 0 & 0 & 0 \\ 0 & 0 & 0 & s_{44}^E & 0 & 0 \\ 0 & 0 & 0 & 0 & s_{44}^E & 0 \\ 0 & 0 & 0 & 0 & 0 & 2(s_{11}^E - s_{12}^E) \end{bmatrix} \begin{bmatrix} T_1 \\ T_2 \\ T_3 \\ T_4 \\ T_5 \\ T_6 \end{bmatrix}$$

因此，它只包含 10 个独立的量。然而，面对的是晶体级 6mm 的各向异性材料特性，其通常被称为横向各向同性特性。在这种横向各向同性的情况下，可以在材料内部找到一个所有方向的材料参数都相同的平面。因此，对于各向同性材料，需要 5 个参数来描述其力学性能，而不是两个参数(见 2.2.3 小节)。如果已知一组本构方程(如 d 型)的材料参数，就可以确定所有其他形式的参数。这些形式之间的基础参数转换为

$$\begin{cases} c_{pr}^E s_{qr}^E = \delta_{pq} c_{pr}^D s_{qr}^D = \delta_{pq} \\ \beta_{ik}^S \varepsilon_{jk}^S = \delta_{ij} \beta_{ik}^T \varepsilon_{jk}^T = \delta_{ij} \\ c_{pq}^D = c_{pq}^E + e_{kp} h_{kq} s_{pq}^D = s_{pq}^E - d_{kp} g_{kq} \\ \varepsilon_{ij}^T = \varepsilon_{ij}^S + d_{iq} e_{jq} \beta_{ij}^T = \beta_{ij}^S + g_{iq} h_{jq} \\ e_{ip} = d_{ig} c_{pq}^E d_{ip} = \varepsilon_{ik}^T g_{kp} \\ g_{ip} = \beta_{ik}^T d_{kp} h_{ip} = g_{iq} c_{qp}^D \end{cases} \tag{3.33}$$

式中：$\{i, j, k\} = \{1, 2, 3\}$；$\{p, q, r\} = \{1, 2, 3, 4, 5, 6\}$。图3.4以不同形式显示了本构方程中状态变量的相互关系。然而，由于 g 型和 h 型都极为罕见，这里仅对 d 型和 e 型作以下介绍。

本节最后仔细看看本构方程中的上标($\boldsymbol{T}$、$\boldsymbol{S}$、$\boldsymbol{E}$ 和 $\boldsymbol{D}$)。尤其是在参数识别的情况下，这些上标至关重要。上标 $\boldsymbol{T}$ 指出，在自由机械振动的情况下，必须确定材料参数(如 ε_{ij}^T)，也就是说，压电样品不能被夹紧；相反，上标 $\boldsymbol{S}$ 指的是夹紧排

列，因此，在参数识别过程中必须禁止机械振动。很自然，后一种条件很难满足。对于力学参数(如 s_{pq}^{E})，上标 $\boldsymbol{E}$ 和 $\boldsymbol{D}$ 出现在本构方程中。上标 $\boldsymbol{E}$ 为电短路压电试样和 $\boldsymbol{D}$ 为电卸载试样的参数。

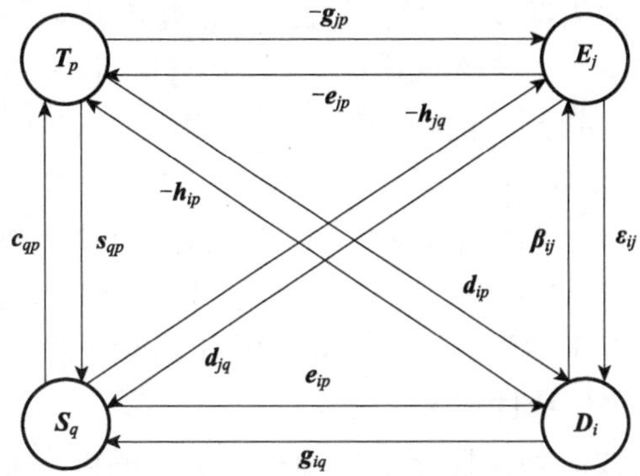

图 3.4　压电本构方程中状态变量的相互联系(Voigt 表示法)
($\{i, j\} = \{1, 2, 3\}$; $\{p, q\} = \{1, 2, 3, 4, 5, 6\}$)

3.4　机电耦合的分类

压电材料内部的机电耦合可以归结为不同的效应。特别地，区分了内在效应和外在效应，这将分别在 3.4.1 小节和 3.4.2 小节中讨论。因此，假定压电材料由许多相同的区域组成，即单元细胞，具有确定的极化状态。压电效应的可能模式见 3.4.3 小节。

3.4.1　内在效应

基本上，机电耦合的内在效应发生在原子层面上。如果施加的机械或电力负载足够小，压电材料的结构和单元细胞在材料内的几何排列将保持不变。但是，单元细胞内原子的位置发生了变化，这也会产生正负电荷中心的变化，即电极化(见 3.1 节)。正压电效应和逆压电效应捕捉这种材料的特性。因此，这两种效应都是内在效应。可以借助线性压电材料定律来描述它们。利用式(2.7)和式(3.22)，电极化 $\boldsymbol{P}^{\text{rev}}$ 变为

$$\begin{aligned}\boldsymbol{P}^{\text{rev}} &= \boldsymbol{D} - \varepsilon_0 \boldsymbol{E} = [\boldsymbol{d}]\boldsymbol{T} + [\boldsymbol{\varepsilon}^{\mathrm{T}}]\boldsymbol{E} - \varepsilon_0 \boldsymbol{E} \\ &= [\boldsymbol{d}]\boldsymbol{T} + \varepsilon_0 \underbrace{([\boldsymbol{\varepsilon}_{\mathrm{r}}^{\mathrm{T}}] - 1)}_{[\boldsymbol{\chi}_{\mathrm{e}}^{\mathrm{T}}]}\boldsymbol{E}\end{aligned} \tag{3.34}$$

用相对介电常数的张量$[\boldsymbol{\varepsilon}_{\mathrm{r}}^{\mathrm{T}}]$（维度为3×3的矩阵）表示恒定的机械应力。由于在没有机械负载和电气负载的情况下位移极化将返回零，因此变量$\boldsymbol{P}$配备了上标rev表示可逆。表达式$[\boldsymbol{\chi}_{\mathrm{e}}^{\mathrm{T}}]$的电极化率(矩阵维度3×3)，将介质的极化率作为外加电场强度$\boldsymbol{E}$的响应。

在正压电效应的情况下，可以从式(3.23)和式(3.34)推导关系$\boldsymbol{S} \propto \boldsymbol{T}$以及$\boldsymbol{P}^{\text{rev}} \propto \boldsymbol{T}$。因此，压电材料的机械应变$\boldsymbol{S}$和压电材料内部的电极化$\boldsymbol{P}^{\text{rev}}$与外加的机械应力$\boldsymbol{T}$线性相关。对于逆压电效应，可以得到$\boldsymbol{S} \propto \boldsymbol{E}$和$\boldsymbol{P}^{\text{rev}} \propto \boldsymbol{E}$，这意味着两者的量都与外加电场强度线性相关。

除了正、逆压电效应外，还存在一种机电耦合的内在效应，即电致伸缩效应。这种效应出现在每一种具有介电特性的材料中。当对这种材料施加电场时，单元细胞的两端会产生不同的电荷，从而产生引力。因此，材料的厚度在外加电场的方向上减小。由于一个指向相反方向的电场以同样的方式减少了材料的厚度，电致伸缩是一个二次效应，即$\boldsymbol{S} \propto \boldsymbol{E}^2$。除了弛豫铁电体(如铌酸铅镁)，电致伸缩在介电材料中总是很弱的。注意，如果材料具有压电特性，压电耦合通常会控制电致伸缩。

由于内在效应通常发生在小输入时，因此潜在的线性物质特性称为小信号特性。当压电系统被共振激励时，这些效应将变得尤为重要，在各种传感器和执行器应用中就是这种情况。

3.4.2 外在效应

当对压电材料施加较大的机械载荷或较大的电载荷时，该材料内部可能会产生额外的外在效应。与固有效应相反，材料中的单元细胞的几何排列被修改，这在宏观上导致所谓的剩余极化①。外在效应是不可逆的，因为如果材料上的机械载荷和电载荷卸载，这些修改将保持大致相同。然而，通过施加足够大的机械载荷或电载荷，能够再次改变单元细胞的几何排列，从而改变剩余的电极化。根据铁磁性作为一种磁性现象，具有外在效应的压电材料常被称为铁电材料(如压电陶瓷)。这种材料的特性称为铁电特性。

为了从数学上描述铁电材料外在效应的影响，看一下压电的本构方程(见

① 剩余极化也称为取向极化。

3.3节)。严格地说，原始形式的本构方程只包含正压电效应和逆压电效应，即内在效应。然而，可以通过适当的扩展来考虑这些方程中的外在效应。具体来说，目标状态变量(如 d 型的 $\boldsymbol{D}$ 和 $\boldsymbol{S}$) 分为可逆和不可逆两部分。可逆部分(上标 rev) 描述了机电耦合的内在效应，而不可逆部分(上标 irr) 描述了机电耦合的外在效应。因此，本构方程的 d 型为[19-20]

$$\boldsymbol{D} = \boldsymbol{D}^{\text{rev}} + \boldsymbol{D}^{\text{irr}} = [\boldsymbol{\varepsilon}^{T}(\boldsymbol{P}^{\text{irr}})]\boldsymbol{E} + [\boldsymbol{d}(\boldsymbol{P}^{\text{irr}})]\boldsymbol{T} + \boldsymbol{P}^{\text{irr}} \tag{3.35}$$

$$\boldsymbol{S} = \boldsymbol{S}^{\text{rev}} + \boldsymbol{S}^{\text{irr}} = [\boldsymbol{d}(\boldsymbol{P}^{\text{irr}})]^{\text{T}}E + [\boldsymbol{s}^{E}(\boldsymbol{P}^{\text{irr}})]\boldsymbol{T} + \boldsymbol{S}^{\text{irr}} \tag{3.36}$$

式中：$\boldsymbol{P}^{\text{irr}}$ 为剩余的电极化；$\boldsymbol{S}^{\text{irr}}$ 为单元细胞经过修改的几何排列所产生的机械应变。铁电材料的性质随剩余极化率的变化而变化。在式(3.35) 和式(3.36) 中分别通过材料张量$[\boldsymbol{s}^{E}]$、$[\boldsymbol{\varepsilon}^{T}]$ 和$[\boldsymbol{d}]$ 的参数 $\boldsymbol{P}^{\text{irr}}$ 来考虑这一情况。

基于外在效应主要发生在大输入情况下，由此产生的材料特性称为大信号特性。大信号特性通常与铁电材料的非线性响应(如滞后曲线) 密切相关，这在许多执行器应用中起着决定性作用(见第10章)。在这一点上，需要再次指出的是，铁电材料属于压电材料的范畴。因此，铁电材料也表现出机电耦合的内在效应，即正压电效应和逆压电效应。

3.4.3 压电效应模式

根据压电效应的本构方程式(3.22)~式(3.29)，共有18种可能性(如 $d_{11},\cdots,d_{36}$) 来耦合压电材料内部的电场和机械场。每种可能性都属于压电耦合的4种特定模式中的一种。这些模式称为纵向、横向、纵向剪切和横向剪切模式。下面讨论用于正压电效应的不同模式,即将机械输入转换成电输出。特别地,考虑了将机械应力的分量与电通量密度的分量相联系的压电应变常数 d_{ip}。机械应力产生一个电通量密度导致在某个方向上引起一定的电极化宏观变化 ΔP。图3.5以立方体压电材料为例,详细说明了压电效应的4种模式(表3.2)。

① 纵向模式 L:d_{11}、d_{22} 和 d_{33}。

正应力(图3.5中的 T_3) 在同一方向上存在电极化的变化。

② 横向模式 T:$d_{12},d_{13},d_{21},d_{23},d_{31}$ 和 d_{32}。

与纵向模式相比,电极化的变化与外加机械载荷垂直。

③ 纵向剪切模态 S_{L}:d_{14}、d_{25} 和 d_{36}

如果施加剪应力(图3.5中的 $\boldsymbol{T}_5$),极化将垂直于压电材料剪切的平面(图3.5中的13平面)。

④ 横向剪切模式 S_{T}:$d_{15},d_{16},d_{24},d_{26},d_{34}$ 和 d_{35}。

与纵向剪切模式相反,压电材料剪切平面内的电极化发生了变化。

这种模式分类也适用于逆压电效应以及压电的所有其他形式的本构方程。

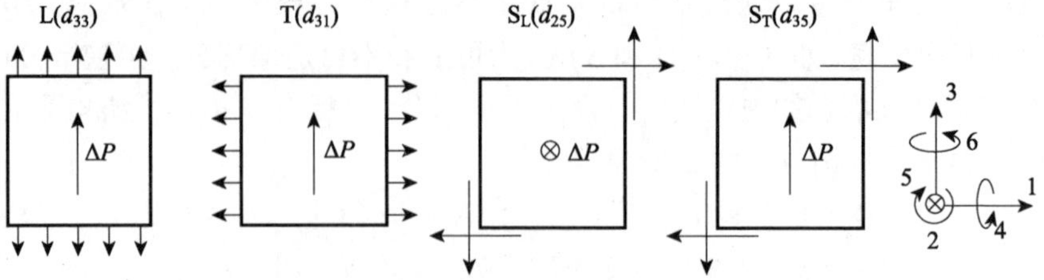

图 3.5 立方体形压电材料中压电的纵向(L)、横向(T)、纵向剪切(S_L)和横向剪切模式(S_T)的示例(电极化的宏观变化 ΔP)

表 3.2 将压电应变常数 d_{ip} 分配给 4 种压电模式
(L、T、S_L 和 S_T 分别表示纵向、横向、纵向剪切和横向剪切模式)

模式	$\boldsymbol{T}_1$	$\boldsymbol{T}_2$	$\boldsymbol{T}_3$	$\boldsymbol{T}_4$	$\boldsymbol{T}_5$	$\boldsymbol{T}_6$
$\boldsymbol{D}_1$	d_{11}	d_{12}	d_{13}	d_{14}	d_{15}	d_{16}
	L	T	T	S_L	S_T	S_T
$\boldsymbol{D}_2$	d_{21}	d_{22}	d_{23}	d_{24}	d_{25}	d_{26}
	T	L	T	S_T	S_L	S_T
$\boldsymbol{D}_3$	d_{31}	d_{32}	d_{33}	d_{34}	d_{35}	d_{36}
	T	T	L	S_T	S_T	S_L

3.5 机电耦合系数

如 3.3 节所述,可以通过适当的本构方程来充分描述压电材料的线性化特性。因此,材料参数必须是已知的,如 $\boldsymbol{s}_{pq}^{E}$、$\boldsymbol{\varepsilon}_{ij}^{T}$ 和 $\boldsymbol{d}$ 形式的 d_{ip}。然而,所谓的机电耦合因子 k 经常被引入到评估压电材料内部能量转换的效率中。这涉及机械能到电能的转换以及电能到机械能的转换,这里给出了($1 \leqslant i \leqslant 3, 1 \leqslant p \leqslant 6$)

单位体积机械能,即

$$W^{\text{mech}} = \frac{S_p T_p}{2} \tag{3.37}$$

单位体积电能,即

$$W^{\text{elec}} = \frac{D_i T_i}{2} \tag{3.38}$$

为了获得 k 的无量纲度量，转换后的能量与输入能量有关。如果将机械能用作压电材料的输入，则机电耦合系数 k（严格来说是 k^2）将由

$$k^2 = \frac{\text{机械能转化为电能}}{\text{机械输入能}} \tag{3.39}$$

计算。在输入电能的情况下，由

$$k^2 = \frac{\text{电能转化为机械能}}{\text{电输入能}} \tag{3.40}$$

计算。

事实上，把机械能转化为电能，总是不完全的；反之亦然。因此，k^2 和 k 都小于1。在以下两个小节中，将通过无损压电圆柱体（底部面积 A_S、厚度 L_S）分别研究上、下两个表面的耦合方向。圆柱体在厚度方向上具有压电特性，与三向压电特性相吻合。

3.5.1　从机械能转换为电能

为了量化压电圆柱体内从机械能到电能的转换，考虑一个由3个后续状态 A、B 和 C 组成的单个转换周期。图3.6给出了3种状态的排列简图以及相关的机械和电状态变量（即 $\boldsymbol{S}_3$、$\boldsymbol{T}_3$、$\boldsymbol{D}_3$ 和 $\boldsymbol{E}_3$）的示意图。在状态 A 中，压电材料既无机械载荷，也无电载荷。因此，三方向的状态变量为零，即 $\boldsymbol{S}_3 = \boldsymbol{T}_3 = \boldsymbol{D}_3 = \boldsymbol{E}_3 = 0$。

①$A \Rightarrow B$：从状态 A 到状态 B，压电圆柱体是电短路的（即 $\boldsymbol{E}_3 = 0$），机械力 $\boldsymbol{F}$ 作用于负三向载荷，在此力作用下，筒体产生机械应力 $\boldsymbol{T}_3$，并伴随着筒体厚度方向的负变形。在状态 B 时，力达到最大值 $\boldsymbol{F}_{\max}$。利用本构方程的 d 型，使状态变量变为

$$\boldsymbol{S}_3 = \boldsymbol{S}_{\max} = \boldsymbol{s}_{33}^E \boldsymbol{T}_{\max} \boldsymbol{T}_3 = \boldsymbol{T}_{\max}$$
$$\boldsymbol{D}_3 = \boldsymbol{D}_{\max} = \boldsymbol{d}_{33} \boldsymbol{T}_{\max} \boldsymbol{E}_3 = 0$$

式中：$\boldsymbol{T}_{\max} = -\boldsymbol{F}_{\max}/A_S$ 为机械应力的峰值。总体而言，在压电圆柱体上完成的机械能（每单位体积）计算为

$$W_{AB}^{\text{mech}} = \frac{\boldsymbol{S}_3 \boldsymbol{T}_3}{2} = \frac{\boldsymbol{s}_{33}^E \boldsymbol{T}_{\max}^2}{2} \tag{3.41}$$

②$B \Rightarrow C$：在这种状态变化过程中，压电圆柱体电载荷被卸载。此外，所施加的机械力减小为零。因此，通量密度 $\boldsymbol{D}_3$ 保持恒定。在状态 C，状态变量采用以下形式，即

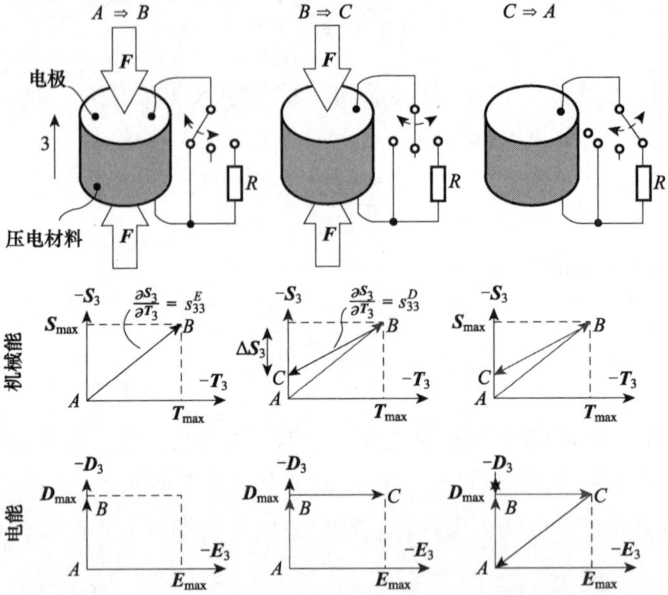

图 3.6　圆柱体[14] 演示了压电材料中从机械能到电能的转换

（A、B 和 C 表示转换周期中的 3 个定义状态；$\boldsymbol{S}_3$、$\boldsymbol{T}_3$、$\boldsymbol{D}_3$ 和 $\boldsymbol{E}_3$ 表示决定性的状态变量）

$$\boldsymbol{S}_3 = \frac{\boldsymbol{d}_{33}^2 \boldsymbol{T}_{\max}}{\boldsymbol{\varepsilon}_{33}^T} \boldsymbol{T}_3 = 0$$

$$\boldsymbol{D}_3 = \boldsymbol{D}_{\max} = \boldsymbol{d}_{33} \boldsymbol{T}_{\max} \boldsymbol{E}_3 = \boldsymbol{E}_{\max} = \frac{\boldsymbol{d}_{33} \boldsymbol{T}_{\max}}{\boldsymbol{\varepsilon}_{33}^T}$$

尽管在三维方向上没有出现机械应力，但是圆柱体厚度随着状态 A 的变化而变化（即 $S_3 \neq 0$），这是压电耦合的结果。单位体积释放的机械能为

$$W_{BC}^{\text{mech}} = \frac{\boldsymbol{S}_3 \boldsymbol{T}_3}{2} = \frac{\Delta \boldsymbol{S}_3 \boldsymbol{T}_{\max}}{2} \underbrace{\boldsymbol{T}_{\max} \left[\boldsymbol{s}_{33}^E - \frac{\boldsymbol{d}_{33}^2}{\boldsymbol{\varepsilon}_{33}^T} \right]}_{\Delta S_3} \tag{3.42}$$

用状态 B 到状态 C 的变形量 $\Delta \boldsymbol{S}_3$，可以通过使用参数转换 $\boldsymbol{s}_{33}^D = \boldsymbol{s}_{33}^E - \boldsymbol{d}_{33}^2 / \boldsymbol{\varepsilon}_{33}^T$（式(3.33)）来简化此关系为

$$W_{BC}^{\text{mech}} = \frac{\boldsymbol{s}_{33}^D \boldsymbol{T}_{\max}^2}{2} \tag{3.43}$$

③$C \Rightarrow A$：最后，返回到转换周期的初始状态 A。在此过程中，压电圆柱体被电加载一个电阻 R 和卸载机械载荷（即 $\boldsymbol{T}_3 = 0$），在状态 A 时，状态变量变为

$$\boldsymbol{S}_3 = 0 \quad \boldsymbol{T}_3 = 0$$

$$\boldsymbol{D}_3 = 0 \quad \boldsymbol{E}_3 = 0$$

从状态 C 到状态 A,圆柱体每单位体积向电阻器释放电能,计算结果为

$$W_{CA}^{\text{elec}} = \frac{\boldsymbol{E}_3\boldsymbol{D}_3}{2} = \frac{\boldsymbol{d}_{33}^2\boldsymbol{T}_{\max}^2}{2\boldsymbol{\varepsilon}_{33}^T} \tag{3.44}$$

现在看一下整个转换周期的能量平衡。从状态 A 到状态 B,压电圆柱体的机械载荷为 W_{AB}^{mech},从状态 B 到状态 C,圆柱体释放 W_{BC}^{mech}。因此,圆柱体中存储的能量为

$$W_{AB}^{\text{mech}} - W_{BC}^{\text{mech}} = \frac{\boldsymbol{T}_{\max}^2}{2}(\boldsymbol{s}_{33}^E - \boldsymbol{s}_{33}^D) \tag{3.45}$$

根据能量守恒,所存储的能量必须对应于从状态 C 到初始状态 A 释放的电能 W_{CA}^{mech}。这也反映在参数转换 $\boldsymbol{s}_{33}^E - \boldsymbol{s}_{33}^D = \boldsymbol{d}_{33}^2/\boldsymbol{\varepsilon}_{33}^T$ 中。从机械能转换为电能的机电耦合系数 $\boldsymbol{k}_{33}$ 为

$$\boldsymbol{k}_{33}^2 = \frac{W_{CA}^{\text{mech}}}{W_{AB}^{\text{mech}}} = \frac{W_{AB}^{\text{mech}} - W_{CA}^{\text{mech}}}{W_{AB}^{\text{mech}}} = \frac{\boldsymbol{s}_{33}^E - \boldsymbol{s}_{33}^D}{\boldsymbol{s}_{33}^E} = \frac{\boldsymbol{d}_{33}^2}{\boldsymbol{\varepsilon}_{33}^T\boldsymbol{s}_{33}^E} \tag{3.46}$$

式中:$\boldsymbol{k}_{pq}$ 指数分别为施加的机械载荷方向和电量方向。

3.5.2 电能转化为机械能

对于前面的转换方向,考虑的是一个单一的转换周期,它由随后的3种状态 A、B 和 C 组成(图3.7)。同样,压电材料在 A 状态既没有机械载荷也没有电载荷,即 $\boldsymbol{S}_3 = \boldsymbol{T}_3 = \boldsymbol{D}_3 = \boldsymbol{E}_3 = 0$。

①$A \Rightarrow B$:从状态 A 到状态 B,卸载压电圆柱体机械载荷(即 $\boldsymbol{T}_3 = 0$)并在负三方向上被电加载电压 U。此电压引起电场强度 $\boldsymbol{E}_3$,这是由于压电耦合对圆柱体造成一定的变形引起的。在状态 B,电压达到最高点。压电本构方程的 d 型生成了状态变量

$$\boldsymbol{S}_3 = \boldsymbol{S}_{\max} = \boldsymbol{d}_{33}\boldsymbol{E}_{\max} \quad \boldsymbol{T}_3 = 0$$

$$\boldsymbol{D}_3 = \boldsymbol{D}_{\max} = \boldsymbol{\varepsilon}_{33}\boldsymbol{E}_{\max} \quad \boldsymbol{E}_3 = \boldsymbol{E}_{\max}$$

用电场强度的峰值 $\boldsymbol{E}_{\max} = -\boldsymbol{U}_{\max}/l_S$。状态 B 时,储存在圆柱体中的单位体积的电能计算为

$$W_{AB}^{\text{elec}} = \frac{\boldsymbol{E}_3\boldsymbol{D}_3}{2} = \frac{\boldsymbol{\varepsilon}_{33}^T\boldsymbol{E}_{\max}^2}{2} \tag{3.47}$$

②$B \Rightarrow C$:在这种状态变化过程中,压电圆柱体将受到电阻 R 的电加载。此外,禁止沿厚度方向的机械运动,可以通过适当夹紧圆柱体来控制这种运动。因此,$\boldsymbol{S}_3$ 保持恒定并且机械应力 $\boldsymbol{T}_3$ 改变。在状态 C 下,状态变量为

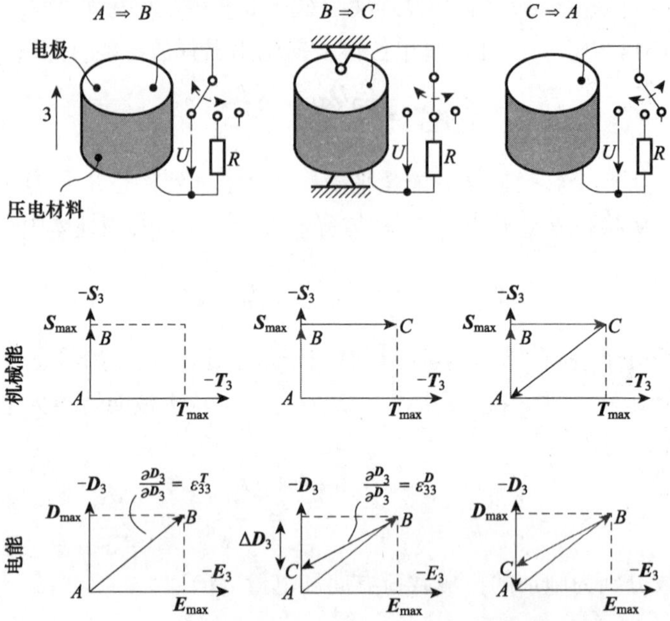

图 3.7　用圆柱体演示压电材料内的电能到机械能的转换

（A、B、C 表示在转换周期中定义的 3 个状态；$\boldsymbol{S}_3$、$\boldsymbol{T}_3$、$\boldsymbol{D}_3$ 及 $\boldsymbol{E}_3$ 表示决定性状态变量）

$$\boldsymbol{S}_3 = \boldsymbol{S}_{\max} = \boldsymbol{d}_{33}\boldsymbol{E}_{\max} \quad \boldsymbol{T}_3 = \boldsymbol{T}_{\max} = \frac{\boldsymbol{d}_{33}\boldsymbol{E}_{\max}}{\boldsymbol{\varepsilon}_{33}^{E}}$$

$$\boldsymbol{D}_3 = \boldsymbol{D}_{\max} = \boldsymbol{d}_{33}\boldsymbol{T}_{\max} \quad \boldsymbol{E}_3 = 0$$

由于在圆柱体中产生应力，因此在状态 C 下电极上存在剩余的磁通密度（即 $\boldsymbol{D}_3 \neq 0$）。电阻器释放的电能（每单位体积）导致

$$W_{BC}^{\mathrm{elec}} = \frac{\boldsymbol{E}_3\boldsymbol{D}_3}{2} = \frac{\boldsymbol{E}_{\max}\Delta\boldsymbol{D}_3}{2} = \frac{\boldsymbol{E}_{\max}}{2}\underbrace{\boldsymbol{E}_{\max}\left[\boldsymbol{\varepsilon}_{33}^{T} - \frac{d_{33}^2}{\boldsymbol{s}_{33}^{E}}\right]}_{\Delta\boldsymbol{D}_3} \tag{3.48}$$

用状态 B 到状态 C 的磁通密度变化量 $\Delta\boldsymbol{D}_3$。与先前的转换方式类似，可以通过使用参数转换 $\boldsymbol{\varepsilon}_{33}^{S} = \boldsymbol{\varepsilon}_{33}^{T} - \boldsymbol{d}_{33}^2/\boldsymbol{s}_{33}^{E}$（式（3.33））来简化此关系，即

$$W_{BC}^{\mathrm{elec}} = \frac{\boldsymbol{\varepsilon}_{33}^{S}\boldsymbol{E}_{\max}^2}{2} \tag{3.49}$$

③$C \Rightarrow A$：在转换周期结束时，通过移除机械夹紧回到状态 A。此外，压电圆柱是电卸载。最后，状态变量变成

$$\boldsymbol{S}_3 = 0 \quad \boldsymbol{T}_3 = 0$$

$$\boldsymbol{D}_3 = 0 \quad \boldsymbol{E}_3 = 0$$

在此状态变化时，从圆柱体释放的单位体积的机械能计算为

$$W_{CA}^{\mathrm{mech}} = \frac{\boldsymbol{S}_3 \boldsymbol{D}_3}{2} = \frac{\boldsymbol{d}_{33}^2 \boldsymbol{E}_{\max}^2}{2\boldsymbol{S}_{33}^E} \tag{3.50}$$

同样，考虑整个转换周期的能量平衡。压电圆柱体通过 W_{AB}^{elec} 从状态 A 加载到状态 B。随后，圆柱从状态 B 到状态 C 释放 W_{BC}^{elec}，从而导致存储的能量为

$$W_{AB}^{\mathrm{elec}} - W_{BC}^{\mathrm{elec}} = \frac{\boldsymbol{E}_{\max}^2}{2}(\boldsymbol{\varepsilon}_{33}^T - \boldsymbol{\varepsilon}_{33}^S) \tag{3.51}$$

它必须对应于从状态 C 释放到状态 A 的机械能 W_{CA}^{mech}。这也可以从参数方程 $\boldsymbol{\varepsilon}_{33}^T - \boldsymbol{\varepsilon}_{33}^S = \boldsymbol{d}_{33}^2/\boldsymbol{s}_{33}^E$ 看出。表示从电能转换为机械能的机电耦合系数 $\boldsymbol{k}_{33}$ 为

$$\boldsymbol{k}_{33}^2 = \frac{W_{CA}^{\mathrm{mech}}}{W_{AB}^{\mathrm{elec}}} = \frac{W_{AB}^{\mathrm{elec}} - W_{BC}^{\mathrm{elec}}}{W_{AB}^{\mathrm{elec}}} = \frac{\boldsymbol{\varepsilon}_{33}^T - \boldsymbol{\varepsilon}_{33}^S}{\boldsymbol{\varepsilon}_{33}^T} = \frac{\boldsymbol{d}_{33}^2}{\boldsymbol{\varepsilon}_{33}^T \boldsymbol{s}_{33}^E} \tag{3.52}$$

比较式(3.46)和式(3.52)可知，在能量转换的两个方向上，$\boldsymbol{k}_{33}$ 是相同的。换句话说，机械能转换成电能；反之亦然。对转换效率没有影响。注意，这是压电耦合机构的基本特性。

除了 $\boldsymbol{k}_{33}$ 外，还可以推导出压电材料的各种机电耦合因子。对于 6mm 级的晶体，$\boldsymbol{k}_{31}$ 和 $\boldsymbol{k}_{15}$ 分别与压电的横向和横向剪切模式有关。这些机电耦合因子为($\boldsymbol{s}_{44}^E = \boldsymbol{s}_{55}^E$)

$$\boldsymbol{k}_{31}^2 = \frac{\boldsymbol{d}_{31}^2}{\boldsymbol{\varepsilon}_{33}^T \boldsymbol{s}_{11}^E}, \boldsymbol{k}_{15}^2 = \frac{\boldsymbol{d}_{15}^2}{\boldsymbol{\varepsilon}_{11}^T \boldsymbol{s}_{55}^E} \tag{3.53}$$

由于压电材料不同，机电耦合系数也有显著差异。例如，一些压电陶瓷材料的 $\boldsymbol{k}_{33}$、$\boldsymbol{k}_{31}$ 和 $\boldsymbol{k}_{15}$ 值很高。另外，某些材料（如多孔聚合物）的 $\boldsymbol{k}_{33}$ 值较大，但耦合系数 $\boldsymbol{k}_{31}$ 较小。

3.6 压电材料

压电材料表现出晶体结构或至少具有晶体结构的区域。一般来说，晶体的特征是在空间的各个方向上周期性地重复原子晶格结构。晶体的最小重复部分称为晶胞。根据单位晶胞的对称性，可以区分 32 种晶体类型，也称为晶体点群(图 3.8)[28,42]。仅当晶胞的结构不对称时，才会产生压电特性。32 种晶体中有 21 种具有这种特性，因为它们是非中心对称的，这意味着它们没有对称中心。这

21个晶体类别中有20个具有压电性，10个晶体类别为热电性，其余10个晶体类别为非热电性。20种压电晶体可以分为7个晶体系统，即三斜晶系、单斜晶系、斜方晶系、四方晶系、菱面体、六方晶系和立方晶系。表3.3包含根据Hermann - Mauguin表示法的20种压电晶体类别的缩写。当然，压电材料的材料张量（如d型的$[\boldsymbol{d}]$和$[\boldsymbol{\varepsilon}^T]$及$[\boldsymbol{s}^E]$）因独立材料参数的数量和非零项而在晶体类中有所不同。

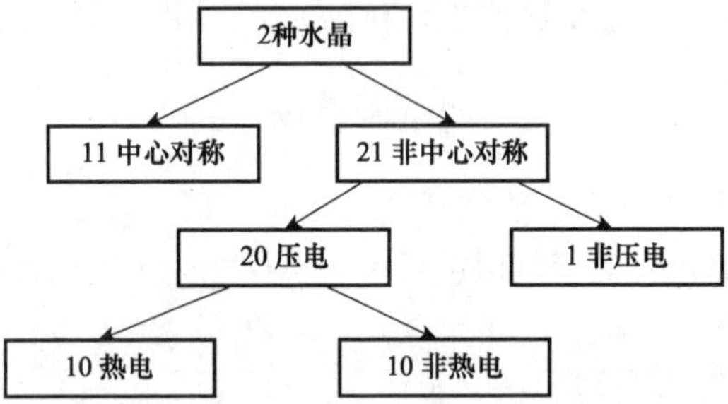

图3.8　32种晶体的分类（晶体点群）

表3.3　Hermann - Mauguin表示法压电晶体类别的缩写（晶体类别分为7个晶体系统）

晶体系统	晶体类的缩写
三斜晶系	1
单斜晶系	2和m
斜方晶系	222和mm^2
四方晶系	4、$\bar{4}$、422、4mm和$\bar{4}$2m
菱面体	3、32和3m
六方晶系	6、$\bar{6}$、622、6mm和$\bar{6}m^2$
立方晶系	23和$\bar{4}$3m

压电材料的选用往往取决于其应用。一些压电传感器和驱动器要求材料提供高压电应变常数$\boldsymbol{d}_{ip}$和高机电耦合系数。各种各样的应用要求压电材料没有滞后特性并且提供高机械刚度，即弹性柔度常数$\boldsymbol{s}_{pq}^E$的值很小。另外，还存在需要具有压电特性的机械柔性材料的应用。因此，不可能找到一种最适合于各种压电传感器和执行器的压电材料。然而，对于每个应用，可以定义一个具体的性能系数，其中包括选定的材料参数。下面研究不同的压电材料，它们的主要性能和制

造工艺，包括石英等单晶(见 3.6.1 小节)、锆钛酸铅等多晶陶瓷材料(见 3.6.2 小节) 和聚偏氟乙烯等聚合物(见 3.6.3 小节)。

3.6.1 单晶

现存大量的压电单晶体。通常，它们可以分为自然产生的材料(如石英) 和合成产生的材料(如铌酸锂)。表 3.4 列出了这两类的常用材料，包括化学公式和晶体类别。下面将集中讨论石英，因为这种压电单晶在诸如压电传感器等实际应用中仍然发挥着重要作用。石英之所以重要，主要是因为它有可能通过人工生长合成石英。此外，由于这种压电单晶常用于声表面波(SAW) 装置中，本书将简要讨论铌酸锂。最后简要介绍了基于弛豫的单晶。

1. 石英

室温下的石英晶体通常称为 α 石英。在 573℃ 的温度下，石英晶体内部发生结构相变，在573 ~ 870℃ 的温度范围内稳定。产生的晶体称为 β 石英，与 α 石英有很大差异[14,42]。这不仅涉及材料参数，而且涉及晶体类别。α 石英和 β 石英分别属于晶体类 32 和 622。由于大多数实际应用中的温度都低于 500℃，因此$\frac{1}{1.2}$更详细地研究 α 石英。在 d 型中，晶体类 32 的材料张量具有以下结构，即

$$[\boldsymbol{s}^E]=\begin{bmatrix} s_{11}^E & s_{12}^E & s_{13}^E & s_{14}^E & 0 & 0 \\ s_{12}^E & s_{11}^E & s_{13}^E & -s_{14}^E & 0 & 0 \\ s_{13}^E & s_{13}^E & s_{33}^E & 0 & 0 & 0 \\ s_{14}^E & -s_{14}^E & 0 & s_{44}^E & 0 & 0 \\ 0 & 0 & 0 & 0 & s_{44}^E & 2s_{14}^E \\ 0 & 0 & 0 & 0 & 2s_{14}^E & 2(s_{11}^E-s_{12}^E) \end{bmatrix} \tag{3.54}$$

$$[\boldsymbol{\varepsilon}^S]=\begin{bmatrix} \varepsilon_{11}^T & 0 & 0 \\ 0 & \varepsilon_{11}^T & 0 \\ 0 & 0 & \varepsilon_{33}^T \end{bmatrix},\ [\boldsymbol{d}]=\begin{bmatrix} d_{11} & -d_{11} & 0 & d_{14} & 0 & 0 \\ 0 & 0 & 0 & 0 & -d_{14} & -d_{11} \\ 0 & 0 & 0 & 0 & 0 & 0 \end{bmatrix} \tag{3.55}$$

因此，总共包含 10 个独立的项。

表 3.4　天然和合成的压电单晶的化学式和晶体类别

材料	组	化学式	晶体类别
α 石英	天然	SiO_2	32
β 石英	天然	SiO_2	622
电气石	天然	$(Na,Ca)(Mg,Fe)_3B_3Al_6Si_6(O,OH,F)_{31}$	3m
CGG	合成	$Ca_3Ga_2Ge_4O_{14}$	32
铌酸锂	合成	$LiNbO_3$	3m
钽酸锂	合成	$LiTaO_3$	3m

α 石英有左旋型和右旋型两种。该名称源于沿石英晶体光轴传播的线偏振光的旋转。右旋为顺时针偏振面旋转，左旋则是逆时针旋转。两种形状的差异也体现在材料参数的符号上。例如，d_{14} 对于左旋 α 石英为正，而对于右旋 α 石英为负。图 3.9 说明了左旋 α 石英的基本结构，其中 z 轴与晶体的光轴重合。

很自然，图 3.9 所示的原始结构中的 α 石英不能用于压电元件。因此，就必须把一些部分切掉，如薄片。下面列出了最著名的切割方法[14,28]。

①X 切割：切割板垂直于 x 轴。

②Y 切割：切割板垂直于 y 轴。

③Z 切割：切割板垂直于 z 轴。

④ 旋转的 Y 切割：切割板垂直于 yz 平面。

通过这些切割，就有可能制造出具有不同压电模式的压电元件。例如，如果在切割板的顶部和底部表面覆盖有电极，则 X 切割将导致纵向模式。

尽管石英是地球上最常见的矿物之一，但对所需尺寸和质量的石英晶体的巨大需求使得合成产品不可或缺。人造石英晶体可以通过所谓的水热法人工生长[21,24]。因此，晶体在非常高的压力下在厚壁高压釜中生长，压力高达200MPa，温度约为400℃。水和少量碳酸钠（化学式Na_2CO_3）或氢氧化钠（化学式NaOH）可作为溶剂。合成重量超过 1kg 的石英晶体需要几个星期的时间。

石英晶体在实际应用中经常用作压电元件（如用于力和扭矩传感器，见 9.1 节），因为这种单晶具有高的机械刚度和高的绝缘电阻。石英晶体通常用作压电元件，它们几乎没有滞后现象，并且在实际使用中具有出色的线性。此外，存在温度补偿切割法，能在较宽的温度范围内显示恒定的材料参数。然而，与压电陶瓷材料等其他压电材料相比，石英晶体只有很小的压电应变常数 $\boldsymbol{d}_{ip}$。对于高效的压电执行器来说，这是一个很大的缺点。此外，压电元件是不能从任何形状的石英晶体中切割出来的。表 3.5 列出了一种左旋 α 石英的主要材料参数。

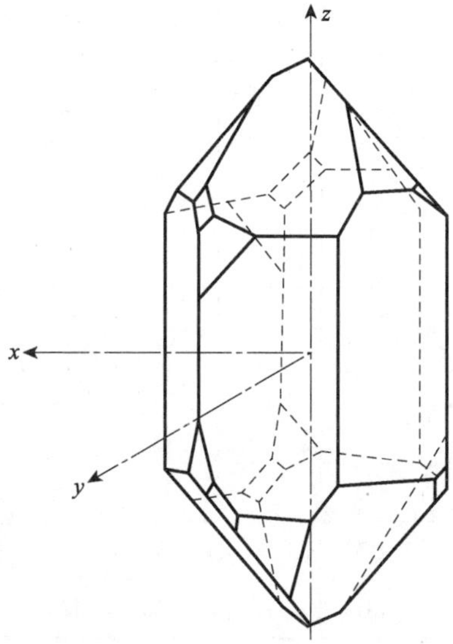

图 3.9 左旋 α 石英的基本结构

表 3.5 所选压电材料的主要材料参数（材料密度 ϱ_0（10^3 kg · m^{-3}）、弹性柔量常数 $\boldsymbol{s}_{pq}^E$（10^{-12}m · N^{-2}）、相对介电常数 $\boldsymbol{\varepsilon}_{ii}^T/\boldsymbol{\varepsilon}_0$、应变常数 $\boldsymbol{d}_{ip}$（10^{-12}m · V^{-1}））

材料	ϱ_0	s_{11}^E	s_{12}^E	s_{13}^E	s_{14}^E	s_{33}^E	s_{44}^E	$\varepsilon_{11}^T/\varepsilon_0$	$\varepsilon_{33}^T/\varepsilon_0$
石英	2.65	12.8	-1.8	-1.2	4.5	9.7	20.0	4.5	4.6
铌酸锂	4.63	5.8	-1.0	-1.5	-1.0	5.0	17.0	84	30
PZT-5A(软)	7.75	16.4	-5.7	-7.2	—	18.8	47.5	1730	1700
PZT-5H(软)	7.50	16.5	-4.8	-8.5	—	20.7	43.5	3130	3400
PIC155(软)	7.76	16.2	-4.8	-7.1	—	17.8	52.4	1500	1350
PIC255(软)	7.80	15.9	-5.7	-7.4	—	21.0	44.9	1650	1750
Pz29(软)	7.45	17.0	-5.8	-8.8	—	22.9	54.1	2440	2870
PIC181(硬)	7.85	11.8	-4.1	-5.0	—	14.1	35.3	1220	1140
PIC300(硬)	7.78	11.1	-4.8	-3.7	—	11.8	28.2	960	1030

续表

材料	ϱ_0	s_{11}^E	s_{12}^E	s_{13}^E	s_{14}^E	s_{33}^E	s_{44}^E	$\varepsilon_{11}^T/\varepsilon_0$	$\varepsilon_{33}^T/\varepsilon_0$
Pz24(硬)	7.70	10.4	-3.0	-7.6	—	23.4	23.0	810	407
材料	d_{11}	d_{14}	d_{15}	d_{22}	d_{31}	d_{33}	k_{15}	k_{31}	k_{33}
石英	2.3	0.7	—	—	—	—	*	* *	* * *
铌酸锂	—	—	26	8.5	-3.0	9.2	0.23	0.08	0.25
PZT-5A(软)	—	—	584	—	-171	374	0.68	0.34	0.75
PZT-5H(软)	—	—	741	—	-274	593	0.68	0.39	0.75
PIC155(软)	—	—	539	—	-154	307	0.65	0.35	0.66
PIC255(软)	—	—	534	—	-174	393	0.66	0.35	0.69
Pz29(软)	—	—	724	—	-243	574	0.67	0.37	0.75
PIC181(硬)	—	—	389	—	-108	253	0.63	0.32	0.66
PIC300(硬)	—	—	155	—	-82	154	0.32	0.26	0.46
Pz24(硬)	—	—	151	—	-58	194	0.37	0.30	0.67

注：* $k_{11}=0.09$ 为 X 切割；* * $k_{66}=0.14$ 为 Y 切割；* * * $k_{44}=0.03$ 为 Z 切割。表中“-”代表无关；表中给出数据来自文献[5,10,14,30,35,42]和制造商的平均值。

2. 铌酸锂

铌酸锂是一种众所周知的人工合成压电单晶，其居里温度 ϑ_C 为1210℃。这就是为什么这种压电单晶主要用于高温传感器和超声波换能器的原因[2, 42]。铌酸锂属于 3m 晶体。在 d 型中，此类晶体的材料张量由下式给出，即

$$[\boldsymbol{s}^E]=\begin{bmatrix} s_{11}^E & s_{12}^E & s_{13}^E & s_{14}^E & 0 & 0 \\ s_{12}^E & s_{11}^E & s_{13}^E & -s_{14}^E & 0 & 0 \\ s_{13}^E & s_{13}^E & s_{33}^E & 0 & 0 & 0 \\ s_{14}^E & -s_{14}^E & 0 & s_{44}^E & 0 & 0 \\ 0 & 0 & 0 & 0 & s_{44}^E & 2s_{14}^E \\ 0 & 0 & 0 & 0 & 2s_{14}^E & 2(s_{11}^E-s_{12}^E) \end{bmatrix} \tag{3.56}$$

$$[\boldsymbol{\varepsilon}^S] = \begin{bmatrix} \boldsymbol{\varepsilon}_{11}^T & 0 & 0 \\ 0 & \boldsymbol{\varepsilon}_{11}^T & 0 \\ 0 & 0 & \boldsymbol{\varepsilon}_{33}^T \end{bmatrix}, [\boldsymbol{d}] = \begin{bmatrix} 0 & 0 & 0 & 0 & \boldsymbol{d}_{14} & -2\boldsymbol{d}_{22} \\ -\boldsymbol{d}_{22} & \boldsymbol{d}_{22} & 0 & \boldsymbol{d}_{15} & 0 & 0 \\ \boldsymbol{d}_{31} & \boldsymbol{d}_{31} & \boldsymbol{d}_{33} & 0 & 0 & 0 \end{bmatrix} \tag{3.57}$$

因此，总共包含 13 个独立项。

铌酸锂的单晶可以借助所谓的切克劳斯基工艺人工生长[8]。该制造过程开始将所需材料(即这里的铌酸锂) 的熔融状态放入熔融锅中。在下一步中，下端带有籽晶缓慢旋转的金属棒从上方浸入熔体中。如果将晶种正确浸入，则熔体和晶体的固体部分之间会形成均匀的边界层。随后，必须将金属棒和籽晶的旋转组合缓慢地向上拉。在此步骤中，熔体在边界层凝固，这导致晶体生长。通过改变提拉和旋转的速度，可以提取通常被称为锭的长单晶。最后，通过合适的晶体切割，如 X 切割，将所得铌酸锂单晶制成所需的形状。与石英晶体相比，铌酸锂晶体具有更高的压电应变常数 $\boldsymbol{d}_{ip}$。典型材料参数见表 3.5。

3. 基于弛豫的单晶

如 3.4.1 小节所述，弛缓铁电体具有明显的电致伸缩，弛豫单晶就是基于这种材料。目前，研究最广泛的松弛基单晶材料成分是铌酸铅镁和钛酸铅(PMN - PT) 的固溶体以及铌酸铅锌和钛酸铅(PZN - PT) 的固溶体[33, 48]。两种材料成分的化学式均表示如下。

铌酸铅镁：$(1-x)Pb(Mg1/3Nb2/3)O_3-xPbTiO_3$

钛酸铅：$(1-x)Pb(Zn1/3Nb2/3)O_3-xPbTiO_3$。

其中，x 的范围为 0 ~ 1。原则上，这些材料成分可用于多晶陶瓷材料(见 3.6.2 小节)。所得的压电陶瓷材料显示出优异的压电性能，如高压电应变常数 $\boldsymbol{d}_{ip}$。然而，通过生长单晶，可用性能得到了显著改善。PMN - PT 和 PZN - PT 的晶体生长通常采用高温通量技术和 Bridgman 生长技术[23, 25, 26]。生长后，单晶体必须在适当的方向极化。

PMN - PT 和 PZN - PT 单晶的机电耦合系数 $\boldsymbol{k}_{33}$ 通常超过 0.9。在特殊的材料组成和附加掺杂的情况下，则可以达到极高的介电常数以及 $\boldsymbol{d}_{33}$ 值大于 $2000pmV^{-1}$。这些突出的性能引起了对 PMN - PT 和 PZN - PT 单晶在实际应用中的极大兴趣[6, 18]，如它们应该是超声波换能器中高效压电元件的理想候选者。

3.6.2　多晶陶瓷材料

多晶陶瓷材料具有优异的压电性能，是实际应用中最重要的压电材料。多晶硅陶瓷材料具有优异的压电性能，是目前应用最广泛的压电材料。此外，这些所谓的压电陶瓷材料可以以一种经济有效的方式制造。钛酸钡和钛酸铅(PZT) 是两种众所周知的压电陶瓷材料的固溶体。接下来讨论压电陶瓷材料的制造过程、基本分子结构、极化过程和滞后特性。由于 PZT 在实际应用中使用频繁，因此本书的研究重点是 PZT。最后简要介绍了无铅压电陶瓷材料。

1. 制造过程

压电陶瓷材料的制造过程主要包括 6 个连续的主要步骤，即混合、煅烧、成型、烧结、电极应用和极化[12, 17]。在开始时，将原料粉末(如锆) 混合。然后在煅烧过程中将粉末混合物加热至800 ~ 900℃ 温度。由此，原料彼此发生化学反应。将所得的多晶物质研磨并与黏合剂混合。根据压电元件的期望几何形状，存在多种形成方法。最广泛使用的过程是冷压。在随后的烧结过程中，所谓的生坯在约 1200℃ 的温度下受到约束并被压缩。为了获得更高的材料密度，通常在氧气环境中进行烧结。有时烧结的毛坯要经过切割和抛光。在电极应用中，在毛坯上配备电极。这可以通过丝网印刷或溅射来完成。所得材料通常称为非极化陶瓷。作为最后处理步骤的极化产生压电陶瓷材料，即具有压电特性的陶瓷材料。极化通常是通过在加热油浴中施加 2 ~ 8$kVmm^{-1}$ 范围内的强电场实现的，或者可以使用电晕放电进行极化。

通过常用的制造工艺，可以生产出各种形状的压电陶瓷元件。压电陶瓷圆盘、环、板、棒和圆柱体是压电陶瓷元件的标准形状。然而，稍作修改的制造工艺允许生产用于压电复合换能器的其他形状的压电陶瓷纤维(见 7.4.3 小节)。利用丝网印刷、物理气相沉积(如溅射)、化学气相沉积(如金属 - 有机化学气相沉积) 以及化学溶液沉积(如溶液 - 凝胶化)，也可以制备压电陶瓷材料薄膜[4, 16, 31, 43]。

2. 分子结构

钛酸钡和 PZT 等压电陶瓷材料由无数晶体晶胞组成，这些晶胞表现出所谓的钙钛矿结构，以钙钛矿命名[17]。通常，具有这种结构的压电陶瓷材料可以用化学式 ABO_3 描述。虽然 A 和 B 是两种大小不同的阳离子(即正离子)，但O_3 是与两者键合的阴离子(即负离子)。大的阳离子 A 分别位于单元电池的角落，氧阴离子 O_3 位于表面的中心。根据单元晶胞的状态，小阳离子$\mathcal{B}$位于中心或中心附近。单晶胞的边长为几 Å(1Å = 0.1nm)。

许多压电陶瓷材料的晶胞主要采用 4 个相之一，即立方相、四方相、正交晶相或菱面体相(图 3.10)。在立方相中，正电荷(阳离子) 的中心$\mathcal{C}_{Q+}$与负电荷(阴离子）的中心$\mathcal{C}_{Q-}$在几何上重合。单晶胞表现为电中性。注意，该晶胞的顺电相仅存在于居里温度ϑ_C以上。当温度降至ϑ_C以下时，立方晶胞将经历从立方相到另一相的相变，即四方相、正交相或菱面体相。由此晶胞变形。例如，从立方相到四方相的变形在单个方向上为Δl_U。无论如何，小阳离子 B 都会离开晶胞的中心。因此，$\mathcal{C}_{Q+}$在几何上不再与$\mathcal{C}_{Q-}$在几何上重合。这就是产生偶极矩的原因，该偶极矩被称为自发极化$\boldsymbol{p}_n$。如果正电荷总量为q_n，并且从$\mathcal{C}_{Q-}$到$\mathcal{C}_{Q+}$的距离由向量$\boldsymbol{r}_n$定义，则单个晶胞的自发极化将变为$\boldsymbol{p}_n = q_n \boldsymbol{r}_n$。

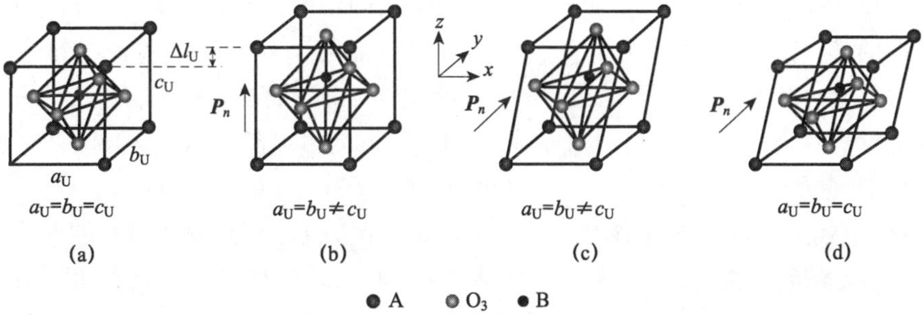

图 3.10 钙钛矿结构 ABO_3 的晶胞（自发极化$\boldsymbol{p}_n$、晶胞的边长a_U、b_U 和c_U）

（a）立方相；（b）四方相；（c）斜方相；（d）菱面体相。

在不同的相位下，晶胞内自发电极化$\boldsymbol{p}_n$的方向是不同的。在晶胞的局部坐标系中，$\boldsymbol{p}_n$在x、y、z方向上呈现出不同的比例。米勒指数[hkl]描述了$\boldsymbol{p}_n$在局部坐标系[28, 42]中的方向。对于四方相、正交相和菱面体相，米勒指数分别采用[001]和[011]及[111]的形式。在从立方相到四方相的相变过程中，中心阳离子 B 可以向 6 个方向移动。在一个全局坐标系中，$\boldsymbol{p}_n$有 6 个可能的方向。菱形相有 8 种可能方向，正交相有 12 种可能方向。包含N个晶胞的压电陶瓷元件的总极化$\boldsymbol{P}$是由与该元件的体积V有关的所有自发极化的矢量和得出的，即

$$\boldsymbol{P} = \frac{1}{V}\sum_{n=1}^{N}\boldsymbol{p}_n = \frac{1}{\boldsymbol{V}}\sum_{n=1}^{N} q_n \boldsymbol{r}_n \tag{3.58}$$

在此，必须在整体坐标系中考虑晶胞的各个极化$\boldsymbol{p}_n$。

相图是描述压电陶瓷材料相组成和温度ϑ关系的一种合适的方法。图3.11所示为PZT的相图，化学公式$Pb(Ti_x Zr_{1-x})O_3$[17, 40]。横坐标以纯$PbZrO_3$开始，以纯$PbTiO_3$结束。其间，$PbTiO_3$的摩尔量x呈线性增长。由于在居里温度ϑ_C以上，立方相占主导地位，因此对于$\vartheta > \vartheta_C$，PZT不具有压电材料的特性。还可以看出，ϑ_C随着x的增加而增加。根据图 3.11，低于ϑ_C的晶胞存在 3 个稳定相。PZT 的四方相和菱面体相也称为铁电相，而将高含量锆占主导地位的正交相称为

反铁电相。菱面体相与四方相之间的相界具有重要的现实意义。在该相边界附近，PZT 元素在菱面体相和四方相中包含大约相同数量的晶胞。两相几乎均等的通常被认为是 PZT 具有像高机电耦合系数等优异性能的原因。在室温下，相变相边界位于 $x=48$，即化学式为 $Pb(Ti_{48}Zr_{52})O_3$。PZT 的另一个优点在于其相对较低的温度依赖性，这是由于相变相边界的垂直变化引起的。

3. 极化过程和滞后

如前所述，压电陶瓷材料由无数个晶胞组成。现在仔细看看这些材料的内部结构，也如图 3.12 所示。相邻的晶胞表现出相同的自发电极化 $\boldsymbol{p}_n$ 方向，形成一个所谓的畴[14, 17]。这些域中的几个域形成一个晶粒，代表压电陶瓷材料中最小的相关部分。相邻晶粒之间的边界称为晶粒边界，而晶粒内部相邻畴之间的边界称为畴壁。在四方相中，两个相邻域之间的 $\boldsymbol{p}_n$ 方向可以相差 90° 或 180°。相反，在 PZT 的菱面体相的情况下，该角度可以取值为 71°、109° 或 180°。

这并不奇怪，除了材料组成外，当前的域结构决定了压电陶瓷材料的性质。当这种材料冷却到居里温度以下（如在烧结之后）时，晶胞将经历从立方相到另一相的相变。这与自发电极化和产生机械应力的晶胞的机械变形密切相关。由于每个封闭系统都想使其自由能最小化（见 3.2 节），晶胞以使电能和机械能都达到最小值的方式排列。由此产生的特征域结构（参看图 3.12）导致总电极化 $\boldsymbol{P}$ 消失。这就是为什么从宏观的角度来看，非极化陶瓷材料在这种状态下不提供压电性能的原因。

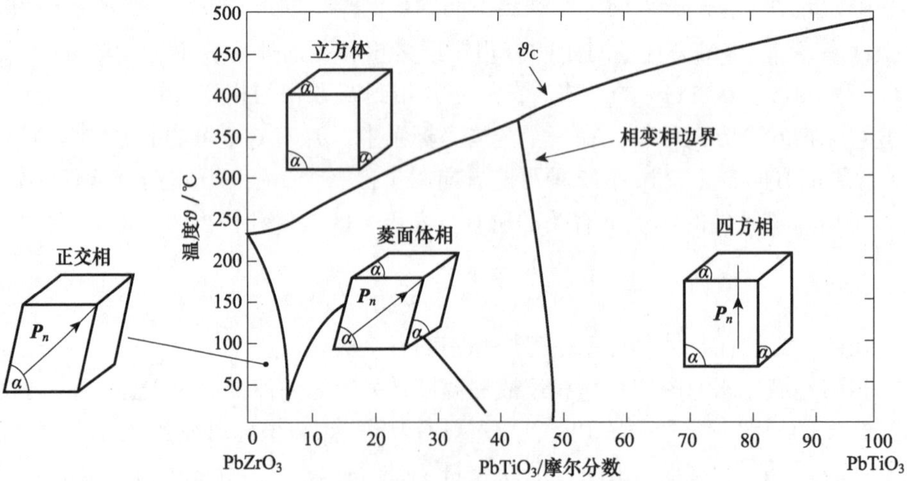

图 3.11　相图显示 PZT（化学式 $Pb(Ti_x Zr_{1-x})O_3$）的主要相与温度和材料成分的关系（居里温度 ϑ_C、晶胞自发电极化 $\boldsymbol{p}_n$）

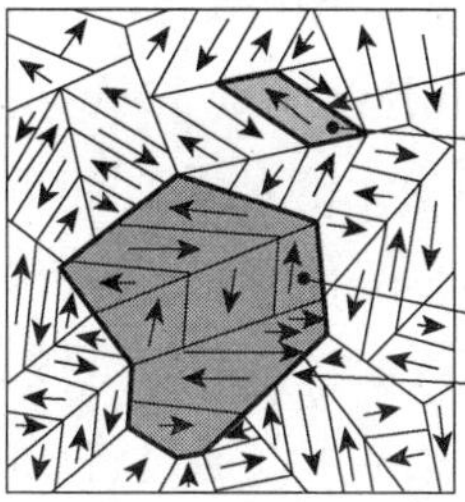

图 3.12　压电陶瓷材料的内部结构(箭头指示单域内晶胞的自发极化 $\boldsymbol{p}_n$ 的方向)

为了激活压电耦合，这意味着 $\|\boldsymbol{P}\|_2 \neq 0$，必须适当地对齐晶胞，并因此对齐非极化陶瓷中的域。潜在的激活过程被称为极化[12, 14, 17]。这种对准主要是通过在无极化陶瓷上施加强电场来实现的。在此过程中，晶胞的自发电极化 $\boldsymbol{p}_n$ 会沿着最靠近电场线方向的晶轴排列。具有相同 $\boldsymbol{p}_n$ 方向的相邻晶胞的数量增加，减少了单个晶粒内的域数。这意味着仍然存在的域的增长以及域壁的移动。此外，晶胞的排列引起晶粒的变形，这种变形作为压电陶瓷元件的机械应变变得可见。

接下来考虑一个机械卸载的薄压电陶瓷圆盘，它的上、下表面完全覆盖着电极。因此，可以将电极化 $\boldsymbol{P}$ 和机械应变 $\boldsymbol{S}$ 的矢量减少到标量，即分别用 P 和 S。图 3.13(a) 和图 3.13(b) 分别将盘的 $P(E)$ 和 $S(E)$ 描述为施加电场强度 E 的函数。图3.13(c) 显示了 A 到 G 态的典型区域构型，这些状态在 $P(E)$ 和 $S(E)$ 中也有标记。在初始状态 A(如烧结后)，圆盘应该是无极化的，即 $P=0$。在不限制一般性的情况下，假设机械应变为零，即 $S=0$。当施加强正电场时，这些域会对齐。在此状态下，通过原始曲线，直到在状态 B 时电极化 P_{sat}^{+} 和机械应变 S_{sat}^{+} 达到正饱和为止。在此状态下，晶胞的自发电极化几乎完全对准，在 P_{sat}^{+} 和 S_{sat}^{+} 值较高时也可以看到这一点。

E 的进一步增加不会显著增加这两个值，因为机电耦合的内在效应(见 3.4.1 小节) 占主导地位。相反，$P(E)$ 和 $S(E)$ 中的陡峭梯度表明外部效应(见 3.4.2 小节)。如果 E 减少到零(状态 C)，大部分晶胞将保持对齐，即域结构几乎没有变化。只有少数不稳定域的晶胞回到原来的状态，从而 P 和 S 都略有减少。在 $E=0$ 时得到的正值分别称为剩余极化 P_r^{+} 和剩余机械应变 S_r^{+}。①当 E 减小为负值时，将通过状态 D。在这种状态下，圆盘的电极化为零，这是由负矫顽场强度 E_{C}^{-}

① P_r 和 S_r 与式(3.35) 和式(3.36) 中的 $\|\boldsymbol{P}\|_2^{\mathrm{irr}}$ 和 $\|\boldsymbol{S}^{\mathrm{irr}}\|_2$ 相同。

排列的。$\boldsymbol{E}$ 的进一步减小导致在状态 $\boldsymbol{E}$ 下电极化$\boldsymbol{P}_{\text{sat}}^{-}$ 和机械应变 $\boldsymbol{S}_{\text{sat}}^{-}$ 的负饱和。因此，域的排列方向与正饱和的情况相反(图 3.13(c))。因此，电极化取的是 $\boldsymbol{P}_{\text{sat}}^{+}$ 的负值。相反，$\boldsymbol{S}_{\text{sat}}^{-}$ 与 $\boldsymbol{S}_{\text{sat}}^{+}$ 重合，因为无论 $\boldsymbol{p}_n$ 指向正方向还是负方向，$\boldsymbol{S}_{\text{sat}}^{-}$ 对晶胞的机械变形都没有影响。曲线 $\boldsymbol{P}(\boldsymbol{E})$ 和 $\boldsymbol{S}(\boldsymbol{E})$ 的其余部分描述的材料特性与先前的相同。状态 F 表示负剩余极化 $\boldsymbol{P}_r^{-}=-\boldsymbol{P}_r^{+}$，剩余机械应变 $\boldsymbol{S}_r^{-}=-\boldsymbol{S}_r^{+}$，而带有正矫顽场 $\boldsymbol{E}_C^{+}$ 的状态 G 对应于状态 D。注意，可以通过将压电陶瓷材料加热到高于居里温度来恢复状态 A 的初始域结构。

如图 3.13 所示，压电陶瓷材料表现出强烈的滞后特性，通常被称为铁电特性。因此，对于高电激励信号，极化和机械应变会有所不同，分别对应于增加和减少输入。这种大信号特性的现象学建模将在第 6 章中讨论。压电陶瓷材料除了具有铁电特性外，还具有铁弹性特性。这意味着压电陶瓷圆盘的机械应变 $\boldsymbol{S}$ 和电极化 $\boldsymbol{P}$ 都随机械应力 $\boldsymbol{T}$ 而改变。图 3.14(a) 给出了由此产生的滞后特性的典型曲线 $\boldsymbol{P}(\boldsymbol{T})$ 和 $\boldsymbol{S}(\boldsymbol{T})$。

材料组成对压电陶瓷材料的铁电特性有显著影响，这似乎是很自然的。通过掺杂，可以以特定的方式改变压电陶瓷材料的性能，如机电耦合系数[14, 17, 41]。对受体掺杂和供体掺杂通常进行区分，在受体掺杂的情况下，剩余极化强度 $\|\boldsymbol{p}_r^{\pm}\|$、机电耦合因子和弹性柔量常数 $\boldsymbol{s}_{pq}^{E}$ 减小，而矫顽场强度 $|\boldsymbol{E}_c^{\pm}|$ 增大，相反的特性是由压电陶瓷材料的供体掺杂引起的，即 $\|\boldsymbol{p}_r^{\pm}\|$，机电耦合系数和 $\boldsymbol{s}_{pq}$ 减小，而 $|\boldsymbol{E}_c^{\pm}|$ 减小。根据铁磁材料的特性，压电陶瓷材料的受体掺杂和供体掺杂分别形成铁电硬材料和铁电软材料。图 3.14(b) 显示了两种材料类型在滞后曲线 $\boldsymbol{P}(\boldsymbol{E})$ 中的基本差异。与软质材料相比，铁电硬材料的滞后曲线宽度较大是因为磁畴壁迁移率较低。由于滞后曲线内的区域会导致热损耗，所以在操作过程中铁电硬材料的压电执行器温度通常比铁电软材料要低。

含有压电陶瓷材料的压电传感器和执行器主要在极化状态下工作，即图 3.13(a) 和图 3.13(b) 中的状态 C。小信号特性是指线性化。可以通过6mm 晶体类压电材料的本构方程来描述几乎任何压电陶瓷材料的线性化特性(参见式(3.32))。因此，这 3 个物质张量共包含 10 个独立的项。这些项的标识将在第 5 章中详细介绍。压电陶瓷材料的典型材料参数见表 3.5。可以清楚地看到，压电应变常数远高于 α 石英。

4. 无铅材料

大多数实际使用的压电陶瓷材料(如 PZT) 都含有大量的铅，属于有害物质。然而，欧洲联盟于2003 年通过了《废旧电气电子设备(WEEE)》的条例和《限

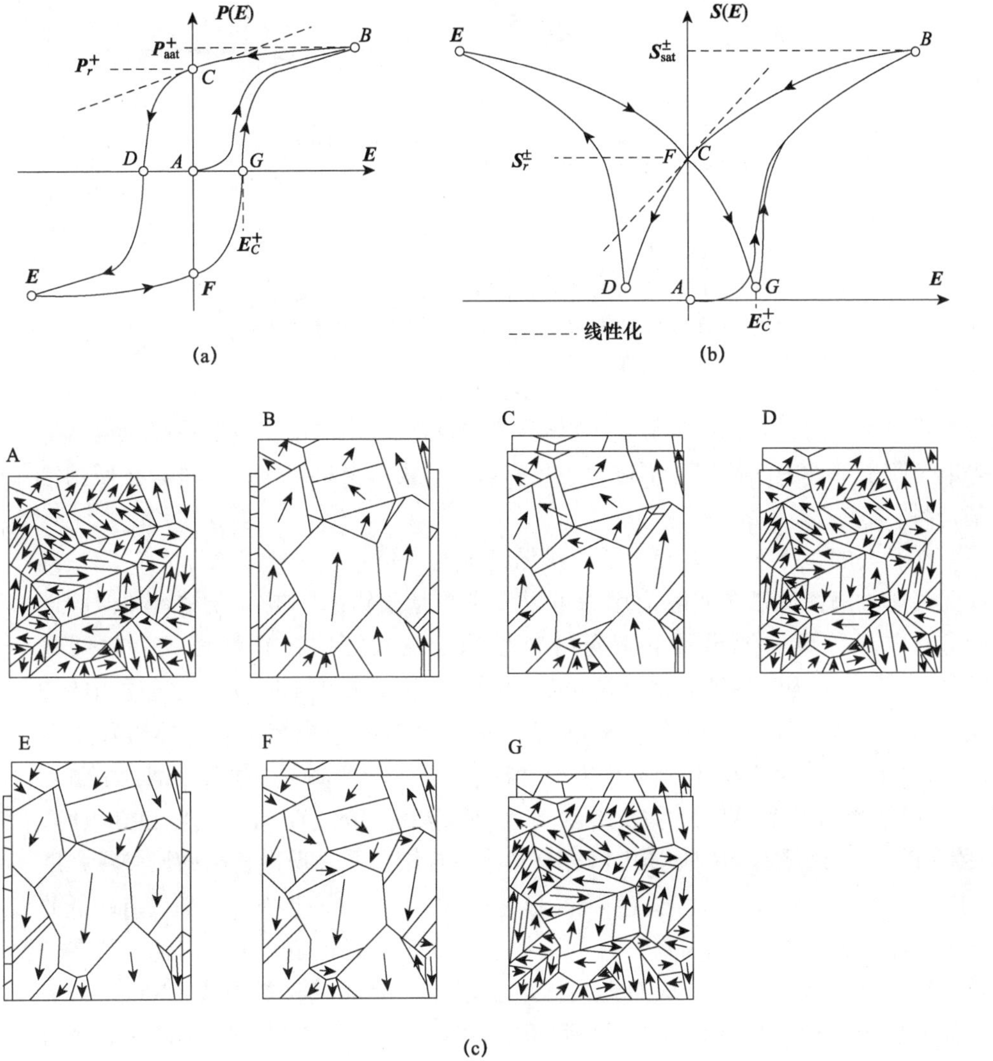

图 3.13　压电材料的强烈滞后特性

(a) 压电陶瓷盘的电极化 $\boldsymbol{P}(\boldsymbol{E})$；(b) 机械应变 $\boldsymbol{S}(\boldsymbol{E})$ 的滞后曲线(线性化是指小信号特性)；
(c) A 到 G 态的典型区域构型[46]。

制在电气电子设备中使用某些有害物质(RoHS)》的条例[13]。这些条例旨在通过使用越来越安全的材料替代有害物质来保护人类健康和环境。其他国家也通过了类似的条例。由于消除有害物质在技术上是不可行的，一些含有危险物质的特定

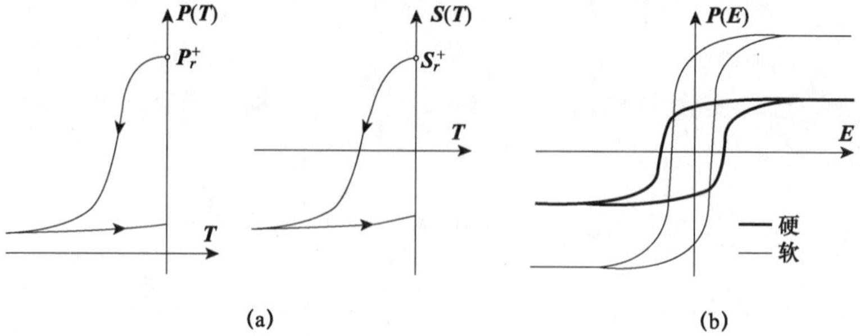

图 3.14　滞后特性曲线 $\boldsymbol{P}(\boldsymbol{T})$ 以及 $\boldsymbol{P}(\boldsymbol{E})$ 的差异
(a) 电极化 $\boldsymbol{P}(\boldsymbol{T})$ 和机械应变 $\boldsymbol{S}(\boldsymbol{T})$ 的铁弹性特性(机械应力 $\boldsymbol{T}$);
(b) 铁电硬和软压电材料 $\boldsymbol{P}(\boldsymbol{E})$ 的滞后曲线。

应用不受条例的限制，至少每 4 年审查一次的豁免应用清单，包括铅在压电器件等电子陶瓷部件中的使用。不过，一旦有适当的铅基材料替代品，将禁止使用铅基材料。

在过去的 20 年中，人们为了寻找无铅压电陶瓷材料进行了大量的研究，这些无铅压电陶瓷材料在实际应用中可以提供与基于铅的压电陶瓷材料类似的性能。目前最重要的无铅压电陶瓷材料是基于铌酸钾钠、钛酸铋钠和钛酸铋钾[11, 38, 39, 47]。铌酸钾钠的化学式为$K_{1-x}Na_xNbO_3$(KNN 或 NKN)。通过适当的掺杂和材料组成的改变，促进了 KNN 基压电陶瓷材料的烧结。在一定程度上，KNN 基材料具有与 PZT 相当的压电应变常数 $\boldsymbol{d}_{33} > 200\mathrm{pm}\ V^{-1}$ 和机电耦合系数。

钛酸铋钠和钛酸铋钾的化学式分别为 $Bi_{0.5}Na_{0.5}TiO_3$(BNT) 和 $Bi_{0.5}K_{0.5}TiO_3$(BKT)。纯硼基和硼基压电陶瓷材料难以烧结，并表现出较高的矫顽场强度 $|\boldsymbol{E}_c^{\pm}|$(大于 5 kV mm^{-1})，这意味着极化过程很复杂[38]。此外，它们具有较低的压电性能。就像 KNN 基材料一样，人们通过改变氮基和硼基压电陶瓷材料在烧结过程中可以得到改性，从而提高压电性能。二元硼基材料组成 BNT - BT、BKT -BT 和 BNT - BKT 以及三元材料组成 BNT - BT - BKT 和 BNT - BT - KNN 就是众所周知的改性材料。这里 BT 代表钛酸钡，即 $BaTiO_3$。

虽然有竞争力的氮基、氮基和硼基的压电陶瓷材料取得了很大的进展，但还没有取得重大突破。与铅基材料相比，这主要源于昂贵的制造过程和较差的压电性能。因此，PZT 仍然主导着市场。然而，无铅压电陶瓷材料已经上市，如 PICeramicGmbH[35] 公司生产的氮基材料 PIC700[35]。

除了压电单晶(如石英) 和上述材料(如 KNN) 外，还有各种其他具有压电特性的无铅材料。氮化铝(AlN) 和氧化锌(ZnO) 是此类无铅材料的典型代表。两者均显示六方晶体结构，并且属于纤锌矿结构材料[40]。氮化铝和氧化锌的极化方向由晶体取向决定。无论这些材料是单晶还是取向多晶陶瓷，经过加工后都不能改变其极化方向。这就是为什么这两种材料不属于铁电材料的原因。与其他铅基压电陶瓷材料相比，这种材料的机电耦合性能要差得多。氮化铝和氧化锌的压电应变常数 $\boldsymbol{d}_{33}$ 分别约为 $5\mathrm{pmV}^{-1}$ 和 $10\mathrm{pmV}^{-1}$[34]。然而，通过改性材料成分，如氮化铝(化学式 $\mathrm{Sc}_x\mathrm{Al}_{1-x}\mathrm{N}$)，$\boldsymbol{d}_{33}$ 达到大于 $20\mathrm{pmV}^{-1}$ 的值[1, 29]。氮化铝及其改性成分可以在中等温度下溅射沉积在硅基板上[27]。因为此工艺允许制备厚度小于 100nm 的压电薄膜，所以基于氮化铝的材料经常用于微机电系统(MEMS) 中。

3.6.3 聚合物

有一些聚合物在活化后表现出压电性能。如果这种聚合物制成薄箔，它们可以用作机械柔性压电传感器和执行器。下面将集中讨论两种压电聚合物，即聚偏氟乙烯(PVDF) 和多孔聚丙烯。

1. PVDF

PVDF 材料由长链分子(图 3.15(a)) 组成，由亚甲基(化学式 $\mathrm{CH_2}$) 和氟碳化合物(化学式 $\mathrm{CF_2}$) 交替组成[36, 44]。链分子部分地排列成薄层状晶体状结构(图 3.15(b))。其余的链分子不规则排列，导致形成非晶区。因此，PVDF 属于半结晶压电聚合物。在单层状晶体结构中，分子的偶极矩指向同一方向。然而，由于层状晶状结构是随机定向的，PVDF 在初始状态下不能提供压电性能。PVDF 由气态偏二氟乙烯经自由基聚合[9] 合成。聚合过程发生在悬浮液和乳液中，温度为 10 ~ 150℃，压力高达 30MPa。熔融铸造、溶液铸造和旋转涂层是典型的后续工艺步骤。最后可以制造出厚度通常在几微米到 100 微米以上的 PVDF 薄膜。

与多晶陶瓷材料一样，必须借助适当的极化过程来激活 PVDF 薄膜的机电耦合[14, 36]。极化的基本思想在于调整片状晶状结构，从而调整偶极矩。当 PVDF 薄膜配有电极时，可以通过施加高达 $100\mathrm{kV \cdot mm^{-1}}$ 的高电场强度来实现。该过程应在加热的真空室内或在电绝缘流体内部进行，以避免电击穿。利用电晕放电也可以实现 PVDF 材料的极化。在这个过程中，薄膜不需要配备电极。无论采用何种工艺，PVDF 在极化过程中的机械拉伸均增强了层状晶状结构的排列，从而提高了压电性能。与多晶陶瓷材料相似，PVDF 在总电极化和机械应变方面表现出一定的滞后大信号特性。这就是 PVDF 是铁电聚合物的原因。

PVDF 材料的压电特性不如 PZT 等压电陶瓷材料那么明显。通常，单向拉伸

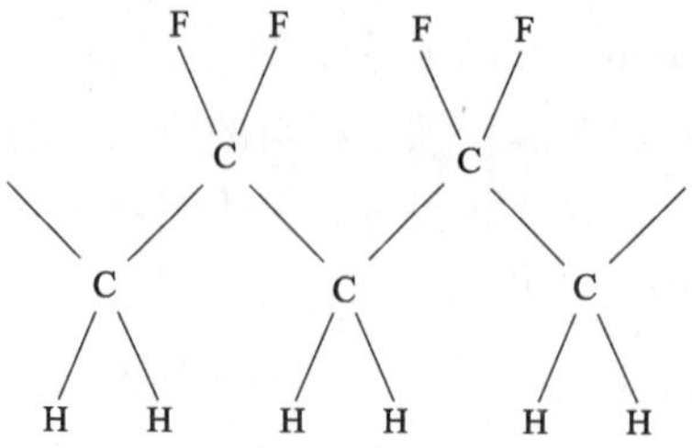

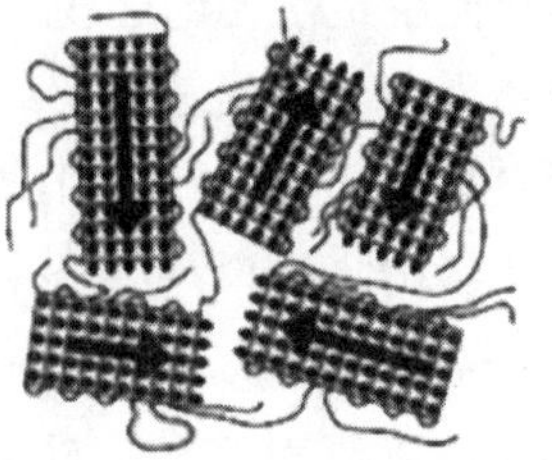

图 3.15　PVDF 聚合物结构及其分子排列

(a)PVDF 的链分子 CH_2 和 CF_2；

(b)PVDF 材料中链分子的排列[22](层状晶体状结构内部的偶极矩指向相同方向)。

PVDF 薄膜的压电应变常数为 $\boldsymbol{d}_{33} \approx -20\mathrm{pm} \cdot \mathrm{V}^{-1}$，$\boldsymbol{d}_{31} \approx 15\mathrm{pm} \cdot \mathrm{V}^{-1}$[14]。需注意，$\boldsymbol{d}_{33}$ 和 $\boldsymbol{d}_{31}$ 的符号与其他压电材料的符号不同(表 3.5)。PVDF 薄膜的相对介电常数和机电耦合系数 $\boldsymbol{\varepsilon}_{\mathrm{r}} = 12$，$\boldsymbol{k}_{33} \approx 0.3$，$\boldsymbol{k}_{31} \approx 0.1$[36]。PVDF 与三氟乙烯(P(VDF -TrFE))的共聚物可提供稍高的 $|\boldsymbol{d}_{ip}|$ 值和较好的机电耦合系数。相对较大的压电电压常数 $\boldsymbol{g}_{33} \approx 0.2\mathrm{V} \cdot \mathrm{m} \cdot \mathrm{N}^{-1}$ 和 Z_{aco} 的低声阻抗①均为 $4 \times 10^6\mathrm{N} \cdot \mathrm{s} \cdot \mathrm{m}^{-3}$，使 PVDF 薄膜成为水听器和超声波换能器的宽带压电元件(如 8.1.1 小节)。

2. 多孔聚丙烯

多孔聚丙烯(PP) 目前是多孔铁电驻极体最著名的代表，也称为多孔压电驻极体和中空带电聚合物[3, 36]。经过适当的活化过程，它具有压电特性。多孔聚丙烯薄膜的传统制造工艺是将空气或小砂粒等夹杂物以熔融状态吹入聚丙烯中。在随后的冷却过程中，夹杂物周围出现直径约 10 m 的球形空穴。将改性 PP 材料在大气压力下通过二维振动运动加热挤压成 70 ~ 100μm 厚度的薄膜。在此过程中，球形腔会变形为直径范围 10 ~ 100μm 且高度在 2 ~ 10μm 范围内的透镜状空隙(图 3.16(a))。通过用均质 PP 密封顶面和底面，可将 PP 膜的表面粗糙度降至最低。透镜状空隙的几何尺寸(特别是它们的高度) 通常是通过将 PP 膜暴露于显著的超压(如 2MPa) 下几个小时来增加的[45, 49]。当超压迅速减小时，空隙的大小就会永久性地增大。

为了激活 PP 薄膜中的机电耦合，通常采用电晕放电进行极化。这一过程导致在透镜状空隙和周围 PP 的界面产生永久性电荷(图 3.16(b))。由于电荷在界

① 压电陶瓷材料的声阻抗超过 $20 \times 10^6\mathrm{N} \cdot \mathrm{s} \cdot \mathrm{m}^{-3}$。

面的顶部和底部表面呈现相反的符号，所以在空隙内部产生了电场。电场产生静电力，减小了空隙高度。因此，在极化过程中，薄膜厚度略有减少。在制造过程的最后步骤中，PP 膜的顶面和底面用作电极的薄层(如铝)金属化。极化 PP 薄膜具有压电性能的原因在于每个带电的透镜空穴代表一个具有一定偶极矩的偶极子。与其他几种压电材料一样，PP 薄膜也表现出迟滞的大信号行为。

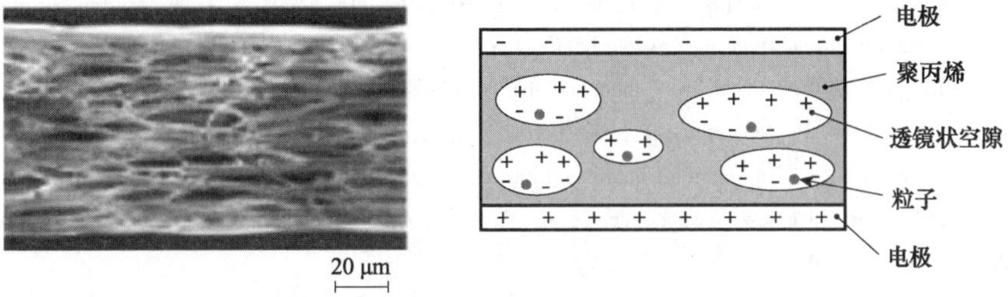

图 3.16 PP 薄膜电镜照片及电荷分布

(a)PP 薄膜扫描电子显微图；(b)PP 膜内透镜状空隙与周围 PP[37] 界面处电荷分布。

机电膜(EMFi)材料是一种成熟的用于压电换能器的多孔 PP 薄膜，由 Emfit 公司生产[7, 32]。PP 薄膜的压电应变常数 $\boldsymbol{d}_{33}$ 可以达到 600pm · V^{-1} 以上，与压电陶瓷材料相当(表 3.5)。相反，$\boldsymbol{d}_{31}$ 的值非常低。PP 薄膜的相对介电常数和机械耦合系数 $\boldsymbol{k}_{33} \approx 0.1$ 都远小于压电陶瓷材料和 PVDF。然而，PP 薄膜非常适合用于机载超声波换能器(见 7.6.1 小节)。除了高 $\boldsymbol{d}_{33}$ 值外，还可以归因于多孔 PP 的出色压电电压常数 $\boldsymbol{g}_{33} \approx 30\mathrm{V \cdot m \cdot N^{-1}}$ 和极小的声阻抗 $Z_{aco} \approx 3 \times 10^4 \mathrm{N \cdot s \cdot m^{-3}}$。传统 PP 薄膜在实际应用中的主要问题在于其强烈的温度敏感性，因为温度高于 60℃ 会导致压电性能的不可逆变化。然而，通过使用基于聚四氟乙烯(PTFE)和氟乙烯丙烯(FEP)[50] 的分层结构的多孔铁电驻极体，可以将这种变化重新定位到更高的温度。

参考文献

[1] Akiyama, M., Kamohara, T., Kano, K., Teshigahara, A., Takeuchi, Y., Kawahara, N.: Enhancement of piezoelectric response in scandium aluminum nitride alloy thin films prepared by dual reactive cosputtering. Adv. Mater. **21**(5), 593 - 596 (2009)

[2] Baba, A., Searfass, C. T., Tittmann, B. R.: High temperature ultrasonic transducer up to 1000℃ using lithium niobate single crystal. Appl. Phys. Lett. **97**(23) (2010)

[3] Bauer, S., Gerhard - Multhaupt, R., Sessler, G. M.: Ferroelectrets: soft electroactive foams fortransducers. Phys. Today **57**(2), 37 - 43 (2004)

[4] Budd, K. D., Dey, S. K., Payne, D. A.: Sol - gel processing of PbTiO3, PbZrO3, PZT, and PLZT thin films. Br. Ceram. Proc. **36**, 107 - 121 (1985)

[5] CeramTec GmbH: Product portfolio (2018). https://www.ceramtec.com

[6] Chen, Y., Lam, K. H., Zhou, D., Yue, Q., Yu, Y., Wu, J., Qiu, W., Sun, L., Zhang, C., Luo, H., Chan, H. L. W., Dai, J.: High performance relaxor - based ferroelectric single crystals for ultrasonic transducer applications. Sensors (Switzerland) **14**(8), 13730 - 13758 (2014)

[7] Emfit Ltd: Manufacturer of electro - mechanical films (2018). https://www.emfit.com

[8] Evers, J., Klüfers, P., Staudigl, R., Stallhofer, P.: Czochralski's creative mistake: a milestone on the way to the gigabit era. AngewandteChemie - International Edition **42**(46), 5684 - 5698 (2003)

[9] Gallantree, H. R.: Review of transducer applications of polyvinylidene fluoride. IEE Proc. I:Solid State Electron Devices **130**(5), 219 - 224 (1983)

[10] Gautschi, G.: Piezoelectric Sensorics. Springer, Heidelberg (2002)

[11] Guo, Y., Kakimoto, K. I., Ohsato, H.: Phase transitional behavior and piezoelectric properties of (Na0.5K0.5)NbO3 - LiNbO3 ceramics. Appl. Phys. Lett. **85**(18), 4121 - 4123 (2004)

[12] Haertling, G. H.: Ferroelectric ceramics: History and technology. J. Am. Ceram. Soc. **82**(4),797 - 818 (1999)

[13] Hedemann - Robinson, M.: The EU directives on waste electrical and electronic equipment and on the restriction of use of certain hazardous substances in electrical and electronic equipment: adoption achieved. Eur. Environ. Law Rev. **12**(2), 52 - 60 (2003)

[14] Heywang,W., Lubitz, K.,Wersing,W.: Piezoelectricity: Evolution and Future of a Technology. Springer, Heidelberg (2008)

[15] Ikeda, T.: Fundamentals of Piezoelectricity. Oxford University Press (1996)

[16] Izyumskaya, N., Alivov, Y. I., Cho, S. J., Morkoç, H., Lee, H., Kang, Y. S.: Processing, structure, properties, and applications of PZT thin films. Crit. Rev. Solid State Mater. Sci. **32**(3 - 4), 111 - 202 (2007)

[17] Jaffe, B., Cook, W. R., Jaffe, H.: Piezoelectric Ceramics. Academic Press Limited (1971)

[18] Jiang, X., Kim, J., Kim, K.: Relaxor - PT single crystal piezoelectric sensors. Crystals**4**(3),351 - 376 (2014)

[19] Kaltenbacher, M.: Numerical Simulation of Mechatronic Sensors and Actuators - Finite Elements for Computational Multiphysics, 3rd edn. Springer, Heidelberg (2015)

[20] Kamlah,M., Böhle, U.: Finite element analysis of piezoceramic components taking into account ferroelectric hysteresis behavior. Int. J. Solids Struct. **38**(4), 605 - 633 (2001)

[21] Laudise, R. A., Nielsen, J. W.: Hydrothermal crystal growth. Solid State Phys. - Adv. Res. Appl. **12**(C), 149 - 222 (1961)

[22] Lerch, R., Sessler, G. M., Wolf, D.: TechnischeAkustik: Grundlagen und Anwendungen. Springer, Heidelberg (2009)

[23] Li, X., Luo, H.: The growth and properties of relaxor - based ferroelectric single crystals. J. Am. Ceram.

Soc. **93**(10), 2915 - 2928 (2010)

[24] Liebertz, J.: Synthetic precious stones. AngewandteChemie International Edition in English**12**(4), 291 - 298 (1973)

[25] Lim, L. C., Shanthi, M., Rajan, K. K., Lim, C. Y. H.: Flux growth of high - homogeneity PMN - PT single crystals and their property characterization. J. Cryst. Growth**282**(3 - 4), 330 - 342 (2005)

[26] Luo, J., Zhang, S.: Advances in the growth and characterization of relaxor - pt - based ferroelectric single crystals. Crystals**4**(3), 306 - 330 (2014)

[27] Martin, F., Muralt, P., Dubois, M. A., Pezous, A.: Thickness dependence of the properties of highly c - axis textured ain thin films. J. Vac. Sci. Technol. A: Vac. Surf. Films **22**(2), 361 - 365 (2004)

[28] Mason, W. P.: Piezoelectric Crystals and Their Application to Ultrasonics. D. van Nostrand, New York (1949)

[29] Mayrhofer, P. M., Euchner, H., Bittner, A., Schmid, U.: Circular test structure for the determination of piezoelectric constants of ScxAl1 - xN thin films applying Laser Doppler Vibrometry and FEM simulations. Sens. Actuators A: Phys. **222**, 301 - 308 (2015)

[30] Meggitt Sensing Systems: Product portfolio (2018). https://www.meggittsensingsystems.com

[31] Muralt, P., Kohli, M., Maeder, T., Kholkin, A., Brooks, K., Setter, N., Luthier, R.: Fabrication and characterization of PZT thin - film vibrators for micromotors. Sens. Actuators A: Phys. **48**(2), 157 - 165 (1995)

[32] Paajanen, M., Lekkala, J., Kirjavainen, K.: Electromechanical Film (EMFi) - a new multipurpose electret material. Sens. Actuators A: Phys. **84**(1), 95 - 102 (2000)

[33] Park, S. E., Shrout, T. R.: Ultrahigh strain and piezoelectric behavior in relaxor based ferroelectric single crystals. J. Appl. Phys. **82**(4), 1804 - 1811 (1997)

[34] Patel, N. D., Nicholson, P. S.: High frequency, high temperature ultrasonic transducers. NDT Int. **23**(5), 262 - 266 (1990)

[35] PI Ceramic GmbH: Product portfolio (2018). https://www.piceramic.com

[36] Ramadan, K. S., Sameoto, D., Evoy, S.: A review of piezoelectric polymers as functional materials for electromechanical transducers. Smart Mater. Struct. **23**(3) (2014)

[37] Rupitsch, S. J., Lerch, R., Strobel, J., Streicher, A.: Ultrasound transducersbased on ferroelectret materials. IEEE Trans. Dielectr. Electr. Insul. **18**(1), 69 - 80 (2011)

[38] Rödel, J., Jo, W., Seifert, K. T. P., Anton, E. M., Granzow, T., Damjanovic, D.: Perspective on the development of lead - free piezoceramics. J. Am. Ceram. Soc. **92**(6), 1153 - 1177 (2009)

[39] Rödel, J., Webber, K. G., Dittmer, R., Jo, W., Kimura, M., Damjanovic, D.: Transferring leadfree piezoelectric ceramics into application. J. Eur. Ceram. Soc. **35**(6), 1659 - 1681 (2015)

[40] Safari, A., Akdogan, E. K.: Piezoelectric and Acoustic Materials for Transducer Applications. Springer, Heidelberg (2010)

[41] Safari, A., Allahverdi, M., Akdogan, E. K.: Solid freeform fabrication of piezoelectric sensors and actuators. J. Mater. Sci. **41**(1), 177 - 198 (2006)

[42] Tichy, J., Erhart, J., Kittinger, E., Privratska, J.: Fundamentals of Piezoelectric Sensorics. Springer, Heidelberg (2010)

[43] Torah, R. N. , Beeby, S. P. , Tudor, M. J. , White, N. M. : Thick - film piezoceramics and devices. J. Electroceram. **19**(1), 95 - 110 (2007)

[44] Ueberschlag, P. : PVDF piezoelectric polymer. Sens. Rev. **21**(2), 118 - 125 (2001)

[45] Wegener, M. ,Wirges,W. ,Gerhard - Multhaupt,R. , Dansachmüller,M. , Schwödiauer,R. , Bauer - Gogonea, S. , Bauer, S. , Paajanen,M. , Minkkinen, H. , Raukola, J. : Controlled inflation of voids in cellular polymer ferroelectrets: Optimizing electromechanical transducer properties. Appl. Phys, Lett. **84**(3), 392 - 394 (2004)

[46] Wolf, F. : GeneralisiertesPreisach - Modell für die Simulation and Kompensation der HysteresepiezokeramischerAktoren. Ph. D. thesis,Friedrich - Alexander - University Erlangen - Nuremberg (2014)

[47] Wu, J. , Xiao, D. , Zhu, J. : Potassium - sodium niobate lead - free piezoelectric materials: past,present, and future of phase boundaries. Chem. Rev. **115**(7), 2559 - 2595 (2015)

[48] Zhang, S. , Shrout, T. R. : Relaxor - PT single crystals: observations and developments. IEEE Trans. Ultrason. Ferroelectr. Freq. Control**57**(10), 2138 - 2146 (2010)

[49] Zhang, X. , Hillenbrand, J. , Sessler, G. M. : Piezoelectric d33 coefficient of cellular polypropylene subjected to expansion by pressure treatment. Appl. Phys. Lett. **85**(7), 1226 - 1228 (2004)

[50] Zhang, X. , Hillenbrand, J. , Sessler, G. M. : Ferroelectrets with improved thermal stability made from fused fluorocarbon layers. J. Appl. Phys. **101**(5) (2007)

第 4 章

压电传感器和执行器设备的数值模拟

目前，计算机模拟在压电传感器和执行器的设计、优化和表征中发挥着关键作用。主要原因在于模拟作为计算机辅助工程(CAE) 的重要一步，可以在不制造昂贵样机的情况下预测设备的特性。因此，可以加快设备的设计，降低开发成本，缩短上市时间。此外，模拟还可以确定不能以合理费用测量的量(如材料内部的量)。

目前有多种模拟技术设备的方法。最重要的是有限差分法[17]、有限元法[27]、边界元法[4] 以及基于集总电路元件的方法[15](见 7.5 节)。在此将专门集中讨论有限元法(FE)，因为该方法非常适合于压电传感器和执行器的数值模拟。该方法的主要优点如下[14]。

(1) 数值效率。有限元法生成稀疏填充和对称矩阵的代数方程组。从而可以有效地进行代数方程组的存储和求解。

(2) 复杂几何。借助适当的有限单元，能够离散复杂的二维和三维计算域，如三角形和四面体单元。

(3) 分析可能性。有限元方法可用于所研究问题的静态、瞬态、谐波和本征频率分析。

然而，有限元法也有一定的缺点。例如，FE 方法可能导致相当大离散化工作量，特别是对于大型计算域。另一个固有缺点是，每个计算域必须有空间边界。如果数值模拟需要开域(如超声波换能器的自由场辐射)，将需要特殊的技术，如吸收边界条件。

人们可以从大量商用的 FE 软件包(FE 求解器) 中进行选择。ANSYS[1]、COMSOL Multiphysics[6]、NACS[22] 和 PZFlex[19] 等软件是较为知名的代表。它们在支持的物理场以及这些场的耦合方面有所不同。

本章将学习有限元法的基本原理，这对于模拟压电传感器和执行器的特性是非常重要的。重点研究线性有限元模拟。4.1 节介绍了有限元法的基本步骤，如伽辽金法。随后，将有限元方法应用于静电学(4.2 节)、力学场(4.3 节) 和声场(4.4 节)。最后将讨论不同物理场的耦合，因为这是可靠的压电传感器和执行器模拟的决定性一步。为了便于理解，本章还列举了几个模拟示例。有关 FE 方法可参见文献[3, 12, 14, 20, 23, 27]。

4.1 有限元法的基本步骤

图 4.1 说明了有限元法的基本步骤。对于所研究的技术问题中的物理场起始点总是偏微分方程(PDE)，如压电传感器和执行器中的物理场。在下一步中，将 PDE 的强表达式乘以适当的试函数，从而得出变体形式。通过在整个计算域上部分积分(分部积分)，得到了所谓的偏微分方程的弱形式。最后应用伽辽金方法，用有限元逼近目标量和试函数。这得到一个代数方程组。

在 4.1.1 小节中将详细介绍一维偏微分方程的有限元方法的基本步骤。4.1.2 节讨论了计算域的空间离散化和有效计算。在 4.1.3 小节中将讨论拉格朗日函数和勒让德函数的区别。最后，提出了一种适合于时间离散化的方案，这对于瞬态有限元模拟具有重要意义。

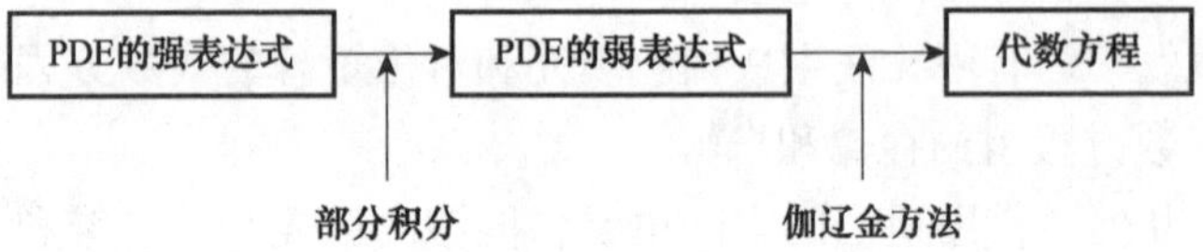

图 4.1　有限元法的基本步骤

4.1.1 一维问题的有限元法

为了证明有限元法的思想，先来考虑一个一维双曲偏微分方程。这种偏微分方程在力学问题中是常见的。它包括对时间和空间的导数。有限元法的出发点是 PDE 的强表达式，即

$$-\frac{\partial^2 u(x,t)}{\partial x^2} + c\frac{\partial^2 u(x,t)}{\partial t^2} = f(x,t) \tag{4.1}$$

式中：$u(x,\ t)$ 为取决于空间 x 和时间 t 的目标量(如机械位移)；c 为常数；$f(x,\ t)$ 为一个已知的激发(源)项，它随空间和时间而变化。除了式(4.1)外，还需要边界条件和初始条件才能唯一地求解双曲偏微分方程。对于空间计算域 $x\in[a,\ b]$ 和所研究的时间区间 $t\in[0,\ T]$，适当的条件如下。

边界条件为

$$u(a,\ t)=u_a \text{ 和 } u(b,\ t)=u_b$$

初始条件为

$$u(x,0)=u_0(x) \text{ 和} \left.\frac{\partial u(x,t)}{\partial t}\right|_{t=0}=\dot{u}_0(x)$$

$$\text{和} \left.\frac{\partial^2 u(x,t)}{\partial t^2}\right|_{t=0}=\ddot{u}_0(x)$$

式中：u_a 和 u_b 为目标量 $u(x,\ t)$ 在任何时候都必须满足的常边界条件。通常，这些条件称为 Dirichlet 边界条件。在 $u_a=0$ 的情况下，Dirichlet 边界条件是齐次的，当 $u_a\neq 0$ 时，Dirichlet 边界条件是非齐次的。除了这些边界条件外，还可以在空间计算域的边界上指定齐次或非齐次的 Neumann 边界条件，定义关于空间的一阶导数 $\partial u/\partial x$。初始条件 $u_0(x)$、$\dot{u}_0(x)$ 和 $\ddot{u}_0(x)$ 表示 $u(x,\ t)$ 在空间计算域 $x\in[a,\ b]$ 中，$t=0$ 时对时间的一阶和二阶导数。

为了得到包含边界条件(BC)和初始条件(IC)的强式偏微分方程的清晰排列形式，引入了一种紧凑格式，该格式在后面也会用到。对于一维双曲偏微分方程，该格式如下。

偏微分方程为

$$-\frac{\partial^2 u(x,t)}{\partial x^2}+c\frac{\partial^2 u(x,t)}{\partial t^2}=f(x,t)$$

$$x\in[a,\ b];\ [a,\ b]\subset\mathbb{R}$$

$$t\in[0,\ T];\ [0,\ T]\subset\mathbb{R}$$

假定 f：$[a,\ b]\times[0,\ T]\rightarrow\mathbb{R}$

$$c=\text{const}$$

边界条件为

$$u(a,\ t)=u_a\quad(\text{在 } a\times[0,\ T] \text{ 上})$$

$$u(b,\ t)=u_b\quad(\text{在 } b\times[0,\ T] \text{ 上})$$

初始条件为

$$u(x,\ 0)=u_0(x)\quad(\forall x\in[a,\ b])$$

$$\dot{u}(x,\ 0)=\dot{u}_0(x)\quad(\forall x\in[a,\ b])$$

$$\ddot{u}(x,\ 0)=\ddot{u}_0(x)\quad(\forall x\in[a,\ b])$$

得到

$$u(x,\ t):(a,\ b)\times(0,\ T]\rightarrow\mathbb{R}$$

1. 偏微分方程的弱形式

有限元法的一个基本步骤是将偏微分方程由强形式转化为弱形式。因此，将原始的PDE与任意的试函数 $\omega(x)$ 相乘，并在整个空间计算域内对结果乘积进行积分。测试函数必须满足两个条件：① $\omega(x)$ 在Dirichlet边界处消失；② $\omega(x)$ 相对于空间的一阶导数在弱意义上存在。对于式(4.1)中的双曲型PDE，乘以试函数 $\omega(x)$ 并在空间计算域 $x\in[a,\ b]$ 上积分后，得

$$\int_a^b\omega(x)\left[-\frac{\partial^2 u(x,t)}{\partial x^2}+c\frac{\partial^2 u(x,t)}{\partial t^2}-f(x,t)\right]\mathrm{d}x=0\tag{4.2}$$

第一项可以用偏积分简化，必须用格林的第一个积分定理将其替换为高维偏微分方程，即

$$\int_a^b\omega(x)\frac{\partial^2 u(x,t)}{\partial x^2}\mathrm{d}x=\left[\omega(x)\frac{\partial u(x,t)}{\partial x}\right]\Bigg|_a^b-\int_a^b\frac{\partial\omega(x)}{\partial x}\frac{\partial u(x)}{\partial x}\mathrm{d}x\tag{4.3}$$

由于试函数 $\omega(x)$ 在Dirichlet边界处消失(即 $\omega(a)=\omega(b)=0$)，因此式(4.1)的弱形式最终变为

$$\int_a^b\left[\frac{\partial\omega(x)}{\partial x}\frac{\partial u(x)}{\partial x}+c\omega(x)\frac{\partial^2 u(x,t)}{\partial t^2}\right]\mathrm{d}x=\int_a^b\omega(x)f(x)\mathrm{d}x\tag{4.4}$$

与强形式相比，目标量 $u(x,\ t)$ 的空间导数的维数减少了1。由于弱公式包含了Neumann边界条件 $\partial u(x,t)/\partial x$,它们被称为自然条件。Dirichlet边界条件需要在有限元方法的其他步骤中进一步考虑，因此通常被称为基本条件。

2. 伽辽金法

在伽辽金方法中，空间计算域被细分为单元，即有限元单元。对于所研究的一维双曲偏微分方程，将域 $[a,\ b]$ 划分为 M 个足够小的区间 $[x_{i-1},\ x_i]$($\forall i=1,\ 2,\ \cdots,\ M$)。其中每个区间边界 x_i 是一个节点。选择的区间必须满足以下特性。

(1) 节点位置按升序排列，即 $x_{i-1}<x_i$($\forall i=1,\ 2,\ \cdots,\ M$)。

(2) 计算领域被完全覆盖，即 $[a,\ b]=\bigcup_{i=1}^{M}[x_{i-1},\ x_i]$。

(3) 区间无交集，即 $[x_{i-1},\ x_i]\cap[x_{j-1},\ x_j]=0$($\forall i\neq j$)。

在不限制通用性的情况下，可以对一维计算域进行等距离离散，得到节点位置(区间宽度 h)，即

$$x_i=a+ih\quad(\forall i=0,\ 1,\ \cdots,\ M);\ h=\frac{b-a}{M}\tag{4.5}$$

基于计算域的空间离散化，接着近似目标量 $u(x, t)$ 和试函数 $\omega(x)$。因为这里只研究 $u(x, t)$ 的空间属性，所以忽略了对时间 t 的依赖性。

有限元方法中的空间逼近是通过具有局部支持的 Ansatz 函数[①]的线性组合进行的。对于一维问题，每个 Ansatz 函数在区间 $[x_{i-1}, x_{i+1}]$ 内都不为 0。由于弱形式只包含最大到 1 的空间导数，因此有几种类型的 Ansatz 函数是合适的。为了简单起见，选择分段线性帽函数 $N_i(x)$ 来定义（图 4.2），即

$$N_i(x)=\begin{cases}0 & (x_0 \leqslant x \leqslant x_{i-1})\\ \dfrac{x-x_{i-1}}{h} & (x_{i-1} \leqslant x \leqslant x_i)\\ \dfrac{x_{i+1}-x}{h} & (x_i \leqslant x \leqslant x_{i+1})\\ 0 & (x_{i+1} \leqslant x \leqslant x_M)\end{cases} \tag{4.6}$$

对于 $i=1, 2, \cdots, M-1$。以类似的方式定义在计算域的边界处的函数 $N_0(x)$ 和 $N_M(x)$。

线性帽子函数满足所需的特性 $N_i(x_j)=1(\forall i=j)$ 和 $N_i(x_j)=1(\forall i \neq j)$。通过这些函数，分别给出 $\boldsymbol{u}(x)$ 和 $\boldsymbol{w}(x)$ 的近似值 $u(x)$ 和 $\omega(x)$，即

$$u(x) \approx \boldsymbol{u}(x)=\sum_{i=1}^{M-1} N_i(x)\boldsymbol{u}_i+N_0(x)u_a+N_M(x)u_b \tag{4.7}$$

$$\omega(x) \approx \boldsymbol{w}(x)=\sum_{i=1}^{M-1} N_i(x)\boldsymbol{w}_i \tag{4.8}$$

式中：$\boldsymbol{u}_i=\boldsymbol{u}(x_i)$ 和 $\boldsymbol{w}_i=\boldsymbol{w}(x_i)$ 为节点 x_i 处的近似值。注意，在两个相邻节点之间，$u(x)$ 和 $\omega(x)$ 的近似值取决于所选的 Ansatz 函数。在特殊情况下，中间值是根据线性方程计算的。但是，由于能够应用更高阶的 Ansatz 函数（见 4.1.3 节），可以更精确地进行近似。

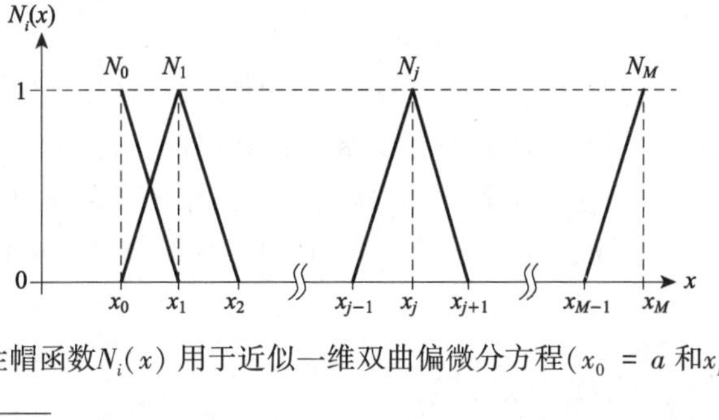

图 4.2　分段线性帽函数 $N_i(x)$ 用于近似一维双曲偏微分方程（$x_0=a$ 和 $x_M=b$）的目标量

① Ansatz 函数也被称为形状函数、基函数、插值函数或有限函数。

在偏微分方程的弱形式(式(4.4))中插入式(4.7)和式(4.8)会导致这些项(省略参数 x)。

$$\int_a^b \frac{\partial \omega}{\partial x}\frac{\partial u}{\partial x}\mathrm{d}x = \int_a^b \frac{\partial}{\partial x}\left[\sum_{i=1}^{M-1} N_i \boldsymbol{w}_i\right]\frac{\partial}{\partial x}\left[\sum_{i=1}^{M-1} N_j \boldsymbol{u}_j + N_0 u_a + N_M u_b\right]\mathrm{d}x$$

$$= \sum_{i=1}^{M-1} \boldsymbol{w}_i\left\{\sum_{i=1}^{M-1} \boldsymbol{u}_j\int_a^b \frac{\partial N_i}{\partial x}\frac{\partial N_j}{\partial x}\mathrm{d}x + \int_a^b \frac{\partial N_i}{\partial x}\left[\frac{\partial N_0}{\partial x}u_a + \frac{\partial N_M}{\partial x}u_b\right]\mathrm{d}x\right\} \quad (4.9)$$

$$\int_a^b c\omega\frac{\partial^2 u}{\partial t^2}\mathrm{d}x = \int_a^b c\left[\sum_{i=1}^{M-1} N_i \boldsymbol{w}_i\right]\left[\sum_{j=1}^{M-1} N_j\frac{\partial^2 \boldsymbol{u}_j}{\partial t^2}\right]\mathrm{d}x$$

$$= \sum_{i=1}^{M-1} \boldsymbol{w}_i\left\{\sum_{j=1}^{M-1}\frac{\partial^2 \boldsymbol{u}_j}{\partial t^2}\int_a^b c\, N_i\, N_j \mathrm{d}x\right\} \quad (4.10)$$

$$\int_a^b \omega f\mathrm{d}x = \int_a^b\left[\sum_{i=1}^{M-1} N_i \boldsymbol{w}_i\right]f\mathrm{d}x = \sum_{i=1}^{M-1}\boldsymbol{w}_i\left\{\int_a^b N_i f\mathrm{d}x\right\} \quad (4.11)$$

由于 $\boldsymbol{u}_j$ 和 $\boldsymbol{w}_i$ 是常数，因此积分能与和互换，并不依赖于空间。由于 $\omega(x)$ 几乎可以任意选择，而且这些和在所有项上都是相同的，因此也可以忽略近似试函数上的和(即 $\sum_{i=1}^{M-1}\boldsymbol{w}_i$)。

因此，{ • } 中的表达式仅保留式(4.9) ~ 式(4.11)。通过引入矩阵和向量分量

$$\boldsymbol{M}_{ij} = \int_a^b c\, N_i(x)\, N_j(x)\,\mathrm{d}x \quad (4.12)$$

$$\boldsymbol{K}_{ij} = \int_a^b \frac{\partial N_i(x)}{\partial x}\frac{\partial N_j(x)}{\partial x}\mathrm{d}x \quad (4.13)$$

$$\boldsymbol{f}_i = \int_a^b N_i(x) f\mathrm{d}x - \int_a^b \frac{\partial N_i(x)}{\partial x}\left[\frac{\partial N_0(x)}{\partial x}u_a + \frac{\partial N_M(x)}{\partial x}u_b\right]\mathrm{d}x \quad (4.14)$$

可以将得到的代数方程组写成矩阵形式(二阶时间导数 $\ddot{\boldsymbol{u}} = \partial^2\boldsymbol{u}/\partial t^2$)

$$\boldsymbol{M}\ddot{\boldsymbol{u}} + \boldsymbol{K}\boldsymbol{u} = \boldsymbol{f} \quad (4.15)$$

在时间上仍然是连续的。式中，$\boldsymbol{M}$ 和 $\boldsymbol{K}$ 的维数都是 $(M-1)\times(M-1)$，分别代表质量矩阵和刚度矩阵。由于 Ansatz 函数具有局部支持的特性，因此矩阵被稀疏填充。代数方程组的右侧是长度为 $M-1$ 的向量 $\boldsymbol{f}$。式(4.15)的解为长度为 $M-1$ 的向量 $\boldsymbol{u} = [\boldsymbol{u}_1,\ \boldsymbol{u}_2,\ \cdots,\ \boldsymbol{u}_{M-1}]^{\mathrm{T}}$，其中包含每个节点 x_i 的目标量 $\boldsymbol{u}(x_i)$ 的近似结果。

4.1.2 空间离散化和高效计算

通常在实践中必须处理二维和三维问题，例如，传感器和执行器的数值模

拟。因此，空间计算域不能再细分为线段，而是需要用$\mathbb{R}^2$和$\mathbb{R}^3$中的有限元替换。以与一维问题的线间隔相同，有限元必须满足以下特性：①计算域的完全覆盖；②元素无交集。图4.3显示了适用于二维(三角形和四边形单元)和三维(四面体和六面体单元)空间的有限元。由于Ansatz函数对单元内节点的局部支持，它们通常被称为节点(拉格朗日)有限元①。

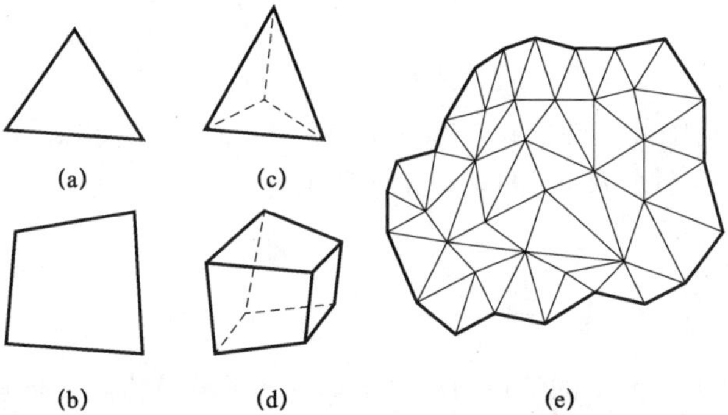

图4.3 空间离散化二维和三维计算域的有限元

(a) $\mathbb{R}^2$的三角形单元；(b) $\mathbb{R}^2$的四边形单元；(c) $\mathbb{R}^3$的四面体单元；(d) $\mathbb{R}^3$的六面体单元；(e) 利用三角形对二维计算域进行空间离散化(也称网格或计算网格)。

为了组合代数方程组(4.15)的$\boldsymbol{f}$、$\boldsymbol{M}$和$\boldsymbol{K}$，必须计算有限元子域上假设函数和积分的空间导数(如式(4.12))。尤其是对于三维问题的精细空间离散，此过程需要大量的计算工作。为了优化组合，引入了具有均匀几何尺寸的所谓父单元。父单元定义在一个局部坐标系中(图4.4)。对于这样的元素，我们能够有效地计算Ansatz函数的空间导数和它们的数值积分。通过一个独特的变换，父单元中定义的本地坐标随后被转化为全局坐标空间计算域Ω。将所有有限元的方程组合成全局系统矩阵后，式(4.15)中得到的方程组代数系统最终可以用特定问题的代数方法，如多重网格方法[5, 14]有效地求解。

4.1.3 Ansatz函数

原则上，有限元模拟要求Ansatz函数具有本地支持。这意味着在考虑有限元和紧邻的有限元时，每个Ansatz函数都必须与零不同。拉格朗日和勒让德Ansatz函数提供了局部支持，适用于有限元法[2, 11, 14]。下面进一步了解Ansatz函数的这些最重要的类别。

① 对于三维电磁问题，通常使用边缘(Nédélec)有限元代替节点(Lagrangian)有限元。

1. 拉格朗日 Ansatz 函数

拉格朗日 Ansatz 函数被广泛用于工程各个领域的有限元仿真。基本过程通常称为有限元方法的 h 版本或缩写为 h - FEM。对于一维情况(见 4.1.1 小节)，节点 i 的拉格朗日 Ansatz 函数$N_i^{p_d}(\xi)$ 定义为

$$N_i^{p_d}(\xi) = \prod_{\substack{j=1 \\ j\neq i}}^{p_d+1} \frac{\xi - \xi_j}{\xi_i + \xi_j} \tag{4.16}$$

导致$N_i^{p_d}(\xi_i) = 1$。这里，p_d 代表拉格朗日多项式的阶数(即多项式次数)，ξ_i 是第 i 个节点在有限元内的位置。如式(4.16)所示，每个节点都有自己的 Ansatz 函数。如果假设一维父单元(图 4.4(a))范围为 - 1 ~ 1，且节点平均分布，则节点的位置为

$$\xi_i =- 1 + \frac{2(i - 1)}{p_d} \quad (i = 1, 2, \cdots, p_d + 1) \tag{4.17}$$

因此，单个有限元中的节点数$n_{\text{nodes}} = p_d + 1$ 随着拉格朗日插值法阶数的增加而增加。此外，两者之间的关系为

$$\sum_{i=1}^{p_d+1} N_i^{p_d}(\xi) = 1 \quad (\forall \xi \in [-1, 1]) \tag{4.18}$$

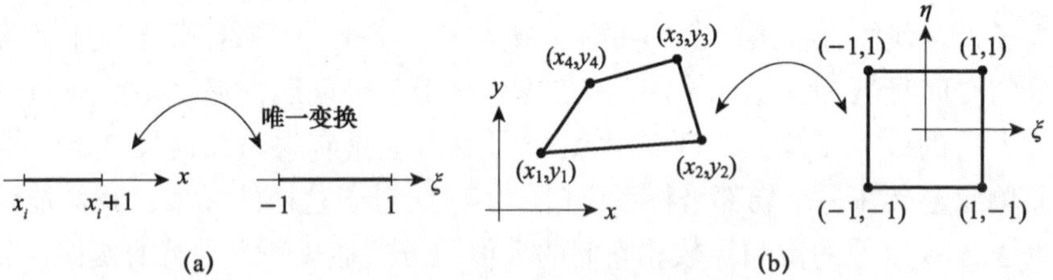

图 4.4　一维和二维原始有限元和父单元

(a) 一维的原始有限元和父单元(全局坐标 x、局部坐标 ξ)；

(b) 二维的原始四边形有限元和父单元(全局坐标系(x, y)、局部坐标系(ξ, η)。

也就是说，需要完整 Ansatz 函数集来计算节点之间的目标量。表 4.1 包含生成的拉格朗日 Ansatz 函数$N_i^{p_d}(\xi)$ 和$p_d = 1$ 和$p_d = 2$ 节点位置ξ_i。图 4.5 显示了$p_d = 3$ 以内的 Ansatz 函数。

通过增加 h - FEM 中的阶数 p_d，可以在不损失模拟精度的前提下，对计算区域选择较粗的空间离散方法。这样减少了有限元n_{elem} 的总数，满足了显著减少计算量的期望。但是，由于 $p_d > 1$ 的有限单元内有其他节点，每个单元的未知量会变大，这就必须要考虑计算时间。

表 4.1 对于一维父单元(即 $\xi \in [-1、1]$) 以及多项式 1、2 的拉格朗日 Ansatz 函数 $N_i^{p_d}(\xi)$ 和节点位置 ξ_i

阶数	$N_1^{p_d}(\xi)$	$N_2^{p_d}(\xi)$	$N_3^{p_d}(\xi)$	节点位置 ξ_i
$p_d=1$	$\frac{1-\xi}{2}$	$\frac{1+\xi}{2}$	—	$[-1; 1]$
$p_d=2$	$\frac{\xi(\xi-1)}{2}$	$(1-\xi)(1+\xi)$	$\frac{\xi(\xi+1)}{2}$	$[-1; 0; 1]$

2. 勒让德 Ansatz 函数

利用勒让德 Ansatz 函数进行的有限元模拟通常被称为 p 型的有限元方法(p - FEM)。父单元($\xi \in [-1, 1]$, 见图 4.4) 的勒让德 Ansatz 函数 $N_i^{p_d}(\xi)$ 定义为

$$N_1^{p_d}(\xi)=\frac{1-\xi}{2}\ N_2^{p_d}(\xi)=\frac{1+\xi}{2} \tag{4.19}$$

$$N_i^{p_d}(\xi)=\phi_{i-1}(\xi) \quad (\forall i=3, 4, \cdots, p_d+1) \tag{4.20}$$

表达式 $\phi_i(\xi)$ 表示积分勒让德多项式 L_i 及其结果, 即

$$\phi_i(\xi)=\int_{-1}^{\xi} L_{i-1}(x)\,\mathrm{d}x \tag{4.21}$$

$$L_i(x)=\frac{1}{2^i!}\frac{\partial^i}{\partial x^i}(x^2-1)^i \tag{4.22}$$

与拉格朗日 Ansatz 函数类似, 勒让德 Ansatz 函数的数量会随着多项式 p_d 的增加而增加。低阶的 Ansatz 函数保持不变, 但是, 这意味着 p_d+1 的 Ansatz 函数集包括 p_d 阶的所有 Ansatz 函数。由此, 它们也被命名为分层 Ansatz 函数。

与 h - FEM 相比, p - FEM 具有许多优点。例如, 对于相邻的有限元, 可以在 p - FEM 中使用不同阶次的假设函数。此外, 对于二维和三维模拟, 多项式阶数 p_d 可以在不同的空间方向上改变, 这对于避免薄机械结构(如悬臂梁) 有限元模拟中的锁定效应特别有用。在不同空间方向的多项式阶数相等的情况下, 模拟过程称为各向同性 p - FEM; 否则称为各向异性 p - FEM。

p - FEM 数值模拟的精度基本上是通过增加 p_d 而不是选择更精细的网格来实现的。结果表明, 与 h - FEM 相比, p - FEM 空间离散计算区域所需的节点数量更少。然而, 必须为节点处理越来越多的未知数, 因为每个 Ansatz 函数都是单独加权的。此外, p - FEM 只有在所研究的几何形状允许粗糙的计算网格时才有意义。尽管存在这些缺点, 有针对性的使用 p - FEM 大大减少了光滑和高频问题的计算时间, 如简单形状机械结构中高频场的数值模拟。

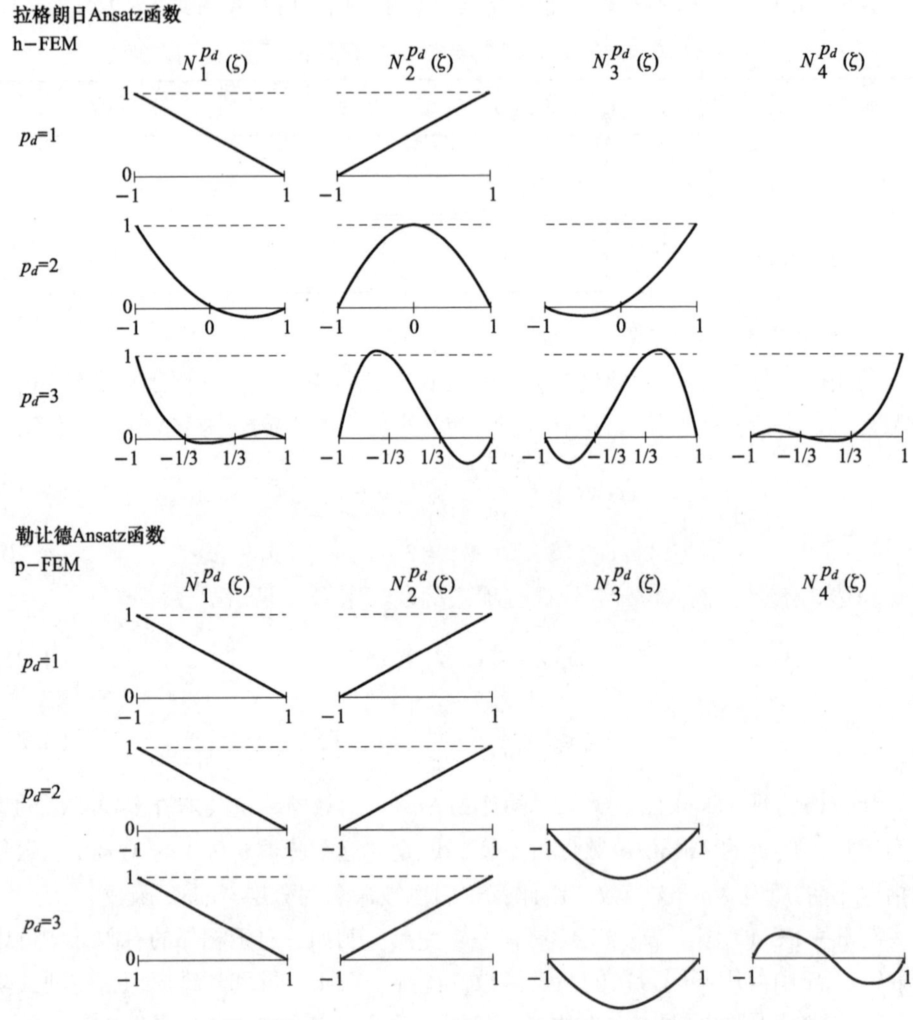

图 4.5　一维多项式 $p_d = 3$ 以内的拉格朗日和勒让德 Ansatz 函数$N_i^{p_d}(\xi)$ 及其父单元 $\xi \in [-1, 1]$ 中的节点位置ξ_i

4.1.4　时间离散化

到目前为止，只考虑了有限元方法对空间的依赖性。然而，我们重点关注的物理过程也与时间相关。为了在有限元程序中合并时间，需要适当的时间离散化。下面讨论一维双曲偏微分方程式(4.1)时间离散化的基本原理。与一维空间离散化相似，研究的时间区间[0, T]被细分为N个足够小的子区间(时间步长t_i)

$$[0,\ T] = \bigcup_{i=1}^{N} [t_{i-1},\ t_i] \quad (0 < t_1 < t_2 < \cdots < t_{N-1} < t_N = T) \tag{4.23}$$

在不限制通用性的前提下，可以假设等距时间采样，即由下式给出的恒定时间步长 Δt，即

$$\Delta t = t_i - t_{i-1} = \frac{T}{N} \tag{4.24}$$

在有限元方法中，时间离散化的计算是根据 Newmark 格式[12, 14]进行的。对于矩阵形式(式(4.15))的空间离散化双曲偏微分方程，Newmark 格式包含 3 个子步骤，下面将对其进行简要说明。为了使表达式简洁，使用命名法

$$\boldsymbol{u}(t_i) = [\boldsymbol{u}_1(t_i),\ \cdots,\ \boldsymbol{u}_{M-1}(t_i)]^{\mathrm{T}} = \boldsymbol{u}^{(i)} = [\boldsymbol{u}_1^{(i)},\ \cdots,\ \boldsymbol{u}_{M-1}^{(i)}]^{\mathrm{T}} \tag{4.25}$$

(1) 计算预测步长。从时间步长t_i的已知量$\boldsymbol{u}^{(i)}$，$\dot{\boldsymbol{u}}^{(i)}$和$\ddot{\boldsymbol{u}}^{(i)}$入手，得到预测值，即

$$\widetilde{\boldsymbol{u}} = \boldsymbol{u}^{(i)} + \Delta t\, \dot{\boldsymbol{u}}^{(i)} + \frac{(\Delta t)^2}{2}(1 - 2\beta_N)\, \ddot{\boldsymbol{u}}^{(i)} \tag{4.26}$$

$$\widetilde{\dot{\boldsymbol{u}}} = \dot{\boldsymbol{u}}^{(i)} + (1 - \gamma_N)\Delta t \ddot{\boldsymbol{u}}^{(i)} \tag{4.27}$$

(2) 解代数方程组。用预测值$\widetilde{\boldsymbol{u}}$构成一个代数方程组，即

$$\boldsymbol{M}^* \ddot{\boldsymbol{u}}^{(i+1)} = \boldsymbol{f}^{(i+1)} - \boldsymbol{K}\ddot{\boldsymbol{u}}^{(i)} \tag{4.28}$$

$$\boldsymbol{M}^* = \boldsymbol{M} + \beta_N\,(\Delta t)^2 \boldsymbol{K} \tag{4.29}$$

式中：$\boldsymbol{M}^*$ 为有效质量矩阵。①对于随后的时间步长t_{i+1}，由式(4.28)解得$\ddot{\boldsymbol{u}}^{(i+1)}$。

(3) 执行校正步骤。通过，$\ddot{\boldsymbol{u}}^{(i+1)}$可以校正预测值$\widetilde{\boldsymbol{u}}$和$\widetilde{\dot{\boldsymbol{u}}}$，即

$$\boldsymbol{u}^{(i+1)} = \widetilde{\boldsymbol{u}} + \beta_N\,(\Delta t)^2\, \ddot{\boldsymbol{u}}^{(i+1)} \tag{4.30}$$

$$\dot{\boldsymbol{u}}^{(i+1)} = \widetilde{\dot{\boldsymbol{u}}} + \gamma_N \Delta t\, \ddot{\boldsymbol{u}}^{(i+1)} \tag{4.31}$$

此时已知$\boldsymbol{u}^{(i+1)}$、$\dot{\boldsymbol{u}}^{(i+1)}$及$\ddot{\boldsymbol{u}}^{(i+1)}$，即可计算出时间步长$t_{i+2}$的预测值。

参数β_N和γ_N决定了积分类型与时间的关系，而且决定了积分过程的稳定性。例如，$\beta_N = 0$且$\gamma_N = 0.5$产生明确的时间积分。$\beta_N = 0.25$和$\gamma_N = 0.5$会导致隐式时间积分，该积分对于所有时间步长 Δt 的选择都是无条件稳定的(A 稳定)。注意，积分过程的稳定性是必要的，但不足以得到精确的模拟结果。在粗糙时间离散化的情况下，一个涉及数值色散产生，如瞬态模拟的畸变脉冲。为了避免这种数值色散，时间步长的选择必须足够小。总之，结合时间离散化的有限

① 除了有效质量矩阵 $\boldsymbol{M}^*$ 外，还可以定义有效质量矩阵的 Newmark 刚度矩阵$\boldsymbol{K}^*$。

元模拟提供了目标量在空间和时间上的近似值。

4.2 静 电 学

为了将有限元方法应用于准静电电场或静电场(见 2.1.2 小节)，需要一个适当的偏微分方程，这个偏微分方程由式(2.9) ~ 式(2.11) 组合生成。偏微分方程为

$$-\nabla\cdot\varepsilon\nabla V_e=q_e \tag{4.32}$$

式中：ε 为介电常数；V_e 为标量电势；q_e 为体积电荷密度。在紧凑的形式中，三维偏微分方程的强形式变为(计算域 Ω)①

偏微分方程为

$$-\nabla\cdot\varepsilon\nabla V_e=q_e$$

$$\Omega\subset\mathbb{R}^3$$

假定

$$q_c:\ \Omega\to\mathbb{R}$$

$$\varepsilon:\ \Omega\to\mathbb{R}$$

边界条件为

$$\frac{\partial V_e}{\partial \mathbf{n}}=0\ \text{在}\ \partial\Omega\ \text{上}$$

结果为

$$V_e:\ \Omega\to\mathbb{R}$$

$\boldsymbol{n}$ 表示相对于边界 Ω 的法向矢量 $\partial\Omega$。由于静电场不依赖于时间，所以不需要初始条件。这也适用于准静态电场。

根据有限元方法的第一个基本步骤，用一个标量试函数 $\omega(\boldsymbol{r})$ 将强形式(式(4.32)) 转化为弱形式。在应用格林第一积分定理之后，得到了弱形式，即

$$\int_\Omega \varepsilon\nabla\omega\cdot\nabla V_e\mathrm{d}\Omega-\int_\Omega \omega\, q_e\mathrm{d}\Omega=0 \tag{4.33}$$

$\omega(\boldsymbol{r})$ 和 $V_e(\boldsymbol{r})$ 的空间离散(伽辽金方法) 得到了代数方程组，即

$$\boldsymbol{K}_{V_e}\ \boldsymbol{V}_e=\boldsymbol{f}_{V_e} \tag{4.34}$$

如果利用拉格朗日 Ansatz 函数，则矢量 $\boldsymbol{V}_e$ 将包含空间离散计算域 Ω 的节点处 V_e 的近似值。刚度矩阵 $\boldsymbol{K}_{V_e}$ 和式(4.34) 的右侧 $\boldsymbol{f}_{V_e}$ 由(Ansatz 函数 N_i) 给出

① 以下，将省略位置 $\mathbf{r}$ 的自变量。

$$K_{V_e} = \bigwedge_{l=1}^{n_{elem}} \boldsymbol{K}^l ; \boldsymbol{K}^l = [k_{ij}^l] ; k_{ij}^l = \int_{\Omega^l} \varepsilon (\nabla N_i)^T \nabla N_j d\Omega \qquad (4.35)$$

$$\boldsymbol{f}_{V_e} = \bigwedge_{l=1}^{n_{elem}} \boldsymbol{f}^l ; \boldsymbol{f}^l = [f_i^l] ; f_i^l = \int_{\Omega^l} \nabla N_i q_e d\Omega \qquad (4.36)$$

式中：n_{elem} 为用于在空间上离散化 Ω 的有限单元的数量（如$\mathbb{R}^3$ 中的六面体）。对于每个有限单元（指数 l），单元矩阵 $\boldsymbol{K}^l$ 由分量 $\boldsymbol{k}_{ij}^l$ 组成，$\boldsymbol{k}_{ij}^l$ 是在单元域Ω^l上的积分。右侧$\boldsymbol{f}^l$采用相同的方法。在这一点上，应当强调的是，必须考虑 ε 及q_e 对空间的依赖性。最后，对于分别形成 $\boldsymbol{K}_{Ve}$ 和$\boldsymbol{f}_{Ve}$ 的所有单元，将 $\boldsymbol{K}^l$ 和 $\boldsymbol{f}^l$完全组合（组合算子∧）。

实例

作为静电学的一个实际例子，研究了具有两个相同矩形电极的平板电容器，并假设它们无限薄。电极之间电介质的相对介电常数$\varepsilon_{plate}=20$。图 4.6 所示的两个视图中显示了几何排列。由板长$l_{plate}=10$mm、板宽$\omega_{plate}=5$mm，板距 $d=1$mm，用式(2.23) 可以得出电容值 C_{plate} 的近似解析解为

$$C_{plate} = \frac{\varepsilon_{plate}\, \varepsilon_0\, l_{plate}\, \omega_{plate}}{d} = 8.854\text{pF} \qquad (4.37)$$

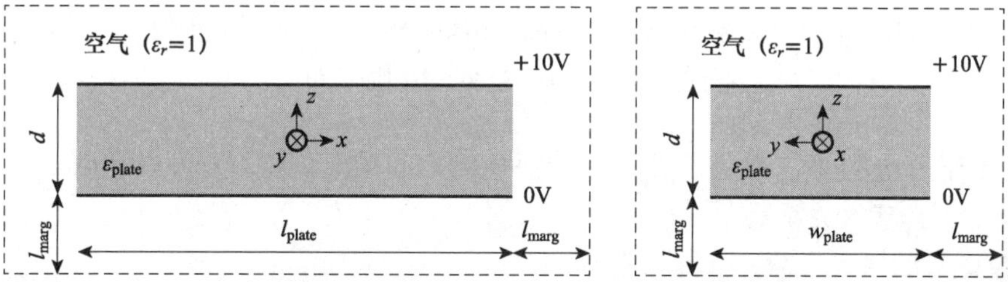

图 4.6　两个视图显示电极之间有介质材料的矩形平板电容器的几何排列（相对电容率ε_r）（图纸不按比例绘制）

如果采用这种简单的解析近似，电极外部的杂散场将被忽略。因此，近似的 C_{plate} 太小了。在三维情况下，利用有限元法可以确定这些杂散场对 C_{plate} 的影响。这样做时，计算域 Ω 必须包含一个围绕平板电容器的特定边界区域（图 4.6），因为边界条件 $\partial V_e / \partial \boldsymbol{n}$ 表示平行于边界 $\partial\Omega$ 的场线。边界区域被假定为空气。不使用边界区域时，在模拟结果中不会形成杂散场。在不限制通用性的前提下，通过在每一边和每一空间方向上的边界l_{marg} 来扩展平板电容器的计算域。整个计算域包括平板电容器以及边界区域特征，因此，几何尺寸为$(l_{plate}+2l_{marg})\times(\omega_{plate}+2l_{marg})\times(d+2l_{marg})$。以下有限元仿真是使用二次拉格朗日 Ansatz 函数（即 $C_{plate}=2pF$

的 h - FEM）进行的。

图 4.7 所示为 xz 平面中标量电势$V_e(x, z)$的仿真结果。因此，取边缘l_{marg} = 5mm。底部电极被设置为接地（即 0V）。而顶部电极的电势为 + 10V。可以清楚地看到，在平板电容器的边界区域产生相当大的电势。由于这个事实，边界区域中的杂散场是不可忽略的。

模拟结果也为 C_{plate} 的计算提供了依据。该计算基于电场的能量密度ω_{elec}，即电场强度 $\boldsymbol{E} = -\nabla V_e$ 且通量密度为 $\boldsymbol{D}$，有

$$\omega_{elec} = \frac{1}{2}\boldsymbol{E} \cdot \boldsymbol{D} = \frac{1}{2}\varepsilon_r \varepsilon_0 \boldsymbol{E} \cdot \boldsymbol{E} = \frac{1}{2}\varepsilon_r \varepsilon_0 \|\boldsymbol{E}\|_2 = \frac{1}{2}\varepsilon_r \varepsilon_0 \|\nabla V_e\|_2 \tag{4.38}$$

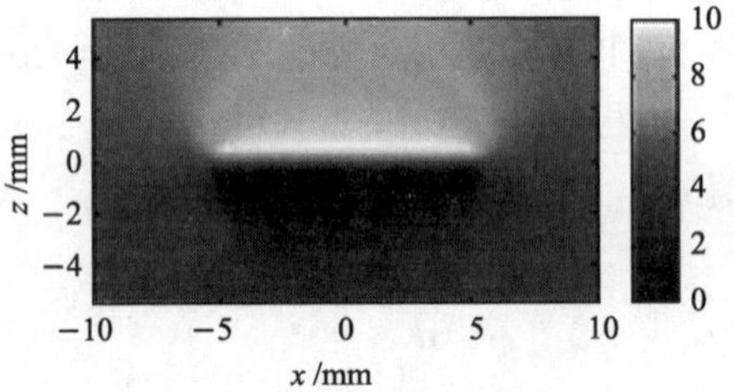

图 4.7　平板电容器 xz 平面（即 y = 0mm）中的模拟电势$V_e(x, z)$（边界l_{marg} = 5mm，三维计算网格包括 161693 个四面体单元）

由于总电能 W_{elec} 取决于 C_{plate} 和上下电极之间的电位差 U，可以利用ω_{elec}来确定 C_{plate}。其基本关系为

$$W_{elec} = \frac{1}{2}C_{plate}\ U^2 \rightarrow C_{plate} = \frac{2W_{elec}}{U^2} \tag{4.39}$$

W_{elec} 是将 Ω 内所有有限元的能量 W_{elec}^i 相加得出的结果，即

$$W_{elec} = \sum_{i=1}^{n_{elem}} W_{elec}^i \quad 其中 W_{elec}^i = \frac{1}{2}\int_{\Omega^i} \frac{1}{2}\varepsilon_r \varepsilon_0 \|\nabla V_e\|_2 \mathrm{d}\Omega \tag{4.40}$$

表 4.2 列出了计算得出的不同边距的容量值。如果边距很小（如l_{marg} = 0.1mm），则 C_{plate} 将接近式(4.37) 的近似值，这来自被忽略的杂散场。正如所料，增加l_{marg}，C_{plate} 也增加。对于所考虑到的配置，大于 10mm 的边距只会引起 C_{plate} 的轻微增加。通常有限元模拟的计算时间会随着l_{marg} 的增加而急剧增加，因为有限元n_{elem} 的数量会快速增长。

表 4.2　由有限元模拟得到的板电容器容量值$\mathcal{C}_{\text{plate}}$(图 4.6)

l_{marg}	0.1	0.5	1	5	10
$\mathcal{C}_{\text{plate}}$	8.880	8.950	8.989	9.055	9.070

4.3　机械场

线性连续介质力学中，描述位置[①] $\boldsymbol{r}$ 处无限小可变形的固体的机械场的偏微分方程定义为(见 2.2.3 小节中的式(2.68))

$$\mathcal{B}^{\mathrm{t}}[\boldsymbol{c}]\,\mathcal{B}\boldsymbol{u}+\boldsymbol{f}_v=\varrho_0\,\ddot{\boldsymbol{u}} \tag{4.41}$$

分别使用位移矢量 $\boldsymbol{u}(\boldsymbol{r},\ t)$、微分算子$\mathcal{B}$(式(2.40))，刚度张量$[\boldsymbol{c}]$、规定体积力$\boldsymbol{f}_v$ 和材料密度ϱ_0。在三维情况下，计算域 Ω(式(4.41)) 的紧凑形式为(Ω 的边界 $\partial\Omega$)

偏微分方程　$\mathcal{B}^{\mathrm{t}}[\boldsymbol{c}]\,\mathcal{B}\boldsymbol{u}+\boldsymbol{f}_v=\varrho_0\,\ddot{\boldsymbol{u}}$

$$\Omega\subset\mathbb{R}^3$$

$$t\in[0,\ T];\ [0,\ T]\subset\mathbb{R}$$

假定　$c_{ij}:\ \Omega\to\mathbb{R}$

$$\varrho_0:\ \Omega\to\mathbb{R}$$

$$\boldsymbol{f}_v:\ \Omega\times[0,\ T]\to\mathbb{R}^3$$

边界条件　$\boldsymbol{u}=\boldsymbol{u}_{\mathrm{e}}$ 在$\Gamma_{\mathrm{e}}\times[0,\ T]$上

$[\boldsymbol{T}]^{\mathrm{T}}\boldsymbol{n}=\boldsymbol{T}_n$ 在$\Gamma_n\times[0,\ T]$上

$$\Gamma_{\mathrm{e}}\cup\Gamma_n=\partial\Omega$$

初始条件　$\boldsymbol{u}(\boldsymbol{r},\ 0)=\boldsymbol{u}_0(\boldsymbol{r})\quad(\forall\boldsymbol{r}\in\Omega)$

$$\dot{\boldsymbol{u}}(\boldsymbol{r},\ 0)=\dot{\boldsymbol{u}}_0(\boldsymbol{r})\quad(\forall\boldsymbol{r}\in\Omega)$$

$$\ddot{\boldsymbol{u}}(\boldsymbol{r},\ 0)=\ddot{\boldsymbol{u}}_0(\boldsymbol{r})\quad(\forall\boldsymbol{r}\in\Omega)$$

结果　$\boldsymbol{u}(\boldsymbol{r},\ t):\ \overline{\Omega}\times(0,\ T]\to\mathbb{R}^3$

$\overline{\Omega}$表示没有 Dirichlet 边界的计算域。相对于Ω的边界Γ_n 和垂直于该边界的所得机械应力 $\boldsymbol{T}_n$ 中字母 n 表示法向矢量。要获得偏微分方程的唯一解，必须指定 $\boldsymbol{T}_n$ 或 $\boldsymbol{u}_{\mathrm{e}}$ 作为边界条件。在不限制通用性的情况下，将两个边界条件设为零，即

① 为清楚起见，在本章的以下等式中，大多数时空参数都被省略了。

$\boldsymbol{T}_n = 0$、$\boldsymbol{u}_e = 0$。因此，利用格林第一次积分定理得到式(4.41) 的弱形式为

$$\int_{\Omega} \varrho_0 \boldsymbol{w} \cdot \ddot{\boldsymbol{u}} \mathrm{d}\Omega + \int_{\Omega} (\mathbf{B}\boldsymbol{w})^{\mathrm{T}} [\boldsymbol{c}] \mathbf{B}\boldsymbol{u} \mathrm{d}\Omega = \int_{\Omega} \boldsymbol{w} \cdot \boldsymbol{f}_v \mathrm{d}\Omega \tag{4.42}$$

式中：$\boldsymbol{w}(\boldsymbol{r})$ 为一个合适的试函数。因为位移 $\boldsymbol{u}$ 是一个矢量，所以 $\boldsymbol{w}$ 也是一个矢量。此外，与静电场相比，伽辽金方法中的每个分量都需要应用于 Ω 的空间离散化的 Ansatz 函数N_i。对于拉格朗日 Ansatz 函数，在三维(空间维数$n_\mathrm{d} = 3$；$\{1, 2, 3\} \hat{=} \{x, y, z\}$) 中位移矢量的近似 $\boldsymbol{u}$ 计算式为

$$\boldsymbol{u}(\boldsymbol{r}) \approx \boldsymbol{u}(\boldsymbol{r}) = \sum_{j=1}^{n_\mathrm{d}} \sum_{i=1}^{n_\mathrm{nodes}} N_i(\boldsymbol{r})\, u_{i,j} \boldsymbol{e}_j\, u_{i,j} = \boldsymbol{u}(\boldsymbol{r}_i) \boldsymbol{e}_j \tag{4.43}$$

或者在节点 i 处引入近似向量$\boldsymbol{u}_i = [u_{i,x}, u_{i,y}, u_{i,z}]^{\mathrm{T}} = \boldsymbol{u}(\boldsymbol{r}_i)$，有

$$\boldsymbol{u}(\boldsymbol{r}) = \sum_{i=1}^{n_\mathrm{nodes}} \boldsymbol{N}_i(\boldsymbol{r})\, \boldsymbol{u}_i;\ \boldsymbol{N}_i(\boldsymbol{r}) = \begin{bmatrix} N_i(\boldsymbol{r}) & 0 & 0 \\ 0 & N_i(\boldsymbol{r}) & 0 \\ 0 & 0 & N_i(\boldsymbol{r}) \end{bmatrix} \tag{4.44}$$

式中：$\boldsymbol{e}_j$ 为 j 方向的单位向量；n_nodes 为在n_elem 有限元中所有节点的总数，用于空间离散化计算域$\overline{\Omega}$。最后得到矩阵形式的代数方程组，即

$$\boldsymbol{M}_{\boldsymbol{u}} \ddot{\boldsymbol{u}} + \boldsymbol{K}_{\boldsymbol{u}} \boldsymbol{u} = \boldsymbol{f}_{\boldsymbol{u}} \tag{4.45}$$

质量矩阵$\boldsymbol{M}_{\boldsymbol{u}}$、刚度矩阵 $\boldsymbol{K}_{\boldsymbol{u}}$ 和右侧 $\boldsymbol{f}_{\boldsymbol{u}}$ 进行组合，由于

$$\boldsymbol{M}_{\boldsymbol{u}} = \bigwedge_{l=1}^{n_\mathrm{elem}} \boldsymbol{M}^l; \quad \boldsymbol{M}^l = [\boldsymbol{m}_{ij}^l]; \quad \boldsymbol{m}_{ij}^l = \int_{\Omega^l} \varrho_0 \boldsymbol{N}_i^{\mathrm{t}} \boldsymbol{N}_j \mathrm{d}\Omega \tag{4.46}$$

$$\boldsymbol{K}_{\boldsymbol{u}} = \bigwedge_{l=1}^{n_\mathrm{elem}} \boldsymbol{K}^l; \quad \boldsymbol{K}^l = [\boldsymbol{K}_{ij}^l]; \quad \boldsymbol{K}_{ij}^l = \int_{\Omega^l} \mathbf{B}_i^{\mathrm{t}} [\boldsymbol{c}] \mathbf{B}_j \mathrm{d}\Omega \tag{4.47}$$

$$\boldsymbol{f}_{\boldsymbol{u}} = \bigwedge_{l=1}^{n_\mathrm{elem}} \boldsymbol{f}^l; \quad \boldsymbol{f}^l = [f_i^l]; \quad f_i^l = \int_{\Omega^l} \boldsymbol{N}_i^{\mathrm{t}} \boldsymbol{f}_v \mathrm{d}\Omega \tag{4.48}$$

和

$$\mathcal{B}_i = \begin{bmatrix} \frac{\partial N_i}{\partial x} & 0 & 0 & 0 & \frac{\partial N_i}{\partial z} & \frac{\partial N_i}{\partial y} \\ 0 & \frac{\partial N_i}{\partial y} & 0 & \frac{\partial N_i}{\partial z} & 0 & \frac{\partial N_i}{\partial x} \\ 0 & 0 & \frac{\partial N_i}{\partial z} & \frac{\partial N_i}{\partial y} & \frac{\partial N_i}{\partial x} & 0 \end{bmatrix}^{\mathrm{T}} \tag{4.49}$$

组合过程类似于前面讨论的静电学有限元方法。注意，这里的未知数向量 $\boldsymbol{u}$ 的形式为

$$\boldsymbol{u} = [u_{1,x}, u_{1,y}, u_{1,z}, u_{2,x}, \cdots, u_{n_\mathrm{nodes},x}, u_{n_\mathrm{nodes},y}, u_{n_\mathrm{nodes},z}]^{\mathrm{T}} \tag{4.50}$$

因此，包含的分量是标量的 3 倍。

在许多实际情况下，力学问题的有限元方法可以大大简化：① 平面应变状态；② 平面应力状态；③ 轴对称应力 - 应变关系。这是连续介质力学的3个基本简化。

(1) 平面应变状态。假设一个弹性体，它在一个方向(如 z 方向) 很大，并且具有垂直于这个维度的等截面(如 xy 平面)。如果各截面的边界条件和作用在物体上的力是相同的，则位移(如 u_z) 和应变(如 S_{yz}) 与主体维数的依赖关系可以忽略不计。

(2) 平面应力状态。例如，如果所考虑的弹性体代表由均质各向同性材料制成的薄板(如在 xy 平面上)，该薄板通过作用在板平面内的力加载，将能够利用此状态。对于这种结构，可以将应力张量(如 T_{zz}) 和应变张量(如 S_{yz}) 的几个分量设置为零。

(3) 轴对称应力 - 应变关系。当研究的几何形状和材料排列为轴对称时，可以应用此简化。在该种情况下，可以引入柱坐标系(半径 r、高度 z、角度 Θ)，其中位移(如 u_Θ) 和应变(如 $S_{r\Theta}$) 都不依赖于 Θ。

由于这 3 种基本的简化，原来的三维力学问题变成了二维问题。空间离散计算域所需的网格大大减少，产生更少的节点，从而得到一个未知量更少的代数方程组。

4.3.1　分析类型

基于有限元方法的数值模拟通常采用几种不同类型的分析方法。为了讨论分析的基本类型，从力学中的代数方程组的式(4.45) 的扩展形式开始，即

$$\boldsymbol{M}_u \ddot{\boldsymbol{u}} + \boldsymbol{D}_u \dot{\boldsymbol{u}} + \boldsymbol{K}_u \boldsymbol{u} = \boldsymbol{f}_u \tag{4.51}$$

在此，(阻尼) 矩阵 $\boldsymbol{D}_u$ 解释了所研究的弹性体内的衰减。

1. 静态分析

在进行静态分析的情况下，假定目标量(即 $\boldsymbol{u}$)、边界条件以及右侧 $\boldsymbol{f}_u$ 不依赖于时间 t。因此可以给出 $\ddot{\boldsymbol{u}} = \dot{\boldsymbol{u}} = 0$ 并由此得到式(4.51) 的形式，即

$$\boldsymbol{K}_u \boldsymbol{u} = \boldsymbol{f}_u \tag{4.52}$$

因此，质量矩阵 $\boldsymbol{M}_u$ 和阻尼矩阵 $\boldsymbol{D}_u$ 对结果没有影响。对于 4.2 节中的静电场，初始条件对于静态分析是无用的。

2. 瞬态分析

在进行瞬态分析时，外部载荷和目标量 $\boldsymbol{u}$ 都可能随时间变化。因此，不能简化式(4.51)。除了空间计算域外，所研究的时间区间 $[0, T]$ 被离散化。对于每一步 t_i，有

$$\boldsymbol{M}_u\ddot{\boldsymbol{u}}^{(i)}+\boldsymbol{D}_u\dot{\boldsymbol{u}}^{(i)}+\boldsymbol{K}_u\boldsymbol{u}^{(i)}=\boldsymbol{f}_u^{(i)} \tag{4.53}$$

必须被满足。根据 Newmark 方案(见 4.1.4 小节)，后续时间步长 t_{i+1} 的解 $\boldsymbol{u}^{(i+1)}$ 由以下 3 个计算子步得到。

(1) 计算预测步骤，即

$$\widetilde{\boldsymbol{u}}=\boldsymbol{u}^{(i)}+\Delta t\,\dot{\boldsymbol{u}}^{(i)}+\frac{(\Delta t)^2}{2}(1-2\beta_N)\ddot{\boldsymbol{u}}^{(i)} \tag{4.54}$$

$$\widetilde{\dot{\boldsymbol{u}}}=\dot{\boldsymbol{u}}^{(i)}+(1-\gamma_N)\Delta t\,\ddot{\boldsymbol{u}}^{(i)} \tag{4.55}$$

(2) 求解代数方程组，即

$$\boldsymbol{M}_u^*\ddot{\boldsymbol{u}}^{(i+1)}=\boldsymbol{f}_u^{(i+1)}-\boldsymbol{D}_u\widetilde{\dot{\boldsymbol{u}}}-\boldsymbol{K}_u\widetilde{\boldsymbol{u}} \tag{4.56}$$

$$\boldsymbol{M}_u^*=\boldsymbol{M}_u+\gamma_N\Delta t\boldsymbol{D}_u+\beta_N(\Delta t)^2\boldsymbol{K}_u \tag{4.57}$$

(3) 执行校正步骤，即

$$\boldsymbol{u}^{(i+1)}=\widetilde{\boldsymbol{u}}+\beta_N(\Delta t)^2\ddot{\boldsymbol{u}}^{(i+1)} \tag{4.58}$$

$$\dot{\boldsymbol{u}}^{(i+1)}=\widetilde{\dot{\boldsymbol{u}}}+\gamma_N\Delta t\,\ddot{\boldsymbol{u}}^{(i+1)} \tag{4.59}$$

参数 β_N 和 γ_N 确定积分的类型，即显式或隐式积分。

瞬态分析比静态分析需要更多的计算量，这似乎是很自然的。特别是对于大型计算网格和长时间计算，这可能导致无法在合理的时间内解决的数值模拟。

3. 谐波分析

如果必须计算出系统在频率为 f 的谐波激励下的特性，可以使用适当的激励信号进行瞬态分析。但是，为了达到系统的稳定状态，仿真需要足够长的时间 $[0, T]$，这通常伴随着不可接受的计算量。因此，应进行谐波分析。这样，将时域的方程式(4.53)的代数方程组转换为复频域。时间相关的表达式 $\boldsymbol{f}_u$ 和 $\boldsymbol{u}$ 以及时间导数被替换为(角频率 $\omega=2\pi f$)

$$\boldsymbol{f}_{\mathrm{u}}\rightarrow\widehat{\boldsymbol{f}}_{\mathrm{u}}\cdot e^{j\omega t};\quad \boldsymbol{u}\rightarrow\widehat{\boldsymbol{u}}\cdot e^{j\varphi_u}\cdot e^{j\omega t} \tag{4.60}$$

$$\frac{\partial}{\partial t}\rightarrow j\omega;\quad \frac{\partial^2}{\partial t^2}\rightarrow-\omega^2 \tag{4.61}$$

式中：$\widehat{\boldsymbol{f}}_u$ 和 $\widehat{\boldsymbol{u}}$ 分别为右侧 $\boldsymbol{f}_u$ 的振幅和空间离散计算域节点处的机械位移 $\boldsymbol{u}$；φ_u 为一个矢量，其中包含每个节点上位移分量的相位①。因此，矢量 $\widehat{\boldsymbol{u}}$ 和 φ_u 的长度相同。由式(4.51)、式(4.60)和式(4.61)的组合得到

① 替代振幅和相位的方法，复频域可以用实部和虚部表示。

$$(-\omega^2\boldsymbol{M}_{\mathrm{u}}+\mathrm{j}\omega\boldsymbol{D}_{\mathrm{u}}+\boldsymbol{K}_{\mathrm{u}})\,\hat{\boldsymbol{u}}\cdot\mathrm{e}^{\mathrm{j}\varphi_u}=\hat{\boldsymbol{f}}_u \tag{4.62}$$

与式(4.51)的复数值代数方程组对比。该方程组的解为每个节点提供了频率 f 处位移分量的振幅和相位。

4. 固有频率分析

要用谐波分析的方法来预测系统的共振特性，就必须研究预期共振的特定频率范围。这个过程可能需要很长的计算时间。固有频率分析是谐波分析的一种省时有效的替代方法。因此，在不考虑阻尼矩阵 $\boldsymbol{D}_u$ 和式(4.51)右边 $\boldsymbol{f}_u$ 的情况下研究系统特性。对于谐波分析，在复频域进行变换，得到特征值方程为

$$[-(2\pi f)^2\boldsymbol{M}_u+\boldsymbol{K}_u]\,\hat{\boldsymbol{u}}\cdot\mathrm{e}^{\mathrm{j}\varphi_u}=0 \tag{4.63}$$

这个方程的解是固有频率 $f_{(i)}$ 的固有值和固有向量 $\hat{\boldsymbol{u}}_{(i)}\mathrm{e}^{\mathrm{j}\varphi_{u,(i)}}$ 的组合。换句话说，对于每个固有频率，在计算域的节点处获得目标量的幅度和相位。每个固有向量表示机械系统的固有模态。

从物理学观点来看就是，根据固有向量在固有频率上的激励导致的系统特性。对于无阻尼的机械系统(即 $\boldsymbol{D}_u=0$)，在这个频率上位移和振动可能相当高。注意，对于这样的系统，固有频率与系统的共振频率一致。

4.3.2 机械系统内的衰减

由于内部摩擦，每个机械系统都有一定的衰减。例如，当一个单侧夹紧的光束被一个脉冲激发时，所产生的机械振动将衰减。为了在有限元法中包含衰减，经常加一个与机械系统的机械速度 $\dot{\boldsymbol{u}}$ 成正比的表达式。阻尼矩阵 $\boldsymbol{D}_u$ 代表比例因子。由此产生的代数方程组已在式(4.51)中显示。

如果使用适当的阻尼矩阵 $\boldsymbol{D}_u$，那么似乎很自然地只能以一种实际的方式来考虑衰减。许多有限元公式利用 Rayleigh 阻尼模型来确定 $\boldsymbol{D}_u$。这种阻尼模型是将系统的质量矩阵 $\boldsymbol{M}_u$ 和刚度矩阵 $\boldsymbol{K}_u$ 线性组合。因此，$\boldsymbol{D}_u$ 为

$$\boldsymbol{D}_u=\alpha_M\boldsymbol{M}_u+\alpha_K\boldsymbol{K}_u \tag{4.64}$$

根据文献[3]，用质量比例阻尼系数 α_M 和刚度比例阻尼系数 α_K，进行了包括衰减率(固有频率 $f_{(i)}$)在内的振型叠加分析

$$\alpha_M+\alpha_K[2\pi f_{(i)}]^2=4\pi f_{(i)}\,\xi_{\mathrm{d},i} \tag{4.65}$$

式中：$\xi_{\mathrm{d},i}$ 为第 i 个固有模态(即第 i 阶固有频率)的模态阻尼比，即

$$\xi_{\mathrm{d},i}=\frac{\alpha_M+\alpha_K[2\pi f_{(i)}]^2}{4\pi f_{(i)}} \tag{4.66}$$

将 $f_{(i)}$ 替换为 f，得到与频率相关的阻尼比 $\xi_{\mathrm{d}}(f)$。$\xi_{\mathrm{d}}(f)$ 在 $f_{(i)}$ 处取最小值，并且对于 $f<f_{(i)}$ 呈指数增长，而对于 $f<f_{(i)}$ 呈线性增长。

Rayleigh 阻尼模型适用于基于有限元法的瞬态和谐波分析。但是，严格来说，与频率相关的阻尼比$\xi_d(f)$ 仅在考虑的频率接近固有频率时才能得到衰减的良好近似。这就是为什么要使用其他阻尼模型的原因。通常的阻尼模型假定衰减恒定。即ξ_d 不依赖于频率，可以通过阻尼系数为α_d 的$\alpha_M = 0$ 和$\alpha_K = \alpha_d/(2\pi f)$ (见式(4.65)) 来获得ξ_d 的数值。将其代入(4.64)，阻尼矩阵得出 $\boldsymbol{D}_u = \alpha_d \boldsymbol{K}_u/(2\pi f)$。对于谐波有限元仿真式(4.62)，由于频率$f$ 在表达式 $j\omega\boldsymbol{D}_u$ 中抵消，衰减的影响依然存在。因此，衰减仅取决于乘积$\alpha_d \boldsymbol{K}_u$。

在有限元方法中，不需要直接引入阻尼矩阵 $\boldsymbol{D}_u$，而是可以利用复值材料参数考虑谐波模拟的衰减。对于机械系统，这意味着刚度张量改为复值形式，即

$$[\underline{\boldsymbol{c}}^E] = [\boldsymbol{c}^E]_{\Re} + j[\boldsymbol{c}^E]_{\Im} = [\boldsymbol{c}^E]_{\Re}[1 + j\alpha_d] \tag{4.67}$$

实部$[\boldsymbol{c}^E]_{\Re}$ 与原始材料参数相一致，虚部$[\boldsymbol{c}^E]_{\Im}$ 衰减。式(4.67)中的阻尼系数α_d 与前面关于$\boldsymbol{D}_u$ 的定义相一致，因为虚部在代数方程组中再次得到了$\alpha_d \boldsymbol{K}_u$ 的表达式。

4.3.3 实例

用有限元方法研究单边固支铜梁的力学性能。将材料的必要参数，即密度、杨氏模量和泊松比分别设置为$\varrho_0 = 8930\text{kg} \cdot \text{m}^{-3}$、$\boldsymbol{E}_M = 126.2\text{GPa}$ 以及$\boldsymbol{v}_P = 0.37$(表 2.5)。图 4.8(a) 所示为这个悬臂梁(长度$l_{beam} = 10\text{mm}$、高度 $h_{beam} = 0.5\text{mm}$) 在 xy 平面的几何结构。为了简单起见，假设 z 方向的几何尺寸远远大于h_{beam} 和l_{beam}，对平行于 xy 平面的每个横截面，作用在结构上的边界条件和外力应该是相等的。因此，可以将机械问题视为平面应变状态，即用二维的有限元方法情况就足够了(图4.8(b))。在左侧夹紧意味着在x 方向上的位移u_x 和在y 方向上的位移u_y 都等于零。在右上端，梁在负方向上受$F = 10\text{N}$ 的载荷。采用二次拉格朗日 Ansatz 函数进行有限元分析，即 h - FEM，$\boldsymbol{p}_d = 2$。

由于载荷与时间无关，可以根据式(4.52) 进行静态分析。图 4.9 所示为计算出的悬臂梁中心线的挠曲线 $u_y(x)$，即 $y = 0$ 处。不出所料，梁向 $-y$ 方向偏转。右梁端的挠度为 2.18m。

对于这种简单的结构，梁的挠度也可以用解析方法近似计算。曲线的最简单近似来自 Euler - Bernoulli 梁理论，该理论假定在变形过程中，梁机械变形小，可忽略的剪切变形以及梁的平面截面总是垂直于梁的中心线[24, 26]。根据 Euler - Bernoulli 梁理论，梁右端挠度 $u_y(x = l_{beam})$ 为

$$u_y(x = l_{beam}) = \frac{4Fl_{beam}^3}{E_M\, h_{beam}^3} \tag{4.68}$$

在平面应变状态下，会出现约 2.54μm 的偏差。有限元模拟的偏差源于 Euler -Bernoulli 梁理论过程中的简化。

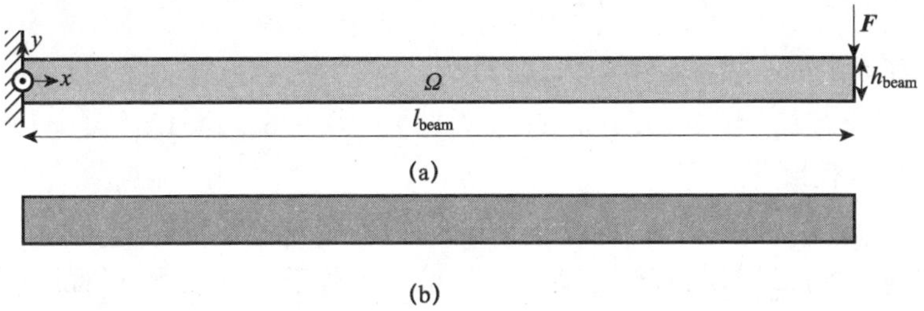

图 4.8　单边固支梁的示例

(a) $x-y$ 平面长度 l_{beam} = 10mm、高度 h_{beam} = 0.5mm 的悬臂梁几何结构；

(b) 由 1208 个三角形组成的二维计算网格。

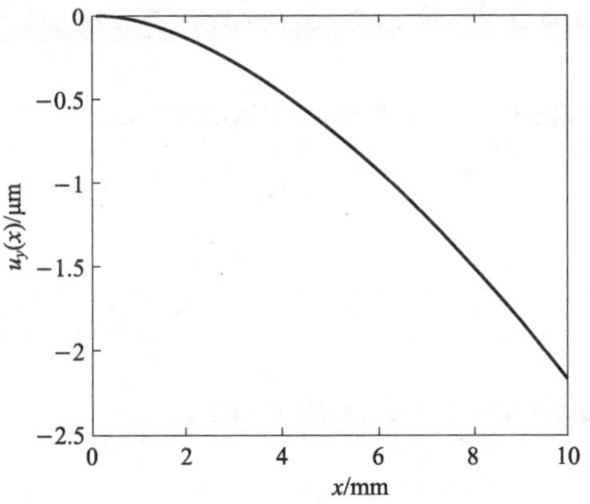

图 4.9　梁中心线挠曲线 $u_y(x)$ 仿真结果

在图 4.10(a) 和图 4.10(b) 中，可以看到 $F=$ 10N 时，模拟的沿悬臂梁 x 方向位移 $u_x(x, y)$ 和 y 方向位移 $u_y(x, y)$。毫无疑问，$|u_x(x, y)|$ 的最大值比 $|u_y(x, y)|$ 的最大值小得多。图 4.10(c) 描述了模拟的 von Mises 应力 $\boldsymbol{T}_{mis}(x, y)$，在这里定义为(省略参数 x 和 y)

$$T_{mis} = \sqrt{(T_{xx} + T_{yy})^2(v_p^2 - v_p + 1) + T_{xx}T_{yy}(2v_p^2 - 2v_p - 1) + 3T_{xy}^2} \quad (4.69)$$

在正应力 T_{xx}、T_{yy} 和剪切应力 T_{xy} 作用下。特别是在靠近夹紧端(即左梁端)时，$T_{mis}(x, y)$ 在梁的顶部和底部的值很高。

最后，研究固有频率分析(式(4.63))。图 4.11 显示了悬臂梁横向振动的模拟前 5 个固有模态和固有频率 $\boldsymbol{f}_{(i)}$。正如预期的那样，固有频率越高，梁的局部极

值越多。对于横向振动的固有频率，也可以用文献[24]来近似解析，有

$$f_{(i)}=\frac{\lambda_{(i)}^{2}}{2\pi l_{\mathrm{beam}}^{2}}\sqrt{\frac{E_{M}h_{\mathrm{beam}}^{3}}{12\varrho_{0}}} \tag{4.70}$$

对于前5个固有模态，$\lambda_{(i)}$ 为

$$\lambda_{(i)}=\{1.875;\ 4.694;\ 7.855;\ 10.996;\ 14.137\} \tag{4.71}$$

得到的固有频率

$$f_{(i)}=\{3036;\ 19028;\ 53284;\ 104417;\ 172591\}\,\mathrm{Hz} \tag{4.72}$$

同样地，模拟结果与解析近似之间的偏差来源于为近似所进行的简化。如果在有限元模拟中将泊松比 v_{P} 设置为零，则所得的固有频率与式(4.72)中的近似值吻合得更好。

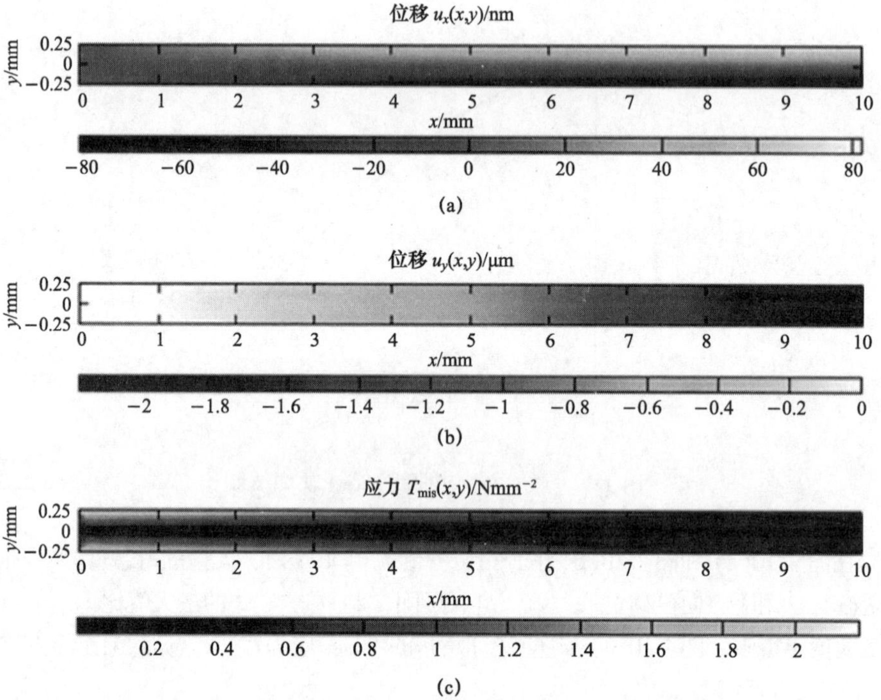

图4.10　仿真结果(图中颜色值参见下侧色条)(见彩插)

(a) x 方向的位移 $u_x(x,\ y)$；(b) y 方向的位移 $u_y(x,\ y)$；(c) 悬臂梁的 von Mises 应力 $T_{\mathrm{mis}}(x,\ y)$。

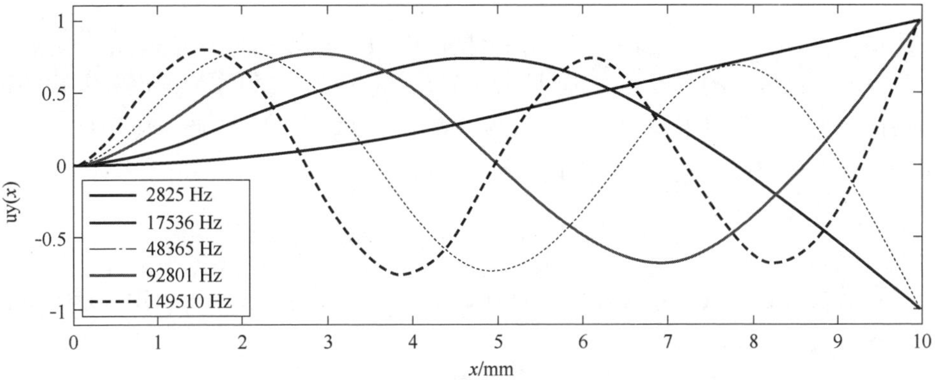

图 4.11　悬臂梁的前 5 阶固有模态的固有频率$f_{(i)}$ 和归一化固有模态 $u_y(x)$ 的模拟(见彩插)

4.4　声　　场

在 2.3.3 小节中推导了声压 $p\sim$ 和声速势 Ψ 的线性声波方程。声压在位置 $\boldsymbol{r}$ 处的波动方程为

$$\frac{1}{c_0^2}\ddot{p}\sim-\Delta p\sim=f_p \tag{4.73}$$

用声速c_0 和激励函数f_p 在介质中生成声波。对于包括边界条件和初始条件的三维计算域 Ω，式(4.73) 的紧致形式成为

偏微分方程
$$\frac{1}{c_0^2}\ddot{p}\sim-\Delta p\sim=f_p$$
$$\Omega\subset\mathbb{R}^3$$
$$t\in[0,\ T];\ [0,\ T]\subset\mathbb{R}$$

假定
$$c_0:\ \Omega\rightarrow\mathbb{R}$$
$$f_p:\ \Omega\times[0,\ T]\rightarrow\mathbb{R}$$

边界条件
$$p\sim=p_e\ \text{在}\ \Gamma_e\times[0,\ T]\ \text{上}$$
$$\frac{\partial p\sim}{\partial\boldsymbol{n}}=p_n\ \text{在}\ \Gamma_n\times[0,T]\ \text{上}$$
$$\Gamma_e\cup\Gamma_n=\partial\Omega$$

初始条件
$$p\sim(\boldsymbol{r},\ 0)=p_0(\boldsymbol{r})\quad(\forall\boldsymbol{r}\in\Omega)$$
$$\dot{p}\sim(\boldsymbol{r},\ 0)=\dot{p}_0(\boldsymbol{r})\quad(\forall\boldsymbol{r}\in\Omega)$$

$$\ddot{p}\sim(\boldsymbol{r},\ 0)=\ddot{p}_0(\boldsymbol{r})\quad(\forall\boldsymbol{r}\in\Omega)$$

结果 $$p\sim(\boldsymbol{r},\ t):\ \overline{\Omega}\times(0,\ T]\rightarrow\mathbb{R}$$

类似于机械场的有限元方法(见4.3节)，p_e 或 p_n 必须作为偏微分方程的边界条件。为了简化以下表达式，将这些边界条件设置为零。因此，应用格林第一积分定理得到的弱形式为(标量试函数 $\omega(\boldsymbol{r})$)

$$\int_\Omega\frac{1}{c_0^2}\omega\,\ddot{p}\sim\mathrm{d}\Omega+\int_\Omega\nabla\,\omega\cdot\nabla\,p\sim\mathrm{d}\Omega-\int_\Omega\omega f\mathrm{d}\Omega=0\tag{4.74}$$

随后根据Galerkin方法对 $\omega(\boldsymbol{r})$ 和 $p\sim(\boldsymbol{r})$ 进行空间离散，得出矩阵形式的代数方程组为

$$\boldsymbol{M}_p\ddot{\boldsymbol{p}}+\boldsymbol{K}_p\boldsymbol{p}=\boldsymbol{f}_p\tag{4.75}$$

对于拉格朗日Ansatz函数，向量 $\boldsymbol{p}$ 包含空间离散计算域 Ω 节点处的声压 $p\sim$ 的近似值。质量矩阵 $\boldsymbol{M}_p$、刚度矩阵 $\boldsymbol{K}_p$ 和右侧 $\boldsymbol{f}_p$ 由(有限单元数 $\boldsymbol{n}_{\mathrm{elem}}$、Ansatz函数 N_i) 给出，即

$$\boldsymbol{M}_p=\bigwedge_{l=1}^{n_{\mathrm{elem}}}\boldsymbol{M}^l;\qquad\boldsymbol{M}^l=[m_{ij}^l];\qquad m_{ij}^l=\int_{\Omega^l}\frac{1}{\boldsymbol{c}_0^2}N_i\,N_j\mathrm{d}\Omega\tag{4.76}$$

$$\boldsymbol{K}_p=\bigwedge_{l=1}^{n_{\mathrm{elem}}}\boldsymbol{K}^l;\qquad\boldsymbol{K}^l=[k_{ij}^l];\qquad k_{ij}^l=\int_{\Omega^l}(\nabla\,N_i)^t\,\nabla\,N_j\mathrm{d}\Omega\tag{4.77}$$

$$\boldsymbol{f}_p=\bigwedge_{l=1}^{n_{\mathrm{elem}}}\boldsymbol{f}^l;\qquad\boldsymbol{f}^l=[f_i^l];\qquad f_i^l=\int_{\Omega^l}N_i f_p\mathrm{d}\Omega\tag{4.78}$$

考虑到波传播过程中的衰减，需要引入合适的阻尼矩阵 $\boldsymbol{D}_p$。

同样地，可以进行不同类型的分析。与机械场相比，静态分析毫无意义，因为声压是一个交变量。对于瞬态分析，将研究的时间间隔[0，T] 细分为足够小的子区间，并根据4.1.4小节应用Newmark格式。在谐波和固有频率分析的情况下，矩阵形式的代数方程组(4.75) 必须转换到复频域。

另外，对于声压 $p\sim$，人们可以通过声速势 Ψ 来进行声场的有限元分析。是否使用 $p\sim$ 或 Ψ 主要取决于所研究声学问题的边界条件。这里主要区分3种不同的情况。

(1) **压力作为边界条件**，即在 $\partial\Omega$ 上 $p\sim=p_e$：声学问题应该用偏微分方程对 $p\sim$ 进行研究。

(2) **以质点速度的法向分量作为边界条件**，即在 $\partial\Omega$ 上 $\boldsymbol{n}\cdot\boldsymbol{v}_\sim=v_n$：由于质点速度与声速势之间存在唯一且简单的关系式(2.122)，因此，声场应用偏微分方程计算 Ψ。声压由式(2.123) 得到。

(3) **混合边界条件**，即在 $\partial\Omega$ 上 $p\sim=p_e$ 和 $\boldsymbol{n}\cdot\boldsymbol{v}_\sim=v_n$：这两个量都适用于解决

声学问题。但是必须将边界条件转换为已使用的量。

4.4.1　开域问题

当研究声源的声场时，最感兴趣的是自由场辐射。实际上，基于有限元法的数值模拟计算领域一直是有限的。由于这一事实，模拟所谓开域的边界条件或方法是必不可少的。然而，前面讨论的边界条件引起冲击声波的反射。因此，它们不适合自由场模拟。为了获得一个开放的计算域，开发了几种技术。下面简要讨论两种著名的方法，即边界条件吸收法(ABC) 和完美匹配层法(PML)。

1. 边界条件吸收法

假设一个一维正弦压力波以声速c_0 沿 x 方向传播。声波可以在 x 轴正、负方向上传播。在复域上，给出了波的线性波动方程的解，即

$$\underline{p}_{\sim}^{+}(x,\ t)=\hat{p}_{\sim}\ \mathrm{e}^{\mathrm{j}(\omega t-kx)} \tag{4.79}$$

$$\underline{p}_{\sim}^{-}(x,\ t)=\hat{p}_{\sim}\ \mathrm{e}^{\mathrm{j}(\omega t+kx)} \tag{4.80}$$

声压振幅为$\hat{p}_{\sim}$、角频率为ω和波数$k=\omega/c_0$,。此外，假设在x_{bound}处有一个虚拟边界Γ_{bound}，其中

$$\left(\frac{\partial}{\partial t}+c_0\frac{\partial}{\partial x}\right)=0 \tag{4.81}$$

必须满足。在式(4.81) 中插入式(4.79) 和式(4.80) 发现，只有在 x 方向正的波中才满足该关系，即$\underline{p}_{\sim}^{+}$。因此，这些波能通过边界(图4.12)；相反，沿负x方向传播的波在边界处完全反射。

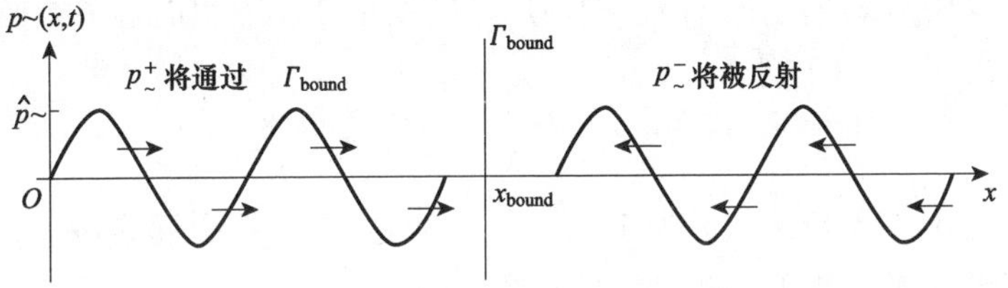

图 4.12　根据 ABC 沿正 x 方向传播的声波$\underline{p}_{\sim}^{+}$将通过x_{bound}处的虚拟边界Γ_{bound}，而沿负 x 方向传播的声波$\underline{p}_{\sim}^{-}$将在那里被完全反射

如果在计算域Ω的边界 $\partial\Omega$ 处将式(4.81) 应用于有限元方法，则将实现开放计算域。因此，能够模拟声源的自由场辐射由于此过程仅影响阻尼矩阵 $\boldsymbol{D}_p$ 中的项，指的是 $\partial\Omega$，因此式(4.81) 通常称为吸收边界条件。

值得一提的是，只有当压力波垂直地冲击到边界时，ABC 才能完美地工作。

然而，在许多实际情况下，不可能为每个激励信号选择确保垂直声入射的边界几何形状。这就是为什么经常需要替代方法来模仿开放的计算域，如完美匹配层技术。

2. 完美匹配层法

为了解释PML技术的基本思想，假设平面声波在正x方向上传播。该波垂直撞击两种介质(介质1和介质2，见图4.13(a))的$x=0$处的界面，它们具有不同的声学特性。对于这种结构，入射压力波的反射系数r_{pres}变为(式(2.139)

$$r_{\text{pres}} = \frac{Z_{\text{aco2}} - Z_{\text{aco1}}}{Z_{\text{aco1}} + Z_{\text{aco2}}} \tag{4.82}$$

分别为介质1和介质2的声阻抗Z_{aco1}和Z_{aco2}。平面波的声阻抗为

$$Z_{\text{aco1}} = \varrho_1 c_1 \quad Z_{\text{aco2}} = \varrho_2 c_2 \tag{4.83}$$

由式(4.82)可以很容易地推导出，当$Z_{\text{aco1}} = Z_{\text{aco2}}$保持不变时，界面上不会发生任何反射。可以通过选择两种介质的声速和密度的适当组合来满足这个条件。在不限制通用性的情况下，考虑以下组合，即

$$\varrho_2 = \varrho_1(1 - \mathrm{j}\alpha_{\xi_x}) \tag{4.84}$$

$$c_2 = \frac{c_1}{1 - \mathrm{j}\alpha_{\xi_x}} \tag{4.85}$$

式中：α_{ξ_x}为任意正数。因此，介质2中的(复值)波数$\underline{k_2}$为($k_1 = \omega / c_1$)

$$\underline{k_2} = \frac{\omega}{c_2} = k_1(1 - \mathrm{j}\alpha_{\xi_x}) \tag{4.86}$$

用介质2中沿x方向正向传播的声压波的线性波动方程的解中替换k_2(参见式(4.79))，由式(4.87)得

$$\underline{p}^{+}_{\sim}(x,\ t) = \hat{p} \sim \mathrm{e}^{\mathrm{j}(\omega t - \underline{k_2} x)} = \hat{p} \sim \mathrm{e}^{\mathrm{j}(\omega t - k_1 x)} \underbrace{\mathrm{e}^{-\alpha_{\xi_x} x}}_{\text{阻尼}} \tag{4.87}$$

由于假定α_{ξ_x}(衰减系数)为正数，所以表达式$\mathrm{e}^{-\alpha_{\xi_x} x}$引起衰减。结果在介质2中传播的压力波的振幅呈指数下降(图4.13(a))。

为了在二维和三维声学问题的有限元法中利用这一原理，原始计算域Ω_{orig}必须被附加的计算区域Ω_{PML}包围，即所谓的完美匹配层(图4.13(c))。在这一层中，传播的声波被衰减，直到它们在Ω_{PML}的外边界$\partial\Omega_{\text{PML}}$处被反射。在反射波传播回到$\Omega_{\text{PML}}$和$\Omega_{\text{orig}}$的$\partial\Omega_{\text{orig}}$界面过程中，存在进一步的衰减。因此，如果选择合适的PML厚度和衰减系数，则反射声波的强度将可忽略不计。

注意，**PML**技术不仅要求阻抗匹配垂直于Ω_{orig}和Ω_{PML}交界界面$\partial\Omega_{\text{orig}}$入射的声压波，而且还要求匹配斜入射声压波。为了阻抗匹配，将入射波$p\sim$分解为沿

x、y 和 z 方向传播的平面波 $p_{\sim x}$、$p_{\sim y}$ 和 $p_{\sim z}$，即

$$p_{\sim} = p_{\sim x} + p_{\sim y} + p_{\sim z} \tag{4.88}$$

分解是依据在PML层界面上的粒子速度$v_{\sim} = [v_{\sim x} + v_{\sim y} + v_{\sim z}]$的分量进行的(图4.13(b))。此外，在不同的空间方向上分别应用了衰减系数α_{ξ_x}、α_{ξ_y} 和α_{ξ_z}(图4.13(c))。该方法避免了界面 $\partial\Omega_{\mathrm{orig}}$ 处斜入射压力波的反射，从而形成了一个开放的计算区域。在复频域(即谐波和固有频率)分析时，可以将PML技术纳入有限元法。修正形式也可用于瞬态分析[13]。但是，附加区域Ω_{PML} 意味着要增加计算量。

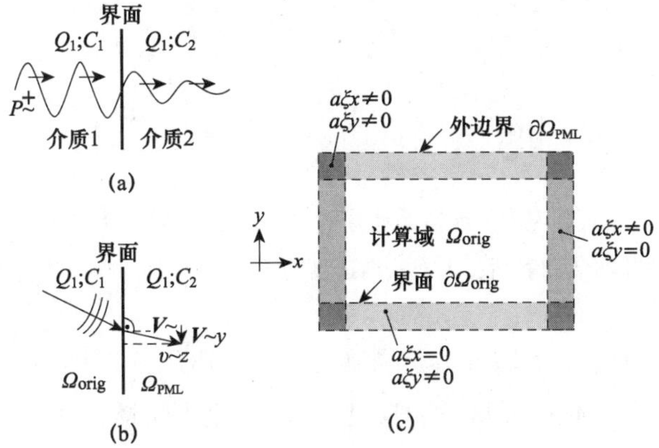

图 4.13　完美匹配层法

(a) 声压波 $p_{\sim}(x, t)$ 沿 x 方向传播并垂直入射到介质1和介质2的界面上；(b) 在Ω_{orig} 和Ω_{PML} 界面处的折射(质点速度$v_{\sim}$)；(c) 围绕Ω_{orig} 的PML层中二维的衰减系数α_{ξ_x} 和α_{ξ_y} 的设置。

4.4.2　实例

作为一个声学的实际例子，研究一个具有圆形活动表面(半径$R_{\mathrm{T}} = 10\mathrm{mm}$)和表面法向速度均匀的活塞式超声波换能器产生的声场。超声波换能器在水中以$c_0 = 1500\ \mathrm{m/s}$ 的声速工作。由于传感器的对称性，可以将计算域限制在一个旋转对称的结构上。图4.14所示为二维几何结构，即旋转轴与 z 轴重合，半径$R_{\Omega} = 100\mathrm{mm}$ 的1/4圆。

活塞式换能器的工作表面由径向尺寸R_{T} 线模拟，该线以频率f_{ex} 和速度振幅为$\hat{v}_n = 1\mathrm{mm/s}$ 正弦振荡。因此，必须沿R_{T} 规定$\hat{v}_n$。Ω的下限的其余部分Γ_n 在声学上被假定为声学硬，即$\hat{v}_n = 0$。由于旋转对称的构造，这也指的是z轴。为了模拟自由场辐射，在边界 Γ_{ABC} 处使用了吸收边界条件。以下有限元仿真是使用二次拉格朗日 Ansatz 函数，即 $p_{\mathrm{d}} = 2$ 的 h - FEM。

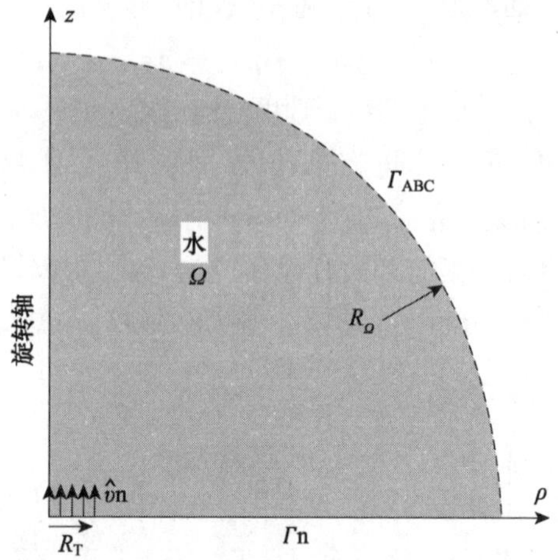

图 4.14　活塞式超声波换能器的计算域的旋转对称结构（半径R_Ω = 100mm；半径R_T = 10mm 的圆形活动表面；表面法向速度的振幅$\hat{v}_n$ = 1mm/s；Γ_{ABC} 的吸收边界条件）

图 4.15 所示为谐波有限元分析得到的归一化声压分布①$\hat{p}$ ~ (ρ，z) 的模拟结果。激发频率f_{ex} 的变化范围从 50kHz 到 1MHz。毫不奇怪，$\hat{p}$ ~ (ρ，z) 强烈依赖于f_{ex}。其根本原因将在 7.2 节中进行深入研究。

注意，谐波有限元模拟所需的计算时间因f_{ex} 值而有很大差异。这源于使用的计算网格大小，因为可靠的有限元模拟需要一个足够细的网格。在目前的情况下采用边长小于$\lambda_{aco}/10$的三角形单元离散一个波长$\lambda_{aco} = c_0/f_{ex}$ 的声波。因此，对于f_{ex} = 50kHz，Ω包括2469个三角形，对于f_{ex} = 1MHz，Ω包括977043个三角形。很自然，大量增加的有限元单元会对计算时间产生重大影响。特别是当需要进行瞬态有限元分析时，这可能导致无法接受的计算工作量。

4.5　耦　合　场

对压电传感器和执行器进行数值模拟时，总是要考虑不同物理场的耦合问题。准静态电场与压电材料内部的机械场耦合。对于超声波换能器，还必须考虑机械场与声场的耦合。下面讨论相关的耦合条件以及它们与有限元方法的结合。

① 声压分布与空间分辨的声压值相对应。

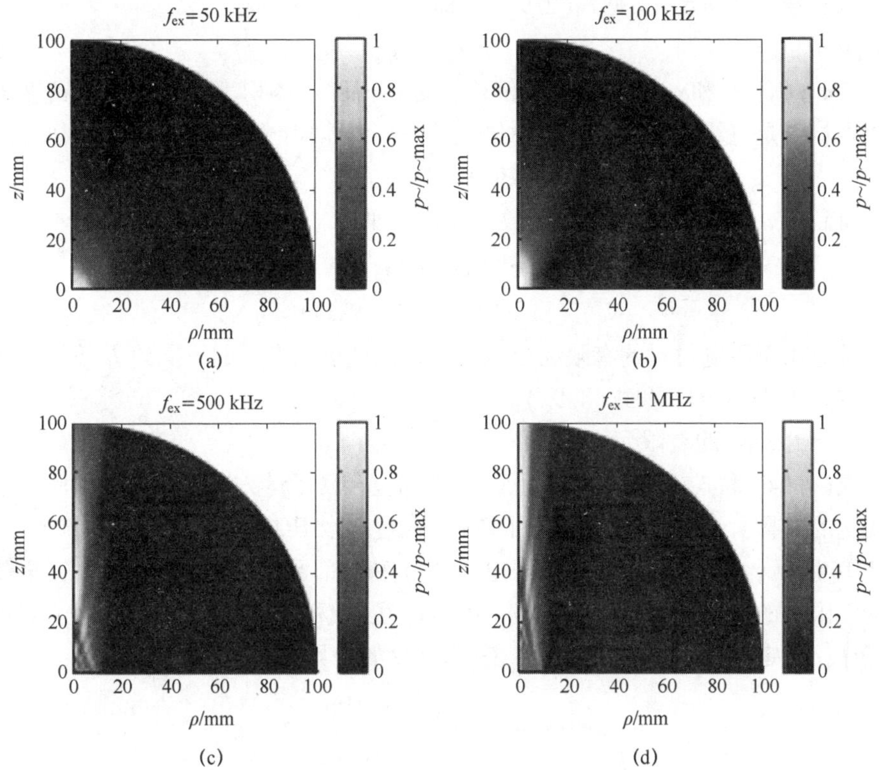

图 4.15　激励频率f_{ex}的最大幅度$\hat{p}\sim(\rho, z)$的模拟归一化声压分布$\hat{p}\sim(\rho, z)$(见彩插)

(a) $f_{ex}=$ 50kHz；(b) $f_{ex}=$ 100kHz；(c) $f_{ex}=$ 500kHz；(d) $f_{ex}=$ 1MHz。

4.5.1　压电效应

对于单一物理场(如机械场)，压电的数值模拟需要合适的偏微分方程。这些方程是将压电材料定律与机械和(准静态)电场的基本关系结合起来得到的。为了说明压电材料内部的电和机械耦合，利用e型线性压电材料定律和Voigt表示法(参见3.3节)。

$$\boldsymbol{T} = [\boldsymbol{c}^E]\boldsymbol{S} - [\boldsymbol{e}]^{\mathrm{T}}\boldsymbol{E} \tag{4.89}$$

$$\boldsymbol{D} = [\boldsymbol{e}]\boldsymbol{S} + [\boldsymbol{\varepsilon}^S]\boldsymbol{E} \tag{4.90}$$

式中：$\boldsymbol{T}$为机械应力；$\boldsymbol{S}$为机械应变；$\boldsymbol{D}$为通量密度；$\boldsymbol{E}$为电场强度。张量$[\boldsymbol{c}^E]$和$[\boldsymbol{e}]$及$[\boldsymbol{\varepsilon}^S]$分别包含恒定电场强度下的弹性刚度常数、压电应力常数和恒定机械应变下的电容率。下面将此物质定律插入Navier方程中(参阅式(2.42))，即

$$\varrho_0\,\ddot{\boldsymbol{u}} - \mathbf{B}^{\mathrm{t}}\boldsymbol{T} = \boldsymbol{f}_v \tag{4.91}$$

以及插入高斯定律(见式(2.9))，即

$$\nabla \cdot \boldsymbol{D} = q_e \tag{4.92}$$

式中：$\boldsymbol{u}$、ϱ_0、$\boldsymbol{f}_v$ 和q_e 分别为机械位移、材料密度、体积力和体积电荷密度。由于压电材料是电绝缘材料，它们不包含任何自由体积电荷，即$q_e = 0$。因此，有

$$\boldsymbol{S} = \mathcal{B}u \text{ 和 } \boldsymbol{E} = -\nabla \boldsymbol{V}_e \tag{4.93}$$

得到了 $\boldsymbol{u}$ 和电势$\boldsymbol{V}_e$ 的耦合偏微分方程，即

$$\varrho_0 \ddot{\boldsymbol{u}} - \mathbf{B}^t([\boldsymbol{c}^E]\mathcal{B}\boldsymbol{u} + [\boldsymbol{e}]^{\mathrm{T}} \nabla V_e) = \boldsymbol{f}_v \tag{4.94}$$

$$\nabla \cdot ([\boldsymbol{e}]\mathcal{B}\boldsymbol{u} - [\boldsymbol{\varepsilon}^S]\nabla V_e) = 0 \tag{4.95}$$

其适用于压电材料的有限元模拟。考虑机械场和电场的不同边界条件，还需要基本方程式(4.91)和式(4.92)。

1. 压电耦合的有限元法

式(4.94)和式(4.95)中的每个 PDE 都包含目标量，即 $\boldsymbol{u}$ 和$\boldsymbol{V}_e$。因此，必须在压电的有限元方法中处理耦合问题。通过板状压电材料演示基本步骤，如图 4.16 所示。板的顶部区域(加载电极 Γ_L)和底部区域(接地电极 Γ_G)完全被假定为无限薄的电极覆盖。对于电极，电势V_e 在Γ_L 和Γ_G 上分别相等。为了简化仿真程序，设定电场和机械场的边界条件为(Ω 的边界为 $\partial\Omega$)

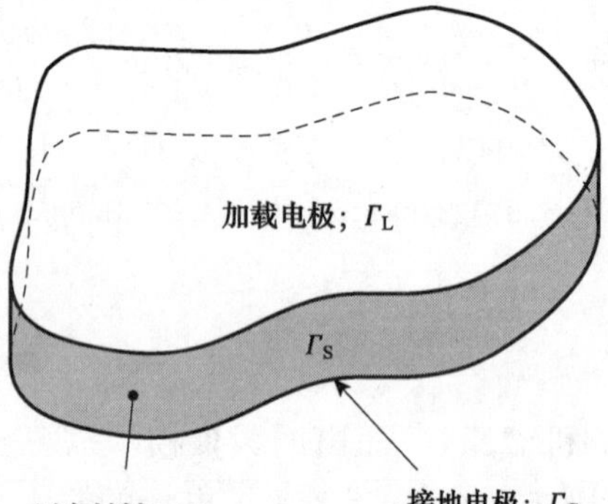

图 4.16　在底部 Γ_G 和顶部 Γ_L 上覆盖无限薄电极的板状压电材料

$$V_e = V_0 \text{ 在 } \Gamma_L \times [0, T] \text{ 上}$$
$$V_e = 0 \text{ 在 } \Gamma_G \times [0, T] \text{ 上}$$
$$\boldsymbol{n} \cdot \boldsymbol{D} = 0 \text{ 在 } \Gamma_S \times [0, T] \text{ 上}$$
$$\boldsymbol{u} = 0 \text{ 在 } \Gamma_G \times [0, T] \text{ 上}$$
$$[\boldsymbol{T}]^{\mathrm{T}}\boldsymbol{n} = 0 \text{ 在 } \Gamma_L \times [0, T] \text{ 上}$$

$$[\boldsymbol{T}]^{\mathrm{T}}\boldsymbol{n}=0 \text{ 在 } \Gamma_{\mathrm{S}}\times[0,\ T] \text{ 上}$$

$$\Gamma_{\mathrm{L}}\cup\Gamma_{\mathrm{S}}\cup\Gamma_{\mathrm{G}}=\partial\Omega$$

因此，电极设有规定的电势，在 Γ_{G} 处的机械位移固定，并且压电材料未机械夹紧。此外，忽略物体内部的重力，即 $\boldsymbol{f}_v=0$。用向量 $\boldsymbol{w}(\boldsymbol{r})$ 作为电势 V_{e} 的位移 $\boldsymbol{u}$ 和标量 $\omega(\boldsymbol{r})$ 的试函数，得到了式(4.94)的弱形式，即

$$\int_{\Omega}\varrho_0\boldsymbol{w}\cdot\ddot{\boldsymbol{u}}\mathrm{d}\Omega+\int_{\Omega}(\mathcal{B}\boldsymbol{w})^{\mathrm{T}}[\boldsymbol{c}^{E}]\mathcal{B}\boldsymbol{u}\mathrm{d}\Omega+\int_{\Omega}(\mathbf{B}\boldsymbol{w})^{t}[\boldsymbol{e}]^{t}\nabla V_{\mathrm{e}}\mathrm{d}\Omega=0 \tag{4.96}$$

$$\int_{\Omega}(\nabla\omega)^{\mathrm{T}}[\boldsymbol{e}]\mathbf{B}\boldsymbol{u}\mathrm{d}\Omega-\int_{\Omega}(\nabla\omega)^{\mathrm{T}}[\boldsymbol{\varepsilon}^{S}]\nabla V_{\mathrm{e}}\mathrm{d}\Omega=0 \tag{4.97}$$

下一步介绍 $\boldsymbol{u}$、$\boldsymbol{w}$、V_{e} 和 ω 的拉格朗日 Ansatz 函数(见 4.2 节和 4.3 节)。最后，导出了矩阵形式的代数方程组，即

$$\begin{bmatrix}\boldsymbol{M}_u & 0\\ 0 & 0\end{bmatrix}\begin{bmatrix}\ddot{\boldsymbol{u}}\\ \ddot{\boldsymbol{v}}_{\mathrm{e}}\end{bmatrix}+\begin{bmatrix}\boldsymbol{K}_u & \boldsymbol{K}_{uV_{\mathrm{e}}}\\ \boldsymbol{K}_{uV_{\mathrm{e}}}^{t} & -\boldsymbol{K}_{V_{\mathrm{e}}}\end{bmatrix}\begin{bmatrix}\boldsymbol{u}\\ \boldsymbol{v}_{\mathrm{e}}\end{bmatrix}=\begin{bmatrix}0\\ 0\end{bmatrix} \tag{4.98}$$

式中：向量 $\boldsymbol{u}$ 和 $\boldsymbol{v}_{\mathrm{e}}$ 分别表示计算域 Ω 节点上 $\boldsymbol{u}$ 和 V_{e} 的近似值。矩阵 $\boldsymbol{M}_u$、$\boldsymbol{K}_u$、$\boldsymbol{K}_{V_{\mathrm{e}}}$ 以及右侧 $\boldsymbol{f}_{V_{\mathrm{e}}}$ 按照 4.2 节和 4.3 节进行组合，附加矩阵 $\boldsymbol{K}_{uV_{\mathrm{e}}}$ 为压电耦合的结果，其计算公式为(Ω 内的单元数 n_{elem})

$$\boldsymbol{K}_{uV_{\mathrm{e}}}=\bigwedge_{l=1}^{n_{\mathrm{elem}}}\boldsymbol{K}^{l};\qquad \boldsymbol{K}^{l}=[\boldsymbol{k}_{ij}^{l}];\qquad \boldsymbol{k}_{ij}^{l}=\int_{\Omega^{l}}\mathbf{B}_i^{\mathrm{T}}[\boldsymbol{e}]^{\mathrm{T}}\widetilde{\mathbf{B}}_j\mathrm{d}\Omega \tag{4.99}$$

和

$$\widetilde{\mathcal{B}}_j=\left[\frac{\partial N_j}{\partial x},\frac{\partial N_j}{\partial y},\frac{\partial N_j}{\partial z}\right]^{\mathrm{T}} \tag{4.100}$$

有限元方法还可以进行不同类型的压电耦合分析，即静态分析、瞬态分析、谐波分析及固有频率分析。对于静态分析，代数方程组中忽略了与时间有关的导数。与机械场和声场一样，式(4.98)在进行谐波和固有频率分析时必须转化为复频率域。进行瞬态分析，可以应用 Newmark 方案(见 4.1.4 小节)。

此时，需要指出的是，式(4.98)中的耦合代数方程组不包含任何衰减。事实上，衰减在每一个真实的系统中都发生，因此，这里也必须考虑。如果使用复值材料参数，可以很容易地将衰减纳入压电效应的有限元方法。

由于压电装置需要外部电子元件进行电激励或读出，因此存在用于压电性的常规 *FE* 方法的扩展版本。这不仅涉及压电传感器和执行器，而且涉及利用压电材料的基于振动的能量收集装置。对于这种能量收集装置，主要需要一个特殊的电匹配网络，将交流电压转换为直流电压[7,9]。由于压电耦合作用，电匹配网络

对收集具有一定的回溯效应改变整个系统的输出。如果在有限元方法中考虑能量收集元件和电子匹配网络之间的互耦，就可以实际地分析整个系统的特性。在文献[8，10，25]中可以找到这个问题可能的解决方法和解决方案。

2. 实例

各种压电传感器和执行器都是基于压电陶瓷圆盘。因此，用有限元方法来研究这种压电陶瓷圆盘的特性。该圆盘(直径 $d_S = 30\text{mm}$、厚度$t_S = 2\text{mm}$)由压电陶瓷材料 PZT－5A 制成，在厚度方向上具有极化特性。材料特征参数可以在表 3.5 中找到。圆盘的上表面和下表面都被无限薄的电极完全覆盖。此外，假设自由机械振动，这意味着圆盘没有被夹紧，那里没有外力作用。

由于磁盘的对称性，将计算域 Ω 设置为旋转对称结构是有意义的。图 4.17(a) 显示了所用有限元模型的二维几何结构。沿着旋转轴(z 轴)，径向的机械位移 u_ρ 必须为零。在 Ω 的其余边界处(即 Γ_G、Γ_S 和 Γ_L)，由于是自由机械振动，机械应力的法向分量设置为零。图 4.17(b) 显示了使用的结构化计算网格，该网格由 480 个边长为 0.25mm 的正方形单元组成，再次使用二次拉格朗日函数，即 $p_d = 2$ 的 h－FEM 进行有限元仿真。

首先，看压电陶瓷盘的复值阻抗$\underline{Z}_T(f)$，因为这个频率分辨量在实际应用中往往是必不可少的。在复域中，$\underline{Z}_T(f)$ 读为(频率f)，即

$$\underline{Z}_T(f) = \frac{\underline{u}_T(f)}{\underline{i}_T(f)} = \frac{\hat{u}_T \cdot e^{j(2\pi ft+\varphi_u)}}{\hat{i}_T \cdot e^{j(2\pi ft+\varphi_u)}} = \frac{\hat{u}_T}{\hat{i}_T} e^{j(\varphi_u-\varphi_i)} \tag{4.101}$$

式中：上、下电极之间的电势$\underline{u}_T$ 和电流$\underline{i}_T$ 用复数表示；$\hat{u}_T$ 和$\hat{i}_T$ 为两个量的振幅；φ_u 和φ_i 为相位角。$\underline{Z}_T(f)$ 的一种方法是基于在顶部电极 Γ_L 处规定$\underline{u}_T(f) = \underline{V}_e(f)$，而将底部电极 Γ_G 设定为接地。为此，需要的电流$\underline{i}_T(f)$ 由电荷$\underline{Q}_T(f)$ 通过 Γ_L 形成，即

$$\begin{aligned}\underline{i}_T(f) &= j2\pi f\, \underline{Q}_T(f) = j2\pi f\int_{\Gamma_L} \underline{D}(f) \cdot \boldsymbol{n}\,d\Gamma \\ &= j2\pi f\int_{\Gamma_L} \{[\boldsymbol{e}]\mathbf{B}\,\underline{\boldsymbol{u}}(f) - [\boldsymbol{\varepsilon}^S]\ \nabla\ \underline{V}_e(f)\}\,d\Gamma\end{aligned} \tag{4.102}$$

式中：电通量密度$\boldsymbol{D}$被括号(式(4.95))中的项代替。$\underline{\boldsymbol{u}}(f)$ 和$\underline{V}_e(f)$ 分别为机械位移 $\boldsymbol{u}$ 和电势V_e 的复数。通过计算式(4.101)，可以计算出$\underline{Z}_T(f)$。对于有限元仿真，这意味着必须将沿着 Γ_L 的电荷相加。出于效率考虑，建议采用谐波有限元分析。除了规定电势外，还可以规定在顶部电极上电荷。然后，通过确定 Γ_L 上的电势得出电阻抗。

图 4.18 所示为所考虑的压电陶瓷盘的频率分辨电阻抗 $|\underline{Z}_T(f)|$ 的计算值。

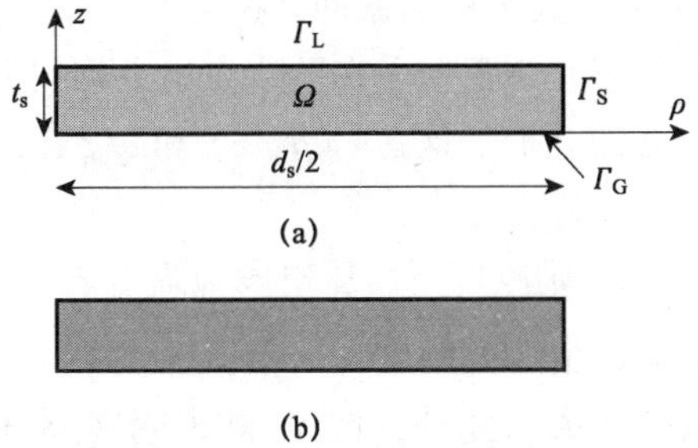

图 4.17 所用有限无模型的二维几何结构及结构化计算网络

(a) 直径为 30mm、厚度为2mm 的压电陶瓷圆盘的计算域的旋转对称结构(底部电极 Γ_G、顶部电极 Γ_L)；(b) 由 480 个正方形组成的二维计算网格。

可以清楚地看到，阻抗曲线有明显的局部极值。$|\underline{Z}_T(f)|$ 中的局部最小值表示机械振动的共振，而局部最大值与反共振有关。在阻抗曲线中可见机械振动的共振和反共振的原因在于压电耦合。60 ~ 90kHz 频率范围内的局部最小值和最大值的组合是指磁盘径向上的机械振动。在较高的频率下，由于这些振动的泛音而出现了进一步的组合。然而，在频率范围 800kHz ~ 1.3MHz 的明显组合是指厚度方向的机械振动。在第 5 章中将讨论阻抗曲线对材料表征的重要性。

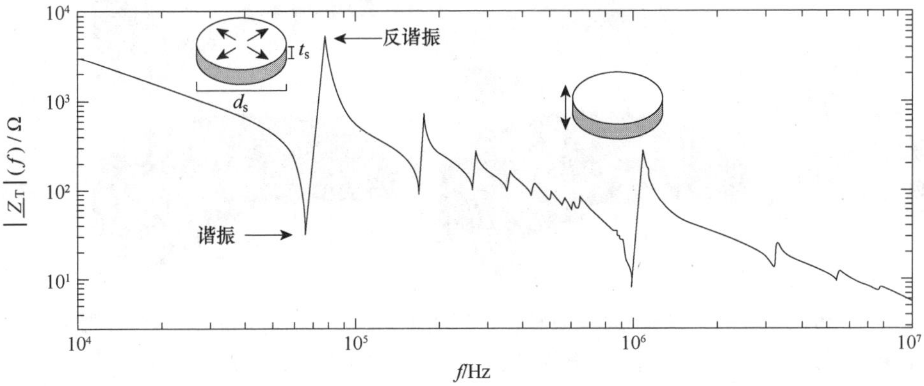

图 4.18 所考虑的直径为 d_S = 30mm 且厚度为 t_S = 2mm 的压电陶瓷盘的频率分辨电阻抗 $|\underline{Z}_T(f)|$ (幅值) (压电陶瓷材料 PZT - 5A)

现在讨论压电陶瓷盘的机械位移 $\boldsymbol{u}$ 作为进一步的仿真结果。原则上，有限元方法在计算域的每个点都提供此数量。图 4.19 显示了径向和厚度方向的归一化位移振幅 $\hat{u}_\rho(\rho, z)$ 和 $\hat{u}_z(\rho, z)$。因此，选择 3 个不同的激发频率 f，即 10kHz、

70kHz 和 1MHz。频率 70kHz 处于径向振动共振范围，而 1MHz 处于厚度方向接近振动共振。对于低激发频率，圆盘似乎在两个方向上均匀振动。相比之下，高激励频率引起不同振动模态的叠加，这在$\hat{u}_\rho(\rho, z)$ 和$\hat{u}_z(\rho, z)$ 的强局部变化中变得明显。

图 4.20 说明了在不同激励频率下，压电陶瓷盘上表面 Γ_L 的$\hat{u}_z(\rho)$。位移幅度值被归一化为所施加的激励电压的幅度$\hat{V}_e$。根据图 4.19，$\hat{u}_z(\rho)$ 在低频时几乎保持恒定，而在高频时变化很大。此外，图 4.20 说明在厚度方向上接近振动共振的电激励会产生极高的$\hat{u}_z(\rho)$ 值。1MHz 的最大值比 10kHz 的最大值高 10 倍以上。由于高频率的大位移意味着高表面速度，基于压电陶瓷盘厚度振动的超声波换能器应接近共振。

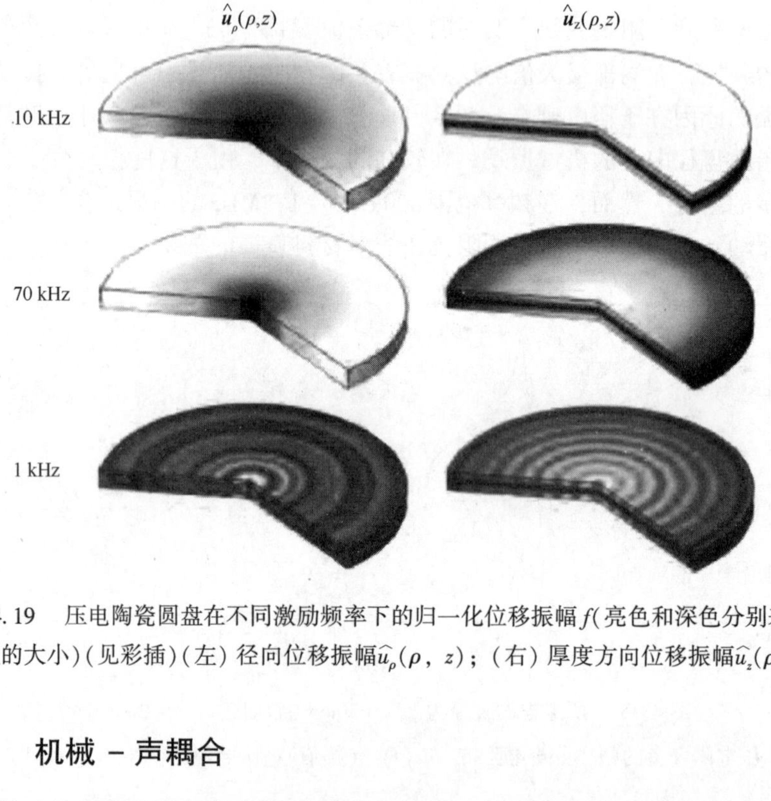

图 4.19　压电陶瓷圆盘在不同激励频率下的归一化位移振幅 f(亮色和深色分别表示振幅值的大小)(见彩插)(左) 径向位移振幅$\hat{u}_\rho(\rho, z)$；(右) 厚度方向位移振幅$\hat{u}_z(\rho, z)$。

4.5.2　机械 - 声耦合

有限元方法中力学场与声场的耦合对研究声源的声辐射和接收机(如超声换能器) 的声接收起着决定性的作用。一般来说，可以区分弱耦合和强耦合。

(1) 弱耦合。在这种情况下，机械场作为声场的源。因此，假设声场对机械场没有影响。弱耦合可以方便地计算超声波换能器在空气中的声辐射模式。

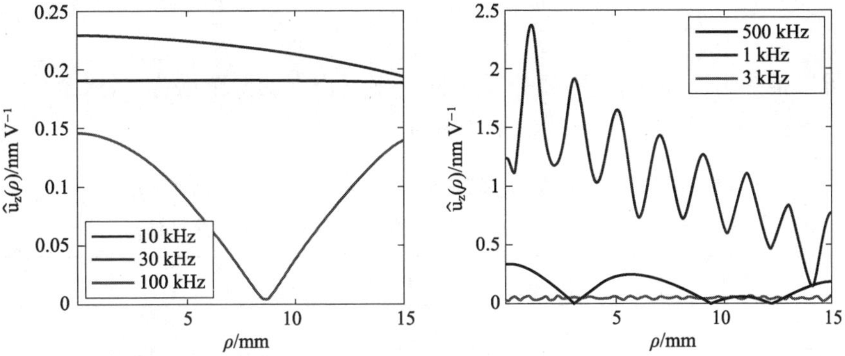

图 4.20 不同激励频率下压电陶瓷盘顶面 Γ_L 处的位移幅度 $\hat{\boldsymbol{u}}_z(\rho)$ 以及对激励电压幅值 $\hat{V}_e$ 的归一化(见彩插)

(2) 强耦合。机械场与声场相耦合，反之亦然，即双向耦合。结果声场改变了机械场。在水中工作的超声波换能器必须考虑强耦合。

1. 固体 - 流体界面

为了研究机械 - 声耦合，看一下固体(弹性体) 和流体(非黏性液体或气体) 的界面 Γ_{int}，如图 4.21 所示。在该界面的每个点上，固体中的机械速度 $\boldsymbol{v}_{mech}$ 和流体中的声粒子速度 $\boldsymbol{v}_\sim$ 的法向分量必须重合。

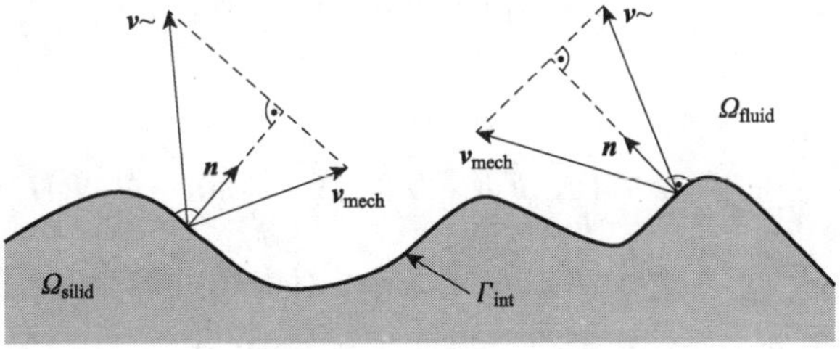

图 4.21 固液界面 Γ_{int} 机械速度 $\boldsymbol{v}_{mech}$ 和声粒子速度 $\boldsymbol{v}_\sim$ 的正态分量在 Γ_{int} 处重合

对于法向量 $\boldsymbol{n}$，该连续关系为

条件 1：
$$\boldsymbol{n}\cdot(\boldsymbol{v}_{mech}-\boldsymbol{v}_\sim)=\boldsymbol{0} \tag{4.103}$$

此外，流体在界面 Γ_{int} 对固体产生一定的压力载荷。这个压力载荷 $\boldsymbol{f}_\Gamma$ 相当于垂直于固体表面作用的机械应力 $\boldsymbol{T}_n$，因此，计算式为

条件 2：
$$\boldsymbol{f}_\Gamma=\boldsymbol{T}_n=-\boldsymbol{n}p_\sim \tag{4.104}$$

需注意，两个条件都必须适用于强耦合。相反，弱耦合仅基于条件 1。

通过使用线性连续力学和声学的基本关系，有

$$v_{\text{mech}} = \frac{\partial \boldsymbol{u}}{\partial t}, \boldsymbol{v}_{\sim} = -\nabla \Psi \text{ 和 } p_{\sim} = \varrho_{0f}\frac{\partial \Psi}{\partial t} \tag{4.105}$$

可以推导出声压 $p_{\sim}$ 和声速势 Ψ 在固－液界面上的两个耦合条件(条件1和条件2)。表4.3包含了不同公式的结果方程。

表4.3　固－液界面的压力和声速势方程耦合条件（条件1和条件2）以及平衡状态下的流体密度 ϱ_{0f}

条件	压力方程	势方程
条件1	$\boldsymbol{n}\cdot\frac{\partial^2 \boldsymbol{u}}{\partial t^2} = -\frac{1}{\varrho_{0f}}\frac{\partial p_{\sim}}{\partial \boldsymbol{n}}$	$\boldsymbol{n}\cdot\frac{\partial \boldsymbol{u}}{\partial t} = -\frac{\partial \Psi}{\partial \boldsymbol{n}}$
条件2	$\boldsymbol{T}_n = -\boldsymbol{n}p_{\sim}$	$\boldsymbol{T}_n = -\boldsymbol{n}\varrho_{0f}\frac{\partial \Psi}{\partial t}$

2. 机械－声耦合有限元法

机械－声学耦合问题的数值模拟需要考虑界面 Γ_{int} 的耦合条件。在此过程中，这些条件作为适当的边界条件纳入偏微分方程。在不限制通用性的情况下，假设机械系统的变形是声场的唯一来源，流体外边界的边界条件为零。然后，声速势方程中机械域 Ω_{solid} 和声学域 Ω_{fluid} 的弱形式为(固体的密度 ϱ_{0s})

$$\int_{\Omega_{\text{solid}}} \varrho_{0s}\boldsymbol{w}\cdot\ddot{\boldsymbol{u}}\mathrm{d}\Omega + \int_{\Omega_{\text{solid}}} (\mathcal{B}\boldsymbol{w})^{\mathrm{t}}[\boldsymbol{c}]\mathcal{B}\boldsymbol{u}\mathrm{d}\Omega - \int_{\Gamma_{\text{int}}} \boldsymbol{W}\cdot\boldsymbol{T}_n\mathrm{d}\Gamma = \int_{\Omega_{\text{solid}}} \boldsymbol{w}\cdot\boldsymbol{f}_v\mathrm{d}\Omega \tag{4.106}$$

$$\int_{\Omega_{\text{fluid}}} \frac{1}{C_0^2}\omega\ddot{\Psi}\mathrm{d}\Omega + \int_{\Omega_{\text{fluid}}} \nabla\omega\cdot\nabla\Psi\mathrm{d}\Omega + \int_{\Gamma_{\text{int}}} \omega\boldsymbol{n}\cdot\nabla\Psi\mathrm{d}\Gamma = 0 \tag{4.107}$$

利用试函数 $\boldsymbol{w}(\boldsymbol{r})$（矢量）和 $\omega(\boldsymbol{r})$（标量）对声场进行测试。对于强耦合，两个场都需要界面积分，而弱耦合仅与界面积分相关(式(4.107))。

现在可以将表4.3中的耦合条件代入式(4.106)和式(4.107)中，得

$$\int_{\Omega_{\text{solid}}} \varrho_{0s}\boldsymbol{w}\cdot\ddot{\boldsymbol{u}}\mathrm{d}\Omega + \int_{\Omega_{\text{solid}}} (\mathbf{B}\boldsymbol{w})^{\mathrm{t}}[\boldsymbol{c}]\mathbf{B}\boldsymbol{u}\mathrm{d}\Omega + \int_{\Gamma_{\text{int}}} \varrho_{0f}\boldsymbol{w}\cdot\boldsymbol{n}\frac{\partial \Psi}{\partial t}\mathrm{d}\Gamma = \int_{\Omega_{\text{solid}}} \boldsymbol{w}\cdot\boldsymbol{f}_v\mathrm{d}\Omega \tag{4.108}$$

$$\int_{\Omega_{\text{fluid}}} \frac{1}{c_0^2}\omega\ddot{\Psi}\mathrm{d}\Omega + \int_{\text{fluid}} \nabla\omega\cdot\nabla\Psi\mathrm{d}\Omega - \int_{\Gamma_{\text{int}}} \omega\boldsymbol{n}\cdot\frac{\partial \boldsymbol{u}}{\partial t}\mathrm{d}\Gamma = 0 \tag{4.109}$$

引入 $\boldsymbol{u}$、$\boldsymbol{w}$、Ψ 和 ω 的拉格朗日Ansatz函数(参见4.3节和4.4节)后，得到一个矩阵形式的对称代数方程组，即

$$\begin{bmatrix} \boldsymbol{M}_u & 0 \\ 0 & -\varrho_{0f}\boldsymbol{M}_\Psi \end{bmatrix}\begin{bmatrix} \ddot{\boldsymbol{u}} \\ \ddot{\boldsymbol{\Psi}} \end{bmatrix} + \underbrace{\begin{bmatrix} 0 & \boldsymbol{C}_{u\Psi} \\ \boldsymbol{C}_{u\Psi}^{\mathrm{t}} & 0 \end{bmatrix}}_{\text{耦合}}\begin{bmatrix} \dot{\boldsymbol{u}} \\ \dot{\boldsymbol{\Psi}} \end{bmatrix} + \begin{bmatrix} \boldsymbol{K}_u & 0 \\ 0 & -\varrho_{0f}\boldsymbol{K}_\Psi \end{bmatrix}\begin{bmatrix} \boldsymbol{u} \\ \boldsymbol{\Psi} \end{bmatrix} = \begin{bmatrix} \boldsymbol{f}_u \\ 0 \end{bmatrix} \tag{4.110}$$

向量 $\boldsymbol{u}$ 包含 Ω_{solid} 节点处的机械位移的近似值和 Ω_{fluid} 处的声速势的近似值。矩阵 $\boldsymbol{M}_u$、$\boldsymbol{M}_\Psi$、$\boldsymbol{K}_u$、 $\boldsymbol{K}_\Psi$ 和右侧 $\boldsymbol{f}_u$ 按照 4.3 节和 4.4 节所述进行组合。利用矩阵 $\boldsymbol{C}_{u\Psi}$，实现了声场与力场的耦合。$\boldsymbol{C}_{u\Psi}$ 为

$$\boldsymbol{C}_{u\Psi} = \sum_{l=1}^{n_{\text{int}}} \boldsymbol{C}_{u\Psi}^{l};\ \boldsymbol{C}_{u\Psi}^{l} = [\boldsymbol{c}_{ij}^{l}];\quad \boldsymbol{c}_{ij}^{l} = \int_{\Gamma_e} \varrho_{0f}(\boldsymbol{N}_i\,\boldsymbol{N}_j)\cdot \boldsymbol{n}\,\mathrm{d}\Gamma \tag{4.111}$$

式中：Γ_e 为 Γ_{int} 的一部分；n_{int} 为沿界面的有限单元数。注意，在弱耦合的情况下，在式(4.110) 的第一行中省略了 $\boldsymbol{C}_{u\Psi}$。因此，无需考虑声场即可直接计算机械系统。声场的计算需要在 Ω_{solid} 和 Ω_{fluid} 的界面 Γ_{int} 上的机械量。

除了声速势公式，可以研究机械 - 声学耦合与压力公式。然而，得到的矩阵形式的代数方程组不再是对称的，这需要增加计算量。

至于机械场和声场，这里可以进行不同类型的分析。静态分析没有意义，因为声场是基于交变量的。对于谐波和固有频率分析，将式(4.110) 转换为复频域。可以根据 Newmark 方案再次进行瞬态分析(见 4.1.4 小节)。

尽管 $\boldsymbol{C}_{u\Psi}$ 是关于时间的一阶导数，但不应将其与衰减相混淆。为了在耦合的机械声系统中考虑衰减，可以使用适当的复数值材料参数。

传统的机械 - 声耦合需要计算网格在机械域 Ω_{solid} 和声学域 Ω_{fluid} 的界面 Γ_{int} 处重合。但是，在许多实际情况下希望在两个领域中进行独立的空间离散化。这一点特别重要，因为机械域通常需要比声学域更精细的计算网格(如复杂的结构)。消除 Γ_{int} 限制的一种方法称为不相容网格[14]。这种方法的思想在于适当修改的耦合矩阵 $\boldsymbol{C}_{u\Psi}$(式(4.111))。注意，其他领域也存在类似的方法，如电磁学。

在许多情况下，机械 - 声耦合中的声域 Ω_{fluid} 很大。由于流体(如空气) 的声速相对较低，声波波长取较小的值，这意味着良好的计算网格。即使 Ω 流体是均匀的，所需的计算网格也会导致过多的计算量，尤其是对于瞬态有限元分析。Lerch 等[16] 对超声波换能器脉冲回波特性的计算提出了可能的补救措施。他们用有限元方法对压电超声波换能器和薄流体层进行建模。波在剩余流体中的传播用亥姆霍兹积分来描述。在换能器附近，有限元法与亥姆霍兹积分相耦合。类似的方法最近在文献[18，21] 中被提出。代替亥姆霍兹积分，流体中的波传播由超声波换能器的所谓空间脉冲响应(SIR，见 7.1.2 节) 描述。由于有源换能器表面的某些形状(如活塞式换能器) 存在 SIR 的分段连续解，这种方法能够高效地计算

流体中的声场。该方法成功地应用于确定基于高频超声波换能器的声显微镜瞬态输出信号。

参考文献

[1] ANSYS: Software Package for Finite Element Method (2018). http://www.ansys.com

[2] Babuška, I., Suri, M.: p and h - p versions of the finite element method, basic principles andproperties. SIAM Rev. 36(4), 578 - 632 (1994)

[3] Bathe, K. J.: Finite Element Procedures. Prentice Hall, Upper Saddle River (1996)

[4] Brebbia, C. A., Dominguez, J.: Boundary Elements: An Introductory Course, 2nd edn. WITPress, Southampton (1996)

[5] Briggs, W. L., Van Emden, H., McCormick, S. F.: A Multigrid Tutorial. Society for Industrialand Applied Mathematics (SIAM), Philadelphia (2000)

[6] COMSOL Multiphysics: Software Package for Finite Element Method (2018). https://www.comsol.com

[7] Dorsch, P., Gedeon, D., Weiß, M., Rupitsch, S. J.: Design and optimization of a piezoelectricenergy harvesting system for asset tracking applications. Tech. Messen (2017). https://doi.org/10.1515/teme - 2017 - 0102. (in press)

[8] Elvin, N. G., Elvin, A. A.: A coupled finite element circuit simulation model for analyzingpiezoelectric energy generators. J. Intell. Mater. Syst. Struct. 20(5), 587 - 595 (2009)

[9] Erturk, A., Inman, D. J.: Piezoelectric Energy Harvesting. Wiley, New York (2011)

[10] Gedeon, D., Rupitsch, S. J.: Finite Element based system simulation for piezoelectric energy harvesting devices. J. Intell. Mater. Syst. Struct. 29(7), 1333 - 1347 (2018)

[11] Gui, W., Babuška, I.: The h, p and h - p versions of the finite element method in 1 dimension - part i. The error analysis of the p - version. Numer. Math. 49(6), 577 - 612 (1986)

[12] Hughes, T. J. R.: Finite Element Method: Linear Static and Dynamic Finite Element Analysis. Prentice Hall, Upper Saddle River (1987)

[13] Hüppe, A., Kaltenbacher, M.: Stable matched layer for the acoustic conservation equations inthe time domain. J. Comput. Acoust. 20(1) (2012)

[14] Kaltenbacher, M.: Numerical Simulation of Mechatronic Sensors and Actuators - Finite Elementsfor Computational Multiphysics, 3rd edn. Springer, Berlin (2015)

[15] Lenk, A., Ballas, R. G., Werthschutzky, R., Pfeiefer, G.: Electromechanical Systems inMicrotechnology and Mechatronics:Electrical,Mechanical and AcousticNetworks, their Interactionsand Applications. Springer, Berlin (2010)

[16] Lerch, R., Landes, H., Kaarmann, H. T.: Finite element modeling of the pulse - echo behavior ofultrasound transducers. In: Proceedings of International IEEE Ultrasonics Symposium (IUS), pp. 1021 - 1025 (1994)

[17] LeVeque, R. J.: Finite Difference Methods for Ordinary and Partial Differential Equations. Society for

Industrial and Applied Mathematics (SIAM), Philadelphia (2007)

[18] Nierla, M., Rupitsch, S. J.: Hybrid seminumerical simulation scheme to predict transduceroutputs of acoustic microscopes. IEEE Trans. Ultrason. Ferroelectr. Freq. Control 63(2), 275 - 289 (2016)

[19] PZFlex: Software Package for Finite Element Method (2018). https://pzflex.com

[20] Rao, S.: The Finite ElementMethod in Engineering, 5th edn. Butterworth - Heinemann, Oxford(2010)

[21] Rupitsch, S. J., Nierla, M.: Efficient numerical simulation of transducer outputs for acousticmicroscopes. In: Proceedings of IEEE Sensors, pp. 1656 - 1659 (2014)

[22] SIMetris GmbH: NACS Finite Element Analysis (2018). http://www.simetris.de

[23] Szabo, B., Babuška, I.: Finite Element Analysis. Wiley, New York (1991)

[24] Szabo, I.: Höhere Technische Mechanik. Springer, Berlin (2001)

[25] Wu, P. H., Shu, Y. C.: Finite element modeling of electrically rectified piezoelectric energyharvesters. Smart Mater. Struct. 24(9) (2015)

[26] Ziegler, F.: Mech. Solids Fluids, 2nd edn. Springer, Berlin (1995)

[27] Zienkiewicz, O., Tayler, R., Zhu, J. Z.: The Finite ElementMethod: Its Basis and Fundamentals, 7th edn. Butterworth - Heinemann, Oxford (2013)

第 5 章

传感器和执行器材料特性

压电传感器及执行器装置的设计、比较和优化需要关于器件中使用材料的可靠信息(即材料数据)。例如，如果想通过数值模拟来预测压电超声波换能器的特性，则这些信息将特别重要。除了电气控制元件和读出单元外，还可以将压电传感器和执行器设备的关键成分细分为主动材料和被动材料。

(1) 主动材料是指压电材料，如压电陶瓷，它提供一个明显的机械量和电量的互耦。

(2) 被动材料是指器件的其余部件，如压电超声波换能器的匹配层、阻尼元件和壳体。

本章重点在于描述主动材料和被动材料的小信号特性。我们感兴趣的是精确的材料参数，这些参数在线性化的数学关系中是必需的，如线性压电的材料定律(见3.3节)来描述基本的材料特性。由于表征主动材料和被动材料的标准方法存在一些缺点和固有问题，文献中提出了各种替代的表征方法。在这里将提出一种基于仿真的方法，即逆方法。这种方法主要是在协同研究中心 TRR39、具有集成压电陶瓷传感器和执行器的轻金属和纤维增强复合材料元件生产技术(PT-PIESA)[10] 和 894 研究小组以及人类声音的基本流动分析[49] 的框架下开发的。这两个项目都得到了德国研究基金会 DFG 的支持。最近在 Weiß[68] 和 Ilg[18] 的博士论文以及许多其他出版物，如文献[52, 56 - 57, 69] 中发表了已取得的研究结果。

本章从描述主动材料和被动材料的标准规定开始。关于材料特性的逆方法的基本原理在 5.2 节中将详细介绍。在 5.3 节和 5.4 节中逆方法将用于识别压电陶瓷材料的完整数据集和热塑等均质被动材料的动态力学特性。

5.1 表征特性的标准方法

本节将讨论描述压电材料(如压电陶瓷)线性化特性和金属、塑料等被动材料的标准方法。首先，概述有关压电的 IEEE / CENELEC 标准，该标准允许确定压电陶瓷材料的整个数据集。5.1.2 节讨论被动材料特性的标准方法，如拉伸和压缩测试。

5.1.1 IEEE/CENELEC 压电标准

IEEE 压电标准 176 - 1987[21] 和 CENELEC 欧洲标准 EN 50324 - 2[13] 都提出了类似的方法来表征陶瓷材料和组件的压电特性。在这里将讨论确定描述压电陶瓷材料小信号特性的完整参数集的基本思想。这不仅包括识别程序，还包括标准方法的缺点和固有问题。①

1. 原则

基本上，IEEE / CENELEC 标准利用各种测试样品中机械振动的基本模式。由于压电材料的机电耦合，样品的基本振动模态在测试的频率分辨电阻抗 $\underline{Z}_{\mathrm{T}}(f)$(阻抗曲线)中也变得可见。②为了证实这一点，所研究的圆柱形压电陶瓷测试样品(直径 $d_S = 6\mathrm{mm}$、长度 $l_S = 30\mathrm{mm}$)，纵向极化，并在顶部和底部覆盖电极。图 5.1 描绘了电极之间频率分辨电阻抗的幅值 $|\underline{Z}_{\mathrm{T}}(f)|$ 和相位 $\{\underline{Z}_{\mathrm{T}}(f)\}$ 的有限元仿真结果。阻抗曲线包含了约 40kHz 时的基本振动模态及其泛音，如在约 160kHz 时的第一个泛音。每种振动模式分别由共振 - 反共振对组成。虽然谐振时 $|\underline{Z}_{\mathrm{T}}(f)|$ 值较小，但反谐振时阻抗较大。这些模态与圆柱试验样品纵向上的机械振动有关。此外，还可以观察到来自径向机械振动的更多模态。

IEEE / CENELEC 标准的思想在于将基本振动模式与研究的测试样品中的其他振动模式分开。对于圆柱形样品，这意味着其长度应远大于其直径，即 $l_S \gg d_S$。在这种情况下，可以假设基本模式的单体机械振动。样本内的主要机械波可以用简单的仅与纵向坐标相关的一维解析关系来近似。一方面，这些解析关系得到了基振动模态的共振频率和反共振频率；另一方面，当这些频率以及样

---

① 表征压电陶瓷材料的标准方法简称为 IEEE / CENELEC 标准。

② 下划线表示一个复值量，可以用实部和虚部表示，也可以用幅度和相位表示(参见第 2 章)。

本尺寸 l_S 和材料密度 ϱ_0 已知时，就有可能确定压电材料的几个材料参数。为了演示，改变所选的材料参数，即弹性柔度常数 s_{33}^E、介电常数 $\boldsymbol{\varepsilon}_{33}^T$、压电应变常数 $\boldsymbol{d}_{33}$ 和阻尼系数 α_d。从图 5.2 中可以清楚地看到，这些参数中的每一个都显著地改变了圆柱形样品基本振动模式的频率分辨电阻抗 $\underline{Z}_T(f)$。然而，许多参数（如 s_{11}^E）对阻抗曲线没有显著影响。这就是为什么不能通过圆柱形样品的基本振动模式来确定完整的参数集。换句话说，需要额外的测试样品来确定其他的材料参数。

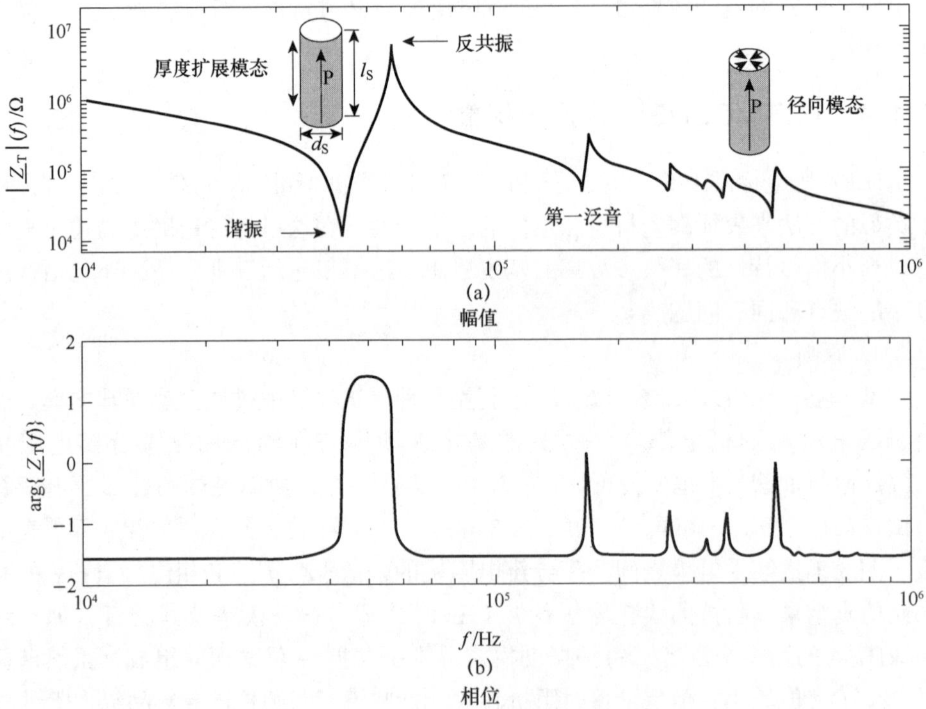

图 5.1　模拟频率分辨电阻抗 $\underline{Z}_T(f)$ 的幅值和相位（圆柱形试样，d_S = 6mm、l_S = 30mm、压电陶瓷材料 PIC255，材料参数来自厂商（表 5.3））

2. 识别程序

下面将详细介绍 IEEE / CENELEC 标准在表征 6mm 类晶体的压电陶瓷材料中的应用。对于这种材料，d 型 $[\boldsymbol{s}^E]$ 和 $[\boldsymbol{\varepsilon}^T]$ 及 $[\boldsymbol{d}]$ 的 3 个材料张量总共由 10 个独立参数组成（式(3.32)），即：

① 弹性柔度常数，$\boldsymbol{s}_{11}^E$、$\boldsymbol{s}_{12}^E$、$\boldsymbol{s}_{13}^E$、$\boldsymbol{s}_{33}^E$、$\boldsymbol{s}_{44}^E$；

② 介电常数，$\boldsymbol{\varepsilon}_{11}^T$、$\boldsymbol{\varepsilon}_{33}^T$；

③ 压电应变常数，d_{31}、d_{33}、d_{15}。

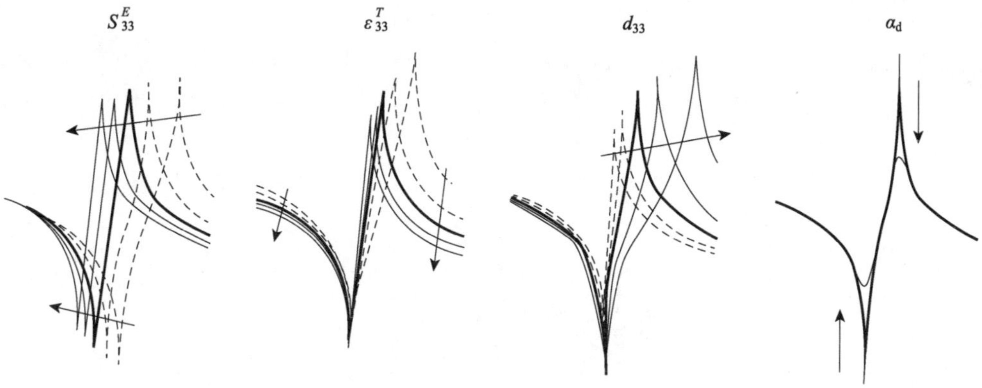

图 5.2　不同参数变化对基振模态阻抗曲线 $|\underline{Z}_T(f)|$ 幅值的影响

（圆柱形试样，d_S = 6mm、l_S = 30mm、压电陶瓷材料 PIC255，初始数据集（实黑线）为厂商数据（表 5.3）；灰色虚线和实线分别与参数的正负变化有关；箭头表示递增的参数值）

要通过标准方法确定这些材料参数，必须分析至少 4 个提供 5 种基本振动模式的测试样品的频率分辨电阻抗。除了图 5.3(a) 所示的圆柱形测试样品的纵向长度模式外，基本振动模式还涉及图 5.3(b) 所示的棒的横向长度模式、图 5.3(c) 所示的圆盘的径向以及图 5.3(d) 所示的厚度延伸模式以及图 5.3(e) 所示的钢筋的厚度剪切模式这 4 个测试样品必须表现出特定的几何尺寸比例和不同的电极化方向。阻抗测量应在无任何机械负载的低电激励信号（如小于 1 V_{pp}）下进行，即测试试样可自由振动。

参数识别不仅需要样本的几何尺寸和材料密度，还需要共振和反共振发生的特征频率，如 f_r。特征频率对应于频率分辨电阻抗 $\underline{Z}_T(f)$ 和导纳 $\underline{Y}_T(f) = 1/\underline{Z}_T(f)$ 的局部最小值和最大值，由下式可得，即

$$\underline{Z}_T(f) = R_T(f) + jX_T(f) \tag{5.1}$$

$$\underline{Y}_T(f) = G_T(f) + jB_T(f) \tag{5.2}$$

R_T、X_T、G_T 和 B_T 分别为电阻、电抗、电导和电纳。在介绍参数识别过程之前，先定义相关的频率（图 5.4(c)）。

① 反共振频率 f_a：$X_T = 0$ 并且 $\underline{Y}_T$ 很小。

② 并联共振频率 f_p：R_T 的最大值。

③ 共振频率 f_r：$X_T = 0$ 且 $\underline{Z}_T$ 很小。

④ 运动（串联）共振频率 f_s：G_T 的最大值。

除了这些频率外，还需要测试样品在约 1kHz 频率下的电容值 C^T。当所有信

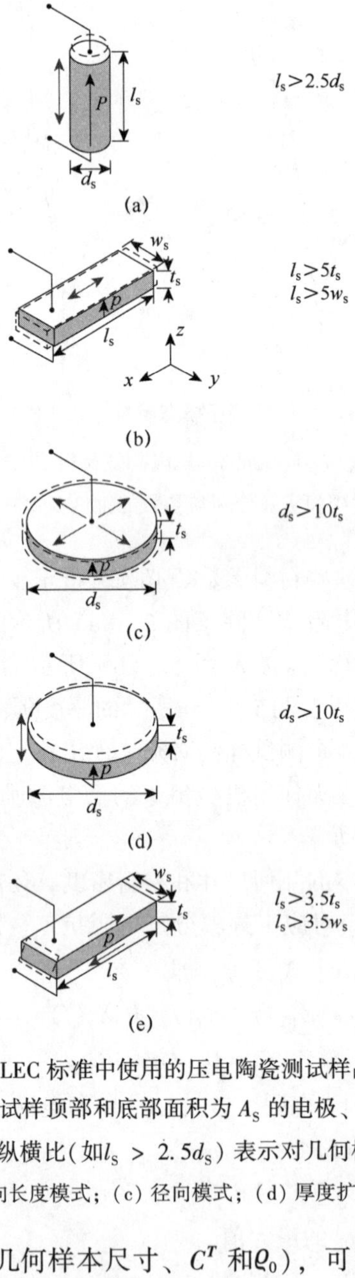

图 5.3　IEEE / CENELEC 标准中使用的压电陶瓷测试样品(即圆柱体、棒和盘)的基本振动模式(试样顶部和底部面积为 A_S 的电极、P 指定极化方向；箭头表示主要的振动；右侧的纵横比(如$l_S > 2.5d_S$) 表示对几何样本尺寸的推荐要求)(见彩插)

(a) 纵向长度模式；(b) 横向长度模式；(c) 径向模式；(d) 厚度扩展模式；(e) 厚度剪切模式。

息可用时(即特征频率、几何样本尺寸、C^T 和ϱ_0)，可以通过以下数学公式确定 6mm 晶体的压电陶瓷材料的完整参数集。

(1) 纵向长度模式(图 5.3(a))

$$\varepsilon_{33}^{T}=C^{T}\frac{l_{S}}{A_{S}} \tag{5.3}$$

$$S_{33}^{D}=[4\varrho_0 f_p^2 l_S^2]^{-1} \tag{5.4}$$

$$k_{33}^{2}=\frac{\pi}{2}\frac{f_r}{f_a}\cot\left(\frac{\pi}{2}\frac{f_r}{f_a}\right) \tag{5.5}$$

$$S_{33}^{E}=S_{33}^{D}[1-k_{33}^{2}]^{-1} \tag{5.6}$$

$$d_{33}=k_{33}\sqrt{\varepsilon_{33}^{T}s_{33}^{E}} \tag{5.7}$$

结果参数：$\boldsymbol{\varepsilon}_{33}^{T}$， s_{33}^{E}， $\boldsymbol{d}_{33}(s_{33}^{D}$， $k_{33})$

(2) 横向长度模式(图 5.3(b))

$$\varepsilon_{33}^{T}=C^{T}\frac{t_{S}}{A_{S}} \tag{5.8}$$

$$s_{11}^{E}=[4\varrho_0 f_s^2 l_S^2]^{-1} \tag{5.9}$$

$$k_{31}^{2}=\frac{\pi}{2}\frac{f_a}{f_r}\left[\frac{\pi}{2}\frac{f_a}{f_r}-\tan\left(\frac{\pi}{2}\frac{f_a}{f_r}\right)\right]^{-1} \tag{5.10}$$

$$\boldsymbol{d}_{31}=k_{31}\sqrt{\varepsilon_{33}^{T}s_{11}^{E}} \tag{5.11}$$

结果参数：$\boldsymbol{\varepsilon}_{33}^{T}$， s_{11}^{E}， $\boldsymbol{d}_{31}(k_{31})$

(3) 径向模式(图 5.3(c)) 所需量：s_{11}^{E}，k_{31}

$$\varepsilon_{33}^{T}=C^{T}\frac{t_{S}}{A_{S}} \tag{5.12}$$

$$k_{p}=\sqrt{\frac{J_{\mathrm{mod}}(\zeta_1)+v_p^p-1}{J_{\mathrm{mod}}(\zeta_1)-2}} \tag{5.13}$$

式中：$J_{\mathrm{mod}}(\zeta_1)=\zeta_1 J_0(\zeta_1)/J_1(\zeta_1)$ 为一阶修正 Bessel 函数。①所谓的平面泊松比$v_{\mathrm{P}}^{\mathrm{p}}$和自变量$\zeta_1$ 由下式可得

$$v_{\mathrm{P}}^{\mathrm{p}}=-\frac{s_{12}^{E}}{s_{11}^{E}}=1-\frac{2k_{31}^{2}}{k_{p}^{2}}\text{和}\zeta_1=\eta_1\frac{f_p}{f_s} \tag{5.14}$$

式中：η_1 为一个超越方程的解。

结果参数：$\boldsymbol{\varepsilon}_{33}^{T}$， $s_{12}^{E}(k_p)$

(4) 厚度扩展模式 (图 5.3(d)) 所需量为 s_{11}^{E}、s_{12}^{E}、s_{33}^{E}。

$$c_{33}^{D}=4\varrho_0 f_p^2 t_s^2 \tag{5.15}$$

① Bessel 函数 $J_0(\zeta_1)$ 为一类零阶，Bessel 函数$J_1(\zeta_1)$ 为一类一阶。

$$k_t^2 = \frac{\pi}{2}\frac{f_r}{f_a}\cot\left(\frac{\pi}{2}\frac{f_r}{f_a}\right) \tag{5.16}$$

$$c_{33}^E = c_{33}^D(1 - k_t^2) \tag{5.17}$$

$$s_{13}^E = \sqrt{\frac{1}{2}\left[s_{33}^E(s_{11}^E + s_{12}^E) - \frac{s_{11}^E + s_{12}^E}{c_{33}^E}\right]} \tag{5.18}$$

结果参数：$s_{13}^E(c_{33}^D, k_t, c_{33}^E)$

(5) 厚度剪切模式(图 5.3(e))

$$\varepsilon_{11}^T = C^T\frac{t_S}{A_s} \tag{5.19}$$

$$s_{55}^D = [4\varrho_0 f_p^2 t_s^2]^{-1} \tag{5.20}$$

$$k_{15}^2 = \frac{\pi}{2}\frac{f_r}{f_a}\cot\left(\frac{\pi}{2}\frac{f_r}{f_a}\right) \tag{5.21}$$

$$s_{55}^E = s_{55}^D[1 - k_{15}^2]^{-1} \tag{5.22}$$

$$\boldsymbol{d}_{15} = k_{15}\sqrt{\varepsilon_{11}^T s_{55}^E} \tag{5.23}$$

结果参数：ε_{11}^T，$s_{55}^E = s_{44}^E$，$\boldsymbol{d}_{15}(s_{55}^D, k_{15})$

从基本的表征过程中，可以得出以下结论。

① 除了用于 6mm 晶体的 10 个决定性材料参数外，标准程序还提供了其他有用的量，如机电耦合系数 k_{pq}(如 k_{31})、平面耦合系数 k_p 和厚度耦合系数 k_t。

② 材料参数 ε_{33}^T 来自多个测试样品，因此可以通过多种方式进行验证。

③ 基本振动模式(纵向长度模式、横向长度模式和厚度剪切模式) 的参数计算是分开进行的，而圆盘的径向模式和厚度拉伸模式的计算需要其他模式的参数。如果要求的参数(如 s_{11}^E) 已经存在偏差，那么很自然会导致最终材料参数设置出现严重的误差。

3. 基本振动模式的相关频率

根据 IEEE / CENELEC 标准的表征是基于有关适当测试品本中与基本振动模式的共振和反共振有关的各种频率的知识。为了更详细地研究相关频率，引入一个简单的等效电路(Butterworth - VanDyke)，该电路仅由几个集总元件组成，即串联谐振电路 $R_1L_1C_1$ 和并联电容 C_0(图 5.4(a))[66]。因为可以对每个基本振动模式及其泛音进行此操作，所以此类等效电路通常用于描述压电材料的电性能。图 5.4(b) 所示为电路的频率分辨电阻抗幅度 $|\underline{Z}_{RC}(f)|$ 的特性曲线，在频率 f_m 处的最小阻抗值 Z_m 和在 f_n 处的最大阻抗值 Z_n。在图 5.4(c) 中，可以看到带有 $\Re\{\underline{Z}_{RC}\}$ 和 $\Im\{\underline{Z}_{RC}\}$ 轴的相应的 Nyquist 图。与曲线 $|Z_{RC}(f)|$ 相反，Nyquist 图不仅提供有关 f_m

和f_n 的信息，而且还包括在参数识别中使用的相关频率f_a、f_p、f_r 及f_s。

通过简单地逼近和调整等效电路的分量值(即R_1、L_1、C_1 和C_0)，可以模拟图 5.1 中圆柱形试样基本振动模式的电学特性。图 5.5 说明了由此产生的频率分辨电阻抗$\underline{Z}_{RC}(f)$ 和导纳$\underline{Y}_{RC}(f)$ 的幅度及其相位。从这些曲线可以确定共振和反共振的相关频率，它们取值如下。

① 共振：f_r = 42.98kHz，f_s = 42.96kHz，f_m = 42.94kHz。

② 反共振：f_a = 56.80kHz，f_p = 56.83kHz，f_n = 56.85kHz。

显然，共振和反共振的不同相关频率都非常吻合。因此，可以通过IEEE/CENELECS 标准只考虑频率f_m 和f_n 来进行参数识别，可以很容易地从$|\underline{Z}_{RC}(f)|$找出频率。然而，在压电陶瓷材料衰减较大的情况下，相应的频率存在显著的差异，因此，这种简化会产生材料参数显著的偏差。

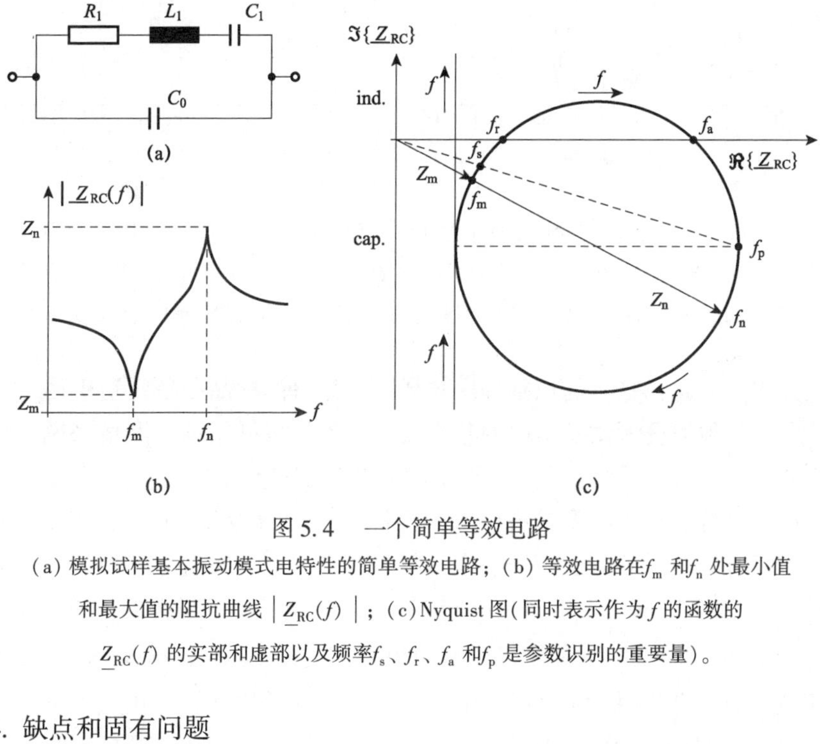

图 5.4　一个简单等效电路

(a) 模拟试样基本振动模式电特性的简单等效电路；(b) 等效电路在f_m 和f_n 处最小值和最大值的阻抗曲线$|\underline{Z}_{RC}(f)|$；(c) Nyquist 图(同时表示作为f 的函数的$\underline{Z}_{RC}(f)$ 的实部和虚部以及频率f_s、f_r、f_a 和f_p 是参数识别的重要量)。

4. 缺点和固有问题

应用 IEEE/CENELEC 标准表征压电陶瓷材料存在一定的缺点和固有的问题。有两个要点需要讨论。首先，需要各种形状不同的压电陶瓷材料试样，如圆柱体、棒和圆盘。如上所述，测试样品必须表现出特定比例的几何尺寸以及不同

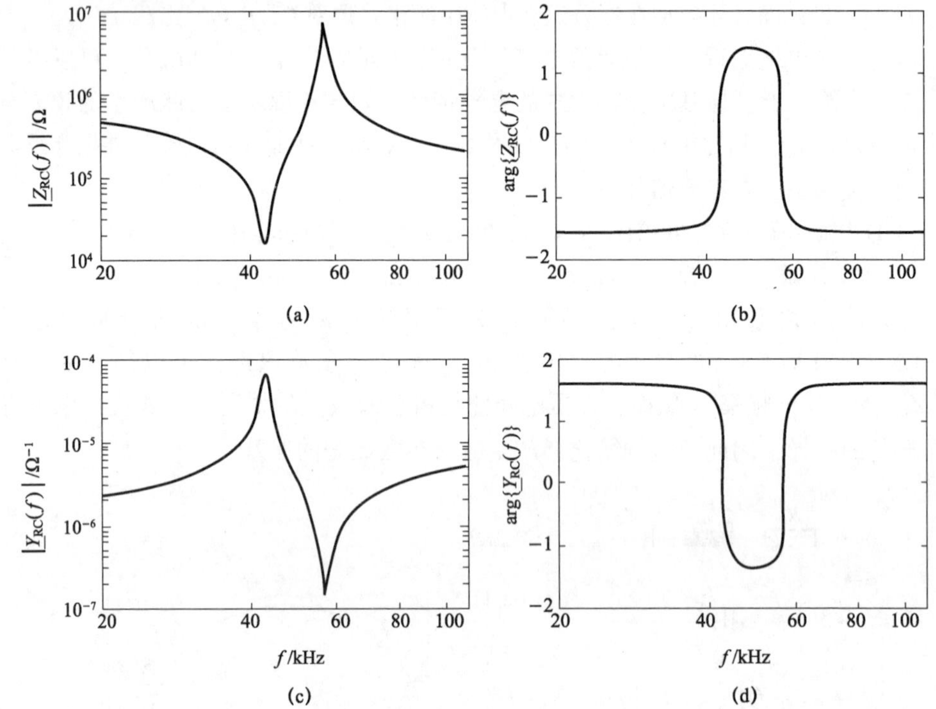

图 5.5　用等效电路模拟圆柱形试样的基本振动模式(图 5.1) 的结果(图 5.4) 组件值:

(R_1 = 15.0 kΩ, L_1 = 2.1H, C_1 = 6.4pF, C_0 = 8.6pF)

(a) 和(b) 频率分辨电阻抗$\underline{Z}_{RC}(f)$ 的大小和相位; (c) 和(d) 频率分辨导纳$\underline{Y}_{RC}(f)$ 的大小和相位。

的极化方向。因此，基本的识别程序与耗时且昂贵的样品制备紧密相关。

其次，必须假设测试品本内的基本模式为单体机械振动。严格来说，只有在测试样品具有极高的长宽比[7](如直径很小的长圆柱体) 时，才允许这种假设。下面通过压电陶瓷盘的厚度扩展模式(直径 d_S、厚度t_S = 3mm; 见图 5.3(d)) 来解释这个固有问题，该方法用于确定材料参数 s_{13}^E。图 5.6 显示了频率分辨电阻抗 $|\underline{Z}_{RC}(f)|$ 相对于纵横比 d_S/t_S 的仿真结果。通过改变 d_S，可得到不同纵横比。为了提高可比性，将 $|\underline{Z}_{RC}(f)|$ 乘以磁盘面积$A_S = d_S^2\pi/4$。在 $d_S = 5t_S$ 的情况下，由于径向模式的泛音与厚度扩展模式强烈耦合，因此无法计算出相关频率$f_r \approx f_m$ 和 $f_a \approx f_n$。即使磁盘的宽高比(如 $d_S = 20t_S$) 符合 IEEE / CENELEC 标准的$d_S > 10t_S$ 要求，这种耦合仍然可能非常明显。因此，f_m 及f_n 都会发生偏移，并且所得到的材料参数 s_{13}^E 将被错误地计算。由于压电陶瓷材料内部的泛频和衰减顺序逐渐降低，当纵横比较大时，耦合效应几乎消失(如 $d_S = 50t_S$)。但是，从实际的观点来

看，不可能制造出这样的圆盘。

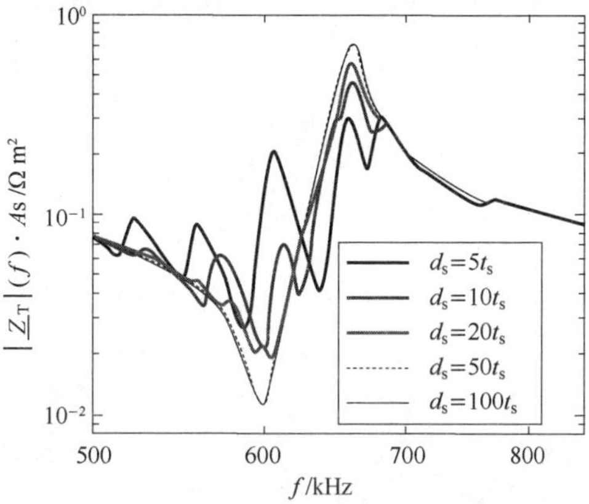

图 5.6　模拟圆盘的径向模式(压电陶瓷材料 PIC255、厚度 t_S = 3mm) 对其厚度扩展模式的电学特性 $|\underline{Z}_T(f)|$ 的影响(通过改变 d_S 而改变纵横比 d_S/t_S；磁盘区 A_S)(见彩插)

5.1.2　被动材料的表征方法

原则上，大多数表征无源材料(如塑料)的方法都是基于将定义的机械激励引入测试样品中。测试样品对这些外部激发的机械响应自然取决于样品的几何尺寸和起决定作用的材料力学性能。在已知样本尺寸的情况下，可以将试验样本视为一个机械激励系统(图 5.7)，机械响应分别为输入 x_{in} 和输出 x_{out}，当 x_{in} 和 x_{out} 足够小时，可以通过传递特性 $g(t, p)$ 将系统线性化，它仅取决于时间 t 和材料参数 p[48]。机械应力 T 和机械应变 S 表示系统可能的输入量和输出量，即

$$T_{in}(t),\ S_{in}(t) \xrightarrow{g(t,\ p)} T_{out}(t),\ S_{out}(t) \tag{5.24}$$

除了时域外，测试样品的传递特性也可以在频域中描述。系统的相应传递函数 $G(f, p)$ 再次取决于频率 f 和材料参数 p。特别是对于谐波机械激励(即 $T_{in}(f)$)，频域通常有助于分析系统特性，因此应优先于时域使用。

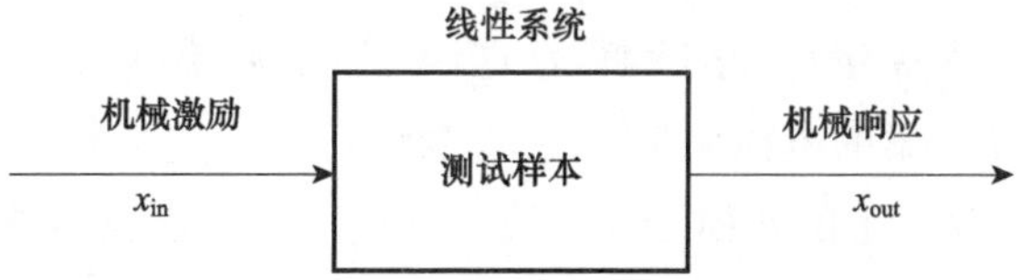

图 5.7　以机械激励 x_{in} 作为输入、机械响应 x_{out} 作为输出试样的线性系统

这里只关注线性情况下的两个基本力学性质，即杨氏模量 E_M 和泊松比ν_P。图 5.8 显示了被动材料的常用表征方法。下面对这些方法进行简要说明。

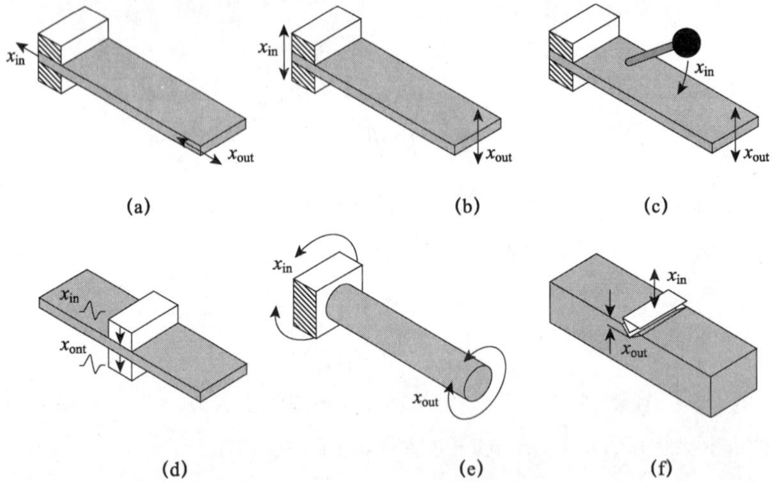

图 5.8　被动材料[18] 的共同表征方法

(a) 拉伸和压缩试验；(b) 弯曲测试；(c) 脉冲激励；(d) 飞行时间测量；(e) 扭力测试；(f) 压痕硬度试验。

1. 拉伸和压缩试验

拉伸和压缩试验是表征材料力学性能的最常用方法[11]。可以将测试分类为双面夹紧测试样品的方法(如经典拉伸测试）和动态激发的双面夹紧样品的方法。对于双面夹紧的薄试样(如长圆柱体），胡克定律(参见 2.2.3 小节）通过 $E_M = T_{in}/S_{out}$ 得出杨氏模量。因此，T_{in} 代表测试样品内的机械应力，S_{out} 表示由于在纵向方向上施加的机械力而导致的变形。但是对于更复杂的几何形状，这种简单的数学关系可能不存在，需要数值模拟以及附加的测量变量来计算出相关的材料参数(如文献[72])。拉伸和压缩试验的主要优点在于试验装置简单。此外，通过施加交替力，可以实现高达 1kHz 甚至更多的材料动态特性表征。

2. 弯曲测试

许多表征方法基于梁形试样的谐波或脉冲激发(见 ASTM Standard E1876[1])，这会导致梁的机械振动。谐波激励产生强迫振动，脉冲激励产生试样的自由振动。由此产生的弯曲不仅取决于几何尺寸，而且还取决于材料参数。通过将测得的弯曲共振与解析关系进行比较①，可以确定所研究材料的杨氏模

① 弯曲共振是指在某一频率下，梁的挠度较高，这就是所谓的弯曲共振频率。

量。首先，可以找到两种理论来推导适当的关系：①Euler - Bernoulli 梁理论；②Timoshenko 梁理论[43, 75]。Euler - Bernoulli 梁理论假设在梁的中性轴上、下方仅产生拉应力和压应力。该假设对于细梁是合理的，但是在较粗梁的情况下，计算得出的弯曲将与实际情况存在较大偏差。与 Euler - Bernoulli 梁理论相反，Timoshenko 梁理论还考虑了剪应力，这对于梁的高振动模式尤其重要。

通常弯曲测试能够提供与杨氏模量有关的频率相关值，因为可以确定梁的每个弯曲共振(即泛音) 的 E_M。但是，由于所需的梁既薄又窄，所以适合样品形状的数量非常有限。

3. 脉冲激励

除了前面提到的杨氏模量的测定外，一个梁的脉冲激励常常被用来表征材料的衰减特性，即阻尼比ξ_d[76]，这可以通过评估脉冲激励后自然机械振动随时间变化的振幅的衰减来实现。阻尼比由

$$\xi_d = \sqrt{\frac{D_d^2}{D_d^2 + 4\pi^2}}$$

$$D_d = \ln \frac{\hat{x}_{i+1}}{\hat{x}_i} \tag{5.25}$$

D_d 代表两个后续振幅$\hat{x}_i$ 和$\hat{x}_{i+1}$ 的对数递减。严格来说，脉冲激励提供的阻尼比仅对梁的首次弯曲共振有效。因此，如果需要频率相关的ξ_d 特性，就得改变几何样本的尺寸。

4. 飞行时间测量

另一种广泛使用的表征方法是飞行时间测量(见 ASTM 标准 E1875[2])，该方法利用了固体介质中纵波和横波传播速度的差异。通常，这些波是由合适的压电超声波换能器(见第7章) 激发并接收的，该压电换能器必须附着在测试样品上。如果两种波的传播路径长度l_w 以及飞行时间 T_w 都已知，可以由 $c = l_w/T_w$ 很容易确定相应波传播速度c_1 和c_t。因为波传播速度也由以下关系式给出(材料密度ϱ_0，见式(2.79) 和式(2.81))。

$$c_1 = \sqrt{\frac{E_M(1 - v_p)}{\varrho_0(1 - 2v_p)(1 + v_p)}}$$

$$c_t = \sqrt{\frac{E_M}{2(1 + v_p)\varrho_0}} \tag{5.26}$$

可以确定所研究材料的杨氏模量 E_M 和泊松比v_p。超声波换能器与测试样品的耦合是飞行时间测量的关键。甘油可用于在换能器和测试样品之间传输纵向

波，而蜂蜜非常适合于传输横向波。但是，当测试样品在波传播方向上的尺寸较小时，耦合层的厚度可能会显著影响所获得的 E_M 和v_p 结果，因为在计算中通常不考虑这些层。此外，强烈衰减的材料使换能器处的入射波衰减和失真使飞行时间无法评估。最后，所识别的材料参数仅与传播波的频率f有关。如果对 E_M 和v_p 的频率相关值感兴趣，则需要更改f，这需要多个超声波换能器。

5. 扭转和压痕硬度试验

扭转试验特别适用于非常软的固体及生物组织。该试验可以通过旋转流变仪进行，该旋转流变仪可以提供随频率变化的材料参数[36]。为了引入扭转，将被研究的材料试样夹在两个相互扭转的板之间。即使这种流变仪可以在很宽的频率范围内使用，仍难以确保材料样品和板的完美黏合。因此，获得的材料参数可能存在较大的偏差。

压痕硬度测试也是鉴别软、硬固体[11]材料参数的常用方法。因此，将规定形状的尖端压入材料试样的表面。所施加的尖端力和所产生的穿透深度或剩余的压痕形成了所研究材料的特征参数。然而，压痕硬度测试很难适用于动态表征任务。

综上所述，表征压电陶瓷材料和被动材料线性化特性的标准方法存在着明显的缺陷和局限性。一方面，标准方法有时利用不适当的简化(如单体机械振动)，可能导致识别数据集中的显著偏差；另一方面，几种标准方法不允许确定目标特性，如被动材料的频率相关机械参数。此外，在许多情况下，这些方法在测量设置方面非常复杂，并且需要大量的测试样品。由于这些原因，迫切需要替代的表征技术。逆方法比标准方法具有更多优势，因此代表了这种替代的表征技术。

5.2 逆方法的基本原理

在将逆方法应用于材料表征之前，首先讨论该方法的基本原理。因为逆方法通常暗含一个不适定的逆问题，所以将从逆问题以及不适定的数学定义开始。然后，提出了材料表征的逆方法。在 5.2.3 小节中将展示一种特殊的正则化方法，该方法可以稳定不适定的逆问题。最后，介绍了迭代正则化的 Gauss - Newton 方法，该方法在 5.3 节和 5.4 节中被用来求目标参数集的唯一解。

5.2.1　逆问题的定义

直接问题意味着导致了确定的结果；反之，当必须从结果中找出原因时，反问题就出现了。这就是为什么正问题和反问题有时分别称为正计算和反计算。从数学的角度来看，可以根据下面的定义[50]来表示正问题和反问题。

定义 5.1　假设一个数学模型 $A: X \to Y$，它将原因 X 的集合映射到结果 Y 的集合。在直接问题的情况下，根据原因计算结果 $y \in Y$，即 $x \in X$ 时 $y = Ax$。在反问题的情况下，原因是从结果得出的，即对于结果 $y \in Y$，必须确定满足 $Ax = y$ 的原因 $x \in X$。

工程科学中的各种技术问题，如层析成像、系统表征和参数识别，都意味着逆问题[22, 25, 53]。通常，所得到的反问题是不适定的，它表示适定的反面。Hadamard[16] 在 1923 年通过下面给出的定义引入了"适定问题"一词。

定义 5.2　假设 $A: X \to Y$ 是拓扑空间 X 和 Y 之间的映射。如果满足 3 个条件，则一个问题 (A, X, Y) 将被称为适定问题：

① 对于任意 $y \in Y$，存在解 $x \in X$ 满足 $Ax = y$。

② 解 $x \in X$ 是唯一的。

③ 逆映射 $A^{-1}: Y \to X$ 是连续的，即 $y \in Y$ 的小变化导致 $x \in X$ 的小变化。

当至少违反其中一个条件时，基本的数学问题将被称为不适定问题。

解的存在性(定义 5.2①)及唯一性(定义 5.2②)通常在实际情况下满足逆问题。然而，由于逆问题往往由于某些数据错误而缺乏稳定性(定义 5.2③)，我们面临不适定的逆问题[25, 50]。在基于模拟的材料表征中，这种数据误差来自于考虑的物理场的数值模拟的缺陷及噪声测量。为了处理缺失的稳定性，应用了特殊的正则化技术，将原不适定的逆问题转化为适定问题(见 5.2.3 小节)。

5.2.2　材料表征的逆方法

材料角色塑造逆方法通常表示一个不适定的反问题。基本上，逆方法的思想在于结合有限元(FE)模拟与测量[33, 54, 57]。图 5.9 说明了该方法的主要步骤和过程，将在下面进行解释。

由于目的是确定材料(如压电陶瓷)的决定性参数，因此必须研究至少一种或多种由所研究材料制成的测试样品。首先，需要适当的有限元模型(即计算网格)，以便对测试样品进行精确的有限元模拟。数值模拟要求对所需参数向量进行初始猜测 $\mathfrak{p}^{(0)}$。除了有限元模拟外，逆方法还需要测量测试样品上的物理量，如频率 – 分辨电阻抗。在逆方法中，通过根据这些偏差调整参数向量 $\mathfrak{p}^{(i)}$(迭代指

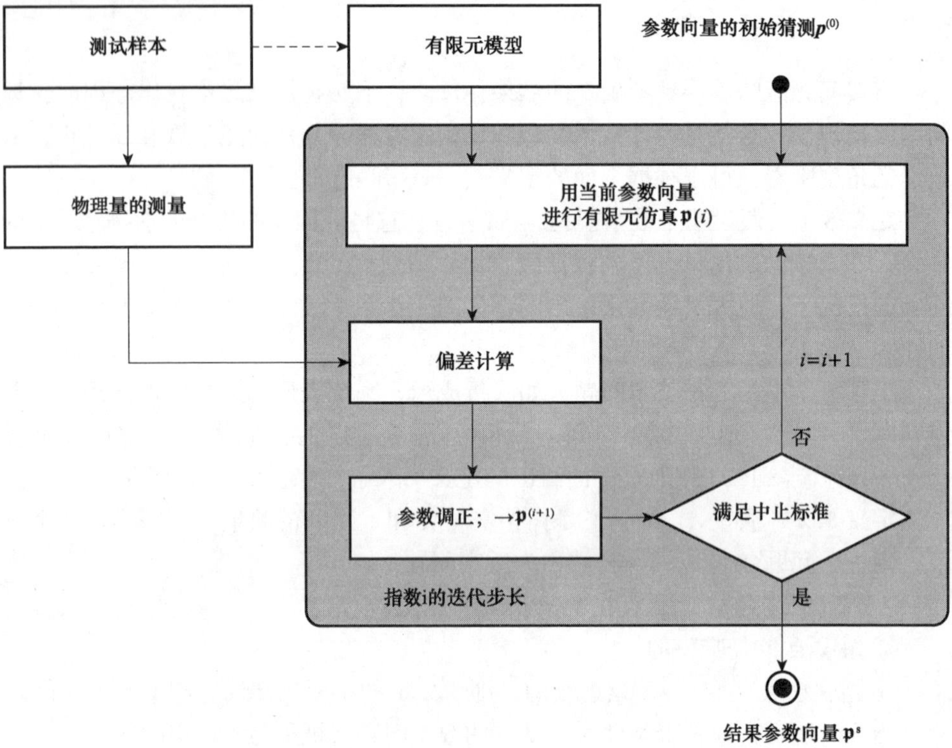

图 5.9　用于材料表征的逆方法的主要步骤和过程[51]

数 i)，迭代地减少测量值和模拟值之间的偏差。从迭代步骤 i 开始，已调整的参数矢量$\mathfrak{p}^{(i+1)}$用于在后续迭代步骤 $i+1$ 中执行改进的有限元仿真，然后将其再次与测量结果进行比较。重复执行此迭代过程，直到满足预定义的中止条件之一为止，如测量和模拟之间的偏差低于某个极限。由逆方法获得了包含所研究材料的特征量的参数向量$\mathfrak{p}^{s}$。需注意，这些量可以是材料属性的明确值，也可以是数学关系系数，它们可以评估其他量(如激励频率)对材料参数的影响[56, 69]。

选择使用的测试样品和考虑的量以将测量结果与模拟值进行比较是逆方法的关键点。实际上，应特别注意测试样品的可能和可用的测量量。例如，如果所需的材料参数不影响任何测量值，将无法通过逆方法识别该参数。此外，当两种材料参数的变化导致所有测量量发生相似甚至相同的变化时，将不可能唯一地识别这些参数。为避免上述问题，应提前对试样进行参数研究[19, 52, 56]。这些参数研究大大支持关于其形状和几何尺寸的适当试样的设计。它们还可以提供由于样品尺寸的不确定性和所使用测点[18]的几何变化而引起的参数容差的定量信息。

在下面的两个小节中将详细介绍迭代调整参数向量的数学背景。

5.2.3 Tikhonov 正则化

假设模拟量和测量量分别采集在维度为 N_1 的矢量$\boldsymbol{q}_{\mathrm{sim}}(\mathfrak{p})$ 和$\boldsymbol{q}_{\mathrm{meas}}$ 中，在逆方法的过程中，建议最小化$\boldsymbol{q}_{\mathrm{sim}}(\mathfrak{p})$ 与$\boldsymbol{q}_{\mathrm{meas}}$ 之间关于含$N_{\mathfrak{p}}$ 项的参数向量$\mathfrak{p}$ 的二次偏差①。这种最小二乘法[26] 产生了最小二乘函数$\Psi_{\mathrm{L}}(\mathfrak{p})$，必须将其最小化，即

$$\min_{\mathfrak{p}} \Psi_{\mathrm{L}}(\mathfrak{p}) = \min_{\mathfrak{p}} \| \boldsymbol{q}_{\mathrm{sim}}(\mathfrak{p}) - \boldsymbol{q}_{\mathrm{meas}} \|_2^2 \tag{5.27}$$

然而，在不适定逆问题的情况下，最小二乘法将伴随着一个不切实际的解$\mathfrak{p}^{\mathrm{s}}$，因为在最小化$\Psi_{\mathrm{L}}(\mathfrak{p})$ 过程中，由于数据误差，如噪声测量，稳定性大多受到破坏。要解决这些问题，应该采用特殊的正则化方法，如 Tikhonov 正则化[12, 25, 53]。在此过程中，原来的不适定问题被一个相邻的但适定的正则问题所取代。需要将所得的 Tikhonov 函数$\Psi_{\mathrm{L}}(\mathfrak{p})$ 最小化为

$$\begin{aligned}\min_{\mathfrak{p}} \Psi_{\mathrm{L}}(\mathfrak{p}) &= \min_{\mathfrak{p}} \{ \| \boldsymbol{q}_{\mathrm{sim}}(\mathfrak{p}) - \boldsymbol{q}_{\mathrm{meas}} \|_2^2 + \zeta_R \| \mathfrak{p} - \mathfrak{p}^{(0)} \|_2^2 \} \\ &= \min_{\mathfrak{p}} \{ [\boldsymbol{q}_{\mathrm{sim}}(\mathfrak{p}) - \boldsymbol{q}_{\mathrm{meas}}]^{\mathrm{t}} [\boldsymbol{q}_{\mathrm{sim}}(\mathfrak{p}) - \boldsymbol{q}_{\mathrm{meas}}] + \zeta_{\mathrm{R}} (\mathfrak{p} - \mathfrak{p}^{(0)})^{\mathrm{t}} (\mathfrak{p} - \mathfrak{p}^{(0)}) \}\end{aligned} \tag{5.28}$$

式中：正则化参数ζ_{R} 为正数；目标参数向量的初始值为$\mathfrak{p}^{(0)}$。ζ_{R} 和 $\| \mathfrak{p} - \mathfrak{p}^{(0)} \|$ 表达式的组合导致了$\mathfrak{p}$ 中出现不必要的振荡惩罚。这就是为什么式(5.2) 中的附加表达式通常被称为惩罚项的原因。通常，ζ_{R} 决定了近似原始不适定问题和正则化问题的稳定性之间的折中方案。较小的ζ_{R} 值会得到良好的近似值，但会降低稳定性，而对于较大的ζ_{R} 值，正则化的问题可能会与原始问题产生较大的偏差。因此，正确选择该值是正则化的关键。

Tikhonov 函数$\Psi_{\mathrm{L}}(\mathfrak{p})$ 的最小值来自$\Psi_{\mathrm{L}}(\mathfrak{p})$ 相对于参数矢量$\mathfrak{p}$ 的一阶导数。在$\mathfrak{p}^{\mathrm{s}}$ 点，导数变为

$$\begin{aligned}\left.\frac{\partial \Psi_{\mathrm{L}}(\mathfrak{p})}{\partial \mathfrak{p}}\right|_{\mathfrak{p}=\mathfrak{p}^{\mathrm{s}}} &= \left[\left.\frac{\partial \boldsymbol{q}_{\mathrm{sim}}(\mathfrak{p})}{\partial \mathfrak{p}}\right|_{\mathfrak{p}=\mathfrak{p}^{\mathrm{s}}}\right]^{\mathrm{T}} [\boldsymbol{q}_{\mathrm{sim}}(\mathfrak{p}^{\mathrm{s}}) - \boldsymbol{q}_{\mathrm{meas}}] \\ &\quad + [\boldsymbol{q}_{\mathrm{sim}}(\mathfrak{p}^{\mathrm{s}}) - \boldsymbol{q}_{\mathrm{meas}}]^{\mathrm{T}} \left[\left.\frac{\partial \boldsymbol{q}_{\mathrm{sim}}(\mathfrak{p})}{\partial \mathfrak{p}}\right|_{\mathfrak{p}=\mathfrak{p}^{\mathrm{s}}}\right] + 2\zeta_{\mathrm{R}}([\mathfrak{p}]^{\mathrm{s}} - \mathfrak{p}^{(0)})\end{aligned} \tag{5.29}$$

如果$\mathfrak{p}^{\mathrm{s}}$对应于目标解，因此对应于$\Psi_{\mathrm{L}}(\mathfrak{p})$ 的最小值，则该导数将为零，即

① 二次方偏差对应于偏差的 $\boldsymbol{L}_2$ 范数的平方。

$$\left[\frac{\partial \boldsymbol{q}_{\text{sim}}(\mathfrak{p})}{\partial \mathfrak{p}}\bigg|_{\mathfrak{p}=\mathfrak{p}^{s}}\right]^{\mathrm{T}}[\boldsymbol{q}_{\text{sim}}(\mathfrak{p}^{s})-\boldsymbol{q}_{\text{meas}}]+\zeta_{\mathrm{R}}(\mathfrak{p}^{s}-\mathfrak{p}^{(0)})=0 \tag{5.30}$$

必须成立。为了检验$\mathfrak{p}^{s}$是否与满足式(5.30)的局部极小值或局部极大值有关，还需要计算二阶导数。由于将应用迭代正则化的高斯－牛顿法，该方法在每个迭代步骤中将$\Psi_{\mathrm{L}}(\mathfrak{p})$最小化，因此，$\mathfrak{p}^{s}$不可能导致$\Psi_{\mathrm{L}}(\mathfrak{p})$的局部最大值。

5.2.4 迭代正则高斯牛顿法

为了解释迭代正则化的高斯－牛顿法，研究与向量$\mathfrak{p}$相关的数学函数$\Gamma(\mathfrak{p})$。对于这个函数，寻求满足该方程的解$\mathfrak{p}^{s}$，即

$$\Gamma(\mathfrak{p}^{\mathrm{S}}) \equiv 0 \tag{5.31}$$

这可以解释为一个优化问题。如果$\Gamma(\mathfrak{p})$为非线性函数，则牛顿方法[8]是求解式(5.31)的一种常用方法。从而通过一系列线性函数迭代逼近非线性函数。其中牛顿法的起点为第i次迭代步骤的参数向量$\mathfrak{p}^{(i)}$。为了计算后续迭代步骤的参数向量$\mathfrak{p}^{(i+1)}$，必须在点$\mathfrak{p}^{(i)}$对$\Gamma(\mathfrak{p})$进行泰勒级数展开，其形式为

$$\Gamma(\mathfrak{p}^{(i)})+\frac{\partial\Gamma(\mathfrak{p})}{\partial \mathfrak{p}}\bigg|_{\mathfrak{p}=\mathfrak{p}^{(i)}}\cdot(\mathfrak{p}^{(i+1)}-\mathfrak{p}^{(i)})=0 \tag{5.32}$$

重新排列式(5.32)得到非线性问题的更新解。

$$\mathfrak{p}^{(i+1)}=\mathfrak{p}^{(i)}-\left[\frac{\partial\Gamma(\mathfrak{p})}{\partial \mathfrak{p}}\bigg|_{\mathfrak{p}=\mathfrak{p}^{(i)}}\right]^{-1}\Gamma(\mathfrak{p}^{(i)}) \tag{5.33}$$

牛顿的方法提供的近似值可以二次收敛(即非常快)到目标解$\mathfrak{p}^{s}$。但是，由于此方法仅表现出局部收敛性，因此参数矢量的初始猜测值$\mathfrak{p}^{(0)}$必须足够接近$\mathfrak{p}^{s}$；否则，牛顿法将以局部最小值结束，该局部最小值可能与全局最小值(即$\mathfrak{p}^{s}$)相去甚远。

正如前面小节所提到的，目标解必须满足式(5.30)。因此，可以将这个方程解释为迭代指数i的非线性函数$\Gamma(\mathfrak{p}^{(i)})$，即

$$\Gamma(\mathfrak{p}^{(i)})=\left[\frac{\partial \boldsymbol{q}_{\text{sim}}(\mathfrak{p})}{\partial \mathfrak{p}}\bigg|_{\mathfrak{p}=\mathfrak{p}^{(i)}}\right]^{\mathrm{t}}[\boldsymbol{q}_{\text{sim}}(\mathfrak{p}^{(i)})-\boldsymbol{q}_{\text{meas}}]+\zeta_{\mathrm{R}}(\mathfrak{p}^{(i)}-\mathfrak{p}^{(0)}) \tag{5.34}$$

根据式(5.33)，牛顿方法要求在$\mathfrak{p}^{(i)}$处的一阶导数为$\partial\Gamma(\mathfrak{p})/\partial \mathfrak{p}$，得到

$$\frac{\partial\Gamma(\mathfrak{p})}{\partial \mathfrak{p}}\bigg|_{\mathfrak{p}=\mathfrak{p}^{(i)}}=\underbrace{\left[\frac{\partial^{2} \boldsymbol{q}_{\text{sim}}(\mathfrak{p})}{\partial \mathfrak{p}^{2}}\bigg|_{\mathfrak{p}=\mathfrak{p}^{(i)}}\right]^{\mathrm{T}}}_{\text{Hessian矩阵}}[\boldsymbol{q}_{\text{sim}}(\mathfrak{p}^{(i)})-\boldsymbol{q}_{\text{meas}}]$$
$$+\left[\frac{\partial \boldsymbol{q}_{\text{sim}}(\mathfrak{p})}{\partial \mathfrak{p}}\bigg|_{\mathfrak{p}=\mathfrak{p}^{(i)}}\right]^{\mathrm{T}}\left[\frac{\partial \boldsymbol{q}_{\text{sim}}(\mathfrak{p})}{\partial \mathfrak{p}}\bigg|_{\mathfrak{p}=\mathfrak{p}^{(i)}}\right]+\zeta_{\mathrm{R}}\boldsymbol{I} \tag{5.35}$$

式中：矩阵$\boldsymbol{I}$的维数为$N_I \times N_I$。与牛顿方法相比，在高斯－牛顿方法的框架内，忽略了$\boldsymbol{q}_{\mathrm{sim}}(\mathfrak{p})$相对于$\mathfrak{p}$（Hessian矩阵）的二阶导数。这样，式(5.35)为

$$\left.\frac{\partial\Gamma(\mathfrak{p})}{\partial\mathfrak{p}}\right|_{\mathfrak{p}=\mathfrak{p}^{(i)}} \approx \left[\left.\frac{\partial\boldsymbol{q}_{\mathrm{sim}}(\mathfrak{p})}{\partial\mathfrak{p}}\right|_{\mathfrak{p}=\mathfrak{p}^{(i)}}\right]^{\mathrm{T}}\left[\left.\frac{\partial\boldsymbol{q}_{\mathrm{sim}}(\mathfrak{p})}{\partial\mathfrak{p}}\right|_{\mathfrak{p}=\mathfrak{p}^{(i)}}\right]+\zeta_{\mathrm{R}}\boldsymbol{I} \tag{5.36}$$

这种简化是允许的，因为偏差$\boldsymbol{q}_{\mathrm{sim}}(\mathfrak{p}^{(i)})-\boldsymbol{q}_{\mathrm{meas}}$在迭代参数识别期间被最小化，因此Hessian矩阵的影响也减小了。当将式(5.34)和式(5.36)代入式(5.33)时，可以计算出修正后的参数向量$\mathfrak{p}^{(i+1)}$。

到目前为止，正则化参数ζ_R的最优选择问题仍然是一个未解决的问题。在不了解解$\mathfrak{p}^{\mathrm{s}}$的情况下，几乎不可能事先明确确定$\zeta_{\mathrm{R}}$。因此，在参数识别期间应反复调整$\zeta_{\mathrm{R}}$。迭代正则化的高斯－牛顿方法[3, 6]正是采用了这种策略，从一个迭代步骤到另一个迭代步骤依次减少ζ_{R}，即ζ_{R}趋于零。较大幅度地降低识别率ζ_R会加速识别过程，但可能会导致得到的参数向量不稳定。由于稳定性是识别过程的主要目标，因此，应优先考虑将ζ_{R}略微降低(如$\zeta_R^{(i+1)}=0.8\,\zeta_R^{(i)}$)，而不是大幅度降低。

为了得到迭代正则化的高斯－牛顿方法的紧凑形式，引入了模拟和测量偏差的缩写形式，即

$$\boldsymbol{d}_{\mathrm{I}}(\mathfrak{p}^{(i)})=\boldsymbol{q}_{\mathrm{sim}}(\mathfrak{p}^{(i)})-\boldsymbol{q}_{\mathrm{meas}} \tag{5.37}$$

以及一阶导数$\partial\boldsymbol{q}_{\mathrm{sim}}(\mathfrak{p})/\partial\mathfrak{p}$

$$\mathrm{J}(\mathfrak{p}^{(i)})=\left.\frac{\partial\boldsymbol{q}_{\mathrm{sim}}(\mathfrak{p})}{\partial\mathfrak{p}}\right|_{\mathfrak{p}=\mathfrak{p}^{(i)}}=\left.\frac{\partial\boldsymbol{d}_{\mathrm{I}}(\mathfrak{p})}{\partial\mathfrak{p}}\right|_{\mathfrak{p}=\mathfrak{p}^{(i)}} \tag{5.38}$$

通常称为雅可比矩阵(维数$N_I \times N_I$)。利用修正向量$\boldsymbol{c}^{(i)}$(维数$N_{\mathfrak{p}}$)更新参数向量

$$\mathfrak{p}^{(i+1)}=\mathfrak{p}^{(i)}+\boldsymbol{c}^{(i)} \tag{5.39}$$

结果为

$$\begin{aligned}\boldsymbol{c}^{(i)}=&-\left[\boldsymbol{J}(\mathfrak{p}^{(i)})^{t}\boldsymbol{J}(\mathfrak{p}^{(i)})+\zeta_{\mathrm{R}}\boldsymbol{I}\right]^{-1}\\&\cdot\left[\boldsymbol{J}(\mathfrak{p}^{(i)})^{t}\cdot\boldsymbol{d}_{\mathrm{I}}(\mathfrak{p}^{(i)})+\zeta_{\mathrm{R}}^{(i)}(\mathfrak{p}^{(i)}-\mathfrak{p}^{(0)})\right]\end{aligned} \tag{5.40}$$

最后，必须解答何时终止迭代过程的问题，即终止于哪个迭代指数i。对此，Morozov[39]提出了差异原则，即应该继续迭代到$\boldsymbol{d}_I(\mathfrak{p}^{(i)})$的$L_2$范数大于由于建模缺陷和噪声测量造成的数据误差。但是，在实际情况下，这两种误差源都很难量化。因此，建议改用经验中止标准。对于压电陶瓷材料(见5.3节)和被动材料(见5.4节)，参数向量$\mathfrak{p}$的收敛就是按照这个准则(如文献[52, 56])。

有许多其他方法可以解决非线性和不适定的反问题。例如，非线性

Landweber 迭代、Levenberg - Marquardt 法以及梯度下降法和最小误差法就是这些方法的代表[25, 32]。一般来说，这些方法的主要不同之处在于应用的正则化和由此产生的收敛速度。我们专门利用迭代正则化高斯 - 牛顿方法来描述下面提出的材料特征。不过，其他方法也可以以类似的方式用于此问题。

5.3　压电陶瓷材料的逆方法

压电陶瓷材料的参数通常由 IEEE/CENELEC 标准确定(见 5.1.1 小节)。因此，需要获取各种测试样品(如磁盘和棒) 的频率 - 分辨电阻抗。然而，实际的试验样品通常不符合 IEEE/CENELEC 标准的要求，导致不同的机械振动模式存在一定的耦合。因此，单体机械振动的假设不再成立，确定的材料参数不适合精确的数值模拟。这就是为什么几个研究小组要开发压电陶瓷表征的替代方法[24, 31, 33, 42]。下面详细讨论一些替代方法。

Sherrit 等[61] 于 2011 年提出了一个试验程序，该程序提供了包括阻尼因子在内的完整数据集。首先，他们评估单个压电陶瓷盘的径向和厚度扩展模式的电阻抗。然后，从圆盘上切下一个压电陶瓷棒，并根据 IEEE / CENELEC 标准进行分析。Pérez 等[44] 和 Jonsson 等[23] 建议识别方法允许精确有限元模拟压电陶瓷圆盘。他们的方法是基于有限元模拟对所研究磁盘的测量阻抗曲线进行调整。包括衰减在内的整套材料参数是通过考虑重要的振动模式(即径向、边缘和厚度扩展) 以及泛音来确定的。为了进行验证，测量纵波的波传播速度并将其与分析结果进行比较。在文献[35] 中，阻抗测量和纵向以及剪切波的传播速度与有限元模拟相结合，以完整表征压电陶瓷。Cappon 和 Keesman[9] 在 2012 年描述了一种程序，该程序也基于有限元模拟和电阻抗测量值的比较。他们分析压电陶瓷板并将表征限制在制造商未提供的那些参数上。Kulshreshtha 等[30] 发表了一种基于模拟的方法，在压电陶瓷圆盘上开发环形电极。特殊的电极结构增加了几种材料参数在频率 - 分辨电阻抗上的灵敏度，因此有助于参数识别。

结果表明，压电陶瓷材料的参数识别方法多种多样。一些表征技术的目的是高度精确模拟一个特定的样本形状，因此，未考虑确定的数据集对不同形状的适用性。相比之下，其他方法也可以通过进行广泛的测量和 / 或样品制备来完整表征压电陶瓷。但是，这些方法只有在一定程度上才可用于确定温度相关的材料参数，这对于压电陶瓷在传感器和执行器件中的应用尤为重要。由于上述原因，需要一个主要处理以下 3 个方面的表征程序[52]：① 只需要少量的测试样品和测量要求；② 提供压电陶瓷材料关于温度的整个数据集；③ 识别的数据集适用于对各种样品形状和构型进行足够精确的有限元模拟。

在此，利用逆方法来确定压电陶瓷材料的完整参数集。特别地，该识别将用于表征晶体级6mm的两种铁电软材料，即PI陶瓷公司的PIC255和PIC155。在不限制通用性的前提下，对e型进行了逆算法。在5.3.1小节中将介绍一种简单的现象学方法来说明压电陶瓷材料内的衰减。5.3.2小节讨论了可以作为逆方法输入的可测量量(如电阻抗)。然后对两种不同的块状试样进行了说明，包括数值模拟结果。此外，将证明两个测试样品对参数识别的必要性。5.3.4小节简要介绍了基本的数学程序，并包含各种方法来为压电陶瓷的参数识别找出正确的初始猜测。5.3.6小节中首先给出了有效进行逆方法的策略，然后介绍了PIC255和PIC155随温度变化的材料参数和耦合因子。

5.3.1 材料参数和衰减模型

基本上可以用逆方法来表征线性压电的材料定律的每一种形式的压电陶瓷材料，如d型。但是，由于e型可以在压电陶瓷材料的有限元模拟直接实现(见4.5.1小节)，因此可在逆方法的框架中应用这种形式。对于6mm的晶体，弹性刚度常数$[\boldsymbol{c}^E]$、介电常数$[\boldsymbol{\varepsilon}^S]$和压电应力常数$[\boldsymbol{e}]$的张量变为(见式(3.32))

$$[\boldsymbol{c}^E]=\begin{bmatrix} c_{11}^E & c_{12}^E & c_{13}^E & 0 & 0 & 0 \\ c_{12}^E & c_{11}^E & c_{13}^E & 0 & 0 & 0 \\ c_{13}^E & c_{13}^E & c_{33}^E & 0 & 0 & 0 \\ 0 & 0 & 0 & c_{44}^E & 0 & 0 \\ 0 & 0 & 0 & 0 & c_{44}^E & 0 \\ 0 & 0 & 0 & 0 & 0 & (c_{11}^E-c_{12}^E)/2 \end{bmatrix} \tag{5.41}$$

$$[\boldsymbol{\varepsilon}^S]=\begin{bmatrix} \varepsilon_{11}^S & 0 & 0 \\ 0 & \varepsilon_{11}^S & 0 \\ 0 & 0 & \varepsilon_{33}^S \end{bmatrix},\ [\boldsymbol{e}]=\begin{bmatrix} 0 & 0 & 0 & 0 & e_{15} & 0 \\ 0 & 0 & 0 & e_{15} & 0 & 0 \\ e_{31} & e_{31} & e_{33} & 0 & 0 & 0 \end{bmatrix} \tag{5.42}$$

这3个张量共包含10个独立的分量，即c_{11}^E、c_{12}^E、c_{13}^E、c_{33}^E、c_{44}^E、ε_{11}^S、ε_{33}^S、e_{31}、e_{33}和e_{15}。

与IEEE / CENELEC标准一样，对于压电陶瓷传感器和执行器的典型工作频率f，即$f<10\text{MHz}$，材料参数对频率的影响可以忽略不计。

为了考虑简谐激励下压电陶瓷材料内部的衰减，通常引入适当的阻尼系数，导致材料张量的虚部。阻尼系数可能表现出复杂的频率依赖性，但对于衰减的现象学建模，通常假设它们是常数[17, 60]。严格来说，由于不同的物理机制，每个材料参数都有其各自的阻尼系数。因此，必须另外描述 10 个参数，这导致 20 个需求量。很自然，识别如此大量的参数可能会引起某些问题，如结果数据集不再是唯一的。这主要是因为几个参数对测量量的影响很小。为了解决这些问题，用一个高度简化的唯象阻尼模型来代替[52, 55]。考虑在压电陶瓷内部通过单个阻尼系数α_{d}进行衰减，该阻尼系数将虚数值(指数 $\Im$) 与张量的实部(指数 $\mathscr{R}$) 联系起来(见式(4.67))，有

$$[\underline{\boldsymbol{c}}^E] = [\boldsymbol{c}^E]_{\mathscr{R}} + \mathrm{j}\,[\boldsymbol{c}^E]_{\Im} = [\boldsymbol{c}^E]_{\mathscr{R}}[1 + \mathrm{j}\alpha_{\mathrm{d}}] \tag{5.43}$$

$$[\underline{\boldsymbol{\varepsilon}}^S] = [\boldsymbol{\varepsilon}^S]_{\mathscr{R}} + \mathrm{j}\,[\boldsymbol{\varepsilon}^S]_{\Im} = [\boldsymbol{\varepsilon}^S]_{\mathscr{R}}[1 + \mathrm{j}\alpha_{\mathrm{d}}] \tag{5.44}$$

$$[\underline{\boldsymbol{e}}] = [\boldsymbol{e}]_{\mathscr{R}} + \mathrm{j}[\boldsymbol{e}]_{\Im} = [\boldsymbol{e}]_{\mathscr{R}}[1 + \mathrm{j}\alpha_{\mathrm{d}}] \tag{5.45}$$

因此，假定张量的衰减是相等的，而且不依赖于激励频率。虽然采用了一个相当简单的阻尼模型，但 5.3.6 小节中的试验结果清楚地指出，单个阻尼系数可以对各种压电陶瓷样品形状进行精确的有限元模拟。

5.3.2 可行的输入量

为了确定压电陶瓷材料的材料参数，必须比较模拟量和实测量。压电陶瓷测试样品的电阻抗和表面法向速度都是这种比较可行量(图 5.10)。尽管速度提供了空间以及频率分辨的信息，但阻抗曲线①仅捕获了样本的频率分辨的整体特性[54、57]。因此，速度包含更多的信息，这对于参数识别特别有用。然而，获取空间分辨的表面法向速度需要昂贵的测量设备(如激光扫描测振仪 Polytec PSV - 300[46])，而这种设备在压电陶瓷的生产设备中很少有。此外，由于在压电陶瓷样品的共振频率外主要出现小速度导致采集过程容易出错。为了达到可测量的速度量级，电激发电压必须显著提高。在此过程中，压电陶瓷材料可能被加热，从而改变其性能，进而改变材料参数[52]。因此，在参数识别过程中，模拟和测量的比较应该只使用阻抗分析仪容易测量的频率 - 分辨电阻抗分析仪进行测量，如 Keysight 4194A[27]。

5.3.3 测试样品

为了通过逆方法完整表征压电陶瓷材料，建议使用两种不同的材料[52、55、58]

① 阻抗曲线对应于频率分辨的电阻抗。

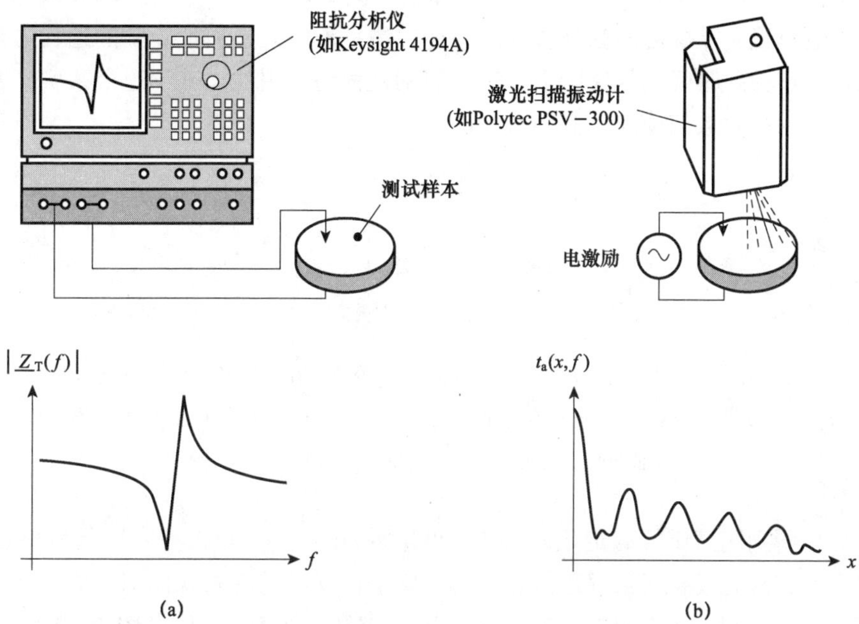

图 5.10　比较模拟量和实际量(压电陶瓷测试样品在两种测量中均可自由振动，$|\underline{Z}_T(f)|$ 和$\hat{v}_n(x, f)$ 表示振幅)

(a) 用阻抗分析仪测量试样的频率分辨电阻抗 $|\underline{Z}_T(f)|$；

(b) 用激光扫描振动计测量空间和频率分辨的电激发试样的表面法向速度$\hat{v}_n(x, f)$。

块状测试样品(T_1 和 T_2)。在下文中，提到了这些测试样品的主要规格。样品的顶部和底部应该用薄膜电极覆盖，如 1μm 厚的 CuNi 合金。两种测试样品应具有相同的几何尺寸$l_S \times \omega_S \times t_S$，但电极化$\boldsymbol{P}$ 的方向不同。当测试样品 T_1 在t_S 方向极化时，T_2 的电极化指向ω_S 方向。因此，T_1 对于厚度方向的机械振动非常有效，而 T_2 主要在厚度剪切模式下振动有效。图 5.11 所示为块状测试样品的 4 个重要振动模式(T_1－L、T_1－W、T_1－T 和 T_2) 的示意图。由于几何尺寸不同，在阻抗曲线中可以观察到的测试样品中总是会出现不同振动模式的某些叠加(如 T_1 － W， 见图 5.12(a))。在测试样品的有限元模拟框架中考虑了这种叠加。下面讨论一种有效的有限元仿真方法和目前对所用测试样品进行参数研究的结果。

1. 数值模拟

压电陶瓷材料的表征是基于数值模拟与测量的迭代匹配。显然，有限元模拟的准确性始终在很大程度上取决于计算域的空间离散化。因此，材料参数识别的

精度也取决于试样 T_1 和 T_2 的有限元模型的空间离散化。然而，空间离散化得越好，数值模拟所需的时间就越长。因为逆方法是需要大量模拟步骤的迭代方法，所以单个步骤的时间消耗实际上决定了识别过程的适用性。基于这个事实，两个测试样品的高效数值模拟是必不可少的[52]。

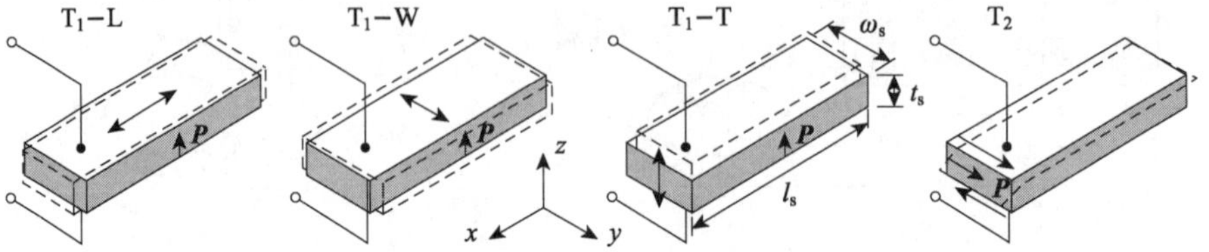

图 5.11　用来表征压电陶瓷材料的块状试样 T_1 和 T_2（几何尺寸 $l_S \times \omega_S \times t_S$）[51-52]；$T_1$ 沿 t_S 方向极化，T_2 在 ω_S 方向极化，T_1 - L、T_1 - W、T_1 - T 和 T_2 是显著的振动模式；顶部和底部区域（$l_S \times \omega_S$）完全被薄膜电极覆盖）

如果所用测试试样满足几何尺寸条件 $l_S \gg \omega_S \gg t_S$，则在晶体等级为 6mm 的情况下，有限元模拟可以显著加速。可以将测试样品的有限元模拟分为三维和二维两个部分，而不是在整个调查频率范围内求解一个三维问题（图 5.12）。这是因为在不同方向的机械振动所产生的频率 - 分辨电阻抗中，某些共振 - 反共振对发生了明显的分离。为了计算 T_1 在 x 向和 y 向机械振动的阻抗曲线（即 T_1 - L 和 T_1 - W），必须进行三维模拟，但这只需要对样品厚度进行粗略的空间离散。仅考虑 1/4 的块状样品即可实现模型简化。因此，T_1 的仿真模型具有尺寸 $l_S/2 \times \omega_S/2 \times t_S$。对于 z 方向的振动模式（即 T_1 - T 和 T_2），尺寸为 $\omega_S \times t_S$ 的二维模型足以计算阻抗曲线。尽管如此，总的来说，应该对原始的三维问题和简化的二维问题进行比较计算，以验证模型简化是否合理。

与典型试样的几何尺寸相比，薄膜电极的厚度可以忽略不计。因此，电极只是简单地确定边界条件，而不参与有限元模型的计算网格。表 5.1 包含样本尺寸 $l_S \times \omega_S \times t_S = 30\text{mm} \times 10\text{mm} \times 2\text{mm}$ 的二次拉格朗日 Ansatz 函数（多项式 $p_d = 2$；见表 4.1）适度的空间离散。

2. 参数研究

为了回答为什么要使用两个块状测试样品进行表征的问题，现在仔细研究这些样本的电特性。图 5.13 所示为 $\boldsymbol{c}^E_{xy}$ 为 10%、$\boldsymbol{\varepsilon}^S_{xx}$ 和 $\boldsymbol{e}_{xy}$ 为 50% 范围内不同参数变化的频率 - 分辨电阻抗的模拟结果。这些板块分别指测试样品的主要振动模式（即 T_1 - L、T_1 - W、T_1 - T 和 T_2）。注意，每条水平线代表定义的参数配置的阻抗曲线。修改一个参数后，其他参数保持不变。参数研究的最重要发现列在下面[52]。

① c_{11}^E、c_{12}^E、ε_{33}^S、e_{31} 及 e_{33} 可以显著改变 T_1 的阻抗曲线，但不影响 T_2 的电性能。

② c_{13}^E 和 c_{33}^E 会导致两个测试样本的阻抗曲线出现显著变化。

③ 与 T_1 相比，T_2 的阻抗曲线很大程度上取决于 c_{44}^E、ε_{11}^S 和 e_{15}。

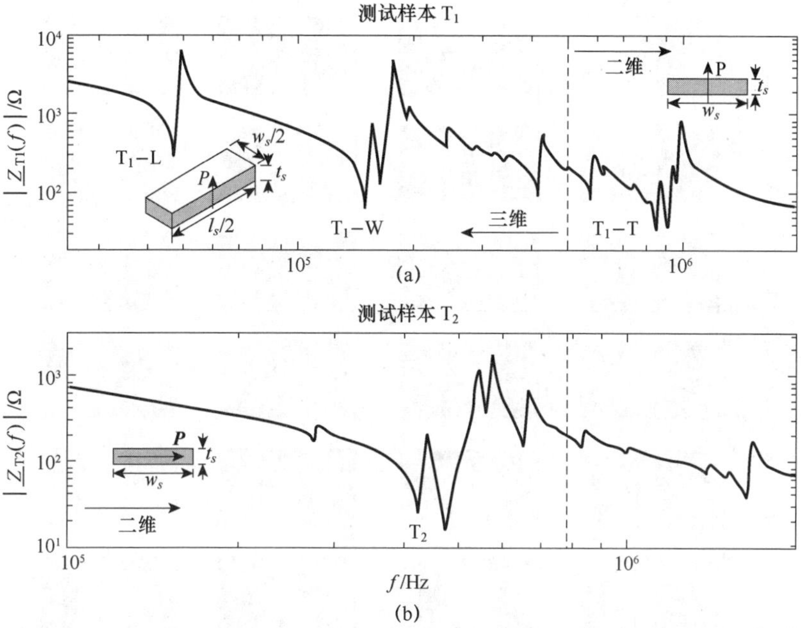

图 5.12　测试样品的频率 - 分辨电阻抗 $|\underline{Z}_T(f)|$（幅值）的有限元模拟（三维和二维）（l_S = 30mm、ω_S = 10mm、t_S = 2mm；PIC255），（制造商提供的材料参数（表 5.3）；二次 Ansatz 函数的空间离散化（表 5.1）；阻抗曲线的黑色部分表示识别过程中考虑的主要振动模式的频带）

表 5.1　T_1 和 T_2 振动模式的逆方法内使用的频带和空间离散化（二次 Ansatz 函数）

振动模式	$f_{start/kHz}$	$f_{stop/kHz}$	维数	空间离散化
T_1 - L	30	70	三维	15 × 5 × 1
T_1 - W	100	300	三维	15 × 5 × 1
T_1 - T	800	1500	二维	50 × 10
T_2	200	1000	二维	60 × 20

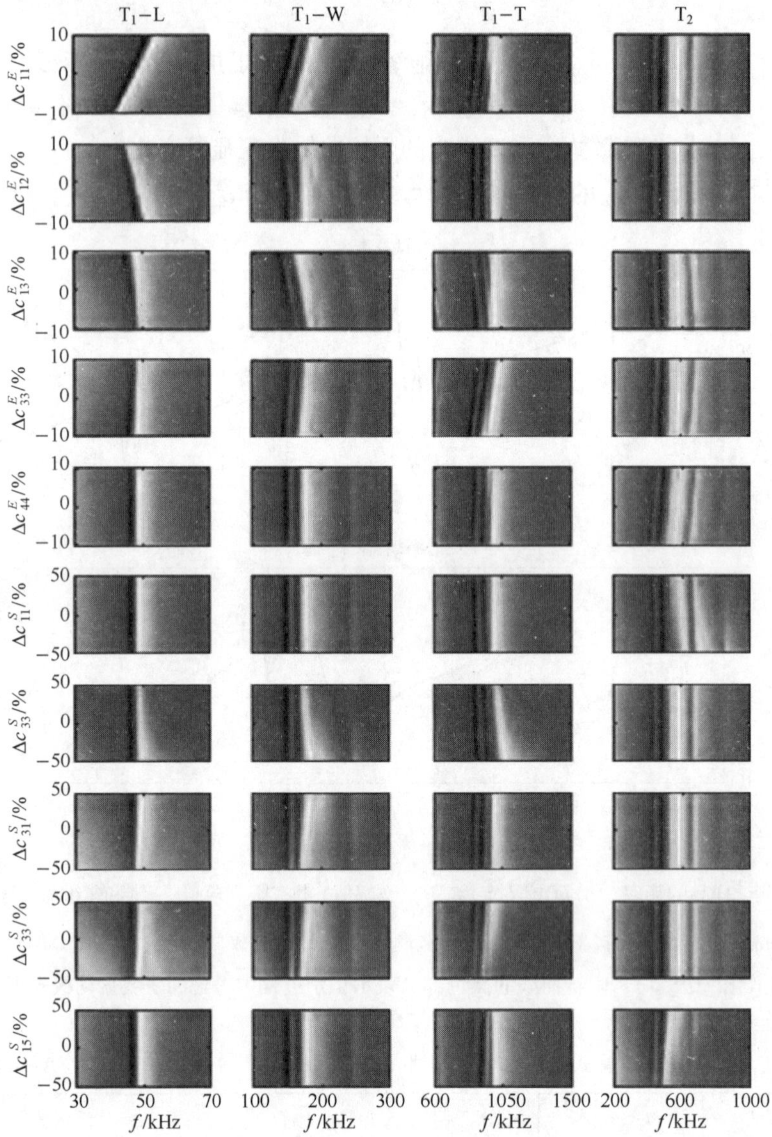

图 5.13　不同参数变化对测试样品 T_1 和 T_2 的阻抗曲线 $|\underline{Z}_T(f)|$ 的影响（l_S = 30mm、ω_S = 10mm、t_S = 2mm，PIC255；图中的每条水平线均指一条阻抗曲线。亮色和暗色分别表示大阻抗值和小阻抗值）（见彩插）

由于这些发现，似乎很自然的是，要可靠地确定完整的参数集，就需要在逆方法中考虑两个块状试样。在另一种晶体类型的压电材料的情况下，张量 $[\boldsymbol{c}^E]$

和[$\boldsymbol{\varepsilon}^S$] 及[$\boldsymbol{e}$] 以及独立材料参数的数量可能不同，如 4mm 晶体等级还需要弹性刚度常数 $\boldsymbol{c}_{66}^E$。通过对压电耦合的最相关晶体类别的各种参数的研究以及对相关晶体类别进一步研究(如稳健性分析) 后发现，如果同时使用两个块状测试样品，则可以证明逆方法的普遍适用性。

5.3.4　数学过程

总体而言，对于 6mm 晶体类型的压电陶瓷材料，必须确定 11 个参数。这些参数收集在参数向量$\mathfrak{p}$ 中，该向量的 e 型为

$$\mathfrak{p} = [c_{11}^E, c_{12}^E, c_{13}^E, c_{33}^E, c_{44}^E, \varepsilon_{11}^S, \varepsilon_{33}^S, e_{31}, e_{33}, e_{15}, \alpha_d]^T \tag{5.46}$$

在识别过程中，对$\mathfrak{p}$ 进行迭代更新。该更新基于数值模拟与频率 - 分辨电阻抗(尤其是其幅度 $|\underline{Z}_T(f)|$ 的测量值的比较。假设在测量和模拟的情况下，压电陶瓷试样的每个振动模态的 $|\underline{Z}_T(f)|$ 分别是 NI 离散频率(f_1, f_2, …, f_{N_1}) 的对数取样。由此得到采样阻抗值的矢量 $\mathbf{Z}_T$，即

$$\mathbf{Z}_T = [\,|\underline{Z}_T(f_1)|, |\underline{Z}_T(f_2)|, \cdots, |\underline{Z}_T(f_{N_1})|\,]^T \tag{5.47}$$

结合两种块状试样的显著振动模式的阻抗向量(即 T_1-L、T_1-W、T_1-T 和 T_2)，可以得到

$$\boldsymbol{q}_{meas} = [\mathbf{Z}_{T_1-L}^T, \mathbf{Z}_{T_1-W}^T, \mathbf{Z}_{T_1-W}^T, \mathbf{Z}_{T_2}^T]^T \tag{5.48}$$

它包括所有相关的测量量，因此维数是 $4\boldsymbol{N}_1$。包含参数向量$\mathfrak{p}$ 的模拟阻抗值的向量 $\boldsymbol{q}_{sim}(\mathfrak{p})$ 以相同的方式组成。因此，模拟与要最小化的测量值的偏差 $\boldsymbol{d}_I(\mathfrak{p})$ 采用以下形式(式(5.37))，即

$$\boldsymbol{d}_I(\mathfrak{p}) = \boldsymbol{q}_{sim}(\mathfrak{p}) - \boldsymbol{q}_{meas} \tag{5.49}$$

由于必须估计许多参数，因此导致最小化构成了不适定的优化问题，产生了不稳定的解决方案，这些解决方案并非唯一。迭代正则化的高斯 - 牛顿法是一种有效解决此类不适定问题的出色方法。因此，准确地应用这种方法识别压电陶瓷材料参数具有重要的意义。根据迭代正则化高斯 - 牛顿方法，修正向量$\mathfrak{c}^{(i)}$ 更新迭代指数 i 的参数向量$\mathfrak{p}^{(i)}$(即$\mathfrak{p}^{(i+1)} = \mathfrak{p}^{(i)} + \mathfrak{c}^{(i)}$)，得到(式 (5.40))

$$\mathfrak{c}^{(i)} = -[\boldsymbol{J}(\mathfrak{p}^{(i)})^t\boldsymbol{J}(\mathfrak{p}^{(i)}) + \zeta_R^{(i)}I]^{-1} \cdot [\boldsymbol{J}(\mathfrak{p}^{(i)})^t \cdot \boldsymbol{d}_I(\mathfrak{p}^{(i)}) + \zeta_R^{(i)}(\mathfrak{p}^{(i)} - \mathfrak{p}^{(\mathbf{0})})] \tag{5.50}$$

式中：$\boldsymbol{J}(\mathfrak{p}^{(i)})$ 为雅可比矩阵，维数为 $4N_I \times 11$；I 为单位矩阵，维数为 11×11；$\zeta_R^{(i)}$ 为正则化参数。

实际上，逆方法总是需要对目标参数进行合适的初始猜测$\mathfrak{p}^{(0)}$(见 5.2 节)。如果$\mathfrak{p}^{(0)}$ 离解太远，迭代过程可能收敛到一个局部极小值，并伴有不真实的材料

参数。可以区分 4 种方法来找出一个适当的$\mathfrak{p}^{(0)}$表征压电陶瓷材料[52]。

① 制造商提供的数据集(如果可用)作为逆方法的初始猜测。

② 可以利用已知的压电陶瓷材料的识别参数。特别是当已知材料和未知材料的试样分别具有相似的电特性(如振动模态的共振频率)时，这将是获得$\mathfrak{p}^{(0)}$的一个极好方法。

③ 所需的材料参数代表数值模拟的输入量。如果是完全未知的压电陶瓷材料，首先应尝试通用的参数值。这些值需要手动调整，以便模拟结果与测试样品的测量结果大体一致。建议按以下顺序进行：手动调整$\boldsymbol{\varepsilon}_{xx}^{S}$、$\boldsymbol{c}_{xy}^{E}$和$\boldsymbol{e}_{xy}$后的参数集可以作为初始猜测。

④ 作为前面方法的替代方法，可以应用 IEEE / CENELEC 标准来识别$\mathfrak{p}^{(0)}$。但是，这种方法需要做大量的工作(见 5.1.1 小节)，因此应避免使用。

通过逆方法表征压电陶瓷材料的另一个重要方面涉及所需材料参数的取值范围，因为个别参数会差几个数量级(表 5.3)。当弹性刚度常数$\boldsymbol{c}_{xy}^{E}$在 1010Nm^{-2}的范围内时，介电常数$\boldsymbol{\varepsilon}_{xx}^{S} \approx 10^{-8}$ Fm^{-1}。这可能会引起与式(5.50)中的矩阵求逆有关的问题。因此，逆方法从一个修改的参数向量开始，它只包含值 1 的项。除归一化外，还应将偏差$\boldsymbol{d}_I(\mathfrak{p}^{(i)})$的 L_2 范数归一化为初始猜测的 L_2 范数，即$\boldsymbol{d}_I(\mathfrak{p}^{(0)})$。

5.3.5　高效实施

通向竞争性识别程序的一个决定性点是对测试样品进行时间有效的数值模拟[52, 55]。正如5.3.3小节所讨论的，可以通过利用样本内部的对称性和粗糙的空间离散化来安排。然而，若干进一步的要点对于在可接受的时间内获得可靠的材料参数至关重要，如逆方法需要雅可比矩阵$\boldsymbol{J}(\mathfrak{p}^{(i)})$在每个迭代步骤更新参数向量$\mathfrak{p}^{(i)}$。因为通常不能用解析的方式计算$\boldsymbol{J}(\mathfrak{p}^{(i)})$，所以矩阵列必须用数值方式计算，如用前向差商来计算。

与其考虑整个测试样品的阻抗曲线，不如合理地将识别程序限制在分别由主要振动模式的共振 - 反共振对组成的小频带内(表 5.1)。用于离散化每个频带的频率点N_I的数量直接影响参数识别的持续时间。频率点越多，识别所需的时间就越长。但是，如果选择的N_I太小，则由于未捕获阻抗曲线的基本属性，所确定的参数可能会出现较大的偏差。表5.2包含$M_I = 50$迭代步骤后，估计参数相对于N_I的相对偏差Δ，偏差与$N_I = 500$频率点的解有关。这种精细的频率分辨率使得能够考虑阻抗曲线中的所有相关细节，从而得到逆方法的参考解。可以清楚地看到，当$N_I = 200$时，最大参数偏差远小于1%，在任何情况下对于材料参数都有足够的精度。

表 5.2　用于离散每个振动模式的阻抗曲线的不同频率点N_I在每密耳识别的材料参数中的相对偏差$|\Delta|$(幅值)(偏差为$N_I = 500$频率点的解)

频率点数	c_{11}^E	c_{12}^E	c_{13}^E	c_{33}^E	c_{44}^E	ε_{11}^S	ε_{33}^S	e_{31}	e_{33}	e_{15}	α_d
$N_I = 70$	12.1	19.5	13.3	1.6	3.1	9.2	2.7	25.4	0.5	3.8	80.3
$N_I = 100$	0.6	0.6	1.0	0.6	3.2	5.0	1.0	0.3	0.9	2.5	11.3
$N_I = 200$	0.9	1.4	0.9	0.1	0.5	0.3	0.1	1.0	0.2	0.5	0.7

与N_I类似，迭代步骤M_I的数量直接影响识别过程的计算时间。因此，期望目标参数向量的快速以及鲁棒的收敛。这可以通过适当选择正则化参数$\zeta_R^{(0)}$来实现。在将参数矢量$\mathfrak{p}^{(i)}$和$d_I(\mathfrak{p}^{(i)})$归一化为初始猜测$\mathfrak{p}^{(0)}$的情况下，$\zeta_R^{(0)} = 10^3$且减量为0.5(即$\zeta_R^{(i+1)} = 0.5\,\zeta_R^{(i)}$)被证明是一个不错的选择。逆方法在10次迭代后收敛到一个解，如图5.14所示。通过将$\mathfrak{p}^{(0)}$更改到±15%，也可以证明所实现的识别过程是可靠的，并且不会收敛到局部最小值。

此外，如果能将有限元模拟并行化，则可加快识别过程。特别是对于雅可比矩阵$J(\mathfrak{p}^{(i)})$的确定，并行化具有显著的优势，因为每一列都可以单独计算。通过应用所有考虑点，在16核的富士通Celsius R920电源计算服务器上，整个参数集的识别只需要不到两个小时。

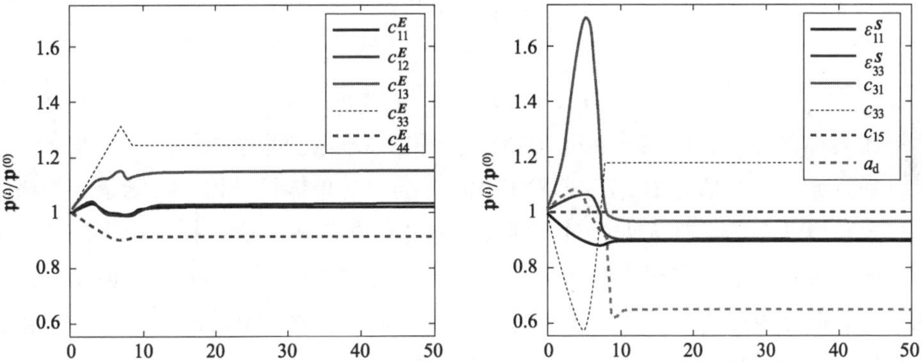

图5.14　迭代辨识过程中PIC255的材料参数的进展(迭代指数i)
($\mathfrak{p}^{(0)}$参考制造商的数据)(见彩插)

5.3.6　所选压电陶瓷材料的结果

现在给出并验证了晶体等级为6mm的两种铁电软材料(由PI Ceramic

GmbH[45] 生产的 PIC255 和 PIC155）的材料参数，也包括材料参数和所产生的机电耦合因数的温度依赖性。在讨论所得到的结果之前，先简要地总结一下压电陶瓷材料逆方法的 3 个主要步骤。

① 对于主要的振动模式，即 T_1-L、T_1-W、T_1-T 和 T_2，必须获得块状测试样品 T_1 和 T_2 的频率 - 分辨电阻抗。对于所研究的压电陶瓷材料和几何样品尺寸 $l_S \times \omega_S \times t_S = 30\text{mm} \times 10\text{mm} \times 2\text{mm}$ 是依据表 5.1 中的频带完成的。当表征另一种压电陶瓷材料和/或试样几何尺寸不同时，可能需要修改这些频带。

② 除了测量外，在以前定义的频带内建立适当的 T_1 和 T_2 有限元模型是必要的。有限元模型应该能够对所有主要振动模式的频率 - 分辨电阻抗进行可靠和时间有效的数值模拟。

③ 采用迭代正则化高斯 - 牛顿法，对参数矢量 $\mathfrak{p}$（见式(5.46)）进行迭代修正，使频率 - 分辨电阻抗的仿真结果与测量结果尽可能匹配。

1. 室温下的材料参数

表 5.3 既包含制造商提供的数据集，又包含室温下 $\vartheta = 25℃$ 的逆方法的结果。需注意，制造商根据 IEEE/CENELEC 标准来确定材料参数，这是目前常规的也是唯一的标准方法来完整表征压电陶瓷材料。D 型的材料参数 s_{xy}^E、ε_{xx}^T 和 $\boldsymbol{d}_{xy}$ 的计算公式为（见式(3.33)）

$$[\boldsymbol{s}^E] = [\boldsymbol{c}^E]^{-1} \tag{5.51}$$

$$[\boldsymbol{d}] = [\boldsymbol{e}][\boldsymbol{c}^E]^{-1} \tag{5.52}$$

$$[\boldsymbol{\varepsilon}^T] = [\boldsymbol{\varepsilon}^S] + [\boldsymbol{d}][\boldsymbol{e}]^t \tag{5.53}$$

在某种程度上，PIC255 和 PIC155 的不同数据集之间的差异最大可达 25% 以上。一方面，这是假设 IEEE/CENELEC 标准内的单体机械振动的结果，严格来说，只有当使用的试样大大超过几何要求时才能实现单体机械振动（图 5.6）；另一方面，某些参数似乎很容易被 IEEE/CENELEC 标准识别，如 ε_{33}^T。但是，由于这些参数部分表现出相当大的偏差，有理由怀疑制造商分析的测试样品在极化状态和（或）材料组成方面与 T_1 和 T_2 略有不同。

图 5.15 显示了用于表征 PIC255 的测试样品的频率 - 分辨电阻抗的测量结果和有限元仿真的比较。可以清楚地注意到，如果使用识别的数据集代替制造商提供的材料参数，则模拟和测量将更好地匹配。特别是对于测试样品 T_1 的厚度扩展模式 T_1-T（图 5.15(c)），制造商的数据导致电气性能出现明显偏差。这种偏差在超声波换能器的仿真辅助开发中提出了问题，如所产生声场的精确预测。

表 5.3 制造商(MF) 提供的材料参数(实件) 和逆方法(IM) 得到的材料参数(e 型和 d 型)(与制造商数据的相对偏差 $\Delta\%$; PI 陶瓷的压电陶瓷材料为 PIC255、PIC155; 材料密度$\varrho_0 = 7.8103\mathrm{kg \cdot m^{-3}}$; $\boldsymbol{c}_{xy}^{E} = 10^{10}\mathrm{N \cdot m^{-2}}$; $\boldsymbol{\varepsilon}_{xx}^{S} = 10^{-9}\mathrm{F \cdot m^{-1}}$; $\boldsymbol{e}_{xy} = \mathrm{N \cdot V^{-1} \cdot m^{-1}}$; $s_{xy}^{E} = 10^{-12}\mathrm{m^2 \cdot N^{-1}}$; $\boldsymbol{\varepsilon}_{xx}^{T} = 10^{-9}\mathrm{F \cdot m^{-1}}$; $\boldsymbol{d}_{xy} = 10^{-11}\mathrm{m \cdot V^{-1}}$)

e 型		c_{11}^E	c_{12}^E	c_{13}^E	c_{33}^E	c_{44}^E	ε_{11}^S	ε_{33}^S	e_{31}	e_{33}	e_{15}	α_d
PIC255	MF	12.30	7.67	7.03	9.71	2.23	8.23	7.59	-7.15	13.70	11.90	0.0200
	IM	12.46	7.86	8.06	12.06	2.04	7.31	6.81	-6.86	16.06	11.90	0.0129
	Δ	1.3	2.4	14.7	24.2	-8.7	-11.1	-10.2	-4.1	17.3	0.0	-35.4
PIC155	MF	11.08	6.32	6.89	11.08	1.91	7.75	6.34	-5.64	12.78	10.29	0.0190
	IM	12.80	8.15	8.42	11.95	1.85	6.78	5.58	-6.29	14.15	12.18	0.0127
	Δ	15.5	28.9	22.1	7.9	-3.4	-12.5	-12.0	11.5	10.8	18.4	-33.4
d 型		s_{11}^E	s_{12}^E	s_{13}^E	s_{33}^E	s_{44}^E	ε_{11}^T	ε_{33}^T	d_{31}	d_{33}	d_{15}	α_d
PIC255	MF	15.90	-5.70	-7.38	20.97	44.84	14.58	15.46	-17.40	39.29	53.36	0.0200
	IM	16.10	-5.63	-7.00	17.64	49.12	14.26	15.43	-18.41	37.93	58.43	0.0129
	Δ	1.3	-1.2	-5.2	-15.9	9.5	-2.2	-0.2	5.8	-3.5	9.5	-35.4
PIC155	MF	16.17	-4.84	-7.05	17.80	52.37	13.30	12.00	-15.40	30.70	53.90	0.0190
	IM	16.23	-5.24	-7.74	19.26	54.20	14.82	13.06	-17.87	37.00	66.02	0.0127
	Δ	0.4	8.3	9.8	8.2	3.5	11.5	8.8	16.0	20.5	22.5	-33.4

2. 识别参数的验证

为了验证逆方法的结果，可以进行各种试验，如对不同几何形状的样品进行数值模拟。下面详细介绍两个试验验证[52]。首先，通过测量和有限元模拟分析了圆盘样品(直径 $d_S = 30.0\mathrm{mm}$、厚度$t_S = 3.0\mathrm{mm}$，PIC255) 的频率 - 分辨电阻抗 $\underline{Z}_T(f)$ 和空间分辨表面法线$v_n(\rho)$。

使用激光扫描振动仪 Polytec PSV - 300 进行速度测量，该振动仪提供相对于磁盘表面上径向位置 ρ 的速度振幅$\hat{v}_n(\rho)$。图 5.16 所示为厚度扩展模式的频率范围内的测量和仿真结果。通过对比表明，制造商的数据会产生不符合实际的仿真结果。因此，该数据集不适用于预测传感器以及包含此类压电陶瓷材料的执行器设备的特性。特别是共振频率明显偏低。即使在逆方法内未考虑磁盘的电气性能

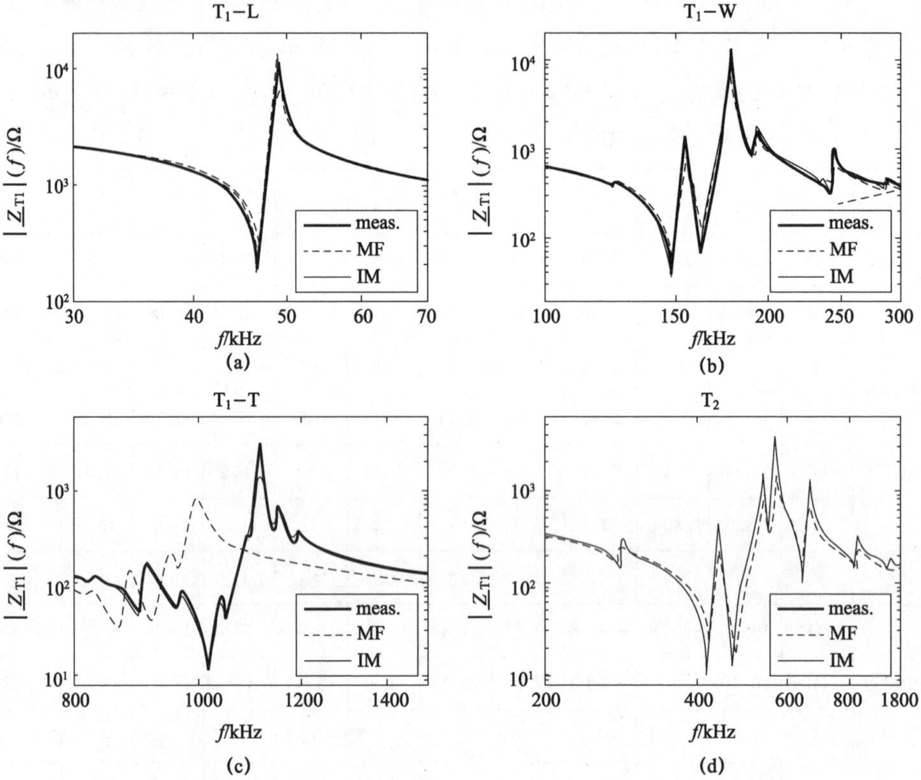

图 5.15　测试样品 T_1 和 T_2 的频率 - 分辨电阻抗 $|\underline{Z}_T(f)|$ 幅值(l_S = 30.0mm、ω_S = 10.0mm、t_S = 2.0mm; PIC255) 的测量和有限元模拟的比较(图片显示了试样主要的振动模式；分别使用制造商(MF) 和逆方法(IM) 的材料参数进行有限元模拟)

或力学性能，但基于识别出的数据集的模拟与测量却非常吻合。

在第二个试验中，分别获得了 PIC255 和 PIC155 的 5 个测试样品 T_1 和 5 个测试样品 T_2 的阻抗曲线。由于每个测试样品的频率 - 分辨电阻抗被用于识别程序，因此存在 25 种不同的组合。将逆方法分别应用于每种组合，从而得出 25 组材料参数。根据这些数据，我们可以计算 11 个所需参数的平均值和标准偏差。除了阻尼系数α_d，所有材料参数的相对标准偏差均小于 1.5%。对于 PIC255 和 PIC155，阻尼系数的相对标准差约为 5%。通过进一步的实验验证，可以得出这样的结论：逆方法提供了合适的材料参数，所研究的压电陶瓷样品的制备工艺是可靠的。

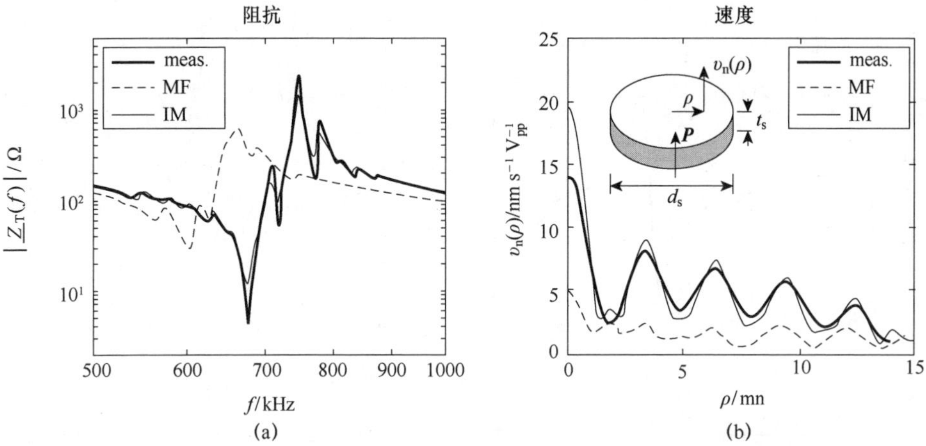

图5.16 压电陶瓷盘(d_S = 30.0mm、厚度t_S = 3.0mm, PIC255)测量和模拟结果的比较(分别使用制造商(MF)和逆向方法(IM)的材料参数进行有限元模拟)

(a) 频率-分辨电阻抗幅值 $|\underline{Z}_T(f)|$;(b) 在 f = 660kHz 时的空间分辨表面法向速度$\hat{v}_n(\rho)$的振幅。

3. 参数的温度依赖性

在压电陶瓷材料的实际应用中,了解材料特性的温度依赖性是非常重要的。为了获得这些信息,将压电陶瓷试验样品 T_1 和 T_2 置于气候室中。气候室内的温度 ϑ 是逐步改变的。在达到设定的温度后,再增加15min的保持时间,保证测试样品的温度均匀后[20],用阻抗分析仪采集其频率-分辨电阻抗。在PIC255温度范围内(-35 ~ +145℃)、PIC155温度范围内(-35 ~ +130℃),至少重复了5个温度循环。需注意,以下结果始终以最后一个温度环路为参考。

如图5.17所示,温度对PIC255时 T_1 和 T_2 的阻抗曲线影响很大,对PIC155也有影响。因此可以断定,决定性的材料参数与温度极大相关[52, 58]。为了量化这些相关性,将逆方法应用于研究压电陶瓷材料。图5.18分别显示了PIC255和PIC155的所选材料参数与温度的关系。为了更好地进行比较,参数被归一化为室温下的值,即$\mathfrak{p}(\vartheta)/\mathfrak{p}(25℃)$。此外,表5.4列出了最低温度和最高温度下所有参数的相对偏差。弹性刚度常数 $\boldsymbol{c}_{xy}^{E}$ 基本上与 θ 无关,而介电常数 $\boldsymbol{\varepsilon}_{xx}^{S}$ 表现出与温度极大相关。在为压电陶瓷传感器和执行器设计合适的电子设备时必须考虑这一事实。图5.18和表5.4还表明PIC155的温度相关性强于PIC255,这与制造商提供的大致信息相吻合。此外,还会出现某种滞后特性,这对于PIC155尤其明显。换句话说,不同的材料参数(如 $\boldsymbol{\varepsilon}_{11}^{S}$,图5.18(b))在升温和降温过程中差异很大。对此特性的可能解释在于对压电陶瓷材料的加热和冷却时材料内部发生的内在过程可能有很大的不同。

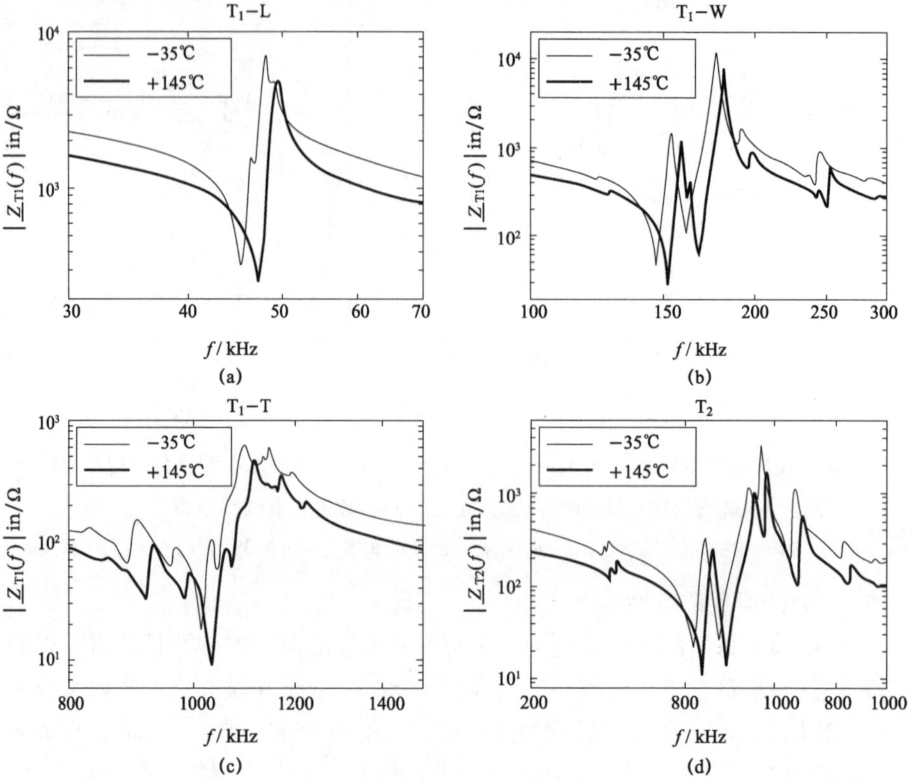

图 5.17　在不同温度下测试样品 T_1 和 T_2(l_S = 30.0mm、ω_S = 10.0mm、t_S = 2.0mm，PIC255) 的测量频率 - 分辨电阻抗幅值 $|\underline{Z}_T(f)|$ 的比较(图片为试样的主要振动模式)

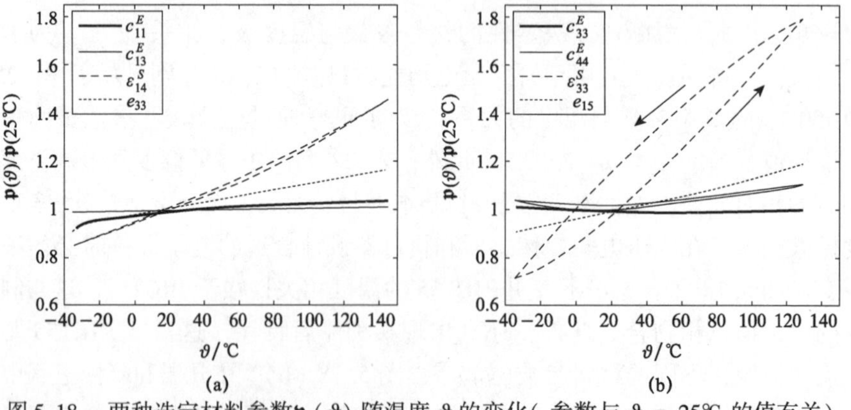

图 5.18　两种选定材料参数 $\mathfrak{p}(\vartheta)$ 随温度 ϑ 的变化(参数与 ϑ = 25℃ 的值有关)

(a)PIC255；(b)PIC155。

表 5.4　压电陶瓷材料 PIC255 和 PIC155 在最低温度和最高温度下材料参数百分比的相对变化(变化与 $\vartheta = 25℃$ 时的值有关)

参数百分比	PIC255		PIC155	
	$\vartheta = -35℃$	$\vartheta = +145℃$	$\vartheta = -35℃$	$\vartheta = +130℃$
Δc_{11}^{E}	- 0.7	3.7	5.0	- 0.7
Δc_{12}^{E}	- 0.2	1.6	1.8	0.2
Δc_{13}^{E}	- 0.9	0.4	0.4	- 1.7
Δc_{33}^{E}	- 1.1	2.3	0.8	0.0
Δc_{44}^{E}	- 1.0	7.6	3.9	10.2
$\Delta \varepsilon_{11}^{S}$	- 15.3	45.3	- 20.0	49.5
$\Delta \varepsilon_{33}^{S}$	- 16.4	35.6	- 28.6	79.6
Δe_{31}	- 14.1	4.6	- 23.4	14.8
Δe_{33}	- 9.7	16.2	- 15.0	40.0
Δe_{15}	- 7.9	19.0	- 9.0	18.8
$\Delta \alpha_{\mathrm{d}}$	12.5	- 17.6	30.9	2.8

利用压电的基本关系(见 3.5 节和 5.1.1 小节)，即

$$k_{33}^2 = \frac{d_{33}^2}{s_{33}^E \varepsilon_{33}^T},\quad k_{31}^2 = \frac{d_{31}^2}{s_{11}^E \varepsilon_{33}^T},\quad k_{15}^2 = \frac{d_{15}^2}{s_{44}^E \varepsilon_{11}^T} \tag{5.54}$$

可以计算出 6mm 级压电陶瓷材料中电能和机械能之间的耦合因子 k_{pq}。图 5.19 显示了 PIC255 和 PIC155 相对于 ϑ 的机电耦合系数。虽然两种材料的参数都明显与温度相关，但是 k_{33}、k_{31} 和 k_{15} 基本保持不变。因此可以说，在所考虑的温度范围内，这些压电陶瓷材料的能量转换不受环境温度的显著影响。

总之，压电陶瓷材料的逆方法通过分析两个块状试样的频率 - 分辨电阻抗，提供了一套完整的材料参数。利用识别出的数据集可以可靠地预测任意形状压电陶瓷的电学和机械学小信号特性。除了 PIC255 等经典材料外，反演方法还成功地应用于无铅压电陶瓷[41, 74]。最后，应该强调的是，本书提出的表征方法并不局限于 6mm 级压电晶体材料。几个进一步的数值研究表明，它普遍适用于其他显示压电耦合的晶体类别，如晶体类别 4mm。

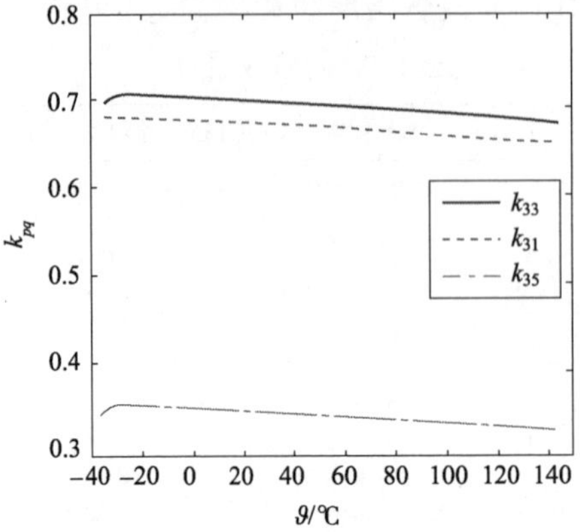

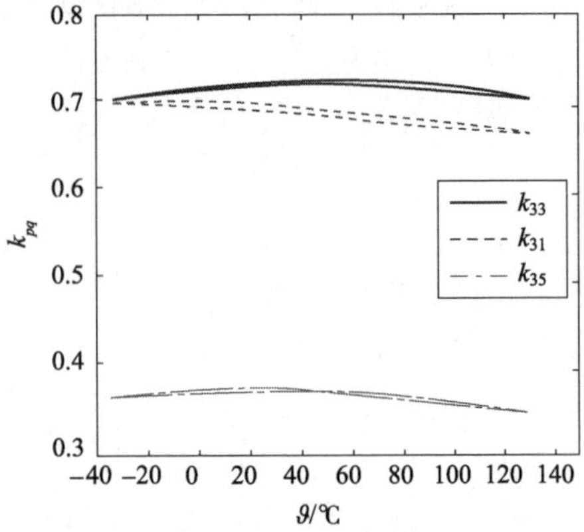

图 5.19　PIC255 和 PIC155 的机电耦合系数 k_{33}，k_{31} 和 k_{15} 与温度 ϑ 的关系(见彩插)

(a)PIC255；(b)PIC155。

5.4　被动材料的逆方法

5.1.2 小节介绍了表征被动材料线性化力学性能(如杨氏模量)的标准方法。正如详细说明的那样，标准方法有显著的缺点和局限性。由于这个事实，已经开发出各种替代方法，这些方法允许表征诸如黏弹性固体的被动材料的动态特性。有几种方法是基于测量和数值模拟的组合[5, 28, 37, 38, 62]。

对于压电陶瓷材料，将应用基于模拟的逆方法来识别各向同性和均质被动材料的力学特性。重点在于找到一种简单、可靠的方法来推导频率相关材料参数的函数关系[56, 69]。这种功能关系对于精确模拟像塑料这样的黏弹性固体的机械特性非常重要。原则上，对于被动材料的逆方法是基于通过机械振动对适当的试样进行谐振激励[18, 19, 68]。试样的响应(如尖端位移)取决于其几何尺寸和材料的力学性能。通过将模拟响应向实测响应校正，能够确定动态材料参数，即杨氏模量和阻尼比。

本节从黏弹性固体模型和考虑此类材料内衰减的方法开始。这包括通用模型以及量身定制的材料模型。然后简要讨论了逆方法的可行输入量。在 5.4.3 小节中将通过测量和数值模拟的方式来解释和证明测试样品的选择，并详细说明试验安排。5.4.4 小节显示了有效实施被动材料逆方法的主要步骤。最后列出并验证所选材料的已识别参数。

5.4.1 材料模型和衰减建模

由于材料内的内部损失，各种固体材料(如塑料)表现出明显的黏弹性特性。黏弹性是指机械应力和机械应变之间的关系与时间 t 相关，因此与频域中的频率 f 相关。可以观察到黏弹性材料的 3 种效应，即应力松弛、蠕变和滞后[4]。应力松弛在维持恒定变形过程中，材料内部的机械应力减小，蠕变表示在施加恒定应力情况下机械应变增大。在黏弹性材料的情况下，在应力 - 应变曲线中会出现滞后现象，因为材料的特性随加载和卸载循环的不同而不同。

现在，假设线性黏弹性，这在小输入量(即小机械应变以及小机械应力)的情况下是允许的。为了在数值模拟中考虑被动材料的线性黏弹性特性，可以将频率相关的值用于决定性的材料参数，如杨氏模量 E_M 和泊松比 ν_P。在复数表示中，动态(即与频率相关)的杨氏模量 $\underline{E}_M(\omega)$ 的形式为(角频率 $\omega = 2\pi f$)[56, 73]

$$\underline{E}_M(\omega) = E_{\Re}(\omega) + jE_{\Im}(\omega) \tag{5.55}$$

实部 $E_{\Re}(\omega)$ 测量每个周期存储和回收的能量。与此相反，虚部 $E_{\Im}(\omega)$ 通过内部阻尼来表征黏弹性材料内的能量耗散。这些量导致的损耗因子 $\tan\delta_d$ 和阻尼比 $\xi_d(\omega)$，其定义为

$$\tan\delta_d = 2\xi_d(\omega) = \frac{E_{\Im}(\omega)}{E_{\Re}(\omega)} \tag{5.56}$$

当然，也可以为黏弹性固体引入动态泊松比 $\underline{\nu}_P(\omega)$[48]。然而，在较宽的频率范围内，泊松比的频率依赖性比杨氏模量[18, 67]弱得多。这就是为什么只关注动态杨氏模量 $\underline{E}_M(\omega)$，而不考虑两个量对频率的影响。为了在谐波有限元模拟中考虑杨氏模量对频率的依赖相关性，需要改变弹性刚度张量 $[\boldsymbol{c}]$ (见 2.2.3 小节)。

下面将研究用于描述黏弹性的常见材料模型(如 Kelvin - Voigt 模型)。这些模型将对重要的系统属性因果关系进行检验。然后提出了一个剪裁的频率依赖模型，允许可靠的仿真真实固体材料的黏弹性特性，最后提出了一种定制的频率相关模型，该模型允许对真实固体材料的黏弹性特性进行可靠仿真。

1. 常用材料模型

固体材料的线性黏弹性特性通常通过机械类比来建模。在此过程中，材料的特性模拟为弹性弹簧和机械阻尼器的线性组合(图 5.20)。弹簧刚度(弹性模量)为 κ_S 的弹簧表示线性黏弹性特性的弹性部分，而黏性部分通过黏度为 η_D 的阻尼器来描述。通常，文献中列出了黏弹性材料的 3 个模型(如文献[4, 34])，即麦克斯韦(Maxwell)模型、开尔文 - 沃伊特(Kelvin - Voigt)模型、标准线性实体

(SLS) 模型。下面讨论基本模型的主要属性。为了便于模型比较，输入机械应变 $S(t)$ 和机械应力 $T(t)$ 的时变性阶跃响应分别如图 5.21 所示。在应变输入的情况下，阶跃响应可以解释为应力松弛，而对应力输入的阶跃响应解释了潜在的蠕变特性。

(1) Maxwell 模型。单个弹簧与单个阻尼器串联连接(图 5.20(a))。由于弹簧和减振器承受相同的机械应力 T，因此该模型也称为等应力模型。这个构型的微分方程就变成

$$\frac{T(t)}{\eta_D} + \frac{1}{\kappa_S}\frac{dT(t)}{dt} = \frac{dS(t)}{dt} \tag{5.57}$$

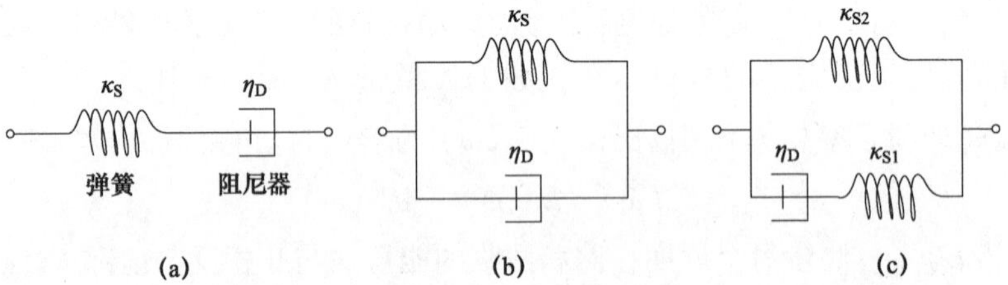

图 5.20　3 种常见材料模型

(a) Maxwell 模型；(b) Kelvin - Voigt 模型；(c) SLS 模型。

如图 5.21 所示，应变输入的阶跃响应 $T(t)$ 随时间呈指数衰减，这与许多材料(如聚合物)的特性一致。然而，阶跃响应 $S(t)$ 随时间线性增加，而不受应力输入的限制。当然，这种材料特性是不可能的。

(2) Kelvin - Voigt 模型。该模型基于单弹簧和单阻尼器的并联(图 5.20(b))。由于这两个元素受相同的机械应变 S，该模型也称为等应变模型。这个构型的微分方程为

$$T(t) = \kappa_S S(t) + \eta_D \frac{ds(t)}{dt} \tag{5.58}$$

根据应力输入的阶跃响应 $S(t)$(图 5.21)，Kelvin - Voigt 模型能够覆盖黏弹性材料的蠕变特性。另外，应变输入的阶跃响应 $T(t)$ 不具有这种材料的应力松弛特征。

(3) 标准线性实体(SLS) 模型。SLS 模型也称为齐纳模型，由一个阻尼器和两个弹簧组成(图 5.20(c))。此构型的微分方程采用以下形式，即

$$T(t) + \tau_\varepsilon \frac{dT(t)}{dt} = \kappa_S\left[S(t) + \tau_T \frac{ds(t)}{dt}\right] \tag{5.59}$$

$$\tau_\varepsilon = \frac{\eta_D}{\kappa_{S1}} \text{和} \tau_T = \eta_D \frac{\kappa_{S1} + \kappa_{S2}}{\kappa_{S1} \kappa_{S2}} \tag{5.60}$$

与 Maxwell 和 Kelvin - Voigt 模型相比，SLS 模型为应变和应力输入提供了现实的阶跃响应。因此，该模型对应力松弛和蠕变的预测都是准确的。

除了上述基本模型外，还有各种其他模型(如分数齐纳模型[47])对固体的线性黏弹性材料特性进行建模。这些模型的复杂性各不相同，可以高度精确地模仿实际的材料特性。但是，这也意味着需要确定大量模型参数。

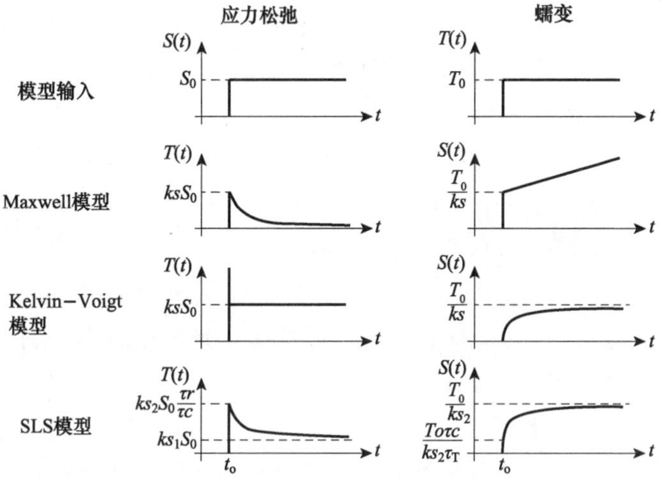

图 5.21　基本材料模型(即 Maxwell、Kelvin - Voigt 和 SLS) 的阶跃响应模型[4]
(左) 应变输入的应力松弛 $T(t)$；(右) 应力输入的蠕变 $S(t)$。

2. 因果关系的考虑

从系统的角度来看，因果关系意味着系统的当前输出仅取决于其当前和过去的输入，即时间 t 处的输入最早会在时间 t 处影响系统输出[48]。换句话说，系统无法面向未来，自然界中每一个系统都是如此。下面研究这一基本系统性质对表征被动材料动态力学性能的影响。根据 5.1.2 小节，将测试样品视为线性系统。如果系统受到机械应变 $T(t)$ 的激励，则测试样品内将出现一定的机械应力 $S(t)$，可用来确定杨氏模量 E_M。在频域中，基本的数学关系表示为(角频率 ω)

$$\underline{E}_M(\omega) = \frac{\underline{T}(\omega)}{\underline{S}(\omega)} \tag{5.61}$$

动态杨氏模量由实部 $E_{\Re}(\omega)$ 和虚部 $E_{\Im}(\omega)$ 组成。由于线性系统必须满足因果关系，因此 $E_{\Re}(\omega)$ 和 $E_{\Im}(\omega)$ 是相互关联的。两个量之间的联系源于所谓的

Kramers - Kronig 关系[29]，它代表了希尔伯特变换的一个特例。对于动态杨氏模量，这些关系式为

$$E_{\Re}(\omega) = E_0 + \frac{2\omega^2}{\pi}\mathrm{CH}\int_0^{\infty} \frac{E_{\Im}(\gamma)}{\gamma(\omega^2 - \gamma^2)}\mathrm{d}\gamma \tag{5.62}$$

$$E_{\Im}(\omega) = -\frac{2\omega}{\pi}\mathrm{CH}\int_0^{\infty} \frac{E_{\Re}(\gamma)}{\omega^2 - \gamma^2}\mathrm{d}\gamma \tag{5.63}$$

式中：$E_0(\hat{=} \underline{E}_M(\omega = 0) = E_{\Re}(\omega = 0))$ 为静态杨氏模量；CH 表示积分的柯西主值。①由于动态杨氏模量的实部和虚部之间有明显的联系，因此在因果系统的情况下，频率相关的阻尼比$\xi_d(\omega)$ 不能取任意值(式(5.56))。原则上，$\underline{E}_M(\omega)$ 和 $\xi_d(\omega)$ 必须满足以下 4 个条件。

(1) 在静态情况下，阻尼比需要消失，即$\xi_d(\omega = 0) = 0$。这自动意味着条件 $E_{\Im}(\omega = 0) = 0$ 和 $E_{\Re}(\omega = 0) = E_0 \neq 0$。

(2) 静态杨氏模量 E_0 必须具有一个有限值。

(3) 由于实际系统的$\xi_d(\omega)$ 始终大于零，因此必须满足 $E_{\Im}(\omega) \geq 0$。根据这一事实和式(5.62)，可以立即得出 $E_{\Re}(\omega)$ 需要随角频率 ω 的上升而单调增加，即对于$\omega_1 < \omega_2$ 时，$E_{\Re}(\omega_1) < E_{\Re}(\omega_2)$。

(4) 实际系统的阶跃响应始终是有界的。由于步长(单位阶跃函数)包含所有频率，$E_{\Re}(\omega \to \infty) = E_{\infty}$ 必须取有限值。对于式(5.63)，这也意味着 $E_{\Im}(\omega \to \infty)$ 以及$\xi_d(\omega \to \infty) = 0$。

此时，出现的问题是，黏弹性材料的 3 个基本模型(即 Maxwell、Kelvin - Voigt 和 SLS 模型)是否满足这些标准。为了回答这个问题，先看一下表 5.5 中的 $E_{\Re}(\omega)$ 和 $E_{\Im}(\omega)$，它们是由基本的微分方程[4] 得出的。由于 $E_0 = 0$，Maxwell 模型违反了准则 1，而 Kelvin - Voigt 模型因 $E_{\Re}(\omega)$ 保持恒定且 $E_{\Im}(\omega)$ 随 ω 线性增加而违反准则 3 和准则 4。注意，违反标准与图 5.21 中不切实际的阶跃响应密切相关。与 Maxwell 模型和 Kelvin - Voigt 模型相比，SLS 模型符合所有标准，因此，它能真实反映系统的因果特性。

---

① 柯西主值允许求解反常积分；否则，反常积分将无法定义[8]。

表 5.5 典型黏弹性材料模型的动态杨氏模量 $\boldsymbol{E}_{\mathrm{M}}(\omega)$ 的频率相关的实数部分 $E_{\Re}(\omega)$ 和虚数部分 $E_{\Im}(\omega)$、可调模型参数的数量

模型	$E_{\Re}(\omega)$	$E_{\Im}(\omega)$	参数
Maxwell	$\dfrac{\kappa_S(\eta_D\omega)^2}{\kappa_S^2+(\eta_D\omega)^2}$	$\dfrac{\kappa_S^2\eta_D\omega}{\kappa_S^2+(\eta_D\omega)^2}$	$2(\kappa_S, \eta_D)$
Kelvin - Voigt	κ_S	$\eta_D\omega$	$2(\kappa_S, \eta_D)$
SLS	$\dfrac{\kappa_{S2}(1+\tau_T\tau_\varepsilon\omega^2)}{1+(\tau_\varepsilon\omega)^2}$	$\dfrac{\kappa_{S2}(\tau_T-\tau_\varepsilon)\omega}{1+(\tau_\varepsilon\omega)^2}$	$3(\kappa_{S2}, \tau_T, \tau_\varepsilon)$

3. 定制的材料模型

如上所述，SLS 模型代表满足所有因果系统标准的黏弹性材料的唯一通用模型。但是，在此模型中可调整的参数数量较少，通常会妨碍动态材料特性的精确仿真。因此，需要替代模型来描述黏弹性材料。在文献[19, 56]中，有人提出了一个动态杨氏模量的实部 $E_{\Re}(f)$ 的特殊模型，该模型由一个常数部分、一个线性部分和一个对数部分组成。在各种各向同性塑料中，定制的材料模型是随频率 f 的增加导致 $E_{\Re}(f)$ 成对数增长而产生的，即

$$E_{\Re}(f)=E_0\left[1+\alpha_1\cdot f+\alpha_2\cdot\lg\left(\frac{f+1\mathrm{Hz}}{\mathrm{Hz}}\right)\right] \tag{5.64}$$

当α_1 和α_2 均为正值时，$E_{\Re}(f)$ 将随f单调上升，因此满足因果系统的准则 3。此外，式(5.64) 需要静态杨氏模量 E_0，通过该静态模量 E_0 自动满足准则 2。为了确定$\underline{E}_{\mathrm{M}}(f)$ 的频率相关虚部 $E_{\Im}(f)$ 以及阻尼比$\xi_d(f)$，引入近似[40]

$$E_{\Im}(\omega)\approx-\frac{\pi}{2}\omega\frac{\mathrm{d}E_{\Re}(\omega)}{\mathrm{d}\omega} \tag{5.65}$$

得出($\omega=2\pi f$)

$$E_{\Im}(f)=\frac{\pi}{2}E_0\left[\alpha_1\cdot f+\frac{\alpha_2}{\ln 10}\frac{f}{f+1\mathrm{Hz}}\right] \tag{5.66}$$

于是，$\xi_d(f)$ 为

$$\xi_d(f)=\frac{E_{\Im}(f)}{2E_{\Re}(f)}=\beta_d\frac{\pi\left(\alpha_1\cdot f+\dfrac{\alpha_2}{\ln 10}\dfrac{f}{f+1\mathrm{Hz}}\right)}{4E_0[1+\alpha_1\cdot f+\alpha_2\cdot\lg(f+1\mathrm{Hz})]} \tag{5.67}$$

式中：β_d 为能够调节阻尼比的附加比例因子。这个因子对软、硬固体材料模型的一般应用可能是有用的。

除了准则 2、3 外，量身定制的模型也满足准则 1。由于 $E_{\Re}(f)$ 无界上升，$E_{\Im}(f\to\infty)$ 及$\xi_{d}(f\to\infty)\neq 0$，模型不满足因果系统的准则 4。尽管模型仅包含 4 个 参数，即 E_0、α_1、α_2 和β_d，并且违反了准则 4，但是适当选择参数可以在较宽的频率范围内可靠地模拟黏弹性材料的特性[18]。将 $E_{\Re}(f)$ 分为常数部分、线性部分和对数部分，便于参数辨识。由于上述原因，这种材料模型特别适合于表征被动材料的动力学特性。

5.4.2 可行的输入量

为了识别特征参数，需要测量和模拟重要的量作为逆方法的输入。研究的重点是具有黏弹性特性的被动材料的动态力学特性。因此，似乎很自然地需要进行频率相关的机械量的测量和模拟。适当方法是以期望频率对试样进行机械激励(即谐波机械激励)，从而获得重要及可测量的量。试样对这种激发的响应取决于其几何尺寸，但也反映了激发频率下的材料力学性能。

现在考虑一个实心圆盘(图 5.22(a))，其底部区域受到厚度方向上的正弦位移 $\boldsymbol{u}_1(t)$ 的机械激励。谐波激励定义为(时间 t)

$$\boldsymbol{u}_1(t)=\Re\{\underline{\boldsymbol{u}}_1(t)\}=\Re\{\hat{\boldsymbol{u}}_1\,\mathrm{e}^{\mathrm{j}2\pi ft}\}=\hat{\boldsymbol{u}}_1\cos(2\pi ft) \tag{5.68}$$

位移幅度为$\hat{\boldsymbol{u}}_1$，激励频率为 f。在线性材料特性的假设下，圆盘的顶部区域以相同的频率振动，产生正弦位移 $\boldsymbol{u}_2(t)$，该位移为

$$\boldsymbol{u}_2(t)=\Re\{\underline{\boldsymbol{u}}_2(t)\}=\Re\{\hat{\boldsymbol{u}}_2\,\mathrm{e}^{\mathrm{j}2\pi ft-\mathrm{j}\varphi}\}=\hat{\boldsymbol{u}}_2\cos(2\pi ft-\varphi) \tag{5.69}$$

位移幅度与相位角的比值$\hat{\boldsymbol{u}}_2/\hat{\boldsymbol{u}}_1$ 取决于激励频率、圆盘几何形状及材料特性。由此，当$\hat{\boldsymbol{u}}_2/\hat{\boldsymbol{u}}_1$ 比值、圆盘几何形状和激励频率已知时，就可以推断出材料特性。因此，在线性情况下，该比率可以解释为考虑试样的位移幅度的特征传递特性$H_{\mathrm{T}}(f)$。由于速度 $v(t)$ 和加速度 $a(t)$ 都是由位移 $\boldsymbol{u}(t)=\hat{\boldsymbol{u}}\cos(2\pi ft)$ 得到

$$v(t)=\frac{\mathrm{d}\boldsymbol{u}(t)}{\mathrm{d}t}=-\overbrace{2\pi f\hat{\boldsymbol{u}}}^{\hat{v}}\sin(2\pi ft) \tag{5.70}$$

$$a(t)=\frac{\mathrm{d}^2\boldsymbol{u}(t)}{\mathrm{d}t^2}=-\underbrace{(2\pi f)^2\hat{\boldsymbol{u}}}_{\hat{a}}\cos(2\pi ft) \tag{5.71}$$

则$H_{\mathrm{T}}(f)$ 与这些量的关系为

$$H_{\mathrm{T}}(f)=\left.\frac{\hat{\boldsymbol{u}}_2}{\hat{\boldsymbol{u}}_1}\right|_f=\left.\frac{\hat{v}_2}{\hat{v}_1}\right|_f=\left.\frac{\hat{a}_2}{\hat{a}_1}\right|_f \tag{5.72}$$

换句话说，利用哪个量来测定$H_{\mathrm{T}}(f)$ 并不重要。对于可用的测量设备，如光学三角测量位置传感器，这一点尤其重要。

5.4.3 测试样品

根据上述考虑，动态材料特性的识别要求改变施加到测试样品的机械激励的频率 f。这里将解决有关合适的测试样本的问题。一般来说，不存在单一的样品形状，这就可以测定软、硬材料的动态力学性能。经过多方面研究，如文献［18，56，69］表明，圆柱形的试样对于软材料来说是可行的，而硬材料可以借助于梁形的试样来进行表征。

软材料需要特殊的样品设计，以避免由于试样的净重而引起的机械变形。一个扁圆柱(即圆盘形)代表这样一个样本形状(图5.22(a))。由于机械夹紧会引起试样的扰动变形，建议将试样粘贴在与机械振动源相连的刚性载板上，如电动激振器。对于硬材料，可以使用长圆柱形杆(图5.22(b))。由于硬材料尺寸稳定，可以在底部附近用机械方法夹紧。然而，梁形试样允许额外的机械加载方向。这对于表征被动材料的动态性能特别重要。

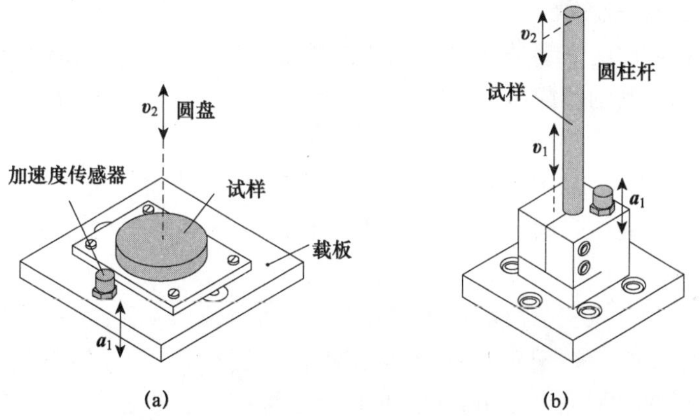

图5.22　测试实心圆盘和长圆柱形杆(测量加速度 $\boldsymbol{a}_1$ 或速度 $\boldsymbol{v}_1$ 和速度 $\boldsymbol{v}_2$[18]

(a) 粘在载板上的软材料试样扁圆柱；(b) 机械夹紧的硬材料的试样圆柱杆。

图5.23描绘了3种不同的夹具(即夹具C1、C2和C3)，它们已被证明对梁形测试样品有效[18]。通过这些夹具，可以施加3个单独的机械载荷方向，因此可以施加所有能使单侧夹紧梁线性运动的方向。夹具C1和C2上的试样可以在梁内生成弯曲模式，而夹具C3上的试样则施加了拉压载荷。在使用夹具C1和C2时，试样引入了一个非对称载荷的机械振动的来源。为了补偿不对称的负荷，应该增加一个相同的梁来配重。

接下来讨论关于参数辨识试验过程的决定性问题，包括测试样品的机械激励

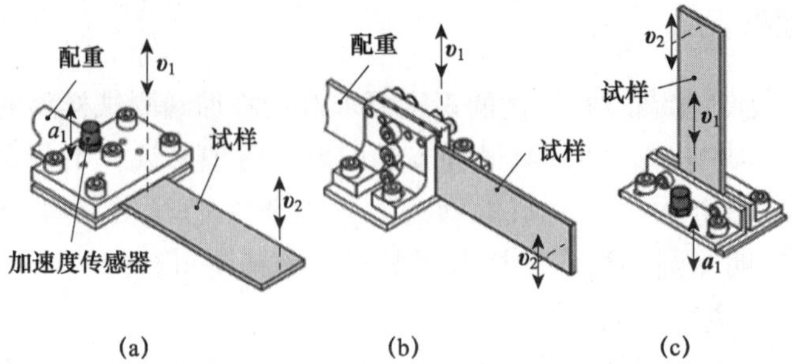

图 5.23　3 种不同的梁试样夹具[18]（测量加速度$\boldsymbol{a}_1$ 或速度$\boldsymbol{v}_1$ 和速度$\boldsymbol{v}_2$）（见彩插）

(a) 用于弯曲的夹具 C1；(b) 用于弯曲的夹具 C2；(c) 用于压缩 - 拉伸载荷的夹具 C3。

以及确定特性传递函数所需的适当测量设备。此外，将研究建模方法，以便对测试样品进行有效的有限元仿真。最后，提出了基于仿真的参数研究，为参数识别提供了有用的信息。

1. 试样的机械激励

动态材料特性的识别是基于适合的机械振动试样的特征传递函数$H_{\mathrm{T}}(f)$，该振动由电动振动激励器或压电叠层执行器提供。电动振动激励器在低频区域（即$f<100\mathrm{Hz}$）具有较大的位移，但通常不适用于$f>10\mathrm{kHz}$ 的工作频率。相反，压电叠层执行器（参见 10.1 节）允许更高的工作频率。然而，这种执行器的实现的位移较小，这可能用来确定$H_{\mathrm{T}}(f)$。因此，必须根据动态材料特性的理想频率范围来选择振源。

在这一点上应该注意的是，高激励频率($f>10\mathrm{kHz}$) 自然会伴随着夹紧装置内的共振现象。在参数识别过程中考虑这些现象实际上是一项具有挑战性的任务。因此，下面将重点研究 5kHz 以下的动态材料参数的确定，其中电动振动激励器 TIRA S 5220 - 120[64] 作为机械振动源。然而，通过修改和优化夹紧装置，可以通过压电叠层执行器获得更高的频率。

2. 测量设备

为了通过试验确定$H_{\mathrm{T}}(f)$，必须获得沿测试样品的两个不同位置的位移$\boldsymbol{u}$、速度$\boldsymbol{v}$或加速度$\boldsymbol{a}$（见式(5.72)），如在圆盘的顶部和底部。随时间变化的加速度$\boldsymbol{a}(t)$ 可以很容易地用压电加速度传感器测量（见9.1.4小节），如该传感器可直接测量软圆柱形试样的载体板（图 5.22）或梁形试样夹钳处的机械激励信号$a_1(t)$（图 5.23）。然而，由于加速度传感器的净重，加速度传感器不适合获得$a_2(t)$，因为试样的传递特性$H_{\mathrm{T}}(f)$ 会受到很大的影响。这就是为什么在这个任务中选择非反应测量原理的原因。

光学三角定位传感器和激光多普勒振冲计①都允许对机械运动进行非反应性和时间分辨测量[15, 65]。因此，可以以非反应方式确定位移、速度及加速度。虽然光学三角定位传感器相对便宜，可用于静态和动态测量，但其固定的工作距离和有限的位移分辨率是它的缺点。相比之下，激光多普勒振动计价格昂贵，但具有出色的位移和速度分辨率。主要分为面外振动计和面内振动计。面外测振计(如 Polytec OFV - 303[46]) 测量反射面沿发射的激光束的运动，面内测振计(如 Polytec LSV - 065[46]) 提供反射面垂直于传感器头的运动信息。然而，这两种类型的测振仪只有在测试样品测量点充分反射入射激光的情况下才能工作，这可以通过特殊的反射箔来确保。本书给出的$H_T(f)$ 的试验结果主要是利用这种振动计测量$\boldsymbol{v}_1(t)$ 和$\boldsymbol{v}_2(t)$ 速度得到的，如图 5.24 显示了用 C2 夹具辅助分析梁形试样的试验装置。

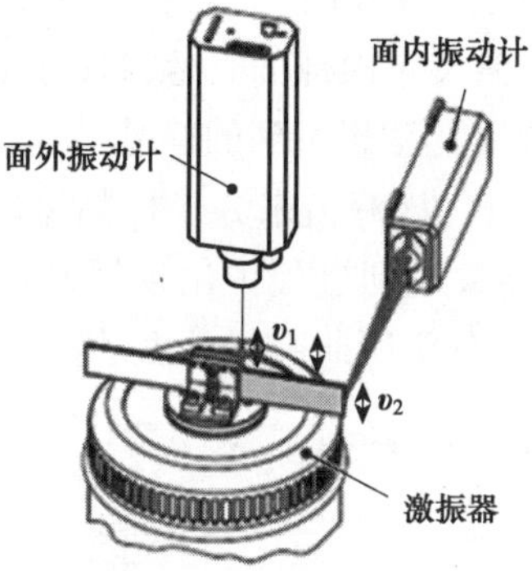

图 5.24　基于 C2[18] 夹具的机械激励梁形试样的试验装置(用面外激光多普勒测振计测量的速度v_1，用面内激光多普勒测振计测量的速度v_2，电动振动激励器作为振源)

3. 代表性特征传递函数

图 5.25 所示为通过上述试验装置实现的选定的特性传递函数$H_T(f)$。因此，图 5.25(a) 和图 5.25(b) 分别指圆柱形和梁形试样的试样。3 个圆柱形试样(直径 $d_S = 50.0\text{mm}$、高$t_S = 10.0\text{mm}$) 是由 Smooth - On 公司的三组分加成硫化硅胶制成的[63]。机械软化合物包含两部分($a + b$)ecolex 0030 硅橡胶和单部分硅树脂稀释剂(t)。为了改变样品的机械刚度，使用了不同量的有机硅稀释剂[19, 56, 70]。稀释剂的用量越少，杨氏模量 E_M 越高。每个制作的测试样品由组件 a 和组件 b 的一部分组成，而稀释剂的用量从 0 ~ 4 份不等。圆柱形化合物固化后，将其粘在载

① 激光多普勒振动计也被称为激光多普勒速度计。

体板上(图 5.22)。正如预期的那样，3 种化合物的 $H_T(f)$ 差异显著(图 5.25(a))。例如，在圆柱形试样中，最大值发生了相当大的偏移，表明机械振动产生共振。对于机械上这种非常柔软的材料，这是杨氏模量对测试样品采用不同值的直接结果。然而，不可能找到以合适的方式描述样品动态特性的恒定材料参数集(即与激发频率 f 无关)。因此，对频率相关的力学性能的识别是必不可少的。

在图 5.25(b) 中，可以看到用 3 种不同的夹具 C1、C2 和 C3(图 5.23) 研究的梁形试样的特征传递函数 $H_T(f)$。该梁由聚氯乙烯(PVC) 制成，其几何尺寸为 $\omega_S \times l_S \times t_S = 40.0\text{mm} \times 150.0\text{mm} \times 4.0\text{mm}$(图 5.26(c))。与圆柱形试样相似，3 种夹具的机械振动在 $H_T(f)$ 中都有明显的共振。尽管研究了相同的梁，但振动共振出现在完全不同的频率上，如夹具 C1 和 C3 的一阶共振分别在 $f_r \approx 60\text{Hz}$ 和 $f_r \approx 3.1\text{kHz}$ 处。这一事实源于机械激励的类型，而夹具的机械激励类型则完全不同。换句话说，每个夹具会激发梁内部的其他机械振动模式。然而，振动源的轻微不对称的力学特性可能会引起意想不到的样品振动。例如，夹具 C2 的 $H_T(f)$ 包含了一个 3.1kHz 的额外峰值，该峰值来源于样品振动，严格地说，它应该只存在于夹具 C3。为了避免在参数识别过程中出现误解和问题，因此，建议使用所有夹具(即 C1、C2 和 C3) 来分析所研究梁的振动特性。

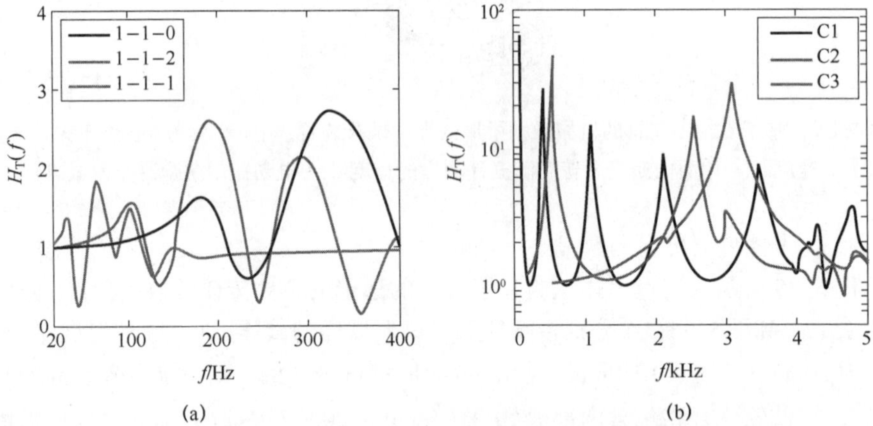

图 5.25　不同试样的实测特征传递函数 $H_T(f)$

(a) 直径为 $d_S = 50.0\text{mm}$ 且高度为 $t_S = 10.0\text{mm}$ 的圆柱形测试样品(其有机硅稀释剂的量不同，即 1-1-0 和 1-1-4 分别表示 0 和 4 份有机硅稀释剂)；(b) 用夹具 C1、C2 和 C3 分析的梁形 PVC 试样($\omega_S \times l_S \times t_S = 40.0\text{mm} \times 150.0\text{mm} \times 4.0\text{mm}$)(图 5.23)。

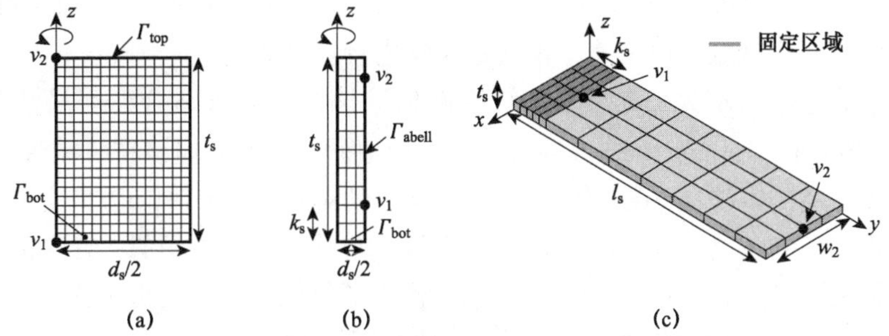

图 5.26　直径为 d_S、高度为t_S 的轴对称有限元模拟模型

(a) 黏合圆柱；(b) 夹紧圆柱；(c) 长度为l_S，宽度为ω_S 和高度为t_S 的夹持梁三维有限元模拟模型(固定区域为 Dirichlet 边界，夹紧长度 k_S)。

4. 数值模拟

除测量外，表征被动材料动态特性的逆方法还要求对测试样品进行谐波有限元仿真。就像压电陶瓷材料一样，由于参数识别基于有限元模拟对测量的迭代调整，因此模拟应该花费尽可能少的时间。为了表征无源材料，使用圆柱或梁形测试样品(图 5.22 和图 5.23)。将注意力集中在这些测试样本的有效建模方法上，而试验设置的其余部分(如胶水和夹具)则没有进一步考虑。

可以通过轴对称模型和二次拉格朗日 Ansatz 函数(即 h－FEM)有效地模拟圆柱形试样的力学特性[56]。为了找到所研究的圆柱形测试样品的可行空间离散化方法，应该进行网格研究。在圆柱体底部 Γ_{bot} 处的机械激励v_1 是指在 z 方向上的非均匀 Dirichlet 边界上(图 5.26(a) 和图 5.26(b))。根据试验结构(即黏合或夹持的样品)，必须在有限元模型中应用附加的边界条件[19, 70]。例如，均匀的 Dirichlet 边界可防止胶合圆柱体在径向上发生机械位移。为了得到圆柱形试样的特征传递函数$H_T(f)$，最终要求在 z 方向上得到速度v_2。根据试验布置，这个速度是指顶部区域 Γ_{top} 中心或圆柱壳 Γ_{shell} 上的一个点，这个点必须是计算网格的一部分。一般来说，梁形试样的建模比柱状试样的建模更为复杂。虽然可以利用梁的某些对称性，但是对梁的力学特性进行可靠的模拟需要三维模型，而不是简化的二维模型(如 Kirchhoff 板)，后者受限于特定的几何比率以及机械激励。然而，因为锁定效应，传统的三维模型的有限元模拟可能会产生不切实际的结果，特别是在梁非常细的情况下。避免锁定的一种可能的补救方法是应用勒让德 Ansatz 函数，即p－FEM。如4.1.3小节所述可以在空间的不同方向上改变p－FEM的多项式的次数。这种各向异性 p－FEM 允许粗略的计算网格，因此，对于梁形测试样品，可以使用较少的有限单元。各向异性 p－FEM 时效应用的一个关键问题是合理选择梁的空间离散方法和不同方向上的多项式次数 p_d。在利用这种特殊的有限元模拟进行迭代参数辨识之前，再次建议先进行网格研究。

图 5.26(c) 所示为一个典型的计算网格，该网格非常适合几何尺寸为$\omega_S \times l_S \times t_S = 40\text{mm} \times 150\text{mm} \times 2\text{mm}$ 的梁。各种数值研究表明，应该在机械激励[18] 方向上应用最高的多项式次数(如$p_d = 5$)，即也就是在夹具 C1 的z方向上应用最高的多项式。在剩余方向上，p_d 可以显著降低。与圆柱形试样相似，在梁的夹持区域，分别用非均匀和均匀的 Dirichlet 边界模拟了机械激励和夹持试样。这个长度为k_S 的区域具有相对较细的网格。在任何情况下，计算网格都应该包括试验中使用的速度v_1 和v_2 的测量点。这些测量点用于确定$H_T(f)$。

5. 参数研究

现在来看看基于模拟的各向同性被动材料的参数研究，这些材料具有已使用的样本形状，即圆柱和梁。重点研究了两种材料参数引起的特征转移特性$H_T(f)$的变化，即杨氏模量的实部 $E_{\Re}$ 和泊松比ν_P。这里假定两个参数对于测试样本的激励频率f是常数。由于阻尼比ξ_d 主要改变了$H_T(f)$ 中共振峰的高度，但对共振频率几乎没有影响，因此这个参数在研究中没有考虑。图 5.27 显示了圆柱形试样(直径$d_S = 50\text{mm}$、高$t_S = 70\text{mm}$)的参数研究的模拟结果，圆柱形试样在其底部受到均匀激励(参见图 5.22(a))。图表中的每条水平线均指代不同参数集的$H_T(f)$ 进度。当一个材料参数(如图 5.27(a) 中的 $E_{\Re}$) 在 ±20% 的范围内变化时，另一个参数(如ν_P) 保持恒定。正如分析关系所预期的那样，参数研究清楚地表明，$E_{\Re}$ 的增加会使$H_T(f)$ 的共振变大。但是，对于ν_P 的变化，无法观察到这种不同的特性。然而，通过$H_T(f)$ 对 $E_{\Re}$ 和ν_P 的明显不同变化表明，应该有可能通过适当的圆柱形测试样品唯一地识别这些参数。

对于梁形试样，$E_{\Re}$ 和ν_P 再次在 ±20% 范围内变化。所研究的梁的几何尺寸$\omega_S \times l_S \times t_S = 40\text{mm} \times 150\text{mm} \times 2\text{mm}$。图 5.28 包含了在试验中使用 3 种不同夹具 C1、C2 和 C3(图 5.23) 的参数研究结果。显然，如果用夹具 C1 研究梁，则$E_{\Re}$ 和ν_P 相同的相对变化将引起$H_T(f)$ 的相似变化。与此相反，对于夹具 C2 和夹具 C3，这样的变化改变了$H_T(f)$ 中相反方向的共振频率。

由此可以得出结论，通过逆方法，单个夹具可能不足以可靠地识别杨氏模量和泊松比。因此，建议将用于夹具 C1 的梁形试样的特性传递函数$H_T(f)$ 与用于其他夹具的一个特征传递函数$H_T(f)$ 相结合，即针对夹具 C2 或夹具 C3 的$H_T(f)$。但是，对真实材料样本的一些研究表明，只考虑夹具 C1 往往能得到准确的参数集[18, 69]。

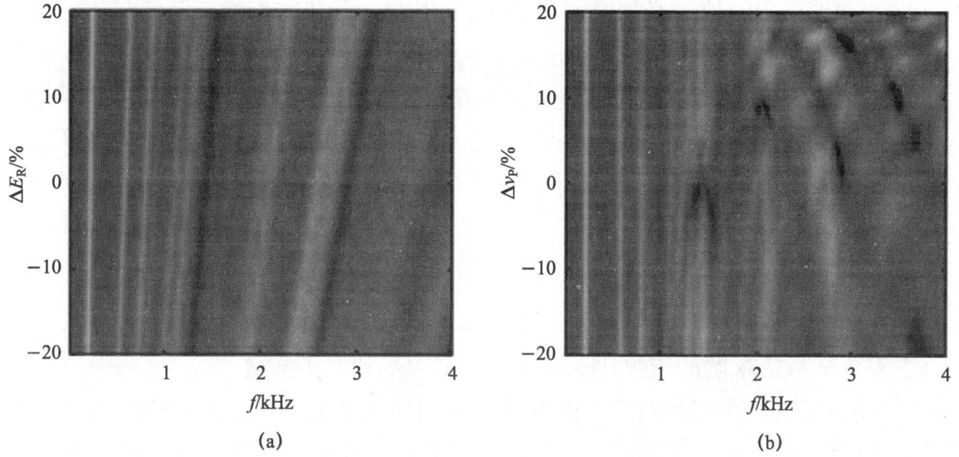

图 5.27　杨氏模量 $E_{\Re}$ 和(a) 泊松比ν_P 的明显变化对圆柱形试样的特性传递函数$H_T(f)$ 的影响(d_S = 50mm、t_S = 70mm；初始值：ϱ = 1150kgm^{-3}，$E_{\Re}$ = 4MPa，ν_P = 0.4，ξ_d = 0.025；亮色和暗色分别表示较大值和较小值)(见彩插)

(a) 改变杨氏模量；(b) 改变泊松比。

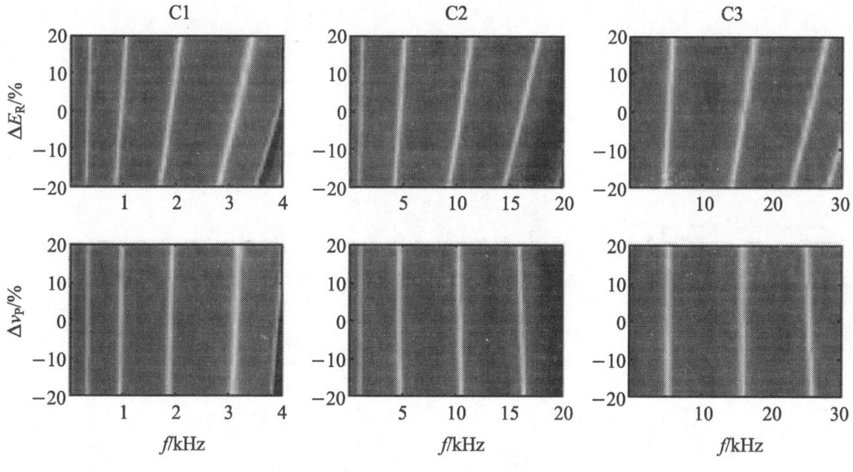

图 5.28　杨氏模量 $E_{\Re}$ 和泊松比ν_P 的明显变化对夹具 C1、C2 和 C3 的梁形试样($\omega_S \times l_S \times t_S$ = 40mm × 150mm × 2mm) 的特征传递函数 $H_T(f)$ 的影响(初始值：ϱ = 1270kgm^{-3}，$E_{\Re}$ = 10MPa，ν_P = 0.4，ξ_d = 0.01；亮色和暗色分别表示较大值和较小值)(见彩插)

5.4.4　有效实施

黏弹性材料的动态杨氏模量 $E_{\Re}(f)$ 和阻尼比$\xi_d(f)$ 的定制模型包含 4 个独立参数，即E_0、α_1、α_2 和附加比例因子β_d(见式(5.64) 和式(5.67))。包括泊松比ν_P 在

内，当材料密度为ϱ_0时，必须确定5个参数。因此，逆方法的参数向量$\mathfrak{p}$的形式为

$$\mathfrak{p} = [E_0, \alpha_1, \alpha_2, \nu_P, \beta_d]^T \tag{5.73}$$

通过比较所使用样本的特征传递函数$H_T(f)$的有限元模拟和测量结果，迭代地确定该向量的分量。根据压电陶瓷材料，假设$H_T(f)$在N_I离散频率$(f_1, f_2, \cdots, f_{N_I})$下采样。然后给出采样测量和采样模拟的向量$\boldsymbol{q}_{\mathrm{meas}}$和$\boldsymbol{q}_{\mathrm{sim}}(\mathfrak{p})$，即

$$\left.\begin{matrix}\boldsymbol{q}_{\mathrm{meas}} \\ \boldsymbol{q}_{\mathrm{sim}}(\mathfrak{p})\end{matrix}\right\} = [H_T(f_1), H_T(f_2), \cdots, H_T(f_{N_I})]^T \tag{5.74}$$

通过迭代正则化高斯－牛顿法更新迭代指数i的参数向量$\mathfrak{p}^{(i)}$(见5.2.4小节)，需要从数值求解的雅可比矩阵$J(\mathfrak{p}^{(i)})$中得到修正向量$\mathfrak{c}^{(i)}$。

与逆方法一样，需要对参数向量进行适当的初始猜测$\mathfrak{p}^{(0)}$。虽然定制的材料模型可以清晰地分离为常数部分、线性部分和对数部分，但确定这样的初始猜测是一项具有挑战性的任务。此后，将提出能够解决该问题并实现有效的参数识别方法。基本方法包括3个步骤(图5.29)：① 通过特征频率粗调；② 调整个体共振；③ 确定函数关系[18]。

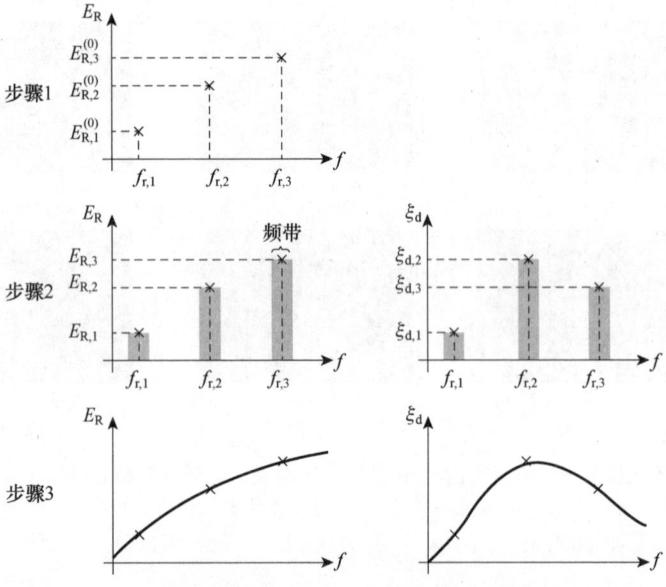

图5.29 有效识别定制材料模型参数向量$\mathfrak{p}$(见式(5.73))的三步方法[18]

步骤1：通过特征频率进行粗调；步骤2：调整个体共振；步骤3：确定函数关系。

步骤1：通过特征频率进行粗调

如果对所研究材料的力学性能一无所知，这一步骤将特别有用。简而言之，

利用了杨氏模量 $E_{\mathfrak{R}}$(实数部分) 会显著影响所考虑的测试样品的动态传递特性 $H_T(f)$ 中的共振。泊松比ν_P也会引起$H_T(f)$的某些变化，但是在步骤1中，这些变化没有考虑在内，并且ν_P应该设置为一个共同的值，如$\nu_P = 0.35$。由此，一方面，可以利用试验样本简单地分析关系(如根据欧拉 - 伯努利梁理论) 分别估计每个共振的 $E_{\mathfrak{R}}$，然而，这种估计方法只适用于特定的测试样本和机械激励；另一方面，可以通过基于有限元模拟的固有频率分析(见 4.3.1 小节) 来近似$H_T(f)$中的共振，因此也可以近似每个共振中的 $E_{\mathfrak{R}}$。第二种方法既不局限于特定的样本形状，也不局限于机械激励。这就是为什么应该选择基于有限元模拟的本征频率分析来分别估计每个共振的 $E_{\mathfrak{R}}$。

图 5.30 说明了通过固有频率分析对$H_T(f)$ 中的单个共振粗调 $E_{\mathfrak{R}}$ 的想法。从粗略估计所选共振点的动态杨氏模量 $E_{est,1}$ 开始，并对测试样本进行了基于有限元仿真的固有频率分析。因此，得到固有频率$f_{est,1}$。随后，将 $E_{est,1}$ 的特定部分改变得到 $E_{est,2}$，进而得到了相应的特征频率$f_{est,2}$的测试样本。通过将固有频率($f_{est,1}$ 和$f_{est,2}$) 与实测共振频率f_{meas} 进行比较，并进行线性外推，可以估计出所考虑共振的 $E_{\mathfrak{R}}(f_{meas})$。尽管这个过程只需要对每个共振进行两次有限元模拟，最终对下一步有了一个合适的初始预测。

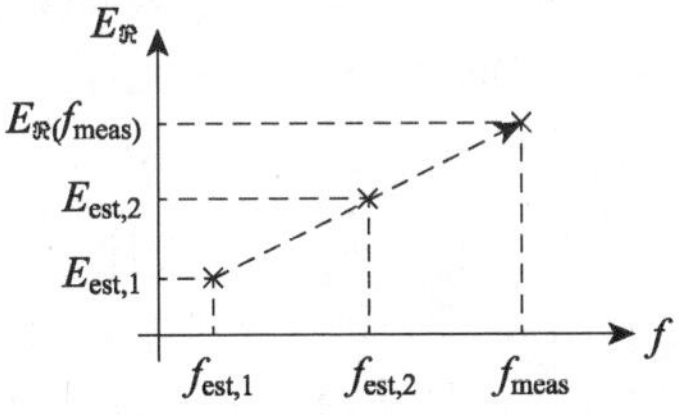

图 5.30 分别由杨氏模量 $E_{est,1}$ 和 $E_{est,2}$ 的固有频率分析得出测试样品的共振频率$f_{est,1}$ 和$f_{est,2}$(通过线性外推获得在测得的共振频率f_{meas} 处估计 $E_{\mathfrak{R}}(f_{meas})$)

步骤 2：调整个体共振

步骤 2 基于以下假设：相关的材料参数(即 $E_{\mathfrak{R}}$、ν_P 和ξ_d) 在较小的频率范围内几乎保持恒定[19]。为了在这样一个频带内识别常数材料参数，可以对每个共振分别使用迭代正则化的高斯 - 牛顿法(见 5.2.4 小节)。对于圆柱形试样，单共振的参数矢量为$\mathfrak{p}_r = [E_{\mathfrak{R}}, \nu_P, \xi_d]^T$。如图 5.28 所示，杨氏模量的实部 $E_{\mathfrak{R}}$ 和泊松比ν_P 以类似的方式修改梁形试样的$H_T(f)$。因此，梁形试样的参数矢量应限制为$\mathfrak{p}_r = [E_{\mathfrak{R}}, \xi_d]^T$。

步骤 1 为每个共振提供适当的初始猜测$E_{\mathfrak{R}}^{(0)}$。圆柱形试样还需要对泊松比进行初始猜测$\nu_P^{(0)}$，这可以在文献[59] 中找到，也可以通过普通的拉伸试验确定。

与$E_{\Re}^{(0)}$和$\nu_{P}^{(0)}$相反，阻尼比的初始猜测$\xi_{d}^{(0)}$并不重要，因为它只标度$H_{T}(f)$中的共振峰。

由于材料参数的取值范围非常大，它已经被推荐用于压电陶瓷材料，因此应将其归一化为最初的猜测。最后，出现了一个问题，即每个谐振需要多少个频率点N_I和在逆方法中需要考虑单个谐振周围的带宽。各种研究表明，带宽应覆盖大部分测得的共振峰，必须满足$N_I > 10$。

在进行迭代识别后，知道了在使用的测试样本的$H_{T}(f)$共振频率处的决定性材料参数的估计值。根据样品的形状，每个谐振频率f_r分别对应于一个特定的参数组合。

圆柱形 $$\mathfrak{p}_{r} = [E_{\Re, r}, \nu_{P, r}, \xi_{d, r}]^{T} \tag{5.75}$$

梁形 $$\mathfrak{p}_{r} = [E_{\Re, r}, \xi_{d, r}]^{T} \tag{5.76}$$

步骤3：确定函数关系

步骤3的目的在于识别定制模型的整个参数集$\mathfrak{p}$（见式(5.73)），该参数集$\mathfrak{p}$能够描述黏弹性材料的动态力学特性。步骤3不是考虑共振附近的小频带，而是涉及测试样品的总可用特征传递函数$H_{T}(f)$。为了获得针对此最终识别过程的适当初始猜测$\mathfrak{p}^{(0)}$，应利用步骤2的结果。这样做时，$H_{T}(f)$中每个共振的参数$E_{\Re, r}$作为$E_{\Re}(f)$的基础材料模型的支撑点。通过进行最小二乘拟合，可以计算$E_0^{(0)}$、$\alpha_1^{(0)}$和$\alpha_2^{(0)}$。另外，可以通过拉伸试验确定静态杨氏模量E_0，因此，可以将E_0排除在鉴定程序之外[19, 56]。对于圆柱形试样，在考虑的共振条件下，$\nu_{P}^{(0)}$取$\nu_{P, r}$的平均值，而对于梁形试样，步骤1和步骤2不能为ν_{P}提供有用的信息。因此，必须将$\nu_{P}^{(0)}$设置为一个公共值。由初始参数集（即$E_0^{(0)}$、$\alpha_1^{(0)}$和$\alpha_2^{(0)}$）得出的支撑点$\xi_{d, r}$与式(5.67)中的$\xi_{d}(f)$比较得到初始猜测附加比例因子$\beta_{d}^{(0)}$。

建议在识别过程中将参数向量$\mathfrak{p}^{(i)}$归一化为初始猜测值$\mathfrak{p}^{(0)}$（见5.3.4小节）。这种归一化有助于识别过程的收敛和合适的正则化参数ζ_R的选择，这是迭代正则化的高斯－牛顿法所必需的。原则上，还必须选择用于参数识别的频率点N_I的数量。仅包含几个共振峰的特征传递函数$H_{T}(f)$可以通过较少的频率点来处理，如$N_I = 100$。相比之下，宽带传递函数需要更多的频率点（如$N_I > 1000$），因为$H_{T}(f)$中的每个共振峰都需要足够的频率点来覆盖。

5.4.5 选定材料的识别参数

所提出的基于仿真的被动材料识别方法适用于各种材料类别。它可以用来表征软材料（如弹性体和热塑性塑料）和硬材料（如金属和玻璃）的频率相关的力学特性[18, 56, 68]。在这里，选择的被动材料的结果将被详细验证。这不仅限于动态材料特性，还包括参数的温度相关性。

与压电陶瓷材料类似，这里简要地重复一下被动材料逆方法的3个主要步骤。

① 人们必须为合适的测试样品获取特征传递函数$H_T(f)$，该特性在研究的频率范围内具有几次机械振动的共振。事实证明，圆柱非常适合于软材料(如硅树脂)，而梁形试样应用于硬材料。

② 由于逆方法是一个迭代过程，因此所考虑的试样的有限元模型应该能够进行可靠且高效的$H_T(f)$仿真。

③ 根据5.4.4小节确定合适的初始猜测$\mathfrak{p}^{(0)}$后，迭代正则化高斯－牛顿法得到目标参数向量$\mathfrak{p}$(见式(5.73))。这个矢量包含与材料特性直接相关的分量，如动态杨氏模量。

1. 室温下的材料性能

表5.6显示了几种材料在室温下分析所得的参数。表中各项按照试验测定的材料密度ϱ_0进行排序。正如所料，许多项彼此之间差别很大。例如，铝的静态杨氏模量E_0比硅的静态杨氏模量高4个数量级。此外，材料的动态力学性能也大不相同。例如，线性部分α_1似乎是铝的主要部分，而对数部分α_2主要决定了其他材料的性能。这一事实在图5.31中得到了证实，该图显示了0Hz～4kHz频率范围内的杨氏模量的归一化实部$E_{\Re}(f)$。根据曲线的变化，也有理由认为材料密度对动态材料特性的影响非常大。

表5.6 所选材料的材料密度ϱ_0和识别的参数矢量$\mathfrak{p}$的成分(材料按ϱ_0排序：聚丙烯PP、硅胶、聚(甲基丙烯酸甲酯)PMMA、聚氯乙烯PVC、聚四氟乙烯PTFE)

材料	$\varrho_0/\mathrm{kgm^{-3}}$	$E_0/\mathrm{Nm^{-2}}$	$\alpha_1/\mathrm{Hz^{-1}}$	α_2	ν_P	β_d
聚丙烯PP	912	1.75×10^{9}	9.10×10^{-6}	1.39×10^{-1}	0.42	1.43
硅胶	1135	6.41×10^{6}	6.70×10^{-6}	1.16×10^{-1}	0.49	1.34
聚(甲基丙烯酸甲酯)PMMA	1183	3.85×10^{9}	1.09×10^{-6}	7.67×10^{-2}	0.41	1.13
聚氯乙烯PVC	1450	2.96×10^{9}	8.52×10^{-6}	8.64×10^{-2}	0.37	0.68
聚四氟乙烯PTFE	2181	1.33×10^{9}	1.00×10^{-8}	4.61×10^{-2}	0.47	1.52
铝	2701	6.46×10^{10}	8.71×10^{-6}	1.31×10^{-5}	0.43	0.11

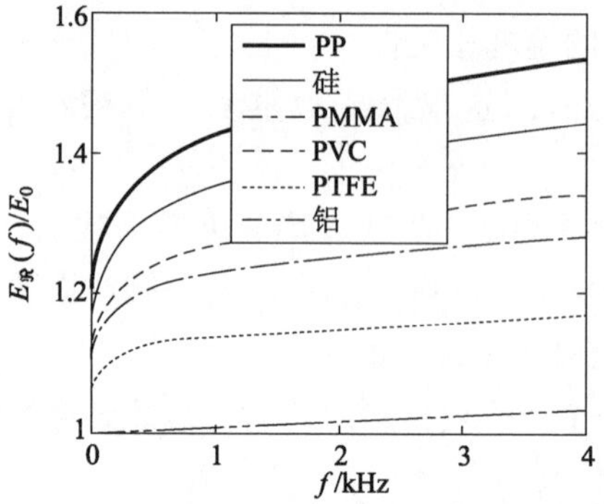

图 5.31　表 5.6 所列材料动态杨氏模量相对于频率 f 的实部 $E_{\Re}(f)$（曲线归一化为静态杨氏模量 E_0）

图 5.32(a) 和图 5.32(b) 分别为 PP 和 PVC 梁形试样的特征传递函数 $H_T(f)$。采用 C1 夹具对几何尺寸为 40.0mm × 150.0mm × 2.0mm 的梁进行谐波激励。可以清楚地观察到，识别出的动态材料特性(图 5.32(c) 和图 5.32(d)) 产生了真实的模拟结果。与此相反，文献中恒定的材料参数(即与频率无关) 会导致测量和有限元模拟之间出现较大偏差，尤其是在较高频率下。如果将与频率无关的参数应用于数值模拟，将无法精确预测包含此类无源材料的设备(如传感器和执行器) 的动态特性。

2. 验证

通过几个试验验证了被动材料的动态特性。例如，硅胶的材料参数是根据样品形状来验证的，而这在表征文献[56] 时并没有用到。对不同几何尺寸的试样结果参数进行了比较[18]。下面讨论有关主动材料和被动材料的验证。图 5.33 显示了所研究的样品，该样品由被动材料 PMMA 或 PVC 梁和代表主动材料的 PIC255 制成的压电陶瓷块组成。将几何尺寸为 40.0mm × 150.0mm × 2.0mm 的梁沿夹持长度 k_S = 20.0mm 的一侧夹紧。将压电陶瓷块(10.0mm × 30.0mm × 2.0mm) 沿厚度方向极化(图 5.11 中的测试样品 T1)，并通过导电胶将其粘贴到梁上。通过在压电材料的电极之间施加电激励，该陶瓷块发生变形，从而引入弯矩到梁中。这个弯曲力矩引起梁的偏转，这是用激光多普勒振动计在梁的自由端测量的。

图 5.34(a) 和图 5.34(b) 说明了在 PMMA 和 PVC 梁的情况下，引起的尖端位移 $\hat{\boldsymbol{u}}_{\mathrm{tip}}(f)$（振幅）分别归一化为外加电压的测量和模拟结果。因此，用 3 组不同的材料参数进行了有限元仿真：① 梁材料(PMMA 或 PVC) 的频率无关数据和制造

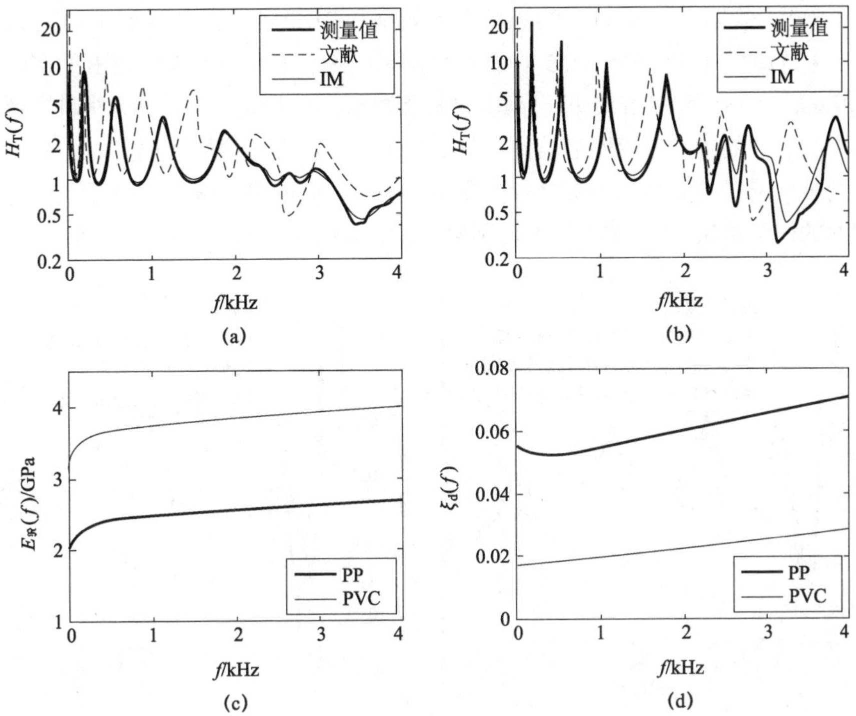

图 5.32 通过夹具 C1 进行激励对梁形试样(40.0mm × 150.0mm × 2.0mm) 特性传递函数$H_T(f)$ 的测量和模拟。

(a)PP 梁; (b)PVC 梁;(用文献中的典型与频率无关的材料参数和逆方法识别的数据集(IM, 见表 5.6)分别进行有限元模拟)(c) 得到的动态杨氏模量的实部 $E_{\Re}(f)$; (d) 得到的动态阻尼比$\xi_d(f)$。

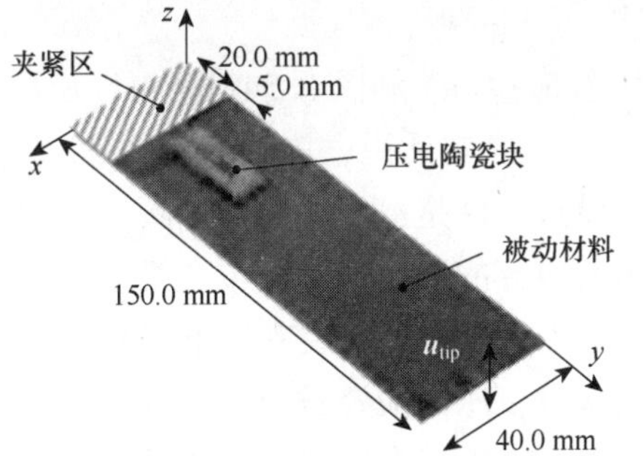

图 5.33 显示由被动材料(PMMA 或 PVC) 制成的梁并配备了由 PIC255[18] 制成的压电陶瓷块(横梁的尺寸为 40.0mm × 150.0mm × 2.0mm; 压电陶瓷块的尺寸为 10.0mm × 30.0mm × 2.0mm; 梁的夹紧长度 k_S = 20.0mm; 电激励的压电陶瓷块导致梁的偏转; 测量由此产生的尖端位移 $\boldsymbol{u}_{tip}$)(见彩插)

商的PIC255数据；②梁材料的频率无关数据和PIC255的识别数据集；③识别了被动材料的动态特性和PIC255的识别数据集。表5.6和表5.3中列出了室温下用于PMMA、PVC和PIC255的已确定材料参数𝔭。不出所料，第一组材料参数的模拟结果与实测的尖端位移明显偏离。相比之下，当用第三组的数据集时，模拟很好地与两种梁材料的测量结果相吻合。模拟和测量之间的剩余偏差来自梁和压电陶瓷块之间的薄黏结层(如气囊)的不规则性，这在有限元模拟中很难考虑到。

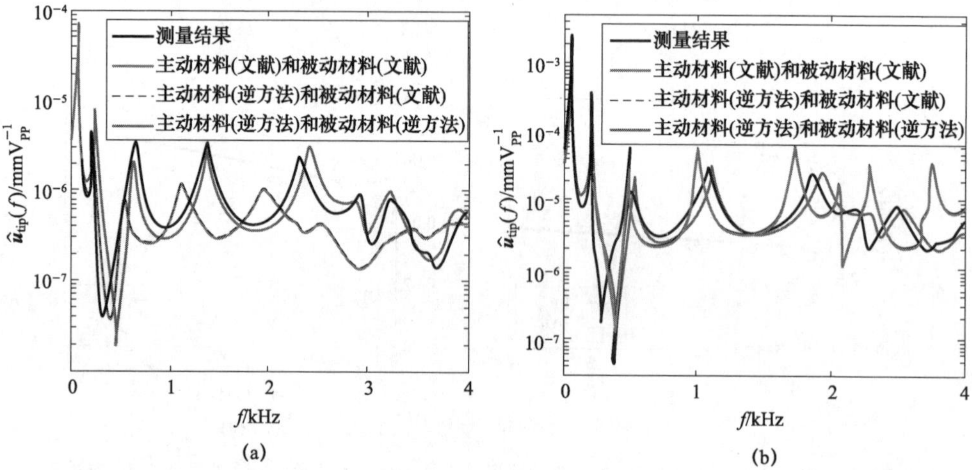

图5.34　对装有激励频率f的压电陶瓷块的梁尖端位移$\hat{\boldsymbol{u}}_{tip}(f)$的测量和模拟(图5.33)
($\hat{\boldsymbol{u}}_{tip}(f)$归一化为压电陶瓷块的外加激励电压；分别对文献和通过逆方法(IM)识别的数据集的典型材料参数进行有限元模拟)(见彩插)
(a)PMMA梁；(b)PVC梁。

除上述结果外，从图5.34(a)和图5.34(b)可以看出，①和②的模拟结果之间的偏差可以忽略不计。换句话说，PIC255的材料参数显然没有改变对所分析的梁形结构的有限元模拟。这是由于梁和压电陶瓷块的几何尺寸和材料性能有很大差异造成的。因为所研究的频率范围仅包含梁的共振，所以压电陶瓷块的共振(图5.12(a))不会影响整个结构(即装有压电陶瓷块的梁)尖端位移的共振。当频率范围接近块的共振时，压电陶瓷材料的数据集对梁形结构的整体性能将变得越来越重要。然而，为了得到可靠的仿真结果，研究实例再次揭示了材料动态特性对于被动材料的意义。

3. 温度相关的材料特性

当然，被动材料的动态力学特性取决于温度ϑ。为了对这种相关性进行量化，将所研究的试样放置在气候室内。在图5.35中可以看到3种不同温度下PP

梁(几何尺寸为40.0mm × 150.0mm × 2.0mm； 夹具C1)的特征传递函数$H_T(f)$，即 - 60℃、+ 20℃和 + 100℃。由于$H_T(f)$随ϑ变化很大，因此被动材料的决定

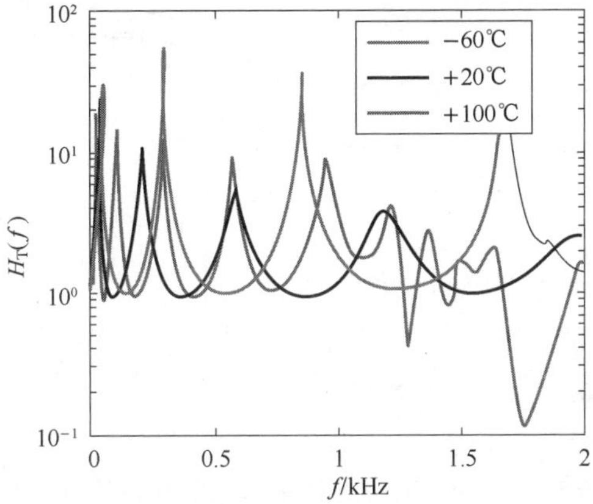

图 5.35　梁在3种温度ϑ下的特性传递函数$H_T(f)$(PP梁的几何尺寸为40.0mm × 150.0mm × 2.0mm，通过夹具C1激励)

性参数也必须表现出一定的温度相关性似乎是很自然的。图5.36(a)和图5.36(b)分别显示了PP和PMMA相对于ϑ的动态杨氏模量的实部$E_{\Re}(f)$。不足为奇，这两种材料的$E_{\Re}(f)$都具有显著的温度相关性。如果压电传感器和执行器暴露在不同的温度下，可靠数值模拟则需要考虑与温度相关的材料性能。这涉及器件内部的压电材料和被动材料。

注意，在机械材料特性的频率相关性和温度间存在一种独特的联系，尤其是对于一些黏弹性材料，如聚合物。其基本的非线性数学关系是Williams - Landel - Ferry方程(WLF方程)，它是一个与时间 - 温度叠加有关的经验公式[14, 71]。在动态机械热分析(DMTA)的框架中，测试样品的机械材料特性是在大温度范围内的一个窄频带(如0.3 ~ 30Hz)内表征的[72]。然后利用WLF方程来指定相当宽的频率范围内的动态力学性能。刚才已经证明，用基于模拟的逆方法和使用试验装置相结合，可以表征被动材料的频率f和温度ϑ。

总之，可以说逆方法产生的参数描述了被动材料相对于频率的线性力学性能。数值模拟和测量值的比较是基于适当测试样本内机械振动的传递函数进行的。结果表明，该表征方法适用于具有各向同性材料特性的各种均匀固体(如PVC)。根据Ilg[18]，该方法可以扩展为分析横向各向同性的被动材料，如纤维增强塑料。然而，为了达到这个目的，需要至少两个在对称平面的方向不同的测试样品，如纤维的方向。

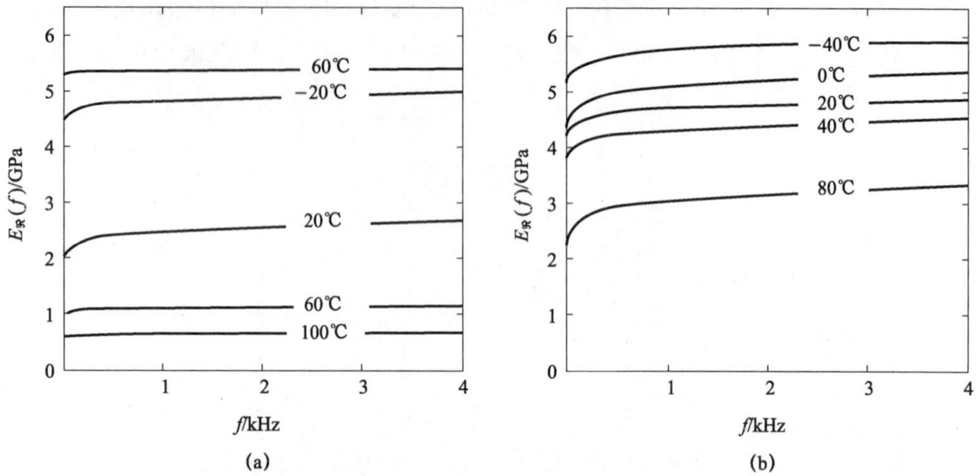

图 5.36 动态杨氏模量与温度相关的实部 $E_{\Re}(f)$

(a)PP; (b)PMMA。

参考文献

[1] ASTM International: Standard Test Method for Dynamic Young's Modulus, Shear Modulus, and Poisson's Ratio by Impulse Excitation of Vibration. ASTM E1875 - 09 (2009)

[2] ASTM International: Standard Test Method for Dynamic Young's Modulus, Shear Modulus, and Poisson's Ratio by Sonic Resonance. ASTM E1875 - 13 (2013)

[3] Bakushinskii, A. B.: The problem of the convergence of the iteratively regularized Gauss - Newton method. Comput. Math. Math. Phys. 32(9), 1353 - 1359 (1992)

[4] Banks, H. T., Hu, S., Kenz, Z. R.: A brief review of elasticity and viscoelasticity for solids. Adv. Appl. Math. Mech. 3(1), 1 - 51 (2011)

[5] Barkanov, E., Skukis, E., Petitjean, B.: Characterisation of viscoelastic layers in sandwichpanels via an inverse technique. J. Sound Vib. 327(3 - 5), 402 - 412 (2009)

[6] Blaschke, B., Neubauer, A., Scherzer, O.: On convergence rates for the iteratively regularizedGauss - Newton method. IMA J. Numer. Anal. 17(3), 421 - 436 (1997)

[7] Brissaud, M.: Three - dimensional modeling of piezoelectric materials. IEEE Trans. Ultrason. Ferroelectr. Freq. Control 57(9), 2051 - 2065 (2010)

[8] Bronstein, I. N., Semendjajew, K. A., Musiol, G., Mühlig, H.: Handbook of Mathematics, 6thedn. Springer, Berlin (2015)

[9] Cappon, H., Keesman, K. J.: Numerical modeling of piezoelectric transducers using physicalparameters. IEEE Trans. Ultrason. Ferroelectr. Freq. Control 59(5), 1023 - 1032 (2012)

[10] Collaborative Research Center TRR 39: Production Technologies for Lightmetal and FiberReinforced

Composite based Componentswith Integrated Piezoceramic Sensors and Actuators(PT - PIESA) (2018). http://www. pt - piesa. tu - chemnitz. de

[11] Czichos, H. , Seito, T. , Smith, L. E. : Springer Handbook of Metrology and Testing, 2nd edn. Springer, Berlin (2011)

[12] Engl, H. W. , Hanke, M. , Neubauer, A. : Regularization of Inverse Problems. Kluwer AcademicPublishers, Dordrecht (1996)

[13] European Committe for Electrotechnical Standardization (CENELEC): Piezoelectric propertiesof ceramic materials and components - Part 2: Methods of measurement - Low power. EN50324 - 2 (2002)

[14] Ferry, J. : Viscoelastic Properties of Polymers. Wiley - Interscience, Chichester (1980)

[15] Göpel, W. , Hesse, J. , Zemel, J. N. : Sensors Volume 6 - Optical Sensors. VCH, Weinheim, New York (1992)

[16] Hadamard, J. : Lectures on the Cauchy Problem in Linear Partial Differential Equations. Yale University Press, New Haven (1923)

[17] Holland, R. : Representation of dielectric, elastic, and piezoelectric losses by complexcoefficients. IEEE Trans. Sonics and Ultrason. 14(1), 18 - 20 (1967)

[18] Ilg, J. : Bestimmung, Verifikation und AnwendungfrequenzabhängigermechanischerMaterialkennwerte. Ph. D. thesis, Friedrich - Alexander - University Erlangen - Nuremberg (2015)

[19] Ilg, J. , Rupitsch, S. J. , Sutor, A. , Lerch, R. : Determination of dynamic material properties ofsilicone rubber using one - point measurements and finite element simulations. IEEE Trans. Instrum. Meas. 61(11), 3031 - 3038 (2012)

[20] Ilg, J. , Rupitsch, S. J. , Lerch, R. : Impedance - based temperature sensing with piezoceramic devices. IEEE Sens. J. 13(6), 2442 - 2449 (2013)

[21] Institute of Electrical and Electronics Engineers (IEEE): IEEE Standard on Piezoelectricity. ANSI - IEEE Std. 176 - 1987 (1987)

[22] Isakov, V. : Inverse Problems for Partial Differential Equations. Springer, Berlin (1998)

[23] Jonsson, U. G. , Andersson, B. M. , Lindahl, O. A. : A FEM - based method using harmonic overtonesto determine the effective elastic, dielectric, and piezoelectric parameters of freely vibratingthick piezoelectric disks. IEEE Trans. Ultrason. Ferroelectr. Freq. Control 60(1), 243 - 255(2013)

[24] Joo, H. W. , Lee, C. H. , Rho, J. S. , Jung, H. K. : Identification ofmaterial constants for piezoelectric transformers by three - dimensional, finite - element method and a design - sensitivity method. IEEE Trans. Ultrason. Ferroelectr. Freq. Control 50(8), 965 - 971 (2003)

[25] Kaltenbacher, B. , Neubauer, A. , Scherzer, O. : Iterative Regularization Methods for Nonlinear Ill - Posed Problems. Walter de Gruyter, Berlin (2009)

[26] Kay, S. M. : Fundamentals of Statistical Signal Processing - Estimation Theory. Prentice Hall, Englewood Cliffs (1993)

[27] Keysight Technologies Inc. : Product portfolio (2018). http://www. keysight. com

[28] Kim, S. Y. , Lee, D. H. : Identification of fractional - derivative - model parameters of viscoelastic materials from measured FRFs. J. Sound Vib. 324(3 - 5), 570 - 586 (2009)

[29] Kronig, R. d. L. : On the theory of dispersion of X - Rays. J. Opt. Soc. Am. 12(6), 547 - 557 (1926)

[30] Kulshreshtha, K. , Jurgelucks, B. , Bause, F. , Rautenberg, J. , Unverzagt, C. : Increasing the sensitivityof electrical impedance to piezoelectric material parameters with non - uniform electrical excitation. J. Sens. Sens. Syst. 4(1), 217 - 227 (2015)

[31] Kwok, K. W. , Lai, H. , Chan, W. , Choy, C. L. : Evaluation of the material parameters of piezoelectricmaterials by various methods. IEEE Trans. Ultrason. Ferroelectr. Freq. Control 44(4), 733 - 742 (1997)

[32] Lahmer, T. : Forward and inverse problems in piezoelectricity. Ph. D. thesis, Friedrich - Alexander - University Erlangen - Nuremberg (2014)

[33] Lahmer, T. , Kaltenbacher, M. , Kaltenbacher, B. , Lerch, R. , Leder, E. : FEM - baseddeterminationof real and complex elastic, dielectric, and piezoelectricmoduli in piezoceramic materials. IEEETrans. Ultrason. Ferroelectr. Freq. Control 55(2), 465 - 475 (2008)

[34] Lakes, R. S. : Viscoelastic Solids. CRC Press, Boca Raton (1998)

[35] Li, S. , Zheng, L. , Jiang, W. , Sahul, R. , Gopalan, V. , Cao, W. : Characterization of full set material constants of piezoelectricmaterials based on ultrasonicmethod and inverse impedance spectroscopy using only one sample. J. Appl. Phys. 114(10), 104505 (2013)

[36] Malkin, A. , Isayev, A. : Rheology: Concepts, Methods, and Applications, 2nd edn. Elsevier, Oxford (2012)

[37] Martinez - Agirre, M. , Elejabarrieta, M. J. : Dynamic characterization of high damping viscoelasticmaterials from vibration test data. J. Sound Vib. 330(16), 3930 - 3943 (2011)

[38] Matter, M. , Gmür, T. , Cugnoni, J. , Schorderet, A. : Numerical - experimental identification of the elastic and damping properties in composite plates. Compos. Struct. 90(2), 180 - 187 (2009)

[39] Morozov, V. A. : On the solution of functional equations by the method of regularization. Sov. Math. Dokl. 7, 414 - 417 (1966)

[40] O'Donnell, M. , Jaynes, E. T. , Miller, J. G. : Kramers - Kronig relationship between ultrasonic attenuation and wave velocity. J. Acoust. Soc. Am. 69(3), 696 - 701 (1981)

[41] Ogo, K. , Kakimoto, K. I. , Weiß, M. , Rupitsch, S. J. , Lerch, R. : Determination of temperature dependency of material parameters for lead - free alkali niobate piezoceramics by the inversemethod. AIP Adv. 6, 065,101 - 1 - 065,101 - 9 (2016)

[42] Pardo, L. , Algueró, M. , Brebol, K. : A non - standard shear resonator for the matrix characterizationof piezoceramics and its validation study by finite element analysis. J. Phys. D: Appl. Phys. 40(7), 2162 - 2169 (2007)

[43] Park, J. : Transfer function methods to measure dynamic mechanical properties of complex structures. J. Sound Vib. 288(1 - 2), 57 - 79 (2005)

[44] Pérez, N. , Andrade, M. A. B. , Buiochi, F. , Adamowski, J. C. : Identification of elastic, dielectric, and piezoelectric constants in piezoceramic disks. IEEE Trans. Ultrason. Ferroelectr. Freq. Control 57(12), 2772 - 2783 (2010)

[45] PI Ceramic GmbH: Product portfolio (2018). https://www.piceramic.com

[46] Polytec GmbH: Product portfolio (2018). http://www. polytec. com

[47] Pritz, T. :Analysis of four - parameter fractional derivativemodel of real solidmaterials. J. Sound Vib. 195(1), 103 - 115 (1996)

[48] Pritz, T. : Frequency dependences of complex moduli and complex Poisson's ratio of real solid materials. J. Sound Vib. 214(1), 83 - 104 (1998)

[49] Research Unit FOR 894: Fundamental FlowAnalysis of theHumanVoice (2018). http://gepris. dfg. de/gepris/projekt/35819142

[50] Rieder, A. : KeineProblememitInversenProblemen. Vieweg, Wiesbaden (2003)

[51] Rupitsch, S. J. : Simulation - based characterization of piezoceramic materials. In: Proceedings of IEEE Sensors, pp. 1 - 3 (2016)

[52] Rupitsch, S. J. ,Ilg, J. : Complete characterization of piezoceramic materials by means of two block - shaped test samples. IEEE Trans. Ultrason. Ferroelectr. Freq. Control 62(7), 1403 - 1413 (2015)

[53] Rupitsch, S. J. , Kindermann, S. , Zagar, B. G. : Estimation of the surface normal velocity of high frequency ultrasound transducers. IEEE Trans. Ultrason. Ferroelectr. Freq. Control 55(1), 225 - 235 (2008)

[54] Rupitsch, S. J. , Lerch, R. : Inverse method to estimatematerial parameters for piezoceramic disc actuators. Appl. Phys. A: Mater. Sci. Process. 97(4), 735 - 740 (2009)

[55] Rupitsch, S. J. , Ilg, J. , Lerch, R. : Enhancement of the inverse method enabling the material parameter identification for piezoceramics. In: Proceedings of International IEEE Ultrasonics Symposium (IUS), pp. 357 - 360(2011)

[56] Rupitsch, S. J. , Ilg, J. , Sutor, A. , Lerch, R. , Döllinger, M. : Simulation based estimation of dynamic mechanical properties for viscoelastic materials used for vocal fold models. J. Sound Vib. 330(18 - 19), 4447 - 4459 (2011)

[57] Rupitsch, S. J. , Wolf, F. , Sutor, A. , Lerch, R. : Reliable modeling of piezoceramic materials utilized in sensors and actuators. Acta Mech. 223, 1809 - 1821 (2012)

[58] Rupitsch, S. J. , Ilg, J. , Lerch, R. : Inverse scheme to identify the temperature dependence of electromechanical coupling factors for piezoceramics. In: Proceedings of Joint IEEE InternationalSymposium on Applications of Ferroelectric and Workshop on PiezoresponseForceMicroscopy (ISAF/PFM), pp. 183 - 186 (2013)

[59] Schmidt, E. : Landolt - Börnstein - Zahlenwerte und FunktionenausNaturwissenschaft und Technik - Band IV/1, 6th edn. Springer, Berlin (1955)

[60] Sherrit, S. , Gauthier, N. , Wiederick, H. D. , Mukherjee, B. K. : Accurate evaluation of the real and imaginary material constantsfor a piezoelectric resonator in the radialmode. Ferroelectrics 119(1), 17 - 32 (1991)

[61] Sherrit, S. , Masys, T. J. ,Wiederick,H. D. , Mukherjee, B. K. :Determination of the reduced matrix of the piezoelectric, dielectric, and elastic material constants for a piezoelectric material with $C\infty$ symmetry. IEEE Trans. Ultrason. Ferroelectr. Freq. Control 58(9), 1714 - 1720 (2011)

[62] Shi, Y. , Sol, H. , Hua, H. : Material parameter identification of sandwich beams by an inverse method.

J. Sound Vib. 290(3 - 5), 1234 - 1255 (2006)

[63] Smooth - On, Inc. : Product portfolio (2018). https://www.smooth - on.com

[64] TIRA GmbH: Product portfolio (2018). https://www.tira - gmbh.de/en/

[65] Tränkler, H. R., Reindl, L. M.: Sensortechnik - Handbuchfür Praxis undWissenschaft. Springer, Berlin (2014)

[66] Van Dyke, K. S.: The piezo - electric resonator and its equivalent network. Proc. Inst. RadioEng. 16(6), 742 - 764 (1928)

[67] Wada, Y., Ito, R., Ochiai, H.: Comparison between mechanical relaxations associated with volume and shear deformations in styrene - butadiene rubber. J. Phys. Soc. Jpn. 17(1), 213 - 218(1962)

[68] Weiß, S.: MessverfahrenzurCharakterisierungsynthetischerStimmlippen. Ph. D. thesis, Friedrich - Alexander - University Erlangen - Nuremberg (2014)

[69] Weiß, M., Ilg, J., Rupitsch, S. J., Lerch, R.: Inverse method for characterizing the mechanical frequency dependence of isotropic materials. Tech. Messen 83(3), 123 - 130 (2016)

[70] Weiß, S., Sutor, A., Ilg, J., Rupitsch, S. J., Lerch, R.: Measurement and analysis of the material properties and oscillation characteristics of synthetic vocal folds. Acta Acust. United Acust. 102(2), 214 -229 (2016)

[71] Williams, M. L., Landel, R. F., Ferry, J. D.: The temperature dependence of relaxation mechanismsin amorphous polymers and other glass - forming liquids. J. Am. Chem. Soc. 77(14), 3701 - 3707 (1955)

[72] Willis, R. L., Shane, T. S., Berthelot, Y. H., Madigosky, W. M.: An experimental - numerical techniquefor evaluating the bulk and shear dynamicmoduli of viscoelastic materials. J. Am. Chem. Soc. 102(6), 3549 - 3555 (1997)

[73] Willis, R. L., Wu, L., Berthelot, Y. H.: Determination of the complex young and shear dynamic moduli of viscoelastic materials. J. Acoust. Soc. Am. 109, 611 - 621 (2001)

[74] Yoshida, K., Kakimoto, K. I., Weiß, M., Rupitsch, S. J., Lerch, R.: Determination oftemperaturedependences of material constants for lead - free (Na0.5K0.5)NbO3 - Ba2NaNb5O15 piezoceramicsby inverse method. Jpn. J. Appl. Phys. 55(10), 10TD02 (2016)

[75] Ziegler, F.: Mechanics of Solids and Fluids, 2nd edn. Springer, Berlin (1995)

[76] Zörner, S., Kaltenbacher, M., Lerch, R., Sutor, A., Döllinger, M.: Measurement of the elasticity modulus of soft tissues. J. Biomech. 43(8), 1540 - 1545 (2010)

第 6 章

铁电材料大信号特性的唯象建模

正如在第 3 章中已经讨论过的，压电材料中的机电耦合可以归结为内在效应和外在效应。如果压电材料表现出外在效应，就会经常被称为铁电材料。内在效应决定了材料的小信号特性，外在效应决定了材料的大信号特性。小信号的特性可以简单地通过线性压电材料定律来描述(图 6.1 和 3.3 节中的线性化)。相比之下，铁电材料的大信号特性需要特殊的建模处理，因为它来源于改变的几何排列的单位细胞。当施加足够大的电气和(或) 机械载荷时，这种改变的几何排列将导致非线性和滞后材料特性(即滞后曲线)。值得注意的是，该特性对于铁电执行器来说是至关重要的，如在高精度定位系统中使用的铁电执行器(参看第 10 章)。

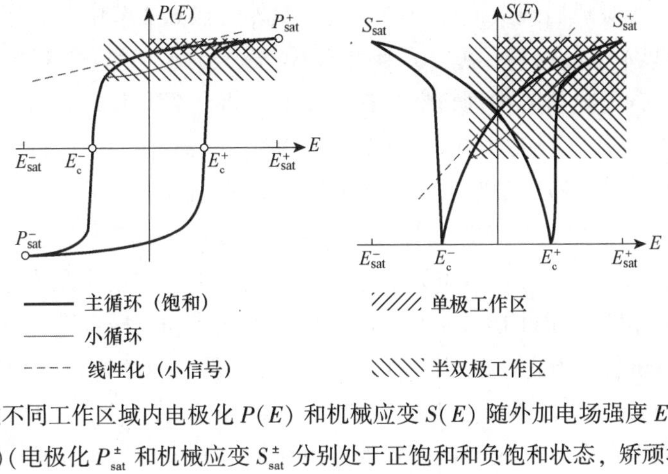

图 6.1　在不同工作区域内电极化 $P(E)$ 和机械应变 $S(E)$ 随外加电场强度 E 的对称迟滞曲线(见彩插)(电极化 $P_{sat}^{\pm}$ 和机械应变 $S_{sat}^{\pm}$ 分别处于正饱和和负饱和状态，矫顽场强度为 $E_c^{\pm}$；线性化与铁电材料的小信号特性有关)

铁电执行器的工作频率通常远低于其机械共振频率。因此，如果底部和顶部表面完全被电极覆盖，则沿着其表面假设均匀的机械位移是合理的(图 4.20)。在不限制一般性的情况下，这里只考虑铁电材料厚度方向(3 个方向)的电学和力学量。因此，可以忽略相关物理量的一个方向和两个方向的分量以及 3 个方向的指数。图 6.1 范例描述了在电场强度 E 的电激作用下，铁电材料的电极化 $P(E)$ 和机械应变 $S(E)$ 的对称滞后曲线。主要是可以区分下面详述的 3 个不同的工作区域。

① 双极工作区。铁电材料在正饱和和负饱和交替驱动下，电极化为 $\boldsymbol{P}_{\mathrm{sat}}^{\pm}$、机械应变为 $\boldsymbol{S}_{\mathrm{sat}}^{\pm}$。由此产生的滞后曲线 $P(E)$ 和 $S(E)$(图 6.1 中的粗线) 称为主回路。按其形状，$S(E)$ 又称为蝴蝶曲线。

② 单极工作区。铁电材料在正或负电场强度下工作，即 $E \geqslant 0$ 或 $E \leqslant 0$。因此，材料可以正饱和或负饱和驱动。与双极工作区相比，铁电执行器的机械应变和机械位移显著减小。由此产生的滞后曲线 $P(E)$ 和 $S(E)$ 称为小环(图 6.1 中的细线)。

③ 半双极工作区。与单极工作区相比，铁电材料在半双极工作区的电场强度范围更大。因此，$E_{\mathrm{c}}^{-} < E \leqslant E_{\mathrm{sat}}^{+}$ 或 $E_{\mathrm{sat}}^{-} \leqslant E < E_{\mathrm{c}}^{+}$(矫顽场强 E_{c}) 的条件之一必须满足。因此，可实现的机械应变增加，但停留在双极工作区的值以下。滞后曲线 $P(E)$ 和 $S(E)$ 又称为微循环。

本章主要讨论 Preisach 滞后建模，也就是上述工作区域铁电材料大信号特性的唯象建模方法。在 6.3 节中研究同样关注铁电材料宏观传递特性的替代唯象建模方法之前，将对滞后现象进行数学定义。此外，在 6.2 节中概述了不同长度尺度(如原子尺度) 上的材料模型。与唯象建模方法相反，这些材料模型旨在尽可能准确地描述铁电材料的物理特性。在 6.4 节中将介绍经典的 Preisach 滞后算子 $\mathcal{H}_{\mathrm{P}}$，它包括加权基本开关算子。6.5 节详细说明了基本开关操作符的不同加权程序。由于经典的 Preisach 滞后算子只能在有限范围内预测实际应用中铁电执行器的滞后特性，因此在 6.6 节中将引入一种广义的 Preisach 滞后模型(算子 $\mathcal{H}_{\mathrm{G}}$)。这种扩展的 Preisach 滞后模型可以考虑滞后曲线的不对称性。在此基础上提出了一种参数辨识策略，通过 Preisach 滞后模型对电气量和机械量进行可靠的预测。为了将 Preisach 滞后建模应用于铁电执行器的实际应用(如在高精度定位系统中)，反演 Preisach 滞后算子是非常重要的。因此，最后 6.8 节讨论了一种迭代反演程序，它能够在合理的时间内有效地确定目标电激励信号。在整个章节中，由铁电软材料 PIC255(制造商 PI Ceramic GmbH[71])、PZ27 和铁电硬材料 PZ26(制造商 Meggitt Sensing Systems[65]) 制成的压电陶瓷盘作为测试对象。

6.1　滞后的数学定义

在技术领域，“滞后”一词有不同的含义和定义[61, 64]。然而，在这些定义中可以发现一些相似之处。这里特别关注有一个输入 $x(t)$ 和一个输出 $y(t)$ 的传输系统，它们都依赖于时间 t。当系统在其传输特性中表现出滞后①时，这样的系统有 3 个性质[64, 94]。

(1) 输出 $y(t)$ 由 $x(t)$ 的级数和传输系统的初始状态明确定义。

(2) 可以借助描述 xy 平面上分支的非线性关系，用数学方法将 $y(t)$ 和 $x(t)$ 联系起来(图 6.7(c))。不同分支之间的变化可能发生在系统输入 $x(t)$ 的极值处。

(3) $x(t)$ 中的极值序列专门决定系统输出 $y(t)$ 的级数。相反，这些极值之间的值以及 $x(t)$ 的时间响应不会改变当前输出。由于这个原因，传输特性是与速率无关的。

由于铁电材料经常发生蠕变，严格地说，违反了第 3 种性质。然而，与速率无关的滞后模型与附加方法(如黏弹性模型)的叠加可以用来考虑蠕变。还有两个特性适用于大信号铁电材料的特性。

(1) 当前系统输出 $y(t)$ 只受 $x(t)$ 的支配极值②的影响。在系统历史中删除过去的比后续值小的极值，因此不改变 $y(t)$。

(2) 由于这种删除特性，xy 平面上的所有滞后分支都位于一个区域内，该区域由最后两个支配极值给出。

除了列出的属性外，一般可以区分本地内存和非本地内存的滞后[64]。

(1) 本地内存。$y(t)$ 的未来路径只依赖于 $x(t)$ 的当前值。

(2) 非本地内存。除了系统输入的当前值外，$x(t)$ 过去的极值会影响 $y(t)$ 接下来的进程。

实际上，铁电材料的大信号特性也与过去的极值有关。因此，必须处理非本地内存。

---

① 由于系统有一个标量输入和一个标量输出，所以滞后也被称为标量滞后。

② 如果最大值/最小值比上一个最大值/最小值小/大，则最大值/最小值将占主导地位(见 6.4 节)。

6.2 不同长度尺度的建模方法

除了目标外，还可以根据考虑的长度尺度对铁电材料的建模方法进行分类。基本上，已知5种不同的长度尺度：① 原子尺度；② 介观尺度；③ 微观尺度；④ 宏观尺度；⑤ 多尺度尺度(图6.2)。下面简要讨论在这些长度尺度上铁电材料选择的建模方法。

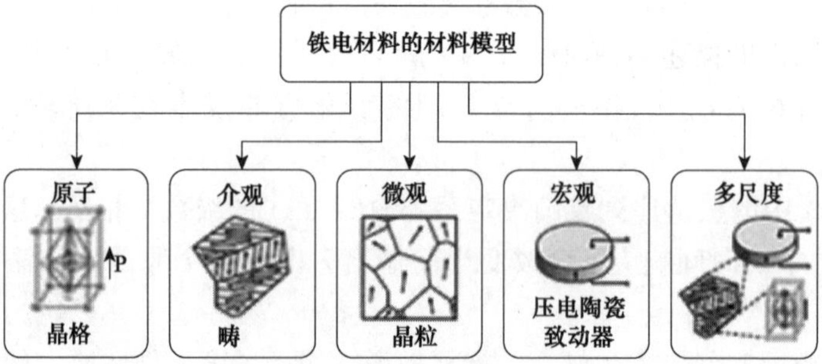

图6.2 铁电材料模型在不同长度尺度下的分类[101]

1. 原子尺度

在原子尺度的层面上，考虑过程发生在物质的晶格中。因此，常用计算方法(如从头算和密度泛函理论)来自固态物理。这些方法可以得到铁电材料晶格间距、弹性和刚度张量以及自发极化的定量信息[16, 97]。此外，还可以采用所谓的核－壳模型来模拟畴壁的相变和运动[13, 25, 83]。这种模型是基于弹性支持的核和壳之间的静电相互作用。关于原子尺度建模方法的进一步文献可以在Cohen[17]和Sepliarsky等的综述文章中找到[83]。一般来说，这些建模方法为材料开发提供了有价值的见解。然而，理想的计算量限制了其应用于小容量和短时间间隔。

2. 介观尺度

如果要研究铁电材料内部复杂的畴结构或晶格缺陷，则需要在介观尺度上进行建模。通常，基本的建模方法是基于朗道理论，它被理解为一个序参数[53]的热力学势的扩展。通过这个序参量，可以解释材料内部的相变。

需注意，这种方法不仅用于介观尺度，而且也用于微观和宏观尺度。在介观尺度上一个著名的方法是相场模型，其中(自发)极化作为序参量[39, 96]。铁电材料的另一种方法是尖锐界面法[80]，主要基于两个假设：① 每个畴是一个均匀区域；② 材料性质可能跨越畴界面。

3. 微观尺度

微观尺度与介观尺度非常相似。这就是为什么在这些尺度上的建模方法之间几乎没有明确的区别。在微观尺度上建立铁电材料模型的最早方法之一是由 Hwang 等发表的论文。他们假设材料内部的颗粒在初始状态是随机定向的。由于每个粒子都有自己的电极化，所以整体的极化状态是中性的。采用基于电激励和机械激励的能量转换判据，修正了晶粒的取向。因此，所研究的铁电材料的整体极化状态和几何尺寸都发生了变化。由于对每种晶粒的等效激发作了简化，导致精度不足。但是，这种建模方法是进一步开发[39]的基础。Huber 等[40]提出了一种利用晶体塑性理论代替基于能量的转换判据的替代方法。在微观尺度上的建模方法，另外考虑了速率相关性，可以在文献[4，9]中找到。在 Kamlah 的文章[50]中给出了进一步计算方法的概述。

4. 宏观尺度

宏观尺度上的建模方法与微观尺度上的建模方法相比，可以显著减少计算时间。几种宏观建模技术是基于 Landau - Devonshire 理论，这是热力学的驱动，可以用来描述铁电材料的相变[21]。这种与速率无关的方法其缺点在于限制单晶材料和一维特性。Bassiouny 等[8]提出了另一种考虑铁电性和铁弹性的热力学一致的方法。他们将电极化和机械应变分别分为可逆和不可逆两部分。Kamlah 和他的同事开发了另一种宏观建模技术，该技术也利用了可逆和不可逆部分的分离分析[51-52]。他们的方法依赖于电子和机械量的现象学内部变量。由于铁电材料内部的机电耦合是在两个方向上考虑的，所以电激励和机械激励可以同时考虑。Landis[57]和 Schroder 等提出了基于宏观尺度的建模方法[81]。

5. 多尺度方法

除了前面提到的长度尺度方法外，还有各种不同尺度上的同步建模技术。这些多尺度方法旨在在合理的计算时间内将低抽象层次上的效应转移到更高层次上，这通常是在有限元模拟中通过均匀化方法实现的。Volker 等发表了原子尺度和介观尺度上的多尺度方法[97]。在介观尺度上采用相场模型，在原子尺度上采用密度泛函理论和核 - 壳模型。在 FE 模拟的帮助下结合微观和宏观尺度的多尺度方法可以在文献[53，56，82，96]中找到。例如，Keip[53]提出了基于微观代表性体元(缩写为 RVE)的有限平方法。在宏观尺度上的每个网格点，他推导出 RVE 的适当边界条件。平均方法在微观尺度上得到有效的材料参数，然后可以应用到宏观尺度上。与基于有限元模拟的多尺度方法相反，Smith 等[84]开发了结合了介观尺度和宏观尺度的均质能量模型。Ball 等[7]发表了对该方法的扩展，使其能够额外考虑机械应力。

总的来说，在不同长度尺度上提出的方法旨在尽可能精确地模拟铁电材料的特性(如在极化过程中)。由此获得的知识促进了这些材料的研究和开发。然而，由于理想的计算工作量，大多数建模方法不能用于补偿铁电执行器在实际应用中的非线性，如定位。此外，模拟的次要环路提出了一个问题，主要环路一般是角形状。基于以上这些原因，需要替代的建模方法，以允许在合理的计算时间内对执行器的特性进行足够精确的预测。6.3 节讨论铁电材料的这种模型。

6.3 唯象建模方法

与6.2 节的方法不同，这里讨论不打算对铁电材料真实物理特性建模的技术。重点研究了传感器(如压电陶瓷驱动器)的标量传递特性，即在预定的空间方向上的输入量和输出量。这种转移特性是通过高效的唯象模型在宏观上模拟的。几种方法起源于塑性理论和铁磁材料的研究。对于铁电材料，可以将适当的唯象模型分为5类[101]：①多项式描述；②流变模型；③Duhem 模型；④分数导数；⑤开关算子。这些小组的基本原则解释如下。

1. 多项式描述

利用合适的多项式可以找到许多不同的方法来模拟铁电执行器的传递特性。例如，Chonan 等[15] 分别用参数化的多项式来描述机械位移滞后曲线中的分支，以增加和减少输入电压。在文献[93] 中，用分段线性近似方法对铁磁材料的滞后回线进行了模拟。另一种技术利用椭圆来模拟压电陶瓷驱动器的传递特性。总之，可以说，如果事先知道输入量的周期，多项式描述将对预测的输出产生良好的结果。但是，由于对过去的输入没有记忆，这些方法不符合滞后模型的要求，滞后模型对一般输入应是有效的(见 6.1 节)。

2. 流变模型

在理论上，术语流变学是指通过构建理想体(称为流变模型)来分析材料的机械本构特性。在此过程中，将由流变状态方程给出的基本流变模型串联和并行地结合起来。Visintin[94] 提出了几种基本流变模型的应用，这些模型代表了主要的力学性能——弹性、黏度、塑性和强度。与基本流变模型类似，可以利用电气工程[58] 中的集总电路元件。通过比较模型输出和测量值，得到了基本状态方程的参数。Reilander 等[76] 发表了一个流变模型来预测压电叠置作动器的滞后特性。铁电执行器的进一步流变模型可以在文献[74, 77] 中找到。

3. Duhem 模型

Duhem 模型的主要思想是利用微分方程和积分算子对滞后特性进行数学解释。这些唯象模型的基础是，当输入的导数改变其符号[61, 94]时，人们只能在滞后曲线的不同分支之间切换。类似的特性可以归因于流变模型。因此，通常很难区分 Duhem 模型和流变模型。广义 Duhem 模型中非常著名的代表是 LuGre 模型和 Dahl 模型[70, 107]。虽然这两种模型都可以有效地实现，但它们在铁电材料的应用方面存在一些缺陷，如不对称的滞后曲线和饱和效应都不能被模拟。此外，未考虑输入历史的事实可能导致物理上不可能的输出，如交叉滞后曲线。铁电材料 Duhem 模型的扩展版本，即所谓的 Bouc - Wen 模型[100]，被用于微观和纳米定位[59]。Wang 等[98] 提出了一种修正的 Bouc - Wen 模型来预测压电叠层执行器的滞后特性。Jels - Atherton 模型是对 Duhem 铁电执行器模型的改进，该模型最初是为铁磁材料开发的[36, 45]。同样地，对于这个唯象滞后模型，必须处理物理上不可能的输出，如不闭合的滞后环。

4. 分数导数

另一种铁电材料滞后现象的唯象建模方法是利用分数导数。根据机械过程中的干摩擦模型，Guyomar 及其同事们[34-35] 通过适当的分数导数描述了材料内部的电极化。他们预测了大电流激励下的极化与激发频率的关系，即铁电材料的动力学特性。在文献[24] 中，可以找到扩展形式，以另外考虑电极化滞后曲线中的机械应力。迄今为止，还没有任何基于分数阶导数的进一步方法，也允许模拟铁电材料机械位移的滞后。

5. 开关算子

许多唯象模型描述铁磁和铁电材料的滞后特性使用基本开关算子的加权叠加，通常称为滞后子。Preisach[73] 开发了这样一个模型，最初是出于物理过程发生在铁磁材料磁化。为了将 Preisach 滞后模型应用于各种物理问题，Krasnosel'skii 和 Pokrovskii[55] 对这种方法进行了纯粹的数学研究。此外，他们还研究了 3 种不同类型的基本开关算子(图 6.3)：① 用于 Preisach 滞后模型的中继算子；② 线性播放算子(反斜杠算子)；③ 线性停止算子。播放算子和停止算子的加权叠加通常称为 Prandtl - Ishlinskii 模型①[94]。

于铁电材料，Prandtl - Ishlinskii 模型主要基于线性播放算子[43, 75]。Al Janaideh 等[2] 对该模型进行了扩展，纳入了智能执行器的速率相关性。此外，他们提出了一个双曲正切函数作为广义的播放算子，这使得文献[3] 能够考虑饱和

① 严格地说，Preisach 模型是 Prandtl - Ishlinkii 模型的一个特例。

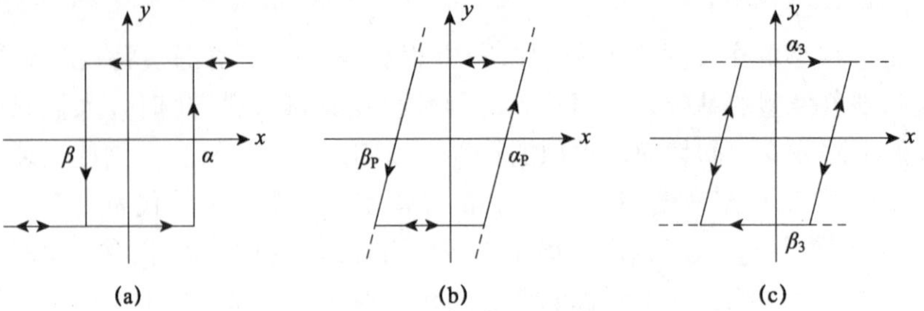

图 6.3 唯象滞后模型的不同输入 x 和输出 y 的基本开关算子

(a) 中继算子；(b) 线性播放算子($\alpha_p = -\beta_p$)；(c) 线性停止算子($\alpha_s = -\beta_s$)。

效应。播放算子的一个主要问题是不对称滞后曲线的模拟。由于这一事实，Dong 和 Tan[23] 开发了一个非对称播放算子。作为替代方法，Jiang 等[44] 应用压电执行器系统的两个独立算子，分别用于增加和减少输入。

综上所述，5 种模拟铁电材料滞后现象的唯象建模方法各有优、缺点。许多方法(如流变模型) 已证明在计算中是非常有效的，但如果需要精确地预测滞后特性，则会产生不充分的结果。多项式描述和 Duhem 模型都不使用内部变量，预测的滞后曲线在物理上也许是不可能的，如 Jiles - Atherton 方法的未闭滞后回路。此外，目前还没有一种基于分数导数的唯象建模方法可以用来模拟铁电执行器的电极化和机械位移。

基于开关算子的唯象建模方法比其他方法得到了显著的改进结果。但是，一般来说，计算通用模型输出理想的计算工作量相对较高。对于非对称滞后曲线和饱和效应，可以认为 Preisach 模型比普通 Prandtl - Ishlinskii 模型灵活得多。然而，与 Preisach 模型相比，可以直接反演 Prandtl - Ishlinskii 模型，这对滞后补偿起决定性作用。此外，Preisach 模型需要更多的基本开关算子(即中继算子)，但是每个算子的参数量 Prandtl - Ishlinskii 模型要少。

本书的重点在于尽可能精确地预测各种结构和实际应用的铁电执行器的滞后特性。基于这一事实，将在下面专门讨论 Preisach 滞后模型，包括它的有效实现(见 6.4.2 小节) 和反演(见 6.8 节)。

6.4 Preisach 滞后算子建模

1935 年，Preisach 发表了一个滞后模型，通常称为经典的 Preisach 滞后模型[64, 73]。从数学角度看，这种滞后模型属于唯象模型。它常被用来模拟铁磁材料的磁化以及铁电材料的极化。由于只考虑标量输入和输出，后面的解释参考标量 Preisach 滞后模型和标量 Preisach 滞后算子。①关于矢量的扩展形式可以在文献[48，68，88] 中找到。

6.4.1 Preisach 滞后模型

为了研究 Preisach 滞后模型，假设传输系统具有标量输入 $x(t)$ 和标量输出 $y(t)$，这两个归一化量都取决于时间 t(图 6.4(a))。Preisach 滞后模型的基本思想是基元开关算子$\gamma_{\alpha\beta}$ 的加权叠加。它们都有两种特定的输出状态，即 -1 和 $+1$。当算子输入$x(t)$ 到达两个转换点α 和β之一时(图6.4(b))，这两种输出状态就会发生转换。从数学上讲，具有转换点α_n 和β_n 的单个基本开关算子$\gamma_{\alpha\beta,n}$ 的当前状态定义为

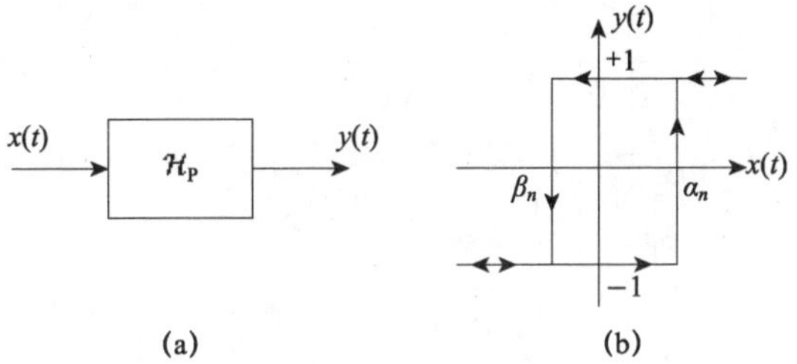

图 6.4　Preisach 滞后模型

(a) 具有与时间 t 相关的输入 $x(t)$ 和输出 $y(t)$ 的 Preisach 滞后算子$\mathcal{H}_P$；

(b) 具有转换点α_n 和β_n 的基本开关算子$\gamma_{\alpha\beta,n}$。

$$\gamma_{\alpha\beta,n}[x](t)=\begin{cases}+1: x(t)\geqslant\alpha_n\\ \gamma_{\alpha\beta,n}[x](t^-): \beta_n<x(t)<\alpha_n\\ -1: x(t)\leqslant\beta_n\end{cases}\tag{6.1}$$

如果算子输入$x(t)$ 超过了α_n，算子的输出将从 -1 切换到 $+1$。当$x(t)<\alpha_n$ 时，将发生 $+1\sim-1$ 的转换。当然，如果前一个输出与当前输出不一致，算子将排他地进行切换。因为每个开关算子$\gamma_{\alpha\beta,n}$ 保留当$\beta_n<x(t)<\alpha_n$ 时的输出，(即$\gamma_{\alpha\beta,n}[x](t^-)$)，所以能够模拟具有特定内存的系统特性。此外，初等开关算子的定义还包含转换点的条件$\alpha_n\geqslant\beta_n$。

根据 Preisach 滞后模型的思想，所有可能的开关算子的加权叠加将输入 $x(t)$

① 为紧凑起见，下面将省略标量一词。

与输出 $y(t)$ 联系起来。因此，$y(t)$ 表示为(图 6.5)

$$y(t)=\mathcal{H}_{\mathrm{P}}[x](t)=\iint_{\alpha \geqslant \beta} \mu_{\mathcal{H}}(\alpha, \beta) \gamma_{\alpha \beta}[x](t) \mathrm{d} \alpha \mathrm{d} \beta \tag{6.2}$$

式中：$\mathcal{H}_{\mathrm{P}}[x](t)$ 为输入为 $x(t)$ 得到的 Preisach 滞后算子；$\mu_{\mathcal{H}}(\alpha, \beta)$ 为对开关操作符分别赋权，因此通常被称为权重分布。

转换点α_n 和β_n 的取值范围变成

$$\mathcal{P}=\{(\alpha_n, \beta_n) \in \mathbb{R}^2: x_{\min} \leqslant \beta_n \leqslant x(t) \leqslant \alpha_n \leqslant x_{\max}\} \tag{6.3}$$

输入的最小值为$x_{\min}$、最大值为$x_{\max}$。因为必须满足 $\alpha \geqslant \beta$，所以可以在以 α 和 β 为轴的二维空间中将该值范围显示为三角形。这个平面上的每个点都恰好与一个基本的开关算子有关。图6.6(a) 描述了三角形以及3个基本开关算子。如果将开关算子$\gamma_{\alpha\beta}$ 的当前输出(-1 或 +1) 绘制在三角形中，就会得到 Preisach 平面 $\mathcal{P}(\alpha, \beta)$。此外，由于每个基本开关操作符都有其独特的权重值，因此也可以使用 Preisach 平面来显示权重的分布。

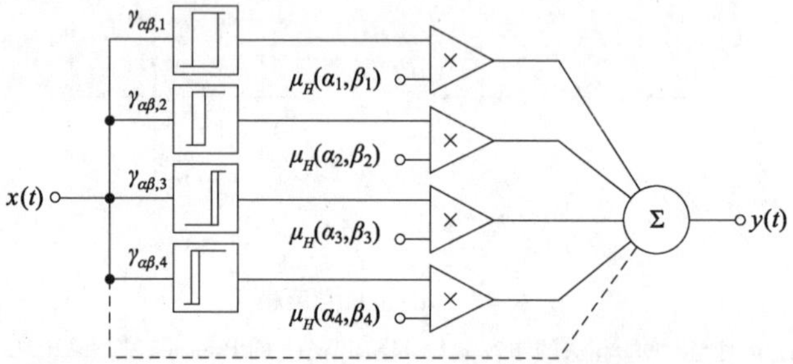

图 6.5 Preisach 滞后模型的模型输入 $x(t)$ 和输出 $y(t)$ 的联系($\gamma_{\alpha\beta,n}$ 为具有转换点 α_n 和β_n 的基本开关算子；$\mu_{\mathcal{H}}(\alpha_n, \beta_n$ 为基本开关算子的单个权重)

如上所述，开关算子$\gamma_{\alpha\beta}$ 和 Preisach 滞后算子$\mathcal{H}_{\mathrm{P}}$只能在输入被改变的情况下才能改变其输出，即 $\partial x/\partial t \neq 0$。输入差异变化的两种可能性导致

$$\frac{\partial x(t)}{\partial t}>0 \Rightarrow -1 \rightarrow +1 \forall \gamma_{\alpha\beta,n}: \alpha_n \leqslant x(t) \tag{6.4}$$

$$\frac{\partial x(t)}{\partial t}<0 \Rightarrow +1 \rightarrow -1 \forall \gamma_{\alpha\beta,n}: \beta_n \geqslant x(t) \tag{6.5}$$

这意味着，一方面，对于增加的投入，只有$\gamma_{\alpha\beta,n}$ 的转换值α_n 是决定性的；另一方面，减少与转换值β_n 相关的输入。因此，在任何时候，都可以得到 Preisach 平面$\mathcal{P}$内两个相互关联的区域，即$\mathcal{P}^+$和$\mathcal{P}^-$，这两个区域满足$\mathcal{P}^+ \cup \mathcal{P}^- = \mathcal{P}$的性质。在这些区域中，基本开关算子取输出值为(图 6.6(b))。

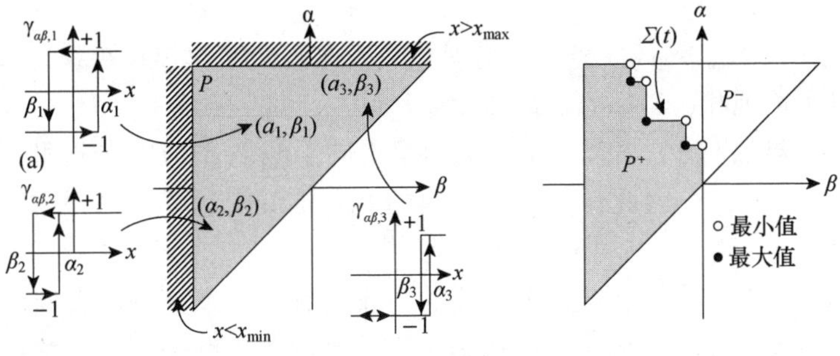

(a)　　　　　　　　(b)

图 6.6　描述 3 个基本开关算子及其输出

(a) 由基本开关算子$\gamma_{\alpha\beta,\ n}$的转换点α_n和β_n的取值范围组成的三角形；(b) Preisach 平面 $P(\alpha,\ \beta)$（分为$\mathcal{P}^+$和$\mathcal{P}^-$）表示的基本开关算子的电流输出值（+1 或 −1）包含最大值和最小值的分界线 $\mathfrak{L}(t)$。

$$\begin{cases}\mathcal{P}^+ = \{\gamma_{\alpha\beta,\ n}:\ \gamma_{\alpha\beta,\ n} = +1\} \\ \mathcal{P}^- = \{\gamma_{\alpha\beta,\ n}:\ \gamma_{\alpha\beta,\ n} = -1\}\end{cases} \tag{6.6}$$

$\mathcal{P}^+$和$\mathcal{P}^-$的分界线用 $\mathfrak{L}(t)$ 表示。一般来说，这条线是阶梯状的曲线。根据当前输入 $x(t)$ 及其历史记录，$\mathfrak{L}(t)$ 会被修改，如改变步骤的数量。

为了更详细地说明 Preisach 滞后算子$\mathcal{H}_P$的基本原理，图解说明非常方便[36, 101]。为此，选择一个输入信号 $x(t)$，使我们能够讨论$\mathcal{H}_P$的最重要特性。图 6.7(a) 和图 6.7(b) 所示为输入信号和 Preisach 平面$\mathcal{P}(\alpha,\ \beta)$在选定时间瞬间的当前配置，即$t_A$，…，$t_N$。此外，在未加权基本开关算子（即$\mu_{\mathcal{H}}(\alpha,\ \beta) = 1$，图 6.7(c)）和加权算子所考虑的时间之前，将操作符输出 $y(t)$ 与输入作图（图 6.7(d)）。让我们看一下不同的时间瞬间，用 A，…，N 来参数化。

A：假设输入信号 $x(t)$ 在图解开始时为零。另外，$\mathcal{P}^+$和$\mathcal{P}^-$的面积应该相等。对于对称加权分布（即$\mu_{\mathcal{H}}(\alpha,\ \beta) = \mu_{\mathcal{H}}(-\beta,\ -\alpha)$），得到 $y(t) = 0$ 作为算子输出。

B：根据式(6.4)，当 $x(t)$ 超过其转换点时，算子$\gamma_{\alpha\beta}$将取输出值 +1。因此，$\mathcal{P}^+$和$\mathcal{P}^-$之间的分界线 $\mathfrak{L}(t)$ 向上移动，导致 $y(t)$ 的增加。

C：通过原始曲线后，$y(t)$ 达到正饱和。所有的基本开关算子将显示输出值 +1，即$\mathcal{P} = \mathcal{P}^+$和$\mathcal{P}^- = \phi$。

D：与 B 相似，当 $x(t)$ 低于它们的转换点β时，算子$\gamma_{\alpha\beta}$将取输出值 −1。结果，$\mathcal{P}^+$和$\mathcal{P}^-$之间的分界线 $\mathfrak{L}(t)$ 向左移动，导致输出 $y(t)$ 减少。

E…F：如果输入 $x(t)$ 保持不变（即 $\partial x(t)/\partial t = 0$），$\mathfrak{L}(t)$ 和 $y(t)$ 将保持

不变。

G…H：在$x_{\min} \leqslant x(t) \leqslant x_{\max}$范围外的输入，$y(t)$ 也保持不变。与C的正饱和相反，对于负饱和，Preisach 平面变成$\mathcal{P} = \mathcal{P}^-$，即$\mathcal{P}^+ = \phi$。

I，J：虽然对于t_I 和t_J，$x(t)$ 的斜率不同，但$\mathcal{P}(\alpha, \beta)$ 的构型保持不变，这导致 $y(t_I) = y(t_J)$。因此，不能用经典的 Preisach 滞后模型来考虑与速率相关的系统特性。

K：从t_J 到t_K，$x(t)$ 有几个连续的局部极值。如果这些极大值/极小值中的一个小于或大于前一个同类型的极值，它将被称为支配极值。这样的极值确定了$\mathfrak{L}(t)$ 在$\mathcal{P}(\alpha, \beta)$ 中的角点，并根据 Preisach 滞后算子的定义，影响了 $y(t)$ 的后续进展。因此，可以说这些极值代表了滞后模型中的内存。

L：输入值大于以前的极值，分别导致 $\mathfrak{L}(t)$ 在水平方向和垂直方向的运动。由于$\mathcal{P}(\alpha, \beta)$ 中先前的极值被删除，所以基本原理通常被称为 Preisach 滞后算子的消除规则或删除规则。

M，N：如果不知道 $x(t)$ 的历史，那么 Preisach 平面的当前构型也将是未知的，这使计算 $y(t)$ 的后续状态成为不可能。这可以通过驱动系统进入正饱和或负饱和来避免，这样就实现了$\mathcal{P}(\alpha, \beta)$ 的确定状态。

从图解中还发现了另外两个关键结论：① 由于输入的过去极值影响$\mathcal{H}_{\mathrm{P}}$的电流输出，经典的 Preisach 滞后模型适用于描述显示非局部记忆的滞后；② 对比图 6.7(c) 和图 6.7(d) 中未加权和加权的基本开关算子可以发现，权值$\mu_{\mathcal{H}}(\alpha, \beta)$ 的分布对滞后曲线的形状有较大的影响。因此，确定$\mu_{\mathcal{H}}(\alpha, \beta)$ 的合适分布是极其重要的，因为只有这样才能可靠地预测系统特性。

6.4.2 高效数值计算

Preisach 滞后算子$\mathcal{H}_{\mathrm{P}}$及其反演以及加权分布$\mu_{\mathcal{H}}(\alpha, \beta)$ 的识别需要大量的单独计算步骤。对于滞后算子的实际应用，有效的数值计算是至关重要的。为此，传感器技术基础(Friedrich - Alexander - University Erlangen - Nuremberg) 在 Wolf 博士论文的框架下开发了一种新的方法[101]。该方法的要点在下面进行了说明。

1. 离散化

在计算机系统上实现 Preisach 滞后算子需要各种离散化，步骤如下。

(1) 由于随后的信号处理是基于计算机的，连续输入的 $x(t)$ 通过模拟到数字转换为离散时间和离散值的形式。同样，算子输出 $y(t)$ 是一个离散时间和离散值信号。假设采样时间为 ΔT 的等距采样。因此，有效的输入和输出信号分别为

$x(t_k=k\Delta T)$ 和 $y(t_k=k\Delta T)$，而 $k\in\mathbb{N}^+$ 分别表示采样点的指数，①此外，$x(k)$ 被归一化为它的最大值，即

$$x(k)=\frac{X(k)}{2\cdot\max(|X(k)|)}\Rightarrow x(k)\in[-0.5,0.5] \tag{6.7}$$

式中：$x(t)$ 为原始离散时间和离散值输入。对于基本开关算子的转换点 α 和 β，归一化得到条件为 $-0.5\leqslant\beta\leqslant\alpha\leqslant0.5$。

(2) 根据 Preisach 滞后算子 $\mathcal{H}_P$ 在式(6.2) 中的定义，输出结果是通过解析地计算二维空间中的二重积分得到的。然而，这个积分并不存在解析解。这就是为什么必须对空间离散化的三角形进行求和，其中包含转换点 α 和 β 的离散值(图 6.8(a))。在不限制一般性的前提下，两个转换点的可能值在 M 个等分区间内离散化，得到 $\alpha(i=1,\cdots,M)$ 和 $\beta(j=1,\cdots,M)$。

$$\left.\begin{aligned}\mathcal{P}(k)&=[\mathcal{P}_{ij}(k)]\ \text{当}\mathcal{P}_{ij}\in\{-1,1\}\text{时}\\ \boldsymbol{\mu}&=[\mu_{ij}]\quad\text{当}\mu_{ij}\in\mathbb{R}_0^+\text{时}\end{aligned}\right\}\quad(\forall(i,j)\in\Lambda) \tag{6.8}$$

式中：Λ 表示空间离散化的 Preisach 平面的定义区域，即 $\Lambda=\{(i,j):i\leqslant M+1,j\leqslant M+1-i\}$。注意，在这个定义区域外，矩阵单元 $\mathcal{P}_{ij}(k)$ 和 μ_{ij} 分别为零。

α 和 β 的离散化 M 决定了算子输出 $y(k)$ 的离散化结果。越精细的离散化，$y(k)$ 的分辨率越高。然而，M 越大，Preisach 滞后算子的常见实现理想需要的计算时间就越长。因此，必须在输出分辨率和计算时间之间寻找到一种折中办法。下面详细介绍实现精细离散化和合理计算时间的途径。

2. 数值计算

如上所述，空间离散的 Preisach 平面 $\mathcal{P}(k)$ 的加权求和对于计算时间步长 k 的算子输出 $y(k)$ 是必要的。式(6.2) 的二重积分化为双重求和(加权矩阵 $\boldsymbol{\mu}$ 的单元 μ_{ij})，即

$$y(k)=\sum_{i=1}^{i_{\max}}\sum_{j=1}^{j_{\max}}\mathcal{P}_{ij}(k)\,\mu_{ij}\begin{cases}i_{\max}=M+1-j\\ j_{\max}=M+1-i\end{cases} \tag{6.9}$$

需注意，$\mathcal{P}_{ij}(k)$ 指的是以转换点 $\alpha(i)$ 和 $\beta(j)$ 为特征的基本开关算子 $\gamma_{\alpha\beta}$ 的当前状态(即 $\{-1,1\}$)。由于这种计算是非常低效的，所以应该用一个微分格式来代替，它专用于对时间步长 k 在 Preisach 平面 $\mathcal{P}(k)$ 内的修正。这些修正导致运算符输出的变化 $\Delta y(k)$ 等于 Preisach 平面的面积(图 6.8(b) 和图 6.8(c))。确定

① 为了得到一个简洁的表示法，使用缩写 $x(k\Delta T)\triangleq x(k)$。

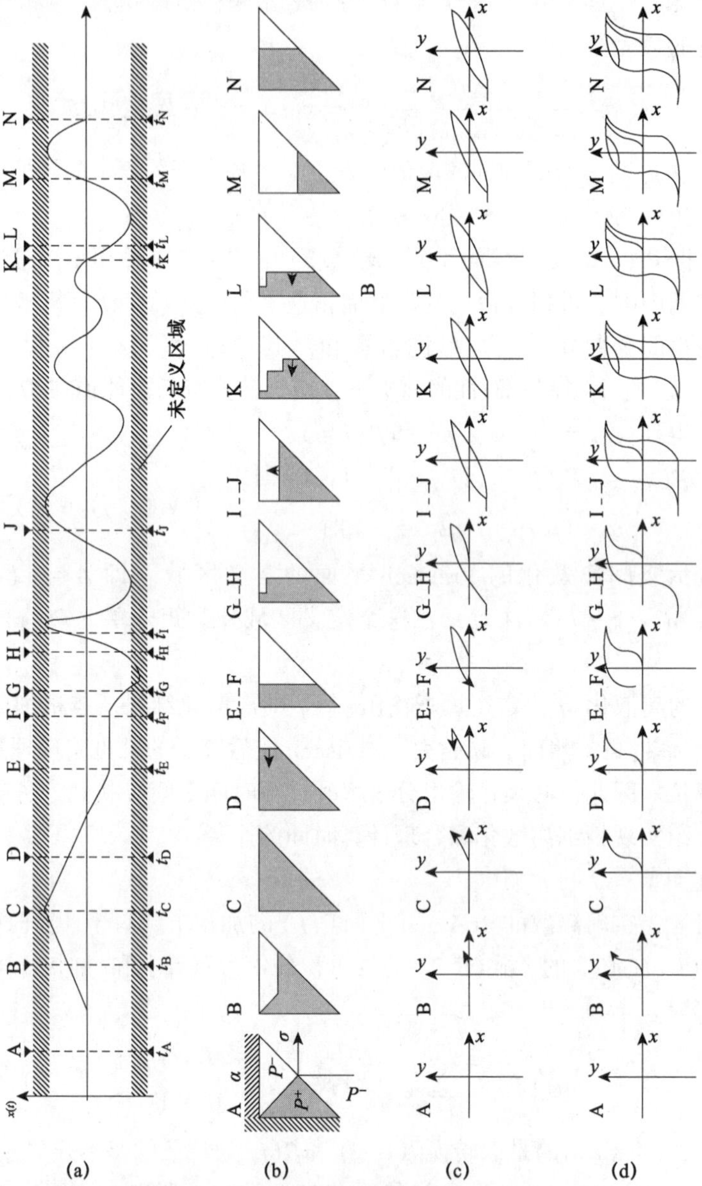

图 6.7 Preisach 滞后算子$\mathcal{H}_P$[101]的图解

(a) 输入信号 $x(t)$ 关于时间 t 的级数；(b) A，…，N 在t_A，…，t_N 时的 Preisach 平面$\mathcal{P}=\mathcal{P}^+\cup\mathcal{P}^-$；(c) 未加权即$\mu_{\mathcal{H}}(\alpha,\ \beta)=1$；(d) 加权基本开关算子$\gamma_{\alpha\beta}$ 的输出 y 与输入 x。

$\Delta y(k)$ 的一个恰当方法是 Everett 函数 ε[26]。因此，当前输出 $y(k)$ 变为[36]

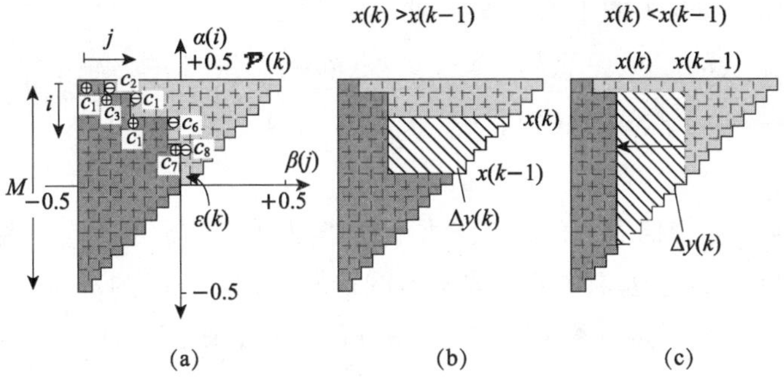

图 6.8　离散化与数值计算

(a) 时间步长为 k 的空间离散化的 Preisach 平面 $\mathcal{P}(k)$；(b) 增加和(c) 减少 Preisach 滞后算子 $\mathcal{H}_P$ 输入的 $x(k)$ 的 Preisach 平面修正(⊕ 和 − 分别表示支配极值的极大值和极小值)。

$$\begin{aligned} y(k) &= y(k-1)+\Delta y(k) \\ &= y(k-1)+E(x(k-1),\ x(x)) \\ &= y(k-1)+\operatorname{sign}(x(k)-x(k-1))\cdot\iint_{\Delta y(k)}\mu_{\mathcal{H}}(\alpha,\ \beta)\mathrm{d}\alpha\mathrm{d}\beta \end{aligned} \tag{6.10}$$

梯形面积 $\Delta y(k)$ 是由连续输入 $x(k-1)$ 和 $x(k)$ 给出的加权 Preisach 平面内的部分面积的差值得到的。根据输入变化的方向，$\Delta y(k)$ 必须从前面增加(图 6.8(b))或减少(图 6.8(c))输出 $y(k-1)$。通过符号函数(·)来考虑这个事实。

为了有效地评估每个时间步长 k 的 Preisach 滞后算子 $\mathcal{H}_P$，提前进行尽可能多的计算步骤是有用的。优化的方法主要包括以下 3 个子步骤。

1) Everett 矩阵的计算

由于离散权重分布的分布是时不变的，可以提前计算扫描区域，即 Everett 函数 $\boldsymbol{\varepsilon}$。Everett 矩阵 $\boldsymbol{\varepsilon}=[\varepsilon_{ij}]$ 表示数值积分加权分布，取值为

$$E_{ij}=\sum_{r=i}^{r_{\max}}\sum_{s=j}^{s_{\max}}\mu_{rs}\begin{cases} r_{\max}=M+1 \\ s_{\max}=M+1-i \end{cases} \tag{6.11}$$

每个分量 $\varepsilon_{i_n j_n}$ 指的是加权矩阵 $\boldsymbol{\mu}$ 中三角形($i \geqslant i_n$、$j \geqslant j_n$)上的和。

2) Preisach 平面的结构

现在可以利用 Everett 矩阵 $\boldsymbol{\varepsilon}$ 来计算算子输出 $y(k)$。在此过程中，需要输入历史的当前主要极值。极值位于 $\mathcal{P}^+$ 和 $\mathcal{P}^-$ 的分界线 $\mathfrak{L}(t)$ 上。假设 $m(k)$ 主要时间步 k 的极值为 $\mathbf{e}_1$，…，$\mathbf{e}_{m(k)}$。长度为 $m(k)$ 的向量 $\mathbf{e}_i(k)$ 和 $\mathbf{e}_j(k)$ 表示这些极值在

空间离散的 Preisach 平面中的位置，即

$$\left.\begin{aligned} \boldsymbol{e}_i(k) &= [i_1(k),\ \cdots,\ i_n(k),\ \cdots,\ i_{m(k)}(k)]^{\mathrm{T}} \\ \boldsymbol{e}_j(k) &= [j_1(k),\ \cdots,\ j_n(k),\ \cdots,\ j_{m(k)}(k)]^{\mathrm{T}} \end{aligned}\right\} \quad (1 \leqslant n \leqslant m(k) \leqslant M) \tag{6.12}$$

由于必须区分极值表示的是极小值还是极大值(图 6.8(a))，因此需要一个附加的向量$\mathfrak{s}(k)$，它包含每个主要极值的符号。这个长度为$m(k)$的向量定义为

$$\mathfrak{s}(k) = [\mathfrak{s}_1(k),\ \cdots,\ \mathfrak{s}_n(k),\ \cdots,\ \mathfrak{s}_{m(k)}(k)]^{\mathrm{T}} \tag{6.13}$$

和

$$\mathfrak{s}_n(k) = \begin{cases} -1:\ i_n = i_{n-1}(\text{最小}) \\ +1:\ j_n = j_{n-1}(\text{最大}) \end{cases} \tag{6.14}$$

对于后续的时间步长$k+1$，需要更新前一个时间步长k的向量$\mathbf{e}_i(k)$和$\mathbf{e}_j(k)$和$\mathfrak{s}(k)$。因此，应用了以下操作。

(1) 当算子输入增加(即$x(k+1) > x(k)$)时，当前值$x(k+1)$将与转换点$\alpha(\mathbf{e}_i(k))$进行比较。如果输入减少(即$x(k+1) < x(k)$)，则与$\beta(\mathbf{e}_j(k))$进行比较。根据i和j的定义(参见图 6.8(a))，输入量增加时$i_{m(k+1)}(k+1) < i_{m(k)}(k)$，输入量减少时$j_{m(k+1)}(k+1) < j_{m(k)}(k)$。

(2) 输入斜率中符号的改变会导致另一个主要极值，即$m(k+1) = m(k)+1$。因此，$\mathbf{e}_i(k)$、$\mathbf{e}_j(k)$和$\mathfrak{s}(k)$的长度分别增加 1。

(3) 增加输入信号满足$x(k+1) > \alpha_n(k)$时，将$\mathbf{e}_i(k)$、$\mathbf{e}_j(k)$、$\mathfrak{s}(k)$这3个向量的长度缩短为$n-1$。在$x(k+1) < \beta(k)$的情况下，减少输入也是如此。然后，向量的第n项包含了空间离散的 Preisach 平面上的最后主要极值的位置及符号。

3) 算子输出的计算

对于时间步长k，运算符输出$y(k)$来自子步骤 1) 和 2)。使用向量$\mathbf{e}_i(k)$和$\mathbf{e}_j(k)$来选择 Everett 矩阵$\boldsymbol{E}$中输入$x(k)$的每一个项的主要极值。此外，所选的项根据在$\mathfrak{s}(k)$中列出的主要极值的符号进行叠加。总的来说，$y(k)$计算式为

$$y(k) = \frac{1}{2}\boldsymbol{\varepsilon}_{i_1(k)j_1(k)} \cdot \mathfrak{s}_1(k) + \sum_{n=2}^{m(k)} \boldsymbol{\varepsilon}_{i_n(k)j_n(k)} \cdot \mathfrak{s}_n(k) \tag{6.15}$$

通过这种方法优化了 Preisach 滞后算子的求值问题。与 Everett 函数的常用实现方式(式(6.10))相比，可以将计算时间减少 100 倍以上[101]。通常的实现方式主要限于 Preisach 平面的离散化$M < 100$，需要额外的插值算法来实现操作者输出的合理分辨率[36, 76]。相比之下，所提出的方法允许精细离散(如$M = 300$)，因

此不需要任何插值就可以获得高分辨率。

6.5 开关算子的加权程序

如图 6.7 所示，权值分布$\mu_{\mathcal{H}}(\alpha, \beta)$对 Preisach 滞后算子$\mathcal{H}_{\mathrm{P}}$的输出有显著影响，因此对所得到的滞后曲线也有显著影响。这就是为什么可以找到许多关于铁磁和铁电材料的鉴定和描述$\mu_{\mathcal{H}}(\alpha, \beta)$出版物的原因。

在研究合适的加权程序和标识之前，先推导出$\mu_{\mathcal{H}}(\alpha, \beta)$的物理激励性质。在介观尺度和微观尺度上，铁电材料内部的开关过程是由机械和电场的复杂相互作用引起的。不考虑这样的相互作用，因为 Preisach 滞后算子代表了一种纯粹的唯象建模方法。然而，从宏观角度来看，存在着域的统计积累，这些域表现出特定的开关性质，所选择的基本开关算子$\gamma_{\alpha\beta}$可以很好地解释这一性质。因此，这些基本转换算子的权值$\mu_{\mathcal{H}}(\alpha, \beta)$必须具有较高的数值。在这种情况下，利用 Preisach 滞后模型可以对铁电材料的大信号特性提出以下 4 个假设。

(1) 电场强度 $E(t)$ 随时间的正变化增加了铁电材料的电极化 $P(t)$。同样，负变化也会降低 $P(t)$。因此，每个基本开关算子的权值$\mu_{\mathcal{H}}(\alpha, \beta)$必须是正的，即

$$\mu_{\mathcal{H}}(\alpha, \beta) > 0 \quad (\forall \alpha, \beta: -0.5 \leqslant \beta \leqslant \alpha \leqslant +0.5) \tag{6.16}$$

(2) 假设铁电材料中空载区域的开关特性是对称的。具有转换点的基本开关算子 $\alpha=-\beta$ 可模拟此特性。因此，可以预计这些算子的权重相当大。

(3) 如果铁电材料被对称的电信号激励，其 $P(t)$ 的大小也基本上是对称的。为了考虑这种材料特性，权重分布$\mu_{\mathcal{H}}(\alpha, \beta)$应该围绕轴 $\alpha=-\beta$ 对称，即$\mu_{\mathcal{H}}(\alpha, \beta)=\mu_{\mathcal{H}}(-\beta, -\alpha)$。

(4) 电极化滞后曲线显示，在电场强度 $E_{\mathrm{c}}^{\pm}$ 附近，其斜率最大。这意味着，从统计学上讲，当外加电场强度接近 $E_{\mathrm{c}}^{\pm}$ 时，铁电材料的大部分区域会发生畴变。在权值分布中，归一化压场强度$\mathrm{e}_{\mathrm{c}}^{\pm}$位于轴 $\alpha=-\beta$ 处。因此，也出现了权值的最大值。

对于 Preisach 滞后模型，可以区分确定权重分布$\mu_{\mathcal{H}}(\alpha, \beta)$主要的两种方法：①$\mu_{\mathcal{H}}(\alpha, \beta)$在单元中空间离散化；②$\mu_{\mathcal{H}}(\alpha, \beta)$通过解析函数定义。将在 6.5.1 小节和 6.5.2 小节中研究所选择的两种实现方式的主要方面。

6.5.1 权值分布的空间离散化

这里集中讨论两种不同的实现方式，以获得空间离散化的权重分布 $\boldsymbol{\mu} = [\boldsymbol{\mu}_{ij}]$。第一个实现方式是基于一阶逆转曲线(FORCs)；第二个实现方式是最小化适当的测量和模拟之间的偏差。

1. 一阶反转曲线

一阶反转曲线是用一个特定的输入信号增加和减少的序列交替加载所研究的材料形成的。在铁电材料中，这种序列起始于电场强度 E_{sat}^-，从而导致电极化的负饱和 $P(E_{sat}^-)$。电场强度总是增加到正饱和度(即 E_{sat}^+)，然后再减少到略高于先前的最小值(图 6.9(a))。结果表明，输入的局域最小值 $E_{F(t)}$(反向场强)增大，其最大值相对于时间 t 保持不变。对于上述输入序列，FORCs 分别被定义为滞后曲线的一部分，从局部最小值 $P(E_F)$ 到全局最大值 $P(E_{sat}^+)$(图 6.9(b))。

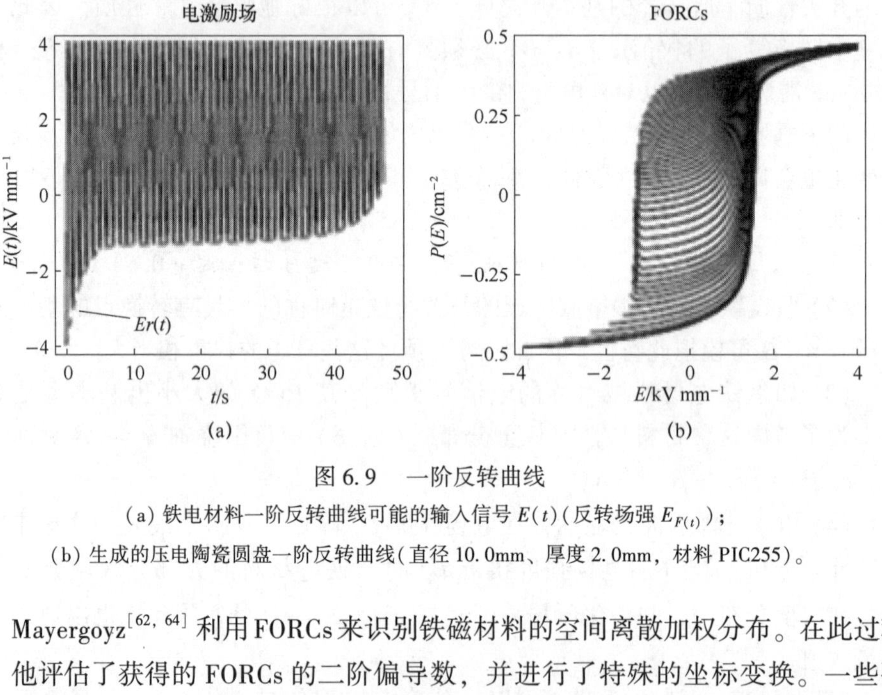

图 6.9 一阶反转曲线

(a) 铁电材料一阶反转曲线可能的输入信号 $E(t)$(反转场强 $E_{F(t)}$)；

(b) 生成的压电陶瓷圆盘一阶反转曲线(直径 10.0mm、厚度 2.0mm，材料 PIC255)。

Mayergoyz[62, 64] 利用FORCs来识别铁磁材料的空间离散加权分布。在此过程中，他评估了获得的 FORCs 的二阶偏导数，并进行了特殊的坐标变换。一些研究小组(如 Stanco 等[86] 和 Stoleriu 等[87])采用了类似的方法来表征铁电材料。然而，通过 FORCs 对这些材料的空间离散加权分布的识别显示出各种缺陷[101]。主要缺点如下。

(1) 铁电材料滞后曲线的斜率陡度通常比铁磁材料大得多。特别是在最陡的斜率处，大多数单元电池的开关过程发生在铁电材料内部，因此必须缓慢地改变反转场强 $E_{F(t)}$(图 6.9(a))。由于这个原因，理想的测量工作显著增加。

(2) 在铁电材料的识别$\boldsymbol{\mu}$ 过程中，由于大量的 FORCs 采集过程中的蠕变效应，在一定程度上导致了负电项的产生。严格地说，对于权重分布而言，这些负项与先前推导的假设 1 相矛盾。

(3) 为了测量 FORCs，所研究的铁电材料必须达到正、负饱和。很自然，在结合了这种材料的执行器的实际应用中并不总是可能的。

(4) 如果辨识的输入信号与应用中的信号相似，那么 Preisach 滞后模型将特别适合于预测材料的滞后性能。然而，FORCs 是由一个预定义的从负饱和到正饱和的输入序列产生的。由于这一事实，倾向于允许对输入序列进行灵活选择的识别过程。

根据所列缺点，需要采用铁电材料加权分布的替代方法(见 6.5.2 小节)。

2. 调整模拟数据

与前面提到μ 的识别方法相反，Kaltenbacher B 和 Kaltenbacher M[49] 提出了一种基于将测量值与 Preisach 滞后算子$\mathcal{H}_{\mathrm{P}}$的输出值进行比较的方法。Hegewald[36-37] 首次将这种方法应用于铁电材料。为了区分空间离散化的权重分布和后续的权重分布，引入了表示目标量的符号$\boldsymbol{\mu}_{\mathrm{HEG}} = [\mu_{\mathrm{HEG},\ ij}]$。该方法的基本思想是使电极化 $p^{\mathrm{meas}}(k)$ 的归一化采集数据与预测模型输出(即时间步长 $k = 1, \cdots, k_{\max}$)之间的最小二乘误差最小。

$$\min_{\mu_{\mathrm{HEG}}} \sum_{k=1}^{k_{\max}} \left[p^{\mathrm{meas}}(k) - \sum_{i=1}^{i_{\max}} \sum_{j=1}^{j_{\max}} \mathcal{P}_{ij}(k) \cdot \boldsymbol{\mu}_{\mathrm{HEG},\ ij} \right]^2 \tag{6.17}$$

因此，矩阵单元$\mu_{\mathrm{HEG},\ ij}$ 以一种方便的方式进行迭代调整。将基本开关算子的转换点α和β分别在M个区间内离散，$\boldsymbol{\mu}_{\mathrm{HEG}}$将包含$n_{\mathrm{HEG}} = (M^2 + M)/2$个独立项。

下面来看看压电陶瓷圆盘(直径 10.0mm、厚度 2.0mm)的结果，这是由铁电软材料 PZ27 制成的。为了试验测定电极在厚度方向上的电极化 $\boldsymbol{P}$，采用了 Sawyer - Tower 电路[79]①，即在所研究的压电陶瓷圆盘上串联一个附加电容器 C_{ST}。注意，C_{ST} 必须具有高电容值以及高绝缘电阻。图 6.10(a) 所示为测量的滞后曲线$P_{\mathrm{meas}}(E)$ 和模拟的$P_{\mathrm{sim}}(E)$ 相对于外加电场强度$\boldsymbol{E}$的滞后曲线。用于激励压电陶瓷圆盘的 $E(t)$ 波形如图 6.10 所示。该波形也作为输入序列，通过最小化最小二乘误差(式(6.17))来识别$\boldsymbol{\mu}_{\mathrm{HEG}}$。从图 6.10(a) 所示的对比可以看出，$P_{\mathrm{meas}}(E)$ 和$P_{\mathrm{sim}}(E)$ 重合得很好。它们之间的偏差主要归因于蠕变过程，而经典的

① 在本章中，所有测量 $\boldsymbol{P}$ 的方法都采用 Sawyer - Tower 电路。

Preisach 滞后模型没有考虑蠕变过程。尽管激励信号指的是压电陶瓷圆盘的工作范围较大，但仿真结果令人满意。

图6.10(c) 给出了 $m=67$ 个区间(即 $n_{\mathrm{HEG}}=2278$ 个条目) 已确定的空间离散化加权分布 $\boldsymbol{\mu}_{\mathrm{HEG}}$。$\boldsymbol{\mu}_{\mathrm{HEG}}$ 的取值范围较大，只有少数转换点的组合，得到的权值较大。实际上，大部分权重都很小。这可能会导致分割线 $\mathfrak{L}(t)$ (图6.6(b)) 穿过权重较小的孤立区域时出现问题，因为算子输出几乎不会发生变化[101]。而且，$\boldsymbol{\mu}_{\mathrm{HEG}}$ 是根本不对称的，这与推导出的假设 3 不一致。此外，由于 n_{HEG} 参数在每个迭代步骤中都需要修改，因此最小化识别 $\boldsymbol{\mu}_{\mathrm{HEG}}$ 的方法将 M 限制到小值。因此，Preisach 平面 P 也被粗略离散。因此，需要一种附加的插值方法来处理转换点 α 和 β 和离散值之间的算子输入。

综上所述，与基于 FORCs 的方法相比，对铁电材料的空间离散化权重分布进行模拟校正是一个更好的选择。然而，从实际角度来看，理想的大量参数 n_{HEG} 可能会引起重大问题，如辨识参数的唯一性和鲁棒性。

6.5.2 分析权重分布

为了确定空间离散加权分布的各个项，可以通过解析函数来描述 $\mu_{\mathcal{H}}(\alpha,\beta)$。这样的解析函数需要满足以下 3 个特性。

(1) 对称重分布的解析描述应该能够对铁电作动器的不同工作区域进行可靠的建模，即单极、半双极及双极工作区。

(2) 为了唯一地确定解析函数的参数，每个参数应该只修改滞后曲线的一个特性，如斜率陡峭度。

(3) $\mu_{\mathcal{H}}(\alpha,\beta)$ 的分析函数应该由少量几个参数来定义。

如果一个解析函数满足这些特性，将能够以相当简单的方式描述和确定 Preisach 滞后模型的权重分布。利用广义的 Preisach 滞后模型(见 6.6 节) 考虑对滞后曲线的附加影响因素(如机械预应力) 特别有用。关于特性(3)，必须在参数数量和模型输出的期望精度之间找到一个最佳平衡。

定义权值分布的解析函数没有预先指定预估平面 $\mathcal{P}$ 的空间离散度 M。因此，在不进行任何插值的情况下，就可以计算出每个转换点组合的实际权重 $\mu_{\mathcal{H}}(\alpha,\beta)$。从实际角度来看，还必须进行空间离散化，因为这是对 Preisach 滞后算子 $\mathcal{H}_{\mathrm{P}}$ 进行有效数值评估所必需的(见 6.4.2 小节)。尽管如此，用于识别解析函数的参数 M 和在实际应用中使用的 $\mathcal{H}_{\mathrm{P}}$ 是不同的。

1. DAT 功能

由于饱和曲线与反正切函数非常相似，Sutor 等[89] 提出了一种特殊的解析函

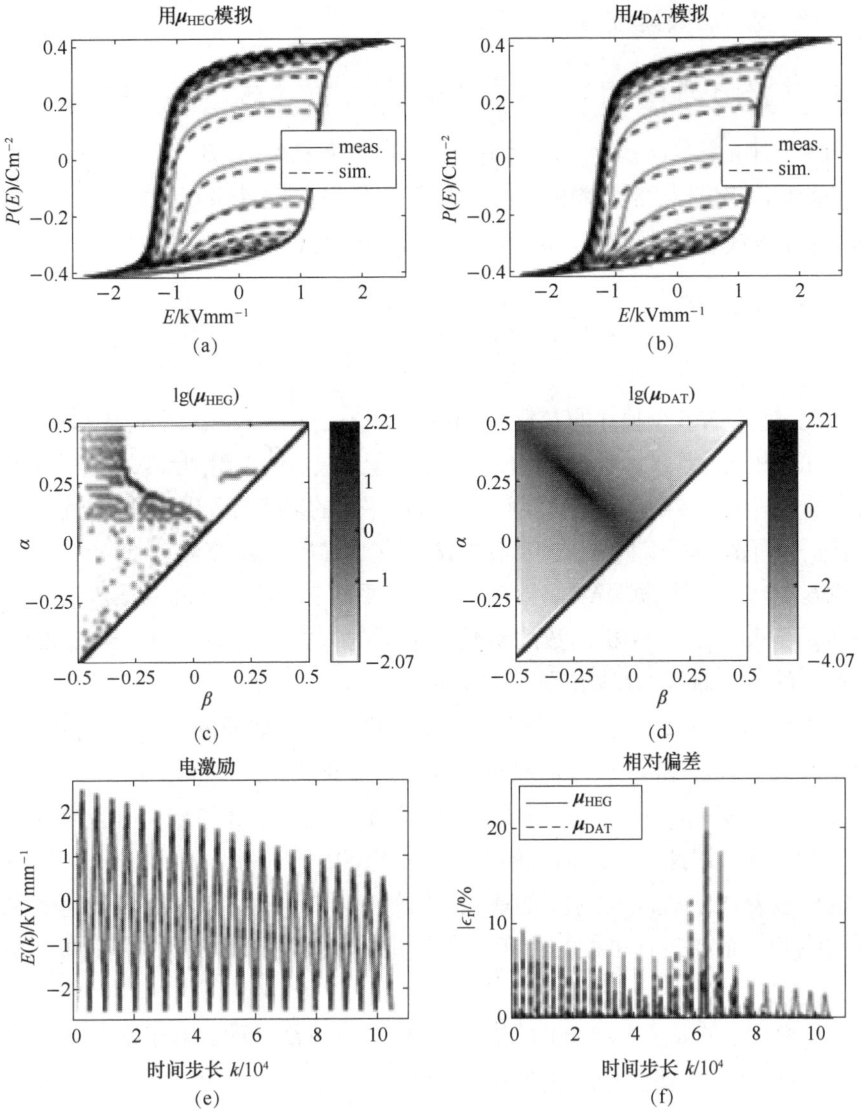

图 6.10　压电陶瓷圆盘的 $E(t)$ 波形

(a) $\boldsymbol{\mu}_{\mathrm{HEG}}$ 和 (b) $\boldsymbol{\mu}_{\mathrm{DAT}}$ 时 $\boldsymbol{P}(\boldsymbol{E})$ 的测量和模拟对比；(c) 和(d) 为 $M = 67$ 的空间离散权重分布；(e) 用于识别 $\boldsymbol{\mu}_{\mathrm{HEG}}$ 和 $\boldsymbol{\mu}_{\mathrm{DAT}}$ 电激励 $E(k)$；(f) 模拟与测量之间的归一化相对偏差 $|\epsilon_{\mathrm{r}}|$（幅度）：压电陶瓷盘(直径 10.0mm，厚度 2.0mm，材料 PZ27)。

数来描述 $\mu_{\mathcal{H}}(\alpha, \beta)$，它是基于反正切函数的二阶导数。二阶导数可归因于 Preisach 滞后模型中的双重积分(式(6.2))。因此，基础函数通常称为 DAT(导

数反正切）函数，其读为

$$\boldsymbol{\mu}_{\mathrm{DAT}}(\alpha,\ \beta)=\frac{B}{1+\{[(\alpha+\beta)\sigma]^2+[(\alpha-\beta-h)\sigma]^2\}^{\eta}} \tag{6.18}$$

用4个独立参数($\mu_{\mathrm{DAT}}=4$)产生无量纲参数向量$\mathfrak{p}=[B,\ \eta,\ h,\ \sigma]^{\mathrm{t}}$。起初，DAT功能是用来模拟铁磁材料的。沃尔夫等[104, 106]利用这个分析函数通过Preisach滞后算子来预测铁电材料的大信号特性。下面集中讨论DAT函数[101]的扩展版本，它由

$$\boldsymbol{\mu}_{\mathrm{DAT}}(\alpha,\ \beta)=\frac{B}{1+\{[(\alpha+\beta+h_1)\sigma_1]^2+[(\alpha-\beta-h_2)\sigma_2]^2\}^{\eta}} \tag{6.19}$$

因此，它包含6个独立的参数，即$\mathfrak{p}=[B,\ \eta,\ h_1,\ h_2,\ \sigma_1,\ \sigma_2]^{\mathrm{t}}$和$n_{\mathrm{DAT}}=6$。与式(6.18)相比，扩展的DAT函数①更灵活，但还具有两个附加参数。通过在M个均匀分布的区间中对转换点α和β进行Preisach平面的空间离散化，得出离散化的加权分布$\boldsymbol{\mu}_{\mathrm{DAT}}=[\mu_{\mathrm{DAT},\,ij}]$。同样，离散化的$\boldsymbol{\mu}_{\mathrm{DAT}}$包含$(M^2+M)/2$项。

图6.11显示了根据DAT函数在Preisach平面P中的三维和二维表示的特定权重分布$\boldsymbol{\mu}_{\mathrm{DAT}}(\alpha,\ \beta)$。解析函数的参数以不同的方式影响最大值。对权重分布和由此产生的滞后曲线的影响(图6.12)如下。

①B仅对$\boldsymbol{\mu}_{\mathrm{DAT}}(\alpha,\ \beta)$进行缩放，因此修改了滞后曲线的大小。可以利用$B$补偿由于参数$\eta$、$\sigma_1$和$\sigma_2$引起的滞后曲线的不必要变化。

②η主要影响$\boldsymbol{\mu}_{\mathrm{DAT}}(\alpha,\ \beta)$中最大值的形状。例如，$\eta$的较大值会导致该最大值的急剧下降。因此，滞后曲线的斜率是指定的。

③h_1使$\mathcal{P}$中的$\boldsymbol{\mu}_{\mathrm{DAT}}(\alpha,\ \beta)$的最大值沿轴$\alpha=\beta$移动。该参数对于建模非对称滞后曲线尤为重要，这可能是由于如归一化电场强度中的偏置电场(见6.6.2小节)引起的。

④h_2将$\mathcal{P}$中的$\boldsymbol{\mu}_{\mathrm{DAT}}(\alpha,\ \beta)$的最大值沿轴$\alpha=-\beta$移动。对于铁电材料，能够通过$h_2$改变滞后曲线的标准化矫顽场强度$e_{\mathrm{c}}^{\pm}$。

⑤σ_1和σ_2分别沿轴$\alpha=\beta$和$\alpha=-\beta$修改$\boldsymbol{\mu}_{\mathrm{DAT}}(\alpha,\ \beta)$的最大宽度。结果改变了滞后曲线的幅度以及微小环路的形状。

总之，DAT函数能够特定的影响铁电材料的模拟滞后曲线的决定性特性，如矫顽场强和斜率。如前所述，这一事实对基于Preisach滞后算子的广义滞后模型尤为重要。

① DAT函数的扩展版本以下也称为DAT函数。

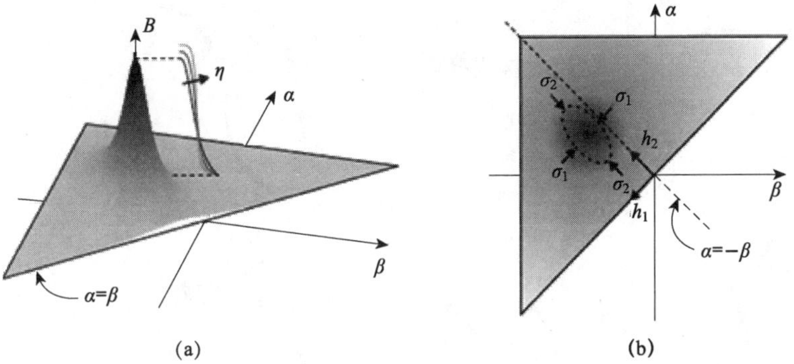

图 6.11　参数 B、η、h_1、h_2、σ_1 和 σ_2 对 Preisach 平面 $\mathcal{P}$ 中权重分布 $\boldsymbol{\mu}_{\mathrm{DAT}}(\alpha,\ \beta)$ 的影响
(a) 三维；(b) 二维。

正如 Hegewald[37] 提出的识别 $\boldsymbol{\mu}_{\mathrm{HEG}}$ 各项所建议的那样，DAT 函数的参数 B、η、h_1、h_2、σ_1 和 σ_2 是通过对模型输出进行迭代调整以进行适当测量而得出的。为此，必须使模拟信号和测量信号之间的偏差最小。底层的优化过程表示一个不适定问题(参见第 5 章)。因此，需要一个适当的正则化方法，这是由 Levenberg - Marquardt 算法和迭代正则化高斯 - 牛顿算法提供的。两种算法都在合理的计算时间内给出了 DAT 函数的目标参数，但是对于参数向量 $\mathbf{p}$ 需要一个合适的初始猜测。这样一个初始的猜测可以通过手动调整模拟到测量值来得到。在文献 [101] 中，通过不同的实例证明了整个参数辨识的鲁棒性和可靠性。

为了比较不同的加权程序 $\boldsymbol{\mu}_{\mathrm{DAT}}$ 和 $\boldsymbol{\mu}_{\mathrm{HEG}}$，还将 DAT 函数应用于先前提到的压电陶瓷盘(直径 10.0mm、厚度 2.0mm，材料 PZ27) 的测量数据。图 6.10(d) 描绘了 $M = 67$ 个间隔识别出的空间离散权重分布 $\boldsymbol{\mu}_{\mathrm{DAT}}$。与 $\boldsymbol{\mu}_{\mathrm{HEG}}$ 相比，$\boldsymbol{\mu}_{\mathrm{DAT}}$ 关于轴 $\alpha = -\beta$ 是对称的，这与假设(3) 一致。此外，在 $\boldsymbol{\mu}_{\mathrm{DAT}}$ 中不会出现权重可忽略不计的孤立区域。这是利用解析函数的结果。

图 6.10(a) 和图 6.10(b) 中的电极化的测量值 $P_{\mathrm{meas}}(E)$ 和模拟 $P_{\mathrm{sim}}(E)$ 的比较表明，$\boldsymbol{\mu}_{\mathrm{HEG}}$ 和 $\boldsymbol{\mu}_{\mathrm{DAT}}$ 的预测结果相似。即使 DAT 函数是由小得多的独立参数定义的(即 $\boldsymbol{\mu}_{\mathrm{DAT}} \ll \boldsymbol{\mu}_{\mathrm{HEG}}$)，也有助于对其进行识别，但 $\boldsymbol{\mu}_{\mathrm{DAT}}$ 的 $P_{\mathrm{meas}}(E)$ 和 $P_{\mathrm{sim}}(E)$ 之间的归一化相对偏差① ϵ_{r} 仅略高于 $\boldsymbol{\mu}_{\mathrm{HEG}}$(图 6.10(f))。因此，有理由假设 $\boldsymbol{\mu}_{\mathrm{DAT}}$ 和 $\boldsymbol{\mu}_{\mathrm{HEG}}$ 具有相同的性能。但是，从物理角度来看，$\boldsymbol{\mu}_{\mathrm{DAT}}$ 比 $\boldsymbol{\mu}_{\mathrm{HEG}}$ 所得的权重更可靠。由于上述原因，通常应首选 DAT 函数来识别 Preisach 滞后算子的权重分布。

① 在本书中，归一化相对偏差 ϵ_{r} 通常表示与所考虑的最大值和最小值之差相关的绝对偏差。

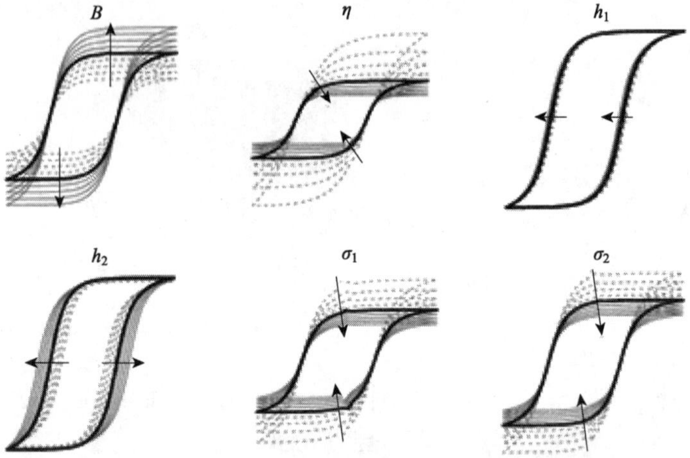

图 6.12 DAT 函数 $\boldsymbol{\mu}_{\mathrm{DAT}}(\alpha, \beta)$ 分别对 B、η、h_1、h_2、σ_1 和 σ_2 对滞后曲线(如 $P(E)$)的影响进行评估的参数研究(参数在 ±[10, 20, 30, 40]% 范围内变化；虚线和实线分别表示参数的正负变化；箭头表示递增的参数值[101])。

2. 高斯函数和洛伦兹函数

对于 Preisach 滞后模型，还存在几个进一步的分析函数来描述权重分布 $\mu_{\mathcal{H}}(\alpha, \beta)$。特别是在铁磁性材料的情况下，解析函数往往是由在材料内发生的开关过程的统计积累激发的。为了考虑这一事实，可以使用二维高斯分布和洛伦兹分布进行解析描述[5, 20, 27, 90]。正如 Azzerboni 等[6] 提出类似的方法，高斯函数和洛伦兹函数(分布) 分别为

$$\mu_{\mathrm{GAUSS}}(\alpha, \beta) = B^2 \cdot \exp\left[-\frac{1}{2}\left(\frac{\alpha - \beta - 2h_1}{h_1}\sigma_1\right)^2 - \frac{1}{2}\left(\frac{\alpha + \beta}{h_2}\sigma_2\right)^2\right] \tag{6.20}$$

$$\mu_{\mathrm{LOR}}(\alpha, \beta) = \frac{B}{1 + \left(\dfrac{\beta + h_1}{h_1}\sigma_1\right)^2} \cdot \frac{B}{1 + \left(\dfrac{\alpha - h_2}{h_2}\sigma_2\right)^2} \tag{6.21}$$

式中，参数 B、η、h_1、h_2、σ_1 和 σ_2 对权重分布的影响大致相当于 DAT 函数的影响。同样，B 特定缩放了 $\mu_{\mathrm{GAUSS}}(\alpha, \beta)$ 和 $\mu_{\mathrm{LOR}}(\alpha, \beta)$ 的大小，这等于缩放滞后曲线。通过参数 σ_1 和 σ_2，可以改变滞后曲线的斜率。但是，与 DAT 函数不同的是，h_1 和 h_2 不允许独立调整归一化矫顽场强 $e_c^{\pm}$(图 6.12 和图 6.13)，它们还会改变主回路的大小，这可能会在参数识别期间引起问题。因此，高斯函数和洛伦兹函数都不是最适合广义的 Preisach 滞后模型。

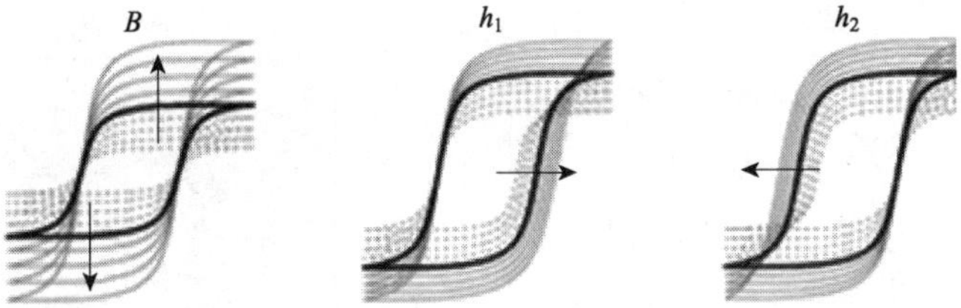

图6.13　Lorentz 函数$\mu_{LOR}(\alpha, \beta)$的参数研究以分别评估B、h_1和h_2对滞后曲线的影响（例如，$P(E)$的参数在±[10, 20, 30, 40]%的范围内变化；虚线和实线分别表示参数的正负变化；箭头表示递增的参数值[101]）

图6.14(a)所示为压电陶瓷盘(直径10.0mm、厚度2.0mm，材料PZ27)的电极化$P(E)$的测量和模拟主回路。图6.14(b)～(d)所示为确定的空间离散权重分布μ_{DAT}、μ_{GAUSS}及μ_{LOR}。表6.1列出了基本参数。通常，由μ_{DAT}、μ_{GAUSS}和μ_{LOR}可以得到可靠的Preisach滞后算子模型输出。然而，更详细的比较表明，高斯函数的测量结果与模拟结果的偏差明显高于DAT函数和洛伦兹函数。在接近外加电场强度E的反转点附近，用μ_{GAUSS}进行的测量和模拟结果有很大不同。因此，在预测铁电材料的大信号特性时，$\mu_{DAT}(\alpha, \beta)$和$\mu_{LOR}(\alpha, \beta)$应该是首选的分析函数。然而，当对广义的Preisach滞后模型感兴趣时，$\mu_{DAT}(\alpha, \beta)$将是目前唯一已知的分析函数，它提供了权重分布和Preisach滞后算子[101]的唯一性、精确性和灵活性。

表6.1　DAT函数$\mu_{DAT}(\alpha, \beta)$、高斯函数$\mu_{GAUSS}(\alpha, \beta)$和洛伦兹函数$\mu_{LOR}(\alpha, \beta)$的结果参数(参数$a$和$b$指的是滞后曲线中的可逆部分(参见6.6.1小节)

函数类型	B	η	h_1	h_2	σ_1	σ_2	a	b
DAT	338.105	1.467	0.010	0.411	47.12	36.30	0.052	5.34
高斯	0.016	—	0.206	0.119	5.06	3.20	0.053	7.30
洛伦兹	0.022	—	0.200	0.211	13.20	12.08	0.051	5.05

6.6　广义Preisach滞后模型

古典Preisach滞后算子$\mathcal{H}_P$只适用于有限范围内预测滞后铁电材料的特性。出于这个原因，重要的是改进和修改$\mathcal{H}_P$，导致广义Preisach滞后模型与底层操作算

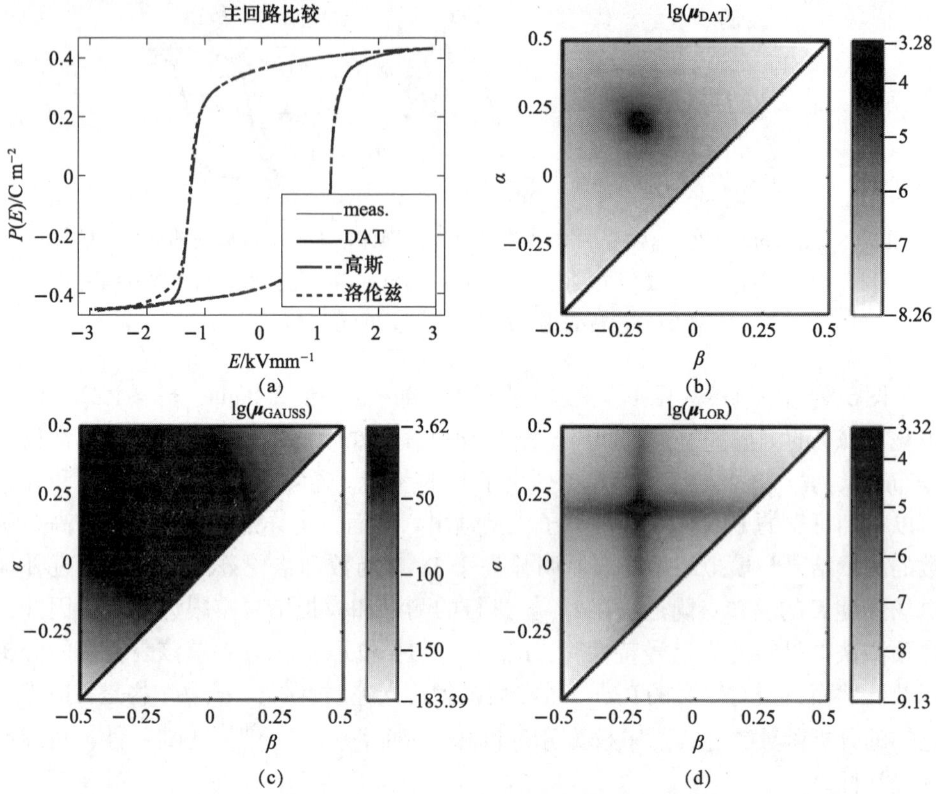

图 6.14　压电陶瓷盘电极化主回路及其空间权重分布(压电陶瓷盘直径 10.0mm、厚度 2.0mm，材料 PZ27)(见彩插)

(a) 不同分析权重分布的实测主回路 $P(E)$ 与模拟主回路 $P(E)$ 的比较；

(b) ~ (d) 得到 $M = 800$ 的空间离散加权分布。

子。Wolf 及其同事们归纳开发以及实现了几种类型的模型[78, 104, 106]。这些模型主要可以归纳为 3 类。第一类旨在增加可逆部件的灵活性(6.6.1 小节) 和不对称特性(6.6.2 小节)。第二类涉及铁电材料的机械大信号特性(6.6.3 小节)。第三类涉及$\mathcal{H}_P$的扩展，以同时考虑材料的速率相关特性(6.6.4 小节) 和应用单轴机械应力的影响(6.6.5 小节)。与$\mathcal{H}_P$相比，由此产生的广义 Preisach 滞后算子$\mathcal{H}_G$对额外输出铁电材料的机械压力 $S(t)$ 起重要作用(图 6.15)。此外，$\mathcal{H}_G$配备两个输入电激励信号的频率 $\boldsymbol{f}$ 和机械应力 T 内的材料。下面将分别研究模型推广。

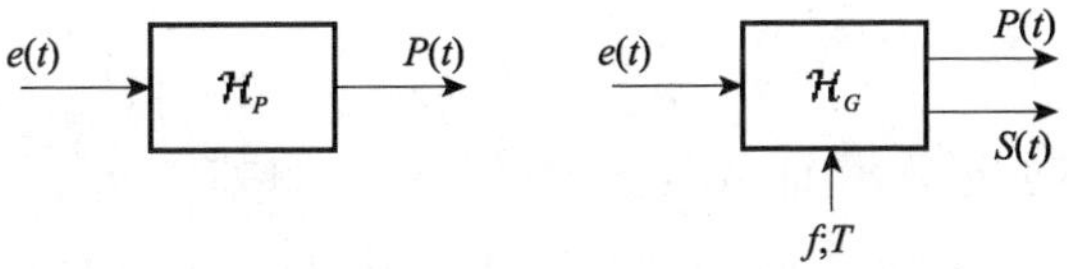

图 6.15 经典 Preisach 滞后算子$\mathcal{H}_P$和广义 Preisach 滞后算子$\mathcal{H}_G$的输入和输出($e(t)$ 表示归一化电场强度)

6.6.1 反向部分

Preisach 滞后算子$\mathcal{H}_P$的权重分布$\mu_{\mathcal{H}}(\alpha, \beta)$ 主要在于一般有限值。结果为，离散时间模型的斜率 $\partial y(k)/\partial x(k)$ 输出量 $y(k) = \mathcal{H}_P[x](k)$ 关于离散时间的输入量 $x(k)$ 在反转点总是零。这一特点可以在图 6.12 和图 6.13 中看到。然而，测量输出量的铁电材料表现出一定的饱和趋势。例如，测量滞后曲线 $P(E)$ 的电极化显示属性 $\partial P/\partial E|_{E=E_{sat}} \neq 0$。主要由于可逆的影响(内在的影响，见 3.4.1 小节)发生在铁电材料。基于假设也发生饱和的影响，他们通常通过一个适当的反正切函数建模。Sutor 等[89] 建议增加额外的线性部分 c，它主要用于描述铁磁材料的大信号特性。于是，整个离散时间模型的输出 $y(k)$ 变为

$$y(k) = \mathcal{H}_P[x](k) + y_{rev}(x(k)) \tag{6.22}$$

而添加y_{rev} 可逆部分源于

$$y_{rev}(x(k)) = a \cdot \arctan(b \cdot x(k)) + c \cdot x(k) \tag{6.23}$$

让使用一种稍微不同的方法来研究铁电材料。利用反正切函数再次考虑可逆的部分。直接把它们合并在权重分布$\mu_{\mathcal{H}}(\alpha, \beta)$ 中，而不是将它们添加到 $y(k)$。当广义 Preisach 滞后算子$\mathcal{H}_G$必须反转时(6.8 节)，将提供特殊的优势。为了更好地解释这个方法，我们可以仔细观察 Preisach 平面$\mathcal{P}$的权重分布(图 6.16(a))。通过在轴 $\delta = \alpha = \beta$[64, 69] 上的权重来实现可逆部件的合并。由于基本交换运算符 $\gamma_{\alpha\beta}$ 的特性，当运算符输入 $x(k)$ 增加时，这些权重将被累加。另外，在输入减少的情况下，权重被累加减法。这些累积运算表示已修改的 Preisach 滞后模型的可逆部分$y_{rev}(k)$。因此，$y_{rev}(k)$ 为

$$y_{rev}(k) = \int_{\delta_1}^{\delta_2} \mu_{\mathcal{H}}(\delta, \delta)\, \gamma_{\delta\delta}[x](k)\, d\delta \tag{6.24}$$

在此，δ_1 和 δ_2 分别表示积分下限和积分上限。对于增加的输入，δ_1 为 -0.5，而减少的输入将产生 $\delta_1 = 0.5$(图 6.16(b))。由于式(6.24) 包含积分，因此必须针对 $x = \delta$ 区分式(6.23)，这导致 Preisach 平面中的可逆部分 $r(\delta)$ 为

$$r(\delta)=r(x)=\frac{ab}{M[1+b^2(x+h_1/2)^2]}+c \tag{6.25}$$

注意 $r(\delta)$ 专门定义沿轴 $\alpha=\beta$ 的权重，例如，$\mu_{\mathcal{H}}(-0.3,\ -0.3)=r(-0.3)$。该函数由无量纲参数 a、b、c 和 h_1 组成。通过对式(6.25)中的 M 进行归一化，结果输出 $y_{\mathrm{rev}}(k)$ 在很大程度上与所利用的空间离散化无关。

如图6.16(a)所示，a、b、c 和 h_1 分别以不同的方式修改 $r(\delta)$。参数 a 缩放最大值，b 缩放其扩展。通过 c 可以在轴 $\alpha=\beta$ 上添加一个偏移量，从而在模型输出中产生一个线性部分。根据 DAT 函数 $\mu_{\mathrm{DAT}}(\alpha,\ \beta)$，$h_1$ 将 $r(\delta)$ 的最大值沿轴 $\alpha=\beta$ 偏移。引入参数 h_1 的原因将在6.6.2小节中讨论。由于通常可以在式(6.25)中省略 c，因此 $r(\delta)$ 及 $y_{\mathrm{rev}}(k)$ 由两个附加参数 a 和 b 描述[101]。同时考虑 DAT 函数，大信号行为和可逆部分建模的解析加权分布由8个独立参数组成，即

$$\mathfrak{p}=[a,\ b,\ B,\ \eta,\ h_1,\ h_2,\ \sigma_1,\ \sigma_2]^{\mathrm{T}} \tag{6.26}$$

在这一点上，应该提及的是可逆部件已经在图6.10和图6.14中被应用。图6.10和图6.14已获得了分析加权分布的结果。表6.1还包含 $\mu_{\mathrm{DAT}}(\alpha,\ \beta)$、$\mu_{\mathrm{GAUSS}}(\alpha,\ \beta)$ 及 $\mu_{\mathrm{LOR}}(\alpha,\ \beta)$ 的参数 a 和 b。

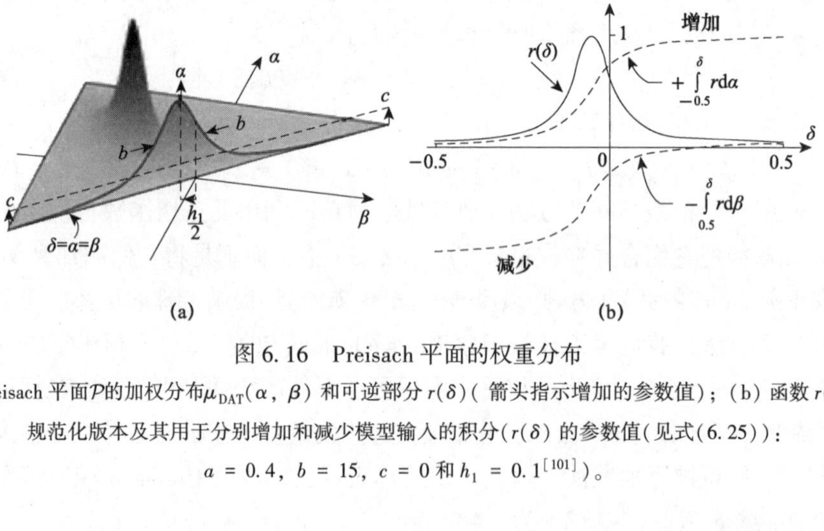

图6.16　Preisach 平面的权重分布

(a) Preisach 平面 $\mathcal{P}$ 的加权分布 $\mu_{\mathrm{DAT}}(\alpha,\ \beta)$ 和可逆部分 $r(\delta)$（箭头指示增加的参数值）；(b) 函数 $r(\delta)$ 的规范化版本及其用于分别增加和减少模型输入的积分（$r(\delta)$ 的参数值（见式(6.25)）：$a=0.4$，$b=15$，$c=0$ 和 $h_1=0.1$[101]）。

6.6.2　不对称特性

根据6.5节中的假设（见假设(2)和(3)），铁电材料内部的空载区域的开关特性与施加的电场强度对称，特别是铁电硬质材料通常会出现不对称的滞后曲线，这一事实主要归因于畴壁的活动性受到限制（见3.6.2小节）。这种被钉住或

夹住的畴壁起因于晶格中的缺陷[18]。因此，为了启动畴变切换过程，必须通过施加的电场来补偿场强强度的不足。

可以通过沿轴 $\alpha=\beta$ 改变初始对称的权重分布$\mu_{\mathcal{H}}(\alpha, \beta)$，在广义的 Preisach 滞后模型中考虑电场强度 E_{bias}(归一化值 e_{bias})。为此，在 DAT 函数中引入了参数 h_1，该参数在μ平面($\mathcal{P}$平面)中移动了最大$\mu_{\text{DAT}}(\alpha, \beta)$(图6.11(b))以及可逆部分 $r(\delta)$(图6.16(a))。

除了相对于所施加的输入 x 的滞后曲线 $y(x)$ 的不对称形状外，输出 y 自身还可以是不对称的，导致 $\max(y)\neq-\min(y)$(图6.17(b))。但是，如果 Preisach 滞后模型的每个基本开关算子$\gamma_{\alpha\beta}$都采用输出值 -1(即$\mathcal{P}=\mathcal{P}^-$)或 $+1$(即$\mathcal{P}=\mathcal{P}^+$)，则 y 将是对称的，这意味着 $\max(y)=-\min(y)$。因此，Preisach 滞后运算符不足以对从 $\min(y)$ 到 $\max(y)$ 的不对称输出建模。在铁电材料的滞后曲线不对称 $P(E)$ 的情况下，必须对通过测量确定的电极化增加适当的偏移P_{off}[101]。

为了说明广义的 Preisach 滞后算子$\mathcal{H}_G$的适用性，研究由铁电硬质材料 PZ26 制成的压电陶瓷盘(直径 10.0mm、厚度 2.0mm)。图 6.17(a) 说明了通过 Preisach 建模获得不对称滞后曲线的分步过程。如图 6.17(b) 所示，对一个主要回路的测量和仿真比较表明，$\mathcal{H}_G$产生了可靠的结果。函数参数 h_1 很好地描述了关于 E 的不对称特性。图 6.17(c) 和图 6.17(d) 描绘了获得的权重分布μ_{DAT}和 $r(\delta)$，它们表示轴 $\alpha=\beta$ 上的可逆部分。

6.6.3　机械变形

到目前为止，我们一直专注于铁电材料的电特性(即 $P(E)$)的 Preisach 建模。然而，在这些材料的许多实际应用中(如高精度定位系统)，最重要的是还要考虑它们的力学性能。为了模拟压电陶瓷材料的机械大信号特性，让我们简单地在原子尺度和介观尺度上重复相关的物理过程(见 3.6.2 小节)。晶胞的自发极化 $\boldsymbol{p}_n$ 指向其最大几何尺寸的方向。由于在压电陶瓷材料的饱和状态下，每个 $\boldsymbol{p}_n$ 几乎都与施加的电场 E 完全平行排列，因此宏观机械变形在 E 方向上也达到最大值。在从正饱和变为负饱和期间(反之亦然)，最初有几个域切换到铁弹性中间测试，这导致材料产生负机械变形[14]。当 $|E|$ 超过其矫顽力场强 $|E_c^{\pm}|$ 时，磁畴将再次沿 E 方向(即相对于其原始方向为 180°)排列。因此，压电陶瓷材料的宏观极化状态改变其符号，而机械变形在正饱和和负饱和时相等。换句话说，电极化和机械变形在潜在的大信号特性方面存在显著差异。

如果铁电执行器在单极和半双极工作区域(即 $E>E_c^-$)运行，可以通过广义的 Preisach 滞后模型[32, 38]合理地描述铁电执行器的机械变形 $S(E)$。所提供操作

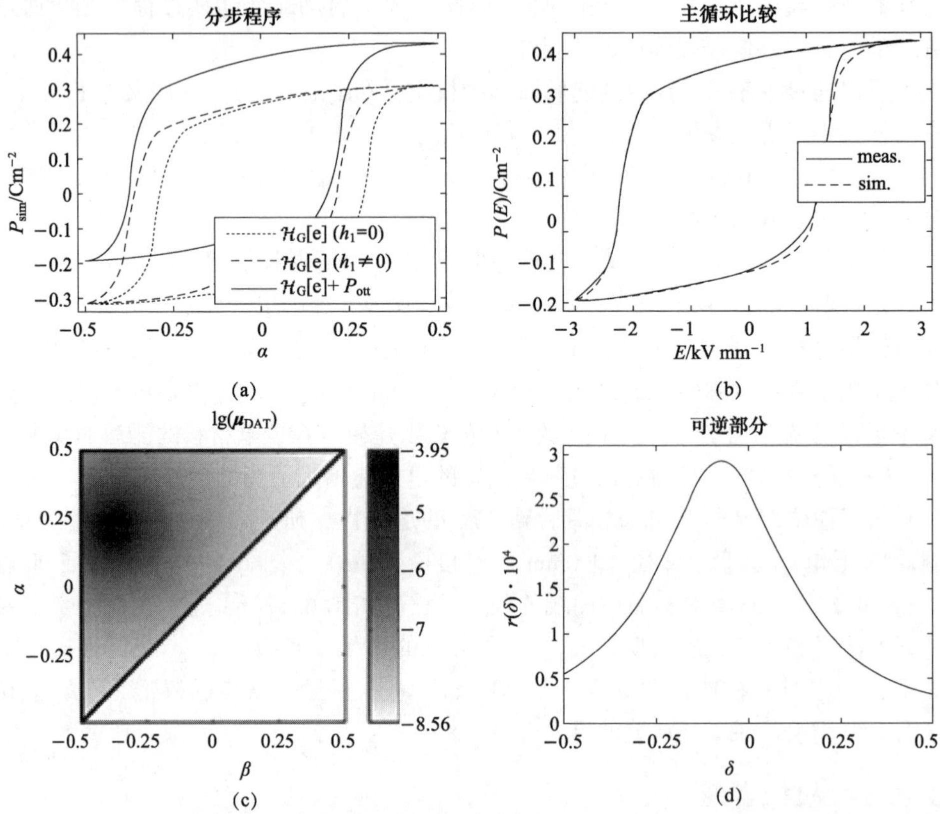

图 6.17　Preisach 建模及其仿真(压电陶瓷盘(直径 10.0mm、厚度 2.0mm，材料 PZ26))

(a) 通过 Preisach 滞后建模模拟不对称滞后曲线的分步过程；(b) 对 $P(E)$ 主回路的测量和仿真比较；(c) M = 800 的空间离散权重分布 μ_{DAT}；(d) 式(6.25) 的可逆部分 $r(\delta)$。

器 $\mathcal{H}_G$ 内的函数参数 c(见式(6.25)) 提供了垂直方向上模拟变形的位移，这些位移可能在这些工作区域中存在。相反，导致双极工作区域的蝴蝶曲线需要进一步扩展 Preisach 滞后算子。为此，可以在文献中找到以下两种不同的方法。

(1) Kadota 和 Morita[47] 引入了一个三稳态滞后来模拟域的铁弹性中间阶段。顾名思义，该滞后具有 3 个稳定状态，即 −1、0 和 +1。由于该方法需要二维加权分布，因此基础的 Preisach 滞后模型的复杂性大大增加。

(2) 由于铁电材料的机械变形对于正饱和和负饱和相等，因此可以校正经典滞后算子的输出 $y = \mathcal{H}_{\mathrm{P}}[x]$[36]。

关于铁电材料的 Preisach 滞后模型的实际应用，应首选第 ② 种方法。这就是为什么将专门集中在这种刻画机械变形的方法上。Hegewald[36] 对近似 $S \propto P^2$ 指导的操作员输出进行了校正。为了通过 Preisach 滞后算子对机械变形的大信号特性进行建模，他利用了与电极化相同的权重分布，即$\mu_{\mathrm{DAT}}(\alpha, \beta)$。在某些情况下，近似值$S \propto P^2$可以得出令人满意的结果，但是通常，模拟和$S(E)$的测量值之间的偏差相当大。可以通过滞后算子[101]推导以下发现，以计算机械大信号特性。

①对于几种铁电材料，整流的极化明显不同于宏观机械变形。因此，有必要确定极化和变形的权重分布，分别由向量$\mathfrak{p}_P$和$\mathfrak{p}_S$进行参数化。

② 如上所述，在铁电材料中以 180° 进行域切换过程会改变电极化的迹象，但不会改变其机械变形。因此，似乎可以通过计算算术输出y的绝对值而不是平方来校正算术输出y。这样做时，$\mu_{\mathrm{DAT}}(\alpha, \beta)$的功能参数（如$B$）会以类似的方式影响极化和变形的滞后曲线。

③ 为了解决机械变形的不对称大信号特性，必须扩展广义的 Preisach 滞后算子$\mathcal{H}_{\mathrm{P}}$。

考虑这些发现的一种合适的方法，可以用来模拟铁电材料的机械变形（时间步长k、归一化电场强度e），有

$$S(k) = \{c_1 + |\mathcal{H}_G[e](k) + c_2| + c_3(e - 0.5)\} \times 100\% \tag{6.27}$$

因此，另外还需要 3 个参数即$\boldsymbol{c}_1$、$\boldsymbol{c}_2$和$\boldsymbol{c}_3$。总体而言，机械变形的 Preisach 滞后建模包括 11 个独立参数，即

$$\mathfrak{p}_S = [a, b, B, \boldsymbol{c}_1, \boldsymbol{c}_2, \boldsymbol{c}_3, \eta, h_1, h_2, \sigma_1, \sigma_2]^{\mathrm{T}} \tag{6.28}$$

为了演示这种建模方法，研究一个铁电硬压电陶瓷盘（直径 10.0mm、厚度 2.0mm，材料 PZ26），该盘通常具有极化和变形的不对称大信号特性。压电陶瓷盘的机械变形是通过优化用于测量小位移的线性可变差动变压器（缩写为 LVDT[99]）获得的。①图 6.18(a) 给出了根据式(6.27) 模拟曲线的基本步骤。通过参数h_1将不对称特性纳入广义 Preisach 滞后算子$\mathcal{H}_{\mathrm{G}}$。在计算绝对值之前，先将偏移c_2添加到机械变形中，这样就可以对S的最大值之间的差异进行建模，即$S_{\max}^- \neq S_{\max}^+$。最后，添加线性方程$c_1 + c_3(e - 0.5)$来考虑不同的边坡刚度以及$S_{\max}^- \neq S_{\max}^+$情况。为识别参数矢量$\mathfrak{p}_S$，必须对仿真进行调整以使其与测量值尽可能地匹配。

如图 6.18(b) 所示，压电陶瓷盘的测量和模拟机械变形非常吻合。可以说，所提出的 Preisach 滞后模型非常适合预测铁电材料的机械变形。图 6.18(c) 和图 6.18(d) 分别描绘了最终的权重分布μ_{DAT}和可逆部分$r(\delta)$。

① 本章将 LVDT 用于所有S的测量。

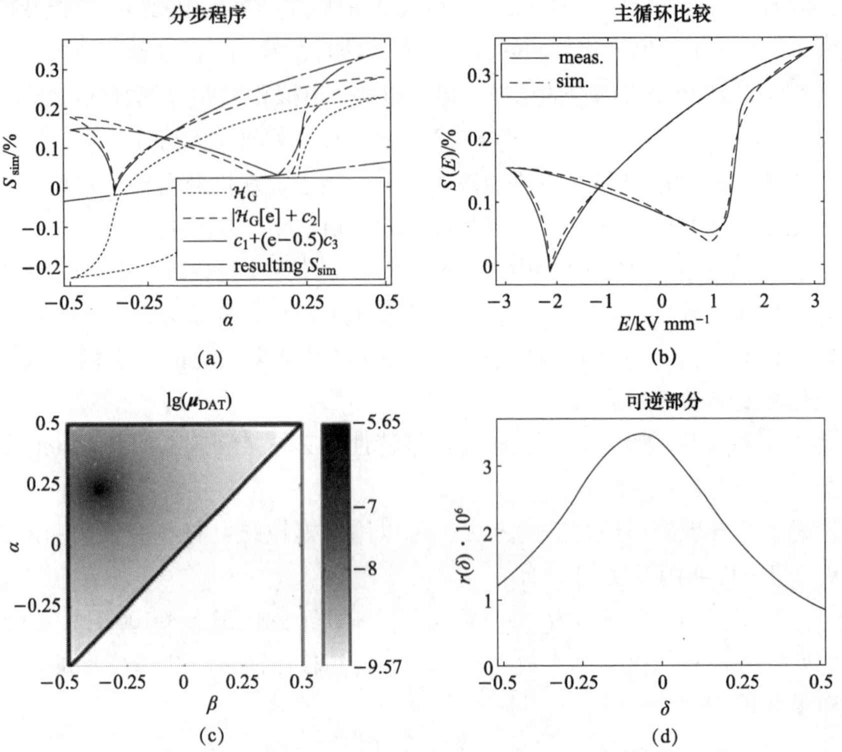

图 6.18　模拟铁电材料机械变形的一种方法

(a) 通过 Preisach 滞后模型模拟铁电材料的机械变形的分步过程；(b) 测量和模拟的主回路(盲曲线)$S(E)$的比较；(c)M = 800 的空间离散权重分布μ_{DAT}；(d) 根据式(6.25) 描述的可逆部分 $r(\delta)$
(压电陶瓷盘为直径 10.0mm、厚度 2.0mm，材料 PZ26)。

6.6.4　速率依赖特性

即使以均匀的方式从宏观上激发了压电陶瓷材料，该材料内部的畴切换过程也不会同时发生。取决于激励信号的变化率，这可能会明显影响宏观量(如机械应变)[46]。压电陶瓷材料的宏观速率依赖特性源自其不均匀的内部结构，这会产生局部不同的电场强度以及域的机械应力。首先，可以假设单个域在本地提供了单独的开关能量后便迅速开关[72]。这种转换过程以及可逆和不可逆的离子位移会改变压电陶瓷材料内部电场强度和机械应力的空间分布。结果大量的畴不会立即切换，而是取决于相邻畴的先前切换过程和其中的离子位移。从宏观的角度来看，这会导致电极化和机械应变的蠕变特性[109]。

经典的 Preisach 滞后算子$\mathcal{H}_{\mathrm{P}}$的输出 $y(t)$ 仅取决于输入 $x(t)$ 的时间顺序（图 6.7 中的 I 和 J）。因此，$x(t)$ 相对于时间的变化率（即 $\partial x(t)/\partial t$）不影响 $y(t)$。由于铁电材料的宏观电极化和宏观机械应变表现出这种依赖性，因此必须扩展$\mathcal{H}_{\mathrm{P}}$，这会导致动态或与速率相关的 Preisach 滞后模型。Mayergoyz[63]提出了一个动态的 Preisach 滞后模型，该模型基于 $y(t)$ 的部分时间导数，基于变化的加权分布$\mu_{\mathcal{H}}(\alpha,\beta)$。Viswamurthy 等[95]应用这种方法来描述压电陶瓷堆栈执行器的动态滞后。在其他一些研究工作中[67, 85]，$x(t)$ 的部分时间导数用于修改$\mu_{\mathcal{H}}(\alpha,\beta)$。作为更改权重分布的替代方法，Bertotti[11]为动态 Preisach 建模引入了与时间相关的基本切换算子。与普通继电器算子（图 6.3(a)）相比，这些算子可以采用 -1 ~ 1 之间的连续值。实际上，它们的实现相当复杂，因此，不能有效地计算出算子的输出。Füzi[31] 通过为 $x(t)$ 应用适当的时滞，开发了动态的 Preisach 滞后模型。因此，产生的滞后算子失去了其物理意义，这对泛化提出了重大问题。

用于铁电材料的另一类动态 Preisach 滞后模型基于蠕变算子。这样的算子串联到经典 Preisach 滞后算子的输出，即 $y(t)=\mathcal{H}_{\mathrm{P}}[x](t)$ 代表蠕变算子的输入。Hegewald[36] 和 Reiländer[76] 利用流变模型方法为铁电材料实现了适当的蠕变算子。这种现象学方法通常称为 Kelvin - Voigt 模型。单个基本蠕变算子可以理解为一个弹簧和一个阻尼器元件的并联连接（图 5.20）。通过单独加权几个基本蠕变算子，能够以可靠的方式描述铁电材料的蠕变特性[36]。尽管可以有效地实现基本的蠕变算子，但动态 Preisach 滞后模型的必要参数数量却显著增加。因此，参数的唯一性可能会在识别过程中丢失。

考虑到动态 Preisach 铁电执行器滞后模型的实际应用，主要对只需要几个附加参数的建模方法感兴趣。由于铁电执行器在大多数应用中只能在有限的频率范围内工作，因此可以简单地扩展经典的 Preisach 滞后算子$\mathcal{H}_{\mathrm{P}}$。如文献[67, 85]所述，这里也改变权重分布。为此，在传感器技术（弗里德里希 - 亚历山大大学 - 埃尔兰根 - 纽伦堡）委员会开发了一种针对压电陶瓷执行器的特殊程序，该程序基于权重分布$\mu_{\mathrm{DAT}}(\alpha,\beta)$。简而言之，相对于激励信号的频率$f$[78, 101, 103, 104]修改了定义$\mu_{\mathrm{DAT}}(\alpha,\beta)$ 的解析函数。这导致动态加权分布$\mu_{\mathrm{DAT}}(\alpha,\beta,f)$，因此，我们得到了一个动态的 Preisach 滞后模型。

下面以铁电软压电陶瓷盘（直径 10.0mm、厚度 2.0mm，材料 PZ27）为例说明开发的过程。图 6.19(a) 显示了获得的介电极化$P_{\mathrm{meas}}(E,f)$ 相对于激励频

率f的最终滞后曲线。因此，选择了电激励，以使滞后曲线包含主要环路以及所选激励频率的一阶反转曲线。频率范围为0.01 ~ 5Hz，在该范围内几乎呈对数分布。当电极化$P_{\text{sat}}^{\pm}$处于饱和状态，而极化$P_r^{\pm}$几乎保持恒定时，张力$E_c^{\pm}$的矫顽力场对f表现出显著的依赖性。如果f增加，$|E_c^{\pm}|$也将增加，因此加宽了滞后曲线。

为了在Preisach滞后模型中纳入所研究的压电陶瓷材料的测量特性，看一下图6.12。参数研究表明，DAT函数的参数h_2对滞后曲线的影响与f相似。为此，有意义的是相对于f专门更改h_2以获得动态Preisach滞后模型。建议按以下步骤进行：①首先应在一个激励频率下识别Preisach滞后模型的整个参数集；②然后应评估h_2对f的依赖性，即不修改其余参数(如参数B)。在所研究的压电陶瓷盘的情况下，通过对模拟进行适当的调整以适应在$f=0.1$Hz下的测量，可以确定用于极化的整个参数集$\mathfrak{p}_{\text{P}}$。注意，对于其他激励频率，h_2只是在$\mathfrak{p}_{\text{P}}$内改变。图6.19(c)所示的中模拟的电极化滞后曲线$P_{\text{sim}}(E,f)$的模拟指出，可以用建议的动态Preisach滞后模型很好地描述压电陶瓷盘的频率相关特性。这不仅指主要循环，还指次要循环。

图6.19(e)描绘了h_2相对于f的识别值，用于所研究磁盘的电极化，即$h_{2,\text{P}}(f)$。这些值可以用作$h_{2,\text{P}}(f)$的平滑函数$\psi_{\text{smooth}}(f)$的数据点。由于数据点的进展，对数以及指数函数都是合适的平滑函数[101]。在这里利用一个特殊的指数函数，它由下式表示，即

$$\psi_{\text{smooth}}(f)=\zeta_1+\zeta_2\cdot f^{\zeta_3} \tag{6.29}$$

带有功能参数ζ_1、ζ_2和ζ_3。因此，即使没有关于激励频率的测量数据，也能够估算出激励频率的值$h_{2,\text{P}}(f)$。因此，需要两个附加参数。表6.2包含了$h_{2,\text{P}}(f)$的平滑函数$\psi_{\text{smooth}}(f)$的结果参数。

表6.2 用于动态Preisach滞后模型的式(6.29)中的平滑函数$\psi_{\text{smooth}}(f)$的参数

参数		ζ_1	ζ_2	ζ_3
极化应变	$h_{2,\text{P}}(f)$	-0.2121	0.6703	0.0308
	$h_{2,\text{S}}(f)$	0.3819	0.0583	0.4206
	$B_{\text{S}}(f)$	0.3315	0.1091	0.0995

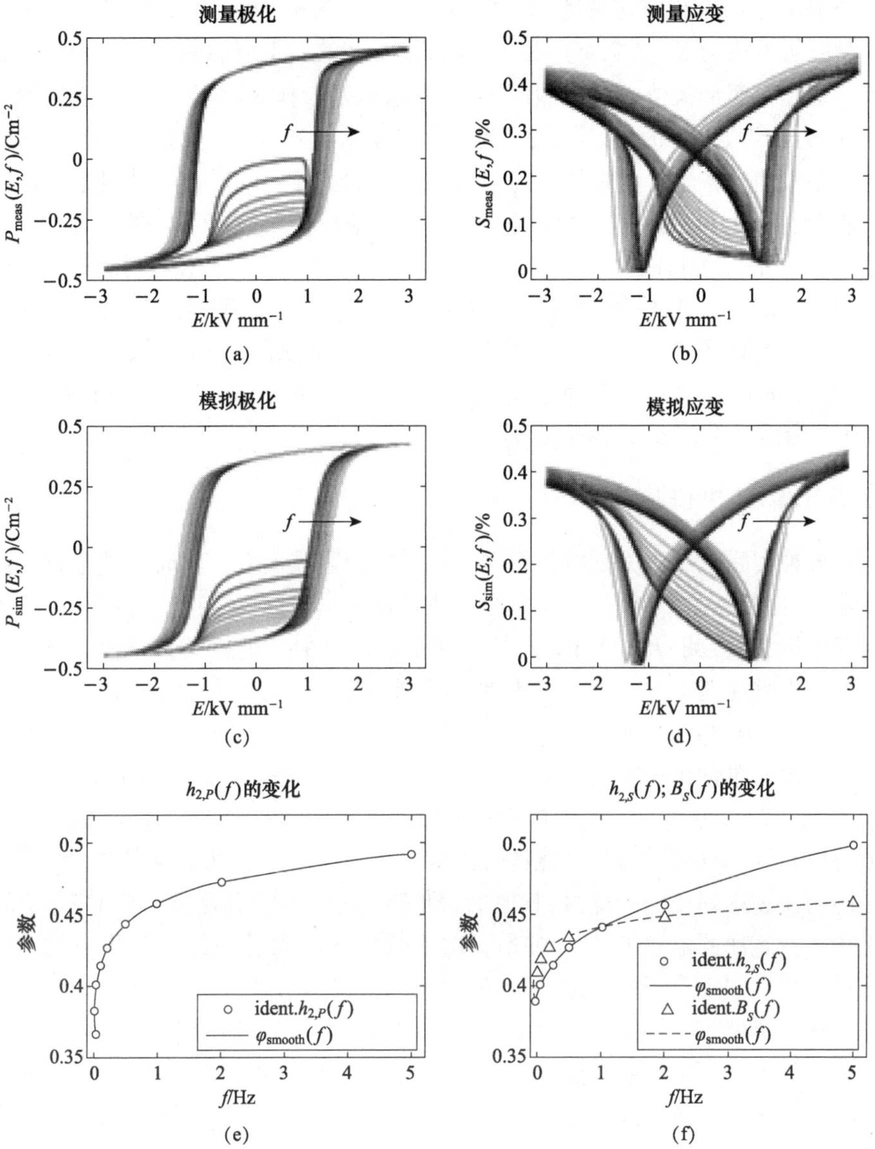

图 6.19 铁电软压陶瓷盘开发过程示例

(a) 和(b) 相对于激励频率 f 的测量的极化 $P_{meas}(E,f)$ 和机械应变 $S_{meas}(E,f)$；(c) 和(d) 通过 Preisach 滞后建模模拟曲线 $P_{sim}(E,f)$ 和 $S_{sim}(E,f)$；(e) 和(f) 得出的参数值以及根据式(6.29)的平滑函数 $\psi_{smooth}(f)$(激发频率 $f\in\{0.01, 0.02. 0.05, 0.1, 0.5, 1, 2, 5\}$ Hz；压电陶瓷盘(直径 10.0mm、厚度 2.0mm，材料 PZ27))。

现在着重研究机械应变的动态大信号特性。图6.19(b)描绘了所获得的压电陶瓷盘的机械应力 $S_{meas}(E, f)$ 相对于激发频率 f 的所得滞后曲线。最小值 $S_{min}^{\pm}$ 几乎保持恒定，而最大值 $S_{max}^{\pm}$ 强烈取决于 f。这就是为什么除了 h_2 外，还必须修改DAT函数的参数 B 的原因。但是，为了通过动态的Preisach滞后模型预测机械应变的动态大信号特性，可以执行与电极化相同的步骤。同样，应针对某个激励频率 f(此处为0.1Hz)识别整个参数集 $\mathfrak{p}_S$，然后应评估 h_2 和 B 对 f 的依赖性。正如测量值 $S_{meas}(E, f)$ 和模拟值 $S_{sim}(E, f)$ 的比较(图6.19(d))所表明的那样，所提出的动态Preisach滞后模型也适用于机械应变。图6.19(f)给出了 $h_{2,S}(f)$ 和 $B_S(f)$ 相对于 f 的识别值，以及根据式(6.29)的两个参数的平滑函数 $\psi_{smooth}(f)$。表6.2列出了底层参数 ζ_1、ζ_2 和 ζ_3。总之，针对机械应变的大信号特性的动态Preisach滞后模型需要4个附加参数。

6.6.5 单轴机械应力

在各种实际应用中，铁电执行器被机械地夹紧或加载，从而在铁电材料内引起一定的机械预应力。例如，压电叠层执行器必须施加机械预应力，以防止在运行过程中损坏(参阅10.1节)。但是，在铁电材料中产生的机械应力会显著改变其电气和力学性能[106, 109-110]。为证明这一事实，考虑使用大信号的铁电软压电陶瓷盘(直径10.0mm、厚度2.0mm，材料PZ27)。图6.20(a)和图6.21(a)分别描绘了在改变单轴机械预应力 T 的情况下，圆盘获得的极化 $P_{meas}(E, T)$ 和机械应变 $S_{meas}(E, T)$。通过拉压试验机在盘的厚度方向(三方向)上施加机械载荷，可以清楚地看到，电气和力学性能都强烈取决于磁盘内部的机械预应力。其原因在于域的切换过程和压电陶瓷材料的内部结构。晶胞内的极化方向(自发极化)最好平行于所施加的电场 E 方向对齐。由于极化方向和晶胞的最大几何尺寸的关系，最好将它们垂直于所施加的机械方向对齐。因此，如果 E 和 T 方向一致，则宏观极化和机械应变将减小，这是所研究的压电陶瓷盘的情况。T 越大，在极化和极化过程中将更多的磁畴留在铁弹性中间阶段不再能沿 E[14] 的方向对齐。因此，降低了矫顽力场强度 $|E_c^{\pm}|$、剩余极化强度 $|P_r^{\pm}|$、饱和状态下的极化强度 $|P_{sat}^{\pm}|$ 以及压电陶瓷材料的最大机械应变 $S_{max}^{\pm}$，从而产生了较小的滞后曲线(图6.20(a)和图6.21(a))。

为了将Preisach滞后模型用于机械预应力铁电材料的大信号特性，可以针对当前情况识别广义模型的整个参数集。但是，只有在运行期间机械预应力保持恒定的情况下才有可能。在机械负载随时间变化的情况下，将产生的机械预应力考虑为广义Preisach滞后模型 $\mathcal{H}_G$ 的附加输入是有意义的(图6.15)。对于铁磁材

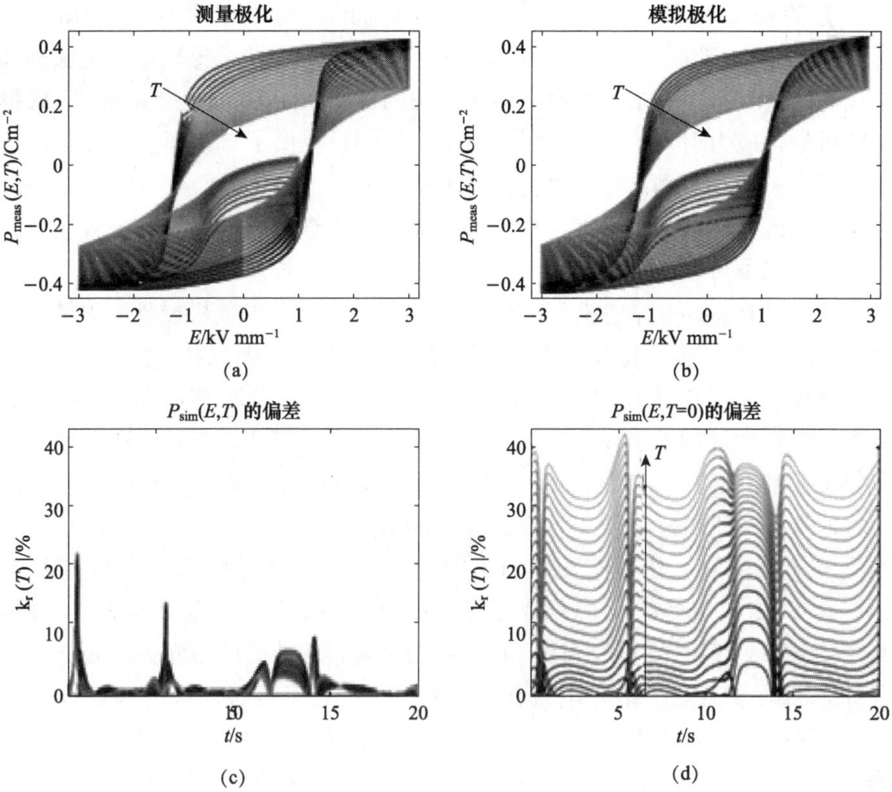

图 6.20 改变单轴机械应力情况下圆盘极化 $P_{meas}(E, T)$

(a) 和(b) 关于施加的机械预应力 T 的测量和模拟的电极化 $P(E, T)$；如果在 Preisach 滞后模型中将 (c) 考虑为预应力，(d) 不考虑预应力，则在不考虑 T 的情况下收集归一化的相对偏差 $|\epsilon_r(T)|$（幅值）（施加的机械预应力 $T = [0;\ 100]$ MPa，步长为 5MPa，压电陶瓷盘的直径 10.0mm、厚度 2.0mm，材料 PZ27）。

料，可以找到一些有关在 Preisach 滞后模型中纳入机械预应力的出版物。下面简要介绍一些可用的方法。Adly 等[1] 建议的方法是基于两个 Preisach 滞后算子的叠加。磁场强度作为第一滞后算子的输入，而机械应力是第二滞后算子的输入。由于第一个滞后算子的权重分布取决于应力，而第二个滞后算子的权重分布取决于磁场强度，因此实现了磁和机械量的相互耦合。这里的特殊问题是确定适当的权重分布。Bergqvist 和 Engdahl [10] 使用具有一个输入的单个 Preisach 滞后算子，该算子是通过组合磁场中的张力和机械应力而给出的。由于每个基本切换算子 $\gamma_{\alpha\beta}$ 都需要由该组合产生的单独输入，因此模型复杂性大大增加。例如，在文献 [19, 60] 中提到了两种方法的增强。与铁磁材料相比，在考虑机械预应力的情况下，有关铁电材料的 Preisach 滞后模型的出版物数量非常少。Hughes 和 Wen[41] 早就认识到需要Preisach滞后模型，该模型具有两个分别用于电激励和机械预应力的输入，但并未遵循通向通用方法的道路。Freeman 和 Joshi[30] 根据所施加的机械预应力引入了一个滞后。但是，他们只提供了与速率无关方法的仿真结果，而没有通过对测试样品进行测量来进行验证。

由于缺乏适当的 Preisach 滞后模型，无法考虑铁电材料中的机械预应力，因此传感器技术委员会(弗里德里希 - 亚历山大大学 - 埃尔兰根 - 纽伦堡) 处开发了适当的广义 Preisach 滞后模型[101, 105-106]。下面通过在单轴机械预应力情况下压电陶瓷盘的上述大信号特性来解释基本思想。在获取极化$P_{\mathrm{meas}}(E, T)$ 的过程中，机械预应力从 0MPa 开始以 5MPa 的步长增加。图 6.20 中的曲线是稳态，这意味着机械蠕变过程发生在预应力铁电材料已经衰变[101]。类似于铁电材料的与速率相关特性的过程(参见 6.6.4 小节)，可以根据施加的机械载荷修改经典 Preisach 滞后模型的权重分布。在这里介绍权重分布$\mu_{\mathrm{DAT}}(\alpha, \beta, T)$，它也是机械预应力 T 的函数。作为图 6.20(a) 中$P_{\mathrm{meas}}(E, T)$ 与图 6.12 中的参数研究显示，功能参数 B、η 和 h_2 应根据所施加的机械载荷而改变。这可以归因于 $|P_{\mathrm{sat}}^{\pm}|$，$|P_{\mathrm{r}}^{\pm}|$ 和 $|E_{\mathrm{c}}^{\pm}|$ 以及附近 $|E_{\mathrm{c}}^{\pm}|$ 的斜率通过 T 改变的事实。图 6.20(b) 显示了针对不同 T 值的模拟介电极化$P_{\mathrm{sim}}(E, T)$。对于机械卸载的圆盘，确定了 Preisach 滞后算子的整个参数集，即 $T=0$。需注意，在加载情况下(即 $T=0$)，仅修改了 B、η 及 h_2。图 6.22(a) ~ (c) 包含相对于 T 的结果参数$B_{\mathrm{P}}(T)$、$\eta_{\mathrm{P}}(T)$ 和 $h_{2,\mathrm{P}}(T)$。这些参数具有平滑的级数，可以用作函数$\psi_{\mathrm{smooth}}(T)$ 的数据点，即

$$\psi_{\mathrm{smooth}}(T)=\zeta_1+\zeta_2\,\mathrm{e}^{\zeta_3\cdot T/(1\mathrm{MPa})} \tag{6.30}$$

因此，广义的 Preisach 滞后算子$\mathcal{H}_G$包含 9 个附加功能参数。对于所研究的压电陶瓷盘，这些功能参数在表 6.3 中列出。最后显示了两种情况下测量极化和模拟极化之间的相对偏差$\epsilon_{\mathrm{r}}(T)$。在图 6.20(c) 中，Preisach 建模中考虑了施加的机械预应力，而如果忽略了这种依赖性，则图 6.20(d) 描绘了结果。图中的比较再次强调了在铁电材料的 Preisach 滞后模型中纳入机械预应力的必要性。

下面仔细研究压电陶瓷盘的力学性能。从图 6.21(a) 中可以看到在稳态下针对不同的机械预应力获取的蝴蝶曲线 $S_{\mathrm{meas}}(E, T)$，其范围为 10 ~ 95MPa(步长为 5MPa)。有趣的是，对于较小的 T 值，压电陶瓷盘的最大机械应变 $S_{\max}^{\pm}$ 略有增加(图 6.21(c))。这主要归因于铁弹性中间阶段中压电陶瓷材料中磁畴的迁移性增加[101]。但是，机械负载的进一步增加会极大降低$S_{\max}^{\pm}$。为了通过 Preisach 滞后模型模拟磁盘的机械应变，针对施加的机械负载再次修改权重分布，从而得出$\mu_{\mathrm{DAT}}(\alpha, \beta, T)$。与$P_{\mathrm{meas}}(E, T)$ 相反，参数研究表明，调整 B、η 和 h_2 不足以用

任意方式描述 $S_{meas}(E, T)$。c_2 的参数(见式(6.27))也要根据所施加的预应力而变化。例如，对于极化，已为机械卸载的磁盘确定了 Preisach 滞后算子的整个参数集。在加载的情况下，仅修改了 B、η、h_2 和 c_2。图 6.21(b) 描绘了在机械预应力范围为 10 ~ 50MPa 情况下压电陶瓷盘的模拟蝴蝶曲线 $S_{sim}(E, T)$。

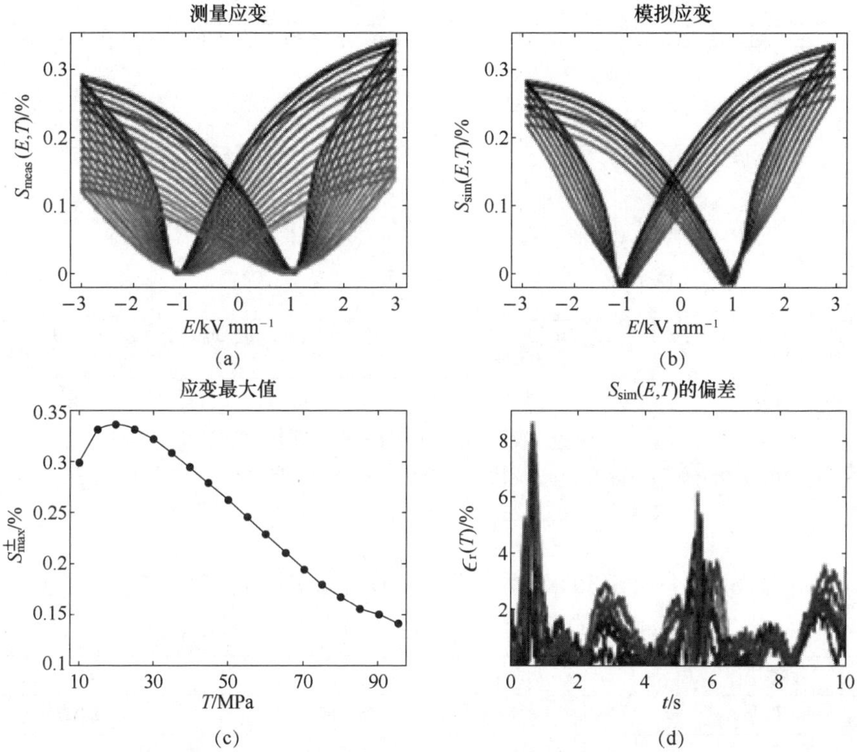

图 6.21 改变单轴机械预应力情况下圆盘获得的机械应变 $S_{meas}(E, T)$

(a) 和(b) 施加的机械预应力 T 的实测和模拟机械应变 $S(E, T)$；(c) 相对于预应力的机械应变最大值 $S^{\pm}_{max}$；(d) 在 Preisach 滞后模型中考虑预应力情况下收集的归一化相对偏差 $|\epsilon_r(T)|$(幅值)(测量时施加的机械预应力 T = [10; 95]MPa，模拟量 T = [10; 50]MPa，以 5MPa 为步长，压电陶瓷盘(直径 10.0mm、厚度 2.0mm，材料 PZ27))。

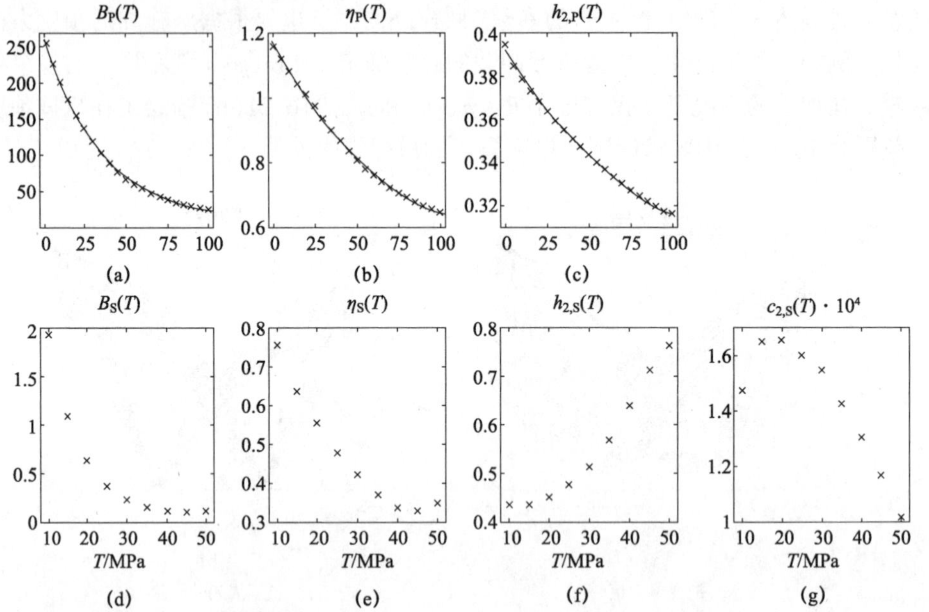

图 6.22　相对于 T 的测量结果

(a) ~ (c) 为电极化 P 的最终参数值(图 6.20); (d) ~ (g) 为关于机械预应力 T 的机械应变 S(图 6.21)(根据式(6.30), (a) ~ (c) 包含平滑函数 $\psi_{\text{smooth}}(T)$)。

表 6.3　式(6.30) 中的光滑函数 $\psi_{\text{smooth}}(T)$ 的参数 s_i 在广义 Preisach 滞后模型 $\mathcal{H}_G$ 中考虑单轴机械预应力 T

参数	s_1	s_2	s_3
$B_P(T)$	5.7139	255.8991	-0.0275
$\eta_P(T)$	0.4657	0.7089	-0.0142
$h_{2,P}(T)$	0.2819	0.1102	-0.0118

图 6.22(d) ~ (g) 显示了基本参数 $B_S(T)$、$\eta_S(T)$、$h_{2,S}(T)$ 及 $c_{2,S}(T)$。首先，由于 $S_{\max}^{\pm}$ 略有增加，因此必须使用比极化更复杂的平滑功能。但是，在有限的预应力范围内，仍可以进行类似于式(6.30) 的近似计算。最后，图 6.21(d) 显示了对于不同机械预应力，压电陶瓷盘的实测和模拟机械应变之间的归一化相对偏差 $\epsilon_r(T)$。这些偏差大部分保持在 10% 以下，这再次证实了所提出的 Preisach 建模方法的适用性。

6.7　Preisach 建模的参数识别

铁电材料的经典和广义 Preisach 滞后模型需要确定几个参数。对于电极化 P 和机械应变 S，分别在向量中收集分离参数(参见式(6.26) 和式(6.28))

$$\mathfrak{p}_{\mathrm{P}} = [\alpha_{\mathrm{P}},\ b_{\mathrm{P}},\ B_{\mathrm{P}},\ \eta_{\mathrm{P}},\ h_{2,\mathrm{P}},\ \sigma_{1,\mathrm{P}},\ \sigma_{2,\mathrm{P}}]^{\mathrm{T}} \tag{6.31}$$

$$\mathfrak{p}_{\mathrm{S}} = [\alpha_{\mathrm{S}},\ b_{\mathrm{S}},\ B_{\mathrm{S}},\ c_1,\ c_2,\ c_3,\ \eta_{\mathrm{S}},\ h_{1,\mathrm{S}},\ h_{2,\mathrm{S}},\ \sigma_{1,\mathrm{S}},\ \sigma_{2,\mathrm{S}}]^{\mathrm{T}} \tag{6.32}$$

在6.7.1小节中提出了一种识别策略，可以对铁电执行器的不同工作区域(即双极、单极和半双极工作区域) 进行可靠的仿真。然后将基础方法应用于由铁电软材料 PIC255 制成的压电陶瓷盘(6.7.2 小节)。

6.7.1　模型参数识别策略

就像在第5章中一样，参数识别代表不适定的逆问题。期望的参数向量$\mathfrak{p}_{\mathrm{P}}$以及$\mathfrak{p}_{\mathrm{S}}$是通过比较测量结果和模拟得出的结果，即 Preisach 滞后算子的输出。基于这一事实，必须获得足够的电气和机械量。通过反复调整参数，可以减小仿真和测量之间的偏差，直至找到足够好的匹配为止。迭代调整的成功主要取决于两点：① 用于识别的测量信号；② 参数向量的初始猜测$\mathfrak{p}^{(0)}_{\mathrm{P;S}}$。对于 Preisach 滞后模型，建议应用与实际应用中出现的激励信号接近的测量信号。换句话说，应该根据铁电执行器的工作区域选择测量信号。由于 Preisach 滞后运算符要求的输入范围为[-0.5，0.5]，因此必须将原始数据标准化为其最大值。在铁电执行器的每个工作区域中必须进行这样的归一化。

最初的猜测极大地影响了识别方法的收敛性及其持续时间。为了找到工作区域的$\mathfrak{p}^{(0)}_{\mathrm{P;S}}$，特定的过程是必不可少的。图6.23描绘了一种已被证明对压电陶瓷材料有效的完整识别策略[101]。所提出的策略可以分为两个部分，下面会进行讨论。第一部分专门涉及双极工作区，第二部分涉及单极和半双极工作区。

(1) 双极工作区。根据图6.12手动调整参数可得出适当的初始猜测$\mathfrak{p}^{(0)}_{\mathrm{P}}$，以预测双极工作区中压电陶瓷材料的 P(即饱和度和主要环路)。在根据优化方法(如 Levenberg - Marquardt 算法) 进行迭代参数调整后，获得了解决方案$\mathfrak{p}^{s}_{\mathrm{P}}$。该向量用作识别参数向量$\mathfrak{p}^{s}_{\mathrm{S}}$的起点，从而在双极性工作区域即蝴蝶曲线中产生可靠的 $S(E)$ 模拟。特别是，除了a_{P}和B_{P}外，$\mathfrak{p}^{s}_{\mathrm{P}}$的成分可以直接用作$\mathfrak{p}_{\mathrm{S}}$的初始猜测。由于定义了 Preisach 滞后算子，因此必须重新调整a^{s}_{P}和B^{s}_{P}来实现。

$$\begin{cases} a^{(0)}_{\mathrm{S}} = \zeta \cdot a^{s}_{\mathrm{P}} \\ B^{(0)}_{\mathrm{S}} = \zeta \cdot B^{s}_{\mathrm{P}} \end{cases},\quad \zeta = \frac{2(S_{\max} - S_{\min}) \cdot 1\mathrm{Cm}^{-2}}{(P_{\max} - P_{\min}) \times 100\%} \tag{6.33}$$

对于其他参数c_1、c_2和c_3的初始猜测是由图6.18(a) 所示的几何考虑得出的。

(2) 单极和半双极工作区。对于这些工作区，双极工作区中的$\mathfrak{p}^{s}_{\mathrm{P}}$和$\mathfrak{p}^{s}_{\mathrm{S}}$代表

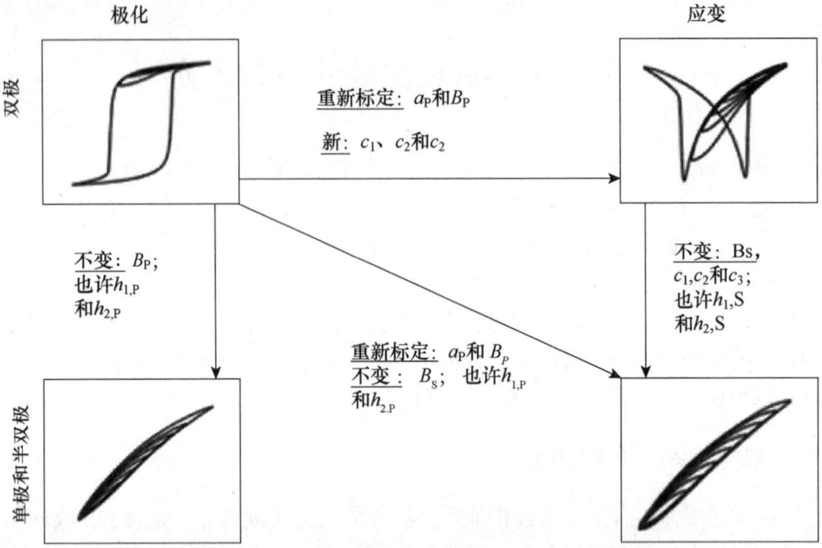

图 6.23 找到合适的初始猜测$\mathfrak{p}_{P;S}^{(0)}$并可靠地识别$\mathfrak{p}_{P;S}$的有效策略，以解决铁电执行器不同工作区域中的极化和机械应变[101]

适当的初始猜测。但是，为了确保后续优化方法的收敛性，应将参数 B 排除在识别范围之外，即直接使用双极工作区识别的B_P^s 和B_S^s。在优化过程中可能还需要排除 h_1 和 h_2，即 $h_{1,P}$、$h_{2,P}$、$h_{1,S}$ 和 $h_{2,S}$。如果在单极和半双极工作区中模拟了 $S(E)$，而没有在式(6.27)中进行模型扩展，则可以将$\mathfrak{p}_P^s$ 的重新缩放版本用作合适的初始猜测。同样，建议从识别中排除B_S，并可能另外加上 $h_{1,S}$ 和 $h_{2,S}$。

6.7.2 在压电陶瓷盘上的应用

现在将上述识别策略应用于由铁电软材料 PIC255 制成的压电陶瓷盘(直径 10.0mm、厚度 2.0mm)。表 6.4 包含了在不同工作区域中$\mathfrak{p}_P^s$ 和$\mathfrak{p}_S^s$ 的最终组成。可以清楚地看到，对于工作区域和物理量(即电极化或机械应变)，所识别的参数都存在很大差异，这再次强调确定各个参数向量的重要性。

表 6.4 压电陶瓷圆盘不同工作区域中的电极化 P 和机械应变 S 的 Preisach 滞后模型的结果参数(即$\mathfrak{p}_P^s$ 和$\mathfrak{p}_S^s$ 的分量)(粗体数字表示排除在识别之外的参数)

工作区	B	η	h_1	h_2	σ_1	σ_2
$P_{bipolar}$	1868.5	1.275	0.011	0.450	76.7	167.5
$P_{unpolar}$	**1868.5**	0.920	**0.011**	**0.450**	337.7	181.6
$P_{semi-bipolar}$	**1868.5**	0.881	0.143	**0.450**	392.1	160.8
$S_{bipolar}$	4.432	1.157	0.009	0.434	34.2	137.6

（续）

工作区	B	η	h_1	h_2	σ_1	σ_2
$S_{unpolar}$	**4. 432**	1. 089	0. 675	0. 041	12. 2	89. 3
$S_{semi-bipolar}$	**4. 432**	0. 420	0. 090	**0. 434**	5884. 4	1045. 2
	$a \times 10_3$	b	c_1	$c_2 \times 10^3$	$c_3 \times 10^3$	
$P_{bipolar}$	53. 8	4. 624	—	—	—	
$P_{unpolar}$	59. 6	1. 718	—	—	—	
$P_{semi-bipolar}$	0. 5	1. 563	—	—	—	
$S_{bipolar}$	1. 5	3. 641	0	- 0. 096	0. 273	
$S_{unpolar}$	16. 8	0. 062	**0**	**- 0. 096**	**0. 273**	
$S_{semi-bipolar}$	**1. 5**	**1. 608**	**0**	**- 0. 096**	**0. 273**	

图 6. 24 和图 6. 25 分别描述了单极和半双极工作区域中的压电陶瓷盘的各种测量结果和模拟。左面板处理磁盘的电极化 P，右面板显示获得的机械应变 S。由于严格地说，磁盘的初始极化状态在两个工作区域中都是未知的，因此不可能确定 P 和 S 的绝对值。我们专门量化数量的变化，并用 ΔP 和 ΔS 表示。如图 6. 24(a)、图 6. 24(b) 和图 6. 25(a) 的示意图所示，在臂架上，Preisach 滞后模型能可靠地模拟 $\Delta P(E)$ 和 $\Delta S(E)$。这也可以在图 6. 24(c)、图 6. 24(d) 和图 6. 25(c)、图 6. 24(d) 中看到，它们显示了用于识别 $\mathfrak{p}_P^s$ 和 $\mathfrak{p}_S^s$ 的时间信号（表 6. 4）。为了证明 Preisach 滞后模型在压电陶瓷执行器中的适用性，通过其他时间信号进行了其他比较(图 6. 24(e)、图 6. 24(f) 和图 6. 25(e)、图 6. 24(f))。尽管在参数识别过程中尚未考虑这些时间信号，但模拟与每次测量都吻合。如图 6. 24(g)、图 6. 24(h) 和图 6. 25(g)、图 6. 24(h) 所示，这由模拟结果的归一化相对偏差 ϵ_r 证实。在特定情况下，$|\epsilon_r|$ 始终保持在 6% 以下。综上所述，可以再次指出，Preisach 滞后模型代表了一种预测压电陶瓷执行器大信号特性的极好方法，尤其是在单极和半双极工作区域。

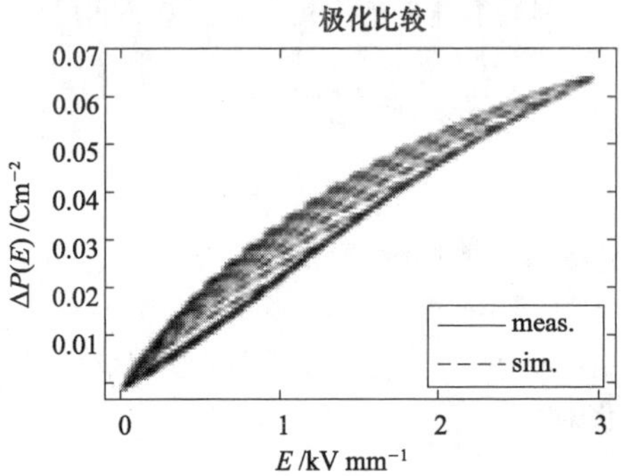

(a)

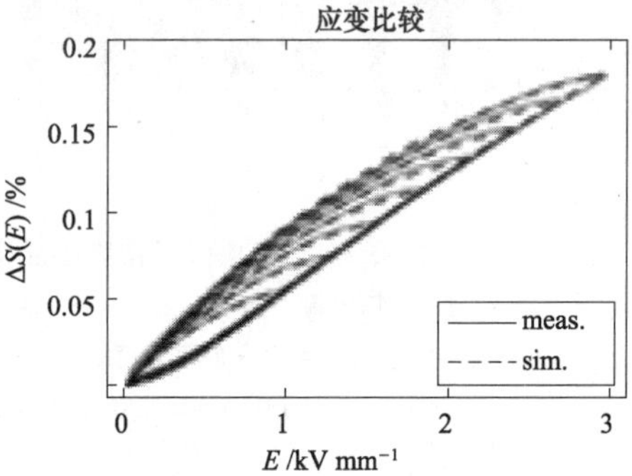

(b)

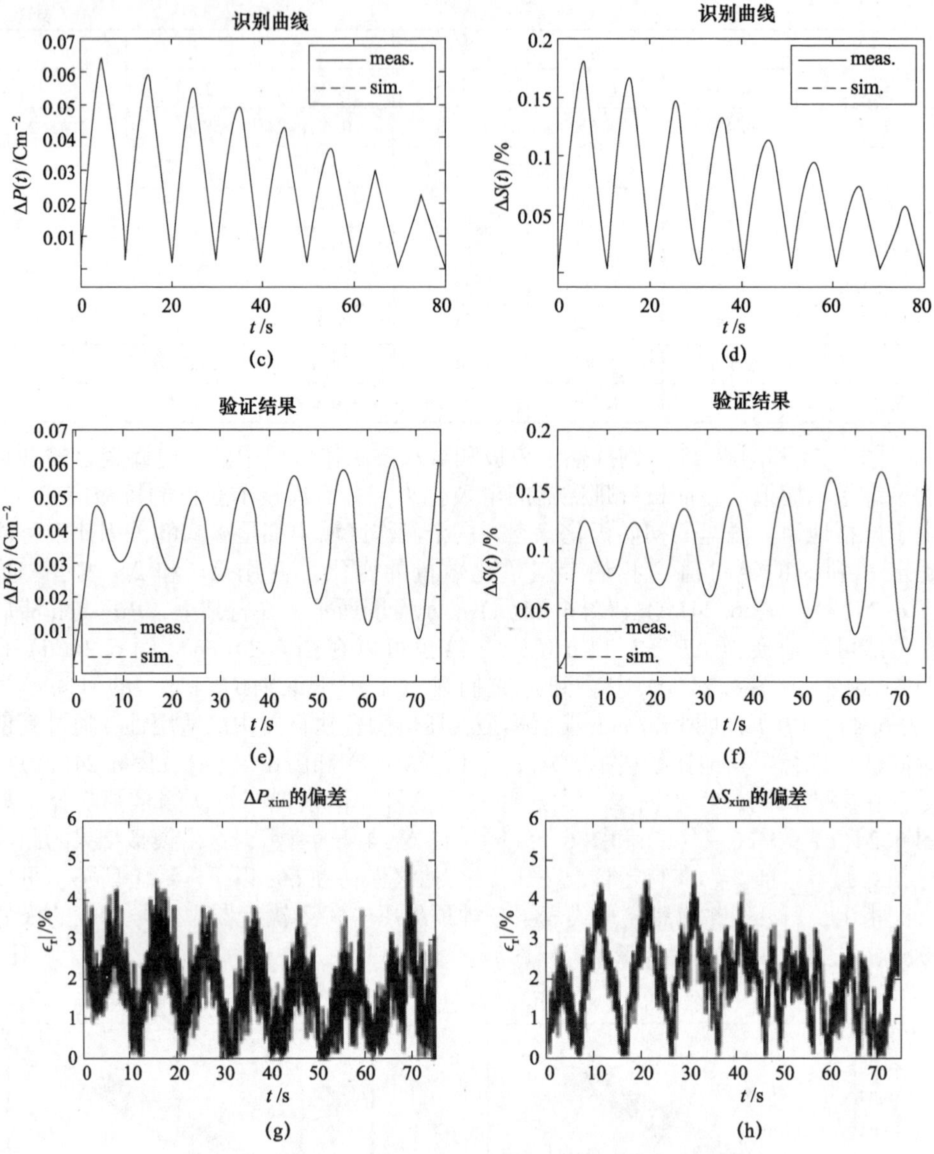

图 6.24　单极工作区中压电陶瓷盘的各种测量结果和模拟

(a) 和(b) 在压电陶瓷盘单极工作区域中测量和模拟的滞后曲线 $\Delta P(E)$ 和 $\Delta S(E)$ 的比较；(c) 和(d) 用于识别权重分布的时间信号；(e) 和(f) 用于验证 Preisach 滞后模型的时间信号；(g) 和(h) 用于验证信号的归一化相对偏差 $|\epsilon_r|$ (幅度)。

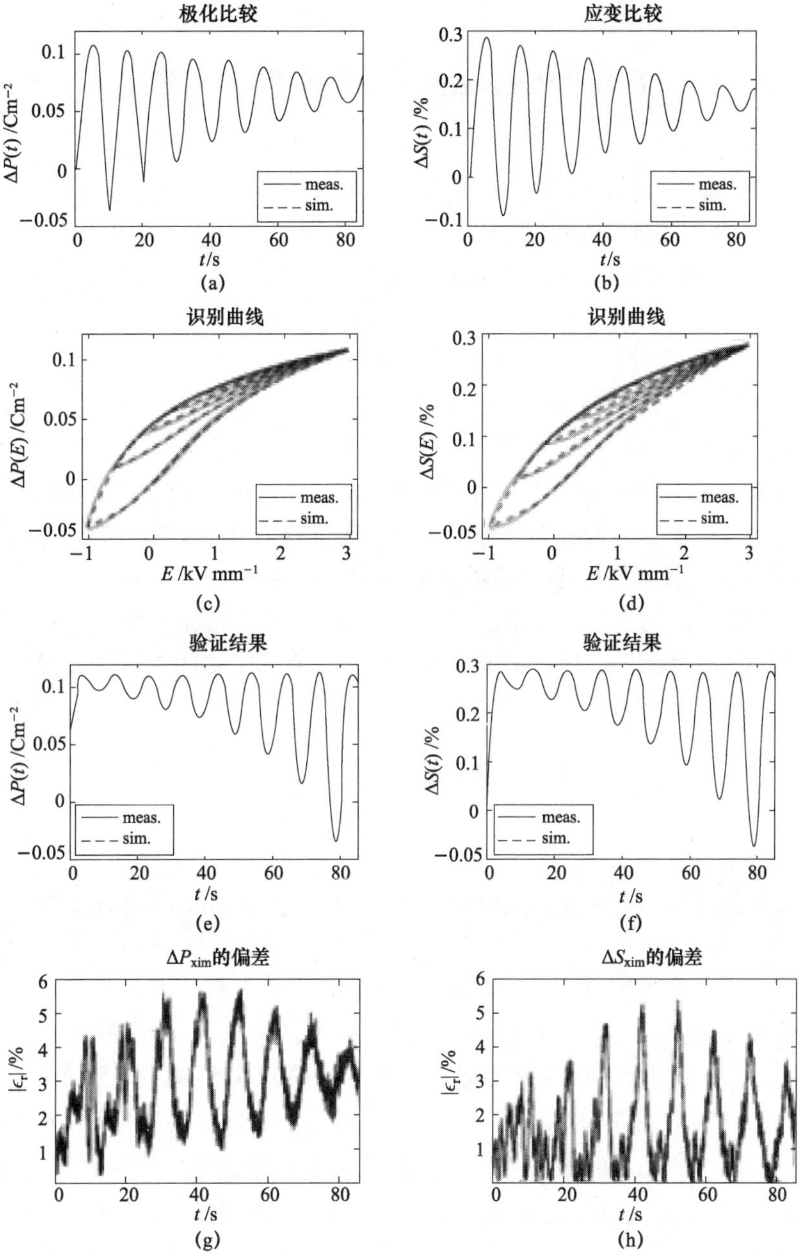

图 6.25 双极工作区中压电陶瓷盘的各种测量结果和模拟

(a) 和(b) 在压电陶瓷盘的半双极工作区中测量和模拟的滞后曲线 $\Delta P(E)$ 和 $\Delta S(E)$ 的比较；(c) 和(d) 用于识别权重分布的时间信号；(e) 和(f) 用于验证 Preisach 滞后模型的时间信号；(g) 和(h) 用于验证信号的归一化相对偏差 $|\epsilon_r|$（幅度）。

6.8 Preisach 滞后模型的反演

为了对铁电驱动器的滞后效应进行基于模型的补偿，必须确定时间步长为 k 的输入量$x_{\mathrm{inv}}(k)$，从而得到理想的目标输出$y_{\mathrm{tar}}(k)$。在某些情况下，可能还需要考虑具体的边界条件，如施加的机械预应力T和激励频率f。因此，在这里定义输入量$x_{\mathrm{inv}}(k)$，目标量$y_{\mathrm{tar}}(k)$，边界条件z_{bou} 如下(激发电压 $u(k)$、机械位移 $d(k)$)：

① $x_{\mathrm{inv}}(k) \in \{E(k),\ u(k)\}$；

② $y_{\mathrm{tar}}(k) \in \{P(k),\ S(k),\ d(k)\}$；

③ $z_{\mathrm{bou}} \in \{T,\ f\}$。

广义 Preisach 滞后模型可以用来预测铁电材料电极化 $P(k)$ 和机械应变 $S(k)$ 的滞后特性。由于这些量代表目标量，因此底层的Preisach滞后算子$\mathcal{H}_{\mathrm{P}}$必须被倒置。换句话说，对基于模型的滞后效应补偿，需要反向广义 Preisach 滞后算子$\mathcal{H}_{\mathrm{G}}^{-1}$，从而需要反向 Preisach 滞后算子$\mathcal{H}_{\mathrm{P}}^{-1}$(图 6.26)。但是，由于基本开关算子$\gamma_{\alpha\beta}$ 在转换点 α 和 β 处表现出不连续性，并且没有一个封闭的解决方案。因此，$\mathcal{H}_{\mathrm{P}}$ 必须在数值上反置。

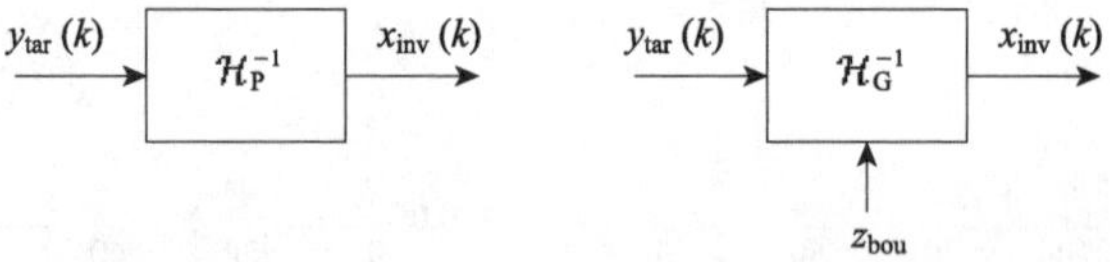

图 6.26　反向(经典)Preisach 滞后算子$\mathcal{H}_{\mathrm{P}}^{-1}$和反向广义 Preisach 滞后算子$\mathcal{H}_{\mathrm{P}}^{-1}$

人们可以在文献中找到各种方法来获得$\mathcal{H}_{P}^{-1}$的适当近似值。几种基于迭代算法的方法用于局部反演离散的 Preisach 滞后模型。例如，Mittal 和 Menq[66] 以及 Tan 和 Baras[92] 利用这种算法来补偿电磁和磁致伸缩驱动器的滞后。Viswamurthy 和 Ganguli[95] 利用局部倒置的 Preisach 滞后模型，通过压电叠层执行器控制机械振动。另一种实现$\mathcal{H}_{P}^{-1}$的方法是通过交换其输入和输出来实现的[22, 91]。由此，$\gamma_{\alpha\beta}$ 的权重分布$\mu_{\mathcal{H}}(\alpha,\ \beta)$ 也必须反转。为了确保权重分布为正，Bi 等[12] 引入了一种分析加权分布以及一个额外的开关算子。他们将这种方法应用于铁磁材料，并给出了令人信服的结果。然而，由于$\mathcal{H}_{\mathrm{P}}$的输入和输出的交换，其物理意义消失了，这可能会引起广义 Preisach 滞后模型出现问题。

这里讨论 Wolf及其同事[101-102] 开发的逆向Preisach滞后模型。6.8.1 小节介绍了基础的迭代逆过程，该过程在6.8.2小节中进行了介绍。随后，提出了建立逆向广义 Preisach 滞后模型的主要步骤。最后，将基于模型的滞后补偿应用于压电陶瓷磁盘。

6.8.1　反演过程

$\mathcal{P}(k)$ 对时间步长为$x_{\mathrm{inv}}(k)$ 的目标量$y_{\mathrm{tar}}(k)$ 的求解输入量k进行递增计算。目标量必须考虑当前和以前的时间步长，即$y_{\mathrm{tar}}(k)$ 和$y_{\mathrm{tar}}(k-1)$。在每一个时间步长k，分析并简化了 Preisach 平面$\boldsymbol{\mathcal{P}}(k)$ 的当前构型。因此，用向量$\mathfrak{e}_i(k)$、$\mathfrak{e}_j(k)$、$\mathfrak{s}(k)$ 表示$\boldsymbol{\mathcal{P}}(k)$ 中主极值的位置和符号(见式(6.12) 和式(6.13))。反演过程主要基于 Everett 矩阵$\boldsymbol{\varepsilon}=[\varepsilon_{ij}]$ 的两阶段求值。图6.27是整个反演过程的简化流程图，包括5个步骤，说明如下。

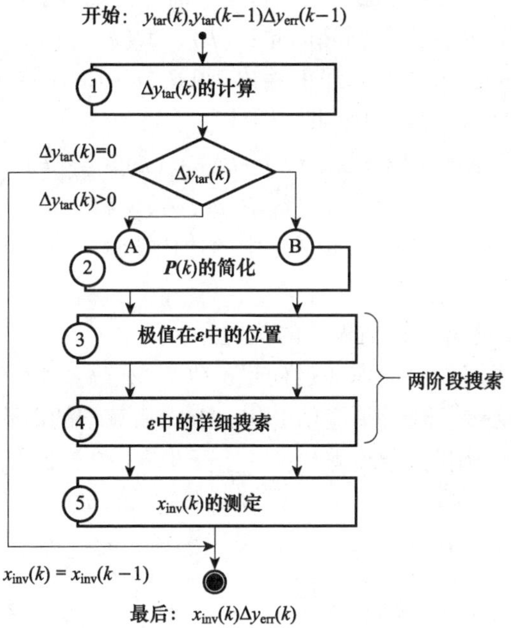

图6.27　逆 Preisach 滞后算子$\mathcal{H}_{\mathrm{P}}^{-1}$递增确定输出的简化流程图($y_{\mathrm{tar}}(k)$ 和$x_{\mathrm{inv}}(k)=\mathcal{H}_{P}^{-1}[y_{\mathrm{tar}}](k)$ 分别表示时间步长k的期望目标量和求解量)

1. 增量$\Delta y_{\mathrm{tar}}(k)$ 的计算

首先计算增量$\Delta y_{\mathrm{tar}}(k)$，它表示目标输出$y_{\mathrm{tar}}$ 从时间步$k-1$到时间步k的变化，即

$$\Delta y_{tar}(k) = y_{tar}(k) - y_{tar}(k-1) \tag{6.34}$$

如果满足 $\Delta y_{tar}(k) = 0$，则可以直接继续后续的时间步长 $k+1$。然后，反相 Preisach 滞后模型的结果输出由$x_{inv}(k) = x_{inv}(k-1)$ 给出。这也适用于其他一些特殊情况，如 Preisach 平面中的饱和度和小于以前迭代的离散化误差 $\Delta y_{err}(k)$ 的增量 $\Delta y_{tar}(k)$。但是，当 $\Delta y_{tar}(k) \neq 0$ 时，需要根据其符号来区分两种情况(见式(6.4) 和式(6.5))：

情况 ① 增加 $y_{tar}(k)$，即 $\Delta y_{tar}(k) > 0 \Rightarrow$ 修改 α

情况 ② 减少 $y_{tar}(k)$，即 $\Delta y_{tar}(k) < 0 \Rightarrow$ 修改 β

因此，修改了 Preisach 平面$\mathcal{P}(k)$ 中的分界线 $\mathfrak{L}(k)$。

2. $\mathcal{P}(k)$ 平面的简化

实际上，$\mathcal{P}(k)$ 存在各种不同的构型，如 $\mathfrak{L}(k)$ 中的步数(图 6.7)。为了标准化步骤 3 和步骤 4 中的反向方法，通过将构型简化为两种情况，如图 6.28 所示。对于特定的构型，减少意味着删除向量$\mathfrak{e}_i(k)$、$\mathfrak{e}_j(k)$ 和$\mathfrak{S}(k)$ 的第 m 项。因此 $\Delta y_{simp}(k)$ 改变了 Preisach 滞后算子的输出(图 6.28 中的阴影区)，这必须包括在目标输出的当前增量 $\Delta y_{tar}(k)$ 中，即

$$\begin{aligned}\Delta y'_{tar}(k) &= \Delta y_{tar}(k) + \Delta y_{simp}(k) \cdot \mathfrak{S}_m(k) \\ &= \Delta y_{tar}(k) + \varepsilon_{i_m j_m} \cdot \mathfrak{S}_m(k)\end{aligned} \tag{6.35}$$

下面两个步骤处理在 Everett 矩阵$\boldsymbol{\varepsilon}$ 中的迭代搜索：一个是粗略的搜索；另一个是详细的搜索。

3. 在 Everett 矩阵 $\boldsymbol{\varepsilon}$ 中评估极值的位置

第一个迭代搜索步骤只考虑通过向量$\mathfrak{e}_i(k)$、$\mathfrak{e}_j(k)$ 和$\mathfrak{S}(k)$ 指定的$\mathcal{P}(k)$ 中的支配极值。如有必要，还必须应用 Preisach 滞后算子的消除规则。

原则上，第一个迭代搜索步骤包括 3 个子步骤(图 6.29)。

(1) 起始点是主极值(指标 m)，它表现出最小的量值。从这个极值中，根据$\mathfrak{e}_i(k)$ 和$\mathfrak{e}_j(k)$ 的分量，按降序读出 $\boldsymbol{\varepsilon} = [\varepsilon_{ij}]$ 的项。此过程一直执行到条件

$$\underbrace{\left| \sum_{v=m}^{n+1} \varepsilon_{i_v j_v} \cdot \mathfrak{S}_v(k) \right|}_{\Delta y_{ext}(k)} < \left| \Delta y'_{tar}(k) \right| < \left| \sum_{v=m}^{n} \varepsilon_{i_v j_v} \cdot \mathfrak{S}_v(k) \right| \tag{6.36}$$

直到满足为止。

(2) 现在，利用$\mathfrak{e}_i(k)$、$\mathfrak{e}_j(k)$ 和$\mathfrak{S}(k)$ 的分量m，…，$n+1$，通过$\varepsilon_{i_v j_v}$ 来调整目标函数的修改增量 $\Delta y'_{tar}(k)$，导致

$$\begin{aligned}\Delta y''_{tar}(k) &= \Delta y'_{tar}(k) + \Delta y_{ext}(k) \\ &= \Delta y'_{tar}(k) + \sum_{v=m}^{n+1} \varepsilon_{i_v j_v} \cdot \mathfrak{S}_v(k)\end{aligned} \tag{6.37}$$

(3) 在第一个迭代搜索步骤结束时，删除$\mathbf{e}_i(k)$、$\mathbf{e}_j(k)$和$\mathfrak{S}(k)$的分量m，…，$n+1$，存储最后被删除的极值的索引(i_v, j_v)。

因此，可知在 Everett 矩阵$\boldsymbol{\varepsilon}$中，理想的项位于两个主极值之间。

4. 在 Everett 矩阵$\boldsymbol{\varepsilon}$中详细搜索正确的项

第二次迭代搜索(详细搜索) 可以在$\boldsymbol{\varepsilon}$的强限制区域内进行。对于增加的目标输出$y_{tar}(k)$(即情况①)，沿着j_m列进行搜索(图 6.30)。在另一种情况下(即情况②)，则必须在i_m行中进行搜索。在这两种情况下，过程都从$\varepsilon_{i_v j_v}$项处开始，该项具有在步骤 3 中存储的索引(i_v, j_v)。希望找到$\varepsilon_{i_r j_s}$项，它与$\Delta y''_{tar}(k)$尽可能重合，即

$$\min(|\Delta y''_{tar}(k)-\varepsilon_{irjs}|)\begin{cases} j_s=j_m & 情况① \\ i_r=i_m & 情况② \end{cases} \tag{6.38}$$

解决这一问题的一种有效方法是分治搜索算法[54]。

即使使用了 Preisach 平面的精细空间离散化(如$M=800$)，反演过程也需要合理的计算时间。

5. 确定理想的输入$x_{inv}(k)$

步骤 4 中的索引(i_r, j_s)用于更新$x_{inv}(k-1)$。根据目标输出$y_{tar}(k)$的进展，也就是说，无论它是上升还是下降，选择下列方程之一(图 6.31)，即

$$x_{inv}(k)=\frac{M-i_r}{M-1}-0.5 \quad 情况① \tag{6.39}$$

$$x_{inv}(k)=0.5-\frac{M-j_s}{M-1} \quad 情况② \tag{6.40}$$

此外，得出实际计算出的目标量$\Delta y_{err}(k)$与期望目标输出$\Delta y_{inv}(k)$之间增量的离散误差$\Delta y_{tar}(k)$，因此，通过

$$\Delta y_{err}(k)=\Delta y_{inv}(k)-\Delta y''_{tar}(k)=\varepsilon_{irjs}\cdot\mathfrak{S}_m(k)-\Delta y''_{tar}(k) \tag{6.41}$$

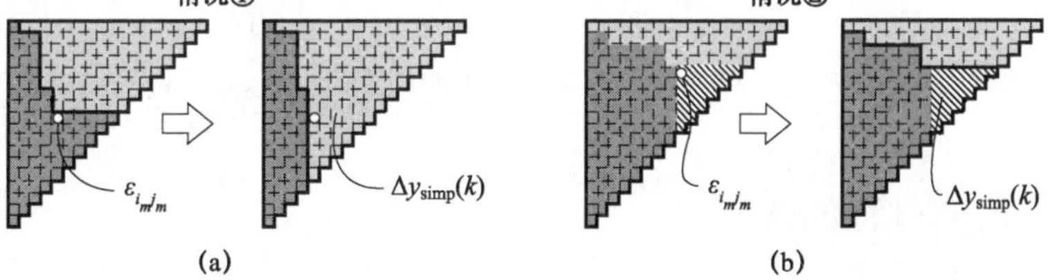

图 6.28 Preisach 平面$\mathcal{P}(k)$的简化

应注意，在步骤 1 中必须考虑$\Delta y_{err}(k)$。最后，根据当前输入量$x_{inv}(k)$更新向量$\mathbf{e}_i(k)$、$\mathbf{e}_j(k)$和$\mathfrak{S}(k)$。结果得到$\mathbf{e}_i(k+1)$、$\mathbf{e}_j(k+1)$和$\mathfrak{S}(k+1)$。

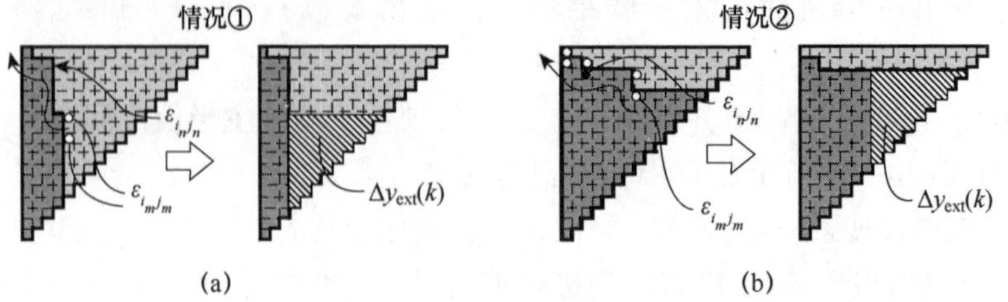

图 6.29　基于对 Everett 矩阵 $\boldsymbol{\varepsilon} = [\varepsilon_{ij}]$ 中的极值位置的评估
以及 Preisach 平面的进一步简化而进行的粗搜索

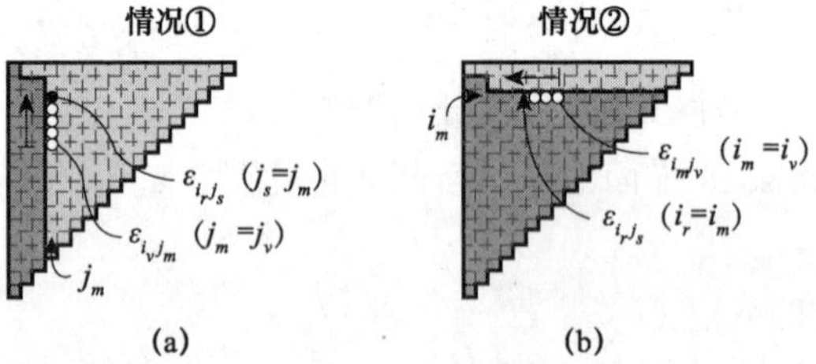

图 6.30　详细搜索以找出 Everett 矩阵中的 $\varepsilon_{i_r j_s}$ 项

在整个反演过程结束时，可以获得确定之后时间步骤 $k+1$ 的 $x_{\mathrm{inv}}(k+1)$ 理想的信息。为此，再次从步骤 1 开始，考虑量 $y_{\mathrm{tar}}(k)$、$y_{\mathrm{tar}}(k+1)$ 和 $\Delta y_{\mathrm{err}}(k)$。

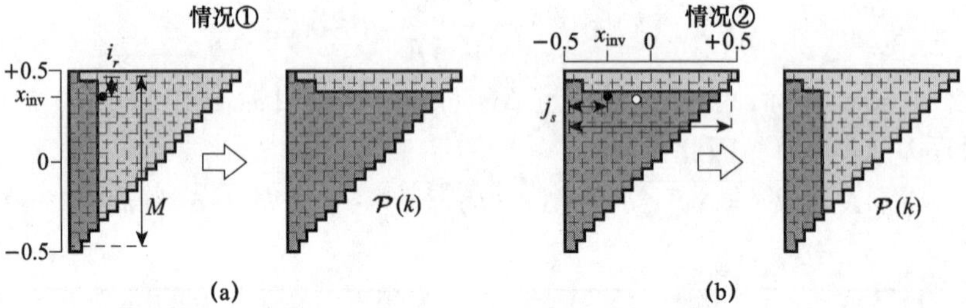

图 6.31　由索引 $(i_r,\ j_s)$ 得出的理想量 $x_{\mathrm{inv}}(k)$ 的计算（Preisach 平面 $\mathcal{P}(k)$ 的更新）

6.8.2　反演过程的表征

为了描述反演过程，还要检查其功能性并对其效率进行评价。这些研究是通过反向 Preisach 磁滞算子 $\mathcal{H}_{\mathrm{P}}^{-1}$ 与原始算子 $\mathcal{H}_{\mathrm{P}}$（图 6.32）[101-102] 的串行连接进行的。假设目标量 $y_{\mathrm{tar}}(k)$ 表示 $\mathcal{H}_{\mathrm{P}}^{-1}$ 的输入。产生的输出 $x_{\mathrm{inv}}(k) = \mathcal{H}_{\mathrm{P}}^{-1}[y_{\mathrm{tar}}](k)$ 再次作为 $\mathcal{H}_{\mathrm{P}}$ 的输入，从而得到最终的输出 $y_{\mathrm{inv}}(k) = \mathcal{H}_{\mathrm{P}}[x_{\mathrm{inv}}](k)$。因此，可以比较期望的

目标量$y_{tar}(k)$与实际确定的量$y_{inv}(k)$。

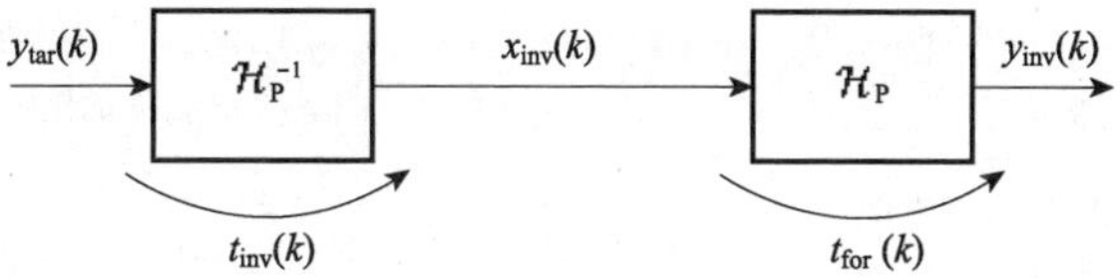

图 6.32 反演程序功能检验和效率评价方法(反演过程计算时间$t_{inv}(k)$，用于评估正向$\mathcal{H}_P$的计算时间$t_{for}(k)$)

图 6.33(a)显示了利用离散时间的目标信号由一个偏移量和两个叠加的正弦波组成。这两种正弦波分别具有不同的振幅和频率。为了评价$\mathcal{H}_P$和$\mathcal{H}_P^{-1}$，在 Preisach 平面上应用了$M=200$的空间离散。图 6.33(b)比较了期望的目标数量和一个小时间窗口内串行连接的输出。通过比较可以看出，$y_{inv}(k)$与$y_{tar}(k)$非常吻合。除了 Preisach 平面空间离散化引起的偏差外，不存在任何偏差。因此，可以说明反演程序提供了可靠的结果。

反演过程的计算时间是实际应用的决定性标准。严格来说，单个时间步理想的最大持续时间$t_{inv,max}$决定了用于反转目标量$y_{tar}(k)$的最大采样率$f_{inv,max}=1/t_{inv,max}$。如果在开环或闭环控制中应用基于模型的滞后补偿，则可以在时间间隔$t_{inv,max}$(即$t_{k+1}-t_k \geq t_{inv,max}$)之后更新$x_{inv}(k)$。在图 6.33(c)中可以看到时间步长$k$的持续时间$t_{inv}(k)$，这对于在所考虑的时间窗口中对$y_{tar}(k)$求逆是必需的(图 6.33(b))。计算是在标准台式 PC 上进行的①。有趣的是，$t_{inv}(k)$主要取两个值。较低的值是由反演程序的步骤 1 中的终止条件引起的，而较高的值$t_{inv,max}$是运行所有步骤(即步骤 1 ~ 5)的结果。注意，即使目标量y_{tar}表现出一个任意的进展，$t_{inv,max}$也永远不会被超过。因此，空间离散化$M=200$时，可以保证$t_{inv,max}<0.15$ms，从而得到采样率$f_{inv,max}=6.67$kHz。

图 6.33(d)描绘了不同空间离散化M的反演程序的最大持续时间$t_{inv,max}$。此外，还显示了每个时间步长的最大持续时间$t_{for,max}$(图 6.32)，用于评估正向 Preisach 滞后算子$\mathcal{H}_P$。值得强调的是，$t_{inv,max}$在所考虑的空间离散范围内几乎保持不变。可以将这种特性归因于反演过程的第 4 步中有效的分治搜索算法。但与$t_{inv,max}$相反，$t_{for,max}$几乎随M的升高而呈直线上升。

根据这些发现，提出的反演程序是一种反演 Preisach 滞后算子的有效方法。由于底层算法允许对理想量进行时间高效的计算，因此可将其用于具有滞后特性

① 台式机：Intel 酷睿 i5、3.19GHz、4GB 内存。

的执行器的开环和闭环控制。反演过程不仅限于铁电执行器，还可以用于包含铁磁材料的执行器。

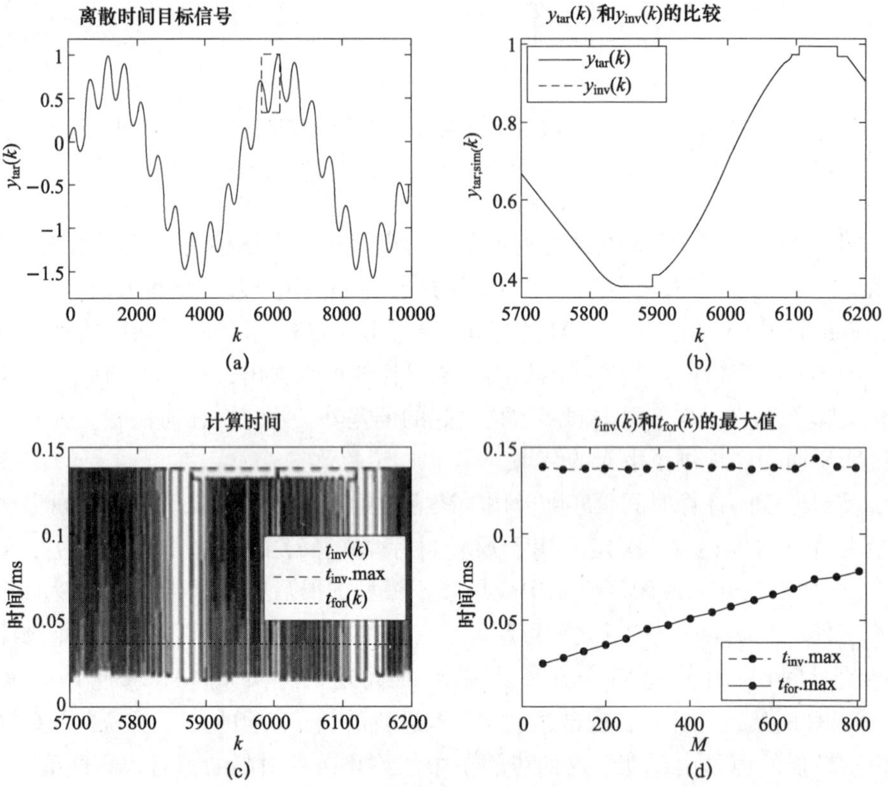

图 6.33　反演过程的表征

（a）离散时间目标信号 $y_{tar}(k)$；（b）对于空间离散 $M = 200$，比较 $y_{tar}(k)$ 和输出 $y_{inv}(k)$（图 6.32）（最大计算时间 $t_{inv,\ max}$）；（c）反演过程 $t_{inv}(k)$ 和正演计算 $t_{for}(k)$ 的计算时间；（d）关于 M 的 $t_{inv,\ max}$ 和 $t_{for,\ max}$ 的比较。

6.8.3　反演广义 Preisach 滞后模型

铁电材料的广义 Preisach 滞后算子 $\mathcal{H}_G$（见 6.6 节）包括可逆部分、不对称特性、机械变形以及对速率相关性和应用的单轴机械应力的研究。如果将泛化限于可逆部分和不对称特性，可以按 6.8.1 小节中给出的相同方式评估逆广义 Preisach 滞后算子 $\mathcal{H}_G^{-1}$。这可以归因于以下事实：两种理论都直接更改了 Preisach 滞后模型的权重分布 $\mu_{\mathcal{H}}(\alpha,\ \beta)$。但是，在剩余的情况下（如机械变形），在 $\mathcal{H}_G$ 求逆过程中会出现其他重要问题，下面将对此进行讨论。

从铁电材料的机械变形 S 和机械位移 d 的反演方法开始。在双极工作区中，对于正、负电激励，存在这些目标量的两种解决方案。因此，不可能唯一地反演 S 和 d。然而，铁电执行器通常在单极和半双极工作区工作，由于这一事实，能够通过广义的 Preisach 滞后算子$\mathcal{H}_G$来描述潜在的大信号特性，该算子不需要式(6.27)中给出的扩展。因此，可以根据6.8.1小节中的求逆过程来确定铁电执行器的理想输入量电场强度 E 和激励电压 u。例如，时间步长 k 的目标量 $d(k)$ 作为反向广义 Preisach 滞后算子$\mathcal{H}_G^{-1}$的输入，得到输出 $u(k)=\mathcal{H}_G^{-1}[d](k)$。

为了用$\mathcal{H}_G$研究铁电材料的速率相关性和机械应力，必须分别考虑其他输入(即 $z_{bou}\in\{T, f\}$)。输入修改了空间离散的权重分布$\boldsymbol{\mu}$，从而修改了 Everett 矩阵 $\boldsymbol{\varepsilon}$(见6.6.4小节和6.6.5小节)。在反演过程中加入这样的修正是极其重要的，因为只有这样才能确定$\mathcal{H}_G^{-1}$的输出可靠。由于这个原因，对于不同的输入z_{bou}，应该预先计算$\boldsymbol{\mu}(z_{bou})$和$\boldsymbol{\varepsilon}(z_{bou})$。在铁电执行器的实际应用中，选择合适的空间离散权值分布和 Everett 矩阵是关键问题。当然，选择取决于在应用过程中实际发生的边界条件z_{bou}。

6.8.4　压电陶瓷片滞后特性的补偿

本书将一种基于模型的滞后效应补偿通过反向广义 Preisach 滞后算子应用于由铁电软材料PIC255制成的压电陶瓷圆盘(直径10.0mm、厚度2.0mm)。在给出结果之前，先来讨论一种特殊的基于硬件的方法来补偿铁电执行器的非线性。与使用电压作为激励信号的基于模型的补偿相反，这种基于硬件的方法直接与电极化有关[28, 29, 108]。为了影响铁电材料内的极化，借助适当的电荷驱动电路将电荷 Q 施加在执行器电极上。假定 Q 与铁电执行器的机械应变 S 成正比，即 $Q\propto S$。虽然与电压激励下的开环结构相比，非线性得到显著降低，但电荷驱动电路通常表现出明显的缺陷。这包括有限的低频性能、电压增益对铁电材料电容的相关性以及耗时的调谐过程。此外，当铁电执行器被驱动到饱和状态(如半双极工作区域)时，电荷与机械位移的关系将不再是线性的[101]，结果使铁电执行器的期望位移和实际位移的偏差增大。

为了比较不同类型的补偿，需要一个压电陶瓷盘机械应变的三角形时间信号。基于模型的补偿利用反向广义 Preisach 滞后算子$\mathcal{H}_G^{-1}$获得电激励信号 $E_{inv}(t)$，然后将其应用于磁盘样本进行测量(图6.34(a))。在此基础上，通过重新标度电极化$P_{model}(t)$，仿真了基于硬件的解决方案的机械应变 $\Delta S_{pol}(t)$。$P_{model}(t)$代表实际在磁盘中发生的测得的极化。由于基本的重新标度不显示对电子组件的任何相关性，因此它代表了开环结构中电荷驱动电路的最佳情况。

图 6.35(a) 描述了基于模型的滞后效应补偿目标应变 $\Delta S_{\mathrm{tar}}(t)$ 和测得应变 $\Delta S_{\mathrm{model}}(t)$ 以及基于硬件的补偿的 $\Delta S_{\mathrm{pol}}(t)$。此外，给出了未补偿情况下的测量应变 $\Delta S_{\mathrm{linear}}(t)$，这意味着电激励信号 $E_{\mathrm{linear}}(t)$ 假定与理想的机械应变 $\Delta S_{\mathrm{tar}}(t)$ 成正比(图 6.34(b))。不同应变曲线的比较清楚地表明，$\Delta S_{\mathrm{model}}(t)$ 与 $\Delta S_{\mathrm{tar}}(t)$ 吻合最好。相比之下，有 $\Delta S_{\mathrm{linear}}(t)$ 的归一化相对偏差高达 25%（图 6.35(b)），这表明了在执行器应用中考虑滞后效应的重要性。

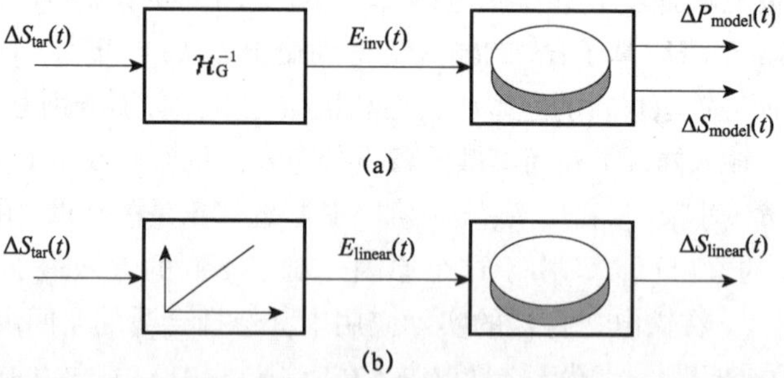

图 6.34　为基于模型的滞后补偿和未补偿情况(即线性化) 获得压电陶瓷圆盘理想的机械应变 $\Delta S_{\mathrm{tar}}(t)$ 的框图(确定量为 $E_{\mathrm{inv}}(t)$ 和 $E_{\mathrm{linear}}(t)$，测量量为 $\Delta P_{\mathrm{model}}(t)$、$\Delta S_{\mathrm{model}}(t)$ 和 $\Delta S_{\mathrm{linear}}(t)$)

(a) 基于模型的滞后补偿；(b) 未补偿情况。

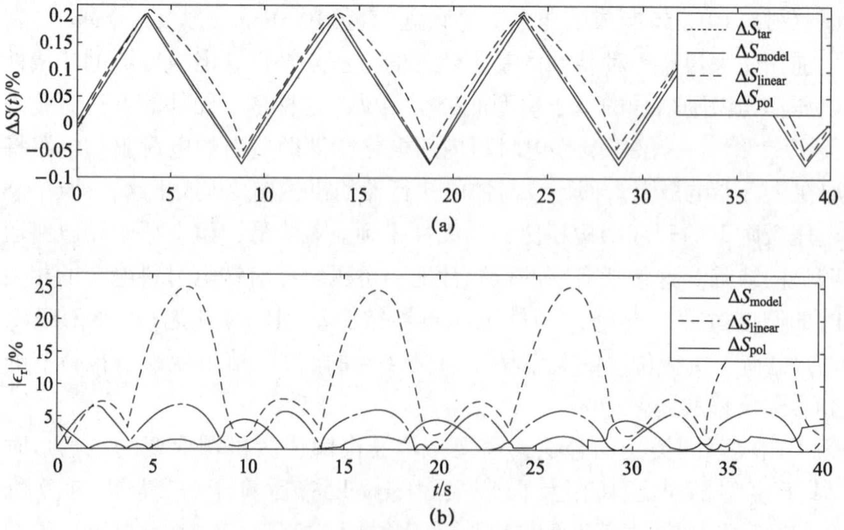

图 6.35　理想机械应变 $\Delta S_{\mathrm{tar}}(t)$ 和已实现量相对于时间 t 的比较(测量量为 $\Delta S_{\mathrm{model}}(t)$ 和 $\Delta S_{\mathrm{linear}}(t)$，计算量为 $\Delta S_{\mathrm{pol}}(t)$ 以及结果应变与期望应变之间的归一化相对偏差 $|\epsilon_{\mathrm{r}}|$ (幅度)；压电陶瓷盘(直径 10.0mm、厚度 2.0mm，材料 PIC255)

(a) 机械应变比较　(b) 与理想机械应变 $\Delta S_{\mathrm{tar}}(t)$ 的相对偏差。

参考文献

[1] Adly, A. A. , Mayergoyz, I. D. , Bergqvist, A. : Preisach modeling of magnetostrictive hysteresis. J. Appl. Phys. 69(8), 5777 - 5779 (1991)

[2] Al Janaideh, M. , Su, C. Y. , Rakheja, S. : Development of the rate - dependent Prandtl - Ishlinskii model for smart actuators. Smart Mater. Struct. 17(3), 035,026 (2008)

[3] Al Janaideh, M. , Rakheja, S. , Su, C. Y. : A generalized Prandtl - Ishlinskii model for charac terizing the hysteresis and saturation nonlinearities of smart actuators. Smart Mater. Struct. 18(4), 045,001 (2009)

[4] Arockiarajan, A. , Sansour, C. : Micromechanical modeling and simulation of rate - dependent effects in ferroelectric polycrystals. Comput. Mater. Sci. 43(4), 842 - 854 (2008)

[5] Azzerboni, B. , Cardelli, E. , Finocchio, G. , La Foresta, F. : Remarks about Preisach function approximation using Lorentzian function and its identifification for nonoriented steels. IEEE Trans. Magn. 39, 3028 - 3030 (2003)

[6] Azzerboni, B. , Carpentieri, M. , Finocchio, G. , Ipsale, M. : Super - Lorentzian Preisach function and its applicability to model scalar hysteresis. Phys. B: Condens. Matter 343, 121 - 126 (2004)

[7] Ball, B. L. , Smith, R. C. , Kim, S. J. , Seelecke, S. : A stress - dependent hysteresis model for ferroelectric materials. J. Intell. Mater. Syst. Struct. 18(1), 69 - 88 (2007)

[8] Bassiouny, E. , Ghaleb, A. F. , Maugin, G. A. : Thermodynamical formulation for coupled elec tromechanical hysteresis effects - Ⅰ. Basic equations. IEEE Trans. Ultrason. Ferroelectr. Freq. Control 26(12), 1279 - 1295 (1988)

[9] Belov, A. Y. , Kreher, W. S. : Viscoplastic models for ferroelectric ceramics. J. Eur. Ceram. Soc. 25(12), 2567 - 2571 (2005)

[10] Bergqvist, A. , Engdahl, G. : A stress - dependent magnetic Preisach hysteresis model. IEEE Trans. Magn. 27(6 pt 2), 4796 - 4798 (1991)

[11] Bertotti, G. : Dynamic generalization of the scalar Preisach model of hysteresis. IEEE Trans. Magn. 28(5), 2599 - 2601 (1992)

[12] Bi, S. , Sutor, A. , Lerch, R. , Xiao, Y. : An effificient inverted hysteresis model with modified switch operator and differentiable weight function. IEEE Trans. Magn. 49(7), 3175 - 3178 (2013)

[13] Boddu, V. , Endres, F. , Steinmann, P. : Molecular dynamics study of ferroelectric domain nucleation and domain switching dynamics. Sci. Rep. 7(1) (2017)

[14] Chaplya, P. M. , Carman, G. P. : Dielectric and piezoelectric response of lead zirconate - lead titanate at high electric and mechanical loads in terms of non - 180°domain wall motion. J. Appl. Phys. 90(10), 5278 - 5286 (2001)

[15] Chonan, S. , Jiang, Z. , Yamamoto, T. : Nonlinear hysteresis compensation of piezoelectric ceramic actuators. J. Intell. Mater. Syst. Struct. 7(2), 150 - 156 (1996)

[16] Cohen, R. E. : Origin of ferroelectricity in perovskite oxides. Nature 358(6382), 136 - 138 (1992)

[17] Cohen, R. E. : Theoryof ferroelectrics: A vision for the next decade and beyond. J. Phys. Chem. Solids

61(2), 139 - 146 (2000)

[18] Damjanovic, D.: Ferroelectric, dielectric and piezoelectric properties of ferroelectric thin fifilms and ceramics. Rep. Prog. Phys 61, 1267 - 1324 (1998)

[19] Davino, D., Giustiniani, A., Visone, C.: Design and test of a stress - dependent compensator for magnetostrictive actuators. IEEE Trans. Magn. 2, 646 - 649 (2010)

[20] Della Torre, E., Vajda, F.: Parameter identifification of the complete - moving - hysteresis model using major loop data. IEEE Trans. Magn. 30(6), 4987 - 5000 (1994)

[21] Devonshire, A. F.: Theory of ferroelectrics. Adv. Phys. 3(10), 85 - 130 (1954)

[22] Dlala, E., Saitz, J., Arkkio, A.: Inverted and forward Preisach models for numerical analysis of electromagnetic fifield problems. IEEE Trans. Magn. 42, 1963 - 1973 (2006)

[23] Dong, R., Tan, Y.: A modifified Prandtl - Ishlinskii modeling method for hysteresis. Phys. B: Condens. Matter 404(8 - 11), 1336 - 1342 (2009)

[24] Ducharne, B., Zhang, B., Guyomar, D., Sebald, G.: Fractional derivative operators for mod eling piezoceramic polarization behaviors under dynamic mechanical stress excitation. Sens. Actuators A: Phys. 189, 74 - 79 (2013)

[25] Endres, F., Steinmann, P.: Molecular statics simulations of head to head and tail to tail nan odomains of rhombohedral barium titanate. Comput. Mater. Sci. 97, 20 - 25 (2015)

[26] Everett, D. H.: A general approach to hysteresis. Part 4. An alternative formulation of the domain model. Trans. Faraday Soc. 51, 1551 - 1557 (1955)

[27] Finocchio, G., Carpentieri, M., Cardelli, E., Azzerboni, B.: Analytical solution of Everett integral using Lorentzian Preisach function approximation. J. Magn. Magn. Mater. 300, 451 - 470 (2006)

[28] Fleming, A. J.: Charge drive with active DC stabilization for linearization of piezoelectric hysteresis. EEE Trans. Ultrason. Ferroelectr. Freq. Control 60(8), 1630 - 1637 (2013)

[29] Fleming, A. J., Moheimani, S. O. R.: Improved current and charge amplifiers for driving piezo electric loads, and issues in signal processing design for synthesis of shunt damping circuits. J. Intell. Mater. Syst. Struct. 15(2), 77 - 92 (2004)

[30] Freeman, A. R., Joshi, S. P.: Numerical modeling of PZT nonlinear electromechanical behavior. Proc. SPIE - Int. Soc. Opt. Eng. 2715, 602 - 613 (1996)

[31] Füzi, J.: Computationally effificient rate dependent hysteresis model. COMPEL - Int. J. Comput. Math. Electr. Electron. Eng. 18(3), 445 - 457 (1999)

[32] Ge, P., Jouaneh, M.: Generalized preisach model for hysteresis nonlinearity of piezoceramic actuators. J. Precis. Eng. 20, 99 - 111 (1997)

[33] Gu, G., Zhu, L.: Modeling of rate - dependent hysteresis in piezoelectric actuators using a family of ellipses. Sens. Actuators A: Phys. 165(2), 303 - 309 (2011)

[34] Guyomar, D., Ducharne, B., Sebald, G.: Dynamical hysteresis model of ferroelectric ceramics under electric fifield using fractional derivatives. J. Phys. D: Appl. Phys. 40(19), 6048 - 6054 (2007)

[35] Guyomar, D., Ducharne, B., Sebald, G., Audiger, D.: Fractional derivative operators for mod eling the dynamic polarization behavior as a function of frequency and electric fifield amplitude. EEE Trans.

Ultrason. Ferroelectr. Freq. Control 56(3), 437 - 443 (2009)

[36] Hegewald, T.: Modellierung des nichtlinearen Verhaltens piezokeramischer Aktoren. Ph.D. thesis, Friedrich - Alexander - University Erlangen - Nuremberg (2007)

[37] Hegewald, T., Kaltenbacher, B., Kaltenbacher, M., Lerch, R.: Effificient modeling of ferroelec tric behavior for the analysis of piezoceramic actuators. J. Intell. Mater. Syst. Struct. 19(10), 1117 - 1129 (2008)

[38] Hu, H., Ben Mrad, R.: On the classical Preisach model for hysteresis in piezoceramic actuators. Mechatronics 13(2), 85 - 94 (2002)

[39] Huber, J.E.: Micromechanical modelling of ferroelectrics. Curr. Opin. Solid State Mater. Sci. 9(3), 100 - 106 (2005)

[40] Huber, J.E., Fleck, N.A., Landis, C.M., McMeeking, R.M.: A constitutive model for ferro electric polycrystals. J. Mech. Phys. Solids 47, 1663 - 1697 (1999)

[41] Hughes, D., Wen, J.T.: Preisach modeling of piezoceramic hysteresis; independent stress effect. Math. Control Smart Struct. 2442, 328 - 336 (1995)

[42] Hwang, S.C., Lynch, C.S., McMeeking, R.M.: Ferroelectric/ferroelastic interactions and a polarization switching model. Acta Metall. Mater. 43(5), 2073 - 2084 (1995)

[43] Janocha, H., Kuhnen, K.: Real - time compensation of hysteresis and creep in piezoelectric actuators. Sens. Actuators A: Phys. 79(2), 83 - 89 (2000)

[44] Jiang, H., Ji, H., Qiu, J., Chen, Y.: A modifified Prandtl - Ishlinskii model for modeling asym metric hysteresis of piezoelectric actuators. EEE Trans. Ultrason. Ferroelectr. Freq. Control 57(5), 1200 - 1210 (2010)

[45] Jiles, D.C., Atherton, D.L.: Theory of ferromagnetic hysteresis. J. Magn. Magn. Mater. 61(1), 48 - 60 (1986)

[46] Jung, H., Shim, J.Y., Gweon, D.: New open - loop actuating method of piezoelectric actuators for removing hysteresis and creep. Rev. Sci. Instrum. 71(9), 3436 - 3440 (2000)

[47] Kadota, Y., Morita, T.: Preisach modeling of electric - fifield - induced strain of ferroelectric material considering 90°domain switching. Jpn. J. Appl. Phys. 51(9), 09LE08 - 1 - 09LE081 - 6 (2012)

[48] Kahler, G.R., Della Torre, E., Cardelli, E.: Implementation of the Preisach - Stoner - Wohlfarth classical vector model. IEEE Trans. Magn. 46(1), 21 - 28 (2010)

[49] Kaltenbacher, B., Kaltenbacher, M.: Modeling and iterative identifification of hysteresis via Preisach operators in PDEs. Lect. Adv. Comput. Methods Mech. 1, 1 - 45 (2007)

[50] Kamlah, M.: Ferroelectric andferroelastic piezoceramics - modeling of electromechanical hysteresis phenomena. Contin. Mech. Thermodyn. 13, 219 - 268 (2001)

[51] Kamlah, M., Böhle, U.: Finite element analysis of piezoceramic components taking into account ferroelectric hysteresis behavior. Int. J. Solids Struct. 38(4), 605 - 633 (2001)

[52] Kamlah, M., Tsakmakis, C.: Phenomenological modeling of the non - linear electro mechanical coupling in ferroelectrics. Int. J. Solids Struct. 36(5), 669 - 695 (1999)

[53] Keip, M.A.: Modeling of electro - mechanically coupled materials on multiple scales. Ph.D. thesis,

Universität Duisburg - Essen (2011)

[54] Knuth, D. E. : The Art of Computer Programming: vol. 3. Addison - Wesley, Sorting and Search ing (1998)

[55] Krasnosel'skii, M. A. , Pokrovskii, A. V. : Systems with Hysteresis. Springer, Berlin (1989)

[56] Kurzhöfer, I. : Mehrskalen - Modellierung polykristalliner Ferroelektrika. Ph. D. thesis, Univer sität Duisburg - Essen (2007)

[57] Landis, C. M. : Fully coupled, multi - axial, symmetric constitutive laws for polycrystalline ferroelectric ceramics. J. Mech. Phys. Solids 50(1), 127 - 152 (2002)

[58] Lenk, A., Ballas, R. G., Werthschützky, R., Pfeiefer, G. : Electromechanical Systems in Microtechnology and Mechatronics: Electrical, Mechanical and Acoustic Networks, their Interactions and Applications. Springer, Berlin (2010)

[59] Lin, C. J., Yang, S. R. : Precise positioning of piezo - actuated stages using hysteresis - observer based control. Mechatronics 16(7), 417 - 426 (2006)

[60] Ma, Y., Mao, J. : On modeling and tracking control for a smart structure with stress - dependent hysteresis nonlinearity. Acta Autom. Sin. 36(11), 1611 - 1619 (2010)

[61] Macki, J. W., Nistri, P., Zecca, P. : Mathematical models for hysteresis. SIAM Rev. 35(1), 94 - 123 (1993)

[62] Mayergoyz, I. D. : Hysteresis models from the mathematical and control theory points of view. J. Appl. Phys. 57(8), 3803 - 3805 (1985)

[63] Mayergoyz, I. D. : Dynamic preisach models of hysteresis. IEEE Trans. Magn. 24(6), 2925 - 2927 (1988)

[64] Mayergoyz, I. D. : Mathematical Models of Hysteresis and their Applications. Elsevier, New York (2003)

[65] Meggitt Sensing Systems: Product portfolio (2018). https://www.meggittsensingsystems.com

[66] Mittal, S., Menq, C. H. : Hysteresis compensation in electromagnetic actuators through preisach model inversion. IEEE/ASME Trans. Mechatron. 5(4), 394 - 409 (2000)

[67] Mrad, R. B., Hu, H. : A model for voltage - to - displacement dynamics in piezoceramic actuators subject to dynamic - voltage excitations. IEEE/ASME Trans. Mechatron. 7(4), 479 - 489 (2002)

[68] Nierla, M., Sutor, A., Rupitsch, S. J., Kaltenbacher, M. : Stageless evaluation for a vector Preisach model based on rotational operators. COMPEL - Int. J. Comput. Math. Electr. Elec tron. Eng. 36(5), 1501 - 1516 (2017)

[69] Oppermann, K., Arminger, B. R., Zagar, B. G. : A contribution to the classical scalar preisach hysteresis model for magneto - elastic materials. In: Proceedings of IEEE/ASME International Conference on Mechatronics and Embedded Systems and Applications (MESA), pp. 180 - 185. IEEE (2010)

[70] Padthe, A. K., Drincic, B., Oh, J. H., Rizos, D. D., Fassois, S. D., Bernstein, D. S. : Duhem modeling of friction - induced hysteresis. IEEE Control Syst. Mag. 28(5), 90 - 107 (2008)

[71] PI Ceramic GmbH: Product portfolio (2018). https://www.piceramic.com

[72] Polomoff, N. A., Premnath, R. N., Bosse, J. L., Huey, B. D. : Ferroelectric domain switching dynamics with combined 20 nm and 10 ns resolution. J. Mater. Sci. 44(19), 5189 - 5196 (2009)

[73] Preisach, F. : über die magnetische Nachwirkung. Zeitschrift für Physik 94(5 - 6), 277 - 302 (1935)

[74] Quant, M. , Elizalde, H. , Flores, A. , Ramírez, R. , Orta, P. , Song, G. : A comprehensive model for piezoceramic actuators: modelling, validation and application. Smart Mater. Struct. 18(12), 1 - 16 (2009)

[75] Rakotondrabe, M. , Clévy, C. , Lutz, P. : Complete open loop control of hysteretic, creeped, and oscillating piezoelectric cantilevers. IEEE Trans. Autom. Sci. Eng. 7(3), 440 - 450 (2010)

[76] Reiländer, U. : Das Großsignalverhalten piezoelektrischerAktoren. Ph. D. thesis, Technische Universität München (2003)

[77] Richter, H. , Misawa, E. A. , Lucca, D. A. , Lu, H. : Modeling nonlinear behavior in a piezoelectric actuator. Precis. Eng. 25(2), 128 - 137 (2001)

[78] Rupitsch, S. J. , Wolf, F. , Sutor, A. , Lerch, R. : Reliable modeling of piezoceramic materials utilized in sensors and actuators. Acta Mech. 223, 1809 - 1821 (2012)

[79] Sawyer, C. B. , Tower, C. H. : Rochelle salt as a dielectric. Phys. Rev. 35(3), 269 - 273 (1930)

[80] Schrade, D. : Microstructural modeling of ferroelectric material behavior. Ph. D. thesis, Tech nische Universität Kaiserslautern (2011)

[81] Schröder, J. , Romanowski, H. : A simple coordinate invariant thermodynamic consistent model for nonlinear electro - mechanical coupled ferroelectrica. In: Proceedings of European Congress on Computational Methods in Applied Science and Engineering (ECCOMAS) (2004)

[82] Schwaab, H. , Grünbichler, H. , Supancic, P. , Kamlah, M. : Macroscopical non - linear material model for ferroelectric materials inside a hybrid fifinite element formulation. Int. J. Solids Struct. 49(3 - 4), 457 - 469 (2012)

[83] Sepliarsky, M. , Asthagiri, A. , Phillpot, S. R. , Stachiotti, M. G. , Migoni, R. L. : Atomic - level simulation of ferroelectricity in oxide materials. Curr. Opin. Solid State Mater. Sci. 9(3), 107 - 113 (2005)

[84] Smith, R. C. , Hatch, A. G. , Mukherjee, B. , Liu, S. : A homogenized energy model for hysteresis in ferroelectric materials: General density formulation. J. Intell. Mater. Syst. Struct. 16(9), 713 - 732 (2005)

[85] Song, D. , Li, C. J. : Modeling of piezo actuator's nonlinear and frequency dependent dynamics. Mechatronics 9(4), 391 - 410 (1999)

[86] Stancu, A. , Ricinschi, D. , Mitoseriu, L. , Postolache, P. , Okuyama, M. : First - order reversal curves diagrams for the characterization of ferroelectric switching. Appl. Phys. Lett. 83(18), 3767 - 3769 (2003)

[87] Stoleriu, L. , Stancu, A. , Mitoseriu, L. , Piazza, D. , Galassi, C. : Analysis of switching properties of porous ferroelectric ceramics by means of fifirst - order reversal curve diagrams. Phys. Rev. B 74(17), 174,107 (2006)

[88] Sutor, A. , Bi, S. , Lerch, R. : Identifification and verifification of a Preisach - based vector model for ferromagnetic materials. Appl. Phys. A: Mater. Sci. Process. 118(3), 939 - 944 (2014)

[89] Sutor, A. , Rupitsch, S. J. , Lerch, R. : A Preisach - based hysteresis model for magnetic and ferroelectric

hysteresis. Appl. Phys. A: Mater. Sci. Process. 100, 425 - 430 (2010)

[90] Szabó, Z.: Preisach functions leading to closed form permeability. Phys. B: Condens. Matter 372(1), 61 -67 (2006)

[91] Takahashi, N., Miyabarn, S. I., Fojiwara, K.: Problems in practical fifinite element analysis using preisach hysteresis model. IEEE Trans. Magn. 35, 1243 - 1246 (1999)

[92] Tan, X., Baras, J. S.: Modeling and control of hysteresis in magnetostrictive actuators. Automatica 40(9), 1469 - 1480 (2004)

[93] Tellini, B., Bologna, M., Pelliccia, D.: A new analytic approach for dealing with hysteretic materials. IEEE Trans. Magn. 41(1), 2 - 7 (2005)

[94] Visintin, A.: Differential Models of Hysteresis. Springer, Berlin (1994)

[95] Viswamurthy, S. R., Ganguli, R.: Modeling and compensation of piezoceramic actuator hysteresis for helicopter vibration control. Sens. Actuators A: Phys. 135(2), 801 - 810 (2007)

[96] Völker, B.: Phase - fifield modeling for ferroelectrics in a multi - scale approach. Ph. D. thesis, Karlsruher Institut für Technologie (KIT) (2010)

[97] Völker, B., Marton, P., Elsässer, C., Kamlah, M.: Multiscale modeling for ferroelectric materials: A transition from the atomic level to phase - fifield modeling. Contin. Mech. Thermodyn. 23(5), 435 - 451 (2011)

[98] Wang, D. H., Zhu, W.: A phenomenological model for pre - stressed piezoelectric ceramic stack actuators. Smart Mater. Struct. 20(3), 035,018 (2011)

[99] Webster, J. G.: The Measurement, Instrumentation, and Sensors Handbook. CRC Press, Boca Raton (1999)

[100] Wen, Y. K.: Method for random vibration of hysteretic systems. J. Eng. Mech. Div. 102(2), 249 - 263 (1976)

[101] Wolf, F.: Generalisiertes Preisach - Modell für die Simulation and Kompensation der Hysterese piezokeramischer Aktoren. Ph. D. thesis, Friedrich - Alexander - University Erlangen Nuremberg (2014)

[102] Wolf, F., Hirsch, H., Sutor, A., Rupitsch, S. J., Lerch, R.: Effificient compensation of nonlinear transfer characteristics for piezoceramic actuators. In: Proceedings of Joint IEEE International Symposium on Applications of Ferroelectric and Workshop on Piezoresponse Force Microscopy (ISAF - PFM), pp. 171 - 174 (2013)

[103] Wolf, F., Sutor, A., Rupitsch, S. J., Lerch, R.: Modeling and measurement of hysteresis of ferroelectric actuators considering time - dependent behavior. Procedia Eng. 5, 87 - 90 (2010)

[104] Wolf, F., Sutor, A., Rupitsch, S. J., Lerch, R.: Modeling and measurement of creep - and rate dependent hysteresis in ferroelectric actuators. Sens. Actuators A: Phys. 172, 245 - 252 (2011)

[105] Wolf, F., Sutor, A., Rupitsch, S. J., Lerch, R.: Modeling and measurement of inflfluence of mechanical prestress on hysteresis of ferroelectric actuators. Procedia Eng. 25, 1613 - 1616 (2011)

[106] Wolf, F., Sutor, A., Rupitsch, S. J., Lerch, R.: A generalized Preisach approach for piezoceramic materials incorporating uniaxial compressive stress. Sens. Actuators A: Phys. 186, 223 - 229 (2012)

[107] Xu, Q., Li, Y.: Dahl model - based hysteresis compensation and precise positioning control of an xy parallel micromanipulator with piezoelectric actuation. J. Dyn. Syst. Meas. Control 132(4), 1 - 12 (2010)

[108] Yi, K. A., Veillette, R. J.: A charge controller for linear operation of a piezoelectric stack actuator. IEEE Trans. Control Syst. Technol. 13(4), 517 - 526 (2005)

[109] Zhou, D., Kamlah, M.: Room - temperature creep of soft PZT under static electrical and com pressive stress loading. Acta Mater. 54(5), 1389 - 1396 (2006)

[110] Zhou, D., Kamlah, M., Munz, D.: Effects of uniaxial prestress on the ferroelectric hysteretic response of soft PZT. J. Eur. Ceram. Soc. 25(4), 425 - 432 (2005)

第 7 章

压电超声波换能器

超声波换能器是一种能从电输入中产生超过可听频率(即 $f > 20\text{kHz}$)的声波，并为入射超声波提供电输出的装置。它被广泛应用于医疗诊断、停车辅助系统以及无损检测。大多数超声波换能器是基于压电效应的，它们包含压电材料(如压电陶瓷)，可以有效地将电量转换成声波；反之亦然。由此形成的装置通常称为压电超声波换能器。

本章从原理上区分了包含单个压电元件的超声波换能器的两种基本工作模式，即脉冲回波模式和一发一收模式(图 7.1)[4]。脉冲回波模式只需一个换能器，该换能器既能发射超声波，又能接收目标的反射。因此，该换能器由于受到电激励 U_{I} 而发射超声波，并随后将反射波转换为电输出 U_0。相比之下，一发一收模式需要两个超声波换能器。第一换能器只发射超声波，而第二换能器接收反射波、折射波或透射波。这就是为什么第一换能器和第二换能器通常也被分别称为发射器和接收器的原因。

有多种压电超声波换能器的内部结构与超声波的传播介质强相关。例如，人们可以利用所谓的叉指换能器产生沿固体表面传播的波，即产生表面声波(SAW)(见图 9.1)，也称为瑞利波。叉指换能器由压电基板表面的梳状金属电极组成的互锁阵列构成。这种装置通常称为表面声波传感器，可以用来确定化学条件、温度和机械量[4, 42, 58]。

本章介绍压电超声波换能器，它是专门设计用来在流体介质中产生和接收声波的，如空气或水。此外，也将详述用于医学诊断的超声波换能器。7.1 节介绍了计算声场和通用换能器形状(如活塞式换能器)的电换能器输出的半解析方法。在此过程中，压电超声波换能器的复杂结构被简化为能够产生和接收声压波

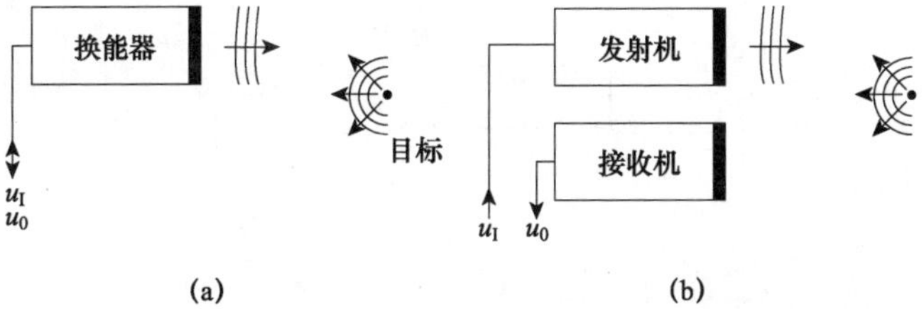

图 7.1　含有单压电元件的压电超声波换能器的基本工作模式
(发射器和接收器分别对应于专门产生和接收超声波的换能器)
(a) 脉冲回波模式；(b) 一发一收模式。

的有源表面。7.2 节将使用半解析方法来确定常见换能器的声场和方向特性。7.3 节详细介绍了工作在脉冲回波模式下的球聚焦传感器的轴向和横向空间分辨率。7.4 节将研究压电超声波换能器的基本结构，包括单元件换能器、换能器阵列及压电复合换能器。随后，本书提出了一种简单的一维建模方法，该方法允许在考虑压电换能器内部结构的情况下对其基本物理关系进行解析描述。7.6 节包含一些压电超声波换能器的示例。最后简要介绍了压电超声波换能器的重要应用之一 —— 超声成像的基本成像模式。

7.1　声场和电换能器输出的计算

超声波换能器的低成本开发和优化需要对产生的声场进行预测。另外，利用超声波换能器接收声压波，对电换能器输出的预测也很有帮助。这两个任务都可以应用有限元模拟，因为这种模拟可以考虑包括压电材料在内的整个结构(见第 4 章)。虽然耦合模拟直接从电换能器输入产生所需的量(如产生的声压)，但所需的空间和时间离散往往伴随着显著的计算工作量。特别是对于大型配置，需要另外建立三维模型时，这个问题就显得尤为重要。因此，这里提出一个半解析的方法，该方法能够高效地计算产生的声场和电换能器输出。在 7.1.2 小节介绍换能器的空间脉冲响应之前，将讨论基于理想点状目标的声音衍射的基本方法，理想点状目标位于流体传播介质中。7.1.3 小节和 7.1.4 小节分别讨论了活塞式传感器和球聚焦式传感器的空间脉冲响应的分段解析解。

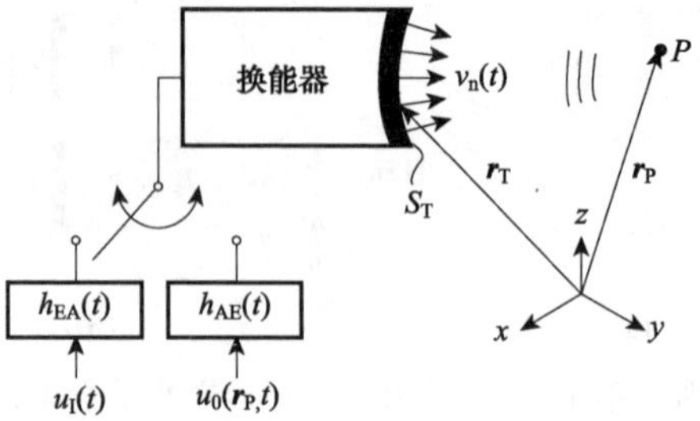

图 7.2 $\boldsymbol{r}_T$ 参数化换能器的有源表面 S_T 随表面法向速度$v_n(t)$、理想点状目标 P 在 $\boldsymbol{r}_P$[63]、电换能器输入 $u_I(t)$ 和输出 $u_0(\boldsymbol{r}_P,\ t)$、电声脉冲响应 $h_{EA}(t)$ 和声光脉冲响应 $h_{EA}(t)$ 而振荡

7.1.1 点状靶处的衍射

下面来研究一个位于刚性挡板中的超声波换能器[41, 59, 63]。换能器①的有源表面S_T由矢量$\boldsymbol{r}_T$参数化(图7.2)。它在无黏性和无损耗的流体介质中产生声波并接收声波，该介质的声速为c_0，平衡密度为ϱ_0。流体传播介质在 $\boldsymbol{r}_P$ 位置处包含一个理想的点状靶。这种点状目标可以理解为一个刚性球体，相对于入射声波的波长 λ 较小，对入射声波的反射系数$\boldsymbol{r}_p = 1$。首先，换能器被时间相关的电输入 $u_I(t)$ 激发。假设 $u_I(t)$ 在只引起换能器有源表面其法向量方向上变形。通过电声学脉冲响应 $h_{EA}(t)$，表面法向速度$v_n(t)$ 可以表示为(时间 t，时间卷积 $*$)

$$v_n(t) = h_{EA}(t) * u_I(t) \tag{7.1}$$

需要注意的是，这个方程仅在假设有源表面的法向速度是均匀的情况下才成立。也就是说，每个元素都有相同的瞬时速度。为了推广式(7.1)，可以插入一个与位置相关的加权函数$w_E(\boldsymbol{r}_T)$ 来产生声波，从而得到表面法向速度，即

$$V_n(\boldsymbol{r}_T,\ t) = w_E(\boldsymbol{r}_T) \cdot v_n(t) \tag{7.2}$$

表面法向速度取决于 S_T 的位置和时间。 当$w_E(\boldsymbol{r}_T)$ 为实值并满足$w_E(\boldsymbol{r}_T) \geqslant 0$ 时，整个有源换能器表面将同相位运动。

根据惠更斯 - 菲涅耳原理，可以将 S_T 建模为在半空间中发射球面波的点源的组合[20, 26]，在 $\boldsymbol{r}_P$ 位置的声速势 $\psi_T(\boldsymbol{r}_P,\ t)$ 的瑞利表面积分为

$$\Psi_T(\boldsymbol{r}_P,\ t) = \int_{S_T} \frac{V_n\left(\boldsymbol{r}_T,\ t - \dfrac{|\boldsymbol{r}_P - \boldsymbol{r}_T|}{c_0}\right)}{2\pi\,|\boldsymbol{r}_P - \boldsymbol{r}_T|} \mathrm{d}S_T(\boldsymbol{r}_T) \tag{7.3}$$

① 在光学技术方面，有源传感器表面 S_T 也称为光圈。

在这个位置上的声压 $p_{I\sim}(\boldsymbol{r}_{\mathrm{P}},\ t)$ 根据参考文献[2，123] 直接可得

$$p_{I\sim}(\boldsymbol{r}_{\mathrm{P}},t)=\varrho_0\frac{\partial\Psi_{\mathrm{T}}(\boldsymbol{r}_{\mathrm{P}},t)}{\partial t}\tag{7.4}$$

利用狄拉克三角分布 $\delta(\cdot)$ 的性质，并将式(7.2) 和式(7.3) 代入式(7.4)，可得

$$p_{I\sim}(\boldsymbol{r}_{\mathrm{P}},t)=\varrho_0\,v_{\mathrm{n}}(t)*\frac{\partial}{\partial t}\left[\int_{S_{\mathrm{T}}}w_{\mathrm{E}}(\boldsymbol{r}_{\mathrm{T}})\frac{\delta\left(t-\frac{|r_{\mathrm{P}}-r_{\mathrm{T}}|}{c_0}\right)}{2\pi\,|\boldsymbol{r}_{\mathrm{P}}-\boldsymbol{r}_{\mathrm{T}}|}\mathrm{d}S_{\mathrm{T}}(\boldsymbol{r}_{\mathrm{T}})\right]\tag{7.5}$$

如上所述，通常认为 $\boldsymbol{r}_{\mathrm{P}}$ 处的刚性球体是理想的点状目标，它能很好地反射入射的声压波。当然，可以将这种目标视为发射球面波的点源。从这个点源发出的声速势 $\Psi_{\mathrm{P}}(\boldsymbol{r},\ t)$ 变为

$$\Psi_{\mathrm{P}}(\boldsymbol{r},\ t)\approx\frac{s_{\mathrm{P}}\,v_{\mathrm{P}}\left(\boldsymbol{r}_{\mathrm{P}},\ t-\frac{|\boldsymbol{r}-\boldsymbol{r}_{\mathrm{P}}|}{c_0}\right)}{4\pi\,|\boldsymbol{r}-\boldsymbol{r}_{\mathrm{P}}|}\ \text{当}\ v_{\mathrm{P}}(\boldsymbol{r}_{\mathrm{P}},\ t)\approx\frac{p_{I\sim}(\boldsymbol{r}_{\mathrm{P}},\ t)}{\varrho_0\,c_0}\ \text{时}\tag{7.6}$$

在位置 $\boldsymbol{r}$ 处，表达式 s_{P} 和 v_{P} 分别代表球面积和球面速度。由于球表面并没有同时受到入射声压波的激励，严格地说，关系式(7.6) 仅代表近似式。然而，当球的直径远小于 λ 时，相位偏差可以忽略不计。如式(7.4) 所示，反射声波在 $\boldsymbol{r}$ 处的声压 $p_{R\sim}(\boldsymbol{r},\ t)$ 是由式(7.6) 的时间导数得到的。另外，使用 $\delta(\cdot)$，$p_{\mathrm{R}\sim}(\boldsymbol{r},\ t)$ 读为

$$p_{\mathrm{R}\sim}(\boldsymbol{r},t)=\frac{s_{\mathrm{P}}}{2c_0}\frac{\partial}{\partial t}\left[p_{I\sim}(\boldsymbol{r}_{\mathrm{P}},t)*\frac{\delta\left(t-\frac{|\boldsymbol{r}-\boldsymbol{r}_{\mathrm{P}}|}{c_0}\right)}{2\pi\,|\boldsymbol{r}-\boldsymbol{r}_{\mathrm{P}}|}\right]\tag{7.7}$$

超声波换能器可作为声波的发送器和接收器。与发射声波相似，有源换能器表面 S_{T} 的每个点被认为能够接收来自整个半空间的压力波。为了计算由于点状目标而产生的换能器的电输出 $u_O(\boldsymbol{r}_P,\ t)$，人们必须计算出 S_{T} 处的声压。沿 S_{T} 的平均声压 $\bar{p}_{\mathrm{T}\sim}(\boldsymbol{r}_{\mathrm{P}},\ t)$ 为(表面积 $|S_{\mathrm{T}}|$)

$$\bar{p}_{\mathrm{T}\sim}(\boldsymbol{r}_{\mathrm{P}},\ t)=\frac{1}{|S_{\mathrm{T}}|}\int_{S_{\mathrm{T}}}w_{\mathrm{R}}(\boldsymbol{r}_{\mathrm{T}})p_{\mathrm{R}\sim}(\boldsymbol{r}_{\mathrm{T}},\ t)\mathrm{d}S_{\mathrm{T}}(\boldsymbol{r}_{\mathrm{T}})\tag{7.8}$$

式中：$w_{\mathrm{R}}(\boldsymbol{r}_{\mathrm{T}})$ 为接收声波的位置相关加权函数。如果将式(7.5) 和式(7.7) 代入式(7.8) 中，则得到

$$\bar{p}_{\mathrm{T}\sim}(\boldsymbol{r}_{\mathrm{P}},t)=\frac{s_{\mathrm{P}}\varrho_0 v_{\mathrm{n}}(t)}{2c_0|S_{\mathrm{T}}|}*\frac{\partial}{\partial t}\left[\int_{S_{\mathrm{T}}}W_{\mathrm{E}}(\boldsymbol{r}_{\mathrm{T}})\frac{\delta\left(t-\frac{|\boldsymbol{r}_{\mathrm{P}}-\boldsymbol{r}_{\mathrm{T}}|}{c_0}\right)}{2\pi|\boldsymbol{r}_{\mathrm{P}}-\boldsymbol{r}_{\mathrm{T}}|}\mathrm{d}S_{\mathrm{T}}(\boldsymbol{r}_{\mathrm{T}})\right]*\frac{\partial}{\partial t}\left[\int_{S_{\mathrm{T}}}w_{\mathrm{R}}(\boldsymbol{r}_{\mathrm{T}})\frac{\delta\left(t-\frac{|\boldsymbol{r}_{\mathrm{T}}-\boldsymbol{r}_{\mathrm{P}}|}{c_0}\right)}{2\pi|\boldsymbol{r}_{\mathrm{T}}-\boldsymbol{r}_{\mathrm{P}}|}\mathrm{d}S_{\mathrm{T}}(r_{\mathrm{T}})\right] \tag{7.9}$$

声光脉冲响应 $h_{\mathrm{AE}}(t)$ 最终导致超声波换能器的电输出

$$u_0(\boldsymbol{r}_P,\ t)=h_{\mathrm{AE}}(t)*\bar{p}_{\mathrm{T}\sim}(\boldsymbol{r}_P,\ t) \tag{7.10}$$

7.1.2 空间脉冲响应

为了实现前面方程的紧凑公式，这里引入超声波换能器的空间脉冲响应(SIR)。在不限制通用性的情况下，假设产生和接收声波的位置相关加权函数是相同的，即沿 S_{T}，$w_{\mathrm{ER}}(\boldsymbol{r}_{\mathrm{T}})=w_{\mathrm{E}}(\boldsymbol{r}_{\mathrm{T}})=w_{\mathrm{R}}(\boldsymbol{r}_{\mathrm{T}})$[41, 59, 63]。因此，超声波换能器在位置 $\boldsymbol{r}$ 处产生的速度势 $\Psi_{\mathrm{T}}(\boldsymbol{r},\ t)$ 的空间脉冲响应 $h_{\mathrm{SIR}}(\boldsymbol{r},\ t)$ 变为(见式(7.3))

$$h_{\mathrm{SIR}}(\boldsymbol{r},\ t)=\int_{S_{\mathrm{T}}}w_{\mathrm{ER}}(\boldsymbol{r}_{\mathrm{T}})\frac{\delta\left(t-\frac{|\boldsymbol{r}-\boldsymbol{r}_{\mathrm{T}}|}{c_0}\right)}{2\pi|\boldsymbol{r}-\boldsymbol{r}_{\mathrm{T}}|}\mathrm{d}S_{\mathrm{T}}(\boldsymbol{r}_{\mathrm{T}}) \tag{7.11}$$

可以清楚地看到，单位 $\mathrm{m\cdot s^{-1}}$ 的标量 $h_{\mathrm{SIR}}(\boldsymbol{r},\ t)$ 与空间和时间相关，这证明了命名的合理性。有源换能器表面 S_{T} 的 SIR 的时间卷积和随时间变化的法向速度 $v_{\mathrm{n}}(t)$ 在点状目标的位置 $\boldsymbol{r}_{\mathrm{P}}$ 处产生 $\Psi_{\mathrm{T}}(\boldsymbol{r}_{\mathrm{P}},\ t)$。

$$\Psi_{\mathrm{T}}(\boldsymbol{r}_{\mathrm{P}},\ t)=v_{\mathrm{n}}(t)*h_{\mathrm{SIR}}(\boldsymbol{r}_{\mathrm{P}},\ t) \tag{7.12}$$

由于数学关系式(7.4)，$h_{\mathrm{SIR}}(\boldsymbol{r}_{\mathrm{P}},\ t)$ 也可用于计算入射声压 $p_{I\sim}(\boldsymbol{r}_{\mathrm{P}},\ t)$，有

$$p_{I\sim}(\boldsymbol{r}_{\mathrm{P}},t)=\varrho_0 v_{\mathrm{n}}(t)*\frac{\partial h_{\mathrm{SIR}}(\boldsymbol{r}_{\mathrm{P}},t)}{\partial t} \tag{7.13}$$

在这个位置上，可以直接利用式(7.9)中的 $h_{\mathrm{SIR}}(\boldsymbol{r}_{\mathrm{P}},\ t)$，从而可得

$$\bar{p}_{\mathrm{T}\sim}(\boldsymbol{r}_{\mathrm{P}},t)=\frac{s_{\mathrm{P}}\varrho_0 v_{\mathrm{n}}(t)}{2c_0|S_{\mathrm{T}}|}*\frac{\partial h_{\mathrm{SIR}}(\boldsymbol{r}_{\mathrm{P}},t)}{\partial t}*\frac{\partial h_{\mathrm{SIR}}(\boldsymbol{r}_{\mathrm{P}},t)}{\partial t} \tag{7.14}$$

对于沿 S_{T} 的平均声压，由于理想点状目标的声音反射。通过在式(7.10)中代入式(7.1)和式(7.14)，最终得到

$$u_0(\boldsymbol{r}_{\mathrm{P}},t)=\frac{s_{\mathrm{P}}\varrho_0}{2c_0|S_{\mathrm{T}}|}h_{\mathrm{EA}}(t)*h_{\mathrm{AE}}(t)*\frac{\partial h_{\mathrm{SIR}}(\boldsymbol{r}_{\mathrm{P}},t)}{\partial t}*\frac{\partial h_{\mathrm{SIR}}(\boldsymbol{r}_{\mathrm{P}},t)}{\partial t}*u_I(t) \tag{7.15}$$

因此，超声波换能器的 SIR 允许计算在均匀传播介质中任意点产生的声压 $p_{I\sim}(\boldsymbol{r}_{\mathrm{P}}, t)$。此外，还对位于传播介质内的理想点状目标的电换能器输出 $u_{\mathrm{O}}(\boldsymbol{r}_{\mathrm{P}}, t)$ 进行了紧凑描述，在这两种情况下，都可以从换能器的电激励信号 $u_I(t)$ 开始，因为根据式(7.1)，S_{T} 的正常速度 $v_{\mathrm{n}}(t)$ 与 $u_I(t)$ 直接相关。$p_{I\sim}(\boldsymbol{r}_{\mathrm{P}}, t)$ 和 $u_{\mathrm{O}}(\boldsymbol{r}_{\mathrm{P}}, t)$ 的基本计算效率很高，特别是在存在 h_{SIR} 解析解的情况下。在文献中可以找到一些有源换能器表面形状的解决方案，如活塞式换能器[26, 74]、球形聚焦换能器[1, 53]以及矩形有源表面的换能器[68]。此外，Jensen 和 Svendsen[33] 建议将有源表面分成小块，以便将SIR应用于任意形状的超声波换能器。在 7.1.3 小节和 7.1.4 小节中，将分别讨论活塞式换能器和球聚焦式换能器的空间脉冲响应的解析公式。

事实上，超声波换能器的 SIR 并不局限于单个点状目标，而且还能够对浸入均匀流体传播介质中的有限尺寸固体结构的电换能器输出进行紧凑描述。在此过程中，应将结构表面划分为足够数量的单个元素[34, 61, 63]。通过分别评估这些元素的 $h_{\mathrm{SIR}}(\boldsymbol{r}, t)$(参见式(7.15))和叠加单个结果，就可以计算出面向换能器的表面部分的 $u_{\mathrm{O}}(t)$。严格地说，这个过程只有当对来自结构表面的换能器输出完全感兴趣时才有意义。由于 SIR 在其传统形式下假定是均匀的传播介质，因此固体结构内的不均匀性(如缺陷)和模式转换的反射不能被考虑在内。注意，在均相流体和均相固体的界面上已经违背了这一假设。当想要研究固体结构内的反射和模态转换时，其他方法如有限元方法(见第 4 章)或混合模拟如 SIRFEM[48, 62] 将是必不可少的。

7.1.3 活塞式换能器的 SIR

许多实际应用中的超声波换能器(如停车传感器)都有一个圆形的有源表面 S_{T}。由于这个平面孔径通常像活塞一样振荡，因此将详细介绍活塞式换能器的 SIR解析解。Stepanishen[74] 和Harris[26] 推导出活塞式换能器的SIR分段连续解，他们假设活塞式换能器振动和接收均匀，即$w_{\mathrm{ER}}(\boldsymbol{r}_{\mathrm{T}}) = 1$。因此，可以将活塞式换能器视为旋转对称结构。此外，声音传播介质中的每个点 P 都是通过两个坐标 ρ 和 z(图7.3)完全描述的。当 ρ 指相对于 S_{T} 中心的离轴距离时，z 表示点 P 的离轴距离。

$h_{\mathrm{SIR}}(\rho, z, t)$ 的分段连续解是由球面(半径 $c_0 t$、原点 P)与 S_{T} 的交点产生的，对于半径 R_{T} 的圆形有源表面，$h_{\mathrm{SIR}}(\rho, z, t)$ 在 P 点取值为(声速 c_0)

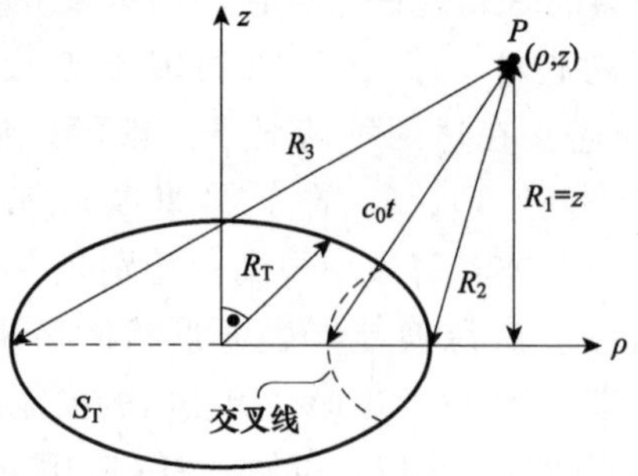

图 7.3　结构和几何变量计算分段连续空间脉冲响应 $h_{\mathrm{SIR}}(\rho,\ z,\ t)$
（P 点活塞式传感器的坐标 ρ 和 z，有源传感器区域 S_{T} 和半径 R_{T}）

$$h_{\mathrm{SIR}}(\rho,\ z,\ t)=\begin{cases}0 & (t \leqslant t_1)\\ c_0 & (t_1 < t \leqslant t_2)\\ \dfrac{c_0}{\pi}\arccos\left[\dfrac{(c_0 t)^2 - z^2 + \rho^2 - R_{\mathrm{T}}^2}{2\rho\sqrt{(c_0 t)^2 - z^2}}\right] & (t_2 < t \leqslant t_3)\\ 0 & (t_3 < t)\end{cases} \tag{7.16}$$

如 $\rho \leqslant R_{\mathrm{T}}$ 及其他(即 $\rho > R_{\mathrm{T}}$)，有

$$h_{\mathrm{SIR}}(\rho,\ z,\ t)=\begin{cases}0 & (t \leqslant t_2)\\ \dfrac{c_0}{\pi}\arccos\left[\dfrac{(c_0 t)^2 - z^2 + \rho^2 - R_{\mathrm{T}}^2}{2\rho\sqrt{(c_0 t)^2 - z^2}}\right] & (t_2 < t \leqslant t_3)\\ 0 & (t_3 < t)\end{cases} \tag{7.17}$$

t_i 的瞬时时间为(图 7.3)

$$t_1 = \frac{R_1}{c_0} = \frac{z}{c_0}$$

$$t_2 = \frac{R_2}{c_0} = \frac{\sqrt{z^2 + (\rho - R_{\mathrm{T}})^2}}{c_0}$$

$$t_3 = \frac{R_3}{c_0} = \frac{\sqrt{z^2 + (\rho + R_{\mathrm{T}})^2}}{c_0}$$

图7.4描述了活塞式换能器的归一化空间脉冲响应 $h_{\mathrm{SIR}}(\rho,\ z,\ t)/c_0$，它在流体传播介质中产生声波。在图 7.4(a) 和图 7.4(b) 中，观测器点 P 分别位于轴上距离 $z = R_{\mathrm{T}}$ 和 $z = 6R_{\mathrm{T}}$。P 的离轴距离 ρ 从 0、$2R_{\mathrm{T}}/3$ 和 $4R_{\mathrm{T}}/3$ 的值中选取。曲线清

楚地证明了 $h_{SIR}(\rho, z, t)$ 相对于时间的分段连续解。如果 $h_{SIR}(\rho, z, t) \neq 0$ 得到满足，轴上点 $h_{SIR}(\rho, z, t) = c_0$，这样，SIR 将是常数。在位于离轴的点处，$h_{SIR}(\rho, z, t)$ 也根据包含反余弦函数的部分解取值。

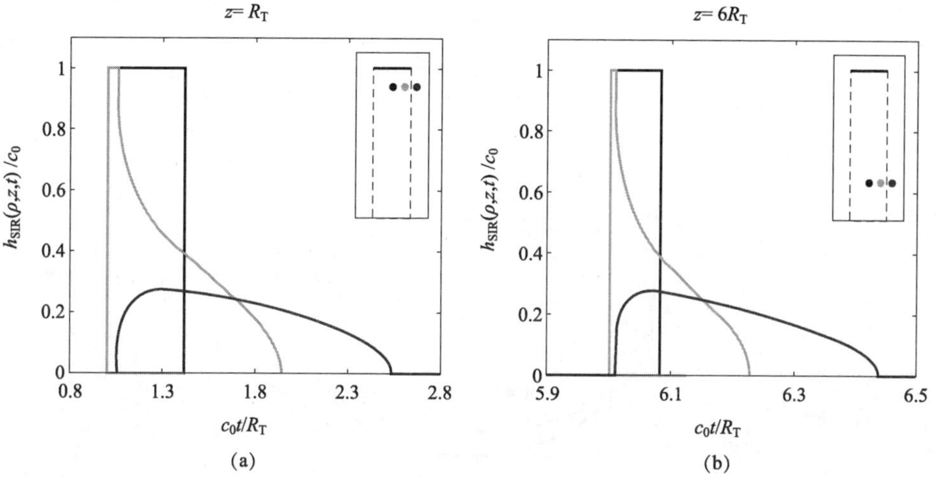

图 7.4　在选定的点 P 处，活塞式半径 R_T 换能器的归一化空间脉冲响应 $h_{SIR}(\rho, z, t)/c_0$（离轴距离 $\rho \in \{0, 2R_T/3, 4R_T/3\}$；内嵌分配 $h_{SIR}(\rho, z, t)$ 的颜色，并解释 P 相对于 S_T 的位置）(a) P 在轴间距 $z = R_T$ 处；(b) P 在轴间距 $z = 6R_T$ 处。

然而，式(7.16)中 $h_{SIR}(\rho, z, t)$ 的解析解仅适用于均匀振荡和接收活塞式换能器。Harris[27] 扩展了这个解，以考虑一个沿 S_T 任意位置相关的加权函数 $w_{ER}(\boldsymbol{r}_T)$。当 $w_{ER}(\boldsymbol{r}_T)$ 相对于 S_T 的中心旋转对称时，得到的广义公式将再次提供 SIR 的分段连续解。此外，$w_{ER}(\boldsymbol{r}_T)$ 必须由特定的数学函数来定义，如高斯函数，或者可以将活塞式换能器的 S_T 分为各自具有单独重量的同心环[1, 63]。内半径 R_i 和外半径 R_0 的单环的 SIR $h_{SIR}(\rho, z, t)$ 是由

$$h_{SIR,a}(\rho, z, t) = h_{SIR}(\rho, z, t)\big|_{R_T=R_0} - h_{SIR}(\rho, z, t)\big|_{R_T=R_i} \tag{7.18}$$

在此过程中，可以沿 S_T 对权函数 $w_{ER}(\boldsymbol{r}_T)$ 进行空间离散。

7.1.4　球聚焦式换能器的 SIR

除了活塞式超声波换能器外，球聚焦式换能器在实际应用中也经常被使用，因为这种换能器将声能集中在一个称为焦体积的小区域。对于基于声波的成像系统（如声学显微镜[43, 60, 82]）来说，是特别理想的。球聚焦式换能器具有凹面特征的有源表面 S_T，可以理解为球体表面的一部分（图 7.5）。截面参数化为其径向尺

寸R_T和代表几何焦点的曲率半径F_T。这就是为什么F_T通常被称为球聚焦式换能器的几何焦距的原因。S_T的深度$\mathcal{H}_T$由下式给出，即

$$\mathcal{H}_T = F_T - \sqrt{F_T^2 - R_T^2} \tag{7.19}$$

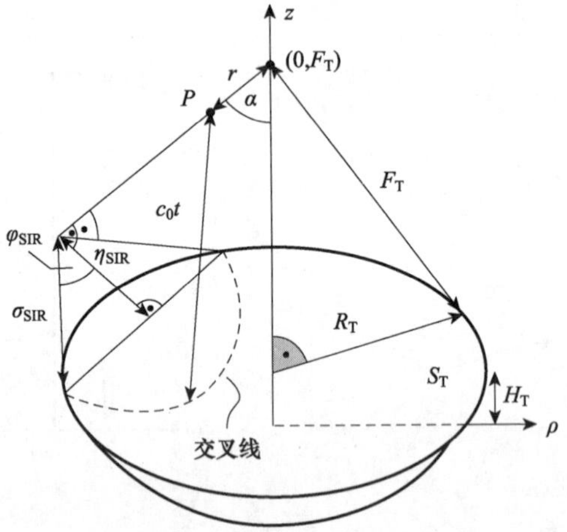

图 7.5 配置和几何变量计算球聚焦式换能器在点P(坐标ρ和z)[53]的分段连续空间脉冲响应$h_{SIR}(\rho, z, t)$(有源换能器区S_T的径向尺寸为R_T，几何焦距F_T)

Penttinen 和 Luukkala[53] 和 Arditi 等[1] 推导出了用于微弯曲球聚焦式换能器的SIR的分段连续解。下面详细说明他们的解决方案。就像活塞式换能器一样，假设S_T的每个点振荡并均匀接收，即$W_{ER}(\boldsymbol{r}_T)=1$。因此，球聚焦式换能器的$S_T$是旋转对称的。两个坐标(即离轴距离$\rho$以及轴上距离$z$)再次足以完全描述点$P$在声音传播介质中的位置。然而，与活塞式换能器相反，我们无法分别确定$\rho \leqslant R_T$和$\rho > R_T$的SIR $h_{SIR}(\rho, z, t)$的分段连续解。除了$(\rho, z)=(0, F_T)$处的几何焦点外，还必须将传播介质划分为3个区域(图7.6)。然而，$h_{SIR}(\rho, z, t)$总是由球面(半径c_0t；原点P)与S_T相交产生，其形式为

$$h_{SIR}(\rho, z, t) = \frac{c_0 F_T}{\pi\sqrt{\rho^2 + (F_T - z)^2}}\varphi_{SIR}(t) \tag{7.20}$$

表7.1所示为每个区域包含直角三角形相邻$\eta_{SIR}(t)$和斜边$\sigma_{SIR}(t)$之间角$\varphi_{SIR}(t)$的分段连续解，如图7.5所示。这些量和距离$\boldsymbol{r}$变成

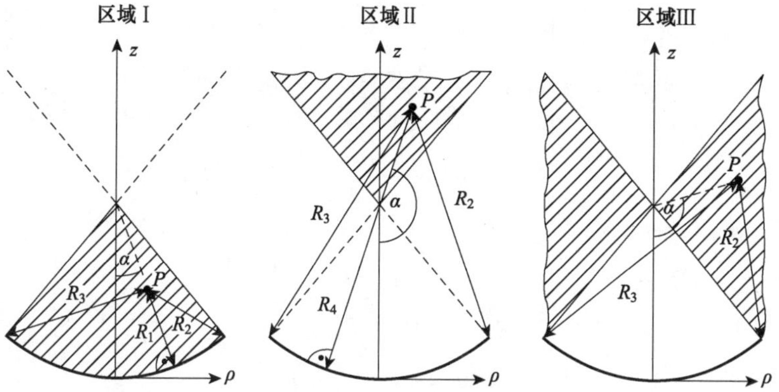

图 7.6 计算 $h_{SIR}(\rho, z, t)$ 的几何变量(传播介质中的点 P(几何焦点除外)位于 3 个区域之一；阴影区表示区域)

表 7.1 角$\varphi_{SIR}(t)$ 关于区域和时间 t 的分段连续解

$\varphi_{SIR}(t)$	区域 Ⅰ	区域 Ⅱ	区域 Ⅲ
为 0	$t \leqslant t_1$	$t \leqslant t_2$	$t \leqslant t_2$
为 π	$t_1 < t \leqslant t_2$	$t_3 \leqslant t < t_4$	—
为 $\arccos\left[\dfrac{\eta_{SIR}(t)}{\sigma_{SIR}(t)}\right]$	$t_2 < t < t_3$	$t_2 < t < t_3$	$t_2 < t < t_3$
为 0	$t_3 \leqslant t$	$t_4 \leqslant t$	$t_3 \leqslant t$

$$\eta_{SIR}(t) = F_T\left[\frac{F_T - H_T}{F_T\sin\alpha} - \frac{F_T^2 + r^2 - (c_0t)^2}{2F_T r\tan\alpha}\right] \tag{7.21}$$

$$\sigma_{SIR}(t) = F_T\sqrt{1 - \left[\frac{F_T^2 + r^2 - (c_0t)^2}{2F_T \boldsymbol{r}}\right]^2} \tag{7.22}$$

$$\boldsymbol{r} = \sqrt{\rho^2 + (F_T - z)^2} \tag{7.23}$$

当角度 α(图 7.5) 为

$$\alpha=\begin{cases}0 & (t<t_1)\\ \arctan\left(\dfrac{\rho}{F_{\mathrm{T}}-z}\right) & (z<F_{\mathrm{T}})\\ \pi-\arctan\left(\dfrac{\rho}{z-F_{\mathrm{T}}}\right) & (z>F_{\mathrm{T}})\\ \dfrac{\pi}{2} & (\text{其他})\end{cases}$$

表 7.1 中所需的时间t_i 瞬时值为(图 7.6)

$$t_1=\frac{R_1}{c_0}=\frac{F_{\mathrm{T}}-\sqrt{\rho^2+(F_{\mathrm{T}}-z)^2}}{c_0}$$

$$t_2=\frac{R_2}{c_0}=\frac{\sqrt{(F_{\mathrm{T}}-\rho)^2+(z-H_{\mathrm{T}})^2}}{c_0}$$

$$t_3=\frac{R_3}{c_0}=\frac{\sqrt{(R_{\mathrm{T}}+\rho)^2+(z-H_{\mathrm{T}})^2}}{c_0}$$

$$t_4=\frac{R_4}{c_0}=\frac{F_{\mathrm{T}}+\sqrt{\rho^2+(F_{\mathrm{T}}-z)^2}}{c_0}$$

当 P 的坐标 ρ 和 z 满足条件时，有

$$\frac{\rho}{|F_{\mathrm{T}}-z|}<\frac{R_{\mathrm{T}}}{\sqrt{F_{\mathrm{T}}^2-R_{\mathrm{T}}^2}} \tag{7.24}$$

如果 $z<F_{\mathrm{T}}$，P 将位于 Ⅰ 区；如果 $z>F_{\mathrm{T}}$，P 将位于 Ⅱ 区；否则，P 位于区域 Ⅲ。在 S_{T} 的几何焦点处，SIR 被定义为

$$h_{\mathrm{SIR}}(0,\ F_{\mathrm{T}},\ t)=H_{\mathrm{T}}\delta\left(t-\frac{F_{\mathrm{T}}}{c_0}\right) \tag{7.25}$$

图 7.7 显示了具有径向尺寸$R_{\mathrm{T}}=5\mathrm{mm}$ 和几何焦距$F_{\mathrm{T}}=20\mathrm{mm}$ 的球聚焦式换能器的归一化空间脉冲响应 $h_{\mathrm{SIR}}(\rho,\ z,\ t)/c_0$。由于选择了归一化，曲线的级数完全取决于比率$R_{\mathrm{T}}/F_{\mathrm{T}}$，这里取值1/4。在图7.7(a) 和图7.7(b) 中，流体传播介质中的观测器点 P 分别位于轴上距离 $z=F_{\mathrm{T}}/3$ 和 $z=7F_{\mathrm{T}}/3$。P 的离轴距离 ρ 分别从值 0、$R_{\mathrm{T}}/2$ 和R_{T} 中选取。基本上，球聚焦式换能器的 SIR $h_{\mathrm{SIR}}(\rho,\ z,\ t)$ 与活塞式换能器的 SIR 类似(图 7.4)。当 $h_{\mathrm{SIR}}(\rho,\ z,\ t)\neq 0$ 时，S_{T} 的聚焦特性将导致位于轴线上的 P 点处 $h_{\mathrm{SIR}}(\rho,\ z,\ t)$ 的值发生变化，即 $\rho=0$。

在文献[27]的指导下，Verhoef 等[79] 将 $h_{\mathrm{SIR}}(\rho,\ z,\ t)$ 的分段解析解推广到球聚焦式传感器，以考虑沿 S_{T} 的任意位置相关加权 $w_{\mathrm{ER}}(\boldsymbol{r}_{\mathrm{T}})$。它们通过偶数指数定

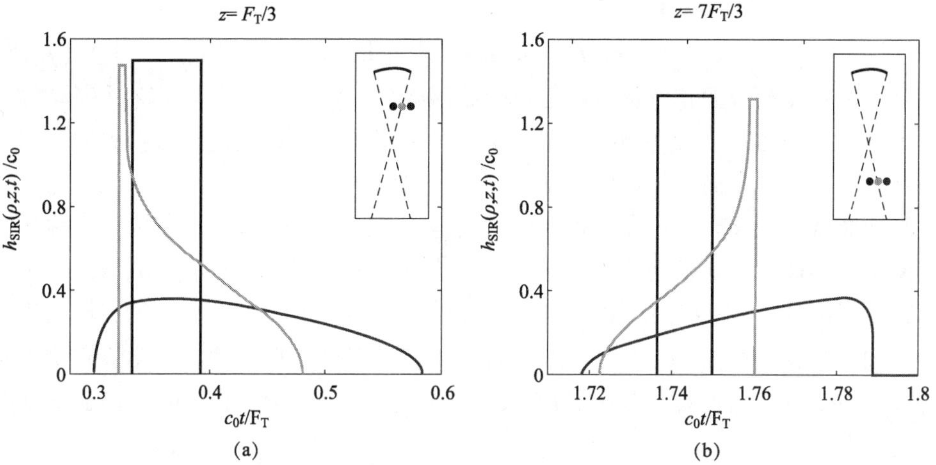

图 7.7　径向尺寸 R_T = 5mm 和几何焦距 F_T = 20mm 的球聚焦式换能器在 P 点处的归一化空间脉冲响应 $h_{SIR}(\rho, z, t)/c_0$(离轴距离 $\rho \in \{0, R_T/2, R_T\}$；插图指定 $h_{SIR}(\rho, z, t)$ 的颜色，并解释 P 相对于 S_T 的位置)
(a)P 在轴上距离 $z = F_T/3$ 处；(b)P 在轴上距离 $z = 7F_T/3$ 处。

义的多项式描述了 $w_{ER}(\boldsymbol{r}_T)$ 的旋转对称级数。为了变得更灵活，还可以将 S_T 划分为具有单个权重的同心环(见式(7.18))。

7.2　声场和方向特性

产生的声场和方向特性是超声波换能器在医学诊断等实际应用中的决定量。将集中研究活塞式换能器(见7.2.1小节)和球聚焦式换能器(见7.2.2小节)的计算量，因为通过这些特定的换能器形状可以证明基本事实，包括声压和声强在空间中的分布以及由此产生的超声波换能器的指向性模式。

在下面的计算中，假设换能器的整个有源表面 S_T 以频率 f 作均匀同相位正弦振荡，即沿 S_T 方向，$w_{ER}(\boldsymbol{r}_T) = 1$。由此产生的法向速度 $v_n(t)$ 可以写成

$$v_n(t) = \hat{v}\cos(\omega t) = \hat{v}\Re\{e^{j\omega t}\} \tag{7.26}$$

分别用 $\hat{v}$ 和 $\omega = 2\pi f$ 表示速度振幅和角频率。利用所考虑的换能器的空间脉冲响应 $h_{SIR}(\boldsymbol{r}, t)$，可以计算出式(7.13)位置 $\boldsymbol{r}$ 处产生的声压 $p_\sim(\boldsymbol{r}, t)$，得到

$$p_\sim(\boldsymbol{r},t) = \varrho_0\,\hat{v}_n\Re\left\{e^{j\omega t} * \frac{\partial h_{SIR}(\boldsymbol{r},t)}{\partial t}\right\} = \omega\,\varrho_0\,\hat{v}_n\Re\{e^{j\omega t} * h_{SIR}(\boldsymbol{r},t)\} \tag{7.27}$$

产生的声压的复数$\underline{p}_{\sim}(\boldsymbol{r},\ t)$形式为

$$\underline{p}_{\sim}(\boldsymbol{r},\ t)=\mathrm{j}\omega\,\varrho_0\,\hat{v}_{\mathrm{n}}\,\mathrm{e}^{\mathrm{j}\omega t}*h_{\mathrm{SIR}}(\boldsymbol{r},\ t) \tag{7.28}$$

由于 SIR 的分段连续解中存在反余弦函数(如式(7.16))，所以在每个位置$\boldsymbol{r}$处不存在式(7.27)的解析解，然而，h_{SIR}的光滑级数允许通过离散相关的时间间隔对时间卷积进行简单的数值计算，如式(7.16)中的$[t_2,\ t_3]$。

换能器的计算声压分布和指向性模式是由$\boldsymbol{r}$的变化引起的。在旋转对称活塞式换能器和球聚焦式换能器的情况下，意味着必须相应地改变$h_{\mathrm{SIR}}(\rho,\ z,\ t)$中的离轴距离$\rho$和轴上距离$z$。通常，声压分布与规定平面内$\hat{p}_{\sim}=|\underline{p}_{\sim}|$的声压振幅有关，如$xz$平面内的$\hat{p}_{\sim}(x,\ z)$。相反，超声波换能器的指向性模式通常被定义为沿圆周$\hat{p}_{\sim}(\theta)$的声压振幅，其中心位于S_{T}的中间，在半径R_{dir}圆上的位置由角θ参数化(图7.8)。

除了基于SIR的计算外，还将讨论活塞式换能器和球聚焦式换能器的轴上声场和离轴声场的常见近似算法。

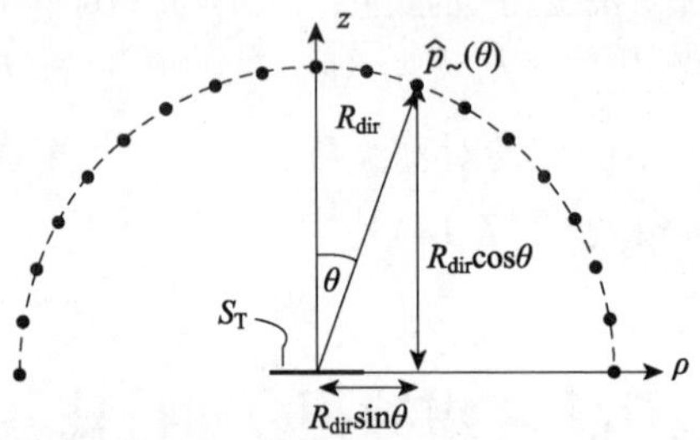

图7.8　超声波换能器的指向性模式$\hat{p}_{\sim}(\theta)$是由沿半径R_{dir}圆周的声压振幅得出的旋转对称结构(如活塞式换能器)($\rho=R_{\mathrm{dir}}\sin\theta$和$z=R_{\mathrm{dir}}\cos\theta$)

7.2.1　活塞式换能器

图7.9描述了活塞式换能器的归一化声压分布$\hat{p}_{\sim}(x,\ z)$。这些图的不同之处在于波数$k=\omega/c_0=2\pi/\lambda_{\mathrm{aco}}$与有源换能器表面$S_{\mathrm{T}}$半径$R_{\mathrm{T}}$的乘积，即$kR_{\mathrm{T}}$。由于选择了$x$轴和$z$轴的归一化，声压分布完全取决于这个乘积。当$kR_{\mathrm{T}}$的值很小(如1和2)时，发射声波的波长$\lambda_{\mathrm{aco}}$与$S_{\mathrm{T}}$的几何尺寸相比就很大。在这种情况下，活塞式换能器发射球形声波，因此，其特性类似于点源(图7.10)。kR_{T}值较大(如10和20)会导致聚焦声场，即使考虑的是平面活塞式换能器。此外，还出现了几个局部极小值和极大值，特别是接近S_{T}的位置。聚焦特性和这种局部极值的形成都是模型假设S_{T}的每个点发射球面波的直接结果，这些球面波在声音传播介

质中叠加。根据位置$(x,\ z)$的不同，这些叠加可以伴随着破坏性干涉和建设性干涉，这些干涉分别通过局部极小值和极大值在声压场中可见。kR_T值越大，与λ_{aco}相比的R_T越大，由于单位长度($\hat{=}k$)的波列数量也增加了，因此，破坏性干涉和建设性干涉的数量也会增加。

从图7.10中可以看到活塞式换能器的归一化指向性模式$\hat{\underline{p}}_{\sim}(\theta)$，它是沿着换能器远场中圆的周长确定的，即$R_{dir} \gg R_T$。可以得出与图7.9中的声压分布相同的结论。当$kR_T$乘积取小值时，活塞式换能器将充当点源，但对于该乘积的大值，方向性是非常明显的。此外，如果$kR_T \gg 1$，在远离换能器的地方也会出现一定的旁瓣。kR_T值越大，方向性模式的旁瓣越多。

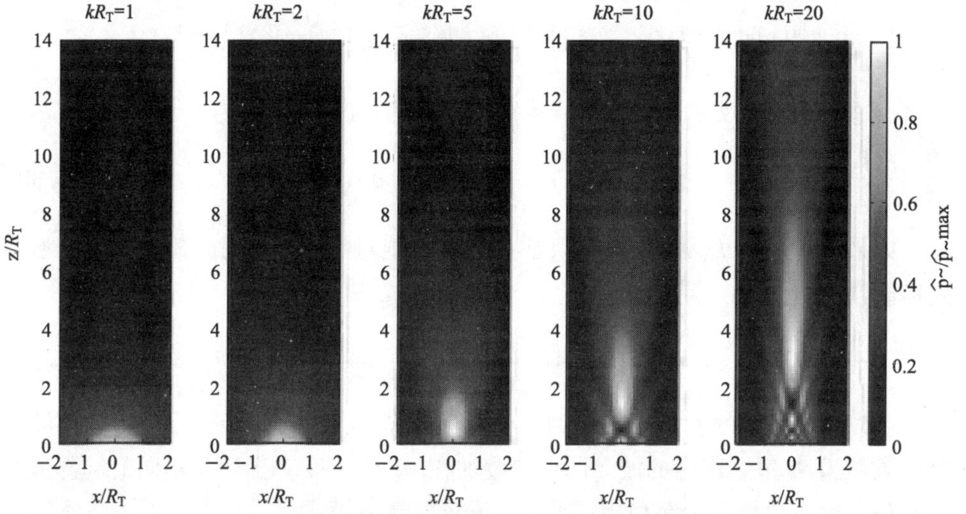

图7.9　各种kR_T乘积的活塞式换能器xz面归一化声压分布$\hat{\underline{p}}_{\sim}(x,\ z)$
(指向性模式最大振幅归一化$\hat{\underline{p}}_{\sim max}$)(见彩插)

1. 轴上声场

现在仔细看一下活塞式换能器对称轴(即z轴)上产生的声压振幅$\hat{\underline{p}}_{\sim}(z)$。对于这种轴上声场，可以在文献中找到简单的近似[35, 40]，这将在下面推导。下面就从带着格林函数$G(r)$的复数表示中的声速势$\underline{\Psi}_T(z,\ t)$开始

$$\underline{\Psi}(z,\ t) = \int_{S_T} \underbrace{e^{j\omega t}\frac{\hat{\underline{v}}_n\, e^{-jkr}}{2\pi r}\mathrm{d}S_T}_{G(r)} \tag{7.29}$$

表达式$r=\sqrt{\rho^2+z^2}$表示活动换能器表面S_T的元件$\mathrm{d}S_T$与考虑的轴上点P之间的距离(图7.11)。由于考虑了$e^{j\omega t}$与时间相关，当物理量(如声压)具有正弦级

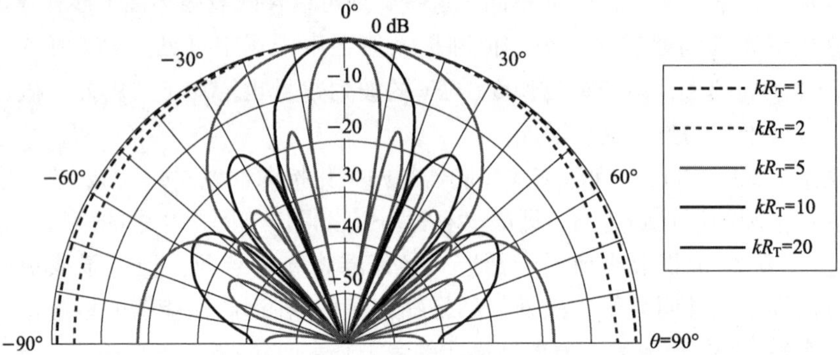

图 7.10　活塞式换能器远场不同乘积 kR_T 的归一化方向性模式 $20\cdot\lg(\hat{p}_{\sim}(\theta)/\hat{p}_{\sim\max})$（相对于最大振幅 $\hat{p}_{\sim\max}$ 的归一化）（见彩插）

数时，这一术语在文献中经常被省略。简化后的式(7.29) 读为

$$\underline{\Psi}(z)=\frac{1}{2\pi}\int_{S_T}\frac{\hat{v}_n\,e^{-jkr}}{r}dS_T \tag{7.30}$$

如果只对振幅 $\hat{\Psi}(z)=|\underline{\Psi}(z)|$ 感兴趣，就绝对足够了。对于旋转对称的活塞式换能器，式(7.30) 可简化为

$$\underline{\Psi}(z)=\frac{\hat{v}_n}{2\pi}\int_0^{2\pi}d\varphi\int_0^{R_T}\frac{e^{-jr}}{r}\rho d\rho=\frac{\hat{v}_n}{jk}\left(e^{-jkr}-e^{-jr\sqrt{R_T^2+z^2}}\right) \tag{7.31}$$

可以将括号内的表达式解释如下：第一项描述了垂直于 S_T 传播的平面波，第二项源于 S_T 边缘产生的波，两种波叠加在一起，在 z 轴上产生不同的局部最小值和最大值，即相消干涉和相长干涉。通过数学恒等式

$$e^{j\alpha}-e^{j\beta}=2j\sin\left(\frac{\alpha-\beta}{2}\right)e^{j(\alpha+\beta)/2}$$

式(7.31) 采用以下形式，即

$$\underline{\Psi}(z)=\frac{2\,v_n}{k}\sin\left[\frac{k}{2}\left(\sqrt{R_T^2+z^2}-z\right)\right]e^{-\frac{jk}{2}\left(\sqrt{R_T^2+z^2}+z\right)} \tag{7.32}$$

$\Psi(z,\ t)=\Re\{\underline{\Psi}(z)\,e^{j\omega t}\}$ 的关系最终得到与时间相关的声压值 $p_{\sim}(z,\ t)$

$$\begin{aligned}p_{\sim}(z,t)&=\varrho_0\frac{\partial\Psi(z,t)}{\partial t}\\&=\frac{2\,\varrho_0\omega\,\hat{v}_n}{k}\sin\left[\frac{k}{2}\left(\sqrt{R_T^2+z^2}-z\right)\right]\Re\left\{j\,e^{j\omega t}\,e^{-\frac{jk}{2}\left(\sqrt{R_T^2+z^2}+z\right)}\right\}\end{aligned} \tag{7.33}$$

并将 $k=\omega/c_0$ 代入沿 z 轴声压幅值 $\hat{p}_{\sim}(z)$

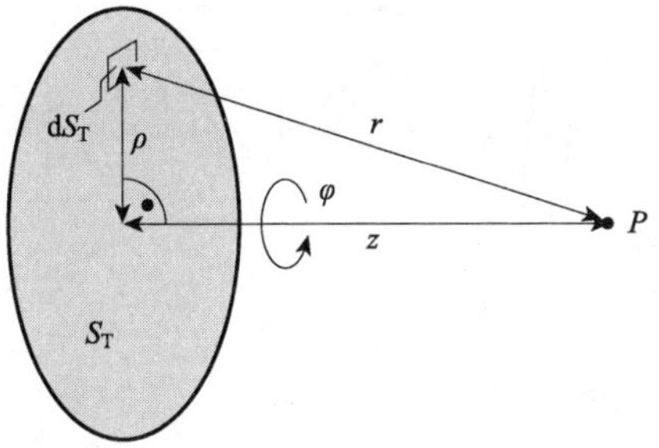

图 7.11 计算具有有源面 S_T 活塞式换能器轴上声场(即沿 z 轴)的结构和几何变量

$$\hat{p}_{\sim}(z) = 2\varrho_0 c_0 \hat{v}_n \left| \sin\left[\frac{k}{2}\left(\sqrt{R_T^2 + z^2} - z\right)\right] \right| \tag{7.34}$$

需注意，活塞式换能器的空间脉冲响应 $h_{SIR}(\rho, z, t)$ 一定会对 $p_{\sim}(z, t)$ 和 $\hat{p}_{\sim}(z)$ 产生相同的结果。[59]

图 7.12 描述了在不同值 kR_T(图 7.9) 的情况下，沿 z 轴声压振幅$\hat{p}_{\sim}(z)$ 的归一化值。根据式(7.34)，如果式(7.35) 和式(7.36) 成立，则

$$\frac{k}{2}\left(\sqrt{R_T^2 + z_{min}^2} - z_{min}\right) = n\pi \quad (\forall n \in \mathbb{N}_+) \tag{7.35}$$

曲线在z_{min} 时会表现出局部极小值，如果

$$\frac{k}{2}\left(\sqrt{R_T^2 + z_{max}^2} - z_{max}\right) = \frac{2n-1}{2}\pi \quad (\forall n \in \mathbb{N}_+) \tag{7.36}$$

在z_{max} 出现局部最大值。

因此，z_{min} 和z_{max} 分别为

$$z_{min} = \frac{1}{4kn\pi}\left[(kR_T)^2 - (2n\pi)^2\right] \tag{7.37}$$

$$z_{max} = \frac{1}{2k(2n-1)\pi}\left[(kR_T)^2 - (2n-1)^2\pi^2\right] \tag{7.38}$$

因此，当 $kR_T > 2\pi$ 时，沿 z 轴至少存在一个局部最小值，当满足 $kR_T > \pi$ 时，至少存在一个局部最大值。

从式(7.38) 中可以用 $k = 2\pi/\lambda_{aco}$ 推导出沿 z 轴的$\hat{p}\sim(z)$ 的最后一个最大值(即 $n = 1$) 出现在

$$N_{near} = \frac{1}{2k\pi}\left[(kR_T)^2 - \pi^2\right] = \frac{(2R_T)^2 - \lambda_{aco}^2}{4\lambda_{aco}} \approx \frac{R_T^2}{\lambda_{aco}} \tag{7.39}$$

这就是通常认识的活塞式换能器的近场长度或自然焦距。传播介质中的 $z <$

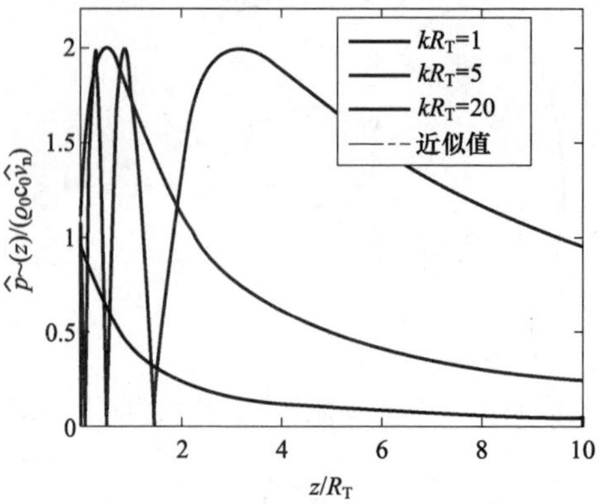

图 7.12　不同乘积 kR_T 的活塞式换能器沿 z 轴(即轴上)的归一化声压幅值 $\widehat{p}_{\sim}(z)$(分别从式(7.34) 和式(7.40) 得到精确和近似的曲线)(见彩插)

N_{near} 区域称为近场或菲涅耳区。在近场以外，既不存在局部极小值，也不存在局部极大值，因此声量(如声压) 单调递减。如果 $z \gg R_T$ 还成立，可以利用泰勒近似 $\sqrt{1+x} = 1 + \dfrac{x}{2}$ 通过式(7.40) 来估计 z 轴上的声压振幅(见式(7.34))，即

$$\widehat{p}_{\sim}(z) \approx 2\varrho_0 c_0 \widehat{v}_n \left| \sin\left(\frac{kR_T^2}{4z}\right) \right| \tag{7.40}$$

并且通过式(7.41) 得出平均声强①$\bar{I}_{aco}(z) = \| \bar{I}_{aco}(z) \|_2$，有

$$\bar{I}_{aco}(z) \approx 4\bar{I}_{aco}(0) \left[\sin\left(\frac{kR_T^2}{4z}\right) \right]^2 \tag{7.41}$$

在这里，$\bar{\bar{I}}_{aco}(0) \approx Z_{aco}\widehat{v}_n^2/2$ 代表 S_T 处的平均声强，$Z_{aco} = \varrho_0 c_0$ 是传播介质的声阻抗。图 7.12 清楚地说明了这些近似值对于整个轴上声场似乎是合理的。这两种近似值都可以进一步简化为

$$\widehat{p}_{\sim}(z) \approx \varrho_0 c_0 \widehat{v}_n \frac{kR_T^2}{2z}, \quad \bar{I}_{aco}(z) \approx \bar{I}_{aco}(0) \left(\frac{kR_T^2}{2z}\right)^2 \tag{7.42}$$

当 $z \gg N_{near}$ 也被满足时，这与活塞式换能器的远场有关。因此，声压幅值与轴上距离 z 成反比，而平均声强随 z 的增加而二次递减。

2. 远场离轴声场

与轴上声场相反，由于复杂的声压分布，无法推导出活塞式换能器离轴声场

① 平均是指时域内的一个正弦周期(见第 2.3.1 节)。

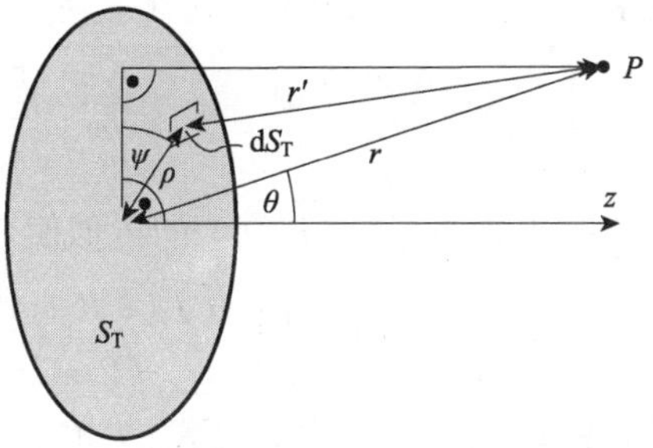

图 7.13 用于计算换能器远场离轴声场的结构和几何变量(活塞式换能器的有源表面 S_T)

的解析解，这在近场中尤为明显(图 7.9)。然而，可以对换能器的远场(即 $z \gg N_{near}$)的离轴声场进行可靠近似。近似值来源于声速势 $\underline{\Psi}(r,\ \theta)$(精简版，参见式(7.30))：

$$\underline{\Psi}(r,\ \theta) = \frac{1}{2\pi}\int_{S_T} \frac{\widehat{v}_n\,e^{-jkr'}}{r'}dS_T = \frac{1}{2\pi}\int_{\rho=0}^{R_T}\int_{\psi=0}^{2\pi} \frac{\widehat{\nu}_n\,e^{-jkr'}}{r'}\rho\,d\psi\,d\rho \tag{7.43}$$

几何距离(图 7.13)为

$$r'^2 = r^2 + \rho^2 - 2r\rho\sin\theta\cos\psi \tag{7.44}$$

在与活塞式换能器的远场满足的有源换能器表面 S_T(即 $r \gg R_T$ 和 $r \gg \rho$)的大距离 r 的情况下，式(7.44)可以通过泰勒近似简化为

$$r' = r\sqrt{1 + \left(\frac{\rho}{r}\right)^2 - \frac{2\rho}{r}\sin\theta\cos\psi} \approx r - \rho\sin\theta\cos\psi \tag{7.45}$$

通过将 $1/r'$ 替换为 $1/r$，并将 r 的近似值代入式(7.43)中，得到关系式

$$\underline{\Psi}(r,\ \theta) \approx \frac{\widehat{\nu}_n\,e^{-jkr}}{2\pi}\int_{\rho=0}^{R_T}\int_{\psi=0}^{2\pi} e^{jk\rho\sin\theta\cos\psi}\rho\,d\psi\,d\rho \tag{7.46}$$

这是可积的封闭形式。经过一些数学处理[24]，最终得到对于声速电位的简化版本，即

$$\underline{\Psi}(r,\ \theta) \approx \frac{\widehat{\nu}_n\,R_T^2\,e^{-jkr}}{r}\frac{J_1(kR_T\sin\theta)}{kR_T\sin\theta} \tag{7.47}$$

式(7.47)的时间导数最终得到随时间变化的声压值 $p_{\sim}(r,\ \theta,\ t)$ 和声压幅值 $\widehat{p}_{\sim}(r,\ \theta)$，即

$$p_{\sim}(r,\ \theta,\ t) \approx \frac{\omega\,\varrho_0\,\widehat{\nu}_n\,R_T^2}{r}\frac{J_1(kR_T\sin\theta)}{kR_T\sin\theta}\Re\{je^{j\omega t}\,e^{-jkr}\} \tag{7.48}$$

$$\hat{p}_{\sim}(r,\ \theta) \approx \frac{\omega\, \varrho_0\, \hat{v}_{\mathrm{n}}\, R_{\mathrm{T}}^2}{r}\left|\frac{J_1(kR_{\mathrm{T}}\sin\theta)}{kR_{\mathrm{T}}\sin\theta}\right| = \frac{k\, \varrho_0\, c_0\, \hat{v}_{\mathrm{n}}\, R_{\mathrm{T}}^2}{r}\left|\frac{J_1(kR_{\mathrm{T}}\sin\theta)}{kR_{\mathrm{T}}\sin\theta}\right| \tag{7.49}$$

在$\bar{I}_{\mathrm{aco}}(0) \approx Z_{\mathrm{aco}}\, \hat{v}_{\mathrm{n}}^2/2$时平均声强$\bar{I}_{\mathrm{aco}}(r,\ \theta)$的近似值变为

$$\bar{I}_{\mathrm{aco}}(r,\ \theta) \approx \bar{I}_{\mathrm{aco}}(0)\left(\frac{kR_{\mathrm{T}}^2}{k}\right)^2\left[\frac{J_1(k\, R_{\mathrm{T}}\sin\theta)}{kR_{\mathrm{T}}\sin\theta}\right]^2 \tag{7.50}$$

对于$\theta = 0°$（即轴上$r = z$），这些结果与式(7.42)一致。附加表达式$J_1(kR_{\mathrm{T}}\sin\theta)/(kR_{\mathrm{T}}\sin\theta)$包含第一类和第1阶的贝塞尔函数$J_1(\cdot)$表示导致活塞式换能器方向性模式中旁瓣的方向性因子(图7.10)。对于小的kR_{T}值，方向性因子可以忽略不计，因此换能器在远场中的表现像一个点源。

图7.14显示了两个活塞式换能器不同乘积kR_{T}的精确和近似值的声压幅值$\hat{p}\sim(r,\ \theta)$。S_{T}的中心和观测点之间的距离r等于$10\,R_{\mathrm{T}}$，超过了近场长度N_{near}。正如前面提到的，$\hat{p}\sim(r,\ \theta)$不存在解析解，但是如果式(7.28)通过精细时间离散化(如100个时间步长)进行数值计算，则所得到的结果可以看作精确解。对比曲线可以清楚地表明式(7.49)可以精确估计声压振幅。对于r的更大值，近似收敛于精确解，因为应用的简化(如将$1/r'$替换为$1/r$)会导致较少的误差。除了远场近似和精确解的极佳匹配外，图7.14表明第一旁瓣的最大值出现在：

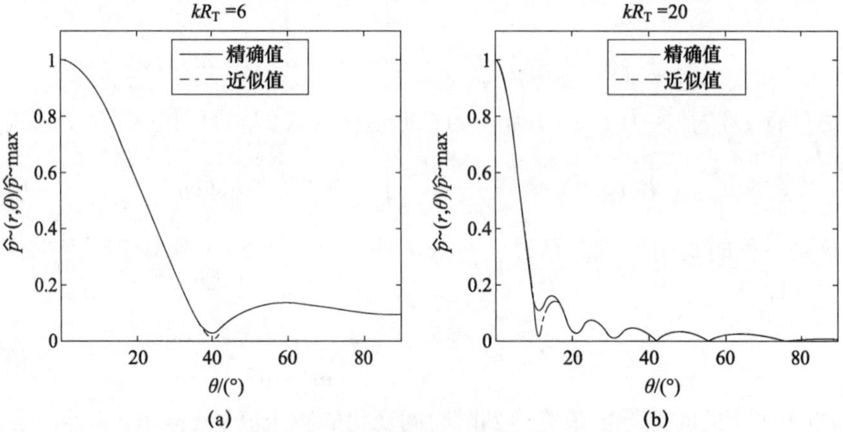

图7.14　$r = 10R_{\mathrm{T}}$时活塞式换能器的远场归一化声压振幅$\hat{p}\sim(r,\ \theta)$
(分别从式(7.28)和式(7.49)得到精确和近似的曲线)
(a)乘积$kR_{\mathrm{T}} = 6$；(b)乘积$kR_{\mathrm{T}} = 20$。

$$\theta = \arcsin\left(\frac{5.14}{kR_T}\right) \tag{7.51}$$

对应于 - 17.6dB 总是显示相对值$\widehat{p} \sim (r, \theta)/\widehat{p} \sim \max = 0.1323$。这一事实将在球聚焦换能器部分进行更多详细的讨论。

7.2.2　球聚焦换能器

在图 7.15 中可以看到球聚焦换能器的归一化声压分布$\widehat{p} \sim (x, z)$，这与乘积 kR_T 有所不同。上面的图片是主动换能器区域 S_T 的几何焦距 F_T 和径向尺寸R_T 的比率$F_T/R_T = 4$，而$F_T/R_T = 4$ 的结果则在下面的图片中描述。由于选择的归一化，声压振幅完全取决于乘积 kR_T 和这个比值。与活塞式换能器相似(图 7.9)，如果 kR_T 取小值，球聚焦换能器将发射球形声波。对于较大的 kR_T 值(即 20 和 100)，聚焦变得有效，因此，声能集中在一个小区域内，即聚焦体积。乘积 kR_T 越大，比值F_T/R_T 越小，聚焦越明显。此外，在 S_T 和聚焦体积之间出现了几个局部极小值和极大值。

根据图 7.16 所示的方向图，即使kR_T 乘积值较大，球聚焦换能器在远场中也不能提供显著的聚焦特性。这种特性与活塞式换能器的特性完全不同，它源于球聚焦换能器的聚焦特性。它的聚焦体积可以解释为声波的来源。特别是当 kR_T 很大、F_T/R_T 很小时，聚焦体积会变小，从而接近点源，发出几乎是球形的声波。球聚焦换能器作为非聚焦声波源出现在远场也就不足为奇了。

在详细介绍产生的轴上声场以及几何焦平面上的声场之前，先介绍两个无量纲量，它们是由技术光学[8, 28]启发的，也可以在球聚焦超声波换能器中找到。第一个量就是菲涅耳参数 S_F，定义为

$$S_F = \frac{F_T \lambda_{aco}}{R_T^2} = \frac{2\pi F_T}{k R_T^2} \tag{7.52}$$

并用来评估传感器的聚焦特性。根据定义，S_F 值越小表示聚焦越强。例如，图 7.15 中的左上和右下图分别指 $S_F = 25.1$ 和 $S_F = 0.1$。第二个量是聚焦比数 $f^{\#} = F_T/(2R_T)$，它完全取决于有源换能器表面 S_T 的几何尺寸。因此，这个量不考虑发射的声波。

1. 轴上声场

通过利用空间脉冲响应 $h_{SIR}(0, z, t)$，可以导出球聚焦换能器[59]对称轴(即 z 轴)上随时间变化的声压值 $p \sim (z, t)$ 的解析关系。在复数表示中，由式(7.28)可推导出 $P \sim (z, t)$、S_T 的深度 H_T(见式(7.19))、τ_1 和 r_2，其中

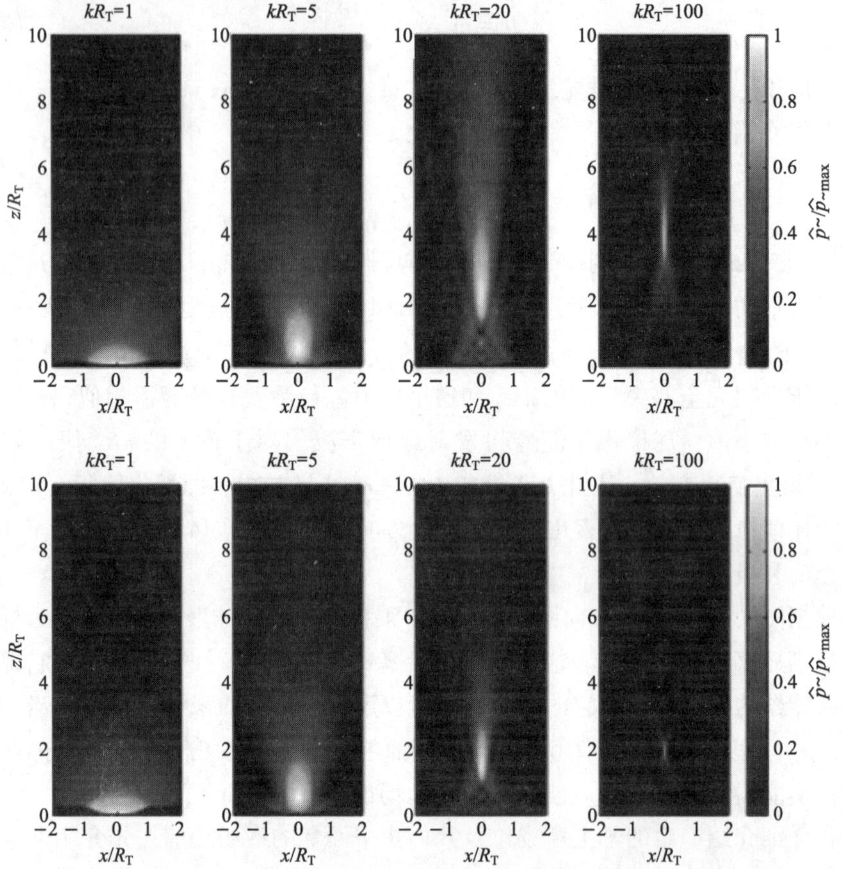

图 7.15　不同乘积 kR_T 的球聚焦换能器在 xz 平面上的归一化声压分布$\hat{p}$ ~ (x, z)
（上面图片比率为$F_T/R_T = 4$；下面图片比率为$F_T/R_T = 2$；最大振幅$\hat{p}$ ~ max 的归一化）

$$\underline{p}_{\sim}(z, t)=\begin{cases}\dfrac{\varrho_0 c_0 F_T \hat{v}_n}{F_T}\left[e^{j\omega(t-\tau_1)}-e^{j\omega(t-\tau_2)}\right] & z \neq F_T \\ \varrho_0 \hat{v}_n H_T \omega\, e^{j\omega(t-F_T/c_0)} & z = F_T\end{cases} \tag{7.53}$$

$$T_1 = Z/c_0$$

$$\tau_2 = \frac{\sqrt{R_T^2 + z^2 - 2zH_T + H_T^2}}{c_0} \tag{7.54}$$

类似于活塞式换能器（见式(7.31)，可以得出以下结论：$e^{j\omega(t-\tau_1)}$ 表示平面波，式 $e^{j\omega(t-\tau_2)}$ 表示在 S_T 边缘产生的波，两种波叠加在一起，沿 z 轴产生不同的局部极小值和局部极大值。

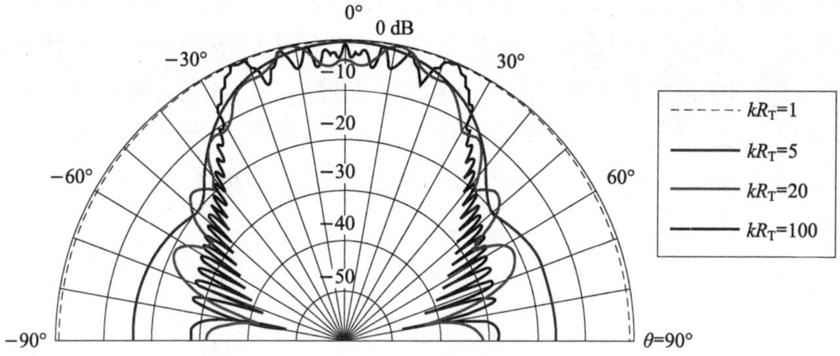

图 7.16　不同乘积 kR_T 球聚焦换能器在远场的归一化方向性模式

$20\cdot\lg(\bar{p}_\sim(\theta)/\hat{p}_{\sim\max})$、比率$F_T/R_T=2$、归一化相对于最大振幅$\hat{p}_{\sim\max}$ 的方向图(见彩插)

图 7.17 显示了F_T/R_T 在两个比率时不同的乘积kR_T 对应的归一化声压振幅$\hat{P}_\sim(z)=|\underline{p}_\sim(z,t)|$。从图 7.15 可以看出，随着$F_T/R_T$ 值的升高，z 轴上局部极小值和极大值的数目显著增加。尽管总的相长干涉只存在于球聚焦换能器的几何焦点 F_T 处，但声压振幅的最大值$\hat{p}_{\max}$ 总是发生在 S_T 和F_T 之间。当kR_T 增大时，由于靠近几何焦点的建设性干涉区域变小，真焦点向F_T 方向移动。

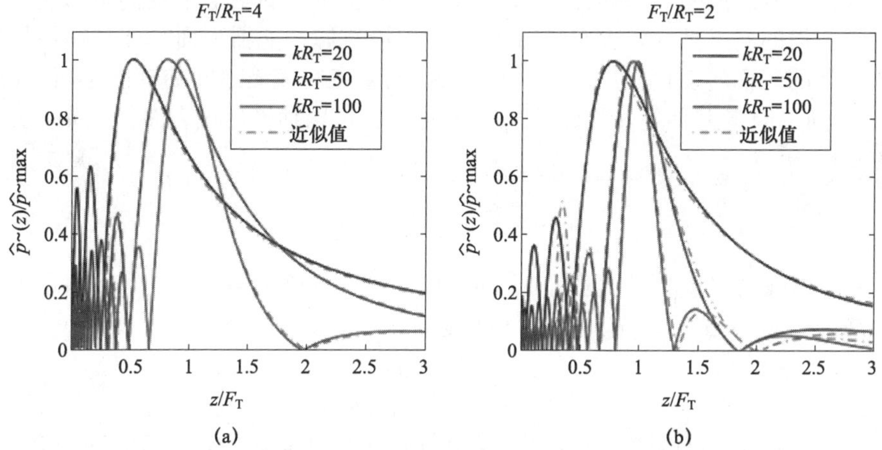

图 7.17　不同乘积 kR_T 的球聚焦换能器沿 z 轴(即轴上) 的归一化声压振幅$\hat{p}_\sim(z)$

(分别来自式(7.53) 和式(7.57) 的精确和近似曲线；$z>0.3F_T$ 时的近似值)

(a) 比值$F_T/R_T=4$；(b) 比值$F_T/R_T=2$。

图 7.17 中的曲线进展还清楚地表明，比率F_T/R_T 和乘积kR_T 的增加会伴随着

主瓣的较小扩展。对于固定比例的F_T/R_T，kR_T越大，非涅耳参数S_F越小，聚焦特性越明显。因此，发射的声音能量集中在一个较小的区域，由于聚焦，$\hat{p}_{max}$必须上升。图7.18证实了这一点，图中显示了沿球聚焦换能器z轴的声压振幅的归一化最大值。$\hat{p}_{max}$已经从小的kR_T值开始，随kR_T呈线性增长。不足为奇的是，当F_T/R_T比值下降时，即$f^{\#}$值较低时，$\hat{p}_{max}$的上升幅度会更大。

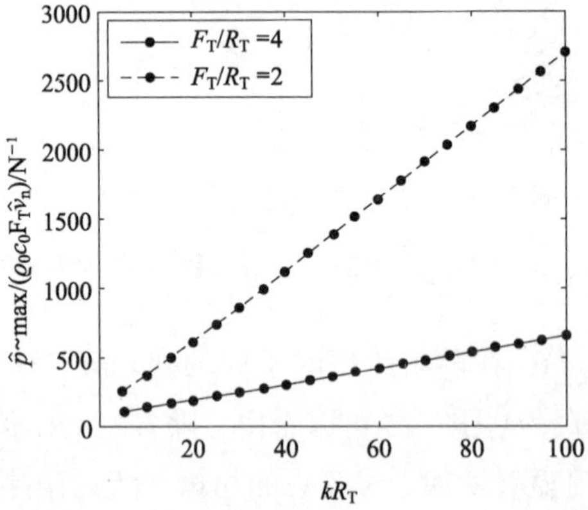

图7.18　相对于乘积kR_T和比率F_T/R_T球聚焦换能器沿z轴的声压幅值归一化最大值$\hat{p}_{\sim max}$

就像活塞式换能器一样，可以找到球聚焦换能器的轴上声场的近似值[35]。这些近似值的起点是均匀表面法向速度$v_n(t)$沿有源换能器表面S_T向与周围刚性挡板齐平的表面转变（图7.19）。因此，S_T的原点与表面之间的轴向距离对应深度H_T。通过假定声束沿着垂直于S_T方向传播，可以估算出该表面z方向$\hat{v}_z(\theta)$的速度振幅为

$$\hat{v}_z(\theta) \approx \hat{v}_n \frac{F_T}{F_T - R_1}\cos\theta \tag{7.55}$$

由于球聚焦换能器的孔径角θ_0必须满足产生三角关系$F_T - H_T = F_T\cos\theta_0$和$F_T - R_1 = (F_T - H_T)/\cos\theta$，式(7.55)变为

$$\hat{\nu}_z(\theta) \approx \hat{\nu}_n \frac{\cos^2\theta}{\cos\theta} \tag{7.56}$$

表达式$\hat{\nu}_z(\theta)$可以假定为平面活塞式换能器的非均匀表面法向速度，该换能器位于$z = H_T$并具有半径R_T的特征。因此，对于球聚焦式换能器，可以采用与活塞式换能器相似的步骤来近似声量。基于此，只详细说明基本结果。如果满足$z^2 \gg R_T^2$，则归一化声压幅值$\hat{p}_\sim(z)$沿z轴的曲线级数可以估计为

$$\frac{\hat{p}_\sim(z)}{\hat{p}_{\sim max}} \approx \frac{F_T}{z}\left|\operatorname{sinc}\left[\frac{1}{2S_F}\left(\frac{F_T}{z}\right) - 1\right]\right| \tag{7.57}$$

其中 $\mathrm{sinc}(x)=\sin(\pi x)/(\pi x)$ 代表 sinc 函数。如图 7.17 所示，这个近似值与精确解高度吻合，特别是接近$\hat{p}_{\sim}(z)$ 的最大值。当$F_T \ll R_T^2/\lambda_{aco}$(即 $S_F \ll 1$) 时，式(7.57) 将简化为

$$\frac{\hat{p}_{\sim}(z)}{\hat{p}_{\sim\max}} \approx \left|\mathrm{sinc}\left(\frac{z-F_T}{2S_F F_T}\right)\right| \tag{7.58}$$

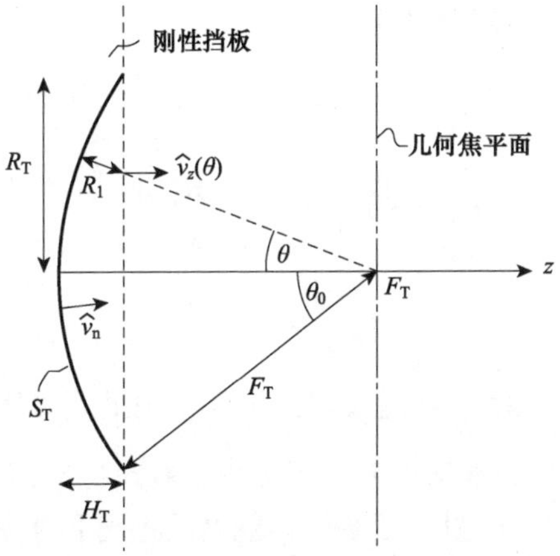

图 7.19 用于估算具有活动表面 S_T[35] 的球聚焦换能器在几何焦平面（即 $z=F_T$）上轴向声场和声场结构的几何变量

在球聚焦换能器几何焦点F_T 处的平均声强$\bar{I}_{aco}(z=F_T)$ 的近似值为

$$\bar{I}_{aco}(F_T) \approx \bar{I}_{aco}(0)\left[\frac{\pi R_T^2}{F_T\lambda_{aco}}\right]^2 = \bar{I}_{aco}(0)\left[\frac{\pi}{S_F}\right]^2 \tag{7.59}$$

此时 S_T 处的平均声强为$\bar{I}_{aco}(0)$，因此，对于强聚焦换能器，F_T 处的声强远高于 S_T 处，即 $S_F \ll 1$。

现在，让我们导出焦点深度 $d_z(-3\mathrm{dB})$，表示沿 z 轴的两个点之间的几何距离，其中声压振幅$\hat{p}_{\sim}(z)$ 取值为$\hat{p}_{\sim\max}/\sqrt{2}$。为了推导出 $d_z(-3\mathrm{dB})$ 的简单数学关系，应该使用式(7.58)。这时近似值为

$$d_z(-3\mathrm{dB}) \approx 1.772\cdot S_F F_T = 7.089\cdot\lambda_{aco}(f^{\#})^2 \tag{7.60}$$

使球聚焦换能器的聚焦深度，满足条件 $S_F \ll 1$。因此，如果换能器聚焦声波强烈，$d_z(-3\mathrm{dB})$ 将相当短。

2. 几何焦平面中的声场

与轴上声场相比，球聚焦换能器的几何焦平面中的声场不存在解析关系（即

$z=F_T$，见图 7.19）。然而，对于活塞式换能器的远场，可以用数值计算式(7.28)。通过足够精细的时间离散化，这个过程再次为时间相关的声压值 $p_\sim(\rho, t)=p_\sim(\rho, F_T, t)$ 提供了一个精确解。除了数值评估外，还可以通过与周围的刚性挡板齐平的表面的速度振幅$\hat{v}_z(\theta)$（参见式(7.55)）估算这种声场。在进行了几次简化之后，活塞式换能器在几何焦平面中的声压振幅$\hat{p}_\sim(\rho)$ 和平均声强 $\bar{I}_{aco}(\rho, F_T)$ 的最终的近似值分别为

$$\hat{p}_\sim(\rho) \approx \hat{p}_{\sim max}\left|\frac{J_1(\nu)}{\nu}\right| \tag{7.61}$$

$$\bar{I}_{aco}(\rho, F_T) \approx \bar{I}_{aco}(0)\left[\frac{\pi R_T^2}{F_T\lambda_{aco}}\right]^2\left[\frac{J_1(\nu)}{\nu}\right]^2 \tag{7.62}$$

$$\nu=\frac{\rho k R_T}{F_T}=\frac{2\pi\rho R_T}{\lambda_{aco}F_T} \tag{7.63}$$

表达式$\hat{p}_{\sim max}=\hat{p}_\sim(0, F_T)$ 是几何焦平面中的最大声压振幅，它总是在$\rho=0$ 时出现，$\bar{I}_{aco}(0)$ 代表 S_T 的平均声强。将这些近似式与式(7.49) 和式(7.50) 进行比较，可以清楚地看到，声量在活塞式换能器的远场和球聚焦换能器的几何焦平面中表现出相同的曲线级数。

图 7.20 也精确地描述了在两个球聚焦换能器的几何焦平面上的近似声压振幅$\hat{p}_\sim(\rho)$，它们的比率F_T/R_T 不同。在宽范围的乘积kR_T 中，两曲线级数之间的偏差非常小。因此，可以说式(7.61) 和式(7.62) 的近似值是非常可靠的。出于这个原因，利用近似值推导出重要量值的简单数学公式，如横向波束宽度 $d_\rho(-3\text{dB})$。

如图 7.20 所示，几何焦平面主瓣的径向延伸随着乘积kR_T 的增加而减小，随着F_T/R_T 比值的减小而减小。从式(7.61) 和式(7.62) 可以看出，$\hat{p}_\sim(\rho)$ 和 $\bar{I}_{aco}(\rho, F_T)$ 的零点和局部极大值发生在径向位置，有

$$\rho_{zero}=\{3.83;\ 7.02;\ 10.17;\ 13.32;\ \cdots\}\cdot\frac{F_T}{kR_T}$$

$$\rho_{max}=\{5.14;\ 8.42;\ 11.62;\ 14.80;\ \cdots\}\cdot\frac{F_T}{kR_T}$$

与几何焦平面上的全局极大值$\hat{p}_{\sim max}$ 有关，前 4 个局部极大值$\hat{p}_\sim(\rho)$ 取值

$$\frac{\hat{p}_\sim(\rho_{max})}{\hat{p}_{\sim max}}=\{0.1323;\ 0.0645;\ 0.040;\ 0.028\}$$

$$\widehat{=}\{-17.6\text{dB};\ -23.8\text{dB};\ -28.0\text{dB};\ -31.1\text{dB}\}$$

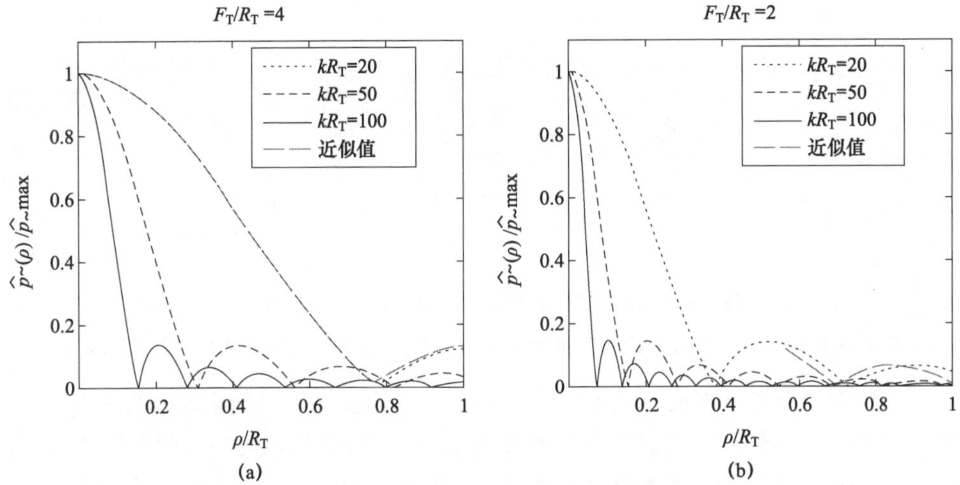

图 7.20　不同乘积kR_T在球聚焦换能器的几何焦平面的归一化声压振幅$\hat{p}_\sim(\rho)$
(分别由式(7.28)和式(7.61)求出精确曲线和近似曲线)
(a) 比率$F_T/R_T=4$；(b) 比率$F_T/R_T=2$。

既不与kR_T相关也不与F_T/R_T相关。这一事实自然适用于所有随后在球聚焦换能器的几何焦平面上的局部极大值。

最后定义横向波束宽度(波束直径)$d_\rho(-3\text{dB})$表示在声压振幅$\hat{p}_\sim(\rho)$等于$\hat{p}_{\sim\max}/\sqrt{2}$时几何焦平面中两点之间的几何距离。利用式(7.61)的近似值，当$S_F\ll 1$时，这个距离为

$$d_\rho(-3\text{dB})\approx 0.515\cdot S_F R_T=1.029\cdot\lambda_{\text{aco}}f^{\#}\tag{7.64}$$

正如聚焦深度$d_z(-3\text{dB})$，如果换能器聚焦声波强烈，横向波束宽度$d_\rho(-3\text{dB})$将相当小。在任何情况下，$d_z(-3\text{dB})$都比$d_\rho(-3\text{dB})$大得多。聚焦深度和横向波束宽度通过式(7.60)和式(7.64)联系起来，即

$$d_z(-3\text{dB})\approx 3.5\frac{F_T}{R_T}d_\rho(-3\text{dB})\tag{7.65}$$

这两个距离可以解释为代表球聚焦传感器聚焦体积的椭球体的双半主轴(图7.21)。在这个长椭球体内，声压振幅总是超过$\hat{p}_{\sim\max}/\sqrt{2}$。

7.3　脉冲回波模式下的空间分辨率

在7.2节中集中讨论了活塞式和球聚焦超声波换能器在纯正弦电输入$u_I(t)$

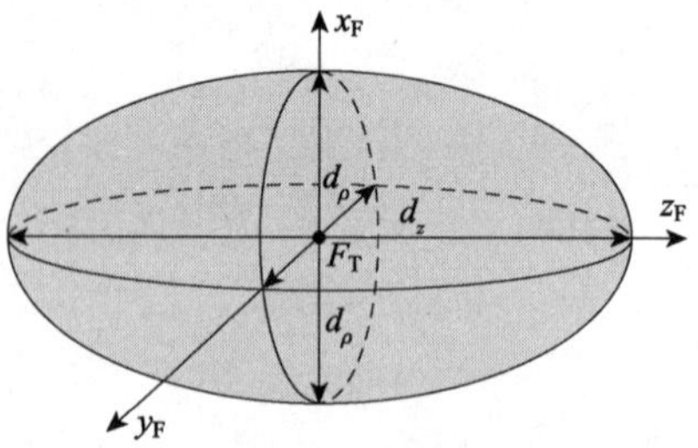

图 7.21　椭球体代表球面聚焦换能器的聚焦体积(聚焦深度 d_z(－3dB)和横向波束宽度 d_ρ(－3dB)代表双重半主轴；以几何焦点 F_T 为原点局部坐标系 $x_F\ y_F\ z_F$)

激励下产生的声场。然而，就实际应用而言，超声波换能器通常是在脉冲回波模式下工作的，因此，换能器是声波的发射器和接收器(图 7.1)。反射声波(即回波)的飞行时间及其强度传递关于声音反射器的信息，如它与换能器的几何距离或反射器的几何结构。毫不奇怪，可实现的空间分辨率构成了这些所谓的脉冲回波测量的决定性数量。成像系统的空间分辨率基本上是测量两个点状目标的最近几何距离，这仍然允许在记录的图像中将它们分开[9, 35, 43]。

7.3.1 节从理论角度讨论换能器激励对产生的声场和由此产生的电输出的影响。7.3.2 小节和 7.3.3 小节详细介绍了活塞式和球聚焦换能器在脉冲回波模式下的轴向和横向分辨率。

7.3.1　换能器的激励和输出

由于不可能通过单个换能器同时发射声波和分析反射声波，必须使用多个换能器或替代电输入来代替纯正弦激励，如短脉冲以及有限数量的正弦周期代表一个单独的传感器的电激励信号。与只有一个频率的纯正弦信号相反，这些替代的激励信号由于其信号持续时间 T_S 有限，在频域中具有一定的带宽B_S^{-3dB}。带限时间信号 $s(t)$ 的带宽通常对应于上下截止频率之间的频率范围，在此频率范围内信号的频谱幅度①$|\underline{S}(f)| = |\mathcal{F}\{s(t)\}|$保持在 $S_{max}/\sqrt{2}$($\widehat{=}$－3dB)以上，其中 S_{max} 表示最大信号的频谱幅度(图 7.22)。在信号能量方面，B_S^{-3dB} 也显示了信号的频率范围，其中信号的频谱能量超过其最大值的一半。一般来说，持续时间较短的信号 T_S(如短脉冲)具有较大的带宽。相反，对于纯正弦波来说，带宽等于零，因为它的持续时间是无限的。

① 频谱幅度是由傅里叶变换(运算符$\mathcal{F}\{\cdot\}$)得出的。

在脉冲回波模式下工作的超声波换能器的空间分辨率与有源换能器区域 S_T 在给定的表面法向速度 $v_n(t)$ 下产生的电输出 $u_O(t)$ 有关。根据式(7.15)，换能器在位置 $\boldsymbol{r}$ 的理想点状目标处的声音反射输出取决于换能器的空间脉冲响应 $h_{SIR}(\boldsymbol{r},t)$。基本公式的基本部分读作

$$u_O(\boldsymbol{r},t) \propto v_n(t) * \frac{\partial h_{SIR}(\boldsymbol{r},t)}{\partial t} * \frac{\partial h_{SIR}(\boldsymbol{r},t)}{\partial t} \tag{7.66}$$

因此，这与在 $\boldsymbol{r}$ 处产生的声压非常相似(图 7.13)，主要差异在于与 $\partial h_{SIR}(\boldsymbol{r},t)/\partial_t$ 的额外时间卷积。显然，这个表达式是式(7.13)和式(7.15)中唯一与位置 $\boldsymbol{r}$ 相关的表达式。因此，空间脉冲响应 $h_{SIR}(\boldsymbol{r},t)$ 可以解释为空间滤波器，分别对产生的声压施加一次空间滤波，对脉冲回波模式下电换能器的输出施加两次空间滤波[59]。换能器输出的振幅 $\hat{u}_O$ 将因此减少到最大值 $\hat{u}_{O;\max}$($\hat{=}$ −6dB)的一半，此时声压振幅 $\hat{p}_\sim$ 取值 $\hat{p}_{\sim\max}/\sqrt{2}$。严格地说，这仅适用于纯正弦激励，在脉冲回波模式下是没有意义的。如果利用 $v_n(t)$ 的中心频率 f_c 来估计特征量(如聚焦体积的尺寸)，那么对于换能器输出和产生的声场都可以采用同样的近似，具有相同的近似值。有限带宽信号的中心频率定义为其下截止频率 f_l 和上截止频率 f_u 的几何平均值(图 7.22)。

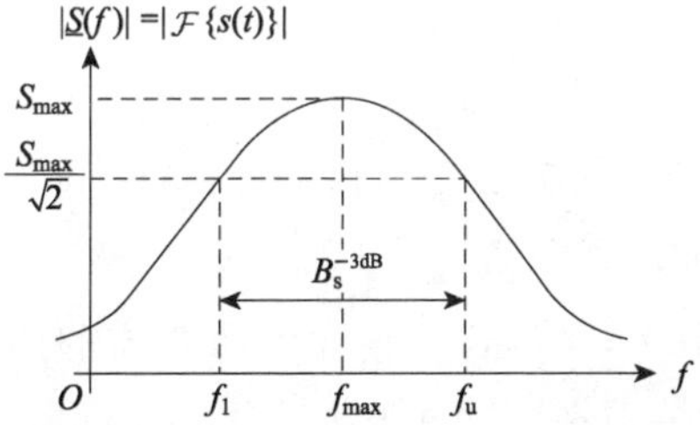

图 7.22 时间信号 $s(t)$ 的频谱幅度(幅度响应和频率响应) $|\underline{S}(f)|$
(最大频谱幅度 $S_{\max} = |\underline{S}(f_{\max})|$；低截止频率 f_l 和高截止频率 f_u；
带宽 $B_S^{-3dB} = f_u - f_l$；中心频率 f_c 不一定与最大频率 $f_{\max}$ 重合)

$$f_c = \sqrt{f_l \cdot f_u} \tag{7.67}$$

当带宽 $B_s^{-3dB} = f_u - f_l$ 比中心频率小时，可以用算术平均值 $f_c \approx (f_l + f_u)/2$ 来代替。

最后讨论一个关于换能器表面法向速度 $v_n(t)$ 的中心频率 f_c 的重要问题。虽然 f_c 可以得到特征换能器数量的可靠近似值，f_c 也不足以推导出超声波换能器的明确声压分布。这是由于纯正弦信号和脉冲信号都可能具有相同的 f_c 值。然而，与

$v_n(t)$ 的纯正弦信号相反，由于短脉冲持续时间 T_s 有限，它在声压分布中只会产生轻微的破坏性干涉和建设性干涉。因此，在精确预测声压分布和电换能器输出时，必须考虑$v_n(t)$ 的时间特性或其光谱组成。

7.3.2 轴向分辨率

如前所述，空间分辨率表示两个点状目标的最近几何距离，这仍然能够在记录的数据中分离这些目标。在脉冲回波模式下工作的活塞式和球聚焦超声波换能器中，轴向分辨率是指两个理想点状目标沿 z 轴方向的最近轴向距离。在不进行任何信号处理的情况下，如果一个短脉冲作为电激励 $u_I(t)$，该换能器的轴向分辨率 d_{ax} 可以定义为[57]

$$d_{ax}=\frac{c_0\,\tau_p(-20\mathrm{dB})}{2} \tag{7.68}$$

式中：$\tau_p(-20\mathrm{dB})$ 为两个时间瞬间的时差，在这个时刻，电换能器输出信号 $u_O(t)$ 的单个点状目标包络值为 $u_{ev;\,max}/10(\hat{=}-20\mathrm{dB})$。此处，$u_{ev;\,max}$ 为包络值的最大值。确定 $u_O(t)$ 的包络值 $u_{ev;\,max}$ 的一个非常有效的方法是基于所谓的希尔伯特转换[49, 51]。通过提供实值部分的相应虚部的希尔伯特运算符$\mathcal{H}\{\cdot\}$，计算出电换能器输出的包络值为

$$u_{ev}(t)=\left|u_O(t)+\mathrm{j}\,\mathcal{H}\{u_O(t)\}\right| \tag{7.69}$$

继续介绍一个小例子。图 7.23(a) 和图 7.23(b) 显示了脉冲式换能器的激励下 $u_O(t)$ 的典型时间特性及其频谱幅度 $|\underline{U}_O(f)|$。从所得包络值 $u_{ev}(t)$ 可以推导出特征时间差$\tau_p(-20\mathrm{dB})=474\mathrm{ns}$。假设传播介质的声速$c_0=1500\mathrm{ms}^{-1}$，由式(7.68) 推导出超声波换能器在脉冲回波模式下的轴向分辨率 $d_{ax}=355\mu\mathrm{m}$。

正常情况下，为了提高换能器的轴向分辨率，必须降低单个点状目标的输出信号 $u_O(t)$ 的时延 T_s，从而降低$\tau_p(-20\mathrm{dB})$。然而，由于传感器、电励磁和读出电路的可用带宽，这种减少只在有限的范围内是可能的。如果一个超声波换能器被迫以远离其中心频率的频率振荡，所产生的声压波和电输出将相当小。因此，必须管理显示低信噪比的输出信号。

7.3.3 横向分辨率

在超声波的成像系统[9, 43]中，除了轴向分辨率d_{ax}外，横向分辨率d_{lat}在脉冲回波测量中也起着决定性的作用。由于这种成像系统通常使用聚焦换能器设备，因此让我们看看在焦平面上的横向分辨率，也就是说可以达到最好的横向分辨率

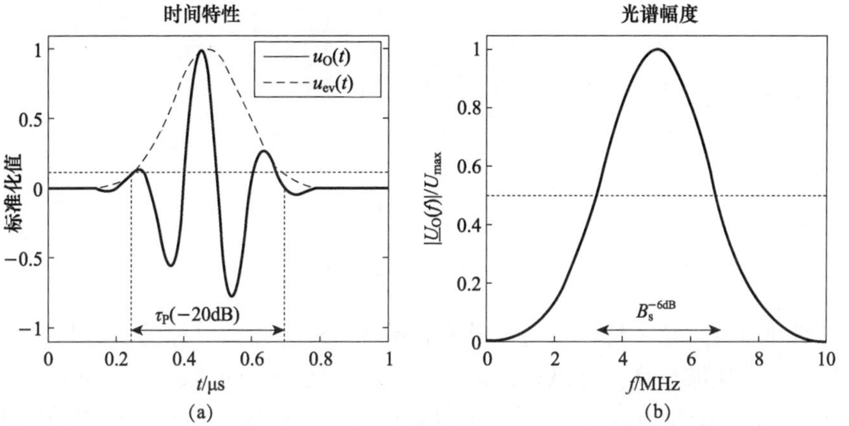

图 7.23 脉冲式换能器的激励下 $u_O(t)$ 的典型时间特性及其频谱幅度 $|u_O(f)|$

(a) 单个点状目标电换能器输出值 $u_O(t)$ 及其包络值 $u_{ev}(t)$ 的时间特性（包络值的最大值 $u_{ev;\ max}$ 的正态化）；(b) 表面法向速度的归一化光谱幅度 $|\underline{U}_O(f)| = |F\{u_O(t)\}|$（曲线特征数据：$\tau_p(-20dB) = 474ns$, $f_l = 3.24MHz$, $f_u = 6.77MHz$, $B_S^{-3dB} = f_u - f_l = 3.53MHz$, $f_{max} = 5.00MHz$, $f_c = 4.68MHz$）

的平面。对于具有低 f 数 $f^{\#}$ 和低菲涅耳参数（即 $S_F \ll 1$）的球聚焦换能器，真实的焦点几乎与几何焦点 $(\rho, z) = (0, F_T)$ 重合。在 $(x, y, z) = (\pm d_{lat}/2, 0, F_T)$ 的几何焦平面上的两个理想的点状目标产生的电输出信号 $u_\Sigma(x, t)$ 为

$$u_\Sigma(x, t) = u_O(x + d_{lat}/2, F_T, t) + u_O(x - d_{lat}/2, F_T, t) \tag{7.70}$$

两个目标之间的横向距离是 d_{lat}。假设激励脉冲对单个点状目标产生类脉冲电输出 $u_O(x \pm d_{lat}/2, F_T, t)$，因此，通过来自单个目标的信号量之和，则求和信号的 $u_\Sigma(x)$ 值可以近似为

$$\widehat{u}_\Sigma(x) = \widehat{u}_O\left(x + \frac{d_{lat}}{2}, F_T\right) + \widehat{u}_O\left(x - \frac{d_{lat}}{2}, F_T\right) \tag{7.71}$$

在不限制通用性的前提下，可以在频域内对类脉冲时间信号进行描述。由于以下只对归一化量值感兴趣，用宽带信号的中心频率 f_c 来代替宽带信号 $u_O(x \pm d_{lat}/2, F_T, t)$。单个点状目标的幅值由近似值式(7.61)和近似值式(7.62)通过关系 $\widehat{u}_O \propto \widehat{P}_{\sim}^2 \propto \bar{I}_{aco}$ 得到，严格地说，只有纯正弦信号才能满足该关系。根据这些简化，球聚焦换能器的归一化曲线级数 $\widehat{u}_\Sigma(x)$ 变为

$$\widehat{u}_\Sigma(x) \propto \left|\frac{J_1(v_1)}{v_1}\right|^2 + \left|\frac{J_1(v_2)}{v_2}\right|^2 \tag{7.72}$$

其中

$$v_1=\frac{2\pi\left(x+\dfrac{d_{\text{lat}}}{2}\right)R_{\text{T}}}{\lambda_{\text{aco}}F_{\text{T}}}$$

$$v_2=\frac{2\pi\left(x-\dfrac{d_{\text{lat}}}{2}\right)R_{\text{T}}}{\lambda_{\text{aco}}F_{\text{T}}}$$

$$\lambda_{\text{aco}}=\frac{c_0}{f_{\text{c}}}$$

正如轴向分辨率一样，横向分辨率表示两个理想点状目标的最近几何距离，这仍然使它们能够分离。文献中对横向分辨率有两种不同的定义，即 Rayleigh 两点定义和 Sparrow 两点定义[28, 35]。Rayleigh 两点定义指出，当一个目标的响应最大值出现在另一个目标的响应等于零的位置时，有可能将两个类似点的目标分开（图 7.24(a)）。在球聚焦换能器的几何焦平面上，当$J_1(\cdot)$ 的第一零点$\rho_{\text{zero}}=3.83\cdot F_{\text{T}}/(kR_{\text{T}})$时，根据 Rayleigh 两点定义得出横向分辨率

$$d_{\text{lat}}(\text{Rayleigh})=1.22\cdot\lambda_{\text{aco}}f^{\#} \tag{7.73}$$

如果两个理想点状目标之间的横向距离d_{lat}进一步减小，则和信号$\widehat{u}_{\Sigma}(x)$中的局部极小值将在$x=0$时消失。Sparrow 两点定义指的是$\widehat{u}_{\Sigma}(x)$关于x的二阶导数第一次为零的横向距离。因此，$\widehat{u}_{\Sigma}(x)$提供了一个宽泛的最大值（图 7.24(b)）。根据 Sparrow 两点定义，在几何焦平面上，通过数值计算式(7.72)，可以得到横向分辨率为

$$d_{\text{lat}}(\text{Sparrow})=0.95\cdot\lambda_{\text{aco}}f^{\#} \tag{7.74}$$

通过式(7.73)和式(7.74)的比较可以看出，Sparrow 两点定义的值总是小于瑞利两点定义的值。不采用任意一种定义，球聚焦换能器的横向分辨率d_{lat}通常是近似于焦平面上的横向波束宽度$d_\rho(-3\text{dB})$（见式(7.64)）[52, 57]。可以说横向波束宽度介于两个两点定义之间，即$d_{\text{lat}}(\text{Sparrow})<d_\rho(-3\text{dB})<d_\rho(-3\text{dB})$。在任何情况下，当球面聚焦换能器的聚焦体积的横向尺寸减少时，其横向分辨率将提高。这意味着必须减少换能器的f数$f^{\#}$和（或）增加产生的类脉冲声波的中心频率f_{c}。

最后，将计算球聚焦换能器的横向分辨率，其几何焦距F_{T}与径向尺寸R_{T}的比率为$F_{\text{T}}/R_{\text{T}}=2$，即$f^{\#}=1$。如上所述，Rayleigh 和 Sparrow 两点定义的简单关系是基于中心频率f_{c}的。当一个换能器的电输出被用来评估它的中心频率时，上、下截止频率应该定义为$|\underline{U}_0(f)|/U_{\max}=0.5$，而不是$|\underline{U}_0(f)|/U_{\max}=1/\sqrt{2}$。这归因于换能器具体两次脉冲回波模式的特性，即分别用于发射和接收各一次。

对于图 7.23 所示的信号，最大光谱幅值U_{max} 在f_{max} = 5.00MHz 时出现，而中心频率f_c 为4.68Hz。图7.24(a) 和图7.24(b) 描述了由于单个点状目标以及两个点定义的求和信号$\hat{u}_{\Sigma}$ 而产生的规范化归一化输出量级$\hat{u}_{O}$。在两个目标的中心(即 x = 0)，Rayleigh 两点定义产生了$\hat{u}_{\Sigma}$ 的局部最小值，与全局最大值相比减少了 26.5%。Sparrow 两点定义产生了一个广义的全局最大值，在 x = 0 时没有局部最小值。再次假设传播介质的声速c_0 = 1500ms^{-1}(即λ_{aco} = c_0/f_c = 321μm)，其横向分辨率分别为 d_{lat}(Rayleigh) = 391μm 和 d_{lat}(Sparrow) = 305μm。

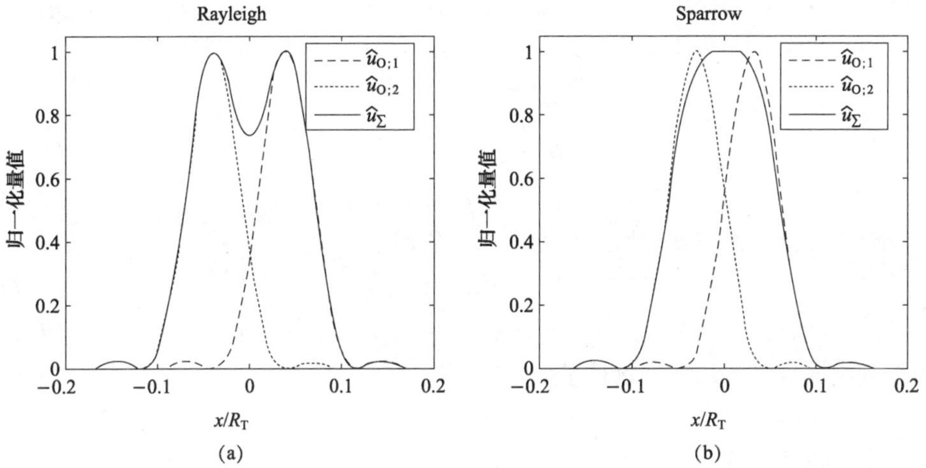

图 7.24 根据 Rayleigh 两点定义和 Sparrow 两点定义对于位于球聚焦换能器焦平面上的理想点状目标，换能器输出的归一化量值(R_T = 5mm; F_T = 10mm)
($\hat{u}_O(x)$ 由于单个点状目标在 ±d_{lat} / 2 处，并由此产生求和信号(见式(7.71))
(a) Rayleigh 两点定义; (b) Sparrow 两点定义。

7.4 基本结构

基于压电材料的超声波换能器通常采用厚度延伸模式或横向长度模式(图 7.25)。如果压电材料比它的横向尺寸薄，则可以显著地简化线性压电效应的材料定律，因为很多量可以忽略不计。对于厚度延伸模式，意味着在假定的坐标系中可以省略 x 方向和 y 方向的电量和机械量，如 E_1 和 S_2。相比之下，对于横向长度模式，可以忽略 x 和 y 方向的电学量，也可以忽略 y 和 z 方向的机械量。因此，相关的 d 形式的本构方程为(见式(3.30))

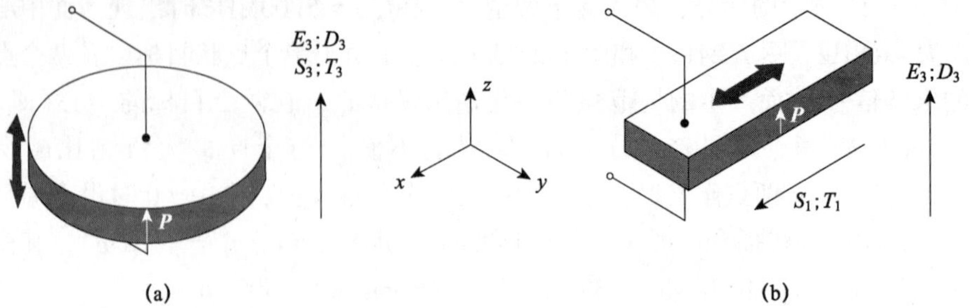

图 7.25　压电薄元件工作在厚度延伸模式和横向长度模式(底部和顶部表面完全覆盖电极；红色箭头表示机械振动的方向；**P** 指电极化，如压电陶瓷材料)(见彩插)

(a) 厚度延伸模式；(b) 横向长度模式。

$$D_3 = \varepsilon_{33}^{T} E_3 + d_{33} T_3 \tag{7.75}$$

$$S_3 = d_{33} E_3 + s_{33}^{E} T_3 \tag{7.76}$$

对于厚度延伸模式和横向长度模式，分别为

$$D_3 = \varepsilon_{33}^{T} E_3 + d_{31} T_1 \tag{7.77}$$

$$S_1 = d_{31} E_3 + s_{11}^{E} T_1 \tag{7.78}$$

列出的变量表示下列物理量(见 3.3 节)：

① 电场强度 E_i；

② 电位移 D_i；

③ 机械应力 T_p；

④ 机械应变 S_p；

⑤ 恒定机械应力下的介电常数 ε_{ii}^{T}；

⑥ 恒定电场强度下的弹性柔度常数 S_{pq}^{E}；

⑦ 压电应变常数 d_{ip}。

下面讨论单元件换能器的基本结构和设置，以及换能器阵列和压电复合换能器的概念。

7.4.1　单元件换能器

一个单元件换能器只包含一个压电元件，用于产生和接收声压波。本节说明利用压电材料的厚度延伸模式或横向长度模式的单元型超声波换能器的设置。

1. 厚度延伸模式

许多超声波换能器都采用压电材料的厚度拉伸方式，尤其是在水[35, 65] 等液体介质中使用的超声波换能器。在厚度拉伸模式的共振频率附近操作换能器是有意义的，因为对于这样的频率，所产生的表面法向速度$\hat{v}_n$和产生的声压$\hat{p}$ ~（如式(7.34)）的幅值都会比较大。不足为奇的是，当入射声压波频率相似时，换能器的电输出信号也会很大。根据连续介质力学的基本原理(见2.2节)，薄压电元件(如圆盘)的厚度展开模式的共振频率f_r为

$$f_r = \frac{C_P}{\lambda_P} = \frac{C_P}{2t_S} \tag{7.79}$$

式中：C_P、λ_P和t_S分别为压电材料中的波的传播速度、相应的波长和材料厚度。换句话说，当$t_S = \lambda_P / 2$时，压电元件内部的机械振动将发生共振。

此外，必须考虑这样一个事实，即常见的压电材料(如压电陶瓷)和典型的声音传播介质在声波阻抗Z_{aco}上存在很大差异，如水的Z_{aco}和普通压电陶瓷材料的Z_{aco}值分别约为$1.5 \times 10^6 Nsm^{-3}$和$30 \times 10^6 Nsm^{-3}$。因为大多数入射波会被反射在压电元件或波传播介质的界面上(见2.3.4小节)，所以仅由压电元件组成的超声波换能器不能有效地辐射和接收声压波。这就是需要在压电元件和波传播介质之间放置附加元件的原因。这些组件通常称为匹配层(图7.26)，因为它们应该能够匹配不同的声学特性[3,40]。匹配层需要满足两个条件。第一个条件指层的厚度，而第二个条件指的是它的声阻抗。与电气工程中的传输线一样，层厚度应为$t_M = \lambda_M / 4 = c_M / (4f)$，其中$\lambda_M$和$c_M$表示层内纵向机械波的波长和波速①。在文献中可以找到关于第二个条件的有限的设计标准集，即匹配层的声波阻抗[15,35]。如果使用一个匹配层，则它的最优声波阻抗$Z_{aco;M}$为

$$Z_{aco;M} = \sqrt{Z_{aco;P} Z_{aco;W}} \tag{7.80}$$

式中：$Z_{aco;P}$和$Z_{aco;W}$分别为材料和声传播介质的声阻抗。在两个匹配层的情况下，最优声波阻抗为

$$Z_{aco;M1} = Z_{aco;P}^{3/4} Z_{aco;W}^{1/4} \tag{7.81}$$

$$Z_{aco;M2} = Z_{aco;P}^{1/4} Z_{aco;W}^{3/4} \tag{7.82}$$

式中：$Z_{aco;M1}$为接近压电元件匹配层的声波阻抗；$Z_{aco;M2}$为接近声音传播介质匹配层的声波阻抗。两种设计准则都直接遵循电气工程中的最大功率传递定理。另外，Desilets等[15]建议对于一个单一的匹配层，采用声阻抗

$$Z_{aco;M} = Z_{aco;P}^{1/3} Z_{aco;W}^{2/3} \tag{7.83}$$

当两个匹配的层被用于超声波换能器时，采用声阻抗

$$Z_{aco;M1} = Z_{aco;P}^{4/7} Z_{aco;W}^{3/7} \tag{7.84}$$

---

① 根据电气工程，通常将厚度为$\lambda_M/4$的层称为$\lambda/4$变压器。

$$Z_{aco;\ M2} = Z_{aco;\ P}^{\ 1/7} Z_{aco;\ W}^{\ 6/7} \tag{7.85}$$

尽管匹配层的替代设计标准不能产生最大声压和电换能器输出，但这些标准为产生和接收宽带(即短) 超声波脉冲提供了优势。

压电元件前端的匹配层允许压电材料和声音传播介质之间的有效能量传递。然而，压电元件的后面对于超声波换能器的性能也起着重要的作用。由于位置的关系，压电元件后面的部件通常称为背衬(图 7.26)[3, 65]。在实际情况下，可以区分背衬的声波阻抗$Z_{aco;\ B}$的两个极限，即$Z_{aco;\ B} \ll Z_{aco;\ P}$和$Z_{aco;\ B} \approx Z_{aco;\ P}$。如果在压电元件的背面没有任何固体材料，就会产生第一个极限；也就是说，元件被空气终止。因此，入射波在压电元件 / 空气界面几乎完全反射，从而导致附加波传播到压电元件前端。附加波增加了所产生的声压值和换能器的输出，但是减少了超声波换能器的有效带宽。

由于压电元件和背衬的声阻抗在第二极限(即$Z_{aco;\ B} \approx Z_{aco;\ P}$) 时近似重合，入射波几乎完全通过界面压电元件(背衬) 传播。因此，波在这个界面上几乎不会被反射。如果衬底材料在其厚度t_B上对传播的机械波有很大的衰减，那么在衬底后端反射的波在再次到达衬底 / 压电元件[47] 时的强度将可以忽略不计。这意味着脉冲式换能器激励不产生进一步的脉冲。因此，超声波换能器的有效带宽相当大，但产生的声压值和电换能器输出将低于没有背衬的情况。基于这些理由，必须根据超声波换能器的实际应用来设计背衬。而空气应该用于高声压值和换能器输出，但在背衬匹配的情况下增加的带宽会产生更大的换能器带宽，这对超声波成像系统是有利的[11, 35]。

图 7.26 给出了基于压电材料厚度拉伸模式的超声波换能器的典型结构。压电材料(如压电陶瓷) 前后都覆盖着电极。根据上述说明，需要在前面有适当的匹配层，并且根据应用，需要在压电元件的后面有背衬材料。

除了这些部件外，超声波换能器通常还配备有另一层，该层应保护压电元件免受声音传播介质的影响，并且还可用于实现聚焦超声波换能器[11, 40]。作为声透镜的这种保护层的曲率半径和相关介质(即层材料和声传播介质) 的声学特性都会影响最终的焦距。当然，超声波换能器只有在制造过程中将附加组件(即匹配层、背衬材料和保护层) 小心地与压电元件连接起来才能发挥良好的性能。

2. 横向长度模式

当压电元件的工作频率接近其机械振动的共振频率f_r时，压电元件将具有较高的位移和速度。如前所述，对于厚度拉伸模式，意味着压电元件应该是厚度$t_S \approx \lambda_P / 2$。因为小的超声波频率意味着大的波长$\lambda_P$，所以需要相当厚的元件。尤其是当应用需要较大的有源面积时，由于需要大量的压电材料，厚元件会相当

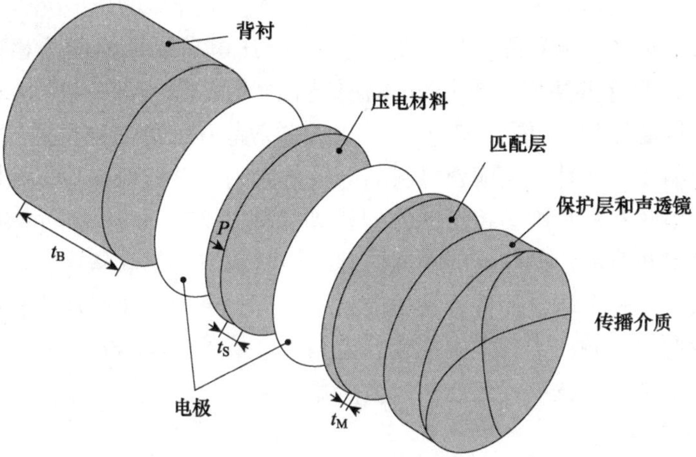

图 7.26 压电超声波换能器的典型结构(包括覆盖电极的压电陶瓷膜、匹配层、背衬和声透镜保护层)

昂贵。

可以用压电元件的横向长度模式代替厚度延伸模式来产生和接收声压波。为了解释横向长度模式定义，考虑一个机械夹紧在其边缘的薄圆膜。这种薄膜内弯曲波的第一特征频率f_{r1}(对应于第一共振频率) 的计算式为[55]

$$f_r = \frac{10.216}{2\pi R_{mem}^2}\sqrt{\frac{E_M t_{mem}^2}{12(1-v_P^2)\varrho_0}} \tag{7.86}$$

式中：R_{mem}、t_{mem}、ϱ_0、E_M、μ_P分别为膜的半径、厚度、密度、杨氏模量和泊松比。对于半径R_{mem} = 5mm、厚度t_{mem} = 0.5mm 的铝膜①，第一响应频率f_{r1} 取值51kHz，这是机载超声波中典型的超声波频率。通过附着在薄膜上的合适的压电元件(如薄圆盘) 可以激发膜内的弯曲波。压电元件由于其横向长度模式而产生的机械变形会产生弯曲力矩，从而导致夹紧膜的变形。因此，通过压电元件的时变电激励，可以产生周期性的膜振荡，从而在波传播介质中产生声场。这些压电单晶片换能器(图 7.27(a)) 由于结构简单、压电材料用量少，常用于实际应用，尤其是机载超声波[18, 40]。压电单晶片换能器不仅限于声场的产生，还可以作为声压波的接收器；也就是说，这种换能器适用于脉冲回波模式。

图 7.27(b) 和图 7.27(c) 显示超声波换能器的替代结构，这也利用了压电材

---

① (7.86) 铝的材料数据：ϱ_0 = 2700kg m^{-3}，E_M = 67.6kN mm^{-2}，ν_P = 0.36(表 2.5)。

料的横向长度模式。因为两种结构都由两个必须机械连接的压电元件组成，这些换能器通常被称为压电双晶片换能器[40, 67]。与压电单晶片换能器相比，双晶片换能器不包含额外的薄膜。在压电陶瓷材料的情况下，从极化方向和电的布线看，第一种换能器类型(图7.27(b))称为并联双晶片，第二种类型(图7.27(c))称为串联双晶片。两种压电陶瓷材料的电极化 $\boldsymbol{P}$ 对于并联双晶片呈相同的方向排列，而对于串联双晶片则呈相反的方向排列。图7.27(d) 展示了由电压 $u(t)$ 电激励的压电串联双晶片换能器的功能原理。当电压施加到双晶片上时，一个压电元件会膨胀，另一个压电元件会沿横向收缩。由于单个元件的延伸和缩短，压电双晶片发生弯曲，并产生一定的挠度。正如压电单晶片换能器一样，可以将这一功能原理用于脉冲回波模式的超声波换能器。

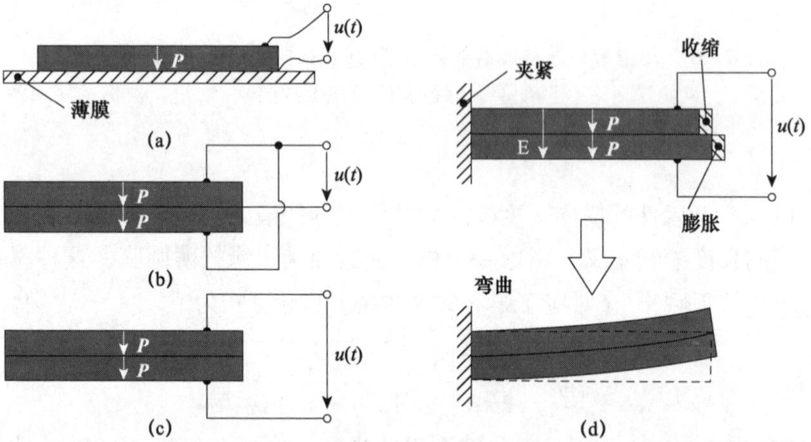

图7.27　压电换能器功能原理(电激励 $u(t)$；压电陶瓷材料的极化 $\boldsymbol{P}$)
(a) 压电单晶片换能器；(b) 压电并联双晶片换能器；(c) 压电串联双晶片换能器；
(d) 压电双晶片换能器的功能原理。

最后，需要强调的是，压电单晶片和双晶片的弯曲换能器不限于超声波范围。通过合适的换能器设计(特别是几何尺寸)，它们也可以在可听范围内使用，即频率 $f < 20\text{kHz}$[23]。

7.4.2　换能器阵列

将几个单元件换能器组合在一起，就得到一个换能器阵列。当可以分别用电激励和读出这些单元换能器时，产生的阵列通常称为相控列①[29, 77]。图 7.28 所示为直线排列的 7 个元件相控阵的基本工作模式。除了 pulse - echo 和 pitch - catch 模式外(图 7.1)，基本上可以区分 4 种基本的工作模式，即同步波束、波束控制、聚焦波束及控制和聚焦。模式同步波束与所有阵元或子阵的同时激发和读出有关，而其他工作模式则要求适当的时延 Δt_i。这些时间延迟直接来自传播介质中的声速c_0。例如，为了产生一个倾斜的波前，模式波束控制时，相邻两个单元之间激励信号的时移必须是恒定的。相比之下，聚焦光束以及操纵和聚焦的工作模式需要相邻的两个元件之间的不同时间偏移。如果波束控制模式、聚焦波束模式以及控制和聚焦模式分别用于声场的产生和评价，则必须考虑阵列激发和读出过程中的个别时间延迟。

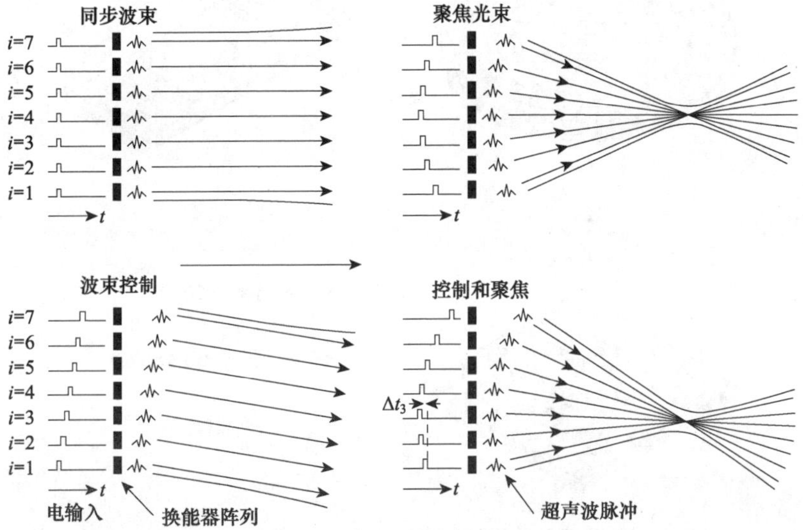

图 7.28　超声脉冲相控阵(换能器阵列) 的基本工作模式(由 7 个单元组成的线阵阵列，即 $i = 1, 2, \cdots, 7$，阵元 i 的时间延迟 Δt_i)

除了阵列单元的时间延迟 Δt_i 外，还具有单独改变电激励的振幅以及累积接收信号的作用。这种切趾法允许修改相控阵的发射和接收特性[12, 77]。在此过程中，可以通过线性相控阵产生高斯超声波束。声发射过程中的单个时延和切趾的组合也称为波束整形，而它通常被称为声接收过程中的波束形成。

相控阵对在脉冲回波模式下操作的超声波成像系统特别有用，如在医疗诊断

① 相控阵的名称源于时间延迟与相移相对应。

中。与聚焦单元换能器相反，人们不需要机械地在应该成像的整个目标区域移动这样的阵列，而是可以应用基本的操作模式(如控制和聚焦)，从而大大缩短了检查时间。

在超声波相控阵中，单元式换能器的排列和几何形状存在多种可能性。图7.29显示了基于单元换能器的厚度扩展模式的3种最知名的阵列类型，即环形阵列、线性阵列和二维阵列[29, 40]。下面将讨论这些类型的超声波相控阵。

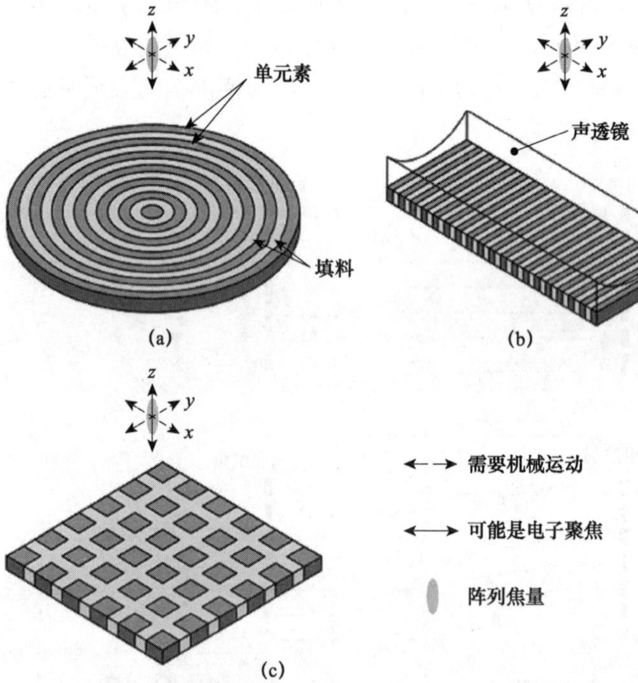

图7.29　基于单元换能器的厚度扩展模式的3种典型阵列类型(阵列由单元换能器(以厚度延伸模式工作)组成，在两个传感器之间有适当的填充；背面和省略匹配；聚焦体积上的笛卡尔坐标系的虚线部分需要阵列的机械移动；实体部分允许电子聚焦；电极在底部和顶部表面，匹配层和背衬省略)

(a) 环形阵列；(b) 线性阵列(线性相控阵配备有 y 方向固定焦的声透镜)；(c) 二维相控阵列。

1. 环形阵列

超声波环形阵列由几个同心排列的环组成，主要由压电陶瓷材料制成(图7.29(a))。借助环形阵列可以模拟在脉冲回波模式下工作的活塞式和球聚焦换能器[4, 65]。如果要模仿活塞式换能器，必须同时激励和读出单个活塞环。然而，球聚焦的环形阵列对于各个环需要变化的时延(图7.28)，这些时延必须适用于脉冲产生和接收。环形阵列的内环在电激发的同时也比外环读出得晚。在此基础上，模拟了球聚焦单元件换能器声透镜的不同飞行时间。时延 Δt_i 随声速c_0 的变化决定了焦点体积的深度(即 z 位置)。Δt_i 越大，聚焦体积的 z 位置越小，从而减小了与环形阵列的轴向距离。虽然时延清楚地说明了产生声音的聚焦体积的位置，但也可以根据接收模式独立地改变它们。这是因为对反射超声波的评估可以在不同的 Δt_i 离线进行。因此，对于单个发射的超声波脉冲[29]，能够在接收模式下动态聚焦在不同的 z 轴位置。

由于无须进一步的信号处理(如合成孔径聚焦技术)就可以实现 z 向电子聚焦，因此环形阵列探测物体所需的时间比球聚焦换能器要短。然而，仍然必须机械地移动阵列至少在一个更远的方向(在这里 x 和 y 方向)再成像，因为环形阵列不允许操纵。这样的机械运动通常意味着长时间的检查，这构成了一个实际应用的问题，如医学诊断。这就是超声波环形阵列目前只用于特殊应用的原因，如同时测定层状结构的厚度和声速[38]。

2. 线性阵列

图 7.29(b) 描述了超声波线性阵列的典型设置。在某种程度上，线性阵列包括多达数百个压电陶瓷材料制成的单元换能器，它们沿直线排列[29]。正如已经讨论过的，当可以分别激发和读出每个单元时，这种线性相控阵可以实现各种基本工作模式(图 7.28)。基本的操作模式通常不是同时对所有单个元素执行，而是只对一个子组执行。这意味着，例如，前 10 个元素的线性阵列(即 $i = 1, 2, \cdots, 10$)用来产生聚焦光束和评估产生的反射。然后，对于从第二个元素开始的 10 个数组元素执行相同的过程，即 $i = 2, 3, \cdots, 11$。通过这些平行扫描(图 7.30(a))，人们可以在没有任何机械运动的情况下，通过超声波线性阵列，在短时间内研究一个相当大的物体横截面。然而，平行扫描需要在整个线性阵列上与物体有足够的声耦合，这几乎是不可能的，如在医疗诊断中需要检查一个大的身体区域。基于这一事实，单个元件经常沿着一条曲线排列，产生一个凸起的声波头，也称为曲线相控阵(图 7.30(b))[40, 77]。与传统的超声波线性阵相比，曲线相控阵需要较小的耦合面积，因此特别适用于医学诊断中的腹腔检查。

除了传统的直线阵列和曲线相控阵列外，还可以使用特殊的直线阵列，即扇形相控阵(图 7.30(c))，它只需要很小的耦合面积，但是由多达数百个单元换能器组成[29]。由于平行扫描对于如此短的线性阵列没有意义，超声波成像必须基于控制和聚焦的基本操作模式。这就是产生的 B 模式图像(见 7.7 节)以圆段形式出现的原因，通常被称为扇区扫描。控制和聚焦模式只有当每个阵元提供近似球面的指向性模式时才有可能，这就限制了它们的横向阵元尺寸为$\lambda_{aco}/2$(满足

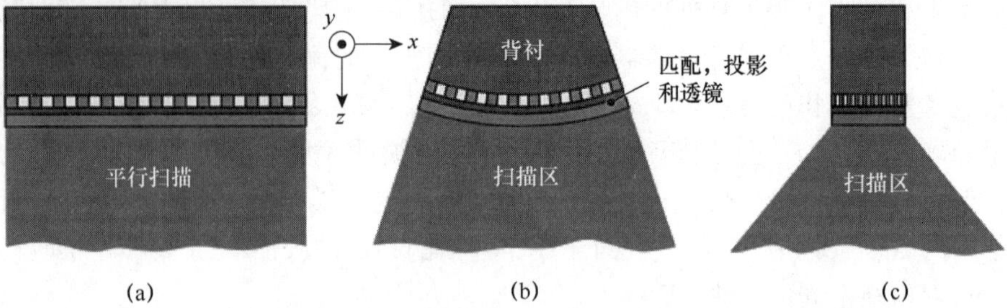

图 7.30　常规线阵的平行扫描和曲线相控阵以及扇区相控阵的平行扫描

（a）常规线阵；（b）曲线相控阵；（c）扇形相控阵。

$kR_{T} \leqslant \pi$；见图 7.10）。从实用的角度来看，小尺寸的阵列元件意味着脉冲回波图像的灵敏度小，产生的信噪比很低。此外，为了避免整个相控阵的指向性模式中出现光栅波瓣，这可能会导致生成图像模糊，相邻阵元之间的间距要限制在 $\lambda_{aco}/2$[72]。当间距取较大的值时，必须处理缩小的扫描面积[81]。换句话说，控制和聚焦相控阵的可能角 θ（图 7.8）将远小于 90°。根据这些基本要求，小型阵列元件必须密集排列，这可能导致相邻元件之间的电气和机械串扰扰动。虽然部分相控阵列对制造工艺提出了巨大的挑战，但其耦合面积小、检测时间短等优点超过了生产成本和要求的生产精度。因此，特别是在医疗诊断中，经常使用扇区相控阵也就不足为奇了。

线性相控阵能够实现 x 方向的电子聚焦，而 y 方向的聚焦通常是通过固定焦距的声透镜实现的（图 7.29(b)）。因为机械聚焦在一定深度（即 z 位置）是比较理想的。此外，对物体的三维研究仍然要求线性阵列朝一个方向机械运动，这里是 y 方向。

3. 二维相控阵

对于超声波成像的一些实际应用，如医学诊断中的实时成像，希望能够在没有任何阵列机械运动的情况下进行三维研究。然而，环形阵列和线性相控阵列不能用于这项任务，因为必须机械地移动它们。原则上，二维相控阵（图 7.29(c)）能够在所有空间方向上进行电子聚焦和操纵[40, 77]。因此，这种阵列应该适用于以三维超声波为基础的目标探测。

当然，二维相控阵和部分相控阵一样，对制造工艺提出了类似的挑战。不同之处在于，二维相控阵在空间的两个方向上都面临着挑战。此外，如果二维相控阵在 x 方向和 y 方向上都表现出合理的单元数，那么单元换能器的数量将大幅度增加。例如，阵列的每个方向上的 128 个元素，共产生 128 × 128 = 16384 个单元，这些单元应该以相控阵的基本操作模式独立运行。大量的单一单元也伴随着信号处理和调制的巨大挑战。此外，需要对阵列元件进行独立的控制和读出电子元件，这些元件可以通过位于换能器头部的多路复用器和解多路复用器进行管理。基于这些理由，近年来，超声波成像的二维相控阵的研究和开发正在进行中。压电微机械超声波换能器(pMUTs) 是利用压电的二维相控阵阵列的一种备受关注且有前景的方法[14, 45, 80]。

7.4.3 压电复合换能器

压电复合换能器的压电有源部分不是传统意义上的压电元件(如压电陶瓷圆盘)，而是包含嵌入环氧树脂等无源材料基体中的小或薄的压电元件。压电复合换能器在实际应用中经常用来替代由块状压电陶瓷组成的普通换能器[25, 70]。这是因为压电复合材料相对于传统压电陶瓷有以下优点[65]。

(1) 压电复合材料的声波阻抗Z_{aco}比压电陶瓷小，因为无源材料基质提供了相对较低的Z_{aco}值。这一事实促进了压电有源部分与波传播介质(如水或人体) 的声学匹配。

(2) 基于压电复合材料的超声波换能器在一定程度上提供了较高的机电耦合效率，对于超声波的发射和接收具有重要意义。

(3) 无源材料可以减少压电复合材料中机械振动模式的不必要耦合，如设计合理的压电复合材料圆盘的径向模式对其厚度拉伸模式几乎没有影响。

(4) 由于采用了柔软的无源材料基体，所得的压电复合材料具有机械柔性，更易于制作曲面超声波换能器。

一般来说，压电复合材料的结构形式是多种多样的。为了唯一地定义不同的构型，Newnham 等[46] 引入了压电复合材料的连接模式。根据这个定义，区分了含有两种不同压电复合材料的 10 种连接模式，即压电材料作为有源材料和无源材料。在复合材料中，每种材料可以在空间的 0、1、2 或 3 个方向上连续(自连接)。当一种材料在一个方向上连续时，这种材料只能沿着这个方向移动而不会影响其他材料。因此，表示材料连续性的空间方向数也对应于机械运动的自由度。

通常将压电复合材料的连通模式以$i-j$的形式表示为$\{i, j\}=\{1, 2, 3\}$，这有 10种可能性，即0-0、0-1、0-2、0-3、1-1、1-3、2-1、2-2、2-3及3-3[46, 66]。第一个数字(即i) 表示压电材料在空间的自由度，第二个数字(即j) 表示无源材料的自由度。图7.31 显示了超声波换能器中压电复合材料常用的 3种连接模式0-3、1-3和2-2的典型结构。特别是基于压电陶瓷纤维的1-

3复合材料，由于其高效的制造工艺而成为超声波换能器的突出候选材料[21, 65, 73]。这种压电复合材料(通常称为1－3纤维复合材料）的性能主要取决于3个方面：①纤维和无源材料的材料性能；②几何尺寸和排列(均匀或不均匀分布)；③压电陶瓷纤维在复合材料中的体积分数。

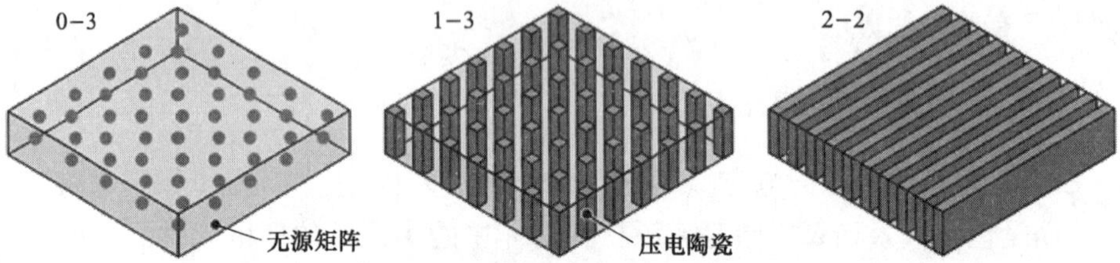

图7.31　压电复合材料的典型结构具有连通模式0－3、1－3和2－2
(由无源基体材料和作为有源部分的压电陶瓷材料组成；为了更好地说明，
省略了顶部和底部表面的电极以及部分无源材料)

如图7.29和图7.31所示，传导阵列和压电复合换能器的总体结构非常相似，如二维相控阵和1－3复合。然而，主要的区别在于各个压电元件之间的电接触。虽然复合材料中的压电元件可以共同接触，但换能器阵列需要独立的接触，因此，应电隔离电极。

7.5　分析建模

为了预测压电超声波换能器的性能，可以利用第4章的有限元模拟。因此，在压电材料表面和材料内部耦合不同的物理场(如机械场和声场)是至关重要的。接下来将在频域中应用一种简化的一维建模方法，它允许对压电超声波换能器的基本物理关系进行解析描述。然而，与有限元模拟相反，这种一维模拟并不能提供3个方向的空间分布量，而是局限于空间的一个方向。

假设薄片压电片在z方向(即厚度方向)上极化，其前后完全被电极覆盖(图7.32(a))。假设基底面积为A_S、厚度为t_S的圆盘只在极化方向上振动，这意味着可以忽略空间中其他方向的物理量相关性，即x、y方向。在磁盘的前面和后面分别在z方向上加载机械力F_F和F_B。圆盘的前后速度分别称为v_F和v_B。在频域中，这些边界条件的复数表示为

$$\underline{F}_B = A_S \underline{T}_3\left(\frac{-t_S}{2}\right);\quad \underline{F}_F = -A_S \underline{T}_3\left(\frac{t_S}{2}\right) \tag{7.87}$$

$$\underline{v}_B = \underline{v}_3\left(\frac{-t_S}{2}\right);\quad \underline{v}_F = -\underline{v}_3\left(\frac{t_S}{2}\right)$$

式中：$\underline{T}_3(z)$ 为盘内的机械应力；$\underline{v}_3(z)$ 为速度。这两个量都指向 z 的正方向。从连续介质力学的物理基础(见 2.2 节) 可以推断

$$\frac{\partial \underline{T}_3}{\partial z} = \mathrm{j}\omega\, \varrho_P\, \underline{v}_3,\quad \frac{\partial\, \underline{v}_3}{\partial z} = \mathrm{j}\omega\, \underline{S}_3 \tag{7.88}$$

当角频率 $\omega = 2\pi f$ 时，压电元件内的材料密度为ϱ_P 和机械应变为$\underline{S}_3(z)$。2.1 节中关于电磁学的物理基础导出了通过压电元件的电流$\underline{i}_P$ 和电压$\underline{u}_P$ 的复数表示，即

$$\underline{i}_P = \mathrm{j}\omega\, \varrho\, A_S\, \underline{D}_3,\quad \underline{u}_P = \int_{-T_s/2}^{T_s/2} \underline{E}_3 \mathrm{d}z \tag{7.89}$$

根据线性压电效应的本构方程(见式(3.21))，h 型的厚度方向振动的相关部分变为

$$\underline{T}_3 = c_{33}^{D}\, \underline{S}_3 - h_{33}\, \underline{D}_3 \tag{7.90}$$

式中：c_{33}^{D} 为弹性刚度常数；常数 D 为电位移；表达式 h_{33} 为压电常数，也称为传输常数。因为压电材料不包含自由电荷，所以电位移$\underline{D}_3$ 相对于 z 位置保持恒定，也就是说，$\partial D_3/\partial z = 0$。由此式(7.88) 和式(7.90) 产生了微分方程[35]

$$\frac{\partial^2 \underline{v}_3}{\partial z^2} + \frac{\omega^2\, \varrho_P}{c_{33}^{D}}\, \underline{v}_3 = 0 \tag{7.91}$$

这可以由 Ansatz 函数解出(波数 $k = \omega\sqrt{\varrho_P \;/\; c_{33}^{D}}$)，即

$$\underline{v}_3(z) = \underline{v}_3^{+} \cdot \mathrm{e}^{\mathrm{j}kz} + \underline{v}_3^{-} \cdot \mathrm{e}^{\mathrm{j}kz} \tag{7.92}$$

由向前和向后的波组成。现在，可以将所有这些方程与边界条件式(7.87) 结合起来。经过一些数学处理，得到矩阵系统①[3,39] 为

① 双曲余割 $\operatorname{csch}(x) \equiv 1/\sinh(x)$。

$$\begin{bmatrix} \underline{F}_B \\ \underline{F}_F \\ \underline{u}_P \end{bmatrix} = \begin{bmatrix} Z_P \coth(kt_s) & Z_P \operatorname{csch}(kt_s) & \dfrac{h_{33}}{j\omega} \\ Z_P \operatorname{csch}(kt_s) & Z_P \coth(kt_s) & \dfrac{h_{33}}{j\omega} \\ \dfrac{h_{33}}{j\omega} & \dfrac{h_{33}}{j\omega} & \dfrac{1}{j\omega c_0} \end{bmatrix} \begin{bmatrix} \underline{v}_B \\ \underline{v}_F \\ \underline{i}_P \end{bmatrix} \tag{7.93}$$

式中：$Z_P = Z_{aco;P} A_S$ 为压电材料的声波阻抗$Z_{aco;P} = \sqrt{\varrho_P c_{33}^D}$ 的辐射阻抗(Nsm^{-1})①。它的固定电容C_0(常机械应变 S 的电介电常数 ε_{33}^S) 为

$$C_0 = \frac{\varepsilon_{33}^S A_S}{t_S} \tag{7.94}$$

式(7.93) 的左上 2 × 2 子矩阵描述了压电圆盘内机械波随着相速度$c_P = \sqrt{c_{33}^D / \varrho_P}$ 传播。相比之下，包含 h 常数 h_{33} 速率的项是机电耦合。

在目前的形式下，矩阵系统没有考虑压电材料内部的损耗。为了近似这种损耗，必须通过下式用以代替辐射阻抗Z_P、波数 k 和C_0，即

$$\begin{cases} \underline{Z}_P = \sqrt{\varrho_P c_{33}^D}\left(1 + \dfrac{j}{2Q_P}\right) A_S \\ \underline{k} = \omega \sqrt{\dfrac{\varrho_P}{c_{33}^D}}\left(\dfrac{1}{2Q_P} + j\right) \\ \underline{C}_0 = \dfrac{\varepsilon_{33}^S A_S(1 - \tan\delta_d)}{t_S} \end{cases} \tag{7.95}$$

式中：Q_P 为压电材料的机械品质因子；$\tan\delta_d$ 为损耗因子(见式(5.56))[39]。对于压电陶瓷这样的压电材料，建议利用这些因素与阻尼系数α_d 之间的基本关系，即

$$\tan\delta_d = \frac{1}{Q_P} = \alpha_d \tag{7.96}$$

我们能够通过反演方法确定材料特定量α_d(见5.3节)。式(7.95) 中的其余表达式$\underline{Z}_P$ 和 $\underline{k}$ 分别表示Z_P 和 k 的复数版本。

从系统的观点来看，式(7.93) 可以解释为由两个机械(声学) 端口和一个电气端口组成的三端口网络。机械端口与机械力和速度有关，而电气端口连接电压和电流(图 7.32(b))。由于力对应于电压、速度对应电流，所以机械系统和电网络的

① 辐射阻抗也称为机械阻抗。

选择类比是力 - 电压类比,也称为阻抗类比[40]。

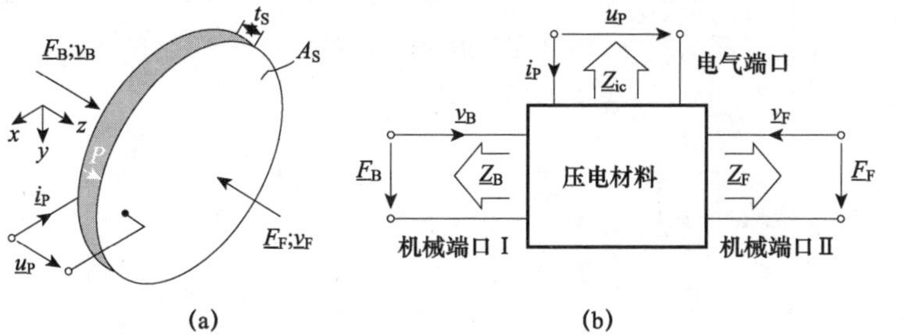

图 7.32　压电薄片在厚度方向上的极化

(a) 前后均有电极的压电薄片(厚度t_S;z 方向极化);(b) 压电材料的三端口网络表示法。

下面讨论两个著名的电子网络,它们准确地反映了矩阵系统式(7.93)。7.5.2 节解释了提前预测压电超声波换能器的决定性信息的计算过程,如产生声压的时间响应。最后将显示计算结果。

7.5.1　等效电路

通过上述力 - 电压模拟,可以定义压电超声波换能器的等效电路。这些等效电路的目的是通过电网络的集总元件精确模拟传感器在机械和电气端口的特性。本书简要讨论了两种等效电路,即梅森等效电路和 KLM 等效电路,它们广泛地用于厚度延伸模式压电超声波换能器的模拟、设计和优化。

1. 梅森等效电路

图 7.33 说明了压电元件的梅森等效电路[6,44]。它由一个代表机械波在压电材料中传播的 T 形网络组成。此外,该等效电路还包含一个理想变换器,其传输比$N_P = h_{33} C_0$。加上负电容 $-C_0$,这种理想的变压器可以解决机械端口和电气端口的耦合问题。

2. KLM 等效电路

Krimholtz、Leedom 和 Matthaei[37] 在 1970 年提出了 KLM 等效电路(图 7.34)。用长度为t_S 的机械传输线模拟压电元件中机械波的传播。同样,电气端口和机械端口通过一个连接到这个传输线中心的变压器耦合起来。与梅森等效电路相比,变压器的传输比$\underline{\Phi}_P(\omega)$ 不是常数,而是取决于所考虑的频率,其定义为

$$\underline{\Phi}_P(\omega) = \frac{\omega \underline{Z}_P}{2h_{33}}\csc\left(\frac{\underline{k}t_S}{2}\right) \tag{7.97}$$

两个等效电路完全对应于矩阵系统(式(7.93))。然而,它们不同的结构有利

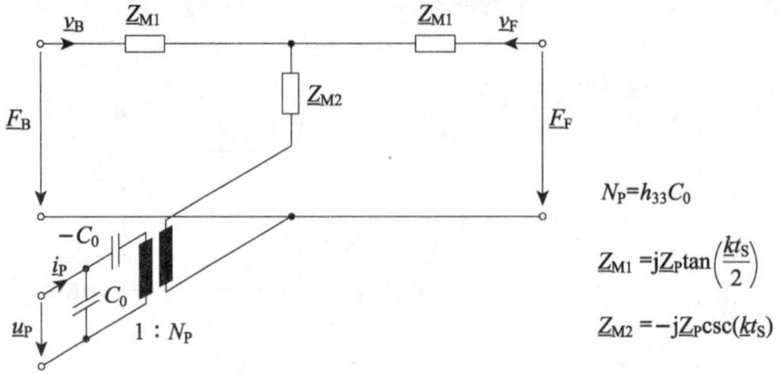

图 7.33　压电元件厚度拉伸模式的梅森等效电路

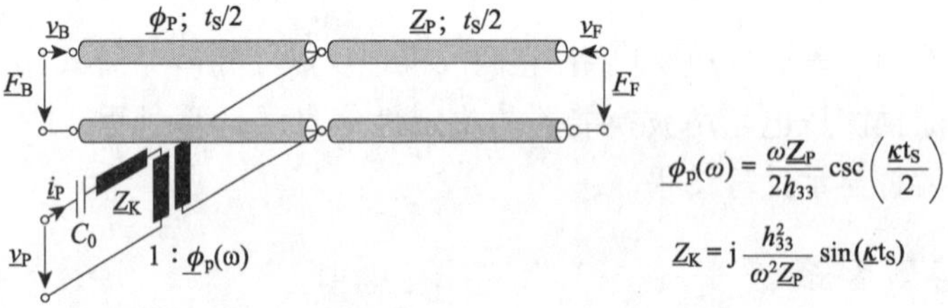

图 7.34　压电元件厚度拉伸模式下的 KLM 等效电路

于理解和描述压电超声波换能器的特殊特性[3,39]。由于梅森等效电路中的电气端口并联装有固定电容C_0,因此能够更好地描述电气性能。另外,KLM 等效电路简化了在前面和后面的压电元件附加元件(如匹配层)的考虑,因为该电路版本是基于机械传输线。

7.5.2　计算过程

除了压电材料的几何尺寸和特性外,超声波换能器的解析模型要求在两个机械端口的辐射阻抗$\underline{Z}_B$和$\underline{Z}_F$(图 7.32(b))。假定力$\underline{F}_{B;F}$和速度$\underline{v}_{B;F}$的箭头方向,这些辐射阻抗为

$$\underline{Z}_B=-\frac{\underline{F}_B}{\underline{v}_B},\underline{Z}_F=-\frac{\underline{F}_F}{\underline{v}_F} \tag{7.98}$$

如果电路的输入阻抗$\underline{Z}_{ic}$已知,还可以考虑在电气端口附加一个电路。

压电超声波换能器的许多应用领域主要关注于阻抗以及从电气端口到机械端口的传输特性;反之亦然。为了推导出这些量,从矩阵系统(式(7.93))开始,它读作

$$\begin{bmatrix} \underline{F}_B \\ \underline{F}_F \\ \underline{u}_P \end{bmatrix} = \begin{bmatrix} \underline{z}_{11} & \underline{z}_{12} & \underline{z}_{13} \\ \underline{z}_{21} & \underline{z}_{22} & \underline{z}_{23} \\ \underline{z}_{31} & \underline{z}_{32} & \underline{z}_{33} \end{bmatrix} \begin{bmatrix} \underline{v}_B \\ \underline{v}_F \\ \underline{i}_P \end{bmatrix} = \underline{\boldsymbol{Z}} \begin{bmatrix} \underline{v}_B \\ \underline{v}_F \\ \underline{i}_P \end{bmatrix} \tag{7.99}$$

3 × 3 阻抗矩阵$\underline{\boldsymbol{Z}}$(分量$\underline{z}_{ij}$) 构成了压电元件的紧凑形式。在不限制一般性的情况下,进一步假设元素的前端(即机械端口 II) 用于发射和接收声压波。通过在元件背面引入辐射阻抗$\underline{Z}_B = -\underline{F}_B / \underline{v}_B$(见式(7.98)),可以将三端口网络简化为一个只由机械端口 I 和电气端口组成的二端口网络。这个二端口网络的矩阵系统为

$$\begin{bmatrix} \underline{F}_F \\ \underline{u}_P \end{bmatrix} = \begin{bmatrix} \underline{z}_{22} - \dfrac{\underline{z}_{12}\,\underline{z}_{21}}{\underline{Z}_B + \underline{z}_{11}} & \underline{z}_{23} - \dfrac{\underline{z}_{13}\,\underline{z}_{21}}{\underline{Z}_B + \underline{z}_{11}} \\ \underline{z}_{32} - \dfrac{\underline{z}_{12}\,\underline{z}_{31}}{\underline{Z}_B + \underline{z}_{11}} & \underline{z}_{33} - \dfrac{\underline{z}_{13}\,\underline{z}_{31}}{\underline{Z}_B + \underline{z}_{11}} \end{bmatrix} \begin{bmatrix} \underline{v}_F \\ \underline{i}_P \end{bmatrix} \tag{7.100}$$

或紧凑形式 2 × 2 阻抗矩阵$\underline{\widetilde{\boldsymbol{Z}}}$(分量$\underline{\tilde{z}}_{ij}$),即

$$\begin{bmatrix} \underline{F}_F \\ \underline{u}_P \end{bmatrix} = \begin{bmatrix} \underline{\tilde{z}}_{11} & \underline{\tilde{z}}_{12} \\ \underline{\tilde{z}}_{21} & \underline{\tilde{z}}_{22} \end{bmatrix} \begin{bmatrix} \underline{v}_F \\ \underline{i}_P \end{bmatrix} = \underline{\widetilde{\boldsymbol{Z}}} \begin{bmatrix} \underline{v}_F \\ \underline{i}_P \end{bmatrix} \tag{7.101}$$

为了确定压电元件的阻抗和传输特性,建议将$\underline{\widetilde{\boldsymbol{Z}}}$转换为 2 × 2 逆链矩阵$\underline{\boldsymbol{B}}$(分量$\underline{b}_{ij}$)。将机械量和电量分别作为输入和输出的矩阵系统就变为[7]

$$\begin{bmatrix} \underline{v}_F \\ \underline{i}_P \end{bmatrix} = \frac{1}{\underline{\tilde{z}}_{12}} \begin{bmatrix} \underline{\tilde{z}}_{22} & \det \underline{\widetilde{\boldsymbol{Z}}} \\ 1 & \underline{\tilde{z}}_{11} \end{bmatrix} \begin{bmatrix} \underline{F}_F \\ -\underline{v}_F \end{bmatrix} = \begin{bmatrix} \underline{b}_{11} & \underline{b}_{12} \\ \underline{b}_{21} & \underline{b}_{22} \end{bmatrix} \begin{bmatrix} \underline{F}_F \\ -\underline{v}_F \end{bmatrix} = \underline{\boldsymbol{B}} \begin{bmatrix} \underline{F}_F \\ -\underline{v}_F \end{bmatrix} \tag{7.102}$$

对下一步的计算,还必须知道前端的辐射阻抗。将式(7.98) 中的$\underline{Z}_F = -\underline{F}_F / \underline{v}_F$代入式(7.102),式(7.102) 的矩阵系统变为

$$\begin{bmatrix} \underline{v}_F \\ \underline{i}_P \end{bmatrix} = \begin{bmatrix} \underline{b}_{11} & \underline{b}_{12} \\ \underline{b}_{21} & \underline{b}_{22} \end{bmatrix} \begin{bmatrix} -\underline{Z}_F \\ -1 \end{bmatrix} \underline{v}_F = \begin{bmatrix} -\underline{Z}_F\,\underline{b}_{11} - \underline{b}_{12} \\ -\underline{Z}_F\,\underline{b}_{21} - \underline{b}_{22} \end{bmatrix} \underline{v}_F \tag{7.103}$$

这个矩阵系统可以直接得到压电元件的阻抗$\underline{Z}_{el}$。用第一行除以第二行得[35]

$$\underline{Z}_{el} = \frac{\underline{u}_P}{\underline{i}_P}$$

$$= \frac{1}{j\omega C_0}\left\{1 + \frac{k_t^2}{\underline{k}\, t_s} \frac{j[\underline{Z}_B + \underline{Z}_F]\,\underline{Z}_P \sin(\underline{k}\, t_s - 2\,\underline{Z}_P^2[1 - \cos \underline{k}\, t_s])}{[\underline{Z}_P^2 + \underline{Z}_B\,\underline{Z}_F]\sin \underline{k}\, t_s - j[\underline{Z}_B + \underline{Z}_F]\,\underline{Z}_P \cos(\underline{k}\, t_s)}\right\} \tag{7.104}$$

式中,压电材料内的损耗已被考虑。k_t 表示像圆盘这样的薄压电材料在厚度方向上的机电耦合系数(见式(5.16))。当两个机械端口都短路时(即$\underline{F}_B = \underline{F}_F = 0$),辐射阻抗$\underline{Z}_B$ 和$\underline{Z}_F$ 将等于 0。因此,式(7.104) 简化为

$$\underline{Z}_{el} = \frac{1}{j\omega\, C_0}\left[1 - k_t^2 \frac{\tan\left(\frac{\underline{k}\, t_s}{2}\right)}{\frac{\underline{k}\, t_s}{2}}\right] \tag{7.105}$$

式(7.104) 和式(7.105) 中的术语 $1/j\omega\, C_0$ 与压电元件的电容性能有关,而括号中的第二项来源于压电材料内部的机电耦合。因为空气的辐射阻抗比普通压电材料小得多,式(7.105) 为在空气中工作的压电元件的阻抗。实际上,这意味着压电元件的正面和背面都没有加载材料。

为了评价压电元件在发射和接收声压波时的传输特性,需要将式(7.102) 的逆链矩阵$\underline{\boldsymbol{B}}$ 转换为混合矩阵$\underline{\boldsymbol{H}}$(分量$\underline{h}_{ij}$)。在这样做的过程中,得到了[7]

$$\begin{bmatrix} \underline{F}_F \\ \underline{i}_P \end{bmatrix} = \frac{1}{\underline{b}_{11}} \begin{bmatrix} \underline{b}_{12} & 1 \\ -\det \underline{\boldsymbol{B}} & \underline{b}_{21} \end{bmatrix} \begin{bmatrix} \underline{v}_F \\ \underline{u}_P \end{bmatrix} = \underline{H} \begin{bmatrix} \underline{v}_F \\ \underline{u}_P \end{bmatrix} \tag{7.106}$$

通过在第一行中代入$\underline{v}_F = -\underline{F}_F/\underline{Z}_F$,利用机械力与声压$\underline{p}_\sim$ 之间的关系$\underline{F}_F = \underline{p}_\sim A_S$,可以计算目标传输特性。发出声压波的压电换能器的传递函数$\underline{M}_e$ 为

$$\underline{M}_e = \frac{\underline{p}_\sim}{\underline{u}_P} = \frac{\underline{h}_{12}}{1 + \frac{\underline{h}_{11}}{\underline{Z}_F}} \tag{7.107}$$

接收声压波的传递函数可以用类似的方式[39] 确定。

如 7.4 节所述,在厚度拉伸模式下工作的超声波换能器的压电元件通常位于背衬材料和适当的匹配层及保护层之间。通过简单地用$\underline{Z}_{aco;B}\, A_S$ 代替$\underline{Z}_B$,可以直接在分析模型中加入背衬的厚度t_B。这一步是允许的,因为沿着背衬材料的巨大衰减,在背衬后端产生的波反射可以忽略不计。然而,在匹配和保护层内的波的传播需要特殊处理。简单起见,假设压电元件与声传播介质之间只有一个厚度为t_M 的匹配层的超声波换能器。为了在解析建模时考虑到这一匹配层,应描述机械波的传输线传播的底层波。由式(7.93) 左上角 2 × 2 的子矩阵,可以推导出矩阵系统(链矩阵$\underline{\boldsymbol{A}}_M$)[39]

$$\begin{bmatrix} \underline{F}_{\mathrm{F}} \\ -\underline{v}_{\mathrm{F}} \end{bmatrix} = \begin{bmatrix} \cosh(\underline{k}_{\mathrm{M}}\, t_{\mathrm{M}}) & \underline{z}_{\mathrm{M}} \sinh(\underline{k}_{\mathrm{M}}\, t_{\mathrm{M}}) \\ \dfrac{1}{\underline{Z}_{\mathrm{M}}} \sinh(\underline{k}_{\mathrm{M}}\, t_{\mathrm{M}}) & \cosh(\underline{k}_{\mathrm{M}}\, t_{\mathrm{M}}) \end{bmatrix} \begin{bmatrix} \underline{F}_{\mathrm{W}} \\ \underline{v}_{\mathrm{W}} \end{bmatrix} = \underline{\boldsymbol{A}}_{\mathrm{M}} \begin{bmatrix} \underline{F}_{\mathrm{W}} \\ \underline{v}_{\mathrm{W}} \end{bmatrix} \tag{7.108}$$

对于传输线的损耗传输特性,可以表示为一个二端口网络(图 7.35)。表达式 $\underline{Z}_{\mathrm{M}} = \underline{Z}_{\mathrm{aco;M}} A_{\mathrm{S}}$ 和$\underline{k}_{\mathrm{M}}$ 表示匹配层的辐射阻抗和该层内的复数波数。当传输线的左端口$[\underline{F}_{\mathrm{F}}, -\underline{v}_{\mathrm{F}}]$ 连接到压电元件的前端时,右端口$[\underline{F}_{\mathrm{W}}, \underline{v}_{\mathrm{W}}]$ 接声音传播介质,其特征是辐射阻抗$\underline{Z}_{\mathrm{W}} = \underline{Z}_{\mathrm{aco;W}} A_{\mathrm{S}}$。代入$\underline{Z}_{\mathrm{W}} = -\underline{F}_{\mathrm{W}} / \underline{v}_{\mathrm{W}}$ 并用式(7.108) 第二行除以第一行,得到在元件的前端产生辐射阻抗$\underline{Z}_{\mathrm{F}}$,即

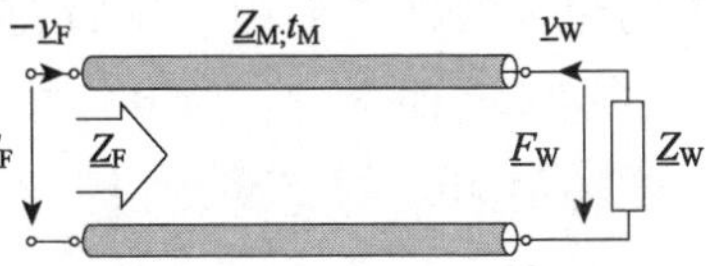

图 7.35 匹配层和传播介质的等效电路;匹配层模型为传输线

$$\underline{Z}_{\mathrm{F}} = -\frac{\underline{F}_{\mathrm{F}}}{\underline{v}_{\mathrm{F}}} = \underline{Z}_{\mathrm{M}} \frac{\tanh(\underline{k}_{\mathrm{M}}\, t_{\mathrm{M}}) - \dfrac{\underline{Z}_{\mathrm{W}}}{\underline{Z}_{\mathrm{M}}}}{1 - \dfrac{\underline{Z}_{\mathrm{W}}}{\underline{Z}_{\mathrm{M}}} \tanh(\underline{k}_{\mathrm{M}}\, t_{\mathrm{M}})} \tag{7.109}$$

如果用这个关系式代替式(7.104) 中的$\underline{Z}_{\mathrm{F}}$,就可以计算考虑声传播介质的背衬和匹配层的压电元件的阻抗$\underline{Z}_{\mathrm{el}}$。为了确定这种排列的传递函数$\underline{M}_{\mathrm{e}}$,第一步必须执行矩阵乘法,即

$$\frac{\underline{u}_{\mathrm{P}}}{\underline{i}_{\mathrm{P}}} = \underline{\boldsymbol{B}}\, \underline{\boldsymbol{A}}_{\mathrm{M}} \begin{bmatrix} \underline{F}_{\mathrm{W}} \\ \underline{v}_{\mathrm{W}} \end{bmatrix} \quad (\underline{\boldsymbol{B}}\, \underline{\boldsymbol{A}}_{\mathrm{M}} = \underline{\boldsymbol{B}}_{\mathrm{M}}) \tag{7.110}$$

矩阵$\underline{\boldsymbol{B}}$ 和$\underline{\boldsymbol{A}}_{\mathrm{M}}$ 分别源于式(7.102) 和式(7.108)。根据式(7.106) 将矩阵乘积$\underline{\boldsymbol{B}}_{\mathrm{M}}$ 转换为混合矩阵$\underline{\boldsymbol{H}}_{\mathrm{M}}$后,用声传播介质的辐射阻抗$\underline{Z}_{\mathrm{W}}$ 代替 $\underline{Z}_{\mathrm{F}}$,再次得到式(7.107) 的$\underline{M}_{\mathrm{e}}$。用这种方法计算出的用于发射声压波的压电超声波换能器的传递函数与声传播介质直接相关。

7.5.3 典型结果

最后来看看压电超声波换能器解析建模方法的典型计算结果。该圆盘形压电元件(半径$R_{\mathrm{T}} = 15\mathrm{mm}$、厚度$t_{\mathrm{S}} = 2\mathrm{mm}$) 是由压电陶瓷材料 PIC255 制成,只在厚度拉

伸模式下工作。表 5.3 包含 e 型和 d 型的材料参数，这些参数是通过逆向方法确定的。由式(3.33) 参数换算得到所需的压电 h 常数 $h_{33} = 2.36 \times 10^9 \mathrm{V \cdot m^{-1}}$，弹性刚度常数 $c_{33}^D = 1.59 \times 10^{11} \mathrm{N \cdot m^{-2}}$。此外，解析模型要求压电材料的材料密度 $\varrho_P = 7.8 \times 10^3 \mathrm{k \cdot gm^{-3}}$，阻尼系数 $\alpha_d = 0.0129$。在式(7.95) 中代入这些参数得到压电圆盘的辐射阻抗 $\underline{Z}_P$、复值波数 k 和固定电容 C_0 的值，即

$$\underline{Z}_P = (2.49 \times 10^4 + j1.60 \times 10^2)\,\mathrm{Nsm^{-1}}$$

$$\underline{k} = (1.43 \times 10^{-6} + j2.22 \times 10^{-4})\,\mathrm{m^{-1}}$$

$$C_0 = 2.38\mathrm{nF}$$

计算得到厚度拉伸模式的共振频率 $f_r \approx 1\mathrm{MHz}$。

除了压电元件外，模拟的超声波换能器由一个背衬材料和一个单一的匹配层组成。假定波介质的水是无损耗的，即 $\Im\{\underline{Z}_W\} = 0$。表 7.2 列出了各组分的决定性参数。注意，匹配层和背衬的辐射阻抗的实部是根据 $\underline{Z}_P$ 的实部选择的，匹配层和背衬达到最佳，即 $\Re\{\underline{Z}_W\} = \sqrt{\Re\{Z_P\}\underline{Z}_W}$(参见式(7.80)) 和 $\Re\{\underline{Z}_B\} = \Re\{\underline{Z}_P\}$。匹配层的厚度 t_M 源于条件 $c_M / (4f_r)$，其中 c_M 代表假定的波在匹配层内的传播速度(参见 7.4.1 小节)。

表 7.2　压电超声波换能器解析模型的决定性参数

模型	阻尼系数 α_i	辐射阻抗 $\Re\{\underline{Z}_i\}$	辐射阻抗 $\Im\{\underline{Z}_i\}$	传播速度 c_i /($\mathrm{ms^{-1}}$)	厚度 t_i /mm
		$10^3\mathrm{Nsm^{-1}}$			
背衬	$1/Q_B = 0.3$	24.9		—	—
匹配层	$1/Q_M = 0.1$	5.1		2000	0.44
水	—	1.1		—	—

注："—" 指计算过程不需要的项。

下面的模拟结果参考了压电超声波换能器的 4 种不同配置。

① 没有背衬材料(即只有空气) 及没有匹配层。

② 没有背衬材料(即只有空气) 有匹配层。

③ 有背衬材料，没有匹配层。

④ 有背衬材料，有匹配层。

对于每一种配置，水都是声音的传播介质。图 7.36(a) 和图 7.36(b) 显示了通过解析建模方法模拟的频率分辨电阻抗的幅度 $|\underline{Z}_{el}(f)|$ 和相位 $\arg\{\underline{Z}_{el}(f)\}$。可以清楚地看到，配置 1 在基本振动模式及其泛音的 $\underline{Z}_{el}(f)$ 中表现出强烈的共振 -

反共振对。与此相反,剩余配置的共振 - 反共振对明显衰减。这种特性是附加的材料层被附着在压电盘上的结果。由于在适当的背衬和匹配情况下减少了前后圆盘的波反射,因此压电圆盘的振动特性发生了变化,这在阻抗中也可以看到。

图 7.36(c) 描述了对于向水中发射声压波的模拟传递函数的频率 f 的归一化振幅 $|\underline{M}_e(f)|$。正如在 7.4.1 小节中考虑到的那样,配置 1 具有最大值,但 $|\underline{M}_e(f)|$ 带宽最小。通过将背衬材料附着到压电盘上(即配置 3),能够大幅度提高 - 3dB 带宽 B_s^{-3dB} 为 49 ~ 767kHz。在磁盘前面有匹配层(即配置 4) 时,B_s^{-3dB} 略微降低到 762kHz,$|\underline{M}_e(f)|$ 的最大值增加 4.5dB,这对高效的压电超声波换能器来说是一个优势。

$|\underline{M}_e(f)|$ 中观察到的特性也被脉冲响应 $m_e(t)$ 所证实(图 7.36(d)),它来自 $\underline{M}_e(f)$ 的逆傅里叶变换,即 $m_e(t) = \mathcal{F}^{-1}\{\underline{M}_e(f)\}$。由于 $f \in [0, 2f_r]$ 覆盖了传统压电超声波换能器的工作区域,因此反傅里叶变换被限制在这个频率范围内。与配置 1 相比,配置 2 中的匹配层使 $m_e(t)$ 的幅度增大。配置 1 和配置 2 的脉冲响应显示出明显的后脉冲振荡,配置 3 和配置 4 的曲线则显示出类脉冲特性。根据图 7.36(c) 的传递函数 $|\underline{M}_e(f)|$ 可以看出,配置 4 的 $m_e(t)$ 值大于配置 3。由此可见,本书的模拟结果充分说明了背衬材料和匹配层对压电超声波换能器的重要性。

7.6　压电超声波换能器实例

下面展示选定的压电超声波换能器及其内部结构和测量结果。这里主要介绍用于流体波传播介质和人体的超声波换能器。7.6.1 小节涉及机载超声波的超声波换能器(如停车传感器)。在 7.6.2 小节和 7.6.3 小节中分别详细介绍用于水下使用和医疗诊断的超声波换能器。

7.6.1　机载超声波

机载超声波在各种技术和工业应用中得到应用,如液位计。下面研究一些压电超声波换能器的应用实例。这包括用于在空气中发射和接收超声波的传统空气耦合压电换能器、汽车停车传感器以及基于 EMFi 材料的宽带超声波换能器。

1. 传统的压电换能器

图 7.37(a) 描绘了一种传统的空气耦合压电换能器,该换能器允许在空气中发射中心频率为 $f_c \approx 40$kHz 的超声波。这种低成本的超声波发射器被放置在一个

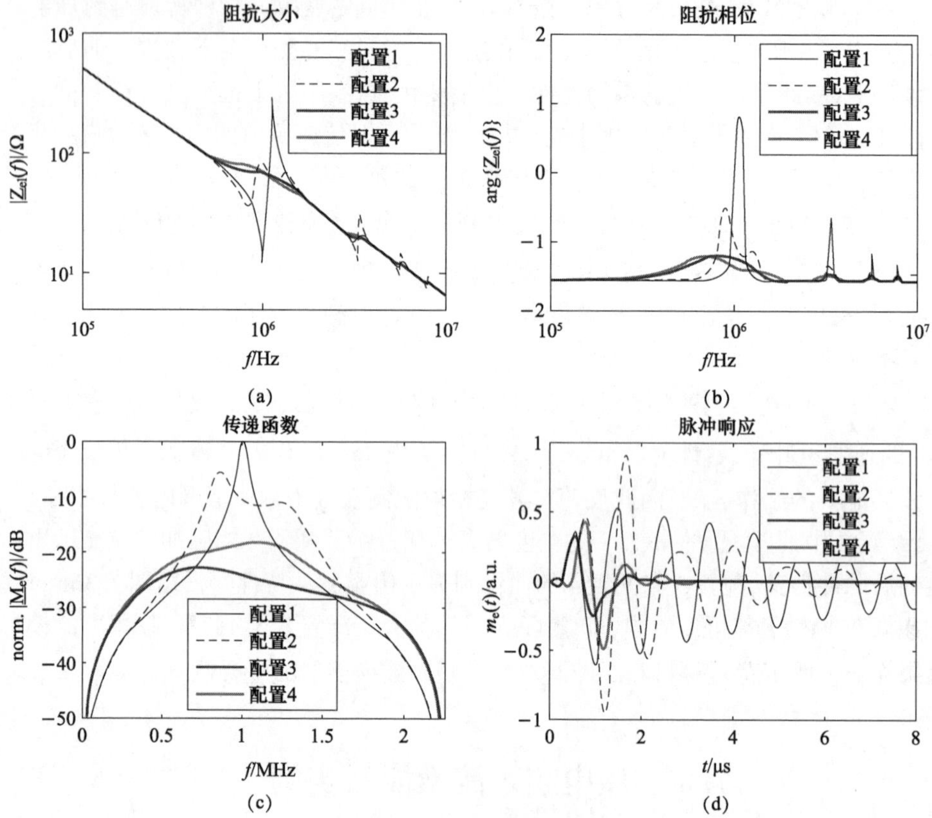

图 7.36　压电超声波换能器解析建模方法的典型计算结果

(a) 和(b) 分别为频率分辨电阻抗的幅度 $|\underline{Z}_{el}(f)|$ 和相位 $\arg\{\underline{Z}_{el}(f)\}$；

(c) 发射声压波的归一化传递函数 $|\underline{M}_e(f)|$（幅值）；(d) 产生的脉冲响应 $m_e(t)$。

铝制的外壳内,并利用压电陶瓷盘的横向长度模式①。因为这个圆盘是粘在一个直径较大的金属薄膜上的(图 7.37(b) 和图 7.37(c)),所以形成的换能器代表一个压电单晶片(图 7.27(a))。为了产生高达 100dB 的声压级,空气耦合的超声波发射器还配备了一个喇叭,以促进空气中的声辐射[4,40]。前面的不锈钢网应该保护喇叭、薄膜以及压电陶瓷圆盘免受损伤和污垢。8.5.3 小节包含了机载超声波常规压电变送器产生的声压幅值 $\hat{p}_{\sim}$ 的选定试验结果。

该变送器与相应的空气耦合超声波接收器结构相同,但输入阻抗不同,可用于

① 磁盘的横向长度模式对应于径向模式(图 5.3)。

防盗报警系统、液位计和防撞装置。在过去,电视机的遥控器也采用发射器和接收器的组合。

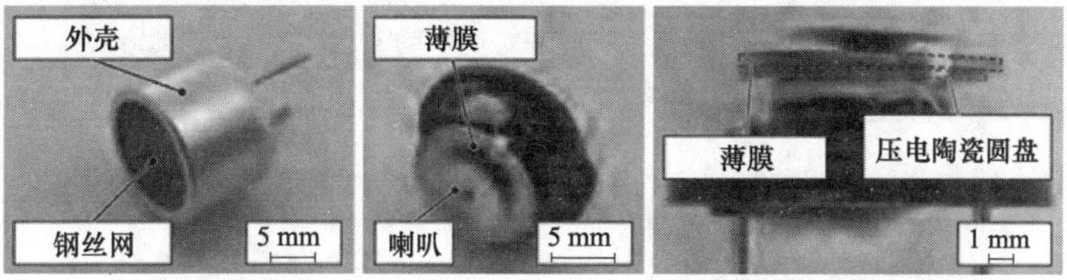

(a) (b) (c)

图 7.37 传统压电换能器

(a) 产生机载超声波常规压电超声波发射器 Sanwa SCS - 401T;
(b) 和(c) 无外壳的图像显示了由压电陶瓷圆盘和金属膜组成的压电单晶体。

2. 停车传感器

机动车的停车辅助系统通常是基于机载超声波。在脉冲回波模式下,通过计算声波的几何距离 z、声速c_0 和声波飞行时间 t 的简单关系式 $z = c_0t/2$,可以告知驾驶员目前车辆与障碍物之间的几何距离。此外,如果一辆汽车装有多个停车传感器,这种停车辅助系统将实现自动停车。所用的停车传感器通常位于汽车的前后保险杠上(图 7.38(a))。图 7.38(b) 所示为典型的圆柱形停车传感器,它再次利用单个压电陶瓷圆盘的横向长度模式(即径向模式) 来发射和接收超声波。正如图 7.38(c) 和图 7.38(d) 中的横截面所示,圆盘被粘在作为薄膜圆柱形罐的底部。

根据所需的指向性模式和这些压电单色换能器的工作范围(图 7.27(a)),超声波的中心频率目前可以达到 68kHz。这样的中心频率使空气中的波长$\lambda_{aco} \approx 5$mm。

3. EMFi 材料

如 3.6.3 小节中所述,铁驻极体如机电薄膜(EMFi) 材料提供了相当高的压电应变常数 d_{33} 和压电电压常数g_{33}。由于是多孔结构,铁驻极体材料具有机械柔性,机械刚度低,材料密度低,因此声波阻抗Z_{aco} 较小。根据 7.4 节和 7.5 节的研究,在压电材料与空气等波的传播介质的声学匹配方面,Z_{aco} 值较小可能是一个主要优势。因此,基于铁电体的超声波换能器应该能提供大带宽[5,17]。

图 7.39(a) 显示了 EMFi 金属薄片的厚度方向(厚度 70μm;$d_{33} \approx 200\text{pCN}^{-1}$)相对于激发电压和激发频率$f$ 的位移振幅$\hat{u}_z$。

用激光扫描振动计 Polytec PSV - 300[56] 获得了 EMFi 金属薄片的位移,并表

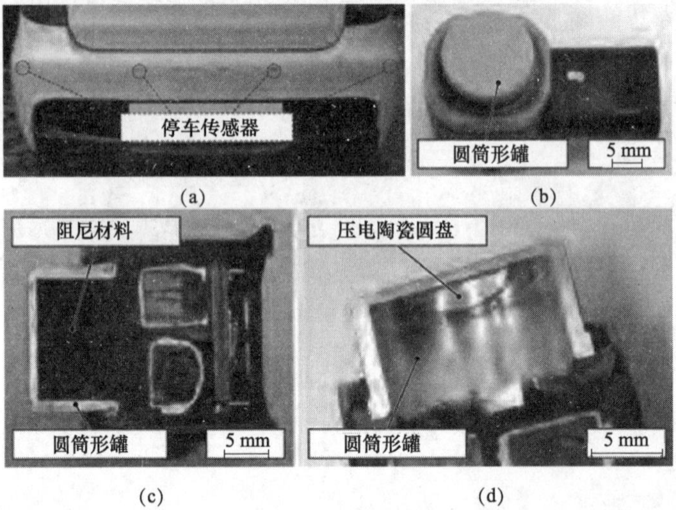

图 7.38 停车传感器

(a) 汽车后保险杠内的停车传感器;(b) 来自汽车供应商 Valeo 的典型超声波停车传感器[78];(c) 来自(b) 的停车传感器横截面;(d) 无阻尼材料的截面(压电陶瓷片粘在圆柱罐的底部)。

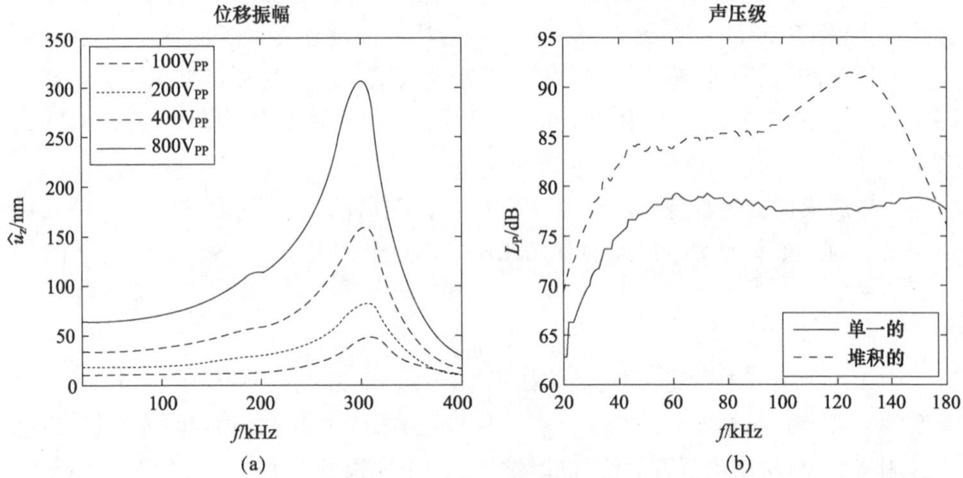

图 7.39 EMFi 材料特性

(a) 测得的 EMFi 的厚度方向上平均位移相对于激发电压和激发频率 f 的幅值 $\hat{u}_z$;

(b) 测量的半径 R_T = 10mm 的单层和双层盘状 EMFi 金属薄片在轴向距离 R_{dir} = 0.5m 时的声压级 L_P(激发电压 640 V_{PP})。

示了其算术平均值。对于给定的激发电压，位移在频率范围20 ~ 200kHz几乎保持恒定，且相位一致。当厚度拉伸模式超过共振频率$f_r \approx 300$kHz时，两者的振幅和相位角都有显著差异，这可以归结为铁驻极体[64,75]的非均匀结构。在较低频段的特性应该允许在空气中发射和接收短的超声波脉冲。为了证明这种说法，看一下半径$R_T = 10$mm的圆盘形 EMFi 金属薄片所产生的声压级L_P。图7.39(b) 所示为在轴向距离$R_{dir} = 0.5$m(即远场) 处相对于激发频率f的L_P测量结果。因此，选择了640V_{PP}作为激励电压。声压值由 Brüel&Kjær[10] 公司的1/8英寸电容麦克风在一个消声室中记录。正如测量曲线清楚地显示，人们可以用单一的金属薄片在宽频率范围内产生高的并且恒定的声压级。图7.40显示了3种不同激发频率所产生的归一化指向性模式$\hat{p}_{\sim}(\theta)$。根据7.2.1小节的结果，如果f增加，盘形换能器的指向性将更强(图7.10)。测得的方向性模式的主波瓣与式(7.49) 的相应近似值吻合得很好。

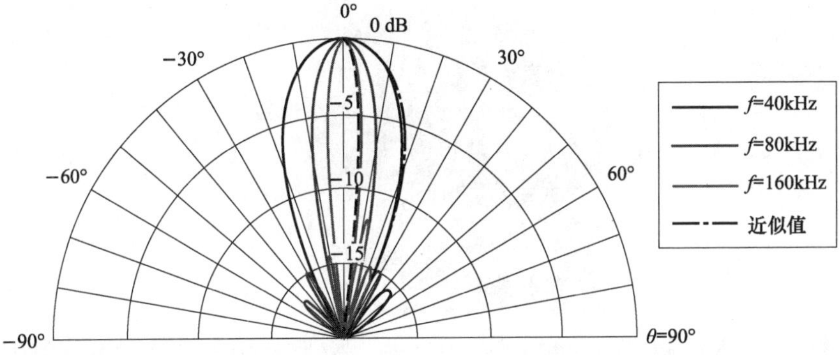

图7.40 对3种不同激发频率f在EMFi金属薄片的轴向距离$R_{dir} = 0.5$m、半径$R_T = 10$mm时测量和估算方向性模式$20\lg(\hat{p}_{\sim}(\theta)/\hat{p}_{\sim max})$(见彩插)(式(7.49) 的近似值；最大振幅$\hat{p}_{\sim max}$的归一化)

利用铁驻极体材料的大带宽来接收超声波也是可能的[64,75]。通过使用前置放大器电路，EMFi材料可以在较宽的频率范围内提供几 mV Pa^{-1} 的灵敏度，如20 ~ 200kHz。一个合适的前置放大器电路由阻抗匹配电路和电压放大器组成。

尽管材料参数d_{33}和g_{33}相当高，但是铁驻极体微小的机械刚度通常产生较低的机电耦合因子。例如，对于EMFi材料，$k_{33} \approx 0.1$。这一事实产生了问题，特别是当这种材料被用作超声波发射器时，因为高激励电压是必需的。然而，通过叠加单个EMFi箔片并将它们并联，可以降低发射器的激励电压，提高接收器的灵敏度[30,64]。如图7.39(b) 所示，如果使用两个堆叠的EMFi箔而不是单个箔片，产生的声压级L_P将显著提高。虽然可以预期两个堆叠 EMFi 箔片的L_P增加了 6dB,但存在超过20dB的差异,这使两个堆叠EMFi箔共振频率降低,得到f_r < 150kHz的结果。与单个箔片相比,减少直接来自于更大质量的堆叠箔片。由于所产生的位移u_z在f_r附近相对较高,因此所产生的声压级也将采取较高的值。因此,在考虑的频率范围内,堆叠的 EMFi 箔片和单个箔片之间的L_P差可以超过 6dB。

EMFi 材料的宽带特性使其特别适合于产生和接收机载超声波。这就是为什么在“翼手目灵感机器头虫”(CIRCE)项目中利用EMFi薄片来制造一个人造蝙蝠头部的原因,该项目旨在对在蝙蝠身上发现的生物声呐系统进行功能复制[75,76]。图7.41显示了人造蝙蝠头的实际设置,主要由一个超声波传输器(R_T = 7.5mm)和两个超声波接收器(R_T = 5.0mm)组成。每个传感器都是由单个 EMFi 箔片制造的。为了集中反射声波,人造蝙蝠头还配备了两个耳翼,可以通过电动机旋转。

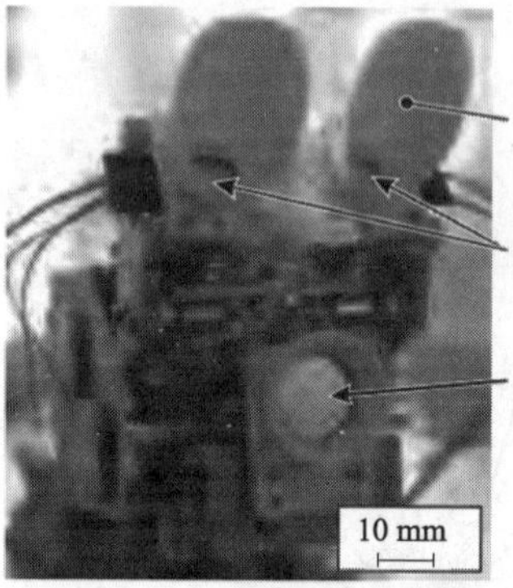

图7.41　人造蝙蝠头内装3个电磁感应超声波换能器(即一个半径R_T = 7.5mm的发射器和两个半径R_T = 5.0mm的接收器;耳轴和接收器可用电动机旋转[64])

最近,Álvarez - Arenas[2] 提出了一个很有前景的空气耦合超声波换能器的设计,它结合了压电陶瓷和铁驻极体材料的优点。该换能器由内向外由 3 个主要部件组成: ①1 - 3 复合材料制成的压电片;② 合适的匹配层;③ 铁电驻极箔。一般来说,这种特殊的换能器设计可以实现以下几种不同的工作模式。

(1) 用压电复合片或铁驻极体箔来实现传统的脉冲回波模式,也就是说,其中一个组件既是发射器又是接收器。当压电复合材料被用作有源元件时,铁电驻极箔将代表超声波换能器的另一无源匹配层。

(2) 一发一收模式可以通过两种不同的方式实现,即压电复合材料圆盘或铁电驻极箔作为发射器,而其他组件作为接收器。

(3) 压电复合材料圆盘和铁驻极箔同时作为发射器和接收器工作。因此,有可能增加产生的声压和空气耦合的超声波换能器的带宽。

7.6.2　水下超声波

无损检测、材料表征和声学显微镜通常是基于水下超声波,因为水允许换能器和试样之间的超声波无接触和低损耗传输。下面将展示各种压电超声波换能器(浸没换能器)的例子,这些换能器是专门为水下使用而设计的,包括传统的换能器结构以及配备的特殊换能器延迟线。此外,本节还给出了球聚焦浸没式换能器脉冲回波特性的测量结果。

1. 传统浸没式换能器

图7.42说明了7种不同的浸入式换能器,它们都是商用的,包含一个单一的压电元件工作在厚度拉伸模式。这些换能器不仅在几何尺寸以及用于发射和接收超声波的中心频率方面不同,而且在聚焦特性和内部结构方面也不同。换能器1～5代表传统的浸入式换能器。而换能器1和5提供了一个球聚焦特性,换能器2和4由于平面有源表面是活塞式换能器。相比之下,换能器3具有圆柱聚焦的特性,也就是说,这种浸入式换能器产生非对称的声压场(图8.21)。表7.3列出了图7.42中所有浸入式换能器的聚焦特性,有源表面的直径为 $2R_T$,实际焦距为 $F_{T,act}$,中心频率为 f_c。

表7.3　图7.42中压电超声波换能器的聚焦特性和决定性参数
(有源表面直径 $2R_T$;实际焦距 $F_{T,act}$;用于发射和接收超声波的中心频率 f_c)

换能器号码	聚焦特性	$2R_T$/mm	$F_{T,act}$/mm	f_c/MHz
1	球聚焦	38.1	88.9	2.25
2	活塞式	12.7	—	2.25
3	圆柱聚焦	12.7	25.4	2.25
4	活塞式	9.5	—	5
5	球聚焦	12.7	88.9	10
6	球聚焦	6.4	19.1	20
7	球聚焦	6.4	12.7	50

典型的活塞式换能器(如图7.42中的换能器2)的内部结构如图7.43(a)所示。除了压电陶瓷圆盘和防水外壳外,换能器还配有背衬材料和在圆盘前面的单一匹配层。根据7.4.1小节,背衬材料应该增加超声波发射和接收的带宽。薄匹配层允许压电陶瓷材料和声音传播介质水的阻抗匹配。另外,匹配材料也作为覆

盖电极的压电陶瓷圆盘的保护层。

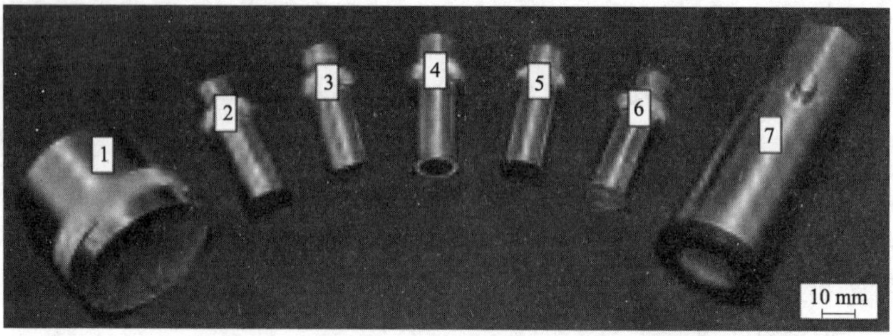

图 7.42 不同的基于压电单元件的商用浸入式换能器

（制造商 Olympus[50] 和 Krautkramer[22]；换能器 6 和 7 配备了熔融石英延迟线）

2. 带延迟线的浸入式换能器

如上所述，图 7.42 中的 7 个浸入式换能器的内部结构也不同，尤其是换能器 6 和 7，它们在压电片和声音传播介质之间装有熔融石英延迟线（图 7.43(b)）。使用熔融石英延迟线的一个原因是对放置在接近有源换能器表面的试样进行检测。如果使用常规浸入式换能器（即无延迟线）进行这种检测，即使发射的脉冲没有衰减，也可能会有包含信息的声音反射到达换能器。因此，无法以可靠的方式识别这些反射。由于在脉冲回波模式下，声波必须经过延迟线两次传播，因此采用合适的延迟线不会出现这一问题。另一个优点是，足够长的延迟线确保了实际波的传播介质（这里是水）和被研究的样品位于代表一个简单的活塞式换能器的压电圆盘的远场。与近场相反，活塞式换能器的远场不包含局部极值（见 7.2.1 小节），这对超声波成像系统是非常有益的。然而必须记住，在延迟线或水的界面上总会发生入射声波的反射。这样的反射会显著降低脉冲回波模式下电子换能器的输出，从而降低可用的信噪比。

当熔融石英延迟线在前端具有球形凹槽（半径 F_T；见图 7.43(b)）时，发射和接收的超声波将会被聚焦；也就是说，浸入式换能器显示球聚焦特性。延迟线和水的声速巨大差异导致几何焦距 F_T 和实际焦距 $F_{T,act}$ 之间存在很大的偏差。这种偏差有两个原因：① 压电圆盘与球形凹槽表面点的轴向距离不同；② 入射声压波在界面延迟线或水处的折射。通过为超声波换能器引入半径 $F_{T,act}$ 的虚拟透镜，可以同时考虑声场和电换能器输出的半解析计算方法（见 7.1 节）这两个原因[54,59]。虚拟透镜对应于压电圆盘和延迟线的组合（图 7.43(b)）。注意，当压电元件和有源换能器表面的曲率不同时，没有熔融石英延迟线的常规聚焦浸入式换能器也会出现F_T 和$F_{T,act}$ 的偏差。

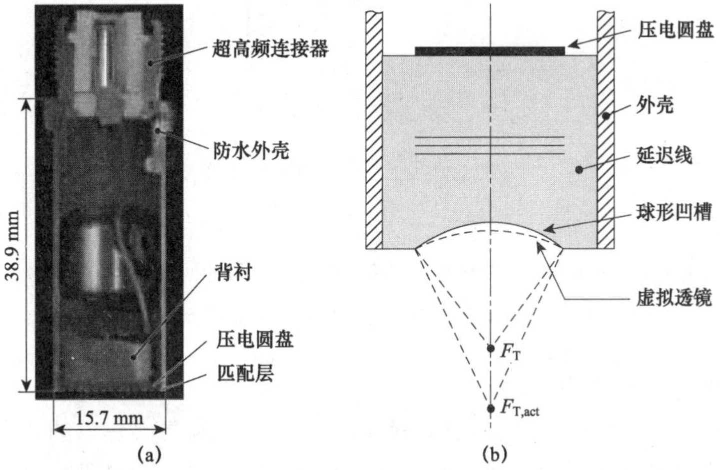

图 7.43

(a) 典型活塞式浸入换能器内部结构的截面(参见图 7.42 中的换能器 2);

(b) 在压电圆盘和声传播介质之间装有延迟线的球聚焦浸入式换能器。

(虚拟透镜模拟压电圆盘和延迟线;球面凹口的几何焦点F_T;实际焦距$F_{T,act}$ 表示虚拟透镜半径)

3. 脉冲回波特性

由于浸入式换能器的三维声场测量需要昂贵的设备(如水听器,参见第 8 章),而且在高中心频率的情况下几乎不可行,因此获得脉冲回波特性是有意义的。在此过程中,测量了给定目标的电子换能器输出 $u_0(t)$,而不是声压值 $p_\sim$。脉冲回波特性是通过采集换能器与样品之间不同距离的输出包络的最大值 $u_{ev;max}$ 得到的。当用于超声波成像系统的浸入式换能器开发时,该程序将提供一个优势,即可以获得有关成像特性的信息,其中还包括所使用的读出电子器件。浸入式换能器的脉冲回波特性主要是通过各种样品获得的,如球体、板状目标及导线目标[57,59]。为了在短时间内获得球聚焦换能器的定量数据,建议使用导线目标。通过改变换能器和导线之间的轴上和轴外距离(图 7.44),可以创建一个脉冲回波特性的二维图像。这些数据也可以让我们得出当导线直径 D_{wire} 远小于周围波的传播介质的波长λ_{aco} 产生的声场结果。

图 7.45 所示为球聚焦浸入式换能器 Olympus V311 - SU[50] 的脉冲回波特性 $u_{ev;max}(x,z)$,该换能器由脉冲发生器/接收器 Olympus PR5900[50] 在水箱中操作。一根直径 D_{wire} = 50μm 的钨丝作为测量的试样。图 7.45(a) 中的脉冲回波特性清楚地表明了球聚焦换能器的聚焦体积。此外,值得注意的是,生产相关的不对称导致了换能器轻微斜视。表示真实焦点的最大值 $u_{ev;max}(x,z)$ 出现在有源换能器表面

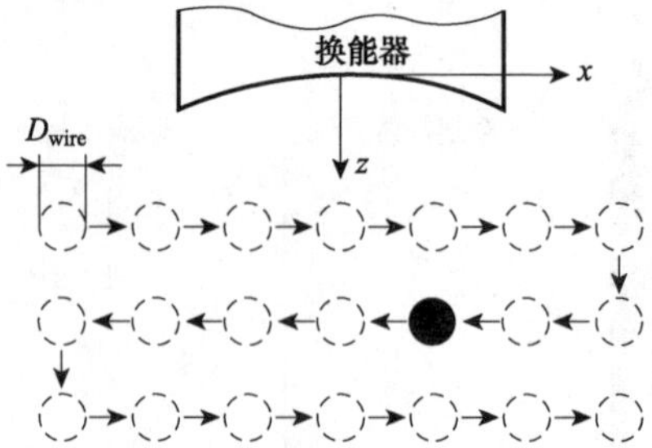

图 7.44　采用线标法获取浸入式传感器的二维脉冲回波特性(线径 D_{wire}；导线相对于有源换能器表面的位置(x,z)；平行于 y 轴的导线)

的轴向距离$F_{T,act}$ = 77.0mm 处。

作为线目标的替代，可以测量放置在焦平面上，即在真实焦点的轴向距离处的平板靶的球聚焦换能器的脉冲回波信号 $u_0(t)$。图 7.46(a) 和图 7.46(b) 说明了 $u_0(t)$ 的获得时间特性及其频谱幅度 $|U_0(f)| = |\mathcal{F}\{u_0(t)\}|$。从曲线可以推导出时间差$\tau_p$(−20dB) = 495ns 和中心频率$f_c$ = 8.72MHz 等量。这些量连同$F_{T,act}$、换能器半径R_T = 6.5mm 以及水的声速c_0 = 1483ms^{-1}一起，得到浸入式换能器波长λ_{aco} = 0.17mm，无量纲菲涅耳参数 S_F = 0.31，无量纲f − 数$f^{\#}$ = 5.9。此外，可以通过式(7.68)、式(7.73) 和式(7.74) 估计球聚焦换能器在轴向和横向上可达到的空间分辨率。轴向分辨率为d_{ax} = 0.37mm，根据 Rayleigh 和 Sparrow 两点分辨率，横向分辨率为 d_{lat}(Rayleigh) = 1.23mm，d_{lat}(Sparrow) = 0.96mm。

通过计算轴上(图 7.45(b)) 和焦平面上(图 7.45(b)) 的脉冲回波特性，可以推断出像焦深 d_z 和横向束宽 d_ρ 这样的量。如 7.2.2 小节所述，这些几何距离是指声压值减少 3dB。由于脉冲回波特性 $u_{ev;max}(x,z)$ 包含两次换能器特性，因此必须减少 6dB。因此，产生的声场中的 d_z(−3dB) 和 d_ρ(−3dB) 分别对应 $u_{ev;max}(x,z)$ 中的 d_z(−6dB) 和 d_ρ(−6dB)。表 7.4 包含由脉冲回波特性产生的 d_z 和 d_ρ 以及由式(7.60) 和式(7.64) 产生的那些近似值。表 7.4 中各项比较清楚地表明，测量值和近似值非常吻合。

表 7.4　球聚焦浸入式换能器 Olympus V311 − SU 的聚焦深度 d_z 和横向束宽 d_ρ 的测量值和近似值结果

类型	聚焦深度 d_z	横向束宽 d_ρ
测量值	42.1	1.00
近似值	42.3	1.04

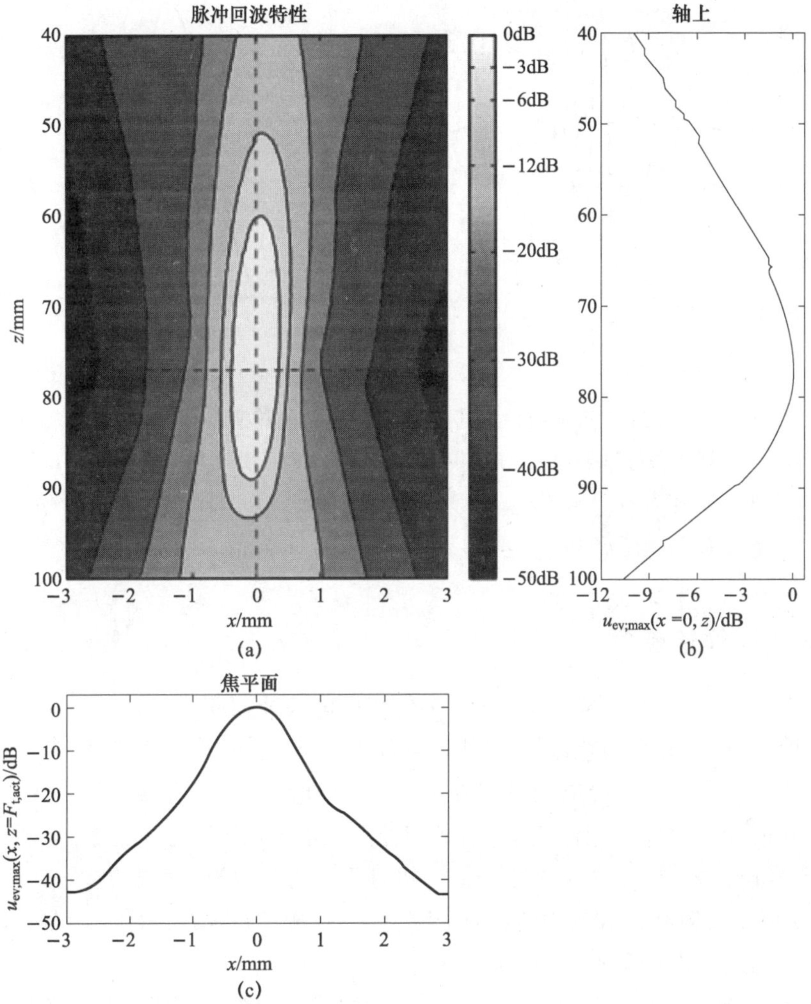

图 7.45 球聚焦浸入式换能器的脉冲回波特性(在 $x = 0$ 处的最大值 $u_{ev;max}(x,z)$;球聚焦浸入式换能器 Olympus V311 - SU)

(a) 在(x,z) 的线目标归一化二维脉冲回波特性 $u_{ev;max}(x,z)$;(b) 轴上脉冲回波特性(即 $u_{ev;max}(x = 0,z)$);(c) 焦平面脉冲回波特性(即 $u_{ev;max}(x,z = F_{t,act})$)。

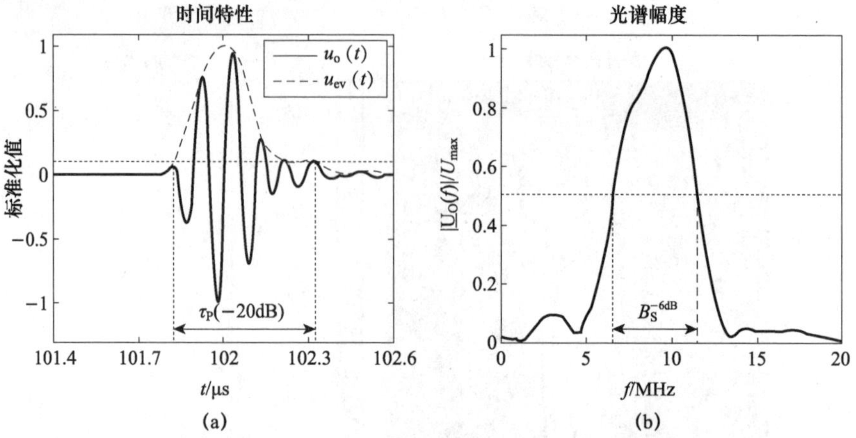

图 7.46　$u_O(t)$ 的获得时间特性及其频谱幅度(球聚焦转换器 Olympus V311 - SU)

(a) 焦平面平板靶电子换能器输出 $u_O(t)$ 及其包络 $u_{ev}(t)$ 的时间特性(包络最大值 $u_{ev;max}$ 的归一化);

(b) 归一化光谱幅度 $|\underline{U}_O(f)| = |\mathcal{F}\{u_O(t)\}|$(曲线特征数据:$\tau_p(-20dB) = 495ns$,$f_l = 6.60MHz$, $f_u = 11.51MHz$,$B_s^{-6dB} = f_u - f_l = 4.91MHz$,$f_{max} = 9.66MHz$,$f_c = 8.72MHz$)。

7.6.3　医学诊断学

图7.47显示了用于医疗诊断的4个传统压电换能器阵列。这种换能器阵列用于检查内脏器官、妊娠检查以及检测肾结石或胆结石[12,29,77]。线性相控阵和两个曲线相控阵包含多个由压电陶瓷制成的单元件换能器,它们可以部分并联工作,也可以单独激励和读出。相比之下,扇形相控阵只有64个单元换能器,必须单独操作进行二维检查(参见7.4.2小节)。线性和弯曲相控阵列提供中心频率f_c = 3.5MHz用于发射和接收超声波,扇形相控阵列仅限于f_c = 2.25MHz。左右弯曲相控阵天线的曲率半径分别为70mm和40mm。

从图7.48中可以看到曲率半径70mm的曲线相控阵的截面。与典型的单元换能器(见7.6.2小节)一样,在厚度延伸模式下工作的阵列元件配备了一个背衬材料,以增加换能器的带宽。元件前端的薄匹配层使声阻抗再次匹配,保护层作为发射和接收超声波的声透镜。由于保护层中的声速小于人体中的声速,所以声透镜呈凹形。保护层与人体之间的有效声耦合需要附加液体耦合凝胶,以避免两者之间的空气扰动。

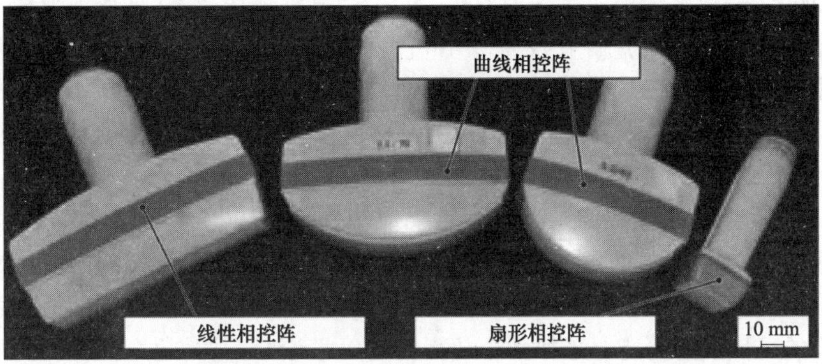

图 7.47 基于压电陶瓷材料的不同超声波线阵用于医疗诊断(曲面相控阵曲率半径不同)

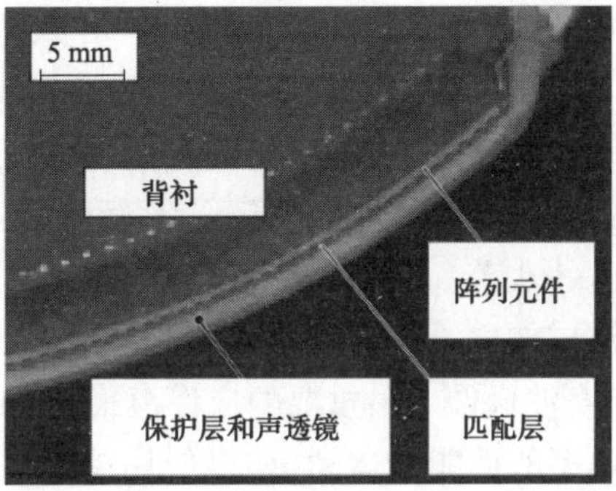

图 7.48 根据图 7.47 得到的曲率半径 70mm 弯曲相控阵截面

7.7 超声波成像

超声波成像是压电超声波换能器的一个重要应用领域。它通常在无创医疗诊断和无损检测中进行。对于这种应用,超声波换能器通常在脉冲回波模式下工作。当沿着传播路径存在不均匀的声波阻抗 Z_{aco} 时,入射超声波将被反射(参见 2.3.4 小节)。利用这些反射波的飞行时间及其大小可推断出有关研究区内部结构的某些信息。例如,如果声速已知,将能够定位不均匀性,如固体内部的缺陷。

除了妊娠检查外,超声波成像在医学诊断[①]中还可以应用在麻醉学、心脏病

① 医学诊断中的超声波成像也称为医学超声波、诊断超声波和超声波检查。

学、胃肠学、神经学和泌尿学等领域[16,40,77]。与其他成像技术(如放射成像和磁共振成像)相比,超声波成像在设备成本和检查成本方面非常便宜。由于医疗诊断中使用的声强保持在100mW cm^{-2}以下,所以超声波成像对被检查的病人不构成威胁。所使用的压电超声波换能器(如相控阵列;参见图7.47)的中心频率范围通常为1 ~ 15MHz。

如上所述,超声波成像的另一个重要应用领域是无损检测①(NDT)。如果无损检测是基于超声波,那么它也将被称为超声波检测。超声波检测的应用范围从焊接检测到材料表征,再到小缺陷的检测和定位[19,36]。超声波检测使研究物体表面以下的区域成为可能。正如基于超声波的医学诊断一样,超声波检测的主要优势在于低廉的检测成本。超声波检测设备通常是便携式的,并且操作可以高度自动化。换能器中心频率的典型范围与医学诊断的范围相当。然而,声学显微术作为NDT的一种特殊应用,需要压电超声换能器的中心频率远高于10MHz的。例如,一些声学显微镜的工作频率为1GHz,导致在水中波长$\lambda \approx 1.5\mu m$。

超声波换能器和被研究物体的声耦合是超声成像的决定性因素,并取决于其应用。声学显微镜通常利用水作为耦合介质,但在无创医疗诊断中,一种特殊凝胶充当偶联介质(参见7.6.3小节)。换能器和被研究物体之间的气穴可能会使得图像失真,甚至妨碍超声波成像。

下面简要地讨论超声波成像中最重要的成像模式,即A型、M型、B型以及C型成像。图7.49说明了典型的换能器运动,如果使用单元件换能器来研究标本,这将需要四种成像模式。特别是在医学诊断中,还存在连续波(CW)多普勒和脉冲波(PW)多普勒成像等更进一步的成像模式用于血流测量[32,71]。

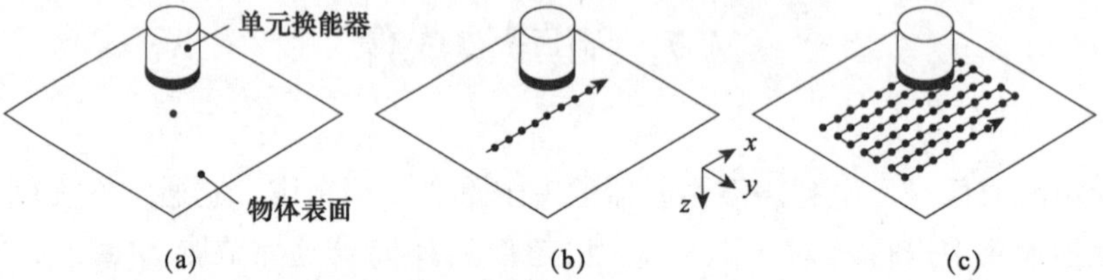

图7.49 物体表面用单元超声波换能器扫描线和扫描位置的成像
(a)A型和M型;(b)B型;(c)C型。

① 无损检测也称为非破坏性评估(NDE)。

7.7.1 A型和M型成像

A型成像的名字来源于单词amplitude(振幅)。对于这种成像模式,超声波换能器相对于被研究物体的表面保持在同一位置(图7.49(a))。单个A型线表示由于反射超声波而产生的接收回波信号 $u_0(t)$(即电子换能器输出)的包络 $u_{ev}(t)$。这个包络可以借助希尔伯特转换计算出来(式(7.69))。图7.50描述了球聚焦浸入式传感器Olympus VU390 - SU/RM的放大输出 $u_0(t)$ 和最终的包络 $u_{ev}(t)$(见图7.42[50]中的传感器7),该传感器由脉冲发生器/接收器Olympus PR5900[50]在水箱中操作。因此,由丙烯酸玻璃制成的平板反射镜的表面被放置在换能器的焦平面上,即距离有源换能器表面的轴向距离 $z = 12.7\text{mm}$ 处。

通过逐列排列后续时间瞬间中的几条A型线,可以得到M型图像,其中字母M代表motion(运动)。当前的A型模式线在M模式图像里是亮度编码或彩色编码。通常,高振幅值被分配给明亮的颜色,而低振幅值显示为深色。当物体的内部结构发生变化时,A型线和产生的M型成像将被改变。在20世纪50年代,A型线血管的时间变化已经被用来检测心脏的运动[77]。

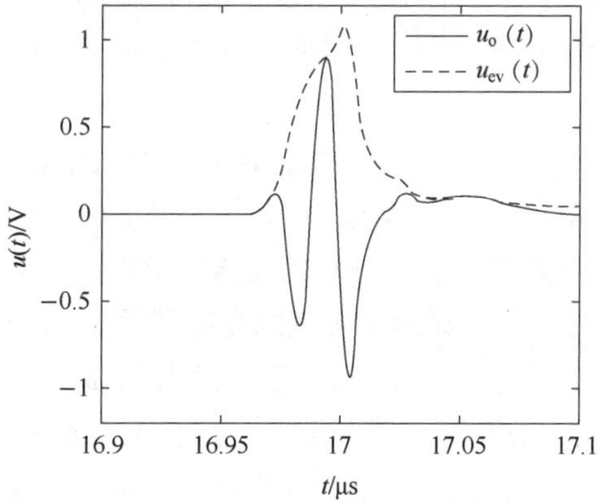

图7.50 放大换能器输出 $u_0(t)$ 和表示单个A型线包络 $u_{ev}(t)$(由丙烯酸玻璃制成的平板反射器的表面位于 $z = 12.7\text{mm}$;球聚焦Olympus VU390 - SU/RM浸入式换能器)

7.7.2 B型成像

B型成像是超声波成像中最常用的成像方式。这个名字来源于brightness(亮度)这个词。与A型和M型成像相比,单元换能器必须沿着B型成像线机械移动(图7.49(b))。然后,B型成像是通过将A型成像线逐列排列在随后的换能器位置而得到的。类似于 M 型成像,A 型线在 B 型成像里是亮度编码或彩色编码。一个 B 型图像可以解释为研究对象沿规定的线(也称为扫描线)的横截面视图。如果声速已知,图像将提供有关内部结构信息。

因为所研究的试样保持不变,而且检测时间通常并不关键,所以单元换能器的移动不构成无损检测的问题。然而,由于移动是一个耗时的过程,因此在医学诊断中不使用单元换能器来生成 B 型图像。目前,医学诊断所需的实时能力通常是通过相控阵实现的[31,77]。正如在 7.4.2 小节中提到的,换能器阵列允许操纵和聚焦使整个 B 型成像具有合理的空间分辨率。

在大多数情况下,声学显微镜使用球聚焦的单元换能器[9,43,82]。这是因为所需的空间分辨率要求超声波频率远高于 10MHz。在如此高的频率下工作的换能器阵列仍然对研究和换能器制造商提出了巨大的挑战(参见 7.4.2 小节)。由于球聚焦单元换能器的局限性,声学显微镜的空间分辨率仅在聚焦区域是理想的。为了提高聚焦区以外的空间分辨率,可以应用所谓的合成孔径聚焦技术(SAFT)[52,60,69]。该技术的基本思想在于相干求和换能器在不同位置的输出信号。从理论角度来看,SAFT 在均匀波的传播介质的 B 型成像中产生与深度无关的空间分辨率。在合作研究中心 TRR39[13] 的框架内,传感器技术(弗里德里希 - 亚历山大大学厄兰根 - 纽伦堡)主席正在进行对非均质试样(如层状结构)的 SAFT 应用研究。

举一个简单的例子,让我们研究细线反射器的 B 型图像,该反射器与 y 轴平行,位于 $x = 0\mathrm{mm}$ 处,并且距有源换能器表面的轴向距离 $z \approx 9.5\mathrm{mm}$。由于所使用的球聚焦浸入式转换器 Olympus VU390 - SU/RM 的焦距为 $F_{\mathrm{T,act}} = 12.7\mathrm{mm}$,因此反射器线位于负离焦区。图 7.51(a) 显示了放大的传感器输出 $u_{\mathrm{O}}(t)$ 和在两个不同的横向换能器位置产生的 A 型线 $u_{\mathrm{ev}}(t)$。可以清楚地看到,$u_{\mathrm{O}}(t)$ 和 $u_{\mathrm{ev}}(t)$ 中的最大值的时间位置和在高度都与横向换能器的位置 x 强相关。除了主要的反射外,A 型线含有来自多次反射的信号分量。图 7.51(b) 中产生的 B 型成像显示了镰刀形的反射,这是位于换能器焦平面外的小反射器的特征。在水中声速为 c_0 时,从 A 型线的开始时间轴重新调整为 $z = c_0 t/2$。

7.7.3 C 型成像

C 型成像的名字来源于单词 complex。为了记录 C 型成像,单个元件的超声波换能器必须在被研究对象的表面上沿着 xy 平面移动(图 7.49(c))。C 型成像是对每个换能器位置的 A 型线的最大值进行评估的结果。通过亮度编码或彩色编码最终生成 C 型成像。当最大值的计算被限制在一个短的时间窗口内时,就可以得到

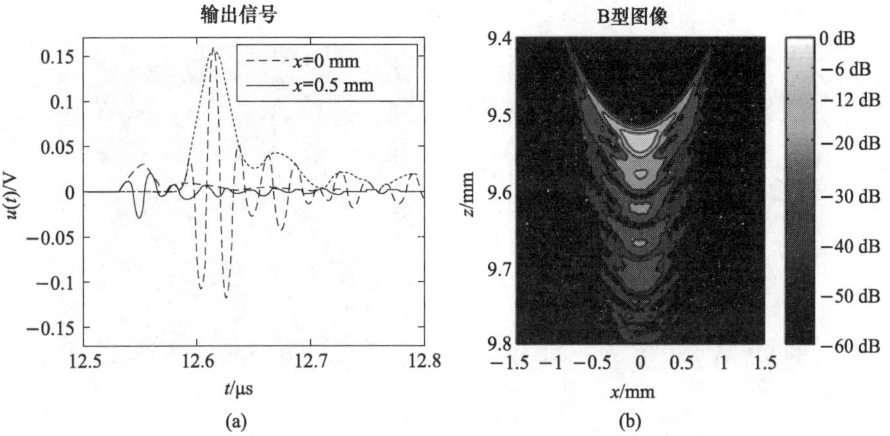

图 7.51 反射器成像示例(球聚焦浸入式转换器 Olympus VU390 - SU/RM)

(a) 换能器和导线反射器(直径为 45μm 的铜线) 的两个不同横向距离 x 的放大换能器输出 $u_0(t)$ 和 $u_{ev}(t)$(代表 A 型线)(反射线位于 $z \approx 9.5$mm);(b) 线反射镜归一化 B 型成像。

被研究对象相对于有源换能器表面在一定深度 z 内的截面图。因此,通过改变短时间窗口,可以生成被研究对象的深度相关信息。这就是 C 型成像常用于声学显微镜的原因。与B型成像一样,C型图像中的空间分辨率只有在选定的横截面视图靠近换能器的焦平面时才是理想的。同样,SAFT 可以应用于提高焦平面以外的空间分辨率。

为了演示声学显微镜下的 C 型成像, 研究了两块几何尺寸为 20.0mm × 20.0mm × 4.75mm 的光学透明丙烯酸玻璃板的黏结区域。丙烯酸玻璃板用一种透明的塑料胶水黏合的。胶层厚度约为 0.25mm。如图 7.52(a) 所示,黏合剂层存在不连续区域,通常伴有滞留空气。这些区域可以解释为连接板的分层。

再次使用球聚焦浸入式换能器 Olympus VU390 - SU/RM 进行超声波成像。对于 C 型成像,将时间窗口设置为黏合层的深度。图 7.52(b) 中的 C 型成像清楚地显示了分层。原因在于声波阻抗的Z_{aco}。与塑料胶水不同的是,空气的声波阻抗与丙烯酸玻璃的声阻抗差异很大。因此,入射超声波在分层处几乎完全反射,而在良好的板接合区域反射相当小。大反射在所考虑的时间窗口中显示为 A 型线的大峰值。

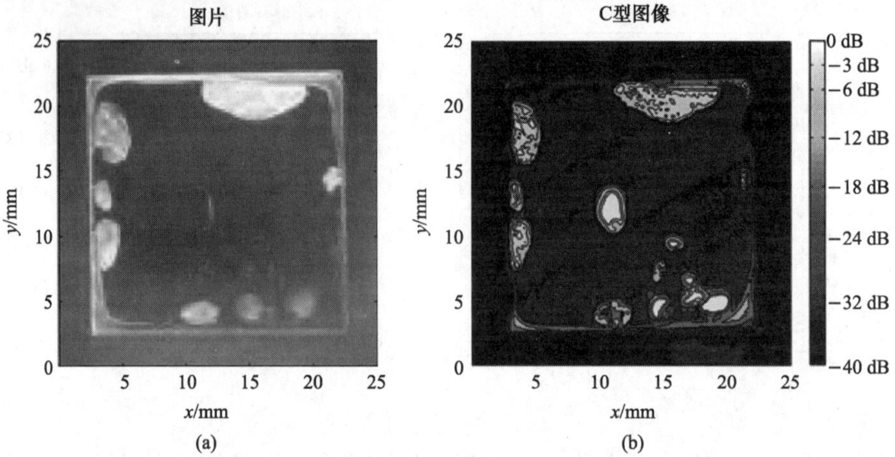

图 7.52　C 型成像(明亮区域标志着分层;球聚焦浸入式换能器 Olympus VU390 - SU/RM)
(a) 几何尺寸为 20.0mm × 20.0mm × 4.75mm 的丙烯酸玻璃板连接图;(b) 胶层的归一化 C 型成像。

参考文献

[1] Arditi, M., Foster, F. S., Hunt, J. W.: Transient fifields of concave annular arrays. Ultrason. Imaging **3**(1), 37 - 61 (1981)

[2] Álvarez Arenas, T. E. G.: Air - coupled piezoelectric transducers with active polypropylene foam matching layers. Sensors (Switzerland) **13**(5), 5996 - 6013 (2013)

[3] Arnau, A.: Piezoelectric Transducers and Applications, 2nd edn. Springer, Berlin (2008)

[4] Asher, R. C.: Ultrasonic Sensors. Institute of Physics Publishing, Bristol (1997)

[5] Bauer, S., Gerhard - Multhaupt, R., Sessler, G. M.: Ferroelectrets: soft electroactive foams for transducers. Phys. Today **57**(2), 37 - 43 (2004)

[6] Berlincourt, D. A., Curran, D. R., Jaffe, H.: Piezoelectric and Piezomagnetic Materials and Their Function in Transducers. Academic Press, New York (1964)

[7] Bernstein, H.: NF - und HF - Messtechnik. Springer, Wiesbaden (2015)

[8] Born, M., Wolf, E., Bhatia, A. B., Clemmow, P. C., Gabor, D., Stokes, A. R., Taylor, A. M., Wayman, P. A., Wilcock, W. L.: Principles of Optics: Electromagnetic Theory of Propagation, Interference and Diffraction of Light. Cambridge University Press, Cambridge (2000)

[9] Briggs, A.: Advances in Acoustic Microscopy, vol. 1. Springer, Berlin (1995)

[10] Brüel & Kjær: Product portfolio (2018). http://www.bksv.com

[11] Cannata, J. M., Ritter, T. A., Chen, W. H., Silverman, R. H., Shung, K. K.: Design of effificient, broadband single - element (20 - 80 MHz) ultrasonic transducers for medical imaging applications. IEEE Trans. Ultrason. Ferroelectr. Freq. Control **50**(11), 1548 - 1557 (2003)

[12] Cobbold, R. S. C.: Foundations of Biomedical Ultrasound. Oxford University Press, Oxford (2007)

[13] Collaborative Research Center TRR 39: Production Technologies for Lightmetal and Fiber Reinforced

Composite based Components with Integrated Piezoceramic Sensors and Actuators (PT - PIESA) (2018). http://www. pt - piesa. tu - chemnitz. de

[14] Dausch, D. E. , Castellucci, J. B. , Chou, D. R. , Von Ramm, O. T. : Theory and operation of 2 - D array piezoelectric micromachined ultrasound transducers. IEEE Trans. Ultrason. Ferroelectr. Freq. Control **55**(11), 2484 - 2492 (2008)

[15] Desilets, C. S. , Fraser, J. D. , Kino, G. S. : The design of effificient broad - band piezoelectric trans ducers. IEEE Trans. Sonics Ultrason. **25**(3), 115 - 125 (1978)

[16] Dössel, O. : Bildgebende Verfahren in der Medizin. Springer, Berlin (2000)

[17] Ealo, J. L. , Seco, F. , Jimenez, A. R. : Broadband EMFi - based transducers for ultrasonic air appli-cations. IEEE Trans. Ultrason. Ferroelectr. Freq. Control **55**(4), 919 - 929 (2008)

[18] Eriksson, T. J. R. , Ramadas, S. N. , Dixon, S. M. : Experimental and simulation characterisation of flflexural vibration modes in unimorph ultrasound transducers. Ultrasonics **65**, 242 - 248 (2016)

[19] Fendt, K. , Mooshofer, H. , Rupitsch, S. J. , Ermert, H. : Ultrasonic defect characterization in heavy rotor forgings by means of the synthetic aperture focusing technique and optimization methods. IEEE Trans. Ultrason. Ferroelectr. Freq. Control **63**(6), 874 - 885 (2016)

[20] Fink, M. , Cardoso, J. F. : Diffraction effects in pulse - echo measurement. IEEE Trans. Sonics Ultrason. **31**(4), 313 - 329 (1984)

[21] Gebhardt, S. , Schönecker, A. , Steinhausen, R. , Seifert, W. , Beige, H. : Quasistatic and dynamic properties of 1 - 3 composites made by soft molding. J. Eur. Ceram. Soc. **23**(1), 153 - 159 (2003)

[22] General Electrics (GE): Product portfolio (2018). https://www. gemeasurement. com

[23] Germano, C. P. : Flexure mode piezoelectric transducers. IEEE Trans. Audio Electroacoust. **19**(1), 6 - 12 (1971)

[24] Gradshteyn, I. S. , Ryzhik, I. M. : Tables of Integrals, Series, and Products, 8th edn. Academic Press, Amsterdam (2014)

[25] Gururaja,T. R. , Cross, L. E. , Newnham, R. E. , Auld, B. A. , Wang, Y. J. , Schulze, W. A. : Piezo electric composite materials for ultrasonic transducer applications. Part I: resonant modes of vibration of PZT rod - polymer composites. IEEE Trans. Sonics Ultrason. **32**(4), 481 - 498 (1985)

[26] Harris, G. R. : Review of transient fifield theory for a bafflfled planar piston. J. Acoust. Soc. Am. **70**(1), 10 - 20 (1981)

[27] Harris, G. R. : Transient fifield of a bafflfled planar piston having an arbitrary vibration amplitude distribution. J. Acoust. Soc. Am. **70**(1), 186 - 204 (1981)

[28] Hecht, E. : Optics, 5th edn. Pearson (2016)

[29] Heywang, W. , Lubitz, K. , Wersing, W. : Piezoelectricity: Evolution and Future of a Technology. Springer, Berlin (2008)

[30] Hillenbrand, J. , Sessler, G. M. : High - sensitivity piezoelectric microphones based on stacked cellular polymer fifilms (1). J. Acoust. Soc. Am. **116**(6), 3267 - 3270 (2004)

[31] Honskins, P. , Martin, K. , Thrush, A. : Diagnostic Ultrasound - Physics and Equipment, 2nd edn. Cambridge University Press, Cambridge (2010)

[32] Jensen, J. A. : Estimation of Blood Velocities Using Ultrasound. Cambridge University Press,

Cambridge (1996)

[33] Jensen, J. A. , Svendsen, N. B. : Calculation of pressure fifields from arbitrarily shaped, apodized, and excited ultrasound transducers. IEEE Trans. Ultrason. Ferroelectr. Freq. Control **39**(2), 262 - 267 (1992)

[34] Jespersen, S. K. , Pedersen, P. C. , Wilhjelm, J. E. : The diffraction response interpolation method. IEEE Trans. Ultrason. Ferroelectr. Freq. Control **45**(6), 1461 - 1475 (1998)

[35] Kino, G. S. : Acoustic Waves, Devices, Imaging and Analog Signal Processing. Prentice Hall, New Jersey (1987)

[36] Krautkrämer, J. , Krautkrämer, H. : Werkstoffprüfung mit Ultraschall. Springer, Berlin (1986)

[37] Krimholtz, R. , Leedom, D. A. , Matthaei, G. L. : New equivalent circuits for elementary piezo electric transducers. Electron. Lett. **6**(12), 398 - 399 (1970)

[38] Kümmritz, S. , Wolf, M. , Kühnicke, E. : Simultaneous determination of thicknesses and sound velocities of layered structures. Tech. Messen **82**(3), 127 - 134 (2015)

[39] Lerch, R. : Simulation von Ultraschall - Wandlern. Acustica **57**(4 - 5), 205 - 217 (1985)

[40] Lerch, R. , Sessler, G. M. , Wolf, D. : Technische Akustik: Grundlagen und Anwendungen. Springer, Berlin (2009)

[41] Lhemery, A. : Impulse - response method to predict echo - responses from targets of complex geometry. Part I: theory. J. Acoust. Soc. Am. **90**(5), 2799 - 2807 (1991)

[42] Länge, K. , Rapp, B. E. , Rapp, M. : Surface acoustic wave biosensors: a review. Anal. Bioanal. Chem. **391**(5), 1509 - 1519 (2008)

[43] Maev, G. : Advances in Acoustic Microscopy and High Resolution Imaging. Wiley - VCH, Wein heim (2012)

[44] Mason, W. P. : Electro - mechanical Transducers and Wave Filters, 3rd edn. D. van Nostrand, Princeton (1964)

[45] Muralt, P. , Ledermann, N. , Paborowski, J. , Barzegar, A. , Gentil, S. , Belgacem, B. , Petitgrand, S. , Bosseboeuf, A. , Setter, N. : Piezoelectric micromachined ultrasonic transducers based on PZT thin fifilms. IEEE Trans. Ultrason. Ferroelectr. Freq. Control **52**(12), 2276 - 2288 (2005)

[46] Newnham, R. E. , Skinner, D. P. , Cross, L. E. : Connectivity and piezoelectric - pyroelectric com posites. Mater. Res. Bull. **13**(5), 525 - 536 (1978)

[47] Nguyen, N. T. , Lethiecq, M. , Karlsson, B. , Patat, F. : Highly attenuative rubber modifified epoxy for ultrasonic transducer backing applications. Ultrasonics **34**(6), 669 - 675 (1996)

[48] Nierla, M. , Rupitsch, S. J. : Hybrid seminumerical simulation scheme to predict transducer outputs of acoustic microscopes. IEEE Trans. Ultrason. Ferroelectr. Freq. Control **63**(2), 275 - 289 (2016)

[49] Olver, F. W. J. , Lozier, D. W. , Boisvert, R. F. , Clark, C. W. : NIST Handbook of Mathematical Functions. Cambridge University Press, Cambridge (2010)

[50] Olympus Corporation: Product portfolio (2018). https://www. olympus - ims. com

[51] Oppenheim, A. V. , Schafer, R. W. , Buck, J. R. : Discrete - Time Signal Processing. Prentice Hall, New Jersey (1999)

[52] Passmann, C. , Ermert, H. : A 100MHz ultrasound imaging system for dermatologic and oph thalmologic

diagnostics. IEEE Trans. Ultrason. Ferroelectr. Freq. Control **43**(4), 545 - 552 (1996)

[53] Penttinen, A., Luukkala, M.: The impulse response and pressure nearfifield of a curved ultrasonic radiator. J. Phys. D Appl. Phys. **9**(10), 1547 - 1557 (1976)

[54] Penttinen, A., Luukkala, M.: Sound pressure near the focal area of an ultrasonic lens. J. Phys. D Appl. Phys. **9**(13), 1927 - 1936 (1976)

[55] Pilkey, W. D.: Stress, Strain, and Structural Matrices. Wiley, New York (1994)

[56] Polytec GmbH: Product portfolio (2018). http://www.polytec.com

[57] Raum, K., O'Brien, W. D.: Pulse - echo fifield distribution measurement technique for high frequency ultrasound sources. IEEE Trans. Ultrason. Ferroelectr. Freq. Control **44**(4), 810 - 815 (1997)

[58] Reindl, L. M.: Theory and application of passive SAW radio transponders as sensors. IEEE Trans. Ultrason. Ferroelectr. Freq. Control **45**(5), 1281 - 1292 (1998)

[59] Rupitsch, S. J.: Entwicklung eines hochauflflösenden Ultraschall - Mikroskops für den Einsatz in der zerstörungsfreien Werkstoffprüfung. Ph. D. thesis, Johannes Kepler University Linz (2008)

[60] Rupitsch, S. J., Zagar, B. G.: Acoustic microscopy technique to precisely locate layer delamination. IEEE Trans. Instrum. Meas. **56**(4), 1429 - 1434 (2007)

[61] Rupitsch, S. J., Zagar, B. G.: A method to increase the spatial resolution of synthetically focussed ultrasound transducers. Tech. Messen **75**(4), 259 - 267 (2008)

[62] Rupitsch, S. J., Nierla, M.: Effificient numerical simulation of transducer outputs for acoustic microscopes. In: Proceedings of IEEE Sensors, pp. 1656 - 1659 (2014)

[63] Rupitsch, S. J., Kindermann, S., Zagar, B. G.: Estimation of the surface normal velocity of high frequency ultrasound transducers. IEEE Trans. Ultrason. Ferroelectr. Freq. Control **55**(1), 225 - 235 (2008)

[64] Rupitsch, S. J., Lerch, R., Strobel, J., Streicher, A.: Ultrasound transducers based on ferroelectret materials. IEEE Trans. Dielectr. Electr. Insul. **18**(1), 69 - 80 (2011)

[65] Safari, A., Akdogan, E. K.: Piezoelectric and Acoustic Materials for Transducer Applications. Springer, Berlin (2010)

[66] Safari, A., Allahverdi, M., Akdogan, E. K.: Solid freeform fabrication of piezoelectric sensors and actuators. J. Mater. Sci. **41**(1), 177 - 198 (2006)

[67] Sammoura, F., Kim, S. G.: Theoretical modeling and equivalent electric circuit of a bimorph piezoelectric micromachined ultrasonic transducer. IEEE Trans. Ultrason. Ferroelectr. Freq. Control **59**(5), 990 - 998 (2012)

[68] San Emeterio, J. L., Ullate, L. G.: Diffraction impulse response of rectangular transducers. J. Acoust. Soc. Am. **92**(2), 651 - 662 (1992)

[69] Scharrer, T., Schrapp, M., Rupitsch, S. J., Sutor, A., Lerch, R.: Ultrasonic imaging of complex specimens by processing multiple incident angles in full - angle synthetic aperture focusing technique. IEEE Trans. Ultrason. Ferroelectr. Freq. Control **61**(5), 830 - 839 (2014)

[70] Smith, W. A.: Role of piezocomposites in ultrasonic transducers. Proc. Int. IEEE Ultrason. Symp. (IUS) **2**, 755 - 766 (1989)

[71] Smythe, W. B.: Diagnostic Ultrasound - Imaging and Blood Flow Measurements. CRC Press, Boca

Raton (2006)

[72] Steinberg, B. D.: Principles of Aperture and Array System Design: Including Random and Adaptive Arrays. Wiley, New York (1976)

[73] Steinhausen, R., Hauke, T., Seifert, W., Beige, H., Watzka, W., Seifert, S., Sporn, D., Starke, S., Schönecker, A.: Finescaled piezoelectric 1 - 3 composites: properties and modeling. J. Eur. Ceram. Soc. **19**(6 - 7), 1289 - 1293 (1999)

[74] Stepanishen, P. R.: The time - dependent force and radiation impedance on a piston in a rigid infifinte planar bafflfle. J. Acoust. Soc. Am. **49**(3), 841 - 849 (1971)

[75] Streicher, A.: Luftultraschall - Sender - Empfänger - System für einen künstlichen Fleder mauskopf. Ph. D. thesis, Friedrich - Alexander - University Erlangen - Nuremberg (2008)

[76] Streicher, A., Müller, R., Peremans, H., Lerch, R.: Broadband ultrasonic transducer for a arti - fificial bat head. Proc. Int. IEEE Ultrason. Symp. (IUS) **2**, 1364 - 1367 (2003)

[77] Szabo, T. L.: Diagnostic Ultrasound Imaging: Inside Out, 2nd edn. Academic Press, Amsterdam (2014)

[78] Valeo: Product portfolio (2018). http://www.valeo.com/en/

[79] Verhoef, W. A., Cloostermans, M. J. T. M., Thijssen, J. M.: The impulse response of a focused source with an arbitrary axisymmetric surface velocity distribution. J. Acoust. Soc. Am. **75**(6), 1716 - 1721 (1984)

[80] Wang, Z., Zhu, W., Miao, J., Zhu, H., Chao, C., Tan, O. K.: Micromachined thick fifilm piezo electric ultrasonic transducer array. Sens. Actuators A Phys. **130 - 131**, 485 - 490 (2006)

[81] Wooh, S. C., Shi, Y.: Optimum beam steering of linear phased arrays. Wave Motion **29**(3), 245 - 265 (1999)

[82] Wüst, M., Eisenhart, J., Rief, A., Rupitsch, S. J.: System for acoustic microscopy measurements of curved structures. Tech. Messen **84**(4), 251 - 262 (2017)

第8章

超声波换能器产生的声场特性

声场的计量表征是超声波换能器设计和优化的重要环节。本章将集中讨论光折射层析成像(LRT)，这是一种基于光学的测量原理。它能对流体中的声场和透明光学固体中的机械波进行无创的、空间和时间分辨的采集。在8.2节和8.3节研究LRT的历史和基础(如层析重建)之前，将讨论用于此类测量任务的常规测量原理(如水听器)。8.4节讨论了LRT在水中声场研究中的应用，如由胶囊水听器引起的扰动声场将被量化。在8.5节中，显示了机载超声波的LRT结果，并通过传声器测量进行验证。最后，利用LRT定量获取机械波在透明固体中的传播，这是目前用常规测量原理无法实现的。

8.1 常规测量原理

本节将简要介绍分析流体中的声场和光学透明固体中的机械波的常规测量原理。测量原理分为5类，即水听器、传声器、薄膜光学干涉测量、纹影光学测量和光衍射断层成像。最后，针对实际应用中的重要需求(如空间分辨结果)比较了不同的测量原理。

8.1.1 水听器

水和类水液体中的声场经常通过水听器进行分析[2, 26]。由于这个测量装置总是浸没在液体中，入射声波会在水听器上反射和衍射。因此，基本的测量原则是侵入性的(见8.4.4小节和文献[21])。水听器通常是基于压电材料，如压电陶瓷或 PVDF（聚偏二氟乙烯）箔。压电陶瓷材料提供了更高的耦合因子，将机械能转化为电能，但由于其声波阻抗低，PVDF 更适合于水(见 3.6.3 小节)。因此，PVDF 压电材料和水的声阻抗匹配不需要 $\lambda_{aco}/4$ 层。因此，PVDF 水听器比压电陶瓷水听器具有更高的测量带宽，因此，PVDF 水听器在实际应用中使用频率更高。

一般来说，可以区分 3 种不同类型的压电式水听器，即针式水听器、胶囊式水听器和膜式水听器。顾名思义，针式水听器有针的形状。一种典型的有效直径远小于 1mm 的压电材料直接位于针尖上。根据所用的压电材料和没有前置放大器，这些水听器目前的标称灵敏度范围为 12 ~ 1200nVPa^{-1}（即 $-278 \sim -238$dB re1Vμ Pa^{-1}），测量带宽为 1 ~ 20MHz[30]。压电材料的有效直径越大，水听器的灵敏度就越高，但接受入射声压波的角度就越小。例如，名义灵敏度为1200nV Pa^{-1} 的针式水听器在 5MHz 的声频下只有 15° 的接收角。此外，一个大的有效直径是至关重要的，因为声压值平均超过水听器的活动区域。值得注意的是，这一事实适用于所有 3 种类型的压电水听器，并可能对超声波换能器的近场产生特别大的问题，因为声场的空间频率较高(图 8.10)。

第二种水听器称为胶囊式水听器，它看起来像一个弹丸，使用 PVDF 作为压电材料(图 8.1(a))。胶囊式水听器和针式水听器的设计和规格都很相似，但胶囊式水听器的灵敏度对声波频率的依赖性不强。尽管其特殊的几何形状使得即使对于小的 PVDF 直径也能形成坚固的结构，但是在水听器主体处仅发生微小的反射以及入射声波的衍射。

膜式水听器(图 8.1(b))是最后一种水听器类型，由声透明的 PVDF 膜(单个 PVDF 箔的厚度小于 30μm，直径 100mm)组成。薄膜的每一面都覆盖着电极，在极化后，薄膜中心的一个小区域(典型直径小于 1mm)具有压电性[3, 50]。这样，该区域可用于将入射声压波转换成相应的电输出信号。与其他两种类型相比，膜式水听器提供了 1 ~ 50MHz 以及更大的测量带宽。因此，这种水听器非常适合于在水中无失真地获取脉冲超声波。然而，连续的声波可能会在薄膜内产生驻波，使声场和电输出信号失真[21]。薄膜水听器对入射声压波的角度也相当敏感，所以接收角度通常小于 30°。除了压电式水听器外，光纤水听器有时也用于表征水中的声场，因为它们能够进行远高于 10MPa[45] 的声压测量。

8.1.2 传声器

获取空气中声场的设备称为传声器。为了精确和准确地测量声压值和声级，通常使用基于静电电容器的传声器，如电容器和驻极体传声器[26]。电容传声器

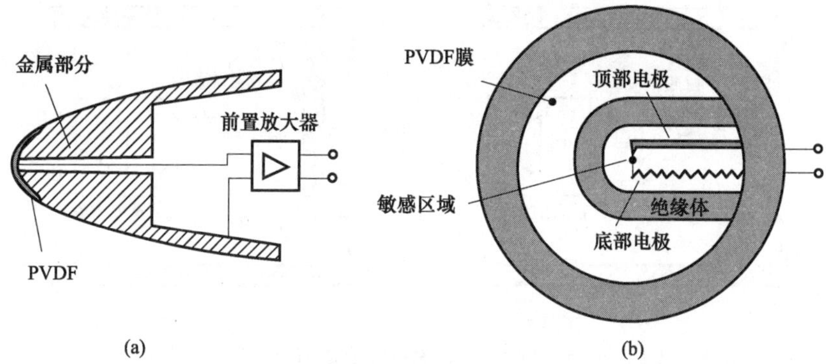

图 8.1 胶囊式水听器和膜式水听器的示意图[2]
(a) 胶囊式水听器；(b) 膜式水听器。

需要一个外部电压源U_{bias}来极化，驻极体传声器使用永久充电材料。根据电容传声器的不同，U_{bias}的值在 20 ~ 200V 范围内。图 8.2(a) 所示为电容式传声器的结构示意图。圆形薄膜是可变形的并施加了机械预应力，与入射声波一起振动，作为电容器的一个板。这种膜通常由约 10μm 厚的镍或硬铝制成。对于特殊的测量应用，可使用厚度较小的金属化聚合物箔代替。为了增加膜振荡的振幅，衬底电极通常含有小孔，这些小孔增加了传声器内的空气容量，但几乎不改变其电容C_{mic}。对处于平衡状态(即没有声压波) 的气隙s_0和传声器的活动区域A_{mic}，C_{mic}变成

$$C_{mic}(s_\sim)=\frac{\varepsilon_0 A_{mic}}{s_0+s_\sim} \tag{8.1}$$

式中：ε_0为空气的介电常数；$s_\sim$为由于入射声压波而引起的膜偏转①。如果前置放大器的输入电阻 R(图 8.2(a)) 满足条件 $R \gg (2\pi f C_{mic})^{-1}$(声频 f)，则电容板上的电荷Q_0将保持不变。在薄膜挠度较小的附加假设下(即 $s_\sim \ll s_0$)，电容传声器的输出电压 $u_{mic}(s_\sim)$ 简化为

$$u_{mic}(s_\sim)=\frac{Q_0}{C_{mic}(s_\sim)}-U_{bias}=\frac{Q_0(s_0+s_\sim)}{\varepsilon_0 A_{mic}}-\frac{Q_0 s_0}{\varepsilon_0 A_{mic}}\approx E_0 s_\sim \tag{8.2}$$

气隙中的电场强度(恒定)$E_0=Q_0(\varepsilon_0 A_{mic})^{-1}$。因此，$u_{mic}(s_\sim)$ 与入射的声压波相关。

1962 年，Sessler 和 West[42] 发明了驻极体传声器。与电容式传声器相反，气

① 简单起见，假定膜在主动传声器表面上的变形 $s\sim$ 是均匀的。

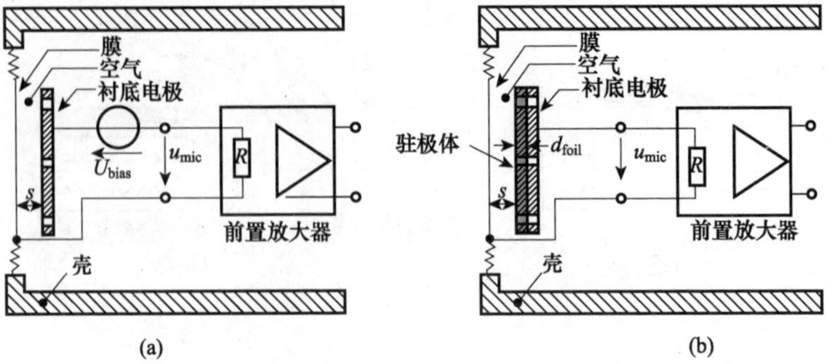

图 8.2　电容式传声器和驻极体传声器示意图(气隙 $s=s_0+s_{\sim}$[26])

(a) 电容式传声器；(b) 驻极体传声器。

隙中的电场来自位于圆形膜和衬底电极之间的永久性带电介质箔(驻极体)。介电箔是一种氟聚合物(如 PVDF)，厚度为 $d_{foil}=6\sim25\mu m$，并在一侧金属化。通过电晕放电，氟聚合物在另一侧带负电荷。图 8.2(b) 显示了驻极体位于衬底电极上的驻极体传声器的实例。在平衡态下，厚度为s_0 的气隙中的电场强度 E_0 为

$$E_0=\frac{\sigma_{cor}d_{foil}}{\varepsilon_0(d_{foil}+\varepsilon_r s_0)} \tag{8.3}$$

式中：σ_{cor} 为驻极体表面的电荷；ε_r 为相对介电常数。就像电容传声器一样，驻极体传声器由于入射的声压波而产生的电子输出信号可以用简单的关系式 $u_{mic}(s_{\sim})\approx E_0 s_{\sim}$ 来近似。虽然这种传声器不需要外接电压电源，但其性能(如灵敏度)与传统电容传声器相当，甚至更好。在正常运行条件下，永久充电的氟聚合物几乎完全保留了其表面电荷[41]。驻极体传声器对入射声压波的灵敏度每年仅降低不到 1dB。

对于测量应用，在市场上可以买到不同尺寸的圆形薄膜的电容和驻极体传声器。膜的直径一般在 1/8 英寸到 1 英寸。事实上，大型膜对入射声压波具有很高的传声器灵敏度，但是它们并不适合于获取超声波。与水听器类似，这可以归因于电声输出与薄膜的平均挠度相关。当声波的波长 λ_{aco} 接近膜的直径时，膜表面的平均声压值与实际出现的声压值之间存在显著的偏差。膜的尺寸还影响入射声压波的接收角。与 λ_{aco} 相比，膜的尺寸较大时，接收角较小。这就是仔细选择使用传声器的原因。1 英寸电容传声器目前提供灵敏度高达 $100mVPa^{-1}$，可用频率范围为 10Hz ~ 10kHz，1/8 英寸版本只提供灵敏度 $1mVPa^{-1}$[9]。由于体积小，1/8 英寸的电容传声器适合于 140kHz 的可靠声压测量。

8.1.3 基于薄膜的光学干涉测量法

基于薄膜的光学干涉法利用了声压波传播引起的粒子位移。1988 年，Bacon[4] 提出了这种测量方法用于水听器的初级校准。他将一层厚度为 3μm 的镀金薄膜浸泡在水中。由于薄膜的厚度很小，薄膜在声学上是透明的，但在光学上是不透明的，因此，它应该能够跟踪通过的声压波。如果薄膜的运动是由一个合适的装置获得的，如迈克尔逊干涉仪(图 8.3)，则可以推断声压值相对于时间的关系。在当前的实现中，对于 0.5 ~ 15MHz 的被测声场，测量不确定度在 2.3% ~ 6.6%。

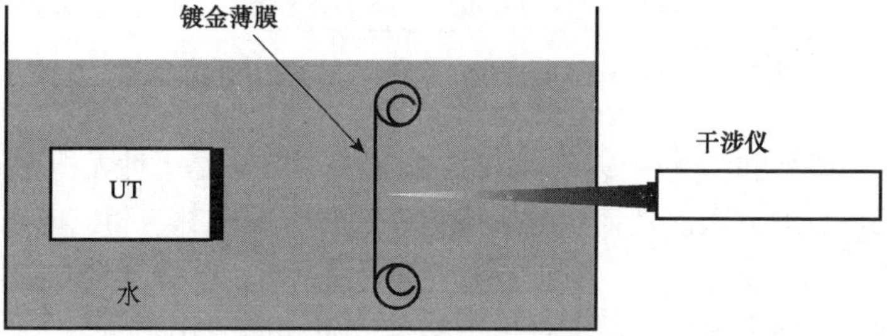

图 8.3 基于薄膜的光学干涉法[4] 示意图(UT 为超声波换能器)

Koch 和 Molkenstruck[25] 通过在水面上安装膜来增强试验装置，将上限频率扩展到 70MHz。由于其高精度，这种增强的基于薄膜的光学干涉测量法已经成为一些国家水听器初级校准的标准，如德国[24]。然而，测量方法也有一定的局限性。尽管薄膜几乎是不受干扰的，但它必须浸没在声音传播介质中，因此，严格地说，这种方法是侵入性的。此外，干涉仪的输出很大程度上依赖于声压波在薄膜上的入射角。当声波不垂直于膜表面撞击时，所确定的声压振幅似乎比它们实际的要小。基于这些理由，基于薄膜的光学干涉术只能用于水听器的初级校准。

8.1.4 纹影光学法

纹影光学方法利用了存在于光学透明介质(即流体或固体)声场中的电磁波和声波之间的相互作用[43, 54]。如图 8.4 所示，准直电磁波(如激光束)通过所研究的声场传播。由于声压波引起声传播介质中密度的局部变化，其光折射率也会发生局部变化。这一事实导致电磁波的位相光栅，从而衍射成不同的阶段。换句话说，衍射电磁波包含有关声场的信息。电磁波通过声传播介质后，用透镜聚焦。为了隔离这些波的高阶衍射，通过在透镜焦平面上放置光学光阑作为空间滤波器来消除零级衍射。例如，必要的空间滤波可以通过一个数字微镜装置来实现，该装置允许依次应用不同的滤波器(如刀口滤波器或低通滤波器)[49]。包含声场信息的电磁波的剩余部分(即高阶衍射)最终由合适的摄像机捕获(图8.4)。

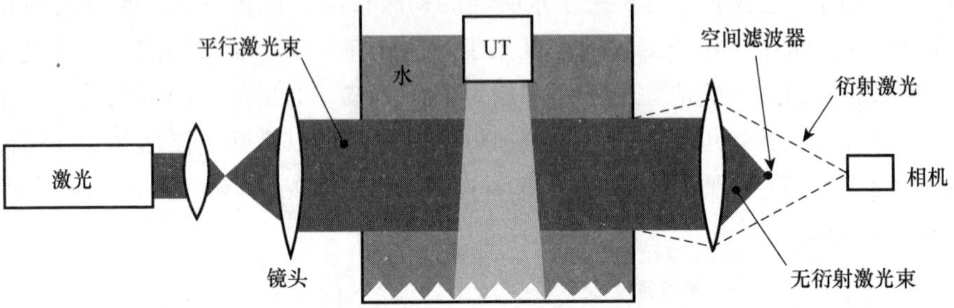

图 8.4　纹影光学法[43]示意图(UT 为超声波换能器)

与水中水听器和空气中传声器相比，纹影光学方法是一种无损伤的、实时提供二维声场信息的方法。然而，纹影图像中的每个像素都与相应电磁波[39]路径上的声强积分成正比。因此，即使应用层析成像技术，纹影光学方法也不能产生空间分辨的声压值。相反，通常重构声功率分布和归一化声压值[28, 53]。综上所述，纹影光学方法非常适合于光学透明介质中声场的可视化，但是这些方法目前还不能给出声压的绝对值。

8.1.5　光衍射层析成像

1984 年，Reibold 和 Molkenstruck[37]提出了光衍射层析成像技术，它也利用了电磁波和声波之间的相互作用。与纹影光学方法相反，这种无创测量方法提供了声压的绝对值。图 8.5 描述了光衍射层析成像的试验装置，主要不同于纹影光学方法之处表现在两个方面：一方面是光学光阑被狭缝孔代替；另一方面是相机被针孔和光电二极管的组合代替。借助适当形状的狭缝，只允许零级和一级正、负衍射级通过。通过平行于 xy 平面的移动针孔和光电二极管获得了它们的空间光强和相位分布。通过对不同的投影角重复这些测量(如通过旋转声源)，层析重建可以得到关于声场的空间分辨信息。增强的试验设置使声音压力测量达到 10MHz 的声频，不确定度小于 10%[1]。然而，光衍射层析成像不能提供时间分辨的结果，因此，只能用于连续谐波或静置声压波的情况[36-37]。

8.1.6　比较

最后根据实际应用中的重要需求对上述测量原理进行比较(表 8.1)。实际

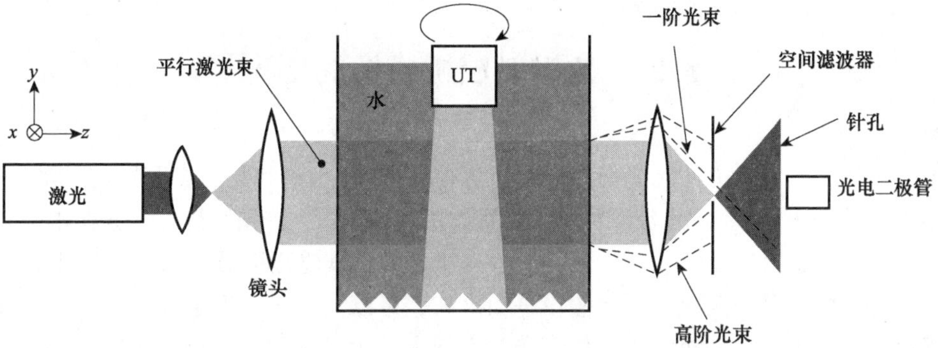

图 8.5　光衍射层析[1] 示意图(UT 为超声波换能器)

上，需要一种非侵入性的、提供时间和空间上分辨的声压绝对值的高精度测量方法。所使用的方法不应仅限于流体测量，还应使固体中机械波的研究成为可能。此外，由于波可以向不同的方向传播(如反射)，测量方法需要是全向的，即在所有方向上都具有相同的灵敏度。即使每一个传统的测量原理都有显著的优点，它们没有一个能满足表 8.1 的所有要求。因此，对于能够满足所列要求的替代度量方法有很大的需求。本章剩下的部分专门讲述光折射层析成像术，它便代表了这样一种方法。

表 8.1　分析流体中声场和固体中机械波的常规测量原理比较

特性	水听器	基于薄膜的光学干涉测量法	纹影光学法	光衍射层析成像
非侵入性	否	否	是	是
时间分辨	是	是	是	否
空间分辨	是	是	否	是
绝对值	是	是	否	是
固体介质	否	否	是	未知
全向	否	否	是	是
高精度	高	很高	高	未知

8.2 光折射层析成像的历史

正如纹影光学方法和光衍射层析成像(见 8.1.4 小节和 8.1.5 小节)，LRT 利用电磁波和声学波(即声波)之间的相互作用。Jia 等[22] 首先测量了声波在水中和空气中的光折射率变化。他们使用了外差干涉仪，其输出信号与沿发射激光束的这些变化的积分成正比。通过假设平面声波，可以大大简化积分方程的解。这样就可以将干涉仪的输出与声压值直接联系起来。为了消除这一假设，Matar 等[27] 另外应用了层析成像技术，实现了对所研究声场的空间分辨重建。Harvey 和 Gachagan[18] 用商用单点激光多普勒测振仪取代了外差干涉仪，从而降低了试验装置的复杂性。Zipser 和 Franke[55] 使用了扫描式振动计来减少测量时间。然而，他们专注于各种实际应用中声传播的可视化，而不打算对空间分辨声压进行定量重建。综上所述，一些研究人员开发并利用 LRT 来分析水中和空气中的声场。然而，通过传统的测量原理，如水听器和传声器，很难找到对 LRT 试验结果的定量验证。

2006 年，Bahr 在传感器技术会议(弗里德里希 - 亚历山大 - 厄兰根 - 纽伦堡大学) 开始研究 LRT，与 Lerch 一起，发现滤波反投影算法为重建空间分辨声场提供了最可靠的结果[5]。他们获得了旋转对称超声波换能器在水中工作的声场和 PMMA 块内的可视化机械波。Chen 等将试验装置和重建方法扩展到研究任意形状超声波换能器的声场和透明固体中的机械波。下面详细介绍 LRT 的基本原理和实现扩展版本的重要步骤。

8.3 光折射层析成像原理

本节将介绍 LRT 最重要的基本原理。首先介绍基本的测量原理，然后详细说明可以在声传播介质(即液体和固体) 中测定的物理量(如声压)。8.3.2 小节详细介绍了层析成像技术，它允许通过 LRT 测量对物理量进行空间和时间分辨的重建。8.3.3 小节将解释测量程序。此外，还将介绍在传感器技术会议上实现的测量装置。然后，从理论上确定和优化 LRT 测量的决定性参数(如投影数)。8.3.5 小节讨论了测量偏差的来源，如放置误差。最后讨论用 LRT 可以获得的声频范围。

8.3.1　测量原理

如上所述，LRT 利用电磁波和声波之间的相互作用。这种相互作用发生在声波通过的每一种光学透明介质(如水)中[43]。声压波引起传播介质密度$\varrho(x, y, z, t)$的变化，这种变化依赖于空间(坐标x、y、z)和时间t。由于这些变化，传播介质的光学折射率$n(x, y, z, t)$也随着空间和时间而变化。在均匀介质中，这个事实导致光学折射率在平衡状态下，即没有声波时，与其值n_0的偏差$\Delta n(x, y, z, t)$。一般来说，当声压$p_{\sim}(x, y, z, t)$增加时，$n(x, y, z, t)$将上升，因此，$\varrho(x, y, z, t)$增加。

假设一束激光沿y方向通过超声波声源的声场(图 8.6)。在 LRT 中，激光束通常通过光学反射器反射回光源[5, 14]。由于$n(x, y, z, t)$受到声波的作用沿着激光束的方向变化，光程长度也随之变化。假设电磁波传播速度远远超过声波(即波的传播的$c_{em} \gg c_{aco}$)，并且这种假设总是成立的，那么沿着激光束的光程差ΔL变为

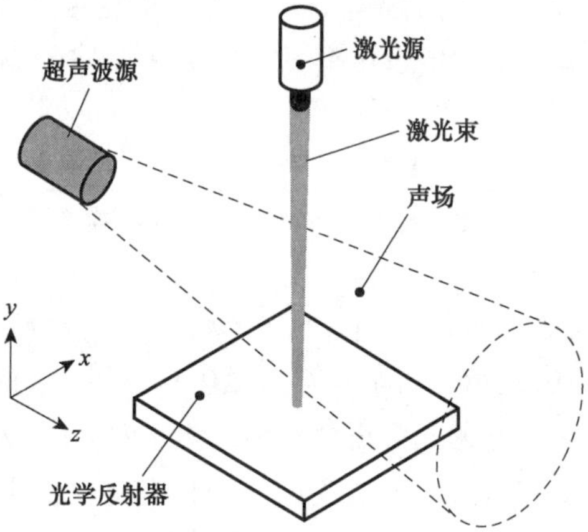

图 8.6　LRT 原理示意图(激光源(如激光多普勒测振仪)的激光束通过超声波源声场沿y方向传播；激光束通过光学反射器反射回激光光源)

$$\Delta L(x, z, t) = 2\int \Delta n(x, y, z, t)\,\mathrm{d}y \tag{8.4}$$

因此，尽管激光源和反射器的几何距离不变，但光学反射器在y方向上发生虚位移$\Delta L(x, z, t)$。如果$\Delta L(x, z, t)$是用一个合适的测量装置(如激光多普勒测振仪)和层析成像(见 8.3.2 小节)获得的，就可以重建空间和时间上分辨的折射率变化$\Delta n(x, y, z, t)$。

1. 流体声压

折射率变化 $\Delta n(x, y, z, t)$ 可用于计算光学透明流体(气体和液体) 中的声压 $p_{\sim}(x, y, z, t)$。根据压电光效应[48]，$\Delta n(x, y, z, t)$ 与 $p_{\sim}(x, y, z, t)$ 成正比，这一点可以通过

$$\Delta n(x,y,z,t) = \left(\frac{\partial_n}{\partial_p}\right)_S \cdot p_{\sim}(x, y, z, t) \tag{8.5}$$

得到。用压电光学系数 $\left(\frac{\partial_n}{\partial_p}\right)_S$ (绝热条件下的指数 S) 作为评价标准。声压振幅 $\hat{p}_{\sim}$ 经常出现在声学波的传播中，这个系数几乎保持不变[40, 51]。在 LRT 的帮助下，能够重建空间上和时间上解析的声压 $p_{\sim}(x, y, z, t)$。

2. 固体中的膨胀

虽然只有纵波在非黏性流体中传播，但在固体介质中还存在机械横波(见 2.2 节)。这就是为什么在固体中传播的机械波的完整描述需要张量(如机械应变 $\boldsymbol{S}$)，而这个张量不能由标量折射率变化 $\Delta n(x, y, z, t)$ 唯一重建。然而，可以通过 $\Delta n(x, y, z, t)$ 确定均匀的光学透明固体中的密度变化 $\Delta \varrho(x, y, z, t)$。通过假设介质中原子或分子的电极化率恒定，麦克斯韦方程产生了洛伦兹 - 洛伦兹方程[7]，即

$$R_{\mathrm{LL}} = \frac{n^2(x, y, z, t) - 1}{n^2(x, y, z, t) + 2} \cdot \frac{1}{\varrho(x, y, z, t)} = \mathrm{const} \tag{8.6}$$

其中

$$\begin{cases} n(x, y, z, t) = n_0 + \Delta n(x, y, z, t) \\ \varrho(x, y, z, t) = \varrho_0 + \Delta\varrho(x, y, z, t) \end{cases}$$

式中：n_0 和 ϱ_0 分别为平衡态的光学折射率和固体密度；R_{LL} 为介质的洛伦兹-洛伦兹比折射，即使在温度和压力的极端变化下，其变化也仅小于 1%[6]。利用固体的 $\Delta \varrho(x, y, z, t)$ 还能计算它的相对体积变化 $\frac{\Delta V}{V_0}$，这被称为膨胀因子 δ_{dil}[26]。由于固体机械电波的传播通常伴随着极其微小的相对体积变化(即 $V_0 \gg \Delta V$)，所以 δ_{dil} 为

$$\delta_{\mathrm{dil}} = \frac{\Delta V}{V_0} \approx \frac{\Delta V}{V_0 + \Delta V} = -\frac{\Delta\varrho}{\varrho_0} \tag{8.7}$$

因此，$\Delta n(x, y, z, t)$ 导致了光学透明的各向同性固体中的空间分辨和时间分辨的膨胀因子 $\delta_{\mathrm{dil}}(x, y, z, t)$[11-12]。注意，只有纵波改变介质体积，因此，膨胀也表现在(正常应变 S_{ii})

$$\delta_{\mathrm{dil}} = S_{xx} + S_{yy} + S_{zz} \tag{8.8}$$

为此，LRT 仅限于在光学透明固体中获取机械纵波。

8.3.2　层析成像

为了利用光程差 $\Delta L(x, z, t)$ 重建空间分辨的折射率变化 $\Delta n(x, y, z, t)$，必须采用层析成像。层析成像的基础是 Radon 在 1917 年发表的 Radon 变换[35]。他提出了一种数学公式，可以根据函数的投影重建函数。滤波反投影(FBP)是断层摄影成像中最著名的重建方法，经常用于医学检查和无损检测[10, 20, 23]。下面对层析成像的基本原理进行简要概述，包括傅里叶切片定理和通过 FBP 算法进行平行投影的重构过程。

1. 傅里叶切片定理

傅里叶切片定理是层析成像中的一个基本原理，因为它将空间域的物体投影与空间频域的分布联系起来。图 8.7 用图形说明了这个定理。为了解释数学背景，下面介绍由笛卡尔坐标 xy 定义的二维目标函数 $f(x, y)$ 和它在空间频域中的二维傅里叶变换 $F(u, \nu)$，即

$$F(u, \nu) = \int_{-\infty}^{+\infty}\int_{-\infty}^{+\infty} f(x, y)\, \mathrm{e}^{-\mathrm{j}2\pi(ux+uy)\mathrm{d}x\mathrm{d}y} \tag{8.9}$$

式中，u 和 ν 分别为空间频率。$f(x, y)$ 在 x 点沿 y 轴的投影①$\mathcal{O}_{\Theta}(x)$ 为

$$\mathcal{O}(x) = \int_{-\infty}^{+\infty} f(x, y)\,\mathrm{d}y \tag{8.10}$$

在不限制一般性的情况下，可以将目标函数转换为坐标系(ξ, η)，它应该用旋转角 Θ 表示(x, y) 的旋转形式。也就是说，下面的坐标变换读作

$$\begin{bmatrix} \xi \\ \eta \end{bmatrix} = \begin{bmatrix} \cos\Theta & \sin\Theta \\ -\sin\Theta & \cos\Theta \end{bmatrix} \begin{bmatrix} x \\ y \end{bmatrix} \tag{8.11}$$

对于旋转的坐标系，在 ξ 处沿 η 轴的投影 $\mathcal{O}_{\Theta}(\xi)$ 变为(图 8.7)

$$\mathcal{O}_{\Theta}(\xi) = \int_{-\infty}^{+\infty} f(\xi, \eta)\,\mathrm{d}\eta \tag{8.12}$$

用一维傅里叶变换，即

$$\begin{aligned} \mathcal{O}_{\Theta}(\nu) &= \int_{-\infty}^{+\infty} \mathcal{O}_{\Theta}(\xi)\, \mathrm{e}^{-\mathrm{j}2\pi\nu\xi}\mathrm{d}\xi = \int_{-\infty}^{+\infty}\left[\int_{-\infty}^{+\infty} f(\xi, \eta)\,\mathrm{d}\eta\right]\mathrm{e}^{-\mathrm{j}2\pi\nu\xi}\mathrm{d}\xi \\ &= \int_{-\infty}^{+\infty}\int_{-\infty}^{+\infty} f(\xi, \eta)\, \mathrm{e}^{-\mathrm{j}2\pi\nu\xi}\mathrm{d}\eta\mathrm{d}\xi \end{aligned} \tag{8.13}$$

---

① 此类投影也称为 $f(x, y)$ 的 Radon 变换。

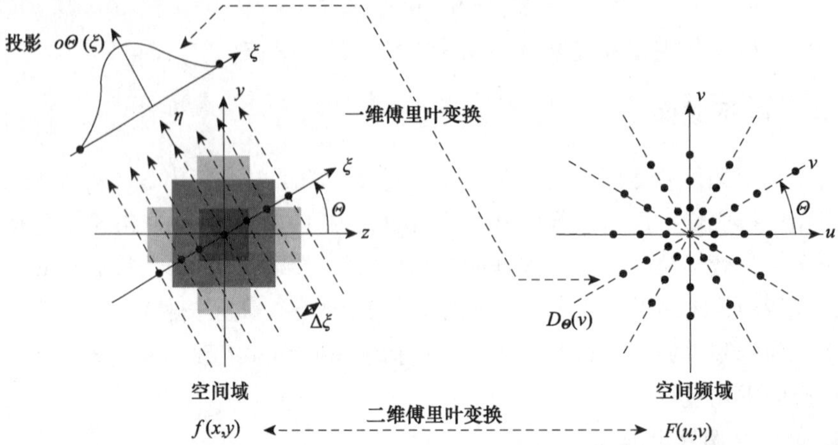

图 8.7　二维目标函数 $f(x, y)$ 的傅里叶切片定理及其二维傅里叶变换 $f(u, \nu)$ 的图示
（空间域投影 $\mathcal{O}_\Theta(\xi)$ 的一维傅里叶变换 $\mathcal{O}_\Theta(v)$ 与空间频率域相应的径向线分布相等；
ξ 的方向步长为 $\Delta\xi$）

式中：ν 为空间频率，是 u 的旋转形式。现在，可以应用坐标变换式(8.11)导出数学关系，即

$$\mathfrak{O}_\Theta(\nu)=\int_{-\infty}^{+\infty}\int_{-\infty}^{+\infty}f(x, y)\,\mathrm{e}^{-\mathrm{j}2\pi(x\nu\cos\Theta+y\nu\sin\Theta)}\mathrm{d}x\mathrm{d}y=F(\nu\cos\Theta, \nu\sin\Theta) \quad (8.14)$$

因为 $u=\nu\cos\Theta$ 和 $\nu=\nu\sin\Theta$，从目标函数 $f(x, y)$ 的角度看，投影 $\mathfrak{o}_\Theta(\xi)$ 在角 Θ 的一维傅里叶变换 $\mathfrak{o}_\Theta(\nu)$ 等于二维傅里叶变换 $F(u, \nu)$ 在角度 Θ 的线性交点。这个事实通常被称为傅里叶切片定理[10, 23]。

2. 平行投影重建

层析成像的一般目的是从目标投影重建目标函数 $f(x, y)$。在 LRT 测量中，折射率变化 $\Delta n(x, y, z, t)$ 表示目标函数和光程差 $\Delta L(x, z, t)$ 的投影。由于仅在 y 方向能得到 $\Delta L(x, z, t)$（图8.6），以后将注意力集中在平行投影上，也就是说，$f(x, y)$ 应在不同角度 Θ 下平行投影，从而得到 $\mathfrak{o}_\Theta(\xi)$（图 8.12）。根据前面提到的傅里叶切片定理，如果有足够数量的投影角 Θ，可以确定整个空间频率域中的目标信息 $F(u, v)$。用二维反傅里叶变换，即

$$f(x, y)=\int_{-\infty}^{+\infty}\int_{-\infty}^{+\infty}F(u, \nu)\,\mathrm{e}^{-\mathrm{j}2\pi(ux+uy)\mathrm{d}u\mathrm{d}\nu} \quad (8.15)$$

我们终于获得所需的量 $f(x, y)$。然而，对于实际应用中的数据采集（如 LRT 测量），空间频率域中的目标信息是以极坐标(ν, Θ)而不是空间频率(u, ν)给出的。因此，通过替换，将 $F(u, \nu)$ 改写为 $F(\nu, \Theta)\equiv F(u\nu\cos\Theta, \nu\sin\Theta)$ 是

有意义的

$$\mathcal{U}=\nu\cos\Theta,\quad v=v\sin\Theta \tag{8.16}$$

因此，式(8.15) 变为

$$\begin{aligned}f(x,\ y)&=\int_{-\infty}^{+\infty}\int_{-\infty}^{+\infty}F(v,\ \Theta)\ \mathrm{e}^{-\mathrm{j}2\pi v(x\cos\Theta+y\sin\Theta)}v\mathrm{d}v\mathrm{d}\Theta\\&=\int_{0}^{\pi}\int_{-\infty}^{+\infty}F(v,\ \Theta)\ \mathrm{e}^{-\mathrm{j}2\pi v(x\cos\Theta+y\sin\Theta)}\ |v|\ \mathrm{d}v\mathrm{d}\Theta\end{aligned} \tag{8.17}$$

由于 $F(v,\ \Theta)$ 表示 $F(u,\ v)$ 在 Θ 角处的线性交点，因此 $(\nu,\ \Theta)$ 可以用投影 $\mathfrak{o}_{\Theta}(\xi)$ 的一维傅里叶变换 $\mathfrak{o}_{\Theta}(\xi)$ 代替，从而得到

$$f(x,\ y)=\int_{0}^{\pi}\mathfrak{T}_{\Theta}(x\cos\Theta+y\sin\Theta)\mathrm{d}\Theta \tag{8.18}$$

其中，

$$\mathfrak{T}_{\Theta}(r)=\int_{-\infty}^{+\infty}\mathfrak{O}_{\Theta}(\nu)\ |v|\ \mathrm{e}^{\mathrm{j}2\pi vr}\mathrm{d}v \tag{8.19}$$

因此，如果 $\mathfrak{o}_{\Theta}(\xi)$ 和 $\mathfrak{o}_{\Theta}(v)$ 是已知的，就能够重构 $f(x,\ y)$。这构成了 FBP 算法的基础[10, 23]。

在层析成像的实际应用中，由于数据采集和测量时间的限制，空间和时间的采样率实际上是有限的。FBP 必须处理有限的 ξ 方向和 Θ 方向的空间采样点，这意味着式(8.18) 和式(8.19) 的离散公式是必不可少的。为了解释这些离散公式，认为 $f(x,\ y)$ 的投影为 N_{proj}，其角增量 $\Delta\Theta=\pi/N_{\text{proj}}$。每个投影假定在 ξ 方向包括 N_{ray} 个等距步长 $\Delta\xi$ 采样点（图 8.7）。在这些假设下，式(8.18) 被修改为

$$f(x,\ y)=\frac{\pi}{N_{\text{proj}}}\sum_{i=1}^{N_{\text{proj}}}\mathfrak{T}_{\Theta_i}(x\cos\Theta_i+y\sin\Theta_i) \tag{8.20}$$

其中

$$\Theta_i=\frac{(i-1)\pi}{N_{\text{proj}}}\quad\forall i=1,\ 2,\ \cdots,\ N_{\text{proj}}$$

式(8.19) 变为

$$\mathfrak{T}_{\Theta_i}(m\Delta\xi)=\Delta\xi\cdot\mathrm{IDFT}\{\mathrm{DFT}\{\mathfrak{o}_{\Theta_i}(m\Delta\xi)\}\cdot\mathrm{DFT}\{h_{\text{ck}}(m\Delta\xi)\}\cdot\text{window}\}$$

$$\forall m=-\frac{N_{\text{ray}}}{2},\ \cdots,\ \frac{N_{\text{ray}}}{2}-1 \tag{8.21}$$

式中：$m\Delta\xi$ 为在 ξ 方向上第 m 采样点；Θ_i 为第 i 投影角。在式(8.21) 中，运算符 DFT{·} 和 IDFT{·} 分别代表一维离散傅里叶变换和一维逆离散傅里叶变换。在式(8.19) 中，用一个适当一维离散傅里叶变换的卷积核 $h_{\text{ck}}(m\Delta\xi)$ 的来代替 $|v|$，作为一个额外的滤波器来抑制测量数据中的噪声。对于已实现的 LRT 设

置，Ram - Lak 内核被证明是一个不错的选择，因为它相当简单，并且提供了优秀的重构结果[5, 11]。Ram - Lak 核在数学上定义为

$$h_{\mathrm{ck}}(m\Delta\xi)=\begin{cases}(2\Delta\xi)^2 & \text{当 } m=0 \text{ 时}\\ 0 & \text{当 } m \text{ 为偶数时}\\ -(m\pi\Delta\xi)^{-2} & \text{当 } m \text{ 为奇数时}\end{cases} \tag{8.22}$$

此外，式(8.21)包含了一个窗口函数，这个窗口函数不是重建所必需的，但可以显著提高成像质量。

8.3.3 测量程序和已实现的设置

根据以往的研究成果，需要在不同的角度投影所研究的声场，然后利用 LRT 重建空间和时间分辨场量。这个任务基本上有两种可能：一种是激光光源和光学反射镜同时旋转；另一种是超声波光源旋转①。第一个可能性通常用于医疗检查和无损检测中的层析成像原理(如 X 射线计算机断层成像[10])。被测对象保持其位置和方向，测量组件围绕被测对象旋转。然而，在 LRT 中，光源和光反射镜的同时旋转会产生各种问题。例如，它对精确地围绕一个水槽旋转两个设备提出了很高的技术要求，而这个水槽对于在水中获得声场是必要的。此外，当激光束与不同介质界面(如水箱和水)不正交时，由于光折射作用，激光束在不同介质界面(如水箱和水)的旋转过程中可能会产生附加的光程差。因此，第二种可能性(即超声波源的旋转)应该是实际实施 LRT 的首选。

图 8.8 给出了一种合适的 LRT 测量方法，以获得单个 xy 平面上空间和时间分辨折射率的变化 $\Delta n(x, y, z, t)$。值得注意的是，只有当超声波源周期性地受到相同信号的激发时，这个过程才会起作用。考虑到重建 $\Delta n(x, y, z, t)$，整个测量过程包含 3 个主要步骤。

① 激光多普勒振动计(LDV)是一种发射 y 向激光束的激光器，它沿 x 轴平行移动，步长为 $\Delta\xi$。因此，超声波源与 LDV 之间的 z 距离保持不变。平行于 xz 平面的光学反射器将激光束反射回 LDV。在每个 LDV 位置，由声场产生的光程差 $\Delta L(x, z, t)$ 被采集并传送到一个评价单元。

② 通过角增量 $\Delta\Theta$ 使超声波源绕与 z 轴平行的轴旋转。然后，再次执行第 ① 步，即在每个 LDV 位置采集和传输 LDV 信号。重复步骤 ① 和步骤 ② 的顺序，直到完全覆盖角度范围 $[0, 180° - \Delta\Theta]$。在此，应该提到下一步的角步长(如 180°

---

① LRT 适用于超声波和可听声波。在不限制一般性的前提下，将专注于超声波源产生的声场。

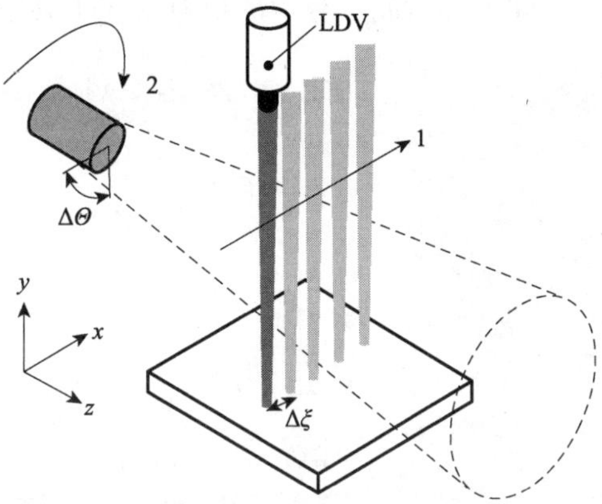

图 8.8　用 LRT 测量 xy 平面内折射率变化 $\Delta n(x,\ y,\ z,\ t)$ 的方法(图 8.6)

1— 激光多普勒振动计(LDV) 沿 x 方向扫描，步长为 $\Delta\xi$；2— 利用角增量 $\Delta\Theta$ 实现超声波源绕其轴线(即与 z 轴平行) 的旋转。

和 $180° + \Delta\Theta$)，并不提供其他的信息，因为 $\Delta L(x,\ z,\ t)$ 与激光束通过声场的方向无关。

③ 存储的 LDV 信号表示不同角度下的声场投影。通过 FBP 将这些信号组合起来，最终可以在所研究的 xy 平面上重建折射率变化 $\Delta n(x,\ y,\ z,\ t)$。

当需要声场的三维信息时，需要几个 xy 平面，这意味着需要改变超声波源和 LDV 之间的 z 距离。当然，必须对每个 xy 平面执行步骤 ① ~ ③。这样就能够在相对于时间的 3 个空间维度上分析几乎任意形状的超声波源的声场。

在图 8.9 中，可以看到在传感器技术会议上建立的 LRT 的试验设置[11]。包含两个传感器头的差分式 LDV (Polytec OFV512 [32]) 用作测量激光光束上光程差 $\Delta L(x,\ z,\ t)$ 的仪器。它的一个光纤传感器头安装在由 3 个平移轴组成的线性定位系统(PhysikInstrumente M - 531. DG[31])，可在 xyz 方向进行精确移动。为了最佳地反射激光回 LDV，光学反射器(镀铬的玻璃板) 被放置在一个可调的基座上。LDV 的模拟输出信号取决于应用的解码器，与 $\Delta L(x,\ z,\ t)$ 或者最终速度成正比。为了旋转所研究的代表超声波源的超声波换能器，一个旋转单元(Physik Instrumente M - 037. DG [31]) 通过同步带连接到齿轮上，该齿轮直接旋转一个固定有超声波换能器的圆柱形底座。

图 8.9 中的 LRT 设置的单个子步骤，包括 LDV 移动、等待时间以及数据采集和数据传输，大约需要 0.7s。假设一个 xy 平面需要 5000 个子步骤。因此，整个测量过程(步骤 ① 和步骤 ②) 大约需要 1h。相比之下，在商用 PC 上，通过步骤

③ 中的 FBP 算法重建空间上和时间上分辨的折射率变化只需要几分钟。

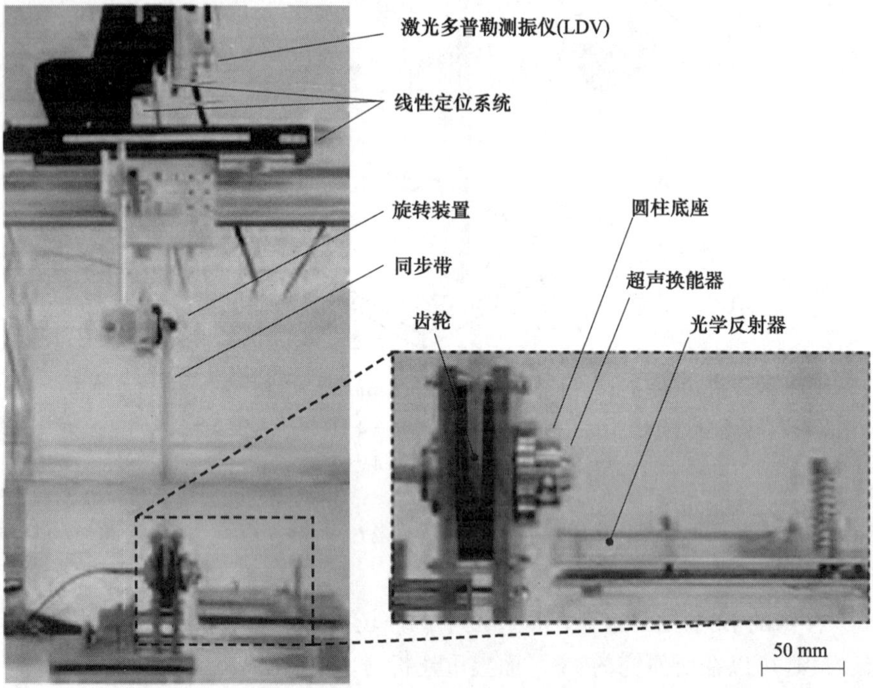

图 8.9　实现 LRT 的试验设置(LRT 含线性定位系统来移动差分 LDV 和旋转固定安装在圆柱形上的超声波换能器的旋转单元[11])

8.3.4　LRT 测量的决定性参数

本小节从理论角度确定 LRT 测量的决定性参数(如投影数)。随后将针对测量时间短和重构结果合理的问题对这些参数进行优化。最后，给出一个合适的窗口函数，有助于在重建阶段对图像进行滤波。

1. 测量参数的理论确定

为了用 LRT 对声场进行可靠研究，必须在时域和空间域完成奈奎斯特采样定理[11, 14]。因此，这两个域的采样速率需要比信号的最高频率部分快 2 倍以上。在时域，这可以简单地用传统的数字存储示波器(如 Tektronix TDS 3054[46])来保证。然而，由于 LRT 测量中的大部分时间用于定位任务，因此进一步研究空间域。这个区域由 LDV 的扫描面积以及沿单个投影的采样点数N_{ray} 和投影数N_{proj}定义。

为了从理论上确定扫描面积、N_{ray} 和N_{proj}，研究了活塞式超声波换能器在水中的声场(声速$c_{aco} = 1480ms^{-1}$)。半径为$R_T = 6.35mm$ 的传感器有源圆形区域，假定在$f = 1MHz$ 频率上均匀振荡。通过有限元模拟计算了轴对称声压场 $p_{\sim}(x, z, t)$，通过吸收边界条件抑制了计算域边界上不必要的反射(见4.4节)。由于测量值经常受到噪声的影响，在模拟声压场中加入高斯白噪声，使信噪比达到30dB。在实际试验中，通过对信号进行平均，可以很容易地达到这一信噪比值。图8.10(a)显示了在任意时刻得到的声压分布 $p_{\sim}(x, z)$ 归一化到最大 $|p_{\sim}(x, z)|_{max}$。可以清楚地看到，计算域内的声场集中在一个小区域内，其与旋转轴(即z轴)的几何距离近似为R_T。很自然地，在低声压振幅区域，由传播的声波引起的光程差$\Delta L(x, z, t)$也很小。因此，可以将LDV信号的采集限制在显著的声能出现区域。对于活塞式超声波换能器，计算$\Delta L(x, z, t)$到距离z轴20mm处，也就是约为$3R_T$。因此，对于每个投影，LDV必须沿着表示扫描区域的x方向上的40mm线移动。

在下一步中，将确定在先前确定的扫描区域中所需的采样点数目N_{ray}。激发频率$f = 1MHz$，波长$\lambda_{aco} = c_{aco}/f = 1.48mm$，空间频率$\nu_{max} = \lambda_{aco}^{-1} = 676\,m^{-1}$，这是可能的最高空间频率。如图8.10(b)所示，模拟声场的空间频率在x方向上的实际分布情况也是如此。因此，每一条水平线表示图8.10(a)中相应水平线的一维傅里叶变换。根据奈奎斯特空间域采样定理，径向最小空间采样率为

$$\nu_{samp} > 2\nu_{max} = 2\lambda_{aco}^{-1} = 1351\ m^{-1} \tag{8.23}$$

这意味着$\Delta\xi < 0.74mm(\hat{=}1/2\nu_{max}$ 的距离必须满足两个相邻LDV的位置。因此，40mm的扫描面积要求每个投影至少有$N_{proj} = 55$个采样点。

LRT测量中另一个决定性的参数是投影数。超声波换能器的声场在切向方向上和径向一样也能显示出高达ν_{max}的空间频率。因此，切线方向的采样率应等于径向方向的采样率。尽管这构成了通常不会发生的最坏情况，但我们将为这种情况确定N_{proj}。在不限制一般性的前提下，假设投影以角度增量$\Delta\Theta$均匀分布，从而得出[11, 23]。

$$\nu_{max}\Delta\Theta = \nu_{max}\frac{\pi}{N_{proj}} \tag{8.24}$$

由于最大空间频率ν_{max}也会影响径向方向上的采样点N_{ray}的数量，因此可以从$\Delta\Theta \approx 2/N_{proj}$推导出该关系式为

$$N_{proj} \approx \frac{\pi}{2}N_{ray} \tag{8.25}$$

它将两个方向的采样点连接起来。对于考虑的活塞式换能器声场，结果是

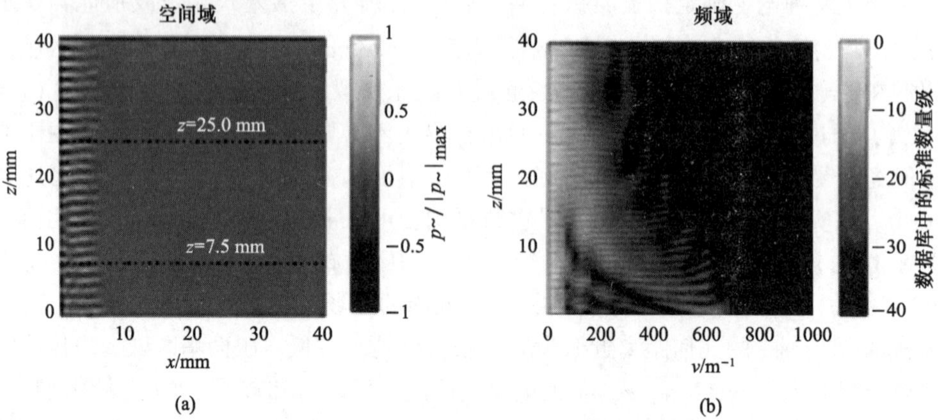

图 8.10　活塞式换能器快照及其归一化分布

(a) 位于 z = 0mm 处的活塞式换能器(半径R_T = 6.35mm；激发频率f = 1MHz)
的空间域中模拟声压场 $p_{\sim}(x, z)$ 的快照(归一化为最大值 $|p_{\sim}(x, z)|_{max}$)；
(b) 图(a) 中空间频率为 ν 的每条水平线在空间频域上的归一化分布。

N_{proj} = 86 个投影。

2. 测量参数的优化

正如以前的理论确定所表明的那样，在径向方向上 $\Delta\xi$ = 0.07mm 的采样间隔应该足以清楚地重建 xy 平面上的目标值。然而，在实际测量中，$\Delta\xi$ 必须比奈奎斯特速率小得多。这可归因于以下事实：

① 每次测量均被噪声污染。为了避免混叠效应，必须显著减小 $\Delta\xi$。

② 在断层图像重建的框架内，通常会使用适当的窗口函数(参阅式(8.21))来过滤图像。如果 $\Delta\xi$ 接近奈奎斯特速率，则难以实现这种滤波器。

③ 从理论上讲，应该有足够的采样间隔才会导致图像粗糙。可以通过各种插值算法来实现平滑，但在另一方面，在重构过程中可能会隐藏重要信息。

由于这些原因，必须大大减小采样间隔 $\Delta\xi$。在考虑到声场的情况下，$\Delta\xi$ = 0.02mm 的值被证明是一个很好的选择，因为它导致了测量时间和测量精度之间的良好平衡[11]。因此，沿径向方向的采样点数量增加到N_{ray} = 201，它的测量时间几乎是N_{ray} = 55 的整个测量时间的 4 倍。

现在应用指定的扫描区域(即 40mm) 以及确定的值N_{ray} = 201 和 N_{proj} = 86 来模拟超声波换能器的 LRT 测量。在此过程中，通过式(8.4) 和式(8.5) 计算了图 8.10(a) 中声压场的光程差$\Delta L(x, z, t)$。图8.11(a) 和图8.11(b) 显示了原始的关于 x 的归一化声压曲线，以及轴向距离 z = 7.5mm 和 z = 25.0mm 的 xy 平面的重

构声压曲线。结果表明，重建值与原始声压曲线吻合良好。在 xy 平面上，重建的归一化相对偏差 $|\epsilon_r|$（幅度）总是小于 1.5%（图 8.11(c) 和图 8.11(d)）。

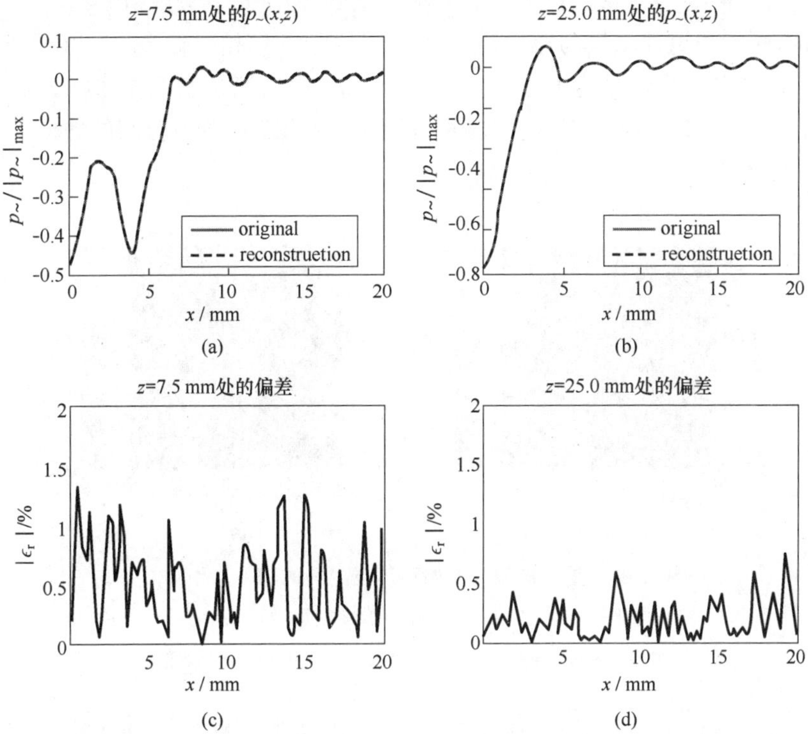

图 8.11　原始的关于 x 的归一化声压曲线及重构声压曲线

(a) 和(b) 位分别对轴向距离 z = 7.5mm 和 z = 25.0mm 时原始声压分布 $p_{\sim}(x, z)$ 和相对于 x 位置的重构比较(图 8.10(a))(归一化为最大值 $|p_{\sim}(x, z)|_{max}$)；(c) 和(d) 归一化相对偏差 $|\epsilon_r|$ 在重建结果和原始结果之间。

尽管选择的扫描面积和采样参数可以得到令人满意的重建结果，但在 LRT 测量中需要减少测量时间。这对于研究声场的多个 xy 面是非常重要的。虽然不建议减少扫描面积，但可以减少N_{ray} 和N_{proj}。我们从减少N_{ray} 的想法开始。由于超声波换能器旋转轴附近有较高的超声波能量浓度(图 8.10(a))，非等距采样似乎是降低N_{ray} 的合适方法[11, 15]。能量高的区域需要精细采样，但可以降低该区域以外的采样率，即跳过采样点。必须通过合适的插值方法如 3 次样条插值[47] 来填充跳过的采样点。考虑声场，对于 $X \leqslant 6.4$mm(即约R_T) 的采样间隔 $\Delta\xi = 0.2$mm 和超出 $6.4 < X \leqslant 20.0$mm 的区域的 $\Delta\xi = 0.8$mm 是一个不错的选择。因此，径向

上的采样点数目N_{ray} 从 201 减少到 99，因此，测量时间将减半。

为了比较等距采样和非等距采样，分别计算每个 xy 平面内的声压曲线，在 $x \times y$ = [0. 20mm] × [0. 33mm] 区域内完全重建模拟声场。图 8. 12(a) 和图 8. 12(b) 所示为重建结果与原始声压场之间的归一化相对偏差 $|\epsilon_r|$(幅度)。虽然 $|\epsilon_r|$ 在非等距取样时的边缘(即 $x > 6.4$mm) 略有增加，两种采样方法的最大相对偏差均在 5% 以下。因此，等距采样是减少 LRT 中测量时间的绝佳机会，尤其是当把重点放在声场的中心区域时。

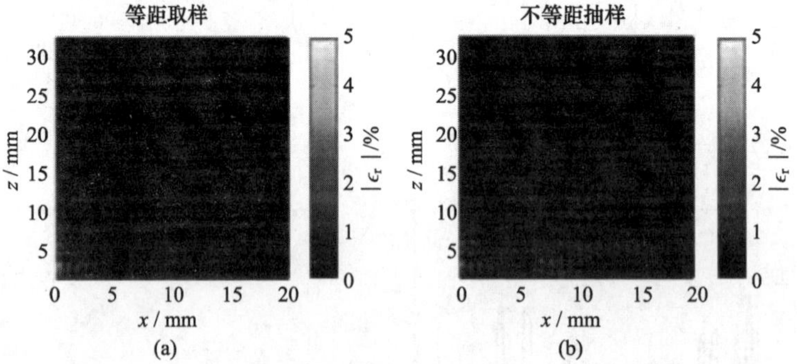

图 8. 12　重建结果与原始声压场之间的归一化相对偏差

(a) x 方向等距采样，重建结果与原始声压场之间的归一化相对偏差 $|\epsilon_r|$；

(b) x 向非等距采样，重建结果与原始声压场之间的归一化相对偏差 $|\epsilon_r|$。

在 LRT 测量中，除了N_{ray} 参数外，还可以减少投影N_{proj} 的数目。为了优化N_{proj}，进一步研究这个数字对重建结果的影响。为此，在模拟声场的基础上再次模拟 LRT 测量值(图 8. 10(a))。使用从 5 到 200 个投影的不同数量的投影N_{proj} 以 5 的步长进行层析重建。图 8. 13(a) 和图 8. 13(b) 显示了整个重建结果的最大相对偏差和平均相对偏差，它们是N_{proj} 的函数，即在$x \times y$ = [0. 20mm] × [0. 33mm] 区域。随着投影数量的增加，两种偏差在开始时迅速下降，而当$N_{proj} \geqslant 45$ 时，它们几乎保持恒定。因此，在 LRT 测量中选择 50 个投影而不是$N_{proj} = 86$ 是合理的。此外，如果只对声场的中心区域感兴趣(这里的 $x < 6.4$mm)，那么更低数量的投影可能就足够了。这是由采样点密度决定的，接近 xy 平面的中心位置的采样点密度总是高于其周边的密度[10]。对于所考虑的声场，$N_{proj} = 15$ 已经得到重构结果，其最大相对偏差和平均相对偏差分别在 6% 和 1% 的范围内(图 8. 13(a) 和图 8. 13(b))。换句话说，当仅在 LRT 测量中需要粗略的信息时，可以利用相当少的投影，从而避免长时间的测量。

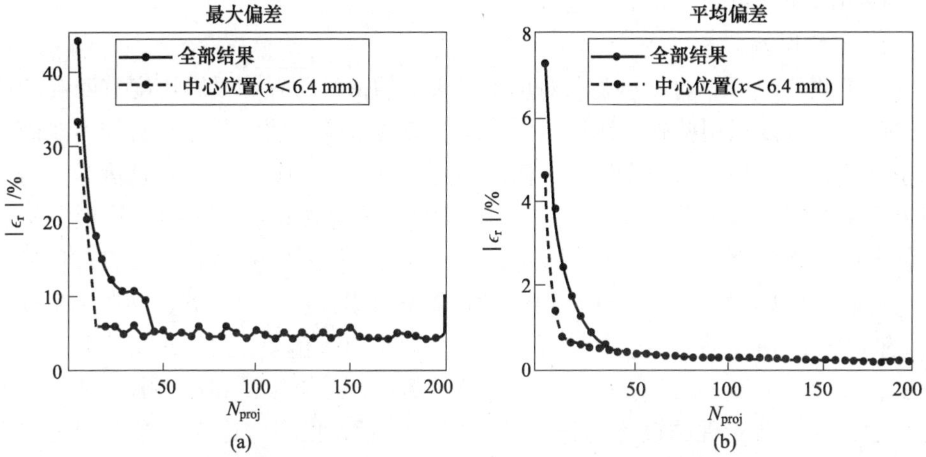

图 8.13　在整个声压场(图 8.10(a))和中心区域(即 $x<6.4$mm)内，重建结果与原始数据相对于投影数目 N_{proj} 的最大值和归一化相对偏差 $|\epsilon_r|$(幅度)的平均值

3. 层析成像中的窗函数

通过适当的窗函数可以抑制层析成像中的噪声(式(8.21))。例如，Hann 窗口经常用于 X 射线计算机断层成像，因为目标扩散的空间频率分量在很大的空间频率范围内[23]。但是，在 LRT 测量中，此窗口可能会衰减有用的信号，或者无法充分消除噪声。这就是应用 Turkey 窗口的原因，该窗口结合了矩形和 Hann 窗口：矩形窗口不会改变空间频率小于 $\nu_{max}(\widehat{=}\lambda_{aco}^{-1})$ 的信号分量，而高频分量可以通过 Hann 窗口强烈衰减[11, 14]。这样，就能保护具有合理信噪比的信号，消除高频噪声，而不会在空间域中产生不必要的振铃效应。数值研究表明，连接通带和阻带的过渡带 $[\nu_{max}, 3\nu_{max}]$ 是 Turkey 窗口的合适选择。实际上，这样的过渡带需要在空间域中进行过采样，即必须满足 $\nu_{samp}>6\nu_{max}$。对于所考虑的声场，最小采样率导致 $\nu_{samp}>4054\text{m}^{-1}$，从而采样间隔为 $\Delta\xi<0.25$mm。值得注意的是，在先前的重建程序中已经应用了 Turkey 窗口(图 8.11、图 8.12 和图 8.13)。

8.3.5　测量偏差的来源

为了借助 LRT 重建空间和时间分辨量，必须组合来自不同角度的投影。所有的预测都会影响最终结果。因此，结果的质量实际上取决于整个截面的测量精度。已实现的 LRT 装置的微小缺陷累积起来，可能会造成实质性的测量偏差，进而导致图像完全失真。这就是为什么需要注意这些测量偏差的潜在来源。这里详细讨论了两种不同类型的来源：①LRT 组件的失调引起的定位误差；② 由LDV

的非理想激光束引起的光学误差。

1. 定位误差

LRT 测量中可靠的重建要求对单个投影上的采样位置和投影角度有明确的认识。因此，应该利用精确的线性定位系统及旋转单位。然而，这些组件不能确保高精度的重建结果，因为它们的几何对准是 LRT 测量的进一步决定性因素。为了研究失调的影响，先看一看 LDV 扫描平面相对于包含超声波源的圆柱形支架的几何方向。直角坐标系 xyz 属于扫描平面，而圆柱形底座的前表面代表直角坐标系$x_c y_c z_c$ 的原点(图8.14)。如果LRT设置的所有组件都完全对齐，则两个坐标系的 z 轴(即对称轴)将重合。在实际安装中，总会出现偏差，可以理解为几何不确定度，并导致测量中的系统误差。为了简单起见，这里假设 LDV 的激光束沿 y 方向传播，这在已实现的设置中很容易实现。然后，仅需考虑 3 个参数即可定义 LRT 测量中两个坐标系的相关偏差。以航海术语为指导，将这 3 个参数命名为摇摆距离、偏航角和俯仰角。假设扫描平面的坐标系 xyz 在空间上是固定的，它们可以解释如下(图 8.14)。

① 摇摆距离 Δx_c 为圆柱安装座的假定对称轴与实际对称轴之间的水平距离。

② 偏航角Φ_c 为圆柱安装座的前表面从 xy 平面旋转与y_c 形成的角度。

③ 俯仰角Θ_c 为圆柱安装座的前表面从 xy 平面旋转与x_c 形成的角度。

为了评价这些参数对LRT 测量结果的影响，使用了图 8.10(a) 所示的模拟声压场。根据参数及其值，原始声压场必须稍微移动和旋转[14]。在改进声压场的基础上，在扫描面上对导致畸变投影的 LDV 信号进行仿真，将其作为 FBP 算法的输入。随后可以将重建结果与原始声场进行比较。表8.2包含了在轴向距离 $z=3.0$mm、$z=7.5$mm 及 $z=25.0$mm 时，重建结果与原始声压曲线之间的归一化相对偏差 $|\epsilon_r|$ (幅值) 的最大值。参数 Δx_c、Φ_c 和Θ_c 分别变化。如表 8.2 中各项所示，较小的摇摆距离x_c 会在重建结果和原始声压曲线之间引起较大的偏差，尤其是在换能器的近场中(即 $z=3.0$mm)。这是由于投影彼此之间存在几何偏移，这些投影必须在重建阶段进行组合，因此会产生模糊的图像。尽管对于选定的偏航角Φ_c 和俯仰角Θ_c，$|\epsilon_r|$ 的最大值表现出与 Δx_c 相同的值范围，但实际上两个参数对于层析成像重建而言并不是那么关键。Φ_c 和Θ_c 只是使圆柱安装座倾斜，而不是相互移动投影。因此，在 LRT 测量中声场的投影和重建的截面略有不同。但是，根据声场不同，这也可能导致 $|\epsilon_r|$ 值较高，因为投影横截面与假定的横截面不一致。

圆柱安装座的直角坐标系$x_c y_c z_c$；扫描平面的直角坐标系 xyz。

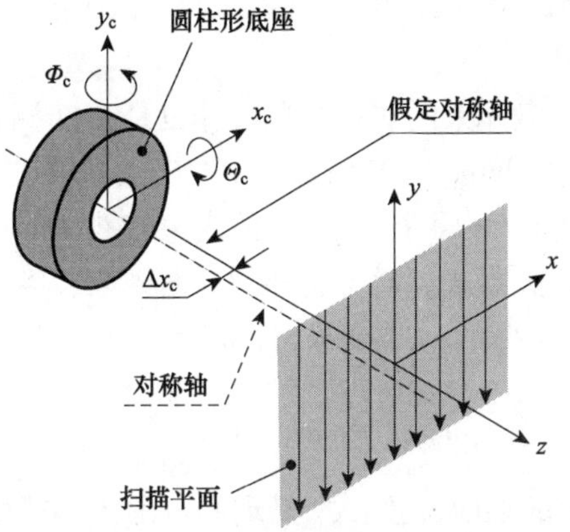

图 8.14　LRT 装置中的几何不确定度的摇摆距离 Δx_c、偏航角 Φ_c 和俯仰角 Θ_c[14]

表 8.2　在距换能器面轴向距离不同的 3 个 xy 平面上，重构结果与原始声压场归一化相对偏差 $|\epsilon_r|$（幅度）的最大值（图 8.10(a)）；Δx_c、Φ_c 和 Θ_c 代表 LRT 装置中的几何不确定度

参数	值	$\|\epsilon_r\|$ 在 z = 3.0mm 处的最大值/%	$\|\epsilon_r\|$ 在 z = 7.5mm 处的最大值/%	$\|\epsilon_r\|$ 在 z = 25.0mm 处的最大值/%
摇摆距离 $\Delta x_c \Delta x_c$	0.02mm	0.9	0.7	0.2
	0.10mm	3.4	3.1	1.0
	0.50mm	18.9	19.5	5.4
偏航角 Φ_c	0.02°	0.5	0.4	0.2
	0.10°	1.1	1.1	1.4
	0.50°	7.4	5.3	6.6
俯仰角 Θ_c	0.40°	0.9	0.9	0.7
	0.80°	4.0	3.6	2.9
	1.60°	10.6	7.5	8.4

前面的研究表明，LRT组件需要精确调整。对于专用的LRT装置（图8.9），校准过程是基于反射 LDV 激光束的强度[11]。当发射的激光束被部分阻挡时，反射光束的强度将降低。这样，就可以通过在 xz 平面上移动 LDV 来检测圆柱形底座的边缘。通过校正元件对准和强度测量，可以保证摆动距离 $|\Delta x_c| < 0.01$mm、偏航角 $|\Phi_c| < 0.02°$、俯仰角 $|\Theta_c| < 0.40°$。对于所考虑的声场，几何分量对准中的其

余不确定度仅导致重建结果与原始声压曲线之间的微小偏差(表 8.2)。

2. 光学误差

除了定位误差外，激光束的非零光斑尺寸也是LRT测量中的关键点。所使用的LDV的氦氖激光器(Polytec OFV 512 [32])发出激光束，其光束轮廓非常接近理想的高斯光束[44]。因此，为了描述LDV的光束特性(如发散度)，可以应用对理想高斯光束有效的基本关系式。对于这样的高斯光束，当光束强度降低到其中心值的 $1/e^2$ 倍时，光斑大小 $\omega_{em}(\zeta)$ 变成(图 8.15)[34, 48]。

$$\omega_{em}(\zeta) = \omega_0 \sqrt{1 + \left(\frac{\zeta}{\zeta_0}\right)^2} \tag{8.26}$$

式中：ζ 表示沿激光束的轴向位置；ζ_0 是瑞利范围，其计算公式为

$$\zeta_0 = \frac{\omega_0^2 \pi}{\lambda_{em}} \tag{8.27}$$

激光束的最小光斑尺寸 ω_0(称为束腰)出现在 $\zeta_0 = 0$ 处。氦氖激光在空气激光束中发射的波长为 $\lambda_{em} = 632.8\text{nm}$，但在水中波长变为475.8nm，因为其光学折射率为 $n_0 = 1.3$。

实际上，在LRT测量中，$\omega_{em}(\zeta)$ 在整个超声波源声场中应尽可能小。然而，激光束的低发散度伴随着较大的 ω_0 值(见式(8.26))。因此，必须在束腰延伸和发散之间找到折中方案，以使激光束的光斑尺寸 $\omega_{em}(\zeta)$ 在所研究的声场中保持足够小。对于已实现的LRT设置，事实证明，LDV的小束腰延伸是一个不错的选择。当激光束在声场中传播两次时，将束腰直接定位在光学反射镜的表面是有意义的。在LRT测量中，超声波源应位于反射器附近，以在声场中获得紧密的激光束。但是，当反射器距离超声波源太近时，声场会受到反射器的强烈干扰。因此，在选择合适的超声波源与光学反射镜之间的距离时，考虑所研究的声场就显得尤为重要。

现在如果测量图 8.10(a)所示的声场，让我们评估在专用LRT装置下产生的光学误差。为此，需要激光束的光斑尺寸 $\omega_{em}(\zeta)$ 及其归一化的横向能量分布。因为声压在 $x = 30\text{mm}$ 时几乎完全消失，所以此距离对于超声波源和光学反射器的 y 间距而言是一个不错的选择。距离与圆柱形支架的对称轴有关，因此与声场分布有关，需要再次考虑，因此得到沿激光束的相关轴向位置的距离的偏差 $\zeta = [0, 60\text{mm}]$。考虑到发出的激光束的束腰 $\omega_{em}(\zeta) = 94\mu\text{m}$ 及其在水中的波长 $\lambda_{em} = 475.8\text{nm}$，$\omega_{em}(\zeta)$ 呈现极值(见式(8.26))：

$$\omega_{em}(\zeta) = \begin{cases} 94\mu\text{m} & \zeta = 0\text{mm} \\ 135\mu\text{m} & \zeta = 60\text{mm} \end{cases} \tag{8.28}$$

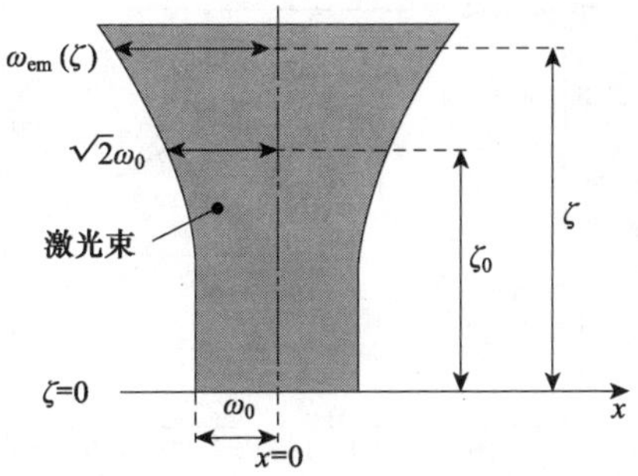

图 8.15 激光束的光斑尺寸$\omega_{em}(\zeta)$沿距光束腰部ω_0的轴向距离ζ在$\zeta=0$处增加(瑞利范围为ζ_0)

文献[19]给出了高斯激光束电场强度的归一化横向分布$E_n(x)$:

$$E_n(x) = e^{-x^2(2\sigma_{em}^2)^{-1}} \tag{8.29}$$

$\omega_{em}(\zeta)$指定了束流强度($\propto E_n^2$)下降到最大值的$1/e^2$倍的距离，式(8.29)中还有一个未知数，可根据下式确定，即

$$E_n^2(\omega_{em}) = e^{-2\omega_{em}^2(2\sigma_{em}^2)^{-1}} \equiv E_n^2(0)\cdot e^{-2} = e^{-2}$$

$$\Rightarrow \sigma_{em} = \frac{\omega_{em}}{\sqrt{2}} \tag{8.30}$$

因此，可以分别计算激光束的光斑尺寸(式(8.28))和归一化空间傅里叶变换$A_n(\nu) \propto \mathcal{F}\{E_n(x)\}$(一维；空间频率$\nu$)的$E_n(x)$。束腰代表最好的情况，而在$\zeta=60$mm处的$\omega_{em}(\zeta)$是最坏的情况。光束剖面的结果关系读为①

$$E_{n,\text{best}}(x) = e^{-x^2\cdot 1.13\times 10^8\text{m}^{-2}}$$

$$\begin{cases} E_{n,\text{best}}(x) = e^{-x^2\cdot 1.13\times 10^8\text{m}^{-2}} \\ E_{n,\text{worst}}(x) = e^{-x^2\cdot 5.50\times 10^7\text{m}^{-2}} \end{cases} \xrightarrow{\mathcal{F}} \begin{cases} A_{n,\text{best}}(v) = e^{-v^2\cdot 8.72\times 10^{-8}\text{m}^2} \\ A_{n,\text{worst}}(v) = e^{-v^2\cdot 1.79\times 10^{-7}\text{m}^2} \end{cases}$$

在空间频域中，LRT 测量可以理解为理想投影$\mathfrak{D}_\Theta(\nu)$(见式(8.13))与光束剖面$A_n(v)$的乘积。从图 8.16 所示的最佳和最差情况的$A_n(v)$可以清楚地看出，激光束的非零光斑尺寸对应于空间低通滤波器。光斑尺寸$\omega_{em}(\zeta)$越大，低通滤波器的空间截止频率ν_{lp}越低，对理想投影的影响就越大。对于所考虑的声场和已实现的装置，在 LRT 测量中，最大空间频率$v_{max}=676\text{m}^{-1}$衰减了约 8%(最坏的情况)。

① 函数$f(x) = e^{-\alpha x^2}$；傅里叶变换$f(v) = \sqrt{\pi/\alpha}\cdot e^{-(\pi v)^2/\alpha}$。

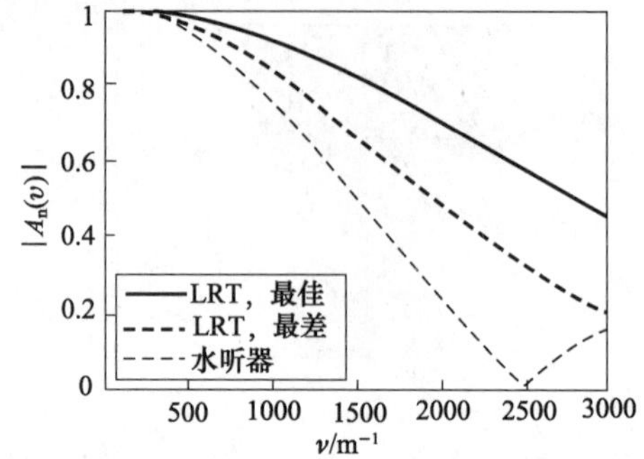

图 8.16　空间频域傅里叶变换$A_n(\nu)$ 的幅值(最佳情况ω_{em} = 94μm，最坏情况ω_{em} = 135μm 指的是用于实现 LRT 设置 LDV 光束剖面；假设水听器(R_{HY} = 0.2mm) 在其活性表面上是均匀敏感的)

在这一点上，应该提到的是，在传声器和水听器的测量中，有类似的效应。8.4 节中用于比较测量的 Onda HGL - 400 胶囊水听器，其半径R_{HY} = 0.2mm。在整个水听器活性表面具有统一灵敏度的假设下，空间域中的归一化灵敏度$a_{HY}(x)$采用以下形式，即

$$a_{HY}(x)=\begin{cases}1 & 当\ |x|\leqslant R_{HY}\ 时\\ 0 & 其他\end{cases} \tag{8.31}$$

在空间频率域得到归一化傅里叶变换[8]

$$A_n(v)=\frac{\sin(2\pi v\,R_{HY})}{2\pi v\,R_{HY}}=\sin(2\pi v\,R_{HY})=\sin(v\cdot 1.26\times 10^{-3}\mathrm{m}) \tag{8.32}$$

图 8.16 表明，由于在活性表面上进行平均，高频成分在水听器测量中的衰减比 LRT 测量中的衰减要大，即使在激光光束剖面的最坏情况下也是如此。在超声波源的远场中，径向的空间频率远低于轴向的传播频率。这就是能够通过水听器表征高频声场的原因，如使用 Onda HGL - 400 胶囊水听器可以表征高达 20MHz 的高频声场(即$\nu_{max}=1.35\times10^4\ \mathrm{m}^{-1}$)。尽管如此，典型水听器在传感器近场提供的测量数据仅在有限的范围内有用。

8.3.6　可测量的声音频率范围

与用于声场分析的传统测量原理(如水听器)相似，LRT 在测量声音频率方面有一定的限制。最大可测量的声音频率f_{max}主要由激光剖面确定，而光学反射镜的空间扩展定义了最小可测量的声音频率f_{min}。下面对这两种频率极限进行理论分析。

1. 最大可测声频

如8.3.5小节所述，LDV激光束的非零空间扩展导致了LRT测量中的低通滤波器。当其空间截止频率v_{lp}在声场的决定性频率分量以下时，这些频率分量会衰减，从而使测量的声压幅值减小。基于这一事实，激光束在整个声场中的光斑大小$\omega_{em}(\zeta)$决定了声音的最大测量频率f_{max}。如果在LRT测量中可接受3dB的衰减，则f_{max}与v_{lp}直接相关。对于专用的LRT设置和假定的径向场延伸30mm，最大激光点尺寸$\omega_{em}(\zeta=60\text{mm})=135\mu\text{m}$(图8.16中最坏的情况)产生

$$f_{max}=c_{aco}\cdot v_{lp}=1480\text{ms}^{-1}\cdot 1390\text{m}^{-1}=2.1\text{MHz} \tag{8.33}$$

代表水中的最大可测量频率。要增加f_{max}，可以考虑通过提高激光频率来降低整个声场中的$\omega_{em}(\zeta)$，这意味着减小其波长λ_{em}。但是，由于商用激光多普勒振动计(如Polytec GmbH[32]的产品)，通常在可见光范围内以固定波长工作。但是，如果超声波源发出强聚焦场，可以使用LRT可靠地分析更高频率的声音。在这种情况下，可以减少超声波源和光学反射器之间的间距。由于声场的径向扩展较小，因此可以通过增加波束发散来减小束腰ω_0。无论如何，LRT不应用于研究频率$f_{max}>5\text{MHz}$的水中声场。

2. 最低可测量声音频率

在层析成像中，获取整个被测物体的投影是至关重要的。物体展示了空间扩展，可以完全被投影覆盖。由于声场不存在清晰的边界，在LRT测量中需要另一种标准来确定扫描区域(即x方向)。声场的指向性模式包括一个主瓣和几个旁瓣。为了获得可靠的LRT结果，必须确保至少主瓣完全位于扫描区域内[11]。因此，能够为超声波源估计最小扫描面积，在LRT测量中应超过该面积。

让我们看一看半径为R_T的活塞式超声波换能器的指向性模式。在谐波激励的情况下，在远场中任意位置的声压幅值$\hat{p}_\sim(r,\theta)$与波数k(见式(7.49))成正比。

$$\hat{p}_\sim(r,\theta)\propto\frac{J_1(k\,R_T\sin\theta)}{k\,R_T\sin\theta} \tag{8.34}$$

式中：r为距换能器中心的几何距离；Θ为连接线与z轴之间的角度(图8.17)；$J_1(\cdot)$为第一类、第1阶贝塞尔函数。根据式(8.34)，$\hat{p}_\sim(r,\theta)$将是零，即

$$\frac{J_1(kR_T\sin\theta)}{k\,R_T\sin\theta}=0 \tag{8.35}$$

这在$k\,R_T\sin\theta=3.83\text{rad}$时首次满足。由于该零点定义了主瓣，因此可以通过下式计算出远场中给定z位置处的直径D_{main}，即

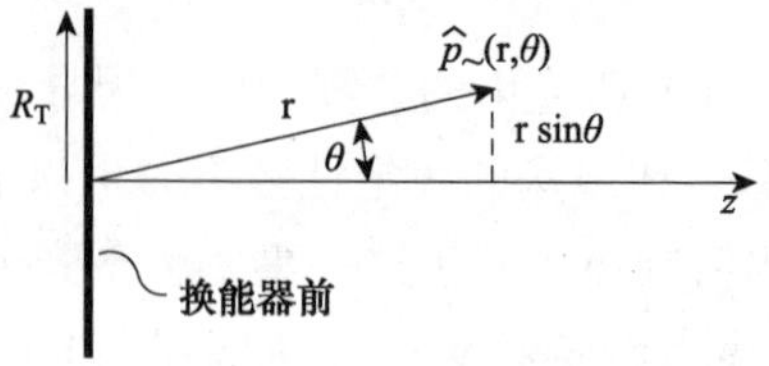

图 8.17　活塞式传感器(半径R_T)在距离 r 和 θ 给定的任意位置计算声压幅值$\hat{p}_{\sim}(r,\ \theta)$的几何量($r\ \sin\theta\ =\ z\ \tan\theta$)

$$D_{main}(z) = 2z\tan\varphi = 2z\tan\left[\arcsin\left(\frac{3.83\mathrm{rad}}{kR_T}\right)\right] \tag{8.36}$$

在LRT测量中，扫描区域应至少覆盖主瓣的空间扩展，即D_{main}。注意，这个事实不仅指的是线性定位系统，也包括光学反射镜，在实现的LRT装置中，光学反射镜的边长为l_{opt} = 100mm。在 $D_{main} \leqslant l_{opt}$ 和式(8.36)条件下，得到最小波数k_{min}，仅用LRT即可测得。例如，在水中工作的谐波激励超声波换能器(活塞型；半径R_T = 6.35mm)的轴向距离 z = 50mm 时，可得到 k_{min} = 853radm^{-1}。最小的声音频率f_{min}为

$$f_{min} = \frac{k_{min}\ c_{aco}}{2\pi} = \frac{853\mathrm{radm}^{-1}\cdot 1480\mathrm{ms}^{-1}}{2\pi} = 201\mathrm{kHz} \tag{8.37}$$

当需要获得较低的声音频率时，在测量过程中需要改变反射器的位置，或者必须使用较大的光学反射器。

此外，还存在另一个频率限制，专指超声波源。式(8.36)中的 arcsin(·)函数要求参数满足 $kR_T \geqslant$ 3.83rad。但是，如果不满足此要求，则超声波源将不会产生具有明显旁瓣的声场。取而代之的是，将发射出宽的主瓣，其空间扩展严格来说是不受限制的。因此，通过LRT分析这种声场是很复杂的。对于在水中工作的活塞式超声波换能器，临界波数变为 k = 603rad m^{-1}，从而产生可以以可靠方式测量的最小声频率f_{min} = 142kHz(见式(8.37))。

8.4　水中的声场

在8.3节中研究了LRT的基本原理，包括测量原理、层析重建，实现了试验设置和确定测量参数。现在，这些基本原理已经应用于实际的水中声场的 LRT 测量，水是超声波最常见的传播介质。假定压电系数$\left(\frac{\partial_n}{\partial_p}\right)_S$为[11, 15]

$$\left(\frac{\partial_n}{\partial_p}\right)_S = 1.473 \cdot 10^{-10}\ \text{Pa}^{-1} \tag{8.38}$$

水中的电磁波(LDV 的激光束)的波长λ_{em} = 475.8nm，水温为20℃。

首先，在选定的截面中对活塞式超声波换能器的声压场进行分析(见 8.4.1 小节)。重建的声压幅值将与常规水听器测量结果进行比较。然后对圆柱聚焦的超声波换能器进行相同的比较。在 8.4.3 小节中，讨论了耗时测量过程的加速度。最后，利用 LRT 方法对浸没式水听器的声场扰动进行定量分析，这在其他测量方法中是不可能的。

8.4.1 活塞式超声波传感器

首先研究浸入水中的活塞式超声波换能器(Olympus V306 - SU[29])的声场。半径为R_T = 6.35mm 的超声波换能器被f = 1MHz 的 40 个周期的正弦脉冲信号激励，并固定在已实现的 LRT 装置的圆柱形安装座中(图 8.9)。对于选定的换能器激活，近场长度为N_{near} = 27mm。在不同的轴向距离 z 处采集了多个横截面(即与 xy 平面平行)的出现声场，其中 z = 0mm 与换能器前部有关[14]。图 8.18 描绘了(x, z) = (0, 32.8mm)时差分 LDV 的平均输出信号，该信号表示相对于时间 t 的投影 $\mathcal{O}_\Theta(\xi)$ 的单个点上的数据。通过在使用的数字存储示波器 Tektronix TDS 3054 中直接平均 16 个输出信号，SNR 超过 30dB[11]。

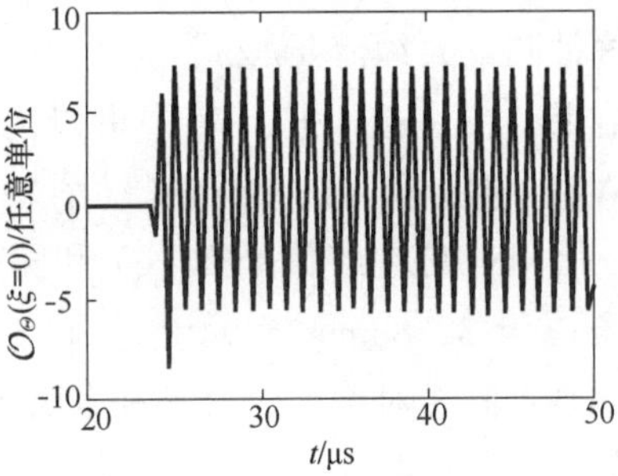

图 8.18 在位置(x, z) = (0, 32.8mm)处 LDV 的平均输出(16 个信号的平均值)代表用于层析成像重建的单个投影点$\mathcal{O}_\Theta(\xi)$(产生的 SNR ≈ 34dB；活塞式超声波换能器 Olympus V306 - SU；激励频率f = 1MHz)

在 8.3.4 小节中，从理论的角度确定了 LRT 测量的决定性参数。因此，一种活塞式换能器与所研究的具有相同的半径R_T 和激活频率。在这里，正是将这些参数应用于在横截面 z = 32.8mm(场)和 z = 8.4mm(近场)中获取声压场 $p_\sim(x$,

y, t)。这不仅指扫描区域，而且也指两个相邻 LDV 位置之间的投影数N_{proj}和非等距采样。表 8.3 总结了进行 LRT 测量的最重要参数。在选定的扫描位置记录了 LDV 输出信号后，分别对每个时间进行层析成像重建。

图 8.19(a) 和图 8.19(c) 分别显示了在$z = 32.8$mm 和$z = 8.4$mm 时横截面①中重构的声压振幅$\hat{p}_{\sim}(x, y)$。正如活塞式超声波换能器所预期的，声压振幅在横截面上呈旋转对称分布。与$z = 8.4$mm 处的近场相比，$\hat{p}_{\sim}(x, y)$在$z = 32.8$mm 处的远场减小，这与声音传播理论相吻合。

表 8.3　活塞式超声波换能器产生的声场的 LRT 测量的决定性参数

x 方向	$\Delta\xi = 0.2$mm　$x \in [-6.4, 6.4]$mm
	$\Delta\xi = 0.8$mm　$x \in [-20.0, -6.4)$mm $\cup$ $(6.4, 20.0]$mm
z 方向	32.8mm 和 8.4mm
旋转方向	每步 $\Delta\Theta = 1.8°$
时间	100MHz(采样点之间的 $\Delta t = 10$ns)
测量	每个横截面 2h
重建	每个横截面 4min(5000 个瞬间)

为了验证 LRT 结果，在两个截面上还进行了水听器测量。根据 LRT 测量中的空间分辨率，使用的胶囊水听器(Onda HGL－0400[30]) 在x和y方向上以 0.2mm 的步长移动。由于精细的空间分辨率和每次水听器移动后机械振动趋于稳定所需的等待时间为 2s，因此这种测量大约需要 12h。图 8.19(b) 和图 8.19(d) 显示了通过水听器测量获得的结果$\hat{p}_{\sim}(x, y)$。从比较中可以清楚地看出，结果与相应的 LRT 测量非常吻合。观察x轴上获得的声压振幅(图 8.20(a) 和图 8.20(b)) 和不同测量方法之间的归一化相对偏差ϵ_r(图 8.20(c) 和图 8.20(d))，这一点也很明显。虽然$|\epsilon_r|$在远场($z = 32.8$mm) 中总是小于 5.4%，但是在近场($z = 8.4$mm) 中会出现高达 12.3% 的相对偏差。LRT 和水听器测量值在近场之间的明显偏差主要可归因于 3 点：首先，水听器被校准用于远距离的超声波测量，其中在x和y方向上的空间频率ν远小于在近场(图 8.10(b))；其次，必须牢记的是，系统组件的完美对准不能避免 LRT 和水听器测量的坐标系的空间偏差，因此，总是比较略有不同的横截面，这在超声波换能器的近场中尤为重要，因为声场会受到强烈的波动；最后，水听器的测量是侵入性的，因此传播声波的反射影

① 平行于xy平面绘制的截面的几何尺寸：$x \cdot y = [-10\text{mm}, 10\text{mm}] \cdot [-10\text{mm}, 10\text{mm}]$。

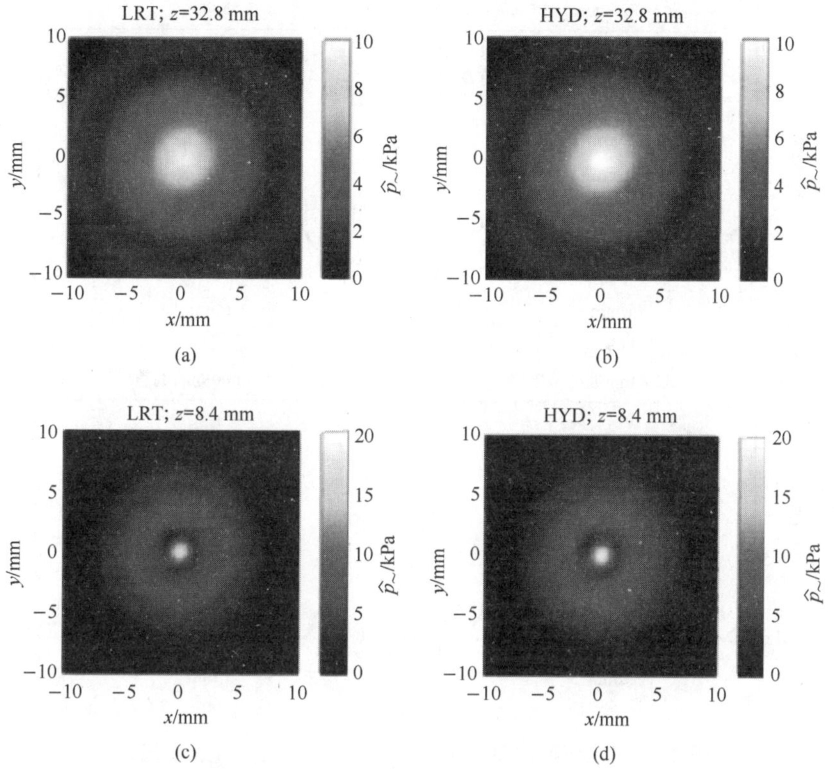

图 8.19　层析成像重建(激励频率 f = 1MHz)

(a) 和(c) LRT 测量分别在 z = 32.8mm 和 z = 8.4mm 的横截面中的声压幅度 $\hat{p}_{\sim}(x, y)$；

(b) 采用水听器(HYD) 测量 z = 32.8mm 的横截面中的声压幅度 $\hat{p}_{\sim}(x, y)$；

(d) 采用活塞式超声波换能器 Olympus V306 - SU 测量 z = 8.4mm 的横截面中的声压幅度 $\hat{p}_{\sim}(x, y)$。

响了分析声场，这在近场是至关重要的。尽管如此，水听器和 LRT 测量结果比较清楚地证明了 LRT 是研究水中旋转对称声场的可靠方法。

8.4.2　圆柱聚焦超声波换能器

LRT 测量通常集中在旋转对称声场的检查上[5]。然而，专用的 LRT 设置可以研究几乎任意形状的声源产生的声场。为了证明这一事实，使用了焦距为 25.4mm 的圆柱形聚焦超声波换能器(Olympus V306 - SU - CF1.00N[29]) 在水中产生非轴对称声场[14]。其中，传感器在 f = 1MHz 时被 40 个周期的正弦脉冲激励。与以前的研究相比，这里选择了相当保守的测量参数。径向扫描区域从 40mm 扩展到 60mm(即 $x \in [-30, 30]$mm)，并且放弃了两个相邻 LDV 位置之间

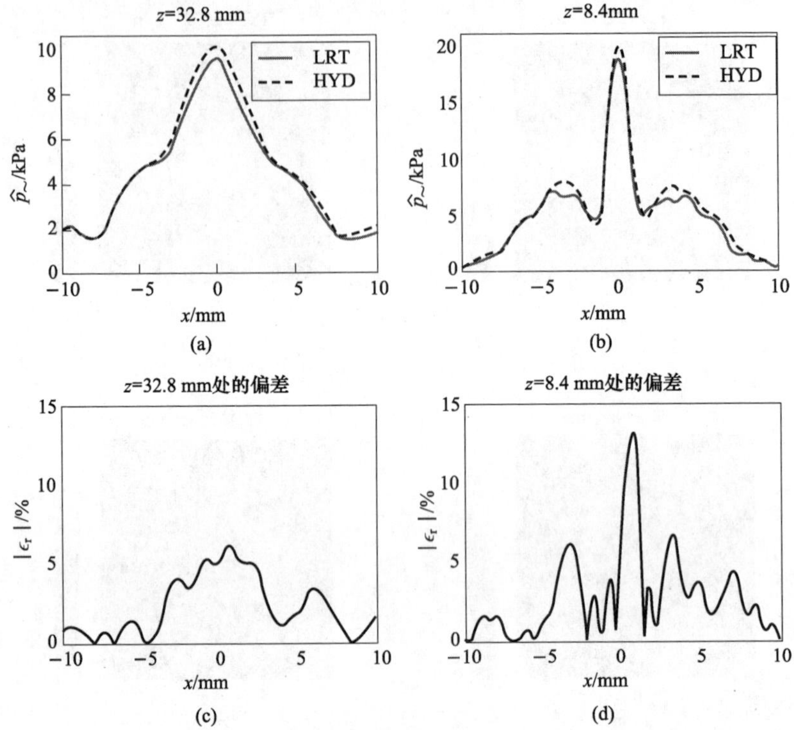

图 8.20 声压振幅和不同测量方法之间的归一化相对偏差
（采用活塞式超声波换能器 Olympus V306 - SU）

(a) 和(b) 分别是在 $z = 32.8$mm 和 $z = 8.4$mm 横截面上， LRT 和水听器(HYD) 沿 x 轴处的测量声压幅值$\hat{p}_{\sim}(x, y)$ 结果的对比；(c) 和(d) 为 LRT 和水听器测量值沿 x 轴的相对偏差 $|\epsilon_r|$（幅值）归一化为水听器输出的最大值。

的等距采样。因此，单个横截面的测量时间从 2h 增加到 6h。表 8.4 总结了进行 LRT 测量的最重要参数。

表 8.4 圆柱形聚焦超声波换能器产生的声场 LRT 测量的决定性参数

x 方向	$\Delta\xi = 0.2$mm $x \in [-30, 30]$mm
z 方向	25.4mm
旋转方向	每步 $\Delta\Theta = 1.8°$
时间	100MHz（采样点之间的 $\Delta t = 10$ns）
测量	每个横截面 6h
重建	每个横截面 6min（5000 个瞬间）

图 8.21(a) 所示为 $z = 25.4\text{mm}$ 处的横截面中重建的声压振幅 $\hat{p}_{\sim}(x, y)$，代表所研究的圆柱形聚焦换能器的焦平面。当声场在一个方向上强烈聚焦时，几乎没有垂直于该方向聚焦，这是这种换能器形状的典型特征。

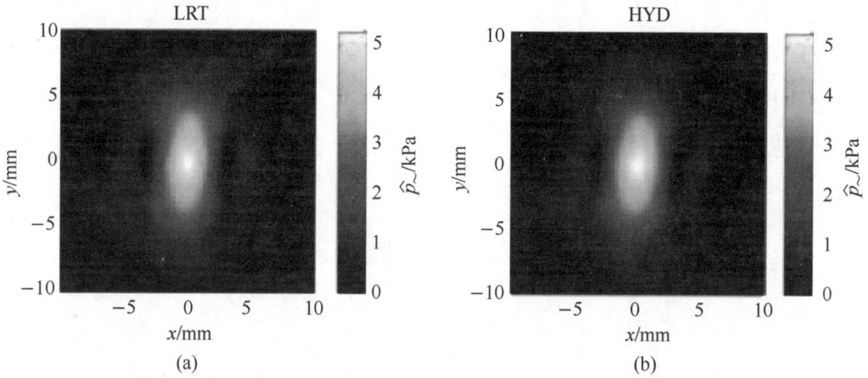

图 8.21 测量声压振幅及其验证(圆柱聚焦超声波换能器 Olympus V306 - SU - CF 1.00N；激励频率 $f = 1\text{MHz}$)

(a) 在 $z = 25.4\text{mm}$ 横截面处 LRT 测量的声压幅值 $\hat{p}_{\sim}(x, y)$；

(b) 水听器(HYD) 测量的相应声压幅值 $\hat{p}_{\sim}(x, y)$。

为了验证 LRT 结果，在同一横截面上进行水听器测量(图 8.21(b))，其中水听器在 x 和 y 方向上以 0.2mm 的步长移动。这两个图像都显示出良好的一致性，并且在很多细节上的有共同点。沿 x 轴(图 8.22(a))和 y 轴(图 8.22(b))的声压幅值也分别证明了这一点。如图 8.22(c) 和图 8.22(d) 所示，沿着这些轴的 LRT 和水听器测量值之间的归一化相对偏差 $|\epsilon_r|$(幅度)始终小于 3.4%。因此，可以说，除了旋转对称的声场外，本书提出的 LRT 测量方法还适用于水中非轴对称声场的精确测量。

8.4.3 测量过程的加速

迄今为止，活塞式和圆柱聚焦式超声波换能器的声场投影在每个截面 100 个角度下，通过 LRT 测量重建场信息(如声压幅值)。包括测量和重建的程序需要几个小时的单一横截面。当研究声传播与空间和时间的关系时，需要许多截面的声音信息[14]。因此，加速 LRT 测量至关重要。本节将讨论两种加速的可能性：① 减 少投影的数量；② 基于假设的旋转对称超声波换能器的重建。

1. 减少投影数量

减少 LRT 中的测量时间的正确方法是减少使用的投影 N_{proj} 的数量。8.3.4 小

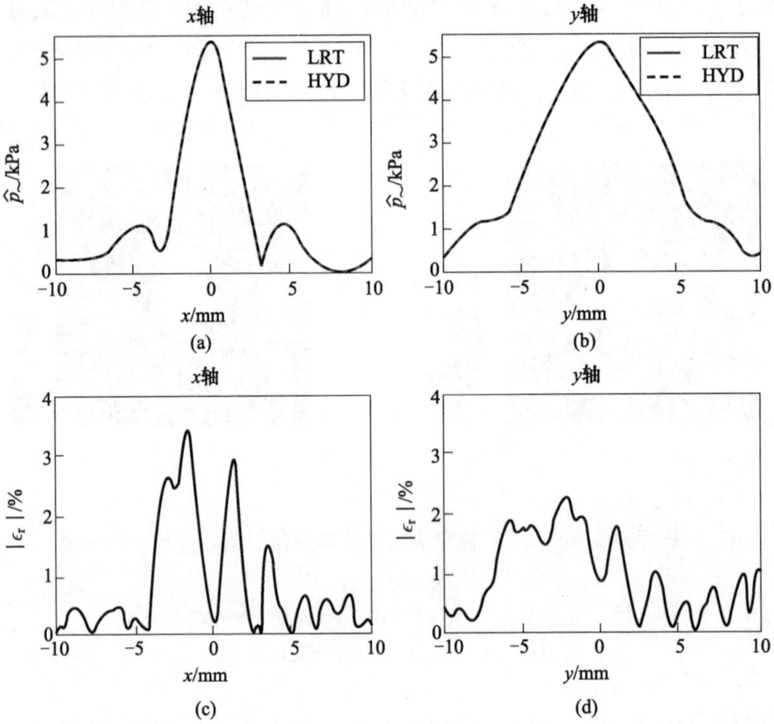

图 8.22　沿 x、y 轴测量声压振幅对比及测量值相对偏差（圆柱聚焦超声波换能器 Olympus V306 - SU - CF1.00N）

（a）和（b）分别为用 LRT 和水听器（HYD）测量 z = 25.4mm 处横截面 x 轴和 y 轴声压振幅 $\hat{p}_\sim(x, y)$ 的对比；（c）和（d）为 LRT 与水听器测量值的相对偏差 $|\epsilon_r|$（幅度）归一化为水听器输出最大值。

节中的理论研究表明，N_{proj} = 50 应该足以获得可靠的重建结果。通过活塞式超声波传感器 Olympus V306 - SU 的 LRT 测量来验证该值。例如，以 z = 32.8mm 处的横截面中的声压幅度 $\hat{p}_\sim(x, y)$ 为例。图 8.19（a）所示为 N_{proj} = 100 个采集投影的重建结果。在此，通过选择每个第 M 个投影并忽略其余的投影进行层析重建来降低该值。取 M 为[2, 4, 5, 10, 20, 50]，N_{proj} ∈ [50, 25, 20, 10, 5, 2] 投影。这样，可以将减少投影数量的重建结果与从 N_{proj} = 100 开始的完整重建进行比较。

图 8.23（a）和图 8.23（b）所示为 N_{proj} 函数的完全重构的最大相对偏差和平均相对偏差。对于所考虑的横截面，这两个偏差都随着截面投影量的增加而减小，即 $x \cdot y$ = [- 10mm, 10mm] · [- 10mm, 10mm]。声场的中心区域也是如此，这里定义为 $|x, y|$ < 6.4mm。但由于中心区域的偏差较小，因此声音场的外围区

域(即 $|x, y| \geqslant 6.4$mm) 的重建结果受N_{proj}减小的影响较大。根据理论研究，$N_{proj}=50$在任何情况下都会获得精确的LRT结果，因此在测量时间和测量精度之间取得了很好的折中。但是，如果仅需要中心区域的信息，将能够进一步减少投影的数量，如$N_{proj}=20$或更少。

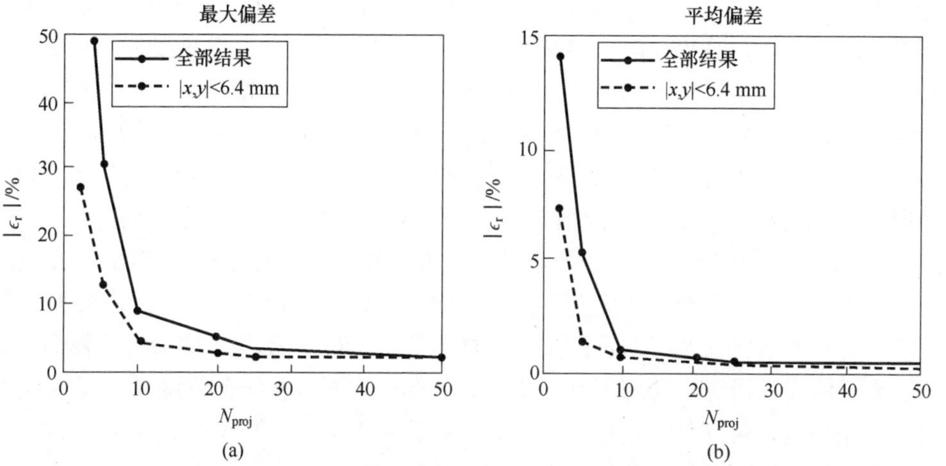

图 8.23 重建结果与完全重建结果之间的归一化相对偏差$|\epsilon_r|$(幅度) 的最大值和均值($N_{proj}=100$，见图 8.19(a) 与整个声压场(即 $|x, y| \leqslant 10$mm) 和中心区域(即 $|x, y| < 6.4$mm 的投影数N_{proj}之间的关系)

2. 轴对称假设

结合层析重建实现的LRT装置允许在空间和时间上采集超声波换能器产生的几乎任意形状的声场。这是通过 LDV 将研究的声场投影到足够多的角度来实现的。这里研究在无法得到不同角度的投影时的重建结果，即声场只有一个投影$\mathfrak{p}_{\Theta}(\xi)$。例如，当声源不能旋转或测量时间最短时，就会出现这种情况。因此，必须从一个单一的投影重建整个声场，这意味着必须假定一个轴对称场。然而，如果声源是旋转对称的形状，如活塞式或球聚焦的，这种假设才有意义。

首先以 Olympus V306 - SU 活塞式超声波换能器产生的声场为例。在截面$z=32.8$mm(远场) 和$z=8.4$mm(近场) 中的声压振幅$\hat{p}_{\sim}(x, y)$ 如图 8.19(a) 和图 8.19(c) 所示，用于完全重建，即$N_{proj}=100$。为了模拟仅使用一个获取投影的基于假设的重建，选择一个投影并将其复制100次，得到$N_{proj}=100$的投影。这些相同的投影用作断层摄影重建的输入。图8.24(a) 和图8.24(b) 分别显示了在$z=32.8$mm和$z=8.4$mm时基于假设的重建结果。通过比较基于假设的重构和完全重构(图8.19(a)和图8.19(c))，很明显，$\hat{p}_{\sim}(x, y)$的空间分布及其绝对值非常吻合，特别是在远场。这也可以从沿x轴的声压振幅(图8.24(c)和图8.24(d))和不同重建方法之间的归一化相对偏差ϵ_r(图8.24(e)和图8.24(f))看出。因此，就产生了一个问题：为什么要从不同的角度获得投影？况且这个过程很耗时。

为了回答上述问题，研究由活塞式超声波换能器Krautkramer基准ISS 3.5[17]产生的声场。在$f = 1\text{MHz}$时，传感器再次由40周期的正弦脉冲激励。图8.25(a)所示在$z = 6.5\text{mm}$截面(近场)处完全重建所产生的声压振幅$\hat{p}_{\sim}(x, y)$。即在100个角度下获取了$N_{proj} = 100$个独立的投影。虽然超声波换能器具有旋转对称的形状，但$\hat{p}_{\sim}(x, y)$的空间分布绝不是轴对称的，这可以归因于换能器匹配层的部分损伤。下面对同一截面进行基于假设的重建，选取一个投影并进行复制，使$N_{proj} = 100$个相同的投影可用。不出所料，基于假设的重建(图8.25(b))在空间分布和绝对值上与完全重建完全不同。因此，可以得出结论，即使超声波换能器是旋转对称的形状，基于假设的重建可能会导致LRT声场测量结果的显著偏差。

根据前面的讨论，希望得到一个简单的标准来回答基于假设的重建是否能在LRT测量中提供可靠结果的问题。这种判据是由LDV[11]得到的单声场$\mathfrak{v}_{\Theta}(\xi)$沿一条直线投影得到的。如果该投影对于旋转轴(即$z$轴)是对称的，则允许基于假设的重建。图8.26包含两个活塞式换能器沿x轴的单个投影量。与Olympus换能器相比，Krautkramer换能器的投影在旋转轴周围是完全不对称的，通过比较左侧的镜像投影(即$x \in [-20\text{mm}, 0]$)与右侧原始投影，也可以清楚地看出这一点。因此，在Krautkramer换能器的LRT测量中，不能应用基于假设的重建。虽然对基于假设的重建来说，简单的准则是必要的，但不是充分的，因为比较单一的投影可能会导致错误的结论。因此，即使对于旋转对称的换能器形状，特别是当需要所研究声场的精确信息时，也应该选择完全重建。

8.4.4 水听器引起的声场干扰

为了验证LRT在水中的结果，将它们与水听器的测量结果进行了比较，水听器必须直接放置在所研究的声场中。由于水听器和周围水体的声学特性不同，在水听器和水听器界面上当然会出现入射声波的反射和衍射。因此，水听器的存在会对声场产生影响，尤其是在靠近换能器表面和介质边界的位置。在下列情况下，受扰的声场应予以量化。应用的测量方法主要满足3个要求：

① 为了避免进一步声场干扰，测量必须是无损伤和无反应的；

② 应提供空间和时间分辨以及绝对测量结果；

③ 测量方法必须具有全向灵敏度，因为入射和反射的声波在不同的方向传播。

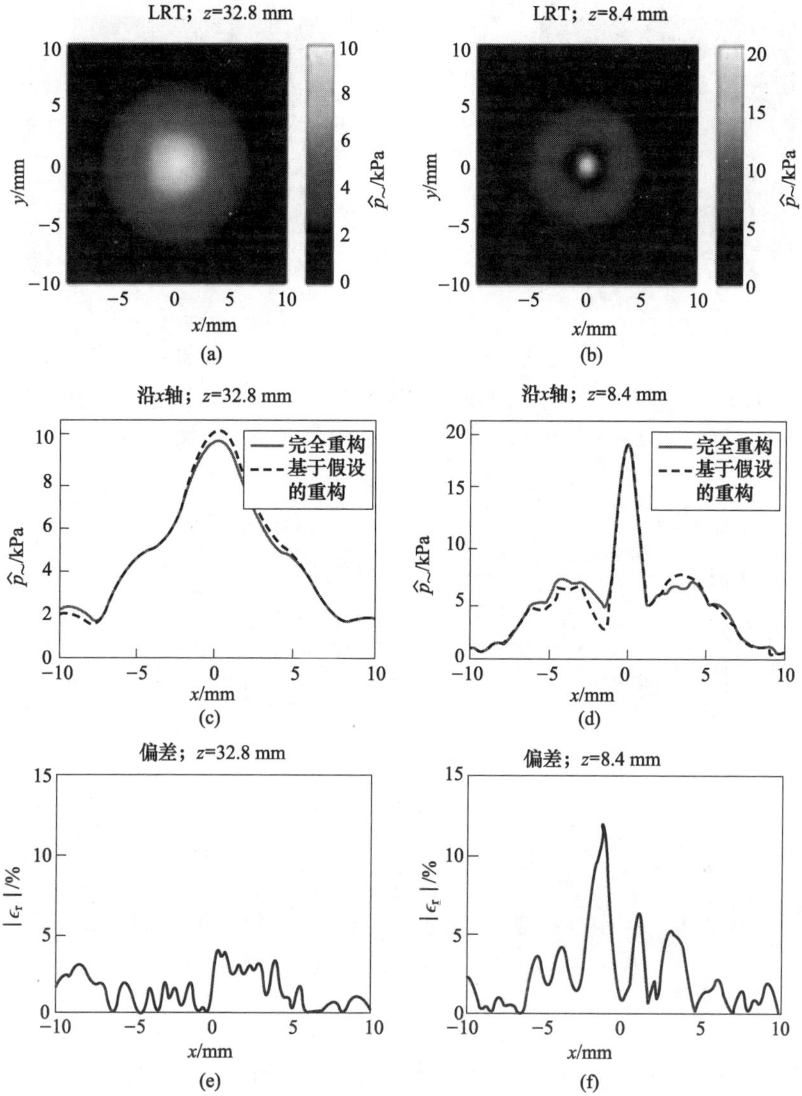

图 8.24　完全重建与基于假设的重建及两种方法的归一化相对偏差(活塞式超声波传感器 Olympus V306 - SU；激活频率 f = 1MHz)

(a) 和(b) 基于假设的重建在 z = 32.8mm 和 z = 8.4mm 处的横截面的声压幅值 $\hat{p}_{\sim}(x, y)$ 的 LRT 结果；(c) 和(d) $\hat{p}_{\sim}(x, y)$ 沿 x 轴在 z = 32.8mm 和 z = 8.4mm 处的截面上进行完全和基于假设的重构；(e) 和(f) 两种重建方法之间的归一化相对偏差 $|\epsilon_r|$ (幅值)。

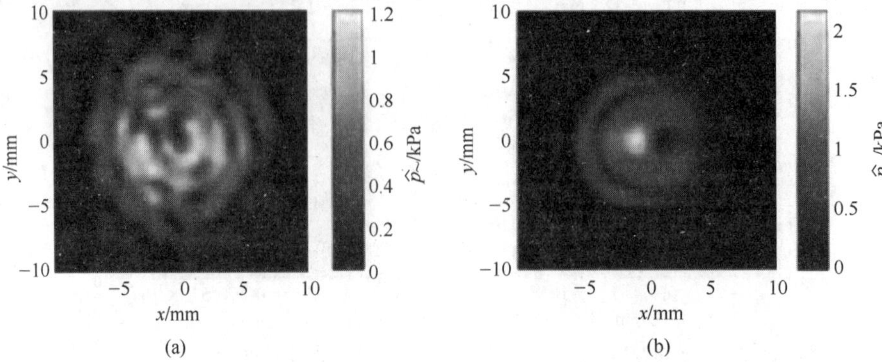

图 8.25　在 $z = 6.5$mm 的横截面上测量声压振幅 $\hat{p}_\sim(x, y)$ 用于完全重建和基于假设的重建（活塞式超声波换能器 Krautkramer 基准 ISS 3.5；激励频率 $f = 1$MHz）

(a) 完全重建；(b) 基于假设。

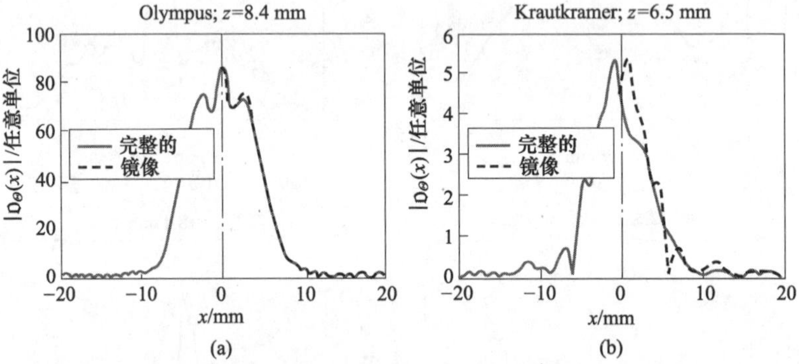

图 8.26　换能器沿 x 轴的声场投影 $|\mathfrak{p}_\Theta(x)|$（幅度）(基准 ISS 3.5，虚线表示左侧镜像版本，即 $x \in [-20\text{mm}, 0]$)

(a) Olympus V306 – SU 换能器；(b) Krautkramer 换能器。

根据这些要求，LRT 是水听器表面声反射和衍射定量分析的最佳选择[11, 15]。

图 8.27 展示了试验装置的相关部分，包括柱形安装座、活塞式超声波换能器 V306 – SU、光学反射镜、胶囊水听器 HGL – 0400 及其前置放大器 Onda AH – 2010。旋转对称水听器放置在传感器前的轴向距离 $z_H = 27.0$mm 处。由于 LRT 测量需要在不同角度下进行声场投影，并且实现的设置仅允许换能器旋转，因此圆柱形安装座和水听器的旋转轴必须对齐。xz 平面中水平水听器的对齐也是基于反射的 LDV 激光束的强度（见 8.3.4 小节）。对于 yz 平面上的垂直水听器对准，分析

了距LRT装置约5m的SLR相机(尼康D80；10.2M像素)拍摄的图片[15]。这样，就可以确保两个旋转轴在 x 方向上的几何偏差分别小于5μm，在 y 方向上的几何偏差小于50μm。

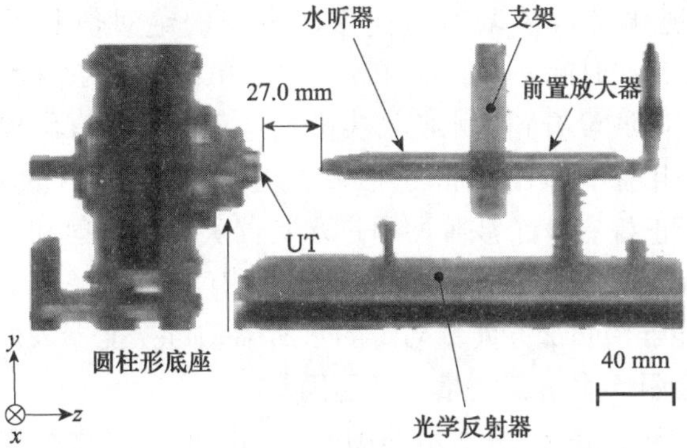

图8.27　已实现的用于研究胶囊水听器 Onda HGL－0400 声场扰动的 LRT 超声波换能器装置的相关部分

超声波换能器在 $f=1$MHz时被8个周期的正弦脉冲激励。利用LRT技术，获得了134个截面(即 xy 平面)的瞬态声场，这些截面在换能器前端和水听器端部之间等距分布(测量参数见表8.5)。经过测量和层析重建，在某一选定时刻的整个声场都是由该时刻所有截面的声压值组合而成。然而，在水听器尖端(即 $z\geqslant$ 27.0mm)之外，LRT不能提供关于声场的绝对信息，因为水听器会阻塞LDV激光束，而这些数据在层析重建时就会丢失。然而，投影 $\mathcal{O}_{\Theta}(\xi)$ 的每一点都与激光束上的声压积分成正比，因此包含了一定的声传播信息。在 $z\geqslant 27.0$mm时，不需要重建空间分辨声压值，而是通过在每个截面上记录单个投影来显示声波的传播[55]。

表8.5　换能器前端和水听器尖端之间的扰动声场LRT测量的决定性参数

x 方向	$\Delta\xi = 0.2$mm　$x\in[-6.4, 6.4]$mm
	$\Delta\xi = 0.8$mm　$x\in[-20.0, -6.4)$mm $\cup$ $(6.4, 20.0]$mm
z 方向	$\Delta z = 0.2$mm　$x\in[0.2, 26.8]$mm
旋转方向	每一步 $\Delta\Theta = 3.6°$
时间	100MHz(采样点之间的 $\Delta t = 10$ns)
重建	5000个时间瞬间的134个截面

在图 8.28 中可以看到，在脉冲开始发射后的 4 个典型瞬间，即 12.80、19.92、24.64 和 28.44μs，在 xz 平面(即 $y=0$) 上测得的声压场。因此，换能器前端和水听器之间的重建与水听器尖端以外的可视化结合在一起。为了得到有意义的图像，对可视化进行了调整，使重建声压的绝对值和可视化投影在 $z=27.0\text{mm}$ 附近重合。在时间 $t=12.80$ 和 $t=19.92\mu\text{s}$ 的前两个瞬间(图 8.28(a) 和图 8.28(b))，声压波没有到达水听器尖端，这意味着没有出现声场的干扰。已有的相长干涉和相消干涉图案源于活塞式超声波换能器的束流特性。在图 8.28(c) 中，由于正好有 4 个波阵面通过水听器尖端，入射和反射声压波的相对干涉出现。在时间 $t=28.44\mu\text{s}$ 的最后一刻，所有波前都经过了水听器端部，预斯反射信号向换能器沿负 z 方向传播。当水听器贴近换能器表面或介质边界时，正是这种反射波会引起水听器测量的显著偏差。

为了更好地解释，图 8.29 所示为图 8.28(d) 的二值化版本。也就是说，正负声压值分别用黑白色显示。可以清楚地观察到，反射声波在水听器尖端前方呈现 8 个同心白色圆形区域(即 $z<27.0\text{mm}$)。此外，当 $z<27.0\text{mm}$ 时仍然存在正 z 方向传播的声波，这是换能器光束特性的结果。在这一点上，应该再次提到，在换能器前端和水听器前端之间的截面是单独重建的。由此得到的图像具有空间连续性和对称性，这再次证明了 LRT 即使在具有挑战性的测量任务中也是适用的。

除了对受干扰声场进行空间研究外，还要考虑在 z 轴上选定位置的重建的时间相关值 $p_{\sim}(t)$，即 $(x, y)=(0, 0)$。图 8.30(a) 显示在 $z=24.6\text{mm}$(在水听器尖端前面 2.4mm) 处的 $p_{\sim}(t)$。声压曲线可以分为 3 个时间周期：①正 z 方向上传播的专有波；②在正 z 方向和负 z 方向上传播的波之间的干涉；③负 z 方向上传播的专有波。在图 8.30(a) 中，3 个时间周期大约分别覆盖间隔 $[18, 22]\mu\text{s}$、$[22, 27]\mu\text{s}$ 和 $[27, 31]\mu\text{s}$。图 8.30(b) 显示轴向位置 $z=26.6\text{mm}$ 的 $p_{\sim}(t)$，即非常接近水听器尖端。相反，$z=24.6\text{mm}$ 时，相长干涉存在于声压曲线中，$z=26.6\text{mm}$ 主要是时间周期②，指的是相消干涉。因此，可以这样说，在水听器尖端[15] 附近，被扰动声场中的声压幅变化很大。

最后，将水听器输出与水听器尖端位置的 LRT 结果进行比较(图 8.30(c) 和图 8.30(d))。值得注意的是，在 LRT 测量中，水听器被移出了水通道，因此不再存在干扰声场的声源。两种测量方法获得的声压曲线 $p_{\sim}(t)$ 在时间特性和绝对值方面吻合得很好。相关水听器输出的振幅的相对偏差 ϵ_r 为

$$\epsilon_r=\frac{\widehat{P}_{L\sim}-\widehat{P}_{H\sim}}{\widehat{P}_{H\sim}}=\frac{10.6\text{kPa}-9.9\text{kPa}}{9.9\text{kPa}}=7.1\% \tag{8.39}$$

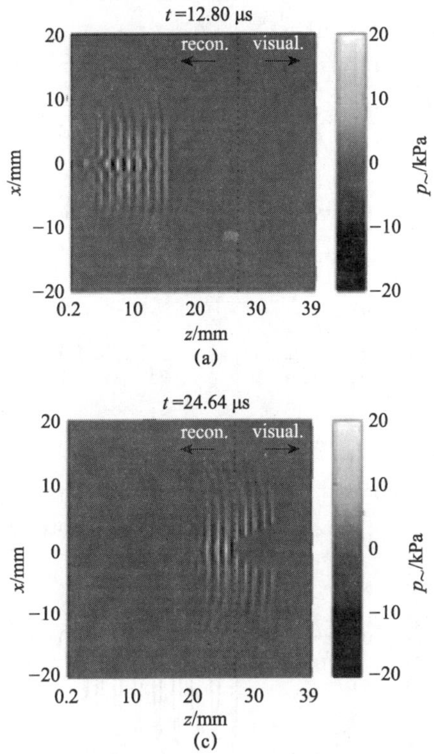

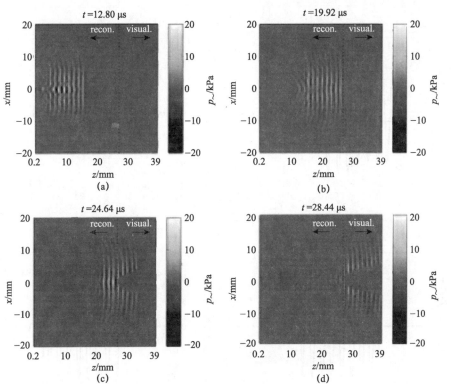

图 8.28　xz 平面（即 $y = 0$）中的声压场在开始发射正弦脉冲后的 4 个时刻（在 1MHz 时为 8 个周期）$z < 27.0$mm 的重建结果以及 $z \geq 27.0$mm 的可视化（活塞式超声波传感器 Olympus V306 - SU）

（a）换能器完成发射突发信号；（b）声波几乎到达水听器；（c）入射声波和反射声波的相长干涉；

（d）所有波阵面在$z_H = 27.0$mm 处通过水听器尖端。

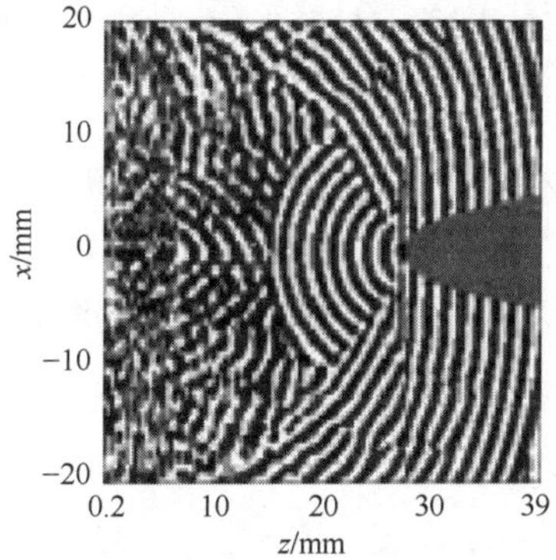

图 8.29　在 $t = 28.44\mu s$ 处的二值化声压场（图 8.28（d））（正负声压值分别为黑色和白色）

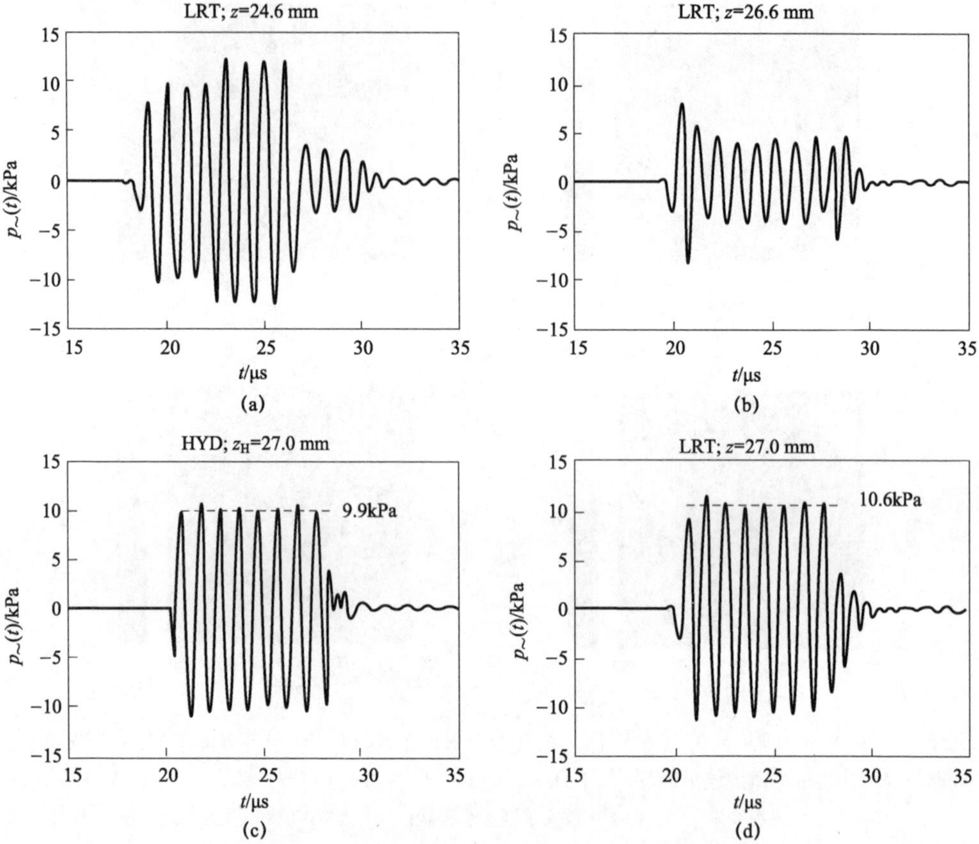

图 8.30 在 z 轴选定位置与时间相关的声压值 $p_{\sim}(t)$

(a) z = 24.6mm 时入射和反射声波的部分相干干涉；(b) z = 26.6mm 时为主导的相消干涉；(c) z_H = 27.0mm 时水听器的输出；(d) 无水听器时 z = 27.0mm 处的 LRT 结果。

式中：$\widehat{P}_{H\sim}$ 和 $\widehat{P}_{L\sim}$ 分别为水听器测量的确定值和 LRT 测量的确定值。考虑到水听器测量中 10.4% 的不确定度，再次证明了 LRT 结果的可靠性[33]。

从 8.4 节的结果可以看出，LRT 是一种很好的测量方法，可以提供水中声场的空间和时间分辨数据。这也适用于其他测量方法失败的情况，如用于受干扰声场的水听器。

8.5 空气中的声场

空气作为超声波的传播介质在各种场合都有应用。这里，将证明LRT在定量测量空气超声波中的适用性。在8.5.1小节中，推导出了空气中的压电光学系数$(\partial n/\partial p)_S$，8.5.2小节涉及轻微修改的LRT设置，其中添加了泡沫以避免干扰超声波的反射。最后，讨论了工作在频率$f=40$kHz的空气耦合超声波换能器的声压幅重建。试验结果通过传声器测量得到了验证。

8.5.1 空气压电光学系数

为了重建空中超声波在时间分辨和空间分辨的声压值，LRT测量需要知道空气中的压光系数$(\partial n/\partial p)_S$。让我们推导出理想气体的这个系数，理想气体是空气的一个很好的近似。理想气体的绝热状态方程定义为(见式(2.108))

$$\frac{p_0+\Delta p}{p_0}=\left(\frac{\varrho_0+\Delta\varrho}{\varrho_0}\right)^k \tag{8.40}$$

式中：压力p_0和密度ϱ_0分别处于平衡状态；Δp和$\Delta\varrho$为平衡态周围的微小波动；k为绝热指数。通过利用Gladstone - Dale气体关系[55]，得到

$$K_G\underbrace{(\varrho_0+\Delta\varrho)}_{\varrho}=\underbrace{n_0+\Delta n}_{n}-1 \tag{8.41}$$

式中：K_G为Gladstone - Dale常数，式(8.40)成为

$$\frac{\Delta p}{p_0}=\left(\frac{n_0+\Delta n-1}{n_0-1}\right)^k-1=\left(1+\frac{\Delta n}{n_0-1}\right)^k-1 \tag{8.42}$$

同样，表达式n_0和Δn分别代表平衡态气体的光学折射率和它的波动。由于空中超声波通常满足$\Delta n\ll n_0$，可以引入泰勒近似$(1+x)k\approx 1+kx$。因此，式(8.42)化简为

$$\frac{\Delta p}{p_0}\approx 1+k\frac{\Delta n}{n_0-1}-1=\frac{k\Delta n}{n_0-1} \tag{8.43}$$

改写这个方程，最终得到理想气体的压光系数为

$$\left(\frac{\partial_n}{\partial_p}\right)_S=\frac{\Delta n}{\Delta p}\approx\frac{n_0-1}{\kappa p_0} \tag{8.44}$$

当量n_0、p_0及k已知时，可将折射率变化Δn与声压值$p_\sim$($\widehat{=}\Delta p$)联系起来。

在空中超声波的LRT测量中，假设空气条件和参数如下[11, 38]：

① 激光束波长$\lambda_{em}=632.8\text{nm}$；

② 气温 20℃；

③ 温度 20℃ 时，绝热指数 $\kappa=1.4$；

④ 静态空气压力 $p_0=101.325\text{kPa}$；

⑤ 相对湿度为 40%；

⑥ 二氧化碳含量为 0.045%。

根据文献[16] 中的经验公式，这些值使平衡态的光折射率$n_0=1.000271$，从而得到空气的压电系数为

$$\left(\frac{\partial_n}{\partial_p}\right)_S \approx \frac{n_0-1}{\kappa p_0}=\frac{1.000271-1}{1.4\times 101325\text{Pa}}=1.91\times 10^{-9}\ \text{Pa}^{-1} \tag{8.45}$$

通常，这个系数在实际情况下会有一定的波动。例如，如果空气温度增加 1℃，n_0 将减小 1.1×10^{-6}，$\left(\frac{\partial_n}{\partial_p}\right)_S$ 将减少 0.4%[52]。但可以这样说，在正常环境条件下，空气中的压光系数最大不确定度小于 20%。与水相比，水的压光系数约为$10^{-10}\ \text{Pa}^{-1}$(见式(8.38))，空气中的压光系数要大 10 倍以上。

8.5.2 试验装置

用于研究空气中超声波所用的LRT装置和在水中使用的试验装置类似。这里指的是差分 LDV、线性定位系统和旋转单元，还有圆柱形安装座和光学反射器(图 8.31)。为了避免对超声波的反射产生干扰，试验装置的几个部分必须用泡沫包围和内衬，泡沫吸收声波，因此降低了回声。

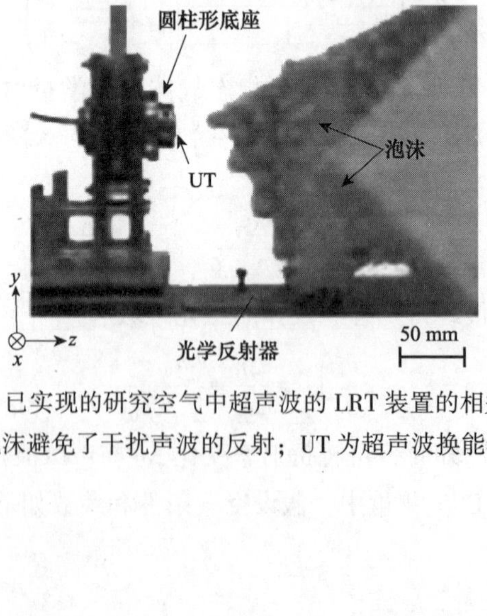

图 8.31　已实现的研究空气中超声波的 LRT 装置的相关部分[38]
(泡沫避免了干扰声波的反射；UT 为超声波换能器)

事实上，声音在水中传播和在空气中传播之间存在着显著的差异。超声波在空气中的衰减比在水中要大得多(表2.8)。空气的声阻抗远低于水的声阻抗。水的声阻抗为$1.48 \times 10^6 N \cdot s \cdot m^{-3}$，在20℃时空气的声阻抗为$413.5 N \cdot s \cdot m^{-3}$。因此，空中超声波的频率和由此产生的声压值通常都比较小。目前采用的是半径为$R_T = 6.5mm$的空气耦合超声波换能器Sanwa SCS-401T作为声源。活塞式传感器也被固定在圆柱形安装座上。在$f = 40kHz$时，传感器由48周期的正弦脉冲信号激励，这是空气中超声波在实际应用中的特征频率，如停车传感器。为了在LRT测量中获得满意的信噪比，激励电压被选择为$24V_{PP}$(波峰-波峰)。图8.32显示了在$(x, z) = (0, 20mm)$处的差分LDV的平均输出信号(64个信号的平均值)，它代表了投影$\mathcal{O}_\Theta(\xi)$对时间t的单点数据。对于这种激励电压，信噪比超过30dB，因此，对于LRT测量是足够的。然而，应该注意的是，一个合适的传声器(如来自Brüel & Kjær的1/4英寸传声器)通常能提供相当高的信噪比值[11, 38]。

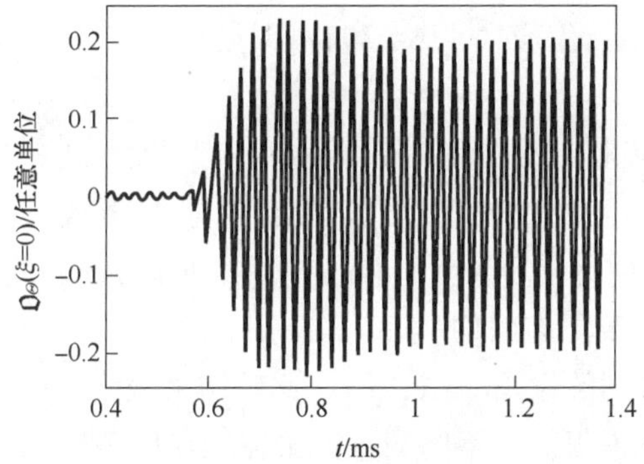

图8.32　LDV在位置$(x, z) = (0, 20mm)$的平均输出(64个信号的平均值)代表层析成像重建的单点投影$\mathcal{O}_\Theta(\xi)$(传感器激励开始于0.5ms；结果信噪比约为31dB；活塞式超声波换能器Sanwa SCS-401T；激励频率$f = 40kHz$)

8.5.3　活塞式超声波换能器测试结果

利用LRT方法，得到了空气耦合换能器在3个不同截面上的声压场$p_\sim(x, y, t)$。截面位于距离换能器前端的轴向距离$z = 5mm$、$z = 20mm$、$z = 90mm$处。与水中的LRT试验相比，由于声波的波长λ_{aco}增大了x方向的扫描面积，从而使指向性图形的主瓣直径D_{main}增大(见8.3.6小节)在层析重建中，λ_{aco}值越大，相邻LDV位置之间的采样间隔$\Delta\xi$越大，投影数N_{proj}越少。表8.6总结了进行

LDV 测量最重要的参数。

表 8.6 LRT 测量活塞式超声波换能器产生的空气声场的决定性参数

x 方向	$\Delta\xi = 1.0$mm　$x \in [-45, 45]$mm
z 方向	5. 20mm、90mm
旋转方向	每步 $\Delta\Theta = 4.5°$
测量	2. 5MHz(采样点之间的 $\Delta t = 400$ns)
时间	每个横截面 50h
重建	每个横截面 2min(5000 个瞬间的时间)

图 8.33(a) 和图 8.33(c) 所示为重建后的活塞式换能器在 $z = 5$mm 和 $z = 20$mm 的横截面①上的声压幅值$\hat{p}_{\sim}(x, y)$。声压幅值在两个截面上均呈旋转对称分布。对于所选换能器激励 $f = 40$kHz，近场长度为$N_{near} = 2.8$mm。因此，在 $z = 5$mm 时$\hat{p}_{\sim}(x, y)$ 的最大值应大于 $z = 20$mm 时$\hat{p}_{\sim}(x, y)$，这也在 LRT 测量中得到证实。

为了验证 LRT 结果，还进行了传声器测量[11, 38]。利用 1/4 英寸电容传声器 (Bruel & Kjraisin，类型 4939[9])，其输出响应的声波几乎是恒定的，高达 100kHz，在 x 和 y 方向移动步长为 1.0mm。总的来说，这个过程需要 2.5h，因此比相应的 LRT 测量需要更多时间(表 8.6)。在图 8.33(b) 和图 8.33(d) 中，可以看到从传声器测量得到的振幅$\hat{p}_{\sim}(x, y)$。比较结果表明，在两个截面上，LRT 和传声器计算结果吻合得很好。不同测量方法在 x 轴上获得的声压幅值(图 8.34(a) 和图 8.34(b)) 和归一化相对偏差 ϵ_r(图 8.34(c) 和图 8.34(d)) 也说明了这一点。在 $z = 5$mm 和 $z = 20$mm 处，结果差异最大，分别为 11.7% 和 8.9%。由此看来，LRT 似乎是替代传统传声器测量的一种合适方法，尤其是当需要整个截面的声压信息时。

除轴向距离为 5mm 和 20mm 外，还在 $z = 90$mm 处的截面上对声场进行了研究。图 8.35(a) 和图 8.35(b) 所示为 LRT 和传声器测得的声压振幅$\hat{p}_{\sim}(x, t)$。与其他横截面相比，不同的测量方法之间出现了极大偏差，这在沿 x 轴获得的值中也很明显(图 8.35(c))。其偏差较大的原因在于声场的空间主瓣延伸。在轴向距

① 平行于 xy 平面绘制的截面的几何尺寸：$x \cdot y = [-25\text{mm}, 25\text{mm}] \cdot [-25\text{mm}, 25\text{mm}]$。

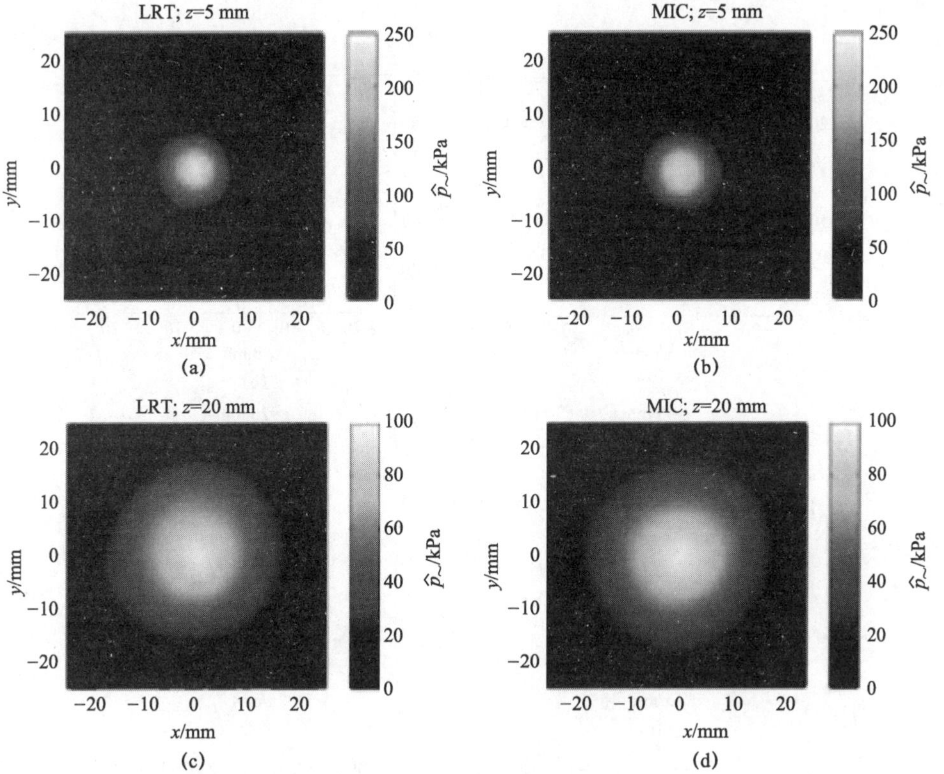

图 8.33 重建后换能器上声压幅值及对应传声器测量(活塞式超声波换能器 Sanwa SCS - 401T；激励频率 $f = 40\text{kHz}$)

(a) 和(c) 分别为 $z = 5\text{mm}$ 和 $z = 20\text{mm}$ 处 LRT 测量截面上的声压振幅 $\hat{p}_{\sim}(x, y)$；(b) 和(d) 对应的传声器(MIC) 测量。

离 $z = 90\text{mm}$ 时，主瓣直径 $D_{\text{main}} = 244\text{mm}$ (见式(8.36))，明显超过了所用光学反射镜的几何尺寸 $l_{\text{opt}} = 100\text{mm}$。由于这个原因，在轻轨测量中，单一的反射器位置并不能完全覆盖主瓣。用于层析重建的投影 $\mathfrak{v}_{\Theta}(\xi)$ 可能在扫描区域的边界(即 $x = \pm 45\text{mm}$) 显示较大的值，这在图 8.35(d) 中得到了证实。

扫描面积不足对 LRT 结果[11] 主要有两个影响。首先，扫描边界的非零投影可以理解为空间频域的频谱泄漏。这种光谱泄漏导致重建图像的空间振荡(图 8.35(a))。其次，重建的声压场和实际的声压场在一个截面上可能会有不同的能量，可以通过图 8.36 来解释这种情况，图 8.36 说明了旋转对称声场的 LRT 测量中扫描面积不足。在扫描区域内，沿着 LDV 波束的整个声音信息有助于测量。然而，声音信息在这个扫描区域外是不可用的，因此，无论其实际值

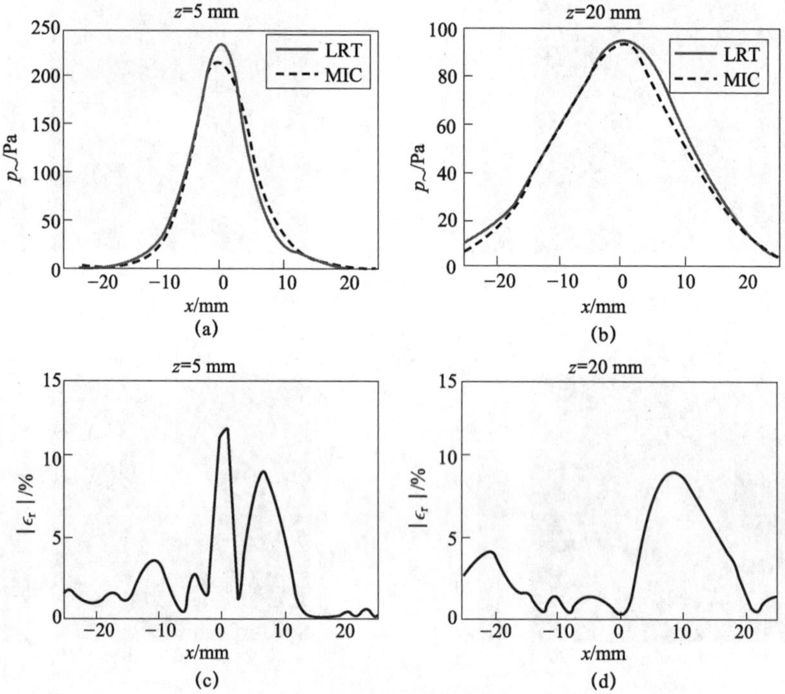

图 8.34　不同测量方法在 x 轴上获得的声压幅值及其归一化相对偏差（活塞式超声波换能器 Sanwa SCS - 401T）

(a) 和(b) 分别比较 LDV 和传声器(MIC) 在横截面轴 $z = 5$mm 和 $z = 20$mm 时沿 x 轴测量的声压振幅$\hat{p}_\sim(x, y)$；(c) 和(d)LRT 和传声器测量值之间沿 x 轴的相对偏差 $|\epsilon_r|$（幅度）归一化到传声器输出的最大值。

如何，在那里声能和声压值都被设置为零。换句话说，在层析成像重建中，混合了两种声能不同的情况。在扫描面积不足的情况下，LRT 测量结果自然会伴随着较大的偏差。

综上所述，LRT 也适用于获取空气中超声波的声压值。然而，这种技术应该限制在声压幅值允许 LDV 输出的满意信噪比和声场的空间扩展可以完全覆盖的应用。

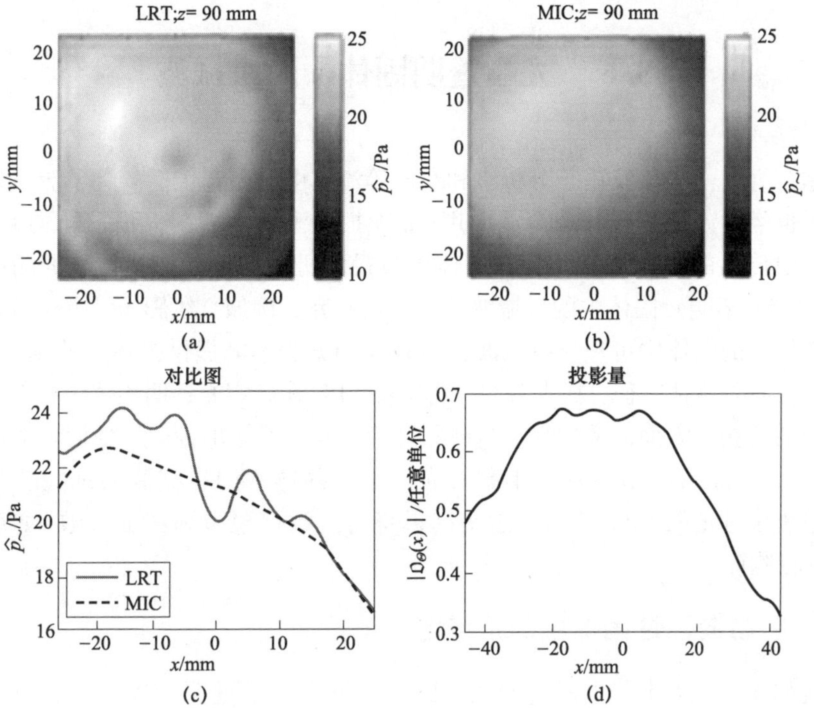

图 8.35 LRT和传声器测得的声压振幅(活塞式超声波换能器 Sanwa SCS - 401T;激励频率 f = 40kHz)

(a) 和(b) 在 z = 90mm 的横截面上 LRT 和传声器(MIC) 分别测量的声压振幅$\hat{p}_{\sim}(x, y)$;(c) 沿 x 轴方向$\hat{p}_{\sim}(x, y)$ 的比较;(d) 单一投影 $\left|\mathfrak{d}_{\Theta}(x)\right|$ 幅度。

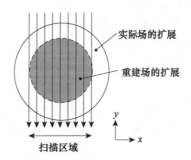

图 8.36 旋转对称声场的 LDV 测量扫描面积不足[38]

(实际声场的扩展声场显然超过了重建后的扩展声场)

8.6 光学透明固体中的机械波

迄今为止，LRT 仅用于分析水和空气等流体中的声音传播。除了流体外，固体介质也经常涉及声音和超声波应用(如无损检测)。在流体和固体的边界处，在流体中传播的声压波转化为在固体中传播的机械波。然而，传统的测量方法(见 8.1 节)不能对固体中的机械波进行定量研究。例如，纹影光学方法可以用来在光学透明的固体中可视化机械波，但是这种方法不能提供描述波的物理量(如机械应力)的绝对信息。在本节中，将证明 LRT 在确定光透明固体中相对于时间和空间的这些量方面的适用性。从膨胀理论出发，推导出各向同性固体中的机械法向应力。8.6.2 小节涉及用于激发光学透明固体中的机械波的试验装置。最后，给出了选定的 LRT 结果，这些结果将通过数值模拟和特征参数(如反射系数)进行验证。

8.6.1 各向同性固体中的正应力

正如在 8.3.1 小节中所讨论的，LRT 能够在光学透明的固体中获取机械纵波。在这样做的过程中，重建了空间和时间上分辨的扩张因子 δ_{dil}，它对应于固体介质中正常应变 S_{ii} 的总和(见式(8.8))。然而，这个量在描述机械波的传播时并不常见。此外，还需要另一个物理量来代替膨胀因子来比较流体中的声场和固体中的机械波。机械应力张量[$\boldsymbol{T}$] 有可能被采用，因为它与声压 $p_{\sim}$ 共用相同的物理测量单位，即 $\mathrm{Nm}^{-2} \mathrel{\widehat{=}} \mathrm{Pa}$。

下面从 δ_{dil} 推导出机械应力张量的法向分量 T_{ii}。对于传播的机械波，假设 z 方向的法向应力 T_{zz} 占主导地位。根据胡克定律(见 2.2.3 小节)，各向同性均质固体中的 T_{zz} 为根据胡克定律(见 2.2.3 小节)，各向同性均质固体中的 T_{zz} 用 lamé 参数 λ_{L} 和 μ_{L} 表示为

$$T_{zz} = \lambda_{\mathrm{L}}(S_{xx} + S_{yy} + S_{zz}) + 2\mu_{\mathrm{L}}S_{zz} \tag{8.46}$$

用杨氏模量 E_{M} 和泊松比 ν_{P} 表示这些参数，代入式(8.8)，导出

$$\begin{aligned} T_{zz} &= \frac{E_{\mathrm{M}}}{(1 + \nu_{\mathrm{P}})(1 - 2\nu_{\mathrm{P}})}[\nu_{\mathrm{P}}S_{xx} + \nu_{\mathrm{P}}S_{yy} + (1 - \nu_{\mathrm{P}})S_{zz}] \\ &= \frac{E_{\mathrm{M}}(1 - \nu_{\mathrm{P}})}{(1 + \nu_{\mathrm{P}})(1 - 2\nu_{\mathrm{P}})}\delta_{\mathrm{dil}} + \frac{E_{\mathrm{M}}(2\nu_{\mathrm{P}} - 1)}{(1 + \nu_{\mathrm{P}})(1 - 2\nu_{\mathrm{P}})}(S_{xx} + S_{yy}) \end{aligned} \tag{8.47}$$

实际上，光学透明固体中的 LRT 测量只能提供 δ_{dil} 的值。也就是说，没有法向应变 S_{xx} 和 S_{yy} 的信息[11-12]。因此，通过忽略式(8.47) 中的第二项来近似 T_{zz}，即

$$T_{zz} \approx k_m \delta_{dil}$$

其中，

$$k_m = \frac{E_M(1-\nu_P)}{(1+\nu_P)(1-2\nu_P)} \tag{8.48}$$

式中：k_m 为固体的材料相关常数。因此，相对偏差 $|\epsilon_r|$（幅度）近似为

$$\begin{aligned}|\epsilon_r| &= \left|\frac{k_m\delta_{dil}-T_{zz}}{T_{zz}}\right| = \left|\frac{-(2\nu_P-1)(S_{xx}+S_{yy})}{(1-\nu_P)\delta_{dil}+(2\nu_P-1)(S_{xx}+S_{yy})}\right| \\ &= \left|1+\frac{1-\nu_P}{2\nu_P-1}\left[1+\frac{S_{zz}}{S_{xx}+S_{yy}}\right]\right|^{-1}\end{aligned} \tag{8.49}$$

因此，$|\epsilon_r|$ 与固体的泊松比强相关。当这个方向的法向应变占优势时，用 $k_m\delta_{dil}$ 可以很好地近似应力张量的法向分量(如 T_{zz})，如 $S_{zz} \gg S_{xx}+S_{yy}$。声压波冲击垂直于流体和固体的界面，在固体中就会产生这种情况。通过数值模拟的方法，这一事实在文献[12] 中得到了证明。综上所述，LRT 测量应该能够可靠地估计由于机械纵波在光学透明固体中传播所产生的法向应力。

8.6.2　试验装置

已实现的用于分析固体中机械波的 LRT 装置与在水中使用的相同(图 8.9)。这里使用了 Olympus[29] 公司生产的活塞式超声波换能器 V306 - SU 和圆柱聚焦超声波换能器 V306 - SU - CF1.00IN 作为声源，并优化了在水中产生声场。APMMA (聚甲基丙烯酸甲酯) 块作为光学透明固体，其中机械纵波的传播将通过 LRT 来研究。该 PMMA 块的几何尺寸为 160mm × 60mm × l_B(块长 l_B 在 z 方向上) 直接放置在换能器前端的轴向距离 z_B 处的光学反射镜上(图 8.37)。PMMA 块和装有超声波换能器的圆柱形底座都浸泡在水中。

为了重建空间和时间分辨量(如 δ_{dil})，LRT 测量需要不同角度的投影，这些投影由 LDV 提取。应注意，这不仅适用于流体中声场的测量，也适用于光学透明固体中的机械波测量。专用的试验装置只允许超声波换能器旋转。因此，旋转不改变声场和机械波是最重要的。因此，PMMA 块必须相对于圆柱形安装座对齐，以便面向传感器的块表面与扫描平面平行。同样，这种排列是通过评估反射的 LDV 光束的强度进行的(见 8.3.5 小节)。在 LRT 测量中，PMMA 块可以视为轴

图 8.37　已实现的用于研究光学透明 PMMA 块中机械波的 LRT 的相关部分[12]
（几何块尺寸为 160mm × 60mm × l_B；z_B 为块面到换能器前端的轴向距离；UT 为超声波换能器）

对称。

8.6.3　不同超声波换能器的结果

为了证明 LRT 在光学透明固体定量测量中的适用性，将进行两个试验。一个试验专门研究 PMMA 块体内部截面的应力幅值，另一个试验则集中于波在水和 PMMA 中传播的瞬态场量[11-12]。

1. PMMA 块内的机械波

在第一个试验中，通过 LRT 研究了 PMMA 块（长度 l_B = 45mm）内的机械纵波。块被放置在离换能器前方的轴向距离 z_B = 11mm 处。超声波换能器（活塞式或圆柱式聚焦型）在 f = 1MHz 时被 12 个周期的正弦脉冲激励。在界面水 /PMMA 处，水中产生的声压波在固体中被反射并转换为机械波。图 8.38 描绘了差分 LDV 在 $(x, z) = (0, 25.4\text{mm})$ 时的平均输出信号（16 个信号的平均值），这表示投影 $o\mathfrak{v}_\Theta(\xi)$ 关于时间 t 的一个点的数据。注意，这个位置在 PMMA 块内。在获得的 LDV 信号中可以清楚地看到入射机械波以及 PMMA 与水界面上的反射波。和水中的一样（图 8.18），PMMA 块内 LDV 信号的信噪比超过 30dB。

在轴向距离 z = 25.4mm 处，即直接在 PMMA 块体内部，利用 LRT 重建了横截面上机械应力的 $\widehat{T}_{zz}(x, y)$ 的幅值。LRT 测量中最重要的参数见表 8.4。图 8.39(a) 和图 8.39(b) 分别为活塞式和圆柱式聚焦换能器得到的结果①。活塞式换能器在 PMMA 块中产生的 $\widehat{T}_{zz}(x, y)$ 轴对称分布。相比之下，圆柱式聚焦换能

① 平行于 xy 平面绘制的截面的几何尺寸：$x \cdot y = [-10, 10\text{mm}] \cdot [-10, 10\text{mm}]$。

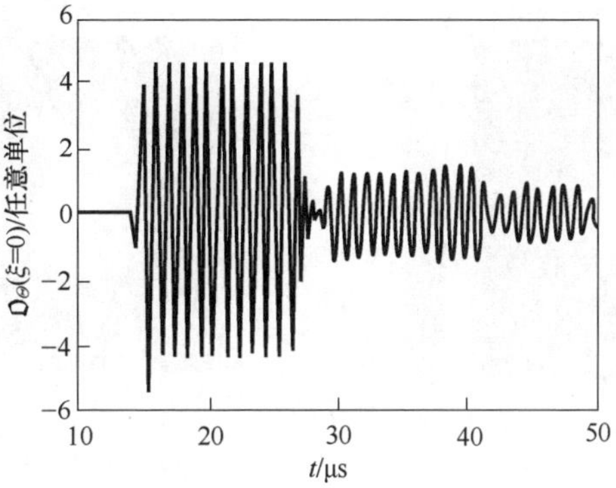

图 8.38 PMMA 块内位于(x, z) = (0, 25.4mm) 的平均 LDV 输出（16 个信号的平均值）代表层析重建的单点投影$\mathfrak{p}_{\Theta}(\xi)$（PMMA/ 水界面存在的入射机械波和反射波，信噪比约 37dB；活塞式超声波换能器 Olympus V306 - SU； 激励频率f = 1MHz）

器产生的$\hat{T}_{zz}(x, y)$ 在一个方向上稍微聚焦。然而，与 z = 25.4mm 水中的声压幅值$\hat{p}_{\sim}(x, y)$ 分布相比，在 PMMA 块中聚焦不那么明显。这是由于圆柱式聚焦换能器是为在水中工作而设计的，因此焦距 25.4mm 也与水有关。

到目前为止，传统的测量方法(如纹影光学法) 还不能定量验证 PMMA 的 LRT 结果。因此，将活塞式传感器的 LRT 结果与有限元模拟[12] 进行比较。为此，将超声波换能器建模为半径R_T = 6.35mm 的圆形区域，随试验中应用的激励信号均匀振荡，即f = 1MHz，12 个周期。通过测量块体中机械纵波和横波的传播速度来确定 PMMA 块的决定性材料特性(见 5.1.2 小节)。这些测量结果得到杨氏模量 E_M = 5.98GPa 和泊松比(Poisson's ratio)ν_P = 0.33。

图 8.40(a) 比较了在 z = 25.4mm 处沿 x 轴机械法向应力振幅$\hat{T}_{zz}$ 的测量值(即 LRT 结果) 和模拟值。从而将模拟结果进行缩放，使测量量和模拟量在 PMMA 块内具有相同的能量。这两个量在 x 轴上的分布非常吻合，归一化相对偏差 $|\epsilon_r|$ 也证明了这一点(图 8.40(b))。图 8.40(a) 除了机械法向应力$\hat{T}_{zz}$ 外，还包含模拟的材料相关常数 k_m 的膨胀因子$\hat{\delta}_{dil, sim}$。如上所述，光透明固体内的 LRT 测量利用了 T_{ii} 的近似值(见式(8.48))。由于$\hat{T}_{zz; sim}$ 和 $k_m\hat{\delta}_{dil; sim}$ 的归一化相对偏差总是小于 2% (见图 8.40(b))，可以说，应用这种近似方法可以得到由机械纵波引起的法向应力的可靠 LRT 结果。

2. 整个水域和 PMMA 中的机械波

在第二个试验中，用 LRT 分析了波在水中和 PMMA 中的传播现象。为此，

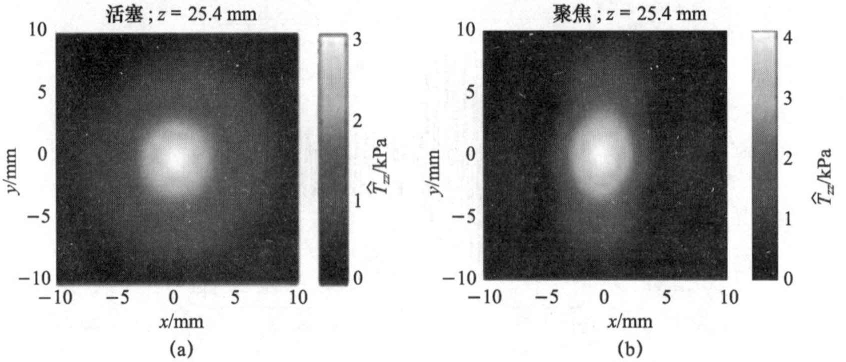

图 8.39　PMMA 块内 $z = 25.4\text{mm}$ 截面应力幅值 $\widehat{T}_{zz}$ 的 LRT 结果(激励频率 $f = 1\text{MHz}$)

(a) Olympus V306 - SU 活塞式超声波换能器；(b) 圆柱式聚焦超声波换能器 Olympus V306 - SU - CF1.00IN。

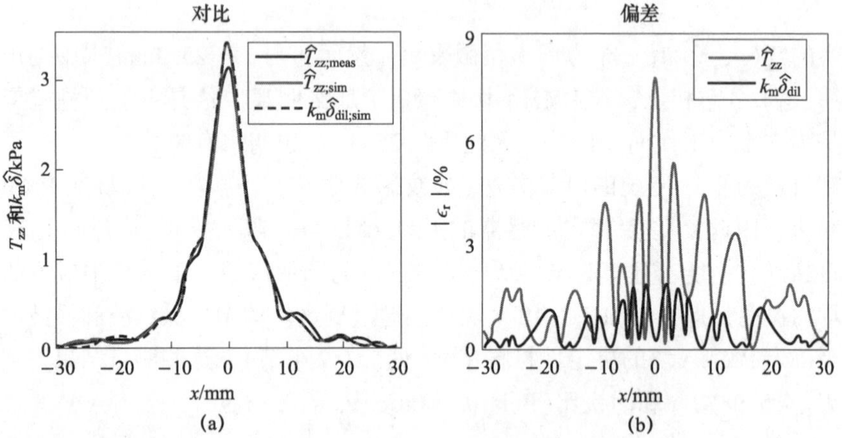

图 840　测量值与模拟值比较及其归一化偏差(活塞式超声波换能器 Olympus V306 - SU)

(a) PMMA 块内 $z = 25.4\text{mm}$ 处沿 x 轴的实测应力幅值 $\widehat{T}_{zz;\ meas}$、模拟应力幅值 $\widehat{T}_{zz;\ sim}$ 和缩放的 $k_m\ \delta_{dil;\ sim}$ 的对比；(b) 测量应力幅值与模拟应力幅值之间、模拟应力幅值与模拟膨胀的缩放版本之间的归一化相对偏差 $|\epsilon_r|$（幅度）。

将长度 $l_B = 22\text{mm}$ 的 PMMA 块放置在距传感器前方轴向距离 $z_B = 24.4\text{mm}$ 处的光学反射镜上(图 8.37)。为避免多次反射的重叠，活塞式超声波换能器 Olympus V306 - SU 采用仅 8 个周期的正弦脉冲信号激励。由于这个试验需要获得大量的水中以及 PMMA 中的横截面，所以在两个相邻的 LDV 位置之间进行了非等距采样。表 8.7 总结了 LRT 测量的最重要参数。

表 8.7 PMMA 块中声压波和机械波 LRT 测量的决定性参数

x 方向	$\Delta\xi = 0.4\text{mm} \quad x \in [-8.0,\ 8.0]\text{mm}$
	$\Delta\xi = 0.8\text{mm} \quad x \in [-28.0,\ -8.0)\text{mm} \cup (8.0,\ 28.0]\text{mm}$
z 方向	$\Delta z = 0.4\text{mm} \quad z \in [9.4,\ 56.0]\text{mm}$
旋转方向	每一步 $\Delta\Theta = 3.6°$
时间	100MHz(采样点之间的 $\Delta t = 10\text{ns}$)
测量	每个横截面 1h
重建	每个横截面 4min(5000 个瞬间)

将截面上的时间分辨 LRT 结果组合在一起，得到关于波在水和 PMMA 中传播的瞬态和空间分辨信息。为了获得视觉上连续的图像，通过 3 次样条插值将 z 方向的空间分辨率提高了 1 倍，即从 $\Delta z = 0.4\text{mm}$ 增加到 $\Delta z = 0.2\text{mm}$。图 8.41(a ~ c) 显示了脉冲发射后 3 个不同瞬间 t 为 (18.2μs，25.4μs，32.0μs) 时，xz 平面(即 $y = 0$) 内数据的集合。由于声压 $p_{\sim}$ 和机械应力 T_{zz} 具有相同的物理单位，因此它们可以在图像中用单色图表示。在讨论这些结果之前，应该指出，在 PMMA 块的左、右两侧的几个截面($z \in [24.4,\ 27.0]\text{mm} \cup [43.6,\ 46.2]\text{mm}$) 中存在信息缺失。这是由于 PMMA 块是机械加工的。切割和铣削改变了块体表面附近的材料密度，因此，光学折射率 n 永久改变。由于这些变化，LDV 的激光束发生偏转，不再反射回传感器头部。因此，在那里没有投影，在 LRT 测量中也不能重建现场信息。

在 $t = 18.2\mu\text{s}$(图 8.41(a)) 时，水中的声压波没有到达 PMMA 块，因此，界面水 /PMMA 块上的声反射和 PMMA 块中的机械波都没有出现。然而，可以观察到相长干涉和相消干涉模式，它们源自活塞式超声波换能器的光束特性(图 8.28)。$t = 25.4\mu\text{s}$ 时，几乎整个波阵面都通过了面向换能器的块表面。反射的声压波以负 z 方向传回换能器。此外，由转换声压波产生的第一波机械波阵面即将到达 PMMA 块的右侧。将 PMMA 中块波前的声压波与纵向机械波进行比较可以发现，后者的波长更大。从理论角度来看，这也是可以预料的，因为波在 PMMA 中的传播速度比在水中快。此外，在横向上(即在 x 方向和 y 方向上)，机械波的能量分布面积更大。在图 8.41(c) 中，$t = 32.0\mu\text{s}$ 时可以看到同样的情况，其中大部分机械波已经到达右块面，部分反射并再次转换为声压波。

为了定性比较，还进行了瞬态有限元模拟，从而为预测水中声场和 PMMA 中的机械波提供了可能。图 8.41(d) 为 $t = 32.0\mu\text{s}$ 时的归一化模拟结果(图 8.42(c))。除了 PMMA 块边界区域的缺失数据外，模拟和 LRT 结果共享许多细

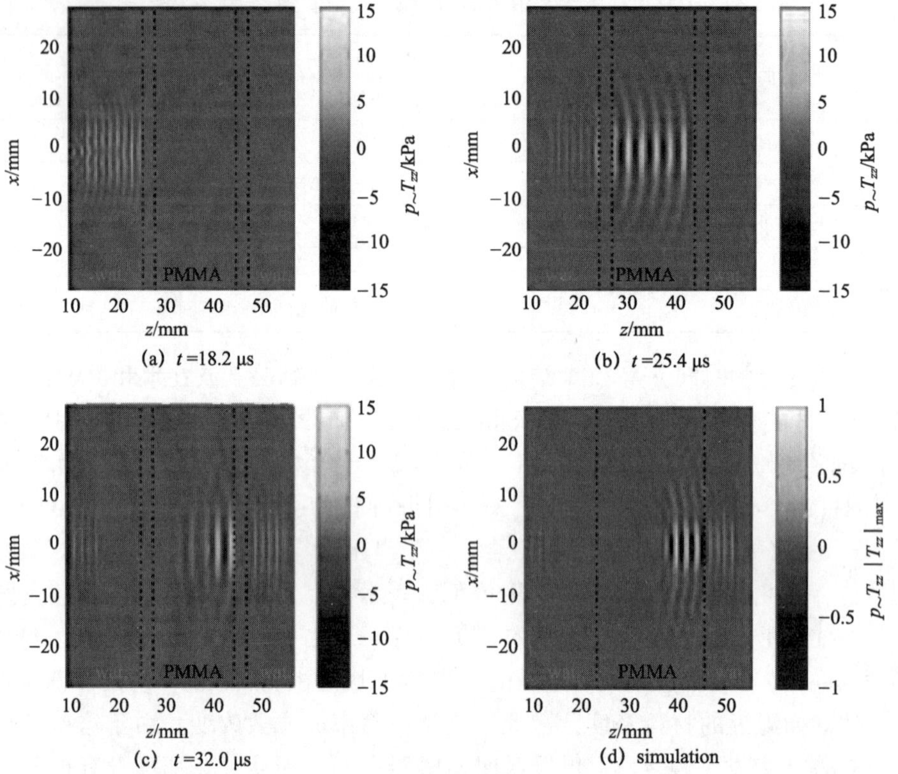

图 8.41　开始发射正弦脉冲(在 1MHz 时 8 个周期) 后的 3 个瞬间在水和 PMMA 中测得的声压场 $p_{\sim}$ 和机械场 T_{zz}(即 $y = 0$)(活塞式超声波换能器 Olympus V306 - SU)

(a) 到达 PMMA 块之前的声压波；(b) 机械波到达块体右侧；(c) 机械波转换为声压波，块的左右两测由于失去 LDV 信号而无重建结果；(d) $t = 32.0\mu s$ 时数值模拟的归一化结果。

节(如波形)，这证明了在光学透明固体中 LRT 测量的可靠性。

现在，在 z 轴上的 3 个选定位置，即 $(x, y) = (0, 0)$ 重建与时间相关的变量 $p_{\sim}(t)$ 和 $T_{zz}(t)$(图 8.42)。位置：如图 8.42(a) 所示在水中 $z = 15.4$mm 处，即位于换能器和 PMMA 块之间；如图 8.42(b) 所示在 PMMA 块中 $z = 33.6$mm 处；如图 8.42(c) 所示在水中 $z = 46.8$mm 处，即位于 PMMA 块后面。在图 8.42(a) 中，可以清晰地看到发射出的声压波(组 1)，该声压波首先在 PMMA 块的左侧进行反射。然后，这些反射波再次被换能器前端反射，形成声波压力波(组 2)，沿正 z 方向向 PMMA 块传播。此外，由于介质边界之间的多次反射，还出现了其他几个波群。波组 1 和波组 2 也存在 PMMA 块体中(图 8.42(b))，即在时间变量 $T_{zz}(t)$ 中。然而，由于第二个位置比第一个位置离换能器前部更远，所以主要波群随时间发生位移。另一个位移发生在$z = 46.8$mm处(图8.42(c)),该位置位于PMMA块体后面的水中。总的来说,这3个位置的波群形状相似,只是在第3个位置的波群是倒置的。注意,这是固-液界面连续性条件的结果(见式(4.104))。

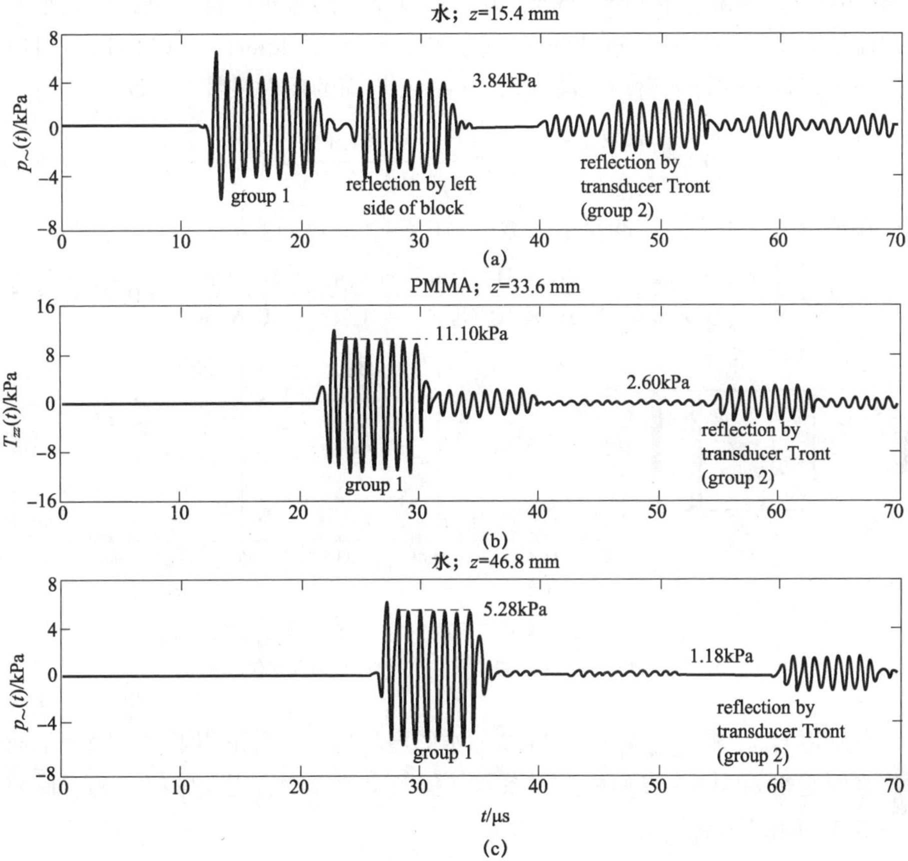

图8.42　在z轴上选定位置的随时间变化的声压$p_{\sim}(t)$和机械应力$T_{zz}(t)$(超声波换能器发射的第1波组;换能器前反射的第2波组)

(a)在换能器前部和PMMA块之间的水中($z = 15.4$mm);(b)在PMMA块内($z = 33.6$mm);(c)在PMMA块后面的水中($z = 46.8$mm)。

8.6.4　试验结果的验证

最后应对光学透明PMMA块的LRT结果进行定量验证。为此,确定了水/PMMA界面的反射系数以及主要波群的振幅比。

1. 反射系数

根据图 8.42(a) 所示的 LRT 结果，反射声压波的幅值为$\widehat{P}_{\mathrm{LRT}}(z=15.4\mathrm{mm})=3.84\mathrm{kPa}$。由于 PMMA 块体位于$z_{\mathrm{B}}=24.4\mathrm{mm}$ 处，反射的声压波在该处共传播 33.4mm①(图 8.43)。在没有 PMMA 块的情况下，通过水听器测量，得到距换能器前端轴向距离$z=33.4\mathrm{mm}$处的声压振幅$\widehat{P}_{\mathrm{HYD}}(z=33.4\mathrm{mm})=10.78\mathrm{kPa}$。可以利用这两个振幅来估计入射声压波在水/PMMA 界面的反射系数r_{p}，即

$$r_{\mathrm{p}}=\frac{\widehat{P}_{\mathrm{LRT}}(z=15.4\mathrm{mm})}{\widehat{P}_{\mathrm{HYD}}(z=33.4\mathrm{mm})}=\frac{3.84\mathrm{kPa}}{10.78\mathrm{kPa}}=0.356 \tag{8.50}$$

在理论上，平面声波的反射系数r_{p} 为(见式(2.139))

$$r'_{\mathrm{p}}=\frac{Z_{\mathrm{PMMA}}-Z_{\mathrm{water}}}{Z_{\mathrm{PMMA}}+Z_{\mathrm{water}}}=\frac{3.26\times10^{6}\mathrm{Nsm}^{-3}-1.48\times10^{6}\mathrm{Nsm}^{-3}}{3.26\times10^{6}\mathrm{Nsm}^{-3}+1.48\times10^{6}\mathrm{Nsm}^{-3}}=0.376 \tag{8.51}$$

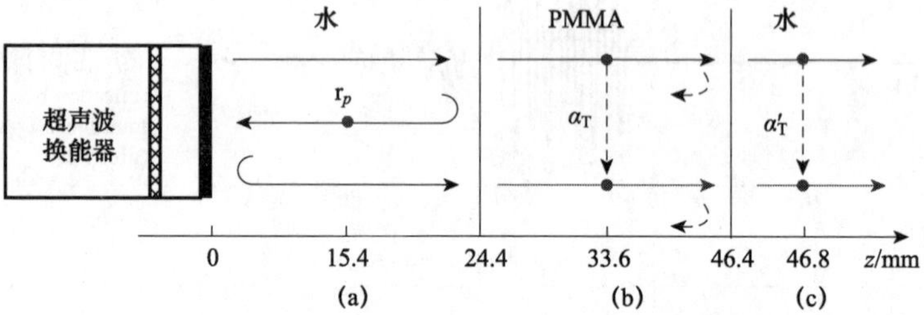

图 8.43 波在水中和 PMMA 块内的传播示意图

(a) ~ (c) 为声压 $p_{\sim}(t)$ 和机械应力 $T_{zz}(t)$ 随时间变化的曲线。

分别用Z_{PMMA} 和Z_{water} 表示 PMMA 和水的声阻抗。尽管采用了两种完全不同的方法来确定水/PMMA 界面的反射系数，但两个值都吻合得非常好，相对偏差仅为 −5.1%(相对于r_{p})。

2. 振幅比

图 8.42 所示的时间相关曲线表明，存在两种优势波组(第一组和第二组)，它们来源于发射的正弦脉冲串和换能器前端的反射。让我们来计算PMMA块体中以及块体后水中的波组振幅比(图 8.43)。在 PMMA 块体$z=33.6\mathrm{mm}$ 处，振幅比α_{T} 由机械法向应力的振幅来定义，即

$$\alpha_{\mathrm{T}}=\frac{\widehat{T}_{zz;1}-\widehat{T}_{zz;2}}{\widehat{T}_{zz;1}}=\frac{11.10\mathrm{kPa}-2.60\mathrm{kPa}}{11.10\mathrm{kPa}}=0.766 \tag{8.52}$$

① 2×24.4 − 15.4mm = 33.4mm。

式中：$\widehat{T}_{zz;1}$和$\widehat{T}_{zz;2}$分别为入射波和反射波的应力幅值。$z = 46.8\text{mm}$处，对应声压波的幅值比α_T为

$$\alpha'_T = \frac{\widehat{P}_{\sim;1} - \widehat{P}_{\sim;2}}{\widehat{P}_{\sim;1}} = \frac{5.28\text{kPa} - 1.18\text{kPa}}{5.28\text{kPa}} = 0.777 \tag{8.53}$$

由于振幅比的相对偏差仅为 - 1.3%(相对于α'_T)，这可以再次说明，LRT 的测量可以得到波在水和 PMMA 中传播的可靠信息。

综上所述，LRT 还能在空间上和时间上分辨测量光透明固体中的机械波。在这种介质中，机械纵波局部改变了膨胀因子，这可以通过 LRT 得到。通过引入与材料相关的近似，LRT 测量提供了固体内机械法向应力的绝对值。

参考文献

[1] Almqvist M., Holm A., Jansson T., Persson H., Lindström K.: High resolution light diffraction tomography: nearfield measurements of 10 MHz continuous wave ultrasound. Ultrasonics 37(5), 343 - 353 (1999)

[2] Asher, R. C.: Ultrasonic Sensors. Institute of Physics Publishing, Bristol (1997)

[3] Bacon, D. R.: Characteristics of a PVDF membrane hydrophone for use in the range 1 - 100 MHz. IEEE Trans. Sonics Ultrason. SU - 29(1), 18 - 25 (1982)

[4] Bacon, D. R.: Primary calibration of ultrasonic hydrophone using optical interferometry. IEEE Trans. Ultrason. Ferroelectr. Freq. Control 35(2), 152 - 161 (1988)

[5] Bahr L., Lerch R.: Beam profile measurements using light refractive tomography. IEEE Trans. Ultrason. Ferroelectr. Freq. Control 55(2), 405 - 414 (2008)

[6] Bodmann, V. O.: Partielle spezifische Refraktionen von Polymethylmethacrylat and Polystyrol. I. Einfluss verschiedener Lösungsmittel. Die. Makromolekulare Chemie 122(1), 196 - 209(1969)

[7] Born M. Wolf E., Bhatia, A. B., Clemmow P. C., Gabor D., Stokes A. R., Taylor, A. M. Wayman P. A., Wilcock W. L.: Principles of Optics: Electromagnetic Theory of Propagation, Interference and Diffraction of Light. Cambridge University Press, Cambridge (2000)

[8] Bronstein I. N., Semendjajew K. A., Musiol G., Mühlig H.: Handbook of Mathematics, 6h edn. Springer, Berlin (2015)

[9] Brüel & Kjær: Product Portfolio (2018). Homepage: http://www.bksv.com

[10] Buzug, T. M.: Computed Tomography, 6th edn. Springer, Berlin (2008)

[11] Chen, L.: Light refractive tomography for noninvasive ultrasound measurements in various media. Ph. D. thesis, Friedrich - Alexander - University Erlangen - Nuremberg (2014)

[12] Chen L., Rupitsch S. J., Grabinger, J., Lerch R.: Quantitative reconstruction of ultrasound fields in optically transparent isotropic solids. IEEE Trans. Ultrason. Ferroelectr. Freq. Control 61(4), 685 -

695 (2014)

[13] Chen, L., Rupitsch, S. J., Lerch, R.: Application of light refractive tomographyfor reconstructing ultrasound fields in various media. Tech. Messen. 79(10), 459 - 463 (2012)

[14] Chen, L., Rupitsch, S. J., Lerch, R.: A reliability study of light refractive tomography utilized for noninvasive measurement of ultrasound pressure fields. IEEE Trans. Ultrason. Ferroelectr. Freq. Control 59(5), 915 - 927 (2012)

[15] Chen, L., Rupitsch, S. J., Lerch, R.: Quantitative reconstruction of a disturbed ultrasound pressure field in a conventional hydrophone measurement. IEEE Trans. Ultrason. Ferroelectr. Freq. Control 60(6), 1199 - 1206 (2013)

[16] Ciddor, P. E.: Refractive index of air: new equations for the visible and near infrared. Appl. Opt. 35(9), 1566 - 1572 (1996)

[17] General Electrics (GE): Product portfolio (2018). Homepage: https://www.gemeasurement.com

[18] Harvey, G., Gachagan, A.: Noninvasive field measurement of low - frequency ultrasonic transducers operating in sealed vessels. IEEE Trans. Ultrason. Ferroelectr. Freq. Control 53(10), 1749 - 1758 (2006)

[19] Hecht, E.: Optics, 5th edn. Pearson, London (2016)

[20] Herman, G. T.: Fundamentals of Computerized Tomography. Springer, Berlin (2009)

[21] Huttunen, T., Kaipio, J. P., Hynynen, K.: Modeling of anomalies due to hydrophones in continuous - wave ultrasound fields. IEEE Trans. Ultrason. Ferroelectr. Freq. Control 50(11), 1486 - 1500 (2003)

[22] Jia, X., Quentin, G., Lassoued, M.: Optical heterodyne detection of pulsed ultrasonic pressures. IEEE Trans. Ultrason. Ferroelectr. Freq. Control 40(1), 67 - 69 (1993)

[23] Kak, A. C., Slaney, M.: Principles of Computerized Tomographic Imaging. Society of Industrial and Applied Mathematics (2001)

[24] Koch, C.: Status report PTB. In: Consultative Committee for Acoustics, Ultrasound and Vibration (2008). CCAUV/08 - 09

[25] Koch, C., Molkenstruck, W.: Primary calibration of hydrophones with extended frequency range 1 to 70 MHz using optical interferometry. IEEE Trans. Ultrason. Ferroelectr. Freq. Control 46(5), 1303 - 1314 (1999)

[26] Lerch, R., Sessler, G. M., Wolf, D.: Technische Akustik: Grundlagen und Anwendungen. Springer, Berlin (2009)

[27] Matar, O. B., Pizarro, L., Certon, D., Remenieras, J. P., Patat, F.: Characterization of airborne transducers by optical tomography. Ultrasonics 38(1), 787 - 793 (2000)

[28] Neumann, T., Ermert, H.: A new designed schlieren system for the visualization of ultrasonic pulsed wave fields with high spatial and temporal resolution. In: Proceedings of International IEEE Ultrasonics Symposium (IUS), pp. 244 - 247 (2006)

[29] Olympus Corporation: Product Portfolio (2018). Homepage: https://www.olympus - ims.com

[30] ONDA Corporation: Product Portfolio of Hydrophones (2018). Homepage: http://www.ondacorp.com

[31] Physik Instrumente (PI) GmbH & Co. KG: Product Portfolio (2018). Homepage: https://www.physikinstrumente.com/en/

[32] Polytec GmbH: Product Portfolio (2018). Homepage: http://www.polytec.com

[33] PTB: Calibration Certificate for HGL – 0400 (sn:1375) with preamp AH – 2010 (sn:1028) and DC Block AH – 2010DCBNS (sn:0015). Physikalisch – Technische Bundesanstalt (PTB) (2012). Calibration mark: 1.62/16002 PTB 12

[34] Quimby, R. S.: Photonics and Lasers. Wiley, New York (2006)

[35] Radon, J.: Über die Bestimmung von Funktionen durch ihre Integralwerte längs gewisser Mannigfaltigkeiten. Berichte über die Verhandlungen der Königlich – Sächsischen Akademie der Wissenschaften zu Leipzig 69, 262 – 277 (1917)

[36] Reibold, R.: Light diffraction tomography applied to the investigation of ultrasonic fields. Part Ⅱ: Standing waves. Acta Acustica united with Acustica 63(4), 283 – 289 (1987)

[37] Reibold, R., Molkenstruck, W.: Light diffraction tomography applied to the investigation of ultrasonic fields. Part I: Continuous waves. Acustica 56(3), 180 – 192 (1984)

[38] Rupitsch, S. J., Chen, L., Winter, P., Lerch, R.: Quantitative measurement of airborne ultrasound utilizing light refractive tomography. In: Proceedings of Sensors and Measuring Systems (ITG/GMA Symposium), pp. 1 – 5 (2014)

[39] Schneider, B.: Quantitative analysis of pulsed ultrasonic beam patterns using a Schlieren system. IEEE Trans. Ultrason. Ferroelectr. Freq. Control 43(6), 1181 – 1186 (1996)

[40] Scruby, C. B., Drain, L. E.: Laser Ultrasonics. Adam Hilger (1990)

[41] Sessler, G. M.: Electrets, 2nd edn. Springer, Berlin (1987)

[42] Sessler, G. M., West, J. E.: Self – biased condenser microphone with high capacitance. J. Acoust. Soc. Am. 34(11), 1787 – 1788 (1962)

[43] Settles, G. S.: Schlieren and Shadowgraph Techniques: Visualizing Phenomena in Transparent Media. Experimental Fluid Mechanics. Springer, Berlin (2001)

[44] Silfvast, W. T.: Laser Fundamentals, 2nd edn. Cambridge University Press, Cambridge (2004)

[45] Staudenraus, J., Eisenmenger, W.: Fibre – optic probe hydrophone for ultrasonic and shock – wave measurements in water. Ultrasonics 31(4), 267 – 273 (1993)

[46] Tektronix, Inc.: Product Portfolio (2018). Homepage: https://www.tek.com

[47] Thévenaz, P., Blu, T., Unser, M.: Interpolation revisited – medical images application. IEEE Trans. Med. Imaging 19(7), 739 – 758 (2000)

[48] Träger, F.: Handbook of Lasers and Optics. Springer, Berlin (2007)

[49] Unverzagt, C., Olfert, S., Henning, B.: A new method of spatial filtering for schlieren visualization of ultrasound wave fields. Phys. Proc. 3(1), 935 – 942 (2010)

[50] Wilkens, V., Molkenstruck, W.: Broadband PVDF membrane hydrophone for comparisons of hydrophone calibration methods up to 140 MHz. IEEE Trans. Ultrason. Ferroelectr. Freq. Control 54(9), 1784 – 1791 (2007)

[51] Yadav, H. S., Murty, D. S., Verma, S. N., Sinha, K. H. C., Gupta, B. M., Chand, D.: Measurement of refractive index of water under high dynamic pressures. J. Appl. Phys. 44(5), 2197 – 2200 (1973)

[52] Zagar, B. G.: Laser interferometer displacement sensors. In: The Measurement, Instrumentation and Sensors Handbook, pp. 6 – 65 – 6 – 77. CRC Press, Boca Raton (2011)

[53] Zakharin, B., Stricker, J.: Schlieren systems with coherent illumination for quantitative

measurements. Appl. Opt. 43(25), 4786 - 4795 (2004)

[54] Zernike, F.: Phase contrast, a newmethod for the microscopic observation of transparent objects. Part Ⅱ. Physica 9(10), 974 - 986 (1942)

[55] Zipser, L., Franke, H.: Laser - scanning vibrometry for ultrasonic transducer development. Sens. Actuators A Phys. 110(1 - 3), 264 - 268 (2004)

第9章

物理量的测量与过程测量技术

压电传感器可以测定各种物理量和化学量。这就是压电传感器在过程测量技术中被频繁使用的原因。例如，它们能测量：

- 力、扭矩、压力和加速度(见9.1节)；
- 几何距离及层厚(见9.2节)；
- 液体的性质[1, 5]；
- 流体内物质的浓度[79]；
- 液体流动(见9.3节)；
- 空化活性(见9.4节)；
- 温度[44]。

大量的压电传感器利用目标量对机械量的影响，机械量由于直接压电效应而影响传感器的特性。在石英晶体微天平(QCM或QMB)中，评估了在盘状石英板内的一种特定振动模式的共振频率f_r[96]。由于这些传感器大多以压电效应的厚度剪切模式(即横向剪切模式，见图9.1(a))工作，它们也被称为厚度剪切模式(TSM)共振器。当石英圆盘受到质量的机械负载时，f_r将移至较低值。质量越大，频移Δf_r越大。这个事实可以确定位于石英盘上的均匀材料层的厚度。另外，当层厚已知时，可以测量材料密度。如果石英晶体在液体中操作得当，Δf_r将取决于液体密度和黏度[46, 66]。通过在石英盘上装配一个敏感层，该敏感层可以依据流体中物质的浓度改变其质量，QCM还能够测量物质的浓度。这种传感器常用于生物和化学分析[79]。

其他压电传感器装置是基于波在换能器之间的传播，也就是在压电发射器和压电接收器之间的传播。当发射器和接收器之间的几何距离已知时，根据这些波的飞行时间，能够计算传播介质中的声速。发射波和接收波的比值可以用来进一步推导液体密度和黏度等特征参数[1]。除了由分离的压电换能器组成的装置外，还可以建立一个紧凑的传感器装置，其中包括发射器和接收器[107]。这种装置的设置通常包括压电材料的厚板或带有附加的压电薄膜的硅衬底，如氮化铝(AlN)或氧化锌(ZnO)。压电发射器和接收器由所述压电材料上的适当叉指电极结构构成[60]。根据在紧凑器件内传播的波类型，人们可以主要区分表面声波(SAW)传感器、爱波(LW)传感器、弯曲板波(FPW)传感器以及水平剪切声板模式(SH - APM)传感器。图 9.1 所示为这些压电传感器的原理设置和传播波的示意图，波在收发器之间的传播不仅受传感器材料的影响，还受周围介质的影响。因此，接收器处入射波的飞行时间(即相位)和振幅提供了有关周围介质的特征信息。如果这种传感器在发射器和接收器之间附加敏感层，就可以进行生物和化学分析。因为所有这些传感器都是基于固体中声波的传播，所以它们通常被称为体声波传感器(BAW)。根据其基本工作原理和几何尺寸，它们被称为微声谐振器。

本章将重点介绍对过程测量技术很重要的一些选定物理量。9.1 节讨论用于机械量力、扭矩、压力和加速度的压电传感器的典型设计。随后，将描述一种基于超声波的方法，该方法可同时测定板厚和板内的声速。9.3 节论述了利用超声波对流体流动进行计量配准。本章的最后将介绍一种可用于超声波清洗中作为空化传感器的压电器件。

9.1　力、扭矩、压力和加速度

机械量力、扭矩、压力和加速度在广泛的应用中代表决定性的过程变量。这里关注的是测量这些量的压电传感器，将从这些传感器的基本原理开始。基本设计以及一些选定的特殊设计将在随后的小节中详细介绍。最后，9.1.5 节介绍读出压电传感器(如电荷放大器)的方法。

9.1.1　基本原理

一般来说，一个传感器既包含将一种形式的能量转换成另一种形式的能量的转换元件，也包含一个传感元件。在压电传感器中，传导元件主要对应于传感元件，传感元件由具有压电特性的材料构成，如石英。这种传感器总是基于直接的压电效应，即将机械输入转换为电输出。因为压电传感器不需要外部电源来获得电输出，所以它们属于有源传感器。此外，压电材料的高刚度导致测量量的小扰

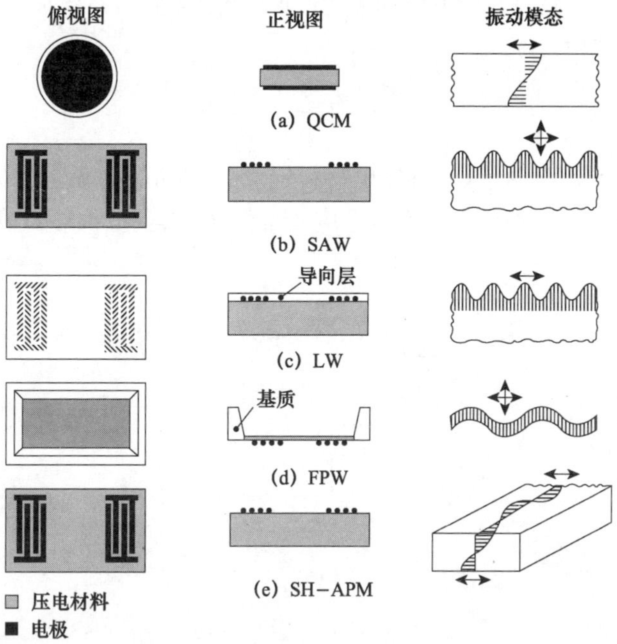

图 9.1 各种类型的传感器(右图为传播波的示意图; 箭头表示粒子运动的主要方向)
(a) 石英晶体微天平(QCM) 传感器; (b) 表面声波(SAW) 传感器; (c) 爱波(LW) 传感器;
(d) 弯曲板波(FPW) 传感器; (e) 水平剪切声板模式(SH - APM) 传感器。

动。因此,在实际应用中,压电传感器经常用于测量物理量,如机械力,也就不足为奇了。

正如在 3.4.3 小节中已经解释的那样,在压电材料中可以产生 4 种特定的压电耦合模式,即纵向模式、横向模式、纵向剪切模式和横向剪切模式。根据实际应用,用于测量力、扭矩、压力或加速度的压电传感器利用一种或多种这样的模式将机械量转换成电量。应注意,扭矩、压力和加速度的测量可以追溯到力的测量,因为总有机械力作用在压电材料上。

为了说明上述量的压电传感器的基本原理,仔细研究图 9.2 中分别基于纵向模式和横向模式的两个传感器元件。第一个元件是盘形的(直径 d_S、厚度t_S),第二个元件是杆形的(长度l_S、宽度w_S、厚度t_S)。假设在这两种情况下,一个压电材料,其压电效应轴(即电极化) 指向正三方向。圆盘和杆的底部和顶部表面完全被电极覆盖。此外,利用电荷放大器电路(见9.1.5小节) 得出电极上产生的电荷。在此过程中,压电元件发生短路,导致 $\boldsymbol{E}=0$,也就是说,元件内部的电场强度消失。如果圆盘在其顶面受负 z 方向的机械力F_z 均匀加载,则圆盘内部将

产生机械应力 T_3。假设其他方向均无力(即 $T_1 = T_2 = T_4 = T_5 = T_6 = 0$)，$T_3$ 计算式为(圆盘的基面积为A_S)

$$T_3 = -\frac{F_z}{A_S} = -\frac{4F_z}{d_S^2}\pi \tag{9.1}$$

这个关系现在可以代入线性压电材料定律的d形式中(见3.3节)。由于$\boldsymbol{E}=0$成立，并假定除 T_3 以外无力，由压电应变常数 d_{33} 得到电位移$\boldsymbol{D}$在z方向上的电通密度

$$D_3 = \underbrace{\varepsilon_{33}^T E_3}_{=0} + d_{33}T_3 = d_{33}T_3 = -\frac{4F_z d_{33}}{d_S^2\pi} \tag{9.2}$$

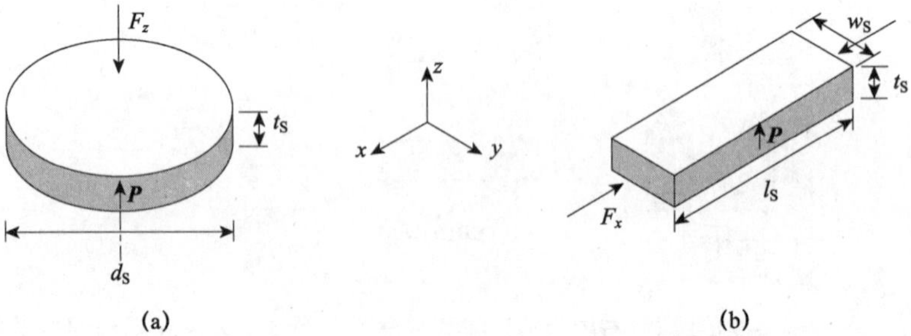

图 9.2　压电传感器的基本原理(机械力F_z 和F_x；压电轴(即矢量$\boldsymbol{P}$)指向正z方向)

(a) 基于纵向模态的圆盘形压电元件；(b) 基于横向模态的杆形压电元件。

尽管$\boldsymbol{d}_{13}$ 和$\boldsymbol{d}_{23}$ 对于最重要的压电材料晶体类别为零，但是$\boldsymbol{D}_1$ 和$\boldsymbol{D}_2$ 元件在所研究圆盘的电极上不产生电荷。这源于电极和这些元件的正交方向。由于机械力的作用，在顶部电极上产生的电荷Q_S 为

$$Q_S = \int_{A_S} D \cdot \mathrm{d}A = D_3 A_S = -F_z d_{33} \tag{9.3}$$

如果F_z 表示目标量，不考虑被测量和随后的放大电路，则以Q_S/F_z 表示压电传感器的灵敏度。鉴于各种实际应用，灵敏度应尽可能大。根据式(9.3)，传感器元件的几何尺寸不影响其灵敏度。因此，具有更大直径和更大厚度的压电圆盘将表现出同样的灵敏度。它的大小完全取决于所用压电材料的参数 d_{33}。

下面将对杆状压电元件进行相同的分析，它在$W_S t_S$ 表面受到F_x 沿负x方向上均匀加载（图 9.2(b)）。这个力在杆内产生机械应力 T_1。假设其他方向无力，得到 $T_1 = -F_x/(W_S t_S)$，则压电应变常数为 d_{31} 时，在z方向的电位移 D_3 为

$$D_3 = \varepsilon_{33}^T E_3 + d_{31}T_1 = d_{31}T_1 = -\frac{F_x d_{31}}{w_S t_S} \tag{9.4}$$

同样，**D** 的其余部分(即 D_1 和 D_2) 是不相关的。在压电棒的顶部电极上产生的电荷Q_S 计算式为

$$Q_S = D_3 l_S w_S = -\frac{F_x d_{31} l_S}{t_S} \tag{9.5}$$

因此，d_{31} 对测量值F_x 的灵敏度Q_S/F_x 有影响。在纵向模式中，力的方向与压电效应轴和电极的法向矢量重合，与之相反，在横向模式下，杆的几何尺寸也会改变Q_S/F_x。可以通过增加l_S/t_S 的比值来提高Q_S/F_x，这意味着长而细的杆具有高灵敏度。

这些经过简化的例子已经证明了材料参数的重要作用，因此，对于压电传感器的灵敏度，所选的压电材料也发挥了重要作用。然而，在这种传感器的实际应用中，不仅要研究传感器的灵敏度要求，而且还要研究测量范围、交叉灵敏度及温度依赖性。这就是存在压电传感器各种设计的原因。下面简要说明用于测量力、扭矩、压力或加速度的压电传感器的常见实现方式。

9.1.2 力和扭矩

图 9.3 描述了两个简单的圆柱形压电力传感器的内部结构，用于测量 z 方向的力[33]。两种力传感器均含有主要元件，包括顶板、圆柱壳体、压电元件和电连接器。顶板和圆柱形外壳由钢等导电材料制成。利用纵向模式的压电圆盘作为传导元件。通过顶板，机械力F_z 传递到压电圆盘。圆柱壳体与顶板密封焊接，并保持压电圆盘持续受到一定的机械预紧力作用。这种预加载确保传感器组件准确地固定在一起，并应消除接触面之间的间隙。这样就可以获得良好的传感器线性度和很高的刚度，这是实现传感器高固有频率所必需的。

图 9.3 中的压电力传感器在压电元件的数量上有所不同。左侧传感器包括一个压电圆盘，右侧传感器包括两个压电圆盘。在这两种情况下，圆柱壳体都具有与顶板相同的电位，既可作为压电圆盘的接地电极，又可直接与一个圆盘电极接触。为了避免整个圆盘短路，需要在图 9.3(a) 中的顶板和剩余电极(即圆盘的顶部电极) 之间增加一个绝缘层。这个电极连接到电子连接器的中心引脚。

图 9.3(b) 中的设置没有绝缘层，而是包含另一个磁盘，其压电效应轴与底部磁盘相反。两个圆盘都受到相同的机械力。由于公共电极再次与电连接器的中心引脚相连，因此它们是并联的，因此两个磁盘的电荷相加。如果压电圆盘具有相同的材料特性，则传感器灵敏度Q_S/F_z 将提高 1 倍，这在实际应用中具有很大的优势。此外，第二个设置提供了更高的传感器刚性，因为普通绝缘材料的弹性通常比压电材料低。

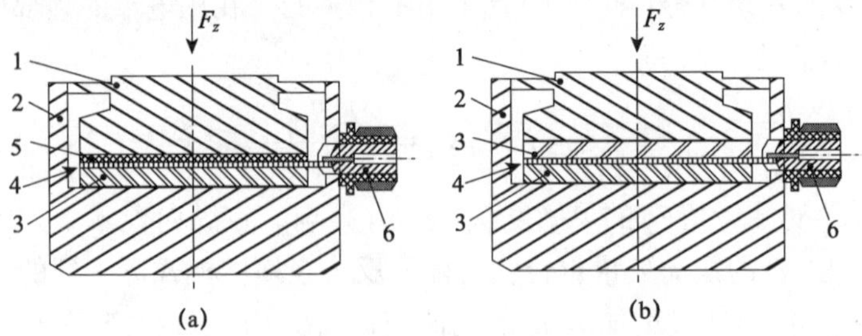

1— 顶板；2— 圆柱壳体；3— 压电圆盘；4— 电极；5— 绝缘层；6— 电子连接器

图 9.3　简单的压电式圆柱形力传感器的内部结构[33]

(a) 一个压电圆盘；(b) 两个压电圆盘。

从理论上讲，压电材料和压电式力传感器应该可以在不需要任何预加载荷的情况下测量压缩力和张力。然而，由于这种材料的脆性以及难以向它们传递拉力，因此需要进行机械预载。当然，这种预紧力必须超过所施加的张力；否则压电式力传感器可能被损坏。可以通过自重或者更常见的通过连接到待分析结构上的高弹性预紧螺栓来实现适当的机械预紧力。

压电式力传感器的常用装置如图 9.4 所示。这种负载垫圈传感器(如来自 Kistler Instrumente GmbH[49]) 与图 9.3(b) 中的简单设置相同，但所有部件都是环形的。同样，圆柱形外壳在受控的 z 方向机械预紧力下密封焊接到顶板上，这在测量张力时尤为重要。如果相应地设计了负载垫圈传感器，还可以测量在 x 或 y 方向的机械力。为此，需要特定方向上对横向剪切模式灵敏的环形压电圆盘。因此，可以建立一个紧凑的三轴压电力传感器，该传感器由在空间上分成 3 个方向的 6 个环形压电盘组成。两个磁盘必须对纵向模式敏感，而 4 个磁盘必须对横向剪切模式敏感，其中两个磁盘处于 x 向，两个磁盘处于 y 向。应注意，这种多轴力传感器只有当机械预紧力足以传递顶板和压电盘之间的剪切力时才能正常工作。当两个后续传感器部件之间的摩擦力太小时，剪切力将会部分传递。

通过适当配置一些对剪切力敏感的压电力传感器(如负载垫圈传感器)，就可以测量扭矩[33, 106]。单个压电元件必须与其敏感轴切圆对齐(图 9.5)。事实上，这种布置要求传感器有一定的机械预紧力，因为扭矩是通过剪切力传递的。如果所有的传感器都并联，电荷放大器的输出电压将与作用力矩成正比。

也可以建立压电传感器设备，允许测量 3 个力以及 3 个力矩，即 F_x、F_y、F_z、M_x、M_y 和 M_z。这种传感器装置称为测力计，通常由 3 个或 4 个单独的多轴力传感器组成，它们适当布置在两块刚性钢板之间[33, 49]。然而，当所有的力和力

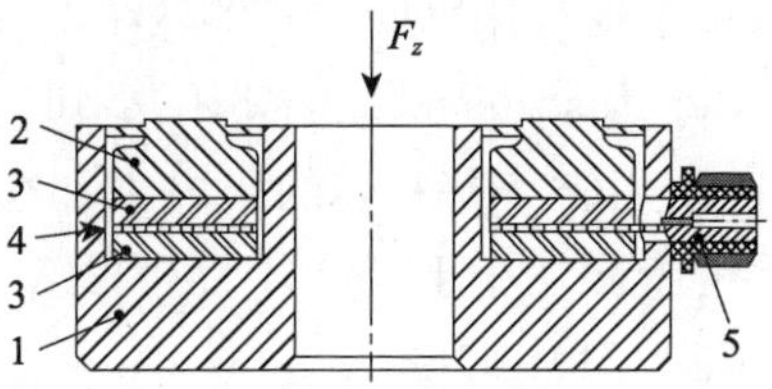

图 9.4 内部结构的环形负荷垫圈传感器[33]

1— 外壳；2— 顶板；3— 压电环；4— 电极；5— 电子连接器。

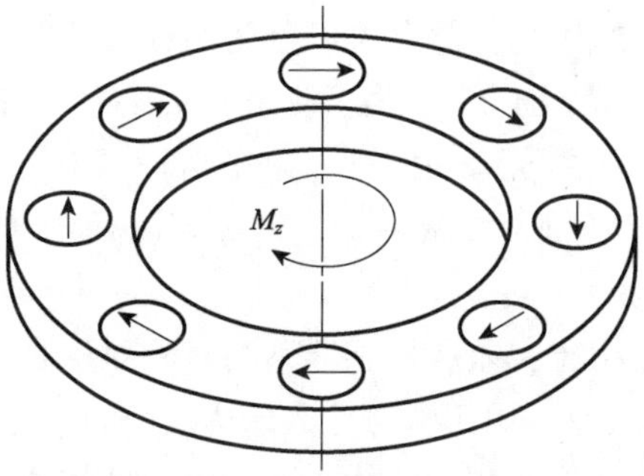

图 9.5 测量扭矩M_z[33] 的压电力传感器的布置(箭头表示单个传感器的敏感轴)

矩都不为零时，将无法确定力向量 $\boldsymbol{F} = [F_x, F_y, F_z]^{\mathrm{T}}$ 在空间中的位置。此外，应该注意的是，$\boldsymbol{F}$ 产生了作用于传感器装置的额外扭矩。严格地说，这个额外的扭矩与外部扭矩向量 $\boldsymbol{M} = [M_x, M_y, M_z]^{\mathrm{T}}$ 无关。因此，测力计只提供产生的扭矩矢量，包括外部扭矩和 $\boldsymbol{F}$ 产生的扭矩。

根据 9.1.1 小节，所使用的压电材料对压电力和扭矩传感器的灵敏度影响很大。根据所采用的压电耦合模式，传感器的灵敏度与特定的压电应变常数密切相关，如纵向模式的 d_{33}。因此，通过压电陶瓷材料(如 PZT) 可以获得高灵敏度的传感器，因为这些材料的 d_{ij} 值很大。这种材料的另一个优点是可以制造任意形状的压电元件。尽管压电陶瓷材料具有许多优点，但压电式力和扭矩传感器大多是基于压电单晶体，如石英和电气石。特别是人工生长的石英，因为其与压电陶瓷相比具有 4 个主要优点(参见 3.6 节)：

① 更好的传感器线性；

② 几乎没有滞后现象；

③ 由于石英的热释电效应相对较弱，因此具有更好的温度性能；

④ 较高的电绝缘电阻，这对准静态测量很重要。

一种典型的压电式力传感器采用纵向模式的两个石英盘为传感元件，灵敏度 $|Q_S/F| \approx 4\text{pCN}^{-1}$。Kistler Instrumente GmbH 公司[49] 和 Hottinger Baldwin Messtechnik（HBM）GmbH 公司[42] 是知名的压电力和扭矩传感器制造商。商用压电式力传感器测量范围的上限从小于1kN开始到1MN。可以购买到的压电扭矩传感器的测量范围为 1N · m ~ 1MN · m。

9.1.3 压力

用于测量流体(即液体和气体) 中的压力的传感器通常是基于压力而偏转的膜。基本上，基于薄膜的压力传感器可以分为两种，即绝对压力传感器和差压传感器(图9.6(a) 和图9.6(b))[106]。用于测量绝对压力 p_{abs} 的传感器需要一个密封的腔室，其中包含参考压力 p_{ref}。由于 p_{abs} 总是与 $p_{ref}=0$ 有关，因此需要对密封腔进行真空处理，膜的参考面只暴露在真空中。当一种气体被注入密封腔室时，p_{ref} 自然与零不同。

与绝对压力传感器相比，差压传感器不测量相对于真空的压力，而是测量相对选定的参考值 p_{ref} 的压力。用于测量输入压力 p_{in} 和 p_{ref} 之间的差值 $p_{in}-p_{ref}$ 的差压传感器的膜必须能够承受两侧的流体，这在腐蚀性液体的情况下尤其困难。如果使用环境大气压力作为 p_{ref}(即 $p_{ref}=101.325\text{kPa} \hat{=} 1.01325\text{bar}$)，则差压传感器相当于相对压力传感器。

无论测量绝对压力还是差压，各种实际应用都需要能够静态测量的传感器。然而，因为后续读出元件(如电荷放大器电路) 的非理想特性，压电压力传感器无法做到这一点(9.1.5 小节)。因此，恒压并不意味着这些传感器的输出信号是恒定的。这就是明确区分绝对压电压力传感器和差压压电压力传感器没有意义的原因。后者仅表示一种特殊的传感器设计，带有两个端口，可以测量准静态和动态压差。即使在数据采集之前就将电荷放大器复位，也可以执行准静态压力测量，但压电压力传感器主要用于动态压力测量，如声压测量。

图9.6(c) 显示了典型的圆柱形薄膜压电压力传感器的内部结构，其中包括薄膜、预压套管、转换板、压电元件、传感器外壳和电子连接器等主要组件[33]。预压套管和传感器外壳是由钢等导电材料制成的。具有有效面积 A 的膜被密封焊接在一个轻的机械预载荷下到传感器外壳。通过薄膜，流体压力 p 转化为机械力 $F=pA$，通过预压套管传递到压电元件上。两块转换板可以平衡元件端面的机械应力，并补偿温度影响。与图9.3 中简单的压电力传感器相反，这3 ~ 4 个压电元件采用横向模式，因此，在机械卸载元件表面携带电荷。这种元件的特征是内表面扁平的圆柱段，内表面被薄电极完全覆盖。圆柱形的外表面不需要涂

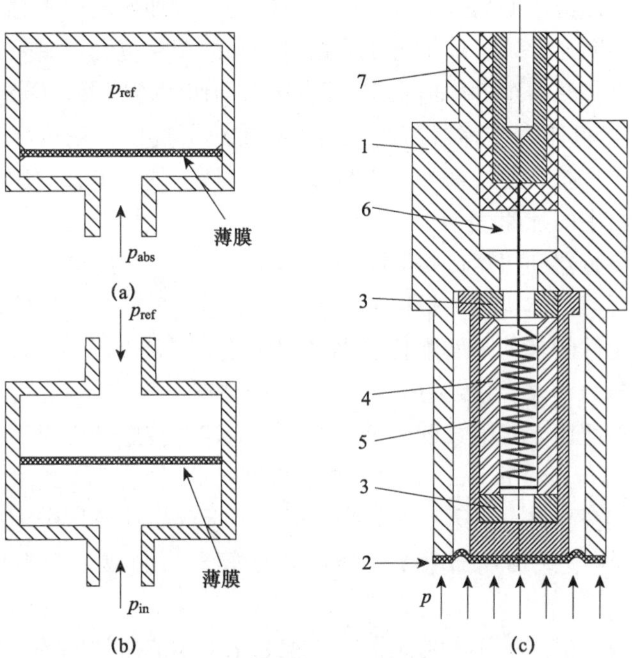

图 9.6　基于薄膜的压力传感器[33]

(a) 绝对压力传感器；(b) 差压传感器的原理；(c) 基于薄膜的压电压力传感器的内部结构。
1— 圆柱壳体；2— 薄膜；3— 转换板；4— 压电元件；5— 预压套管；6— 螺旋形弹簧；7— 电连接器。

上电极，可以直接接触预压套管，也可以通过电容耦合。因此，该元件表面显示与传感器外壳相同的电势。内电极借助螺旋形弹簧与电子连接器的中心相连。

这种压电压力传感器的金属膜厚度通常小于0.1mm。因此，薄膜作为传感器的关键组成部分就不足为奇了。一方面，薄膜应防止液体渗入传感器外壳，并且应该能够承受侵蚀性物质以及温度的变化；另一方面，薄膜应该有理想的弹性，以确保整个测量范围内可靠的传感器线性度。这些必要的权衡导致大量的基于膜的压电压力传感器出现，这些传感器在市场上是可以买到的。低压传感器需要较大的膜来获得合理的灵敏度，而高压传感器的膜很小，这样可以避免损坏。由于膜的面积大意味着低特征频率，因此低压传感器通常提供比高压传感器小的截止频率。

基于薄膜的压电式压力传感器的外壳通常配备有安装螺纹，可直接将其拧入物体中。在环境温度高的情况下，有时使用额外的水冷却[33]。但是，水冷却增加了传感器外壳的必要空间，可能会产生干扰噪声，从而削弱可用的测量阈值。

压电式压力传感器应用的另一个重点在于它们对机械加速度的敏感性，特别是当这些加速度非常明显，并且处于与压力信号相同的频率范围内时。这是因为压电元件前面的所有传感器组件(如薄膜)都像压电加速度传感器一样充当质量块(见9.1.4小节)。如果压力传感器加速，则出现传感器输出，该输出与源自压力的目标传感器信号重叠。通过额外的质量和表现出适当的压电轴的压电元件，可以抵消传感器输出中的加速度。

与压电力传感器和扭矩传感器类似，膜式压电压力传感器中的传感元件通常由人工生长的石英晶体构成。根据9.1.1小节，通过横向长度模式的使用，利用长而薄的压电元件的辅助来增加传感器的灵敏度。特殊的石英切片以及CGG组的晶体使高温压力传感器能够在没有水冷却的情况下工作。然而，图9.6(c)所示的典型设置不适用于压电式低压传感器，因为这种传感器在可听范围内使用，所以必须提供远低于10μbar的空气测量阈值。这种传感器也称为压电式传声器[60]。它们的设置对应于压电单晶片、压电平行双晶片或压电串行双晶片换能器(图7.27)。压电式传声器主要由压电陶瓷等材料制成，而不是人工生长的石英。

水听器是水下使用的压力传感器。正如8.1.1小节所说明的那样，压电水听器(如膜式水听器)的设置与图9.6(c)完全不同。此外，由于PVDF压电材料具有机械柔性，可以制成薄膜，因此压电水听器经常利用PVDF作为传感元件。

Brüel & Kjær GmbH[13]、Kistler Instrumente GmbH[49]和Onda Corporation公司[78]是知名的压电压力传感器制造商。根据具体的应用和测量压力的介质，市面上的传感器在设计、测量阈值、测量范围和频率范围上有很大的差异。

9.1.4 加速度

机械加速度的测量对于各种应用非常重要，因为它提供了机械振动以及所研究结构的振动和本征频率的基本信息。加速度通常与重力引起的标准加速度有关，其定义为$\mathcal{G}_n = 9.80665\mathrm{m \cdot s^{-2}}$。当冲击表示一个类似脉冲的加速度时，取值可以大于1000 $\mathcal{G}_n$，通常称为周期性加速振动。

通常，加速度传感器对应的力传感器，力传感器配有附加质量[106]。如果传感器承受的加速度为$\boldsymbol{a}$，则质量为m_S的质量块将产生作用于传感器的传感元件的机械力$\boldsymbol{F}$。在压电加速度传感器的情况下，至少一个压电元件作为传感元件。忽略压电元件的净重，作用在元件上的合力为$\boldsymbol{F} = m_S \cdot \boldsymbol{a}$。

图9.7(a)显示了压电加速度传感器的典型设置。圆柱形压缩式传感器主要由质量块、预紧螺栓、两个压电环、传感器壳体和电连接器组成[33]。同样，传

感器外壳和质量块是由钢等导电材料制成的。它们作为两个压电环的接地电极，这两个压电环在相反的 z 方向上利用压电效应的纵向模式。它们的公共电极连接到电子连接器的中心引脚。传感器外壳应该保护传感器组件免受外界环境的影响，并且包含一个安装螺纹，该螺纹可实现与所研究结构进行机械连接。当结构被 z 方向的 a_z 值加速时，质量块对压电圆盘产生 $F_z = m_S \cdot a_z$ 的力。

现在简要研究压电加速度传感器的动态特性的一些基本原理。简单来说，压电加速度传感器可以理解为具有一个自由度的机械振荡系统(图 9.7(b))。该振动系统包括质量块 m_S、描述有效传感器刚度的弹簧刚度 κ_S 的弹簧以及阻尼常数 η_D 的阻尼器。如果假定质量块具有线性和时不变的性质，那么质量块的位移 $\boldsymbol{u}(t)$ 必须在系统的外力 $F_z(t)$ 的作用下满足微分方程[6]。

$$m_S \frac{d^2\boldsymbol{u}(t)}{dt^2} + \eta_D \frac{d\boldsymbol{u}(t)}{dt} + \kappa_S \boldsymbol{u}(t) = F_z(t) \tag{9.6}$$

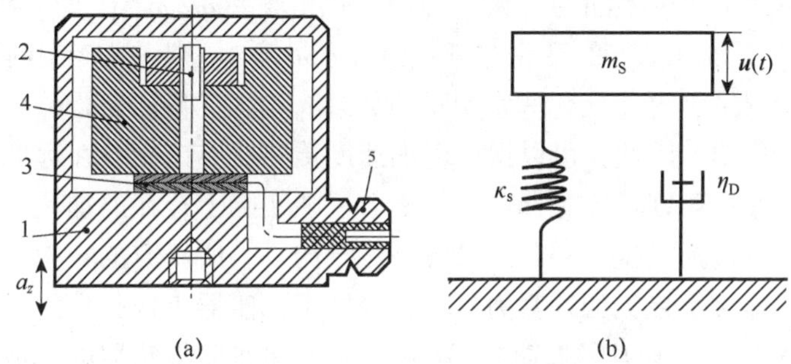

1— 圆柱壳体；2— 预紧螺栓；3— 压电环；4— 质量块 m_S；5— 电连接器。

图 9.7 压电加速度结构及机械振动系统

(a) 简单圆柱形压电加速度传感器内部结构[33]；(b) 一自由度机械振动系统(由质量块 m_S、弹簧速率 κ_S 和阻尼常数 η_D 组成)。

对于图 9.7(a) 所示的简单压电式加速度传感器，$F_z(t)$ 表示施加在压电元件上的力。这个微分方程的解得到 $\boldsymbol{u}(t)$，它可以用来确定速度 $v_z(t) = d\boldsymbol{u}(t)/dt$ 和 m_S 的加速度 $a_z(t) = d^2\boldsymbol{u}(t)/d t^2$。对于谐波力 $F_z(t) = \widehat{F}_0\sin(2\pi ft)$，且力的振幅为 $\widehat{F}_0$ 和激发频率 f 时，式(9.6) 解的形式为

$$\boldsymbol{u}(t) = \widehat{\boldsymbol{u}}\sin(2\pi ft - \varphi) \tag{9.7}$$

随频率变化的位移幅度 $\widehat{\boldsymbol{u}}(\omega)$ 和相位角 $\varphi(\omega)$ 计算结果为(角频率 $\omega = 2\pi f$)

$$\widehat{\boldsymbol{u}}(\omega) = \frac{\widehat{F}_0}{\sqrt{(\kappa_S - m_S\omega^2)^2 + (\eta_D\omega)^2}} \tag{9.8}$$

$$\varphi(\omega)=\arctan\left[\frac{\eta_D\omega}{\kappa_S-m_S\omega^2}\right] \tag{9.9}$$

为了得到归一化的结果，引入静力F_0 的位移 $\boldsymbol{u}_0=F_0/\kappa_S$、无阻尼系统(即$\eta_D=0$) 的角频率$\omega_0=\sqrt{\kappa_S/m_S}$、无量纲阻尼比$\xi_d=\eta_D/(2m_S\omega_0)$ 是有意义的。在此过程中，位移的频率相关比率 $\hat{\boldsymbol{u}}(\omega)/\boldsymbol{u}_0$ 和 $\varphi(\omega)$ 变为

$$\frac{\hat{\boldsymbol{u}}(\omega)}{\boldsymbol{u}_0}=\frac{1}{\sqrt{\left(1-\frac{\omega^2}{\omega_0^2}\right)^2+\left(2\xi_d\frac{\omega}{\omega_0}\right)^2}} \tag{9.10}$$

$$\varphi(\omega)=\arctan\left[\frac{2\xi_d\frac{\omega}{\omega_0}}{1-\left(\frac{\omega}{\omega_0}\right)^2}\right] \tag{9.11}$$

图 9.8 描述了对于不同的ξ_d 值，与归一化角频率 ω/ω_0 有关的两个量。结果表明，$\hat{\boldsymbol{u}}(\omega)/\boldsymbol{u}_0$ 和 $\varphi(\omega)$ 的变化非常接近 $\omega/\omega_0=1$。特别是在阻尼比较小(如$\xi_d=0.1$) 的情况下，这些变化非常明显。如果ξ_d 增大，则$\hat{\boldsymbol{u}}(\omega)/\boldsymbol{u}_0$ 的全局最大值将向低频方向移动。因此，可以说压电加速度传感器应该始终在远低于其共振频率的条件下工作；否则，传感器输出将不会反映实际上存在的加速度。这不仅指加速度幅值，也包括相位角。此外，应该注意的是，所研究的结构和压电加速度传感器的机械连接不良，如拧紧力不足，降低了传感器工作频率的上限。

除了图 9.7(a) 中的压缩式传感器外，压电加速度传感器的其他几种设计也可以在市场上买到[33]。所选设计的内部结构如图 9.9 所示。压缩式加速度传感器的缺点在于被测结构安装面上的机械应变直接传递给压电元件。由于压电效应的横向效应，这种应变会产生不需要的传感器输出。可以通过悬挂设计(图 9.9(a))来避免应变传递，因为压电元件预加载在传感器外壳顶部的内表面。悬挂式压电加速度传感器在其他加速度传感器的校准中经常起到参考作用。

图 9.9(b) 显示了利用压电的横向剪切模式的压电加速度传感器的内部结构。在这个设计中，压电转换元件和质量块呈现出一个空心圆柱体的形状。在传感器制造过程中，质量块被加热。通过其冷却收缩，压电圆柱体会径向预紧在传感器外壳的圆柱形中心螺柱上。另外，3 个压电元件与 3 个单独的质量块预压在一个三角形的中心螺柱上。这种特殊的传感器设计通常称为 DeltaShear 设计，由 Brüel & Kjær GmbH[13] 公司进行商业销售。与基于压电效应纵向模式的加速度传感器相比，采用横向剪切模式的传感器由于热释电效应较弱，因此能够提供更好的传感器灵敏度热稳定性。

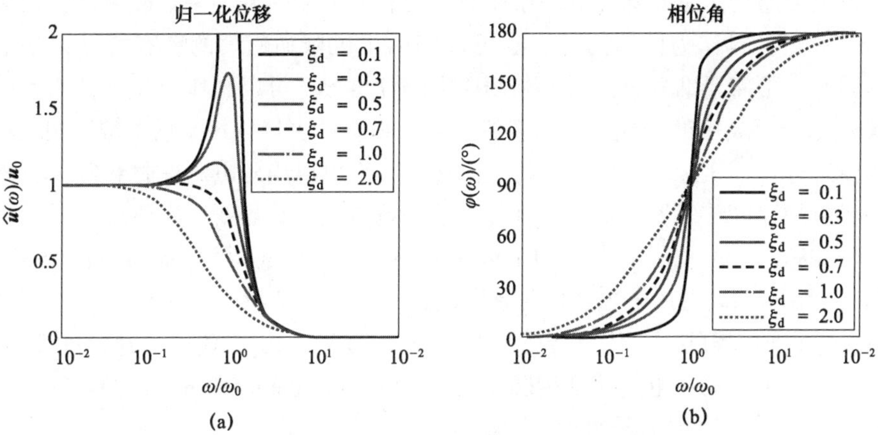

图 9.8　对于不同的阻尼比ξ_d，振荡器系统相对于归一化角频率 ω/ω_0 的位移比$\hat{\boldsymbol{u}}(\omega)/\boldsymbol{u}_0$ 及相位角 $\varphi(\omega)$ 曲线(图 9.7)

(a) 归一化位移；(b) 相位角。

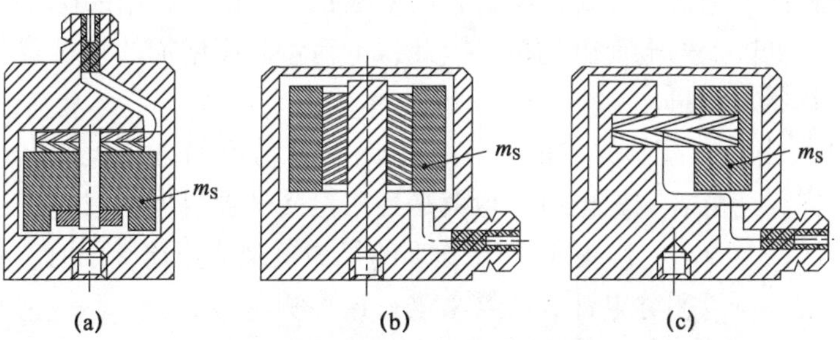

图 9.9　压电式加速度传感器的内部结构(m_S 为质量块)[33]

(a) 悬挂设计；(b) 利用压电效应横向剪切模式的加速度传感器；(c) 利用压电梁横向长度模式的加速度传感器。

压电加速度传感器的另一种设计如图 9.9(c) 所示。正如压电双晶片换能器(图 7.27) 一样，这种加速度传感器利用了固定在传感器外壳一端的两根压电梁的横向长度模式。在另一端，薄梁装有质量块m_S。如果加速度作用在传感器上，m_S 将对压电双晶片施加机械力。这种力导致双晶片发生一定程度的弯曲，因此，在束电极上会产生静电电荷。来自 Kister Instrumente GmbH[49] 公司压电梁是一种替代设计，它不需要质量块。在这种设计中，压电双压电晶片的中心安装在传感器外壳上。压电梁传感器专门测量正交于双晶片的加速度，因为角加速度会导致相对于光束中心的相反方向的弯曲。因此，束电极上的电荷相互抵消。

压电加速度传感器除了应用于高温、力和压力传感器等特殊领域外，大多采用压电陶瓷材料作为传感元件。这可以归因于机械加速度的动态特性，如谐振动。因此，不需要准静态测量。利用压电陶瓷材料，可以制作小型、低成本的质量块m_S < 1、灵敏度较高的加速度传感器。小质量块与高共振频率密切相关，在结构模态分析等实际应用中具有很大的优势。也可以用压电陶瓷材料制作紧凑型三轴压电加速度传感器。这种三轴传感器的特殊设计只需要一个质量块。

Brüel & Kjær GmbH[13]、Kistler Instrumente GmbH[49] 和 Meggitt Sensing Systems[28] 是知名的压电加速度传感器制造商。商用传感器的工作频率上限超过10kHz。在某种程度上，传感器灵敏度Q_S / a 远大于 10pC $\mathcal{G}_n^{-1}$。人们也可以购买带集成放大电路的压电加速度传感器(如kistler Instrumente GmbH的IEPE加速度计)，这样就不需要再额外的放大器了。

9.1.5 压电传感器的读出

带有电极的压电元件可以解释为电容。如果对元件施加机械载荷(如力)，电容的电极就携带电荷。这是压电材料内部极化状态改变的结果(见 3.1 节)。机械载荷越大，电极上的电荷就越多。因此，电荷量与所施加的机械载荷有关，应该用压电传感器来测量。

我们用C_S 表示分配给元件的电容，用Q_S 表示分配给电极上的电荷。正如电容的情况一样，当电容被充电时，也就是当压电元件被机械加载时，可以测量电极之间的电压$U_S = Q_S / C_S$。由于U_S 与施加的机械负载成正比，因此，测量这个电压是有意义的。可以用静电计放大器来进行这种测量。

除了测量U_S 外，也可以通过电荷放大器直接测定电荷。这样，压电元件的电极实际上就短路了，电荷就留在了电极上。在真正的短路情况下，会发生电荷均衡，即电极不再携带电荷。

下面研究用于读出压电传感器的两个放大电路(即静电计和电荷放大器)，包括优点和缺点以及市售产品。

1. 静电计放大器

静电计放大器是一种在输入端具有很高绝缘电阻的放大器电路，既可以放大电压，也可以把电荷转换成电压。过去，这种放大器是用静电计管制成的，现在则由晶体管和/或运算放大器组成。一般来说，运算放大器由若干个晶体管(如场效应晶体管) 组成，用于测量放大器[102]。图 9.10 显示了静电计放大器的典型设置。除了运算放大器和带有电容C_S 的压电传感器(如力传感器) 外，这个装置还包括一个量程电容C_R 和一个用于复位的电开关。构件C_C 描述了连接压电传感器和放大器的电缆的电容。长度l_C电缆的电容计算公式为$C_C = C'_C \cdot l_C$，每单位长度的电容为C'_C。

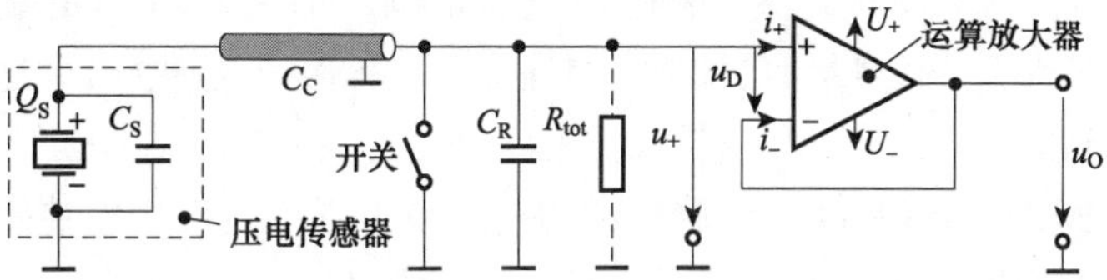

图 9.10 基于运算放大器的压电传感器静电放大器(省略参数时间 t)

为了分析图 9.10 中的静电计放大器，首先假设为理想的组件。因此，C_S、C_C和C_R应该是理想的容量，并联一个无限大的电阻器，也就是说，电容器提供了无限大的绝缘电阻，并且不会产生电阻性损耗。对于所研究的电路，理想运算放大器意味着[59]：

① 运算放大器的同相输入(即输入 +) 和反相输入(即输入 -) 之间的输入电阻是无限的，即输入电流$i_+(t)$和$i_-(t)$为零；

② 其输出电阻为零；

③ 差分输入电压$u_D(t) = u_+(t) - u_-(t)$(输入 + 和输入 - 之间的电位差) 的放大G_{OL}(开环电压增益) 是无穷大的，由于放大器输出$u_O(t)$的取值总是有限的，$u_D(t) = 0$保持稳定工作状态，也称为负反馈；

④ 运算放大器提供的输出电压$u_O(t)$在负电源电压U_-和正电源电压U_+之间；

⑤ 运算放大器的性能与频率f无关。

如前所述，压电传感器可以解释为在其电极上携带电荷$Q_S(t)$的电容C_S。C_S上的电压$u_S(t)$变成$u_S(t) = Q_S(t) / C_S$。然而，这种关系只有在设置不包含其他组件的情况下才有效，但这是不可能的，因为总是需要电缆以及类似于模/数转换器的分析单元。在目前的情况下，必须考虑与C_S平行的被电连接的电缆电容C_C和范围电容C_R。因此，运算放大器非反相输入端相对于接地电位的电压$u_+(t)$为

$$u_+(t) = \frac{Q_S(t)}{C_S + C_C + C_R} \tag{9.12}$$

由于$u_D(t) = 0$对具有负反馈的理想运算放大器有效，所研究的放大电路的闭环电压增益$G_{CL} = \dfrac{u_O(t)}{u_+(t)} = 1$，因此，静电计放大器的输出$u_O(t)$对应于$u_+(t)$，即

$$u_O(t) = u_+(t) = \frac{Q_S(t)}{C_S + C_C + C_R} \tag{9.13}$$

此时，问题就出现了，式(9.13)对于组合式压电传感器和静电计放大器的实际应用意味着什么。一方面，通过选择合适的C_R值可以改变给定传感器电荷$Q_S(t)$的$u_O(t)$，这对于优化放大器输出电压范围(如 ±10V)是有利的，但是，只有当C_S、C_C和C_R的容量值已知时，才能从$u_O(t)$中确定$Q_S(t)$。这是静电计放大器的一个问题，因为$Q_S(t)$直接与目标量有关，如式(9.3)中的机械力$F_z \propto Q_S$。当然，压电传感器和静电计放大器的组合也可以通过对压电传感器施加规定的机械载荷(如称重传感器)来进行校准。当配置改变时，如由于电缆更长，校准结果将不再适用。一般同轴电缆的单位长度电容$C'_C \approx 100\text{pFm}^{-1}$。因此，$l_C = 10\text{m}$的电缆可以显示$C_S$范围内的容量值，如直径$d_S = 5\text{mm}$、厚度$t_S = 1\text{mm}$的压电陶瓷圆盘的容量等于$C_S \approx 1\text{nF}$。

虽然压电传感器和静电计放大器的组合已经完全校准，但是准静态测量还存在一些问题。这源于压电传感器元件、连接电缆、量程电容器及运算放大器的非理想特性。实际上，每一个电容(即C_S、C_C和C_R)都有一个有限的绝缘电阻。根据元件的质量，绝缘电阻可以从10TΩ以上降到几GΩ[33]。由于晶体管在其输入级的泄漏电流非零，运算放大器的输入+和-之间的绝缘电阻也不是无穷大的[59, 102]。结果表明，包含压电传感器的静电计放大电路总的绝缘电阻为R_{tot}，这是由各个电阻的并联产生的。电路的总电容$C_{tot} = C_S + C_C + C_R$经$R_{tot}$放电，即电荷$Q_S(t)$和输出电压$u_O(t)$随着时间的推移呈指数衰减。$R_{tot}$越小，放电电流越大，放电时间也就越短。

时间常数$\tau_S = R_{tot} C_{tot}$表示$u_O(t)$减小到初始值的36.8%的时间。经过$5\tau_S$之后，C_{tot}几乎完全释放。除了用压电传感器进行准静态测量外，参数τ_S对于动态测量也很重要，因为它还指定了传感器和静电计放大器组合的较低的截止频率f_1，即

$$f_1 = \frac{1}{2\pi \tau_S} = \frac{1}{2\pi R_{tot} C_{tot}} \tag{9.14}$$

为了避免对测量信号的幅度和相位角产生明显的影响，f_1应远远小于测量信号的最低频率。当然，可以通过选择一个较高的范围电容C_R值来增加τ_S和减小f_1。然而，在这样做的过程中，给定测量值的放大器输出$u_O(t)$会自动减少，从而削弱了可用的信噪比。

由于存在上述缺点，静电计放大器很少用作压电传感器的读出电子器件。但集成静电计放大器的压电加速度传感器就很例外，如Brüel & Kjær GmbH的Delta Tron[13]、Kistler Instrumente GmbH[49]的压电加速器和Meggitt传感系统的ISOTRON[28]。这种传感器/放大器组件利用两线制原理。它们通常由4mA的恒

定电流供电。集成静电计放大器产生的电阻随作用加速度而变化。

2. 电荷放大器

Kistler 于 1950 年首次提出了电荷放大器的基本原理[33]。虽然电荷放大器这个名字暗示着电荷会被放大，但它们被转换成一个直接成比例的电压信号。图 9.11 显示了压电传感器电荷放大器的典型设置。正如静电计放大器的情况一样，其主要组成部分是一个处于稳定工作模式的运算放大器。此外，放大器电路包含来自压电传感器和电缆电容的电容传感器。范围电容C_R 提供负反馈，即输出电压 $u_O(t)$ 被电容性地引回到运算放大器的反相输入端。此外，放大器电路还包含来自压电传感器的电容C_S 和电缆电容C_C。

这些量在图 9.11 中收集为放大器输入端的总容量$C_{tot} = C_S + C_C$。与C_R 并联的电子开关允许再次重置测量。

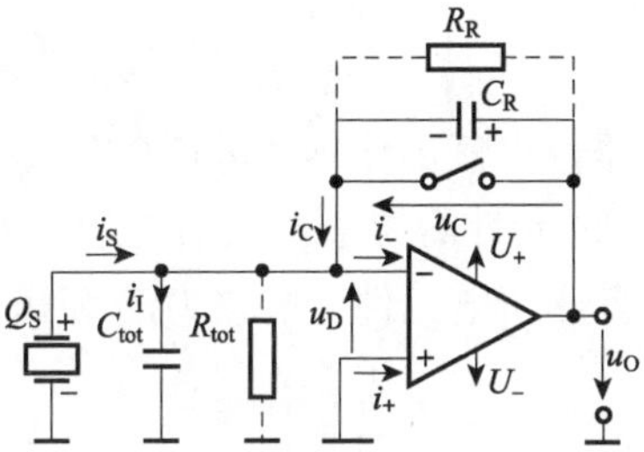

图 9.11 压电传感器的电荷放大器(总容量 C_{tot}包括传感器电容C_S和电缆电容 C_C；为了紧凑，省略了时间参数 t)

为了分析所研究的电荷放大器电路，首先再次假设电路中皆为理想元件，这指的是运算放大器的性能(如$i_+ = i_- = 0$) 和电容，因此，它提供无限的绝缘电阻。不考虑理想运算放大器的开环电压增益G_{OL} 是无限的这一事实，此刻把这种放大看作有限数来处理。放大器的输出由差分输入电压 $u_D(t)$ 到 $u_O(t) = G_{OL}u_D(t)$ 得出。因此，范围电容C_R 的电压 $u_C(t)$ 必须满足

$$u_C(t) = u_O(t) + u_D(t) = u_O(t) + \frac{u_O(t)}{G_{OL}} = u_O(t)\left[1 + \frac{1}{G_{OL}}\right] \tag{9.15}$$

由于理想运算放大器的输入电流为零，因此 Kirchhoff 电流定律产生，即

$$i_S(t) - i_I(t) + i_C(t) = 0 \tag{9.16}$$

式中，由传感器电极上的电量 $Q_S(t)$ 产生的电流$i_S(t) = \mathrm{d}Q_S(t)/\mathrm{d}t$。由于图 9.11 中假定的方向，穿过$C_{tot}$ 的$i_I(t)$ 电流和穿过C_R 的$i_C(t)$ 电流变成了式(9.15)，有

$$i_I(t) = -C_{tot}\frac{\mathrm{d}u_D(t)}{\mathrm{d}t} = -\frac{1}{G_{OL}}C_{tot}\frac{\mathrm{d}u_O(t)}{\mathrm{d}t} \tag{9.17}$$

$$i_{\mathrm{C}}(t)=C_{\mathrm{R}}\frac{\mathrm{d}u_{\mathrm{C}}(t)}{\mathrm{d}t}=\left[1+\frac{1}{G_{\mathrm{OL}}}\right]C_{\mathrm{R}}\frac{\mathrm{d}u_{\mathrm{O}}(t)}{\mathrm{d}t} \tag{9.18}$$

通过在式(9.16)中代入这两个关系式，可以得到

$$\begin{aligned}i_{\mathrm{S}}(t)&=\frac{\mathrm{d}Q_{\mathrm{S}}(t)}{\mathrm{d}t}=i_{\mathrm{I}}(t)-i_{\mathrm{C}}(t)\\&=-\frac{1}{G_{\mathrm{OL}}}C_{\mathrm{tot}}\frac{\mathrm{d}u_{\mathrm{O}}(t)}{\mathrm{d}t}-\left[1+\frac{1}{G_{\mathrm{OL}}}\right]C_{\mathrm{R}}\frac{\mathrm{d}u_{\mathrm{O}}(t)}{\mathrm{d}t}\end{aligned} \tag{9.19}$$

在对这个方程进行积分并选择积分常数为零后，并在测量开始前不久将放大器电路重置，就可以物理实现积分放大器的输出，最终得到放大器输出 $u_{\mathrm{O}}(t)$，即

$$u_{\mathrm{O}}(t)=-\frac{Q_{\mathrm{S}}(t)}{\left[1+\frac{1}{G_{\mathrm{OL}}}\right]C_{\mathrm{R}}+\frac{1}{G_{\mathrm{OL}}}C_{\mathrm{tot}}} \tag{9.20}$$

值得注意的是，放大器输出显示传感器电荷 $Q_{\mathrm{S}}(t)$ 相反的符号，即正的 $Q_{\mathrm{S}}(t)$ 引起负的 $u_{\mathrm{O}}(t)$。因此，压电元件需要适当安装，以实现正机械输入正电输出。例如，对于图 9.2 中的圆盘形压电元件，机械力 F_z 和压电效应轴必须指向相反的方向。

理想运算放大器满足 $G_{\mathrm{OL}}\to\infty$，因此，式(9.20)简化为

$$u_{\mathrm{O}}(t)=-\frac{Q_{\mathrm{S}}(t)}{C_{\mathrm{R}}}=u_{\mathrm{C}}(t) \tag{9.21}$$

根据式(9.21)，传感器电容 C_{S} 和电缆电容 C_{C} 都不影响放大器输出，电缆长度 l_{C} 也不再起作用。$u_{\mathrm{O}}(t)$ 和 $Q_{\mathrm{S}}(t)$ 之间的联系完全由范围电容 C_{R} 指定，这就证明了它的名称是正确的。这源于这样一个事实：对于稳定运行模式下的理想运算放大器，差分输入电压 $u_{\mathrm{D}}(t)$ 为零。由于 $u_{\mathrm{D}}(t)=-u_{-}(t)$ 也对应于电容 C_{S} 和 C_{C} 上的电压，所以它们始终在放电。在机械载荷作用下，压电传感器的电极化产生了电荷。$u_{\mathrm{D}}(t)=0$ 的性质进一步保证了有限绝缘电阻 R_{tot}（如 C_{C}）不影响 $u_{\mathrm{O}}(t)$。因此，$i_{\mathrm{I}}(t)=0$ 成立，$i_{\mathrm{S}}(t)=-i_{\mathrm{C}}(t)$ 从式(9.16)开始，C_{R} 的电荷与压电传感器的电荷相等而极性相反。因此，电荷放大器会连续补偿由于机械负载而在传感器电极上产生的电荷，并且与范围电容器中的电荷相等。

从理论角度来看，一个由理想元件组成的电荷放大器应该能够通过压电传感器实现真正的静态测量。然而，在现实中总是面临着非理想的因素。特别是范围电容 C_{R} 的性能在这方面起着决定性的作用。其有限绝缘电阻 R_{R} 放电 C_{R}。因此，如果对压电元件施加恒定的机械载荷，电压 $u_{\mathrm{C}}(t)$ 和放大器输出 $u_{\mathrm{O}}(t)$ 将随时间

变化。正如静电计放大器一样，可以定义时间常数$\tau_S = R_R C_R$，低截止频率$f_1 = 1/(2\pi\tau_S)$。仅考虑非理想范围电容，对于恒定的机械负载，在$5\tau_S$之后，$u_O(t)$将接近零。因此，真正的静态测量需要$\tau_S \to \infty$ 和$f_1 = 0$就不足为奇了。然而，有时会将一个电阻值远小于R_R 的附加电阻R_f 并联到范围电容，以进行动态测量[33]。在这种情况下，τ_S 减少而f_1 增加，这意味着在$u_O(t)$ 中不会出现频率远小于f_1 的信号分量。现代商用电荷放大器可以选择不同的R_f 值。

除了非理想的范围电容器外，运算放大器的实际性能也会影响电荷放大器的性能。特别是，必须考虑3个影响因素，即输入电流$i_-(t)$、开环电压增益G_{OL} 和放大器输入端的失调电压U_{OS}[59, 102]。电流$i_+(t)$ 和$i_-(t)$ 源于运算放大器输入级晶体管的泄漏电流。根据晶体管的类型(即双极型或场效应晶体管)，这些电流范围从几个 fA 到 μA，并且随温度变化很大。实际上，$i_-(t)$ 改变了C_R 的电荷状态。由于G_{OL} 取104 ~ 107的有限值，因此差分输入电压$u_D(t)$ 不为零。这导致电流$i_I(t)$ 通过非理想传感器电容C_S 和非理想电缆电容C_C。由此产生的电流将C_R 的电荷状态等效地改变为$i_-(t)$。同样的情况也适用于U_{OS}，大约是 μV 到 mV，因为这个电压也通过C_S 和C_C 有限的隔离电阻产生电流。因此，可以得出结论，这3个影响因素都改变了C_R 的电荷状态。这种变化直接改变了放大器的输出，并以漂移的形式出现，在一定时间后导致$u_O(t)$ 的正或负饱和。这就是在使用压电传感器开始测量之前和长时间测量之后应该重置电荷放大器的原因。

电荷放大器在压电传感器上的应用比静电计放大器具有以下几个优势。

① 由于传感器和电缆之间的电压相当小，它们的电容和绝缘电阻对电荷放大器的输出影响相对较小。

② 放大器输入端的虚拟短路阻止了压电元件由于突然的机械负载而产生的电压峰值。

③ 对于理想的元件，输出电压$u_O(t)$ 与传感器电极上的电荷$Q_S(t)$ 成正比，因此，与测量值成正比。注意，这个简单的关系也代表了电荷放大器电路中非理想元件的一个非常好的近似值。

④ 可以将几个同等灵敏度的压电传感器并联到一个电荷放大器上。对于静电计放大器，若干传感器的并联需要大量的校准过程。

基于这些理由，电荷放大器被广泛用于读取压电传感器似乎是再自然不过的了。Brüel & Kjær GmbH[13] 和 kistler Instrumente GmbH[49] 是知名的电荷放大器制造商。在一定程度上，出售的电荷放大器可以由计算机控制，并包括模/数转换器，这为进一步的数字处理提供了可能性。

9.2 板厚和声速的测定

超声波和压电超声波换能器被广泛用于无损检测，如声学显微镜[63, 94, 114]、焊缝检查[50]以及材料表征(见5.1.2小节)等。因此，必须知道几何尺寸和材料特性，如样品厚度和声速。如果其中一个参数未知，这个参数可以通过简单的超声波飞行时间来测量。这里将研究一种特殊的超声波测量系统，能够同时测量板厚和板内声速。Kiefer等发表了其基本方法[48]，该方法将演示典型的信号处理步骤(如维纳滤波)以及超声波测量系统在材料表征方面的能力。基于纵波透射传输模式的测量原理将在9.2.1小节中详细介绍。然后，从系统的角度对所研究的板块进行时域和频域的传输线建模。9.2.3小节讨论了超声波换能器的激励信号编码，以及要求达到目标的空间分辨率。编码激励信号的持续时间长，要求通过适当的滤波器进行脉冲压缩，这在9.2.4小节中有所说明。最后将讨论由实现的超声波测量系统所得到的试验结果。

9.2.1 测量原理

下面假设在xy平面上有一个z方向上厚度为d_P的均匀平坦的实心板。板材应具有纵向波的传播速度c_P，即声速(SOS)。如上所述，借助超声波的飞行时间(TOF)测量，如果已知c_P，可以直接确定d_P；如果已知d_P，可以直接确定c_P。在此过程中，必须将被研究的板材放置在适当的超声波耦合介质中，如水。由于耦合介质和板材的声波阻抗Z_{aco}不同，超声波会在界面处反射。当浸没式超声波换能器发出的超声波向平板z方向传播并以脉冲回波方式工作时，可以用简单的数学关系$t_R = 2d_P/c_P$来计算平板厚度d_P或声c_P的速度。t_R表示从板的前缘和后缘反射的脉冲之间的时间差。此外，通过利用板块内部的多次反射(再反射)，可以同时确定两个参数，即d_P和c_P[43, 92]。对这些反射的评估不仅可以在脉冲回波模式下进行，而且也可以在透射传输模式下进行，这是一发一收模式的一个特例，需要两个轴向对准的超声波换能器(图7.1)。在不限制通用性的前提下，本书研究了这种透射传输方式下d_P和c_P的同时测定。在文献[55, 111]中提出了一种利用超声波环形阵列的替代方法。

图9.12描述了所研究的超声波换能器的配置。左边的换能器用作超声波发射器，右边的换能器用作超声波接收器。原则上，同时测定板材厚度和板材SOS值是基于两种不同的测量方法。第一次测量是在发射器和接收器之间没有板的情

况下进行的。根据这个参考测量，当几何换能器距离 l 和从发射器到接收器的超声波的 TOF t_W 都已知时，可以立即推断出耦合介质中的 SOS $c_W = l/t_W$。另外，c_W 还可以通过评估发射器和接收器之间两种不同几何距离的 TOFs 的差异来得到，这种差异可以通过高精度定位系统来排列。

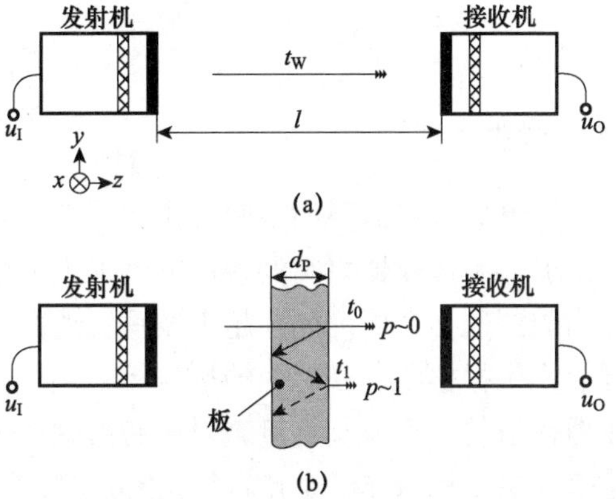

图 9.12　用于超声波发射器和接收器的结构(超声波射线的垂直分量表示声压波之间的时间延迟；为紧凑省略了参数 t)
(a) 用于参考测量；(b) 用于板测量。

第二次测量时，研究板必须放置在发射器和接收器之间(图 9.12(b))。在这种情况下，既产生了直接传播的超声波，也产生了板内多次反射产生的超声波。在接收器处，整个声压波 $p_\sim(t)$ 为

$$p_\sim(t) = \sum_{i=0}^{\infty} p_{\sim i}(t) \tag{9.22}$$

表达式 $p_\sim(t)$ 和 $p_{\sim i}(t)\ \forall i \in \mathbb{N}_+$ 分别表示直射波和多次反射波。$p_{\sim 0}(t)$ 在 TOF t_0 之后到达接收器，而第一个多次反射 $p_{\sim 1}(t)$ 在 TOF t_1 之后到达。z 方向平面波的传播的 TOFs t_0 和t_1 分别为

$$t_0 = \frac{l - d_p}{c_W} + \frac{d_p}{c_p} \tag{9.23}$$

$$t_1 = \frac{l - d_p}{c_W} + \frac{3d_p}{c_p} \tag{9.24}$$

因此，TOFs 之间的时间差$t_R = t_1 - t_0$ 对应于$2d_p/c_p$，因为在第一次多重反射时，超声波必须再穿过平板两次。当然，这种时间差也适用于板内连续的多重反射，即$t_{i+1} - t_i = t_R$。由式(9.23)，$t_W = l/c_W$ 和$t_R = 2d_P/c_P$ 的组合最终产生[92] 为板厚和板的 SOS 值。因此，当c_W、t_W、t_0 和t_R 的量已知时，可以同时确定这两个参

数。由于事实上，式(9.25) 和式(9.26) 只包含时间差异，所以在超声波传感器和附加电子元件中不会出现系统时间延迟造成的测量偏差。

$$d_{\mathrm{p}} = c_{\mathrm{W}}\left[t_{\mathrm{W}} - t_0 + \frac{t_{\mathrm{R}}}{2}\right] \tag{9.25}$$

$$c_{\mathrm{p}} = c_{\mathrm{W}}\left[1 + \frac{2(t_{\mathrm{W}} - t_0)}{t_{\mathrm{R}}}\right] \tag{9.26}$$

9.2.2 板的传输线模型

为了更深入地了解测量原理和需要的空间分辨率等其他要点，从系统的角度来看待所研究的板。发射器和接收器之间的板可以模拟为一个 3 层问题[9, 60]。中间层为弹性板，外层为周围耦合介质。如果超声波垂直地冲击到耦合介质／板的界面上，则在板内部会产生机械波。在后面的接口板／耦合介质处，这些机械波将部分转换为向接收器传播的超声波。直接透射波和由此产生的多次反射表现出一定的时间差。把这个 3 层结构看作一个传输线是有意义的。因此，可以忽略耦合介质和板内的衰减，因为测量原理完全基于 TOFs。下面介绍传输线在时域和频域的建模。

1. 时域传输线

入射波在耦合介质和板的每个界面处部分传播和反射。如前所述，入射波不仅直接通过板块，而且在板块内部经过 $2i$ 反射之后传播。如果直接透射超声波 $p_{\sim 0}(t)$ 在 t_0 时到达接收器，多次反射将在当时到达则第 i 次多重反射 $p_{\sim i}(t)$ 到达的时间为

$$t_i = t_0 + \mathrm{i}t_{\mathrm{R}}\,\forall\, i \in \mathbb{N} \tag{9.27}$$

机械波需要在平板内来回传播，式中TOF $t_{\mathrm{R}} = 2d_{\mathrm{P}}/c_{\mathrm{P}}$。在时域，由此产生的传输线可以完全由离散脉冲响应来表征，即

$$h_{\mathrm{P}}(t) = \sum_{i=0}^{\infty} \alpha_i \delta(t - t_i) \tag{9.28}$$

式中：$\delta(\cdot)$ 表示 Dirac delta 曲线。表达式

$$\alpha_i = q_{\mathrm{WP}}\, q_{\mathrm{PW}}\, r_{\mathrm{PW}}^{2} \tag{9.29}$$

为直接透射波(即 $i = 0$) 和多次反射波的振幅因子。这里，q_{WP} 和q_{PW} 分别表示耦合介质／板和板／耦合介质界面处的透射系数①。耦合介质和板的声阻抗为$Z_{\mathrm{aco;\,W}}$ 和$Z_{\mathrm{aco;\,P}}$，则透射系数计算结果为(参见式(2.139))

① 为了避免与时间 t 混淆，透射系数命名为 q。

$$q_{\mathrm{WP}}=\frac{2Z_{\mathrm{aco;\,P}}}{Z_{\mathrm{aco;\,W}}+Z_{\mathrm{aco;\,P}}}\tag{9.30}$$

$$q_{\mathrm{PW}}=\frac{2Z_{\mathrm{aco;\,W}}}{Z_{\mathrm{aco;\,W}}+Z_{\mathrm{aco;\,P}}}\tag{9.31}$$

变量r_{PW}为界面板/耦合介质上的反射系数，其形式为

$$r_{\mathrm{PW}}=\frac{Z_{\mathrm{aco;\,W}}-Z_{\mathrm{aco;\,P}}}{Z_{\mathrm{aco;\,W}}+Z_{\mathrm{aco;\,P}}}\tag{9.32}$$

当参数c_{W}和l_{W}已知时，可以说传输线的脉冲响应$h_{\mathrm{P}}(t)$包含了同时确定d_{p}和c_{P}所需的所有信息（即t_0和t_{R}）。

图9.13(a)所示为厚度为$d_{\mathrm{p}}=3\mathrm{mm}$的钢板浸入水中时计算出的脉冲响应$h_{\mathrm{P}}(t)$。因此，假定水和钢的波传播速度和声阻抗取$c_{\mathrm{W}}=1485\mathrm{ms}^{-1}$，$c_{\mathrm{P}}=5850\mathrm{ms}^{-1}$，$Z_{\mathrm{aco;\,W}}=1.49\times10^{6}\mathrm{Nsm}^{-3}$，$Z_{\mathrm{aco;\,P}}=45.63\times10^{6}\mathrm{Nsm}^{-3}$。正如预期的那样，$h_{\mathrm{P}}(t)$呈指数衰减，并且显示两个相继狄拉克脉冲之间的间隔为t_{R}。横坐标的归一化确保了曲线级数只与比率$d_{\mathrm{P}}/c_{\mathrm{P}}$相关。

2. 频域传输线

即使脉冲响应$h_{\mathrm{P}}(t)$包含了传输线的全部信息，也应该在频域中进一步研究其复值传递函数$\underline{H}_{\mathrm{P}}(f)$。尤为可取的是，$\underline{H}_{\mathrm{P}}(f)$揭示了有利于合理选择发射器激励决定性的因素。在推导板的$\underline{H}_{\mathrm{P}}(f)$之前，研究一个狄拉克梳状函数Ⅲ$(t)$（也称为脉冲序列），如果$\alpha_i=1\,\forall i\in\mathbb{N}$成立，它将与平板的脉冲响应$h_{\mathrm{P}}(t)$非常相似。在时间域中，狄拉克梳状函数读作

$$Ⅲ(t)=\sum_{i=-\infty}^{\infty}\delta(t-it_{\mathrm{R}})\tag{9.33}$$

通过应用傅里叶变换，狄拉克梳状函数变成（频率f）

$$Ⅲ(t)=\mathcal{F}\{Ⅲ(t)\}=\frac{1}{t_{\mathrm{R}}}\sum_{i=-\infty}^{\infty}\delta\left(f-\frac{i}{t_{\mathrm{R}}}\right)\tag{9.34}$$

因此，在频率域仍然是狄拉克梳状函数[110]。当两个连续狄拉克脉冲之间的周期间隔在时域达到t_{R}时，频域中的周期间隔等$1/t_{\mathrm{R}}$。相比之下，板的复值传递函数$\underline{H}_{\mathrm{P}}(f)$为

$$\underline{H}_{\mathrm{P}}(f)=\mathcal{F}\{h_{\mathrm{P}}(t)\}=q_{\mathrm{WP}}\,q_{\mathrm{PW}}\,\mathrm{e}^{-\mathrm{j}2\pi f d_{\mathrm{p}}/c_{\mathrm{p}}}\sum_{i=0}^{\infty}\left(r_{\mathrm{PW}}^{2}\,\mathrm{e}^{-\mathrm{j}2\pi f d_{\mathrm{p}}/c_{\mathrm{p}}}\right)^{i}\tag{9.35}$$

由于固体平板浸没在液体中总是满足$|r_{\mathrm{PW}}^{2}|<1$，因此级数收敛，$\underline{H}_{\mathrm{P}}(f)$简化为[12]

$$\underline{H}_{\mathrm{P}}(f)=\frac{q_{\mathrm{WP}}\,q_{\mathrm{PW}}\,\mathrm{e}^{-\mathrm{j}2\pi f d_{\mathrm{p}}/c_{\mathrm{p}}}}{1-r_{\mathrm{PW}}^{2}\,\mathrm{e}^{-\mathrm{j}2\pi f d_{\mathrm{p}}/c_{\mathrm{p}}}}=\frac{q_{\mathrm{WP}}\,q_{\mathrm{PW}}}{\mathrm{e}^{-\mathrm{j}2\pi f d_{\mathrm{p}}/c_{\mathrm{p}}}-r_{\mathrm{PW}}^{2}\,\mathrm{e}^{-\mathrm{j}2\pi f d_{\mathrm{p}}/c_{\mathrm{p}}}} \tag{9.36}$$

这是频率域的周期函数。正如狄拉克梳状函数一样，最大值的间距 $|\underline{H}_{\mathrm{P}}(f)|=1/t_{\mathrm{R}}$。由于 $h_{\mathrm{P}}(t)$ 逐渐减小，因此，在 $|\underline{H}_{\mathrm{P}}(f)|$ 中不出现狄拉克脉冲。所得的最大值具有与零不同的非消失频率宽度。图 9.13(b) 也显示了这一点，它显示了厚度 $d_{\mathrm{p}}=3\mathrm{mm}$ 的钢板的 $|\underline{H}_{\mathrm{P}}(f)|$，这也是考虑了脉冲响应 $h_{\mathrm{P}}(t)$。由于横坐标的归一化，曲线级数再次依赖于比率 $d_{\mathrm{P}}/c_{\mathrm{P}}$。

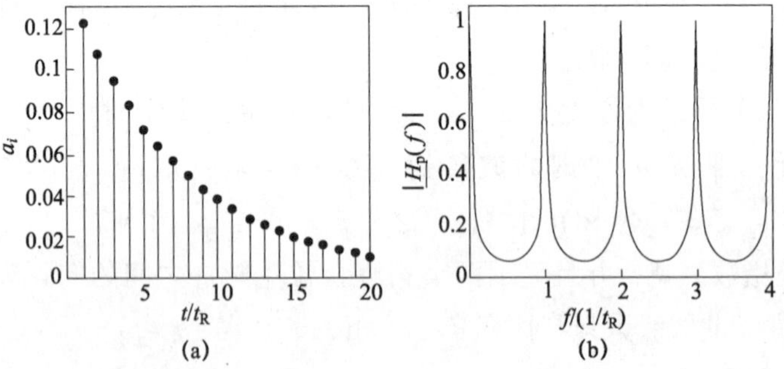

图 9.13　将厚度为 $d_{\mathrm{p}}=3\mathrm{mm}$ 的钢板浸入水中的脉冲响应和传递函数

（分别归一化为 x 轴 $t_{\mathrm{R}}=1.026\mu\mathrm{s}$ 和 $1/t_{\mathrm{R}}=975\mathrm{kHz}$）

(a) 脉冲响应 $h_{\mathrm{P}}(t)$；(b) 传递函数 $|\underline{H}_{\mathrm{P}}(f)|$（幅值）。

9.2.3　发射器激励信号

超声波发射器的激励信号 $u_{\mathrm{I}}(t)$ 是所研究的测量系统的决定性部分，包括发射器、被测板、接收器以及适当的脉冲压缩方法（图 9.14）。在假设为线性系统的情况下，可以将发射器和接收器的脉冲响应 $h_{\mathrm{trans}}(t)$ 和 $h_{\mathrm{rec}}(t)$ 组合起来。传感器对的联合脉冲响应 $h_{\mathrm{T}}(t)$ 被定义为（时间卷积 $*$）

$$h_{\mathrm{T}}(t)=h_{\mathrm{trans}}(t)*h_{\mathrm{rec}}(t) \tag{9.37}$$

利用极板的脉冲响应 $h_{\mathrm{P}}(t)$，超声波接收器的输出 $u_{\mathrm{O}}(t)$ 变为

$$u_{\mathrm{O}}(t)=u_{\mathrm{I}}(t)*h_{\mathrm{T}}(t)*h_{\mathrm{P}}(t) \tag{9.38}$$

在时域进行傅里叶变换后，有

$$\underline{U}_{\mathrm{O}}(f)=\underline{U}_{\mathrm{I}}(f)\cdot\underline{H}_{\mathrm{T}}(f)\cdot\underline{H}_{\mathrm{P}}(f) \tag{9.39}$$

式中：$\underline{U}_{\mathrm{I}}(f)$ 和 $\underline{H}_{\mathrm{T}}(f)$ 分别为激励信号的频谱和换能器对的传递函数。为了便于下面的解释，这里引入换能器对和激发信号产生的询问信号 $g_{\mathrm{T}}(t)=u_{\mathrm{I}}(t)*h_{\mathrm{T}}(t)$，即没有板[48] 的情况下，询问信号的频谱为 $\underline{G}_{\mathrm{T}}(f)$ 时，被放置在发送器和接收器之

间的板的接收器输出采用以下形式，即

$$u_{\mathrm{O}}(t)=g_{\mathrm{T}}(t)*h_{\mathrm{P}}(t)\xrightarrow{\mathcal{F}}\underline{U}_{\mathrm{O}}(f)=\underline{G}_{\mathrm{T}}(f)\cdot\underline{H}_{\mathrm{P}}(f)\tag{9.40}$$

因此，接收器输出对应于询问信号的滤波版本，即板用作滤波器。另外，也可以说接收器的输出表示板特性的滤波版本，即询问信号作为滤波器。因为板是被研究对象，所以选择第二种观点是有意义的。这意味着，如果需要的信息(即板厚度和 SOS)应该从接收器输出推断出来，那么激励信号和传感器性能都需要适当。然而，现有的超声波换能器指定了发射器和接收器的典型带通特性(图 7.46)。因此，必须致力于发射器的激励信号。

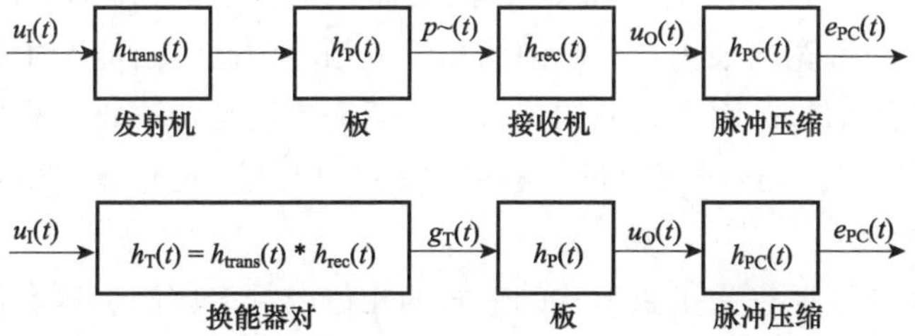

$h_i(t)$— 脉冲响应；$u_{\mathrm{I}}(t)$— 激励信号；$p_{\sim}(t)$— 在接收器处的入射声压波；
$u_{\mathrm{O}}(t)$— 接收器输出；$e_{\mathrm{PC}}(t)$— 用 $h_{\mathrm{PC}}(t)$ 压缩脉冲后的输出信号；$g_{\mathrm{T}}(t)$— 询问信号

图 9.14　研究超声波测量系统的两个等效结构[48]

下面详细说明同时测定板厚和 SOS 时询问信号的要求；还将研究编码传感器的激励以及激励信号的合理调节，以提高系统的性能。

1. 讯问信号要求

如上所述，必须计算出测定板厚 d_{p} 和 SOSc_{p} 的时间差t_{R}。对于所研究的超声波测量系统，这意味着对讯问信号 $g_{\mathrm{T}}(t)$ 两个信号特性(带宽和能量)有一定的要求。让我们从 $g_{\mathrm{T}}(t)$ 的带宽 B_{g} 开始。众所周知，从超声波成像和雷达成像知，可获得的空间分辨率与B_{g} 成反比[19, 67]。因此，高的空间分辨率需要大的带宽。这也适用于超声波测量系统。如 9.2.2 小节所示，板的传递函数$\underline{H}_{\mathrm{P}}(f)$ 的频率是周期性的。接收器输出应该至少包含一个完整的周期；否则，无法识别 $1/t_{\mathrm{R}}$，从而无法识别数量t_{R}。这就是询问信号的带宽必须满足这个条件的原因，即

$$B_{\mathrm{g}}\geqslant\frac{1}{t_{\mathrm{R}}}\rightarrow B_{\mathrm{g}}\geqslant\frac{c_{\mathrm{p}}}{2d_{\mathrm{p}}}\tag{9.41}$$

在薄板显示高 SOS 的情况下，这个条件将不成立。由于发射器和接收器的带宽总是有限的，所以不仅要选择宽带传感器，而且还应该选择最大限度利用现有

传感器带宽的激励信号 $u_I(t)$。

$g_T(t)$ 的第二个要求是其信号能量。一般来说，激发信号的高能量会改善从超声波测量系统获得的信噪比值[67]。信号能量随着振幅$\hat{u}_I$、$u_I(t)$ 的持续时间 T_u 和/或其带宽B_u 的增大而增大。当然，讯问信号也具有相同特性，即$\hat{g}_T$、T_g 及 B_g。不幸的是，增加的振幅会导致不必要的非线性(如在波传播中)，甚至可能损坏超声波发射器。因此，建议延长持续时间和/或带宽。时间带宽乘积 *TB* 对信号的能量进行分级[16, 67]。当正弦信号的带宽消失时，脉冲信号持续时间很短。在这两种情况下，对于具有 $B \approx 1/T$ 特性的脉冲谐波信号，*TB* 都取很小的值，如约为 1。*TB* 的下限会出现在像高斯脉冲[10] 这样的纯振幅调制的信号上。为了获得高时间带宽的乘积，必须使用相位或频率调制。由此产生的激励信号通常称为编码激励信号，因为它们的长时间持续需要适当的解码过程以获得合理的 TOF 测量分辨率[48]。这种解码过程通常称为脉冲压缩(见 9.2.4 小节)。

2. 编码激励

编码信号源于原来为正弦形状的信号的相位或频率调制。这就使相位或频率的原始信号被系统地修改。事实上，这种修改的选择决定了编码信号的性质。相位调制可以基于代码序列，如 Barker 码、Golay 码和 Gold 码[67, 80, 92]。这样的二进制序列总是具有两种已定义的状态，如0和1，或者 -1和1。由于Gold码具有出色的相关特性，因此它们经常用于通信和卫星导航。一个 Gold 序列的自相关显示了明显的最大值，而两个不同 Gold 序列的互相关几乎等于零。这就是在超声波测量系统中，Gold 编码也应该非常适合 TOF 测量的原因。

现在详细介绍一个基于 Gold 代码的相位调制的具体例子。选定的 6 阶 Gold 序列s_{Gold} 的长度为$N_{Gold} = 63$ 元素。根据单个序列元素的值，由M_s 周期组成的正弦信号的相位会发生改变。如果$s_{Gold} = -1$，相位将被移动180°；如果$s_{Gold} = 1$时，相位将保持不变。由此，得到一个包含N_{Gold} 个码块的编码信号，每个码块都有M_s 个正弦周期。图 9.15(a) 描绘了在$M_s = 1$、频率$f = 2$MHz 时，截短式 Gold 序列 $s_{Gold}(t)$ 和由此产生的编码信号$s_{phase}(t)$。如图 9.15(b) 所示，相位调制对$s_{phase}(t)$ 的频谱 $\underline{S}_{phase}(f)$ 有显著影响。与正弦时间信号相比，编码信号的频谱幅度 $|\underline{S}_{phase}(f)|$ 由于传导相位调制而变宽。

第二种编码信号来源于频率调制，即瞬时频率$f_s(t)$ 随时间的变化。这样的频率调制可以在代码序列的帮助下再次执行。当$f_s(t)$ 随时间不断变化时，调频信号通常称为线性调频信号。在不限制通用性的情况下，将只研究线性调频信号，这意味着 $f_s(t)$ 的线性变化。可以区分线性上调和线性下调信号。对于一个上调频

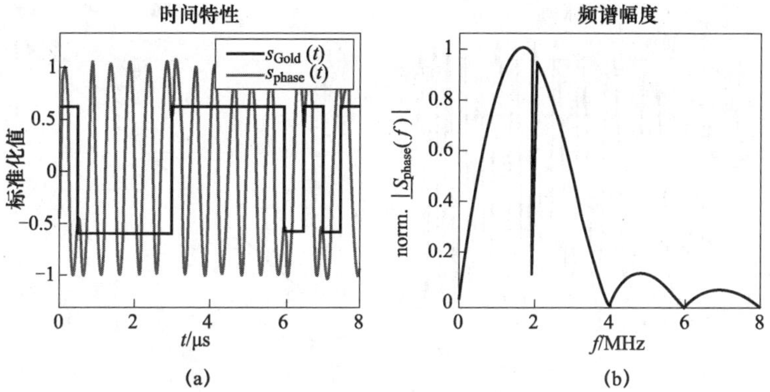

图 9.15 基于 Gold 代码的相位调制示例

(a) 相对于时间 t 的截短式 Gold 序列 $s_{\text{Gold}}(t)$ 和相位调制信号 $s_{\text{phase}}(t)$；(b) $s_{\text{phase}}(t)$ 的归一化频谱幅度 $|\underline{S}_{\text{phase}}(f)|$。

信号，$f_s(t)$ 随时间从最低频率 $f_{\min}$ 增加到最高频率 $f_{\max}$，而对于一个下调频信号，$f_s(t)$ 随时间从 $f_{\max}$ 降低到 $f_{\min}$。在复数表示法中，提供带宽 B_{chirp} 的线性调频信号 $\underline{s}_{\text{chirp}}(t)$ 定义为[68]

$$\underline{s}_{\text{chirp}}(t) = e^{j2\pi(f_c t + F_{\text{chirp}} t^2/2)} \qquad -\frac{T_{\text{chirp}}}{2} \leqslant t \leqslant \frac{T_{\text{chirp}}}{2} \tag{9.42}$$

式中：f_c 为中心频率；$F_{\text{chirp}} = \pm \dfrac{B_{\text{chirp}}}{T_{\text{chirp}}}$ 为线性调频率；T_{chirp} 为信号的持续时间。F_{chirp} 对上调信号取正值，对下调信号取负值。实际线性调频信号 $s_{\text{chirp}}(t)$ 由 $\underline{s}_{\text{chirp}}(t)$ 的实部给出，即 $s_{\text{chirp}}(t) = \Re\{\underline{s}_{\text{chirp}}(t)\}$。图 9.16(a) 和图 9.16(b) 所示为线性上调信号的时间特性和相应的瞬时频率 $f_s(t)$。所选参数 f_c = 2MHz，B_{chirp} = 2MHz，T_{chirp} = 6μs。

对于所研究的超声波测量系统，编码激励是指采用相位调制信号或频率调制信号作为换能器激励 $u_I(t)$。这个信号代表编码的激励信号。

3. 激励信号的调节

从理论上看，狄拉克脉冲具有平坦的振幅谱，因此包含所有频率。当这种脉冲被用作换能器激励时，可以充分利用超声波换能器的全部带宽。然而，如果要考虑超声波测量系统的空间分辨率，可以通过适当调整换能器激励来更好地利用换能器带宽。其基本思想在于补偿超声波换能器发射器和接收器[48] 的频率相关性的传递特性。这可以通过增强被传感器衰减的频谱分量来实现。因此，询问信号将提供比短脉冲更高的带宽，从而能够提高超声波测量系统的空间分辨率。基

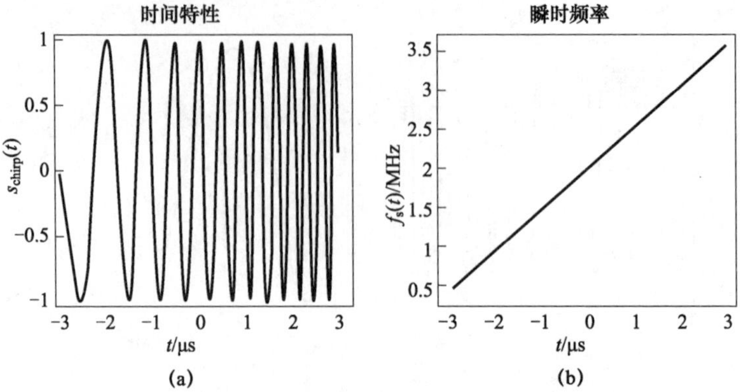

图 9.16 线性上调信号的时间特性和相应的瞬时频率
（线性调频信号参数f_c = 2MHz，B_{chirp} = 2MHz，T_{chirp} = 6μs）
(a) 线性上调信号$s_{chirp}(t)$ 的时间特性；(b) $s_{chirp}(t)$ 的瞬时频率$f_s(t)$。

本信号调节包括 3 个步骤，即定义调节滤波器、设计调节换能器特性和推导所需的激励信号。下面解释一下这 3 个步骤，它们主要是受 Oelze[74] 工作推动的。

首先假设一个传感器，即调节传感器，具有所需带宽的传感器对。具有脉冲响应 $h_C(t)$ 的调节换能器在激励信号 $u_I(t)$ 作用下，产生询问信号 $g_C(t)$。现在的问题是，哪一个激励信号能够产生与脉冲响应 $h_T(t)$ 指定的实际存在的传感器对相同的询问信号。当然，该调节激励信号 $u_{IC}(t)$ 必须满足卷积在时域内等价，即

$$u_{IC}(t) * h_T(t) \overset{\text{def}}{=\!=\!=} u_I(t) * h_C(t) = g_{TC}(t) \tag{9.43}$$

和在频域内等价，即

$$\underline{U}_{IC}(f) \cdot \underline{H}_T(f) \overset{\text{def}}{=\!=\!=} \underline{U}_I(f) \cdot \underline{H}_C(f) = \underline{G}_{TC}(f) \tag{9.44}$$

式中：$u_I(t)$ 的频谱为$\underline{U}_I(f)$；$h_C(t)$ 的频谱为$\underline{H}_C(f)$；$h_T(t)$ 的频谱为$\underline{H}_T(f)$。由此可以直接求出 $u_{IC}(t)$ 的频谱$\underline{U}_{IC}(f)$ 为

$$\underline{U}_{IC}(f) = \underline{U}_I(f)\,\frac{\underline{H}_C(f)}{\underline{H}_T(f)} = \underline{U}_I(f) \cdot \underline{\Psi}(f) \tag{9.45}$$

式中：$1/\underline{H}_T(f)$ 为频域中逆滤波器；$\underline{\Psi}(f)$ 描述了一个可能的调节滤波器。由于超声波换能器具有典型的带通特性，$1/\underline{H}_T(f)$ 是无界的，这导致式(9.45) 中的问题。因此，为了实现稳定的反卷积，应该用维纳滤波器代替逆滤波器[59]。对于给定的情况，滤波器$\underline{\Psi}_W(f)$ 读作

$$\underline{\Psi}_{W}(f)=\frac{\underline{H}_{C}(f)\cdot\underline{H}_{T}^{*}(f)}{|\underline{H}_{T}(f)|^{2}+\beta_{W}|\underline{H}_{T}(f)|^{-2}} \tag{9.46}$$

其中噪声与信号比NSR(f) 假设为$\beta_{W}|\underline{H}_{T}(f)|^{-2}$。因子$\beta_{W}$用于估计噪声的光谱能量密度，$\underline{H}_{T}^{*}(f)$ 表示$\underline{H}_{T}(f)$ 的共轭复数。注意，这个调节过滤器试图校正$\underline{H}_{C}(f)$ 和$\underline{H}_{T}(f)$ 之间的相位差。然而，由于随后应用的脉冲压缩对相位失配非常敏感，这种校正可能降低编码激励信号的质量。通过保持$\underline{U}_{I}(f)$ 的相位谱不变，可以在原激励信号 $u_{I}(t)$ 的基础上设计脉冲压缩滤波器。因此，建议将式(9.46)中的复值滤波器改写为实值滤波器

$$\Psi_{W}(f)=\frac{|\underline{H}_{C}(f)\cdot\underline{H}_{T}^{*}(f)|}{|\underline{H}_{T}(f)|^{2}+\beta_{W}|\underline{H}_{T}(f)|^{-2}} \tag{9.47}$$

它专门改变$\underline{U}_{I}(f)$ 中的光谱幅度。因此，调节后的激励信号的频谱$\underline{U}_{IC}(f)$ 为

$$\underline{U}_{IC}(f)=\underline{U}_{I}(f)\frac{|\underline{H}_{C}(f)\cdot\underline{H}_{T}^{*}(f)|}{|\underline{H}_{T}(f)|^{2}+\beta_{W}|\underline{H}_{T}(f)|^{-2}} \tag{9.48}$$

傅里叶逆变换最终在时域产生条件激励信号 $u_{IC}(t)$。

下面仔细地看看调节换能器。超声波换能器的脉冲响应近似等于一个高斯脉冲(图7.23)。因此，还应用这种脉冲建立调节换能器的脉冲响应 $h_{C}(t)$ 模型，其数学形式为[10]

$$h_{C}(t)=e^{-t^{2}/(2\sigma_{c}^{2})}\cos(2\pi f_{c}t) \tag{9.49}$$

用载波频率f_{c} 和定义信号包络持续时间的参数σ_{C}。当f_{c} 等于换能器的中心频率时，σ_{C} 决定换能器的带宽。根据调制定理，当包络光谱被f_{c} 移动时，$h_{C}(t)$ 的频谱$\underline{H}_{C}(f)$ 将对应于其包络$e^{-t^{2}/(2\sigma_{c}^{2})}$ 的频谱。这意味着只需要检查包络的频谱

$$\mathcal{F}\{e^{-t^{2}/(2\sigma_{c}^{2})}\}=\sqrt{2\pi}\,\sigma_{C}\,e^{-2(\pi f\sigma_{c})^{2}} \tag{9.50}$$

计算出$\underline{H}_{C}(f)$ 的 - 6dB 带宽B_{C}^{-6dB}。对于式(9.49) 中的高斯脉冲，B_{C}^{-6dB} 变为

$$B_{C}^{-6dB}=\frac{\sqrt{2\ln 2}}{\pi\sigma_{C}} \tag{9.51}$$

因此，通过适当选择σ_{C} 可以修正调节换能器的带宽。

为了确定合适的激励信号，必须事先设计好调节换能器，即它的脉冲响应$h_{C}(t)$。在试验中，根据实际存在的换能器对，中心频率f_{c} 为 2.29 MHz。理论上，传感器的带宽可以在0 ~ $2f_{c}$之间任意选择。在这里，设置带宽B_{C}^{-6dB} 为$1.1f_{c}$，即2.52MHz。这种经过调节的换能器被用来适应持续时间 T_{chirp} = 150μs 的线性上

调信号，并且与传感器对的中心频率相同。为了得到调节换能器经脉冲压缩后的最低旁瓣电平（见 9.2.4 小节），线性调频带宽应为 $B_{chirp} = 1.14\ B_C^{-6dB} = 2.87MHz$[88]。上行线性调频信号的时间带宽积 TB 近似等于 430。图 9.17(a) 显示了这个线性调频信号，在下面被称为非条件激励信号 $u_I(t)$。用式(9.47) 的实值滤波器 $\Psi_W(f)$ 作为调节滤波器，根据经验确定参数 $\beta_W = 500$，得到图 9.17(b) 所示的调节激励信号 $u_{IC}(t)$。因为 $\Psi_W(f)$ 补偿了换能器的带通特性，所以 $u_{IC}(t)$ 的信号幅值在开始和结束时都有较高的值是不足为奇的。

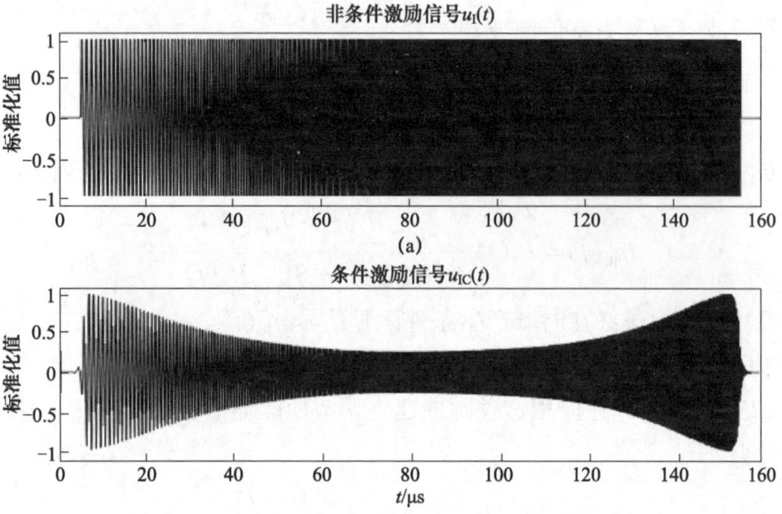

(b)

图 9.17　线性调频信号及其激励信号

（a）超声波发射器的非条件激励信号 $u_I(t)$；（b）由实值 Wiener 滤波器产生的条件激励信号 $u_{IC}(t)$（见式(9.47)）。

将非调节激励信号 $u_I(t)$ 和调节激励信号 $u_{IC}(t)$ 与试验获得的换能器对脉冲响应 $h_T(t)$ 进行卷积。为了比较非调节询问信号 $g_T(t)$ 和调节询问信号 $g_{TC}(t)$，研究了图 9.18(a) 所产生的光谱值 $|\underline{G}_T(f)|$ 和 $|\underline{G}_{TC}(f)|$。可以清楚地看到 $g_{TC}(t)$ 比 $g_T(t)$ 拥有更大的带宽。因此，在调节激励的情况下，超声波测量系统的空间分辨率应该更高。

9.2.4　脉冲压缩

尽管编码激励信号提供了一个高时宽的乘积，但对于研究的超声波测量系统，其信号持续时间仍需要额外的信号处理步骤。图 9.18(b) 显示了测量的接收

器输出 $u_O(t)$ 及其对条件激励信号 $u_{IC}(t)$ 和厚度为 3mm 的钢板的包络。为了同时确定板厚和 SOS，必须知道两个后续多次反射之间的 TOF t_R。由于t_R 比信号持续时间小得多，多次反射会在 $u_O(t)$ 中产生扰动干涉图样。然而，通过适当的解码过程，即通常所说的脉冲压缩，可以从 $u_O(t)$ 中算出t_R。脉冲压缩的主要思想在于消除调频或相位调制信号的相位谱[48]。在此过程中，接收信号被压缩成一个短脉冲，从而使超声波测量系统具有理想的空间分辨率。采用脉冲响应 $h_{PC}(t)$ 的压缩滤波器对 $u_O(t)$ 进行压缩后，得到脉冲压缩波形 $e_{PC}(t) = u_O(t) * h_{PC}(t)$（图 9.14）。所需要的 TOF t_R 最终可以通过 $e_{PC}(t)$ 的包络 $e_{ev}(t)$ 来确定（参见式（7.69））

$$e_{ev}(t) = | e_{PC}(t) + \mathrm{j}\,\mathcal{H}\{e_{PC}(t)\} | \tag{9.52}$$

式中：$\mathcal{H}\{\cdot\}$ 代表希尔伯特算符。时间信号 $e_{ev}(t)$ 此后称为压缩输出。

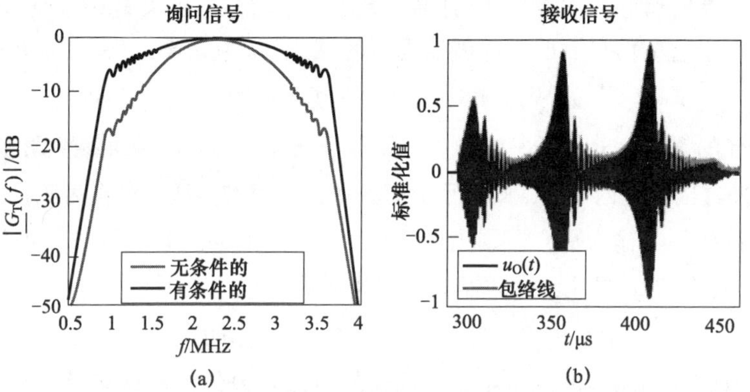

图 9.18　光谱值及钢板的包络

（a）无调节询问信号 $|\underline{G}_T(f)|$ 和调节询问信号 $|\underline{G}_{TC}(f)|$ 的频谱幅度$g_T(t)$ 和$g_{TC}(t)$；

（b）测量接收器输出 $u_O(t)$ 和编码发射器激励（即条件线性调制信号）及厚度为 3mm 的钢板包络线。

对于所研究的超声波测量系统，压缩输出不仅包括信号到达时（如 t_0）的主峰，即主瓣，而且还包括不需要的旁瓣。这些旁瓣起源于脉冲压缩过程，代表伪影。主瓣的半脉冲宽度 T_P 和 dB 中最高旁瓣与主瓣的比值（称为旁瓣电平）是压缩输出的质量特性。当 $T_P < t_R$ 不满足时，两个后续多次反射的主瓣会在 $e_{ev}(t)$ 重叠。另外，较高的SLL值（如SLL =- 15dB）可能产生不可用的压缩输出，因为旁瓣可能被误认为是主瓣。因此，每一种情况都伴随着有关t_R 的识别问题。因此，T_P 和SLL这两个量都需要足够低的值才能可靠地确定板厚和SOS值，特别是在分析具有高 SOS 值的薄板时。

现在仔细看看在雷达成像和超声波成像中已经建立的脉冲压缩[19, 67]。脉冲压缩有各种各样的滤波器，如匹配滤波器、不匹配滤波器及维纳滤波器。不足为奇的是，所选择的压缩滤波器 $h_{PC}(t)$ 对于脉冲压缩的性能起着决定性的作用，因此，很大程度上取决于特定的应用。当线性调制信号被用作激励信号时，分数傅里叶变换(FrFT) 脉冲压缩器也可用于脉冲压缩[20, 38]。然而，对于研究过的超声波测量系统，这种特殊的傅里叶变换并不能提供比传统压缩滤波器更高的空间分辨率和更低的 SLL。这就是将在这里重点讨论匹配、不匹配和维纳滤波器的原因。在不限制通用性的情况下，发射器的输入信号被认为是一个未调节的线性上调制信号。当然，可以为任何一种编码信号设计相同的滤波器。

1. 匹配滤波器

脉冲压缩通常采用匹配滤波器进行，又称相关滤波器或共轭滤波器。为了解释匹配滤波器的概念，假设任意时间信号 $s(t)$ 通过具有已知脉冲响应 $h(t)$ 的信道传输。对于这个信号，匹配滤波器在时间域成为$h_{PC}^{M}(t) = s^*(-t)$，并且

$$\underline{H}_{PC}^{M}(f) = \underline{S}^*(f) = |\underline{S}(f)|\, e^{-j\arg\{\underline{S}(f)\}} \tag{9.53}$$

在$s(t)$ 的频谱为$\underline{S}(f)$ 频率域中[75]，运算符 $\arg\{\cdot\}$ 为复值量的参数(相位)。如果信道既不失真也不延迟 $s(t)$，则对于所有频率，信道的传递函数将为$\underline{H}(f) = 1$，因此，信道输出将与输入重合。因为匹配滤波器是 $\underline{S}(f)$ 的共轭复数，所以它消除了相位 $\arg\{\underline{S}(f)\}$。因此，过滤器输出的频谱为

$$\underline{S}(f)\cdot\underline{H}(f)\cdot\underline{H}_{PC}^{M}(f) = |\underline{S}(f)|^2 \tag{9.54}$$

对于所研究的超声波测量系统，通道的传递函数包括传感器对和它们之间的板的传递特性，即$\underline{H}(f) = \underline{H}_T(f)\cdot\underline{H}_P(f)$。当用匹配滤波器对接收信号$\underline{U}_O = \underline{U}_I(f)\cdot\underline{H}(f)$ 进行脉冲压缩时，脉冲压缩波形 $e_{PC}(t)$ 的频谱$\underline{E}_{PC}(f)$ 将在$\underline{H}_{PC}^{M}(f) = \underline{U}_I^*(f)$ 时得到

$$\underline{E}_{PC}(f) = \underline{U}_O(f)\cdot\underline{H}_{PC}^{M}(f) = \underline{U}_I(f)\cdot\underline{H}(f)\cdot\underline{H}_{PC}^{M}(f) = |\underline{U}_I(f)|^2\cdot|\underline{H}(f)|\, e^{-j\arg\{\underline{H}(f)\}} \tag{9.55}$$

因此，$\underline{E}_{PC}(f)$ 的相位特性仅由$\underline{H}(f)$ 确定。由传感器对和平板组成的信道在 $u_I(t)$ 和 $u_O(t)$ 之间引入了一个时延，它对应于$\underline{H}(f)$ 的线性相位。由于$\underline{E}_{PC}(f)$ 包含 $\arg\{\underline{H}(f)\}$，因此可以通过匹配滤波器恢复时间延迟。换句话说，这种脉冲压缩应该允许 TOF 测量。然而，整个传输系统的任何其他线性或非线性相位失真也将保留在脉冲压缩波形中。这种相位失真主要是由超声波换能器产生的。为了减小 TOF 测量结果的偏差，有必要根据超声波测量系统的询问信号 $g_T(t)$ 设计匹配

滤波器，即$h_{PC}^{M}(t)=g_{T}^{*}(-t)$。脉冲压缩将消除干扰的相位失真，因为它们包含在$g_T(t)$中。这里的问题在于必须事先知道$g_T(t)$。这两个选项都在实际方案中使用。

2. 非匹配滤波器

如前所述，研究的超声波测量系统中，参数T_P和SLL是压缩输出$e_{ev}(t)$决定性的质量特性。一般来说，如果T_P减少，SLL将增加；反之亦然。为了说明这种特性，把矩形函数看作频域中的理想带通。一个具有无限锐边的矩形函数在时域中产生一个 sinc 函数[12]。虽然这样一个函数提供了一个小的T_P，它的 SLL ≈ -13dB，即一个相当高的值(图 9.19(b))。当压缩输出与 sinc 函数重合时，超声波测量系统将具有出色的空间分辨率，但是由于旁瓣的存在，在$e_{ev}(t)$中分离两个后续的多次反射可能会有问题。

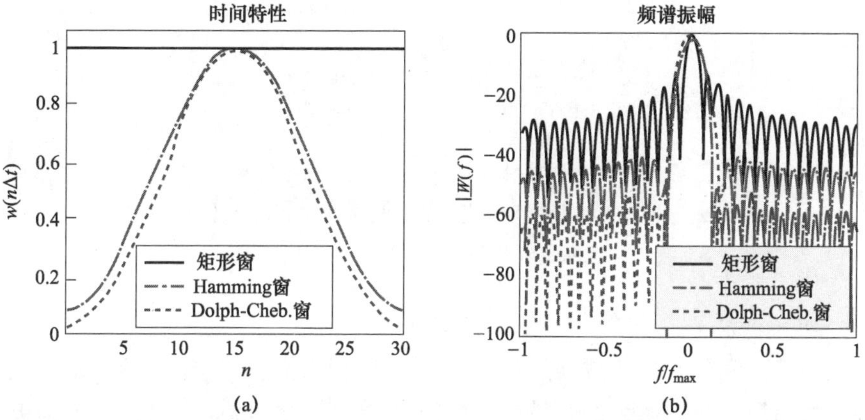

图 9.19 窗函数及其对应频谱

(a) 长度为 31 个样本的矩形窗、Hamming 窗和 Dolph - Chebyshev 窗的离散时间函数$w(n\Delta t)$
(为 SLL = 60dB 设计的 Dolph - Chebyshev；采样指数n；采样时间Δt)；
(b) 对应的频域谱值$|\underline{W}(f)|$(频轴归一化为最大f_{max})。

为了降低 SLL，必须对频带边缘进行平滑处理。在实际中，边缘平滑可以通过在频域中应用适当的滤波器或加窗来实现，这意味着在时域中使用了适当的窗函数[48]。实际上，存在各种有时间限制的窗函数，甚至还有像 Hamming 窗一样的实值窗函数$w(t)$(图 9.19)，它的频谱窗函数$W(f)$也是实值的，并且显示主瓣窄、旁瓣低[39]。由于傅里叶变换函数的对偶性(图 9.20)，在频域中，受频率限制的、实值的甚至窗函数$W(f)$也是如此。由此产生的时间信号$w(t)$再次表现出主瓣窄和副瓣低的特点。在这里处理的是具有高时间带宽乘积的线性调制信号

(即 $TB \gg 1$)，其光谱大小与信号的包络形状有关[68]。因此，边缘平滑可以通过一个合适的窗口在时域或频域进行。然而，由于实际原因(如滤波器的实现)，在时间域中执行加窗操作通常更为方便。由于 Dolph - Chebyshev 窗口最适合在降低 SLL 的同时保持空间分辨率，因此将把该窗口用于考虑的超声波测量系统。

从系统的角度来看，可以对传输线的每一部分加窗 $w(t)$，如应用于传输前换能器激励 $u_I(t)$。如果在与 $u_I(t)$ 有关的脉冲压缩过程中进行加窗操作，则压缩滤波器将在时域内变为

$$h_{PC}^{MM}(t) = u_I^*(-t) \cdot w(t) \tag{9.56}$$

由此产生的脉冲响应滤波器$h_{PC}^{MM}(t)$ 通常被称为非匹配滤波器。通过将 $w(t)$ 应用于 $u_I(t)$ 或 $g_I(t)$，可进一步降低压缩输出 $e_{ev}(t)$ 中的 SLL。

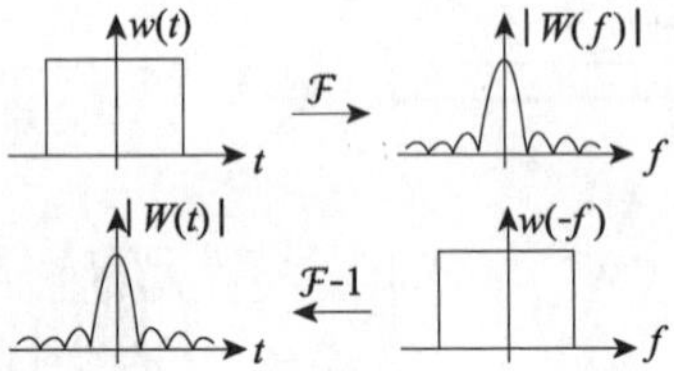

图 9.20　傅里叶变换的对偶性(从时间域到频域的傅里叶变换$\mathcal{F}$；从频率域到时间域的傅里叶逆变换$\mathcal{F}^{-1}$)

3. 维纳滤波器

作为匹配和非匹配滤波器的替代方法，脉冲压缩可以通过反卷积来实现。本书提出的超声波测量系统主要是利用接收器输出 $u_O(t)$ 的超声波信号重构被测板的脉冲响应 $h_P(t)$，以确定板厚和SOS。利用询问信号$g_T(t) = u_I(t) * h_T(t)$，接收器输出为 $u_O(t) = g_T(t) * h_P(t)$(参见式(9.40))。对于这种情况，传统的反卷积方法也称为反向过滤，在时间域和频域分别读取为

$$h_P(t) = u_O(t) * g_T^{-1}(t) \xrightarrow{\mathcal{F}} \underline{H}_P(f) = \frac{\underline{U}_O(f)}{\underline{G}_T(f)} \tag{9.57}$$

表达式$\underline{H}_P(f)$、$\underline{G}_T(f)$ 和$\underline{U}_O(f)$ 再次代表相应的频谱。根据 9.2.3 小节，超声波换能器通常具有带通特性，这也出现在 $g_T(t)$。因此，用反滤波器进行反卷积就变得不稳定(参见式(9.45))。然而，如果改用维纳滤波器时，将实现稳定的反卷积，并尽可能地抑制噪声。用于脉冲压缩的维纳滤波器采用的形式为(参见式(9.46))

$$\underline{H}_{PC}^{W}(f)=\frac{\underline{G}_{T}^{*}(f)}{|\underline{G}_{T}(f)|^{2}+1/\mathrm{SNR}(f)} \tag{9.58}$$

式中：SNR(f) 对$\underline{G}_T(f)$ 的频率相关的信噪比①进行了评价。根据脉冲压缩的要求，由于$\underline{G}_T(f)\cdot\underline{G}_T^*(f)=|\underline{G}_T(f)|^2$ 成立，分子消除了询问信号的相位谱。对于无噪声频谱分量，维纳滤波器的性能类似于逆滤波器，但在信号能量较低的情况下，与匹配滤波器相似。因此，滤波信号的带宽随着反滤波的增加而增加。因此，与传统的匹配滤波相比，设计良好的维纳滤波器提高了成像系统的分辨率。

实现维纳滤波器的困难在于必须知道 $1/\mathrm{SNR}(f)=\mathrm{NSR}(f)$ 或者至少是一个合适的估计值。由于实际的 SNR(f) 通常是未知的，通常认为它在频率上是恒定的。关系式为

$$1/\mathrm{SNR}_0=\mathrm{NSR}_0=\beta_W\ |\underline{G}_T(f)|_{\max}^2 \tag{9.59}$$

式中：因子$\beta_W=10^{-2}$ 和光谱量级的最大值$|\underline{G}_T(f)|_{\max}$ 代表一个估计值，这在实际应用中经常使用[41, 71]。对于已实现的超声波测量系统，通过经验确定了 $1/\mathrm{SNR}_0=\mathrm{NSR}_0$。

维纳滤波器往往会产生具有大约一个矩形形状的光谱幅值$|\underline{E}_{PC}(f)|$的脉冲压缩波形 $e_{PC}(t)$。然而，$|\underline{E}_{PC}(f)|$的尖锐边缘将伴随着压缩输出 $e_{ev}(t)$ 的高 SLL，这将导致多次反射的分离问题。因此，应该在频域中借助适当的窗函数 $w(f)$ 进行边缘平滑[48]。为此，建议再次使用与激发信号 $u_I(t)$ 的带宽重叠的频移和拉伸的 Dolph - Chebyshev 窗口。最后得到在频域中适用于脉冲压缩的维纳滤波器，即

$$\underline{H}_{PC}^{WW}(f)=\frac{w(f)\cdot\underline{G}_{T}^{*}(f)}{|\underline{G}_{T}(f)|^{2}+\mathrm{NSR}_0} \tag{9.60}$$

窗函数具有带限和稳定的反卷积特性。基于这个事实，当适当地选择 $w(f)$，特别是它的带宽被适当选择时，能够省略式(9.60) 中的 NSR_0。由此产生的脉冲压缩滤波器可以解释为带限逆滤波器。

9.2.5　试验

本小节将解释实现的测量装置的主要部分。此外，还将讨论所实现的超声波测量系统对不同的发射器激励和脉冲压缩滤波器的轴向点扩展函数。最后，给出

---

①　信噪比 SNR(f) 是信噪比 NSR(f) 的倒数，即 $\mathrm{SNR}(f)=1/\mathrm{NSR}(f)$。

了不同厚度板和板材的测量结果(即 d_P 和c_P)，并与参考值进行了比较。

1. 测量装置

图 9.21 说明了测量装置的主要部分，这是由传感器技术(Friedrich - Alexander - University Erlangen Nuremberg)主席设计的。浸在水中的两个相同的活塞式换能器(Olympus V306[77])用作超声波发射器和超声波接收器。有源元件直径为$2R_T = 12.7$mm的压电换能器的标称中心频率$f_c = 2.25$MHz，在脉冲回波模式下提供 - 6dB 带宽$B_C^{-6dB} = 1.38$MHz，即分数带宽为61.5%。为了避免近场效应的影响，两个换能器之间的几何距离l大于近场距离$N_{near} \approx R_T^2 / \lambda_{aco} \approx 60$mm。利用功率放大器，以信号幅度$\hat{u}_I$高达50V激励超声波发射器，产生的声压波经过水路以及研究的平板传播后，到达超声波接收器。采用数字存储示波器(Tektronix dpo7104c[100])在200MHz的采样频率下采集接收器输出$u_O(t)$。平均50个记录的波形可以保证合理的信噪比。

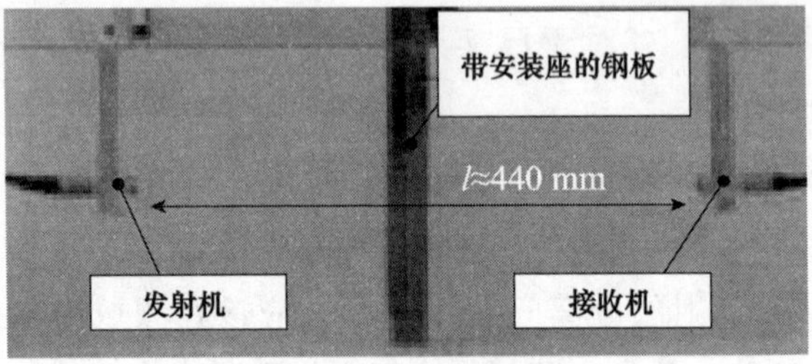

图 9.21　测量装置的主要部分(包括浸入水中的活塞式超声波发射器和接收器(Olympus V306)，被测板采用特殊安装方式固定)

如9.2.1小节所述，同时测定板内的板厚d_P和SOS c_P需要一个没有板的参考测量。在研究板之前，只需一次参考测量，即可达到水中的SOS c_W以及从发射器到接收器传播的超声波的TOF t_W。为此，超声波接收器被安装在一个线性平移轴(Physik Instrumente M - 531 DG[81])，以实现两个传感器之间的几何距离l精确变化。通过计算l中明显变化Δl的时间差Δt_W，可以用$c_W = \Delta l / \Delta t_W$可靠地测量水中的SOS。当然，对于参考测量和随后的平板测量，采用相同的激励信号和信号处理步骤是很方便的。在本例中，结果量为$c_W = 1488\text{ms}^{-1}$和$t_W = 294.5\mu\text{s}$，这导致超声波换能器的几何距离$l \approx 440$mm，即$l \gg N_{near}$。

2. 轴向点扩展函数

点扩展函数(PSF)通常表示成像系统的决定性量，因为它提供了关于系统可达到的空间分辨率的信息[14, 40, 99]。对于所研究的超声波测量系统，在接收端只出现直接发射的信号 $p_{0\sim}(t)$ 时，即在发射器和接收器之间没有板时，轴向 PSF 将等于信号处理产生的波形。这相当于无限薄板的压缩输出 $e_{ev}(t)$。由于压缩输出不包含任何多次反射，可以直接从 $e_{ev}(t)$ 推导出可达到的空间分辨率 T_P 和 SLL。

图 9.22 显示了已实现的测量装置的 3 个轴向点扩展函数。第一个 PSF 是指系统脉冲响应的包络 $h_T(t)$（即换能器对的脉冲响应），它来自脉冲形状的发射器激励产生的，通常用于超声波测量。第二个 PSF 采用非匹配滤波器 $h_{PC}^{MM}(t) = u_I(-t) \cdot w(t)$（参见式(9.56)）进行脉冲压缩。第三个 PSF 采用维纳滤波器 $\underline{H}_{PC}^{WW}(f)$（参见式(9.60)）。在这两种情况下，通过针对 SLL =- 35dB 的 Dolph - Chebyshev 窗口 $w(t)$ 和 $w(f)$ 进行旁瓣电平降低。此外，调节线性调频信号 $u_{IC}(t)$ 作为第二和第三 PSF 的发射器激励。通过对 3 种滤波器的比较，发现改进后的维纳滤波器使主瓣最窄，从而使超声波测量系统具有最佳的空间分辨率。这一结果可以归因于 $\underline{H}_{PC}^{WW}(f)$ 的滤波特性，它对应于激励信号带宽内的一个逆滤波器。此外，由于使用了 Dolph - Chebyshev 窗口 $w(f)$，维纳滤波器提供了最低的 SLL。与基于无调节线性调频信号 $u_I(t)$ 设计的非匹配滤波器相比，由于 $\underline{H}_{PC}^{WW}(f)$ 是基于询问信号 $g_T(f)$ 设计的，因此维纳滤波器的 PSF 是对称的。

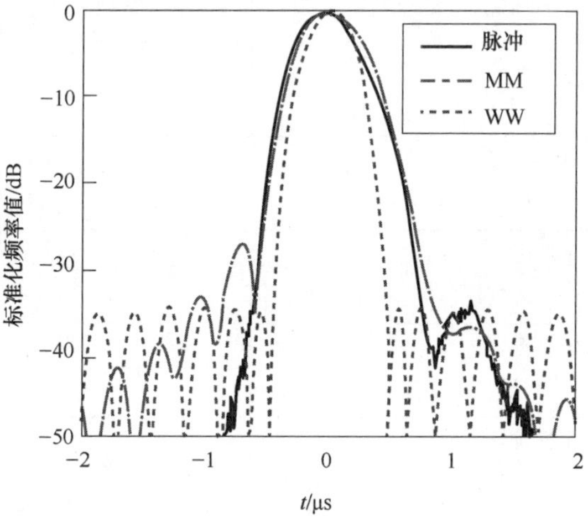

图 9.22 脉冲型发射器激励和非匹配滤波器(MM) $h_{PC}^{MM}(t) = u_I(-t) \cdot w(t)$ 和自适应维纳滤波器(WW) $\underline{H}_{PC}^{WW}(f)$ 压缩后调节线性调频激励信号的归一化轴向点扩展函数(见彩插)

除了上述的激励信号和脉冲压缩滤波器的组合外，还存在其他各种组合，因此，产生不同的 PSFs 和不同的 T_P 和 SLL 值。这是根据对发射机激励进行的调节（见 9.2.3 小节）得出的。由于实值调节滤波器 $\Psi_W(f)$（参见式(9.47)）专门修正了无调节调制信号的频谱幅值，因此可以根据调节和无调节激励信号设计脉冲压缩滤波器。表 9.1 包含选定组合的测量值。注意，空间分辨率 T_P 被归一化为 δ_P =0.59μs，这表示所使用的超声波换能器的脉冲形激励所能达到的空间分辨率。

表 9.1　不同激励信号(即无调节激励 $u_I(t)$ 或调节激励 $u_{IC}(t)$)和脉冲压缩滤波器的空间分辨率 T_P 以及最高旁瓣电平 SLL 的比较(数值为测量的 PSFs)

激励信号	压缩滤波器	T_P/δ_P	SLL/dB
脉冲	—	1	-33.9
$u_I(t)$	匹配：$h_{PC}^{M}(t) = u_I(-t)$	1.06	-28.0
	非匹配：$h_{PC}^{MM}(t) = u_I(-t) \cdot w(t)$	1.32	-34.1
	自适应维纳：$\underline{H}_{PC}^{WW}(f)$	0.80	-34.8
$u_{IC}(t)$	匹配：$h_{PC}^{M}(t) = u_{IC}(-t)$	0.66	-7.5
	非匹配：$h_{PC}^{MM}(t) = u_{IC}(-t) \cdot w(t)$	0.86	-14.5
	非匹配：$h_{PC}^{MM}(t) = u_I(-t)$	0.83	-14.5
	非匹配：$h_{PC}^{MM}(t) = u_I(-t) \cdot w(t)$	1.09	-27.3
	非匹配：$h_{PC}^{MM}(t) = g_T(-t)$	0.95	-29.4
	非匹配：$h_{PC}^{MM}(t) = g_T(-t) \cdot w(t)$	0.99	-30.6
	自适应维纳：$\underline{H}_{PC}^{WW}(f)$	0.80	-34.8

首先，仔细研究一下测得的 PSFs 中的预期空间分辨率。非匹配滤波器 $h_{PC}^{MM}(t)$ 的线性调频信号 $u_I(t)$ 具有最差的空间分辨率，而匹配滤波器 $h_{PC}^{M}(t)$ 的线性调频信号 $u_{IC}(t)$ 具有最好的空间分辨率。由此可以得出结论，第二种组合应该是实现超声波测量系统的最佳组合。然而，-7.5dB 的极高的 SLL 为在将多次反

射和直接传输信号分开时会引起显著的问题，这对于确定板厚和SOS是绝对必要的。此外，值得注意的是，$u_{IC}(t)$ 与非匹配滤波相结合并不能显著提高空间分辨率，尽管获得的分辨率总是优于 $u_I(t)$ 情况。然而，由于时间带宽积 TB 需要取高值，因此与脉冲激励相比，压缩输出的SNR值增加。表格各项还表明，无论匹配还是非匹配的筛选，$u_I(t)$ 始终在PSF中提供比 $u_{IC}(t)$ 更好的SLL。这是由于调节滤波器 $\Psi_W(f)$ 和窗函数 $w(t)$ 对SLL降低的相反特性。当 $\Psi_W(f)$ 倾向于增强带边时，而 $w(t)$ 则用于平滑带边。最后需要指出的是，自适应维纳滤波器 $\underline{H}_{PC}^{WW}(f)$ 的脉冲压缩几乎与激励信号无关，因为该滤波器在 $w(f)$ 的频带内起到了逆滤波器的作用。与其他激励信号和脉冲压缩滤波器组合相比，高功率波形 $\underline{H}_{PC}^{WW}(f)$ 产生了最佳的 T_P 和SLL值。

3. 测量结果

利用已实现的测量装置分析不同厚度和材料(如钢)的平板。在将板材厚度 d_p 和SOS c_p 的测定值与参考值进行比较之前，首先讨论不同厚度钢板的压缩输出 $e_{ev}(t)$。图9.23所示为标称板厚为3.0mm、2.0mm和1.5mm的 $e_{ev}(t)$。正如图9.22所示，调节调制信号 $u_{IC}(t)$ 作为发射器激励。通过非匹配滤波器 $h_{PC}^{MM}(t) = u_I(-t) \cdot w(t)$ 或自适应维纳滤波器 $\underline{H}_{PC}^{WW}(f)$ 进行脉冲压缩。为了同时测定 d_p 和 c_p，直接透射波和多次反射波在 $e_{ev}(t)$ 中产生明显的最大值是必不可少的。两种压缩滤波器都能够在 $d_p = 3.0$mm 和 $d_p = 2.0$mm 时分离这些最大值。然而，在最薄的钢板(即 $d_p = 1.5$mm)情况下，非匹配滤波器进行最大值的识别，因此，不能计算 d_p 和 c_p。相反，自适应维纳滤波器产生的压缩输出包含可分离的最大值。

为了利用已实现的超声波测量系统实际测量板厚 d_p 和SOS c_p，需要计算出压缩输出 $e_{ev}(t)$ 中的TOFs t_0 和 t_R。通过算法来求出包含这些信息的归一化 $e_{ev}(t)$ 中的最大值。为了避免检测旁瓣，只有在超过0.15时才考虑归一化最大值。通过计算所有连续最大值之间的时间差的平均值来估算TOFs t_R。结合 c_W 和 t_W 参数，最终可以通过式(9.25)和式(9.26)同时确定目标量 d_p 和 c_p。

图9.24(a)和图9.24(b)分别显示了 d_p 和 c_p 的结果。总地来说，对7块尺寸为250mm×150mm×d_p 的钢板进行了研究。这些板材由钢、铝或聚甲基丙烯酸甲酯(PMMA)制成。同样，将非匹配滤波器 $h_{PC}^{MM}(t) = u_I(-t) \cdot w(t)$ 和自适应维纳滤波器 $\underline{H}_{PC}^{WW}(f)$ 用于脉冲压缩。给定的百分比值与参考值的相对偏差有关，这些参考值显示为水平线。当千分尺螺钉作为 d_p 的参考值时，c_p 的参考值由标准TOF测量确定(图5.8(d))，该测量值由压电接触换能器在研究板内产生纵波确定。有源元件直径 $2R_T = 6.4$mm 的接触式换能器(Olympus V112[77])的标称中心频率为

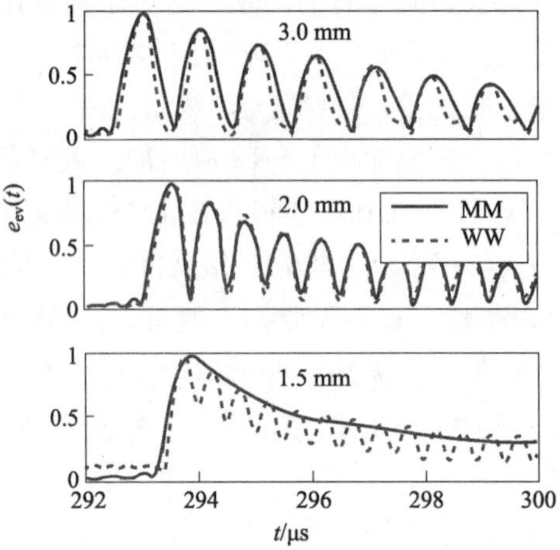

图 9.23　3 种不同厚度钢板的归一化压缩输出 $e_{ev}(t)$、非匹配滤波器（MM）$h_{PC}^{MM}(t) = u_1(-t) \cdot w(t)$ 和自适应维纳滤波器（WW）$\underline{H}_{PC}^{WW}(f)$ 进行的脉冲压缩

$f_c = 10$MHz，因此，提供了较小的波长。因此，与参考值的相对偏差可以解释为超声波测量系统的相对测量误差。除了最薄的钢板（即 $d_p = 1.5$mm）外，调节线性调频激励 $u_{IC}(t)$ 和非匹配滤波器的组合可以得到可靠的 d_p 和c_p 的测量结果。维纳滤波器还可以测定这个钢板，因为 $e_{ev}(t)$ 中的最大值仍然可以分离（图 9.23）。对于两种压缩滤波器，d_p 和c_p 与参考值的最大相对偏差都在 ±3% 之内。

总之，通过所研究的超声波测量系统（基于透射传输模式，即被研究板位于发射器和接收器之间），能够同时确定板厚度和声速。薄板的特性要求测量系统具有出色的空间分辨率，这与使用过的超声波换能器的高中心频率和大带宽密切相关。为了最大限度地利用可用带宽，获得合理的接收信号信噪比 SNR，采用线性上调频信号作为编码发射器的激励信号。通过在发送前调节激励信号，可以增强传感器带宽上、下边缘的频谱成分。然而，由于编码激励信号的持续时间长，往往需要采用脉冲压缩的方法。在目前，通过匹配滤波器、错匹配滤波器以及自适应维纳滤波器进行脉冲压缩。通过对不同脉冲压缩滤波器的比较可以看出，采用维纳滤波器的测量系统性能最好。值得注意的是，可以测量的板厚低至板内波长的 60%。

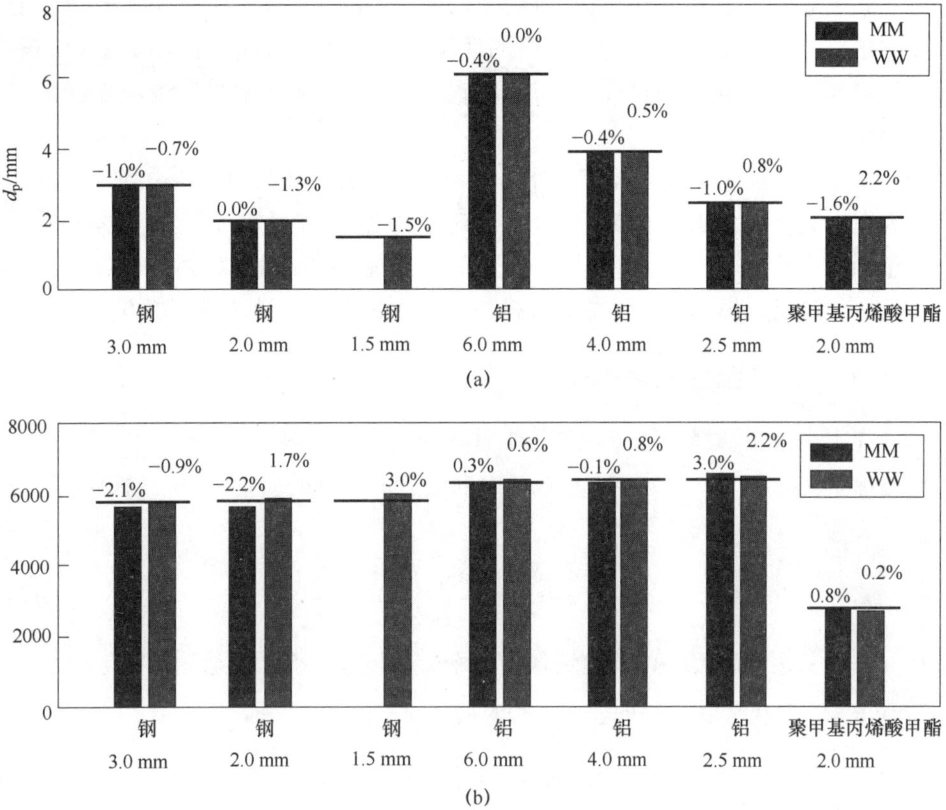

图 9.24 不同板材和板厚度 d_p 和 SOS c_p 的比较(非匹配滤波器(MM) $h_{PC}^{MM}(t) = u_I(-t) \cdot w(t)$ 和自适应维纳滤波器(WW) $\underline{H}_{PC}^{WW}(f)$ 进行的脉冲压缩；与参考值的相对偏差为百分比值)

(a) 板厚；(b) SOS 内板。

9.3 流体流量

流体流量计量配准是过程测量技术的一个重要分支。各种技术和工业应用要求精确获取流体(即液体或气体)通过管道的质量流量和体积流量。例如，对于工业来说，测量流经管道的油量是非常重要的，对于驾驶员来说，了解在加油站获得的燃料的量也是非常重要的。此外，用水量对私人家庭来说也是重要的量。由于流量测量应用的多样性和取值范围的广泛性，存在着大量不同的测量原理[30, 106]。基本上，可以分为质量流量和体积流量的直接和间接测量方法。顾名思义，直接方法可以立即提供通过管道的质量流量或体积流量，而间接方法则需要管道截面来确定所需的数量。直接测量方法有位移流量计和科里奥利流量计。而涡轮流量计、涡流顶流量计、磁流量计及超声波流量计都属于间接测量方法。

接下来主要研究超声波流量计，因为这些流量计通常利用压电换能器发射和接收超声波。在9.3.2小节研究超声波流量计的基本测量原理之前，先研究流体流量测量中重要的物理量。9.3.3小节介绍了超声波流量计发射器和接收器的典型配置。最后，提出了一种能有效模拟夹持式超声波流量计的模拟方法。

9.3.1 流体流量测量基础

在本小节中解释流体流量测量中重要的物理量和超声波流量计的基本关系。质量流量$\dot{m}_F(t)$（单位kg s^{-1}）是单位时间通过的流体的质量$m_F(t)$，因此，$\dot{m}_F(t)$被定义为

$$\dot{m}_F(t) = \lim_{\Delta t \to 0} \frac{\Delta m_F(t)}{\Delta t} = \frac{dm_F(t)}{dt} \tag{9.61}$$

假设一个等密度ϱ_0的均匀流体沿一个方向流过一个圆形管道（内截面A_p），流速$v_F(r, t)$取决于管内径向位置r和时间，$\dot{m}_F(t)$为

$$\dot{m}_F(t) = \varrho_0 \int_{A_P} v_F(r,t)\,dA \tag{9.62}$$

除了质量流量外，体积流量$\dot{V}_F(t)$（单位 m^{3}s^{-1}）也是流体流量测量中重要的物理量。其为

$$\dot{V}_F(t) = \lim_{\Delta t \to 0} \frac{\Delta V_F(t)}{\Delta t} = \frac{dV_F(t)}{dt} = \int_{A_P} v_F(r,t)\,dA \tag{9.63}$$

因此，单位时间通过管道内的流体体积为$v_F(r, t)$。对于等密度的均匀流体，根据$\dot{m}_F(t) = \varrho_0 \dot{V}_F(t)$，存在体积流量与质量流量的简单关系。

一般的超声波流量计不能提供沿管道截面流体的空间分辨流量$v_F(r,t)$。实际上，一般只能确定平均流速$\bar{v}_F(t)$，它表示超声波传播路径上$v_F(r,t)$的平均值（见9.3.2小节）。在详细分析之前，有必要进一步引入管道截面A_P的平均面积速度$\bar{v}_A(t)$。体积流量$\dot{V}_F(t)$和$\bar{v}_A(t)$的关系为

$$\dot{V}_F(t) = \bar{v}_A(t)\,A_P \tag{9.64}$$

代入式(9.63)，$\bar{v}_A(t)$变为

$$\bar{v}_A(t) = \frac{\dot{V}_F(t)}{A_P} = \frac{1}{A_P}\int_{A_P} v_F(r,t)\,\mathrm{d}A = \frac{2}{R_{Pi}^2}\int_0^{R_{Pi}} v_F(r,t)\,r\mathrm{d}r \tag{9.65}$$

式中：R_{Pi} 为圆管内径。根据平均面积流速，平均流速$\bar{v}_F(t)$ 被定义为

$$\bar{v}_F(t) = \frac{1}{R_{Pi}}\int_0^{R_{Pi}} v_F(r,t)\,\mathrm{d}r \tag{9.66}$$

不会直接导出管道内的体积流量。为此，应该仔细研究两种速度的比 k_v，其形式为

$$k_v = \frac{\bar{v}_A(t)}{\bar{v}_F(t)} = \frac{2}{R_{Pi}}\frac{\int_0^{R_{Pi}} v_F(r,t)\,r\mathrm{d}r}{\int_0^{R_{Pi}} v_F(r,t)\,\mathrm{d}r} \tag{9.67}$$

并且它总是小于1。当 k_v 已知时，可以通过$\bar{v}_F(t)$ 计算 $\dot{V}_F(t)$，即

$$\dot{V}_F(t) = k_v\,\bar{v}_F(t)\,A_P \tag{9.68}$$

然而，问题在于 k_v 的比值与流体的流量曲线强相关[36,62]。对于直列式超声波流量计（见 9.3.3 小节），因为测量点（传感器和管道）的布置是众所周知的，所以可以提前校准测量系统。目的是确定测量的平均流量$\bar{v}_F(t)$ 和体积流量 $\dot{V}_F(t)$ 之间的关系。相比之下，通常不能准确地知道夹持式超声波流量计的布局，因为它代表了一种非侵入性的结构。不过，如果已知管道内的流量曲线，应该可以估算出 k_v[84]。由于流动曲线本身取决于流体的平均流量$\bar{v}_F(t)$，因此在流量测量过程中必须迭代计算 k_v。在此过程中，可以近似地得到实际存在的流量曲线。此时，雷诺数 Re（流体力学中的一个重要的无量纲量）起着重要作用。对于圆管内的流量，雷诺数定义为①

$$Re = \frac{\varrho_0\,\bar{v}_F D_{Pi}}{\eta} \tag{9.69}$$

式中：管道的内径为 $D_{Pi} = 2R_{Pi}$；η 为流体的动黏度。

表 9.2 包含了空间分辨流速$v_F(r)$ 的基本数学关系以及 3 种不同特征流量曲线的计算结果 k_v，这些特征流量曲线通常用来近似圆管内的实际流量曲线。流量曲线分别为幂律流速曲线、对数流速曲线和抛物线流速曲线[36]。因为数学关系中的参数n_v 是雷诺数的函数，这些速度曲线都取决于雷诺数。显然，n_v 以不同的方式修改这 3 个速度曲线，因此，将它们比较相同的参数值是没有意义的。

① 为了紧凑起见，在下文中省略自变量时间 t。

表 9.2　计算结果(管道内流体速度$v_F(r)$与径向位置$\boldsymbol{r}$的关系、平均面积速度$\bar{v}_A$与平均流量$\bar{v}_F$的比值$k_v=\bar{v}_A/\bar{v}_F$、管道内径R_{Pi}、$v_F(r)$的最大值为v_{max}、不同速度曲线的参数n_v取决于雷诺数)

速度分布	流体速度$v_F(r)$	比值k_v
幂律	$v_{max}\left[1-\frac{r}{R_{Pi}}\right]^{\frac{1}{n_v}}$	$\frac{2n_v}{2n_v+1}$
对数	$v_{max}\left[1+n_v\ln\left(1-\frac{r}{R_{Pi}}\right)\right]$	$\frac{1-\frac{3}{2}n_v}{1-n_v}$
抛物线	$v_{max}\left[1-\left(\frac{r}{R_{Pi}}\right)^{2n_v}\right]$	$\frac{2n_v+1}{2(n_v+1)}$

抛物线形速度曲线($n_v=1$)描述了管内层流的流动曲线,这意味着流体在平行层中流动而各层之间没有任何干扰[25]。当$Re<2300$时就会出现层流,而当$Re>4000$时则会出现湍流。这种湍流暗示了压力和速度的混沌变化,相应的速度曲线为$n_v>5$的抛物线。当流体流动的雷诺数在2300~4000时,通常称为过渡流。图9.25显示了管道内不同n_v值的归一化抛物线速度曲线。

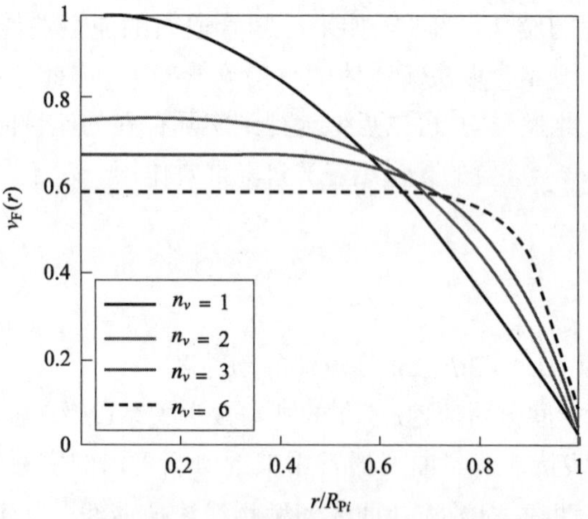

图9.25　内径为R_{Pi}相对于参数n_v的归一化的抛物线速度曲线$v_F(r)$(表9.2);每个速度曲线具有相同的体积流量$\dot{V}_F$即相同的平均面积速度$\bar{v}_A$(见彩插)

9.3.2 超声波流量计的测量原理

本节将说明传播时间流量计和多普勒超声波流量计的基本测量原理。这两类流量计经常用在使用超声波进行流体(即液体和气体)的流量测量的技术中应用。此外,将简要研究散斑跟踪超声波流量计,该流量计可以确定管道内部的速度曲线。其他类型的超声波流量计,如 tag 相关法流量计,将在文献[3,62]中讨论。

1. 传播时间流量计

超声波流量计主要是基于传播声波的“意外效应”,即利用声波在流动方向上的传播速度快于逆流的传播速度[30,36]。这种意外效应的利用特别适用于流体,因为流体对于入射超声波只有少量的散射粒子。为了说明测量原理,假设一个由两个超声波换能器(T1 和 T2)和一个流动均质流体的圆管(内径 D_{Pi})组成的结构。如图 9.26(a)所示,两个换能器的连接线与管道轴线围成角β_F,因此,这条连接线与垂直于管轴的角度$\alpha_F = 90° - \beta_F$。根据“意外效应”,声速在流动方向和反方向将变为(平均流量$\bar{v}_F$)

$$c_{down} = c_F + \bar{v}_F\cos\beta_F = c_F + \bar{v}_F\sin\alpha_F = c_F + v_{\parallel} \tag{9.70}$$

$$c_{up} = c_F - \bar{v}_F\cos\beta_F = c_F - \bar{v}_F\sin\alpha_F = c_F - v_{\parallel} \tag{9.71}$$

如果静止流体中的声速(即无流动,$\bar{v}_F = 0$)为c_F。c_{down}和c_{up}分别表示下游和上游的声速。式(9.70)和式(9.71)中的条件 $\pm\bar{v}_F\cos\beta_F = \pm\bar{v}_F\sin\alpha_F = \pm v_{\parallel}$ 表明声速的流动引起的变化(图 9.26(b))。当$\beta_F = 0°$(即$\alpha_F = 90°$)时,c_{down}和c_{up}的差值取给定的平均流量的最大值。

为了得到$\bar{v}_F$,必须确定声速c_{down}和c_{up},这可以通过分别评估声波在流动方向和逆流方向上传播时间t_{down}和t_{up}来实现。当 T1 作为发射器、T2 作为接收器时,传播时间为t_{down}。在另一种情况下(即发射器 T2 和接收器 T1),可以计算出t_{up}。对于所研究的结构,声波在两个方向覆盖流体内部的几何距离

$$L_F = \frac{D_{Pi}}{\sin\beta_F} = \frac{D_{Pi}}{\cos\alpha_F} \tag{9.72}$$

因此,传播声波的传播时间$t_{down;up} = L_F / c_{down;up}$由①下式得出,即

$$t_{down} = \frac{D_{Pi}}{c_{down}\cos\alpha_F} + t_{delay},\ t_{up} = \frac{D_{Pi}}{c_{up}\cos\alpha_F} + t_{delay} \tag{9.73}$$

① 仅对角度 α_F 给出以下数学关系。

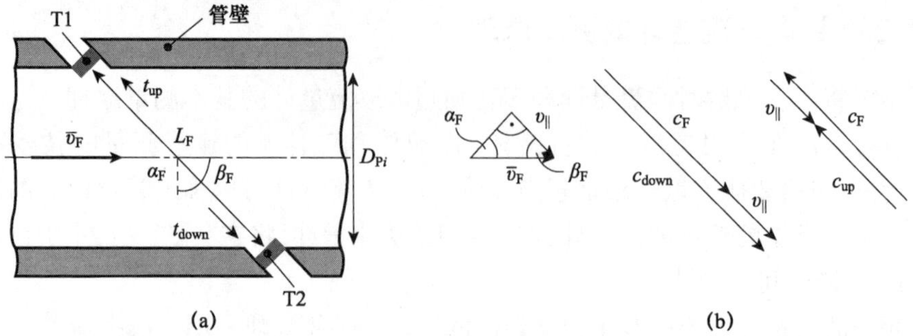

图 9.26　时间流量计测量原理及流速引起的变化

(a) 传播时间超声波流量计的测量原理(传播时间t_{down} 和t_{up} 在下游和上游方向不同;超声波换能器 T1 和 T2);

(b) 平均流量$\bar{v}_F$ 的分量$v_\parallel$ 引起下游和上游方向的声速c_{down} 和c_{up} 的差异。

式中:t_{delay} 为恒定的时间延迟,它与$\bar{v}_F$ 无关,其包括声音在超声波换能器内的传播时间以及获得的电信号的进一步延迟。通过计算两个传播时间的时差 Δt_F,t_{delay} 抵消了,因此不影响$\bar{v}_F$ 的识别值。时差为

$$\Delta t_F = t_{up} - t_{down} = \frac{D_{Pi}}{c_{up}\cos\alpha_F} - \frac{D_{Pi}}{c_{down}\cos\alpha_F} = \frac{D_{Pi}}{\cos\alpha_F}\frac{c_{down} - c_{up}}{c_{down}\,c_{up}} \tag{9.74}$$

在已知超声频率f的情况下,可将其直接转化为相位差 $\Delta\varphi_F = 2\pi f\,\Delta t_F$。如果 c_{down} 和c_{up} 被式(9.70) 和式(9.71) 替换,则式(9.74) 为

$$\Delta t_F = \frac{D_{Pi}}{\cos\alpha_F}\frac{2\,\bar{v}_F\sin\alpha_F}{c_F^2 - \bar{v}_F^2\sin^2\alpha_F} \tag{9.75}$$

由于在基于超声波的流量测量中通常满足$\bar{v}_F \ll c_F$ 的要求,因此可以简化为

$$\Delta t_F \approx \frac{2\,D_{Pi}\,\bar{v}_F\tan\alpha_F}{c_F^2} \tag{9.76}$$

而不会引起重大的偏差。此时,平均流量$\bar{v}_F$ 为

$$\bar{v}_F = \frac{\Delta t_F c_F^2}{2D_{Pi}\tan\alpha_F} \tag{9.77}$$

如果延迟时间t_{delay} 已知或相对较小,也可以利用两个传播时间之和 $\sum t_F$ 来确定$\bar{v}_F$。这个和为

$$\sum t_F = t_{up} + t_{down} = \frac{D_{Pi}}{c_{up}\cos\alpha_F} + \frac{D_{Pi}}{c_{down}\cos\alpha_F} = \frac{D_{Pi}}{\cos\alpha_F}\frac{c_{down} + c_{up}}{c_{down}\,c_{up}} \tag{9.78}$$

替换c_{down}和c_{up}可得

$$\sum t_{\text{F}} = \frac{D_{\text{P}i}}{\cos\alpha_{\text{F}}} \frac{2c_{\text{F}}}{c_{\text{F}}^2 - \bar{v}_{\text{F}}^2 \sin^2\alpha_{\text{F}}} = \frac{2L_{\text{F}}c_{\text{F}}}{c_{\text{F}}^2 - \bar{v}_{\text{F}}^2 \sin^2\alpha_{\text{F}}} \tag{9.79}$$

与式(9.75)一样，由于$\bar{v}_{\text{F}} \ll c_{\text{F}}$，$\bar{v}_{\text{F}}^2\sin^2\alpha_{\text{F}}$可以被忽略。得到$\sum t_{\text{F}} \approx 2L_{\text{F}}/c_{\text{F}}$的关系式结合时间差$\Delta t$，得出平均流量为

$$\bar{v}_{\text{F}} = \frac{c_{\text{F}}}{\sin\alpha_{\text{F}}} \frac{\Delta t_{\text{F}}}{\sum t_{\text{F}}} \tag{9.80}$$

与式(9.77)相比，此式既不需要流体流动的管道的内径$D_{\text{P}i}$，也不需要超声波换能器之间的几何距离L_{F}，但是必须知道时间延迟t_{delay}。然而，当L_{F}已知时，和$\sum t_{\text{F}}$将确定流体的声速c_{F}。这对于在确定$\bar{v}_{\text{F}}$的框架中研究c_{F}的温度相关性特别有用。

图9.27显示了脉冲电激励下且平均流量$\bar{v}_{\text{F}} \neq 0$的传播时间超声波流量计的典型接收信号。$u_{\text{rec}}^{\text{down}}$指的是传感器T2的输出，$u_{\text{rec}}^{\text{up}}$指的是传感器T1的输出。可以清楚地看到，两个接收信号之间存在一定的时差Δt_{F}。特别是在低流速的情况下，$\bar{v}_{\text{F}}$和时间差Δt_{F}很小，如Δt_{F}为几纳秒[7,84]。另外，较大的流量可能会在$u_{\text{rec}}^{\text{down}}$和$u_{\text{rec}}^{\text{up}}$的振幅和信号形状上产生很大差异[52]。基于这些原因，应该用相关法[59]和插值技术[82,108]来精确测定Δt_{F}。可以通过编码的换能器激励信号来实现进一步的改进，如线性调频信号、Barker码和Gold码[48,67]。然而，现有的电能和计算能力以及所使用的超声波换能器主要规定了超声波流量计的过渡时间的可能测量范围。

除了由一个测量部分(即两个超声波换能器)组成常规的传播时间超声波流量计外，还有需要两个甚至更多测量段的各种其他实现方式。环绕式超声波流量计基于两个测量部分(即4个超声波换能器)，这两个部分同时并永久工作[30,36]。其中一部分捕获下游方向，另一部分捕获上游方向。由于声速c_{down}和c_{up}不同，因此产生的传播时间t_{down}和t_{up}也不同。采用脉冲形状的换能器激励，可以区分两种环绕方法，即固定的测量时间和固定的信号循环次数。在每种情况下，接收器都会在一个测量区域内触发发射器，这意味着当声波到达接收器时，发射器将产生一个脉冲形状的声波。下游和上游方向的触发事件数n_{down}和n_{up}与平均流速$\bar{v}_{\text{F}}$间接相关。顾名思义，触发事件在固定的测量时间内对第一种方法进行计数。通过

$$\bar{v}_{\text{F}} = \frac{c_{\text{F}}}{\sin\alpha_{\text{F}}} \frac{n_{\text{down}} - n_{\text{up}}}{n_{\text{down}} + n_{\text{up}}} \tag{9.81}$$

得到了$\bar{v}_{\text{F}}$。由于整数离散化，因此精度在很大程度上取决于单个测量所触发事件

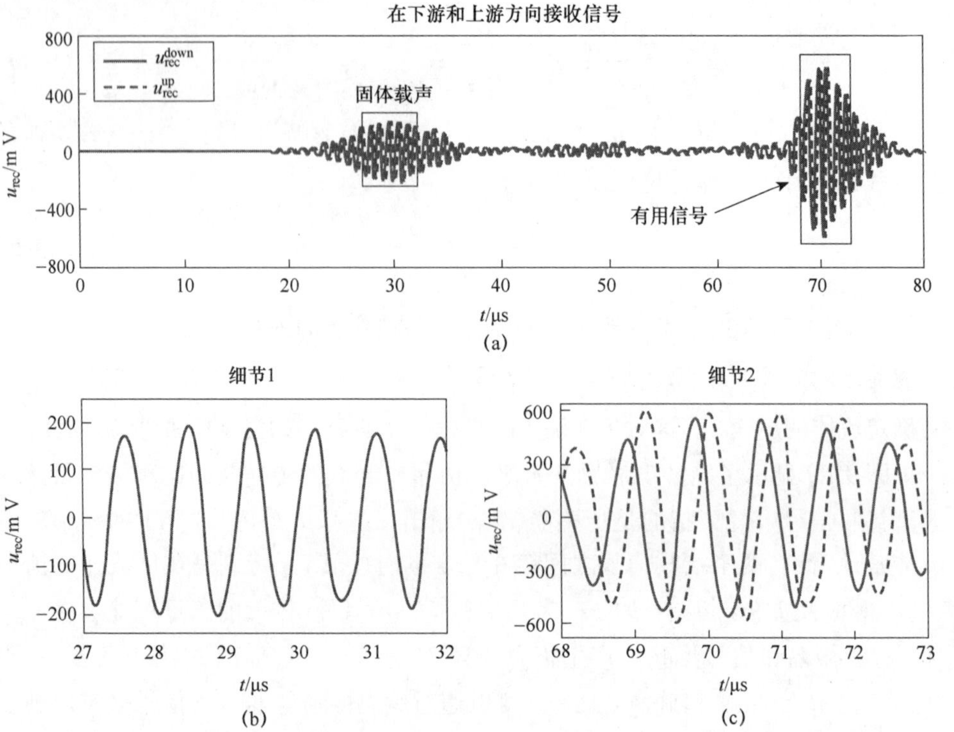

图 9.27　夹持式传播时间超声波流量计接收信号的有限元仿真结果(在 u_{rec}^{down} 和 u_{rec}^{up} 之间提供了确定 $\bar{v}_F$ 的时间差 Δt_F)

(a) 在上、下游方向完整的接收信号 u_{rec}^{down} 和 u_{rec}^{up};(b) 在管壁内固体传播产生的接收信号;(c) 显示所需的信号。

的数量。如果测量的数据量大,测量的时间就长,$\bar{v}_F$ 的结果也就越精确。然而,测量时间过长会阻碍对 $\bar{v}_F$ 的动态测量。第二种方法是基于固定数量的触发事件,即 $n_{down} = n_{up}$。当然,达到该数目的时间间隔 T_{down} 和 T_{up} 在下游方向和上游方向上会有所不同,因为有效声速和传播时间不重合。$\bar{v}_F$ 和时间间隔的关系由下式给出,即

$$\bar{v}_F = \frac{c_F}{\sin \alpha_F} \frac{T_{up} - T_{down}}{T_{up} + T_{down}} \tag{9.82}$$

另一种类型的传播时间超声波流量计利用了 lambda 锁环原理[60]。因此,它也要求在下游方向和上游方向都至少有一个测量部分。由于当 $\bar{v}_F \neq 0$ 时,声速 c_{down} 和 c_{up} 会有所不同,因此在给定的超声波频率 f 下,所产生声波的波长 $\lambda_{down} = c_{down}/f$ 和 $\lambda_{up} = c_{up}/f$ 不重合。lambda 锁环原理的目标是在下游和上游两个方向上保持恒定

的波长。仅当两个流动方向上的超声波频率f_{down}和f_{up}不同时，这个条件才能得到满足，即

$$\lambda_0 = \lambda_{down} = \frac{c_F + \bar{v}_F \sin \alpha_F}{f_{down}} = \lambda_{up} = \frac{c_F - \bar{v}_F \sin \alpha_F}{f_{up}} \tag{9.83}$$

式中：$\lambda_0 = c_F/f$为无流量时的波长。结果在发射和接收信号之间的测量部分获得了相同的相位差$\Delta\varphi_F$。因此，在实际应用中，根据测量部分的相位差来改变f_{down}和f_{up}是有意义的。当$\Delta\varphi_F$值相等时，平均流量为

$$\bar{v}_F = \frac{\lambda_0}{2\sin \alpha_F}(f_{down} - f_{up}) \tag{9.84}$$

一般来说，传播时间超声波流量计应用广泛，在这些应用中，需要在宽的流速测量范围内获得流体的质量流量或体积流率。根据所研究的介质，这种超声波流量计的频率范围通常从40kHz到几兆赫[3,62]。由于声音的衰减，气体的工作频率相当小，而液体的超声波换能器的中心频率是约1MHz液体。特别是在多路径配置的情况下（这意味着有多个测量部分可用于确定流速），传播时间超声波流量计的相对测量误差小于1%。

2. 多普勒流量计

多普勒超声波流量计利用了流动液体中的多普勒效应，而不是意外效应[30,36]。这种超声波流量计特别适用于流体中含有许多散射粒子入射超声波。在详细介绍多普勒超声波流量计的原理之前，简要介绍声波的多普勒效应的基本原理。基本上，可以分为3种不同的标准方案：① 固定发射器和移动接收器；② 固定发射器和固定接收器；③ 用于移动反射器的固定发射器和固定接收器（图9.28）。假设在每种情况下，发射器在声速为c_F的流体中产生频率为f_T的声波。在方案①的情况下，产生的波长λ_T也出现在接收器处，假设它以矢量$\boldsymbol{v}_0$给定的速度向发射器移动。由于这种运动，入射波的有效声速变为$c_F + \boldsymbol{v}_0 \cdot \boldsymbol{e}_{RT}$，因此，关系式（接收端波长$\lambda_R$）为

$$\lambda_T = \frac{c_F}{f_T} = \lambda_R = \frac{c_F + \boldsymbol{v}_0 \cdot \boldsymbol{e}_{RT}}{f_R} \tag{9.85}$$

从接收器到发射器的单位矢量$\boldsymbol{e}_{RT}$保持不变。通过重写式（9.85），接收器处声波的频率f_R变为

$$f_R = f_T\left(1 + \frac{\boldsymbol{v}_0 \cdot \boldsymbol{e}_{RT}}{c_F}\right) \tag{9.86}$$

在方案 ② 的情况下,由于发射器以速度矢量 $\boldsymbol{v}_0$ 向接收器移动,入射声波在固定接收器处的波长$\boldsymbol{\lambda}_R$ 读为(从发射器到接收器的单位矢量 $\boldsymbol{e}_{TR}$)

$$\boldsymbol{\lambda}_R = \boldsymbol{\lambda}_T - \frac{\boldsymbol{v}_0 \cdot \boldsymbol{e}_{TR}}{f_T} \tag{9.87}$$

在$f_R = c_F / \boldsymbol{\lambda}_R$ 中插入这个方程以及$\boldsymbol{\lambda}_T = c_F / f_T$,得到接收器的声音频率为

$$f_R = f_T \left(1 - \frac{\boldsymbol{v}_0 \cdot \boldsymbol{e}_{TR}}{c_F}\right)^{-1} \tag{9.88}$$

如果满足 $|\boldsymbol{v}_0 \cdot \boldsymbol{e}_{TR}| \ll c_F$,则式(9.88) 简化为

$$f_R \approx f_T \left(1 + \frac{\boldsymbol{v}_0 \cdot \boldsymbol{e}_{TR}}{c_F}\right) \tag{9.89}$$

根据式(9.86) 和式(9.89),f_R 仅受到发射器和接收器之间相对速度的影响。如果它们彼此接近,则接收频率f_R 将会更高;否则,将会小于发射频率f_T。

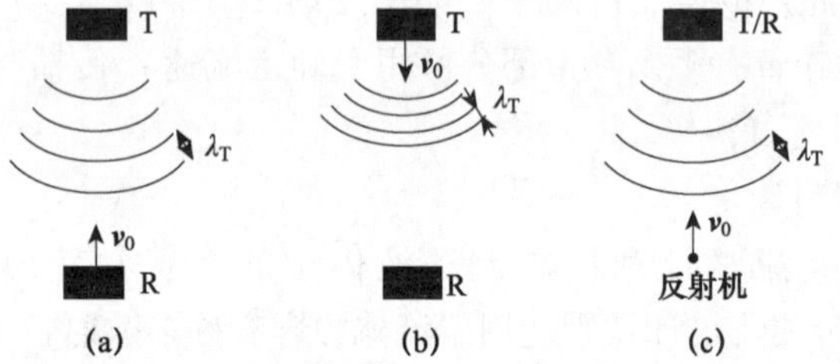

图 9.28　有关多普勒效应的标准方案 T 为发射器;R 为接收器; $\boldsymbol{v}_0$ 为速度矢量
(a) 固定发射器和移动接收器; (b) 移动发射器和固定接收器;
(c) 用于移动反射器的固定发射器 - 接收器。

方案 ③ 涉及位于同一位置的固定发射器和接收器。当反射器以速度矢量 $\boldsymbol{v}_0$ 向发射器 - 接收器组合移动时,则该反射器观测到与式(9.86) 中给出的频率相同。反射器本身作为声波的来源,因此可以看作一个向接收器移动的发射器。接收器反射声波的声频率f_R 由式(9.86) 和式(9.88) 联立可得,即

$$f_R = f_T \frac{1 + \dfrac{\boldsymbol{v}_0 \cdot \boldsymbol{e}_{PT}}{c_F}}{1 - \dfrac{\boldsymbol{v}_0 \cdot \boldsymbol{e}_{PR}}{c_F}} \tag{9.90}$$

式中:单位矢量 $\boldsymbol{e}_{PT}$ 为从移动反射器指向固定发射器;$\boldsymbol{e}_{PR}(\hat{=}\boldsymbol{e}_{PT})$ 为从移动反射器指向固定接收器。在 $|\boldsymbol{v}_0 \cdot \boldsymbol{e}_{PT}| \ll c_F$ 的假设下,该方程为

$$f_R \approx f_T\left(1 + \frac{2\boldsymbol{v}_0 \cdot \boldsymbol{e}_{PT}}{c_F}\right) \tag{9.91}$$

因此,作为移动发射器或无反射器的移动接收器,反射器的速度对接收频率具有双重影响。

现在,研究一个已经实现的多普勒超声波流量计,见图 9.29。超声波换能器和管道轴的中心轴夹角都为β_F。一个散射粒子应沿管道轴线以流速$v_F = \| \boldsymbol{v}_F \|_2$ 移动。如果发射器产生频率f_T 的连续声波,则在运动散射粒子处的声频f_P 将变为(参见式(9.86))

$$f_P = f_T\left(1 + \frac{\boldsymbol{v}_F \cdot \boldsymbol{e}_{PT}}{c_F}\right) = f_T\left(1 - \frac{v_F \cos \beta_F}{c_F}\right) \tag{9.92}$$

单位矢量 $\boldsymbol{e}_{PT}$ 从粒子指向固定的发射器。同样,这种散射粒子可以被视为声波的源。固定接收器的声频f_R 最终为(参见式(9.90))

$$f_R = f_T \frac{1 + \dfrac{\boldsymbol{v}_F \cdot \boldsymbol{e}_{PT}}{c_F}}{1 - \dfrac{\boldsymbol{v}_F \cdot \boldsymbol{e}_{PR}}{c_F}} = f_T \frac{1 - \dfrac{v_F \cos \beta_F}{c_F}}{1 + \dfrac{v_F \cos \beta_F}{c_F}} \tag{9.93}$$

式中:$\boldsymbol{e}_{PT}$ 为从运动粒子指向静止接收器的单位矢量。利用多普勒超声波流量计测量常见流体流量时,总是能够满足$v_F \ll c_F$,所以简化为

$$f_R \approx f_T\left(1 - \frac{2\, v_F \cos \beta_F}{c_F}\right) \tag{9.94}$$

散射粒子的速度为

$$v_F = \frac{c_F(f_T - f_R)}{2\cos \beta_F f_T} \tag{9.95}$$

当c_F、f_T、f_R 和 β_F 量已知时,可以计算出流速。在此过程中,假设粒子随流体匀速运动,这在实际应用中有时会构成一个问题。此外,式(9.95) 是基于散射粒子只存在于管道轴线上的假设。当然,散射粒子也会在离轴处的地方产生。由于超声波换能器的角度β_F 因颗粒位置不同而不同(图 9.29),v_F、f_T 和f_R 之间的数学关系发生了变化。根据图 9.25,颗粒速度还取决于管道内的径向位置 $\boldsymbol{r}$。这就是要使用换能器组合的原因,它的特点是测量体积围绕管道轴的空间延伸有限。与传播时间超声波流量计类似,人们必须知道管道内的速度曲线 $\boldsymbol{v}_F(r)$,以便根据沿管道轴线的流速确定质量流量 $\dot{m}_F$ 和体积流率 $\dot{V}_F$。

所研究的多普勒超声波流量计需要两个超声波换能器(图 9.29)。一个换能器作为通常呈现恒定频率的连续声波的发射器,另一个换能器作为接收器。如果

采用脉冲形状的激励,就有可能建立一个只有一个换能器在脉冲回波模式下工作的多普勒超声波流量计[3]。正如在两个传感器的情况下,可以评估发射和接收脉冲之间的频率移动,以确定流速。然而,单一的传感器展只有一个持续的测量体积,这通常是大于发射器-接收器组合的测量体积。由于测量体积大,散射粒子在不同的径向位置,因此,不同的速度有助于接收器的输出。因此,得到一个宽带频谱,它不能被分配到单一的流体流速。

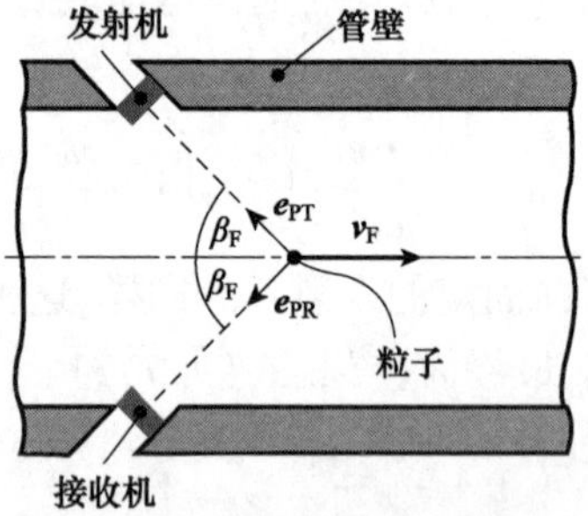

图 9.29　多普勒超声波流量计的测量原理(固定式超声波发射器和接收器的发射频率f_T和接收频率f_R因移动散射粒子而产生差异)

一般来说,典型的多普勒超声波流量计的工作频率为几兆赫兹,流速相对测量误差小于5%[30]。它们可用于液体流速在0.2～10m/s的范围内。发射频率和接收频率之间的频差$\Delta f = f_T - f_R$,通常为200Hz～10kHz。液体中散射粒子的最佳浓度约为0.01%[3]。它们的尺寸在30～100μm。除了工业应用外,多普勒超声波流量计还用于医疗诊断中的血流测量[45]。

3. 散斑跟踪流量计

为了确定管道内的体积流量和质量流量,必须知道传播时间超声波流量计和多普勒超声波流量计的标准实现的流速曲线$v_F(r)$。散斑跟踪超声波流量计不需要了解$v_F(r)$,因为它们可以重建这个量[60,62]。与多普勒超声波流量计一样,散斑跟踪流量计利用入射声波在散射粒子处的反射,而散射声波应该随管道内流体的运动而均匀移动。基本的测量原理是基于超声波换能器的脉冲回波模式。通过用脉冲形状的电信号激励换能器,能够根据产生的回波飞行时间确定散射粒子的径向位置 $\boldsymbol{r}$。连续换能器激励的回波信号的互相关会产生散射粒子的位置变化。当散射粒子的浓度足够大时,可以推导出流体的空间分辨流速,即管道内的速度曲线。

散斑跟踪超声波流量计的相对测量误差在1%左右,相对较低。但是,这种流量计不能用于 0.2m/s 这样的小流速,因为散射颗粒通常不再随液体移动。

9.3.3 超声波换能器的布置

超声波流量计,特别是传播时间超声波流量计[30,36,62],有许多不同的发射器和接收器的布置。图 9.30 描绘了这种流量计的选定布置,这些流量计在技术应用中经常使用。主要是可以区分单径和多径配置以及侵入式和非侵入式配置。由于多路径布置利用多个测量部分(如 4 个声路),流速的确定更可靠,并在很大程度上不依赖于管道内的速度曲线 $v_F(\boldsymbol{r})$ [69,116]。然而,在超声波流量计中几个测量部分的操作需要大量的超声波换能器,而且伴随着控制和读出电子设备的增加。接下来,将讨论超声波流量计侵入性和非侵入性配置的区别。

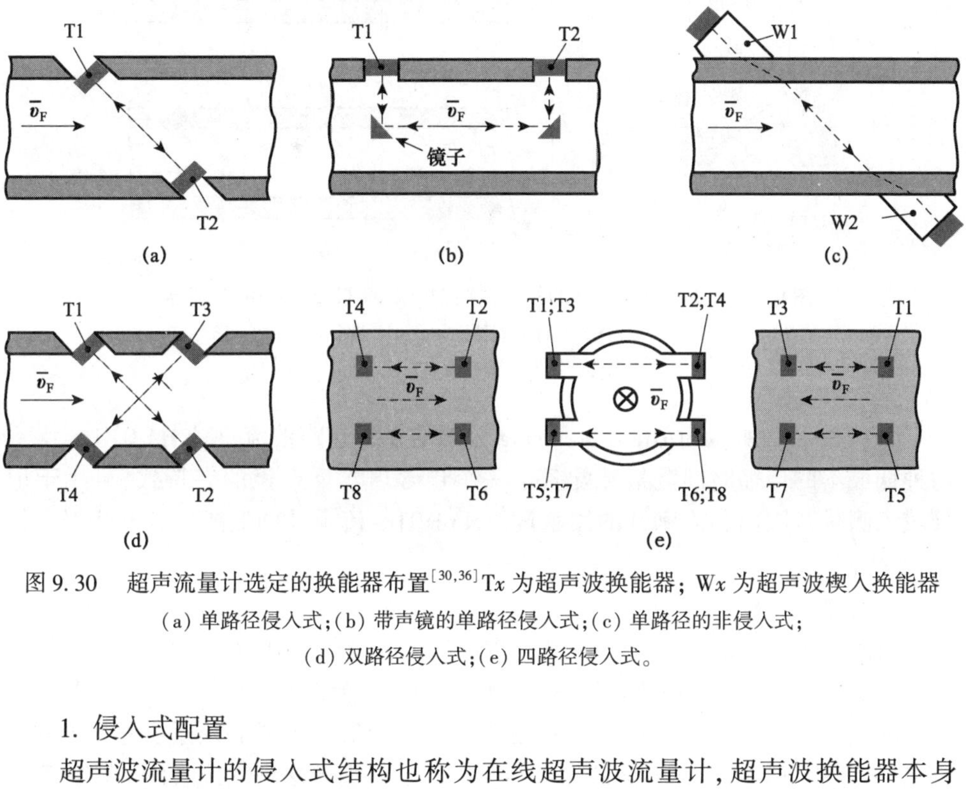

图 9.30 超声流量计选定的换能器布置[30,36] Tx 为超声波换能器; Wx 为超声波楔入换能器
(a) 单路径侵入式;(b) 带声镜的单路径侵入式;(c) 单路径的非侵入式;
(d) 双路径侵入式;(e) 四路径侵入式。

1. 侵入式配置

超声波流量计的侵入式结构也称为在线超声波流量计,超声波换能器本身和/或相关部件与流动的流体接触[3]。根据几何情况,这种接触不会影响流体的流动,但有可能会干扰流体的流动(图 9.31(a) 和图 9.31(b))。超声波流量计的侵入式配置往往需要特殊的夹持式。如果夹持式是侵入式的,则它们在实际应用中可能会引起其他问题。例如,流动的流体可以在测量点处涡旋,因此,速度曲线将被局部修改,从而改变传播时间流量计测量的平均流量$\bar{v}_F$。虽然利用声学反射镜的在线超声波流量计(图 9.30(b))是一种侵入式结构,但是它们通常有助于评估上游或下游方向传播时间的差值 Δt_F。这是换能器距离L_F 增大的结果,在α_F = 90° 的情况下,线性增加给定值$\bar{v}_F$ 的 Δt_F。应注意,也可以通过在内管壁使用一个(V 路径,见图 9.31(c))、两个、三个(W 路径,见图 9.31(d)),甚至更多的声反射,或通过增加角度α_F 来放大L_F。这些放大L_F 的方法都会导致测量点经常出现不必要的几何扩展,有时还会导致接收信号的信噪比 SNR 明显降低。

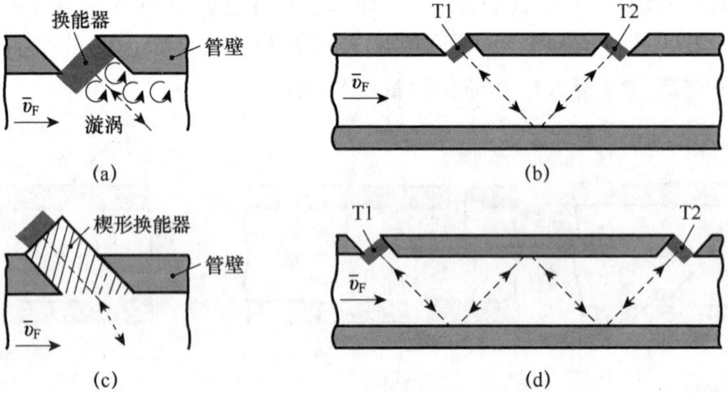

图 9.31　超声波流量计的侵入式结构(T1 和 T2 为超声波换能器)
(a) 侵入式和(b) 非侵入式超声波流量计换能器结构;(c)V 路径(即在内管壁处有一次反射);(d)W 路径(即在管壁处有 3 次反射)。

图 9.32(a) 所示为 Diehl Metering 公司的在线超声波流量计 HYDRUS[23]。这种低成本的传播时间流量计配备了一个包含声学反射镜的夹持式,可用于记录较大测量范围内私人家庭的用水量。HYDRUS 流量计的低能耗使电池寿命长达 16 年。

2. 非侵入式配置

与侵入式配置相反,在非侵入式配置的超声波流量计中,流体和超声波换能器之间不发生任何接触。当流动流体的温度范围宽并会损坏传感器时, 这将是一个巨大的优势。然而,由于传感器不直接接触流动的流体,而是必须适当地耦合到外管壁,显著的声能由于在界面流体 / 内管壁的反射而无法到达接收器。这种反射降低了接收信号,从而降低了可达到的信噪比 SNR。这一事实是需要考虑的,特别是当进一步的声反射在内管壁用于扩大有源换能器的距离L_F 时。

和在线式超声波流量计一样,可以区分侵入式和非侵入式配置[3]。侵入式和非侵入式超声波流量计的主要区别在于超声波换能器的位置。侵入式配置时传感

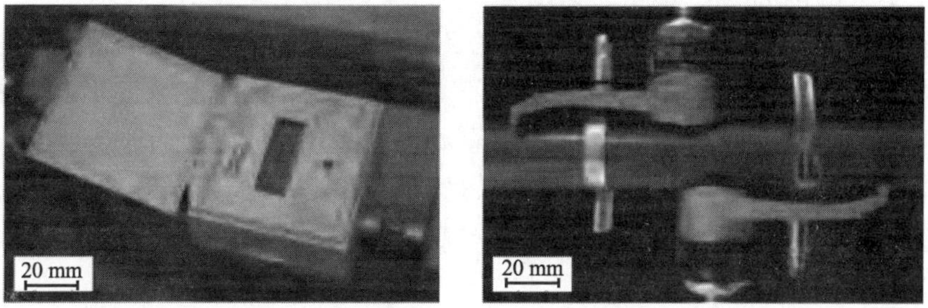

(a)　　(b)

图 9.32　安装在管道上的超声波楔形换能器

(a) Diehl 计量公司的在线超声波流量计；(b) Endress + Hauser 公司的夹持式超声波流量计。

器与液体接触。非侵入式配置时，在外管壁指定的位置安装传感器。内管壁的特殊形状(图 9.33(a))也会引起流动流体中的漩涡，如果没有事先进行适当的校准程序，平均流量$\bar{v}_F$也会出现测量误差。此外，在侵入式超声波流量计的测量点处还需要一个特殊的夹持式。

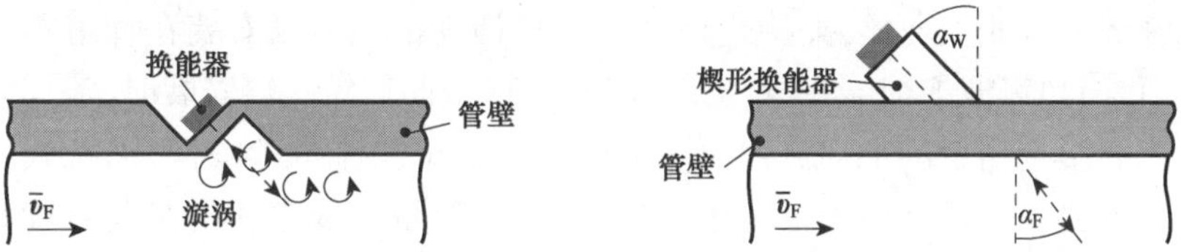

(a)　　(b)

图 9.33　侵入式和非侵入式超声波流量计的配置[3]

(夹持式超声波流量计为众所周知的非侵入式配置)

(a) 侵入式;(b) 非侵入式。

夹持式超声波流量计为众所周知的非侵入式配置。它们不需要特殊的夹持式部分，但理论上可以安装在管道的任何位置。因此，人们既不需要打开也不需要修改现有的管道系统，以便在测量点插入夹持式[30,36]。夹持式超声波流量计通常使用超声波楔形换能器，该换能器由安装在角度为α_W的楔形体的压电元件组成(图 9.33(b))。利用楔形换能器作为发射器和接收器，可获得传播时间测量原理和多普勒超声波流量计所需的流体角度$\alpha_F \neq 0°$。为了避免波在楔形结构/外管壁上的折射和反射，楔形换能器可以采用与管道相同的材料，如钢。然而，这样做不能减少在内管壁/流体界面处的波反射。根据声学折射基本定律(见 2.3.4 小节)，由于纵波在流体中的传播速度小于在管壁中的传播速度，用于延伸Δt_F的大流体角

α_F 要求更大的楔形角α_W(即$\alpha_W > \alpha_F$)。

除了技术可行性的问题外,大的楔角还会导致管道内壁/流体交界面处的波传播减小。这就是楔形材料与管道材料不一致的原因。如果使用一种特殊的楔形材料,如低速塑料,可以利用楔形/外管壁和内管壁/流体界面的模态转换。从在楔形体中传播的纵波开始,波在管壁中转换成横波。在界面内管壁/流体中,横波再次被转换为在流体中传播的纵波。这种超声波楔形换能器为夹持式超声波流量计提供了3个优势。

① 当纵波在楔形介质中的传播速度与流体的传播速度近似一致时,α_W 与α_F相似。因此,不需要很大的α_W,这有利于楔形换能器的技术实现和耦合。

② 由于管道材料的声波阻抗Z_{aco} 对横波的阻抗比对纵波的阻抗要小得多,因此内管壁/流体界面的阻抗失配要小得多。因此,可以在这些接口上传输更多的声能,从而产生更高的接收信号。

③ 可能在管壁中产生机械兰姆波(图9.39),这会使流体中的声场产生较大的轴向延伸。这种宽波束使换能器定位更容易,但也降低了接收器的输出[30,70]。

尽管夹持式超声波流量计有很大的优势,但是它们的安装和调试都是正确操作的关键环节。如上所述,夹持式超声波流量计理论上可以安装在管道的任何位置。然而,当超声波换能器在弯管或改变管道横截面后短距离安装时,流体内部引入的湍流会影响测量的平均流速$\bar{v}_F$。正如其他超声波流量计一样,夹持式超声波流量计也需要一个足够的入口通道,以尽量减少流量曲线中的不必要干扰。另一个重要的方面是指实际的测量点。只有知道管道内径等参数或进行适当的校准时,才有可能正确地测定$\bar{v}_F$。此外,超声波楔形换能器必须完全对准测量点。换能器的轴向和径向微小错位可以显著改变测量的平均流量[32,64]。当然,换能器与外管壁的正确连接是钳式超声波流量计的另一个决定性因素。在楔形传感器和被清洁的外管壁之间,可以用适当的液体、环氧树脂或硅脂等薄层来确保连接。最后,必须始终牢记,管道还直接将机械波从发送器发送到接收器[7,84]。这种固体传播的声音并不依赖于流体的速度,因此,代表了接收信号中不需要的成分(图9.27(b))。假设这些信号分量与期望信号在流体中传播时同时出现(图9.27(c)),在这种情况下,可能无法确定$\bar{v}_F$,因为无法确定在上游或下游方向传播的时间差Δt_F。注意,固体传播的声音也会对其他类型的超声波流量计(如在线超声波流量计)造成问题。

图9.32(b)所示为Endress + Hauser公司Prosonic Flow W系列的两个超声波换能器安装在管道上的图片。每个圆柱形传感器都有一个塑料制成的楔形物,该楔形物上装有一个压电陶瓷圆盘。通过评估传播时间的差异,外部分析单元可

以得出平均流量,从而得到所需的质量流速及体积流量。最近,Bürkert [17]公司推出了 FLOWave 产品,该产品是对传统夹持式超声波流量计的改进。用叉指式换能器代替楔形换能器安装在外管壁上,用于发射和接收波。

9.3.4 夹持式传播时间超声波流量计在频率 - 波数域的建模

尽管夹持式传播时间超声波流量计①(CTU) 具有很多优点,但相对于侵入式超声波流量计,从发射器到接收器的波的传播要复杂得多。这种现象源于超声波楔形换能器/管壁和管壁/流体界面上的折射效应。这种折射效应改变了主导流体角α_F^{dom},该角是平面声波在流体中传播的主导方向。如果流动曲线理想,内管直径D_{Pi}、时间差Δt_F、流体声速c_F等参数已知,则计算出的平均流量$\bar{v}_F$将完全取决于α_F^{dom}(参考值 9.77)。在大多数情况下,期望的流体角α_F^0是由声学中的折射基本定律确定的。由预期和主要流体角度之间的角度偏差$\Delta\alpha_F = \alpha_F^{dom} - \alpha_F^0$得到计算出的平均流量相对于真实值的相对系统测量误差ϵ_v为[85,87]

$$\epsilon_v = \frac{\bar{v}_F \mid_{\alpha_F = \alpha_F^0}}{\bar{v}_F \mid_{\alpha_F = \alpha_F^{dom}}} - 1 = \frac{\tan \alpha_F^{dom}}{\tan \alpha_F^0} - 1 \tag{9.96}$$

例如,与预期的流体角度$\alpha_F^0 = 25°$相比稍微偏离 0.1° 的角度,就已经产生了 0.46% 的相对系统测量误差。因此,准确预测 CTU 流量计的α_F^{dom}对实际应用是至关重要的,尤其是在需要高精度测量流量的情况下。

原则上,可以通过测量和数值模拟来确定 CTU 流量计的主要流体角α_F^{dom}。测量时,建议获取流体中产生的声场,作为流量计的典型配置,即由超声波楔形换能器、管壁和流体组成的装置[84]。水听器和纹影测量都可以提供确定的声场信息(见 8.1 节)。特殊的信号处理技术,如改进的霍夫变换,最终导致每个波前在空间分辨波包内的方向[86-87]。当然,这些方向与α_F^{dom}密切相关。

通过数值模拟确定α_F^{dom}的几种方法都是基于有限元法(FE,参见第 4 章)。另外,有限元模拟还可以预测 CTU 流量计情况下接收器随流量变化的电子输出。然而,可靠的模拟结果要求所有组件(如压电元件和管道)的材料参数都要精确。此外,传统的有限元模拟还伴随着大量的计算工作,因为必须同时离散时间域和空间域,包括 CTU 流量计的所有组件及流体。为此,Bezdek 等[7-8]提出了一种将有限元方法和特殊的边界积分方法相结合的混合模拟方法,即 Helmholtz 积分射线追踪方法(Helmholtz Integral Ray tracing Method,HIRM)。在将有限元方法应用于楔形

① 为了紧凑,夹持式渡越时间超声波流量计以下简称 CTU 流量计。

超声波换能器和管壁时,HIRM 可以有效地计算声波在流体中的传播,如果采用传统的有限元模拟将需要大量的时间。这种混合方法可以对CTU流量计的三维模型进行模拟,从而促进了产品开发。当人们主要对主流体角α_{F}^{dom}感兴趣时,耦合的FEM - HIRM 形式会提供不需要的信息(如空间分辨声场),而且该信息占用了大部分计算时间。

除了基于有限差分法的模拟外,还存在多种分析方法和半分析方法可以用来确定 CTU 流量计的α_{F}^{dom}。下面简要讨论文献中的几种方法。Montegi 等[70] 提出了一种提供透射光束在流体中的空间频率表示的方法(即波谱)。对超声波楔式换能器产生的波束进行了空间频域建模。应用 Oliner [76]的传输模型描述了 CTU 流量计管壁的过滤效果。换能器的波束和管壁的波数谱的组合产生了水平波数的函数 —— 总透射系数。由此可以计算出预期流体角与主流体角之间的角度偏差$\Delta\alpha_{F}$。Funck 等[32] 通过引入坐标变换提出了一个扩展的建模版本。书中还对管壁的滤波效应进行了识别,并推导出合适的超声波发射机激励信号。这两种建模方法都只关注空间频域,因此既不考虑换能器在频域内的传递特性,也不考虑换能器在时域内的传递特性。与这些方法不同,Wöckel 等[113] 的目标是在时域内预测 CTU 流量计的输出信号。由于他们仅假设平面波传播是由几何声学引起的,因此无法考虑管壁的空间滤波效果,这对这种流量计的描述有些过于简化。然而,该模型考虑了电换能器激励的复数值频谱以及超声波发射器和接收器的传递特性。通过计算傅里叶逆变换,就可以计算 CTU 流量计的时域接收信号。

综上所述,将空间频域与传统的时间频域相结合是有意义的。当使用这样的组合时,建模将在频率 - 波数域进行。下面详细介绍一种 CTU 流量计在频率 - 波数域的有效建模方法。

半分析方法是在 Ploß 的博士论文[84] 的框架内发展起来的,并发表在文献[85]上。

1. 建模方法的总体思路

建模方法的总体思路是基于傅里叶光学的角谱方法[34]。根据这种方法,可以将每个波场分解成平面波的角谱。假设每个平面波沿着波矢量给定的唯一方向传播,且分量为k_i,则

$$\boldsymbol{k} = k_x\boldsymbol{e}_x + k_x\boldsymbol{e}_y + k_z\boldsymbol{e}_z \tag{9.97}$$

波矢量的$\|\boldsymbol{k}\|_2$值与传播波的频率f及其通过(波数k)的波传播速度c有关,即

$$\|\boldsymbol{k}\|_2 = k = \frac{2\pi f}{c} \tag{9.98}$$

由于 CTU 流量计一般在二维空间建模就足够了,所以可以将以下计算步骤限制在 xy 平面[84-85]。图 9.34 描绘了 CTU 流量计的设置,其中包含两个相等的超声波楔形换能器,分别安装在外管壁的两侧。对于这种设置,由声学中的折射基本定律 (参见 2.3.4 小节) 得到 CTU 流量计各元件中平面波传播的预期方向与波传播速度之间的关系

$$\underbrace{\frac{c}{\sin\alpha}}_{\text{一般}} = \underbrace{\frac{c_{1,\mathrm{W}}}{\sin\,\alpha_{\mathrm{W}}}}_{\text{楔}} = \underbrace{\frac{c_{\mathrm{t,P}}}{\sin\alpha_{\mathrm{t,P}}^{0}}}_{\text{管}} = \underbrace{\frac{c_{\mathrm{F}}}{\sin\,\alpha_{\mathrm{F}}^{0}}}_{\text{流体}} = c_{\mathrm{ph}}^{0} \tag{9.99}$$

式中:角度α_{W}、$\alpha_{\mathrm{t,P}}^{0}$ 和α_{F}^{0} 分别为楔形传感器、管壁和流体,注意,这里假定在楔形和流体中的波传播仅由纵向波(索引为 l) 组成,而在管壁中仅应存在横向波(索引为 t);c_{ph}^{0} 为 CTU 流量计的设计相速度,即所需的相速度。

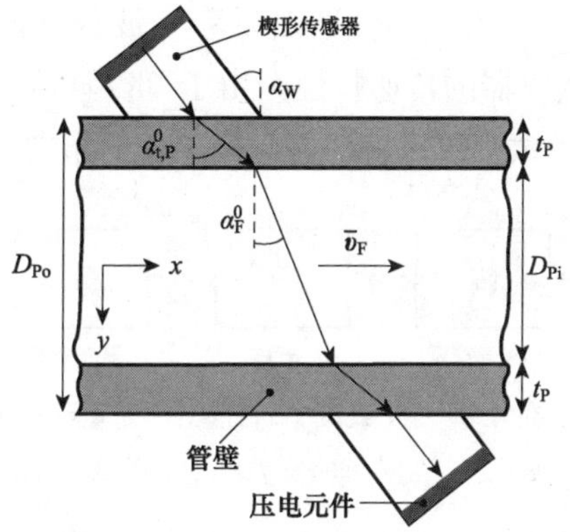

图 9.34 CTU 流量计的二维装置(超声波楔形换能器包含用于产生和接收超声波的压电元件;上标 0 的角度是指根据声学基本折射定律的波传播的预期方向)[84]

界面条件取决于介质的相速度c_{ph},相速度c_{ph} 常数是描述波在不同介质界面上波折射的合适参数。对于所考虑的设置,c_{ph} 在 x 方向上通过以下方式链接到 $\boldsymbol{k}$ 的分量 k_x,即

$$k_x = \frac{2\pi f}{c_{\mathrm{ph}}} \tag{9.100}$$

因此,如果改变c_{ph},k_x 和平面波的传播方向(即 $\alpha = \arctan(k_x/k_y)$) 将改变,因为必须满足下式,即

$$k_y = \sqrt{k^2 - k_x^2} = \sqrt{\left(\frac{2\pi f}{c}\right)^2 - k_x^2} \tag{9.101}$$

由于换能器的孔径有限,CTU 流量计内的波传播并不局限于在特定角度下的单一平面波传播,取而代之的是得到一定范围内的角度 α,因此,相速度 c_{ph} 根据频率 f 和波的传播介质(如管壁),每个 c_{ph} 通过式(9.100)和式(9.101)直接连接到角度 α。

要应用角谱方法,应将考虑的 CTU 流量计分为 5 个部分,即超声波发射器、第一管壁、流体、第二管壁和超声波接收器。在线性时不变系统的假设下,可以给分量分配一个单独的复值传递函数 $\underline{G}_i(f,c_{ph})$,它取决于频率 f 和相速度 c_{ph}。从系统的角度来看,超声波接收器的输出 $\underline{Y}(f,c_{ph})$ 是从(图 9.35)下式得到,即

$$\underline{Y}(f,c_{ph}) = \underline{U}_{ex}(f,c_{ph}) \cdot \underline{G}_{US,t}(f,c_{ph}) \cdot \underline{G}_{P}(f,c_{ph}) \cdot \underline{G}_{F}(f,c_{ph}) \cdot \underline{G}_{P}(f,c_{ph}) \cdot \underline{G}_{US,r}(f,c_{ph}) \tag{9.102}$$

式中:$\underline{U}_{ex}(f,c_{ph})$ 为超声波发射器在频率 - 波数域的电激励;传递函数 $\underline{G}_{US,t}(f,c_{ph})$、$\underline{G}_{P}(f,c_{ph})$、$\underline{G}_{F}(f,c_{ph})$ 和 $\underline{G}_{US,r}(f,c_{ph})$ 分别在频率 - 波数域描述了超声波发射器、第一管壁、流体和超声波接收器的传递特性。由于可以直接将 $\underline{G}_i(f,c_{ph})$ 转化为 $\underline{G}_i(f,\alpha)$,因此每个复值传递函数都可以解释为频率相关的指向性模式。

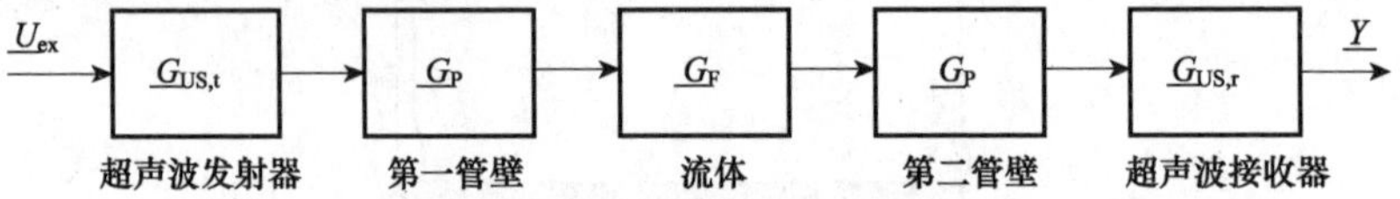

图 9.35 在频率 - 波数域中研究 CTU 流量计的复值传递函数 $\underline{G}_i(f,c_{ph})$(省略了 f 和 c_{ph} 具有紧凑性)

由于实际存在的 CTU 流量计被用来验证建模方法,假设数量如表 9.3 所列。对于这种设置,声学的基本定律折射在管壁内产生的预期角度 $\alpha_{t,P}^{0} = 52.00°$ 和在流体内的预期角度 $\alpha_{F}^{0} = 21.91°$ 以及设计相速度 $c_{ph}^{0} = 3980\text{ms}^{-1}$。本书将分别研究 CTU 流量计的电激励和所有复值传递函数。

2. 激励信号

为了在流体中产生超声波,一个超声波楔式换能器的压电元件必须被随时间 t 变化的电信号 $u_{ex}(t)$ 激励。关于 $u_{ex}(t)$ 的形状有多种可能性,从简单的双极方波脉冲到定制的任意信号,如编码信号(见 9.2.3 小节)。在不限制一般性的情况下,假设一个双极方波脉冲作为激励信号,它由 $n_{burst} = 3$ 个脉冲周期组成,其频率为 $f_{ex} = 2\text{MHz}$。图 9.36(a)和图 9.36(b)显示了时域中的激励信号和由此产生的频谱的幅值 $|\underline{U}_{ex}(f)| = |F\{u_{ex}(t)\}|$。由于 $u_{ex}(t)$ 信号持续时间很短,因此最大频谱幅度为 $U_{ex,max}$ 的频率 $f_{ex,max} = 1.94\text{MHz}$ 与 f_{ex} 不重合。然而,当 n_{burst} 增加时,$f_{ex,max}$ 和 f_{ex} 之间

的差将会减少。带宽 $B_{ex}^{-6dB}=0.79MHz$ 指的是频率范围，信号的频谱幅度 $|\underline{U}_{ex}(f)|$ 保持在 $U_{ex,max}/2$ 以上。

表9.3 在频率－波数域建模时所研究的CTU流量计的决定量(图9.34)

组件	变量	值
超声波楔形换能器		
中心频率	f_c	2MHz
带宽	B_{US}^{-6dB}	1MHz
压电圆盘直径	D_{piezo}	20mm
楔形角	α_W	38°
楔形材料密度	ϱ_W	$1270kgm^{-3}$
纵波传播速度	$c_{1,W}$	$2450ms^{-1}$
钢管		
外径	D_{Po}	90mm
壁厚	t_P	2mm
内径	D_{Pi}	86mm
材料密度	ϱ_P	$7897kgm^{-3}$
纵波传播速度	$c_{1,P}$	$5729ms^{-1}$
横波传播速度	$c_{t,P}$	$3136ms^{-1}$
液体(水)		
材料密度	ϱ_F	$1000kgm^{-3}$
纵波传播速度	c_F	$1485ms^{-1}$

如上所述，CTU流量计的建模方法要求在频率－波数域进行电激励，即 $\underline{U}_{ex}(f,c_{ph})$。因此，必须用相速度 c_{ph} 来扩展 $u_{ex}(t)$ 的频谱。因为 $\underline{U}_{ex}(f)$ 与 c_{ph} 不相关，所以该步骤可得

$$\underline{U}_{ex}(f,c_{ph})=\underline{U}_{ex}(f)\ \forall\ c_{ph} \tag{9.103}$$

3. 超声波楔形换能器

超声波换能器在频率 - 波数域的传递函数$\underline{G}_{US}(f,c_{ph})$由换能器的有效频率相关指向性模式$\Gamma_{t,az}(f,\alpha_{t,p})$和电声传递函数$\underline{H}_{EA}(f)$组合而成。首先讨论定义为$\Gamma_{t,az}(f,\alpha_{t,p})$的表达式,即

$$\Gamma_{t,az}(f,\alpha_{t,p}) = \Gamma_{t,geo}(f,\alpha_{t,p}) \cdot P_t(\alpha_{t,p}) \tag{9.104}$$

式中:$\Gamma_{t,az}(f,\alpha_{t,p})$、$P_t(\alpha_{t,p})$分别为楔形换能器在 xy 平面(方位面)上的几何指向性模式和点源指向性。几何指向性模式取决于楔形传感器的各种几何参数,其计算公式为[24,115]

$$\Gamma_{t,geo}(f,\alpha_{t,p}) = \frac{D_{piezo}}{\cos\alpha_W}\mathrm{sinc}\left[\frac{D_{piezo}}{\cos\alpha_W}\frac{f}{c_{t,p}}\left(\sin\alpha_{t,p} - \frac{c_{t,p}}{c_{1,W}}\sin\alpha_W\right)\right] \tag{9.105}$$

式中:sinc 函数为 $\mathrm{sinc}(x) = \sin(\pi x)/(\pi x)$。对式(9.105)的检验表明,随着压电圆盘直径$D_{piezo}$的增大,楔形角$\alpha_W$或频率$f$产生更明显的几何指向性。因此,可以根据基本折射定律来假设单一平面波(见式(9.99))。这在图 9.37 中得到了证明,该图显示了两个不同频率的$\Gamma_{t,geo}(f,\alpha_{t,p})$。

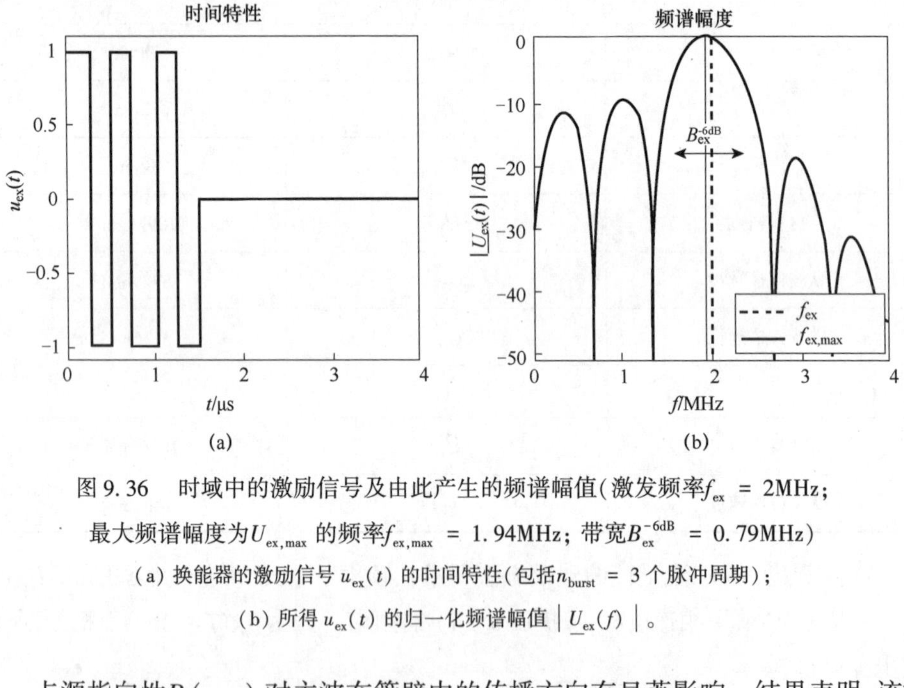

图 9.36 时域中的激励信号及由此产生的频谱幅值(激发频率f_{ex} = 2MHz;最大频谱幅度为$U_{ex,max}$的频率$f_{ex,max}$ = 1.94MHz;带宽B_{ex}^{-6dB} = 0.79MHz)

(a)换能器的激励信号 $u_{ex}(t)$ 的时间特性(包括n_{burst} = 3 个脉冲周期);

(b)所得 $u_{ex}(t)$ 的归一化频谱幅值 $|\underline{U}_{ex}(f)|$。

点源指向性$P_t(\alpha_{t,p})$对主波在管壁中的传播方向有显著影响。结果表明,该方向的角$\alpha_{t,P}^{dom}$与折射基本定律的期望角$\alpha_{t,P}^{0}$存在显著偏差。对于 CTU 流量计,感兴趣

的只是管壁产生的横波的点源指向性。由于楔形换能器与管壁之间通常存在较薄的流体耦合层,剪切力很难传递。因此,只考虑垂直于界面楔形体/管壁的点力就足够了。根据文献[54,115],这种布置的点源指向性变为

$$P_{\mathrm{t}}(\alpha_{\mathrm{t,p}})=\frac{4\sin\alpha_{\mathrm{t,P}}\cdot\cos\alpha_{\mathrm{t,P}}}{N_1+N_2}\sqrt{\left(\frac{c_{\mathrm{t,p}}}{c_{1,\mathrm{P}}}\right)^2-\sin^2\alpha_{\mathrm{t,P}}} \tag{9.106}$$

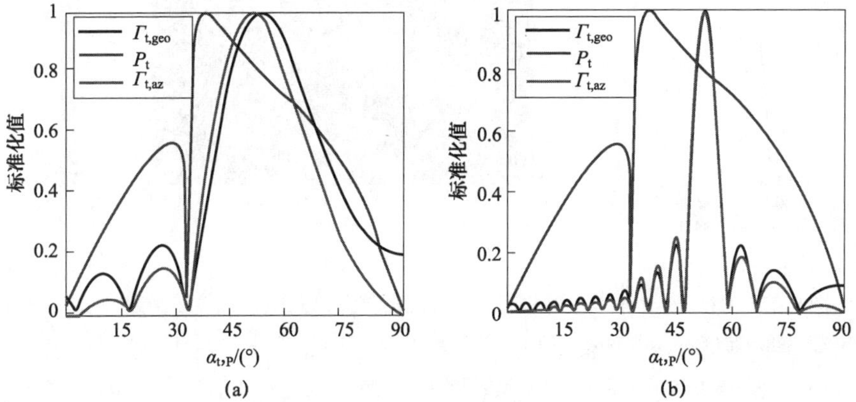

图 9.37 f = 500kHz 以及 f = 2MHz 时超声楔换能器的归一化几何指向性模式 $\Gamma_{\mathrm{t,geo}}$、点源指向性 P_{t} 及指向性模式 $\Gamma_{\mathrm{t,az}}$

(a)f = 500kHz;(b)f = 2MHz。

$$N_1=4\sin^2\alpha_{\mathrm{t,P}}\cdot\cos\alpha_{\mathrm{t,P}}\sqrt{\left(\frac{c_{\mathrm{t,p}}}{c_{1,\mathrm{P}}}\right)^2-\sin^2\alpha_{\mathrm{t,P}}}+(1-2\sin^2\alpha_{\mathrm{t,P}})^2 \tag{9.107}$$

$$N_2=\frac{\varrho_{\mathrm{W}}}{\varrho_{\mathrm{P}}}\sqrt{\left(\frac{c_{\mathrm{t,p}}}{c_{1,\mathrm{P}}}\right)^2-\sin^2\alpha_{\mathrm{t,P}}}\left[\frac{\left(1-2\left(\frac{c_{\mathrm{t,p}}}{c_{1,\mathrm{P}}}\right)^2\sin^2\alpha_{\mathrm{t,P}}\right)^2}{\sqrt{\left(\frac{c_{\mathrm{t,p}}}{c_{1,\mathrm{W}}}\right)^2-\sin^2\alpha_{\mathrm{t,P}}}}+4\left(\frac{c_{\mathrm{t,W}}}{c_{\mathrm{t,P}}}\right)^4\sin^2\alpha_{\mathrm{t,P}}\sqrt{\left(\frac{c_{\mathrm{t,p}}}{c_{\mathrm{t,W}}}\right)^2-\sin^2\alpha_{\mathrm{t,P}}}\right] \tag{9.108}$$

与几何指向性模式不同,$P_{\mathrm{t}}(\alpha_{\mathrm{t,p}})$ 仅取决于材料参数,而不是频率的函数。图 9.37 描述了所研究装置的点源指向性,以及在两个不同频率下获得的组合介质模式 $\Gamma_{\mathrm{t,az}}(f,\alpha_{\mathrm{t,p}})$。可以清楚地观察到,$P_{\mathrm{t}}(\alpha_{\mathrm{t,p}})$ 影响 $\Gamma_{\mathrm{t,az}}(f,\alpha_{\mathrm{t,p}})$,特别是频率相对较低时,如 f = 500kHz。图 9.38(a) 显示了所研究的 CTU 流量计的主角 $\alpha_{\mathrm{t,P}}^{\mathrm{dom}}$ 和期望角 $\alpha_{\mathrm{t,P}}^{0}$ 之间由于 $\Gamma_{\mathrm{t,az}}(f,\alpha_{\mathrm{t,p}})$ 而产生的频率相关偏差为

$$\Delta\alpha_{\mathrm{t,P}}(f)=\alpha_{\mathrm{t,P}}^{\mathrm{dom}}(f)-\alpha_{\mathrm{t,P}}^{0} \tag{9.109}$$

对于高频，由于其为几何指向性模式 $\Gamma_{\mathrm{t,az}}(f,\alpha_{\mathrm{t,p}})$，$\Delta\alpha_{\mathrm{t,P}}(f)$ 取值较小。然而，对于低频来说，$\Delta\alpha_{\mathrm{t,P}}(f)$ 是相当大的。

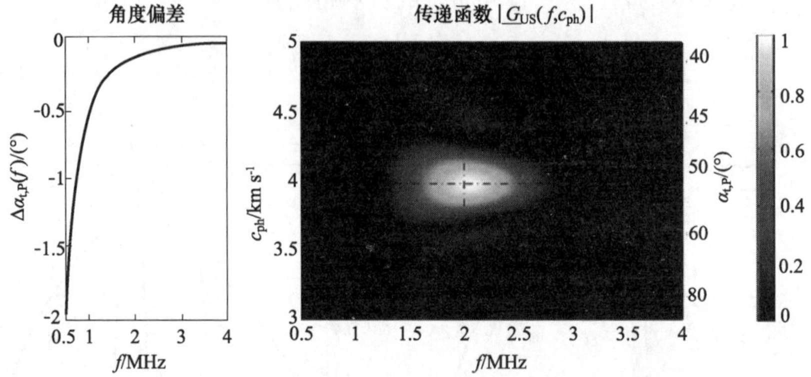

(a)　　　　　　　　(b)

图 9.38　CTU 流量计的主角和期望角之间的偏差以及归一化传递函数（见彩插）

(a) 声辐射主角 $\alpha_{\mathrm{t,P}}^{\mathrm{dom}}(f)$ 与预期角 $\alpha_{\mathrm{t,P}}^{0}$ 之间的管壁内角偏差为 $\Delta\alpha_{\mathrm{t,P}}(f)=\alpha_{\mathrm{t,P}}^{\mathrm{dom}}(f)-\alpha_{\mathrm{t,P}}^{0}$ 与频率 f 的关系；(b) 在频率 - 波数域中的超声波楔形换能器的归一化传递函数 $|\underline{G}_{\mathrm{US}}(f,c_{\mathrm{ph}})|$（幅值）（蓝色虚线表示换能器的激励频率 $f_{\mathrm{ex}}=2\mathrm{MHz}$ 和设计相速度 $c_{\mathrm{ph}}^{0}=3980\mathrm{ms}^{-1}$ 对应的预期角度为 $\alpha_{\mathrm{t,P}}=52.00°$）。

如前所述，超声波换能器在频率 - 波数域的传递函数 $\underline{G}_{\mathrm{US}}(f,c_{\mathrm{ph}})$ 也取决于它的电声传递特性 $\underline{H}_{\mathrm{EA}}(f)$。该传递函数通过 $\underline{H}_{\mathrm{EA}}(f)=\mathcal{F}\{h_{\mathrm{EA}}(t)\}$ 与换能器的电声脉冲响应 $h_{\mathrm{EA}}(t)$ 相关联。确定 $h_{\mathrm{EA}}(t)$ 和 $\underline{H}_{\mathrm{EA}}(f)$ 的测量技术有很多种，如水听器测量（见第 8 章）。为了简便，假设 $\underline{H}_{\mathrm{EA}}(f)$ 的高斯分布，即

$$\underline{H}_{\mathrm{EA}}(f)=\mathrm{e}^{-\left(\frac{f-f_{\mathrm{c}}}{\sigma_{\mathrm{T}}}\right)^{2}}$$

其中

$$\sigma_{\mathrm{T}}=\frac{B_{\mathrm{US}}^{-6\mathrm{dB}}}{\sqrt{2\ln 2}} \tag{9.110}$$

超声波换能器的最终传递函数 $\underline{G}_{\mathrm{US}}(f,\alpha_{\mathrm{t,P}})$ 为

$$\underline{G}_{\mathrm{US}}(f,\alpha_{\mathrm{t,P}})=\Gamma_{\mathrm{t,az}}(f,\alpha_{\mathrm{t,p}})\cdot\underline{H}_{\mathrm{EA}}(f) \tag{9.111}$$

当然，它们同时适用于发射器和接收器，因为它们被假定具有相同的特性，即 $\underline{G}_{\mathrm{US}}(f,\alpha_{\mathrm{t,P}})=\underline{G}_{\mathrm{US,t}}(f,\alpha_{\mathrm{t,P}})=\underline{G}_{\mathrm{US,r}}(f,\alpha_{\mathrm{t,P}})$。利用式（9.100）和式（9.101）同样可以将 $\underline{G}_{\mathrm{US}}(f,\alpha_{\mathrm{t,P}})$ 转化为 $\underline{G}_{\mathrm{US}}(f,c_{\mathrm{ph}})$。

所研究的楔形超声波换能器的传递函数 $|\underline{G}_{\mathrm{US}}(f,c_{\mathrm{ph}})|$（幅度）见图 9.38(b)。正如预期的那样，换能器的辐射特性受到频率和波数域的限制。因此，

在脉冲换能器激励之后产生的波包也会在时间和空间上受到限制。

4. 管壁传动装置

下面将讨论管道对 CTU 流量计的影响。在此过程中,管壁被视为代表 3 层系统楔形半空间/管壁/流体半空间的中间层的平板。在详细研究这种结构之前,先简要了解一下浸没在流体中的平板的声传播。通过这种浸入式板传播声音这方面已经有大量的文献[18,83]。众所周知,对于板内频率 f 和相速度 c_{ph} 的特定组合可以在平板中激发兰姆波模式。这些模式表示沿有限厚度和无限宽度的平板方向的波。主要是区分对称和反对称的兰姆波模式(图 9.39),通常分别称为 s_n 和 a_n。n 表示兰姆波模式的阶数,如 $n=0$ 表示零阶模式。对于自由平板的简单构型,不同兰姆波模式(即 s_n 和 a_n)的 f 和 c_{ph} 的可能组合来自于瑞利-兰姆频率方程[90]的解。然而,由于两个原因,CTU 流量计的管壁需要一种替代方法:① 研究的结构由 3 种不同的材料组成;② 不仅对产生的兰姆波感兴趣,而且对不同组合 (f, c_{ph}) 下管壁的定量传递特性也感兴趣。全局矩阵法(GMM)可以计算任意层状结构的所需传递特性[61]。

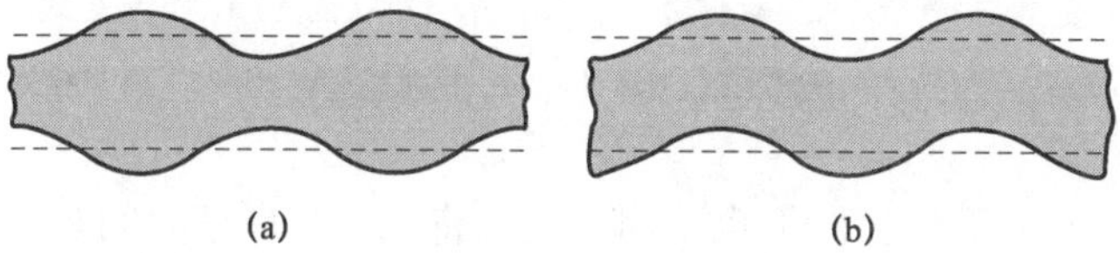

图 9.39　两种模式区分(虚线表示原始状态的平板)
(a) 对称的兰姆波模式 s_n;(b) 反对称兰姆波模式 a_n。

图 9.40(a) 显示了频率-波数域中管壁的传递函数 $|\underline{G}_{P}(f, c_{ph})|$(幅度),这是所研究的 CTU 流量计的 GMM 的结果。水平轴重新调整为壁厚 $t_P = 2mm$ 的钢管。从理论上看,正如预期的那样,大部分能量将通过兰姆波模式(如 a_1)附近的管壁传输。管壁的共振频率 $f_{res,P}$ 由设计相速度 $c_{ph}^0 = 3980ms^{-1}$ 与 $|\underline{G}_{P}(f, c_{ph})|$ 中兰姆波模式的交点表示。在相应的频率范围内(即 $f \in [0.5, 4.0]$MHz),兰姆波模式 s_0、a_1 和 s_1 分别出现在 1.21MHz、2.49MHz 和 3.76MHz。注意,传递函数 $\underline{G}_{P}(f, c_{ph})$ 和这些共振频率与壁厚 t_p 强相关。

5. 流体

CTU 流量计在频率-波数域内的其余传递函数 $\underline{G}_{F}(f, c_{ph})$ 是指声波在流体中的传播。该传递函数受到与流量相关的测量效果和声波传播衰减的影响。下面从与流量相关的测量效应开始。根据 9.3.2 小节的解释,在上游或下游方向上存在不同的声速,分别表示为 $c_{F,up}$ 和 $c_{F,down}$。由于声速不同,声波从发射器到接收器的飞

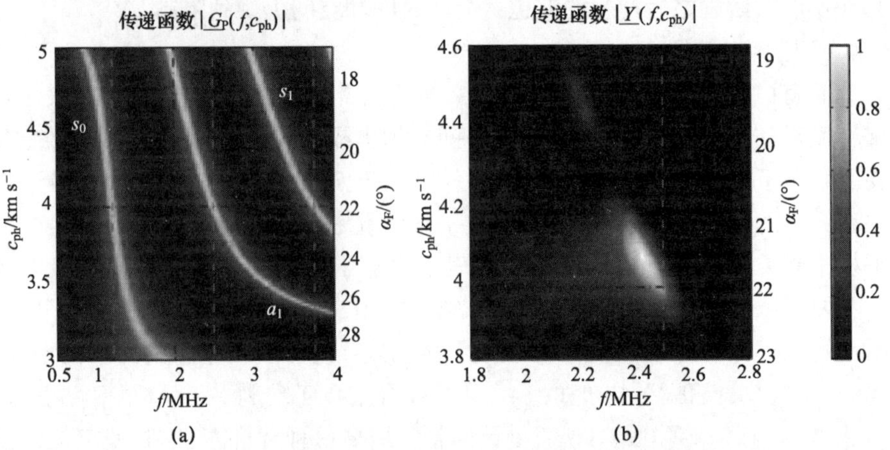

图 9.40　管壁的传递函数及归一化总传递函数(蓝色虚线表示换能器的激励频率 f_{ex} = 2MHz,设计相速 c_{ph}^0 = 3980ms^{-1},预期流体角 α_F = 21.91°;点绿线表示管壁的共振频率 $f_{res,P}$ 在 1.21MHz、2.49MHz 和 3.79 MHz)(见彩插)

(a) 频率 - 波数域内管壁的归一化传递函数 $|\underline{G}_P(f,c_{ph})|$(幅值)(兰姆波模式 s_0、a_1 和 s_1);

(b) 频率 - 波数域内研究 CTU 流量计的归一化总传递函数 $\underline{Y}(f,c_{ph})$(幅值)。

行时间 $t_{F,i}$ 在上游或下游方向上也不同。通过将 Δt_F 与周期时间 $T=1/f$ 关联,可以直接将两次飞行时间(传播时间)的时间差 $\Delta t_F = t_{F,up} - t_{F,down}$ 转化为相位差 $\Delta\phi_F(f,\alpha_F)$。当然,相位差取决于声波在流体中传播的角度 α_F(图 9.34)。再代入式(9.77),$\Delta\phi_F(f,\alpha_F)$ 为

$$\Delta\phi_F(f,\alpha_F) = \frac{2\pi\Delta t_F}{T} = 2\pi\Delta t_F f = \frac{4\pi D_{Pi}\tan\alpha_F}{c_F^2}\bar{v}_F f \tag{9.112}$$

式中:c_F 为流体的声速;$\bar{v}_F$ 为流经管道的平均流速。将 $\Delta\phi_F(f,\alpha_F)$ 分解为上游或下游方向的相位差是有必要的,该相位差是将 $\alpha_F = \arcsin(c_F/c_{ph})$ 代入式(9.112),并经过数学计算得到的,有

$$\frac{\Delta\phi_F(f,\alpha_F)}{2} = \Delta\phi_{F,up}(f,\alpha_F) = -\Delta\phi_{F,down}(f,\alpha_F) = \frac{2\pi D_{Pi}\bar{v}_F f}{c_F\sqrt{c_{ph}^2 - c_F^2}} \tag{9.113}$$

正如在 2.3.5 小节中已经讨论过的,声音在流体中的传播总是伴随着某些吸收机制。由此产生的衰减取决于流体和声波的频率 f。为了在建模过程中包含这种衰减,应该引入一个频率相关因子 $\Psi_{F,up}(f,\alpha_F)$,其源于流体的频率衰减系数 $\alpha_{at}(f)$ 和声音传播的几何距离(见式(2.143))。对于所研究的 CTU 流量计,$\Psi_F(f,$

α_F）可以近似为

$$\Psi_F(f,\alpha_F) \approx e^{-\frac{\alpha_{at}(f)D_{Pi}}{\cos\alpha_F}} \tag{9.114}$$

式中：D_{Pi} 为管道的内径。

源于流量相关的测量效应的部分 $\Delta\phi_{F,i}(f,\alpha_F)$ 与 $\Psi_F(f,\alpha_F)$ 的组合分别产生了流体在上游和下游方向的频率－波数域中的传递函数，即

$$\underline{G}_{F,i}(f,\alpha_F) = \Psi_{F,up}(f,\alpha_F)\ e^{j\Delta\phi_{F,i}(f,\alpha_F)} \tag{9.115}$$

当流体流速 $\bar{v}_F$ 为零时，两个传递函数重合，即 $\underline{G}_{F,up}(f,\alpha_F) = \underline{G}_{F,down}(f,\alpha_F) = \underline{G}_F(f,\alpha_F)$。正如其他传递函数一样，$\underline{G}_F(f,\alpha_F)$ 可以很容易地转化为 $\underline{G}_F(f,c_{ph})$

6. 产生的系统响应

在确定了所研究的 CTU 流量计的所有传递函数后，可以在频率－波数域计算超声波接收器的输出 $\underline{Y}(f,c_{ph})$ 和 $\underline{Y}(f,\alpha_F)$。在不限制一般性的情况下，假设流体通过管道的平均流速 $\bar{v}_F$ 为零。因此，相位差 $\Delta\phi_F(f,\alpha_F)$ 也为零，也就是说，可以将 $\underline{G}_F(f,\alpha_F)$ 应用于上游或下游方向。

图 9.40(b) 显示了获得的 $|\underline{Y}(f,c_{ph})|$ 值，揭示了 CTU 流量计的两个重要方面[84,85]。一方面是 $|\underline{Y}(f,c_{ph})|$ 的最大值，主要表示主频率 f_{dom} 和主相速度 c_{ph}^{dom}。结果表明，无论是 f_{dom} 还是 c_{ph}^{dom}，都不与激发频率 $f_{ex} = 2\text{MHz}$ 和设计相速度 $c_{ph}^0 = 3980\text{m}\cdot\text{s}^{-1}$ 一致。由于相速度和角度之间存在明显的联系，因此，声传播的主流体角度 α_F^{dom} 也不同于预期的角度 α_F^0。在 CTU 流量计的分析单元中，如果不考虑这个角度偏差，就不可避免地会遇到计算流量的显著测量误差。

另一方面是在 $(f,c_{ph}) = (2.2\text{MHz}、4500\text{ms}^{-1})$ 处远离 c_{ph}^0 时 $|\underline{Y}(f,c_{ph})|$ 的附加最大值，这个最大值是由于换能器的有效方向模式 $\Gamma_{t,az}(f,\alpha_{t,p})$ 中第一个旁瓣在 $\alpha_{t,p} = 45°$（图 9.37(b) 和图 9.38(b)）和管壁的兰姆波模式 a_1（图 9.40(a)）的协同作用引起的。因此，接近于附加最大值的组合 (f,c_{ph})，传输了大量的声能。

除了进行定性观察外，还可以利用复值系统响应 $\underline{Y}(f,\alpha_F)$ 可以预测波在流体中传播的角谱以及预测 CTU 流量计的接收信号。实际上，主角 α_F^{dom} 并不仅与 $|\underline{Y}(f,\alpha_F)|$ 的峰值相关，还与每个包含声能的频率相关。通过在相关频率 $f \in [f_{min}, f_{max}]$ 对能量 $\propto |\underline{Y}|^2$ 进行积分，可以近似地计算角谱 $\Gamma(\alpha_F)$，即

$$\Gamma(\alpha_F) = \int_{f_{min}}^{f_{max}} (|\underline{Y}(f,\alpha_F)|)^2 df \tag{9.116}$$

图 9.41 显示了所研究的 CTU 流量计的最终角谱。$\Gamma(\alpha_F)$ 的进展可以解释为一个方向性图，它提供了与占主导地位的流体角 α_F^{dom} 相对应的最大值。在本例中，

α_F^{dom} 的值为 21.57°，与预期角度 α_F^0 = 21.57° 的偏差为 $\Delta\alpha_F$ =- 0.34°。根据式(9.96)，这种角度偏差始终导致平均流量的相对系统测量误差 ϵ_v =- 1.7%，而与实际值无关。

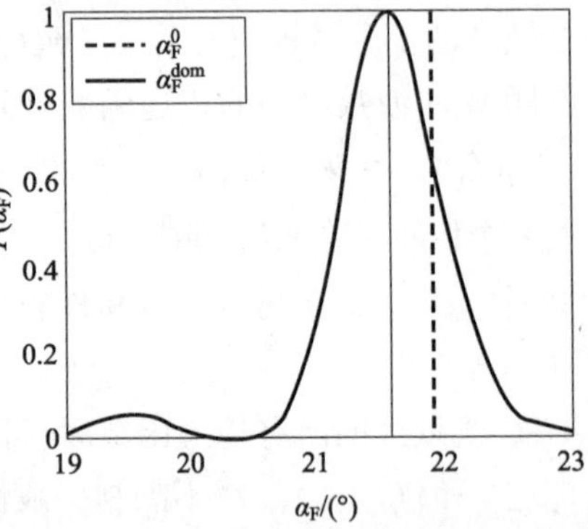

图 9.41　相对于流体角度 α_F 的 CTU 流量计归一化角谱 $\Gamma(\alpha_F)$
（预期流体角度 α_F^0 = 21.91°；主流流体角度 α_F^{dom} = 21.57°）

CTU 流量计的接收信号输出 $u_{rec}(t)$ 为电子输出，在时域上仅与时间 t 相关，因此在频域上仅与频率 f 相关。这就是必须去掉系统响应 $\underline{Y}(f,\alpha_F)$ 中的 α_F 来计算 $u_{rec}(t)$ 的原因。因此，在所有相关的流体角 $\alpha_F \in [\alpha_{F,min},\alpha_{F,max}]$ 上进行 $\underline{Y}(f,\alpha_F)$ 的积分是有意义的，即接收信号的复值频谱函数 $\underline{U}_{rec}(f)$ 为

$$\underline{U}_{rec}(f)\int_{\alpha_{F,min}}^{\alpha_{F,max}} \underline{Y}(f,\alpha_F)\,d\alpha_F \tag{9.117}$$

图 9.42(a) 描绘了 CTU 流量计接收信号的频谱幅度 $u_{rec}(t)$。仔细看一下，当主频 f_{dom} = 2.35MHz 时，$|\underline{U}_{rec}(f)|$ 达到最大值 $U_{rec,max}$。毫不奇怪，f_{dom} 大大偏离超声波发射器的激励频率 f_{ex} = 2MHz。最大值似乎偏向第二管壁共振频率，在 $f_{res,P}$ = 2.49MHz 处，这与兰姆波模式 a_1 有关。此外，$|\underline{U}_{rec}(f)|$ 在 1.21MHz 处有一个附加峰，在 1.33MHz 处有一个陷波。虽然附加峰来自于管壁的兰姆波模式 s_0，缺口则是由激发信号的频谱 $\underline{U}_{ex}(f)$ 引起的(图 9.36(b))。

在最后一步中，可以通过对 $\underline{U}_{rec}(f)$ 进行傅里叶逆变换，即 $u_{rec}(t) = \mathcal{F}^{-1}\{\underline{U}_{rec}(f)\}$，在时域内计算所研究的 CTU 流量计的接收信号 $u_{rec}(t)$(图 9.42(b))。该步骤从超声波发射器的电激励信号开始，以超声波接收器的电输出信号 $u_{ex}(t)$ 结束建模过程。

7. 实验验证

为了验证 CTU 流量计在频率 - 波数域的建模方法，最后将平均流量的预测相

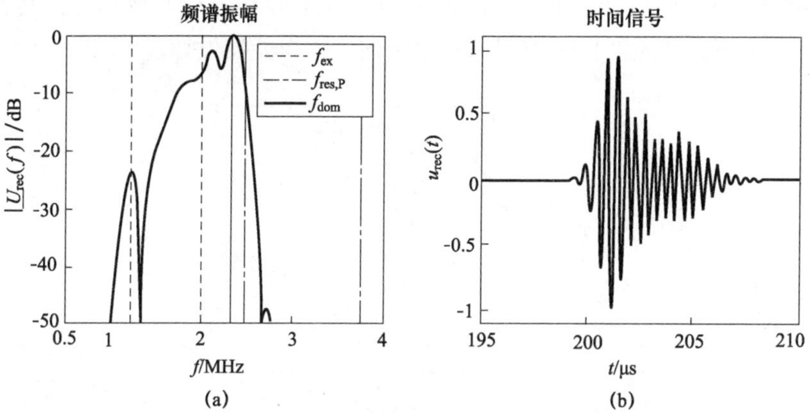

图 9.42　流量计接收信号的归一化频谱幅度

(a) CTU 流量计接收信号的归一化频谱幅度 $|\underline{U}_{rec}(f)|$（激励频率f_{ex} = 2MHz；主频f_{dom} = 2.35MHz；管壁在 1.21MHz、2.49MHz 和 3.79MHz 的相关谐振频率$f_{res,P}$）；(b) 时域归一化接收信号 $u_{rec}(t)$。

对系统测量误差 ϵ_v 与在水流试验台上观测到的结果进行了比较。为此，规定了 $\dot{V}_F$ =20Ls^{-1} 水的定容流量，以高精度科里奥利流量计作为参考测量装置[84-85]。由于 $\dot{V}_F$ 恒定，钢管中的平均流量$\bar{v}_F$ 也保持恒定。表 9.3 中的各项对应于试验装置的材料特性和大多数几何量。唯一的例外是测量点的管道尺寸（即外径和内径以及壁厚），其值为 D_{Po} = 88.9mm，D_{Pi} = 85.1mm，t_P = 1.9mm。对于实际存在的壁厚，管道内相应的兰姆波模式分别出现在频率为 1.27MHz、2.62MHz 和 3.96MHz 处。

采用频率 - 波数模型方法来计算确定流体通过管道的平均流量$\bar{v}_F$ 所需的主流体角α_F^{dom}（见式(9.77)）。然后通过式(9.96)，用α_F^{dom} 与期望角α_F^0 之间的角度偏差 $\Delta\alpha_F$ 预测 ϵ_v。测量的平均流量是根据所用 CTU 流量计的α_F^0 和声波的传播在上游或下游方向的时间差 Δt_F 计算出来的，通过测量结果$\bar{v}_F$ 与真实值的比较，得到所测量的相对系统误差。

从图 9.43 中可以看到相对于超声波发射器的激励频率f_{ex} 的相对系统测量误差 ϵ_v 的测量值和预测值。每个频率是指由n_{burst} = 3 个脉冲周期组成的双极方波脉冲信号。曲线的对比清楚地表明，在超声波传感器中心频率f_c = 2MHz 附近的宽频率范围内，测量值和预测值非常吻合。在这两种情况下，平均流量$\bar{v}_F$ 的相对系统测量误差几乎都在 ±3% 范围内，这对于工业应用的流量计来说太大了。此外，从图 9.43 所示的结果可以进一步推导出 CTU 流量计的结果。例如，当激励频率接近管壁谐振频率$f_{res,P}$ 之一时，并不总是意味着 ϵ_v 的值很小。然而，利用提出的在频率 -

波数域建模方法,能够计算出令 CTU 流量计系统测量误差较小的适当的传感器激励[84]。该建模方法还能根据预期的管壁特性优化换能器设计。

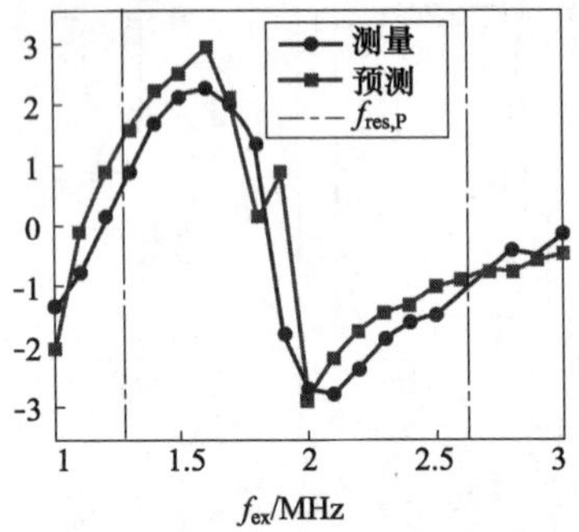

图 9.43　实际实现的 CTU 流量计测得和预测的系统测量误差 ϵ_v(测量点管壁厚度 t_P = 1.9mm,管壁谐振频率 $f_{res,P}$ 分别为 1.27MHz 和 2.62MHz)

9.4　超声波清洗用空化传感器

超声波清洗广泛应用于外科手术器械、精密机械零件、光学镜片、假牙、珠宝首饰以及组装的印制电路板等物体的清洗。特别是在物体表面形状不规则的情况下,超声波清洗是一种很好的选择,因为传统的清洗方法(如研磨)很难实现。

在超声波清洗过程中,清洗对象被浸入适当的清洗液中,其中存在高声强的超声波场。这样的超声波场会导致空化气泡成核,随后在物体表面附近崩塌。如果工艺参数(如清洗时间)选择得当,产生的机械力将从物体表面释放污垢颗粒,因此浸没的物体将被清洗。然而,由于驻波的利用和待清洗物体的存在,在清洗液中不可能产生均匀分布的高强度超声波场。因此,面临着沿物体表面不同的空化活动和清洗效率。这就是为什么传感器技术(弗里德里希 - 亚历山大大学 - 埃尔兰根 - 纽伦堡大学)主席开发了一种特殊的空化传感器[93,97-98]。机械柔性空化传感器是基于铁电驻极体材料,可以直接应用于物体的曲面。

本部分介绍已实现的空化传感器,将从声空化和超声波清洗的基本原理入手,介绍常用的空化活度测量方法。9.4.3 小节详细介绍了实现的空化传感器的设置,9.4.4 小节是它的特性描述。最后将展示选定的试验结果。

9.4.1 声空化及超声波清洗基础

下面简要讨论声空化和超声波清洗的基本原理,包括液体中空穴的成核以及空穴的动力学,因为超声波清洗利用了空穴的破裂。这种空穴既可以由高声场产生,也可以由强脉冲激光辐射产生。事实上,超声波清洗通常是基于清洗槽内的高声场,所以将专门集中于声空化。

1. 空穴形核

在液体中空穴的成核或初始形成构成了空化的起始点。基本上,区分了均相成核和异相成核[109]。均相成核可以在既不含杂质也不含气泡的均匀液体中发生。如果所传播声波的负压值大于液体的抗张强度,液体就会局部撕裂,从而形成空穴。根据 Temperley 的规定,必须超过范德华力,这意味着水中的声压幅度大于 108MPa[26,104]。然而,在实际系统和实际试验中,在低得多的声压振幅下已经存在空核现象。这种异相成核现象出现在液体内部的杂质以及液体/固体和液体/气体的界面上。

无论在液体中是否发生均匀相成核或异相成核,所产生的空化气泡都充满了蒸汽。根据经典成核理论,空化气泡必须超过一定的能垒。在气泡形成过程中,两个相互抵消的因素可以改变由气泡和周围液体组成的系统能量。当空穴在液体中产生时,由于蒸汽的能量密度低于液体,系统的吉布斯自由能$\mathcal{G}_B$将减小。然而,由于气泡/液体界面的形成,$\mathcal{G}_B$也以与气泡表面成比例的量增加。对于半径为R_B的球形空穴,吉布斯自由能的 d $\mathcal{G}_B$变化读数为[65]

$$\mathrm{d}\,\mathcal{G}_B = \underbrace{4\pi R_B^2 \gamma_{surf}}_{\text{表面}} - \underbrace{\frac{4}{3}\pi R_B^3}_{\text{体积}}(p_{v,sat} - p) \tag{9.118}$$

式中:γ_{surf} 为 Jm^{-2} 中的表面能密度;p 和 $p_{v,sat}$ 分别为液体内部的局部压力和饱和蒸汽压①。球形空化泡的临界半径R_{crit} 由式(9.118) 的一阶导数计算得到

$$R_{crit} = \frac{2\gamma_{surf}}{p_{v,sat} - p} \tag{9.119}$$

注意,对于该气泡半径,d $\mathcal{G}_B$达到它的最大值变为

$$\mathrm{d}\,\mathcal{G}_{B,max} = \frac{16\pi \gamma_{surf}^3}{3(p_{v,sat} - p)^2} \tag{9.120}$$

实际气泡半径$R_B < R_{crit}$ 时,气泡趋于收缩;而$R_B > R_{crit}$ 时,气泡趋于膨胀。因

① 饱和蒸气压等于在给定温度 ϑ 下液体和蒸气处于相平衡状态下的压力。

此，$d\mathcal{G}_{B,max}$对应于空穴形核所需的活化能。当声波具有足够高的振幅时，活化能将被超过。

在异相成核的情况下，形成的空穴不再是球形的。因此，活化能得到改变。例如，如果一个空化泡形成在一个平面的壁（图 9.44），则吉布斯自由能的变化 dGB 将采用文献[65]的形式，即

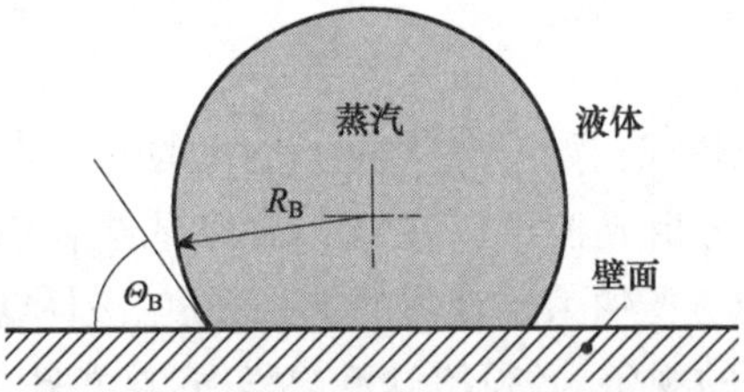

图 9.44　R_B 半径空化气泡在平壁处的异相成核现象（充满蒸汽且被液体包围的气泡；气泡与壁面之间的接触角Θ_B）

$$d\mathcal{G}_B = \left[4\pi R_B^3 \gamma_{surf} - \frac{4}{3}\pi R_B^3 (p - p_{v,sat})\right] \underbrace{\frac{(1+\cos\Theta_B)^2(2-\cos\Theta_B)}{4}}_{=\lambda_{cav}} \tag{9.121}$$

式中：Θ_B 为空化气泡与壁面的接触角；λ_{cav} 描述了均匀成核和异相成核之间的比例因数。异相成核的临界半径R_{crit} 再次对应于式(9.118)，但由此产生的最大变化 $d\mathcal{G}_{B,max}$ 由下式给出，即

$$d\mathcal{G}_{B,max} = \frac{16\pi \gamma_{surf}^3}{3(p_{v,sat} - p)^2}\lambda_{cav} \tag{9.122}$$

当空化气泡不接触壁面时，将满足$\Theta_B = 0$ 和$\lambda_{cav} = 1$，从而使异相成为均匀成核。

正如式(9.120)和式(9.122)的比较表明，由于$\lambda_{cav} < 1 \forall \Theta_B \neq 0$，对于异相成核，$d\mathcal{G}_{B,max}$总是小于均匀成核。换句话说，在低于均匀成核的声压振幅下，产生了异相成核。由于超声波清洗过程中液体中含有杂质，并且存在液/固界面，因此，异相成核是空化泡形成的主要机制。

2. 空化气泡动力学

成核后，当周围液体中存在声场时，空化气泡的大小将发生动态变化，包括气泡的生长和收缩以及气泡的振荡，通常被称为稳定的空化。此外，空化气泡的动力学也包括气泡的塌陷，即惯性空化。

人们可以在文献中找到各种微分方程来描述空穴的动力学特性。下面详细说明这些方程背后的基本思想。首先假设有一个空穴和一个不可压缩的周围液体。在初始平衡状态下，半径为R_{B0}的空化气泡内的气体压力p_{B0}来自[53]

$$p_{B0} = p^0 + \frac{2T_{surf}}{R_{B0}} \tag{9.123}$$

式中：p_0和T_{surf}分别为周围液体中的静水压力和气泡表面的表面张力。通过施加一个附加声压场$p_\sim(t)$，液体内部的压力变化为$p(t) = p_0 + p_\sim(t)$。因此，作用在气泡壁上随时间变化的压强$p_W(t)$表示为

$$p_W(t) = p(t) + \frac{2T_{surf}(t)}{R_B(t)} = p_0 + p_\sim(t) + \frac{2T_{surf}(t)}{R_B(t)} \tag{9.124}$$

$T_{surf}(t)$和$R_B(t)$也取决于时间。实际上，如果$p_W(t)$与气体压力$p_B(t)$不一致，气泡半径就会发生变化。假设空穴内的气体量恒定，即忽略扩散过程，并且声压幅$\hat{p}_\sim$的值适中。然后，当正声压值$p_\sim(t) > 0$时，空化气泡收缩。另外，由于空化气泡的增长会伴随着$p_\sim(t) < 0$。因此，声压波的传播会改变气泡的大小（图9.45）。

空化气泡大小的每一次变化都会在周围的液体中产生一定的液体流动。在距气泡中心的径向距离r处，该流体随时间变化的速度$v_L(r,t)$计算式为

$$v_L(r,t) = \left[\frac{R_B(t)}{r}\right]^2 \frac{\mathrm{d}R_B(t)}{\mathrm{d}t} \tag{9.125}$$

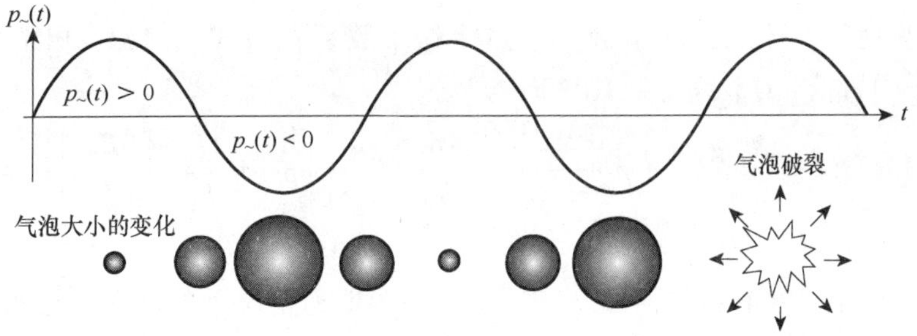

图9.45 空化气泡大小通过正弦声压波$p_\sim(t)$随时间t呈周期性变化（气泡在$p_\sim(t) > 0$时收缩，在$p_\sim(t) < 0$时增长；高声压力振幅引起气泡破裂，在周围液体中产生冲击波）

并在$r \to \infty$时趋于零。总的来说，流体流动的动能$\varepsilon_{kin}(t)$变为（液体的密度ϱ_L）[53]

$$\varepsilon_{kin}(t) = \frac{\varrho_L}{2}\int_{R_B(t)}^{\infty} v_L(r,t)^2 \cdot 4\pi r^2 \mathrm{d}r = 2\pi \varrho_L R_B(t)^3 \dot{R}_B^2 \tag{9.126}$$

用 $\dot{R}_B = dR_B(t)/dt$ 表示气泡壁的速度。但是气泡大小的变化意味着，由于气泡壁必须逆着压差 $p_W(t) - p_B(t)$ 运动，因此需要做额外的功 $W_B(t)$。表示为

$$\frac{dW_B(t)}{dt} = [p_W(t) - p_B(t)]4\pi R_B(t)^2 \dot{R}_B \tag{9.127}$$

每次单位时间，而且必须通过减少流体流动的动能来补偿，即

$$\frac{dW_B(t)}{dt} = \frac{d\varepsilon_{kin}(t)}{dt} \tag{9.128}$$

将式(9.124)、式(9.126)和式(9.127)代入式(9.128)，得①

$$\varrho_L[R_B\ddot{R}_B + \frac{3}{2}\dot{R}_B^2] + p + \frac{2T_{surf}}{R_B} - p_B = 0 \tag{9.129}$$

式中：$\ddot{R}_B = d^2R_B(t)/dt^2$，这个微分方程被称为 Noltingk - Neppiras 方程[73]。另外，考虑了周围液体的动力黏滞系数 η_L，得到了瑞利 - 普莱塞方程[58]，即

$$\varrho_L\left[R_B\ddot{R}_B + \frac{3}{2}\dot{R}_B^2\right] + p + \frac{2T_{surf}}{R_B} + \frac{4\eta_L}{R_B}\dot{R}_B - p_B = 0 \tag{9.130}$$

假定气体和周围液体之间不发生热交换的绝热状态变化是合理的。根据这一假设，空化气泡内的气体压力 $p_B(t)$ 主要取决于气泡的电流半径 $R_B(t)$ 以及初始平衡状态下的半径 R_{B0} 和气体压力 p_{B0}。数学关系为[53]

$$p_B(t) = p_{B0}\left[\frac{R_{B0}}{R_B(t)}\right]^{3\kappa} \tag{9.131}$$

式中：κ 为封闭气体的绝热指数。通过将这个关系式与式(9.123)相结合，在式(9.130)中置换 p_B，最终得到 RPNNP 方程②[58]，即

$$\varrho_L[R_B\ddot{R}_B + \frac{3}{2}\dot{R}_B^2] + p + \frac{2T_{surf}}{R_B} + \frac{4\eta_L}{R_B}\dot{R}_B - \left[p_0 + \frac{2T_{surf}}{R_{B0}}\right]\left[\frac{R_{B0}}{R_B}\right]^{3\kappa} = 0 \tag{9.132}$$

这个方程式以足够的精确度描述了在中等壁速情况下气泡壁的运动[72]。然而，如果出现强烈的非线性气泡振荡，假设周围的液体是不可压缩的，则在第一个气泡崩溃后会导致很大的偏差，如 Herring - Trilling 方程[105]和 Gilmore 方程[58]这样的扩展形式还考虑了周围液体的压缩性。

现在来看一下 RPNNP 方程的数值解。对于施加声压 $p_\sim(t)$，可得式

① 为了紧凑，省略了自变量时间 t。

② RPNNP 是 Rayleigh - Plesset - Noltingk - Neppiras - Poritsky 的缩写。

(9.132)。在这种情况下,假定正弦声压波在水中传播(密度$\varrho_L = 1000\mathrm{kg\cdot m^{-3}}$; $c_L = 1484\mathrm{m\cdot s^{-1}}$),在超声波清洗中,其典型频率为$f_{ex} = 30\mathrm{kHz}$。在初始平衡状态下,气泡半径和气体压力分别为$R_{B0} = 10\mu\mathrm{m}$和$p_{B0} = 10^5\mathrm{Pa}$。封闭气体的绝热指数$\kappa$被设置为1.0。如果气泡半径不太小则可以允许忽略气泡壁上的表面张力$\boldsymbol{T}_{surf}$。

图9.46(a)~(c)描述了3个声压振幅$\hat{p}_{\sim}$,即10kPa、30kPa和80kPa的数值解。顶部和底部面板分别显示当前的气泡半径$R_B(t)$和由此产生的壁面速度$\dot{R}_B(t)$。可以清楚地观察到,空化气泡在负声压下膨胀,在正声压下收缩,$\hat{p}_{\sim}$降至10~30kPa。正如预期的那样,$\hat{p}_{\sim}$越大,$R_B(t)$和$\dot{R}_B(t)$的变化就越大。这两个量几乎表现为正弦级数(图9.46(a)和图9.46(b)),因此泛音的发音很弱。但是,如果相对较大的声压幅值如$\hat{p}_{\sim} = 80\mathrm{kPa}$的情况下,$R_B(t)$和$\dot{R}_B(t)$强烈偏离正弦级数(图9.46(c))。在正声压作用下,气泡收缩到$0.5R_{B0}$以下,并连续几次增长到超过R_{B0}。这些气泡振荡伴随着气泡壁的高速运动。此外,由于气泡振荡的频率高于激发频率[56],$R_B(t)$和$\dot{R}_B(t)$的频谱中出现了明显的泛音(如$2f_{ex}$和$3f_{ex}$处)。

当声压振幅进一步增大时,气泡振荡也会增大,$R_B(t)$可以增大到R_{B0}的倍数。例如,当$f_{ex} = 30\mathrm{kHz}$时,空化气泡的半径可达100μm以上。在这种情况下,气泡振荡包括低于激发频率f_{ex}的频率分量,因为这种气泡的生长通常需要一个以上的激发周期。因此,$R_B(t)$和$\dot{R}_B(t)$的频谱不仅包含f_{ex}处的明显分量和f_{ex}处的泛音,而且还包含$f_{ex}/2$、$f_{ex}/3$等处的次谐波分量以及$3f_{ex}/2$、$5f_{ex}/2$等处的超谐波分量[53,56]。应该提到的是,气泡振荡一般大于低激发频率。这种情况直接来自于较长的负压时期,因为f_{ex}值较低。这就是为什么较低的激发频率伴随着比较高的激发频率更大的空化活性。

振荡空穴本身作为声源,根据$p_{\sim}(t) \propto \ddot{R}_B(t)$产生声压波。结果表明,由于$f_{ex}$的激发,在周围液体中产生声压波,以及由气泡振荡产生的声压波。如果在周围的液体中测量声压信号,并且这个信号包括明显的泛音、次谐波和超谐波成分,就可以认为液体中含有振荡的空穴。

事实上,当在液体中没有稳定的空化作用,即气泡的稳定振荡时,空化作用的气泡将趋于坍塌。注意,空化气泡通常不会在坍塌过程中完全消失(惯性空化),但是气泡的尺寸会大大减小,如减小到坍塌前直径的1/20[53]。随后,小的空化气泡可以与其他气泡结合并再生长。惯性空化是一个非常快的过程,气泡的壁面速度$\dot{R}_B(t)$的值可以大于周围液体声速c_L的值[21]。因此,气泡的崩溃会产生一个以冲击波形式出现的非常短的声压脉冲,从而在测量到的声压信号的

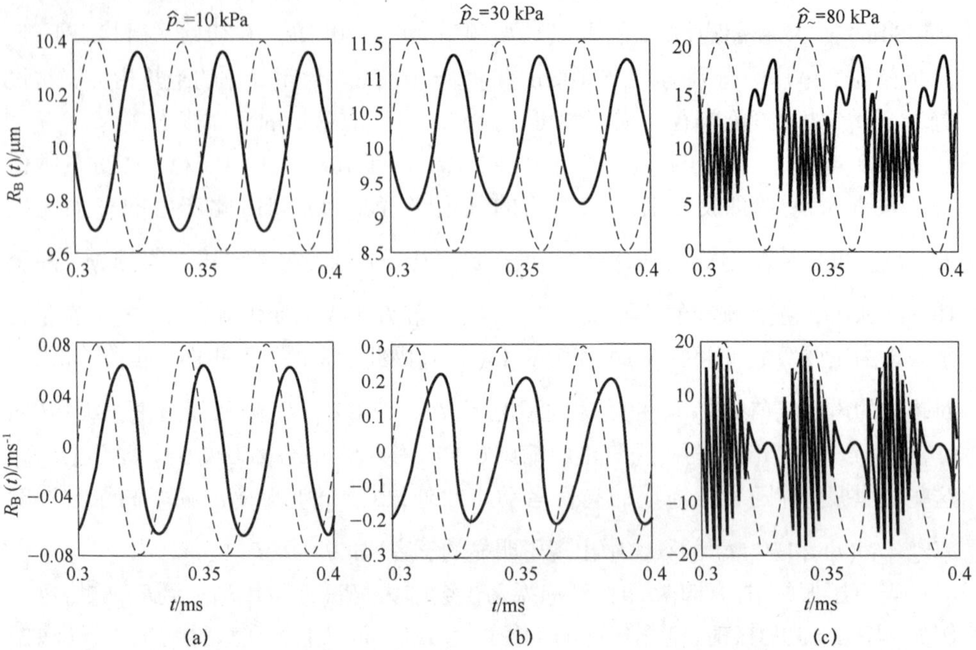

图 9.46 RPNNP 方程求解不同声压振幅时激发频率f_{ex} = 30kHz、初始气泡半径R_{B0} = 10μm、顶板气泡半径$R_B(t)$随时间变化以及底板气泡壁速度$\dot{R}_B(t)$随时间变化（灰色虚线表示周围水中的归一化声压波$p_\sim(t)$）

(a) $\hat{p}_\sim$ = 10kPa；(b) $\hat{p}_\sim$ = 30kPa；(c) $\hat{p}_\sim$ = 80kPa。

频谱中产生一个宽带噪声[109]。因此可以说，测量到的周围液体中的声压信号包含特征频率成分和宽带噪声，在空化活动明显的情况下，包括气泡振荡和气泡崩溃。由于小于 20kHz 的频率也存在宽带噪声，人们通常认为空化活动是噪声。

在惯性空化过程中，除了冲击波外，还会发出极短的闪光，这种现象通常被称为声致发光[22]。发射光的闪烁持续时间通常长达几百皮秒，其最大辐射强度为几毫瓦。

3. 超声波清洗

超声波清洗是基于必须清洗的物体表面附近气泡的惯性空化现象。原则上，可以区分在代表物体表面的壁附近的惯性空化的两种不同效应。第一种效应是气泡破裂时产生的声冲击波；第二种效应是指微射流的形成（图 9.47）[97]。产生的冲击波作用在物体表面具有很高的声强。在微射流形成的情况下，靠近物体表面的空化气泡由于气泡周围流动条件的差异而失去球形[57]。远离物体的气泡区域内陷。在进一步的试验过程中,得到了一种微射流,它以超过 $100\mathrm{km}\cdot\mathrm{s}^{-1}$ 的高速撞击物体表面[60]。

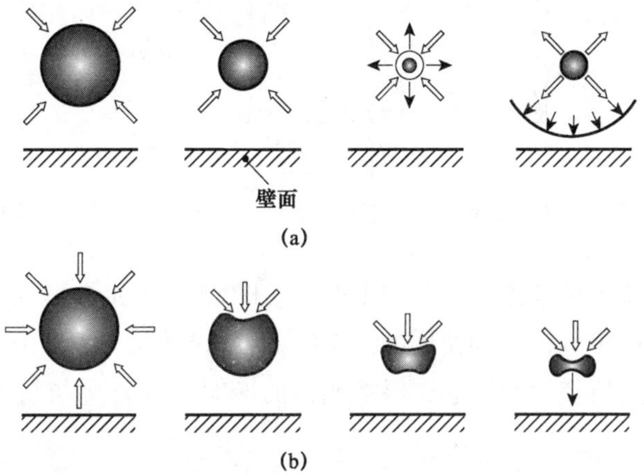

图 9.47　惯性空化在物体表面附近的两种效应[97]

(a) 具有高声强的冲击波;(b) 微射流以极高的速度撞击壁面。

冲击波和微射流会对物体表面产生一定的影响,因为两者的影响都伴随着局部能量的输入。Hammitt[37] 指出,为了从物体表面移除粒子,必须超越与物质有关的能垒。不足为奇的是,只有能量部分超过这个破坏阈值才导致表面侵蚀,这是由惯性空化引起的。Fortes - Patella 等[31] 提出了一个与材料有关的参数,可以估计破坏阈值,从而评定材料的空化抗力。例如,铝的这个参数约为 $4\mathrm{Jmm}^{-3}$,钢的约为 $30\mathrm{Jmm}^{-3}$。

在超声波清洗过程中,要清洗的物体被浸入清洗液中,如水溶液或有机清洗剂[53]。由于溶解气体降低了空化活性,因此建议在清洁过程中预先对清洗液进行脱气并将其加热到80℃。液体被装入一个通常由不锈钢制成的清洗槽中。为了通过声波在清洗液中实现明显的空化活动,必须产生空化气泡和惯性空化,因此需要具有显著振幅的声压波。这就是为什么在清洗液内通常会产生高强度的驻波(即高达 $5\mathrm{Wcm}^{-2}$)(图 9.48)。这样,在波腹处产生了良好的清洁效果,但是在驻波的波节附近具有较小的清洁效果。因此,均匀清洗需要物体在清洗过程中移动和转动。还应该注意的是,浸没的物体影响在清洗液中驻波的形成。

驻波通常由几个压电换能器产生,这些换能器连接在清洗槽的底部(图 9.48)或浸入清洗液中作为密封装置。为了避免噪声对周围环境的污染并且有利于液体内部的惯性空化,典型的超声波清洗系统的工作频率 f_{ex} 在 20 ~ 40kHz 之间[60,97]。

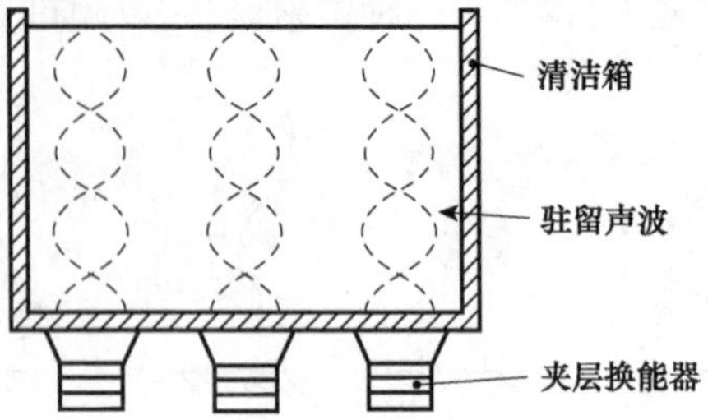

图 9.48　底部装有压电夹层换能器的清洁箱；换能器在清洗液内产生高强度的驻留声波[53]

但是,如果需要温和的清洗,可以使用更高的工作频率(如 100kHz)。根据待清洗物体的污染程度、声音强度和使用的清洗液,清洗时间从几秒到 1min 不等[53]。从效率的角度考虑,所使用的压电夹层换能器的谐振频率 f_r 应与超声波清洗系统的工作频率一致。

9.4.2　空化活性的常规测量

如上所述,惯性空化意味着声压信号中的宽带噪声,它出现在周围的液体中。此外,气泡破裂时会发出短暂的闪光。在实际应用中利用这两种效应来评估空化活性,即惯性空化和气泡振荡。在此,将专注于声压测量,特别是超声波测量。

从根本上说,如果利用声压测量,就可以区分主动空化检测和被动空化检测[109]。在主动空化检测的框架内,由合适的超声波换能器对空化区域进行超声处理。散射的超声波包含有关现有空化活动的信息,因为像气泡振荡和气泡坍塌的过程会影响这些波。在脉冲回波模式下,当聚焦超声波换能器(如线阵)工作时,还可以定位空化区域[103]。在这种情况下,主动空化探测又称为主动空化成像或主动空化映射。但是,主动空化检测的问题在于,这种检测在技术上仅在产生惯性空化的超声源间歇期间才是可行的,因为超声波源会产生惯性空化;否则,高强度超声波产生的空化作用会完全覆盖散射的超声波,因而,无法以可靠的方式获得它们。这就是主动空化检测难以应用于超声波清洗的原因。

与主动空化检测相反,被动空化检测不需要超声波换能器来提供额外的声场。所用的换能器完全作为接收器的声波,这是产生的惯性空化和气泡振荡[4]。被动空化检测也可以应用于负责惯性空化的超声源的工作过程中。因此,被动空化检测应该适用于超声波清洗。然而,类似于主动空化检测,必须处理的问题是,接收信号包括激发基频 f_{ex} 处的明显频谱分量以及由于非线性声音传播而引起的泛音。亚谐波成分(如 $f_{ex}/2$) 和超谐波成分(如 $3f_{ex}2$) 指出,振荡气泡的存在变得可见[109]。此外,接收信号的频谱中含有宽带噪声,这是惯性空化现象的典型特征。通过对这些频谱进行适当的分析,可以用被动空化检测方法测量气泡的空化和惯性空化。当使用特殊的成像技术,如波束成形,测量的空间分辨率可以提高[35]。被动空化探测又称为被动空化成像或被动空化映射。

9.4.3 实现的传感器阵列

尽管有几种测量空化活性的方法(参见9.4.2小节),但是传统的测量技术在超声波清洗中只能在有限程度上适用。这主要是由于被清洗物体对清洗液中的声场产生影响,因此空化活性在空间上发生变化,这也将改变物体表面的清洗效率。因此,可靠的研究超声波清洗需要一个空化传感器,该传感器可以直接连接到物体表面,并允许对空化活动进行空间分辨的测量。

下面讨论一种特殊的空化传感器,它是在Strobel[97]博士论文的框架内开发的,其基本方法和取得的结果发表在文献[93,98]中。所实现的传感器阵列代表了一种被动空化检测装置,基于Emfit Ltd公司提供的机械柔性铁驻极体材料机电薄膜(EMFi,参见3.6.3小节)。为了实现显著的压电耦合,采用厚度约为70μm的EMFi-HS材料作为活性传感材料。由于其较低的机械刚度和材料密度,EMFi材料应提供一个相当大的频率带宽以用于清洗液体(图7.39(b))。此外,这种材料的机械弹性构成了一个巨大的优势,因为即使表面是弯曲的,它也可以直接连接到物体表面上。

图9.49显示了已实现的传感器阵列的几何尺寸,其中包含16个元素,每个元素的直径为$2R_T = 3.0$mm,分别排列在4行4列中。根据超声波清洗过程中20~40kHz的典型频率,选择了元件直径和元件间的横向间距。进一步的设计准则是阵列元件的机械和电气串扰。在最大频率为40kHz时,产生的超声波在水中的波长$\lambda = 37.1$mm。相邻声压最小值(即节点)与最大值(即腹点)之间的几何距离$\lambda/4 = 9.3$mm。因此,在两个阵元之间选择4.6mm的横向间距可以保证单个波列在时间域和空间域都可以得到充分的分辨。

图9.50显示了所实现的传感器阵列的单个单元的示意性横截面。主动传感器组件,一个边缘长度为20mm的正方形EMFi材料,通过高黏性且无溶剂的黏合剂固定在阵列元件的底部电极上。底部电极和信号线都是铜制成的。此外,电极和信号线是柔性印制电路板的一部分,它允许传感器阵列的弯曲。虽然传感器信号可以在这些直径3.0mm的圆形元件电极上单独测量,但是在EMFi材料上蒸汽沉积的20nm厚度的单一顶部铝层是所有传感器元件的共同基础。为了保护传感器阵列以及信号线免受由于空化效应造成的环境破坏,使用了一种附加的40μm厚的聚对二甲苯碳涂层。这种聚合物涂层材料是光学透明的,具有优异的耐化学

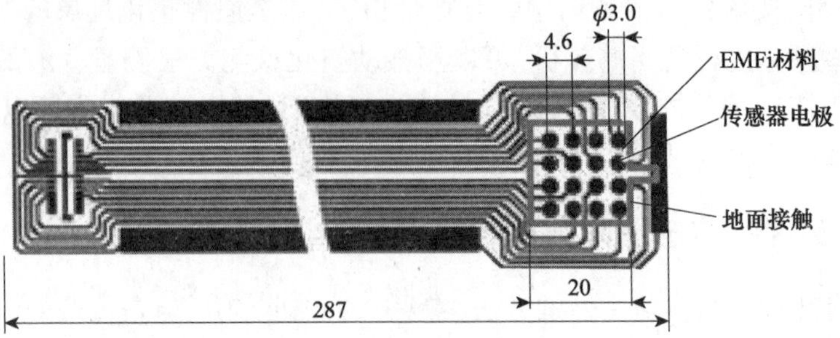

图 9.49　已实现的传感器阵列和信号线的几何结构[93]
（阵列由 16 个单元组成，排列成 4 行 4 列）

性，并且有均匀的表面覆盖率[15,112]。通过化学气相沉积（CVD）工艺形成聚对二甲苯 C 层。

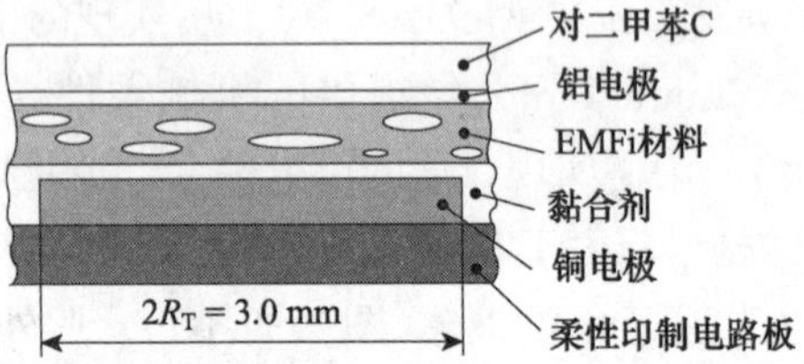

图 9.50　单元传感器阵列截面（EMFi 材料底部为铜（铜）电极、上部为普通铝（铝）电极）

9.4.4　传感器阵列的表征

下面详细介绍所实现的传感器阵列的计量和基于仿真的表征，包括方向性模式、共振频率、可实现的灵敏度和阵列元件的信噪比。此外，将研究机械以及传感器组件之间的电子串扰。

1. 方向性模式

方向性模式描述了传感器阵列相对于入射声压波角度的空间灵敏度。考虑到传感器阵列的实际应用，阵列元件的灵敏度不应该取决于波动角度。为了验证这一点，把单个阵列元件视为元件半径$R_{\mathrm{T}}=1.5\mathrm{mm}$的活塞式换能器。根据 7.2.1 小节，如果波数 $k=2\pi/\lambda$ 与元素半径的乘积小于 1，即$kR_{\mathrm{T}}<1$，活塞式换能器在半空间中将呈现近似球形的指向性图案。频率f越高，声波波长越小，波数 k 越大。在目前的情况下，已实现的传感器阵列在水中工作（$C_{\mathrm{w}}\approx 1500\mathrm{m}\cdot\mathrm{s}^{-1}$），并应提供频率高达 100kHz 的声场信息，这将导致最大波数 $k\approx 420$。因此，条件$kR_{\mathrm{T}}<1$始终成立，阵元理论上可以提供一个球面方向性模式。试验和有限元模拟也证实了这

种特性[97]。

2. 共振频率

压电传感器的机械谐振频率表示一个基本参数。从理论上讲,传感器的灵敏度在频率小于f_r时保持恒定,在频率$f > f_r$时减小 - 20dB / 10 年。这里看一个简单的解析模型来计算单个阵元的阻抗。基本上,阻力受传感器材料的机械质量m_s和机械柔度n_s的影响。对于均匀且呈圆盘状的传感器元件(厚度t),在空间中可以均匀和自由振荡,厚度方向的共振频率为

$$f_r = \frac{1}{2\pi\sqrt{m_s \cdot n_s}} = \frac{1}{2\pi\sqrt{M_s \cdot N_s}} \tag{9.133}$$

其面积密度$M_s = m_s / A_s$,与表面相关的柔度$N_s = n_s \cdot A_s$。$A_s = R_T^2\pi$代表磁盘的基区。如图 9.50 所示,所实现的传感器阵列的 EMFi 材料在其底部区域单面夹紧。因此,EMFi 材料的有效质量减少到 1/3[51]。

虽然已实现的传感器阵列展示了一个相当复杂的设置,但由于其厚度薄,仍可以忽略底部的黏合层和在 EMFi 材料顶部的铝电极。然而,这并不适用于聚对二甲苯碳涂层,因为其厚度相当于 EMFi 材料。传感器共振频率的另一个重要因素是接收到的声压波的传播介质,这在估算声压波的频率时必须加以考虑。在目前的情况下,传感器阵列工作在一个与水非常相似的清洗液中。虽然可以忽略空气作为波的传播介质的影响,但是水对于实现的传感器阵列来说是一个沉重的负荷。当传感器阵列在水中工作时,f_r会显著减少。对于活塞式换能器,水与活动换能器表面振荡的面积密度M_W为[51]

$$M_W = \varrho_W \frac{8\,R_T}{3\pi} \tag{9.134}$$

式中:ϱ_W为水的平衡密度。振荡体积可以解释为一个高度为$8\,R_T/3\pi$、基区为$R_T^2\pi$的圆柱体。

表 9.4 包含了 EMFi 材料(M_E和N_E)、聚对二甲苯碳涂层(M_P和N_P)的决定性数量,以及用于计算f_r的水,由此导出面密度M_i和表面相关柔度N_i为

$$M_i = \varrho_i \cdot t_i, N_i = \frac{E_i}{t_i} \tag{9.135}$$

式中:ϱ_i为平衡密度;E_i为杨氏模量;t_i为层厚。由于 EMFi 材料与聚对二甲苯碳涂层的柔性差异超过 3 个数量级,因此可以忽略N_P。还可以看出,面积密度M_W优于其他值,即$M_W \gg M_E + M_P$。这就是传感器阵列的谐振频率主要由水决定的原因。

表 9.4　元件直径$2R_T = 3.0$mm 的厚度t_i、平衡密度ϱ_i、杨氏模量 E_i 以及由此产生的面积密度M_i 和与表面相关的机械顺应性N_i(计算阵列元件的共振频率f_r 没有意义或不需要条目“—”)(材料参数来自文献[15,51])

层	$t_i/\mu m$	$\varrho_i/(kg \cdot m^{-3})$	$E_i/(10^6 N \cdot m^{-2})$	$M_i/(kg \cdot m^{-2})$	$N_i/(10^{-12} m^3 \cdot N^{-1})$
EMFi 材料	70	330	≈ 2.0	0.023	35
聚对二甲苯碳	40	1289	≈ 3000	0.052	0.013
水	—	998	—	1.271	—

总地来说,单个阵列单元的共振频率计算可以通过下式,即

$$f_r = \frac{1}{2\pi\sqrt{(M_E/3 + M_P + M_W) \cdot N_E}} \tag{9.136}$$

对于给定的层厚和材料参数,该方程导出了$f_r = 23$kHz。当空气作为波的传播介质(即$M_W \approx 0$)时,阵列元件的共振频率约为300kHz,因此,与图7.39(a)中提出的测量结果非常吻合。

在水箱中的实际测量表明,实现的传感器阵列对入射声压波的最大灵敏度出现在约40kHz处,远高于近似的共振频率23kHz。这种偏差,一方面来自于假定材料参数的不确定性;另一方面假设解析模型有一致的机械振动,这是不满足的(图9.52)。因此,有效面积密度减小,进而f_r 取较高的值。通过适当调整相关材料参数,耦合有限元模拟提供了与已实现传感器阵列类似的特性和共振频率[97]。

3. 传感器灵敏度和信噪比

在水箱中测量了已实现传感器阵列的以 VPa^{-1} 为参考的频率分辨灵敏度$B_S(f)$。通过这种做法,超声波发射器产生了近似垂直于传感器阵列的平面声压波。通过比较阵列元件和参考水听器的电输出,可以确定目标量。直到截止频率为33kHz时,传感器的灵敏度几乎保持恒定,即$B_S(f) = 8.7\mu VPa^{-1}$。对于更高的频率,$B_S(f)$ 增加,直至达到共振频率$f_r \approx 40$kHz,对于$f > f_r$ 则急剧减小。这种特性也可以被耦合的有限元模拟结果[97] 所证明。对于水中的声压波,采用共同参考值$p_{ref} = 1\mu Pa$时,传感器的灵敏度将变为 -221.1dB rel$V\mu Pa^{-1}$。为了通过一个阵列元件提高常规声场测量中的传感器灵敏度,开发了一种低噪声放大器(Reson VP1000[101]),该放大器在相关频带中提供了32dB 的恒定增益因子。在33kHz 以下时,组合传感器阵列和放大器的总灵敏度$B_{S,sys}(f)$ 值分别为 $350\mu VPa^{-1}$ 和 -189.1dBrel$V\mu Pa^{-1}$。

一般来说,信噪比是由所需系统输出的平方平均数值与系统输出的噪声信号

的比值得出的[59-60]。对于实现的传感器阵列和放大器的组合，下式给出了 dB 的信噪比，即

$$\mathrm{SNR} = 20\lg\left(\frac{U_{\mathrm{S,sys}}}{U_{\mathrm{noise}}}\right) \mathrel{\widehat{=}} L_{\mathrm{p}} - L_{\mathrm{noise}} \tag{9.137}$$

式中：$U_{\mathrm{S,sys}}$ 和U_{noise} 分别为放大器希望输出信号和输出端产生的噪声信号的均方根值；L_{p} 为所需信号的声压级；L_{noise} 为整个系统的等效声噪声级，即

$$L_{\mathrm{noise}} = 20\lg\left(\frac{\sqrt{\int_{f_{\min}}^{f_{\max}} U_{\mathrm{noise,f}}(f)^2 \mathrm{d}f}}{B_{\mathrm{S,sys}}(f)\,p_{\mathrm{ref}}}\right) \tag{9.138}$$

矢量信号分析仪 Keysight HP89441A[47] 在放大器输出端测量了噪声电压谱密度$U_{\mathrm{noise,f}}(f)$ inV/ $\sqrt{\mathrm{Hz}}$。在 0 ~ 100kHz 的有关频带内，等效声噪声级L_{noise} = 115dB。初步研究表明，传感器阵列应提供 100Pa 的分辨率极限，以检测清洗液中的空穴现象。由此产生的声压级L_{p} = 160dB，组合传感器阵列和放大器的信噪比值为45dB。因此，可以确认包括放大器 Reson VP1000 在内的单个阵列元件的运算能力。

4. 机械串扰

串扰始终是阵列系统的决定性因素。对于所考虑的压电传感器阵列，必须处理相邻阵列元件之间的机械和电气串扰。当机械串扰应该直接测量时，有必要将声压波施加在单个阵列元件上，但不会出现在传感器阵列的其他元件上。事实上，这一要求在实际情况下是不能满足的。这就是为什么阵列单元应该作为发射器，即利用直接压电效应的传感器阵列转换为基于反压电效应的执行器阵列[93]。因为机械能和电能的机电耦合系数在能量流的两个方向是相同的(见 3.5 节)，所以高传感器灵敏度直接意味着高执行器变形；反之亦然。换句话说，应该能够通过电激励单个元件和测量由此产生的所有阵列元件的变形来评估机械串扰，这可以通过激光扫描振动计来完成。为了尽量减少由于声波传播而产生的干扰耦合效应，测量在空气中进行。

在研究机械串扰之前，如果传感器阵列作为执行器阵列工作，则首先考虑传感器阵列的机械位移。图 9.51(a) 显示了由此产生的空间分辨位移的振幅$\hat{\boldsymbol{u}}$，由激光扫描测振仪 Polytec PSV - 300[89] 测量。因此，阵列单元在频率f = 27.2kHz 的 $100\mathrm{V_{PP}}$ 电压下同时被激发。需要注意的是，这个频率也用作所考虑的清洗槽中超声波清洗的激发频率。可以清楚地观察到，阵元的位移振幅十分吻合，此外，阵列元件相位振荡，这对于时间分辨的声压测量尤其重要。单元位移幅值的最大相对偏差小于 10%，因此，元件灵敏度B_{S} 的差值应小于 1dB。这些偏差主要来自于 EMFi 材料的不均匀性和所实现阵列结构的细微差异。

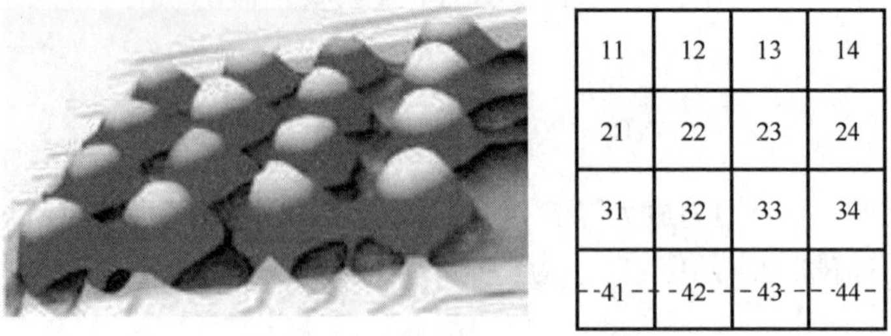

(a) (b)

图 9.51 传感器阵列的机械位移及阵列编号

(a) 已实现传感器阵列的测量空间分辨位移振幅$\hat{u}$(100 V_{PP} 激励的阵列元素 f = 27.2kHz);(b) 对阵列元素进行编号(信号线在顶部元素上边界,即 11 ~ 14;虚线表示图 9.52 中激光扫描振动计的扫描线)。

图 9.52 显示了从阵列单元 41 ~ 44 的水平直线上$\hat{u}$的测量值和模拟值(图 9.51(b))。因为与图 9.51(a) 相反,只有阵列元件 41 在 27.2kHz 时被 100 V_{PP} 激发,所以应该可以通过这种测量方法对机械串扰进行评估。在激发元件内,耦合有限元模拟结果与测量结果十分吻合。但是在激励元件外部,即在阵列元件 42、43 和 44 处,在测量和模拟之间会出现相当大的偏差。有趣的是,测量的位移振幅在这些阵元的中心取最高值。当然,这种特性并非来自于已实现的传感器阵列内部的机械串扰,而是来自相邻信号线之间的电气串扰,由于实际原因,信号线的长度大于 200mm(图 9.49)。严格来讲,对已实现的传感器阵列内部的机械串扰进行隔离评估需要进行数值模拟。在本例中,耦合有限元模拟在激励阵列元件外部产生的位移幅度小于 0.1nm,对于最大幅度 4.5nm 而言,串扰衰减为 33dB[93]。根据进一步的有限元模拟,这种高衰减并不影响实现的传感器阵列的性能(如方向性模式),因为单个元件是机械解耦的。

5. 电子串扰

如前所述,已实现的传感器阵列的电子串扰似乎主导其机械串扰。在当前的情况下,电子串扰是由不同阵列元件之间的耦合电容引起的。这不仅涉及各个阵列元件之间的耦合电容C_{CE},而且涉及信号线之间的耦合电容C_{CL}。由于几乎不可能单独测量各个电容,因此开发了有限元仿真来完成这项任务[97]。给传感器电极施加可变电压并计算基本电容 $C = Q/U$,从而得到目标电容。仿真结果表明,C_{CE} 的值比单个阵列元件的固有电容C_S 小得多。这是由于两个相邻阵列单元的中心之间的横向距离相对较大,即 4.6mm。C_{CE} 和C_S 分别为 0.07pF 和 1.48pF。因此,串音衰减计算为 27dB,再次代表了一个相当高的值。

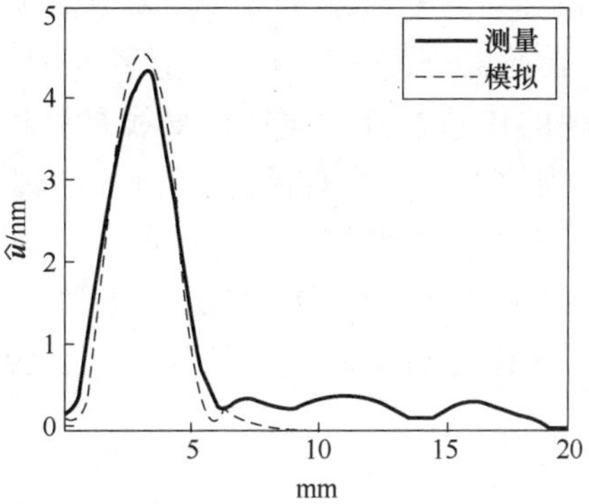

图 9.52　测量和模拟的位移振幅$\hat{u}$沿水平线范围从阵元 41 ~ 44(图 9.51(b))
(阵元41 由电压 100 V_{PP} 激励,频率为 27.2kHz)

现在,讨论电子串扰之间使用的横向延伸 0.3mm 的信号线,即横向距离(从中心到中心) 两个相邻的信号线等于 1.0mm。与已实现的传感器阵列相比,信号线没有配备公共接地层。结果,电容耦合出现在信号线的顶部和底部。特别是当信号线浸入水中时,由于水的相对介电常数很高,$\varepsilon_r \approx 80$,两信号线之间的耦合电容 C_{CL} 将取较大值。有限元仿真结果表明,当信号线完全浸没在水中时,C_{CL} 的最大值为 16.1pF。对于两条不相邻的信号线,这个值只是略有降低。因此,信号线的耦合电容决定了单个阵列元件的固有电容C_{CL}。

为了抑制由于传感器组件之间,特别是信号线之间的耦合电容引起的电子串扰,每个阵列元件被连接到一个单独的电荷放大器电路。通过这些包含运算放大器的电荷放大器,底部阵列电极和信号线都被迫接地(见 9.1.5 小节)。因此,耦合电容C_{CE} 和C_{CL} 短路,理想情况下它们不再影响传感器的性能。测量结果表明,所使用的电荷放大器电路在相应的频带中产生了超过 50dB 的电子串扰衰减。因此,对于已实现的传感器阵列和电荷放大器电路的组合,电子串扰可以忽略不计。

9.4.5　试验结果

最后,讨论通过已实现的传感器阵列得到的一些试验结果,将研究空化活性与放大电子元件输出之间的关系。为此,传感器阵列被固定在一个圆柱形的主体上,并被放置在一种清洗液中。传感器输出也将通过一个特殊的测试层来验证清洗效果。

1. 频率分辨声压幅值

如 9.4.1 小节所述,空化活动与周围液体的频谱声压振幅 $|\underline{P}_{\sim}(f)|$ 密切相

关。因此,利用实现的传感器阵列测量 $|\underline{P}_{\sim}(f)|$ 是有意义的。图 9.53(a) 展示了用于这项试验的装置。传感器阵列固定在一个直径为 15mm 的圆柱形钢体上(图 9.53(b))。因为所实现的传感器阵列包括信号线是机械灵活的,所以这是可行的。钢体连同传感器阵列放置在一个直径为 140mm 的圆柱形透明水箱内。一层钢膜附着在水箱的底部,膜的底部装有一个特殊的夹心式压电换能器作为超声波源。所用夹层换能器的谐振频率 f_r 为 27.2kHz。

容器内装有去离子水作为清洗液。在外部红外光源的帮助下,其温度恒定为 50℃。

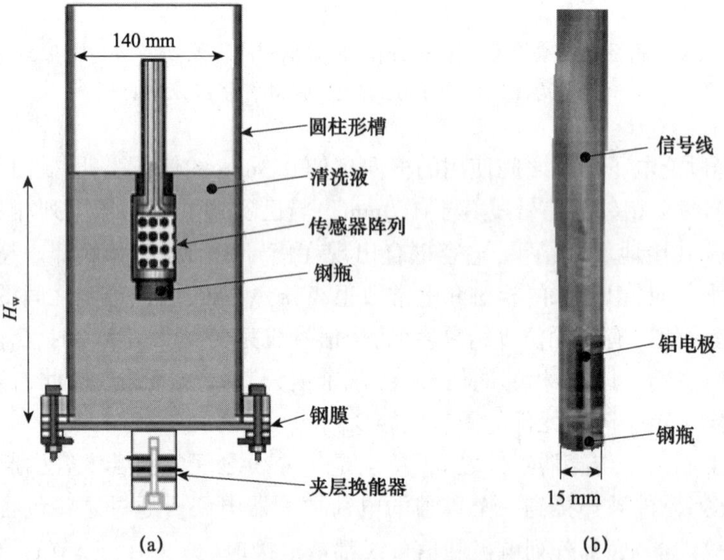

图 9.53　试验装置

(a) 试验装置示意图(实现的传感器阵列浸入清洗液中进行测量,液位 H_W = 200mm);

(b) 传感器阵列固定在直径 15mm 的圆柱形钢体上[98]。

通过电动激发超声波夹层换能器,可以在罐内产生声压波。为了获得启动空化活动所需的高声压振幅产生了驻波,这种驻波的形成很大程度上取决于罐内液面的 H_W 和激发声压波的频率 f_{ex}[11] 由于换能器的共振频率 f_r 以及沿着罐的圆柱轴有 6 个期望最大值,液位被设置为 H_W = 200mm。

现在考虑两个不同的情况,即夹心式传感器的低激发电压和高激发磁电压 U_{ex},U_{ex} = 100 V_{PP} 表示低激发电压,U_{ex} = 500 V_{PP} 表示高激发电压。对于这两种情况,激发频率 f_{ex} 应该与传感器的共振频率一致,即 $f_{ex}=f_r$。试验研究表明,在低激发电压下,清洗槽内不会产生空化气泡,因此不存在空化活性[97]。相反,对于 U_{ex} =

500 V_{PP}，可以观察到多个空化气泡。由此产生的空化活动在可听见的范围内也可以被认为是宽带噪声。

图 9.54(a) 和图 9.54(b) 描述了两种情况下被测元件输出的频谱幅度 $|\underline{U}_{SC}(f)|$，该频率已被电荷放大器放大。因此，所选择的阵列元件位于驻波的最大值中。在低激发电压 U_{ex} = 100 V_{PP}(图 9.54(a)) 的情况下，$|\underline{U}_{SC}(f)|$ 在基频对应的 f_{ex} 处包含一个明显的最大值，以及在 $2f_{ex}$、$3f_{ex}$ 等处具有泛音。对于高激发电压 U_{ex} = 500V_{PP}(图 9.54(b))，这些光谱成分增加。此外，在 $f_{ex}/2$ 处有一个附加次谐波分量，在 $3/2f_{ex}$、$5/2f_{ex}$ 等处可观量级的超谐波分量，特别是 $f_{ex}/2$。根据 9.4.1 小节，这样的频谱分量是由气泡振荡产生的，因此证明了空化气泡的存在。由于在高激发电压下 $|\underline{U}_{SC}(f)|$ 的宽带噪声相比在低激发电压下显著增加，可以认为这些气泡的内爆(惯性空化)是与空化活动密切相关的，因此，记录的光谱幅度包含了预期的信息。已实现的传感器阵列可用于超声波清洗中的空化分析。

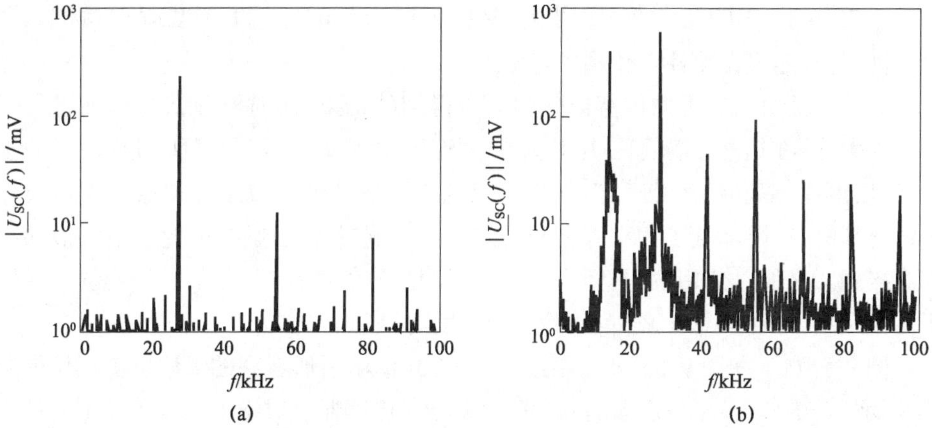

图 9.54　低激发电压 U_{ex} = 100 V_{PP} 和高激发电压 U_{ex} = 500 V_{PP} 的三明治换能器在激发频率 f_{ex} = 27.2kHz 时放大元件输出的频谱幅值 $|\underline{U}_{SC}(f)|$

(a) U_{ex} = 100 V_{PP}；(b) U_{ex} = 500 V_{PP}。

2. 空化测量

空化活性不仅取决于声场强度，而且还取决于清洁液中溶解气体的浓度[21,91]。如果用脱盐水作为清洗液，溶解氧的浓度将起重要作用。尽管气泡代表空化核(参见 9.4.1 小节)，溶解氧浓度的增加伴随着空化活动减弱，因此导致清洗效果减弱。为了检验所实现的传感器阵列是否能够进行这种观测，对选定的阵列单元记录的光谱幅度 $|\underline{U}_{SC}(f)|$ 中各个光谱成分的进展进行了评估。第一个量

是夹心式传感器的激发电压U_{ex}，第二个量是清洗液中溶解氧的浓度。再次将钢瓶和已实现的传感器阵列一起放置在圆柱形罐中。

图9.55(a)和图9.55(b)显示了在两种不同的氧气浓度(即3.5mgO_2/L和7.0mgO_2/L)下，在$f_{ex}/2$、f_{ex}和$2f_{ex}$在$|\underline{U}_{SC}(f)|$下测得的光谱成分的最终变化。用电化学氧量计和滴定法测定了清洗液中的电流氧浓度[106]。所考虑的光谱成分会被U_{ex}改变。次谐波分量$|\underline{U}_{SC}(f_{ex}/2)|$的变化最大，而频谱分量$|\underline{U}_{SC}(f_{ex})|$在激励频率处的变化最小。尤其是当氧浓度为3.5mgO_2/L时，次谐波分量在U_{ex} = 200 V_{PP}和U_{ex} = 300 V_{PP}之间显著增加。然而，当氧浓度为7.0mgO_2/L时，氧浓度不会发生这样大的变化。在传感器激发U_{ex} = 500 V_{PP}的情况下，高光谱浓度的$|\underline{U}_{SC}(f_{ex}/2)|$值远小于低氧浓度的光谱值。由于这一光谱分量是现有空化气泡振荡、空化活性的明确指标，因此对于氧浓度为7.0mgO_2/L的空化气泡，其清洗效果应该很小。相反，对于低氧浓度，可以期望获得良好的清洁效果。与次谐波分量一样，$|\underline{U}_{SC}(f)|$中的宽带噪声(图9.54(b))在3.5mgO_2/L时也显著增加。因此，可以合理地假设惯性空化现象经常发生。

为了验证由已实现的传感器阵列测量得到的结果，还对实际清洗效果进行了评估。为此，在钢瓶上涂了一层特殊的试验层。图9.56显示了所用测试层的设置，该层由镍、锡和铜组成[97]。采用电镀的方法成功地形成了金属层。当镍层作为键合剂时，锡层降低了铜和镍之间的黏合力。铜层代表顶层，因此与清洗液保持永久接触。之所以使用铜，是因为它具有平均的抗气蚀性，并且可以从光学上区别于其他金属，如锡。总在来讲，试验层的厚度约等于1.5μm。

图9.55(c)和图9.55(d)描绘了经过30s清洗后所考虑的氧浓度测试层的照片。用U_{ex} = 500 V_{PP}激发f_{ex} = 27.2kHz的夹心式传感器。对于3.5mgO_2/L的低氧气浓度，由于大面积去除了亮铜层，清洗效果显著。事实上，这些暗区与清洗槽里驻波的最大值相吻合。但是对于7.0mgO_2/L的高氧浓度，试验层几乎保持不变，因此，当清洗时间大于30s时，清洗效果可忽略不计。这些观测结果与图9.55(a)和图9.55(b)中相应的频谱分量$|\underline{U}_{SC}(f_{ex})|$的预期相符。

综上所述，已实现的由4×4个元件组成的传感器阵列可以附着在物体表面，即使物体表面是弯曲的，也应在超声波清洗槽中清洗。通过分析被测元素输出的次谐波和超谐波谱分量，能够以空间分辨的方式检测空穴。当这些频谱成分出现较高的幅值时，空化气泡会破裂并在物体表面产生明显的清洗效果。

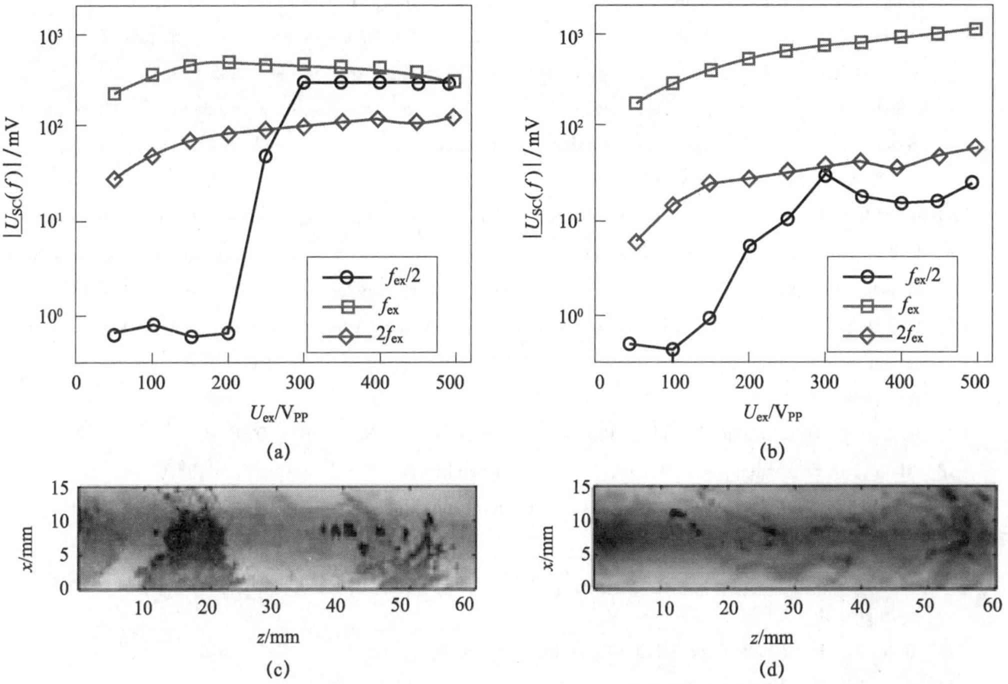

图 9.55 氧气浓度分别为 3.5mgO_2 / L 和 7.0mgO_2 / L 时放大元件输出的频谱范围超强度 $|\underline{U}_{SC}(f)|$ 中 $f_{ex}/2$（次谐波）、f_{ex}（基频）和 $2f_{ex}$（二次谐波）的分量与 f_{ex} = 27.2kHz 的夹层换能器的激发 U_{ex} 有关；清洗 30s 后测试层的氧气浓度为 3.5mgO_2 / L 和 7.0mgO_2 / L；（暗区表示清洗区域）

（a）氧浓度 3.5mgO_2/L；（b）氧浓度 7.0mgO_2/L；（c）3.5mgO_2/L 测试层；（d）7.0mgO_2/L 测试层。

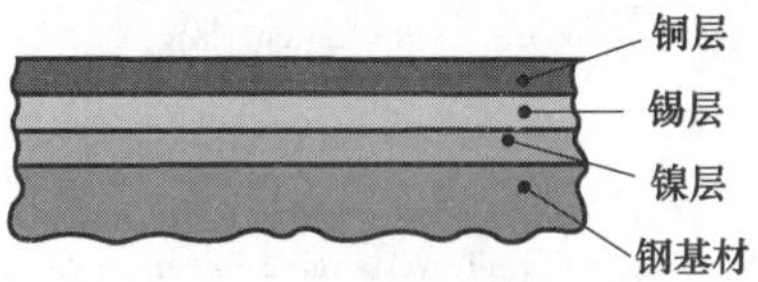

图 9.56 试验层的横截面示意图（包括镍、锡和铜层；测试层的厚度约为 1.5μm）

参考文献

[1] Antlinger, H., Clara, S., Beigelbeck, R., Cerimovic, S., Keplinger, F., Jakoby, B.: A differential pressure wave - based sensor setup for the acoustic viscosity of liquids. IEEE Sens. J. 16(21), 7609 - 7619 (2016)

[2] Arnau, A.: Piezoelectric Transducers and Applications, 2nd edn. Springer, Berlin (2008)

[3] Asher, R. C. : Ultrasonic Sensors. Institute of Physics Publishing, Bristol (1997)

[4] Atchley, A. A. , Frizzell, L. A. , Apfel, R. E. , Holland, C. K. , Madanshetty, S. , Roy, R. A. : Thresholds for cavitation produced in water by pulsed ultrasound. Ultrasonics 26(5), 280 - 285 (1988)

[5] Beigelbeck, R. , Antlinger, H. , Cerimovic, S. , Clara, S. , Keplinger, F. , Jakoby, B. : Resonant pressure wave setup for simultaneous sensing of longitudinal viscosity and sound velocity of liquids. Meas. Sci. Technol. 24(12) (2013)

[6] Beitz, W. , Küttner, K. H. : Dubbel Handbook of Mechanical Engineering. Springer, Berlin (1994)

[7] Bezdˇek, M. : A boundary integral method for modeling sound waves in moving media and its application to ultrasonic flflowmeters. Ph. D. thesis, Friedrich - Alexander - University Erlangen Nuremberg (2006)

[8] Bezdˇek, M. , Landes, H. , Rieder, A. , Lerch, R. : A coupled fifinite - element, boundary - integral method for simulating ultrasonic flflowmeters. IEEE Trans. Ultrason. Ferroelectr. Freq. Control 54(3), 636 - 646 (2007)

[9] Blackstock, D. T. : Fundamentals of Physical Aocustics. Wiley, New York (2000)

[10] Blahut, R. E. , Miller, W. , Wilcox, C. H. : Radar and Sonar: Part I. Springer, Berlin (1991)

[11] Blevins, R. D. : Formulas for Natural Frequency and Mode Shape. Krieger Publishing Company, Malabar (1995)

[12] Bronstein, I. N. , Semendjajew, K. A. , Musiol, G. , Mühlig, H. : Handbook of Mathematics, 6h edn. Springer, Berlin (2015)

[13] Brüel & Kjær: Product portfolio (2018). http://www. bksv. com

[14] Buzug, T. M. : Computed Tomography, 6th edn. Springer, Berlin (2008)

[15] Chen, P. J. , Rodger, D. C. , Humayun, M. S. , Tai, Y. C. : Unpowered spiral - tube parylene pressure sensor for intraocular pressure sensing. Sens. Actuators A: Phys. 127(2), 276 - 282 (2006)

[16] Chiao, R. Y. , Hao, X. : Coded excitation for diagnostic ultrasound: a system developer's perspective. IEEE Trans. Ultrason. Ferroelectr. Freq. Control 52(2), 160 - 170 (2005)

[17] Christian Bürkert GmbH & Co. KG:Manufacturer of transit time ultrasonic flflow meters (2018). Homepage: https://www. burkert. com/en/

[18] Claeys, J. M. , Leroy, O. : Reflflection and transmission of bounded sound beams on half - spaces and through plates. J. Acoust. Soc. Am. 72(2), 585 - 590 (1982)

[19] Cook, C. E. : Pulse compression - key to more effificient radar transmission. Proc. IRE 48(3), 310 - 316 (1960)

[20] Cowell, D. M. J. , Freear, S. : Separation of overlapping linear frequency modulated (LFM) signals using the fractional Fourier transform. IEEE Trans. Ultrason. Ferroelectr. Freq. Control 57(10), 2324 - 2333 (2010)

[21] Crum, L. A. : Rectifified diffusion. Ultrasonics 22(5), 215 - 223 (1984)

[22] Crum, L. A. , Mason, T. J. , Reisse, J. L. , Suslick, K. S. : Sonochemistry and Sonoluminescence. Kluwer Academic Publishers, Dordrecht (1999)

[23] Diehl Metering GmbH: Manufacturer of transit time ultrasonic flflow meters (2018). Homepage: http://www. diehl. com/en/diehl - metering. html

[24] Ditri, J. J. , Rose, J. L. : Excitation of guided waves in generally anisotropic layers using fifinite sources.

J. Appl. Mech. Trans. ASME 61(2), 330 - 338 (1994)

[25] Durst, F.: Fluid Mechanics: An Introduction to the Theory of Fluid Flows. Springer, Berlin (2008)

[26] Eisenmenger, W., Köhler, M., Pecha, R., Wurster, C.: Neuartige Methode zur Messung der Zerreißspannung von Wasser. In: Proceedings of Fortschritte der Akustik (DAGA), pp. 574 - 575 (1997)

[27] Emfifit Ltd: Manufacturer of electro - mechanical fifilms (2018). https://www.emfifit.com

[28] Endevco as part of Meggitt Sensing Systems: Product portfolio (2018). https://endevco.com

[29] Endress + Hauser AG: Manufacturer of transit time ultrasonic flflow meters (2018). http://www.endress.com

[30] Fiedler, O.: Strömungs - und Durchflflußmeßtechnik. Oldenbourgh Verlag München (1992)

[31] Fortes - Patella, R., Reboud, J., Archer, A.: Cavitation erosion mechanism: numerical simulation of the interaction between pressure waves and solid boundaries. In: Proceedingsof CAV, pp. 1 - 8 (2001)

[32] Funck, B., Mitzkus, A.: Acoustic transfer function of the clamp - on flflowmeter. IEEE Trans. Ultrason. Ferroelectr. Freq. Control 43(4), 569 - 575 (1996)

[33] Gautschi, G.: Piezoelectric Sensorics. Springer, Berlin (2002)

[34] Goodman, J. W.: Introduction to Fourier Optics, 3rd edn. Roberts & Company Publishers, Englewood (2005)

[35] Gyöngy, M., Coussios, C. C.: Passive cavitation mapping for localization and tracking of bubble dynamics. J. Acoust. Soc. Am. 128(4), EL175 - 180 (2010)

[36] Gätke, J.: Akustische Strömungs - und Durchflflußmessung. Akademie, Berlin (1991)

[37] Hammitt, F. G.: Observations on cavitation damage in a flflowing system. J. Basic Eng. 85(3), 347 - 356 (1963)

[38] Harput, S., Evans, T., Bubb, N., Freear, S.: Diagnostic ultrasound toothiimaging using fractional fourier transform. IEEE Trans. Ultrason. Ferroelectr. Freq. Control 58(10), 2096 - 2106 (2011)

[39] Harris, F. J.: On the use of windows for harmonic analysis with the discrete fourier transform. Proc. IEEE 66(1), 51 - 83 (1978)

[40] Hecht, E.: Optics, 5th edn. Pearson, London (2016)

[41] Honarvar, F., Sheikhzadeh, H., Moles, M., Sinclair, A. N.: Improving the time - resolution and signal -to - noise ratio of ultrasonic NDE signals. Ultrasonics 41(9), 755 - 763 (2004)

[42] Hottinger Baldwin Messtechnik (HBM) GmbH: Product portfolio (2018). https://www.hbm.com

[43] Hsu, D. K., Hughes, M. S.: Simultaneous ultrasonic velocity and sample thickness measurement and applicationin composites. J. Acoust. Soc. Am. 92(2), 669 - 675 (1992)

[44] Ilg, J., Rupitsch, S. J., Lerch, R.: Impedance - based temperature sensing with piezoceramic devices. IEEE Sens. J. 13(6), 2442 - 2449 (2013)

[45] Jensen, J. A.: Estimation of Blood Velocities Using Ultrasound. Cambridge University Press, Cambridge (1996)

[46] Keiji K. K., Gordon Ⅱ, J. G.: The oscillation frequency of a quartz resonator in contact with liquid. Analytica Chimica Acta 175(C), 99 - 105 (1985)

[47] Keysight Technologies Inc.: Product portfolio (2018). http://www.keysight.com

[48] Kiefer, D. A., Fink, M., Rupitsch, S. J.: Simultaneous ultrasonic measurement of thickness and speed of sound in elastic plates using coded excitation signals. IEEE Trans. Ultrason. Ferroelectr. Freq. Control 64(11), 1744 - 1757 (2017)

[49] Kistler Instrumente GmbH: Product portfolio (2018). https://www.kistler.com

[50] Krautkrämer, J., Krautkrämer, H.: Werkstoffprüfung mit Ultraschall. Springer, Berlin (1986)

[51] Kressmann, R.: New piezoelectric polymer for air-borne and water-borne sound transducers. J. Acoust. Soc. Am. 109(4), 1412 - 1416 (2001)

[52] Kupnik, M., Krasser, E., Gröschl, M.: Absolute transit time detection for ultrasonic gas flflowmeters based on time and phase domain characteristics. In: Proceedings of International IEEE Ultrasonics Symposium (IUS), pp. 142 - 145 (2007)

[53] Kuttruff, H.: Phyik und Technik des Ultraschalls. S. Hirzel, Stuttgart (1988)

[54] Kühnicke, E.: Elastische Wellen in geschichteten Festkörpersystemen. TIMUG (2001)

[55] Kümmritz, S., Wolf, M., Kühnicke, E.: Simultaneous determination of thicknesses and sound velocities of layered structures. Tech. Messen 82(3), 127 - 134 (2015)

[56] Lauterborn, W.: Numerical investigation of nonlinear oscillations of gas bubbles in liquids. J. Acoust. Soc. Am. 59(2), 283 - 293 (1976)

[57] Lauterborn, W., Hentschel, W.: Cavitation bubble dynamics studied by high speed photography and holography: Part I. Ultrasonics 23(6), 260 - 268 (1985)

[58] Leighton, T.: The Acoustic Bubble. Academic Press, New York (1994)

[59] Lerch, R.: Elektrische Messtechnik, 7th edn. Springer, Berlin (2016)

[60] Lerch, R., Sessler, G. M., Wolf, D.: Technische Akustik: Grundlagen und Anwendungen. Springer, Berlin (2009)

[61] Lowe, M. J.: Matrix techniques for modeling ultrasonic waves in multilayered media. IEEE Trans. Ultrason. Ferroelectr. Freq. Control 42(4), 525 - 542 (1995)

[62] Lynnworth, L. C.: Ultrasonic Measurements for Process Control. Academic Press, Boston (1989)

[63] Maev, G.: Advances in Acoustic Microscopy and High Resolution Imaging. Wiley - VCH, Weinheim (2012)

[64] Mahadeva, D. V., Baker, R. C., Woodhouse, J.: Further studies of the accuracy of clamp - on transit - time ultrasonic flflowmeters for liquids. IEEE Trans. Instrum. Meas. 58(5), 1602 - 1609 (2009)

[65] Maris, H. J.: Introduction to the physics of nucleation. Comptes Rendus Physique 7(9 - 10), 946 - 958 (2006)

[66] Martin, S. J., Frye, G. C., Wessendorf, K. O.: Sensing liquid properties with thickness - shear mode resonators. Sens. Actuators: A. Phys. 44(3), 209 - 218 (1994)

[67] Misaridis, T., Jensen, J. A.: Use of modulated excitation signals in medical ultrasound. Part Ⅰ: basic concepts and expected benefifits. IEEE Trans. Ultrason. Ferroelectr. Freq. Control 52(2), 177 - 190 (2005)

[68] Misaridis, T., Jensen, J. A.: Use of modulated excitation signals in medical ultrasound. Part Ⅱ: design and performance for medical imaging applications. IEEE Trans. Ultrason. Ferroelectr. Freq. Control 52(2), 192 - 206 (2005)

[69] Moore, I. P., Brown, G. J., Stimpson, B. P.: Ultrasonic transit - time flflowmeters modelled with theoretical velocity profifiles: methodology. Meas. Sci. Technol. 11(12), 1802 - 1811 (2000)

[70] Motegi, R., Takeuchi, S., Sato, T.: Widebeam ultrasonic flflowmeter. In: Proceedings of International IEEE Ultrasonics Symposium (IUS), pp. 331 - 336 (1990)

[71] Neal, S. P., Speckman, P. L., Enright, M. A.: Flaw signature estimation in ultrasonic nondestructive evaluation using the Wiener fifilter with limited prior information. IEEE Trans. Ultrason. Ferroelectr. Freq. Control 40(4), 347 - 353 (1993)

[72] Neppiras, E. A.: Acoustic cavitation. Phys. Rep. 61(3), 159 - 251 (1980)

[73] Noltingk, B. E., Neppiras, E. A.: Cavitation produced by ultrasonics. Proc. Phys. Soc. Sect. B 63(9), 674 - 685 (1950)

[74] Oelze, M. L.: Bandwidth and resolution enhancement through pulse compression. IEEE Trans. Ultrason. Ferroelectr. Freq. Control 54(4), 768 - 781 (2007)

[75] Ohm, J., Lüke, H. D.: Grundlagen der digitalen und analogen Signalübertragung. Springer, Berlin (2015)

[76] Oliner, A. A.: Microwave network methods for guided elastic waves. IEEE Trans. Microwave Theory Tech. 17(11), 812 - 826 (1969)

[77] Olympus Corporation: Product portfolio (2018). https://www.olympus - ims.com

[78] Onda Corporation: Product portfolio of hydrophones (2018). http://www.ondacorp.com

[79] O'Sullivan, C. K., Guilbault, G. G.: Commercial quartz crystal microbalances - theory and applications. Biosens. Bioelectr. 14(8 - 9), 663 - 670 (1999)

[80] Peng, Q., Zhang, L. Q.: High - resolution ultrasound displacement measurement using coded excitations. IEEE Trans. Ultrason. Ferroelectr. Freq. Control 58(1), 122 - 133 (2011)

[81] Physik Instrumente (PI) GmbH & Co. KG: Product portfolio (2018). https://www.physikinstrumente.com/en/

[82] Pinton, G. F., Trahey, G. E.: Continuous delay estimation with polynomial splines. IEEE Trans. Ultrason. Ferroelectr. Freq. Control 53(11), 2026 - 2035 (2006)

[83] Plona, T. J., Pitts, L. E., Mayer, W. G.: Ultrasonic bounded beam reflflection and transmission effects at a liquid/solid - plate/liquid interface. J. Acoust. Soc. Am. 59(6), 1324 - 1328 (1976)

[84] Ploß, P.: Untersuchung von Clamp - on - Ultraschalldurchflflussmessgeräten im k - Raum. Ph. D. thesis, Friedrich - Alexander - University Erlangen - Nuremberg (2017)

[85] Ploß, P., Rupitsch, S. J.: Modeling of clamp - on ultrasonic flflow meters in the wavenumber domain for prediction of flflow measurement errors. IEEE Trans. Ultrason. Ferroelectr. Freq. Control (2018). Submitted

[86] Ploß, P., Rupitsch, S. J., Fröhlich, T., Lerch, R.: Identifification of acoustic wave orientation for ultrasound - based flflow measurement by exploiting the Hough transform. Procedia Eng. 47, 216 - 219 (2012)

[87] Ploß, P., Rupitsch, S. J., Lerch, R.: Extraction of spatial ultrasonic wave packet features by exploiting a modifified Hough transform. IEEE Sens. J. 14(7), 2389 - 2395 (2014)

[88] Pollakowski, M., Ermert, H., Bernus, L., Schmeidl, T.: The optimum bandwidth of chirp signals in

ultrasonic applications. Ultrasonics 31(6), 417 - 420 (1993)

[89] Polytec GmbH: Product portfolio (2018). http://www.polytec.com

[90] Rose, J. L.: Ultrasonic Waves in Solid Media. Cambridge University Press, Cambridge (1999)

[91] Rozenberg, L.: Physical Principles of Ultrasonic Technology. Springer, Berlin (1973)

[92] Rupitsch, S. J., Glaser, D., Lerch, R.: Simultaneous determination of speed of sound and sample thickness utilizing coded excitation. In: Proceedings of International IEEE Ultrasonics Symposium (IUS), pp. 711 - 714 (2012)

[93] Rupitsch, S. J., Lerch, R., Strobel, J., Streicher, A.: Ultrasound transducers based on ferroelectret materials. IEEE Trans. Dielectr. Electr. Insul. 18(1), 69 - 80 (2011)

[94] Rupitsch, S. J., Zagar, B. G.: Acoustic microscopy technique to precisely locate layer delamination. IEEE Trans. Instrum. Meas. 56(4), 1429 - 1434 (2007)

[95] Sanderson, M. L., Yeung, H.: Guidelines for the use of ultrasonic non - invasive metering techniques. Flow Meas. Instrum. 13(4), 125 - 142 (2002)

[96] Sauerbrey, G.: Verwendung von Schwingquarzen zur Wägung dünner Schichten und zur Mikrowägung. Zeitschrift für Physik 155(2), 206 - 222 (1959)

[97] Strobel, J.: Werkzeuge zur Charakterisierung der Kavitation in Ultraschall - Reinigungsbädern. Ph. D. thesis, Friedrich - Alexander - University Erlangen - Nuremberg (2009)

[98] Strobel, J., Rupitsch, S. J., Lerch, R.: Ferroelectret sensor for measurement of cavitation in ultrasonic cleaning systems. Tech. Messen 76(11), 487 - 495 (2009)

[99] Szabo, T. L.: Diagnostic Ultrasound Imaging: Inside Out, 2nd edn. Academic Press, Amsterdam (2014)

[100] Tektronix, Inc.: Product portfolio (2018). https://www.tek.com

[101] Teledyne Marine: Product portfolio (2018). http://www.teledynemarine.com

[102] Tietze, U., Schenk, C., Gamm, E.: Electronic Circuits - Handbook for Design and Application. Springer, Berlin (2008)

[103] Ting, D., Yuan, Y., Supin, W., Mingxi, W.: Spatial - temporal dynamics of cavitation bubbles induced by pulsed hifu thrombolysis within a vessel and parameters optimization for cavitation enhancement. In: Proceedings of International IEEE Ultrasonics Symposium (IUS) (2016)

[104] Trevena, D. H.: Cavitation and the generation of tension in liquids. J. Phys. D: Appl. Phys. 17(11), 2139 - 2164 (1984)

[105] Trilling, L.: The collapse and rebound of a gas bubble. J. Appl. Phys. 23(1), 14 - 17 (1952)

[106] Tränkler, H. R., Reindl, L. M.: Sensortechnik - Handbuch für Praxis und Wissenschaft. Springer, Berlin (2014)

[107] Vellekoop, M. J.: Acoustic wave sensors and their technology. Ultrasonics 36(1 - 5), 7 - 14 (1998)

[108] Viola, F., Walker, W. F.: A spline - based algorithm for continuous time - delay estimation using sampled data. IEEE Trans. Ultrason. Ferroelectr. Freq. Control 52(1), 80 - 93 (2005)

[109] Wan, M., Feng, Y., ter Haar, G.: Cavitation in Biomedicine. Springer, Berlin (2015)

[110] Wolf, D.: Signaltheorie: Modelle und Strukturen. Springer, Berlin (1999)

[111] Wolf, M., Kühnicke, E., Kümmritz, S., Lenz, M.: Annular arrays for novel ultrasonic measurement techniques. J. Sens. Sens. Syst. 5(2), 373 - 380 (2016)

[112] Wolgemuth, L. : Assessing the performance and suitability of parylene coating. Med. Device Diagn. Ind. 22(8), 42 (2000)

[113] Wöckel, S., Steinmann, U., Auge, J. : Signal processing for ultrasonic clamp - on - sensorsystems. Tech. Messen 81(2), 86 - 92 (2014)

[114] Wüst, M., Eisenhart, J., Rief, A., Rupitsch, S. J. : System for acoustic microscopy measurements of curved structures. Tech. Messen 84(4), 251 - 262 (2017)

[115] Wüstenberg, H. : Untersuchungen zum Schallfeld von Winkelprüfköpfen für die Materialprü - fung mit Ultraschall. Ph. D. thesis, Technische Universität Berlin (1972)

[116] Zhao, H., Peng, L., Takahashi, T., Hayashi, T., Shimizu, K., Yamamoto, T. : Ann based data integration for multi - path ultrasonic flflowmeter. IEEE Sens. J. 14(2), 362 - 370 (2014)

第10章

压电定位系统和电动机

如前所述，压电元件(特别是压电陶瓷元件) 能够有效地将电能转换为机械能。它们提供高机械力和高动态性能。此外，压电元件不磨损，具有高刚度。基于这些理由，这类元件应该非常适合作为各种执行器中的活动组件。本章将集中讨论压电定位系统和电动机。这种装置包含压电执行器，它由一个或多个压电元件组成。图 10.1 所示为 4 种常用的执行器结构，图 10. 1(a) 所示为压电叠层执行器，图 10. 1(b) 所示为压电双晶片执行器，图 10. 1(c) 所示为压电三形执行器，图 10. 1(d) 所示为大纤维复合材料(MFC[25]) 执行器。压电叠层执行器包括几个堆叠的压电元件，而双压电晶片和压电三叠片执行器仅包含两个压电棒(图 7. 27)。与双压电晶片执行器相比，压电三叠片执行器在压电棒之间配备了一层较厚的金属层。MFC 执行器属于压电复合换能器(见 7. 4. 3 小节)，它包含薄的压电陶瓷片或大量巧妙接触的条状或纤维。为了获得既坚固又灵活的机械装置，压电复合换能器的主动部件(即压电元件) 通常被适当的被动材料包围，如聚合物[22]。毫不奇怪，压电复合传感器不限于执行器的应用，但也可以用作传感器。

除了结构外，图 10. 1 中所考虑的执行器在工作方向上可实现的机械力和位移有显著差异[20, 25]。基本上，总是不得不在力和位移之间选择一个折中方案，即压电执行器要么具有高的力要么具有大的位移。例如，在压电叠层执行器的情况下，多个元件的叠加在工作方向上产生很大的力。与压电双晶片和三叠片执行器的尖端位移相比，有效位移较小。事实上，双晶和三叠片执行器的大位移是以牺牲可达力和刚度为代价的。这也适用于 MFC 执行器。

本章首先介绍了压电叠层执行器的基本原理以及机械预应力对叠层性能的影

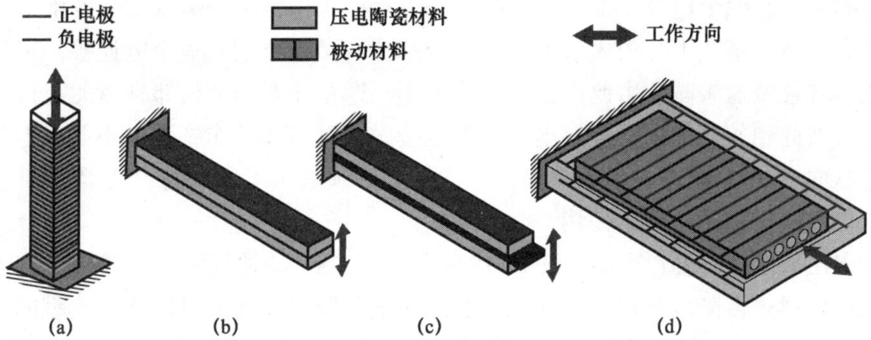

图 10.1 定位系统和电动机的典型压电执行器结构

(a) 压电叠层执行器；(b) 压电双晶片执行器；(c) 压电三叠片执行器；(d) 大纤维复合材料(MFC[25]) 执行器。

响。应用第 6 章中的 Preisach 滞后模型来描述预应力叠层作动器的大信号特性。10.2 节涉及放大压电执行器，其通过将机械力转换为位移来提供相对较大的机械位移。借助特殊的金属铰链框架进行转换。在 10.3 节中将演示压电三叠片执行器在定位任务中的适用性。为此进行了基于模型的滞后补偿。在本章的最后，将简要介绍压电电动机，包括选定的线性电动机和旋转电动机。

10.1 压电叠层执行器

由于压电叠层执行器比单个压电元件具有更大的行程，因此在实际应用中经常使用。本节从压电叠层执行器的基本原理及典型装置开始。由于在实际应用中应该对压电叠层执行器施加机械预应力，因此在 10.1.2 小节中仔细研究这种预应力对所产生的电气和机械量的影响。此外，Preisach 滞后模型被用来预测在预应力情况下叠层执行器的电和机械大信号特性。

10.1.1 基本原理

基于压电陶瓷材料的执行器可将电能有效地转换为机械能和较大的工作频率。为了增加压电器件在实际应用中的可用行程，堆叠几个压电陶瓷元件是有意义的。所得的压电器件通常称为压电叠层执行器(PSA)。根据操作方向，可以区分纵向 PSA 和剪切 PSA[6]。虽然纵向 PSA 利用压电的纵向模式(即 d_{33} 效应)，但剪切 PSA 通常基于压电的横向剪切模式(即 d_{15} 效应)。

图 10.2(a) 所示为纵向 PSA 的常规装置，它由大量极化压电陶瓷圆盘组成，

每个圆盘装有两个电极，即一个正极和一个负极。压电陶瓷圆盘的电极化 **P** 从正极指向负极。事实上，PSA 要求所有正极和所有负极分别有一个电连接。可以通过适当堆叠磁盘来减少由此产生的布线工作，这意味着两个相邻磁盘的正极或负极应该彼此相邻。如果使用导电黏合剂连接磁盘，布线工作将是最小的。但是，这种纵向 PSA 的制造成本非常高，因为它们必须是手工制作的[24]。因此，常规装置仅在实际应用中偶尔使用。

多层叠层执行器(图 10.2(b))代表了纵向 PSA 的常规装置的替代方案[8]。它们可以通过多阶段制造工艺从未烧制的压电陶瓷层开始大量制造。典型的层厚为 50 ~ 100μm。利用丝网印制的方法，在压电陶瓷层上装上一层薄金属膜，作为多层叠层执行器的内电极。通常，将包括印制电极的 100 多个压电陶瓷层层压到一块上。这是在高温和一定的机械应力下完成的。在随后的工艺步骤中，多层块被裁剪、烧制和烧结，就像压电陶瓷单个元件一样。此外，该块配备有外部电极，该外部电极以适当的方式连接内部电极。最后，为了激活压电耦合，必须使多层堆叠执行器极化。这种叠层执行器用于高速开关应用(如柴油发动机中的喷射系统[6])及精确定位。

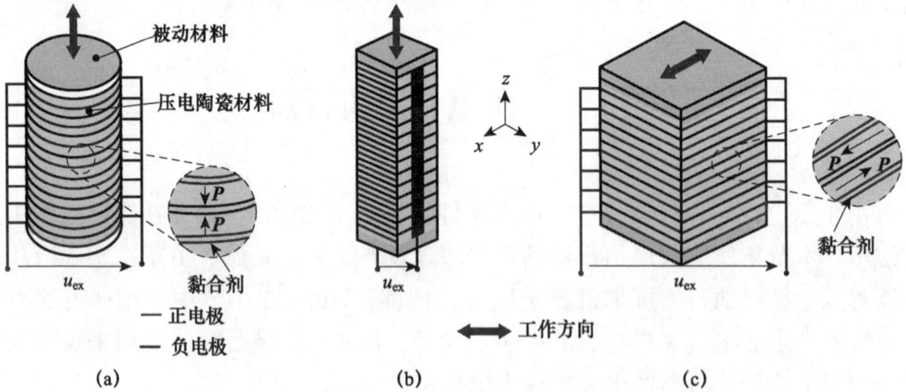

图 10.2　压电叠层执行器的原理装置(**P** 为极化方向)

(a) 常规纵向 PSA；(b) 多层堆叠执行器；(c) 剪切 PSA。

除了纵向PSA外，还可以制造剪切PSA。然而，与纵向PSA相比，由于内部电极不能产生所需的极化方向，因此几乎不可能建立多层堆叠执行器。这就是剪切型PSA包含单独的压电陶瓷元件的原因，该压电陶瓷元件配有正极和负极。同样，可以通过导电黏合剂和适当的元件堆叠来尽量减少布线工作。图 10.2(c) 所示为由压电陶瓷元件组成的剪切 PSA，它们在 x 方向的正负方向上交替极化。因此，剪切PSA在该方向的下端和上端之间提供了较大的位移。如果另外利用包含在正和负y方向交替极化的压电陶瓷元件的剪切PSA，则会实现PSA组合，从而允许在两个方向(即x和y方向)上的位移。例如，这种剪切PSA组合可以用于扫描显微镜。此外，还存在一种剪切式压电陶瓷的替代设计，即多层伪剪切执行器，即d_{31}效应[31]。通过在压电陶瓷板的左、右两端交替使用一种硬质导电黏合剂，整个块表现为剪切PSA。

为了说明压电叠层执行器的一般工作原理，假设一个机械卸载(即$T_3=0$)的纵向PSA由$n_{\text{disk}}=100$圆柱压电陶瓷盘组成。每个圆盘的直径应为$d_S=10\text{mm}$，厚度应为$t_S=0.5\text{mm}$。通过忽略圆盘之间的黏合剂层，叠层的总长度为$l_{\text{stack}}=n_{\text{disk}}\cdot t_S=50\text{mm}$。此外，假设压电陶瓷材料的典型压电应变常数$d_{33}=4\times10^{-10}\ \text{mV}^{-1}$，激励电压为$u_{\text{ex; stack}}=500\text{V}$，并且具有纯线性材料特性。通过这些假设，得到压电片$S_{3;\ \text{disk}}$和叠片$S_{3;\ \text{stack}}$的机械应变，即

$$S_{3;\ \text{disk}}=S_{3;\ \text{stack}}=d_{33}E_3=d_{33}\frac{u_{\text{ex; stack}}}{t_S}=4\times10^{-4} \tag{10.1}$$

在三方向。因此，纵向PSA的冲程为

$$z_{\text{stroke}}=S_{3;\ \text{stack}}\cdot l_{\text{stack}}=n_{\text{disk}}\cdot S_{3;\ \text{disk}}=20\mu\text{m} \tag{10.2}$$

如果改用相同长度的压电陶瓷圆柱体(即圆柱体长度$l_S=50\text{mm}$)，则这种冲程将需要激励电压

$$u_{\text{ex; cylinder}}=\frac{S_{3;\ \text{cylinder}}\cdot l_S}{d_{33}}=\frac{z_{\text{stroke}}}{d_{33}}=50\text{kV} \tag{10.3}$$

它是具有相同性能的叠层执行器的激励电压$u_{\text{ex; stack}}$的n_{disk}倍，即$u_{\text{ex; cylinder}}=n_{\text{disk}}\cdot u_{\text{ex; stack}}$当增加压电陶瓷圆盘的数目$n_{\text{disk}}$并相应地减小其厚度$t_S$，使叠片长度$l_{\text{stack}}$保持不变时，所得到的冲程将进一步提高。这个简单的例子已经揭示了压电叠层执行器的巨大优势。然而，还必须考虑到叠层执行器的电学特性类似于n_{disk}个单个压电陶瓷盘的并联连接。单个磁盘的电容C_{disk}为

$$C_{\text{disk}}=\frac{\varepsilon_{33}^{T}A_S}{t_S}=\frac{\varepsilon_{33}^{T}d_S^2\pi}{4\,t_S} \tag{10.4}$$

介电常数ε_{33}^{T}表示恒定的机械应力。由此，纵向PSA的总电容C_{stack}为

$$C_{\text{stack}}=n_{\text{disk}}\cdot C_{\text{disk}}=\frac{n_{\text{disk}}\varepsilon_{33}^{T}d_S^2\pi}{4\,t_S}=\frac{n_{\text{disk}}^2\varepsilon_{33}^{T}d_S^2\pi}{4\,l_{\text{stack}}} \tag{10.5}$$

与具有相同几何尺寸的压电陶瓷圆柱体的电容$C_{\text{cylinder}}=\varepsilon_{33}^{T}A_S/l_{\text{stack}}$相比，$C_{\text{stack}}$的取值是磁盘的$n_{\text{disk}}^2$倍，即$C_{\text{stack}}=n_{\text{disk}}^2\cdot C_{\text{cylinder}}$。尽管激励电压$u_{\text{ex; stack}}$相对较小，

但是n_{disk}个电容C_{disk}的并联显著增加了 PSA 的电流消耗。如果单个磁盘的电流为i_{disk}，则整个叠层当前的i_{stack}变为$i_{stack} = n_{disk} \cdot i_{disk}$。在为 PSA 设计控制电子设备时，必须同时考虑增加的总电容和增加的电流消耗，这似乎是很自然的。

对于实际应用，应始终牢记PSA对拉力非常敏感。一方面，这归因于常规装置中压电陶瓷元件之间的黏合层；另一方面，压电陶瓷材料本身通常不应加载拉伸力，因为这些材料显示出低拉伸强度。因此，拉力不仅会损坏传统的 PSA，而且还会损坏多层堆叠执行器。即使不对PSA施加外部拉力，在电激励的情况下内力也会造成损坏。这就是为什么在实际应用中通常对 PSA(尤其是纵向 PSA) 进行机械预应力的原因[6]。对于图 10.2(a) 和图 10.2(b) 中的纵向 PSA，机械预应力是指以负 z 方向作用于顶端的机械力，即平行于工作方向。可以借助合适的 PSA 外壳或通过外部预加载来生成所需的预应力。

激发电压 u_{ex} 的允许范围是实际应用中的一个重要问题。为了避免所涉及的压电陶瓷材料的部分或全部去极化，PSA 不能被大的负电压激励。在某种程度上，允许的范围仅限于正电压，即 $u_{ex} \geqslant 0V$，但剪切 PSA 例外，它通常可以在零至几百伏时对称地工作。传统纵向 PSA 的允许电压范围通常高达 $u_{ex} = +1000V$。

PI 陶瓷有限公司[20] 是一家知名的纵向和剪切 PSA 制造商。根据堆叠的长度 l_{stack}，在常规的装置中，商业上可用的纵向 PSA 可以提供超过 30μm 的冲程。在纵向上，锁止力大于 50kN。应注意，当完全阻止执行器位移时，锁止力将对应于最大机械力。多层堆栈执行器允许冲程大于 30μm，锁止力大于 3000N。市售剪切 PSA 的最大位移通常为 10μm。但是，由于装置了剪切 PSA，允许的最大剪切载荷几乎不会超过 200N。

10.1.2 机械预应力对叠层性能的影响

图 10.3 是由 PI Ceramic GmbH[20] 制造的圆柱状纵向压电叠层执行器 PICA P -010.20P。PSA 由 50 个磁盘组成，磁盘由铁电软材料 PIC255 制成。由于磁盘是三向极化和堆叠的，所以叠层执行器主要向三向伸长，这也代表了工作方向。因此，将进一步的研究局限于 3 个方向是有意义的。这包括决定性的物理量(如机械应变)，这意味着只考虑它们的 3 个组成部分。PSA 最重要的规格列于表 10.1 中。

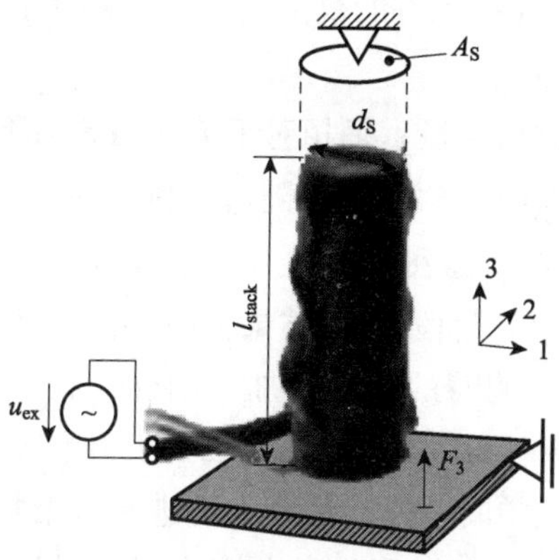

图 10.3 由 PI Ceramic GmbH 制造的压电叠层执行器 PICA P－010.20P
（总长度为l_{stack} 和横截面$A_S = d_S^2\pi/4$；电激励 u_{ex}；施加的机械预应力 $T_3 = F_3/A_{disk}$）

表 10.1 研究的纵向压电叠层执行器 PICA P－010.20P 的规格

参数	数值
单个圆盘的厚度t_S	约为 0.5mm
单个圆盘直径 d_S	10mm
磁盘材料	PIC255
单个磁盘数量n_{disk}	50
叠层执行器的总长度l_{stack}	31mm
最大允许机械预应力 $T_{3;\ max}$	30MPa
最大电激励电压 u_{ex}	0 ~ 1kV

从单极工作区域中 PSA 的电极化 P_{max}^+ 和机械应变① S_{max}^+ 的最大可实现值开始(图 6.1)，该状态是未知的，将专门量化这些量的最大变化，即 ΔP_{max}^+ 和 ΔS_{max}^+。就像第6章中一样，Sawyer-Tower 电路和线性可变差分变压器分别用于获取 ΔP 和 ΔS。通过拉伸压缩试验机，将 PSA 沿厚度方向加载机械预应力 $T_3 = F_3/A_{disk}$。首先，T_3 以 2.5MPa 的步长从 0MPa 逐步增加到 30MPa；其次，再次逐步减小到机械空载的情况(即 T_3 = 0MPa)。为了确保执行器内的所有瞬态现象均已衰减，在等待 5min 后施加电激励。正弦激励电压(频率 f = 0.1Hz) 的幅值$\hat{u}_{ex}$ = 500V，偏

① PSA 的给定机械应变始终与其总长度l_{stack} 有关。

移量$U_{off}=+500V$，即PSA在允许的范围内运行(表10.1)。这导致单个磁盘中的最大电场强度$E=2kVmm^{-1}$。

图10.4(a)和图10.4(b)显示了相对于$T_3^{\pm}$的PSA的ΔP_{max}^{+}和ΔS_{max}^{+}的结果。有趣的是，在研究值范围内，两个量都随着机械预应力T_3^{+}的增加而上升，而随着预应力T_3^{-}的减小而下降。这种特性主要归因于铁电材料中的几个畴由于施加预应力而转变为铁弹性中间阶段[34]。结果，PSA的整体电极化减小，但是可以平行于所施加的电场排列的畴的数量增加。因此，在所考虑的机械预应力范围内，电极化ΔP_{max}^{+}和机械应变ΔS_{max}^{+}的变化也会上升(图6.21(c))。需要指出的是，由于磁畴处于铁弹性中间阶段，预应力的进一步增加将大幅度降低ΔP_{max}^{+}和ΔS_{max}^{+}。换句话说，施加的电场不再能够使铁电材料内的畴对齐。此外，在$\Delta P_{max}^{+}(T_3)$及$\Delta S_{max}^{+}(T_3)$中，预应力T_3^{+}增大和预应力T_3^{-}减小存在一定的滞后，即$\Delta P_{max}^{+}(T_3^{+})\neq\Delta P_{max}^{+}(T_3^{-})$和$\Delta S_{max}^{+}(T_3^{+})\neq\Delta S_{max}^{+}(T_3^{-})$，其原因在于铁电材料内部结构的改变导致预应力的增加和减少。

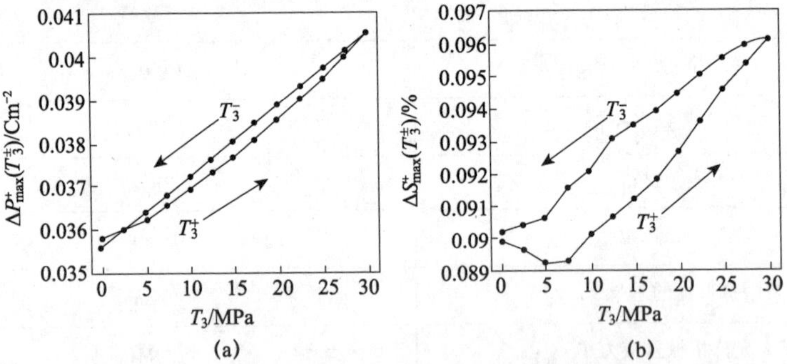

图10.4 最大电极化$\Delta P_{max}^{+}(T_3)$和最大机械应变$\Delta S_{max}^{+}(T_3)$随施加机械预应力T_3的变化(增加预应力T_3^{+}，减小预应力T_3^{-}；压电叠层执行器PICA P-010.20P在单极工作区域中运行)
(a)极化的最大值；(b)应变的最大值。

10.1.3 预应力叠加的Preisach滞后建模

如图10.4中的结果所示，PSA的ΔP_{max}^{+}和ΔS_{max}^{+}很大程度上取决于所施加的机械预应力T_3。在研究的T_3范围内，这些值(尤其是ΔP_{max}^{+})最多可改变15%。因此，电极化和机械应变的潜在大信号特性也会变化似乎是很自然的。为了更详细地研究这种影响，对在单极工作区域中运行的执行器进行了额外的测量。特别地，利用正弦形状的单极电激励信号，其特征在于振幅减小并且频率$f=0.1Hz$。

机械预应力 T_3^+ 再次以2.5MPa的步长从0MPa逐步增加到30MPa。等待5min后，用单极电输入顺序激励 PSA。图 10.5(a) 和图 10.5(b) 显示了相对于时间 t 的电极化$\Delta P_{\text{meas}}(t, T_3)$和机械应变$\Delta S_{\text{meas}}(t, T_3)$以及所施加的预应力 T_3 的测量结果。与先前的试验类似，对 T_3 的强烈相关性变得明显。这也可以从图 10.5(c) 和图 10.5(d) 中的滞后曲线$\Delta P_{\text{meas}}(E, T_3)$ 和$\Delta S_{\text{meas}}(E, T_3)$ 看出。

为了将施加的机械预应力 T_3 纳入 PSA 的 Preisach 滞后模型中，建议以与6.6.5小节相同的方式进行。这意味着为广义 Preisach 滞后算子$\mathcal{H}_{\text{G}}$的基本切换算子引入了一个加权分布因子$\mu_{\text{DAT}}(\alpha, \beta, T_3)$，该算子还依赖于$T_3$。首先，在PSA机械卸载的情况下(即 $T_3 = 0$) 分别为 $\Delta P(E, T_3)$ 和 $\Delta S(E, T_3)$ 识别整个$\mu_{\text{DAT}}(\alpha, \beta, T_3)$参数集。然后，必须相对于$T_3$修改所选参数。与6.6.5小节中的压电陶瓷圆盘相比，在这里仅改变参数B就足够了，因为考虑的PSA仅在单极工作区域中工作。如图 10.5(c) ~ (f) 中所测量和模拟的滞后曲线的比较所示，广义的 Preisach 滞后模型表现出色。即使机械预应力发生变化，也能够真实地描述PSA 在单极工作区域中的大信号特性。

对于减小的机械预应力 T_3^- 进行了相同的研究，即 T_3^- 以 2.5MPa 的步长逐步从 30MPa 减小到 0MPa。图 10.6(a) 和图 10.6(b) 分别包含确定的$B_{\text{P}}(T_3)$ 和$B_{\text{S}}(T_3)$ 用于增加和减小预应力的参数值。由于参数值的平滑变化，它们还可以用作适当的平滑函数$\psi_{\text{smooth}}(T_3)$ 的数据点。这里使用函数(见式(6.30))

$$\psi_{\text{smooth}}(T_3) = \xi_1 + \xi_2\left(\frac{T_3}{1\text{MPa}}\right) + \xi_3\left(\frac{T_3}{1\text{MPa}}\right)^2 \tag{10.6}$$

表10.2列出了$B_{\text{P}}(T_3)$ 和$B_{\text{S}}(T_3)$ 的结果值ξ_i。

表 10.2　式(10.6) 中B_{P} 和B_{S} 的平滑函数$\psi_{\text{smooth}}(T_3)$ 的参数ξ_i
(用于定义权重分布$\mu_{\text{DAT}}(\alpha, \beta, T_3)$)

参数	ξ_1	ξ_2	ξ_3
极化B_{P}	(T_3)	962.8092	8.1108
应变$B_{\text{S}}(T_3)$	10.8679	0.0319	0.0012

为了进行验证，利用确定的参数集预测电激励信号PSA的极化和应变，这在识别过程中没有考虑。与识别信号相反，验证的单极激励信号具有振幅上升的特点。图 10.7(a) 和图 10.7(b) 显示了相对于 t 和 T_3 的测量曲线$\Delta P_{\text{meas}}(E, T_3)$ 和$\Delta S_{\text{meas}}(E, T_3)$。相应的模拟结果$\Delta P_{\text{sim}}(t, T_3)$ 和$\Delta S_{\text{sim}}(t, T_3)$ 见图 10.7(c) 和图 10.7(d)。在图 10.7(c) 和图 10.7(d) 中，通过比较清楚地表明，即使在施加机

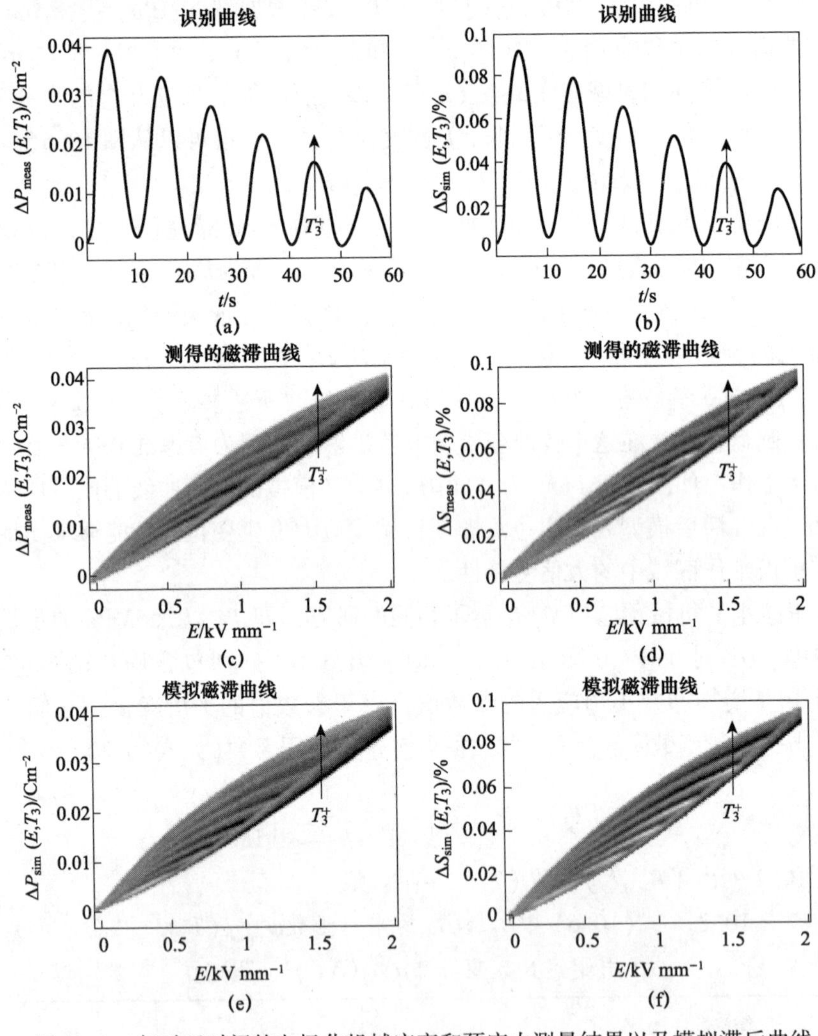

图 10.5　相对于时间的电极化机械应变和预应力测量结果以及模拟滞后曲线比较(压电叠层执行器 PICA P-010.20P 在单极工作区域中运行)

(a) 和(b) 为$\Delta P_{meas}(t, T_3)$和$\Delta S_{meas}(t, T_3)$与时间 t 的关系以及增加机械预应力 T_3^+ 以确定 Preisach 滞后算子的参数测得的曲线；(c) 和(d) 为$\Delta P_{meas}(E, T_3)$和$\Delta S_{meas}(E, T_3)$测量的滞后曲线；(e) 和(f) 为$\Delta P_{sim}(E, T_3)$和$\Delta S_{sim}(E, T_3)$模拟滞后曲线。

械预应力的情况下，也能够通过 Preisach 滞后建模可靠地预测 PSA 的大信号特性。模拟和测量之间的归一化相对偏差ϵ_r也证实了这一点，该偏差始终保持在 5% 以下(图 10.7(e) 和图 10.7(f))。但是，如果不考虑机械预应力，建模方法将

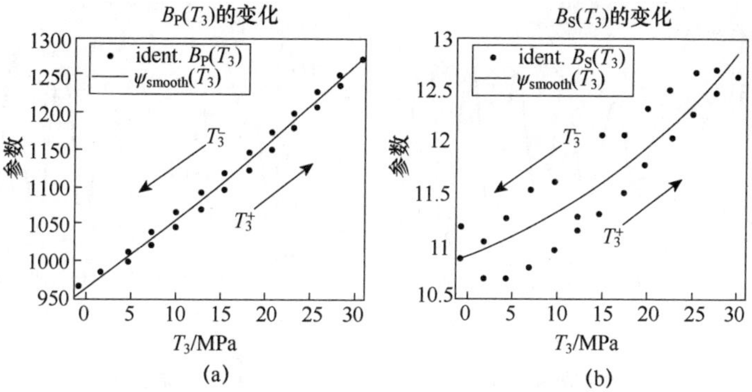

图 10.6 在 Preisach 滞后建模中根据式(10.6)的参数 B 以及平滑函数$\psi_{smooth}(T_3)$ 相对于施加的机械预应力 T_3 的变化(增加预应力为 T_3^+、减小预应力为 T_3^-；压电叠层执行器 PICA P-010.20P 在单极工作区域中运行)

(a) $B_P(T_3)$ 用于极化；(b) $B_S(T_3)$ 用于机械应变。

产生超过 10% 的相对偏差[34]。

10.2 放大压电执行器

即使压电叠层执行器提供巨大的锁止力、出色的定位精度以及较大的工作频率，其可用冲程也比电磁执行器小得多。对于诸如振动源等各种实际应用，这是相当大的缺点。放大压电执行器(APA)提供了补救措施，因为它们通过将机械力转换为位移来提供较大的行程。APA 的工作原理和基本设计将在 10.2.1 小节中说明。随后，将讨论仿真结果，从而可以得出放大压电执行器的设计标准。在 10.2.3 小节中将针对不同 APA 配置的试验结果与相应的仿真结果进行比较。

10.2.1 工作原理

放大的压电执行器通常由压电元件和将机械力转换为位移的适当结构组成。在大多数情况下，压电叠层执行器用作压电元件，因为这种执行器的可用行程比单个压电元件(如盘)的行程高得多。转换结构包含一定数量的臂，通常为菱形，这可以通过直线结构臂的俯仰角或具有适当自由曲线形状的臂来实现[11, 15, 17, 38]。除了结构形状外，臂的连接还大大影响了 APA 的性能。

图 10.8(a) 显示了 APA 的典型装置，其中包含 PSA 和用于转换的金属铰接

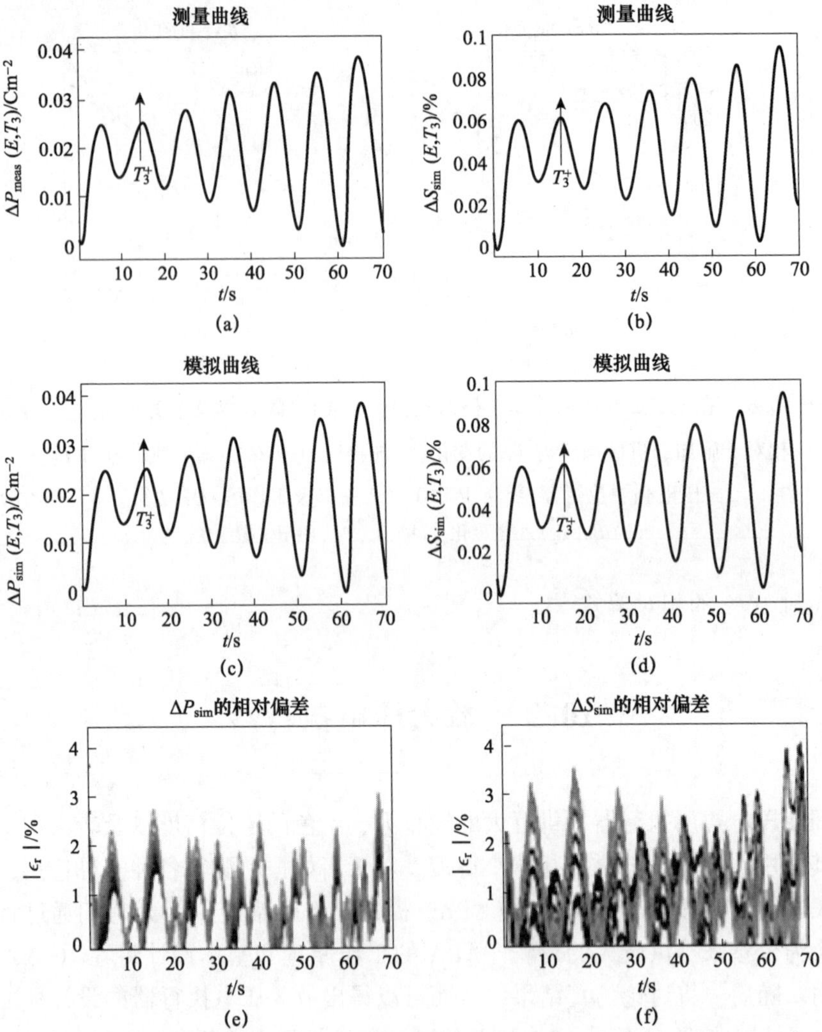

图 10.7　测量及模拟结果(压电叠层执行器 PICA P-010. 20P 在单极工作区域中运行)

(a) 和(b) 为验证 Preisach 滞后模型而测得$\Delta P_{meas}(E,\ T_3)$ 和$\Delta S_{meas}(E,\ T_3)$ 与时间 t 的关系以及增加的机械预应力为 T_3^+ 的曲线；(c) 和(d) $\Delta P_{meas}(E,\ T_3)$ 和$\Delta S_{meas}(E,\ T_3)$ 与时间 t 的关系以及增加的机械预应力 T_3^+ 的模拟曲线；(e) 和(f) 采集归一化的相对偏差 $|\epsilon_r|$ 以 %(幅度) 表示。

框架。铰接框架包括 4 个臂，每个臂具有两个关节。如果 PSA 由于电激励而膨胀，机械力将被施加到铰接框架上，并且其在 x 方向上的几何尺寸将增加，这与在 y 方向上减小框架尺寸密切相关。实际上，几何形状的变化取决于激励信号、叠层执行器和框架的几何形状及其材料特性。

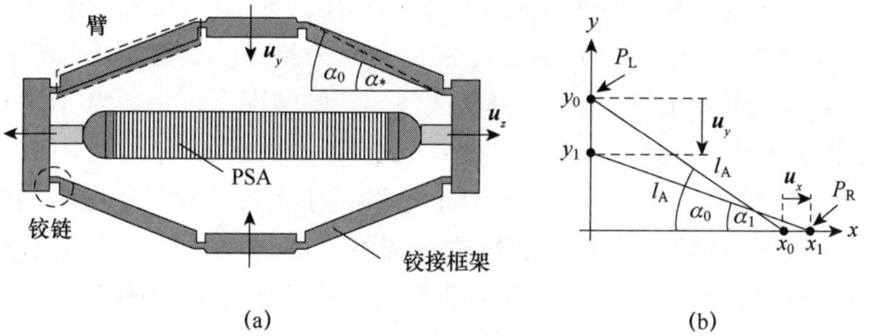

图 10.8 典型的 APA 装置及其几何量

(a) 典型的 APA 装置(其中包含压电叠层执行器(PSA)和四臂闭合铰链框架);(b) APA 单臂的几何量。

首先，对图10.8(a)中的APA进行纯几何研究。因此，假设理想的铰链和忽略作用力以及材料特性。由4个不可变形臂组成的对称铰接框架可以简化为一个等长臂l_A[14-15]。臂的左端P_L仅沿y方向移动，而右端P_R仅沿x方向移动。图10.8(b)描述了初始状态(即没有执行器激励)和展开状态的几何状态。在初始状态和展开状态下，分别用(x_0, y_0)和(x_1, y_1)给出臂的端点位置。由此产生臂的有效俯仰角为

$$\alpha_0 = \arctan\left(\frac{y_0}{x_0}\right), \quad \alpha_1 = \arctan\left(\frac{y_1}{x_1}\right) \tag{10.7}$$

由于假设l_A保持不变，两种状态都必须满足

$$l_A = \sqrt{x_0^2 + y_0^2} = \sqrt{x_1^2 + y_1^2} = \sqrt{(x_0 + \boldsymbol{u}_x)^2 + (y_0 + \boldsymbol{u}_y)^2} \tag{10.8}$$

P_R在正x方向上的位移为$\boldsymbol{u}_x$，P_L在正y方向上的位移$\boldsymbol{u}_y$。通过求解目标函数$\boldsymbol{u}_y$，由式(10.8)得到

$$\begin{aligned}\boldsymbol{u}_y &= -y_0 \pm \sqrt{y_0^2 - \boldsymbol{u}_x^2 - 2x_0\boldsymbol{u}_x} \\ &= -l_A\sin\alpha_0 + \sqrt{(l_A\sin\alpha_0)^2 - \boldsymbol{u}_x^2 - 2l_A\cos\alpha_0\boldsymbol{u}_x}\end{aligned} \tag{10.9}$$

这意味着铰接框架在y方向上的位移$\boldsymbol{u}_y$仅与执行器行程$\boldsymbol{u}_x$、臂长l_A和初始状态的俯仰角α_0有关。因为是1/4的装置建模，所以$\boldsymbol{u}_x$和$\boldsymbol{u}_y$分别表示执行器行程的一半和整个框架位移的一半。很自然一个APA应该满足条件$\boldsymbol{u}_y > \boldsymbol{u}_x$。

10.2.2 参数研究的数值模拟

10.2.1小节中的几何研究忽略了APA组件的作用力和材料特性。显然，这种方法对实际情况做了过度简化，这并不奇怪。因此，为了以可靠的方式描述APA的特性，需要替代的三维方法，如弹性静态建模、基于柔度的建模或有限元

分析[13]。在弹性静力学建模的背景下，根据作用力评估P_L和P_R处的支撑反作用力(即力和扭矩)，这些力由PSA产生的力和重力给出。支撑反力和应变能的结合产生了APA的位移$\boldsymbol{u}_x$和$\boldsymbol{u}_y$。在基于柔性建模的情况下，必须为APA的每个组件，即结构臂和PSA引入一个弹性的柔性张量。根据APA的作用力和柔性张量，再次能够计算$\boldsymbol{u}_x$和$\boldsymbol{u}_y$。尽管弹性静态和基于柔性的建模方法相当简单，但它们也存在严重的缺陷。这两种建模方法都不允许确定APA的固有频率，这对于实际应用至关重要[14]。此外，基本的计算程序需要PSA的作用力。基于这些理由，将专门致力于有限元方法。与基于静态和柔性的建模相反，有限元方法可用于多种类型的分析，如固有频率分析。考虑到压电耦合(见4.5.1小节)，还可以确定PSA的给定电激励下的$\boldsymbol{u}_x$和$\boldsymbol{u}_y$。

图10.9所示为包括特征几何尺寸的三维有限元模型的示意性主视图和左视图。FE 模 型 是 根 据 传 感 器 技 术 基 础 上 (Friedrich-Alexander-University Erlangen-Nuremberg) 建立的APA配置创建的。除了PSA和金属铰链框架外，仿真模型还包含一个由丙烯酸玻璃制成的样品架。由于其对称性，整个装置可以简化为1/4，从而大大减少了计算工作量，并为机械位移的计算提供了必要的边界条件。边界条件fix(x)和fix(z)表示在x方向和z方向上的位移分别为零。由于已实现的APA的接地板是固定的，因此FE模型的底部额外包含fix(x, y, z)。

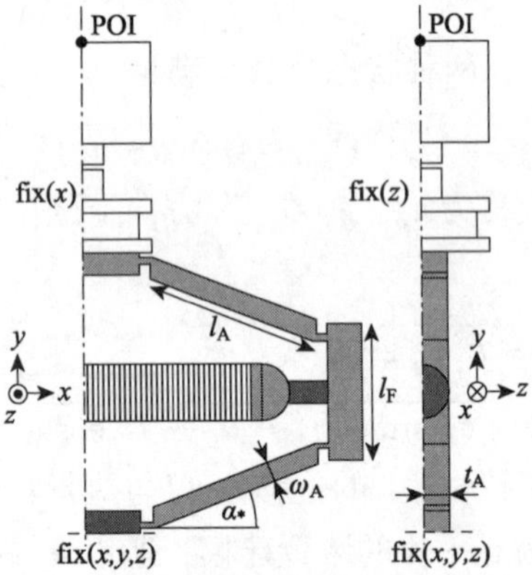

图10.9　带有样品架[14]的APA三维有限元模型的主视图和左视图
(有限元模型为整体结构的四分之一；兴趣点(POI)；臂的几何俯仰角α_*)

采用PI陶瓷股份有限公司[20]生产的P-010.40P圆柱形压电叠层执行器作为压电元件。直径d_S = 10mm，总长度l_{stack} = 58mm的叠层由98个活动磁盘组成，这些磁盘由铁电软性材料PIC255制成。在底部和顶部，堆叠包括一个陶瓷板和一个钢板。活动盘在相反的方向上交替极化。图 10.10 展示了 FE 模型中 PSA 的示意性主视图和左视图。表 10.3 汇总了组件的数量和几何尺寸。应注意，模拟中未考虑磁盘之间的黏合剂层和电极。PIC255 的材料参数取自表 5.3 中逆方法的结果。对于由工具钢制成的金属铰接框架，决定材料参数密度、杨氏模量和泊松比。假设为$\varrho_0 = 7800\mathrm{kg \cdot m^{-3}}$，$E_M = 210\mathrm{GPa}$ 和$v_P = 0.28$。

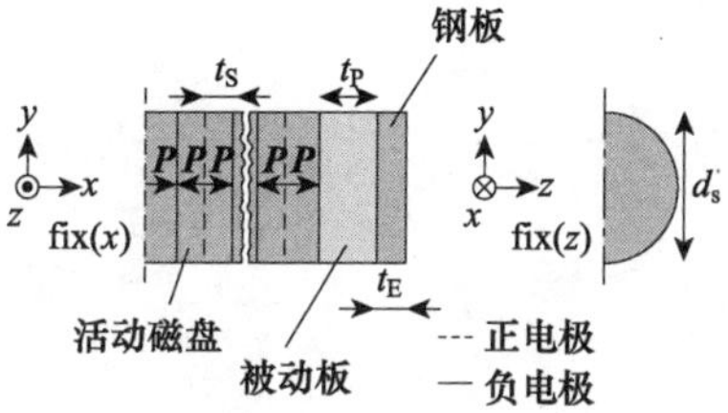

图 10.10 PSA[14] 三维有限元模型主、左视图(有限元模型表示整体结构的 1/4；$\boldsymbol{P}$ 表示电极化方向)

表 10.3 图 10.10 的 PSA 有限元模型部件的数量和几何尺寸

模型部件	数量	几何尺寸
无源陶瓷板	1	厚t_P = 1.0mm
有源压电片	49	厚t_S = 0.56mm
钢板	1	厚t_E = 0.5mm

如前所述，对不同配置的 APA[14] 进行了数值模拟。所有配置的 PSA 保持不变，改变金属框架。这包括铰链的设计及其几何尺寸以及臂长l_A。在图 10.11 中可以看到两种铰链设计，特征尺寸为ω_H 和l_H。A 型包含圆形切口，而 B 型铰链具有矩形形状。毫不奇怪，臂长和铰链都会影响臂的有效俯仰角α_0，因此会影响由 APA 提供的 $\boldsymbol{u}_x$ 到 $\boldsymbol{u}_y$ 的转换。

表 10.4 包含了用于谐波有限元仿真的铰接框架的初始参数，这些参数是在 10Hz ~ 3kHz 的频率范围内进行的。让我们从 B 型铰链的仿真结果开始。图 10.12 所示为对应于样品架顶端的兴趣点(POI) 的归一化模拟速度振幅$\hat{v}_y(f) = 2\pi f \hat{v}_y(f)$ 在 y 方向上的值(图 10.9)。$\hat{v}_y(f)$ 中的第一个共振频率为$f_r \approx 300\mathrm{Hz}$。该共振频率之前，$\hat{v}_y(f)$ 随频率线性增加，在 POI 处的位移幅度$\hat{\boldsymbol{u}}_y(f)$ 几乎保持恒定。如果铰链框架的臂长l_A 减小(如$l_A = 15\mathrm{mm}$)，则f_r 将增加，这可能是重要的优势。当l_A 值较小时，低于f_r 的有效速度振幅将减小。铰链框架的其他几何参数也可以进行类似的研究。表 10.4 总结了几何参数对$\hat{v}_y(f)$ 和f_r 的模拟影响。因此，一个参数的

值增加了，而其他参数保持不变。通过表格看出，与l_A相似，铰链的较大长度l_H伴随着较高的$\widehat{v}_y(f)$和较低的f_r。臂的高度ω_A、铰链的高度ω_H和臂的几何俯仰角α_*的作用则相反。如果这些参数增大，则$\widehat{v}_y(f)$将减小，而f_r将增大。框架厚度t_A和高度l_F对这两个参数的影响相对较小。实际上，PSA和铰接框架的材料参数也对APA性能有很大影响。由于这些材料参数是为装置的实现而预先定义的，因此未研究其影响。

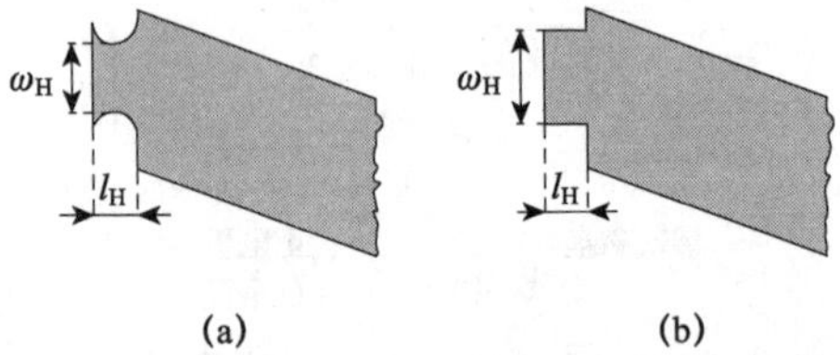

图 10.11　铰链的特征几何尺寸

(a)A型；(b)B型。

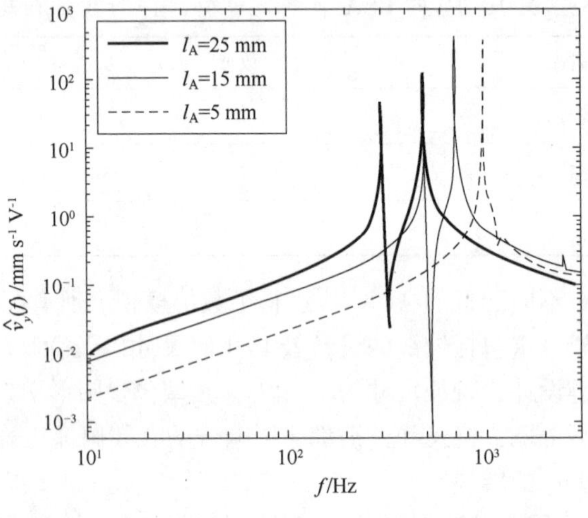

图 10.12　对于不同臂长l_A的APA在POI处的归一化模拟速度振幅$\widehat{v}_y(f)$(B型铰链；几何参数见表10.4；PSA激励电压的归一化幅值为$\widehat{u}_{ex}$)

在参数研究的指导下，可以针对实际应用创建不同的APA设计。目前的情况下，APA应该在POI上提供高速$\widehat{v}_y(f)$，频率为$f = 80\text{Hz}$，这意味着f_r必须远远大于80Hz。为此，Chair of Sensor Technology [14]设计并制造了5个金属铰链框架，恒定框架厚度$2t_A = 10\text{mm}$，恒定臂高度$\omega_A = 5\text{mm}$的封闭框架(图10.13)在几何尺寸l_A、l_H、ω_H和α_*以及铰链设计方面有所不同。金属框架分别表示为A-1、A-2、A-3、B-1和B-2，其中字母代表铰链类型。表10.5列出了各个框架的特征几何尺寸。图 10.14 显示了框架的归一化模拟结果$\widehat{v_y}(f)$。在某种程度上，频率分辨振幅显示出很大的差异。由于 A-1 和 B-1 的铰链很薄，这些框架提供了很大的速度，但共振频率却很小。相比之下，框架 A-2、A-3 和 B-2 的铰链更加坚硬，与较低的$\widehat{v_y}(f)$ 值和较高的f_r 值密切相关。在每种情况下，f_r 的值都远远高于 80Hz。表 10.5 列出了在 80Hz 时达到的速度振幅和共振频率。

表 10.4 为用于有限元模拟的金属铰接框架的初始几何参数(模拟单个增加参数对低于共振频率和第一共振频率f_r 的速度幅值$\widehat{v_y}(f)$ 的影响；↑ 和 ↓ 分别表示强烈增加和强烈减少；↗ 和 ↘ 分别表示轻微增加和轻微减少)

参数	初始值	$\widehat{v_y}(f)$	f_r
l_A	25mm	↑	↓
l_H	1mm	↑	↓
ω_A	5mm	↓	↑
ω_H	0.5mm	↓	↑
α_*	1°	↑	↓
t_A	5mm	↘	↗
l_F	30mm	↘	↓

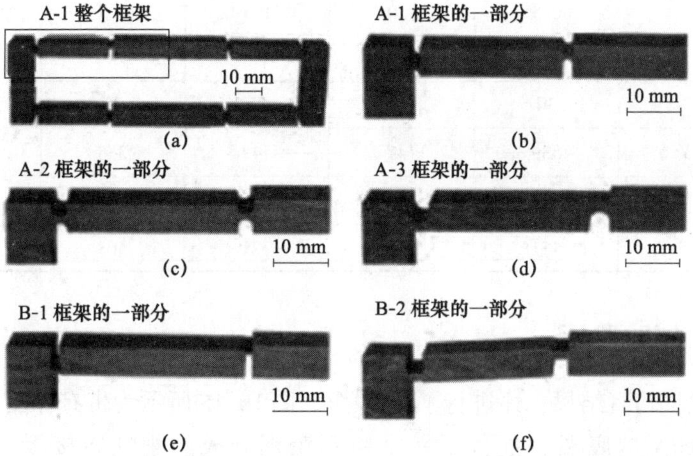

图 10.13 制备的 APA[14] 封闭式金属框架(表 10.5 列出了重要的几何尺寸)

(a)A-1 的整个框架；(b)A-1 框架；(c)A-2 框架；(d)A-3 框架；(e)B-1 框架；(f)B-2 框架的一部分。

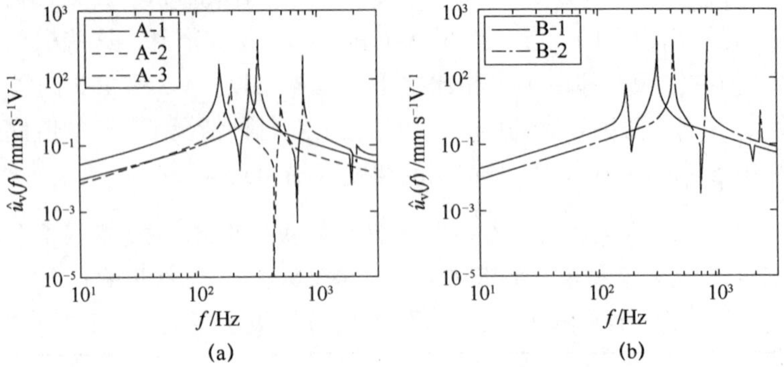

图 10.14　A 型和 B 型铰链在 POI 时 APA 的标准化模拟速度振幅 $\hat{v}_y(f)$（归一化为 PSA 激励电压的幅度$\hat{u}_{ex}$）
(a) A 型；(b) B 型。

表 10.5　图 10.13 中铰接框架的重要几何尺寸模拟不同框架在 80Hz 下 POI 的归一化位移幅值$\hat{\boldsymbol{u}}_y$ 和速度幅值$\hat{v}_y$（第一次共振的模拟频率为f_r）

类型	A-1	A-2	A-3	B-1	B-2
l_A/mm	26	31	29	34	24
l_H/mm	2.0	3.0	4.0	1.5	3.0
ω_H/mm	0.5	1.0	1.5	0.5	1.5
α_*	0°	0°	0°	0°	3°
l_F/mm	30	25	25	25	26
$\hat{\boldsymbol{u}}_y(f)$/nm V^{-1}	539	147	149	338	145
$\hat{v}_y(f)$/(μms^{-1} V^{-1})	271	74	75	170	73
f_r/Hz	151	188	321	168	412

10.2.3　试验验证

为了验证仿真结果，还进行了测量[14]。图 10.15 所示为带有样品架已实现的 APA。在 APA 的底端，配备了一个由不锈钢制成的刚性转接板。用 Polytec GmbH[21] 公司的 OFV 303/3001 型激光振动计测量了 POI 处的位移振幅$\hat{\boldsymbol{u}}_y(f)$ 和速度振幅$\hat{v}_y(f)$。在此过程中，PSA 被一个振幅$\hat{u}_{ex}$ = 1.5V 的正弦电压在恒定偏移量 U_{off} = +1.5V 附近谐波激励。因此，励磁电压在 0 ~ 3V 变化。根据仿真结果选择电励磁的频率范围为 10Hz ~ 3kHz。

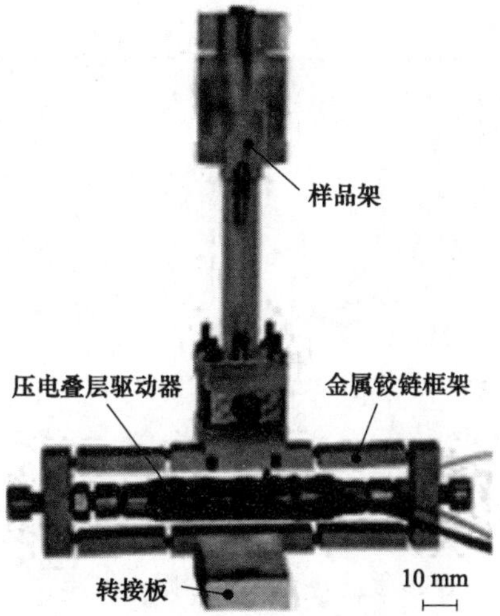

图 10.15　实现的 APA 包括压电叠层执行器(封闭式金属铰链框架(类型 A-1、A-2、A-3、B-1 或 B-2)，适配器板和样品支架)[14]

图 10.16(a) 和图 10.16(b) 分别显示 A 型铰链和 B 型铰链$\widehat{v}_y(f)$ 的归一化测量结果。正如与图 10.14 所示的比较所显示的，测量结果显示了与模拟结果相似的特性。这意味着，铰链结构 A-1 和 B-1 在f = 80Hz 时提供较大的速度振幅，而铰链结构 A-2、A-3 和 B-2 在f = 80Hz 时提供较高的共振频率。对于低激发频率(即f < 40Hz)，应谨慎解释测量结果，因为小速度会导致激光测振仪输出噪声信号。

表 10.6 包含每个框架的$\widehat{\boldsymbol{u}}_y$(80Hz)、$\widehat{v}_y$(80Hz) 和$f_r$ 的测量值。虽然模拟和测量的基本特性非常一致，但绝对值的差异是显著的(表 10.5)。特别是位移和速度振幅的相互偏离较大。这种偏差主要是由 3 个原因造成的。首先，插入 PSA 后，金属框架的几何形状发生了轻微变化。这首先适用于框架臂的有效俯仰角α_0，它影响$\boldsymbol{u}_x$ 和$\boldsymbol{u}_y$ 之间的非线性关系(见式(10.8))。其次，所进行的线性有限元模拟没有考虑 PSA 和铰接框架内的预应力。最后但并非最不重要的是，该叠层执行器的简单有限元模型，在近 100 个圆盘之间既不包含黏合层，也不包含电极层。当然，这两层都极大地影响了 APA 的性能。然而，考虑到有限元模拟的计算工作量会显著增加，把它们考虑进去是没有意义的。此外，不知道它们的材料特性和几何尺寸，特别是胶黏剂层。一种潜在的补救方法是 PSA 的均质化有限元模型[32-33]。执行器将由一种具有虚拟特性的均匀圆柱形材料组成，而不是复杂的层状结构。这些材料特性可通过逆方法(见 5.2 节) 识别，即通过数值模拟对测

量值进行迭代调整。

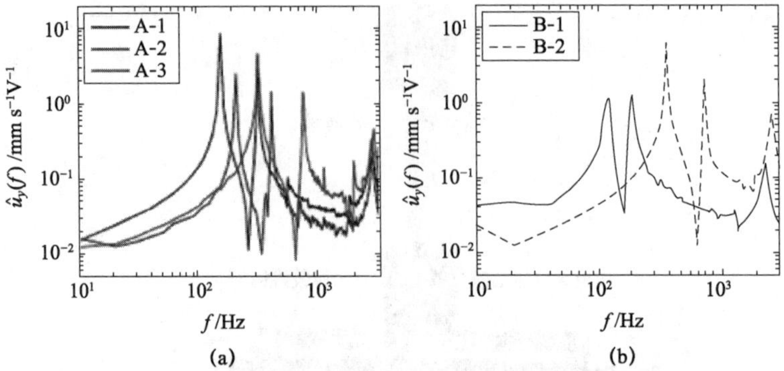

图 10.16　A 型和 B 型铰链 POI 处 APA 的归一化测量速度振幅$\widehat{v}_y(f)$

（PSA 激发电压振幅$\widehat{u}_{ex}$ 归一化）

(a) A 型；(b) B 型。

表 10.6　不同框架的 POI 在 80Hz 测得的归一化位移幅度$\widehat{\boldsymbol{u}}_y$和速度幅度$\widehat{v}_y$(第一共振的测量频率为$f_r$)

类型	A-1	A-2	A-3	B-1	B-2
$\widehat{\boldsymbol{u}}_y$/nm V^{-1}	190	55	70	237	69
$\widehat{v}_y$/(μms^{-1} V^{-1})	101	31	37	133	38
f_r/Hz	150	200	300	120	360

包括样品架的 APA 在实际使用中的位移和速度振幅通常要求比表 10.6 中的高得多。这就是压电叠层执行器必须由振幅为$\widehat{u}_{ex}\gg 1$V 的交流电压激励的原因。在本例中，试验在$\widehat{u}_{ex}=250$V 正弦激励和偏移量$U_{off}=+250$V[14] 下重复进行。为了避免 APA 的塑性变形和机械损伤，激励频率 f 保持在第一共振频率以下。图 10.17(a) 和图 10.17(b) 分别描述了 A 型和 B 型铰链在 POI 处的实测速度振幅$\widehat{v}_y(f)$。与图 10.16(a) 和图 10.16(b) 的测量结果相比，得到的速度振幅要高得多。然而，它们与图 10.16 中的曲线乘以因子 250，即 250V/1V 所产生的振幅不一致。这种情况可以归结为叠层执行器和框架的非线性特性。在将谐波能量与信号[12] 的整个能量相联系的总谐波 THD 失真中，非线性也可见。对于较小的激励电压$\widehat{u}_{ex}=1.5$V，在考虑的频率范围内 THD 总是低于 5%，而对于$\widehat{u}_{ex}=250$V，在 $f=80$Hz 时 THD 值可达 15%。

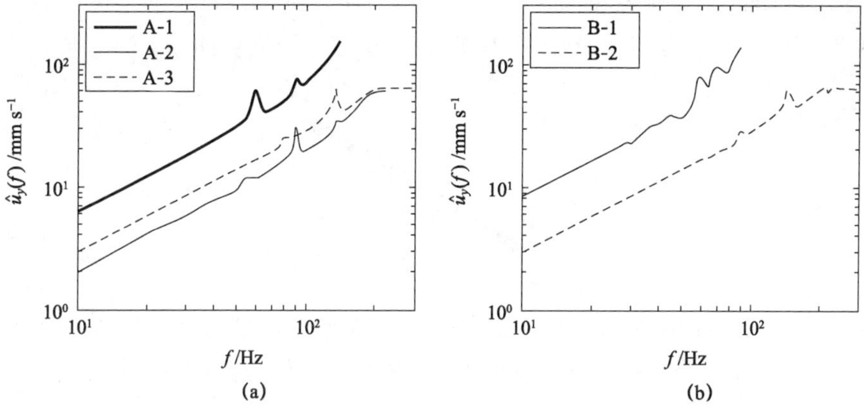

图 10.17　A 型和 B 型铰链在 POI 处 APA 的实测速度振幅$\widehat{v}_y(f)$（激励电压振幅$\widehat{u}_{ex}$ = 250V）

(a) A 型；(b) B 型。

综上所述，线性有限元模拟可以定性地预测 APA 的频率相关性。模拟和测量结果表明，可以建立一个紧凑的 APA，在 80Hz 的激励频率下的速度振幅超过 50mms^{-1}，所需的激励电压为几百伏。

10.3　压电三叠片执行器

压电弯曲执行器如双晶片和三叠片执行器在短时间内提供大的机械挠度。因此，它们大多被用作各种应用的机械开关，如用在圆形针织机中。然而，这些执行器的大挠度也可能是定位任务所需要的。本节验证一个压电三叠片执行器对此类任务的适用性。10.3.1 小节采用 Preisach 滞后建模来描述所研究的执行器的滞后性能。由于定位要求对电动执行器的激励有精确的了解，因此在 10.3.2 小节中开发了基于模型的滞后补偿方法。

10.3.1　三晶体 Preisach 滞后建模

在图 10.18 中可以看到研究的三叠片执行器 427.0086.12F 是由 Johnson Matthey Piezo Products GmbH[9] 公司生产的。该弯曲执行器包含两个压电陶瓷层（铁电材料 M1100），均为正三向极化。它们通过一个附加的中间层机械地连接在一起，中间层不表现出压电特性，充当中心电极。表 10.7 列出了三叠片执行器最重要的技术指标。由于所选择的是电气连接分配（图 10.18），如果采用电励磁

信号 $u_{ex} \neq 100V$，激励器将向 3 个方向偏转。考虑到线性材料的特性，当 $u_{ex} > 100V$ 时产生正三向弯曲；当$u_{ex} < 100V$ 时，引起负三向弯曲。

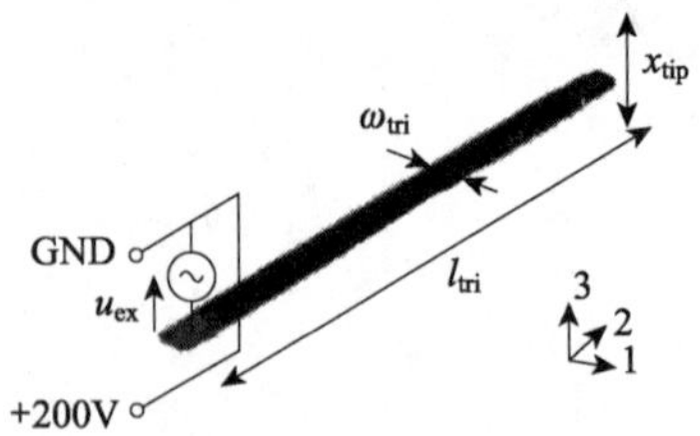

图 10.18　Johnson Matthey catalyst GmbH 公司生产的压电式三叠片执行器 427.0086.12F
（l_{tri} 为总长度；ω_{tri} 为宽度；u_{ex} 为电激励；l_{tip} 为尖端偏转）

表 10.7　Trimorph 执行器规格 427.0086.12F

参数	数值
单压电陶瓷层厚度 h_{layer}	260μm
中间层厚度 h_{int}	240μm
三叠片执行器总厚度 h_{tri}	780μm
三叠片执行器的宽度ω_{tri}	2.1mm
三叠片执行器的长度l_{tri}	49mm
最大允许激励电压 u_{ex}	230V

下面将重点研究在另一端安装三叠片执行器时的尖端挠度x_{tip} 问题。由于x_{tip} 可以达到 1mm 的值，光学三角位置传感器被用于无反应位移测量[4]。对于三叠片执行器在定位任务中的实际应用而言，作为 u_{ex} 函数的x_{tip} 代表了决定性的传递特性。为了描述这种传递特性，利用了一个正弦波形状的单极性电激励信号 $u_{ex}(t)$，该信号具有减小的振幅和频率 $f = 0.1Hz$[34]。图 10.19 中的结果$x_{tip}(u_{ex})$ 清楚地表明，所研究的三叠片执行器具有明显的滞后现象。如果需要精确的定位，即使是小的激励信号，滞后也不能忽略。

因此，预测x_{tip} 与 u_{ex} 之间的关系是非常重要的。再次利用 Preisach 滞后建模，特别是广义的 Preisach 滞后算子$\mathcal{H}_G$(见 6.6 节)。模型参数(如 B 和 h_1) 是通过将仿真调整到测量的滞后曲线$x_{tip}(u_{ex})$ 来确定的。在此过程中，必须增加 100V 的偏移量，因为三叠片执行器在激励信号 $u_{ex} = 100V$ 时保持在其空档位置(即$x_{tip} = 0$)。正如图 10.19(a) 和图 10.19(b)（放大细节）中的测量和仿真比较所示，

Preisach 滞后建模能对尖端挠度进行精确预测。这适用于所研究的三叠片执行器的整个工作区域；相反，假设材料的特性是线性的，从而产生线性化的尖端挠度 x_{linear}，即

$$x_{linear} = x_{meas,\ min} + \frac{x_{meas,\ max} - x_{meas,\ min}}{u_{ex,\ max} - u_{ex,\ min}} u_{ex} \tag{10.10}$$

将导致预测结果与测量结果之间的显著偏差。其中，$x_{meas,\ min}$ 和$x_{meas,\ max}$ 分别为激励信号$x_{meas,\ min}$ 和$x_{meas,\ max}$ 在考虑工作区域内所实现的尖端偏转的最小值和最大值。

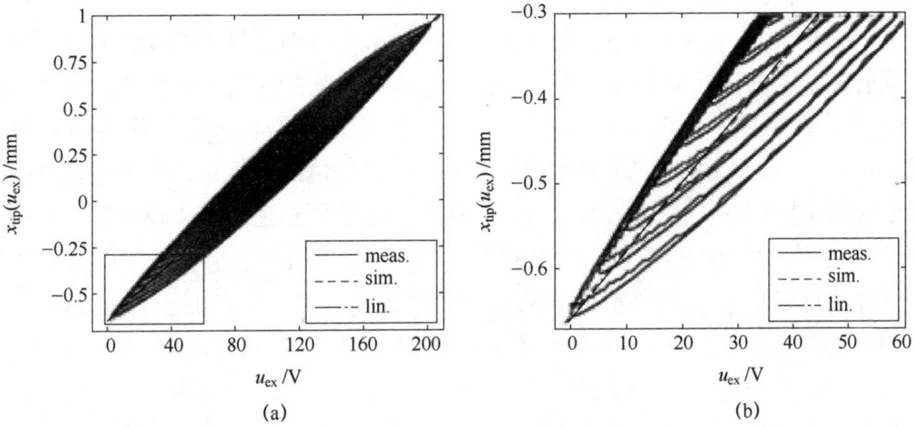

图 10.19　实测和模拟的滞后曲线$x_{tip}(u_{ex})$ 及线性化以及(a) 图的放大细节
(压电晶体执行器 427.0086.12F)
(a) 三晶的尖端偏转；(b) 放大的细节。

10.3.2　基于模型的三晶滞后补偿

已有的研究结果表明，Preisach 滞后模型可以很好地预测所研究的压电三叠片执行器的滞后特性。然而，在实际应用中，定位任务需要了解电气激励信号 u_{ex}，以实现所需的执行器的尖端偏转x_{tar}。因此，可以将得到$\mathcal{H}_G^{-1}$的广义的 Preisach 滞后算子进行反求。为此，应用与 6.8 节相同的反演过程。图 10.20(a) 说明了基于底层模型的滞后补偿的一般方法：从相对于时间 t 的理想目标输出 $x_{tar}(t)$ 开始，通过$\mathcal{H}_G^{-1}$确定电激励信号 $u_{inv}(t)$。然后测量得到的三叠片执行器的尖端偏转 $u_{model}(t)$，并与$x_{tar}(t)$ 进行比较。此外，采用反相式(10.10) 的电信号 $u_{linear}(t)$ 激励所研究的执行器，不考虑执行器的滞后特性(图 10.20(b))。这种激

励获得的尖端挠度 $u_{linear}(t)$ 也与$x_{tar}(t)$ 进行了比较。

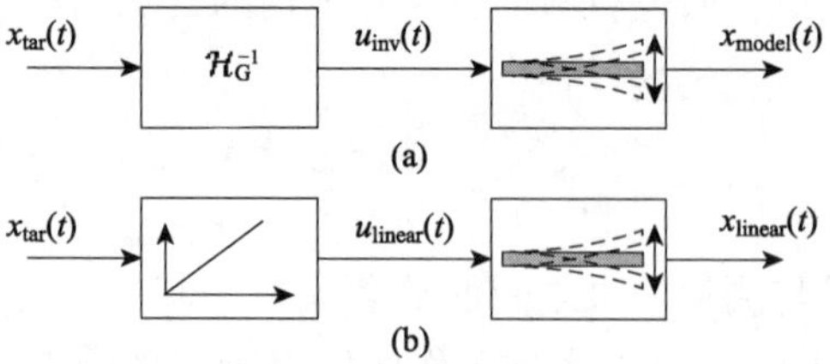

图 10.20　为了实现基于模型的滞后补偿和非补偿情况(即线性化)所需的三叠片执行器的机械挠度$x_{tar}(t)$ 框图(确定量：$u_{inv}(t)$ 和 $u_{linear}(t)$；测量量：$x_{model}(t)$ 和$x_{linear}(t)$)

正如在10.3.1小节中已经提到的，广义Preisach滞后算子的参数是根据振幅递减的正弦激励信号识别的。为了评价基于模型的压电三叠片执行器滞后补偿的性能，需要选择一个与参数识别时考虑的目标量$x_{tar}(t)$ 显著不同的目标量。图 10.21(b) 和图 10.22(b) 显示了包含几个局部极值的目标量以及尖端挠度随时间变化的不同斜率。图 10.21(a) 和图 10.22(a) 分别描述了基于模型的滞后补偿和线性化(图 10.20) 产生的三叠片执行器的应用激励信号 $u_{inv}(t)$ 和 $u_{linear}(t)$。虽然选择的目标量与识别信号完全不同，但$\mathcal{H}_G^{-1}$产生在$x_{model}(t)$ 和$x_{tar}(t)$ 之间的归一化相对偏差$|\epsilon_r|$(量级)，始终保持在5%以下。相比之下，线性化方法的归一化相对偏差部分超过15%，这证实了基于模型的滞后补偿对于三叠片执行器在定位任务中的相关性。然而，尤其是在$x_{tar}(t)$ 的急剧变化之后，一个常数值会伴随着较大的相对偏差ϵ_r。这一事实可以归因于执行机构的蠕变特性，即使对其进行广义的 Preisach 滞后建模[34] 也没有考虑到这一点。

在各种实际应用中，定位执行机构必须在两个位置之间匀速移动。因此，对于压电三叠片执行器，要求其尖端挠度的 $\partial x_{tar}(t)/\partial t$(即速度) 在两个位置之间保持不变。因此，执行器的目标端挠度$x_{tar}(t)$ 相对于时间为一个三角波形。图 10.23(a) 显示了该尖端偏转在 ±0.580mm 位置间振荡，频率$f=0.1$Hz。为了获得所研究的三叠片执行器所需的尖端偏转$x_{tar}(t)$，必须通过基于模型的滞后补偿研究其滞后特性(图 10.20(a))。通过反向广义 Preisach 滞后算子$\mathcal{H}_G^{-1}$，测量的尖端挠度$x_{model}(t)$ 在 +0.584mm 和 −0.573mm 之间振荡。图 10.23(b) 中的归一化相对偏差$|\epsilon_r|$(量级) 表明，$x_{model}(t)$ 和$x_{tar}(t)$ 不仅在最大和最小叶尖偏转方面吻合良好，而且在两者之间也吻合[34-35]。另外，如果忽略了三叠片执行器的滞后特性，即根据图 10.20(b) 进行线性化，则得到的尖端偏转$x_{linear}(t)$ 与$x_{tar}(t)$ 将有显著差异。如$x_{linear}(t)$ 在 +0.476mm 和 −0.565mm 之间振荡。而基于模型的补偿

$|\epsilon_r|$ 的最大值小于3%，假设线性特性可以导致值大于12%。

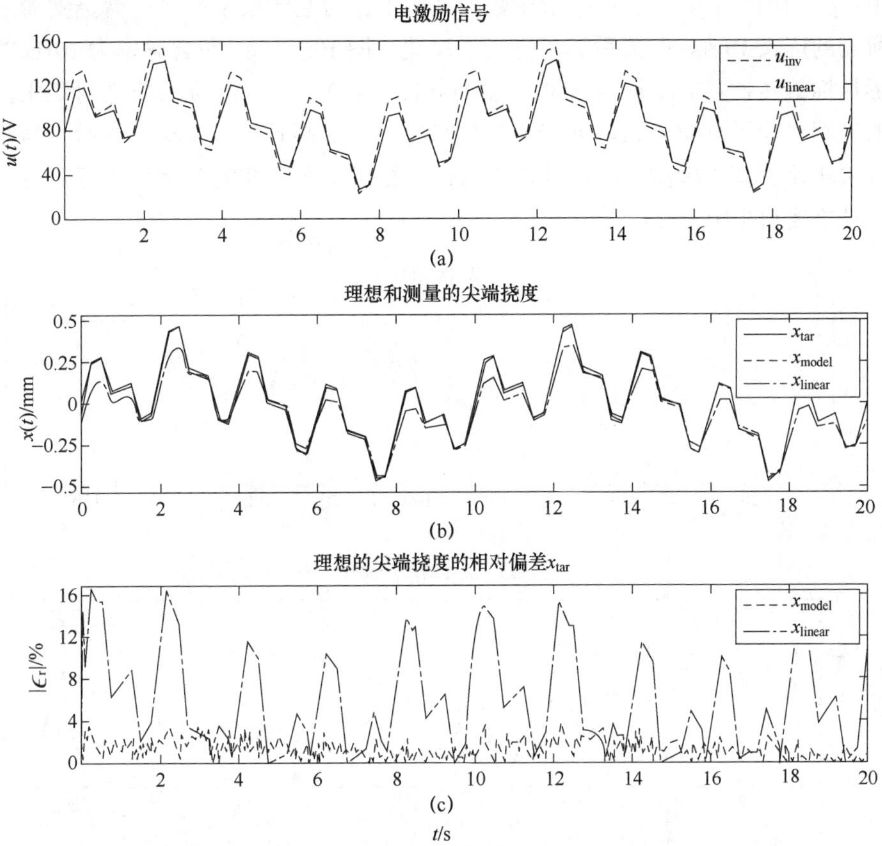

图 10.21 压电三叠片执行器的滞后补偿性能一(压电三叠片执行器 427.0086.12F)

(a) 基于模型的滞后补偿和非补偿情况下的电激励信号分别为 $u_{inv}(t)$ 和 $u_{linear}(t)$；

(b) 理想的尖端偏转$x_{tar}(t)$ 和实测偏转$x_{model}(t)$ 和$x_{linear}(t)$；(c) 归一化相对偏差 $|\epsilon_r|$%(量级)。

实际上，所研究的三叠片执行器尖端的挠度x_{tip} 变化具有一定的频率相关性。如果不考虑共振现象，电激励信号 u_{ex} 频率 f 的增加将降低可实现的尖端偏转。图 10.23(c) 利用不同频率的正弦激励信号产生的滞后曲线$x_{tip}(u_{ex}, f)$ 说明了这种特性。当激励电压u_{ex} = 200V 时，尖端的最大挠度从0.01Hz的1.003mm减小到 10Hz 的 0.842mm。当然，必须考虑三叠片执行器在 Preisach 滞后建模中的频率相关性。与 6.6.4 小节类似，激发频率可以通过改变少数参数而被纳入模型。在这里，仅改变关于f[34] 的模型参数 h_2 就足够了。图 10.23(d) 所示为可以作为平滑函数的数据点的 $h_2(f)$ 的确定值(见式(6.29))。

$$\psi_{\text{smooth}}(f) = \xi_1 + \xi_2 \cdot f^{\xi_3} \tag{10.11}$$

式中：ξ_i 为函数参数。在此平滑函数的基础上，对基于模型的执行器挠度滞后补偿所需的广义 Preisach 滞后算子进行了反演。图 10.23(e) 包含频率为 10Hz 的三角形目标偏转$x_{\text{tar}}(t)$ 以及测量量$x_{\text{model}}(t)$ 和$x_{\text{linear}}(t)$。由于电激励的急剧变化，执行器尖端出现了唯象 Preisach 滞后建模没有涉及的高频机械振动。然而，与线性化方法相比，基于模型的滞后补偿方法再次提供了所研究的三叠片执行器更可靠的尖端挠度(图 10.23(f))。

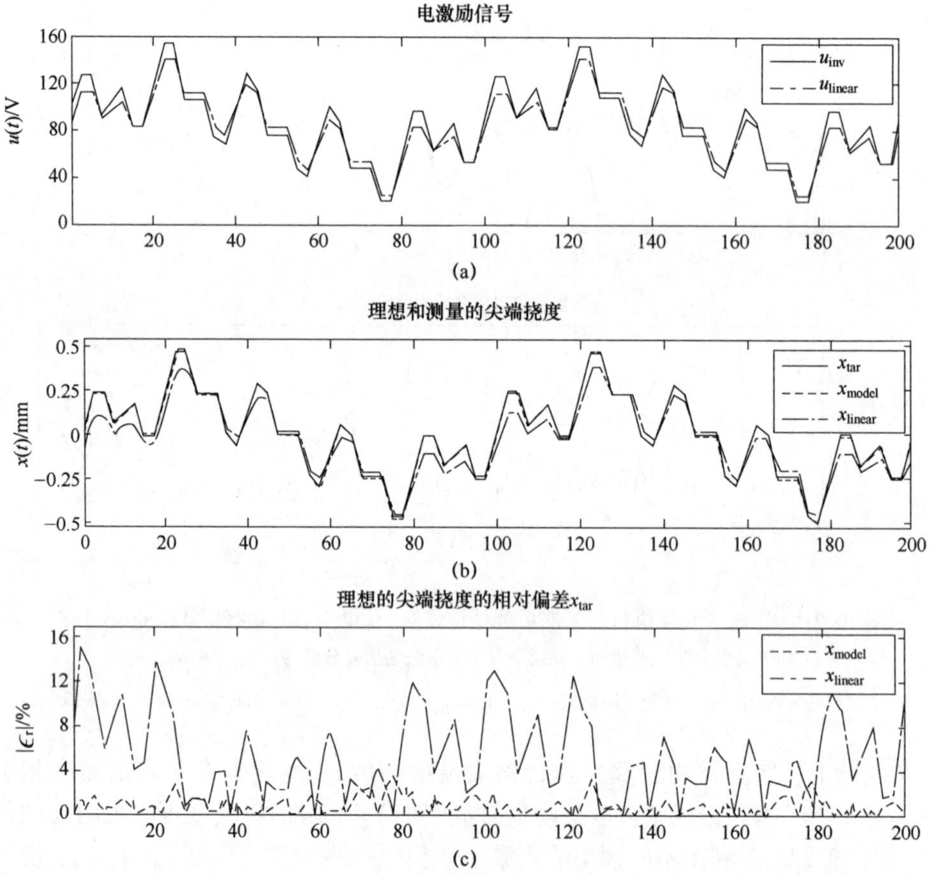

图 10.22　压电三叠片执行器的滞后补偿性能二(压电三叠片执行器 427.0086.12F)

(a) 基于模型的滞后补偿和非补偿情况下的电激励信号分别为 $u_{\text{inv}}(t)$ 和 $u_{\text{linear}}(t)$；(b) 理想的尖端偏转$x_{\text{tar}}(t)$ 和实测偏转$x_{\text{model}}(t)$ 和$x_{\text{linear}}(t)$；(c) 归一化相对偏差 $|\epsilon_r|$/%(量级)。

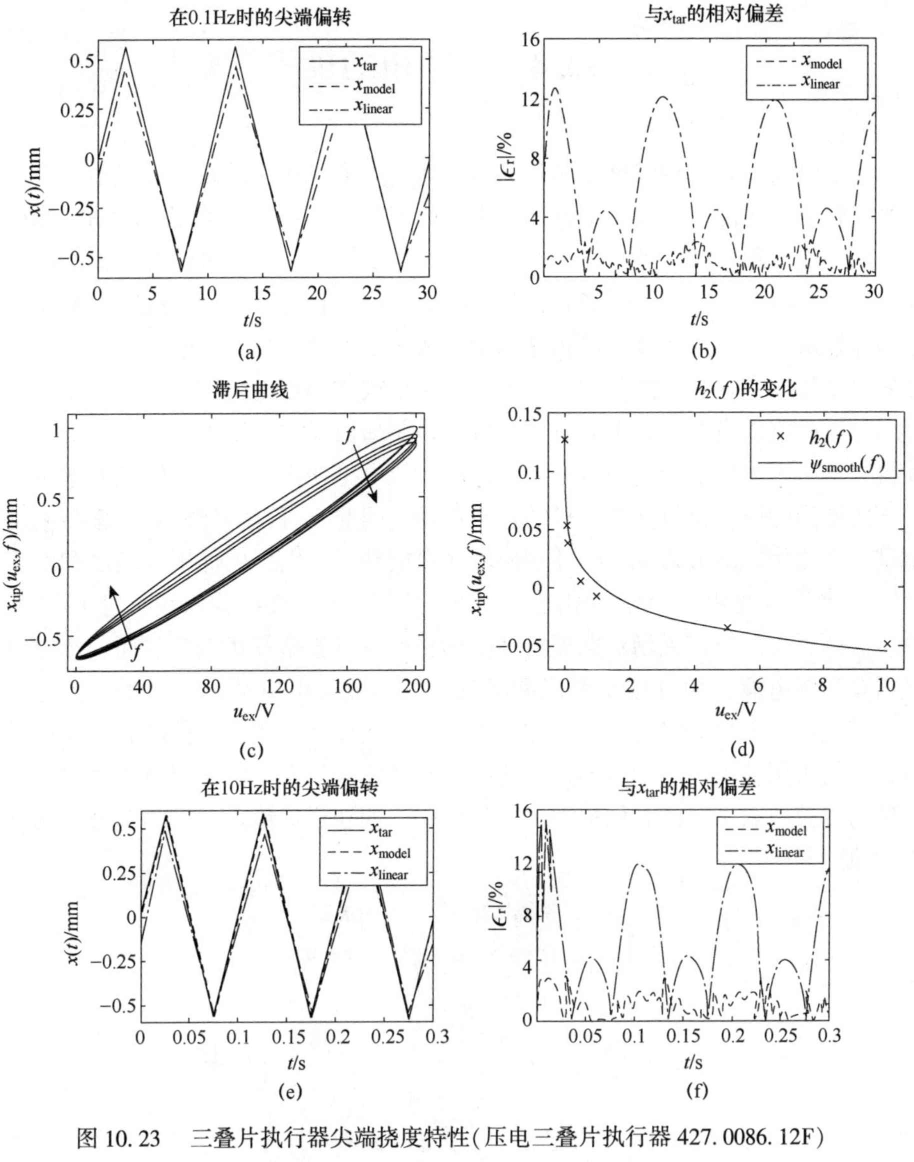

图 10.23　三叠片执行器尖端挠度特性(压电三叠片执行器 427.0086.12F)

(a) 理想的尖端挠度$x_{tar}(t)$ (三角形； 频率f = 0.1Hz) 以及测量值$x_{model}(t)$ 和$x_{linear}(t)$；(b) 归一化相对偏差 $|\epsilon_r|$/%(量级)；(c) 测量的滞后曲线$x_{tip}(u_{ex}, f)$ 与激励频率f的关系； (d) 模型参数 $h_2(f)$ 的变化和参数为ξ_1 = 0.5042、ξ_2 = - 0.5030 和ξ_3 = 0.0457 的依据式(10.11) 得到光滑函数$\psi_{smooth}(f)$；(e) 理想的尖端挠度$x_{tar}(t)$(三角形； 频率f = 10Hz) 和测量值$x_{model}(t)$ 和$x_{linear}(t)$；(f) 归一化相对偏差 $|\epsilon_r|$/%(量级)。

10.4　压电电动机

压电电动机是一种将电能转化为机械能的装置。在这样做的过程中，压电电动机执行平移或旋转运动。根据运动类型的不同，可分为直线压电电动机和旋转压电电动机。图 10.24 描述了压电电动机的主要部件。组件可以分为振动器和滑块[27]。所述的振子由压电执行元件和弹性振子件组成，所述的滑块包括摩擦涂层和弹性滑块。振子和滑块的相互运动导致压电电动机的机械输出。由于产生的部件运动往往是在超声波范围，压电电动机也被称为压电超声波电动机[37]。

与电磁电动机相比，人们可以很容易地制造出尺寸小于 $1cm^{-3}$ 的高效压电电动机。这是因为电能转换为机械能不依赖于压电电动机的大小。转换效率主要取决于所使用的压电材料和电动机的基本设计。因此，可以实现机械功率与电动机重量的大比例。一般来说，线性和旋转压电电动机分别提供低平移速度和低旋转速度[23, 27-28]。与电磁电动机相比，压电电动机还具有结构简单、生产工艺简单、保持力大、外部磁场对电动机性能的影响可以忽略等优点。然而，压电电动机需要高频电源，而且由于摩擦和磨损，大多数压电电动机的耐用性较差。此外，随线性压电电动机速度的增加，可用力与速度之比减小。提高旋转压电电动机转速的可用转矩与所产生转速的比率也是如此。然而，由于压电电动机的优点往往超过其缺点，因此它们被用于各种应用，如在相机镜头中作为节省空间和高效的执行器[1, 18]。

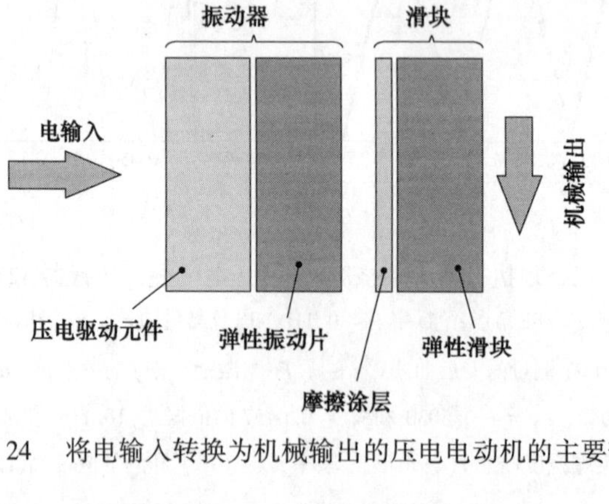

图 10.24　将电输入转换为机械输出的压电电动机的主要部件

因此，压电元件对压电电动机的性能有着重要的影响就不足为奇了。由于这一事实，压电电动机主要基于压电陶瓷材料，因为这种材料提供了高的机电耦合因素(见 3.6 节)。为了避免运行过程中产生过多的热量，特别是在发动机利用谐振方式的情况下，应该使用铁电硬压电材料。如果压电陶瓷材料另外表现出高的居里点ϑ_C，就可以防止热诱导退极化。

在文献中，压电电动机有许多不同的设计方案。下面将简要讨论所选的线性压电电动机(见 10.4.1 小节) 和旋转压电电动机(见 10.4.2 小节) 的例子。

10.4.1 线性压电电动机

所选的线性压电电动机的例子包括尺蠖电动机、步进电机及滑棒电动机。

1. 尺蠖电动机

尺蠖电动机可以认为是最古老的一类压电电动机[3]。这个名字是根据基本的运动顺序来证明的，这让人联想到尺蠖的运动。尺蠖电动机主要包括两个夹紧执行机构、一个进给执行机构、两个端板和一个滑块(图 10.25)[5]。由于所需的冲程，纵向 PSA 通常作为夹具和进给执行机构。尺蠖电动机的单一运动顺序包括 6 个步骤(图 10.26)。

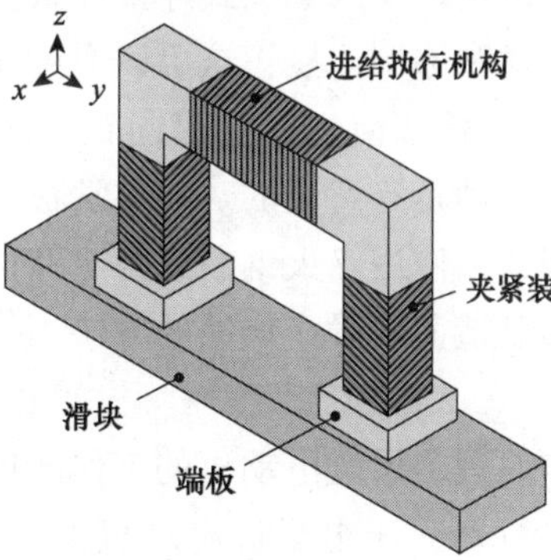

图 10.25 压电尺蠖电动机原理装置(滑块可以在 $\pm y$ 方向移动)

步骤 1：收缩右夹执行器，松开右夹。

步骤 2：通过扩大进给执行机构向前运动。

步骤 3：扩大右侧夹具执行机构，即激活右侧夹紧机构。

步骤 4：收缩左夹紧执行器，松开左夹紧机构。

步骤 5：收缩进给执行机构。

步骤 6：扩大左夹紧执行器，即激活左夹紧机构。

在步骤 6 之后，再次从步骤 1 开始动作顺序。如果进给执行机构的中心固

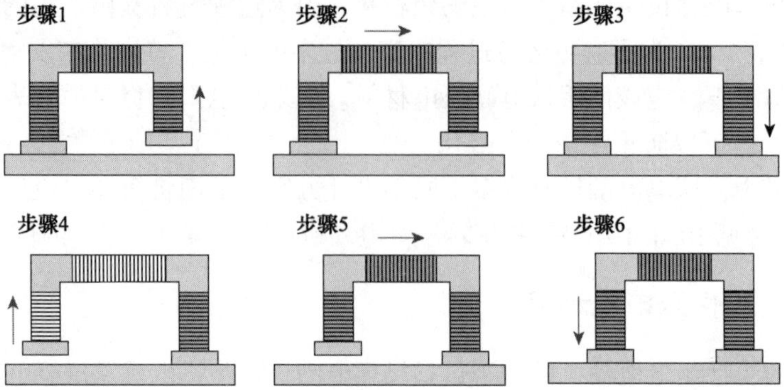

图 10.26　尺蠖电动机的单次运动顺序(红色箭头表示当前执行机构的扩展和收缩方向)(见彩插)

定，滑块将从右向左移动。通过在运动顺序中从右到左和从左到右的交换，滑块将从左向右移动。

一般来说，尺蠖电动机具有高的定位精度、高的刚度和行程距离，从理论上讲是无限的。即使采用 PSA 提供高速度，复杂的运动顺序导致大大降低行程速度。传统尺蠖电动机端板与滑块之间的摩擦式连接导致进给和保持力受到限制。因此，致力于以正锁连接取代摩擦型连接，这可以通过在端板和滑块上安装适当的联锁[2, 19] 来实现。事实上，相邻齿之间的横向距离决定了最小行程距离。从那里开始，使用一个紧密的联锁是有意义的。如果端板和滑块采用硅材料，则可以通过各向异性腐蚀实现互锁。使用淬火钢制成的部件可以获得更坚固的联锁。在这种情况下，紧密联锁的制造需要激光烧蚀的方法。

2. 步进电动机

压电步进电动机的工作原理与尺蠖电动机的工作原理十分相似。两种电动机形式的主要区别在于进给执行器，压电步进电动机不需要进给执行器[16, 26]。步进电动机通常是基于压电双晶片或纵向组合执行器和剪切 PSA。本书介绍了压电双晶片执行器的工作原理。图 10.27 显示了一个基本的设置，其中包括两个带有接触元件的压电串行双晶片执行器和一个滑块，滑块被机械地压在至少一个执行器上。两个压电双晶片执行器在其顶端连接到外壳。单片双压电执行器内部的两根压电棒的极化方向相反，需要分别进行控制。在图 10.28 中，可以看到压电双晶片串联执行器的单个运动顺序以及两个压电杆的正弦激励电压 $u_{\mathrm{ex;\,A}}(t)$ 和 $u_{\mathrm{ex;\,B}}(t)$。可以区分 3 种激励场景。

(1) $u_{\mathrm{ex;\,A}}(t)=u_{\mathrm{ex;\,B}}(t)$。双晶片执行器保持原有形状。如果两个电压都为负，双晶片执行器将膨胀(图 10.28(a) 中的状态 Ⅰ)。如果两个电压都为正，双

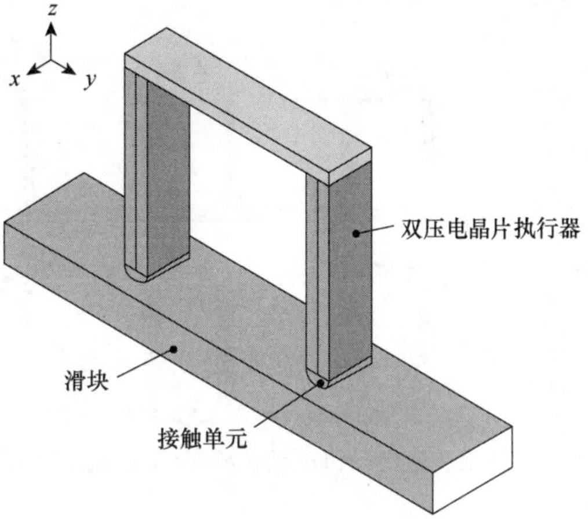

图 10.27 压电步进电动机原理装置(滑块可以在 ±y 方向移动)

晶片执行器将收缩(图 10.28(a) 中的状态 Ⅲ)。

(2) $u_{ex;A}(t) > u_{ex;B}(t)$。由于左杆膨胀、右杆收缩，双晶片执行器向右弯曲(图 10.28(a) 中的状态 Ⅱ)。

(3) $u_{ex;A}(t) < u_{ex;B}(t)$。由于左杆收缩、右杆膨胀，双晶片执行器向左弯曲(图 10.28(a) 中的状态 Ⅳ)。

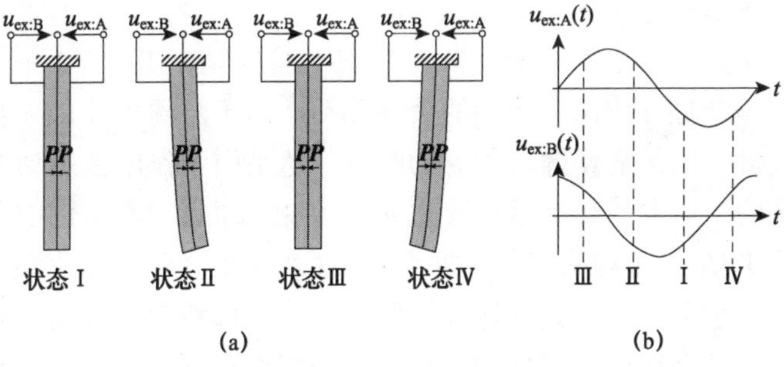

图 10.28 压电双晶片串联执行器的单个运动顺序及两个压电杆的正弦激励电压

(a) 单压电串联双晶片执行器的运动顺序(电极化方向 $\boldsymbol{P}$)；(b) 双晶片尖端椭圆运动的电激励信号 $u_{ex;A}(t)$ 和 $u_{ex;B}(t)$。

当 $u_{ex;A}(t)$ 和 $u_{ex;B}(t)$ 具有相同的振幅和频率，但相位差为90°时，压电双晶片执行器的下端执行椭圆运动。通过适当地激励双晶片执行器(即 4 个压电棒)，压电步进电动机的滑块由于这个椭圆运动而移动。图 10.29 显示了滑块从左向右运动的 8 个步骤组成的运动顺序。如果压电双晶片执行器被视为腿，由此产生的运动序列将使人联想到一个行走的人。

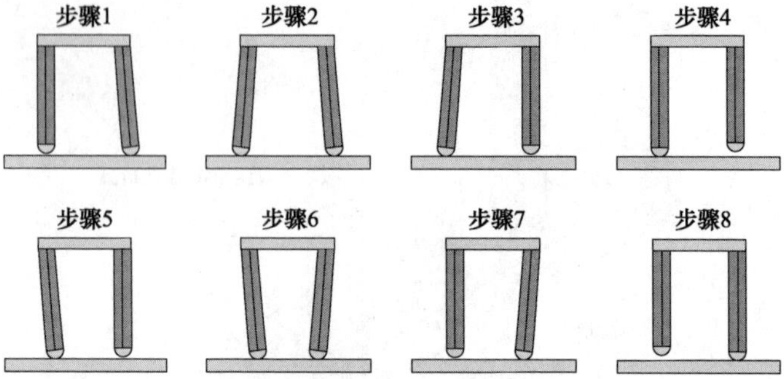

图 10.29　压电步进电动机单动作顺序(滑块从左向右移动)

3. 滑棒电动机

压电滑动黏性电动机利用惯性原理，即运动物体的惯性[7, 36]，可以看到这种电动机的可能设置和基本工作原理。该装置包括一个纵向 PSA、一个驱动轴和一个移动部件。左侧的PSA是固定的，其右侧是连接到驱动轴。代表压电电动机滑块的运动部件位于驱动轴上。所考虑的转差杆电动机的单个运动顺序包括两个步骤。

步骤 1：PSA 缓慢扩张。

步骤 2：PSA 快速收缩。

可以通过用 $u_{\mathrm{ex}}(t)$ 电压激励 PSA 来实现上述步骤。在步骤 1 中，运动部件和传动轴之间的静摩擦导致两个部件的缓慢移动。由于步骤 2 时 PSA 快速收缩，运动部件与传动轴之间的静摩擦转化为动摩擦。这是因为作用在运动部件上的惯性力大于静摩擦力。因此，运动部件通过 $\boldsymbol{u}_{\mathrm{mov}}$ 改变其位置。在本例中，运动部分向右移动。如果 PSA 扩张和收缩的速度交换(即快速扩张和慢速收缩)，移动部分将向左移动。运动部件能达到的速度主要取决于变形缓慢的持续时间。当持续时间太短时，加速度会产生高惯性力，超过运动部件和驱动轴之间的静摩擦力。因此，运动部分将保持在同一位置。

10.4.2　旋转压电电动机

旋转压电电动机的例子包括立波电动机、行波电动机及卡普佩尔电动机。

1. 驻波电动机

顾名思义，驻波电动机是以驻波的形成为基础的。在讨论利用驻波的旋转压电电动机之前，先从数学的角度考虑一维驻波。这种波可以表示为

$$\boldsymbol{u}_S(x, t) = \widehat{\boldsymbol{u}}_S\cos(kx)\cos(\omega t) \tag{10.12}$$

式中：$\widehat{\boldsymbol{u}}_S$ 为位移振幅；k 为波数；x 为位置；ω 为角频率；t 为时间。产生的位移 $\boldsymbol{u}_S(x, t)$ 表明 $\boldsymbol{u}_S(x, t) = 0$ 的固定节点以及 $\boldsymbol{u}_S(x, t) = \widehat{\boldsymbol{u}}_S$ 的固定波腹。

在旋转压电电动机中，人们利用振动器的位移来对抗由驻波引起的滑块[23, 27]。图 10.30(a) 所示为一个简单旋转式驻波电动机装置。它包括在一端空间固定的纵向 PSA 和连接到 PSA 另一端的柱塞和转子。根据图 10.24 的定义，PSA 和柱塞的组合代表振动器，转子为滑块。为了产生转子的旋转运动，需要在柱塞的中心轴和转子表面的法线之间有一个微小的角度Θ_M，在那里柱塞被压到转子上。如果 PSA 扩张，升起的接触面积将沿转子表面移动。在柱塞和转子之间有足够静摩擦力的情况下，这个柱塞运动产生转子的旋转运动。不足为奇的是，当纵向 PSA 激发驻波并在柱塞顶端提供波腹时，可以达到大的旋转运动。

纵向 PSA 冲程的叠加和沿转子表面的运动导致柱塞顶端相对于固定坐标系的近似椭圆运动。图 10.30(b) 用特征点 A 和 B 说明了一个可能的尖端运动。从 A 到 B，柱塞尖端与转子接触。这就是叶尖运动对应于转子表面的原因。由于从 B 到 A 不存在任何接触，柱塞和转子不相互影响。因此，柱塞顶端进行椭圆运动。虽然叶尖从 B 到 A 不与转子接触，但转子继续旋转，这是非零转子惯性矩I_R 的结果。小的I_R 值伴随着转子运动的剧烈波动。当然，驱动载荷也会影响I_R，从而影响转子运动的均匀性。

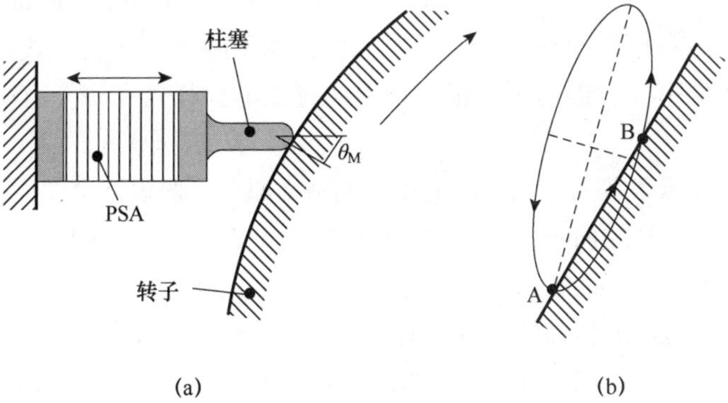

图 10.30　旋转式电动机驻波装置及其尖端运动

(a) 带单纵向 PSA 的旋转压电驻波电动机的简单装置(红色箭头表示运动方向)；

(b) 放大了柱塞尖端在与特征点 A 和 B[27] 接触区域的运动。

如图 10.30(a) 所示，只使用一个振动器(即一个带活塞的纵向 PSA)，被限制在单一的旋转方向。当所述压电电动机包含第二振动器，且该第二振动器设置得当时，可以在相反的旋转方向上引入旋转运动。对于给定的例子，这可以通过在转子的另一侧放置第二个振动器来实现。还有旋转压电电动机，它基于一个蝴蝶状的振动器，其中包含两个振动器[37]。在进一步的电动机设计中，压电振动器直接作用于转子的前表面。

2. 行波电动机

就像驻波发动机一样，让我们从数学的观点出发，从一维行波开始。这种波的位移 $\boldsymbol{u}_{\mathrm{T}}(x, t)$ 随位置和时间的变化可以表示为

$$\boldsymbol{u}_{\mathrm{T}}(x, t) = \hat{\boldsymbol{u}}_{\mathrm{T}}\cos(kx - \omega t) \tag{10.13}$$

式中：$\hat{\boldsymbol{u}}_{\mathrm{T}}$ 为位移振幅。与驻波不同的是，行波既不包含固定的节点，也不包含固定的腹点。然而，通过使用基本的三角关系，可以将式(10.13) 转换成

$$\begin{aligned}\boldsymbol{u}_{\mathrm{T}}(x, t) &= \hat{\boldsymbol{u}}_{\mathrm{T}}\cos(kx)\cos(\omega t) + \hat{\boldsymbol{u}}_{\mathrm{T}}\cos\left(kx - \frac{\pi}{2}\right)\cos\left(\omega t - \frac{\pi}{2}\right)\\ &= \hat{\boldsymbol{u}}_{\mathrm{T}}\cos(kx)\cos(\omega t) + \hat{\boldsymbol{u}}_{\mathrm{T}}\sin(kx)\sin(\omega t)\end{aligned} \tag{10.14}$$

这两个项的总和表示驻波，驻波的相位在空间和时间上相差 $\pi/2$。因此，行波可以通过叠加两个驻波而产生。注意，这不仅限于基波，还适用于行波的 n 次谐波 $\boldsymbol{u}_{\mathrm{T};n}(x, t)$，它由

$$\boldsymbol{u}_{\mathrm{T};n}(x, t) = \hat{\boldsymbol{u}}_{\mathrm{T};n}\cos(nkx - \omega t) \tag{10.15}$$

分解成两个驻波，变为

$$\boldsymbol{u}_{\mathrm{T};n}(x, t) = \hat{\boldsymbol{u}}_{\mathrm{T};n}\cos(nkx)\cos(\omega t) + \hat{\boldsymbol{u}}_{\mathrm{T};n}\sin(nkx)\sin(\omega t) \tag{10.16}$$

因此，应该有可能建立一个压电电动机，利用两个驻波的方式来利用行波。这是一个必然的事实，因为可以很容易地通过压电执行器在一个有限大小的结构中产生驻波。

图 10.31 显示了普通压电行波电动机的基本原理。假设一个弹性波，它在面向滑块的振动器表面从左向右传播。这种行波相当于表面波(瑞利波)，因此，包括纵波和横波。一个振动器的表面粒子在逆时针方向上做椭圆运动。振子与滑块之间的接触面积出现在表面波传播的正极大值处。当振动器与滑块在这些区域的静摩擦力足够时，椭圆运动的纵向部分将导致滑块向相反方向的滑块运动，从而使表面波传播。毫不奇怪，接触机构决定行波电动机[29] 的工作特性(如转速)。

从图 10.32(a) 中可以看到一个著名的基于行波的旋转压电电动机的实际应用。这种 Sashida 电动机由一个压电陶瓷环、一个弹性环、一个滑块和一个转子[23, 27] 组成。弹性环与压电环连接，滑块与转子连接。压电陶瓷环包含 16 个有源区，在正、负厚度方向极化(图 10.32(b))。有源区分为 A 和 B 两部分，每个部分有 8 个元素通过共用电极接触。在外围方向上，有源区域的几何尺寸为

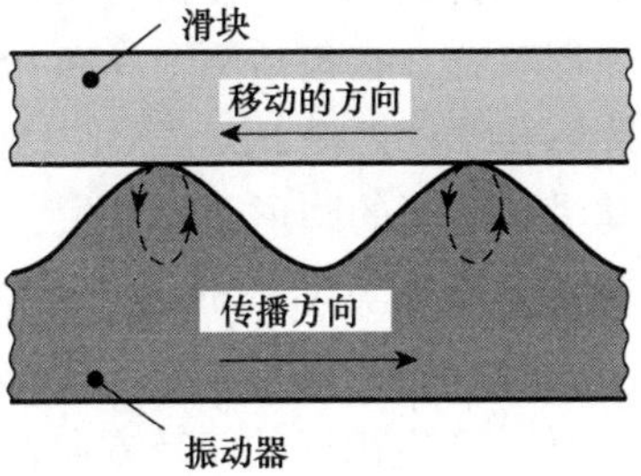

图 10.31 压电行波电动机原理(滑块运动与面波传播方向相反)

$\lambda_T/2$，其中λ_T代表产生的压电陶瓷环表面波的波长。两部分之间的距离(即没有电极的区域)分别为3/4 λ_T和$\lambda_T/4$。借助单个部件，可以沿压电环和弹性环产生驻波。在环的圆周上，驻波对应于9次谐波。A部分和B部分的间隔导致两个驻波的空间相移为90°/9 = 10°。因此，根据式(10.16)，如果环的一部分由$\widehat{u}_{ex}\sin(\omega t)$电激励，另一部分由$\widehat{u}_{ex}\cos(\omega t)$电激励，就有可能沿着环产生一个行波。交换各部分的激发信号会导致旋转方向的改变，如从顺时针方向改为逆时针方向。在每种情况下，行波使转子旋转。

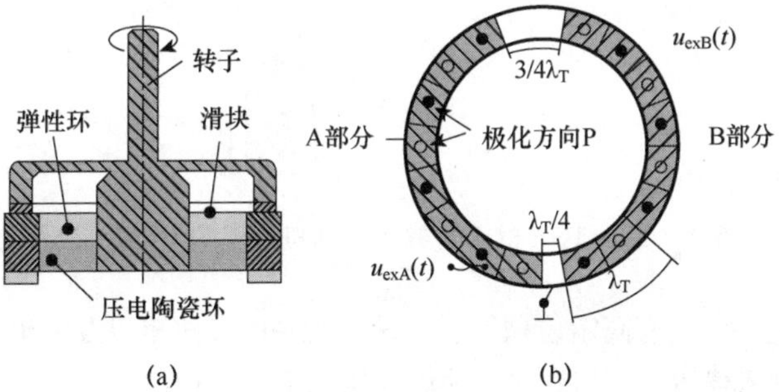

图 10.32 基于行波的旋转压电电动机的应用示例(沿环行波的波长为λ_T；A部分和B部分的电激励分别为$u_{ex;A}(t)$和$u_{ex;B}(t)$)

(a) Sashida 电动机的横截面图；(b) 包含16个不同电极化方向$\boldsymbol{P}$[23, 27]的有源区的压电陶瓷环的俯视图。

Sashida型电动机既薄又节能，不需要齿轮。在此基础上，这种压电旋转电动机常用于相机镜头的自动对焦。也有Sashida型电动机的扩展版本，它配备了一个齿形振动器，以提高转子的转速[37]。

3. 卡普佩尔电动机

这种特殊类型的旋转压电电动机是卡普佩尔于1999年发明的。与压电式驻波电动机类似，卡普佩尔电动机将线性运动转换为旋转运动[10, 30]。图10.33描述了一个卡普佩尔电动机的原理装置，它包括两个纵向PSA与柱塞、一个驱动环和一个比驱动环内径略小的旋转转子。两个PSA之间为90°，因此可以在xy平面中移动驱动环。如果这种运动沿着适当的圆形路径发生，转子将在驱动环的内表面上滚动。因此，转子进行旋转运动。驱动环的圆周运动需要具有相同振幅$\hat{u}_{ex}$但相移90°的电PSA激励，当一个PSA被$\hat{u}_{ex}\cos(\omega t)$激励时，另一个PSA必须被$\hat{u}_{ex}\sin(\omega t)$激励。交换PSA激励产生相反的旋转方向。

为了在驱动环和转子表面光滑的情况下实现旋转运动，它们之间必须有足够的静摩擦。然而，高负载扭矩可能导致电动机故障。这就是几个实际应用的卡普佩尔电动机配备了一个紧密联锁的原因，就像尺蠖电动机[10]。这样，驱动环和转子之间的摩擦型连接被一个正锁定连接所取代。

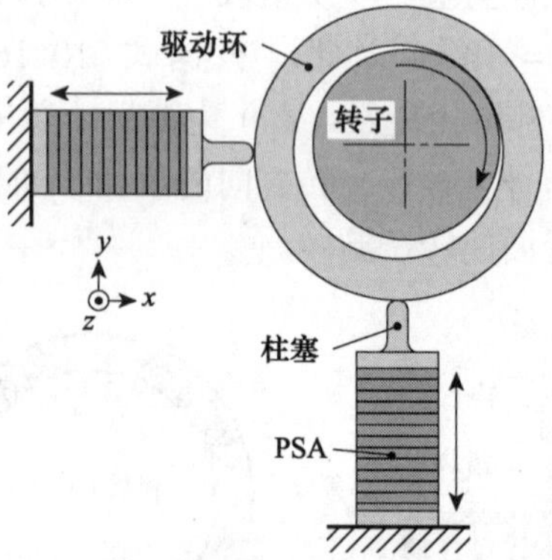

图10.33　带两个纵向PSA的卡普佩尔电动机原理结构(箭头表示运动方向)

卡普佩尔电动机具有高定位精度、与速度无关的高扭矩以及突出的动态特性，并能无传感器测量负载扭矩。与许多其他旋转压电电动机相比，卡普佩尔电动机可以在很宽的速度范围内使用。基于这些理由，这种电动机有多种实际应用，如电动升降窗。然而，与传统的电磁电动机相比，高的生产成本阻碍了卡普佩尔电动机的商业突破。

参考文献

[1] Canon, Inc.: Manufacturer of digital cameras and camcorders (2018). http://www.canon.com/icpd/

[2] Chen, Q., Yao, D.J., Kim, C.J., Carman, G.P.: Mesoscale actuator device: micro interlocking mechanism to transfer macro load. Sens. Actuators A Phys. 73(1-2), 30-36 (1999)

[3] Galante, T., Frank, J., Bernard, J., Chen, W., Lesieutre, G. A., Koopmann, G. H.: Design, modeling, and performance of a high force piezoelectric inchworm motor. J. Intell. Mater. Syst. Struct. 10(12), 962 - 972 (1999)

[4] Göpel, W., Hesse, J., Zemel, J. N.: Sensors Volume 6 - Optical Sensors. VCH, Weinheim (1992)

[5] Hegewald, T.: Modellierung des nichtlinearen Verhaltens piezokeramischer Aktoren. Ph. D. thesis, Friedrich - Alexander - University Erlangen - Nuremberg (2007)

[6] Heywang, W., Lubitz, K., Wersing, W.: Piezoelectricity: Evolution and Future of a Technology. Springer, Berlin (2008)

[7] Hunstig, M.: Piezoelectric inertia motors - a critical review ofhistory, concepts, design, applications, and perspectives. Actuators 6(1) (2017)

[8] Janocha, H.: Actuators - Basics and Applications. Springer, Berlin (2004)

[9] Johnson Matthey Piezo Products GmbH: Product portfolio (2018). www. piezoproducts. com

[10] Kappel, A., Gottlieb, B., Wallenhauer, C.: Piezoelectric actuator drive (PAD). At - Automatisierungstechnik 56(3), 128 - 135 (2008)

[11] Kim, J. H., Kim, S. H., Kwaka, Y. K.: Development of a piezoelectric actuator using a threedimensionalbridge - type hinge mechanism. Rev. Sci. Instr. 74(5), 2918 - 2924 (2003)

[12] Lerch, R.: Elektrische Messtechnik, 7th edn. Springer, Berlin (2016)

[13] Lobontiu, N.: Compliant Mechanisms: Design of Flexure Hinges. CRC Press, Boca Raton(2002)

[14] Löffler, M., Weiß, M., Wiesgickl, T., Rupitsch, S. J.: Study on analytical and numerical modelsfor application - specific dimensioning of a amplified piezo actuator. Tech. Messen 84(11), 706 - 718 (2017)

[15] Ma, H. W., Yao, S. M., Wang, L. Q., Zhong, Z.: Analysis of the displacement amplification ratioof bridge - type flexure hinge. Sens. Actuators A Phys. 132(2), 730 - 736 (2006)

[16] Merry, R. J. E., de Kleijn, N. C. T., van de Molengraft, M. J. G., Steinbuch, M.: Using a walkingpiezo actuator to drive and control a high - precision stage. IEEE/ASME Trans. Mech. 14(1), 21 - 31 (2009)

[17] Muraoka, M., Sanada, S.: Displacement amplifier for piezoelectric actuator based on honeycomblink mechanism. Sens. Actuators A Phys. 157(1), 84 - 90 (2010)

[18] Nikon, Inc.: Manufacturer of digital cameras (2018). http://www. nikon. com/index. htm

[19] Park, J., Carman, G. P., Thomas Hahn, H.: Design and testing of a mesoscale piezoelectricinchworm actuator with microridges. J. Intell. Mater. Syst. Struct. 11(9), 671 - 684 (2001)

[20] PI Ceramic GmbH: Product portfolio (2018). https://www. piceramic. com

[21] Polytec GmbH: Product portfolio (2018). http://www. polytec. com

[22] Safari, A., Akdogan, E. K.: Piezoelectric and Acoustic Materials for Transducer Applications. Springer, Berlin (2010)

[23] Sashida, T., Kenjo, T.: An Introduction to Ultrasonic Motors. Oxford Science Publications, Oxford (1993)

[24] Setter, N., Colla, E. L.: Ferroelectric Ceramics - Tutorial Reviews, Theory, Processing, and Applications. Birkhäuser, Basel (1993)

[25] Smart Material GmbH: Manufacturer of piezoelectric composite actuators (2018). https://www. smart -

material. com

[26] Spanner, K. : Survey of the various operating principles of ultrasonic piezomotors. In: WhitePaper for Actuator, pp. 1 - 8 (2006)

[27] Uchino, K. : Piezoelectric ultrasonic motors: overview. Smart Mater. Struct. 7(3), 273 - 285(1998)

[28] Wallaschek, J. : Piezoelectric ultrasonicmotors. J. Intell. Mater. Syst. Struct. 6(1), 71 - 83 (1995)

[29] Wallaschek, J. : Contact mechanics of piezoelectric ultrasonic motors. Smart Mater. Struct. 7(3), 369 - 381 (1998)

[30] Wallenhauer, C., Gottlieb, B., Kappel, A., Schwebel, T., Rucha, J., Lüth, T.: Accurate loaddetection based on a new piezoelectric drive principle employing phase - shift measurement. J. Microelectromech. Syst. 16(2), 344 - 350 (2007)

[31] Wang, Q. M., Cross, L. E.: A piezoelectric pseudoshear multilayer actuator. Appl. Phys. Lett. 72(18), 2238 - 2240 (1998)

[32] Weiß, M., Rupitsch, S. J.: Simulation - based homogenization and characterization approach forpiezoelectric actuators. In: Proceedings of SENSOR and IRS2, pp. 415 - 419 (2017)

[33] Weiß, M., Rupitsch, S. J., Lerch, R.: Homogenization and characterization of piezoelectricstack actuators by means of the inverse method. In: Proceedings of Joint IEEE International Symposium on the Applications of Ferroelectrics, European Conference on Application ofPolar Dielectrics, and Piezoelectric Force Microscopy Workshop (ISAF/ECAPD/PFM), pp. 1 - 4 (2016)

[34] Wolf, F.: Generalisiertes Preisach - Modell für die Simulation und Kompensation der HysteresepiezokeramischerAktoren. Ph. D. thesis, Friedrich - Alexander - University Erlangen - Nuremberg(2014)

[35] Wolf, F., Hirsch, H., Sutor, A., Rupitsch, S. J., Lerch, R.: Efficient compensation of nonlineartransfer characteristics for piezoceramic actuators. In: Proceedings of Joint IEEE InternationalSymposium on Applications of Ferroelectric and Workshop on Piezoresponse ForceMicroscopy (ISAF - PFM), pp. 171 - 174 (2013)

[36] Zhang, Z. M., An, Q., Li, J. W., Zhang, W. J.: Piezoelectric friction - inertia actuator - a criticalreview and future perspective. Int. J. Adv. Manuf. Technol. 62(5 - 8), 669 - 685 (2012)

[37] Zhao, C.: Ultrasonic Motors - Technologies and Applications. Springer, Berlin (2011)

[38] Zhou, H., Henson, B.: Analysis of a diamond - shaped mechanical amplifier for a piezo actuator. Int. J. Adv. Manuf. Technol. 32(1 - 2), 1 - 7 (2007)

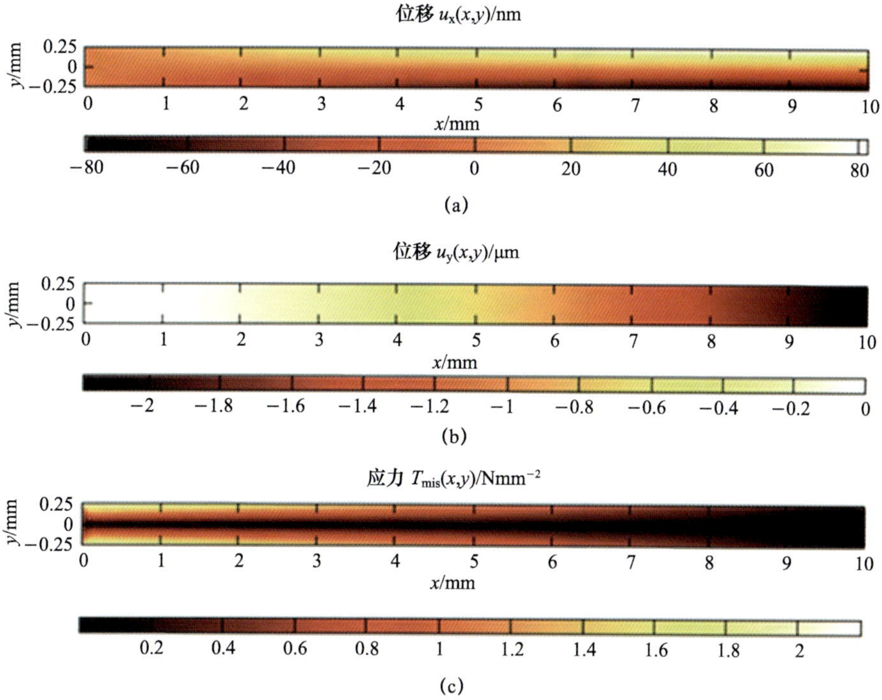

图 4.10 仿真结果(图中颜色值参见下侧色条)

(a)x 方向的位移 $u_x(x,y)$;(b)y 方向的位移 $u_y(x,y)$;(c)悬臂梁的 von Mises 应力 $T_{mis}(x,y)$。

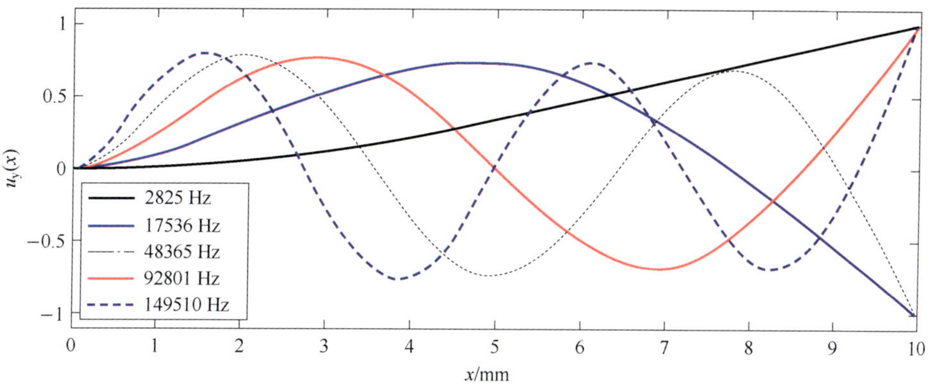

图 4.11 悬臂梁的前 5 阶固有模态的固有频率 $f_{(i)}$ 和归一化固有模态 $u_y(x)$ 的模拟

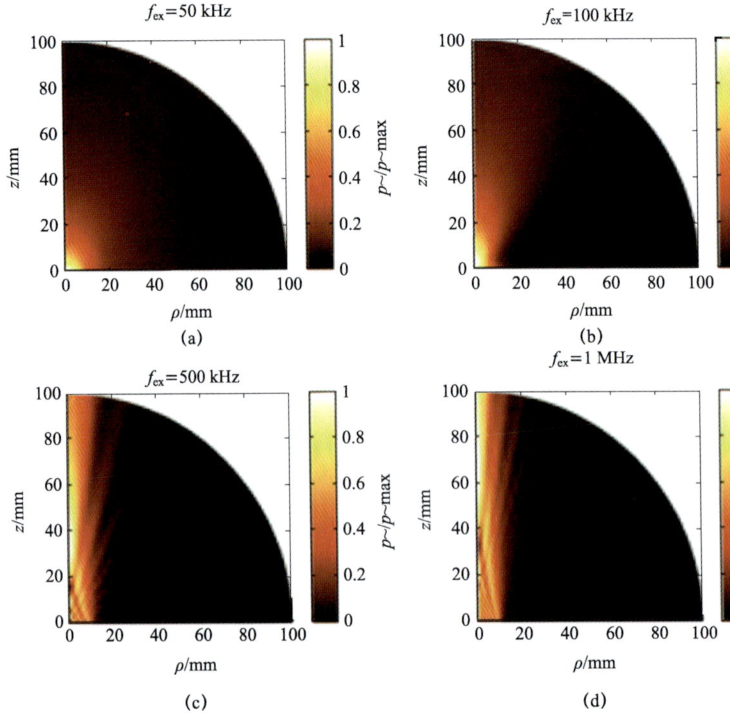

图 4.15　激励频率f_{ex}的最大幅度$\widehat{p}\sim(\rho,z)$的模拟归一化声压分布$\widehat{p}\sim(\rho,z)$

(a)f_{ex}= 50kHz;(b) f_{ex}= 100kHz;(c)f_{ex}= 500kHz;(d)f_{ex}= 1MHz。

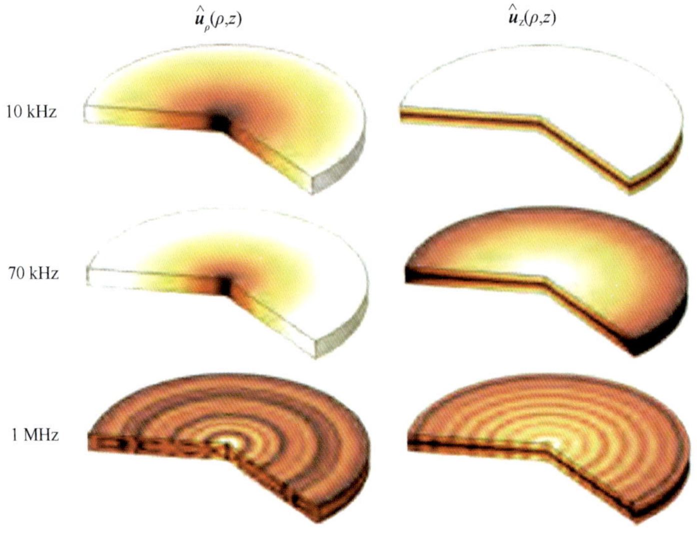

图 4.19　压电陶瓷圆盘在不同激励频率下的归一化位移振幅 f(亮色和深色分别表示振幅值的大小)(左)径向位移振幅$\widehat{u}_\rho(\rho,z)$;(右)厚度方向位移振幅$\widehat{u}_z(\rho,z)$。

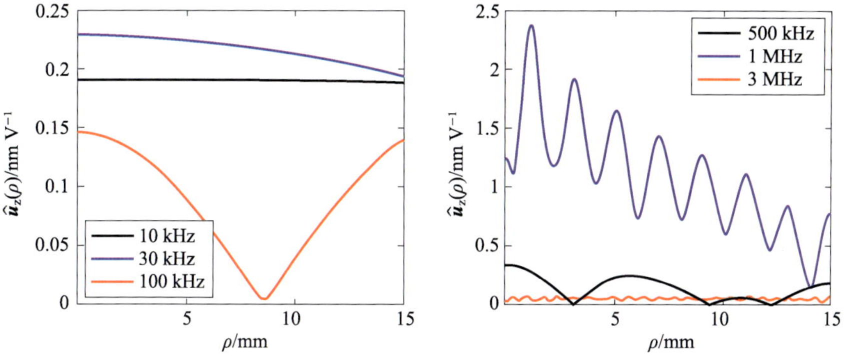

图 4.20　不同激励频率下压电陶瓷盘顶面 Γ_L 处的位移幅度$\widehat{\boldsymbol{u}}_z(\rho)$
以及对激励电压幅值$\widehat{V}_e$的归一化

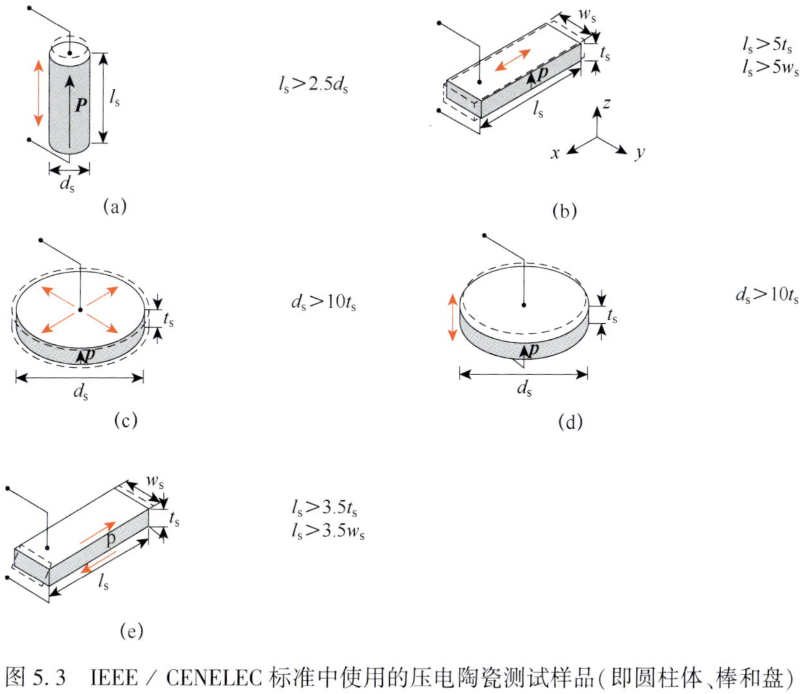

图 5.3　IEEE / CENELEC 标准中使用的压电陶瓷测试样品(即圆柱体、棒和盘)
的基本振动模式(试样顶部和底部面积为 A_S 的电极、P 指定极化方向;
箭头表示主要的振动;右侧的纵横比(如$l_S > 2.5d_S$)表示对几何样本尺寸的推荐要求)
(a)纵向长度模式;(b)横向长度模式;(c)径向模式;(d)厚度扩展模式;(e)厚度剪切模式。

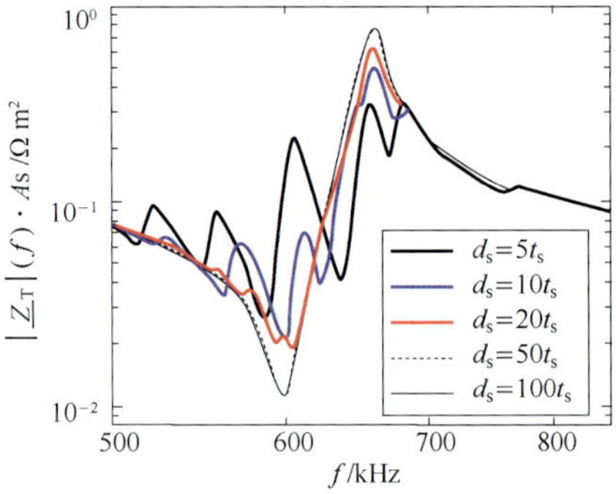

图 5.6　模拟圆盘的径向模式(压电陶瓷材料 PIC255、厚度t_S= 3mm)对其厚度扩展模式的电学特性 $|\underline{Z}_T(f)|$ 的影响(通过改变 d_S 而改变纵横比 d_S/t_S;磁盘区A_S)

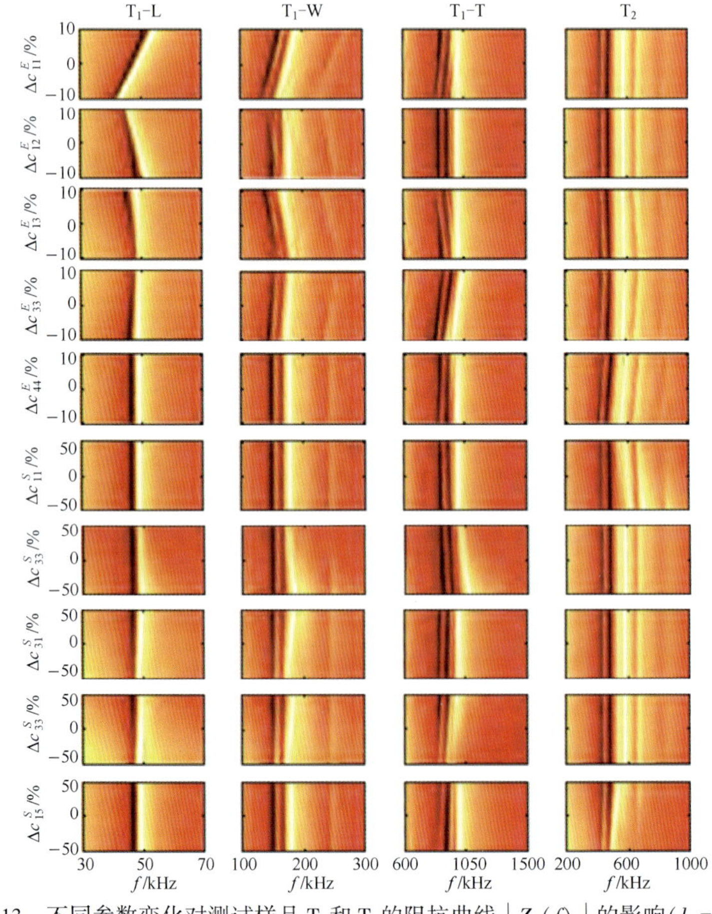

图 5.13　不同参数变化对测试样品 T_1和 T_2的阻抗曲线 $|\underline{Z}_T(f)|$ 的影响(l_S = 30mm、ω_S = 10mm、t_S = 2mm,PIC255;图中的每条水平线均指一条阻抗曲线。亮色和暗色分别表示大阻抗值和小阻抗值)

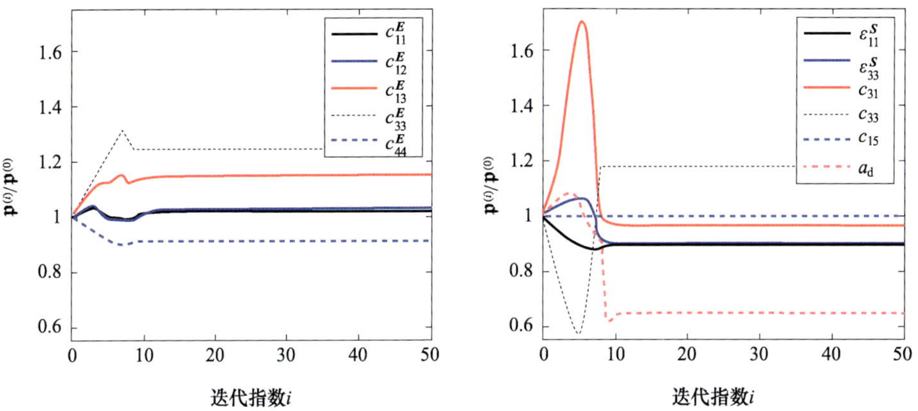

图 5.14 迭代辨识过程中 PIC255 的材料参数的进展(迭代指数 i)($\mathfrak{p}^{(0)}$ 参考制造商的数据)

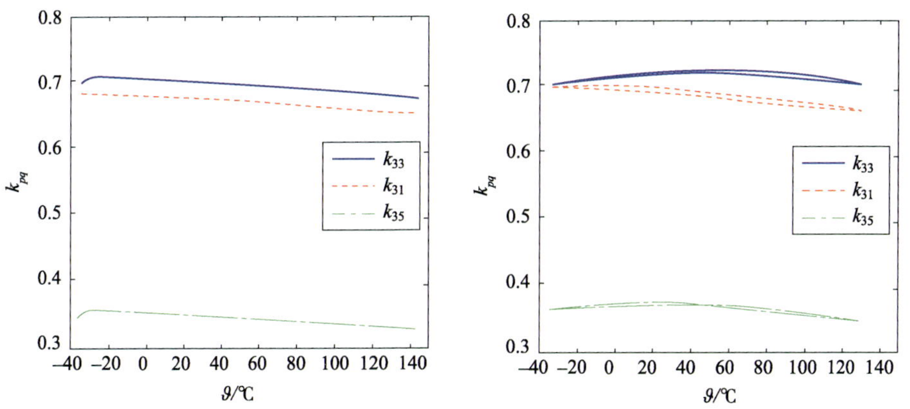

图 5.19 PIC255 和 PIC155 的机电耦合系数 k_{33},k_{31} 和 k_{15} 与温度 ϑ 的关系

(a) PIC255; (b) PIC155。

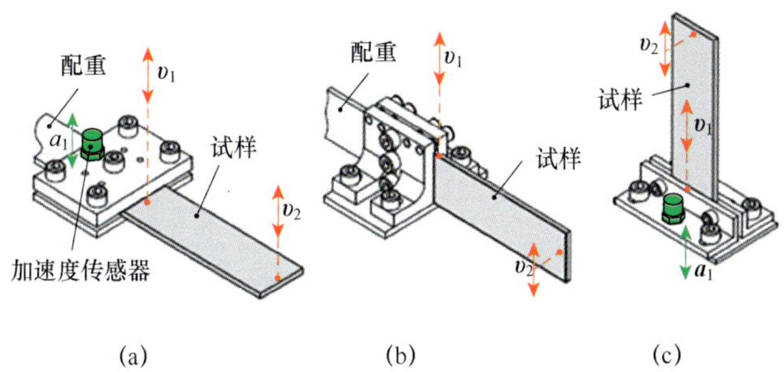

图 5.23 3 种不同的梁试样夹具[18](测量加速度$\boldsymbol{a}_1$或速度$\boldsymbol{v}_1$和速度$\boldsymbol{v}_2$)

(a)用于弯曲的夹具 C1;(b)用于弯曲的夹具 C2;(c)用于压缩-拉伸载荷的夹具 C3。

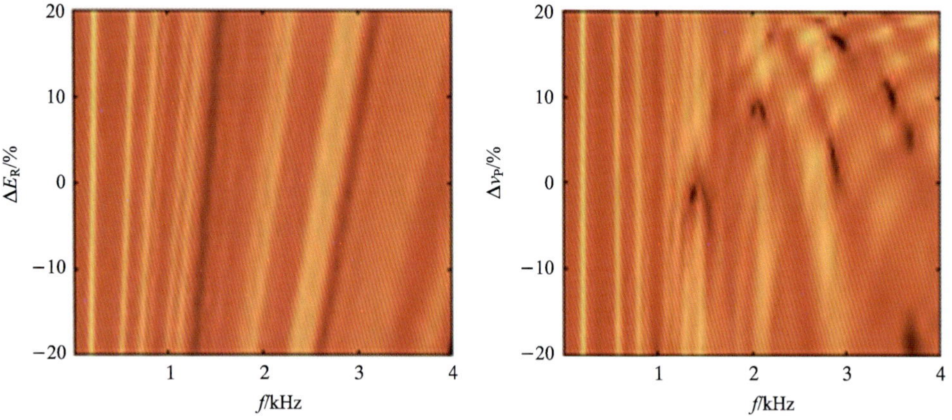

(a) (b)

图 5.27 杨氏模量 $E_{\Re}$ 和(a)泊松比 ν_P 的明显变化对圆柱形试样的特性传递函数 $H_T(f)$ 的影响($d_S = 50$mm、$t_S = 70$mm;初始值:$\varrho = 1150$kgm^{-3},$E_{\Re} = 4$MPa,$\nu_P = 0.4$,$\xi_d = 0.025$;亮色和暗色分别表示较大值和较小值)

(a)改变杨氏模量;(b)改变泊松比。

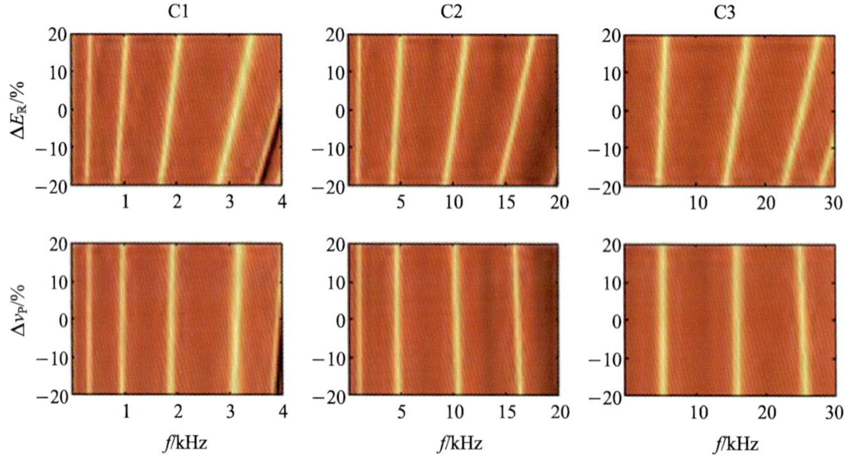

图 5.28 杨氏模量 $E_{\Re}$ 和泊松比 ν_P 的明显变化对夹具 C1、C2 和 C3 的梁形试样($\omega_S \times l_S \times t_S = 40$mm × 150mm × 2mm)的特征传递函数 $H_T(f)$ 的影响(初始值:$\varrho = 1270$kgm^{-3},$E_{\Re} = 10$MPa,$\nu_P = 0.4$,$\xi_d = 0.01$;亮色和暗色分别表示较大值和较小值)

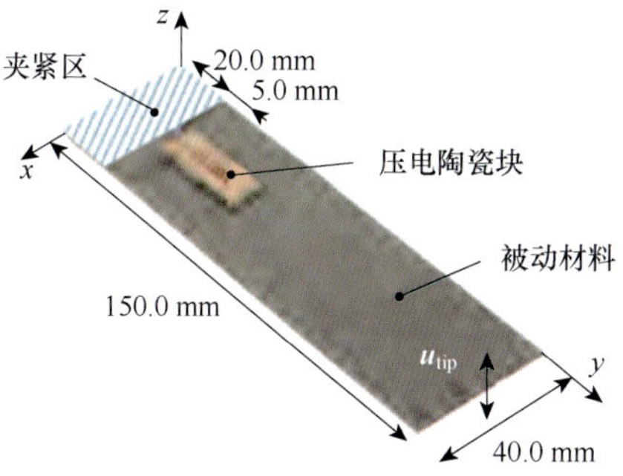

图 5.33　显示由被动材料(PMMA 或 PVC)制成的梁并配备了由 PIC255[18] 制成的压电陶瓷块
(横梁的尺寸为 40.0mm×150.0mm×2.0mm；压电陶瓷块的尺寸为 10.0mm×30.0mm×2.0mm；梁的夹紧长度 $k_S=20.0$mm；电激励的压电陶瓷块导致梁的偏转；测量由此产生的尖端位移 $\boldsymbol{u}_{tip}$)

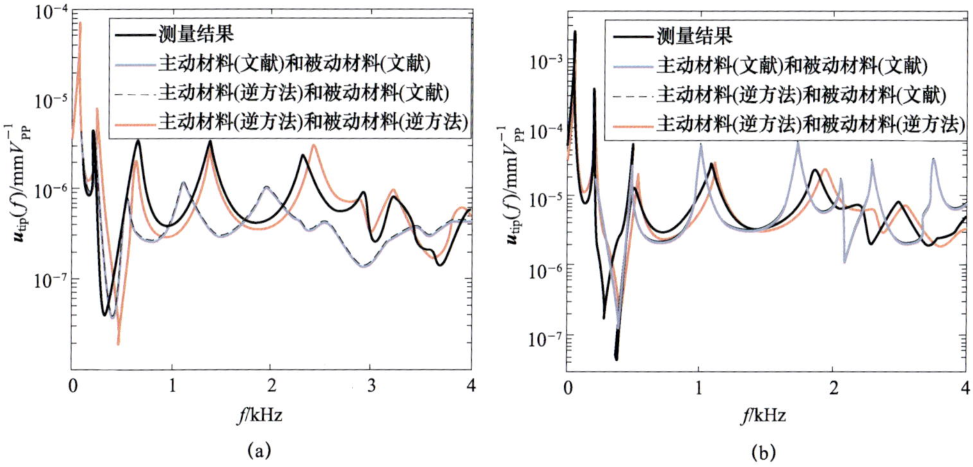

图 5.34　对装有激励频率 f 的压电陶瓷块的梁尖端位移 $\hat{\boldsymbol{u}}_{tip}(f)$ 的测量和模拟(图 5.33)
($\hat{\boldsymbol{u}}_{tip}(f)$ 归一化为压电陶瓷块的外加激励电压；分别对文献和通过逆方法(IM)识别的数据集的典型材料参数进行有限元模拟)
(a)PMMA 梁；(b)PVC 梁。

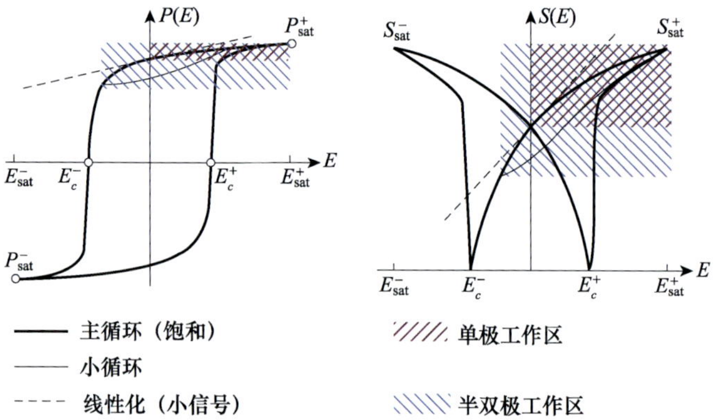

图 6.1 在不同工作区域内电极化 $P(E)$ 和机械应变 $S(E)$ 随外加电场强度 E 的对称迟滞曲线（电极化 $P^{\pm}_{sat}$ 和机械应变 $S^{\pm}_{sat}$ 分别处于正饱和和负饱和状态，矫顽场强度为 $E^{\pm}_{c}$；线性化与铁电材料的小信号特性有关）

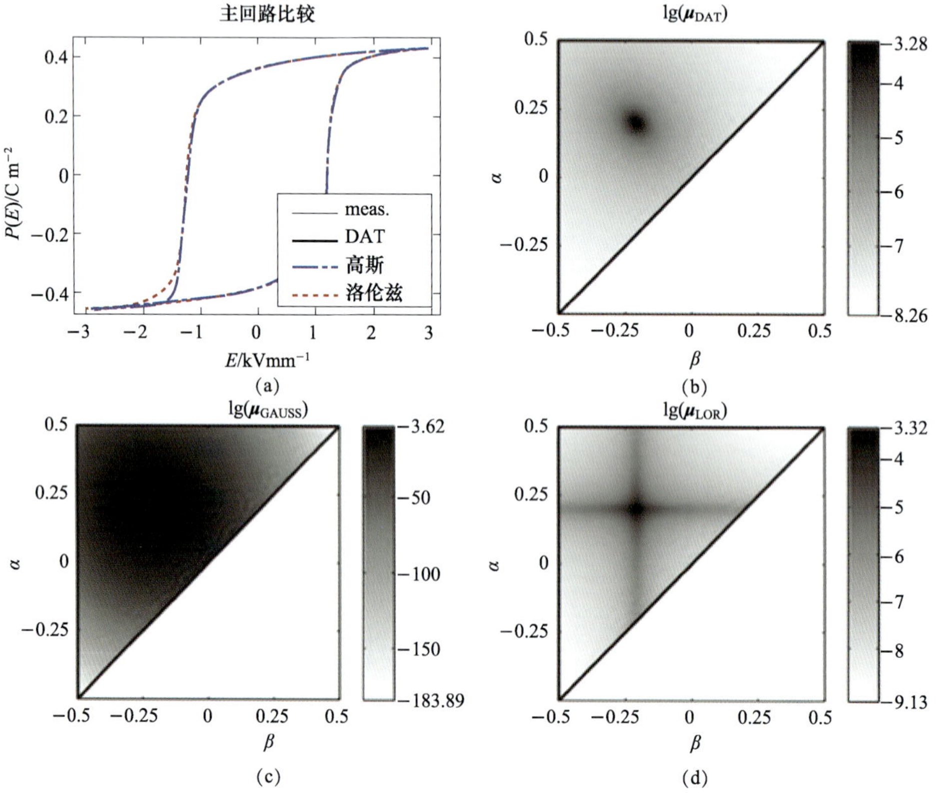

图 6.14 压电陶瓷盘电极化主回路及其空间权重分布（压电陶瓷盘直径 10.0mm、厚度 2.0mm，材料 PZ27）
（a）不同分析权重分布的实测主回路 $P(E)$ 与模拟主回路 $P(E)$ 的比较；（b）～（d）得到 M =800 的空间离散加权分布。

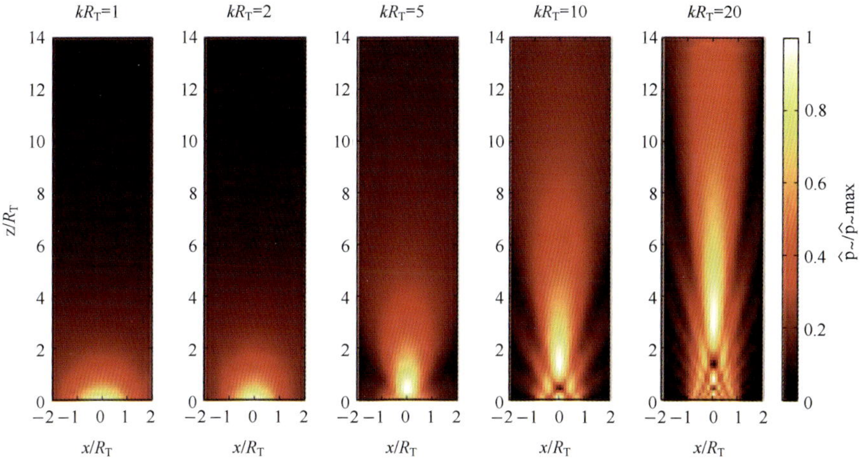

图 7.9　各种kR_T乘积的活塞式换能器 xz 面归一化声压分布$\hat{p}_{\sim}(x,z)$（指向性模式最大振幅归一化$\hat{p}_{\sim max}$）

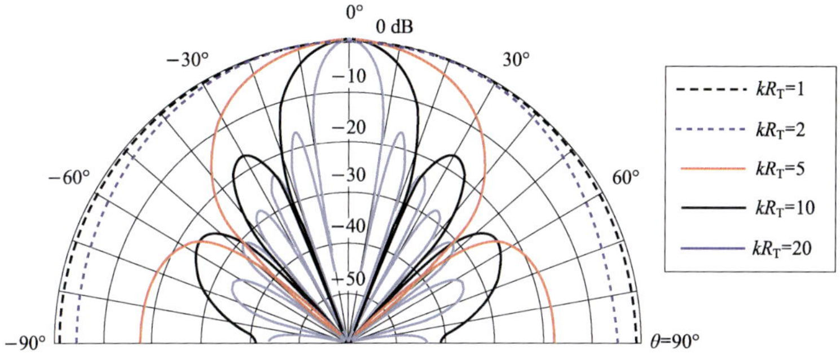

图 7.10　活塞式换能器远场不同乘积 kR_T 的归一化方向性模式 $20 \cdot \lg(\hat{p}_{\sim}(\theta)/\hat{p}_{\sim max})$（相对于最大振幅$\hat{p}_{\sim max}$的归一化）

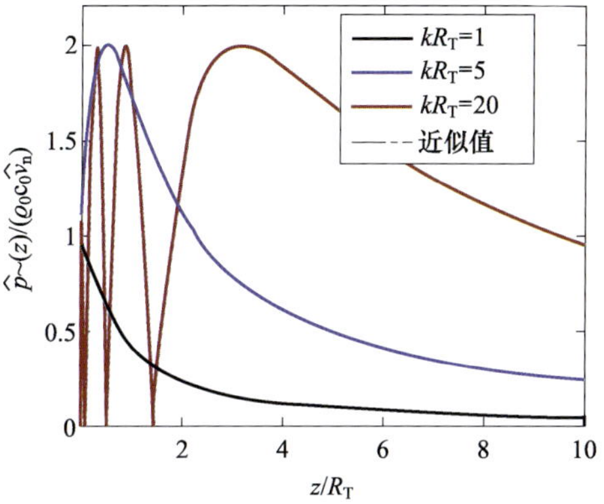

图 7.12　不同乘积 kR_T 的活塞式换能器沿 z 轴（即轴上）的归一化声压幅值$\hat{p}_{\sim}(z)$（分别从式(7.34)和式(7.40)得到精确和近似的曲线）

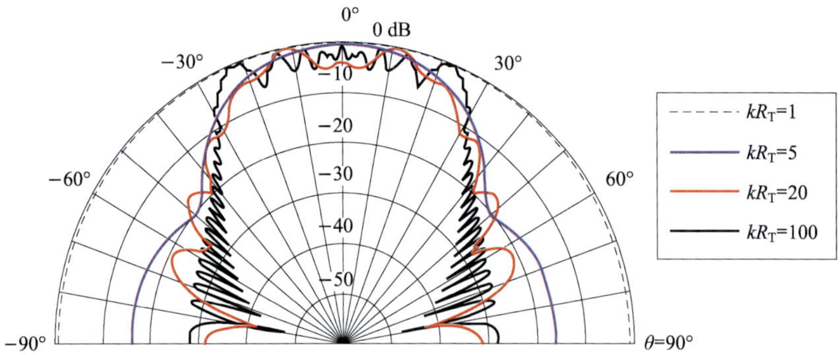

图 7.16　不同乘积 kR_T 球聚焦换能器在远场的归一化方向性模式

$20 \cdot \lg(\bar{p}_{\sim}(\theta)/\hat{p}_{\sim\max})$、比率$F_T/R_T=2$、归一化相对于最大振幅$\hat{p}_{\sim\max}$的方向图

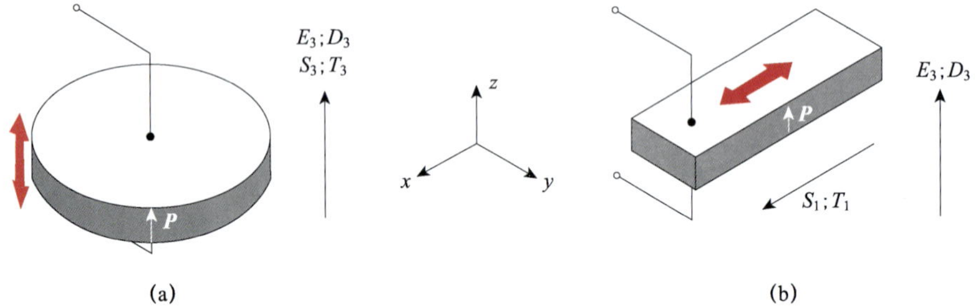

图 7.25　压电薄元件工作在厚度延伸模式和横向长度模式(底部和顶部表面完全覆盖电极；红色箭头表示机械振动的方向；**P** 指电极化，如压电陶瓷材料)

(a)厚度延伸模式；(b)横向长度模式。

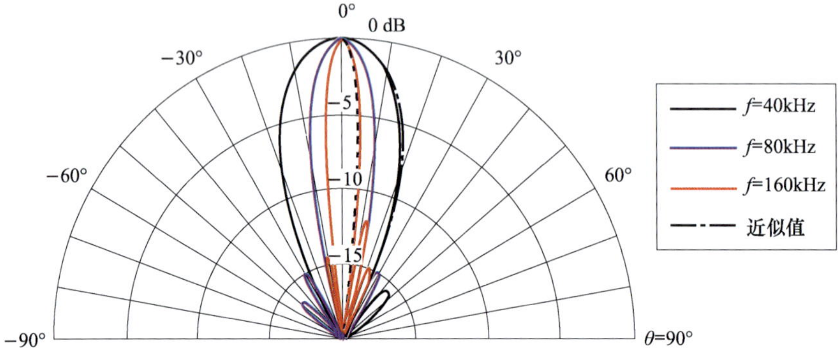

图 7.40　对 3 种不同激发频率 f 在 EMFi 金属薄片的轴向距离$R_{\mathrm{dir}}=0.5\mathrm{m}$、半径$R_T=10\mathrm{mm}$ 时测量和估算方向性模式 $20\lg(\hat{p}_{\sim}(\theta)/\hat{p}_{\sim\max})$

(式(7.49)的近似值；最大振幅$\hat{p}_{\sim\max}$的归一化)

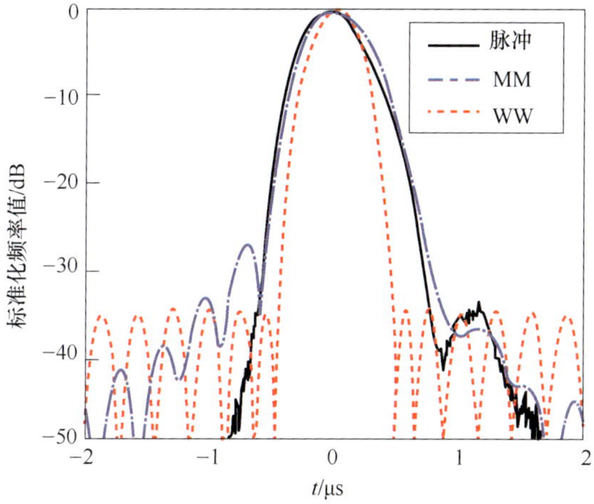

图 9.22 脉冲型发射器激励和非匹配滤波器(MM) $h_{PC}^{MM}(t)=u_I(-t)\cdot w(t)$ 和自适应维纳滤波器(WW) $H_{PC}^{WW}(f)$ 压缩后调节线性调频激励信号的归一化轴向点扩展函数

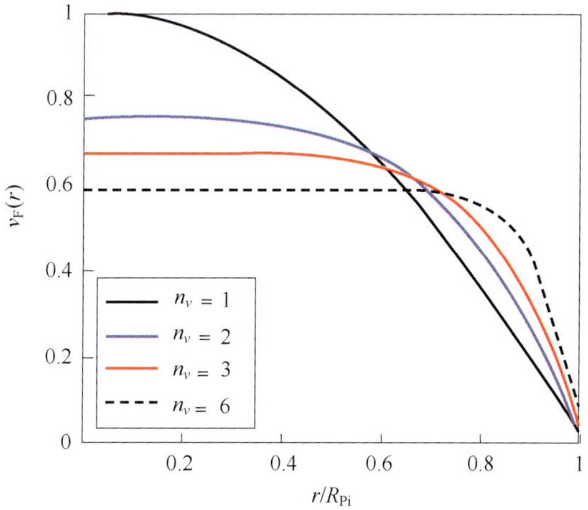

图 9.25 内径为R_{Pi}相对于参数n_v的归一化的抛物线速度曲线$v_F(r)$(表 9.2);

每个速度曲线具有相同的体积流量 $\dot{V}_F$ 即相同的平均面积速度$\bar{v}_A$

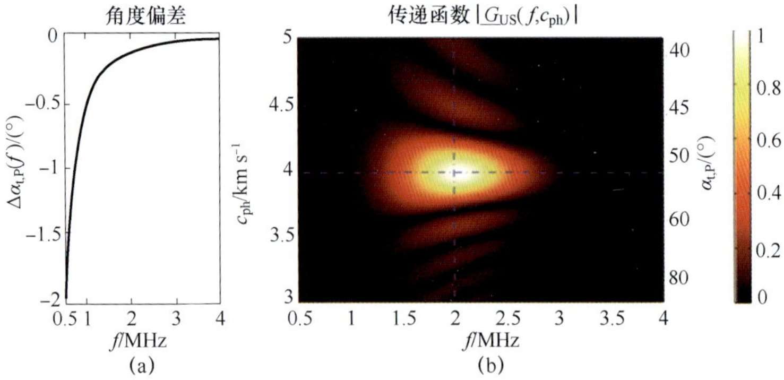

图 9.38　CTU 流量计的主角和期望角之间的偏差以及归一化传递函数

(a)声辐射主角$\alpha_{t,P}^{dom}(f)$与预期角$\alpha_{t,P}^{0}$之间的管壁内角偏差为$\Delta\alpha_{t,P}(f)=\alpha_{t,P}^{dom}(f)-\alpha_{t,P}^{0}$与频率$f$的关系；
(b)在频率-波数域中的超声波楔形换能器的归一化传递函数$|\underline{G}_{US}(f,c_{ph})|$(幅值)(蓝色虚线表示换能器的激励频率$f_{ex}=2MHz$和设计相速度$c_{ph}^{0}=3980ms^{-1}$对应的预期角度为$\alpha_{t,P}=52.00°$)。

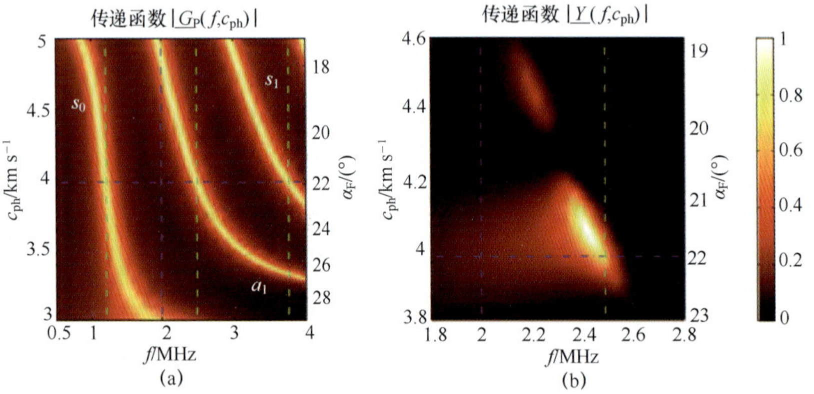

图 9.40　管壁的传递函数及归一化总传递函数(蓝色虚线表示换能器的激励频率$f_{ex}=2MHz$，设计相速$c_{ph}^{0}=3980ms^{-1}$，预期流体角$\alpha_F=21.91°$；点绿线表示管壁的共振频率$f_{res,P}$在 1.21MHz、2.49MHz 和 3.79 MHz)

(a)频率-波数域内管壁的归一化传递函数$|\underline{G}_P(f,c_{ph})|$(幅值)(兰姆波模式$s_0$、$a_1$和$s_1$)；
(b)频率-波数域内研究 CTU 流量计的归一化总传递函数$\underline{Y}(f,c_{ph})$(幅值)。

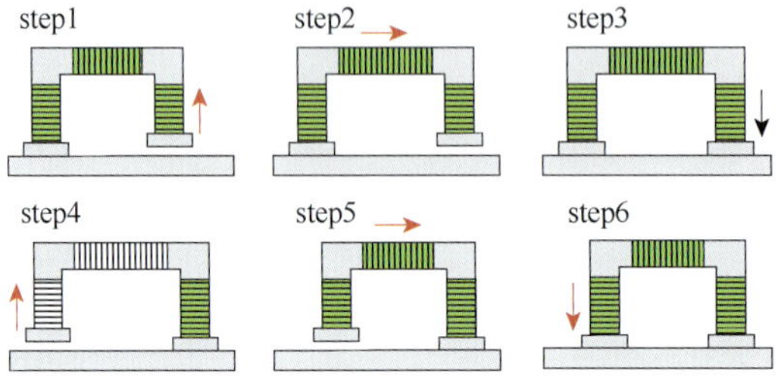

图 10.26　尺蠖电动机的单次运动顺序(红色箭头表示当前执行机构的扩展和收缩方向)